AF341318

E. LAMBLING

PRÉCIS DE

BIOCHIMIE

COLLECTION DE PRÉCIS MÉDICAUX

MASSON & Cⁱᵉ ÉDITEURS, PARIS

PRÉCIS

·DE·

BIOCHIMIE

PRÉCIS

DE

BIOCHIMIE

PAR

E. LAMBLING

Professeur à la Faculté de Médecine
de l'Université de Lille.

TROISIÈME ÉDITION (1921)
Second tirage, revu et corrigé
PAR
E. GLEY
Professeur au Collège de France.

PARIS

MASSON ET Cie, ÉDITEURS

LIBRAIRES DE L'ACADÉMIE DE MÉDECINE
120, BOULEVARD SAINT-GERMAIN

1925

PRÉFACE DU SECOND TIRAGE
DE LA TROISIÈME ÉDITION

La troisième édition du *Précis de Biochimie* avait été si soigneusement étudiée par son auteur, toutes les questions qui y sont traitées avaient été revues d'une façon si complète et si approfondie, qu'il a paru suffisant d'en faire présentement un second tirage.

La préparation d'une nouvelle édition qui exigera nécessairement beaucoup de temps a été confiée dès maintenant au professeur E. Derrien, dont je sais que l'érudition solide et la judicieuse compréhension des problèmes de la biochimie et de leur évolution étaient hautement appréciées par son regretté collègue de Lille. Derrien a bien voulu accepter cette tâche.

En attendant son exécution, ceux qui savent toute l'étendue des services rendus par l'œuvre de Lambling et qui ont le désir bien naturel d'en maintenir l'efficacité et pour cela le légitime souci de ne pas la laisser péricliter, ont pensé, et les éditeurs en premier lieu, qu'il convenait de n'en pas priver trop longtemps le public d'étudiants et de médecins à qui elle est si utile. De là ce second tirage. Je n'ai eu, en vue de cette publication, qu'à effectuer les corrections nécessaires et quelques petites modifications et additions indispensables. Je me suis efforcé de procéder à cette revision avec le soin que Lambling apportait à ce travail comme à tout ce qu'il faisait et aussi, bien entendu, avec le plus grand respect de sa pensée.

Eugène Lambling, né à Bischwiller (Bas-Rhin) le 10 novembre 1857, est mort subitement à Lille le 29 mars 1924, en pleine activité intellectuelle. Dans un article nécrologique publié dans le *Bulletin de la Société de chimie biologique* en 1924, t. VI, p. 812-815, Derrien a résumé en termes heureux et très justes sa vie scientifique : « Lambling, dit-il, était l'un des meilleurs connaisseurs des faits et des idées, des progrès et des lacunes de la chimie biologique. C'était indiscutablement le biologiste français qui avait la vue d'ensemble la plus large et la plus profondément méditée des nombreux problèmes chimiques posés par la physiopathologie de la nutrition.

« L'enseignement français de la biochimie médicale perd en lui à la fois un chercheur et un penseur.... Ses premiers travaux de laboratoire ont trait à la chimie analytique de la matière colorante du sang. Après une étude critique et expérimentale des procédés de dosage de l'hémoglobine (*Thèse*, Nancy, 1882) il s'attache à préciser l'analyse spectrophotométrique du sang et la méthode spectrophotométrique en général, et imagine, entre temps, un procédé ingénieux tendant à doser la méthémoglobine à côté de l'hémoglobine par oxydation de l'indigo blanc.

« Puis, à mesure que s'affermit en son esprit le sentiment de l'importance des faits chimiques relatifs à la nutrition, c'est vers les lacunes de nos connaissances sur la chimie des excreta que se tournent ses recherches.

« Avec son élève Bouchez, il précise la composition de l'urine normale de l'homme, et avec son préparateur Donzé il mesure la grandeur du « non dosé » organique éliminé par cette voie. Il établit que le poids total des matériaux de l'urine, laissés de côté dans nos analyses habituelles, même lorsque celles-ci sont poussées très loin, est bien plus important qu'on ne l'avait cru jusqu'alors. Sur 100 grammes de matières organiques, 26 grammes environ entrent dans le « non dosé » et y entraînent plus du tiers du carbone total. Lambling révèle, en outre, l'intérêt physiologique de ces constatations; car c'est dans cette partie, négligée avant lui, du tableau analytique de l'urine « que s'inscrivent les signes les plus instructifs du plus ou moins de perfection du travail de la désassimilation ». En étudiant, à ce point de vue, l'action du régime lacté il a pu « relier des faits cliniques à des constatations chimiques précises ».

« Dans un travail analogue sur les matières fécales, Lambling fait ressortir que nos connaissances analytiques, là aussi, se trouvent, comme pour l'urine, en présence d'un « non dosé » considérable et que le tiers environ des matières organiques des fèces est constitué par des substances encore inconnues.

« En collaboration avec E. Gley, Lambling a prouvé que l'acidité communiquée au contenu intestinal par le chyme stomacal se maintient dans les deux cinquièmes supérieurs de l'intestin grêle, malgré l'alcalinité des parois, et conserve une valeur suffisante pour mettre en jeu le pouvoir antiseptique de la bile.

« En collaboration avec ses élèves Vallée, Dubois, Piettre, Dehaussy, Lambling a poursuivi d'intéressantes recherches sur les purines et leur précipitation dans l'urine. Il a précisé notamment l'influence d'une surcharge digestive (sans purines exogènes) sur les mouvements de l'acide urique, donnant ainsi l'explication d'accès de goutte qui peuvent survenir même au cours du régime lacté.

« Ses observations sur la nutrition d'un nourrisson ont fait ressortir la proportionnalité de la dépense à la surface du corps chez le tout jeune enfant....

« Mais, en plus du chercheur et de l'observateur, il y avait en Lambling un incomparable professeur. Il a mis dans son œuvre didactique tant de son âme de penseur et de son talent d'écrivain, que ses ouvrages généraux, ses monographies, ses conférences ont la valeur de travaux originaux dans le domaine de la pensée scientifique.

« Ses chapitres de l'*Encyclopédie de Frémy*, ses articles au *Dictionnaire de Würtz*, sa collaboration au *Traité de Pathologie générale de Bouchard*, ses rapports dans divers congrès, ses précieuses revues critiques dans la *Revue générale des sciences*, ses articles destinés au public médical, son admirable cours à la Faculté de Lille l'avaient peu à peu conduit à penser et à écrire ce chef-d'œuvre qu'est le *Précis de Biochimie*.

« Écrit pour les étudiants en médecine et les médecins, cet ouvrage fut pour eux une révélation. Jamais, dans les milieux médicaux, livre de science... n'eut succès aussi complet, aussi rapide et aussi mérité.

« Ce qui, pour le grand public médical, fait la valeur et le charme de cet ouvrage, c'est qu'éliminant les notions purement chimiques, numériques ou techniques indispensables au spécialiste dans son laboratoire, mais « actuellement du moins » pour le médecin « sans grande valeur d'éducation générale », Lambling s'y consacre « à une série d'exposés d'ensemble, ordonnés de telle façon que le lecteur est introduit successivement dans les problèmes essentiels de la Biochimie et son intelligence éveillée à la critique et à la réflexion ». Et cela est réalisé de main de maître avec un talent didactique fait d'information sûre, de critique pénétrante, d'exposition élégante, sobre et précise.

« Le *Précis de Biochimie* représente, en somme, le bilan actuel du penser chimique, expérimentalement fondé, en Physiopathologie générale de l'homme. Pour les laboratoires, c'est un livre d'idées. Par les lacunes qu'il précise dans nos connaissances, par le rapprochement de faits en apparence éloignés, il a suscité bien des recherches dont les auteurs n'ont pas toujours cité la source de leur inspiration. Pour les médecins, c'est le guide agréable qui leur permet non seulement de comprendre les conquêtes de la Physiopathologie générale de la Nutrition — à laquelle touchent plus ou moins toutes les pathologies spéciales — et d'en suivre les progrès, mais encore de les appliquer, dans un esprit scientifique, à la médecine clinique....

« Lambling a rendu un grand service à notre pays en contribuant certainement à l'évolution normale de l'esprit médical qui, malgré Claude Bernard et Pasteur, était resté, en France, encore trop exclusivement anatomo-

clinique, et qui tendra de plus en plus à devenir physiologique et biochimique. »

On me permettra, en hommage à un tel maître et trop tôt
disparu, d'ajouter à ces lignes quelques-unes de celles
que j'écrivais moi-même le lendemain de sa mort (*Presse
médicale*, 5 avril 1924, p. 582) : « Eugène Lambling réunissait en lui des qualités dont l'harmonieux concours est
très rare chez les hommes de science, même dans notre
pays : une grande érudition et un esprit critique vif et
judicieux, une connaissance sûre et si étendue du domaine
où il travaillait qu'on la peut dire complète et un jugement personnel, le goût de la recherche précise et l'intelligence des idées générales. **Rien** d'étonnant par conséquent à ce qu'il ait été **non** seulement un homme de
laboratoire et un chercheur, mais aussi un écrivain, un
critique et, je dirai, un penseur, car pourquoi ce terme
serait-il réservé à ceux qui philosophent sur la vie psychique ou sociale? Réfléchir sur les faits scientifiques,
en montrer la genèse et l'évolution, en établir les relations, n'est-ce pas aussi philosopher?

« Or, cet historien et ce critique de la chimie des êtres
vivants mérite d'être compté au nombre de nos grands
écrivains scientifiques. Il est telles pages de lui qui, par
la rigueur et la simplicité de l'ordonnance, par la clarté
et la pénétration de la pensée, non moins que par la correction et la sobriété de la langue et surtout par l'adaptation toujours exacte de la forme à l'idée et par la pureté
de l'accent sont dignes d'être placées à côté de celles d'un
Arago, d'un Jean-Baptiste Dumas, d'un Flourens. Les
importantes monographies, de véritables volumes, qu'il
écrivit pour l'*Encyclopédie chimique* de Frémy sur la chimie
physiologique et pathologique du sang et de la lymphe et
des échanges gazeux respiratoires, sur les aliments et
sur les échanges nutritifs, et ses nombreux articles du
Dictionnaire de chimie de Würtz sur les sucs digestifs, sur
les tissus osseux et musculaire, sur l'hémoglobine, la
respiration, l'urine, etc., ont rendu les plus précieux

services à tous ceux qui eurent à étudier ces questions,... Dans cette mine de documents bien ordonnés, il n'est pas de chimiste ni de physiologiste qui n'ait puisé. Et il n'est personne aussi qui n'ait été saisi d'étonnement en songeant que cet immense travail était le travail d'un seul homme et personne, je me plais à le croire, qui, usant et profitant des fruits de ce labeur, n'ait éprouvé un sentiment de reconnaissance pour le bon ouvrier... » Puis, après avoir essayé de montrer les mérites de son *Précis de Biochimie*, j'ajoutais : « Personne, depuis Jean-Baptiste Dumas, Adolphe Würtz, Emile Duclaux, n'avait ainsi exposé les grands problèmes de la chimie de la matière vivante. C'est sans aucun doute que nul n'y avait plus réfléchi. Un philosophe a dit que le savant est moins celui qui sait que celui qui comprend; j'ajouterais volontiers : et qui fait comprendre. Et alors cette parole s'appliquera merveilleusement à l'intelligence déliée et pénétrante de Lambling. »

E. GLEY.

PRÉFACE DE LA PREMIÈRE ÉDITION

Les traités élémentaires de biochimie ont pris jusqu'à présent deux formes. La première consiste en un exposé systématique, où toutes les parties de la science sont étudiées avec une ampleur proportionnée à l'importance de chacune d'elles et à l'étendue du livre. Ainsi se présentent, par exemple, les traités de Würtz, d'Armand Gautier, de Hugounenq, de Hammarsten. L'étudiant trouve dans ces ouvrages non seulement l'exposé des grands problèmes de la biochimie, mais aussi de nombreuses données de chimie pure sur tous les principes immédiats de l'organisme, sur la composition quantitative des humeurs et des tissus, et même sur la technique analytique employée en chimie physiologique. Le succès persistant de ces divers traités montre qu'ils n'ont pas cessé de répondre à de réels besoins.

Dans l'autre manière, que G. Bunge a inaugurée avec son *Traité* bien connu *de chimie physiologique*, on élimine presque toutes les descriptions et les notions purement chimiques, et beaucoup de données numériques, qui, actuellement du moins, sont pour le débutant sans grande valeur d'éducation générale. Toute l'œuvre est alors consacrée à une série d'exposés d'ensemble, ordonnés de telle façon que l'étudiant est introduit successivement dans les problèmes essentiels de la biochimie, et son intelligence éveillée à la critique et à la réflexion.

C'est dans cet esprit que le présent livre a été conçu et rédigé.

Le lecteur est donc prévenu qu'il ne trouvera pas dans ce *Précis* nombre des renseignements qu'apportent d'ordinaire les traités de chimie physiologique, par exemple des tableaux complets de la composition chimique des humeurs et des tissus, sang, lymphe, muscles, os, dents, etc., ou la description détaillée des réactions chimiques de matériaux même très importants, comme les protéiques ou le glycogène. Mais on s'est efforcé d'écrire une *Physiologie des échanges nutritifs*, en même temps qu'une *Introduction à l'étude de la pathologie* de ces phénomènes. Pour quelques affections de la nutrition, la goutte et le diabète par exemple, on a même directement abordé le problème des échanges nutritifs pathologiques. A de telles études la médecine clinique n'est pas moins intéressée que la physiologie et la pathologie générale. La masse des matériaux déjà accumulés sur ces questions est devenue si grande, qu'à ignorer plus longtemps **tous** ces faits et leur coordination logique, le médecin court le risque de ne point saisir la moindre explication des troubles en face desquels il se trouve sans cesse et contre lesquels il doit agir rationnellement, cela veut dire d'une manière conforme aux données scientifiques acquises.

Pour des raisons d'ordre pratique, je me suis astreint à citer des noms d'auteurs en assez grand nombre. En ce qui concerne les faits dominateurs, cette manière de faire se justifie sans peine, ces faits et les explications qui en découlent étant le plus souvent désignés sous ces noms. Je l'ai pratiquée aussi, au moins en quelque mesure, pour des faits encore controversés. L'étudiant, qui se contente du traité élémentaire, n'est pas gêné par ces citations, et ces noms sont une aide précieuse à celui qui est amené à se reporter ensuite à quelque ouvrage plus étendu ou même aux mémoires originaux, car c'est encore sous leurs noms d'auteurs qu'il retrouvera là les diverses thèses soutenues. Or, dans la mêlée, souvent si confuse, des interprétations et même des faits, le lecteur risquera moins de s'égarer, si du livre élémentaire, qui lui sert de point de départ, il garde, outre l'exposé des théories en présence, l'utile direction fournie par quelques noms d'auteurs.

TABLE DES MATIÈRES

PRÉCIS
DE BIOCHIMIE

CHAPITRE I

NOTIONS GÉNÉRALES

SUR LA CIRCULATION
DE LA MATIÈRE ET DE L'ÉNERGIE
A TRAVERS LES ÊTRES VIVANTS

Les organismes sont dans toutes leurs parties en voie de constant renouvellement, parce qu'ils sont aussi en voie de continuelle usure. En effet, la condition nécessaire du fonctionnement de la vie est une incessante décomposition des matériaux qui constituent l'être vivant, et par des voies diverses, urine, excréments, respiration, nous voyons s'écouler au dehors les produits de cette usure. D'autre part, ces pertes sont sans cesse réparées par l'apport de matériaux alimentaires venus de l'extérieur, et qui sont adaptés à l'organisme par le travail de réparation. Pour un adulte, ces deux opérations s'accompagnent et se compensent si exactement, qu'il en résulte cette permanence dans les formes cellulaires et cette constance dans la composition des tissus et des humeurs que nous révèlent le microscope et l'analyse chimique. Mais supprimons pendant quelque temps l'apport des matériaux de réparation, et l'usure de l'organisme se mesurera promptement à la fonte des tissus et à l'amaigrissement qui en résulte. Rétablissons ensuite l'apport alimentaire, et nous mettrons aussitôt en évidence l'opération inverse de la réparation, manifestée par la réfection des tissus et le retour au poids primitif.

Ce double phénomène d'usure et de réparation est la caractéristique la plus générale de la vie. On l'observe chez le végétal comme chez l'animal, chez les êtres monocellulaires comme chez les organismes supérieurs. C'est ce que Claude Bernard a résumé sous une forme en apparence paradoxale en disant : *La vie, c'est la création*, c'est-à-dire le travail d'organisation ou de répation, et *la vie, c'est la mort*, c'est-à-dire l'usure, la destruction nécessairement liées à toute manifestation d'un phénomène chez l'être vivant.

§ I. — LE PRINCIPE DE LA CONSERVATION DE LA MATIÈRE ET DE L'ÉNERGIE APPLIQUÉ AUX ÊTRES VIVANTS.

En quoi consiste ce courant de matière qui traverse ainsi les organismes? Pour nous en faire une première idée, d'abord réduite et simplifiée, considérons l'ensemble des êtres vivants, la « matière vivante », et montrons comment cette matière se nourrit aux dépens du milieu minéral ambiant. Que se passe-t-il depuis le moment où la matière minérale pénètre dans la matière vivante, pour prendre part aux phénomènes de la vie, jusqu'au moment où elle est restituée au milieu extérieur? Suivons ces transformations, et nous serons conduits à un premier énoncé, très large et très général, des phénomènes chimiques de la vie.

Cycle parcouru par les substances que la matière vivante emprunte au milieu minéral. — L'analyse chimique montre que la matière vivante est composée partout des mêmes corps simples, dont les plus importants sont le *carbone*, l'*hydrogène*, l'*oxygène*, l'*azote*, le *soufre*, le *phosphore*, auxquels s'ajoutent le chlore, le potassium, le sodium, le calcium, le magnésium, le fer et plus accessoirement le silicium et le fluor [1]. En nous bornant pour l'instant à ceux qui sont cités en tête de cette liste, voyons à quel état ces éléments pénètrent dans la matière vivante et par

1. D'autres éléments doivent être ajoutés sans doute à cette liste. On reviendra plus loin sur cette question (p. 118).

quelles séries de transformations ils passent jusqu'au moment où ils reviennent au monde minéral.

L'observation physiologique apprend — et l'on verra plus loin quelles sont les conditions précises de cette opération, uniquement réservée aux plantes vertes, c'est-à-dire aux végétaux pourvus de chlorophylle — que la matière vivante emprunte ces éléments au milieu minéral sous les formes que voici :

Le carbone à l'état d'acide carbonique ;
L'hydrogène   — d'eau ;
L'azote   — d'ammoniaque (ou même d'azote libre) ;
Le phosphore — d'acide phosphorique ;
Le soufre   — d'acide sulfurique.

Sur ces substances minérales, la matière vivante effectue à la fois des opérations de *réduction* et de *synthèse*, c'est-à-dire qu'elle arrache à ces corps de l'oxygène qui se dégage (réductions), et qu'avec les produits ainsi obtenus elle construit des matières organiques complexes (synthèses), qui sont les principes immédiats constituant les tissus et les organes des êtres vivants. Ces principes immédiats, ou du moins les plus importants d'entre eux, sont les suivants :

Des matières protéiques,
Des graisses,
Des hydrates de carbone.

Ces corps organiques ne constituent pas, à la vérité, à eux seuls la matière vivante. On verra que celle-ci les associe, et souvent les combine, à des matières minérales (chlorures, phosphates de sodium, de potassium, de calcium, de magnésium, etc.). Mais ces sels, dont l'importance est d'ailleurs secondaire, sont directement empruntés au milieu extérieur, tandis que les matières protéiques, les graisses et les hydrates de carbone naissent du travail de synthèse opéré par la matière vivante, à partir des substances minérales énumérées plus haut.

Il y a entre ces corps organiques et les matériaux qui ont servi à leur synthèse, il y a donc entre une matière protéique, l'albumine par exemple, et l'eau, l'acide carbonique, l'ammoniaque, etc., qui ont servi à la construction de cette albumine, la même relation de grandeur qu'entre un édifice et les briques ou les pierres de taille qui composent cet édifice, ou, pour employer le langage chimique, ces matières organiques constitutives des tissus vivants sont des molécules très complexes, des édifices moléculaires très élevés, tandis que les matériaux qui ont servi à leur synthèse sont, au contraire, des molécules très petites. Ce sont les matières protéiques qui offrent à cet égard la plus grande complication, puisque l'albumine de l'œuf est représentée, d'après A. Gautier, par la formule $C^{250}H^{409}N^{67}O^{81}S^{3}$ et que la globine séparée de l'oxyhémoglobine cristallisée de cheval renferme $C^{680}H^{1098}N^{210}O^{241}S^{2}$. Ces molécules protéiques sont donc des agrégats d'environ 800 à 2 200 atomes au moins [1], tandis que l'acide carbonique, l'eau, l'ammoniaque, etc., qui ont servi à leur synthèse en renferment 3 ou 4 seulement. Ajoutons que la molécule des hydrates de carbone et celle des graisses sont, à la vérité, beaucoup moins compliquées, mais toujours très grosses, si on les compare à celles de l'eau ou de l'acide carbonique.

Que deviennent par la suite ces édifices moléculaires si compliqués? Après avoir constitué, avec les dérivés qu'ils fournissent et les matières purement minérales qui leur sont associées, les tissus, organes et humeurs des êtres vivants, ces composés sont peu à peu démolis par une série de phénomènes *d'oxydation* et de *décomposition*, inverses des phénomènes de *réduction* et de *synthèse* qui leur ont donné naissance. Sur ces composés, la matière vivante fixe, en effet, de l'oxygène, en même temps qu'elle les morcelle peu à peu en fragments de plus en plus simples, jusqu'à ce que, pour chacun de ces édifices, chaque brique, chaque pierre de taille ait été remise à nu, c'est-à-dire jusqu'à ce que :

Tout le carbone soit revenu à l'état d'acide carbonique,

Tout l'hydrogène   — ,   —   d'eau,

Tout l'azote   —   —   d'ammoniaque
                                              (ou d'azote libre),

Tout le soufre   —   — d'acide sulfurique,

Tout le phosphore   —   — d'acide phosphorique,

et le cycle des opérations chimiques de la vie se termine donc et se referme sur lui-même par la réapparition et le retour au monde minéral des matériaux mêmes par lesquels nous l'avons vu débuter tout à l'heure.

Tous les phénomènes chimiques de la vie à la surface du globe pourraient donc être résumés en un système de deux grandes équations chimiques. La première, qui serait l'équation des synthèses, exprimerait que de l'oxygène a été arraché à des matières

---

minérales et mis en liberté, avec production simultanée de matières organiques complexes :

$$\left. \begin{array}{l} \text{Eau} + \text{acide carbonique} \\ \quad + \text{ammoniaque} + \text{ac.} \\ \text{sulfurique} + \text{etc.} \end{array} \right\} = \left\{ \begin{array}{l} \text{Oxygène (qui se dégage)} + \text{matières} \\ \quad \text{organiques complexes (protéiques,} \\ \quad \text{graisses, hydrates de carbone).} \end{array} \right.$$

La seconde, qui serait la précédente prise en sens inverse, exprimerait que de l'oxygène a été précipité sur des composés organiques, lesquels ont été décomposés en même temps, avec production finale d'eau, d'acide carbonique, d'ammoniaque, etc.

$$\left. \begin{array}{l} \text{Matières organiques complexes} \\ \quad \text{(protéiques, graisses, hydrates} \\ \quad \text{de carbone)} + \text{oxygène.} \end{array} \right\} = \left\{ \begin{array}{l} \text{Eau} + \text{acide carbonique} \\ \quad + \text{ammoniaque} + \text{ac.} \\ \quad \text{sulfurique} + \text{etc.} \end{array} \right.$$

Voilà donc, ramené à ses constituants les plus importants, ce courant de matière qui traverse incessamment les organismes. Lorsqu'on analyse les tissus vivants, toujours on les trouve formés par les mêmes matières organiques, associées, pour des conditions physiologiques données, dans des proportions sensiblement constantes. Mais cette immobilité apparente cache en réalité une succession ininterrompue d'écroulements et de restitutions, d'usures et de réparations. Sans cesse les protéiques, les graisses, les hydrates de carbone qui constituent la matière vivante sont détruits, et les produits ultimes de cette décomposition, eau, acide carbonique, ammoniaque, etc., sont restitués au milieu minéral, tandis que, d'autre part, de nouvelles quantités des mêmes substances pénètrent dans le cycle des opérations de la vie et s'élèvent à l'état de matières organiques complexes pour être détruites à leur tour.

C'est entre ces deux opérations, synthèse des matières organiques complexes et destruction de ces matières, que sont intercalés tous les phénomènes de la vie à la surface du globe.

La loi de la conservation de la matière chez les êtres vivants. — Tous les matériaux qui constituent les êtres vivants sont donc empruntés au milieu minéral ambiant, et font retour à ce milieu après avoir parcouru un cycle déterminé de transformations chimiques. En d'autres termes, les êtres vivants ne créent ni ne détruisent rien, comme on l'a cru autrefois. Les métamorphoses chimiques qu'ils subissent incessamment dans toutes leurs parties sont soumises, comme toutes les transformations chimiques, *à la loi de la conservation de la matière.*

Pour chaque organisme pris en particulier, on peut à l'aide de la balance dresser le bilan exact de ses échanges de matière avec le monde extérieur, et selon qu'il est dans une période d'accroissement ou de déclin, constater que les entrées l'emportent sur les sorties ou inversement, et que la différence se retrouve exactement dans l'augmentation ou la diminution du poids total de l'être. Rien ne nous paraît aujourd'hui plus simple que l'application méthodique de ce principe à l'étude des échanges nutritifs, mais l'acquisition de cette notion n'en marque pas moins l'une des étapes les plus importantes de l'histoire des sciences biologiques. Conçue déjà par Lavoisier et nettement exprimée par ce grand chimiste, la méthode en question a reçu tout son développement entre les mains de Boussingault, de Liebig et de leurs successeurs, qui l'appliquèrent à l'étude de l'ensemble des phénomènes de la nutrition chez les animaux et les végétaux. On verra plus loin combien cette méthode a été fructueuse.

La loi de la conservation de l'énergie chez les êtres vivants. — La double équation par laquelle on a résumé plus haut le cycle des transformations chimiques de la matière vivante — à supposer même qu'elle fût connue dans toutes ses parties — ne représenterait, comme il arrive du reste pour toute équation chimique, qu'un côté du phénomène, celui qui est relatif aux masses réagissantes et à la nature des transformations que ces masses subissent. Elle ne rendrait pas compte du côté *thermique* de ces réactions, ou, en termes plus généraux, des transformations d'énergie qui accompagnent ces transformations de la matière.

En effet, la synthèse de ces matières organiques complexes, protéiques, graisses, hydrates de carbone, est une réaction *endothermique*, c'est-à-dire une réaction qui n'est possible qu'à la condition que l'énergie nécessaire soit fournie par un agent extérieur. Nous verrons que cet agent est la radiation solaire, et que c'est l'énergie empruntée à cet agent qui se retrouve sous la forme d'énergie chimique accumulée dans les matières organiques formées.

Inversement la décomposition de ces matériaux est *exothermique*; à mesure que les édifices moléculaires ainsi construits subissent la désagrégation progressive, à mesure que, fixant de l'oxygène, ils descendent degrés par degrés l'échelle des destructions, l'énergie accumulée en eux redevient, par portions successives, libre et disponible.

On touche ici à la *source de toute activité vitale*. C'est cette énergie, libérée au cours de la dislocation des principes organiques, qui est utilisée par les organismes pour l'accomplissement de leurs actes vitaux. Toute manifestation vitale, à la considérer au point de vue physico-chimique, présente ce double aspect : elle est, d'une part, une dépense d'énergie ; elle s'accompagne, d'autre part, d'une désagrégation plus ou moins profonde des matériaux organiques dont dispose l'être vivant. Celui-ci fait descendre à une partie de ces substances l'échelle des destructions de la matière organique, et il utilise, pour l'acte vital qu'il doit accomplir, l'énergie qui lui est fournie par cette transformation chimique.

Cette énergie est dépensée sous des formes diverses. Si l'on considère d'abord l'animal, on voit qu'il exécute un certain nombre de *travaux mécaniques*, ceux qu'il accomplit par exemple dans la poursuite, la préhension et l'ingestion de ses aliments. Il dépense, en outre, pour le maintien de sa température une certaine quantité de chaleur. Il y a des espèces animales qui dépensent, les unes sous la forme *d'énergie électrique* (torpilles), les autres sous la forme *d'énergie lumineuse* (lampyres, pyrophores), une partie de l'énergie dont elles disposent. D'une manière générale le fonctionnement de tous les tissus et de tous les systèmes consomme de l'énergie sous une forme ou sous une autre. La plante n'échappe pas à cette loi générale.

Activité fonctionnelle et dépense d'énergie sont donc deux phénomènes inséparables. Or, l'énergie ainsi dépensée, on le démontrera plus loin, a toujours sa source dans l'énergie chimique des matériaux organiques dont dispose l'être vivant, et ainsi l'on constate que le fonctionnement de la vie se résume en deux ordres de phénomènes, qui sont à la fois l'effet et la cause de ce fonctionnement, car, d'une part, le phénomène vital a pour conséquence une usure de matériaux organiques, et, d'autre part, c'est par cette usure qu'est fournie l'énergie nécessaire à la manifestation de ce phénomène.

Une dernière conclusion se présente naturellement ici. Nous avons montré tout à l'heure l'être vivant soumis à la loi de la conservation de la matière. La même conclusion s'impose pour ce qui regarde les transformations de l'énergie. Les organismes ne créent aucune partie de l'énergie dont ils disposent. Ils ne peuvent que restituer l'énergie qui leur a été fournie par un agent extérieur. C'est là un fait que nous déduisons immédiatement du principe de la conservation de l'énergie et que vérifient d'ailleurs toutes les découvertes de la physique et de la chimie biologique (p. 10 et suiv.). Partant de ce principe, on peut dire que *l'entretien de la vie ne consomme aucune énergie qui soit propre à la vie* (M. Berthelot). Cette énergie est empruntée tout entière au monde extérieur, et doit se retrouver tout entière dans l'énergie dépensée au dehors par l'être vivant.

En résumé, les substances que le monde minéral fournit à la matière vivante subissent pendant leur passage à travers les organismes deux grands procès, inverses l'un de l'autre. Le premier est un phénomène de construction moléculaire, avec accumulation dans les produits ainsi formés d'une certaine quantité d'énergie, laquelle est fournie par la radiation solaire; le second est un phénomène de dislocation moléculaire, avec mise en liberté d'énergie.

Étudions de plus près ces deux grands procès physico-chimiques de la vie.

§ II. — LA SYNTHÈSE VÉGÉTALE. ORIGINE DE L'ÉNERGIE DONT DISPOSENT LES ÊTRES VIVANTS.

Le travail chlorophyllien. — Le pouvoir de produire des matières organiques complexes en partant de matières purement minérales, comme l'eau, l'acide carbonique, l'ammoniaque, etc., n'appartient pas à tous les organismes. L'observation montre qu'il est le privilège des plantes vertes, des plantes à chlorophylle, et que l'énergie nécessaire à ce travail de synthèse est fournie par les radiations solaires. De fait l'observation banale montre que les herbivores vivent aux dépens des plantes, que les carnivores se nourrissent aux dépens des herbivores, c'est-à-dire que le règne animal est dépendant du règne végétal, qui lui fournit tout à la fois les matériaux organiques dont il constitue ses tissus, et avec ces matériaux l'énergie nécessaire à l'entretien de la vie.

Lorsque des feuilles vertes sont plongées dans de l'eau chargée de gaz carbonique et qu'elles sont exposées à l'action de la lumière solaire, leur surface se couvre rapidement de bulles gazeuses qui s'échappent et s'élèvent en chapelets presque ininterrompus. Ce gaz, qui est de l'oxygène, est le produit d'un puissant phénomène de réduction, que M. Berthelot a expliqué dès 1860 en admettant que le travail chlorophyllien dédouble à la fois l'eau en hydrogène et en oxygène, et l'acide carbonique en oxyde de carbone et en oxygène. Par l'action de l'hydrogène sur l'oxyde de carbone, il se formerait ensuite de l'aldéhyde formique, dont la polymérisation produirait les sucres (voir les équations ci-après). Cette hypothèse, reprise et un peu modifiée par A. Baeyer (1870) est appuyée aujourd'hui sur une série de faits bien établis. Tout d'abord, à l'aide de la lumière ultra-violette, D. Berthelot et Gaudechon, puis J. Stoklasa et W. Zdobnicky, ont réalisé *in vitro* toutes les réactions prévues par M. Berthelot et que résument les équations ci-après :

$$\text{(I) } 2H^2O = 2H^2 + O^2; \qquad \text{(II) } 2CO^2 = 2CO + O^2;$$
$$\text{(III) } CO + H^2 = CH^2O; \qquad \text{(IV) } 6CH^2O = C^6H^{12}O^6.$$

Ald. formique.   Corps sucré.

En outre, la présence d'aldéhyde formique dans les plantes, longtemps discutée, est aujourd'hui nettement démontrée (L. Gentil), et Bokorny a constaté, d'autre part, la production de grains d'amidon et une augmentation de poids de la plante chez des algues vertes (spyrogyres) ne recevant d'autre aliment carboné que de l'aldéhyde formique sous la forme de sa combinaison bisulfitique. Enfin la polymérisation de l'aldéhyde formique en présence des alcalis a conduit à la synthèse des sucres en $C^6H^{12}O^6$, et inversement la dégradation du sucre par l'électrolyse (W. Lœb) ou par les rayons ultra-violets (Bierry, V. Henri et Ranc) donne naissance à cette même aldéhyde. On peut donc résumer toute l'opération par l'équation :

$$6CO^2 + 6H^2O = C^6H^{12}O^6 + 6O^2.$$

Par déshydratation et condensation, ces sucres seraient ensuite transformés en amidon, et de ces hydrates de carbone sortiraient ensuite les graisses (p. 428). En ce qui concerne enfin la synthèse des protéiques, notons que par l'union directe de l'oxyde de carbone avec l'ammoniaque molécule à molécule sous l'action de la lumière ultra-violette, D. Berthelot et Gaudechon ont obtenu la formamide $H–CO–NH^2$, c'est-à-dire un corps quaternaire, à fonction d'amide comme les protéiques. Il est possible aussi, d'après A. Gautier, que la synthèse des protéiques commence par une combinaison de l'aldéhyde formique avec l'acide cyanhydrique, dont on connaît la grande diffusion dans le règne végétal, et qui se produirait lui-même par réduction de l'acide nitrique des nitrates en présence de corps carbonés tels que l'alcool. Mais les diverses étapes de ce travail restent encore très mystérieuses. On ignore de même la raison d'une caractéristique très spéciale des produits de ces réactions, à savoir leur structure asymétrique : les sucres, les protéiques, les acides aminés que produit la plante sont toujours doués du pouvoir rotatoire [1].

---

1. Cependant ce phénomène devient moins mystérieux depuis que l'on a réalisé à partir de corps inactifs (acide cyanhydrique et aldéhyde benzoïque) la synthèse de corps actifs (nitrile phénylglycolique droit et, de là, acide phénylglycolique

La chlorophylle, qui est l'agent de ces puissants phénomènes de synthèse présente un spectre d'absorption, remarquable par une série de bandes obscures, c'est-à-dire que cette substance absorbe et retient une partie des radiations dont se compose la lumière blanche, et tout spécialement celles de la région B-C du spectre, et l'on doit admettre que c'est l'énergie des radiations ainsi disparues dont une partie reparaît sous la forme d'énergie chimique accumulée dans les matériaux de synthèse élaborés par la plante [1].

Le rôle de la granulation chlorophyllienne nous apparaît donc comme celui d'un commutateur d'énergie, grâce auquel la plante verte peut transformer en énergie chimique l'énergie des radiations solaires.

§ III. — LES TRANSFORMATIONS DE LA MATIÈRE ET DE L'ÉNERGIE CHEZ LES ANIMAUX.

C'est avec les matières organiques complexes ainsi construites par la plante verte que les animaux (et les végétaux inférieurs) édifient à leur tour leurs tissus, et c'est en détruisant ces matières qu'ils recueillent et utilisent pour leurs opérations vitales l'énergie que la granulation chlorophyllienne y avait accumulée.

Ainsi chaque gramme de sucre formé dans la plante verte à partir de l'eau et de l'acide carbonique coûte une quantité d'énergie représentée par 4 calories environ. Inversement, lorsque du sucre est détruit par l'animal et ramené à l'état d'eau et d'acide carbonique, chaque gramme de sucre ainsi décomposé met à la disposition de l'organisme les 4 unités de chaleur que précédemment la feuille verte de quelque betterave avait empruntées aux rayons solaires pour les accumuler dans ce produit.

Toutes les découvertes de la physique et de la chimie biologiques conduisent à cette conclusion qu'il n'existe pas pour les organismes d'autre source d'énergie, et *qu'il y a équivalence entre la somme des énergies de modes divers (chaleur, travail mécanique...) dépensées par l'être vivant pendant un temps*

---

gauche) tant sous l'action de diastases, telles que l'émulsine, que sous l'action de catalyseurs de composition connue, par exemple la quinine et la quinidine.

1. La chaleur de combustion des matières organiques produites dans un temps donné par une surface cultivée représente à peu près un centième de la chaleur solaire reçue dans le même temps par cette surface (J. Duclaux).

donné, et la quantité d'énergie correspondant aux méta-morphoses chimiques qui se sont accomplies dans les tissus de l'être pendant le même temps, ce que l'on pourrait résumer ainsi qu'il suit :

Énergie dépensée par l'orga-   Chaleur produite par les nisme (chaleur, travail mé- $\Big\} = \Big\{$ métamorphoses chimi-canique...).   ques.

Expériences de Lavoisier et Laplace. — Cette notion fonda-mentale en physiologie date des mémorables recherches de Lavoisier sur la respiration. L'expérience que ce grand chimiste fit à ce sujet, en commun avec Laplace, est demeurée classique : elle marque, en effet, le commencement de la physiologie contemporaine et l'introduction des méthodes de recherches des sciences exactes dans l'étude des phénomènes de la vie. A la vérité le problème tel que le posèrent Lavoisier et Laplace n'avait pas — et ne pouvait avoir à cette époque — la généralité que comporte l'énoncé ci-dessus. Bien qu'il eût nettement embrassé ce problème dans toute son étendue et que déjà il eût exprimé cette idée fondamentale qu'à toutes les formes d'activité physiologique correspond une dépense de « force [1] », Lavoisier n'aborda expérimentalement qu'un côté de la question, celui de l'origine chimique de la chaleur animale.

Voici comment Lavoisier posa le problème. Les animaux introduisent de l'oxygène atmosphérique dans leurs poumons jusqu'au contact du sang et restituent une partie de cet oxygène à l'état d'acide carbonique. Il s'est donc produit une combustion des matériaux carbonés du sang, et il s'agit de démontrer que la chaleur produite par cette combustion pendant un temps donné chez un animal est suffisante pour

1. « Ce genre d'observations, dit Lavoisier, nous conduit à comparer des emplois de force entre lesquels il semblerait n'exister aucun rapport. On peut connaître, par exemple, à combien de livres en poids répondent les efforts d'un homme qui récite un discours, d'un musicien qui joue d'un instrument. On pourrait même évaluer ce qu'il y a de mécanique dans le travail du philosophe qui réfléchit, de l'homme de lettres qui écrit, du musicien qui compose. Ces effets, considérés comme purement moraux, ont quelque chose de physique et de matériel. Ce n'est pas sans quelque justesse que la langue française a confondu, sous la dénomination commune de travail, les efforts de l'esprit comme ceux du corps, le travail du cabinet et celui du mercenaire. » — On n'entend point par cette citation soulever et trancher ici la question de la consommation d'énergie par le fait des opérations psychiques, mais simplement montrer que Lavoisier avait bien compris que la production de la chaleur par les êtres vivants n'est que l'un des modes suivant lesquels les organismes peuvent dépenser l'énergie chimique de leurs aliments.

expliquer la quantité de chaleur rayonnée par l'animal pendant le même temps.

Lavoisier établit d'abord avec Laplace le principe du calorimètre à glace et il mesura la quantité de glace que fait fondre l'unité de poids de carbone en se transformant en acide carbonique. Puis il détermina, d'une part, la quantité de glace fondue par suite du séjour d'un cochon d'Inde dans le calorimètre pendant un temps donné, et de l'autre la quantité d'acide carbonique exhalée dans le même temps par un autre animal de la même espèce. Voici quels furent les résultats d'une de leurs expériences.

1° Un cochon d'Inde introduit dans le calorimètre à glace cède en dix heures une quantité de chaleur suffisante pour faire fondre 341 gr. 08 de glace à 0°.

2° Un cochon d'Inde exhale en dix heures une quantité d'acide carbonique contenant 3 gr. 333 de carbone, et l'on calcule que la quantité de chaleur dégagée par la combustion de ce poids de carbone est suffisante pour faire fondre 326 gr. 75 de glace à 0°.

La quantité de chaleur perdue par l'animal en un temps donné est donc sensiblement égale à celle que l'acide carbonique éliminé par le poumon pendant le même temps a dû produire au moment de sa formation; en effet, au lieu d'être égal à 1, le rapport des deux quantités de chaleur est :

$$\frac{326,75}{341,08} = 0,96.$$

Cette égalité presque mathématique, nous le voyons clairement aujourd'hui, était en grande partie l'effet du hasard, car les conditions de l'expérience et le mode de calcul des résultats étaient passibles d'objections graves, dont la plupart, du reste, n'avaient pas échappé à la critique pénétrante de Lavoisier. Laissons de côté ces critiques et bornons-nous à noter qu'à la suite de nouvelles recherches Lavoisier constata que, sur 100 parties d'oxygène disparu dans le poumon, 81 parties seulement reparaissent à l'état d'acide carbonique, et il crut pouvoir admettre que cet oxygène manquant a formé de l'eau en se combinant avec l'hydrogène fourni par les matériaux organiques du sang, combustion qui est la source d'une autre fraction de la chaleur animale.

Finalement, dans son dernier travail fait en collaboration avec Séguin, Lavoisier conclut ainsi : « On voit que la machine animale est gouvernée par trois régulateurs principaux : la respiration qui consomme de l'hydrogène et du carbone et qui fournit du calorique; la transpiration qui augmente ou qui diminue suivant qu'il est nécessaire d'emporter plus ou moins de calorique; enfin la digestion qui rend au sang ce qu'il perd par la respiration et la transpiration ».

Ainsi l'origine chimique de la chaleur animale est nettement affirmée par Lavoisier : *C'est la digestion qui apporte à l'organisme les matériaux dont la destruction doit fournir la chaleur.*

A la vérité Lavoisier envisage cette destruction comme identique à une combustion, et il calcule la chaleur produite comme si l'oxygène fourni par la respiration se portait sur du carbone et de l'hydrogène libres. Nous concevons aujourd'hui autrement et plus complètement la nature de ces réactions et nous savons calculer d'une manière plus précise les quantités de chaleur qu'engendrent ces opérations, mais la question fondamentale est restée la même, de telle sorte que l'expérience de Lavoisier, comme on l'a dit justement, est placée au seuil de la physiologie générale.

Expériences de Dulong et de Despretz. — La doctrine de la combustion respiratoire. — L'importance capitale du problème soulevé par Lavoisier décida, en 1822, l'Académie des sciences à proposer cette question des sources de la chaleur animale comme sujet de prix. C'est qu'en dépit des preuves apportées par Lavoisier on continuait à admettre, sous l'influence alors toute puissante des doctrines vitalistes, que les organismes ont par eux-mêmes un pouvoir thermogène dont l'origine est dans la *force* ou dans le *principe vital*. Deux travaux importants, l'un de Dulong, l'autre de Despretz furent présentés.

La technique de ces deux savants était meilleure que celle de Lavoisier, mais rien n'était changé à la manière dont leur prédécesseur calculait la quantité de chaleur produite, c'est-à-dire que deux erreurs fondamentales subsistaient ici :

1° Toutes les réactions qui, des aliments conduisent aux produits d'excrétions, continuaient à être envisagées comme des opérations de combustion, c'est-à-dire que les oxydations restaient la source unique de la chaleur animale, théorie qui a conservé à juste titre le nom de *doctrine de la combustion respiratoire*, et dont l'influence a été si considérable que les idées et tout le langage médical en sont encore pénétrés aujourd'hui.

2° On continuait à calculer la chaleur produite par ces combustions comme si l'oxygène se portait sur du carbone et sur de l'hydrogène libres, alors qu'en réalité cette combustion porte sur des corps organiques complexes, protéiques, graisses, hydrates de carbone.

Sur ces deux points le progrès est venu, d'une part, d'une connaissance plus étendue des réactions qui se produisent chez les êtres vivants, et, d'autre part, de l'avènement de la thermochimie, qui a pénétré et transformé la chimie biologique, comme elle a renouvelé la chimie générale.

Doctrines actuelles. — Premières notions de thermochimie animale. — Dès 1865, dans un mémoire fondamental présenté à la Société de biologie, Berthelot montrait qu'à côté des réactions d'oxydation, il se passe encore dans l'organisme des réactions d'hydratation, de dédoublement, de réduction, de synthèse, qui toutes concourent, les unes positivement parce qu'elles fournissent de la chaleur, les autres négativement parce qu'elles en absorbent, à la production de la chaleur animale. Dans le même mémoire, M. Berthelot établissait, d'autre part, que malgré le nombre énorme et la diversité de ces réactions, dont beaucoup nous échappent encore entièrement, il reste possible de déterminer la quantité totale de chaleur qu'elles mettent à la disposition de l'organisme. Il suffit, en effet, de connaître l'état initial et l'état final des matériaux sur lesquels ont porté les métamorphoses chimiques de la vie animale, la nature et la suite des transformations intermédiaires pouvant varier à l'infini. C'est *le principe de l'équivalence calorifique des transformations chimiques, ou principe de l'état initial et de l'état final.*

Appliqué à un adulte qui est pris à l'état d'entretien, c'est-à-dire qui ne varie pas de poids et qui ne subit pas de modifications appréciables dans son état, il conduit aux deux théorèmes suivants, énoncés par M. Berthelot (1879) et qui sont le fondement de la théorie moderne de la chaleur animale. Le premier a trait à un organisme ne dépensant au dehors que de la chaleur; le second s'applique au cas où il y a à la fois dépense de chaleur et dépense de travail.

1° *La chaleur développée par un être vivant qui ne reçoit le concours d'aucune énergie étrangère à celle de ses aliments et qui n'effectue aucun travail extérieur pendant la durée d'une période à la fin de laquelle l'être se retrouve identique à ce qu'il était au commencement, est égale à la différence entre la chaleur de formation de ses aliments (l'oxygène et l'eau étant compris sous cette dénomination) et celle de ses excrétions (eau et acide carbonique compris.*

2° *La quantité de chaleur développée par un être vivant qui effectue des travaux extérieurs, toujours sans le concours d'une énergie étrangère à ses aliments et sans éprouver de changements appréciables dans sa constitution chimique, peut être calculée d'après la différence qui existe entre la chaleur de formation de ses aliments et celle de ses excrétions, diminuée d'une quantité équivalente au travail accompli.*

C'est le programme contenu dans ces deux énoncés qu'ont réalisé les expériences que voici.

Reprise des expériences de Lavoisier. — Considérons d'abord le cas de l'organisme n'effectuant *aucun travail extérieur*. Pratiquement le problème posé par le théorème de Berthelot revient alors à vérifier l'équation :

Chaleur de combustion des aliments — chaleur de combustion des excrétions = chaleur rayonnée par l'organisme [1].

En effet, dans le calorimètre les aliments, protéiques, graisses, hydrates de carbone, descendent par combustion totale jusqu'à l'état d'eau, d'acide carbonique, d'azote, d'acide sulfurique, etc.; l'organisme, au contraire, à côté de déchets complètement brûlés comme l'eau et l'acide carbonique, élimine par l'urine et par l'intestin des matériaux divers, azotés et sulfurés, qui sont encore combustibles, c'est-à-dire porteurs d'une certaine quantité d'énergie chimique dont l'organisme n'a pas profité, et qui doit donc être déduite de la chaleur de combustion des aliments telle que la mesure la combustion calorimétrique.

Ainsi posé, le problème n'a été résolu expérimentalement que tout près de nous, en Allemagne par Rubner sur le chien et en Amérique par Atwater et ses collaborateurs sur l'homme.

Voici d'abord quelques-uns des résultats obtenus par les savants américains sur l'homme à l'état de repos, les sujets vivant dans une chambre calorimétrique spécialement construite et qui permettait de recueillir toute la chaleur rayonnée par l'organisme (voy. aussi p. 560-72).

---

[1]. Appliquons, en effet, l'équation en question à un organisme ne consommant que du glycose, et soit, pendant un temps donné, une molécule de ce corps ($C^6H^{12}O^6 = 180$ gr.), et dont les excrétions seraient donc représentées par $6CO^2 + 6H^2O$. La chaleur de combustion du glycose est, par molécule, de 677 calories, et comme la chaleur de combustion des excrétions, eau et acide carbonique, est nulle puisque ces corps sont entièrement oxydés, ces 677 calories représentent la chaleur produite par l'organisme pendant le temps considéré. Or, c'est aussi ce qu'exprime le premier des deux théorèmes énoncés ci-dessus, car la différence entre la chaleur de formation de $6CO^2 + 6H^2O$ (excrétions) et la chaleur de formation de $C^6H^{12}O^6$ (aliments) donne aussi ce même nombre de 677 calories.

Durée de l'observation.	Différence entre la chaleur de combustion des aliments [1] et celle des excrétions pour 24 heures.	Chaleur recueillie effectivement par le calorimètre en 24 heures.
1 jour.	2 304 cal.	2 279 cal.
9 jours	2 118 —	2 136 —
33 —	2 288 —	2 278 —

La concordance est remarquable. Il a donc fallu plus d'un siècle d'efforts pour donner à l'expérience fondamentale de Lavoisier sa forme définitive.

Les résultats obtenus sur des adultes fournissant dans l'enceinte calorimétrique un *travail extérieur* n'ont pas été moins précis. A l'état de repos complet l'expérience ci-dessus a vérifié l'équation :

$$Q = q,$$

Q représentant la chaleur calculée d'après la ration détruite et q la chaleur effectivement recueillie par le calorimètre. Lorsque, au contraire, le sujet fournit en même temps un travail mécanique, c'est qu'une partie de la chaleur Q a été transformée en travail, soit en un certain nombre de kilogrammètres Tr, et l'expérience doit vérifier alors l'équation suivante, où A représente l'équivalent calorifique [2] du travail $\left(\text{soit } \dfrac{1}{425} \right)$:

$$Q = q + A.\ Tr.$$

Cette vérification, tentée pour la première fois par le savant alsacien Hirn, en 1857, a été réalisée par l'école d'Atwater de la manière que voici. Les sujets observés se livraient dans l'enceinte calorimétrique à un travail qui consistait à mettre en marche un

---

1. Dans ces expériences l'état d'entretien n'a pu être réalisé qu'exceptionnellement. Tantôt l'organisme n'a pas détruit toute sa ration et en a fixé une partie, tantôt il a dû faire des emprunts de matière à ses propres tissus, mais les données de l'expérience ont permis de calculer chaque fois la nature (protéique, graisse, hydrate de carbone) et l'étendue de ce bénéfice ou de cette perte et d'en tenir compte. Cela signifie donc qu'il faut entendre ici par « aliments » dans le premier cas, la partie de la ration qui a été réellement brûlée, et dans le second ce qu'a apporté la ration, augmenté de ce qu'a sacrifié l'organisme.

2. On sait que 1 calorie équivaut à 425 kilogrammètres, c'est-à-dire à la quantité de travail représentée par le soulèvement de 425 kilogrammes à une hauteur de 1 mètre.

vélocipède actionnant une petite machine dynamo-électrique placée dans la même enceinte. L'énergie électrique ainsi engendrée était en même temps transformée en chaleur au moyen de résistances convenables, et cette chaleur était mesurée comme la chaleur directement produite par le sujet. Voici la moyenne des résultats d'une série de six expériences de ce genre d'une durée totale de vingt jours.

Chaleur calculée d'après la ration détruite par
    l'organisme en 24 heures . . . . 3 669 cal.
Chaleur recueillie effectivement par le calori-
    mètre en 24 heures . . . . :. 3 656 —

L'écart n'est que 13 calories, soit de 0,4 p. 100 seulement.

Si l'on prend enfin la moyenne de quatre-vingt-treize jours d'expériences des savants américains, effectuées tant sur des sujets au repos qu'avec travail mécanique, on arrive à ce résultat final remarquable :

Chaleur calculée pour 24 heures. . . . . 2 719 cal.
    —   recueillie pour 24 heures . . . . 2 710 —

La loi de la conservation et des transformations de l'énergie chez les êtres vivants se trouve donc vérifiée avec une précision parfaite.

§ IV. — LA VIE ANIMALE OPPOSÉE A LA VIE VÉGÉTALE : UNITÉ DE LA VIE DANS LES DEUX RÈGNES. — LA VIE DES ORGANISMES INFÉRIEURS.

La théorie dualiste de la vie. — Il semble ressortir de ce qui précède une opposition très nette entre les plantes vertes et les animaux. Les végétaux à chlorophylle empruntent au monde minéral de l'eau, de l'acide carbonique, de l'ammoniaque, etc., et grâce à l'énergie de la radiation solaire, ils édifient à l'aide de ces matériaux des corps complexes, protéiques, graisses, etc. Les animaux ingèrent ces composés, en font les principes immédiats de leurs tissus, puis les détruisent et utilisent à leur profit l'énergie accumulée dans ces corps par le travail chlorophyllien.

L'opposition entre les deux règnes semble donc complète. Au point de vue chimique, le végétal apparaît comme un appareil de réduction et de synthèse; l'animal, au contraire, comme un appareil d'oxydation et de décomposition. Au point de vue dynamique le contraste n'est pas moins frappant : la plante « transforme des forces vives (énergie de la radiation solaire) en forces de tension (énergie chimique des produits de la synthèse végétale) » ; l'animal, au contraire, « transforme des forces de tension en forces vives », et l'on peut résumer cette opposition par la formule saisissante de Tyndall : « Le végétal est produit par l'élévation d'un poids et l'animal par la chute de ce poids ». C'est la *théorie dualiste de la vie* que Dumas et Boussingault ont développée avec une si magnifique ampleur dans leur *Essai sur la statique chimique des êtres vivants.*

Unité de la vie dans les deux règnes. — Claude Bernard s'est élevé avec une grande vigueur d'arguments contre cette théorie, qui résume, à la vérité, les rapports que l'on constate à la surface du globe entre les végétaux et les animaux, mais qui ne répond, en réalité, qu'à un côté de la physiologie des deux règnes. La théorie dualiste implique, en effet, qu'*au point de vue physiologique* l'animal et le végétal se complètent réciproquement, puisque le végétal *assimile*, en créant par voie de réduction et de synthèse des réserves de principes immédiats, et que l'animal, au contraire, après avoir emprunté ces réserves à la plante, les *désassimile* par voie d'oxydation et de décomposition. Or, l'observation montre que, sous l'infinie variété des formes que revêt la vie végétale ou animale, il n'y a partout qu'une seule manière de vivre, qu'une seule physiologie. Chez tout organisme, la vie est complète, c'est-à-dire caractérisée par *un double phénomène d'assimilation et de désassimilation*, de création et de destruction, double courant en dehors duquel on ne saurait concevoir la vie. Le végétal et l'animal ne possèdent donc pas chacun une sorte de demi-existence, le premier créant les matériaux que le second va détruire. Leur indépendance au point de vue physiologique est complète. Seule l'apparence extérieure des phénomènes en impose ici.

Chez la plante verte, en effet, le phénomène de synthèse de création organique se manifeste avec une activité si remarquable qu'elle masque à nos yeux le procès inverse de la désassimilation. Nous voyons la plante créer et accumuler des réserves considérables de matières amylacées, de protéiques, de graisses. Mais suivons-la dans son développement ultérieur et nous la verrons, tout comme l'animal, consommer et détruire ces réserves [1]. C'est qu'à côté des cellules à chlorophylle, qui opèrent à la lumière leur travail de synthèse, il y a comme un autre être, vivant et respirant comme un animal, et qui, à l'obscurité comme à la lumière, absorbe de l'oxygène, élimine de l'acide carbonique et consomme sans cesse les matériaux dont il dispose. C'est surtout au moment de la floraison que ces phénomènes sont sensibles. Ainsi la betterave brûle à ce moment, en la transformant en eau et en acide carbonique, une partie du sucre qu'elle avait précédemment mis en réserve dans sa racine, à tel point que la plante diminue de poids et se consume comme un animal.

Chez l'animal, au contraire, ce sont les phénomènes de destruction, de désassimilation qui s'imposent tout d'abord à notre attention. Les phénomènes d'assimilation, de création organique ne se révèlent qu'à une observation plus pénétrante. « Seul l'histologiste, l'embryogéniste, en suivant le développement de l'élément ou de l'être vivant, saisit des changements, des phases qui lui révèlent ce travail sourd. » (Claude Bernard.)

Ainsi la vie est complète chez la plante comme chez l'animal, et l'opposition que la théorie dualiste contient au point de vue *physiologique* ne saurait être soutenue.

On en peut dire autant en ce qui concerne le côté *chimique* des opérations de la vie.

Si à ce point de vue on constate des différences nombreuses à coup sûr, elles n'ont rien d'essentiel ; elles n'impliquent aucune différence de nature entre la chimie physiologique des deux règnes. En effet, les phénomènes de synthèse et de réduction ne sont point l'apanage exclusif des plantes à chlorophylle. De telles réactions s'accomplissent aussi dans les tissus des animaux. Ainsi la transformation du sucre en graisse implique nécessairement des phénomènes de désoxydation et de décomposition, suivis de reconstructions synthétiques (p. 430). Pareillement les plantes vertes oxydent et décomposent, comme le fait l'animal, puisque à la lumière comme à l'obscurité, elles absorbent constamment de l'oxygène et éliminent de l'acide carbonique [2], signes évidents d'une véritable combustion respiratoire.

---

1. Il peut arriver, à la vérité, que ces réserves soient consommées par un animal. Mais ces faits sont, comme le dit Claude Bernard, accidentels et contingents. « L'organisme vivant est fait pour lui-même. Il travaille pour lui et non pour d'autres. Il n'y a rien dans la loi de l'évolution de l'herbe qui implique qu'elle doit être broutée par un herbivore ; rien dans la loi de végétation de la canne qui annonce que son sucre devra sucrer le café de l'homme. »

2. C'est là la véritable respiration de la plante, se continuant à la lumière comme à l'obscurité et que l'on appelait autrefois la *respiration nocturne*, parce qu'on ne l'avait saisie qu'à l'obscurité. A la lumière, en effet, les échanges gazeux chlorophylliens (absorption d'acide carbonique et élimination d'oxygène) masquent les échanges respiratoires. Mais ces échanges chlorophylliens ne constituent pas un phénomène respiratoire et c'est à tort, ainsi que l'a démontré d'abord Garreau, qu'on les avait considérés comme une *respiration diurne*.

Aucune différence essentielle ne sépare donc la physiologie et la chimie des plantes vertes de celles des animaux. Il n'en est pas de même en ce qui concerne les rapports de ces deux catégories d'organismes avec le milieu qui les entoure, c'est-à-dire le mode suivant lequel les plantes vertes et les animaux empruntent à ce milieu la matière et l'énergie dont ils ont besoin. La plante verte construit ses tissus à partir de matières purement minérales, et, par sa granulation chlorophyllienne, elle emprunte directement à la radiation solaire l'énergie qu'elle doit dépenser pour vivre. L'animal, au contraire, ne reçoit directement du milieu minéral que des matériaux d'importance secondaire. Pour les substances organiques qui constituent ses tissus il est dans une dépendance étroite vis-à-vis de la plante verte, qui lui fournit ces substances, et, avec elles, l'énergie nécessaire à l'entretien de la vie.

La vie chez les organismes inférieurs. — Les ferments. — Si nous passons enfin aux organismes inférieurs, nous constatons que ces différences vont en s'atténuant encore. Ainsi les végétaux dénués de chlorophylle sont impuissants à vivre uniquement aux dépens des matières minérales qui suffisent à une plante verte. Il faut à ces êtres des aliments organiques plus ou moins complexes. Par là ils se rapprochent des animaux ; ils en diffèrent par ce fait que les aliments organiques dont ils se contentent sont souvent beaucoup moins élevés dans l'échelle des synthèses que les matériaux organiques, albumines, graisses, etc., qu'exige l'entretien de la vie chez l'animal.

Semons, par exemple, une mucédinée dans une solution de glycose contenant des sels minéraux (et notamment des azotates ou des sels ammoniacaux) nécessaires à la vie des moisissures. Au contact de l'air le végétal se développe, il fabrique de la cellulose, des graisses, des protéiques, il s'étend, il vit, il dépense de l'énergie. En ce qui concerne la synthèse de ses albumines à partir des azotates ou des sels ammoniacaux, cette mucédinée s'est donc comportée comme une plante verte. Mais, d'autre part, elle a vécu aux dépens du sucre, comme le ferait un animal, car en même temps qu'elle fait servir une partie de ce glycose à l'édification de ses tissus, elle en détruit une autre partie avec production d'acide carbonique et d'eau, et elle utilise pour le développement et le jeu de ses protoplasmes l'énergie fournie par cette destruction (E. Duclaux).

En outre, dans cette dislocation des matériaux organiques, on peut saisir comme une succession d'étapes qui correspondent à l'activité vitale des diverses catégories d'organismes, les produits de désassimilation des uns servant d'aliments aux autres. Ainsi la levure de bière vit aux dépens du glycose, qu'elle convertit en alcool et en acide carbonique. L'alcool à son tour est oxydé et transformé en acide acétique par le micoderme du vinaigre. Enfin cet acide, à l'état d'acétate alcalin, sert d'aliment à de nombreuses moisissures qui le conduisent jusqu'à l'état d'acide carbonique et d'eau, c'est-à-dire que le glycose se trouve finalement ramené jusqu'aux matériaux mêmes qui ont servi à sa synthèse dans la plante verte.

Chacun de ces organismes a donc fait descendre au sucre un échelon dans la série des destructions, et a recueilli, au profit de ses actes vitaux, une partie de l'énergie que le travail chlorophyllien avait primitivement accumulée dans cet aliment.

Une dernière remarque se présente ici. Elle est relative à la destruction plus ou moins profonde que les organismes font subir aux matériaux dont ils disposent, et elle nous conduit à rapprocher sous ce rapport la nutrition des organismes supérieurs de celle des ferments, auxquels leur énorme puissance de décomposition donne des allures si spéciales.

Dans la nutrition des animaux supérieurs, nous sommes habitués à saisir *un certain rapport entre la masse de l'aliment et celle de l'organisme entretenu par cet aliment.* Un homme adulte consomme en vingt-quatre heures environ 100 grammes d'albumine, 75 grammes de graisse et 400 grammes d'hydrates de carbone, soit donc environ 500 à 600 grammes d'aliments organiques à l'état sec pour 60 à 70 kilogrammes de poids vif entretenu. Au contraire, pour un ferment tel que la levure de bière, il y a une disproportion si énorme entre le faible poids de levure entretenue ou produite et le poids considérable de sucre transformé en alcool que pendant longtemps le développement de la levure a passé inaperçu, ou bien a été considéré comme un phénomène tout à fait accessoire dans l'acte de la fermentation alcoolique.

Cette différence tient à la manière dont ces deux catégories d'organismes traitent les aliments qu'ils consomment. On verra plus loin que les animaux supérieurs conduisent la désagrégation des albumines, des graisses et des hydrates de carbone jusqu'à la production d'eau, d'acide carbonique et d'urée. C'est là une décomposition très profonde, dont le rendement en énergie est considérable. Il est, par exemple, de 677 calories pour une molécule de glycose (180 gr.) transformée en eau et en acide carbonique. La levure de bière, au contraire, dédouble simplement la molécule de sucre en alcool et en acide carbonique, et ne recueille dans cette opération que 61 calories. *Le rendement en énergie est donc beaucoup moins considérable*, l'alcool conservant et emportant avec lui plus des neuf dixièmes de l'énergie chimique du glycose.

On saisit dès lors la cause de cette disproportion entre le poids de l'agent et l'effet produit, déjà signalée par Pasteur comme la caractéristique essentielle des êtres que nous appelons *ferments*. Elle tient à cette particularité que ces organismes ne font descendre à l'aliment auquel ils s'adressent qu'un petit nombre de degrés dans l'échelle des destructions de la matière organique, et *qu'ils compensent la médiocrité du rendement en énergie de cette opération par la masse considérable d'aliment transformé*. Mais dans ce mécanisme on ne saisit rien de spécifique, rien qui établisse une différence de nature entre la physiologie de ces êtres et celle des organismes supérieurs.

La chimie des êtres vivants est donc une. Seules des nécessités d'étude et d'exposition justifient la séparation de la chimie animale d'avec celle des végétaux ou des organismes inférieurs. Bien que le présent exposé doive être limité à l'étude des phénomènes chimiques qui se passent chez l'homme (et chez les animaux supérieurs), il était nécessaire d'établir d'abord cette unité, en exposant sommairement la circulation de la matière et de l'énergie à travers l'ensemble des êtres vivants, et de faire saisir ainsi le lien de mutuelle dépendance qui unit entre eux tous les organismes.

CHAPITRE II

LES MATIÈRES PROTÉIQUES

Les matières protéiques constituent essentiellement le protoplasma de tous les êtres vivants [1]. On doit conclure de là que tous les phénomènes de la vie se font par les matières protéiques ou les touchent à un degré quelconque. L'étude des propriétés et de la constitution de ces substances est donc en physiologie un problème fondamental.

On a réuni primitivement sous le nom de matières protéiques un ensemble de substances présentant avec l'albumine du blanc d'œuf des analogies évidentes. Tout d'abord les limites de ce groupe sont demeurées assez étroites, et n'ont compris que des corps tels que les diverses albumines, les globulines, les alcalialbumines, les acidalbumines, etc., dont les ressemblances avec l'albumine de l'œuf sautent aux yeux. Puis la notion chimique de l'albuminoïde est devenue de plus en plus large et a fini par comprendre des corps tels que la kératine des ongles, la spongine de l'éponge ou la fibroïne de la soie, qui s'éloignent considérablement du type extérieur offert par l'albumine de l'œuf.

Il n'est pas possible, dans l'état actuel de la science, de donner une définition précise de la famille des matières protéiques, pour la raison que la constitution chimique de ces corps n'est pas encore connue. Mais on peut les réunir néanmoins sans effort dans une famille naturelle dont les caractères communs sont fournis :

1° Par la composition centésimale, et par un ensemble de réactions de coloration ;

2° Par la nature des produits de décomposition ;

1. Le corps humain renferme en moyenne 16 p. 100 de matières protéiques sur 37 p. 100 de substances solides, dont 5 p. 100 de cendres. Environ 50 p. 100 des matériaux organiques du corps humain sont donc constitués par des protéiques.

3º Par le poids moléculaire très élevé et par la complication de la structure de ces composés;

4º Par la nature colloïdale de leur dissolution aqueuse. Passons en revue ces divers caractères.

§ I. — COMPOSITION CENTÉSIMALE ET RÉACTIONS DE COLORATION.

La composition centésimale se meut dans des limites assez rapprochées et qui sont les suivantes.

Carbone	de 50	à 55	p. 100.	
Hydrogène	— 6,6	à 7,3	—	
Azote.	— 15	à 19	—	
Oxygène . . . . ·. .	— 19	à 24	—	
Soufre	— 0,3	à 2,4	—	

La teneur en azote, qui est l'élément le plus facile à doser dans ces substances, est en moyenne de 16 p. 100. On peut donc substituer au dosage d'une matière albuminoïde, celui de l'azote contenu dans cette matière. Chaque gramme d'azote trouvé indiquera approximativement $\frac{100}{16} = 6$ gr. 25 de matière albuminoïde. Nous aurons souvent à faire usage de ce coefficient 6,25.

En ne tenant compte que de quatre d'entre les éléments des protéiques, carbone, hydrogène, oxygène et azote, on a appelé autrefois ces composés les corps *quaternaires*, par opposition aux corps *ternaires*, c'est-à-dire aux graisses et aux hydrates de carbone, qui ne contiennent que du carbone, de l'hydrogène et de l'oxygène.

Les réactions de coloration ont pu être expliquées par l'action des réactifs sur les divers groupements atomiques contenus dans la molécule protéique. On ne rappellera ici que les plus importantes [1].

La *réaction xanthoprotéique* est obtenue en chauffant la matière albuminoïde solide ou en solution avec de l'acide nitrique. La solution et les grumeaux d'albumine qui persistent ou qui se sont formés sont colorés en jaune. L'addition d'ammoniaque fait passer cette couleur au jaune orangé. Cette réaction est due à la nitration des noyaux aromatiques (et notamment de la tyrosine) (K. Inouye) et du noyau de l'indol.

Le *réactif de Millon* (solution d'azotate de mercure dans l'acide nitrique nitreux) précipite en blanc les solutions des matières albuminoïdes et

---

1. Les solutions des protéiques et de leurs produits de dédoublement (albumoses, peptones, acides aminés) présentent dans l'ultra-violet des bandes d'absorption caractéristiques, dont l'étude est pleine de promesses (Ch. Dhéré).

le précipité se colore en rouge brique, lentement à froid, rapidement à chaud. Les matières albuminoïdes solides prennent la même coloration. — Cette réaction est rapportée au groupe *phénol* du complexe tyrosine.

La *réaction du biuret* est obtenue en traitant la solution d'une matière albuminoïde par un grand excès de lessive concentrée de potasse ou de soude, puis par une petite quantité d'une solution très diluée de sulfate de cuivre. La liqueur se colore en bleu violacé ou rosé. La réaction se produit également avec une matière albuminoïde solide. On la rattache à des complexes tels que celui-ci : -NH-CO-CH²-NH-.

§ II. — PRODUITS DE DÉCOMPOSITION.

Il y a plus de soixante ans que l'on s'applique à démolir méthodiquement l'édifice moléculaire des matières albuminoïdes, afin de remonter de la structure des fragments obtenus à celle de l'édifice tout entier. Mais les produits de décomposition sont si nombreux, et de constitution chimique parfois encore si compliquée, que l'analyse qualitative et quantitative complète du mélange qu'ils constituent retiendra encore vraisemblablement les efforts de toute une génération de chimistes.

Dans ce clivage méthodique de la molécule protéique, ce sont surtout les agents de dédoublement par hydrolyse, l'hydrate de baryte, dont s'est servi Schützenberger, l'acide chlorhydrique concentré ou l'acide sulfurique étendu de deux volumes d'eau, réactifs préférés des chimistes allemands (Drechsel, Kossel, E. Fischer), ou encore l'acide fluorhydrique dont Hugounenq a démontré la supériorité sur les autres acides qui ont donné les meilleurs résultats. Enfin telle est aussi l'action des diastases protéolytiques (pepsine, trypsine) et celle des bactéries de la putréfaction. Mais d'autres modes de décomposition comme la fusion avec la potasse, l'oxydation par les permanganates, ou par le bioxyde de manganèse et l'acide sulfurique, l'action du brome en présence de l'eau, etc., ont fourni aussi des renseignements intéressants.

Lorsque dans ces conditions un noyau, un groupement atomique quelconque apparaît d'une manière constante parmi les produits de décomposition, quel que soit l'agent employé, on peut conclure avec d'autan plus de sécurité que ce noyau préexistait dans la molécule primitive. Mais il est nécessaire, bien entendu, de tenir compte de ce fait que ce groupement peut être détaché de la molécule sous une forme variable selon l'agent de décomposition employé. Ainsi les matières albuminoïdes contiennent un noyau, qui apparaît sous la forme de *tyrosine* quand on emploie les acides minéraux, à l'état d'*acide p-oxyphénylpropionique*, puis de *p-oxyphényléthylamine*, si l'on a fait agir la putréfaction. Mais sous ces apparences diverses, on reconnaît sans peine le même noyau primitif, la tyrosine.

Voici d'abord la liste des corps chimiquement bien définis qu'a fournis l'hydrolyse des matières protéiques au moyen des acides. On a laissé de côté quelques produits encore à l'étude et sur lesquels on reviendra plus loin. Tous ces corps, à l'exception du glycocolle, possèdent le pouvoir rotatoire, et nous verrons plus loin en quoi la considération de ce pouvoir est intéressante au point de vue biologique (p. 39) :

Glycocolle, alanine, valine, leucine, isoleucine (et *norleucine*), *sérine, acide glutamique, acide aspartique, acide β-hydroxyglutamique, acide diamino-trioxydodécanique, arginine, lysine, histidine, cystine, tyrosine, phénylalanine, α-proline, oxyproline, tryptophane, glycosamine.*

A l'exception de la glycosamine, qui est un sucre aminé, tous ces corps sont des acides aminés. Ils forment, comme nous le verrons, jusqu'à 80 p. 100 du poids de l'albuminoïde décomposé. *La molécule des protéiques est donc essentiellement constituée par une association d'acides aminés.*

Voyons maintenant quelle est la structure de chacun de ces corps. Les uns appartiennent à la *série grasse*, d'autres à la *série aromatique* (benzénique), d'autres enfin aux *séries hétéro-cycliques*. Les trois grandes catégories de corps organiques que l'on distingue aujourd'hui sont donc représentées dans la molécule des protéiques.

1. *Noyaux appartenant à la série grasse.*

Guanidine ou noyau uréogène. $(NH) = C \underset{NH^2}{\overset{NH^2}{\diagup\diagdown}}$. — Cette base n'a pas été isolée en nature. Sous l'action de l'eau de baryte à haute température, elle est détachée à l'état d'acide carbonique et d'ammoniaque (Schützenberger). En présence des acides minéraux chauds, elle quitte la molécule albuminoïde, combinée à l'ornithine et constituant avec elle l'arginine dont il sera question plus loin (p. 28). Bouillie avec de l'eau de baryte, l'arginine est, en effet, décomposée en ornithine et en *urée*, fait qui démontre donc dans les matières albuminoïdes la présence d'un groupe guanidique ou uréogène, pouvant donner de l'urée par simple hydratation.

Acides aminés. — Ce sont les plus importants comme masse. On peut les classer ainsi qu'il suit :

ACIDES MONAMINÉS MONOBASIQUES OU GROUPE DE LA LEUCINE. — Ce groupe comprend le *glycocolle* ou *glycine* qui est l'acide amino-acétique, l'*alanine* ou acide α-amino-propionique (dextrogyre[1]), la *valine* ou acide α-amino-isovalérianique (dextrogyre en solution chlorhydrique), la *leucine* ou acide α-amino-isobutylacétique (lévogyre), l'*isoleucine* ou acide α-amino-β-méthyl-β-éthylpropionique (dextrogyre)[2] ; la *sérine* ou acide α-amino-β-oxypropionique ou β-oxy-alanine (lévogyre). Voici les formules de ces corps :

$$\text{Glycocolle} \dots\dots\dots\dots\quad CH^2(NH^2)\text{-}COOH$$

$$\text{Alanine}^3 \dots\dots\dots\dots\quad CH^3\text{-}\overset{*}{C}H(NH^2)\text{-}COOH$$

$$\text{Valine} \dots\dots\dots\dots\quad {CH^3 \atop CH^3}\!\!>\!CH\text{-}\overset{*}{C}H(NH^2)\text{-}COOH$$

$$\text{Leucine} \dots\dots\dots\dots\quad {CH^3 \atop CH^3}\!\!>\!CH\text{-}\overset{*}{C}H^2\text{-}CH(NH^2)\text{-}COOH$$

$$\text{Isoleucine} \dots\dots\dots\dots\quad {CH^3 \atop C^2H^5}\!\!>\!\overset{*}{C}H\text{-}\overset{*}{C}H(NH^2)\text{-}COOH$$

$$\text{Sérine} \dots\dots\dots\dots\quad CH^2OH\text{-}\overset{*}{C}H(NH^2)\text{-}COOH$$

ACIDES MONAMINÉS BIBASIQUES OU GROUPE DE L'ACIDE ASPARTIQUE. — Ce groupe comprend *l'acide aspartique* ou acide α-amino-succinique (lévogyre), *l'acide glutamique*[4] ou acide α-amino-glutarique (dextrogyre), auxquels Dakin a ajouté en 1919 *l'acide β-hydroxyglutamique* ou acide α-amino-β-hydroxyglutarique.

Voici les formules de ces acides :

$$\text{Acide aspartique} \dots\dots\dots\quad COOH\text{-}CH^2\text{-}\overset{*}{C}H(NH^2)\text{-}COOH$$

$$\text{Acide glutamique} \dots\dots\dots\quad COOH\text{-}CH^2\text{-}CH^2\text{-}\overset{*}{C}H(NH^2)\text{-}COOH$$

$$\text{Acide β-hydroxyglutamique} \dots\quad COOH\text{-}CH^2\text{-}CHOH\text{-}\overset{*}{C}H(NH^2)\text{-}COOH$$

Il se peut que ces acides existent dans les protéiques sous la forme de leurs amides, asparagine, glutamine, ce qui expliquerait pourquoi les protéiques cèdent si aisément, par hydrolyse de ces groupements amidés, de l'ammoniaque (jusqu'à 5,2 p. 100) (Osborne).

---

1. Sauf indication contraire, le sens du pouvoir rotatoire noté pour ces acides aminés se rapporte toujours à la solution aqueuse.

2. Il semble bien que les protéiques contiennent en outre une *norleucine* (dextrogyre) ou acide α-aminocaproïque *normal* (Abderhalden).

3. L'astérisque indique l'atome de carbone asymétrique.

4. Il se peut que l'acide glutamique provienne d'un noyau d'acide pyrrolidone-carbonique, par hydrolyse et ouverture de la chaîne fermée (voir p. 29).

ACIDES DIAMINÉS MONOBASIQUES OU GROUPE DE L'ARGININE. — Ce groupe comprend l'arginine et la lysine, que A. Kossel a réunis avec l'histidine sous le nom de *bases hexoniques*, à cause du caractère basique de ces corps, plus marqué que leur caractère acide, et de leur composition en C^6.

L'*arginine* est un acide guanidinc-diamino-valérianique (dextrogyre en solution chlorhydrique) que l'ébullition avec de l'eau de baryte ou l'action d'une diastase spéciale, l'*arginase*, dédouble en urée et en *ornithine* ou acide α-δ-diamino-valérianique :

$$\begin{array}{c} NH^2 \\ | \\ NH = \overset{}{C} - NH - CH^2 - CH^2 - CH^2 - \overset{*}{CH}(NH^2) - COOH + H^2O = \\ \text{Arginine} \end{array}$$

$$\begin{array}{c} \nearrow NH^2 \\ CO \\ \searrow NH^2 \end{array} + CH^2(NH^2) - CH^2 - CH^2 - \overset{*}{CH}(NH^2) - COOH.$$

Urée. — Ornithine.

La *lysine* est l'acide α-ε-diamino-caproïque (dextrogyre en solution chlorhydrique) :

$$NH^2 - CH^2 - CH^2 - CH^2 - CH^2 - \overset{*}{CH}(NH^2) - COOH.$$

La troisième base hexonique, l'histidine, n'est pas un acide diaminé gras, mais un corps hétérocyclique.

A ces corps on peut rattacher l'*acide diamino-trioxydodécanique*, $C^{12}H^{26}N^2O^5$. C'est l'acide le plus riche en carbone qui ait été extrait des matières albuminoïdes. D'autres acides oxydiaminés ont été signalés encore, mais leur étude n'est pas terminée.

Noyau sulfuré. — Ce noyau est représenté par la *cystine* (lévogyre en solution chlorhydrique), qui est le disulfure de la *cystéine* ou acide α-amino-β-thiolactique. La cystine est donc aussi un acide aminé.

$$\begin{array}{cc} \begin{array}{c} CH^2.SH \\ | \\ {}^{*}CH-(NH^2) \\ | \\ COOH \\ \text{Cystéine.} \end{array} & \begin{array}{c} CH^2.S \!-\!\!-\! S.CH^2 \\ | \qquad\qquad | \\ {}^{*}CH(NH^2) \quad {}^{*}CH(NH^2) \\ | \qquad\qquad | \\ COOH \qquad COOH \\ \text{Cystine.} \end{array} \end{array}$$

Noyau hydrocarboné. — On citera plus loin des protéides, tels que les mucines, les mucoïdes, dont l'hydrolyse fournit jusqu'à 30 p. 100 de corps réducteurs appartenant aux groupes des sucres. Les matières albuminoïdes proprement dites, comme l'ovalbumine, l'ovoglobuline (mais non la myosine, la fibrinogène, l'édestine,..) donnent aussi, mais en plus petite quantité (parfois à peine 1 p. 100 et jusqu'à 10 p. 100), de tels corps, parmi lesquels on n'a pu caractériser jusqu'à présent qu'un sucre aminé dextrogyre, la *d-glycosamine* (autrefois appelé chitosamine) $CH^2OH-(CHOH)^3-CH(NH^2)-COH$ (E. Fischer). Enfin Hugoun-encq et A. Morel ont pu saisir aussi des polyalcools aminés, corps très voisins des sucres, mais non réducteurs.

2. *Noyaux appartenant à la série aromatique.*

Noyau phénylique et noyau phénolique. — Le noyau phénylique est représenté par la *phénylalanine* ou acide α-amino-β-phénylpropionique (lévogyre) :

$$C^6H^5-CH^2-\overset{*}{C}H(NH^2)-COOH.$$

Le noyau phénolique est la *tyrosine* ou acide α-amino-β-p-oxyphényl-propionique, ou encore p-oxyphényl-alanine (lévogyre en solution chlorhydrique) :

$$OH-C^6H^4-CH^2-\overset{*}{C}H(NH^2)-COOH.$$

On voit que la tyrosine ne diffère de la phénylalanine que par la présence d'un oxhydrile phénolique (en position *para*) dans le noyau benzénique.

3. *Noyaux appartenant à des séries hétéro-cycliques.*

Noyau du pyrrol. — Ce noyau du pyrrol est représenté dans les matières albuminoïdés par la *proline* ou acide α-pyrrolidine-carbonique (lévogyre), et par l'*oxyproline* ou acide γ-oxy-α-pyrrolidine-carbonique (Leuchs et Brewster), peut-être aussi par l'*acide pyrrolidone-carbonique* (qui est la proline, avec un CO à la place d'un CH^2).

$$
\begin{array}{ll}
CH^2-CH^2 & CH(OH)-CH^2 \\
| \quad\quad | & | \qquad\quad | \\
CH^2 \;\; {}^*CH\text{-}COOH & CH^2 \qquad {}^*CH\text{-}COOH \\
\;\;\searrow\;\swarrow & \quad\;\;\searrow\;\;\swarrow \\
NH & \qquad NH \\
Proline. & Oxyproline.
\end{array}
$$

Noyau de l'indol ou benzopyrrol. — La substance mère de tous les dérivés indoliques (indol, scatol, acide indolacétique,...) que l'on voit apparaître au cours de la putréfaction des matières protéiques est le *tryptophane*, isolé par Hopkins et Cole et dont la synthèse a été faite par Ellinger et Flamand. C'est l'acide β-indol-α-aminopropionique ou β-indol-alanine (lévogyre) :

$$C-CH^2-\overset{*}{C}H(NH^2)-COOH$$
$$\|$$
$$CH$$
$$NH.$$

Noyau de l'imidazol. — Ce noyau existe dans l'histidine, l'une des trois bases dites hexoniques, fournies par l'hydrolyse des matières albuminoïdes. L'histidine est l'acide β-imidazol-α-aminopropionique ou β-imidazol-alanine (lévogyre) (Knoop), dont la synthèse a été faite par F. L. Pyman :

$$\begin{array}{c}
\text{CH} \\
\diagup\ \diagdown\diagdown \\
\text{NH}\qquad\text{N} \\
\mid\qquad\ \ \mid \\
\text{CH} = \overset{}{\text{C}}\text{-CH}^2\text{-}\overset{*}{\text{CH}}(\text{NH}^2)\text{-COOH}.
\end{array}$$

On voit donc que le groupement de l'alanine se trouve répété dans six fragments différents : l'alanine, la phéoylalanine, la sérine, la tyrosine, le tryptophane et l'histidine. On remarquera aussi que dans tous ces acides aminés, le radical NH^2 — ou l'un des radicaux NH^2, lorsqu'il y en a deux — est toujours en position α, c'est-à-dire immédiatement voisin du groupe carboxylique COOH.

Voici enfin quelques indications sur les *variations quantitatives* de ces noyaux, d'un protéique à l'autre (voy. ici le tableau de la p. 31).

On voit que si, au point de vue qualitatif, les divers protéiques fournissent à peu près les mêmes fragments, les différences quantitatives sont, au contraire, souvent très considérables. Ainsi le glycocolle, qui manque dans la sérum-albumine, fait environ le quart de la molécule de l'élastine. La leucine, qui représente 20 p. 100 du poids de la sérum-albumine, ne fait que 6 p. 100 de celui de la gliadine, laquelle renferme, au contraire, plus de 40 p. 100 d'acide glutamique.

Notons encore que le total des fragments actuellement isolés n'a représenté encore dans le cas le plus favorable (Osborne) que 85,3 p. 100 du poids total de la molécule, et que, pour le surplus des analyses, il n'a été que 37 à 73 p. 100. C'est d'abord parce qu'il y a destruction d'une partie (assez faible probablement) des produits de l'hydrolyse, et ensuite parce que la purification de ces produits s'accompagne d'une perte qui peut aller jusqu'à 33 p. 100 et au delà (expériences de Osborne et Jones sur un mélange artificiel des acides à isoler), et enfin parce que des noyaux encore inconnus restent peut-être à découvrir. C'est évidemment le second de ces facteurs qui est surtout responsable du déchet en question et dont de nouveaux procédés de séparation (Dakin) tendront sans cesse à réduire l'action, et corrélativement l'on admet en général que, s'il reste encore de nouveaux fragments à isoler (peut-être un ou plusieurs acides amino-uréidiques du type $R\text{-}CH(NH\text{-}CO\text{-}NH^2)\text{-}COOH$) (Lippich), leur masse ne peut pas être très importante. Toutefois le fait que le nouvel acide de Dakin (p. 27) fait jusqu'à 10,5 p. 100 de la molécule de la caséine est à ce point de vue assez inattendu.

Intérêt physiologique de ces résultats. — Les matières protéiques sont les constituants essentiels des tissus, en sorte que la connaissance de leur *structure chimique* est aussi nécessaire à la claire intelligence des phénomènes de la vie que la connaissance de la structure histologique de ces tissus. Elles sont aussi notre aliment le plus important. Un adulte en détruit par jour de 50 à 100 grammes, et souvent davantage, qu'il conduit jusqu'à l'état d'eau, d'acide carbonique et de produits azotés divers (urée, ammoniaque...). Dans la dégradation progressive qui conduit de

	CASÉINE (vache).	SÉRUM ALBUMINE (cheval).	SÉRUM GLOBULINE (cheval).	GLOBINE (cheval).	GÉLATINE (commerciale).	ÉLASTINE (corne de bœuf).	GLIADINE (farine de froment).
Groupe de la leucine.							
Glycocolle.	0	0	3,5	0	16,5	25,7	0,7
Alanine.	0,9	2,7	2,2	4,2	0,8	6,6	2,7
Valine	1,0	—	—	présent	1,0	1,0	0,33
Leucine.	10,5	20,0	18,7	29,0	2,1	21,4	6,0
Sérine	0,2	0,6	—	0,6	0,4	—	0,12
Groupe de l'acide aspartique.							
Acide glutamique . .	11,0	7,7	8,5	1,7	1,9	—	45,0
— aspartique . .	1,2	3,1	2,5	4,4	0,6	0,8	1,24
Groupe de l'arginine.							
Arginine	4,8	4,67	4,51	5,4	7,6	0,3	3,40
Lysine	5,8	11,08	6,75	4,3	2,7	—	0
Histidine [1]	2,6	3,48	1,45	11,0	0,4	—	1,70
Corps sulfuré.							
Cystine.	0,07	2,3	0,7	0,3	—	—	—
Corps aromatiques.							
Tyrosine	4,5	2,1	2,5	1,5	0	0,34	2,4
Phénylalanine . . .	3,2	3,1	3,8	4,2	0,4	3,9	2,6
Corps hétéro-cycliques.							
Proline.	3,1	1,0	2,8	2,3	5,2	1,7	2,4
Oxyproline	0,25	—	—	1,0	3,0	—	—
Tryptophane	1,5	—	—	peu	0	—	1,0

1. L'histidine, que l'on aurait dû ranger dans le groupe des corps hétéro-cycliques, a été laissée ici dans le groupe de l'arginine et de la lysine, à côté desquelles la placent ses réactions analytiques.

l'albumine jusqu'à ces déchets, nous verrons qu'il y a vraisemblablement toute une série d'étapes. Déterminer ces étapes, suivre dans leurs destinées les divers fragments de la molécule protéique, c'est à quoi se résume essentiellement l'étude de la nutrition azotée à l'état de santé ou de maladie.

Or, tous ces produits intermédiaires de la décomposition des protéiques dans l'organisme ne peuvent pas différer essentiellement de ceux qu'a fournis l'étude de la décomposition *in vitro*. En effet, on vient de voir que, quel que soit l'agent employé, ce sont toujours sensiblement les mêmes fragments qui apparaissent, ce qui prouve : 1° que les ruptures se produisent toujours aux mêmes endroits dans la molécule, endroits de plus facile dislocation ; 2° que les fragments résultant de ces ruptures offrent une certaine résistance et représentent donc, ainsi que le dit E. Duclaux, des lieux de plus grande stabilité, c'est-à-dire comme des stations, où, pour des raisons tenant à la structure de la molécule, celle-ci fait halte un instant dans sa descente progressive vers les déchets les plus simples. Il est donc logique d'admettre, et nous donnerons plus loin d'autres preuves en faveur de cette conclusion, que, lorsque la molécule protéique se défait dans l'organisme, *elle se rompt aux mêmes points de soudure et fournit d'abord les mêmes fragments que sous l'action des réactifs* in vitro.

Une connaissance approfondie de tous ces fragments n'est donc pas uniquement d'intérêt chimique. Elle est une introduction indispensable à l'étude de la nutrition azotée. Elle est, en outre, le fil conducteur de cette étude elle-même, car faire la physiologie de la nutrition azotée, n'est-ce pas établir, pour chaque fragment de l'aliment protéique, ce qu'il devient et à quoi il sert ? Et la pathologie de la nutrition ne doit-elle pas rechercher si ces fragments normaux ont été remplacés par d'autres, ou s'ils ont été soit déviés, soit arrêtés dans leur dégradation ? Elle devra expliquer, par exemple, pourquoi dans certaines affections du foie ou dans la cystinurie les fragments leucine, tyrosine, etc., ou le fragment cystine passent inaltérés par les urines, pourquoi le cystinurique ne dégrade la lysine que jusqu'à l'état de cadavérine, et l'arginine jusqu'à celui de putrescine, en quoi, enfin, un goutteux ou un diabétique dédoublent et simplifient probablement leur aliment protéique autrement qu'un homme bien portant[1].

C'est donc bien à juste titre que cette enquête sur le dédoublement des protéiques *in vitro* retient depuis si longtemps les efforts de tant de chercheurs.

Mais il ne suffit pas de connaître les pierres qui constituent l'édifice des protéiques. Il faut encore se rendre compte de la manière dont ces matériaux sont associés dans les diverses matières

---

1. La connaissance de ces noyaux des protéiques est intéressante aussi au point de vue pharmaco-dynamique. Ainsi, dans les protéiques iodés naturels (spongine de l'éponge...), et dans les protéiques iodés artificiels que l'on a essayé de substituer aux albumines iodées de la glande thyroïde (p. 510), l'iode est fixé par le groupe tyrosine (Wheeler et Mendel; Oswald), peut-être aussi par le tryptophane ou par l'histidine.

albuminoïdes, et de ce que représente l'édifice total qu'ils constituent.

§ III. — LA STRUCTURE DES MATIÈRES PROTÉIQUES. LES POLYPEPTIDES.

Grandeur du poids moléculaire des matières albuminoïdes. — On a essayé de déterminer le poids moléculaire des matières albuminoïdes par bien des procédés dont aucun n'est à l'abri de critiques souvent sérieuses, mais qui tous conduisent à attribuer à la molécule de ces corps un poids au moins égal à 6 000 (A. Gautier) et pouvant aller jusqu'à 16 000 environ. Voici quelques-unes de ces valeurs :

	Formules.	Poids moléculaires.
Ovalbumine (A. Gautier)	$C^{250}H^{409}N^{67}O^{81}S^3$	5 739
Globine de l'hémoglobine [1] de cheval	$C^{680}H^{1098}N^{210}O^{241}S^2$	16 218
Globine de l'hémoglobine de chien	$C^{726}H^{1171}N^{191}O^{214}S^3$	16 077

On doit donc admettre que les protéiques sont des édifices moléculaires élevés [2], conclusion qui est en bon accord avec ce double fait : 1° que ces substances prennent en solution *l'état colloïdal*; 2° qu'elles rentrent dans la catégorie des *antigènes*. Nous verrons, en effet plus loin que l'état colloïdal apparaît toujours comme lié à la présence de grosses molécules. Pareillement tous les antigènes, c'est-à-dire les corps qui injectés dans l'organisme provoquent la formation d'*anticorps* [3], sont en général

---

1. Hüfner et Gansser ont aussi mesuré directement au manomètre à mercure la tension osmotique de l'oxyhémoglobine cristallisée de bœuf et ont déduit de ce résultat un poids moléculaire égal à 16 321, ce qui confirme les résultats ci-dessus, puisque l'hématine ne représente que quelques centièmes du poids de la molécule de l'oxyhémoglobine.

2. Notons cependant que E. Fischer, dont l'autorité est si grande en cette matière, incline à admettre que les matières albuminoïdes que nous manions pourraient bien être des mélanges de plusieurs corps dont la composition serait beaucoup plus simple que ne le font apparaître l'analyse élémentaire et les résultats d'hydrolyse exposés ci-dessus.

3. L'injection répétée d'une matière albuminoïde sous la peau d'un animal confère au bout de quelques jours au sérum de l'animal injecté la propriété de précipiter la solution de cette matière (formation d'une *préciptine*). Pareillement l'injection de diastases, de toxines diverses provoque l'apparition d'antidiastases et d'antitoxines correspondantes, c'est-à-dire d'agents annulant respectivement

des corps non dialysables et à caractère colloïdal, donc aussi à molécules volumineuses.

Les valeurs considérables de ces poids moléculaires impliquent nécessairement, étant donné le nombre et le poids moléculaire des fragments que l'on vient d'étudier, que quelques-uns d'entre eux sont répétés plusieurs fois dans la molécule. C'est d'ailleurs ce que l'analyse vérifie directement pour la leucine, par exemple, qui apparaît dans les produits de décomposition de certaines matières albuminoïdes à raison d'au moins 15 molécules pour 1 molécule de tyrosine. On peut donc, avec Hofmeister, comparer l'énorme construction atomique des albumines à une mosaïque où entreraient un grand nombre de pierres de couleur et de formes différentes, les unes uniques en leur espèce, les autres y entrant plusieurs fois, jusqu'à 20 fois peut-être.

Que sait-on maintenant sur le *mode d'association de ces fragments* dans les diverses espèces de protéiques? On pouvait espérer être renseigné sur ce point en se servant d'agents moins énergiques que les acides minéraux concentrés et chauds, de façon à scinder la molécule en fragments plus gros que les acides aminés, et qui, étudiés un à un, auraient révélé, plus facilement que la molécule totale, le mode d'association des divers noyaux. De la structure de ces fragments plus gros, on serait ensuite remonté à celle de la molécule totale.

Les diastases digestives, pepsine, trypsine, dont l'action est lente et progressive, semblaient devoir se prêter tout particulièrement à une telle étude. Voyons ce qui a été acquis dans cette direction.

Albumoses et peptones. — C'est la digestion des protéiques par la trypsine qui présente au point de vue qui nous occupe un particulier intérêt. Lorsqu'on la prolonge suffisamment, elle aboutit, en effet, à une dislocation complète, ou du moins presque complète, en acides aminés, qui sont les mêmes que ceux que fournit l'hydrolyse par les acides. Le liquide ne donne plus alors la réaction du biuret, et les produits obtenus sont donc dits *abiurétiques*. Lorsque la digestion a été plus courte, il subsiste, au con-

l'action de ces diastases et de ces toxines. Tous ces corps, albumines, diastases, toxines, sont dits des antigènes. Tous les corps toxiques ne sont pas des antigènes. Contre la morphine, par exemple, l'organisme se défend par d'autres moyens, tels qu'une oxydation plus active, etc.

traire, à côté des acides aminés, des fragments plus gros de la molécule primitive, qui sont les *albumoses* et les *peptones* de Kühne. Comme ces corps donnent encore, ainsi que le protéique primitif, la réaction du biuret, ils sont dits *biurétiques*. On a donc le tableau suivant :

Produits biurétiques . . . . $\left\{\begin{array}{l}\text{Albumoses.}\\ \text{Peptones.}\end{array}\right.$

—   abiurétiques. . . . . Acides aminés.

Voici comment Kühne sépare et caractérise ces produits. Après que, du liquide de digestion trypsique, il a éliminé par coagulation toute la matière albuminoïde primitive non-transformée, il précipite les albumoses en saturant de sulfate d'ammonium le liquide bouillant et rendu successivement neutre, ammoniacal et acide. Ces albumoses sont ensuite séparées en *albumoses primaires* (protalbumose et hétéro-albumose) et en *albumoses secondaires* ou deutéro-albumoses en utilisant la manière dont se comporte leur solution vis-à-vis de divers sels ($NaCl$, SO^4Mg). Le filtrat, séparé des albumoses, abandonne, lorsqu'on le traite par plusieurs volumes d'alcool ou par le tannin acétique, un précipité de *peptone* (peptone vraie, peptone de Kühne) (voy. p. 161 et 170). Enfin dans le nouveau filtrat se trouvent les acides aminés. Les albumoses et les peptones sont donc des corps biurétiques, non coagulables par la chaleur, et les peptones se distinguent des albumoses en ce qu'elles ne sont pas précipitées par le sulfate d'ammonium à saturation. — La digestion pepsique fournit de même un mélange d'albumoses et de peptones.

Au début de l'histoire des peptones et des albumoses, on a considéré ces corps comme étant le protéique primitif, modifié par une fixation d'eau, sans dédoublement concomitant. Il est certain aujourd'hui que ces produits résultent, au contraire, d'une dislocation de la molécule. L'argument le plus probant à faire valoir ici, c'est que l'on ne retrouve pas dans les albumoses, et moins encore dans les peptones, tous les noyaux du protéique dont on est parti. Ainsi toutes les abumoses présentent encore la réaction du biuret et la réaction xanthoprotéique, mais celle de Millon, indicatrice du groupe tyrosine, et celle du soufre facilement détaché par l'action des alcalis et qui révèle la présence de la cystine, enfin celle du tryptophane, font défaut ou sont très faibles avec certaines albumoses, très accentuées, au contraire, pour d'autres. L'inventaire des produits de décomposition fournis par les diverses albumoses, bien que très incomplet encore, confirme pleinement ces résultats. Enfin l'emploi de l'ultrafiltre (p. 45) permet aussi de démontrer que l'on est en présence de molécules plus petites que celles des protéiques et dont la grosseur varie d'une albumose à l'autre (E. Zunz). Quant aux peptones — il en existe, en effet, sûrement plusieurs — leur molécule est plus petite encore que celles des albumoses, car tandis que ces dernières présentent le phénomène de Tyndall (voy. p. 43), comme les corps colloïdaux, les peptones ne donnent plus ce phénomène (E. Zunz). Leur poids moléculaire ne peut donc pas être très élevé. De fait les deux peptones, que Siegfried et ses élèves ont isolées des produits de la digestion pepsique de la fibrine, contiennent $C^{21}H^{34}N^6O^9$ et $C^{21}H^{36}N^6O^{10}$ et leur molécule pèse environ 500. Les peptones trypsiques dérivées de la fibrine sont à molécules plus petites encore et ne pèsent que 250 environ : elles ne contiennent ni soufre, ni tyrosine.

Tout indique donc que *les albumoses et les peptones sont bien des fragments de la molécule primitive.*

Malheureusement l'étude chimique de ces corps n'a pas fourni de résultats précis. Les travaux de Neumeister et ceux de l'école de Hofmeister, dans lesquels on a poursuivi une séparation plus précise de ces corps à l'aide de la méthode des précipitations fractionnées par les sels, ont montré à la vérité que le nombre des albumoses et des peptones est encore plus considérable que ne l'avait cru Kühne, mais on n'a pas réussi à fournir pour ces corps les garanties de pureté que l'on doit exiger pour la détermination d'un individu chimique [1], et finalement il faut reconnaître que *l'analyse immédiate est demeurée impuissante à résoudre ce mélange d'albumoses et de peptones en individus chimiques définis avec certitude.* Au surplus, on va voir que même la notion d'albumoses et celle de peptones sont en train de perdre toute signification chimique précise.

Polypeptides naturels et polypeptides de synthèse. — Là où la méthode analytique avait donc échoué, réduite à tâtonner au milieu d'un inextricable mélange de produits amorphes, la synthèse est venue fournir le fil conducteur qui manquait. Puisque les matières albuminoïdes sont essentiellement constituées par une association d'acides aminés, le chemin qui doit conduire un jour à la synthèse de ces composés, et dans un avenir plus prochain à la synthèse des albumoses et des peptones, est évidemment indiqué par la production synthétique de telles associations d'acides aminés. Entrant dans une voie où déjà Grimaux (1882) et Schützenberger (1892) s'étaient engagés avec succès, E. Fischer a préparé des composés de ce genre, qu'il appelle dipeptides, tripeptides, tétrapeptides, etc., et en général polypeptides [2], selon que 2, 3, 4, etc., n molécules d'acides aminés ont été soudées ensemble.

Le plus simple de ces composés est le dipeptide que fournit la soudure, par déshydratation, de deux molécules de glycocolle, le *glycollyl-glyco-*

1. Il faut sans doute faire ici une exception pour les peptones de Siegfried, isolées par une méthode spéciale, et que l'on considère en général comme des individus chimiques définis.
2. Le mot peptide reste réservé aux corps formés par une seule molécule d'acide aminé et devient donc synonyme d'acide aminé.

colle ou plus simplement la *glycyl-glycine*, du nom de glycine que l'on a donné aussi au glycocolle :

$$NH^2\text{-}CH^2\text{-}COOH + NH^2\text{-}CH^2\text{-}COOH = H^2O$$
$$+ NH^2\text{-}CH^2\text{-}CO\text{-}NH\text{-}CH^2\text{-}COOH.$$
Glycyl-glycino.

E. Fischer a préparé ainsi des polypeptides où il a fait entrer presque tous les acides aminés contenus dans les protéiques, par exemple la *glycyl-alanine*, la *glycyl-leucine*, la *leucyl-alanine*, la *leucyl-tyrosine*, *l'acide leucyl-glutamique*, la *leucyl-glycyl-phénylalanine*, la *triglycylglycine*, etc... Il a pu s'élever ainsi jusqu'à un *octodécapeptide*, la *leucyl-triglycyl-leucyl-triglycyl-leucyl-octoglycyl-glycine*, qui est donc formé par la soudure bout à bout de 15 molécules de glycocolle et de 3 molécules de leucine. Les plus simples de ces polypeptides sont cristallisés, les supérieurs sont amorphes, mais leur obtention synthétique par complication croissante, degré par degré, de leur molécule ne laisse aucun doute sur leur constitution. Le nombre de ces produits de synthèse dépasse aujourd'hui la centaine.

Au point de vue qui nous occupe ici, l'étude de ces polypeptides a conduit aux deux résultats que voici, qui sont d'un intérêt capital, parce qu'ils démontrent que ces synthèses engagent bien les recherches dans la direction théoriquement prévue plus haut, c'est-à-dire du côté des peptones, des albumoses et des matières albuminoïdes elles-mêmes :

1° Quelques-uns d'entre les plus simples de ces polypeptides de synthèse ont été identifiés avec des *polypeptides naturels*, que l'on a trouvés parmi les produits de l'hydrolyse des protéiques par les acides ;

2° Les polypeptides de synthèse plus compliqués présentent les analogies les plus frappantes avec les peptones et même avec les albumoses.

Lorsqu'on prolonge une digestion trypsique de caséine, d'ovalbumine, de fibrine, etc., jusqu'à disparition de la réaction du biuret, c'est-à-dire jusqu'à dédoublement de toutes les albumoses et peptones présentes, le liquide contient d'une manière constante, à côté des acides aminés libres, un corps ou un mélange de corps amorphes, abiutériques, qui résistent donc au suc pancréatique, mais que l'hydrolyse par les acides forts dédouble avec production d'acides aminés, et notamment de proline et de phénylalanine. Ce sont les *polypeptides naturels* de E. Fischer et E. Abderhalden, qui dans le petit tableau de la page 35 s'intercalent donc entre les acides aminés et les peptones. Ces corps se produisent aussi dans la digestion pepsique et par l'hydrolyse des protéiques au moyen des acides forts employés à froid [1] ou par la fluorhydrolyse

---

1. L'hydrolyso par la baryte à 100°, telle que la pratiquait Schützenberger, fournit aussi des polypeptides (Hugounenq et Morel).

ménagée de Hugounenq, et là quelques-uns d'entre eux ont pu être isolés, souvent à l'état cristallisé. Le premier en date de ces polypeptides naturels est le *dipeptide* glycyl-d-alanine provenant de la fibroïne de la soie (E. Fischer et P. Bergell, 1902), et auquel sont venus s'ajouter la glycyl-l-tyrosine [1] et la glycyl-d-alanine retirées de la fibroïne de la soie et un grand nombre d'autres dipeptides formés des acides les plus divers (glycocolle, alanine, valine, leucine, acide glutamique, tyrosine, proline). L'édestine, la laine de mouton et la soie ont de même fourni des *tripeptides*, respectivement constitués par les associations que voici : leucine, acide glutamique et tryptophane ; acide glutamique, cystine et tyrosine ; alanine, glycocolle et tyrosine, et de la fibroïne de la soie on a isolé un *tétrapeptide* amorphe et biurétique, formé de deux molécules de glycocolle, d'une molécule d'alanine et d'une molécule de tyrosine (voy. plus loin, et p. 199, note 1). Et comme ces polypeptides naturels ou artificiels sont tantôt cristallisés et abiurétiques comme les acides aminés, tantôt amorphes et parfois aussi biurétiques comme les peptones, on voit que la ligne de séparation déjà si ténue que ces deux caractères traçaient entre les peptones et les acides aminés, devient tout à fait illusoire.

Quant aux analogies entre les polypeptides de synthèse et les peptones, elles sont nombreuses. Comme les peptones, certains d'entre les polypeptides sont dédoublés en acides aminés par la trypsine. Lorsque leur chaîne est suffisamment longue, les polypeptides sont en général, comme les peptones, très solubles dans l'eau ; leur saveur n'est pas sucrée, comme l'est en général celle des acides aminés, mais plus ou moins amère comme celle des peptones, et le pouvoir rotatoire de ceux qui sont actifs est en général prononcé. Ceux qui ont un numéro d'ordre élevé sont de plus en plus précipités par l'acide phospholungstique, comme les peptones, et ils donnent souvent la réaction du biuret. Ainsi la glycyl-glycine et la glycyl-glycyl-glycine ne donnent pas cette réaction, tandis qu'on l'obtient avec des tétrapeptides tels que la triglycyl-glycine et le l-leucyl-glycyl-l-tryptophane. C'est en effet des tétrapeptides aux octopeptides que les analogies avec les peptones sont le plus frappantes.

Au delà on entre visiblement dans la région des corps analogues aux albumoses. Le tétradécapeptide, fait avec 12 molécules de glycocolle et 2 molécules de l-leucine, donne avec les alcalis des solutions qui moussent comme de l'eau savonneuse. Il est précipité par les acides minéraux, le tannin, l'acide phosphotungstique, *par le sulfate d'ammonium introduit à saturation*. Toutefois cette dernière réaction, qui pour Kühne représentait une différence spécifique entre les peptones et les albumoses, est sans doute de nature très contingente, et dépend beaucoup plus de la nature des acides aminés entrant dans un polypeptide, que du degré de complication de celui-ci. Ainsi le tétrapeptide naturel cité plus haut (deux molécules de glycocolle + alanine + tyrosine), et la l-leucyl-triglycyl-l-tyrosine de synthèse, que la brièveté de leur chaîne de 4 et 5 acides placerait au niveau des peptones, sont précipitables par le sulfate d'ammonium, comme une albumose, ce qui tient sans doute, d'après E. Fischer, à la présence de la tyrosine. Cette action du sulfate d'ammonium ne

---

1. Les lettres *d* et *l* désignent la série dextrogyre ou lévogyre à laquelle appartiennent les acides aminés.

donne donc nullement la certitude que les corps précipités par ce sel (albumoses) sont *tous* des polypeptides moins simplifiés que ceux qui ne sont pas précipités (peptones). Cela revient à dire que *la notion chimique d'albumoses et de peptones est en train de s'effacer, pour être remplacée par une classification rationnelle des polypeptides digestifs, fondée sur le nombre, la nature et le mode d'association des acides aminés constituants.*

Enfin quand on arrive aux polypeptides à 20 acides aminés, on a l'impression, dit E. Fischer, que l'on est déjà transporté au niveau des albumines elles-mêmes (voir cependant la restriction faite p. 162).

Causes des différences que présentent entre eux les divers protéiques. — Il ne faudrait pas croire que lorsqu'on aura construit des polypeptides suffisamment compliqués et dans lesquels on aura fait rentrer tous les acides aminés énumérés plus haut, la synthèse d'une albumine naturelle se trouvera sûrement réalisée. Les différences que l'on peut dès à présent prévoir entre les divers protéiques sont, en effet, très nombreuses.

1° Deux protéiques peuvent différer par la *nature* et la *quantité de chacun des acides aminés* qui les composent. C'est ce que démontre le tableau de la page 31, sur lequel on ne reviendra pas ici.

2° Ils peuvent différer, ou du moins on prévoit qu'ils pourraient différer en outre, par le *sens du pouvoir rotatoire* et d'une manière générale par les propriétés optiques des acides aminés actifs qu'ils contiennent.

3° Ils peuvent différer enfin par *l'ordre dans lequel ces acides sont associés* dans la molécule.

Les acides aminés *naturels* ont toujours, lorsqu'ils sont actifs, un pouvoir rotatoire de sens déterminé. Ainsi c'est toujours la leucine gauche et l'alanine droite que l'on rencontre dans les organismes. La leucine droite et l'alanine gauche sont des produits de laboratoire. Or, ces isoméries optiques excercent une influence considérable sur les propriétés des polypeptides, par exemple sur leur résistance à l'action du suc pancréatique pur kinasé. Exemples (les acides *non naturels* sont en italiques) (E. Fischer et E Abderhalden) :

Hydrolysés.	Non hydrolysés.
d-alanyl-d-alanine.	d-alanyl-*l-alanine.*
l-leucyl-l-leucine.	*l-alanyl*-d-alanine.
	l-leucyl-*d-leucine.*
	d-*leucyl*-l-leucine.

On voit qu'il a suffi d'introduire dans les deux dipeptides de la première colonne, à la place d'un acide naturel, un acide non naturel déviant en sens inverse, pour rendre le composé non hydrolysable. D'autre part H. W. Dudley et H. E. Woodman ont montré que les ovalbumines cristallisées de poule et de cane renferment des quantités égales des mêmes acides aminés, mais que la leucine, l'acide aspartique et l'histidine obtenues respectivement diffèrent par leurs caractères optiques. Corrélativement l'injection des deux protéiques produit deux antigènes différents (H. D. Dakin et H. H. Dale).

Enfin l'*ordre d'association* des acides aminés dans la molécule est évidemment un autre facteur très important de différences chimiques entre les protéiques. Avec le glycocolle, la d-alanine et la l-leucine, E. Abderhalden et A. Fodor ont préparé six tripeptides isomères, de propriétés physiques et chimiques différentes, et que les diastases (suc pancréatique, sucs de tissus) dédoublent différemment. Et par le mélange de ces six corps on obtient un tout ayant les allures d'un individu chimique unique. Que de protéiques qui nous paraissent bien caractérisés sont peut-être ainsi des mélanges de plusieurs corps isomères ou très voisins !

L'influence de cet ordre d'association sur la résistance aux diastases est particulièrement intéressante. Ainsi l'alanyl-glycine est dédoublée par le suc pancréatique, tandis que la glycyl-alanine ne l'est pas. Il y a donc des associations d'acides aminés particulièrement résistantes à l'action de certains agents, et l'on comprend que parmi les produits de la digestion trypsique, puissent persister des polypeptides (p. 37). Cette résistance d'une partie de la molécule avait été observée déjà par Schützenberger et par Kühne, qui avaient distingué dans l'albumine un groupe *anti*, plus résistant que le reste de l'édifice ou groupe *hémi*. Par là présence de tels groupements on conçoit que l'organisme puisse conférer à certains protéiques une résistance spéciale vis-à-vis de certaines diastases, et ici il est intéressant de constater que dans l'élastine, qui est une substance de soutien, la leucine et le glycocolle, dont l'association donne un dipeptide résistant au suc pancréatique, forment près de la moitié de la molécule. Pareillement on incline à admettre que le procès de la kératinisation épidermique, qui aboutit à des protéiques devenus insolubles dans les sucs digestifs, est essentiellement lié à l'accumulation des noyaux de cystine, de tyrosine et de tryptophane dans les kératines formées.

On peut donc espérer que l'étude des polypeptides artificiels et naturels, de complication toujours plus grande, permettra de donner la raison des différences que présentent dans leurs propriétés les nombreux protéiques de l'organisme (voir aussi p. 147).

§ IV. — LES MATIÈRES PROTÉIQUES ET L'ÉTAT COLLOIDAL

Les matières protéiques appartiennent à la catégorie des substances qui sont dites colloïdes ou plus exactement qui prennent en solution l'état colloïdal. Or, plus de 50 à 60 p. 100 de l'ensemble des matières organiques, qui composent le corps humain, sont représentés par des colloïdes (protéiques, glycogène, lécithines, cholestérine, diastases...) et principalement par des protéiques, le reste étant formé de graisses et d'une très minime quantité de cristalloïdes (glycose, urée...), et si l'on considère des tissus ou des cellules isolés, muscle, leucocytes, où la proportion de graisse est beaucoup plus faible, ce sont les 80 à 95 centièmes de la matière organique que l'on trouve alors représentée par des colloïdes. De là résulte nécessairement que, dans l'explication des phénomènes de la vie, ces substances prennent une importance capitale. Qu'est-ce donc que l'état colloïdal?

Colloïdes et cristalloïdes. — Si l'on verse au fond d'une éprouvette une solution d'une substance cristallisable, telle que le sel marin, le sucre, l'urée, et si l'on achève de remplir lentement le vase avec de l'eau pure, on constate que ces substances diffusent à travers l'eau et atteignent la surface supérieure avec une vitesse qui est du même ordre de grandeur pour ces différents corps. Si l'on refait la même expérience avec des solutions d'albumine, de gomme, de caramel, etc. on observe que la diffusion se fait avec une vitesse qui est jusqu'à 40 fois moins grande, et cette différence s'accentue encore, quand on étudie la vitesse avec laquelle ces corps dialysent à travers le papier parchemin, par exemple. Thomas Graham (1861) a appelé *colloïdes* les substances qui ne dialysent pas ou qui ne dialysent qu'avec une extrême lenteur, et *cristalloïdes* des corps qui se comportent comme le sel marin ou le sucre.

Cette opposition ne peut plus être prise aujourd'hui au sens où l'entendait Graham, c'est-à-dire qu'il n'existe pas, d'une part, le monde des corps colloïdes et, d'autre part, celui des corps cristalloïdes, avec une différence de nature entre ces deux catégories de composés. La différence en question porte, moins sur les corps, que sur l'état que prennent ces corps quand on les introduit dans un solvant. Ou bien, en effet, ils constituent alors ce système homogène que les physiciens appellent une solution vraie, ou bien ils prennent dans ce solvant l'état colloïdal. Il y a des corps qui dans un solvant prennent toujours l'état colloïdal. Ainsi se comportent dans l'eau les matières protéiques, le glycogène, la gomme, etc. D'autres fournissent selon les circonstances une solution vraie ou un système colloïdal. Ainsi le tannin fournit dans l'acide acétique une solution vraie, dans l'eau un système colloïdal (solution colloïdale). On a même réussi à faire prendre l'état colloïdal à des corps qui sont des types de cristalloïdes, comme les chlorure, bromure, iodure de sodium (Paal). On reviendra plus loin sur ces faits.

A côté des *colloïdes naturels*, matières protéiques, glycogène, etc., on connaît aujourd'hui un nombre considérable de *colloïdes artificiels*. Si l'on verse, par exemple, dans une dissolution étendue de silicate de sodium assez d'acide chlorhydrique pour neutraliser exactement la soude, la silice ou acide silicique n'est pas précipitée. Elle reste dissoute, du moins en apparence. Si le liquide est ensuite dialysé contre de l'eau, le chlorure de sodium est éliminé, et dans le dialyseur il reste une solution colloïdale de silice. Par des artifices analogues, on prépare des dissolutions colloïdales d'alumine, d'hydrate d'oxyde ferrique, de sulfure d'arsenic, de ferrocyanure de cuivre, d'or réduit, etc. (voy. aussi p. 100). L'étude de ces colloïdes artificiels a fourni, quant à la nature de l'état colloïdal, des résultats d'un haut intérêt biologique.

Caractères des solutions colloïdales. — Le fait capital établi par cette étude est celui de l'*hétérogénéité des solutions colloïdales*. Que faut-il entendre par là? Si l'on agite avec de l'eau des corps en poudre très fine, comme l'argile, le kaolin, le noir de fumée, on obtient des suspensions, qui sont assez stables et qui possèdent quelques-unes des propriétés caractéristiques des solutions colloïdales (voy. plus loin). Ces *suspensions vraies* constituent évidemment un système *hétérogène*, en ce sens que l'on y distingue, le plus souvent déjà à l'œil nu et toujours au microscope, d'une part, les particules en suspension et, d'autre part, le solvant, et qu'avec un filtre ordinaire, de bonne qualité, on obtient aisément la séparation du liquide et des particules. Les *solutions colloïdales* sont de même des systèmes hétérogènes, mais avec des particules beaucoup plus petites, particules que les filtres ordinaires ne retiennent pas en général, qui sont le plus souvent invisibles au microscope, et dont l'existence ne peut être mise en évidence qu'à l'aide d'artifices spéciaux. Enfin dans les *solutions vraies*, telles qu'en fournissent avec l'eau les cristalloïdes comme l'urée, le glycose, aucune discontinuité ne peut être perçue entre le solvant et le corps dissous. Ce sont des systèmes *homogènes*. Ajoutons que, conformément à la grande loi de la continuité des phénomènes naturels, on saisit entre ces trois systèmes, suspensions vraies, solutions colloïdales et solutions vraies, toute une série d'états intermédiaires.

COLLOÏDES DE SUSPENSION ET COLLOÏDES D'ÉMULSION. — Avant d'aller plus loin, il est nécessaire de distinguer ici, d'une part les *colloïdes de suspension* (Höber) (« suspensoïdes ») ou *colloïdes hydrophobes*, et d'autre part les *colloïdes d'émulsion* (W. Ostwald) (« émulsoïdes ») ou *colloïdes hydrophiles* (J. Perrin). Les premiers, parmi lesquels figurent la plupart des colloïdes artificiels, sont des suspensions que rien ne distingue des suspensions vraies, sinon la finesse croissante des particules. De plus les particules ne sont point imbibées par le solvant, avec lequel elles ont une surface de contact tranchée et nette. Ils sont instables, en ce sens que de petites quantités d'électrolytes (sels) suffisent pour les précipiter, et cette précipitation est irréversible, c'est-à-dire que le précipité ne peut pas être redissous (en ajoutant de l'eau, par exemple) (colloïdes irréversibles).

Au contraire, l'hétérogénéité des colloïdes d'émulsion est moins nette, parce que la « phase dispersée », c'est-à-dire les particules, contient d'importantes quantités de la « phase liquide », c'est-à-dire du solvant. Ainsi on a pu évaluer approximativement à 60 et 88 p. 100 la fraction du volume total de la solution colloïdale, occupée par les particules de la caséine, dans une solution à 6 et 9,4 p. 100 de ce protéique dans de l'eau. Ce gonflement des particules explique la grande viscosité des solutions de colloïdes d'émulsion, opposée à la fluidité, presque égale à celle de l'eau pure, des colloïdes de suspension. De là résulte que les particules prennent dans une certaine mesure les caractères d'un liquide et que les solutions qui les contiennent ressemblent donc moins à une suspension d'un solide dans un liquide, qu'à celle d'un liquide dans un autre liquide, soit donc à une émulsion, mais dans laquelle les particules iraient en se confondant peu à peu à leur périphérie avec le solvant. De là une moindre visibilité à l'ultramicroscope (p. 44, note 2). De plus les colloïdes d'émulsion abaissent considérablement la tension superficielle de l'eau (que les colloïdes de suspension ne modifient presque pas), et ici le théorème de Gibbs-Thomson fait prévoir que ces corps doivent donc s'accumuler aux surfaces de séparation de la solution, et notamment à la surface séparant la solution de l'air. De fait, on sait la tendance de ces solutions (le lait, par exemple) à fournir des « peaux » (voir aussi p. 45 *a*, note 1). Enfin les colloïdes d'émulsion sont stables, en ce sens qu'il faut de grandes quantités de sels (alcalins) pour les précipiter. Les particules précipitées emportent avec elles beaucoup d'eau, et la précipitation est réversible (redissolution par addition d'eau, par exemple). C'est le cas des colloïdes naturels (albumine).

LE PHÉNOMÈNE DE TYNDALL. — IMAGE ULTRA-MICROSCOPIQUE DES COLLOÏDES. — Cette *hétérogénéité* des solutions colloïdales est démontrée d'abord par le *phénomène de Tyndall*. Si l'on fait passer un faisceau d'une lumière intense à travers de l'eau pure, ou a travers une solution d'urée ou de glycose, un observateur placé latéralement n'aperçoit pas la trace du faisceau à travers la solution. Ces solutions vraies sont, comme dit Spring, optiquement vides. Avec une solution colloïdale, au contraire, cette trace est visible, comme l'est celle d'un faisceau de lumière solaire pénétrant dans une chambre noire et éclairant les poussières en suspension.

Et voici une preuve plus directe encore de cette hétérogénéité. Au microscope ordinaire, où les dernières dimensions encore visibles sont d'environ 100 $\mu\mu$, la plupart des solutions colloïdales apparaissent comme étant tout à fait homogènes, mais à l'ultra-microscope [1], on

---

1. C'est un microscope dans lequel la préparation est éclairée par un faisceau lumineux envoyé à travers la préparation, non pas dans la direction de l'axe de l'instrument, mais dans une direction perpendiculaire à cet axe. Les particules en suspension dans le liquide apparaissent alors comme des points lumineux sur

aperçoit dans la plupart d'entre elles des granulations animées de mouvements browniens [1] et dont le diamètre peut descendre jusqu'à 1 à 3 $\mu\mu$, limite inférieure de visibilité à l'ultra-microscope [2]. Zsigmondy a proposé de les appeler des *submicrons*. Mais on sait préparer des solutions colloïdales (de sulfure d'arsenic, d'or réduit) qui contiennent, comme les suspensions vraies, des granulations encore visibles au microscope ordinaire, et d'autres dont les granulations sont des submicrons, d'autres enfin qui sont presque vides ou même vides à l'ultra-microscope, c'est-à-dire dans lesquelles le pinceau lumineux qui éclaire latéralement la préparation, n'est plus marqué que par un cône diffus, ou même n'est plus saisi du tout (Zsigmondy; Foa et Aggazzotti). Ces solutions font donc à ce point de vue la transition vers les solutions vraies, mais comme elles présentent encore les autres caractères des solutions colloïdales, on admet qu'elles contiennent aussi des particules, les *amicrons* de Zsigmondy. Dans les solutions de beaucoup de colloïdes naturels, on aperçoit à l'ultra-microscope des submicrons, en même temps que des opalescences diffuses, révélant la présence d'amicrons.

Ainsi le caractère colloïdal apparaît chaque fois que les *particules* prennent un diamètre assez petit, compris à peu près entre 1 et 140 $\mu\mu$. Au-dessus de ces dimensions on entre dans le domaine des suspensions vraies, au-dessous, dans celui des solutions vraies, puisque l'on évalue à 0 $\mu\mu$. 6 le diamètre moyen des molécules (hydrogène 0 $\mu\mu$ 1; alcool 0 $\mu\mu$ 5; chloroforme 0 $\mu\mu$ 8) [3]. Dans les conditions ordinaires, toute substance à *molécule* suffisamment *petite* est incapable, pour cette raison, de prendre dans un solvant l'état colloïdal. Elle ne peut être mise à cet état que par des artifices spéciaux, ceux par quoi l'on obtient les solutions colloïdales artificielles (p. 42), et l'on admet que les particules obtenues alors sont des associations de ces petites molécules, des *micelles*, par exemple pour la silice colloïdale le complexe $(SiO^2)^n$. Et si certains corps, comme l'albumine, la gomme, prennent toujours et d'emblée en solution l'état colloïdal, c'est parce que leur *molécule* est *très grosse* (p. 33 et 63); enfin, si d'autres, quoique franchement cristalloïdes, comme le raffinose, donnent des solutions présentant des signes d'hétérogénéité (phénomène de Tyndall), c'est parce que leur *molécule*

un fond noir (Siedentopf et Zsigmondy). On doit reconnaître que les premiers essais dans cette direction sont dus au chimiste liégeois W. Spring.

1. Ces mouvements ont été observés d'abord en 1827 par le botaniste anglais R. Brown sur le pollen mis en suspension dans l'eau. On les aperçoit dans toute suspension ou émulsion d'une finesse suffisante.

2. On sait que l'on désigne par le signe μ le millième de millimètre et par le signe $\mu\mu$ la millième partie du μ. Ajoutons que ce n'est que pour les colloïdes de suspension que la limite de visibilité descend aussi bas. Pour les colloïdes d'émulsion, où les particules, gonflées par le solvant, sont à surface moins nettes, la visibilité ne commence guère qu'à 30 ou 40 $\mu\mu$.

3. Ce qui ne signifie pas que le facteur dimension soit la seule différence qu'il y ait entre un colloïde de suspension et une solution vraie, car si fines que puissent être les particules d'or dans une solution colloïdale de ce métal, elles ne constituent pas avec l'eau une solution vraie, probablement parce qu'il n'y a pas entre elles et l'eau ces relations spéciales propres aux molécules dans les solutions vraies (et aussi dans les solutions de colloïdes d'émulsion, p. 45 a). Mais ce côté de la question ne peut pas être développé ici.

est déjà *assez grosse*. La même démonstration est fournie par la série des sels de soude des acides gras, dont les termes supérieurs, en C^{16} et en C^{18}, à savoir les savons ordinaires, donnent des solutions nettement colloïdales, mais où ce caractère, encore sensible pour le terme en C^6 (caproate), disparaît quand on descend jusqu'au terme en C^5 (valérianate) (A. Mayer, G. Schæffer et E.-F. Terroine).

Enfin cette continuité entre les solutions vraies et les solutions de colloïdes hydrophiles, ainsi révélée, comme il arrive pour les savons, par l'examen optique, implique qu'il est vain de rechercher par les autres moyens physiques une démarcation tranchée entre ces deux systèmes, notamment en ce qui concerne par exemple la tension osmotique [1]. Au total c'est par les constatations optiques exposées ci-dessus que dans la pratique on définit et on démontre le mieux le caractère colloïdal d'une solution.

L'ULTRA-FILTRATION DES SOLUTIONS COLLOÏDALES. — Les différences de grosseur des granulations colloïdales sont mises en évidence aussi par la méthode des filtrations. En variant, en effet, les conditions de préparation, on peut obtenir des membranes de collodion, se comportant vis-à-vis des solutions colloïdales comme des tamis de finesse croissante. Ce procédé a été étudié d'abord par Malfitano (1904), puis sous le nom d'*ultra-filtration* par Bechhold, qui à l'aide d'une série de lames en papier, imprégnées de quantités variables de gélatine ou de collodion et constituant des filtres à pores de plus en plus petits, a réussi à retenir par filtration des colloïdes à granulations de plus en plus petites et à les séparer par ce moyen les uns des autres dans des mélanges. Par la centrifugation pratiquée à des vitesses très considérables (3 000 tours par seconde), on sépare de même, de beaucoup de solutions colloïdales, les particules solides en suspension dans le liquide.

Voilà donc deux instruments, de nature très différentes, l'ultra-microscope et l'ultra-filtre, qui démontrent tous deux, dans des solutions colloïdales, l'existence de particules très fines. Or, il est aisé de calculer l'énorme étendue de la surface de contact que cette division crée entre le solvant et le corps suspendu, et qui constitue certainement un facteur essentiel des propriétés spéciales de l'état colloïdal [2].

1. Un débat toujours renaissant s'est engagé sur ce point, les uns soutenant que la légère tension osmotique que présentent les solutions de beaucoup de colloïdes hydrophiles provient d'impuretés minérales, les autres, qu'elle appartient en propre à ces corps. Il semble bien, par exemple, que l'oxyhémoglobine présente une faible tension, directement mesurable (p. 33, note 1), et si chez d'autres colloïdes on n'en saisit pas, cela n'a rien qui surprenne, si l'on réfléchit aux insensibles transitions qui conduisent des systèmes colloïdaux aux solutions vraies. D'ailleurs il se pose là aussi une question de méthode, et si la solution d'amidon ne présente, examinée par cryoscopie, aucune tension osmotique mesurable (Mme Gruzewska), est-ce parce qu'elle a été exactement débarrassée de ses sels, ou parce que, en soi, la tension osmotique qu'elle présente n'est plus saisissable par cette méthode (par exemple une solution d'albumine à 14 p. 100 ne donne qu'un abaissement de $0°,02$) ?

2. Supposons avec W. Ostwald qu'un cube de 1 centimètre d'arête soit divisé successivement en cubes ayant comme côtés des fractions décimales décrois-

Propriétés électriques des colloïdes. — Précipitation des colloïdes par les sels. — Linder et Picton (1895) ont montré que, lorsqu'une solution colloïdale est traversée par un courant électrique, le colloïde est transporté et se dépose à l'un ou l'autre des deux pôles. C'est le phénomène du *transport électrique des colloïdes* ou *cataphorèse*, que présentent aussi les suspensions vraies (alumine, kaolin...). On conclut de là que les colloïdes qui vont au pôle positif ou anode (colloïdes anodiques) sont formés de particules à charge électrique négative (suspension de kaolin, mastic, silice, tannin, colorants sulfonés, savons alcalins, sérum naturel), tandis que ceux qui vont au pôle négatif ou cathode (colloïdes cathodiques) sont chargés positivement (hydroxydes de fer, d'alumine). C'est aussi cette charge électrique qui agit dans la précipitation des colloïdes par les électrolytes (sels). De petites quantités de sels, ajoutées à la solution des colloïdes hydrophobes, provoquent, en effet, la séparation du colloïde qui se dépose en flocons (floculation) [1], et l'on admet que cette précipitation est provoquée par les ions du sel employé, les colloïdes positifs étant amenés à coagulation par les ions négatifs (anions), et les colloïdes négatifs par les ions positifs (cation) (règle de Hardy, 1899). De fait, quand on précipite une suspension vraie ou un colloïde de suspension par un électrolyte, c'est toujours l'ion de signe contraire à celui du colloïde que le précipité entraîne avec lui de préférence et qu'il *adsorbe* (voy. ci-après), et chaque ion

santes du centimètre, et calculons le nombre et la surface des divisions obtenues :

Longueur de l'arête de chaque cube.	Nombre des cubes.	Surface totale des cubes.
1 centimètre	1	6 centimètres carrés.
0 cm. 01 ou 100 μ	10^6	600 —
1 μ	10^2	6 000 —
10 μμ	10^{15}	60 mètres carrés.
1 —	10^{18}	600 —
0 μμ 1	10^{21}	6 000 —

On voit que pour une division descendant jusqu'à des cubes de 1 μμ de côté, c'est-à-dire pour des dimensions qui sont à peu près celles des derniers submicrons encore visibles, la surface est portée de 6 centimètres carrés à 600 mètres carrés, et que pour des dimensions qui sont celles des amicrons, cette surface atteint 6 000 mètres carrés.

1. Les corps dissous dans une solution colloïdale, par exemple les sels, tendent toujours à s'accumuler au voisinage des surfaces (p. 43), et les surfaces étant ici énormément augmentées, on comprend que ce soit là un facteur important dans le phénomène de l'adsorption dont il sera question ci-après et dont l'entraînement de tant de corps dissous par les poudres fines (décolorations par le noir animal), offre un exemple sensible. (Ajoutons que l'on ne veut pas par là présenter l'adsorption comme un phénomène purement physique et qu'il se peut que cette augmentation de la concentration au voisinage de chaque particule ne soit qu'une préparation au phénomène dans une certaine mesure chimique de l'adsorption.) Rappelons encore cette condensation des gaz qui se produit à la surface de n'importe quel corps solide (par exemple à la surface d'une lame de platine), mais qui pour les corps finement divisés (mousse de platine) acquiert une si remarquable puissance.

possède une puissance précipitante d'autant plus grande qu'il est mieux fixé par le colloïde considéré [1]. Pour la même raison, les rayons β du radium, qui sont chargés négativement, précipitent un colloïde positif tel que l'hydrate ferrique, et laissent intact un colloïde négatif comme l'argent colloïdal (Hardy; V. Henri et A. Mayer). Enfin les non-électrolytes comme les sucres, l'urée, etc., n'ont aucun pouvoir précipitant.

C'est par cette charge électrique que l'on explique le maintien plus ou moins prolongé de l'état colloïdal. En effet, les particules d'un colloïde, toujours en mouvement et s'entrechoquant sans cesse, s'uniraient en particules plus grosses, si par le fait de cette charge électrique de même signe elles ne se repoussaient pas réciproquement. Une fois déchargées par un ion de signe opposé, on comprend qu'elles puissent, au contraire, confluer et arriver à la floculation. De fait, lorsque l'on suit à l'ultra-microscope la précipitation d'un colloïde par des additions successives d'un électrolyte, on voit d'abord dans le champ des amicrons émerger des submicrons, puis ceux-ci produisent par leur réunion des particules plus grosses, en même temps que s'éteint le mouvement brownien. Enfin, les granules prennent des dimensions microscopiques et se déposent finalement en flocons iso-électriques (Hardy), c'est-à-dire ne prenant plus, sous l'influence du courant, de direction déterminée (Linder et Picton; A. Mayer, Schæffer et Terroine; J. Perrin). On reviendra plus loin sur ce point.

Les combinaisons d'adsorption des colloïdes. — Ces combinaisons des colloïdes avec l'un des ions du sel précipitant ne présentent pas les caractères habituels des combinaisons chimiques, et c'est pourquoi on les a appelées *combinaisons d'adsorption*. On a déjà insisté sur ce fait que la nature de l'ion précipitant a peu d'influence et que c'est surtout sa valence qui importe (p. 45 *b*, note 2). De plus ces combinaisons ne se font pas en proportions définies et toujours les mêmes. Lorsqu'un sel est ajouté à une solution colloïdale, il se partage entre le liquide et les granules, dont la composition varie à chaque addition et d'une manière continue. Et comme les colloïdes ne peuvent pas être séparés complètement de ces « impuretés » minérales sans être profondément altérés (J. Duclaux), et que, d'autre part, ils ne présentent ni

1. Il est intéressant de noter ici qu'une quantité de sel qui ajoutée d'un seul coup à une solution colloïdale provoque la précipitation totale du colloïde, reste sans action lorsqu'elle est ajoutée lentement et à petites doses successives, comme si le colloïde « s'habituait » à l'action de l'électrolyte.

2. Dans cette action, la valence de l'ion précipitant importe plus que sa nature chimique, car un ion trivalent (c'est à charge électrique triple) comme Al^{+++} a un pouvoir précipitant bien plus grand, c'est-à-dire précipite à plus petites doses qu'un ion bivalent comme Cu^{++} et qu'un ion univalent comme Na^+ (voir en outre page 85, note 1) (règle de Schulze). Cependant la nature de l'ion n'est pas indifférente, et dans la série des métaux bivalents on saisit par exemple l'ordre décroissant que voici : $Hg > Pb > Cu > Ba > Mg$. D'autres influences interviennent encore dans le phénomène. Ajoutons que les suspensions vraies (p. 42) sont aussi précipitées par addition de sels, et que là aussi il y a fixation sur les granulations de l'un ou de l'autre des ions du sel précipitant.

point de fusion ou d'ébullition, ni forme cristalline[1], ni coefficient de solubilité qui permettent de les caractériser, et enfin que leur poids moléculaire ne peut pas être déterminé avec précision, on voit finalement qu'un colloïde n'est pas un individu chimique que l'on puisse saisir à volonté avec une composition et des propriétés toujours les mêmes.

Ce qui précède ne s'applique strictement qu'aux colloïdes de suspension ou hydrophobes. Les colloïdes d'émulsion se comportent, en effet, autrement, mais parmi eux on ne considérera dans ce qui suit que les protéiques, à cause de leur rôle biologique tout à fait prédominant.

Particularités de la solution colloïdale des protéiques. — Les sels alcalins (K, Na, NH⁴) et aussi les sels magnésiens, qui déjà à petites doses précipitent les colloïdes de suspension, ne produisent cet effet sur un colloïde d'émulsion qu'à des doses beaucoup plus considérables. Par exemple, pour troubler légèrement une solution de blanc d'œuf, il faut plus de 200 grammes de sel marin par litre de solution. Il semble bien que cette action soit le résultat de ce fait que la solution fortement salée, ainsi créée autour des particules, soustrait à celles-ci l'eau qui les gonfle et les amène ainsi à précipitation. Mais toute cette question est encore très obscure (voir aussi p. 46). Les sels terreux et ceux des métaux lourds sont des précipitants plus puissants (p. 85, note 1) et cette précipitation est irréversible.

Voici maintenant d'autres constatations plus intéressantes du point de vue biologique, parce qu'elles précisent les conditions dans lesquelles se produisent certains changements d'état des protéiques. Un protéique étant une association d'acides aminés, et ceux-ci étant à la fois des acides et des bases (amines), on prévoit que, si l'albumine est un électrolyte, celui-ci doit se comporter comme un électrolyte amphotère (ampholyte). C'est ce que l'expérience vérifie de plusieurs façons. Lorsqu'on fait passer un courant électrique dans une solution d'albumine débarrassée par dialyse de ses matières minérales, on constate que le colloïde est transporté *lentement*, ce qui prouve qu'il ne présente qu'une dissociation électrolytique faible, et qu'il va *aux deux pôles* à la fois, un peu plus cependant au pôle positif (Pauli ; Michaelis ; Bottazzi et d'autres), ce qui prouve qu'il est un ampholyte, mais qu'il fournit plus d'ions acides que d'ions alcalins, ou en d'autres termes qu'il est plus fortement acide qu'il n'est basique. Et voici une expérience de Hardy qui conduit à la même conclusion. Quand on fait passer un courant à travers une solution d'albumine acidifiée ou alcalinisée légèrement, le colloïde se concentre autour d'un seul pôle, qui est le pôle négatif pour la solution acide et le pôle positif pour la solution alcaline. Tout se passe donc bien comme si l'albumine était un électrolyte amphotère de la forme H.Alb.OH, qui dans l'eau pure est un peu dissocié à la fois selon les équations (1) et (2) ci-après, et qui

---

1. On a réussi, il est vrai, à faire cristalliser diverses matières protéiques, mais cette opération ne fournit pas de réelles garanties de pureté, car de l'ovalbumine, par exemple, qui a adsorbé de l'or colloïdal, conserve **cet** or, quand on la fait recr'stalliser.

en milieu acide se dissocie surtout selon (1) et en milieu alcalin surtout selon (2).

(1) $H.Alb.OH = H.Alb+ + OH-$
(2) $H.Alb.OH = H+ + Alb.OH-$

En d'autres termes, en présence d'un acide l'albumine se comporte comme base faible et donne un sel « d'albuminium », tandis qu'en présence d'un alcali, elle joue le rôle d'un acide faible et donne un albuminate alcalin (tous deux d'ailleurs dissociés en leurs ions).

Or, à mesure que l'on modifie lentement la réaction du milieu, on constate : 1° que le pouvoir précipitant des sels alcalins va en augmentant, c'est-à-dire que le colloïde, tout à l'heure stable vis-à-vis de ces sels, marche maintenant vers une instabilité croissante, comparable à celle des colloïdes de suspension ; 2° qu'à partir d'une certaine acidité (à peu près $0,03 \times N$), le précipité devient de plus en plus irréversible, c'est-à-dire que ce qui se précipite est autre chose que ce qui était en dissolution avant l'action de l'acide ; c'est une albumine *dénaturée* et l'on verra plus loin que cette dénaturation précède la précipitation ; 3° que c'est pour une acidité déterminée, variable d'un protéique à l'autre, comme on pouvait le prévoir [1], que la floculation est maximum et qu'à ce moment le colloïde n'est plus nettement porté par le courant à aucun des deux pôles. Les particules sont neutres, déchargées ; on est au point iso-électrique dont il a déjà été question plus haut (p. 45 b). Ajoutons que si l'on dépasse cette dose d'acide, la floculation est moindre ou s'annule, et le colloïde recommence à être transporté par le courant.

Interprétation et application de ces phénomènes. — 1° Comment peut-on interpréter ces phénomènes ? Avant la dénaturation produite par l'addition de l'acide, le colloïde protéique se comportait vis-à-vis du courant comme un électrolyte amphotère faible, c'est-à-dire qu'à côté de beaucoup de molécules protéiques non ionisées, il en contient un certain nombre d'autres, qui sont ionisées, et dont les ions protéiques $H.Alb+$ et $Alb.OH-$ vont respectivement aux pôles négatif et positif. Au moment où le colloïde flocule, il n'est plus conduit à aucun pôle ; c'est donc qu'il ne contient plus pratiquement d'ions protéiques positifs ou négatifs, ou qu'il en contient infiniment peu et un nombre égal pour les deux, et l'albumine dénaturée qui est à ce moment en imminence de précipitation, c'est de l'albumine non ionisée. Et comme cette albumine est devenue très sensible à l'action des sels, c'est donc qu'elle constitue un colloïde de suspension, un colloïde hydrophobe. De fait le liquide est louche à ce moment, et un peu d'acide (ou d'alcali) fait disparaître ce louche, en même temps que l'ionisation reprend. Dans les solutions ordinaires d'albumine, ce serait donc la présence, à côté

---

1. En effet, les albumines étant des complexes d'acides aminés, c'est-à-dire de corps qui sont à la fois acides et basiques, on comprend que selon la proportion relative de ces divers acides, dont les uns (acides diaminés) sont plus basiques que les autres, il faille, d'un protéique à l'autre, des quantités variables d'acide pour arriver au point iso-électrique. Ce point est atteint pour une concentration en ions hydrogène de 2×10^{-5} pour la caséine, de 4×10^{-6} pour la sérumglobuline, etc. (voy. p. 267).

de molécules protéiques non ionisées, de ces ions protéiques, qui communiquerait à ce système ses propriétés particulières, et notamment cette résistance à la précipitation par les sels alcalins. L'ion protéique serait, en effet, comme on l'admet pour tous les ions, fortement lié à l'eau et n'en serait pour cette raison que difficilement détachée par l'action déshydratante des sels[1].

2° On connait les règles que depuis longtemps l'expérience a conduit à poser en ce qui concerne une coagulation complète des protéiques contenus dans un liquide organique. On sait que, si le liquide est acide, il faut, avant de le chauffer, le neutraliser, puis l'acidifier à nouveau, mais très légèrement et en se servant d'acide acétique dilué, car le moindre excès d'acide fait que la coagulation est incomplète. Et si le liquide est alcalin, il faut l'acidifier avec les mêmes précautions. Enfin la pratique a montré l'avantage qu'il y a à opérer dans un milieu suffisamment salé. Or, ce qui a été dit ci-dessus justifie et explique cet ensemble de précautions. On a vu, en effet, que pour arriver au point iso-électrique, c'est-à-dire pour mettre le colloïde protéique à coaguler dans son état d'instabilité maximum, il faut pour chaque protéique une certaine concentration du milieu en ions H (p. 45 d), concentration toujours très faible, que l'on dépasse aisément si l'on n'acidifie pas avec beaucoup de précaution, mais qui, avec un acide faible, comme l'acide acétique, peut être assez aisément réalisée (p. 268 a). Et quand le protéique a été ainsi dénaturé, à la fois sous l'action de l'acide et de la chaleur, et qu'il est en imminence de floculation, la présence d'une certaine quantité de sels achève de précipiter ce phénomène.

RÉACTIONS DES COLLOÏDES SUR LES COLLOÏDES. COLLOÏDES PROTECTEURS. — Lorsqu'on fait un mélange, en proportions convenables, des solutions de deux colloïdes hydrophobes de signe contraire, ils se précipitent réciproquement (Linder et Picton). Pour les colloïdes hydrophiles, comme les protéiques, le phénomène est plus complexe, mais là aussi on saisit l'influence de la charge. Par exemple le sérum sanguin alcalin, dont les protéiques sont à charge négative, est complètement débarrassé de ses albumines par addition d'hydrate ferrique colloïdal, lequel est positif, tandis que la suspension de kaolin, qui est négative, n'agit de même que si, par une addition d'acide, on a renversé au préalable le signe électrique négatif des albumines du sérum naturel (Michaelis et Rona) (voy. aussi p. 45). La précipitation si aisée des albumines par les acides nucléiques est aussi un exemple de l'action réciproque de deux colloïdes

1. Voici quelques-unes des raisons qui rendent cette explication plausible. Si l'addition de quantités croissantes d'acide à la solution (dialysée) d'albumine, jusqu'au point iso-électrique, fait reculer vraiment l'ionisation, et si ensuite de nouvelles additions d'acides ionisent à nouveau l'albumine, il faut que corrélativement la tension osmotique baisse, puis se relève après avoir passé par un minimum. C'est ce qui se produit. Et si l'ionisation suit bien la marche que l'on vient de dire, et si, d'autre part, il est vrai que les ions ont une si forte liaison avec l'eau, on prévoit que la viscosité du liquide doit varier comme la tension osmotique et qu'au point iso-électrique viscosité et tension osmotique doivent donc passer ensemble par un minimum. C'est ce qui se produit en effet (Hardy; Pauli et d'autres). Enfin s'il est vrai que de part et d'autre et suffisamment loin du point iso-électrique la solution d'albumine constitue un colloïde d'émulsion, tandis qu'au point iso-électrique elle est plutôt un colloïde de suspension, la tension superficielle doit passer au point iso-électrique par un maximum (p. 43). C'est encore ce que l'on constate (Bottazzi; Buglia).

de signe contraire. Mais ce facteur de la charge électrique n'est évidemment pas seul à déterminer le phénomène, car les précipitines et les substances précipitables (voy. p. 200), qui sont aussi des colloïdes hydrophiles, n'ont pas de signe électrique marqué et se précipitent néanmoins réciproquement. Enfin la combinaison de deux colloïdes peut se manifester par des signes extérieurs autres que la coagulation, comme il arrive, par exemple, dans la réaction des toxines avec les antitoxines [1], des lysines avec les antilysines, etc. Mais ce sont là des côtés de l'étude des colloïdes dont on ne peut que signaler ici l'intérêt. Cette question est au surplus très discutée.

Quand on ajoute une solution d'un colloïde hydrophile, d'albumine par exemple, à celle d'un colloïde hydrophobe, par exemple, à une solution colloïdale d'or obtenue par réduction, on observe que non seulement il ne se produit pas de précipitation, mais que l'or colloïdal est maintenant *protégé* contre l'action précipitante d'un électrolyte, le sel marin par exemple, probablement parce que l'or et l'albumine se sont adsorbés réciproquement, et que chaque particule d'or est enrobée par une couche du colloïde hydrophile. Les quantités de colloïde nécessaires pour obtenir cette protection dans une solution d'or donnée sont très différentes d'un protéique à l'autre et constituent pour chacun de ces corps une caractéristique intéressante (indice d'or des protéiques). Cette réaction a permis de constater aussi que des liquides, tels que l'urine, contiennent des colloïdes, car ils peuvent exercer cette action de protection (p. 490). Enfin l'industrie s'est servie aussi de cette réaction pour stabiliser, par exemple, les solutions colloïdales de métaux employées en médecine.

Les suspensions de poudres fines sont aussi protégées contre la sédimentation par l'addition de colloïdes hydrophiles et ce phénomène présente un intérêt physiologique considérable. Par exemple, on constate d'une part que 1 litre de sérum de bœuf dissout à 37° environ 520 milligrammes d'acide urique (Bechhold et Ziegler), et comme on doit admettre avec Gudzent qu'au contact du carbonate de sodium du sang cet acide est entièrement transformé en urate acide de sodium, ce sont donc 580 milligrammes d'urate qui restent dissous dans 1 litre de sérum. D'autre part, agité avec de l'urate acide de sodium à 37°, le sérum n'en dissout que 50 milligrammes au plus. Il faut donc qu'un facteur intervienne, qui empêche la sédimentation de l'urate de sodium formé au sein du sérum. Il est probable qu'on a affaire ici à une action de protection des colloïdes albumineux du sérum qui maintiennent l'urate en suspension fine (suspension colloïdale), car on observe de même que des sels de chaux peu solubles, comme le sulfate, le phosphate, le carbonate, sont considérablement plus « solubles » dans une solution de gélatine ou dans du sérum, que dans l'eau pure [2]. On incline à

1. Là aussi on observe un phénomène analogue à celui qui a été signalé plus haut (p. 45, note 1) à propos de la précipitation des colloïdes par les électrolytes, à savoir qu'une quantité d'antitoxine, qui, ajoutée d'un seul coup à une toxine la neutralise complètement, laisse un reste de toxine non neutralisée, quand elle est ajoutée peu à peu (phénomène de Danysz).

2. Du sérum de sang de cheval additionné de quantités équivalentes de chlorure de calcium et de phosphate disodique devient un peu opalescent, mais ne laisse rien précipiter, même si l'on ajoute assez de soude pour qu'il se forme du phosphate tricalcique, tandis qu'une expérience parallèle faite avec de l'eau donne un précipité (Hofmeister).

expliquer de la même façon la forte teneur du lait en phosphate tricalcique, et il est possible aussi que des colloïdes contribuent à maintenir dissous dans l'urine l'acide urique et les urates, et que dans la bile normale la mucine, les savons, et d'autres colloïdes jouent ce même rôle vis-à-vis de la cholestérine ou du bilirubinate calcaire (voy. p. 188 et 490).

Les gelées colloïdales. — Les solutions chaudes et suffisamment concentrées de beaucoup de colloïdes hydrophiles, gélatine, agar-agar, amidon, caramel, etc., se prennent en gelées [1] par le refroidissement. On obtient aussi de ces gelées en mettant le colloïde sec dans de l'eau, c'est-à-dire par un phénomène de *gonflement*. Ces gelées ne paraissent pas différer essentiellement d'une solution colloïdale, car, par l'action des sels, on peut provoquer la précipitation d'un colloïde aussi bien dans la gelée que dans la solution de ce colloïde. Les propriétés de ces gelées présentent un intérêt considérable, puisque cet état est vraisemblablement celui des colloïdes du contenu cellulaire.

Tout d'abord le gonflement d'un colloïde sec par l'eau se fait avec une puissance tout à fait remarquable [2]. La plus grande quantité d'eau qu'un colloïde puisse fixer varie selon la nature du colloïde, la réaction du milieu, la nature et la quantité des sels présents et probablement encore avec d'autres conditions. Dans l'eau pure la gélatine ne fixe au maximum que 25 fois son poids d'eau, tandis qu'avec la fibrine, dont l'*hydrophilie* est plus accentuée, on atteint 40 fois le poids du colloïde sec. De très petites quantités d'alcali ou d'acide accentuent énormément ce gonflement. Enfin les sels, chlorures, bromures, nitrates, citrates de potassium, de sodium, d'ammonium, empêchent ou font rétrograder ce gonflement, tandis que l'action des non électrolytes (urée, glycose), est variable avec le colloïde. Ainsi l'urée favorise le gonflement de la gélatine et gêne celui de la fibrine (Iscovesco). Et comme les tissus animaux sont essentiellement constitués par une gelée de colloïdes, dans laquelle se trouvent inclus plus des huit dixièmes de l'eau du corps humain, et que l'on observe sur ces tissus (muscle, œil...) des phénomènes tout à fait analogues à ceux qui viennent d'être exposés, on comprend à quel point toute explication systématique des mouvements de l'eau dans l'organisme sain ou malade ou du mécanisme des œdèmes est subordonnée à une étude méthodique des relations de l'eau avec les colloïdes (voy. p. 77).

Importance biologique des colloïdes. — Il est facile de montrer que presque tous les grands problèmes que se pose le biologiste impliquent un problème de physico-chimie des

---

1. On appelle souvent ces gelées des *gels*, dénomination qui s'oppose à celle de *sols*, appliquée aux solutions colloïdales.

2. Des pois secs, mis à gonfler avec de l'eau dans une marmite en fer, ont soulevé le couvercle de la marmite, bien que celui-ci fût chargé de 83 kilogrammes (R. Hales). On a de même mesuré au cours du gonflement de lamelles de laminaire des pressions allant jusqu'à 41 atmosphères par centimètre carré. Inversement, quand la gelée se dessèche, elle se contracte avec une puissance telle que, par exemple, des lames de verre minces, enduites d'une gelée de gélatine, sont courbées et même brisées pendant la dessiccation de la gelée. Le gonflement d'un colloïde sec est accompagné aussi d'un dégagement de chaleur important (Duvernoy).

colloïdes. En premier lieu, faire l'anatomie chimique de l'être vivant, c'est-à-dire l'inventaire des constituants de l'organisme, ce qui est une des tâches fondamentales de la biologie (p. 145), c'est s'appliquer à séparer et à caractériser des corps dont les plus importants sont des colloïdes (p. 121). Quand, de son côté, l'histologiste durcit et colore les tissus qu'il va étudier, il coagule des colloïdes et met à profit les aptitudes variables de ces corps à se combiner à d'autres colloïdes, qui sont les colorants employés. Quand le physiologiste s'occupe de la digestion des aliments[1], il étudie la transformation de colloïdes (protéiques, amidon) en corps plus simples et le plus souvent cristalloïdes (acides aminés, glycose...), puis le passage de ces produits à travers des membranes qui sont de nature colloïdale. De même quand il étudie les phénomènes d'assimilation et de désassimilation, dont le siège est la cellule, amas de colloïdes, et dont les agents sont les diastases, c'est-à-dire aussi des colloïdes, il se heurte encore au même problème. Et ici il convient de noter que l'état colloïdal, c'est-à-dire l'état d'extrême division des colloïdes protoplasmiques, et notamment des protéiques, et aussi leur puissante hydrophilie, facilite probablement le dédoublement et l'oxydation de ces composés, opération si difficile *in vitro* et que l'organisme effectue si aisément (J.-R. Carracido) (voy. aussi p. 126). Enfin ce sont encore des colloïdes que manie le pathologiste, lorsque, étudiant les phénomènes de l'immunité, il touche aux toxines, antitoxines, alexines, précipitines, agglutinines, lysines, etc... On pourrait multiplier ces preuves. L'étude de l'état colloïdal est donc bien pour le biologiste un problème fondamental.

§ V. — CLASSIFICATION DES MATIÈRES PROTÉIQUES.

Une classification scientifique des matières protéiques, c'est-à-dire qui tiendrait compte de la constitution chimique de ces corps, n'est pas encore possible aujourd'hui. Il faut se contenter de classifications provisoires, dont les cadres sont fournis à la fois par des caractères purement extérieurs, comme la solubilité, par

---

1. Presque tout l'art culinaire, encore si complètement empirique, se résume aussi en des changements d'états de colloïdes (protéiques de la viande, des œufs, du lait, amidons et fécules des denrées végétales), changements favorables à la sapidité, la tendreté et la digestibilité de ces aliments.

l'origine du protéique ou son rôle physiologique, et par sa composition et ses produits de dédoublement. En voici une qui nous paraît bien adaptée à l'état actuel de nos connaissances [1].

I. — PROTÉINES SIMPLES.

1° *Protamines* : Salmine, sturine, clupéine, etc.
2° *Histones* : Protéines précipitables par l'ammoniaque.
3° *Albumines* : Ovalbumine, sérumalbumine.
4° *Globulines* : Ovoglobuline, sérumglobuline, fibrine, etc.
5° *Phosphoprotéines* : Caséine, caséogène, vitelline.
6° *Glutélines* (du froment, du maïs, du riz).
7° *Protéines solubles dans l'alcool* à 75 p. 100 : Gliadine, zéine, etc.
8° *Scléroprotéines* : Kératine, élastine, collagène.

II. — PROTÉINES CONJUGUÉES OU PROTÉIDES.

1° *Chromoprotéides* : Oxyhémoglobines, hémoglobines, etc.
2° *Glycoprotéides* : Mucines, mucoïdes.
3° *Nucléoprotéides.*

III. — DÉRIVÉS DES PROTÉINES

A. — Sans dédoublement.
1° *Protéines coagulées* (chaleur, alcool, etc.).
2° *Acidalbumines* et *alcali-albumines.*
B. — Avec dédoublement.
Albumoses, peptones, polypeptides.

On n'ajoutera à ce tableau que quelques renseignements qui seront nécessaires dans la suite.

Les *protamines* n'ont été extraites jusqu'à présent que du sperme de divers poissons, où elles existent en combinaison avec l'acide nucléique (Miescher). Les mieux connues sont la salmine du saumon, la clupéine du hareng, la sturine de l'esturgeon, la scombrine du maquereau, etc. (Kossel). Ce sont des corps solubles dans l'eau, à réaction alcaline, et donnant quelques-unes des réactions générales des matières protéiques.

1. On a aussi proposé des classifications d'un caractère à la fois biologique et chimique, comme celle de J. R. Carracido, où il est tenu compte, d'une part, de la complication croissante des molécules protéiques (protamines, protéines, protéides) et, d'autre part, de l'évolution probable des protéiques dans l'organisme et du rôle biologique tenu par ces matières.

Ils sont exempts de soufre; ils renferment jusqu'à 30 p. 100 d'azote (soit donc beaucoup plus que les albumines et les globulines par exemple) et ils fournissent par hydrolyse une forte proportion de bases hexoniques. Ainsi la salmine contient environ 87 p. 100 de son azote à l'état d'arginine; c'est pourquoi toutes les protamines présentent un caractère nettement basique. Le reste n'est représenté que par un peu de proline, de sérine et de valine, à condition cependant que l'on s'adresse à des testicules arrivés à pleine maturité (A.-E. Taylor).

Les *histones* font la transition entre les protamines et les albumines. La première en date a été extraite des globules rouges nucléés du sang d'oie, mais c'est surtout l'histone des leucocytes du thymus qui a été bien étudiée. On a trouvé aussi une histone dans des testicules de poissons (saumons), non arrivés à maturité, et où ce corps est peut-être un précurseur des protamines. Il y a d'ailleurs toute une série d'espèces de poissons ou d'invertébrés chez lesquels l'histone est un élément constant du sperme arrivé à maturité (cabillaud, lotte, divers oursins). Elles ne contiennent pas plus d'azote que les albumines (de 16,5 à 19,8 p. 100), mais une forte proportion de cet azote (jusqu'à 40 p. 100) est représentée par des bases hexoniques, parmi lesquelles domine, en général, l'arginine, parfois aussi, comme dans la globine de l'hémoglobine, l'histidine. Les histones, que leurs réactions rapprochent des albumoses, ont comme principale caractéristique analytique d'être précipitées par l'ammoniaque. Les contours de cette famille sont encore très indistincts.

Les *albumines* sont solubles dans l'eau distillée, dans les solutions étendues de sels alcalins ou alcalino-terreux, et ces solutions peuvent être étendues ou dialysées sans qu'il y ait précipitation de la matière protéique. Au contraire les *globulines* sont insolubles dans l'eau distillée, solubles dans les mêmes solutions étendues, et ces dissolutions sont partiellement précipitables par dilution ou dialyse.

Les *phosphoprotéines* sont plus souvent appelées paranucléoprotéides, dénomination doublement impropre, car ces corps n'ont rien de commun avec les noyaux cellulaires et ne sont pas des protéides, mais des albumines phosphorées (voy. p. 60).

Dans les *albumoïdes* ou *scléroprotéines* on a fait rentrer les protéiques d'origine squelettique, c'est-à-dire des substances de soutien, telles que la kératine de la corne, l'élastine, le collagène de l'os, la spongine de l'éponge, la fibroïne de la soie. Une connaissance plus approfondie des produits de décomposition de ces corps montrera sans doute que ce groupe est très hétérogène.

Les principaux *dérivés des protéines*, albumoses, peptones, polypeptides, ont déjà été définis précédemment. Les *protéides* ou *protéiques conjugués* le seront dans le chapitre suivant.

Notons que dans le langage physiologique courant on dit indifféremment les protéines, les protéiques, les matières albuminoïdes, ou même simplement l'albumine ou la protéine, pour désigner, par exemple, l'ensemble des protéiques très divers contenus dans un tissu ou dans une ration.

CHAPITRE III

LES MATIÈRES PROTÉIQUES

LES PROTÉIDES. — LES NUCLÉOPROTÉIDES.

Parmi les matières protéiques qui constituent les tissus animaux nous avons distingué la catégorie des *protéides* ou *protéines conjuguées*. Ces corps comprennent les *chromoprotéides*, les *glycoprotéides* et les *nucléoprotéides*. Ils sont constitués par l'union d'une protéine avec un autre complexe, non albumineux, qui peut être de nature très variable, et que l'on a appelé le *groupe prosthétique*.

1° Le type des *chromoprotéides* est l'oxyhémoglobine des globules rouges du sang, que les acides, les alcalis ou la chaleur dédoublent en une matière protéique, la globine, et en un pigment ferrugineux, l'hématine :

Oxyhémoglobine . . . . { Globine.
Hématine.

Ces chromoprotéides, qui sont tous des dérivés de l'oxyhémoglobine, seront étudiés en même temps que le sang.

2° Pareillement, les *glycoprotéides* sont formés d'une protéine et d'un complexe hydrocarboné ; mais ici le dédoublement en protéine et en groupe prosthétique est moins facile qu'avec les chromoprotéides et les nucléoprotéides, et la séparation complète du complexe hydrocarboné n'est obtenue que par une ébullition prolongée avec les acides et au prix d'une démolition partielle ou totale de la molécule. Il est donc certain que ce groupe sucré n'a pas, dans la molécule, la même valeur que l'hématine dans l'oxyhémoglobine, et les glycoprotéides sont, non des protéines conjuguées, mais des protéines simples, munies d'un noyau hydrocarboné pouvant représenter jusqu'à 30 ou 35 p. 100 de la molécule (voir p. 28).

On a distingué deux groupes de glycoprotéides, les mucines et les mucoïdes. Les *mucines* de la salive, de la muqueuse bronchique, de la bile de l'homme et du chien, de l'escargot, de certains kystes ovariens (pseudomucine ou métalbumine et paramucine ou colloïde), etc., présentent des colorations histologiques spéciales et leurs solutions alcalines, très filantes, sont précipitées par l'acide acétique, dont un excès ne redissout pas le précipité (différence avec les mucoïdes). Par hydrolyse elles donnent de la glycosamine (23,5 p. 100 pour la mucine salivaire), qui constitue peut-être dans les mucines un *acide mucoïtine-sulfurique*, semblable à l'acide chondroïtine-sulfurique (voir ci-après). — Les *mucoïdes* ne sont point filants en solution alcaline et ne sont pas précipités par l'acide acétique (il y a d'ailleurs entre les deux groupes des transitions insensibles); toutes donnent par hydrolyse un sucre réducteur, (glycosamine) (jusqu'à 34,9 p. 100 dans l'ovomucoïde). On a décrit les mucoïdes du blanc d'œuf, du sérum, de l'urine, des tendons, des os, de la peau. Quelques-uns contiennent de l'acide sulfurique à l'état d'*acide chondroïtine-sulfurique*, dont se sépare ensuite le sucre réducteur, la *chondrosamine*. Ce sont les anciens chondroprotéides des cartilages. L'*amyloïde* des tissus ayant subi la dégénérescence dite amyloïde est aussi un mucoïde encore mal défini. Quelques-uns contiennent à côté du groupe sucré du phosphore (*phosphoglycoprotéides* de Hammarsten). Tel est l'*hélicoprotéide* de l'escargot (*Helix pomatia*).

3° Les *nucléoprotéides* résultent de l'association d'une protéine avec un complexe phosphoré, la *nucléine*, mais comme cette dernière est décomposable aussi en une protéine et en un acide phosphoré, l'*acide nucléique*, c'est cet acide qui représente finalement le groupe prosthétique spécifique des nucléoprotéides (F. Miescher, Kossel).

On ne sait presque rien sur la partie protéique de ces corps; seul le composant nucléique a été bien étudié, et c'est parce que l'histoire de ce composant constitue aujourd'hui l'un des chapitres les plus intéressants de la physiologie des échanges nutritifs qu'une étude particulière des nucléoprotéides s'impose ici.

Les nucléoprotéides.

Ces corps sont présents dans tous les noyaux cellulaires, dont ils constituent la masse principale. Ainsi dans la tête des spermatozoïdes de harengs, ils représentent 95 p. 100 du poids total de la substance sèche dégraissée et dans les lymphocytes 77 p. 100. Les globules rouges nucléés du sang d'oie présentent une composition analogue, et, en général, quand on analyse des noyaux cellulaires, on ne parvient à saisir, à côté de la masse énormément prépondérante des nucléoprotéides, que de très petites quantités d'un corps organique, riche en fer, très mal connu d'ailleurs, le *caryogène* de F. Miescher.

Dans les nucléoprotéides le groupe prosthétique, l'acide nucléique, est lié à des protéines de diverses catégories : 1° à des *protamines* dans les têtes des spermatozoïdes de diverses espèces de poissons (saumon, esturgeon, hareng); à des *histones* dans le sperme de la morue, de l'oursin; à des *protéines* véritables, dans le sperme et dans les noyaux cellulaires des animaux supérieurs. Ce sont ces derniers que nous étudions ci-après. Ajoutons immédiatement qu'il est probable qu'aucun nucléoprotéide n'a encore été isolé à l'état de pureté, et que tout ce qui a trait aux premières étapes du dédoublement de ces corps est encore très obscur.

Les *nucléoprotéides* sont insolubles dans l'eau, mais solubles dans les alcalis étendus qu'ils neutralisent parfaitement. Ce sont donc des corps à fonction *acide*. Presque tous ont été trouvés ferrugineux, mais on doit probablement attribuer ce fer au caryogène de F. Miescher. La chaleur les coagule, comme les protéiques, et la pepsine chlorhydrique les dédouble en une protéine qui est peptonisée, et en un corps insoluble que F. Miescher a appelé *nucléine*, et qui contient jusqu'à 5 p. 100 de phosphore, tandis que le nucléoprotéide primitif n'en renferme que 0,5 à 1,6 p. 100 environ.

Les *nucléines* ont un caractère acide encore plus accentué que celui des nucléoprotéides; elles résistent, en général, au suc gastrique, mais elles sont dédoublées par les alcalis et par la trypsine en une matière albuminoïde et en un *acide nucléique* qui contient tout le phosphore du protéide primitif. On représente généralement ces deux dédoublements successifs par le schéma que voici (Lilienfeld) :

Nucléoprotéide.

Protéine.   Nucléine.

Les *acides nucléiques*, qui sont donc le fragment vraiment spécifique des nucléoprotéides, donc aussi le constituant chimique le plus caractéristique des noyaux cellulaires, sont des corps à la fois azotés et phosphorés, renfermant environ 8 à 10 p. 100 de phosphore, insolubles dans l'eau, mais solubles dans les alcalis étendus qu'ils neutralisent parfaitement. Ce sont donc de véritables acides. Ils précipitent les protéiques en formant avec eux des combinaisons analogues aux nucléines. Leur composition est variable selon l'origine du nucléoprotéide (thymus, pancréas, foie, sperme, etc.), dont ils proviennent. La description qui suit s'applique plus spécialement aux acides nucléiques du thymus et de la laitance de hareng, qui se ressemblent beaucoup. Ce sont des molécules très complexes, et dont l'hydrolyse *in vitro* fournit notamment des bases puriques. Or, la dégradation des acides nucléiques dans l'organisme aboutit à ces mêmes bases, d'où sort ensuite l'acide urique, et l'on sait le rôle pathogénique important de cet acide. L'étude de la structure et de la signification des acides nucléiques est donc un problème d'un intérêt biologique considérable.

Les produits de l'hydrolyse totale des acides nucléiques. — L'hydrolyse totale des acides nucléiques par l'acide sulfurique étendu et bouillant fournit les produits que voici : 1° des *bases puriques* (ou bases xanthiques ou encore nucléiques ou alloxuriques); 2° des *bases pyrimidiques*; 3° des corps appartenant au groupe des *hydrates de carbone*; 4° de *l'acide phosphorique*.

1° Les *bases puriques* qui se forment dans cette hydrolyse sulfurique sont l'*adénine*, la *guanine*, l'*hypoxanthine* (ou sarcine) et la *xanthine*, mais contrairement à ce que l'on a admis pendant longtemps, *ces quatre bases ne préexistent pas toutes dans la molécule*. Celle-ci ne contient en réalité que l'*adénine* et la *guanine*, dont sortent pendant l'hydrolyse l'hypoxanthine et la xanthine par des réactions dont nous retrouverons l'équivalent physiologique dans l'étude de la dégradation des acides nucléiques au niveau des tissus (p. 364). Bornons-nous à signaler ici l'intérêt considérable que présentent ces bases en raison de leur parenté chimique avec l'acide urique.

L'acide urique et les bases puriques dérivent, en effet, d'une substance mère commune, la purine de E. Fischer, dont voici la formule de constitution :

$$N = CH - C - NH$$
$$CH \quad\quad\quad\quad CH$$
$$N \text{———} C - N$$

Purine.

L'*hypoxanthine* et la *xanthine* sont respectivement une monoxypurine et une dioxypurine :

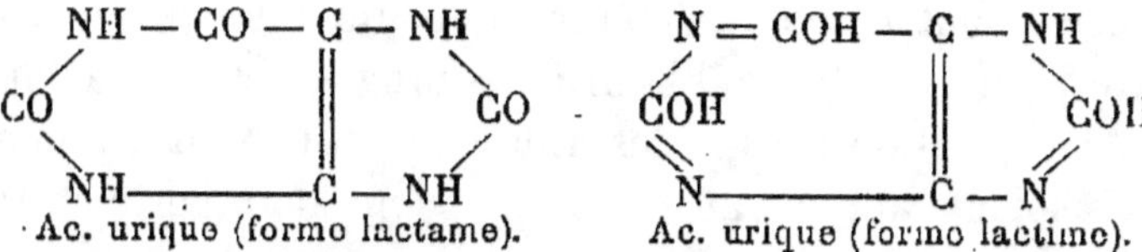

Hypoxanthine.
Xanthine.

et l'*acide urique* est une trioxypurine pouvant prendre deux formes (p. 376, note 1).

Ac. urique (forme lactame).
Ac. urique (forme lactime).

Enfin la *guanine* et l'*adénine* sont respectivement une amino-oxypurine et une amino-purine :

Guanine.
Adénine.

2° Les *bases pyrimidiques* sont la *thymine*, la *cytosine* et l'*uracile*, mais *seules la thymine et la cytosine préexistent dans la molécule*. L'uracile résulte de l'action des réactifs sur la cytosine, mais paraît cependant préexister dans les acides nucléiques végétaux. Ces bases représentent : la thymine une méthyldioxypyrimidine, la cytosine une amino-oxypyrimidine, et l'uracile une dioxypyrimidine.

Pyrimidine.
Thymine.

Cytosine.
Uracile.

Il est intéressant de constater que la purine et ses dérivés contiennent le noyau pyrimidique accolé à une autre chaîne fermée. Les corps pyrimidiques pourraient donc être dans l'organisme une source de bases puriques et d'acide urique. On s'est demandé aussi si les corps pyrimidiques obtenus dans l'hydrolyse des acides nucléiques ne proviennent pas de la décomposition des bases puriques. Mais cette hypothèse n'a pas été confirmée par l'expérience.

3° La *partie hydrocarbonée* de la molécule est encore très mal étudiée. Il est vraisemblable qu'elle est constituée par des glycoses. Toutefois les acides nucléiques du foie, de la levure, du froment et les acides nucléiques plus simples (mononucléotides), dont il sera question plus loin, tels que les *acides guanylique* et *inosique*, ont fourni comme hydrate de carbone un pentose.

4° Enfin l'acide phosphorique existe peut-être dans ces acides sous la forme d'un acide phosphorique condensé.

Les produits de l'hydrolyse progressive des acides nucléiques. Nucléotides et nucléosides. — La manière dont tous ces fragments sont associés dans la molécule a été révélée, au moins en gros, par l'étude de l'hydrolyse progressive des acides nucléiques. La question est intéressante non seulement au point de vue de la biologie du noyau cellulaire dont il importe de connaître exactement tous les constituants chimiques, mais aussi pour ce qui regarde la dégradation de ces corps et le problème de la production de l'acide urique.

Les travaux de Steudel, de Levene et Jacobs et d'autres encore conduisent à admettre que les acides nucléiques vrais sont formés par l'association de quatre molécules d'acide phosphorique [1], dont chacune forme une combinaison éthérée avec un reste hydrocarboné (hexose ou pentose), lié lui-même, à la manière d'un glycoside à une base purique (guanine et adénine) ou pyrimidique (cytosine, thymine ou uracile), ce que l'on peut représenter par le schéma suivant, dressé par Levene et Jacobs pour l'acide nucléique de la levure et du froment :

Reste d'acide phosphorique — pentose — adénine.
|
Reste d'acide phosphorique — pentose — guanine.
|
Reste d'acide phosphorique — pentose — cytosine.
|
Reste d'acide phosphorique — pentose — uracile.

Toutefois il semble bien qu'il existe, outre les liaisons entre les restes phosphoriques, des soudures entre les groupes sucrés (Thannhauser). Quoi qu'il en soit, un acide nucléique vrai contient donc quatre complexes, dont chacun est ainsi formé : reste phosphorique — noyau sucré — base.

Levene et ses collaborateurs ont proposé d'appeler un tel groupe un *nucléotide* (mononucléotide); les acides nucléiques vrais, énumérés plus haut, deviennent donc des *polynucléotides* (tetranucléotides). Cette notion du mononucléotide est appuyée à la fois sur la chimie et sur la physiologie. D'une part, en effet, l'hydrolyse progressive des acides nucléiques

1. C'est parce qu'un certain nombre d'entre les valences acides de ces quatre molécules d'acide phosphorique demeurent encore libres, que les acides nucléiques sont des acides polybasiques.

fournit de ces mononucléodides (Levene et Mandel), et, d'autre part, on en a trouvé dans l'organisme, à savoir *l'acide guanylique* du pancréas et l'*acide inosique* [1] du muscle (isolé autrefois de l'extrait de viande par Liebig), représentés respectivement par les schémas suivants :

Reste d'acide phosphorique — pentose — guanine.
Reste d'acide phosphorique — pentose — hypoxanthine.

L'hydrolyse ménagée d'un acide nucléique donne donc d'abord un mélange de mononucléotides, dont chacun se démolit ensuite de la manière que voici. Selon les conditions de l'opération, le mononucléotide perd ou bien de l'acide phosphorique, et il reste un glycoside formé par l'union du sucre et de la base, et que Levene et ses collaborateurs appellent un *nucléoside*; ou bien c'est la base qui se détache, et il reste un éther phosphorique acide du corps sucré. Par exemple Levene et Jacobs ont dédoublé l'acide inosique, soit en acide phosphorique et en un nucléoside, l'*inosine*, formée d'un pentose et d'hypoxantine, soit en *acide pentose-phosphorique* et en hypoxanthine :

Nucléoside (Inosine).

Reste phosphorique — pentose — hypoxanthine.

Acide pentose-phosphorique.

Pareillement, l'acide guanylique a fourni son nucléoside, à savoir la *guanosine*, glycoside formé de guanine et d'un pentose, et que Levene et Jacobs ont retrouvé parmi les produits d'hydrolyse de l'acide nucléique de la levure, à côté de l'*adénosine*, le glycoside formé d'un pentose et d'adénine [2]. Enfin, en continuant l'action hydrolytique, on dédouble ces nucléosides en leurs deux constituants, base purique et corps sucré.

Et voici maintenant par où ces faits de chimie pure rejoignent et appuient les constatations biologiques. C'est que, d'une part, l'inosine a été trouvée dans l'extrait de viande, c'est-à-dire dans le muscle, et la guanosine dans le pancréas (Levene et Jacobs), et que des acides du type de l'acide pentose-phosphorique cité ci-dessus existent aussi dans la nature. Telle est, par exemple, la *phytine*, que Posternak a le premier extrait des végétaux à l'état de pureté, et qui est un acide inosite-phosphorique. En outre, cette façon d'opérer l'hydrolyse d'un nucléotide, en l'amputant soit du groupe phosphorique, soit du groupe purique, est aussi pratiquée par l'organisme, *qui dispose* à cet effet, *de deux diastases respectivement adaptées à ces deux opérations* (voy. p. 363). On trouve aussi dans le foie, le rein, la muqueuse intestinale, des diastases qui dédoublent les nucléosides, par exemple, l'inosine en pentose et en hypoxantine (voy. p. 365). Enfin ces nucléosides sont en général plus solubles dans l'eau que les bases libres correspondantes, dont elles pourraient donc représenter *une forme de transport* dans l'organisme [3].

1. Cet acide n'a rien de commun avec l'inosite dont il sera question plus loin.

2. Ce pentose est ici du *d-ribose*. Dans les acides nucléiques animaux figure, au contraire, une sorte de sucre en C^6, qui ne serait pas, comme on l'a cru, un vrai hexose, mais un cycle à cinq sommets, le *glucal* $C^6H^{10}O^6$ (Feulgen), produit de déshydratation du glycose).

3. On a commencé aussi l'étude des nucléosides à bases pyrimidiques, la *cytidine* qui est à base de cytosine et l'*uridine*, qui est à base d'uracile (Levene et Jacobs; Levene et Laforge).

De ce qui précède il ressort clairement qu'un inventaire précis de tous ces fragments est une introduction indispensable à l'étude des échanges nutritifs relatifs aux nucléines, et notamment à la connaissance des mouvements de l'acide phosphorique et des purines dans l'organisme normal ou pathologique.

Importance biologique des nucléoprotéides. — Les nucléoprotéides représentent sans doute les édifices moléculaires les plus élevés et les plus compliqués que puisse produire le travail de synthèse des êtres vivants, et comme ils constituent d'autre part le noyau, organe essentiel de la vie cellulaire, leur rôle biologique est à coup sûr capital, bien qu'on ne puisse encore citer à cet égard qu'un certain nombre d'indications, en rapport : 1° avec le caractère nettement acide de ces composés; 2° avec leurs propriétés antiseptiques (voir aussi p. 132).

1° Le *caractère franchement acide* de ces constituants du noyau s'oppose nettement à la réaction alcaline du cytoplasme. La même opposition se retrouve dans les charges électriques des colloïdes nucléoprotéiques qui constituent le noyau et de ceux qui composent la masse du protoplasme, car lorsqu'on soumet à l'action d'un courant électrique des tissus finement broyés, mis en suspension dans de l'eau sucrée, on voit, par exemple, les têtes des spermatozoïdes riches en nucléines se porter vers l'anode, tandis que les cellules riches en cytoplasme vont vers la cathode (Lillie).

Ce caractère acide explique aussi l'affinité bien connue des noyaux pour les matières colorantes basiques, et pour les substances métalliques. C'est dans les nucléines que Dastre a trouvé le fer de la cellule hépatique [1]. Ce sont les organes riches en noyaux (thymus, pancréas, ganglions, etc.) qui fixent le fer et le mercure injectés dans l'organisme, et lorsqu'on fait agir sur ces tissus la pepsine chlorhydrique, c'est dans le précipité des nucléines que l'on retrouve le métal. L'arsenic ingéré est arrêté de même par les nucléines du foie. D'ailleurs l'arsenic normal, particulièrement abondant dans le corps thyroïde, paraît même remplacer, dans certaines nucléines, le phosphore, son analogue au point de vue chimique (A. Gautier).

2° Les acides nucléiques ont une *action antiseptique* marquée : en solution à 0,5 p. 100, ils tuent les bacilles du choléra en trois à cinq minutes, ceux de la fièvre typhoïde en une heure à une heure et demie. Or, il existe dans les tissus des diastases (nucléases) qui dédoublent les nucléoprotéides avec mise en liberté d'acides nucléiques. Les nucléines aussi paraissent posséder des actions bactéricides.

Notons encore que des substances du groupe des nucléoprotéides semblent jouer un rôle important dans le phénomène

1. Voy. cependant ce qui a été dit à ce sujet à la page 54.

de la *coagulation du sang*. Enfin on a déjà indiqué plus haut les relations étroites des bases nucléiques avec l'*acide urique*.

Les paranucléoprotéides. — Les principaux représentants de ce groupe sont les *caséines* des divers laits, les *vitellines* du jaune des œufs (vitelline de l'œuf de poule, ichtuline de l'œuf d'oiseaux). Leur nom est donc très mal choisi, puisque ces corps n'ont aucun rapport avec les noyaux cellulaires. De plus, ils ne donnent par hydrolyse ni bases puriques, ni bases pyrimidiques, ce qui les distingue essentiellement des vrais nucléoprotéides. Enfin c'est aussi par un rapprochement tout à fait artificiel que l'on a établi une sorte de parallélisme entre la marche et les produits de l'hydrolyse de ces deux catégories de corps, car une solution limpide de caséine traitée par la pepsine chlorhydrique donne bien un précipité dit de paranucléine, mais dont la composition est très variable et qui ne contient nullement tout le phosphore de la caséine. Avec une pepsine suffisamment active presque tout le phosphore reste en dissolution et souvent même il ne se produit pas de précipité du tout (Salkowski). La notion chimique de paranucléine est donc très mal définie. Celle d'*acide paranucléique* ne l'est pas mieux. Il vaudrait donc mieux appeler ces corps les *phosphoprotéines*.

La vitelline, dissoute dans l'acide chlorhydrique très étendue et traitée par la pepsine, laisse précipiter un corps phosphoré, renfermant 0,45 p. 100 de fer que Bunge a appelé *hématogène* et qu'il considère comme la substance mère de l'hémoglobine du futur poulet. Mais ce corps n'est pas une nucléine, car son hydrolyse ne fournit ni bases puriques, ni hydrates de carbone. Les acides le décomposent en un pigment ferrugineux et en acides aminés. Ses allures sont celles d'une hémoglobine embryonnaire non encore différenciée et qu'il est actuellement difficile de classer (Hugounenq et A. Morel).

CHAPITRE IV

LES HYDRATES DE CARBONE
LES GRAISSES ET LES LIPOIDES

§ I. — LES HYDRATES DE CARBONE.

Les hydrates de carbone, qui constituent la masse principale des tissus végétaux, n'entrent que pour une part minime dans la constitution des tissus animaux et l'on verra qu'ils ne tiennent pas dans ces tissus le rôle éminemment plastique des matières protéiques. Mais ces composés ont une importance considérable au point de vue alimentaire, puisqu'ils apportent les 50 à 70 centièmes de l'énergie que l'organisme dépense par jour.

Sous ce nom d'hydrates de carbone, on a pendant longtemps réuni trois classes de composés, les *glycoses* et les *saccharoses*, c'est-à-dire l'ensemble des corps sucrés, et les *amyloses* ou matières amylacées, répondant respectivement aux formules :

$C^6H^{12}O^6$	$C^{12}H^{22}O^{11}$	$(C^6H^{10}O^5)^n$
Glycoses.	Saccharoses.	Amyloses.

Comme ces formules peuvent être écrites $C^6(H^2O)^6$, $C^{12}(H^2O)^{11}$ et $[C^6(H^2O)^5]^n$, on voit qu'à côté du carbone ces composés contiennent l'hydrogène et l'oxygène suivant les mêmes proportions que dans l'eau, d'où ce nom d'*hydrates de carbone*.

Les glycoses rentrent dans la catégorie des *monosaccharides*, c'est-à-dire que ces corps ne sont pas dédoublables en molécules sucrées plus petites. Les saccharoses sont, au contraire, des *disaccharides*, car par fixation d'une molécule d'eau ils sont dédoublables en deux monosaccharides. Enfin les amyloses sont des *polysaccharides*, car l'hydrolyse les défait en un plus grand nombre de monosaccharides.

On n'entend pas décrire ici tous les hydrates de carbone qui intéressent le biologiste, mais seulement définir et classer ceux que l'on rencontre dans les tissus animaux et ceux qui ont pour l'homme une valeur alimentaire.

Les monosaccharides. — Dans cette famille nous n'avons à tenir compte ici que des *glycoses en général* ou *hexoses*, et secondairement des *pentoses*.

Les *glycoses* ou *hexoses*, $C^6H^{12}O^6$, sont des dérivés aldéhydiques (aldo-hexoses) ou acétoniques (céto-hexoses) d'alcool polyatomiques (sorbite, dulcite, mannite) :

Glycose [1]
Galactose [1] $\}$ CH²OH-CHOH-CHOH-CHOH-CHOH-COH.
Lévulose   CH²OH-CHOH-CHOH-CHOH-CO-CH²OH.

Ces trois hexoses, **glycose** ordinaire, lévulose et galactose, l.. seuls qui nous intéressent au point de vue de la physiologie animale, figurent tantôt primitivement dans nos aliments, le glycose et le lévulose notamment dans les fruits et dans le miel, tantôt et plus abondamment ils prennent naissance dans le tube digestif par le dédoublement des saccharoses et des amyloses (voy. plus loin), en sorte que ce type $C^6H^{12}O^6$ représente finalement la forme sous laquelle presque la totalité des hydrates de carbone alimentaires arrive à l'absorption. Signalons encore un dérivé intéressant du glycose et que l'on rencontre dans l'organisme, *l'acide glycuronique* : COOH-CHOH-CHOH-CHOH-CHOH-COH.

Les *pentoses*, $C^5H^{10}O^5$, ne sont pas contenus comme tels dans nos aliments, mais les tissus végétaux sont très riches en anhydrides des pentoses, les *pentosanes*, dont le rôle dans l'alimentation des herbivores est certainement considérable. Le foin, par exemple, contient environ 22 p. 100 de pentosanes. Mais comme ces corps n'entrent pas en ligne de compte dans notre nourriture, il n'y aurait pas lieu d'en parler ici, si des pentoses n'avaient pas été rencontrés chez l'homme. Le premier en date est un *arabinose* que l'on a trouvé dans une douzaine de cas dans l'urine humaine. Cette *pentosurie* est une anomalie des échanges nutritifs qui ne présente pas le même intérêt que le diabète, car elle est compatible avec la meilleure santé (Salkowski, Neuberg). Divers acides nucléiques ont d'autre part fourni un pentose, qui serait du *l-xylose* ou du *d-ribose*. Notons ici que la putréfaction ampute l'acide glycuronique

1. Le glycose et le galactose étant des stéréo-isomères, leurs différences de structure n'apparaissent pas dans les formules simplifiées que nous donnons ici.

d'une molécule de CO^2 et le transforme en un pentose, le l-xylose (Salkowski et Neuberg). Il se peut donc que dans l'organisme les pentoses sortent du glycose.

Mentionnons encore un corps, que sa formule brute a fait ranger pendant longtemps parmi les hydrates de carbone, et qui est en réalité un corps cyclique, l'*inosite* ou hexahydro-hexa-oxybenzène $C^6H^6(OH)^6$ (L. Maquenne), dont un éther phosphorique, la *phytine*, a déjà été signalé précédemment (p. 58) et qui serait d'après Rosenberger, un constituant normal des tissus animaux. Il y a longtemps d'ailleurs que l'inosite a été signalée comme accompagnant assez souvent le glycose dans les urines sucrées (Gallois, 1864), et cette concomitance est d'après L. Meillère et P. Fleury presque une règle. On l'observe aussi dans le diabète par piqûre du ventricule, dans le diabète phlorizique (L. Meillère et L. Camus). La question se pose donc de savoir si un corps cyclique comme l'inosite peut sortir d'un sucre comme le glycose, et ici l'on peut citer, comme posant un premier jalon, les expériences de Kikoji et Neuberg sur la transformation de l'amino-acétaldéhyde en pyrazine dans l'organisme animal.

Les disaccharides. — Ces composés doivent être considérés comme résultant de la soudure de *deux* hexoses identiques ou différents, avec élimination d'une molécule d'eau. En effet, ils se dédoublent par hydratation en deux molécules du type $C^6H^{12}O^6$. Tels sont le *saccharose ordinaire* ou sucre de canne ou de betterave, dédoublable par hydrolyse en glycose et en lévulose, le *lactose* ou sucre de lait, dédoublable en glycose et en galactose, et le *maltose*, dédoublable en deux molécules de glycose :

$$C^{12}H^{22}O^{11} + H^2O = C^6H^{12}O^6 + C^6H^{12}O^6.$$
$$\text{Saccharose.} \qquad \text{Glycose.} \qquad \text{Lévulose.}$$

Parmi ces disaccharides, le saccharose et le lactose sont abondamment représentés dans nos aliments. Quant au maltose, nos rations ne nous en apportent qu'exceptionnellement, mais nous verrons qu'il s'en forme de grandes quantités au cours de la digestion des amyloses, et comme ces trois dissaccharides sont en outre dédoublés par les sucs digestifs en hexoses — glycose, lévulose et galactose — c'est finalement sous la forme $C^6H^{12}O^6$ qu'ils sont offerts à la nutrition des cellules.

Les polysaccharides. — De même que les dissaccharides résultent de la condensation de *deux* molécules d'hexoses par soustraction *d'une* molécule d'eau, de même les polysaccharides sont formés par l'union de n molécules d'hexoses avec départ de $n-1$ molécules d'eau. Parmi ces corps figurent les diverses variétés de *dextrine*, les *amidons* et les *celluloses*, n ayant pour ces divers composés une valeur très élevée et sans doute croissante quand on va des dextrines aux celluloses. Ces polysaccharides sont très abondamment représentés dans les tissus végétaux, les amidons comme matériaux de réserve, les celluloses comme substances de soutien, mais leurs relations réciproques sont encore très mal connues.

Une acquisition très importante a été faite cependant en ce qui concerne l'amidon. Maquenne et Roux ont montré que ce corps est un mélange de deux substances. L'une, la matière amylacée vraie, l'*amylose*, colorée en bleu par l'iode, constitue la partie intérieure du grain d'amidon ; l'amylase la transforme en dextrines, étape franchie très rapidement et à peine saisissable, puis en maltose. L'autre, l'*amylopectine*, colorée en bleu violacé par l'iode, forme l'enveloppe des grains. C'est elle, et non l'amylose, qui confère à l'amidon la propriété de donner des empois. L'amylase la transforme en dextrines, puis, après un temps assez long, en maltose.

Dans les tissus animaux les polysaccharides ne sont représentés que par le *glycogène*, sorte de dextrine animale déposée surtout dans le foie et le tissu musculaire et dont on verra plus loin le rôle considérable dans les phénomènes de la nutrition. Au moment où ces divers tissus sont consommés par l'homme, le glycogène, d'ailleurs peu abondant, a déjà presque entièrement disparu. Aussi ne consommons-nous guère comme polysaccharides que les diverses variétés d'amidons (amidons et fécules), qui figurent en si grandes quantités dans la partie végétale de notre ration. Enfin les diverses variétés de *cellulose* sont sans doute un aliment important pour les herbivores, mais elles sont à peu près dépourvues à ce point de vue de toute valeur pour l'homme.

Les glycosides. — Les glycosides, dont les tissus végétaux nous offrent une telle variété, existent aussi dans les tissus animaux. La cérébrine et les cérébrosides (p. 71), les glycoprotéides (p. 52), les acides nucléiques (p. 55), diverses matières protéiques (p. 28), se comportent, en effet, comme des glycosides, puisque par hydrolyse ils fournissent des sucres ou des sucres aminés. On a déjà signalé l'intérêt que présente un inventaire complet de tous ces composés.

Produits de décomposition des hydrates de carbone. — Il est intéressant de passer en revue, comme nous l'avons fait pour les matières protéiques, les produits de la simplification progressive des hydrates de carbone *in vitro* et sous l'action de divers agents, non pas pour en tirer des conclusions sur la constitution de ces corps, qui à cet égard sont bien connus, mais pour savoir en quels fragments se disloquent de préférence ces molécules, et pour prévoir ainsi quels seront les produits de leur désintégration dans l'organisme. On verra que c'est sous la forme du type glycose, $C^6H^{12}O^6$, que les hydrates de carbone commencent réellement leur rôle alimentaire. Voyons donc en quels fragments cette molécule se résout de préférence *in vitro*.

Traité par les alcalis, le glycose fournit jusqu'à 60 p. 100 de son poids *d'acide lactique*. Sous l'action des alcalis, il produit aussi de *l'alcool* et de *l'acide carbonique* (E. Duclaux). Or, ces étapes, acide lactique, alcool et acide carbonique, nous les trouvons aussi dans la dégradation du sucre par les organismes inférieurs. En effet, le ferment lactique dédouble le sucre en acide lactique; la levure de bière aussi en fait d'abord, sinon de l'acide lactique, comme on l'a cru pendant quelque temps, du moins un produit voisin de cet acide (peut-être de la dioxyacétone ou de l'aldéhyde glycérique c'est-à-dire deux isomères de l'acide lactique), produit dont sortirait ensuite l'alcool par perte d'acide carbonique. De fait la lumière ultra-violette[1], ou encore certains microbes (P. Mazé) dédoublent nettement l'acide lactique en alcool et en acide carbonique (décarboxylation), et d'autre part la levure contient une carboxylase, qui est aussi en mesure d'opérer un tel départ de CO^2 (p. 110 et 309). On peut donc dire de ces divers fragments de la molécule des sucres ce que nous avons dit plus haut de ceux de la molécule des protéiques (p. 32), à savoir qu'ils représentent des stations où la molécule des sucres fait halte un instant dans sa descente progressive vers les déchets les plus simples, et qu'il est logique de prévoir que ces produits pourront apparaître aussi dans la vie des organismes supérieurs (p. 397).

§ II. — LES GRAISSES.

Depuis les classiques recherches de Chevreul sur la décomposition des corps gras en savons et en glycérine sous l'influence des alcalis et les belles synthèses opérées par Berthelot en 1854, la constitution des corps gras naturels est parfaitement établie.

Ces composés sont des éthers triacides de la glycérine, des *triglycérides*, c'est-à-dire qu'ils représentent de la glycérine, dans laquelle l'atome d'hydrogène de chacun des trois oxhydriles alcooliques a été remplacé par le radical d'un acide gras. Exemple :

$$
\begin{array}{ll}
CH^2.OH & CH^2.O.C^{18}H^{35}O \\
| & | \\
CH.OH & CH.O.C^{18}H^{35}O \\
| & | \\
CH^2.OH & CH^2.O.C^{18}H^{35}O. \\
\text{Glycérine.} & \text{Éther tristéarique} \\
& \text{de la glycérine ou tristéarine.}
\end{array}
$$

1. Notons ici que la lumière ultra-violette dégrade le lévulose jusqu'à l'état d'aldéhyde formique et d'oxyde de carbone (A. Ranc). On saisit donc ici les produits même par lesquels passe la synthèse du sucre dans la plante.

On sait aussi préparer synthétiquement des éthers mixtes de la glycérine, comme la palmito-distéarine, et l'on admet en général comme démontré que de tels éthers existent dans les graisses animales et végétales. Quant aux éthers monacides ou diacides, comme la monostéarine ou la distéarine, ils constituent aussi des graisses, mais non point des graisses naturelles.

Par l'action des alcalis, les graisses sont dédoublées, comme tout éther-sel, en leurs deux termes constituants, l'acide gras qui, combiné à l'alcali, se sépare sous la forme d'un *savon*, et la glycérine. C'est l'opération de la saponification :

$$
\begin{array}{ccccc}
CH^2.O.C^{18}H^{35}O & & CH^2OH & \\
| & & | & \\
CH.O.C^{18}H^{35}O & + \quad 3KOH \quad = & CHOH & + \quad 3C^{18}H^{35}O.OK \\
| & & | & \\
CH^2.O.C^{18}H^{35}O & & CH^2OH & \\
\text{Tristéarine.} & & \text{Glycérine.} & \text{Stéarate de potassium} \\
& & & \text{(savon).}
\end{array}
$$

Par extension on appelle aussi saponification le dédoublement d'une graisse en ses deux générateurs, acide gras et glycérine, par simple hydratation, bien qu'il se forme ici un acide gras libre et non plus un savon. Un tel dédoublement est produit par l'eau à haute température ou à la température ordinaire par l'action de certaines diastases.

Les acides gras ainsi combinés à la glycérine dans les graisses des animaux supérieurs et dans la plupart des graisses végétales comestibles appartiennent surtout aux deux séries, $C^nH^{2n}O^2$ (série acétique) et $C^nH^{2n-2}O^2$ (série oléique), et les plus abondamment représentés sont les acides *palmitique* $C^{16}H^{32}O^2$, *stéarique* $C^{18}H^{36}O^2$, acides saturés, et l'acide *oléique* $C^{18}H^{34}O^2$, acide non saturé. D'autres acides gras non saturés ont été trouvés encore dans les tissus (p. 70 et 434). Ce sont les proportions relatives des triglycérides de ces trois acides (palmitique, stéarique et oléique), qui déterminent la consistance variable des divers corps gras animaux et végétaux. On a signalé parmi les graisses du foie (bœuf) la *trimyristine*, c'est-à-dire l'éther de l'acide $C^{14}H^{28}O^2$. Le monde végétal fournit aussi des acides gras oxygénés, comme l'acide dioxystérarique de l'huile de ricin (Julliard).

Les huiles sont principalement constituées par la trioléine, liquide à la température ordinaire, tandis que les graisses animales comme celle des animaux de boucherie ou de laboratoire sont un mélange en proportions variables de trioléine liquide avec de la tripalmitine et de la tristéarine, solides à la température ordinaire et fusibles, la première à 46° et la seconde à 60°. C'est des proportions relatives de ces trois glycérides que dépend la fusibilité des graisses naturelles. Ainsi la graisse de chien, qui contient 7/10 d'oléine contre 3/10 de palmitine et de stéarine, commence à fondre déjà à 20° et est liquide à 28-30°, tandis que la graisse de mouton, qui renferme 1/6 d'oléine contre 5/6 de palmitine et de stéarine, commence à fondre à 43°, et se liquéfie complètement à 49-51°. De même la graisse humaine, qui fond entre 17 et 22°, est essentiellement un mélange de trois glycérides, avec 65 à 85 p. 100 d'oléine.

La fusibilité variable des graisses des différentes régions du corps tient de même aux proportions différentes des trois glycérides qui les constituent principalement. Ainsi, chez le porc, la graisse sous-cutanée (dos) fond à 33°,8, tandis que celle qui entoure le rein, et qui contient moins d'oléine, fond à 43°,2. La température de l'organe considéré exerce une influence directe sur cette fusibilité. Chez deux jeunes porcs, maintenus pendant deux mois, l'un dans un milieu à 30-35°, l'autre dans un milieu à 0°, la graisse sous-cutanée se solidifiait à 24°,2 chez le premier et à 22°,8, chez le second (Henriques et Hansen). On sait au surplus depuis longtemps que le suif des moutons d'Espagne est plus riche en palmitine et en stéarine, et celui des moutons du Nord plus riche en oléine.

On voit donc que là où la température du corps tend à s'abaisser fortement au-dessous de 37°, la graisse prend une composition qui la rend plus facilement fusible, qu'elle devient, au contraire, moins fusible là où la température est habituellement plus rapprochée de 37°, circonstance qui assure à ces diverses couches adipeuses sensiblement le même état physique. Cet état est sans doute celui d'une semi-liquidité, là où la graisse doit, comme les parties périphériques, faciliter les glissements et amortir les chocs. Sa consistance est probablement plus ferme, parce que sa fusibilité est moindre, là où elle joue le rôle d'une substance de remplissage et de contention, comme dans les régions profondes, autour des reins ou du cœur. C'est peut-être pour la même raison que la graisse du nouveau-né est moins fusible (de 52 à 65 p. 100 d'oléine) que celle de l'adulte (de 70 à 86 p. 100 d'oléine) (Jaecklé), le revêtement adipeux pouvant ainsi jouer ce même rôle de soutien. Cette différence disparaît dès la fin de la première année. Enfin lorsque le nouveau-né maigrit, ses graisses s'appauvrissent en oléine. Elles prennent, par conséquent, une consistance plus ferme, et c'est ainsi que l'on a essayé d'expliquer le sclérème des nouveau-nés.

Tout ce qui précède s'applique aux *graisses de réserve*, c'est-à-dire à ces amas adipeux immédiatement visibles, déposés en quantité parfois si considérable dans le tissu cellulaire souscutané, autour des reins..., mais qui ne font pas partie intégrante des tissus, car pendant l'inanition l'organisme les consomme, et au cours de l'alimentation surabondante il en accroît la quantité. Or, ce sont là les caractères essentiels d'une réserve alimentaire. La graisse non immédiatement visible, incluse dans les organes et tissus, se comporte tout autrement. Ni le jeûne, ni l'alimentation n'en modifient la quantité. C'est que cette fraction représente de la *graisse protoplasmique*. C'est un constituant des tissus, une constante cellulaire (E.-F. Terroine).

La quantité totale de graisse que renferment les individus d'une même espèce est très variable, précisément parce que dans ce total figure une réserve, de grandeur nécessairement *variable*. Par exemple, la souris normale contient de 27 gr. 8 à 87 gr. 8 de graisse (en acides gras) par kilogramme. Au contraire, chez les animaux qui se meurent d'inanition et qui ont donc achevé de consommer cette réserve, la teneur en graisse est abaissée à un minimum sensiblement *constant* pour chaque espèce, et soit, par kilogramme, de 23 grammes chez la souris, de 26 à 29 grammes chez le bengali, de 5 gr. 28 chez la perche, de 4 gr. 7 chez la grenouille. Pour la souris, c'est donc la différence 87,8 — 23 = 64 gr. 8, qui représente le poids maximum atteint par la graisse de réserve, tandis que les 23 grammes qui ont été retenus par l'organisme jusqu'à la fin représentent évidemment de la graisse protoplasmique. Et cette graisse est bien une constante cellulaire, soit donc un des aspects de la manière d'être spéciale propre à chaque tissu ou organe, car on voit ceux-ci défendre contre les variations alimentaires cette caractéristique spéciale. Ainsi chez le chien alimenté à la manière ordinaire, mais examiné loin du dernier repas, ou chez l'animal en état d'inanition (3 à 26 jours de jeûne), ou sacrifié de 3 à 18 heures après un repas de graisse, ou enfin suralimenté depuis 26 jours, on a trouvé respectivement et pour 100 grammes de tissu sec, les quantités de graisse que voici : foie 10,5, 11,0, 11,1 et 13,1; rein 11,98, 13,4, 11,6 et 11,0; poumon 10,1, 10,3, 9,8, et 10,0; muscle 13,8, 14,3, 13,0 et 25 grammes. On voit qu'en mettant à part le muscle (voir encore sur ce point à la page 433), ces tissus sont restés en quelque sorte fermés pour la graisse de réserve, dont les lieux d'élection sont ailleurs pour l'animal normal (tissu sous-cutané) (E.-F. Terroine et Jeanne Weil; A. Mayer et A. Schaeffer). Et pour la même raison on verra que la composition de cette graisse protoplasmique est indépendante de la nature de l'alimentation, tandis que celle de la graisse de réserve porte visiblement la marque alimentaire (p. 424).

En dépit des différences signalées plus haut la composition centésimale de la graisse varie peu d'un point à un autre de l'organisme, parce que les trois acides en question diffèrent eux-mêmes très peu dans leur composition. En moyenne les graisses animales renferment · C 76,5, H 12,0 et O 11,5 p. 100. Elles sont donc bien plus pauvres en oxygène et plus riches en carbone que les protéiques et les hydrates de carbone, circonstance qui explique le pouvoir calorifique considérable de ces composés et la faible valeur de leur quotient respiratoire (p. 540 et 562).

Il faut remarquer que, dans la molécule des graisses, *c'est l'acide gras qui représente la masse de beaucoup la plus considérable*; 100 grammes de graisse fournissent, en effet, par saponification environ 95 grammes d'acides gras et 9 grammes de glycérine. D'ailleurs, c'est aussi l'acide gras qui constitue la partie véritablement alimentaire de la graisse.

Le peu que l'on sait sur les étapes de la décomposition des acides gras *in vitro* sera exposé en même temps que la théorie de la β-oxydation de ces acides dans l'organisme (p. 435).

§ III. — LES LIPOÏDES.

C'est à l'occasion d'une théorie sur le mécanisme de la perméabilité des membranes d'enveloppe des cellules (p. 135), que ce mot de *lipoïde* a été créé par Overton (1900-1901). Les substances réunies sous cette appellation sont principalement les *lécithines*, les *cholestérines*, le *protagon* et la *cérébrine*. C'est au point de vue chimique une famille tout à fait hétérogène. Seules les lécithines présentent avec les graisses une analogie de structure qui justifierait au point de vue chimique cette dénomination de lipoïde. Mais Overton se plaçait uniquement au point de vue physique : il appelait lipoïdes des corps ayant, d'une manière générale, la propriété d'être des solvants pour le même ensemble de corps (les anesthésiques par exemple) et se comportant quant à ces solubilités à peu près comme les graisses. Aujourd'hui on appelle en général lipoïdes tous les corps figurant à côté des graisses[1], dans le mélange très complexe des substances que les dissolvants neutres, éther, benzine, chloroforme, alcool, etc., enlèvent aux tissus animaux ou végétaux. On peut classer ces corps en lipoïdes phosphorés et lipoïdes non phosphorés.

Les lipoïdes phosphorés. — Les lécithines. — Les mieux connus parmi ces lipoïdes phosphorés, ce sont les *lécithines*.

On a rencontré les *lécithines* dans toutes les cellules animales et végétales où l'on s'est appliqué à les rechercher systématiquement, ainsi que dans la plupart des liquides de l'organisme. Chez les animaux, elles sont particulièrement abondantes dans les productions génitales (jaune d'œuf, sperme), dans le tissu nerveux et la moelle osseuse. Les lécithines sont des *acides glycérophosphoriques*, modifiés par l'introduction de deux restes d'acides gras, et combinés à une base organique complexe, la *choline*. Ce sont donc des graisses phosphorées. Leur composition varie à la fois avec la constitution de l'acide glycérophosphorique qu'elles contiennent et selon la nature des restes gras en question. Pour ce qui regarde le premier point, il est établi aujourd'hui que les lécithines du jaune d'œuf et du cerveau (cheval) contiennent à la fois les deux acides α et β, $O = P(OH)^2 - O - CH^2 - CHOH - CH^2OH$ et $O = P(OH)^2 - CH = (CH^2OH)^2$

---

1. Il y a aussi des auteurs qui appliquent la dénomination de lipoïdes à l'ensemble : graisses + lipoïdes.

(O. Bailly). Pour ce qui regarde les restes gras, on a isolé de la lécithine de l'œuf les acides palmitique et stéarique et trois acides non saturés, les acides oléique, linoléique et linolénique (Thudichum, Cousin...), mais pour des raisons fournies par l'étude de la formation de la lysocithine (p. 251), il semble bien que la lécithine contienne toujours un acide saturé et un acide non saturé (Mac Lean, Rollet...). D'autre part, la choline est l'hydrate de triméthyloxéthylammonium.

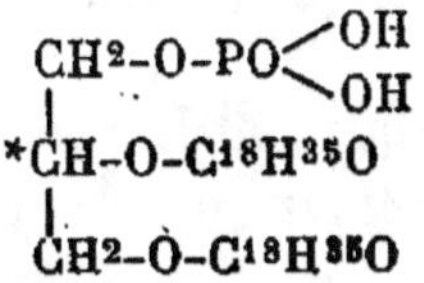

$$\begin{array}{l} CH^2\text{-}O\text{-}PO\!\!<\!\!\begin{array}{l}OH\\OH\end{array}\\ {}^*CH\text{-}O\text{-}C^{18}H^{35}O\\ CH^2\text{-}O\text{-}C^{18}H^{35}O\end{array} \qquad \begin{array}{l}CH^3\\CH^3\\CH^3\end{array}\!\!>\!\!N\!\!<\!\!\begin{array}{l}C^2H^4OH\\OH\end{array}$$

Ac. distéaryl-α-phosphoglycérique. 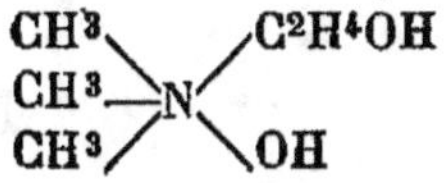   Choline.

Les lécithines se comportant plutôt comme des éthers qu'à la manière des sels, il est probable que la liaison de l'acide avec la choline a lieu, non par l'oxhydrile basique lié à l'azote, mais par l'oxydrile alcoolique.

Les lécithines sont des produits à aspect cireux, que l'eau gonfle en donnant finalement une solution colloïdale, et il est probable qu'en cette qualité elles contractent dans l'organisme, avec d'autres corps, protéines, sucres, autres phosphatides (voy. ci-après), des combinaisons d'adsorption comme les *lécithalbumines*, la *jécorine*, le *protagon*, sur l'existence desquels, en tant qu'individus chimiques définis, on a tant discuté. Notons à ce propos que l'on ne connaît de lécithines pures que depuis que Mac Lean a appris à séparer cette substance de la céphaline qui l'accompagne toujours. Ces lipoïdes possèdent le pouvoir rotatoire [1].

Montrons enfin qu'à cette notion de lécithine, devenue trop étroite, on a dû substituer la notion plus compréhensive des *phosphatides*.

C'est qu'il existe dans les tissus animaux toute une série de corps, les *phosphatides* de Thudichum, comprenant, outre les lécithines, des corps caractérisés par un rapport du phosphore à l'azote qui n'est pas celui que présentent les lécithines (où il vient un at. de P. pour un at. de N). Ces corps diffèrent, en effet, non seulement par la nature des acides gras, mais encore par celle du complexe phosphoré et par celle de la base qui prend la place de la choline. Ainsi la lécithine devient, avec cette nomenclature, un monamino-monophosphatide, comme aussi la *lysocithine* (p. 251), la *céphaline* du cerveau, les *myélines* de la moelle nerveuse, du cerveau, la *vésalthine* du pancréas. (Notons que dans la céphaline la place de la choline est tenue par l'*oxéthylamine*, et que les acides gras ne sont pas les mêmes) (Levene). On a décrit aussi un diamino-monophosphatide, la *sphingomyéline* (cerveau,

---

1. Cette propriété est due soit à l'acide α-glycérophosphorique qui renferme un atome de carbone asymétrique, soit à la présence, dans l'acide β-glycérophosphorique, de deux restes gras différents et dont l'introduction dans cette molécule, inactive par elle-même, lui confère l'activité optique.

globules sanguins), corps cristallisé, ne contenant pas d'acide glycéro-phosphorique, et renfermant à côté de la choline une autre base, la *sphingosine* (p. 72), alcool aminé bivalent et à double liaison, $CH^3-(CH^2)^{11}-CH = CH-CHOH-CHOH-CH^2.NH^2$ (Levene). L'acide gras est l'*acide lignocérique* $C^{23}H^{47}.COOH$. La *néottine* du jaune d'œuf (P : N=1 : 3) et la *sahidine* du cerveau (P : N = 2 : 3) sont encore très mal définis. Un autre phosphatide du cerveau serait formé d'*acide diglycosamine-phosphorique*, éthérifié par deux molécules d'acide lignocérique (S. Fränkel).

Lipoïdes non phosphorés. — Ici se placent la *cholestérine* et les lipoïdes glycosidiques comme la *cérébrine* ou mieux les *cérébrosides.*

La *cholestérine*, $C^{27} H^{45} O H$, accompagne en général la lécithine ; on la rencontre donc dans presque tous les tissus et liquides de l'organisme. Elle est particulièrement abondante dans le cerveau (de 20 à 25 gr. p. 1 000 gr. de tissu frais) et surtout dans la substance blanche, dans les corps jaunes de l'ovaire (2 gr., 5 gr. 8 et 10 gr. 9 dans le corps jaune de la truie au stade initial hémorragique, au stade de maturité et au stade de régression), dans les capsules surrénales (50 gr. p. 1 000), dans le jaune d'œuf (20 p. 1 000 ; analyses de Grigaut). Elle est tantôt libre, tantôt combinée à l'état d'éthers avec des acides gras élevés (avec les acides palmitique, stéarique, oléique, probablement avec l'acide élaï-dique et avec d'autres acides non saturés). Par exemple elle existe sous ces deux formes dans le sang, le foie (et corrélativement cet organe contient une diastase qui saponifie les éthers cholestériques). On la rencontre aussi dans nombre d'organes ou de productions pathologiques, dans le gros rein blanc et dans le tissu du xanthome, dans les artères athéromateuses (par exemple, 8 gr. 6 p. 1 000 de tissu frais ; G. Lemoine et E. Gérard), dans les substances caséeuses du poumon tuberculeux du bœuf (E. Gérard), dans les tubercules, les crachats, les liquides kystiques, etc.

La cholestérine est un alcool monovalent, insoluble dans l'eau, mais donnant avec ce solvant des solutions colloïdales où elle est électroné-gative, et qui sont précipitées par les solutions salines. C'est un colloïde hydrophobe (p. 42). La cholestérine que l'on rencontre dans l'organisme est en partie d'origine *exogène*, c'est-à-dire directement alimentaire, comme le montrent l'hypercholestérinie sanguine qui succède rapide-ment à une alimentation riche en cholestérine (jaunes d'œuf, cervelle), et la *stéatose* cholestérique (Aschoff ; S. Chalatow) que l'on peut pro-duire artificiellement chez le lapin en prolongeant ce régime pendant longtemps, et par laquelle on reproduit alors des altérations patholo-giques connues, comme l'athérome (G. Lemoine). Mais une autre partie, probablement importante, est d'origine *endogène*, c'est-à-dire qu'elle vient des tissus, et les centres de cette production sont probablement les capsules surrénales et les corps jaunes (A. Chauffard, G. Laroche et A. Grigaut), peut-être aussi la rate (Abelous et Soula). On ignore quelle est la matière première dont part ici l'organisme, et c'est là une lacune grave dans l'histoire biologique de la cholestérine. Ce que l'on sait de la structure de ce corps (qui serait l'alcool secondaire d'un complexe, le *cholestane*, formé par quatre noyaux de benzine hydrogéné, avec une chaîne latérale iso-octylique) (Windaus), ne fournit encore aucune hypothèse directrice (voir aussi p. 180).

Dans la famille des *cérébrosides*, qui sont des glycosides du galactose, on ne distingue quant à présent avec quelque netteté que : 1° la *phrénosine* que l'hydrolyse dédouble en un α-oxyacide gras, l'*acide phrénosique* $C^{25}H^{50}O^3$, corps à chaîne bifurquée fournissant par oxydation de l'acide *lignocérique*, en *galactose* et en *sphingosine* (p. 71); 2° la *cérasine* dédoublable en acide lignocérique, galactose et sphingosine (Levene). On a décrit aussi, comme constituants du cerveau, des corps dénommés *sulfatides* où le soufre tiendrait la place du phosphore. Les substances décrites sous les noms d'*encéphalines* (cerveau), de *pyosine* et de *pyogènes* (pus) n'ont point encore figure d'individus chimiques définis.

Rôle des lipoïdes. — Voici maintenant une série de faits établissant le rôle éminent que tiennent les lipoïdes dans la vie des tissus.

1° Les lipoïdes sont des constituants *primaires* de la cellule (p. 121) et tout indique que ce rôle plastique est considérable, c'est-à-dire que ces corps représentent un facteur important dans la manière d'être spéciale, propre à chaque tissu.

Tous les tissus contiennent des lipoïdes, et notamment des lipoïdes phosphorés et de la cholestérine (Iscovesco; A. Mayer et E. Schaeffer et d'autres), et à ce qu'il semble, en quantités sensiblement constantes pour chacun d'eux et variables de l'un à l'autre, du moins pour ce qui regarde le phosphore lipoïdique et la cholestérine (A. Mayer et E. Schaeffer; E. F. Terroine et Jeanne Weill). A ces différences quantitatives d'un tissu à l'autre s'ajoutent vraisemblablement des différences qualitatives, surtout en ce qui concerne les phosphatides, dont on a signalé plus haut la surprenante variété. Tout indique donc que ces composés sont un facteur important de la spécificité chimique des divers tissus.

Quel est le rôle de ces constituants cellulaires? On ne peut donner sur ce point que quelques premières indications. Au surplus le caractère si hétérogène du groupe des lipoïdes fait prévoir que ce rôle s'exerce vraisemblablement dans de multiples directions. En voici quelques-unes.

2° Il est dès à présent certain que les lipoïdes de la membrane d'enveloppe des cellules jouent un rôle important dans l'action des sels sur les tissus, la perméabilité cellulaire ou celle de la peau, etc.

L'action des sels sur les cellules a probablement comme point d'attaque les colloïdes, donc aussi les lipoïdes protoplasmiques, et l'action de certains agents hémolytiques a été également expliquée par la solubilité des lipoïdes cellulaires dans ces agents (p. 83 et 250). De même la perméabilité de la cellule pour les narcotiques paraît être fonction de la solubilité de ces agents dans les lipoïdes de la membrane cellulaire (p. 135). Il est intéressant de constater aussi que la présence des lipoïdes modifie considérablement les conditions de solubilité d'autres corps. Ainsi l'albumine, le sucre, deviennent, en présence des phosphatides, solubles dans l'éther. On a soutenu aussi que seules traversent la peau intacte les substances solubles dans le mélange de cholestérine et de graisse constituant l'enduit sébacé, qui imprègne toute l'épaisseur de l'épiderme (environ 2 gr. d'acides gras et 0 gr. 50 de cholestérine pour 100 gr. de tissu sec dans la peau du cobaye; J. Weill). Ainsi le salicylate de méthyle, dont Linossier et Lannois ont démontré la large absorption par la peau, est un solvant de la cholestérine (Linossier). Enfin la cholestérine et ses éthers, dont on peut dire qu'ils forment comme une gaine ininterrompue au-dessus du revêtement extérieur de tous les animaux supérieurs, sont très résistants à l'action des bactéries. Une gélatine nutritive recouverte de lanoline (éther cholestérique) reste inaltérée, tandis qu'une couche de graisse ordinaire (donc à base de glycérine au lieu de cholestérine) ne fournit pas la même protection Liebreich).

3° Les phosphatides, et notamment ceux qui accompagnent les graisses du foie, sont facilement oxydables à l'air (S. Fränkel, Vernon et d'autres), en sorte qu'ils pourraient jouer un rôle dans le phénomène des auto-oxydations cellulaires (p. 128). On serait donc là en présence d'un mécanisme biochimique très général, mais cette hypothèse n'est encore appuyée que sur la présence constante des lipoïdes dans tous les tissus et sur cette facile oxydation[1]. On a fait jouer plus spécialement aux lipoïdes un rôle dans l'oxydation des graisses. Les acides gras n'entreraient dans la molécule des phosphatides que pour y être oxydés, et la lécithine serait « comme une machine à brûler ces acides » (O. Lœw). Cette hypothèse sera développée ailleurs (p. 434). Notons qu'elle n'est qu'un cas particulier d'une hypothèse plus générale, à savoir qu'une cellule ne peut brûler un corps, et d'une manière générale entrer en conflit chimique avec lui, qu'après l'avoir au préalable fixé chimiquement, donc après l'avoir combiné à l'un de ses constituants primaires.

4° Par leurs propriétés chimiques les lipoïdes interviennent encore soit en exerçant des actions antihémolytiques et antitoxiques, soit parce que certains d'entre eux, sont, au contraire, hémolysants et toxiques.

1. La présence des phosphatides dans la granulation chlorophyllienne et l'intervention possible de ces corps dans le phénomène de l'assimilation de l'acide carbonique par la plante verte ont été signalées aussi (J. Stoklasa).

La cholestérine possède un pouvoir *antihémolytique* très net vis-à-vis des saponines (Ransom), des hémolysines du bothriocéphale (Tallqvist), des·savons (Iscovesco et Foucault), de la digitonine (Karaulow), et dans ce dernier cas, comme aussi pour les saponines, on saisit le mécanisme de cette action, puisqu'il se forme une combinaison du toxique avec la cholestérine qui, dans le cas de la digitonine, a pu être utilisée pour le dosage de la cholestérine (Windaus). Corrélativement, les éthers de la cholestérine ne sont pas antihémolytiques (Hausmann; E. Abderhalden et Le Count). C'est probablement à des réactions du même ordre qu'est dû le pouvoir *antitoxique* de la cholestérine vis-à-vis du venin de serpent (Phisalix), du venin de cobra (p. 251), de la tuberculine (E. Gérard et G. Lemoine), de la toxine botulique (Klemperer), des savons (Iscovesco), de l'acide oléique (Lamb). Vis-à-vis de la toxine tétanique, l'action de la cholestérine est faible et l'action antitétanique de la bile n'est donc à rapporter qu'en partie à la cholestérine; celle de la masse cérébrale aussi s'explique par l'action de corps autres que la cholestérine (protéiques) (A. Marie et Tiffeneau). La cholestérine ne fixe pas non plus la toxine diphtérique, mais la lécithine fixe et active ce poison (Laroche et Grigaut). La résistance à l'infection tuberculeuse parait être aussi fonction de la richesse du sang en lécithine (Calmette, Massol et Guérin). C'est sur ces constatations que l'on s'est appuyé pour employer la cholestérine dans le traitement des anémies (action antihémolytique) et des intoxications et toxi-infections (action antitoxique). G. Lemoine lui attribue même le caractère d'un antitoxique général, que toute infection ou intoxication appellerait dans le sang et il admet que ces appels, lorsqu'ils sont trop fréquents et qu'ils sont aidés aussi par l'hypercholestérinie alimentaire, conduisent plus tard à l'athérome et à l'artériosclérose. Inversement, l'action hémolytique du venin de cobra n'est possible qu'en présence de lécithine (p. 251) et c'est de cette réaction que l'on s'est servi pour démontrer la présence constante de lécithine libre dans le sang des tuberculeux et pour corroborer le diagnostic de cette affection (A. Calmette, L. Massol et M. Breton). (En ce qui concerne le rôle de la cholestérine dans la cholélithiase, voy. p. 185.)

---

1. On verra que dans ce cas la cholestérine est antihémolytique, parce qu'elle se combine à l'agent hémolysant, qui est ici la lysocithine, et c'est par le même mécanisme de la combinaison que la cholestérine empêche l'action hémolysante des éthers à acidos gras élevés de la choline (Fourneau et Page). Mais il semble bien qu'il ne s'agisse là que d'associations moléculaires, formant avec l'eau une émulsion stable et à laquelle l'éther n'enlève que l'excès de cholestérine. Seul l'alcool déplace cette dernière que l'on peut alors enlever par l'éther.

2. Il est intéressant de noter ici la remarquable *hydrophilie* de la cholestérine. Les éthers purs de la cholestérine, par exemple la lanoline débarrassée de la cholestérine libre qu'elle contient, n'ont presque pas d'hydrophilie, c'est-à-dire qu'on ne réussit pas à leur incorporer des quantités d'eau appréciables. Si l'on ajoute, au contraire, à de la paraffine de 2 à 5 p. 100 de cholestérine et mieux encore d'oxycholestérine, on confère à ces mélanges une hydrophilie telle qu'on peut leur incorporer jusqu'à 200 et même jusqu'à 550 p. 100 d'eau. Ces faits, qui n'ont d'abord préoccupé que les dermatologistes au point de vue de la préparation des onguents, présentent un intérêt biologique évident en ce qui concerne les conditions de la rétention d'eau par les tissus normaux ou en état d'œdème (p. 78) et Fontès a fait une intéressante étude des facteurs à l'aide desquels on réussit à démolir *in vitro* ces « hydrophilats ».

CHAPITRE V

LES MATIÈRES MINÉRALES

Les matières minérales que l'on rencontre dans l'organisme sont *l'eau*, divers *sels minéraux* et des *gaz*. Nous laisserons ici de côté ces derniers dont il sera question dans le chapitre relatif à la respiration.

§ I. — L'EAU.

Il est à peine besoin d'insister sur l'importance du rôle physiologique de l'eau.

L'eau représente le milieu dans lequel s'accomplissent tous les actes chimiques de la vie. C'est elle qui transporte, soit sous la forme de solutions vraies, soit à l'état de suspensions colloïdales, les matériaux de réparation offerts aux tissus. C'est elle aussi qui sert de véhicule aux produits d'excrétion éliminés au dehors. Enfin l'évaporation cutanée, l'exhalation de vapeur d'eau par le poumon constituent un facteur capital dans le phénomène de la régulation de la température. Mais le rôle de l'eau n'est pas borné à ces actions purement physiques. L'eau intervient aussi chimiquement, et d'abord dans toutes les réactions d'hydratation et surtout d'hydratation avec dédoublement (hydrolyse) dont on montrera plus loin l'importance dans les échanges nutritifs intermédiaires. De plus, c'est sous l'action de l'eau que les sels tendent à se dissocier par hydrolyse en acides et en bases, et c'est aussi au sein de l'eau que la dissociation électrolytique défait les sels en leurs ions, lesquels sont, d'après les théories modernes, les véritables agents des réactions chimiques. On ne conçoit donc pas que la vie soit possible en l'absence d'eau, et, de fait, chez certains êtres inférieurs, qui se prêtent à ces manœuvres (rotifères, tardigrades), on voit la vie s'arrêter avec la dessiccation de l'organisme et reprendre dès que l'on restitue l'eau nécessaire.

Voyons maintenant comment cette eau est répartie et retenue dans l'organisme.

Répartition de l'eau dans l'organisme. — Rôle des colloïdes et des sels. — L'organisme de l'homme contient environ 63 p. 100 d'eau, quantité qui peut s'abaisser chez l'adulte jusqu'à 58 p. 100 et qui s'élève chez le nouveau-né jusqu'à 69 p. 100. Les tissus du fœtus sont encore plus aqueux (94 p. 100 vers le milieu du troisième mois). Plus un organisme est gras, moins il est aqueux. Si l'on fait abstraction du tissu osseux, qui renferme environ 27 p. 100 d'eau et du tissu adipeux, qui en contient environ 20 p. 100, tous les autres organes et tissus de l'homme, y compris le sang, sont à 70-80 p. 100 d'eau environ, et dans chaque espèce (chien, lapin, cobaye, pigeon), chaque tissu ou organe est caractérisé par une teneur en eau différente et qui se maintient sensiblement constante. L'eau est donc une constante cellulaire (A. Mayer et G. Schaeffer). Notons que plus de la moitié de cette eau est logée dans le tissu musculaire. C'est aussi le muscle qui absorbe la majeure partie de l'eau, quand l'organisme est inondé brusquement par une grande quantité de liquide.

Voici comment sont répartis entre les divers tissus et organes les 44 kilogrammes d'eau que contient l'organisme d'un adulte de 70 kilogrammes : muscles 48 à 51; squelette 9 à 12; organes divers (tube digestif, foie, poumon, rate, rein) 9,4; peau 6,6 à 11; sang 4,7 à 9; tissu nerveux 2,7; graisse 2,3; divers 11 p. 100 d'eau totale (d'après un tableau de Bechhold). Mais ces divers tissus présentent un degré d'*imbibition* très différent, en entendant par là, avec Mayer et Schaeffer, la quantité d'eau dans l'organisme par 100 gr. de tissu sec. Ainsi chez le chien et chez le lapin, on trouve respectivement dans le poumon 352 et 408, dans le rein 315 et 340, dans le muscle 281 et 335 et dans le foie 236 et 278 gr. d'eau pour 100 gr. de tissu sec. On voit de plus que si le muscle retient une fraction si importante de l'eau de l'organisme, ce n'est pas parce que son imbibition est très élevée, mais parce que sa masse est considérable. C'est pour la même raison que le muscle retient la majeure partie (68 p. 100) de l'eau brusquement injectée dans les veines d'un chien (1 160 cm³ d'eau salée physiologique par animal) (voy. aussi p. 143).

Quels sont les facteurs qui déterminent le degré d'hydratation de l'organisme. Ici l'on saisit en premier lieu l'*action des sels*, et principalement celle du chlorure de sodium, à quoi est due surtout la salure du milieu intérieur. Pour des raisons de tension osmotique (voir p. 142), il arrive, en effet, que lorsque l'organisme retient ou abandonne des sels, il retient ou abandonne corrélativement une quantité correspondante d'eau. Ce sont les belles recherches de Strauss et de Widal, qui ont mis en lumière ce fait remarquable et établi son importance capitale en pathologie.

Les divers organes et tissus contiennent une quantité déterminée de chlorures, mais sous ce rapport tous restent bien en arrière du sang. Le plus pauvre est le muscle (0,1 p. 100), le plus riche le tissu conjonctif (0,3 à 0,4 p. 100) (voy. pourtant à la p. 158), tandis que le sang en contient de 4,5 à 4,7 p. 1 000 et l'organisme tout entier environ 130 grammes au moins. Mais comme l'homme s'est habitué à consommer beaucoup plus que le minimum indispensable, et soit de 10 à 20 grammes par jour, il se trouve qu'en sus de cette teneur normale il circule constamment dans le corps un *certain surplus*. Si, dans ces conditions, on donne à un sujet la même ration d'entretien qu'auparavant, mais sans sel, on voit l'organisme perdre peu à peu 10 à 20 grammes de chlorures, en même temps que le poids du corps diminue de 1 à 2 kilogrammes, sans qu'il y ait fonte de tissus, c'est-à-dire sans sacrifices d'albumine et de graisse, la perte était tout entière représentée par de l'eau et des sels. Si l'on rajoute ensuite à la ration les quantités habituelles de sel, l'organisme ne les élimine pas entièrement; il en garde chaque jour une importante partie jusqu'à ce que les 10 à 20 grammes perdus auparavant aient été regagnés, mais en retenant en même temps 1 à 2 kilogrammes d'eau. En d'autres termes, le surplus de sel retenu n'augmente pas le degré de salure de l'organisme; il est retenu et il s'en va toujours accompagné d'une quantité d'eau telle que la tension osmotique de l'organisme reste dans les limites normales. C'est pourquoi l'on n'arrive à réduire au minimum les oscillations du poids du corps que chez les sujets dont les entrées et les sorties de sels sont rigoureusement réglées (Widal; H. Labbé et Morchoisne).

A côté de ces facteurs physiques interviennent aussi *les affinités chimiques de chaque tissu pour l'eau*. Il est certain que l'eau n'occupe pas les tissus par un simple phénomène d'imbibition, mais qu'il y a, comme le soutenait dès 1874 R. Dubois, liaison intime entre elle et les protoplasmes cellulaires. Cette liaison est le fait des *colloïdes cellulaires*. En effet, les facteurs qui augmentent ou qui diminuent l'hydrophilie des colloïdes *in vitro* agissent dans le même sens sur les tissus vivants. Dès lors, on est conduit à admettre que l'hydrophilie propre à chaque tissu est la résultante de l'hydrophilie des divers colloïdes qui constituent ce tissu.

¹ Un gastrocnémien de grenouille, qui, plongé dans l'eau pendant trente-quatre heures, fixe, en eau, 41 p. 100 de son poids, en absorbe 186 p. 100 dans de l'acide chlorhydrique à 0 gr. 1 p. 1 000, et cette action est déjà sensible pour une dose d'acide 12 fois moins forte (M. H. Fischer). Des muscles pris sur des chiens au repos et plongés dans de l'eau salée,

absorbent en six heures 4,8 p. 100 de leur poids, tandis que des muscles pris sur des animaux fatigués par un travail excessif, donc des muscles acides, accroissent leur poids de 28 p. 100 dans les mêmes conditions (Iscovesco). Les solutions alcalines font aussi gonfler le muscle, et cette action des acides et des bases est diminuée par l'addition de sels ($NaCl$, Na^2SO^4). — Des yeux de mouton, de porc, de bœuf, plongés dans des solutions même très étendues d'acide chlorhydrique, se gonflent énormément, prennent une dureté rappelant celle du glaucome, et, parfois même, éclatent. Les alcalis produisent le même effet, quoique moins prononcé. On a donc tout à fait le tableau des réactions de gonflement des colloïdes, tel qu'il a été décrit précédemment (p. 48) [M. H. Fischer]. Les différences d'imbibition des divers tissus sont donc liées vraisemblablement à l'hydrophilie propre à l'association de tous les constituants chimiques de chaque espèce cellulaire. On vient de signaler l'action qu'exercent sur l'hydratation des tissus les acides, les bases et les sels. Montrons encore que la proportion des *lipoïdes* dans le protoplasme doit jouer aussi un rôle important.

Les protéiques dont sont formées principalement les cellules sont des colloïdes hydrophiles, mais à côté d'eux figurent d'une manière constante des graisses et des lipoïdes et notamment de la cholestérine. Or, les graisses ne sont pas miscibles à l'eau, et l'on sait, par l'exemple du tissu adipeux signalé plus haut, combien leur présence diminue l'hydratation d'un tissu. Mais comme l'hydrophilie de ces milieux réfractaires à l'imbibition est considérablement accrue par la présence de la cholestérine (p. 74, note 2), on prévoit que l'imbibition d'un tissu doit être d'autant plus grande que le rapport : cholestérine : graisses sera plus grand. Les premières vérifications faites dans cette direction par Mayer et Schaefer sont très encourageantes. Ici on doit se borner à noter avec ces auteurs qu'une cellule nerveuse, une cellule hépatique et un globule rouge contenant respectivement 30, 10 et 1 p. 100 de graisses et lipoïdes, il serait surprenant que de telles différences fussent sans action sur l'imbibition de ces éléments.

Enfin on comprend qu'à l'*état de maladie* le rapport normal entre l'eau et les tissus puisse être modifié, soit parce qu'une rétention de sel a déterminé une rétention d'eau concomitante et inversement, soit à cause d'un changement dans l'hydrophilie des colloïdes des tissus sous l'action de quelque agent toxique, soit enfin pour d'autres causes encore mal connues (facteurs nerveux, alimentaires...).

1° Widal et Javal ont montré que, dans certaines néphrites, on réussit à provoquer à volonté l'apparition d'œdèmes étendus par l'ingestion de lait salé, et à faire disparaître ensuite ces œdèmes par le régime déchloruré (lait naturel). Ici la rétention de sel a donc déterminé la rétention d'une quantité d'eau correspondante. Dans d'autres affections, la rétention de sel peut être, au contraire, « sèche » (Ambard et Beaujard; H. Labbé et Furet), du moins pendant quelque temps. On ne peut que signaler ici ces questions. — 2° Comme l'hydrophilie des colloïdes est puissamment accrue par l'action de certains agents (acides, etc.) (p. 48),

M. H. Fischer a soutenu que les œdèmes seraient dus très souvent à de telles actions, bien plus qu'à des actions mécaniques (stases sanguines, par exemple). Mais, outre que tous les liquides d'œdème ne sont pas acides, et que beaucoup d'organes et tissus ne sont pas gonflés *in vitro* par les acides, cette explication se heurte encore à d'autres difficultés (Iscovesco; R. P. Barbieri et D. Carbone). Toutefois, il se peut que d'autres déchets anormaux interviennent ici par quelque action toxique sur les tissus. — 3° Les variations des poids considérables et très rapides que l'on observe chez les nerveux, chez les aliénés sont dues probablement à des alternatives brusques et anormales d'hydratation et de déshydratation des tissus, et ici il est intéressant de noter que par des lésions expérimentales de la région optopédonculaire de la base du cerveau, on réussit à provoquer de la polyurie sans polydypsie, donc un déséquilibre dans l'hydratation des tissus (J. Camus et Roussy). Des rations très riches en hydrates de carbone, l'alimentation insuffisante chronique ou trop unilatérale (pain de munition chez la souris) augmentent de même la quantité d'eau retenue par l'organisme. Enfin la teneur en eau du tissu adipeux est très variable (de 7 à 46 p. 100); elle serait plus grande chez les sujets mal nourris que chez les individus bien portants (Bozenraad), et chez certains obèses il y aurait plutôt surcharge d'eau qu'encombrement par les graisses (Iscovesco).

§ II. — LES SELS MINÉRAUX.

Les sels minéraux représentent en moyenne 4,7 p. 100 du poids du corps. Un adulte de 70 kilogrammes est donc porteur d'environ 3 kilogrammes de cendres. La majeure partie de ces matières proviennent du squelette. Par exemple, les déterminations de Volkmann sur le cadavre d'un homme de 62 kgr. 5 ont donné pour le squelette 2 247 grammes et pour les parties molles 468 grammes, en tout 2 715 grammes de cendres, soit donc respectivement 83 p. 100 et 17 p. 100 de la quantité totale des cendres.

Nature et état des substances minérales dans l'organisme. — On connaît ces substances par l'analyse des cendres des tissus et humeurs, mais les résultats ainsi obtenus sont affectés d'incertitudes diverses : 1° L'incinération altère la composition des matières minérales; 2° La démarcation entre les matières minérales et les matières organiques d'un tissu vivant n'est pas nette; 3° Il y a des matières minérales qui circulent en dissolution dans les liquides de l'organisme. D'autres, au contraire, sont immobilisées dans les tissus et adhèrent souvent très énergiquement aux éléments cellulaires. Le rôle physiologique de ces deux catégories de substances minérales est certainement différent, et il serait intéressant de les connaître séparément. Or, l'incinération les confond.

1° Les cendres des tissus sont en général riches en sulfates et surtout en phosphates, alors qu'en réalité ces deux sortes de sels sont peu abondants dans l'organisme. C'est que l'incinération transforme respectivement en sulfates et en phosphates le soufre des protéines et le phosphore des nucléines et lécithines. Pareillement, le fer de l'hémoglobine donne de l'oxyde ferrique, etc. L'interprétation des résultats est donc toujours difficile.

2° Un sel de fer minéral donne avec une solution d'albumine un albuminate de fer, sorte de combinaison saline, très semblable aux sels minéraux et dans laquelle le fer n'a pas cessé d'être accessible aux divers réactifs de ce métal. C'est encore du *fer minéral* (fer ionisable). Dans l'oxyhémoglobine, au contraire, le fer, profondément engagé dans la molécule du pigment, ne réagit plus avec les dits réactifs; il est « dissimulé » (non ionisable). C'est du *fer organique* (p. 451). Entre ces deux extrêmes, on peut imaginer toute une série d'états intermédiaires, et de fait on a trouvé dans les tissus, et notamment dans le foie, des combinaisons organiques du fer d'une solidité très variable. La seule démarcation nette que l'on puisse faire ici consiste à mettre d'une part les matières minérales ionisables et de l'autre celles qui ne le sont pas, les premières seules étant, dans le sens précis du mot, des matières minérales.

3° La suite de cet exposé montrera que ces deux sortes de matériaux participent à des actes physiologiques très différents. Par exemple le rôle que joue le sodium, si abondamment fixé dans le cartilage, n'a visiblement rien de commun avec celui que tient le sodium du sel marin circulant dans le sang. Et entre ces deux catégories il se fait probablement des échanges fréquents, puisque le contenu cellulaire est un amas de colloïdes, et que ceux-ci contractent sans cesse avec les sels des combinaisons d'une stabilité très variable (p. 45 *b*).

Sous ces réserves, qui atteignent surtout le côté quantitatif de la question, on peut fixer ainsi qu'il suit la liste des principaux constituants minéraux de l'organisme : *potassium, sodium, magnésium, calcium, fer, zinc, chlore, fluor, acide phosphorique, acide carbonique, silice.* D'autres corps minéraux ont été trouvés encore dans les tissus des êtres vivants, mais en quantités infiniment plus petites, comme l'*arsenic*, l'*iode*, le *manganèse*, le *brome*, etc. (voir aussi p. 118 et 544).

Répartition des matières minérales. — On ne possède encore qu'un nombre assez restreint d'analyses complètes des cendres des divers tissus, organes et humeurs, faites à l'aide de méthodes exactes. Ces analyses montrent que la composition de cette partie minérale de nos tissus varie dans des limites assez étendues, en sorte qu'il est difficile d'indiquer des moyennes pouvant servir de termes de comparaison avec les résultats observés à l'état pathologique. On se bornera donc à citer ici quelques faits particulièrement intéressants.

Le *potassium* l'emporte en général de beaucoup sur le *sodium* dans les éléments cellulaires; l'inverse a lieu pour les humeurs. Ainsi les cendres des muscles sont surtout composées de phosphate de potassium, avec très peu de chlore, de sodium, de magnésium, de chaux et de fer. Pareillement, les globules rouges de l'homme sont bien plus riches en potassium qu'en sodium (ce dernier élément manque même complètement aux globules du cheval, du porc et du lapin), tandis que dans le plasma, c'est le sodium qui l'emporte. Notons encore que le sodium est très abondant dans les cendres du cartilage. Celles-ci renferment, en effet, contre 8,9 p. 100 de K^2O, 70,7 p. 100 de Na^2O, lequel provient sans doute en grande partie de la substance fondamentale. Dans les tissus ou organes à fonctions actives (glandes, muscles, tissu nerveux) le rapport K : Na est en général élevé, souvent très supérieur à l'unité, tandis que dans les tissus plutôt passifs (cartilages, os) ce rapport n'atteint pas l'unité (P. Gérard). Le *calcium*, très abondant dans le tissu osseux, est aussi un élément constant des noyaux. Ainsi, la substance grise du cerveau, riche en noyaux, contient plus de chaux que la substance blanche, pauvre en noyaux. Pour le *fluor*, on assiste de même à une localisation très accentué. Les tissus à vie active sont pauvres en fluor (de 2 à 4 milligrammes p. 100 grammes de tissu sec). Dans les os, les dents, les cartilages, les tendons, organes ou tissus de vitalité réduite, le fluor est, au contraire, plus abondant (de 4,7 à 87 milligrammes p 100 grammes de tissu sec). Enfin les appendices de la peau, épiderme, écailles, poils, émail dentaire, en renferment jusqu'à 10-185 milligrammes (A. Gautier et P. Clausmann). Et le *zinc*, qui dans toute la série animale est un élément constant d'un grand nombre de tissus, est de même beaucoup plus abondamment représenté dans le cerveau et le thymus (de 0,348 à 0,402 p. 1 000 de tissu sec) que dans le muscle (0,088) ou dans la thyroïde (0,069) (Delezenne; voir aussi p. 102, note 1).

Rôle physiologique des matières minérales. — On constate d'abord que les matières minérales remplissent évidemment un rôle plastique, c'est-à-dire qu'elles sont *des constituants cellulaires indispensables.*

L'énergie avec laquelle certaines matières minérales restent adhérentes aux éléments cellulaires des tissus (p. 80), le fait qu'il y a un ensemble de sels minéraux qui ne manquent dans aucune cellule animale ou végétale, démontrent déjà suffisamment ce rôle de constituants cellulaires. On constate, en outre, que dans l'inanition la destruction des tissus consommés par autophagie est toujours accompagnée de l'excrétion des matières minérales de ce tissu, à tel point que des proportions relatives des sels éliminés, on peut conclure que la destruction a porté sur tel ou tel tissu (p. 477 et 478). Inversement, à la reprise de l'alimentation, on constate que l'organisme retient aussitôt les sels apportés par la ration en même temps que les matières organiques nécessaires à la réfection des tissus. Les substances minérales sont donc bien, pour la matière vivante, des constituants chimiques indispensables. D'ailleurs, pour certaines d'entre elles, comme les sels de chaux des os, le fer des globules rouges, ce rôle plastique était tout de suite évident.

Les matières minérales sont aussi *des constituants indispensables des humeurs de l'organisme.*

Un excès de chlorure de sodium introduit dans le sang par le tube digestif est très rapidement éliminé par les urines. Inversement, la privation de sel marin est aussitôt suivie d'une énorme diminution de la quantité de chlorures excrétée par les urines. La teneur du sang en sel fléchit aussi au début, mais elle se relève au bout de quelques jours et peut même revenir à son taux primitif, sans doute parce que d'autres tissus et liquides de l'organisme s'appauvrissent en sel marin au profit du sang. Lorsqu'on donne ensuite une alimentation riche en sels, l'excrétion du chlore par les urines ne remonte qu'après quelques jours, c'est-à-dire lorsque l'organisme a réparé la majeure partie des pertes que ses tissus avaient subies au profit du sang. Cette ténacité avec laquelle la composition saline du plasma est ainsi maintenue par l'organisme prouve bien que les matières minérales sont nécessaires à la constitution normale du sang (voy. aussi p. 476).

Voici, d'autre part, quelques preuves directes du rôle joué par les matières minérales.

Il y a d'abord cette preuve globale, fournie avec une netteté toute particulière par l'étude de la nutrition des micro-organismes, à savoir que le développement et l'entretien de tous les êtres vivants est lié à l'apport d'un certain nombre de matières minérales (p. 543). Les physiologistes nous apprennent, en outre, que tel sel est indispensable au fonctionnement de tel tissu ou organe. Par exemple, le muscle cardiaque a besoin de sels de chaux solubles, et c'est pourquoi les solutions de phosphates, citrates, fluorures, oxalates alcalins, qui sont des précipitants de la chaux, arrêtent le cœur de la grenouille (Busquet et Pachon). La chaux est nécessaire aussi à la substance nerveuse, c'est pourquoi les oxalates, que le tissu nerveux fixe d'une façon élective (Sarvonat et Roubier), produisent des accidents nerveux si graves. Une petite quantité de calcium augmente considérablement le pouvoir phagocytaire des globules blancs (Hamburger). Citons enfin le potassium qui est indispensable pour qu'un liquide de perfusion puisse entretenir les contractions du cœur (de grenouille) et l'agent actif paraît être ici la radioactivité de ce métal, car le potassium peut être remplacé par les rayons β du radium agissant à distance, ou, dans la solution, par tout métal à dose équi-radioactive (uranium, thorium...) (Zwaardemaker).

Mais la question se pose de déterminer les mécanismes de toutes ces actions. On en aperçoit plusieurs, qui sont les suivants :

1° Les sels jouent un rôle physique important dans le maintien de l'équilibre de tension osmotique entre les liquides et les tissus de l'organisme ; 2° Ils interviennent sans doute puissamment dans les opérations chimiques de la cellule et notamment dans les actions diastasiques ; 3° Les sels contenus dans les liquides de l'organisme agissent sans cesse sur les colloïdes cellulaires et par là vraisemblablement sur les échanges et sur toute la vie de la cellule ; 4° Les matières minérales à réaction alcaline servent à neutraliser les produits acides de désassimilation ; 5° Enfin on a attribué un rôle spécial au sel marin, seul aliment minéral que l'homme se préoccupe d'ajouter lui-même à sa nourriture.

Nous examinerons successivement sous ces divers aspects le rôle des matières minérales.

Les matières minérales et la tension osmotique. — Les sels minéraux interviennent tant par leur molécule intacte que par leurs ions comme facteurs prépondérants et comme régulateurs de la pression osmotique dans l'organisme. Cette question sera étudiée avec celle de l'organisation physico-chimique de la cellule (p. 139).

Les matières minérales et les opérations chimiques de la cellule. — On montrera dans un autre chapitre que de plus en plus les diastases apparaissent comme étant les instruments du travail chimique des cellules. Or, pour qu'une action diastasique se produise, il faut la réalisation d'un ensemble de conditions, et notamment la présence d'agents minéraux divers, acides, bases, sels,... sans lesquels la réaction diastasique est impossible ou très lente (p. 102). Les métaux sont d'ailleurs eux-mêmes des catalyseurs, car *in vitro* ils accélèrent une foule de réactions, et dans l'organisme c'est aussi par des actions catalytiques que l'on tend à expliquer l'action si puissante exercée sur la nutrition par des traces de certains métaux (voy. p. 120) et l'efficacité thérapeutique de beaucoup d'agents, tels que le fer, le mercure, l'argent, l'iode (Schade).

Les matières minérales et les colloïdes cellulaires. — Des tissus (muscles, nerfs) ou des organismes entiers (œufs d'animaux inférieurs en voie de développement, organismes inférieurs divers) éprouvent, au contact de solutions salines, des modifications diverses dans leurs propriétés physiologiques. On sait, d'autre part, que les tissus sont des amas de colloïdes, et que les solutions colloïdales sont modifiées dans leur état physique par l'addition de sels. Or, entre ces deux ordres de faits, action des sels sur les tissus vivants et action des sels sur les colloïdes *in vitro*, on saisit des analogies si frappantes, que l'on a été conduit à expliquer la première par la seconde, c'est-à-dire à ramener l'action physiologique des sels à une action physico-chimique sur les colloïdes de la cellule. On se rend compte de ces analogies en étudiant : 1° l'action des sels pris isolément; 2° l'action des mélanges de sels tels qu'on les rencontre dans les liquides de l'organisme.

ACTION DES SELS PRIS ISOLÉMENT. — Si l'on range les divers sels (alcalins et alcalino-terreux) suivant l'intensité de leur action, d'une part sur l'état physique des colloïdes pris *in vitro*, et d'autre part sur la contractilité et les propriétés électriques des muscles, sur l'excitabilité des nerfs, on obtient deux séries à peu près identiques.

Dans l'action des sels sur les solutions albumineuses, le pouvoir précipitant décroît — ou le pouvoir dissolvant croît — pour les anions dans l'ordre : $SO^4 > Cl > NO^3 > Br > I$, et pour les cations dans l'ordre $Li > Na > K > NH^4$ (Hofmeister, Pauli, Posternak). Pour les autres colloïdes cellulaires (lécithine, cholestérine) la succession est sensiblement la même. Or, on retrouve ce même ordre dans un nombre considérable d'expériences physiologiques, portant sur des objets très divers (muscles, nerfs, globules rouges, œufs d'oursins, larves d'arénicoles à cils vibratils, spermatozoïdes, végétaux inférieurs...), et dont voici quelques exemples.

Un muscle de grenouille introduit dans une solution d'un non-électrolyte (sucre de canne ou de lait, mannite, etc.), isotonique avec le tissu musculaire, perd rapidement, quelquefois déjà après dix minutes, sa contractilité. Il la retrouve lorsqu'on le transporte dans une solution isotonique de sel marin, ou de tout autre sel de sodium ou dans une solution isotonique de sucre additionnée de 0,1 p. 100 de sel marin [1]. Or, dans cette action le sel marin peut être remplacé, quoique moins bien, par des sels d'autres métaux, à acides divers, et si l'on range les cations et les anions de ces sels d'après leur efficacité décroissante, on retrouve la série ci-dessus donnée pour l'action de ces ions sur les colloïdes. Pareillement, un nerf de grenouille, qui perd son irritabilité dans une solution isotonique de sucre, la retrouve dans une solution de chlorure de sodium, et ce chlorure peut être remplacé par d'autres sels à acides divers. Or, ici encore on retrouve le même ordre d'efficacité. On le retrouve aussi dans l'étude de l'action des sels sur certaines propriétés électriques des nerfs (R. Höber).

On est donc conduit à *expliquer l'action physiologique des sels sur les tissus par une action physico-chimique sur les*

---

1. Les cellules contractiles de la méduse *Gonionemus*, le cœur de la tortue, le cœur lymphatique de la grenouille se comportent de même, en sorte que l'une des fonctions de l'ion Na dans l'échelle des êtres paraît être de garantir la contractilité musculaire (R. Höber).

colloïdes des cellules. A la vérité les protéiques ne sont coagulés *in vitro* que par des concentrations salines que n'atteignent jamais les liquides de l'organisme, mais on a vu que, déjà avant de produire la coagulation, l'arrivée d'un sel modifie l'état et la composition d'un colloïde (p. 45 *b*). D'ailleurs, les solutions colloïdales de lécithine sont coagulées par des concentrations salines voisines de celles des humeurs.

L'action toxique (antiseptique) de certains sels sur les cellules et notamment sur les cellules bactériennes doit être ramenée aussi à une action sur les colloïdes.

A concentration égale, le bichlorure, le bibromure et le cyanure de mercure sont de moins en moins antiseptiques ; ils sont aussi de moins en moins dissociés en leurs ions, ce qui démontre que l'agent toxique est, non le sel, mais l'ion libre Hg (Paul et Krönig). Cette conclusion a pu être vérifiée par un nombre considérable d'expériences et notamment par celle-ci. Si, à une solution de sulfate de cuivre, on ajoute un autre sulfate, le raisonnement fait prévoir et l'expérience vérifie que le nombre des ions Cu diminue, parce que la liqueur contenant plus d'ions SO^4, il se reforme des molécules de SO^4Cu. Or, on constate que la toxicité du sulfate de cuivre pour le *Penicillium glaucum*, mesurée d'après la diminution du poids de plante produite, est abaissée quand on ajoute à la solution un autre sulfate (de K, de Na ou de NH^4) (Maillard). Pareillement, les acides et les bases sont d'autant plus antiseptiques qu'ils sont plus fortement dissociés, ce qui prouve aussi que cette action est respectivement le fait des ions H et OH.

L'action *antiseptique* est donc bien le fait des ions libres. Or, l'action *coagulante* que la plupart de ces antiseptiques exercent sur les colloïdes est aussi une action, non du sel total, mais de l'un des ions [1], et il est donc naturel d'expliquer la première par la seconde, et de dire que le pouvoir antiseptique des sels de cuivre ou de mercure, par exemple, est fonction de leur action coagulante sur les colloïdes de la cellule bactérienne.

ACTION DES MÉLANGES DE SELS. — En étudiant successivement l'action d'un sel unique sur les fonctions d'un tissu, nous nous sommes placés dans des conditions artificielles, plus commodes

1. Des recherches de Hardy, Schulze, Posternak, il ressort, en effet, qu'en solution alcaline, milieu où l'albumine prend une charge électrique négative (p. 45), ce colloïde est coagulé aussitôt par les solutions do sulfate d'aluminium ou de cuivre, de nitrate de cadmium, do chlorure de cuivre, et qu'il n'est pas coagulé par les solutions de sulfate de sodium ou de potassium ou par le chlorure de sodium. En milieu acide, où l'albumine est positive, les solutions de sulfate d'aluminium, de cuivre, de potassium, de sodium, do magnésium la coagulent aussitôt, tandis que les solutions de chlorures de cuivre, de baryum ou

pour l'expérimentation, mais que ne réalisent jamais les milieux physiologiques. C'est toujours, en effet, un mélange de sels qui vient agir sur les cellules. Cette action simultanée de plusieurs sels est d'ailleurs indispensable, car la solution isotonique de sel marin, dont on a dit plus haut qu'elle rétablit la contractilité musculaire abolie par une solution de sucre, n'est nullement un bon conservateur de cette contractilité. Sydney Ringer a montré que dans une telle solution le muscle de grenouille tombe bientôt dans un état de trémulation anormale, que l'on évite, au contraire, en ajoutant au liquide un peu d'un sel de potassium ou de calcium, ou mieux encore un mélange des deux, et c'est ainsi que par tâtonnement se sont constituées ces solutions de sels « nutritifs » (liquide de Ringer, de Ringer-Locke [1], de Hédon et Fleig) à l'aide desquelles on peut assurer à des organes détachés de l'animal une survie considérable. Ainsi, les contractions des anses intestinales, du cœur, de l'utérus gravide, de la vessie peuvent être entretenues pendant des heures entières, si ces organes sont plongés dans une solution saline contenant un mélange convenable de sels (Hédon et Fleig).

Ces divers sels paraissent donc produire un effet synergique, et là aussi il apparaît que cette action porte sur les colloïdes cellulaires.

Les premières expériences dans cette direction sont celles de J. Loeb sur les œufs d'un téléostéen marin, *Fundulus heteroclitus*, qui, par suite de

de sodium, et celle de nitrate de cadmium ne la coagulent pas. On a donc le tableau que voici (avec une albumine dénaturée par la chaleur; p. 46) :

Albumine négative : précipitée par les cations plurivalents (c'est-à-dire à charge électrique multiple) : Al^{+++}, Cu^{++}, Cd^{++},

non précipitée par les cations univalents (c'est-à-dire à charge électrique simple) : Na^{+}, K^{+}.

Albumine positive : précipitée par les anions à charge électrique multiple : SO^{--},

non précipitée par les anions à charge électrique simple : Cl^{-}, $(NO^{3})^{-}$.

On voit donc que la précipitation du colloïde est déterminée chaque fois par la valence, c'est-à-dire par le signe et la grandeur de la charge électrique des ions en présence.

1. Ce liquide contient par litre de 6 gr. 5 à 9 gr. 5 de chlorure de sodium, 0 gr. 2 de chlorure de potassium, de 0 gr. 2 à 0 gr. 3 de chlorure de calcium et parfois 0 gr. 1 de bicarbonate de sodium. On remarquera que pour 100 molécules de NaCl cette solution contient de 1,7 à 2,4 mol. de KCl et de 1,1 à 2,4 mol. de $CaCl^{2}$. Ce sont à peu près les rapports qui existent entre ces divers sels dans l'eau de mer.

son indifférence vis-à-vis des influences osmotiques, se prête particulièrement bien à ce genre de recherches [1]. Elles ont montré que les œufs de
Fundulus, qui meurent tous dans une solution de sel marin isotonique
avec l'eau de mer (5/8 de molécules-grammes par litre), se développent
plus ou moins bien quand on ajoute à la solution un peu d'un sel à
métal bivalent (calcium, magnésium, strontium, baryum, nickel, cobalt,
manganèse, zinc, plomb) ou trivalent (aluminium, chrome) ou quadri-
valent (thorium), qui tous, à des doses différentes et avec une efficacité
variable, suppriment la toxicité du sel marin pur. Ajoutons que le métal
ainsi introduit dans la solution de sel marin n'agit pas parce qu'il serait
un aliment nécessaire au développement de l'embryon, car les œufs
fécondés de *Fundulus* se développent aussi bien dans l'eau distillée que
dans l'eau de mer. Il s'agit donc bien d'une *action antagoniste de deux
métaux*.

Un autre exemple d'une telle action est offert par un arthropode d'eau
douce, *Gammarus pulex*, qui vit très bien dans un mélange de 4/5 d'eau
de mer et de 1/5 d'eau distillée, ou dans une solution contenant un
mélange des divers sels de l'eau de mer, à savoir NaCl, KCl, $CaCl^2$, $MgSO^4$
et $MgCl^2$. Mais si, dans cette solution, on supprime successivement 1, puis
2, puis 3, puis 4 de ces sels, en commençant par le dernier de la liste,
on obtient des liquides dont la toxicité pour cet organisme va croissant, la
solution pure de NaCl étant la plus toxique (Wolfg. Ostwald). Il y a donc
dans le protoplasme de ces organismes un certain état ou de certaines
fonctions, qui sont aussi bien conservées par la présence *simultanée* d'un
ensemble déterminé de sels que par l'eau douce [2]. Des résultats tout à
fait semblables ont été obtenus avec des plantes terrestres ou d'eau
douce (algues, équisétacées, graminées...). Par exemple, des graines de
froments, qui ne se développent pas dans une solution de NaCl ou de
KCl, poussent très bien quand on ajoute un peu de $CaCl^2$, de $BaCl^2$ ou
de $SrCl^2$.

Et voici maintenant où réside l'analogie de ces faits avec ceux de la
précipitation des colloïdes par les sels. Dans les expériences de J. Loeb,
on voit des métaux toxiques comme le plomb, le zinc et l'aluminium,
annuler, aussi bien que des métaux non toxiques comme le calcium,
l'action toxique de la solution pure de sel marin. La nature propre du
métal paraît donc ici indifférente ou du moins d'importance secondaire.
L'essentiel semble être la plurivalence, c'est-à-dire la charge électrique
multiple du métal. Remarquons maintenant qu'aucun métal univalent
ne possède cette propriété antitoxique, qu'avec les métaux bivalents les
doses nécessaires sont bien plus fortes qu'avec les trivalents, pour lesquels
des traces suffisent, et concluons qu'il y a une ressemblance frappante
entre ces faits et ceux de la précipitation des colloïdes albumineux par

---

1. Lorsqu'on expérimente, en effet, avec l'eau de mer ou avec des solutions
salines, en supprimant successivement les divers composants minéraux, il arrive,
par exemple, lorsqu'on supprime le sel marin, que l'hypotonie ainsi créée ajoute
ses effets nuisibles et souvent mortels à ceux de la suppression du sel considéré
(p. 142). Même si l'on rétablit la tension osmotique primitive par l'addition d'un
non-électrolyte comme le sucre, les organismes étudiés meurent presque toujours. L'œuf de *Fundulus* et son embryon sont, au contraire, très indifférents vis-
à-vis de telles actions osmotiques.

2. On ne fera que signaler ici les belles expériences de J. Loeb et de Y. Delage
sur le développement parthénogénétique d'œufs d'oursin non fécondés, au moyen
d'agents chimiques, acides, bases, sels.

les divers sels (p. 85, note 1). Là aussi la nature du métal passe au second plan, et c'est le signe et la grandeur de la charge électrique, c'est-à-dire la valence de l'ion précipitant, qui déterminent le phénomène. Là aussi des ions trivalents comme l'alumine précipitent à doses bien plus faibles que des ions à charge électrique moindre.

On voit finalement que c'est dans *l'action des sels sur l'état physique* des colloïdes de la cellule que l'on cherche aujourd'hui l'explication du rôle joué vis-à-vis des tissus par la salure de notre milieu intérieur.

Action des sels sur les échanges nutritifs. — Mais quel est le résultat physiologique de cette action des sels sur les colloïdes cellulaires? D'après R. Höber ce serait une excitation portant sur la membrane d'enveloppe et qui modifierait les échanges nutritifs de la cellule. De fait, il y a des observations expérimentales et cliniques démontrant *une action des sels sur le métabolisme organique.*

Le développement d'œufs d'oursins peut être mis en route par l'action de divers corps (sels d'alcalis, de métaux lourds,...) et notamment de minimes quantités de soude, ajoutées à l'eau qui baigne les œufs. Or, une telle addition produit dans l'œuf fécondé ou non *des augmentations de la consommation d'oxygène* allant jusqu'à 100 p. 100. Cette respiration plus intense n'est pas le résultat de la segmentation et du développement de l'œuf, mais paraît en être la cause première, car on peut, par l'effet d'un narcotique (phényluréthane), arrêter le développement, sans que cette action sur la respiration soit suspendue (O. Warburg). Et cette action de la soude s'exerce bien sur la périphérie de l'œuf, car lorsqu'on colore l'eau par du « rouge neutre », les œufs, pénétrés par ce colorant, deviennent jaune-orangé, comme l'eau, puis quand on ajoute la soude, l'eau vire au jaune, mais les œufs restent rouge-orangé, ce qui prouve que l'alcali ne les a pas pénétrés[1], et que son action est restée limitée à la périphérie (O. Warburg).

Les combustions d'une cellule peuvent donc être modifiées par une action des solutions salines, résultat qui est à rapprocher de ce fait que l'injection sous-cutanée de 20 à 50 centimètres cubes de solution physiologique de sel marin, et même l'ingestion de solution de NaCl ou de KCl, provoquent une réaction fébrile chez le nourrisson (F. L. Meyer et H. Rietschel; E. Schloss et d'autres), souvent aussi de la glycosurie (Davidsohn), deux accidents que supprime ou que combat l'administration de $CaCl^2$ (M. Fischer). Chez l'adulte aussi, l'ingestion de sels produit une modification du quotient respiratoire.

Rôle des matières minérales à réaction alcaline. — La dégradation des aliments dans l'organisme donne naissance à un

---

1. On comprend que l'œuf puisse refuser l'entrée à cet alcali, car celui-ci n'est pas soluble dans les lipoïdes. La contre-épreuve est fournie par l'ammoniaque, qui est soluble dans les lipoïdes, et qui, déjà après une minute, a pénétré dans l'œuf et l'a fait virer au jaune.

grand nombre d'acides, acides forts comme les acides sulfurique et phosphorique provenant respectivement du soufre et du phosphore des protéiques et des nucléoprotéides, et acides faibles tels que l'acide urique, l'acide carbonique et sans doute aussi les acides aminés. La quantité de ces acides est plus considérable qu'on ne le croit. Avec 100 grammes d'albumine un adulte ingère par jour environ 1 gr. 50 de soufre, dont les 7/10 au moins subissent l'oxydation totale et donnent donc 3 gr. 20 d'acide sulfurique, c'est-à-dire de quoi neutraliser l'alcali de près d'un litre de sang. Chez les herbivores, la neutralisation de ces acides est toujours largement assurée, parce que les aliments végétaux contiennent d'importantes quantités de sels organiques d'alcalis (malates, tartrates, citrates acides de potasse et de soude) que la combustion dans l'organisme, aussi bien que la calcination *in vitro*, transforme en carbonates alcalins [1]. Les aliments des carnivores, laissent, au contraire, une cendre acide, ce qui signifie que les acides produits par la destruction de ces aliments l'emportent sur les bases disponibles. Aussi voit-on ces organismes compléter leur défense contre l'action nuisible de ces acides par une production d'ammoniaque (p. 341).

Les alcalis fixes fournis par les aliments, aidés chez les carnivores par l'ammoniaque, remplissent donc ce rôle important de défendre les tissus contre l'action nuisible des acides.

Dans cette action anti-acide des alcalis apportés par les aliments, Bunge apercevait l'explication des effets promptement mortels du jeûne salin (p. 529), les acides produits par la désassimilation ne pouvant plus être neutralisés dans ces conditions que par les bases soustraites aux cellules, ce qui représenterait pour ces dernières une atteinte mortelle. Mais les expériences très ingénieuses produites par Bunge ne peuvent plus être considérées aujourd'hui comme démonstratives. Au surplus, on peut admettre qu'à mesure que la désassimilation des protéiques produit plus d'acides, elle fournit aussi plus d'ammoniaque, en sorte que la neutralisation des acides serait toujours assurée.

Il n'est donc pas démontré qu'un apport régulier de substances basiques soit indispensable à l'organisme. Mais si l'on tient compte de ce fait que les contenus cellulaires sont toujours alcalins au papier de tournesol, il est possible qu'un tel apport soit du moins favorable. L'existence même d'un mécanisme de défense, assurant automatiquement la neutralisation des acides produits

---

1. On sait que les cendres des végétaux ont été pendant longtemps pour l'industrie l'unique source de carbonate de potasse ou de soude.

dans l'organisme, démontre qu'il n'est pas indifférent que cette saturation soit toujours assurée sans peine (voir aussi p. 268 /). On verra aussi quelles sont au point de vue de la constitution des urines les conséquences de ces phénomènes (p. 341, 472 et suiv. et 489).

Le chlorure de sodium. — Bien que le chlore et le sodium existent dans nos aliments naturels, nous ajoutons néanmoins d'assez grandes quantités de sel marin à nos aliments. Cet instinctif appétit pour le chlorure de sodium serait déterminé, d'après Bunge, par la richesse des aliments végétaux en sels de potasse. L'absorption de ces sels aurait pour effet de chasser chaque jour hors de l'organisme une quantité équivalente de chlorure de sodium et produirait ainsi ce besoin de sel.

Le mécanisme de cette spoliation serait le suivant. Lorsque le carbonate de potassium provenant de la combustion des sels de potasse des aliments végétaux arrive dans le sang, il forme avec le chlorure de sodium du plasma deux nouveaux sels, le *chlorure* de potassium et le carbonate de *sodium*. Mais comme la constitution normale du sérum sanguin ne comporte que de petites quantités de ces deux sels, ils sont, en majeure partie, rapidement éliminés par le rein, et cette élimination se répétant à chaque nouvel afflux de sel potassique, il résulte dé là, en ce qui concerue le *chlorure* de *sodium* une spoliation constante : d'où ce besoin instinctif de sel, si intense chez l'herbivore.

D'une part, Bunge a effectivement constaté sur lui-même que l'ingestion des sels de potassium provoque une élimination supplémentaire de chlorure de sodium par les urines. D'autre part, il a établi, par une enquête très étendue, que dans tous les temps et sous toutes les latitudes, les peuples agricoles et végétariens ont recherché et recherchent encore avec avidité les sources salées et les dépôts de sel. Au contraire, les peuples chasseurs et pêcheurs, qui ont une alimentation presque exclusivement animale, ou bien ne connaissent pas le sel, ou bien en repoussent l'usage. Mais à ces constatations on a opposé ce fait que les 20 ou 25 millions d'habitants de la région congolaise, qui vivent de l'agriculture, salent leurs aliments avec des cendres de végétaux potassiques et continuent à préférer le « sel » potassique au sel marin, qui cependant pénètre aujourd'hui en abondance dans ces pays (L. Lapicque ; E. Abderhalden)[1].

1. P.-J. Gérard a cependant repris récemment la thèse de Bunge et soutient, à la suite d'expériences sur le chien et la souris, qu'une alimentation trop riche en potasse chasse bien réellement la soude de l'organisme et créerait donc ainsi le besoin chimique de sel marin.

Le sel marin n'est donc pas recherché par l'homme à cause d'un besoin chimique, mais en tant qu'excitant sensoriel. C'est un condiment dont beaucoup de personnes abusent, et ce n'est pas sans raison que Bunge insiste sur le danger que présente le passage quotidien, à travers le rein, de quantités considérables de sel (jusqu'à 25 et 30 gr. au lieu des 8 à 12 gr. que contient habituellement l'urine des vingt-quatre heures), cette excrétion représentant pour l'organe un travail appréciable (p. 606).

CHAPITRE VI

LES DIASTASES

§ I. — PROPRIÉTÉS ET NATURE DES DIASTASES.

Fermentations vitales et fermentations diastasiques. — Lorsqu'on introduit dans une solution de glycose suffisamment étendue un peu de levure de bière et qu'on s'arrange de telle façon que le liquide ne soit que médiocrement aéré, on constate que le sucre disparaît et qu'il est remplacé par de l'alcool et de l'acide carbonique. La levure s'est nourrie aux dépens du glycose, dont elle a fait servir une partie à l'édification de ses nouveaux tissus, tandis qu'une autre, la plus forte, a été dédoublée en alcool et en acide carbonique, et l'énergie libérée par le fait de cette réaction a été utilisée par la levure pour l'accomplissement de ses actes vitaux.

Dans cette opération, on constate que la quantité de levure entretenue ou produite est petite, tandis que la quantité d'aliment, c'est-à-dire de sucre qui disparaît, est grande, *beaucoup plus grande, toutes proportions gardées, que celle qu'exige, à poids égal, l'entretien d'un organisme supérieur.* On a déjà expliqué précédemment quelle est la cause de cette disproportion, et l'on a montré qu'elle n'a rien de mystérieux (p. 21). Chaque fois que l'on constate une telle disproportion, on dit qu'il y a *fermentation* et l'on appelle *ferment* l'être vivant qui produit de tels effets. La levure de bière qui dédouble le sucre en alcool et acide carbonique, le ferment lactique qui transforme le lactose en acide lactique, le micoderme du vinaigre qui oxyde l'alcool et en fait de l'acide acétique, etc., tous ces organismes sont des ferments. On les appelle souvent *ferments figurés*, parce que ces êtres vivants se présentent naturellement au microscope avec une forme, une figure particulière, et les opérations chimiques qu'ils réalisent sont des *fermentations vitales*, puisqu'elles sont le fait d'êtres vivants.

On a donné aussi le nom de fermentation à des transformations chimiques qui ont beaucoup d'analogies avec les fermentations vitales, mais que l'on peut produire en dehors de toute intervention directe d'un être vivant. Ce sont les fermentations par les *diastases*. Le premier en date de ces agents est la diastase de l'orge germée, entrevue par Mitscherlich en 1823 et préparée en 1832 par Payen et Persoz. Ces savants ont montré que le liquide de macération de l'orge germée avec de l'eau emporte avec lui la propriété de saccharifier l'empois d'amidon. Si l'on traite ce liquide par de l'alcool, il se précipite une poudre blanche, soluble dans l'eau, qui représente ou qui contient l'agent saccharifiant en question, la diastase de l'orge ou *amylase*. Puis, ont été découverts successivement toute une série d'agents analogues, soit d'origine animale comme la pepsine du suc gastrique, la trypsine du suc pancréatique, soit d'origine végétale comme l'émulsine des amandes amères.

On a réuni ces agents sous la dénomination commune de « ferments solubles », *ferments* à cause des analogies frappantes qu'ils présentent avec les ferments figurés dont il vient d'être question, *solubles*, parce que ces agents sont entièrement solubles dans l'eau, et que dans le liquide actif qui les contient, on ne saisit au microscope ni forme ni figure. Mais cette dénomination est très mal choisie, car il est tout à fait incorrect de donner le même nom à une cellule vivante et à une substance chimique (E. Duclaux). Il vaut donc mieux réserver le terme de « ferment » aux ferments figurés et réunir avec E. Duclaux sous la dénomination commune de *diastases* tous les agents appartenant à ce type des ferments dits solubles.

Cependant les auteurs allemands ont, en général, maintenu les expressions d'*enzyme* ou de ferment, lesquelles sont employées aussi par beaucoup d'autres biologistes. Pour la désignation des diverses diastases, on tend à adopter la nomenclature proposée par E. Duclaux et qui consiste à former le nom de chaque diastase en ajoutant la désinence *ase* au nom du corps transformé par la diastase. La diastase de l'orge germée qui saccharifie l'amidon devient ainsi l'*amylase*, celles qui dédoublent le lactose et le maltose sont appelées respectivement *lactase* et *maltase*, etc.

Toutefois des appellations antérieures à cette nomenclature et profondément entrées dans le langage courant, telles que invertine, pepsine, trypsine, émulsine continuent à être employées.

Les analogies des diastases avec les ferments sont nombreuses. Nous allons les passer en revue.

Disproportion entre l'effet et la cause. — On a vu qu'un poids très minime d'un ferment suffît pour transformer des quantités considérables de l'aliment que consomme ce ferment. On saisit la même disproportion dans l'action des diastases. Déjà Payen et Persoz ont insisté sur ce fait que 1 partie en poids de leur diastase (amylase de l'orge germée) peut saccharifier 2 000 parties de fécule sèche. De même 1 partie d'invertine peut dédoubler 200 000 parties de saccharose. D'après Hammarsten 1 partie en poids de la diastase de la présure peut coaguler de 400 000 à 800 000 parties de caséine. Remarquons en outre qu'aucune diastase n'est encore connue à l'état de pureté, que toutes celles que l'on a étudiées sont donc des mélanges de la substance active avec des matières étrangères, ce qui augmente encore la disproportion en question.

Finalement, on peut dire que des quantités très petites de diastases peuvent transformer des quantités très grandes de substance.

Les diastases ne se détruisent pas en agissant. — Lorsque, dans des conditions convenables, on fait réagir une diastase sur la substance qu'elle est apte à transformer, on constate que l'action, d'abord très rapide, se ralentit peu à peu, puis s'arrête, bien que le liquide contienne encore une certaine quantité de substance non transformée. Il semble qu'à ce moment la diastase est usée, qu'elle s'est détruite dans la mesure où elle agissait. En réalité, il n'en est rien : la diastase subsiste toujours, mais elle est arrêtée, paralysée dans son travail, probablement parce qu'elle contracte avec les produits même de son activité — par exemple avec les acides gras dans le dédoublement diastasique de leurs éthers (M. Hanriot), ou avec les acides aminés dans l'hydrolyse des polypeptides (Abderhalden et Gigon) — des combinaisons qui l'immobilisent momentanément, mais dont elle peut être dégagée en reprenant son activité première.

Par là les diastases se rapprochent encore des ferments figurés. Ceux-ci sont des êtres vivants, et leur reproduction indéfinie leur assure une puissance d'action également indéfinie. Celles-là n'ont point cette faculté de reproduction, mais la remplacent, comme dit E. Duclaux, par une véritable immortalité, puisque toute la diastase se retrouve quand elle a terminé son action, prête à en recommencer une nouvelle, sitôt qu'on réalise autour d'elle les conditions convenables [1].

Ralentissement de l'action des diastases. — Destruction des diastases. — Lorsqu'un ferment est introduit dans un milieu lui assurant une nutrition convenable, on voit la fermentation s'amorcer, s'accélérer, puis passer par un maximum d'activité pour se ralentir ensuite, et la cause de ce ralentissement, ce sont les produits de l'activité du ferment. Ainsi le travail de la levure est ralenti par l'alcool produit. On vient de voir que pareillement les actions diastasiques sont ralenties par les produits qu'elles fournissent, et de même que l'alcool est un frein pour la levure, de même on voit, par exemple, le sucre interverti paralyser l'action de l'invertine (E. Duclaux).

Une autre analogie nous est fournie par l'étude des conditions de température. Les ferments ne développent leur action qu'entre certaines limites de température. Le froid les paralyse sans les tuer; une température voisine de 100° les annihile définitivement. Dans l'intervalle, il y a pour chaque espèce de ferment une température optimum, c'est-à-dire pour laquelle la quantité de substance transformée par le ferment est la plus grande possible. Pareillement, les diastases sont arrêtées dans leur action par le froid, mais elles ne sont pas détruites (D'Arsonval), pas même à — 190° (E. Pozerski), et une température supérieure à 60 ou 70° supprime définitivement leur activité. On dit alors, par analogie avec les ferments, que la diastase est *tuée*. Dans l'intervalle, il y a pour chaque diastase un optimum de température, en général plus élevé que celui des ferments. Celui de la présure est au voisinage de 41°, celui de la sucrase ou invertine entre 52,5 et 55°, celui de la pepsine à 40° environ.

A l'état de dessiccation complète les diastases supportent une température de 100°, semblables ici encore aux ferments, qui sont aussi moins vulnérables à l'état sec qu'en présence de l'eau.

Action des antiseptiques. — On sait que les antiseptiques, phénols, fluorure de sodium, chloroforme suppriment définitivement ou arrêtent les fermentations vitales, tandis que les fermentations diastasiques ne sont pas arrêtées par ces agents. Cette

1. Cependant cette activité indéfinie des diastases a été contestée, notamment pour la pepsine (Spineanu).

différence est capitale au point de vue pratique, puisque l'emploi des antiseptiques permet, dans l'étude des diastases, d'éliminer l'action simultanée des ferments, c'est-à-dire de supprimer une cause d'erreur très importante. Mais, au point de vue théorique, elle n'établit entre les diastases et les ferments *qu'une différence de degré* et non *de nature*. Beaucoup d'antiseptiques sont, en effet, des paralysants des diastases, par exemple l'acide cyanhydrique pour l'invertine, dont l'action toutefois n'est jamais supprimée complètement. Même des antiseptiques qui passent pour inoffensifs vis-à-vis des diastases, comme le toluène, le thymol, le chloroforme, le fluorure de sodium, atteignent quelque peu ces agents, par exemple la trypsine, dans leur pouvoir.

Telles sont les analogies que l'on constate entre la manière d'être des ferments et celle des diastases, analogies singulières, puisqu'elles rapprochent un être vivant d'une chose qui n'a point de vie, mais qui s'expliquent depuis que l'on sait que les instruments dont se sert la cellule pour accomplir ses opérations chimiques sont précisément les diastases (p. 111 et suiv.).

Voyons maintenant quelles sont les autres propriétés des diastases.

Réversibilité des actions diastasiques. — Les tranformations chimiques accomplies par un grand nombre de diastases sont des réactions réversibles, c'est-à-dire telles que les produits sortis de la substance primitivement mise en œuvre peuvent, par un procès inverse de celui qui leur a donné naissance, reproduire, sous l'action de la diastase, cette substance primitive. La première diastase sur laquelle ce phénomène a été observé est la maltase de la levure de bière, qui dédouble le maltose en deux molécules de glycose et inversement reconstruit le maltose d'après la même équation, lue en sens inverse (Croft Hill 1898) :

$$C^{12}H^{22}O^{11} + H^2O \rightleftarrows C^6H^{12}O^6 + C^6H^{12}O^6.$$

Puis la même opération synthétique a été constatée avec la lactase du képhir, agissant sur un mélange de glycose et de galactose (E. Fischer et E. F. Armstrong), mais ces deux démonstrations de la réversibilité ne sont pas complètes. Bien plus nettes et plus convaincantes sont les preuves fournies par E. Bourquelot (1912) dans son étude de la synthèse des alcoyl-glycosides sous l'action des diastases.

Ce n'est point, en effet, le maltose et le lactose qui ont été isolés jusqu'à présent dans les expériences de synthèse biochimique de ces deux sucres, mais respectivement l'isomaltose et l'isolactose, probablement parce que la levure basse et le képhir contiennent chacun d'autres diastases, dont l'action synthétisante l'a emporté sur celle de la maltase ou de la lactase. Ces expériences montrent donc qu'il y a eu synthèse, mais non pas que cette synthèse résulte de la *réversibilité* d'une action diastasique. La démonstration fournie par Bourquelot et ses collaborateurs (Bridel, Coirre, Hérissey) est, au contraire, tout à fait décisive. On sait que l'éthylglycoside β, glycoside artificiel que fournit la synthèse chimique, est dédoublé par l'émulsine des amandes en alcool et en glycose (E. Fischer). Or, d'une part, l'émulsine agissant sur une solution d'éthylglycoside dans de l'alcool à 85° (solution à 1,18 p. 100) met en liberté 25 p. 100 du glycose, puis la réaction, arrivée à son état d'équilibre, s'arrête, et, d'autre part, dans de l'alcool à 85°, contenant autant de glycose à l'état libre que la précédente solution en contenait à l'état de glycoside, l'émulsine fait de l'éthylglycoside, et cette synthèse s'arrête de même, lorsque le liquide contient encore 25 p. 100 du sucre à l'état libre, ce qui tend bien à prouver que c'est la même diastase [1] qui produit ces deux réactions, inverses l'une de l'autre. De plus cet état d'équilibre est indépendant de la quantité de diastase mise en œuvre et de la température, et il est atteint dans les deux sens avec la même vitesse, autres résultats prévus par l'étude théorique de la réversibilité. Enfin cette synthèse a pu être répétée avec un grand nombre d'autres alcools (alcools méthylique, propylique, isopropylique, butylique, etc.), et par l'action de l'émulsine sur le glycose, elle a fourni le gentiobiose (p. 105) (E. Bourquelot, Hérissey et Coirre).

On a démontré de même que la lipase du sérum fait la synthèse de la monobutyrine avec l'acide butyrique et la glycérine (M. Hanriot), que la lipase pancréatique fait celle du butyrate d'éthyle (Kastle et Loewenhart), et celle de la trioléine (Pottevin), que la lipase des graines de ricin reconstruit la triacétine et la trioléine (Taylor), que le suc de levure de bière additionné de glycose et de phosphates construit un éther hexose-phosphorique (Harden et Young). Notons enfin que la bile, qui accélère la lipolyse par le suc pancréatique et par le suc intestinal, favorise aussi l'action de synthèse de ces deux sucs (A. Hamsik) (voy. aussi p. 164).

Les diastases ne sont donc pas seulement des agents de simplification, mais aussi des agents de synthèse, de reconstruction moléculaire; et c'est là pour la biologie de la cellule une acquisition d'importance capitale (p. 143). Notons encore que toutes les décompositions diastasiques, pour lesquelles la réaction inverse de recombinaison synthétique a été constatée, sont des réactions d'hydrolyse, *accompagnées d'un dégagement de chaleur médiocre.* C'est une constatation dont nous aurons à faire état plus loin (p. 106).

---

1. L'émulsine contient sûrement plusieurs diastases. Bourquelot appelle glycosidase β, celle qui fait l'hydrolyse et la synthèse de ces glycosides β (voy. p. 111).

Autres propriétés des diastases. — Les diastases sont en général solubles dans l'eau, mais en donnant des solutions colloïdales. Elles sont solubles aussi dans la glycérine et précipitables par l'alcool. Ce sont, comme les protéiques, des antigènes (p. 33). La lumière et surtout les radiations à faible longueur d'onde les affaiblissent, puis les détruisent.

Les lipases ou diastases saponifiant les graisses sont insolubles dans l'eau (Nicloux, Connstein), et les indications contraires seraient dues à ce fait que les solutions employées étaient troubles et contenaient des fragments de tissus. On comprend d'ailleurs qu'il en soit ainsi, les lipases étant destinées à agir sur les graisses, c'est-à-dire sur des corps insolubles dans l'eau. — Le caractère colloïdal des solutions des diastases est démontré par le phénomène du transport électrique de ces corps, et par ce fait qu'elles sont précipitées par des colloïdes ou des suspensions colloïdales de signe contraire au leur (p. 46). Une application de cette dernière propriété, depuis longtemps utilisée, est l'entraînement des diastases par des poudres fines (noir de fumée, poudre d'os) introduites dans la solution diastasique, ou par des précipités (cholestérine, phosphate de chaux) produits dans le sein du liquide. Il y a d'ailleurs des degrés dans cet état colloïdal, puisque certaines diastases sont dialysables et s'éloignent donc par là des colloïdes typiques.

Toutes les diastases essayées jusqu'à présent se sont comportées comme des antigènes, c'est-à-dire que, injectées à un animal, elles ont fait apparaître dans le sérum de cet animal l'antidiastase correspondante. Il existe d'ailleurs dans les organismes animaux des antidiastases naturelles, par exemple l'antichymosine du sérum de cheval. — En ce qui concerne enfin l'action de la lumière, ces effets sont surtout nets quand on expose à la lumière solaire les solutions diastasiques additionnées de colorants fluorescents comme l'éosine (H. von Tappeiner). L'amylase, l'invertine, la zymase sont alors affaiblies ou détruites (ainsi que les toxines et beaucoup d'organismes inférieurs). Ces faits sont intéressants au point de vue de l'action de la lumière sur les êtres vivants, car beaucoup de pigments animaux (bilirubine, urobiline, hématoporphyrine) se comportent de cette façon, c'est-à-dire en sensibilisateurs photodynamiques comme l'éosine (voy. aussi p. 464c).

Nature des diastases. — Par tous ces caractères si particuliers les diastases sont apparues d'abord comme placées tout à fait en dehors du cadre des réactifs chimiques ordinaires et comme possédant du fait de leur origine vitale des propriétés particulières. Montrons qu'en réalité ces actions n'ont rien de mystérieux et qu'elles rentrent sans effort dans le cadre des actions dites catalytiques. Mais voyons d'abord ce que l'on sait de l'agent diastasique lui-même.

Lorsque mettant à profit les réactions de précipitation et de solubilité des diastases, on s'efforce d'isoler ces agents, on obtient des poudres amorphes, souvent azotées et présentant les réactions des albumines, parfois aussi exemptes de toutes réactions de protéiques, et de la pureté desquelles on n'a aucune garantie. Les diastases ne sont donc pas des individus chimiques définis, et l'on ne sait rien sur la nature chimique de ces corps, sinon la réaction spéciale que chacun d'eux peut accomplir et qui seule le définit. Mais on a pu étudier leur mode d'action, et rechercher les analogies entre les actions diastasiques et d'autres actions d'ordre purement chimique. Voici les résultats de cette étude.

Mode d'action des diastases. — Les diastases sont des catalyseurs organiques. — Les actions diastasiques présentent des analogies frappantes avec ce groupe de réactions chimiques que Berzélius a réunies sous le nom d'actions catalytiques (1835), et que l'on définit aujourd'hui de la manière àuivante :

Un catalyseur est toute substance qui, sans apparaître dans les produits terminaux d'une réaction[1], *modifie la vitesse de cette réaction. Une telle action s'appelle une catalyse* (Ostwald).

Dans la plupart des actions catalytiques connues, le catalyseur *accroît* la vitesse de la réaction (catalyses positives); mais on connaît aussi des catalyses où la vitesse est *diminuée* (catalyses négatives). De toutes façons *ce n'est pas le catalyseur qui provoque la réaction*. Il ne peut qu'accélérer une réaction déjà commencée en dehors de lui. C'est là une caractéristique essentielle de la catalyse.

Voici d'abord quelques exemples de réactions catalytiques.

Le sucre de canne est très légèrement interverti par l'eau à la température ordinaire après un nombre considérable de mois, et à 100° après quelques heures. En présence d'un peu d'acide sulfurique il l'est après quelques minutes. — L'eau oxygénée H^2O^2 se décompose lentement à la température ordinaire en $H^2O + O$. Au contact d'un grand nombre de métaux divisés (platine, or, argent) ou d'oxydes métalliques (bioxyde de manganèse), cette décomposition est presque instantanée. — L'eau oxygénée n'oxyde le glycose que très lentement. En présence d'une trace de fer, l'oxydation est si rapide que le liquide arrive spontanément à une température voisine de l'ébullition. Ces réactions une fois terminées, l'acide sulfurique, les métaux et oxydes, le sel de fer se retrouvent intacts et prêts à une nouvelle action. Enfin la quantité de catalyseur nécessaire est en général infime par rapport à celle de la substance

---

1. Ou du moins sans apparaître parmi ces produits dans une mesure importante.

transformée (par exemple une partie de fer pour 10 000 parties de solution sucrée [1]).

Les solutions colloïdales de métaux obtenues par voie électrique [2] sont aussi des catalyseurs énergiques [3]. Ainsi à la température ordinaire et en quatorze jours une quantité de platine colloïdal de 0 mgr. 04 produit dans un mélange d'oxygène et d'hydrogène une masse d'eau 134 000 fois supérieure à la sienne. — La simple ionisation mécanique de l'eau (par pulvérisation répétée) communique au liquide le pouvoir inversif (Abelous et Aloy).

Notons maintenant les *analogies qui existent entre les actions diastasiques et les actions catalytiques*. Elles sont frappantes.

1° Remarquons d'abord que l'on sait réaliser à l'aide de catalyseurs minéraux ou même de simples agents physiques presque toutes les opérations diastasiques. L'hydrolyse des divers hydrates de carbone, que produisent respectivement l'amylase, la maltase, la lactase, etc., est obtenue aussi à l'aide des acides minéraux étendus. L'eau sous pression, les acides étendus et chauds transforment les albumines en albumoses et en peptones, c'est-à-dire agissent comme la pepsine. La simple action de la lumière ultra-violette suffit pour hydrolyser les disaccharides (H. Bierry et V. Henri), pour dédoubler l'amygdaline, comme le fait l'émulsine (A. Ranc), et, d'une manière générale, pour reproduire l'action de toutes les diastases digestives (D. Berthelot).

2° De même que les catalyseurs minéraux, les diastases ne font qu'accélérer une réaction déjà commencée en dehors d'eux. Ainsi avec une solution d'acide chlorhydrique à 2-3 p. 1 000 agissant sur de l'albumine les peptones apparaissent après un chauffage de quarante-huit heures à 95°. Avec le même acide additionné de pepsine, ce résultat est atteint à 40° et en une heure. — L'hydroquinone est lentement oxydée à l'air par les sels manganeux; l'addition de laccase accélère aussitôt le phénomène.

3° Pour les solutions colloïdales des métaux, comme pour les diastases, l'action passe par un maximum pour une certaine température, inférieure à 100°; elle est paralysée par les toxiques comme l'acide cyanhydrique, le sublimé, le phénol (Bredig), et elle est définitivement supprimée par l'ébullition.

4° Un catalyseur n'agissant que sur la vitesse d'une réaction, le rai-

1. Les réactions que l'on peut ainsi catalyser, loin d'être des raretés en chimie, sont, au contraire, extrêmement nombreuses, et la chimie pure et l'industrie en font fréquemment usage. Ainsi les synthèses au chlorure d'aluminium d'après Friedel et Crafts, la fabrication du chlore par le procédé de Deacon, celle de l'acide sulfurique par les procédés de contact reposent sur des actions catalytiques.

2. Ce sont des solutions colloïdales obtenues en faisant éclater des étincelles électriques entre deux électrodes d'or, de platine, d'argent, ... plongées dans l'eau. Le métal, arraché aux électrodes en fines particules, reste suspendu dans le liquide et l'on a ainsi une solution colloïdale que l'on peut faire subsister pendant des années (Bredig).

3. Notons que ce n'est pas l'extrême division du métal qui crée le pouvoir catalytique; celui-ci est propre au métal, puisqu'on l'observe pour les métaux en cubes ou en lames, mais la division accentue ce pouvoir.

sonnement[1] fait prévoir et l'expérience vérifie que, si la réaction est réversible, c'est-à-dire si elle est limitée par la réaction inverse, ces deux réactions seront également accélérées par le catalyseur. Il suit de là que, si les actions diastasiques sont vraiment des réactions catalytiques, *on prévoit qu'il pourra s'en trouver qui seront réversibles*, c'est-à-dire où la diastase accélérera aussi bien une réaction de synthèse que la réaction inverse de décomposition. Or, on a vu que l'expérience vérifie cette prévision (p. 96), et c'est là une nouvelle preuve à l'appui de la nature catalytique des réactions diastasiques. La lumière ultra-violette, dont on vient de dire que ses réactions de décomposition reproduisent celles des diastases, effectue de même des opérations de synthèse (p. 9).

Tout indique donc que les diastases sont bien des catalyseurs, c'est-à-dire des corps qui interviennent uniquement en précipitant la vitesse d'une réaction commencée en dehors d'eux. Selon la comparaison de Bredig, ils agissent comme le corps gras qui lubréfie les organes de quelque machine transformatrice d'énergie et leur permet de tourner *plus vite*, ou comme la surface lisse du rail, grâce auquel la masse d'un wagon descend *plus rapidement* le long d'une pente vers sa position de repos. Et *c'est dans cette propriété que nous saisissons la valeur spéciale de ces agents pour les êtres vivants*. Par exemple, une réaction comme la peptonisation *rapide* d'une albumine n'est possible à 40° qu'avec de l'acide chlorhydrique *fort*, ou, si l'acide est étendu, elle n'est obtenue qu'à *la température de 100°*. Catalysée avec de la pepsine, cette réaction devient possible à 40° et avec un acide étendu, donc *dans des conditions compatibles avec la vie*.

En ce qui concerne enfin le mécanisme de la catalyse, il est probable que les catalyseurs contractent avec les corps à transformer des combinaisons instables, qui se décomposent aussitôt en produisant la transformation en question. Or, les diastases donnant des solutions colloïdales, il est probable que l'extrême division du colloïde, en multipliant les surfaces d'action dans une proportion considérable (p. 45, note 1) intervient comme facteur prépondérant dans l'augmentation de vitesse de la réaction.

Influence des conditions de milieu. — Les co-diastases. — L'action diastasique n'est pas en général le fait de la diastase seule, mais apparaît comme le résultat de la collaboration de plusieurs agents, à savoir la diastase et des substances adjuvantes, dont l'influence présente toute une série de degrés. Cependant, on peut distinguer d'une manière probablement artificielle : 1° Les *co-fer-*

---

1 Voy. pour ce raisonnement les traités de chimie physique.

ments, ou mieux les *co-diastases* (G. Bertrand), qui sont indispensables à l'action diastasique, c'est-à-dire dont le départ met fin à cette action ; 2° Les substances qui semblent exercer simplement une *action favorable* sur le travail de la diastase.

1° Le premier exemple de co-diastase a été fourni par la *laccase* de l'arbre à laque (voy. p. 107), qui oxyde activement certains phénols, hydroquinone, pyrogallol, et dont les cendres contiennent toujours du manganèse. De plus, quand on fait des précipitations fractionnées de laccase par l'alcool, l'activité des diverses fractions est d'autant plus grande que leur teneur en manganèse est plus élevée. Au contraire, la laccase de la luzerne, qui est très peu active, est pauvre en manganèse, mais elle prend une activité comparable à celle des oxydases les plus puissantes quand on lui ajoute un peu d'un sel manganeux (G. Bertrand)[1]. Pareillement, la *pectase*, qui coagule la pectine des sucs végétaux, devient inactive quand on la débarrasse de la chaux qu'elle contient, et elle retrouve son activité quand on lui restitue une trace d'un sel de calcium (G. Bertrand et A. Mallèvre). De même aussi l'amylase pancréatique perd son pouvoir quand on la prive totalement de chlorures alcalins au moyen d'une dialyse prolongée et redevient active quand on lui restitue ces sels (Bierry, Giaja et Mme Gruzewska).

Voici un exemple plus net encore. Le suc de levure (p. 110) perd son pouvoir fermentatif par dialyse et le retrouve quand on lui rajoute le liquide dialysé, même bouilli. De même le passage du suc à travers un ultra-filtre laisse sur le filtre la diastase, retenue à cause de sa nature colloïdale (p. 45), mais devenue inactive. Le filtrat contient le co-ferment thermostabile, inactif aussi, mais reproduisant avec la partie restée sur le filtre un tout actif (Harden et Young). Ce même co-ferment ou une substance analogue se trouve dans tous les tissus de l'organisme, le sang excepté. La nature de cet agent est encore discutée. Neuberg soutient qu'elle n'a rien de commun avec l'acide hexosediphosphorique que contiennent les jus en fermentation.

2° Un grand nombre de corps, acides, bases, sels, etc., exercent sur le travail diastasique une action adjuvante. Ainsi la décomposition diastasique de l'eau oxygénée est énormément accélérée par la présence d'un peu d'alcali. De même les acides aminés, glycocolle, alanine, leucine, tyrosine, acide glutamique (et aussi le sérum sanguin) accélèrent nettement le travail de l'uréase des pois de soja (diastase dédoublant l'urée en acide carbonique et en ammoniaque) (M. Jacoby et N. Umeda). Mais de telles actions sont-elles simplement adjuvantes? On en peut douter, car l'amylase pancréatique (Bierry, V. Henri et Giaja) ou salivaire (M. Lisbonne), complètement privée de ses sels par la dialyse, ou mieux encore par le procédé à la dialyse électrique de Ch. Dhéré, perdent totalement leur activité, et elles la récupèrent quand on leur restitue ces matériaux, en sorte que beaucoup d'entre ces adjuvants seraient donc à placer sur le même plan que les co-diastases. Et en

---

1. Il semble bien que les diastases des venins des Colubridés (cobra,..) et des Vipéridées, qui respectivement font naître la lysocithine (p. 251) et dédoublent les acides nucléiques, présentent une activité proportionnelle à leur teneur en zinc, mais ici le métal est nettement en combinaison organique (Delezenne).

sens inverse, notons que, par exemple, l'invertine est gênée par les alcalis et que la laccase est très sensible à l'action des acides.

Ces co-diastases et les divers corps dits adjuvants varient donc d'une diastase à l'autre, de telle sorte qu'un paralysant d'une diastase peut jouer le rôle d'accélérateur vis-à-vis d'une autre diastase[1]. C'est là une constatation importante au point de vue du travail diastasique des cellules, où un grand nombre d'actions de cette nature doivent se succéder automatiquement l'une à l'autre et dans un ordre déterminé (p. 125).

Les prodiastases et les kinases. — C'est encore un autre aspect de cette question si complexe des conditions d'activité des diastases. Il est démontré pour beaucoup de diastases qu'elles apparaissent d'abord dans l'organisme sous la forme de *prodiastases inactives*, que divers agents transforment ensuite en diastases actives. Ainsi la pepsine et la chymosine existent dans la muqueuse stomacale à l'état de propepsine et de prochymosine, que l'acide chlorhydrique étendu fait passer respectivement à l'état de pepsine et de chymosine active. Pareillement, on verra que le ferment de la fibrine est précédé d'un proferment inactif, que les sels de chaux transforment en ferment actif.

L'agent qui active une prodiastase n'est pas nécessairement capable d'en activer une autre. Ainsi la prochymosine est activée par les acides étendus, le proferment de la fibrine par les sels de chaux, la protrypsine par une diastase spéciale, l'entérokinase de Pavlov. Ce dernier cas constituerait donc, selon l'expression de Pavlov, un exemple de « ferment de ferment ». Mais la nature et le rôle de cette kinase sont encore mal déterminés et l'on verra plus loin que celle-ci peut être remplacée comme activant par les sels de calcium (p. 169). On a d'ailleurs dénié à l'entérokinase le caractère diastasique.

Finalement, on voit combien une action diastasique est un mécanisme à la fois souple et délicat, et cela est du plus haut intérêt au point de vue des opérations chimiques de la cellule (p. 124 et suiv.).

---

1. Ainsi la saponification diastasique des graisses par la graine de ricin écrasée avec de l'eau ne commence qu'au moment où le milieu a acquis une acidité suffisante, laquelle est l'œuvre d'une autre diastase, productrice d'acide lactique. Voilà donc une diastase qui prépare le terrain à l'action d'une autre diastase par la production d'un acide, qui est un frein pour sa propre activité (Hoyer).

§ II. — OPÉRATIONS CHIMIQUES EFFECTUÉES PAR LES DIASTASES.

Il est utile de classer les diastases d'après la nature chimique des diverses opérations qu'elles accomplissent. On constate ainsi qu'à chacun des grands procès chimiques que la physiologie a saisis chez les êtres vivants, dédoublements et synthèses, hydratations et déshydratations, oxydations et réductions, correspondent une extraordinaire multiplicité de diastases, et que les aptitudes de ces agents sont telles que ceux-ci apparaissent comme disposés tout le long de l'échelle de dégradation que doit descendre la matière organique chez les êtres vivants [1].

Diastases de coagulation et de décoagulation. — Il est possible que ces diastases soient toutes des agents d'hydratation et de déshydratation, mais au point de vue physiologique, il est intéressant de considérer à part cette action physique des diastases. Celle-ci représente, en effet, le mécanisme à l'aide duquel les organismes peuvent dissoudre un corps coagulé, dont l'attaque est ainsi rendue plus facile, ou encore mettre en circulation, ou, au contraire, immobiliser les matériaux de réserve dont ils disposent [2].

Il y a des diastases qui coagulent des matières protéiques, comme la *thrombine* ou *ferment de la fibrine*, qui coagule le fibrinogène du sang, ou comme la *chymosine*, qui coagule la caséine du lait, la *vésiculase* du liquide prostatique des rongeurs, qui coagule le produit des vésicules séminales et assure par la formation du « bouchon vaginal » la rétention du sperme dans le vagin (L. Camus et E. Gléy). Ces diastases ont leur contre-partie dans la *caséase*, que sécrètent les micro-organismes vivant dans les fromages et qui redissout le caillot fourni par la présure (E. Duclaux). Il est vraisemblable que chez l'homme des mécanismes de ce genre assurent les transports si fréquents de matières albuminoïdes, par exemple pendant le jeûne ou dans la régression de l'utérus après l'accouchement, ou à l'état pathologique, au cours de l'accroissement rapide des tumeurs. La fixation du glycose par le foie à l'état de glycogène et sa redissolution à l'état de glycose, qui est remise en circulation, sont une autre forme de ce phénomène de coagulation et de décoagulation.

Diastases d'hydratation et de déshydratation. — Celles qui nous intéressent particulièrement sont des diastases qui s'attaquent aux matières protéiques, aux hydrates de carbone et aux graisses, et aux produits de simplification de ces matériaux.

---

1. Notons cependant qu'une revision sévère de toutes ces réactions serait nécessaire. Pour bon nombre d'entre elles, on s'est trop hâté d'affirmer leur caractère diastasique.

2. C'est là du moins le rôle le plus important qu'on puisse leur attribuer. Peut-être en ont-elles d'autres encore. La diastase qui provoque la coagulation du sang représente évidemment un moyen de défense contre les dangers de l'hémorragie.

Diastases des protéiques. — Bornons-nous à signaler d'abord les *diastases digestives*, pepsine, trypsine, etc., que nous retrouverons dans l'étude de la digestion. Des diastases protéolytiques, différentes des précédentes, existent aussi dans les tissus, et c'est à leur puissante action qu'est dû en grande partie le phénomène de l'*autolyse* dont il sera question plus loin. Les sucs d'expression des tissus agissent aussi par des diastases sur les polypeptides, c'est-à-dire sur les produits de la simplification des protéiques. L'action est variable selon la cellule ou le tissu. Ainsi la glycyl-l-tyrosine est dédoublée par les globules rouges et les plaquettes sanguines (du cheval); elle résiste, au contraire, au plasma et au sérum, mais ces deux humeurs dédoublent la dl-alanyl-glycine, quelques tripeptides et un tétrapeptide. Et cette action n'est pas due à de la trypsine pancréatique résorbée, car celle-ci dédouble énergiquement la glycyl-l-tyrosine, laquelle résiste au sérum. On entrevoit donc que la grande classe des diastases protéolytiques devra un jour être démembrée en *diastases protéolytiques proprement dites* ou *protéases*, qui attaquent les divers protéiques, et en *diastases peptolytiques* ou *peptases* (p. 248, 258 et 259), qui dédoublent les polypeptides, ces derniers agents étant adaptés respectivement à l'hydrolyse de polypeptides de complication décroissante (Abderhalden).

A l'attaque des acides aminés provenant du travail des diastases protéolytiques sont adaptées aussi des diastases spéciales. Ainsi la muqueuse intestinale, le foie contiennent une *arginase*, qui dédouble l'arginine en ornithine et en urée (voy. en outre p. 321 et suiv. et 338). Enfin on connaît toute une série de diastases qui assurent la dégradation des nucléoprotéides (nucléase, adénase, guanase, etc.) (p. 363).

Diastases des hydrates de carbone. — Ici on saisit mieux, au moins pour des polysaccharides relativement simples, cette succession d'actes diastasiques se suivant dans un ordre déterminé. Contentons-nous ici de l'exemple typique du gentianose (Bourquelot), dont l'hydrolyse totale est résumée par le schéma suivant (la diastase qui agit étant chaque fois en italiques) :

$$\text{Gentianose } (\textit{invertine}). \begin{cases} \text{Lévulose.} \\ \text{Gentiobiose } (\textit{gentiobiase}). \begin{cases} \text{Glycose.} \\ \text{Glycose.} \end{cases} \end{cases}$$

Il a donc fallu pour hydrolyser complètement ce trisaccharide deux diastases, et d'une manière générale un saccharide de degré n exigera pour son hydrolyse totale $n-1$ actes diastasiques. Et chaque fois que la combinaison à défaire est différente, il faut une diastase différente. Ainsi les quatre disaccharides différents que produit l'union de deux molécules de glycose, à savoir le maltose, le tréhalose, le gentiobiose et le touranose, sont respectivement dédoublés par la *maltase*, la *tréhalase*, la *gentiobiase* et la *touranase* (Bourquelot et Hérissey).

Pour les polysaccharides compliqués de l'ordre des celluloses et des amyloses, nous sommes loin encore de connaître la succession exacte des actions diastasiques qui, par échelons successifs, amènent ces corps jusqu'au niveau des hexoses. On n'aperçoit que quelques-unes des étapes. On a saisi des *cellulases* ou *cytases* qui liquéfient et peut-être hydratent les celluloses, et plus bas on connaît les diverses *amylases* (du malt, de la salive, du suc pancréatique) qui ramènent l'amylose et l'amylopectine de l'amidon naturel jusqu'au niveau du maltose, mais il est possible que ce soit là le résultat final de l'action successive de plusieurs diastases. Déjà on sait que l'amylase du malt contient au moins deux diastases, agissant l'une sur l'amylose (*amylase*) et l'autre sur l'amylopectine (*amylopectinase*) (Maquenne et Roux) (voir aussi p. 152).

Une fois qu'on est arrivé au niveau des disaccharides comme le maltose, on voit intervenir alors les diastases citées plus haut, spéciales à chacun de ces sucres, et qui les font descendre à l'état de hexoses. Enfin, on verra que c'est aussi par des actions diastasiques que l'on essaye d'expliquer la simplification ultérieure des hexoses (glycose) dans l'organisme (p. 401). — Ici se placent aussi les *glycosidases* (p. 97).

DIASTASES DES GRAISSES. — Comme diastases dédoublant les graisses et d'une manière générale les éthers de la glycérine, nous rencontrerons la stéapsine pancréatique, et les *lipases* découvertes par Hanriot dans le sérum et dans les tissus (foie) où elles manifestent leur activité dans les phénomènes d'autolyse. Ces diastases jouent aussi un rôle considérable chez les végétaux. Ainsi la lipase des graines de ricin est si puissante que son emploi est devenu industriel. Beaucoup de microbes aussi sécrètent des lipases. — Ici se placent enfin les diastases adaptées à l'attaque des lécithines (*lécithases*) (p. 102 et 173).

On est moins bien renseigné en ce qui concerne les *diastases de déshydratation*. On peut d'abord compter comme telles les diastases hydratantes dont l'action est réversible (p. 97). E. Duclaux pense que si le renversement de ces réactions est possible, c'est parce que l'effet thermique positif qui leur correspond est faible, et que de minimes changements dans les conditions de milieu (concentration, nature des sels présents) suffisent pour rendre cet effet nul ou même négatif. Or, s'il devient négatif, ce sera l'action inverse qui deviendra positive, et la réversion pourra en résulter. Mais on prévoit aussi la possibilité d'actions diastasiques à effet thermique négatif, grâce au concours d'une énergie étrangère. Ainsi paraît agir la diastase qui, dans le rein, assure la synthèse de l'acide hippurique. Cette synthèse que la *cellule* rénale effectue aisément (p. 348), ne peut être obtenue avec des *extraits aqueux* de rein que si l'on remplace l'acide benzoïque par l'alcool benzylique, probablement parce que l'oxydation préalable de l'alcool, avec production d'acide benzoïque, fournit l'énergie nécessaire (Abelous et Ribaut).

La *purpurase*, qui transforme le prochromogène de la poupre en chromogène (R. Dubois; E. Derrien) et qui dédouble l'indoxylsulfate urinaire (E. Derrien) est aussi une diastase hydratante. Les *aldéhydases* fixent aussi de l'eau, mais d'une manière qui en fait des *oxydo-réductases* (appelées aussi *aldéhydo-mutases*) (p. 109), car en portant H_2O sur deux molécules d'aldéhydes R.COH, elles oxydent l'une en acide R-COOH, par fixation de O_2, et réduisent l'autre en alcool $R-CH_2OH$, par fixation de H_2 (réaction de Cannizzaro) (F. Battelli et L. Stern; Parnas).

Diastases d'oxydation et de désoxydation. — On distingue parmi les diastases d'oxydation ou *oxydases* les catégories que voici :

1° CATALASES. — Ce ne sont pas à vrai dire des oxydases, mais simplement des diastases ayant la propriété de décomposer l'eau oxygénée en eau et en oxygène, lequel se dégage à l'état d'oxygène ordinaire, et sans manifester de propriétés oxydantes particulières et notamment sans oxyder et bleuir la teinture de gaïac, comme le font les peroxydases (voy. ci-après). Cette réaction, connue depuis longtemps (Thénard, 1818) et que Schönbein déjà avait longuement étudiée comme un prototype d'actions catalytiques (d'où le nom de catalases), est commune, à des degrés divers, à tous les tissus animaux examinés jusqu'à présent et à presque tous les tissus végétaux. Elle paraît bien être une propriété des cellules, car il semble que les liquides de l'organisme ne la possèdent que dans la mesure où ils contiennent des éléments cellulaires. En dépit de très nombreuses recherches, on ne peut encore faire que des hypothèses sur le rôle de cet agent et sur la raison de sa répartition si inégale dans l'organisme, où l'on voit le foie, par exemple, en renfermer chez le cheval 60 fois plus qu'un poids égal de muscle (F. Battelli et L. Stern).

2° PEROXYDASES (OXYDASES INDIRECTES, ANAÉHOXYDASES). — Un grand nombre de liquides ou tissus animaux ou végétaux (sérum sanguin, lait, graines de maïs, de courge, etc)., contiennent des diastases qui décomposent l'eau oxygénée avec production d'oxygène *actif*, c'est-à-dire capable d'oxyder énergiquement divers corps, dits « accepteurs », présents dans la solution et dont l'oxydation se traduit par des colorations caractéristiques. Ainsi la teinture de gaïac est colorée en bleu (Schönbein), la paraphénylène-diamine additionnée d'α-naphtol et de carbonate de sodium en violet (Röhmann et Spitzer), la solution aqueuse de gaïacol en rouge grenat (Bourquelot). Ces agents ne provoquent donc pas l'oxydation directe de l'accepteur par l'oxygène de l'air, mais son oxydation *indirecte* par l'intermédiaire de l'eau oxygénée, d'où le nom *d'oxydase indirecte*; cet oxygène est fourni par l'eau oxygénée ou peroxyde d'hydrogène, d'où le nom de *peroxydase* (Linossier; Bach et Chodat); enfin cet oxygène n'est pas emprunté à l'air, d'où le nom *d'anaéroxydase* (Bourquelot). On ne sait encore rien de précis sur le rôle possible de ces diastases dans l'organisme.

3° OXYDASES VRAIES. — Ces agents possèdent la propriété de porter directement l'oxygène de l'air sur les corps auxquels ils s'attaquent. On peut distinguer ici, avec F. Battelli et L. Stern, les *polyphénoloxydases* et la *tyrosinase* qu'il est utile de grouper ensemble, l'*alcooloxydase*, la *xanthinoxydase*, l'*uricase*, et d'autres oxydases moins bien connues.

Les *polyphénoloxydases*, ainsi appelées parce qu'elles oxydent des polyphénols (hydroquinone, pyrogallol, gaïacol)... ont comme représentant le plus typique la *laccase* de l'arbre à laque, que G. Bertrand a extrait du suc laiteux de l'arbre à laque. Ce suc est une crème épaisse qui reste intacte, en vase clos, mais qui, étendue sur l'objet à laquer, se transforme, à l'air (humide), en une masse noire, résultant de l'oxydation d'une substance phénolique, le laccol. C'est de ce suc que l'alcool précipite la laccase, tandis que le laccol reste en solution. Les oxydations produites par la laccase sont souvent accompagnées de phénomènes de condensation; par exemple, le gaïacol est transformé en tetragaïacoquinone (G. Bertrand). La laccase oxyde aussi l'adrénaline [1]. Ces diastases

---

1. C'est sur la laccase que s'est concentré surtout le débat relatif à la constitution des oxydases. On a vu que G. Bertrand considère ces agents comme formés d'une partie organique, thermolabile, représentant la diastase, associée à du manganèse, co-diastase minérale, vis-à-vis de laquelle la diastase jouerait le rôle d'un acide faible. De fait, on réussit à reproduire d'après ce modèle des oxydases artificielles, qui réalisent à peu près tout le tableau expérimental de la laccase. Déjà les sels manganeux produisent à l'air l'oxydation des phénols

sont très répandues dans le règne végétal, où elles sont la cause d'une foule de phénomènes de coloration (voy. plus loin). On les a trouvées aussi chez les animaux (globules blancs, fibrine du sang, muscles, rate, foie, tumeurs...).

La *tyrosinoxydase* ou *tyrosinase* oxyde la tyrosine et la transforme en pigments roses, rouge-brun et finalement noirs (mélanines artificielles), qui sont des produits de condensation, et cette oxydation est accélérée par divers catalyseurs (sels ferreux, etc.). Bien que la tyrosinase n'attaque pas les polyphénols, et que la laccase laisse intacte la tyrosine, on n'en saisit pas moins beaucoup d'analogies entre les deux sortes

(hydroquinone), et d'autant mieux que l'acide (organique) de ces sels est plus faible (G. Bertrand). Et quand on donne à cette complémentaire organique la forme colloïdale, quand on ajoute, par exemple, à du chlorure manganeux en milieu alcalin de l'albumine, de la gélatine ou de la dextrine, on réalise un système dont le pouvoir oxydant vis-à-vis des polyphénols est encore plus fort, et dont l'activité est supprimée par la chaleur (A. Trillat). Dans un tel mélange l'alcool précipite des produits qui sont en tout semblables à une laccase (O. Donny-Hénault). Il paraît d'ailleurs démontré que dans la laccase de la luzerne, laquelle est thermostabile, l'agent actif est représenté par du manganèse, associé à des sels de chaux d'acides organiques divers (citrique, malique, mésoxalique (Euler et Bolin; O. Donny-Hénault). Il existe aussi des oxydases où le rôle du manganèse est tenu par le fer (Sarthou), et l'on sait aussi préparer des oxydases artificielles ferrugineuses. Selon la nature du métal, les produits ainsi obtenus manifestent une sorte de spécificité (voy. p. 110). Ainsi, d'après J. Wolff, le mélange de sulfate manganeux et de citrate trisodique est actif vis-à-vis de l'hydroquinone, et inactif vis-à-vis de la pyrocatéchine, tandis que le système ι ferrocyanure de fer colloïdal et citrate trisodique présente une activité inverse. De plus, la nature du produit d'oxydation obtenu est sous la dépendance d'associations de sels bien déterminés, parmi lesquels figurent les citrates, les bicarbonates alcalino-terreux, etc. On est ainsi conduit à cette idée que « les actions diastasiques résultent du concours d'un certain nombre de composés chimiques définis, et que la spécificité du système, due à l'un de ces composés, pourrait être transformée en une spécificité nouvelle, par l'introduction, à la place de ce composé, d'une substance différente » (J. Wolff). Ajoutons que l'on sait produire aussi des peroxydases artificielles (J. Wolff; de Stoecklin).

D'autre part, Bach et Chodat, développant une hypothèse émise par Linossier, soutiennent que les oxydases sont une association d'une *oxygénase*, substance de nature protéique, capable de fixer l'oxygène moléculaire à l'état de peroxyde, et d'une *peroxydase*, diastase qui décompose ce peroxyde avec production d'oxygène actif, capable d'oxyder les matériaux organiques d'une combustion difficile. Ainsi désoxydée, l'oxygénase est en mesure de reproduire à nouveau un peroxyde instable, et le même cycle d'opérations recommence. Contre la théorie de G. Bertrand, Bach fait valoir, d'autre part, qu'il a réussi à extraire de certains champignons une oxydase dépourvue de manganèse et de fer. Mais il faut être réservé sur ce point, depuis que G. Bertrand a montré combien il est difficile de se mettre à l'abri de traces de ces métaux.

Enfin, d'après O. Donny-Hénault, l'intervention de la complémentaire organique de G. Bertrand n'a jamais été démontrée et tout le phénomène se réduit à une collaboration du sel manganeux avec un peu d'alcali, que la dissociation des sels employés, du citrate trisodique, par exemple, suffit à produire. La laccase n'existerait donc pas en tant qu'agent spécifique, conclusion probablement excessive en ce qui concerne la laccase de l'arbre à laque, mais qui paraît bien s'appliquer à la laccase de la luzerne. Ici l'agent actif, qui est thermostabile, est représenté par le manganèse et par des sels de chaux d'acides organiques (voy. plus haut). Il est impossible d'exposer ici le débat qui s'est engagé autour de ces diverses théories. Au surplus, le profit qu'en a retiré jusqu'à présent la physiologie des oxydations dans les tissus est des plus minimes (p. 127, 292-293 et 328).

d'agents, puisque l'une et l'autre oxydent et condensent des corps phénoliques. Et comme elles s'accompagnent souvent dans le monde végétal,
leur action a été souvent confondue. La tyrosinase est très répandue
dans le règne végétal (E. Bourquelot et G. Bertrand); on la trouve
notamment dans beaucoup de champignons (*Russula nigricans*,...), dans
les tubercules de dahlia, de pommes de terre, les grains de froment.
On les rencontre aussi chez les animaux et leur présence rend compte
d'une foule de phénomènes de coloration. Ainsi la coloration du pain
bis (G. Bertrand et Muttermilch), le noircissement du suc de betteraves,
de l'hémolymphe de certains insectes (O. von Fürth et H. Schneider),
l'apparition de pigments foncés dans la peau de la grenouille (Phisalix;
Gessard), dans les larves de mouches, les tumeurs mélaniques (Gessard),
la formation de l'encre de seiche (O. von Fürth) sont expliqués aujour-
d'hui par l'action de tyrosinases sur la tyrosine ou sur d'autres substances cycliques (voy. p. 465).

L'*alcooloxydase* ou *alcoolase*, diastase extraite du ferment figuré du
vinaigre (Buchner et Gaunt) et du foie (cheval), transforme l'alcool éthy-
lique en acide acétique et oxyde de même d'autres alcools (voir aussi
plus loin). — Pour les *oxydases des purines*, voir p. 363 et 366. Citons
encore la β-*oxybutyrase* (foie du chien) qui transforme l'acide β-oxybutyrique en acide acétyl-acétique (Dakin et Wakeman) et les diastases
oxydantes de la respiration accessoires des tissus (p. 293).

Dans l'exposé qui précède, on a admis implicitement que c'est
l'*oxygène* de l'air qui (par l'intermédiaire d'un peroxyde instable,
p. 108 et 128) est l'agent primaire de la réaction. Mais une autre
hypothèse a été proposée (Wieland), qui met au premier plan l'*hydrogène*, cet élément étant emprunté à l'eau. Le type le plus simple d'une
réaction de ce genre est celle de Cannizzaro (p. 106), où une molécule
d'eau agissant sur deux molécules d'aldéhyde benzoïque R.CHO, se
scinde d'une part en H^2, qui transforme par hydrogénation, donc par
réduction, une molécule d'aldéhyde en alcool benzylique $R.CH^2OH$, et
d'autre part en O, qui par *oxydation* fait de l'autre molécule d'aldéhyde
de l'acide benzoïque R.COOH. Or, les tissus contiennent une diastase
(*aldéhydo-mutase*) qui transforme ainsi l'acétaldéhyde en alcool et en
acide acétique (Battelli et Stern) (voir aussi p. 399). Mais on conçoit que
ce double rôle de corps à la fois oxydé et réduit, joué ici par l'aldéhyde,
puisse être tenu par deux corps différents. Exemples : 1° Si à du lait
frais on ajoute du formol et du bleu de méthylène, le premier ayant
tendance à s'oxyder et le second à se réduire (pour donner la base
incolore correspondante), et ce procès étant catalysé par une *oxydo-
réductase* contenue dans le lait frais, on comprend pourquoi le bleu se
décolore aussitôt (réaction de Schardinger), tandis que l'aldéhyde
formique s'oxyde, le tout sans intervention d'oxygène; 2° Wieland a de
même réussi, par l'action du mycoderme du vinaigre, à transformer
l'alcool en acide acétique en l'absence d'oxygène, simplement en ajoutant au liquide du bleu de méthylène ou de la quinone, qui servent
d'accepteurs pour l'hydrogène.

Remarquons maintenant que, selon les cas, c'est la réaction d'oxydation ou, au contraire, celle de réduction (celle des nitrates, par exemple)
(Abelous et E. Gérard) qui est le plus aisément saisie, tandis que l'autre
passe inaperçue, et l'on comprend que ce soit à une oxydase ou à une
réductase que l'on ait rapporté les deux actions en question, alors qu'elles

LAMBLING. — Précis de biochimie.   8 sont en réalité l'une et l'autre produites par une seule et même diastase oxydo-réductrice. C'est là le fait capital, clairement établi et énoncé dès 1903-1904 par Abelous et Aloy (réduction des nitrates ou nitrites avec oxydation de l'aldéhyde salicylique par l'extrait de foie de cheval, etc.), et qui constitue le support de toute la théorie de Vieland.

Diastases de décomposition et de recomposition. — Ce groupe, créé par Duclaux, est surtout représenté par la *zymase* alcoolique, poursuivie par tant de chercheurs et que E. Buchner isola en 1897 en soumettant à des pressions de plusieurs centaines d'atmosphères la levure de bière mêlée à du sable et à de la terre d'infusoire. Le suc obtenu contient la diastase en question, qui probablement n'est pas unique, et qui dédouble la molécule $C^6H^{12}O^6$ du glycose en $2CO^2 + 2$ molécules d'alcool C^2H^6O. Cette méthode, qui permet donc d'isoler des diastases même fortement adhérentes aux protoplasmes, et dont l'acquisition a marqué un progrès considérable, a été heureusement complétée par une autre, qui consiste à tuer les organismes (levure, mycoderme du vinaigre, ferment lactique) par l'éther ou l'acétone. Le précipité obtenu emporte avec lui le pouvoir diastasique correspondant. — Ici on doit placer aussi la *carboxylase* de Neuberg (levure, tissus animaux et végétaux) qui dédouble par exemple l'acide pyruvique $CH^3.CO.COOH$ en CO^2 et en aldéhyde acétique $CH^3.CHO$ (p. 65 et 235). Les rayons ultra-violets produisent la même action (D. Berthelot et Gaudechon). — La notion de *diastases de recomposition* reste quant à présent théorique.

Spécificité de l'action des diastases. — Les diastases, qui travaillent dans chacune des directions chimiques que l'on vient de distinguer et spécialement les diastases hydratantes, sont donc légion. Cela tient à ce fait — qui est l'un des côtés les plus intéressants du rôle biochimique des opérations diastasiques — que beaucoup d'entre ces agents sont spécialement adaptés à l'attaque d'une substance déterminée et laissent intactes des substances avoisinantes, à structure presque identique.

Cette adaptation d'actes fermentaires à des corps de structure déterminée a été mise en lumière pour la première fois par Pasteur dans son étude sur le dédoublement du racémotartrate d'ammonium par le *Penicillium glaucum*. Cet organisme consomme et détruit l'acide tartrique droit et laisse intact l'antipode gauche, et cette méthode a pu être appliquée au dédoublement d'un grand nombre d'autres racémiques. Et comme nous savons aujourd'hui que les agents chimiques à l'aide desquels travaillent ces organismes sont les diastases, on pouvait prévoir pour ces dernières la même adaptation spécifique. C'est ce que l'expérience vérifie.

On a déjà vu, en effet, que, par exemple les quatre disaccharides du glycose droit, le maltose, le tréhalose, le gentianose et le touranose, ont chacun leur diastase propre qui les dédouble et n'atteint pas les trois autres. Citons encore le cas des deux glycosides artificiels de E. Fischer, l'α-méthyl-d-glycoside et le β-méthyl-d-glycoside, dont les différences de structure sont si minimes et dont l'émulsine ne dédouble que la forme β, tandis que la levure basse séchée s'attaque à la forme α et laisse intacte la forme β. Rappelons aussi qu'il suffit de remplacer dans un polypeptide un acide aminé par son antipode optique pour rendre ce polypeptide inattaquable au suc pancréatique (p. 39). A une certaine structure du corps dédoublé correspond donc probablement une structure déterminée de la diastase qui s'attaque à ce corps, ce que E. Fischer a exprimé par l'image bien connue de l'adaptation réciproque de la clef et de la serrure.

Il y a cependant des diastases qui paraissent avoir un champ d'action plus étendu, témoin l'émulsine, qui dédouble tant de glycosides, et la tyrosinase qui attaque, outre la tyrosine, nombre d'autres corps à oxhydrile phénolique (G. Bertrand). Pareillement, la diastase peptolytique du suc d'expression du rein dégrade les peptones préparées avec les protéiques d'un grand nombre d'autres organes, tandis que les sucs d'expression du muscle, du foie, du thymus n'attaquent que les peptones de l'organe ou du tissu, dont ils proviennent respectivement (E. Abderhalden et ses élèves). Mais de même que l'amylase du malt et la zymase de la levure, (p. 106 et 110), l'émulsine est sûrement un mélange de plusieurs diastases ; elle contient notamment, outre l'émulsine, une lactase, vraisemblablement une gentiobiase, souvent une invertine et toujours une α-glycosidase (voy. p. 97) (Bourquelot et Hérissey ; Bourquelot). La même réflexion s'applique au monde des diastases protéolytiques. La pepsine, qui s'attaque aux protéiques les plus différents, la diastase peptolytique du suc d'expression du rein, citée ci-dessus, sont peut-être chacune un mélange de plusieurs diastases, ayant respectivement un champ d'action plus limité. Souvent aussi le champ d'action d'une diastase se limite, par rapport à celui d'une autre, quand on change de substrat. Ainsi la pepsine n'attaque aucun des polypeptides de synthèse préparés jusqu'à présent, tandis que le suc pancréatique en dédouble un certain nombre, et que les sucs d'expression des tissus en attaquent que le suc pancréatique laisse intacts (E. Fischer et E. Abderhalden).

Finalement, on peut dire que la spécificité des diastases, qui est à coup sûr très remarquable, n'est cependant pas absolue.

§ III. — ROLE DES DIASTASES
DANS L'ORGANISME.

Pendant longtemps les seules diastases animales connues ont été celles du tube digestif. Mais ces agents, postés à l'entrée de l'organisme et en réalité extérieurs à celui-ci, ne remplissent qu'un rôle préparatoire; ils restent étrangers aux véritables phénomènes de la nutrition. Ceux-ci se passent, en effet, au niveau des tissus, et là, entre la cellule et les travaux chimiques accomplis par cette cellule, on ne saisissait aucun intermédiaire. Toutes ces opérations apparaissaient comme le produit immédiat de l'activité propre de la cellule. Aujourd'hui, au contraire, on est conduit à admettre que, chez tous les organismes, les diastases sont non seulement chargées du travail digestif préparatoire, mais encore qu'elles sont les instruments chimiques de la nutrition cellulaire.

C'est surtout l'étude des organismes inférieurs qui a montré toute la généralité et l'importance des actions diastasiques dans les phénomènes de la nutrition. Commençons donc par ces organismes.

Les actions diastasiques et la nutrition chez les organismes inférieurs. — On constate d'abord que, chez ces organismes, le *travail digestif préparatoire* est assuré par des diastases que la cellule laisse diffuser dans le milieu alimentaire pour y coaguler, dissoudre ou transformer, selon les besoins, les matériaux offerts au ferment. Ainsi, le *Penicillium glaucum*, l'*Aspergillus niger*, poussant sur du lait, coagulent la caséine au moyen d'une chymosine et la redissolvent à l'aide d'une caséase. La levure sécrète abondamment de l'invertine ou sucrase qui dédouble le sucre de canne, non fermentescible, en glycose et en lévulose, sucres fermentescibles, c'est-à-dire devenus alimentaires pour la levure. Le *Penicillum glaucum* cultivé sur du liquide de Raulin donne une invertine, une maltase, une tréhalase, une amylase, une inulase, une chymosine, une caséase et une lipase (E. Bourquelot, E. Gley). Les microbes de la putréfaction banale des protéiques sécrètent de même de véritables trypsines. On pourrait multiplier ces exemples.

Les diastases sont aussi les agents du *travail de nutrition intérieure* de la cellule. C'est là une des acquisitions les plus importantes de la biologie moderne, non seulement à cause du haut intérêt des faits acquis, mais aussi en ce sens que ce progrès a marqué en même temps la rupture avec une des formes du vitalisme contemporain. C'est autour du problème de la fermentation alcoolique que ce débat s'était engagé. L'organisme de la levure dédouble le sucre en alcool et en acide carbonique, et il emploie, à l'accomplissement de ses actes vitaux, l'énergie ainsi libérée. Or, pour Pasteur cet acte chimique, qui représente donc l'opération

capitale de la nutrition intérieure de la levure, était essentiellement un phénomène corrélatif d'un acte vital, commençant et finis-
sant avec lui. M. Berthelot, au contraire, ne voyait entre cet acte
et les phénomènes physiologiques de la cellule aucune corrélation
nécessaire. C'est lui, en effet, qui avait découvert l'invertine,
l'agent du travail digestif préparatoire de la levure, c'est-à-dire du
premier temps de l'opération nutritive, et il soutenait que pareillement. le second temps, le dédoublement fermentatif du sucre, est
l'œuvre d'une diastase produite par la cellule et exerçant son action
indépendamment de tout acte vital. On a vu comment ces vues
ont été justifiées par la découverte de la zymase alcoolique de
Buchner, et depuis, on a pu de même, par le procédé à l'acétone
déjà employé pour la levure (p. 110), démontrer l'existence des
diastases qui, dans la fermentation lactique du sucre et dans la
fermentation acétique de l'alcool, produisent respectivement l'acide
lactique et l'acide acétique (Buchner et Meisenheimer).

Il est donc certain que c'est par l'intermédiaire des diastases
que les organismes inférieurs opèrent les dégradations chimiques
nécessaires à leur nutrition intérieure. Se servent-ils aussi de ces
agents pour faire les synthèses qu'impliquent nécessairement la
construction de nouvelles cellules? Il est logique de l'admettre,
puisque déjà nous savons que les diastases font la reconstruction
synthétique des graisses et celle des sucres (p. 97). Pour les
protéiques, les résultats obtenus jusqu'à présent ne permettent
encore aucune conclusion (p. 164).

**Les actions diastasiques et la nutrition chez les orga-
nismes supérieurs.** — Chez les animaux, on saisit de même
l'intervention des diastases à la fois dans *le travail digestif
préparatoire* et dans celui de la *nutrition cellulaire.*

Le rôle des *diastases digestives*, pepsine, trypsine, etc., est
connu depuis longtemps : c'est par elles qu'a commencé toute
l'histoire des diastases animales.

Au contraire, la notion de *diastases cellulaires*, considérées
comme agents de la *nutrition des tissus*, n'est apparue que tout
récemment, après que l'étude des cellules microbiennes eut
montré toute l'importance des actions diastasiques, et surtout
après que la poursuite systématique des phénomènes de l'*autolyse*
eut révélé la diffusion et la multiplicité des diastases des tissus.

L'AUTOLYSE. — Le mot est de M. Jacoby et date de 1900, mais
le phénomène que ce mot désigne, déjà entrevu par Béchamp en

1865, avait été étudié par Schützenberger sur la levure de bière dès 1874, puis par Salkowski sur la levure et sur les tissus animaux (1889-90), et par A. Gautier sur le muscle (1892) (voy. p. 115). Ce phénomène consiste en ceci que des tissus ou organes prélevés aseptiquement sur l'animal que l'on vient de sacrifier, et conservés à 37° en milieu stérile, ou plus simplement au contact d'antiseptiques (eau chloroformée) [1], subissent une digestion (autodigestion de Salkowski) très puissante, puisque, suffisamment prolongée, elle aboutit à une liquéfaction complète et ne laisse inattaqués que le tissu conjonctif et les fibres élastiques. Cette autolyse porte à la fois sur les protéiques, qui fournissent peu de peptones, et beaucoup d'acides aminés (leucine, tyrosine, glycocolle, acides glutamique et aspartique, lysine, arginine, histidine), partiellement désaminés dans la suite, sur les nucléoprotéides qui se défont en acide phosphorique et bases puriques (adénine, guanine, puis hypoxanthine et xanthine), sur les graisses, sur la lécithine, qui fournit de la choline, et enfin sur les hydrates de carbone (glycogène, glycose) qui disparaissent, tandis qu'il apparaît de l'acide lactique et de l'alcool.

Les agents de ces simplifications sont des diastases, car on a pu reproduire ces dédoublements avec le suc d'expression des tissus ou plus simplement avec des extraits aqueux, et démontrer qu'il s'agit bien d'actions diastasiques. Quelques-unes de ces diastases, celles des matiéres protéiques et des nucléoprotéides (et de leurs produits de simplification) sont déjà assez bien connues (p. 105). On a aussi isolé quelques lipases (p. 432), mais pour les diastases s'adressant aux hydrates de carbone, le matériel de faits dont on dispose est encore très discuté (p. 401 et 409). Ajoutons que ces diastases sont bien réellement propres aux tissus et ne proviennent pas d'une résorption de diastases digestives. Par exemple, la diastase protéolytique des tissus n'est pas de la trypsine résorbée, car l'autolyse des tissus se produit encore après extirpation du pancréas. Enfin elles sont très nombreuses, puisque dans le foie, par exemple, on a saisi jusqu'à présent une diastase protéolytique, une nucléase, une chymosine, une thrombase, une lipase, une amylase, une maltase, des oxydases (Hofmeister), agents auxquels il faut ajouter une arginase, une xanthinoxydase, une uricase,

---

1. On ne connaît bien que depuis peu les difficultés que présentent ce prélèvement aseptique d'un organe, comme le foie, ou la réalisation d'une action efficace de l'antiseptique employé (chloroforme, toluène).

une créatase, une glycosidase, une diastase glycolytique, une β-oxybutyrase et une céto-réductase.

Les diastases autolytiques pendant la vie normale. — Ces diastases interviennent-elles aussi pendant la vie, ou bien leur apparition n'est-elle qu'un phénomène cadavérique? Cette dernière opinion a été soutenue, et l'on a dit que ces agents ne remplissent qu'un office de « fossoyeur », c'est-à-dire qu'ils n'entrent en jeu qu'après la mort totale, ou pendant la vie, lorsqu'un groupe de cellules, frappées de mort, doit être liquéfié et résorbé. Mais par analogie avec ce qui se passe, comme on l'a vu, chez les organismes inférieurs, il est permis d'admettre que déjà pendant la vie la cellule se sert de ces diastases pour accomplir ses opérations chimiques.

En effet, A. Gautier a montré que la « vie résiduelle » d'un tissu (muscle), détaché de l'organisme et abandonné à l'autolyse aseptique, continue la suite des réactions de la vie normale, avec cette seule différence qu'elle les exagère et en accumule les produits, ceux-ci n'étant plus emportés ou détruits par la circulation et l'oxydation. Mais ces produits ne diffèrent pas essentiellement de ceux de la vie normale (p. 317), et dès lors cette identité est un argument de grand poids en faveur de l'identité des facteurs de la réaction, qui, pendant la vie normale comme pendant la vie résiduelle, seraient donc les diastases. Dans le même ordre d'idées, notons encore que l'autolyse est plus rapide dans les organes d'enfants normaux que dans ceux d'enfants affaiblis, plus active aussi dans une glande mammaire en état de fonctionnement que dans une glande prise au repos. Enfin, le rôle d'agents chimiques du travail cellulaire, que tiennent les diastases, est encore démontré par l'apparition successive de ces agents dans les organismes en voie de développement, dans les graines en germination [1], dans l'œuf des ovipares en voie de développement, et par leur présence constante dans les tissus et organes tout le long de l'échelle des êtres vivants. Il y a là toute une *ontogénie* et une *phylogénie des diastases* qui sont en train de se constituer.

Enfin, on montrera dans un autre chapitre que les tissus sont en mesure de produire des *diastases chargées de préserver les cellules contre l'action toxique de certaines substances* (diastases de défense ou de protection) (p. 213).

L'AUTOLYSE PATHOLOGIQUE. — Une autre preuve de l'importance

---

1. Par exemple, dans le grain d'orge en germination, on assiste à la sécrétion d'une *cytase* qui dissout les parois cellulosiques séparant l'embryon de la réserve d'amidon du grain, puis à l'intervention d'une amylase, qui saccharifie cette réserve au profit du nouvel être (Brown et Morris). La régression de l'utérus après l'accouchement est aussi un phénomène d'autolyse, dont les produits apparaissent dans l'urine.

des diastases pour la vie physiologique des tissus, c'est le rôle de plus en plus considérable qu'on est conduit à attribuer à ces agents dans beaucoup de phénomènes pathologiques. Il serait, en effet, bien surprenant qu'un mécanisme aussi remarquable de la vie pathologique n'eût aucune signification pour la vie normale.

Ainsi on a établi nettement le rôle de l'autolyse dans la résorption si rapide de l'exsudat fibrineux qui, dans la pneumonie, remplit les alvéoles pulmonaires. Ici il y a, comme on dit, *hétérolyse*, c'est-à-diré que les diastases né proviennent pas de l'organe lui-même, mais des leucocytes. Au début de l'hépatisation grise, ceux-ci, en effet, envahissent en masse l'exsudat et le dissolvent par l'action des diastases qu'ils fournissent en se détruisant eux-mêmes. Il est probable que le même mécanisme intervient dans le ramollissement des thromboses.

Les leucocytes sont, en effet, riches en diastases diverses, diastase protéolytique, chymosine, amylase, lipase, oxydases (Achalme, Ascoli). Du pus frais, additionné d'un antiseptique, se liquéfie rapidement à 37° avec apparition des produits de l'autolyse des protéines et des nucléoprotéides (acides aminés, bases puriques). Il digère aussi par hétérolyse dés flocons de fibrine ou des fragments de tissus (poumon, rein, muscle) qu'on lui ajoute. De là le pouvoir de ramollissement qu'un foyer purulent manifeste autour de lui, mais seuls les tissus qui sont déjà atteints dans leur vitalité, sont ainsi dissous. Les tissus sains résistent, témoin les parois de l'alvéole pulmonaire pendant l'autolyse de l'exsudat. Ainsi s'explique aussi l'apparition dans les urines des produits de cette autolyse (albumosurie de la pneumonie, pendant l'évolution des gros abcès ou le ramollissement des tumeurs, excrétion urique) (p. 370).

Le ramollissement des gros noyaux cancéreux paraît être aussi un phénomène d'autolyse (Petry), produit par des diastases particulièrement actives, car, *in vitro*, la protéolyse autolytique d'un cancer est toujours plus rapide que celle du tissu dont provient le néoplasme (Yoshimoto), et ces diastases protéolytiques sont aptes à l'hétérolyse en sorte que ces agents jouent peut-être un rôle important dans la cachexie cancéreuse. On incline aussi à considérer que l'apparition, dans les urines, d'acides aminés divers au cours de certaines affections (p. 320) provient d'une autolyse pathologique du foie, dont les cellules, atteintes par un agent toxique, ont cessé de maintenir l'autolyse dans ses limites normales (M. Jacoby). Le placenta des femmes éclamptiques présente aussi une autolyse plus rapide que le placenta normal (Savare; Dryfus). Enfin, tout de suite après les brûlures étendues, le sang (du lapin) dédouble activement le glycyltryptophane, c'est-à-dire contient des diastases protéolytiques ou peptolytiques provenant vraisemblablement des cellules qui succombent à la suite de cette atteinte. Ce phénomène, très marqué pendant l'agonie en général, est constant dans toutes les affections à fontes toxiques : tuberculose, fièvre typhoïde, intoxication par le phosphore, le sublimé (Carlo Ferrai et d'autres). Et ici se place aussi cette observation très intéressante, à savoir qu'au cours de la grossesse, du coma diabétique, de la pneumonie croupale, de l'urémie, le sérum sanguin contient des substances dites *auxo-autolytiques*, c'est-à-dire accélérant nettement *in vitro* l'autolyse des tissus. Les narcotiques, le salicylate et le benzoate de soude, et d'autres corps encore, etc., se comportent aussi comme des auxo-autolytiques.

Conclusions. — Tout le long de l'échelle des êtres vivants, dans la vie normale et dans la vie pathologique, les diastases apparaissent donc comme les instruments du travail chimique des cellules. A ce point de vue, on peut donc dire avec E. Duclaux que les diastases « ont détrôné la cellule ». Depuis soixante-dix ans, depuis que la théorie cellulaire a ramené l'étude des êtres vivants à la connaissance de la cellule, celle-ci est restée l'unité à laquelle la physiologie s'est arrêtée. C'est la cellule, disait-on, qui choisit ses aliments, les détruit ou les met en réserve, c'est elle qui consomme l'oxygène et qui produit l'acide carbonique. Mais voilà « qu'après avoir ramené la connaissance de l'être vivant à la connaissance de la cellule, la science en arrive à chercher la connaissance de la cellule dans celle de ses unités actives. Cette cellule, que l'on a si longtemps douée d'unité, apparaît à son tour comme une machine compliquée, où interviennent des forces d'origine très diverses, dont les plus importantes semblent être les actions diastasiques » (E. Duclaux).

CHAPITRE VII

LA CELLULE

La cellule est l'unité anatomique et physiologique à laquelle on peut ramener tous les êtres vivants. Au point de vue anatomique, en effet, tout organisme est constitué par une association de cellules. Au point de vue physiologique, l'ensemble des phénomènes que nous appelons vitaux — nutrition, accroissement, sécrétion, production de chaleur ou de travail mécanique, etc. — n'est que la somme des phénomènes de la vie élémentaire des cellules qui composent l'individu. Tout le problème de la vie est, dès lors, ramené à un problème de biologie cellulaire. Or, la cellule est l'association organisée d'un certain nombre de principes immédiats. Montrons donc d'abord quels sont ces principes, c'est-à-dire faisons l'anatomie chimique de la cellule. Nous verrons ensuite dans quelle mesure les propriétés physico-chimiques de ces matériaux, tels qu'ils sont associés dans la cellule, expliquent les phénomènes de la vie cellulaire.

§ I. — COMPOSITION CHIMIQUE DE LA CELLULE.

Corps simples nécessaires à la constitution de la cellule. — Pendant longtemps on a admis que la partie organique des tissus vivants est constituée par du *carbone*, de l'*hydrogène*, de l'*oxygène* et de l'*azote*, éléments auxquels on ajouta plus tard le *soufre* et le *phosphore*. Puis, lorsqu'avec Liebig et Pasteur (voy. p. 543) on eut compris l'importance biologique des matières minérales, cette énumération fut complétée par l'adjonction des corps que voici : *sodium, potassium, calcium, magnésium, fer, chlore, fluor, acide phosphorique, acide carbonique*. Enfin, dans ces dernières années, cette liste s'est encore allongée et l'on ne sait plus exactement où elle doit être arrêtée. Au fer s'est ajouté le *manganèse*, dont on a dit plus haut le rôle dans l'action des oxydases, puis sont venus l'*iode* et l'*arsenic*, au sujet desquels ont été soulevés des problèmes biologiques du plus haut intérêt (A. Gautier) [1].

L'iode a été trouvé d'abord par Baumann dans la glande thyroïde d'un certain nombre de mammifères, et l'on verra plus loin des relations que l'on a cru saisir entre le rôle de la thyroïde et une matière protéique iodée que contient cette glande (p. 510). Puis A. Gautier et P. Bourcet et d'autres observateurs ont montré l'extrême diffusion de l'iode dans l'air, dans les eaux douces ou salées, dans un grand nombre de tissus végétaux et animaux (rate, ovaire, pituitaire), mais sans qu'on puisse affirmer cependant que ce métalloïde est un élément constant de toute cellule vivante.

Un problème analogue, et d'une portée encore plus haute, a été posé par la belle découverte de A. Gautier, relativement à la présence constante de l'arsenic dans un certain nombre d'organes et de tissus, et surtout dans ceux d'origine ectodermique, épiderme, poils, cornes, thyroïde, cerveau, mamelle. Comme ce corps a été trouvé par G. Bertrand chez un grand nombre d'animaux marins pêchés au large, dans des conditions qui excluent toute pénétration accidentelle, et qu'on le rencontre aussi dans les végétaux, il semble bien que l'arsenic est un élément constant de toute cellule vivante. Telle n'est pas cependant l'opinion de A. Gautier, qui n'a pas trouvé trace de ce métal dans le sang normal, ni dans divers végétaux (haricots verts), bien que le procédé employé par lui permette de retrouver une quantité d'arsenic représentant un milliardième du poids de la masse traitée. Pour les relations de l'arsenic avec les noyaux cellulaires, voy. p. 59 et 511 et pour le fluor, p. 81.

D'autres éléments ont été trouvés encore, notamment la *silice* dans le tissu conjonctif, etc. (H. Schulz), le *manganèse* dans le sang et les divers tissus (G. Bertrand et Medigreceanu), le *zinc* (Delezenne, p. 81), le *brome* dans la thyroïde (Labat), le *bore* dans la plupart des organes (foie, muscle, poils) des mammifères (cobaye, lapin, mouton, bœuf, cheval), dans le lait de femme et dans celui des animaux, dans l'œuf des oiseaux, et d'une manière générale dans toute la série animale (G. Bertrand et Agulhon), mais les quantités sont si minimes (par exemple 2 centièmes de milligramme de manganèse dans un litre de sang humain), que l'on serait tenté d'admettre que ces métaux ont été simplement

---

1. On sait que dans le sang d'un grand nombre de mollusques et de crustacés le *cuivre* remplace le fer dans le pigment respiratoire (p. 257).

entraînés avec nos aliments dans le courant des réactions chimiques de la vie et qu'ils sont sans valeur biologique, si l'étude des végétaux inférieurs n'avait pas montré l'influence que tel de ces métaux exerce, même à des doses infimes, soit sur l'ensemble de la nutrition, soit sur une fonction spéciale (voir aussi p. 543-44).

Dans ses classiques recherches sur la nutrition de l'*Aspergillus niger* (p. 519), Raulin a montré qu'une très minime quantité de *zinc* (1 p. 100 000 de liquide de culture) est nécessaire au développement normal de la récolte, et il est certain que ce zinc est fixé par la plante (Javilliers). Il en est de même pour le *manganèse* et le *fer* qui, avec le zinc, agissent synergiquement sur la croissance de la plante et sur la formation des conidies. La plante est notamment si extraordinairement sensible au manganèse, que 1/10 000 000 000 (un décimilliardième) de ce métal dans le liquide de culture suffit pour accroître d'une façon remarquable le poids de la récolte (G. Bertrand et Javilliers). Ce métal est, en outre, indispensable à la fonction spéciale de la fructification, c'est-à-dire à la formation des conidies, qui ne sont d'un beau noir que si le manganèse est fourni en quantité suffisante. Ajoutons que déjà l'on a constaté de même l'influence heureuse exercée par de petites quantités de manganèse dans la culture de l'avoine (G. Bertrand et Thomassin), de bore dans celle du maïs (Agulhon), d'*aluminium* dans celle de la betterave, etc.. (Stoklasa, E. Boullanger). Pour le zinc, voir aussi p. 81 et p. 102, note 1.

L'explication la plus vraisemblable est évidemment que ces métaux agissent, non comme matériaux de construction des tissus, mais en tant que *catalyseurs* de réactions chimiques essentielles à la nutrition. Il est visible que cette étude des « *infiniment petits chimiques* » (G. Bertrand) est pleine de promesses. Enfin, on se rappellera que cette action catalytique de très petites doses d'un élément peut être aussi négative (p. 99) et qu'un même agent peut, selon la dose, accélérer ou retarder une réaction vitale. Par exemple, le sulfate de cuivre et le sublimé, dont on connaît l'action d'arrêt sur les fermentations et notamment sur la fermentation lactique, deviennent accélérateurs quand on les emploie à doses beaucoup plus faibles (0 gr. 005 p. 1 000) (Ch. Richet).

Les constituants chimiques de la cellule. — Les corps simples énumérés ci-dessus existent dans la cellule sous la forme de composés divers qui sont les *principes immédiats* ou *constituants chimiques* de la cellule. Dans la pratique, il est très difficile de se procurer, en quantité suffisante pour l'analyse, des cellules qui soient débarrassées de tout suc, ou de tout élément histologique étranger, tel que le tissu conjonctif. En outre, on ne dispose que de cellules déjà différenciées dans diverses directions physiolo-

giques et par conséquent chimiques (pus, fibres musculaires,
cellules adipeuses, lymphatiques). Enfin, on ne peut analyser
que des cellules mortes, c'est-à-dire nécessairement modifiées au
point de vue chimique, et, de plus, il est vraisemblable que même
les réactifs les moins énergiques, tels que l'eau, l'alcool, l'éther,
suffisent déjà pour dédoubler certains constituants cellulaires très
instables.

Sous ces réserves, voici quels sont les constituants essentiels
ou *primaires* de la cellule, c'est-à-dire ceux que l'on a rencontrés
dans toutes les cellules végétales ou animales : *protéides* (glycoprotéides et nucléoprotéides), *albumines, globulines, graisses,
lécithines, cholestérine, glycogène* (?), eau et *sels minéraux.*
Enfin, on doit ajouter les *diastases*, agents des opérations chimiques accomplies par la cellule, et qui semblent bien ne faire
défaut dans aucun protoplasme.

A ces constituants primaires s'ajoutent : 1° des corps jouant
le rôle de *réserves* comme les graisses et le glycogène, et peut-être
aussi des albumines, des globulines ; 2° des corps qui sont, au
contraire, des *déchets* du travail cellulaire comme l'urée, les bases
puriques, l'acide lactique, etc. ; 3° des corps représentant des
instruments spécialisés du travail cellulaire comme l'hémoglobine, agent de transport de l'oxygène (ou la chlorophylle,
instrument des synthèses végétales). — L'iode et l'arsenic, dont
il a été question plus haut sont vraisemblablement contenus dans
les tissus sous la forme de combinaisons organiques. Tous ces
corps ont été étudiés dans ce qui précède ou le seront plus loin
comme l'hémoglobine, dont l'histoire est liée à celle du sang.

Une observation se présente ici, relativement aux *matières protéiques
de la cellule*. Comme l'histoire chimique des protéiques a commencé par
les albumines et les globulines, que le blanc d'œuf et le sérum fournissent sans difficultés en quantités considérables, on s'est habitué à voir
dans ces substances le type par excellence des matières protéiques dont
sont faits les tissus vivants. En réalité, ces matériaux sont presque toujours, comme dans le blanc d'œuf, réduits au rôle secondaire de réserve
nutritive. Dans le jaune, au contraire, véritable centre de formation du
futur organisme, dans le globule blanc, dont la vie est très active, ces
deux protéiques font défaut ou peu s'en faut. D'une manière générale,
on tend à admettre que les protéiques constitutifs de la cellule sont surtout des nucléoprotéides (voy. p. 53). Enfin, au point de vue quantitatif,
le poids des constituants organiques de la cellule, autres que les protéiques et les graisses, est pratiquement presque négligeable, car si l'on
exprime le poids de l'azote total des tissus en centièmes du poids de
l'ensemble des matières organiques, moins les graisses, on trouve, pour

les mammifères, en moyenne 16,2 p. 100, soit sensiblement la teneur des protéiques en azote.

§ II. — ORGANISATION PHYSICO-CHIMIQUE DE LA CELLULE.

Voilà donc quels sont les matériaux dont l'association organisée constitue la cellule; c'est munie de ces organes chimiques que la cellule accomplit ses opérations vitales. A quoi se ramènent essentiellement ces opérations? On a vu au début de ce livre que lorsqu'on cherche une définition générale de la vie, c'est celle de la nutrition qui se présente comme une notion aussi large, aussi compréhensive que la notion de la vie elle-même. Or, la nutrition, succession incessante des opérations d'assimilation et de désassimilation, se ramène à une série d'opérations chimiques, accomplies dans un ordre déterminé. Demandons-nous donc si l'organisation physico-chimique de la cellule, c'est-à-dire ce que nous savons de la physique et de la chimie des principes immédiats considérés dans la cellule, suffit pour expliquer les phénomènes chimiques de la vie, ou si la vie implique, au contraire, quelque chose de spécial, qui ne pourrait pas être réduit à des propriétés physico-chimiques. Ce quelque chose de proprement « vital » échapperait donc à nos moyens d'investigation, qui sont tous d'ordre physico-chimique, et, dans l'étude des phénomènes de la vie, on arriverait toujours, d'étape en étape, à un point à partir duquel il deviendrait impossible de déplacer plus loin le problème et où il faudrait faire intervenir dans nos explications ce facteur spécial, la « force vitale ». Mais rien ne nous oblige actuellement à recourir à cette hypothèse.

Sans doute un grand nombre d'entre les phénomènes de la vie échappent encore à toute explication physico-chimique. Mais chaque fois que la physique et la chimie de la cellule font quelque progrès sensible, l'un ou l'autre de ces phénomènes s'éclaire subitement, et surtout il tombe sous la prise de nos méthodes de mesure physico-chimiques. D'autre part, quand on fait l'inventaire des problèmes qui sont encore à résoudre en ce qui concerne l'organisation physico-chimique de la cellule, on constate que ces problèmes sont légion. Ainsi, il est évident que l'état colloïdal, les actions diastasiques, la perméabilité cellulaire, etc... devront être parfaitement connus, avant que l'on puisse tenter une explication d'ensemble des phénomènes de la vie cellulaire. Or, la logique commande de s'appliquer d'abord à résoudre ces problèmes avant de recourir à l'hypothèse d'une force vitale. C'est ce que fera ressortir l'exposé ci-après, qui résume le peu que l'on sait sur l'organisation physico-chimique de la cellule.

Complexité du travail chimique de la cellule. — Nos opérations chimiques sont accomplies au laboratoire dans des vases imperméables, c'est-à-dire que les corps réagissants, chauffés par exemple dans un ballon installé lui-même dans un bain-marie ou dans un bain salé, sont à l'abri du contact des matériaux de ce bain. De plus, on ne poursuit dans ce vase qu'une seule opération à la fois.

La cellule, au contraire, est plongée dans un milieu aqueux, apportant avec lui une infinité de produits, dont les uns sont les matières premières du travail chimique de la cellule et doivent être introduits dans celle-ci, et dont les autres n'ont que faire dans ce travail et ne pénétreront pas dans la cellule. De plus, la cellule conduit côte à côte un nombre considérable d'opérations. Ainsi la cellule hépatique transforme du glycose en glycogène et inversement, elle fait de l'urée avec des amino-acides ou des sels ammoniacaux, elle ampute l'hémoglobine de son groupe ferrugineux et en fait de la bilirubine, elle fabrique de l'acide cholalique, le combine au glycocolle et à la taurine pour produire les acides glycocholique et taurocholique, elle éthérifie les phénols en acides phénylsulfuriques, elle arrête des corps toxiques et les rend impuissants, et il est certain que ce n'est là qu'une partie du travail chimique qu'elle accomplit. Or, rien dans l'histologie de la glande, dit Hofmeister, n'indique que certaines cellules soient chargées de faire de l'urée, d'autres des acides biliaires, etc., et il faut bien admettre que c'est dans chaque cellule, c'est-à-dire dans un élément histologique d'un diamètre de quelques millièmes de millimètres que s'accomplissent toutes ces opérations.

Montrons d'abord que l'état colloïdal de la plupart des constituants cellulaires, matières protéiques, lipoïdes divers, glycogène..., fournit ici au moins un commencement d'explication.

En premier lieu, c'est parce qu'elle est un amas de colloïdes que la cellule peut maintenir sa forme et sa structure, et, par conséquent, l'indépendance de ses opérations chimiques contre l'action des liquides qui la baignent incessamment, car dans la cellule et autour d'elle sont réalisées sans doute des conditions (concentration saline, réaction, etc.) qui font que ces colloïdes sont maintenus à l'état de gelée. On a fait valoir, en outre, que dans les gelées colloïdales *in vitro*, on peut saisir, sous l'action de certains réactifs, une structure en vacuoles et l'on pourrait donc admettre l'existence, dans la cellule, de loges multiples séparées par des lames d'un colloïde plus condensé, et qui pourraient abriter chacune une réaction différente. Mais on sait aujourd'hui que ces images microscopiques sont en réalité des créations des réactifs en question. D'ailleurs, si multiples que soient ces réactions chimiques, il n'est pas impossible de comprendre qu'elles puissent se succéder les unes aux autres dans un même contenu cellulaire (voy. ci-après). — Enfin cet état de gelée colloïdale du contenu cellulaire n'est nullement une gêne pour les réactions chimiques, car on a établi que dans une gelée d'agar la vitesse des réactions, par exemple celle de la saponification de l'acétate de méthyle, est la même que dans l'eau pure.

Les instruments du travail chimique de la cellule. — Nous avons déjà étudié ces agents, qui sont les diastases (p. 112 et suiv). Il nous reste à montrer comment ils sont adaptés au rôle qu'ils remplissent dans la cellule.

Ces agents sont de nature *colloïdale*, et parfois si adhérents au protoplasma de la cellule qu'une expression très puissante peut seule les en séparer (p. 110). Ils ne sont donc pas entraînés ou ne sont que difficilement entraînés au dehors par le courant d'exosmose, et ils ne sont pas diffusés ailleurs que dans le compartiment cellulaire où ils doivent servir.

On a vu qu'ils sont en outre *spécifiques*, c'est-à-dire *adaptés chacun à l'attaque d'un corps ou d'un groupe de corps particuliers* (p. 110), ce qui exige qu'ils soient très nombreux dans chaque cellule ou tissu. Or, ils le sont en effet, ainsi qu'on l'a montré, aussi bien pour les cellules microbiennes que pour les organismes supérieurs (p. 112 et 114). De plus, sous l'influence de besoins nouveaux, on voit la cellule sécréter des diastases nouvelles, qui auparavant lui faisaient défaut. Ainsi, l'*Aspergillus niger* poussant sur du lactate de chaux donne une invertine, mais ne fournit ni chymosine, ni caséase, tandis qu'avec le lait, comme milieu de culture, apparaissent une présure et une caséase. Ce que l'on sait de l'ontogénie des diastases, la production constante d'antidiastases à la suite de l'injection des diastases, celle des diastases de défense sont encore autant de preuves de cette aptitude des cellules à produire, selon leurs besoins, des sécrétions diastasiques nouvelles (p. 115, 98 et 213).

Cette spécificité des diastases permettrait de comprendre aussi *la résistance de chaque cellule aux opérations chimiques qu'elle abrite*. Avec les réactifs ordinaires de la chimie, on concevrait difficilement comment cette condition pourrait être remplie. Avec des agents à adaptation spéciale comme les diastases, il suffit, au contraire, que la diastase protéolytique par exemple, qui opère dans une loge cellulaire, soit sans action sur la matière protéique qui constitue les parois de cette loge. Une telle résistance peut être réalisée, soit par la constitution spéciale de la matière protéique, soit par l'intervention d'une antidiastase, soit enfin par la propriété qu'aurait la matière protéique elle-même d'annuler l'action de la diastase [1].

Comment expliquer, en outre, que *les opérations chimiques de la cellule puissent se succéder automatiquement et dans un ordre déterminé*? Deux mécanismes, dit Hofmeister, sont nécessaires ici : il faut des agents capables de mettre fin à une réaction, celle qui doit cesser, et des agents pouvant mettre en route une réaction, celle qui doit succéder à la première. Or, les diastases se prêtent tout particulièrement au jeu de ces deux mécanismes. On a vu, en effet, que leur action peut être arrêtée ou, au contraire, déclanchée par de minimes changements dans la constitution du milieu (p. 102). On sait aussi que ces agents peuvent demeurer inactifs sous la forme de prodiastases jusqu'au moment où une intervention convenable les fait passer à l'état de diastases actives (p. 103). Enfin, on conçoit que la succession de diverses actions diastasiques, dans un ordre déterminé, puisse être assurée par ce mécanisme très simple, à savoir que les produits d'une action diastasique, en même temps qu'ils sont un frein pour cette diastase, peuvent mettre en route l'action d'une autre diastase (p. 103). Nos connaissances sont encore trop rudimentaires pour qu'on puisse illustrer ce qui précède par un exemple précis en ce qui concerne la cellule. Mais on peut, avec Hofmeister, rappeler ici la série des

---

1. Ce ne sont pas là des hypothèses gratuites. On sait, en effet, la résistance qu'opposent certaines associations d'acides aminés à l'action des diastases (p. 39). D'autre part, l'existence d'anti-diastases naturelles est bien démontrée (p. 98). Enfin, on constate que l'ovalbumine et le sérum de mouton, mis en contact à 40° avec de la papaïne, non seulement ne sont pas attaqués, mais annulent définitivement le pouvoir digestif de cette diastase (Delezenne, Mouton et Pozerski).

actions diastasiques qui se succèdent le long du tube digestif, automatiquement liées les unes aux autres. On comprend que de tels mécanismes puissent fonctionner aussi dans l'intérieur d'une cellule.

Ce que l'on sait sur l'extrême sensibilité des diastases vis-à-vis de beaucoup d'agents (p. 100 et 103) tend à faire admettre aussi que *beaucoup de poisons des cellules ne sont en réalité que des poisons des diastases*, c'est-à-dire qu'ils agissent en supprimant les instruments chimiques de toute la vie cellulaire. Pareillement, *l'action thérapeutique de certains métaux* ou *métalloïdes* s'exerce peut-être aussi par l'intermédiaire d'une action diastasique, soit que ces métaux servent de codiastases à des diastases cellulaires, soit qu'ils jouent eux-mêmes le rôle de catalyseur tenu par les diastases (p. 120).

Enfin, il reste à expliquer *le double caractère si remarquable des opérations chimiques de la vie, lesquelles sont à la fois très puissantes et aisément adaptées à chaque instant aux besoins sans cesse variables de l'organisme.* Ces opérations sont très *puissantes*, puisque voici un adulte qui détruit en vingt-quatre heures 100 grammes d'albumine, 75 grammes de graisse et 350 grammes d'hydrates de carbone, et souvent davantage, c'est-à-dire une masse de plus de 500 grammes de matières organiques, dont la combustion ne peut être obtenue *in vitro* qu'à l'aide de réactifs énergiques et à une température élevée. Elles sont d'intensité sans cesse *variable*, car lorsque cet adulte passe brusquement du repos à un travail mécanique pénible, ses combustions s'élèvent du simple au décuple, et au delà, presque instantanément (p. 593 et 605). C'est donc que *cet organisme possède un moyen d'accélérer ou de retarder à volonté la vitesse de ses réactions chimiques.*

On connaît, dit Ostwald, trois moyens d'agir sur la vitesse d'une réaction : la *température*, la *concentration* des corps réagissants et la *catalyse*. De ces trois moyens, les deux premiers ne sont guère à la portée des organismes supérieurs, car, d'une part, leur température propre ne peut offrir que des écarts minimes, et, d'autre part, les concentrations sont limitées par la solubilité des corps réagissants ou par des influences osmotiques. Le troisième, au contraire, la catalyse, positive ou négative, représente *à priori* pour l'organisme la solution idéale du problème posé, car on sait combien sont nombreuses et puissantes les actions catalytiques que l'on a observées dans les divers domaines de la chimie (p. 100). Or, nos cellules disposent de catalyseurs nombreux et variés, qui sont les diastases, et c'est vraisemblablement l'étude de ces agents qui apportera l'explication complète de ce double caractère de puissance et de souplesse du travail chimique de la vie.

Il faut ajouter cependant que c'est justement en ce qui concerne les réactions les plus importantes de la vie animale, à savoir les oxydations, que nos connaissances sur les diastases animales sont restées le plus rudimentaires. *Aucune oxydase animale capable d'attaquer une albumine, une graisse ou un hydrate de carbone, n'a encore été isolée chez les animaux supérieurs.* Quant aux diastases oxydantes qui s'attaquent ou pourraient s'attaquer à des produits de simplification de ces trois sortes d'aliments (alcoolase, β-oxybutyrase, xanthinoxydase, uricase), leur nombre est bien restreint encore et leur champ d'action bien limité. Et les oxydases végétales, comme la laccase et la tyrosinase, outre qu'elles n'agissent que sur des corps à fonctions chimiques déterminées, présentent cette particularité que, bien loin de produire la simplification de ces corps jusqu'à l'état d'eau et d'acide carbonique, elles donnent souvent naissance à des corps plus complexes. Ainsi, le pyrogallol et le gaiacol donnent, avec la laccase, des corps plus complexes qu'eux-mêmes (en même temps qu'il se dégage de l'acide carbonique), et la tyrosinase produit souvent des matières colorantes voisines des mélanines, c'est-à-dire des corps visiblement très complexes. Concluons donc que rien ne permet d'affirmer que les combustions dans l'organisme sont le fait des diastases oxydantes actuellement connues [1] (voy. aussi p. 292-293).

---

1. Toutefois, il convient de rappeler ici combien sont variées et puissantes les oxydations effectuées par les bactéries. Elles sont très variées, puisque l'on voit diverses espèces bactériennes oxyder la glycérine, l'érythrite, la sorbite, le xylose (G. Bertrand), la mannite (Péré), le glycol propylénique (A. Kling), le glycose (avec production d'acide citrique) (P. Mazé et Perrier), l'acide lactique (P. Mazé). On sait aujourd'hui que l'oxydation bactérienne s'attaque même au charbon (Potter), à l'hydrogène sulfuré et au soufre élémentaire (Winogradsky; H.-C. Jacobsen), aux corps humiques (Nikilinsky), à l'hydrogène et au méthane (Kaserer). Ces oxydations sont aussi très puissantes, comme le démontrent les destructions énergiques que réalise si rapidement l'épuration des eaux par le procédé des lits bactériens (A. Calmette), et là la dégradation va le plus souvent jusqu'à l'eau et à l'acide carbonique. Or, comme on a réussi à saisir l'agent diastasique oxydant de la fermentation acétique de l'alcool, on peut espérer que l'on atteindra aussi ceux des autres oxydations bactériennes.

Au surplus, même si ces difficultés étaient levées, on ne connaîtrait que l'agent, et il resterait encore à déterminer le mécanisme de la réaction. Que sait-on sur ce mécanisme?

Les oxydations dans la cellule. — Il s'agit d'expliquer comment nos aliments, protéiques, graisses et hydrates de carbone, qui se montrent absolument inoxydables à l'air à 37°, sont brûlés dans l'organisme avec tant de facilité. Plusieurs théories ont été proposées. On ne retiendra ici que celle de l'*auto-oxydation*, parce qu'elle repose sur des faits chimiques bien établis et parce que les recherches nouvelles qu'elle suggère immédiatement sont très nombreuses[1].

LA THÉORIE DE L'AUTO-OXYDATION. — Voici d'abord l'énoncé général de l'observation qui constitue le point de départ de cette théorie. Il existe des corps qui ont la propriété de fixer *directement* l'oxygène de l'air en formant des peroxydes instables. On a appelé ces corps des *auto-oxydateurs*, parce qu'ils s'oxydent directement au contact de l'air. Ces peroxydes instables se défont ensuite, avec formation d'un oxyde stable inférieur ou même avec restitution de l'auto-oxydateur primitif, et l'oxygène libéré dans ces conditions a la propriété d'oxyder des corps que l'oxygène de l'air n'oxyderait pas directement. Ces corps sont appelés *accepteurs*, parce qu'ils « acceptent » l'oxygène cédé par les peroxydes (Traube, Bach, Engler).

L'essence de térébenthine ou le pinène[2] pur, fraîchement distillé, est un de ces auto-oxydateurs : il fixe directement l'oxygène de l'air et il acquiert ainsi la propriété d'oxyder des accepteurs comme l'acide arsénieux, qui est transformé en acide arsénique, et la solution bleue d'indigo, qui est décolorée, toutes réactions que l'oxygène de l'air ne produit pas directement (Schönbein). Ce pouvoir oxydant n'est pas dû à de l'ozone que le pinène aurait la propriété de produire à partir de l'oxygène atmosphérique et qui resterait dissous dans l'essence, car un courant, même prolongé, de gaz carbonique ne diminue nullement l'activité de l'essence. Cet oxygène « actif » est donc de l'oxygène combiné au pinène, sous la forme d'un *oxyde* qui est *instable* et *actif*, puisque nous le voyons céder si aisément son oxygène à l'indigo ou à l'acide arsénieux. Mais comme on constate que le pinène ne cède jamais dans ces réactions qu'une partie de l'oxygène qu'il a absorbé, on doit conclure que la différence est restée fixée sous la forme d'un *oxyde stable et inactif*.

Lorsqu'au lieu de mettre l'essence, qui a ainsi absorbé de l'oxygène, en conflit avec un corps oxydable, comme l'acide arsénieux, on la fait

---

1. L'exposé qui suit est fait d'après le travail de A. Job sur le mécanisme de l'oxydation (*La Méthode dans les Sciences*, Paris, 1908).
2. Carbure non saturé qui domine dans l'essence de térébenthine.

agir sur elle-même, en la chauffant à des températures croissantes, on constate qu'après quelques heures de chauffe à 80°, tout l'oxyde actif, c'est-à-dire capable de décolorer l'indigo, a disparu, sans qu'il se soit dégagé aucune trace d'oxygène libre. C'est donc que l'oxygène abandonné par l'oxyde instable s'est porté sur une autre partie du pinène et l'a transformé en oxyde stable. A 100° l'oxyde instable présente une stabilité encore plus précaire, et enfin à 160° on ne le saisit plus du tout, sans doute parce qu'il se défait à mesure qu'il est formé. C'est l'oxyde stable qui apparaît seul, et l'essence prend l'aspect d'une résine qui n'absorbe plus d'oxygène.

L'oxydation du pinène, avec formation de l'oxyde stable, s'accomplit donc en deux temps. L'essence fixe d'abord l'oxygène sous la forme d'un peroxyde instable, puis avec une rapidité variable selon la température, ce peroxyde cède une partie de son oxygène en se transformant en oxyde stable et l'oxygène ainsi libéré agit sur le reste du pinène et le fait passer aussi à l'état d'oxyde stable.

Il résulte de là que si l'oxyde instable était déjà, à la température ordinaire, aussi fragile qu'il l'est à 100°, on n'aurait pas soupçonné son existence. On est donc conduit à se demander si ce mode d'oxydation en deux temps n'est pas un phénomène très général. De fait, dans un grand nombre d'oxydations, comme la combustion de l'hydrogène, du magnésium, l'oxydation du plomb, du rubidium, on saisit à côté de l'oxyde stable, produit final de la réaction, donc à côté de l'eau, de la magnésie, de l'oxyde de plomb..., de petites quantités du peroxyde correspondant, peroxyde d'hydrogène ou eau oxygénée, peroxyde de magnésium, de plomb. Ces peroxydes, bien loin d'être des produits accessoires et accidentels, seraient des produits normaux et des acteurs indispensables de la réaction, puisqu'ils seraient l'agent qui *transporte* l'oxygène de l'air sur le corps à oxyder.

Pour démontrer que les choses se passent vraiment ainsi, il n'est nullement nécessaire qu'on puisse isoler chaque fois ce peroxyde instable. La formation de ces corps est, en effet, révélée par l'oxydation d'un accepteur ajouté en même temps. Ainsi, l'air transforme l'hydrate ferreux en hydrate ferrique sans que l'on saisisse la moindre trace d'un peroxyde. Mais si cette oxydation a lieu en présence d'un accepteur comme l'arsénite de potassium, celui-ci est transformé en arséniate, et l'on peut mesurer ainsi la quantité d'oxygène que le peroxyde hypothétique a perdue. De telles mesures, faites sur un grand nombre de corps servant d'auto-oxydateurs (sulfite de sodium, oxyde cuivreux, aldéhyde benzoïque) avec des accepteurs divers (arsénite, indigo) ont fait apparaître ce résultat remarquable, à savoir que *tous les auto-oxydateurs rendent actifs une quantité d'oxygène exactement égale à celle qu'ils peuvent définitivement retenir* (A. Job).

Voici comment on interprète ce résultat. La molécule d'oxygène O^2 se fixe d'abord sur l'auto-oxydateur A, en donnant un peroxyde :

$$A \quad + \quad \begin{matrix} -O \\ | \\ -O \end{matrix} \quad = \quad A\begin{matrix} \diagup O \\ | \\ \diagdown O \end{matrix}$$

Auto-oxydateur.   Oxygène.   Peroxyde instable.

Si la solution ne contient pas d'accepteur, ce peroxyde réagit sur une molécule de A qu'il transforme en oxyde stable, en lui cédant *la moitié*

de l'oxygène emprunté à l'air, et en redescendant donc lui-même à l'état
d'oxyde stable :

$$A\!\!<^{\text{O}}_{\text{O}} \quad + \quad A \quad = \quad A\!\!=\!\!O \quad + \quad A\!\!=\!\!O$$

Oxyde stable. Oxyde stable.

C'est ce qui se passe dans l'oxydation de l'essence de térébenthine ou
la combustion de l'hydrogène [1].

Si la réaction se fait, au contraire, en présence d'un accepteur B,
deux cas peuvent se présenter. Si l'oxyde stable $A\!\!=\!\!O$ résiste à toute
action ultérieure de B, la quantité d'auto-oxydateur présente finira par
épuiser son action, car chaque molécule de A, qui a passé à l'état d'oxyde
stable $A\!\!=\!\!O$, est hors d'usage, en sorte que l'oxydation de B cessera
quand tout l'auto-oxydateur A aura ainsi passé à l'état d'oxyde stable. Si
l'oxyde $A\!\!=\!\!O$ est, au contraire, instable vis-à-vis de B, la réaction se
continuera indéfiniment, car alors on aura :

$$A \quad + \quad ^{-\text{O}}_{-\text{O}} \quad = \quad A\!\!<^{\text{O}}_{\text{O}}$$

$$A\!\!<^{\text{O}}_{\text{O}} \quad + \quad B \quad = \quad A\!\!=\!\!O \quad + \quad B\!\!=\!\!O$$

$$A\!\!=\!\!O \quad + \quad B \quad = \quad A \quad + \quad B\!\!=\!\!O,$$

et l'auto-oxydateur A se trouvant régénéré, il pourra au contact de l'air

reformer le peroxyde instable $A\!\!<^{\text{O}}_{\text{O}}$ et *recommencer indéfiniment le trans-*
port de l'oxygène sur l'accepteur B.

Le carbonate céreux fournit, comme l'a montré A. Job, un exemple
remarquable de ces types de *réactions couplées*. Une solution de carbonate
céreux dans le carbonate de potassium, préparée à l'abri de l'air, est
incolore. Additionnée d'arsénite, puis agitée à l'air, elle devient rouge.
C'est la coloration du peroxyde cérique instable. Puis le liquide devient
jaune et il reste jaune. C'est la coloration du sel cérique, sel d'un oxyde
stable vis-à-vis de l'acide arsénieux. Si l'on remplace l'arsénite par du
glycose, le liquide agité à l'air devient encore rouge, puis quand on
cesse d'agiter, il redevient incolore. En effet le peroxyde cérique rouge
a cédé son oxygène au glycose, mais celui-ci fait non seulement descendre ce peroxyde à l'état d'oxyde cérique jaune, mais il ramène aussi
l'oxyde cérique à l'état d'oxyde céreux incolore, c'est-à-dire qu'il régé-
nère l'auto-oxydateur primitif, en sorte que, si l'on agite de nouveau le
liquide à l'air, il se reformera du peroxyde rouge qui transportera sur
le glycose une nouvelle quantité d'oxygène. *Il suffira donc d'une très
petite quantité de sel céreux pour oxyder des quantités théoriquement illi-
mitées de glycose* (A. Job). On a là le type parfait d'une oxydation par
deux *réactions couplées*, solidaires l'une de l'autre.

---

1. Dans ce second cas, les deux phases de réactions sont :

$$H^2 + O^2 = H^2O^2 \quad \text{(peroxyde instable).}$$
$$H^2 + H^2O^2 = H^2O + H^2O \quad \text{(oxyde stable).}$$

On voit combien ces réactions couplées, « qui se poursuivent infatigablement sous l'influence d'un excitateur caché » rappellent les réactions de catalyse, donc aussi les actions diastasiques, et en particulier celle des oxydases. Dans la laccase, l'hydrate manganeux, libre ou faiblement combiné à la partie organique de la diastase, joue le rôle de l'auto-oxydateur et fixe probablement l'oxygène de l'air sous la forme d'un peroxyde instable, et celui-ci, cédant ensuite son oxygène à l'accepteur phénolique (hydroquinone, pyrogallol, tannin), retourne à l'état manganeux, pour recommencer le même cycle de réactions [1].

Quels sont maintenant *les métaux qui pourraient jouer dans l'organisme animal ce rôle de transporteur de l'oxygène?* On ne peut encore émettre ici que des hypothèses, mais ce n'est pas sans raisons que l'on s'est tourné du côté du fer.

In vitro ce métal se prête, en effet, à des oxydations par réactions couplées (p. 129), et, d'autre part, il est présent dans tous les tissus, où il accompagne notamment les lipoïdes (E. Gérard et R. Delaby) (voy. aussi p. 54). On le rencontre dans l'hémoglobine, qui sert au transport de l'oxygène par les globules; dans les cellules, on le trouve constamment dans le noyau (Spitzer; Macallum) dont l'intervention dans les oxydations cellulaires est rendue probable par d'autres constatations (voy. p. 132). Il y a, en outre, des organes particulièrement riches en fer, comme le foie, et ce fait ne tient pas uniquement à ce que cette glande est un lieu de réserve pour le fer hématique. Le foie est, en effet, riche en fer même chez les invertébrés dépourvus d'hémoglobine [2]. De plus, il contient une partie de ce métal sous la forme d'une combinaison organique du fer, la *ferrine* de Dastre et Floresco, où le métal, faiblement combiné, est voisin de l'état salin. Il pourrait donc, suivant l'hypothèse émise par ces deux auteurs, jouer dans les combustions animales ce rôle d'auto-oxydateur que l'on vient d'expliquer.

Quels sont enfin *les corps qui tiendraient dans l'organisme le rôle d'accepteur?* L'oxydation porte-t-elle directement sur les aliments, ou bien ceux-ci subissent-ils d'abord des dédoublements préparatoires de l'oxydation? C'est une question qui sera discutée

1. Notons ici que les cultures tuberculeuses, qui sont très avides d'oxygène, sont nettement favorisées par de petites doses de vanadium, de cérium, de lanthane, de néodyme, de praséodyme, de samarium (A. Frouin). Or, ces métaux ont précisément cette propriété commune de présenter, comme le cérium deux états d'oxydation différents et de se prêter par conséquent aux réactions couplées dont il vient d'être question (V. Henri). De très petites doses de sels d'uranium accélèrent de même le travail du ferment acétique et celui de la bactérie du sorbose (H. Agulhon et R. Sazerac).

2. Chez les céphalopodes, il en contient, à poids égal, 25 fois plus que le reste du corps (Dastre et Floresco).

ailleurs (p. 316-321 et 395). Bornons-nous à faire remarquer que
ces dédoublements peuvent donner naissance à des produits de
réduction, plus facilement oxydables que l'aliment primitif (p. 318).
Enfin rappelons aussi, d'autre part, qu'à côté de la théorie de
l'auto-oxydation, il faut faire une place à celle des oxydo-réduc-
tions (p. 109), mais en ajoutant que, visiblement, ni l'une ni
l'autre ne sont encore en mesure d'expliquer tous les faits.

LE LIEU DES OXYDATIONS DANS LA CELLULE. — On a dit plus
haut que les oxydations dans la cellule se font probablement au
niveau du noyau. En se servant de colorants que les cellules
admettent dans leur intérieur (p. 136), et en appliquant donc à
des fins histologiques la méthode d'Ehrlich (p. 292), dont ce savant
n'avait tiré que des constatations macroscopiques, P. G. Unna,
confirmant et étendant des résultats de R. Lillie, a vu que le bleu
de méthylène décoloré ne se recolore qu'au contact des noyaux,
qui sont donc nettement le siège de phénomènes d'oxydation,
tandis que les protoplasmas sont en général nettement réducteurs[1].
D'autre part, Warburg a mesuré des consommations d'oxygène
beaucoup plus importantes pour les globules rouges nucléés, que
pour les globules non nucléés. Enfin J. Loeb a montré que l'œuf
d'oursin, qui vient d'être fécondé et à qui l'on supprime l'oxygène,
ne présente ni division du noyau, ni division de la cellule. Il
restera maintenant à expliquer comment l'oxygène apporté par le
plasma sanguin peut atteindre, à travers le protoplasma réducteur,
le noyau cellulaire, siège des oxydations [1].

Les diastases, instruments de défense des cellules. — Lorsqu'on introduit directement dans le sang d'un animal des protéiques empruntés à une autre espèce, ou même des substances
qui n'ont point ce caractère mais qui sont néanmoins étrangères
à la constitution normale du sang, comme le saccharose, l'organisme se défend contre cette agression en faisant subir à ces
intrus une véritable digestion intra-sanguine, par le moyen de
diastases, que l'injection en question fait apparaître, et qui, après
s'être maintenues pendant quelque temps dans le plasma, disparaissent ensuite peu à peu (voy. p. 213).

La perméabilité de la cellule. — Pour que toutes ces opérations chimiques soient possibles, il faut, d'une part, que les matériaux alimentaires fournis par la digestion puissent être admis dans

---

1. On saisit donc côte à côte dans la cellule des lieux d'oxydation et des lieux
de réduction, et l'on comprend comment ces deux sortes de réactions peuvent
se succéder immédiatement l'une à l'autre (voy. p. 109).

la cellule pour y être transformés, et notamment pour y subir la dégradation progressive ; il faut, d'autre part, que les produits de cette simplification, lorsqu'ils sont descendus au niveau chimique où ils constituent des déchets pour la cellule, quittent cet organisme. La membrane d'enveloppe ou la couche externe du protoplasma doit donc être perméable pour certains corps sans l'être pour d'autres, et à priori on peut même prévoir pour la cellule la nécessité d'une perméabilité variable selon les besoins. Que sait-on sur cette perméabilité cellulaire ?

Cas des membranes semi-perméables. — Le cas le plus simple que l'on puisse imaginer, et par lequel il se trouve qu'ont commencé les observations précises sur la perméabilité cellulaire, est celui des membranes dites *semi-perméables*. Ce sont des membranes qui ne se laissent traverser que par l'eau et qui arrêtent, au contraire, les corps dissous dans cette eau. On peut observer ce phénomène sur des membranes artificielles à l'aide d'appareils spéciaux, sur un grand nombre de cellules végétales à l'aide du procédé de la *plasmolyse* (Hugo de Vries, 1882), et enfin sur des cellules animales, grâce à des méthodes spéciales (H. J. Hamburger (1883).

On sait que l'on peut obtenir artificiellement des membranes semi-perméables par le procédé suivant qui est dû à Pfeffer. Si un vase de pile garni d'une solution de sulfate de cuivre est plongé dans une solution de ferrocyanure de potassium, les deux sels se rencontrent dans l'épaisseur de la paroi du vase et forment là une « membrane de précipité », constituée par du ferrocyanure de cuivre et qui est semi-perméable. En effet, si ce vase, rempli d'une solution étendue de sucre de canne et muni d'une garniture le mettant en communication avec un manomètre, est plongé dans de l'eau distillée, le sucre ne passe pas dans cette eau ; seule l'eau du vase extérieur passe dans le vase intérieur et y développe une pression dont témoigne le manomètre et qui mesure, comme on sait, la pression ou tension osmotique de la solution sucrée employée. Et si l'on remplace la solution de sucre par une solution de sel marin, on trouve par tâtonnement quelle concentration il faut donner à ces solutions pour qu'elles aient la même pression osmotique.

De telles membranes semi-perméables existent autour de certaines cellules végétales. Si l'on détache, en effet, d'une feuille de *Tradescantia discolor* une mince couche épithéliale et qu'on en dépose de petits morceaux dans des solutions (de sucre, par exemple) de concentration croissante, on trouve une dilution pour laquelle on commence à observer au microscope ce que H. de Vries a appelé la *plasmolyse*. Voici en quoi consiste ce phénomène. Ces cellules sont formées d'une couche protoplasmique semi-perméable, renfermant un suc cellulaire, et le tout est inclus dans un bâti cellulosique, à parois rigides et perméables. Lorsque la cellule est plongée dans la solution sucrée à tension osmotique inférieure à celle de son contenu, l'eau, et l'eau seule pénètre dans la cellule, et le protoplasme, gonflé par cet afflux, s'applique partout exactement contre son support cellulosique. Si la solution sucrée est, au contraire, à tension osmotique supérieure à celle de la cellule, le contenu cellulaire cède de l'eau à la solution, et le protoplasme, diminuant de volume, cesse d'être appliqué au moins en quelques points contre la paroi cellulosique. C'est cette séparation du contenu protoplasmique d'avec son support cellulosique que H. de Vries a appelée *plasmolyse*. Deux solutions, de sucre de canne et de sel marin, par exemple, de concentration telle qu'elles produisent tout juste une plasmolyse commençante, présentent aussi dans l'appareil de Pfeffer la même tension osmotique. Ce sont donc, comme on sait, deux solutions *isotoniques*.

Toute cellule végétale qui « plasmolyse » rapidement et d'une manière durable quand on la plonge dans une solution à tension osmotique supérieure à la sienne, indique donc par là même qu'elle est semi-perméable vis-à-vis de cette solution, c'est-à-dire qu'elle ne se laisse pénétrer par le corps dissous, ni immédiatement, ni après un certain temps (voy. l'exemple cité plus loin).

A l'aide de ce procédé de la plasmolyse, on a constaté que les cellules végétales sont semi-perméables vis-à-vis des solutions d'un grand nombre de corps, tels que les sucres, les acides aminés, les sels neutres d'acides organiques, etc., et par d'autres méthodes qui ne peuvent pas être exposées ici, on a établi que les cellules animales (globules rouges, fibres du tissu musculaire) se comportent de même vis-à-vis de ces corps.

Les cellules végétales et animales, semi-perméables pour certains corps, se laissent, au contraire, pénétrer par d'autres corps. — En multipliant ces expériences de plasmolyse avec un nombre croissant de substances, on en a trouvé vis-à-vis desquelles les cellules végétales cessent d'être semi-perméables. Ainsi se comportent les alcools univalents, les aldéhydes, les cétones, etc., qui pénètrent rapidement dans les cellules, la glycérine, l'urée qui sont introduites lentement (Overton). Ici encore les cellules animales (globules rouges, fibres musculaires), se comportent vis-à-vis de ces corps comme les végétales.

Exemples : Avec des poils de racines d'Hydrocharis, plongées dans une solution de sucre de canne, on n'observe aucune plasmolyse pour des concentrations inférieures à 7,5 p. 100. Mais sitôt que la teneur en sucre atteint 7,5 p. 100 (c'est-à-dire sitôt que le liquide devient même faiblement hypertonique par rapport au contenu de la cellule), la plasmolyse se produit *rapidement* (déjà après dix secondes) et de plus elle est *durable*, deux faits qui prouvent que ni tout de suite, ni après un certain temps, la cellule n'a admis le sucre dans son intérieur. — Si, à une solution de sucre à 7 p. 100, on ajoute 3 p. 100 d'alcool méthylique, ce

qui rend la tension osmotique de ce liquide égale à celle d'une solution
de sucre à 35 p. 100, on ne constate aucune plasmolyse, malgré l'hyper-
tonie énorme du milieu, ce qui prouve que l'alcool méthylique a pénétré
dans la cellule immédiatement et avec une grande rapidité. — Si l'on
remplaçait l'alcool méthylique par de l'urée, on observerait une plasmolyse faible et peu durable, prouvant que ces cellules sont lentement
perméables pour ce corps (Overton).

Parmi les substances que lui offre le milieu aqueux ambiant, la
cellule admet donc les unes et repousse les autres, c'est-à-dire
qu'elle paraît apte à faire un « choix ». Quel est le mécanisme de ce phénomène? Disons tout de suite qu'il faut se
défendre ici d'interprétations telles qu'en implique ce mot
« choix », et qui ramèneraient le phénomène à une propriété
spécifique de la cellule tout entière. Rappelons, en effet, qu'encore
tout près de nous, les travaux chimiques de la cellule étaient
considérés, eux aussi, comme un acte physiologique inséparable
du « tout vivant », que représente la cellule. Puis ces opérations
ont été ramenées à autant d'actions diastasiques, produites par des
agents que l'on peut isoler de la cellule (p. 112). Pareillement, il
faut s'efforcer d'expliquer la perméabilité de la cellule vis-à-vis
d'une substance donnée par les propriétés physico-chimiques des
constituants de la cellule, confrontées avec celles du corps absorbé.

Le rôle des lipoïdes dans la perméabilité de la cellule. —
Les constituants cellulaires qui paraissent jouer ici un rôle prépondérant sont les lipoïdes protoplasmiques, lécithine, cholestérine,
protagon, cérébrine, etc. Les travaux d'Overton (1895) ont conduit,
en effet, à admettre que ces composés constituent en majeure
partie la membrane d'enveloppe ou — ce qui revient au même —
la couche externe du protoplasma, et que *la perméabilité de la
cellule pour certains corps est liée à la solubilité de ces corps
dans les lipoïdes de cette membrane.* Notons que cette relation
a été annoncée pour la première fois en 1855 par Lhermite.

Cette loi d'Overton, qui représente une des acquisitions les plus intéressantes que la biologie cellulaire ait faite dans les dernières années,
est établie sur un grand nombre d'observations, dont voici les plus
frappantes :

1º Le passage d'une substance à travers une membrane a pour
facteur, non pas unique, mais prépondérant, la solubilité de cette
substance dans le ou les constituants de la membrane. Ainsi quand
on dispose des deux côtés d'une lame de caoutchouc, d'une part de
l'alcool (pour lequel le caoutchouc est imperméable), et d'autre part les
liquides solubles dans le caoutchouc, comme le sulfure de carbone, le

chloroforme, le toluène, l'éther, etc., on constate que ces liquides traversent la lame d'autant plus vite qu'ils sont plus solubles dans le caoutchouc (Flusin).

2° On sait que beaucoup de matières colorantes ne teignent que les cellules mortes. Ainsi se comportent la plupart des produits courants du commerce qui sont des dérivés sulfonés, carmin d'indigo, bleu d'aniline soluble dans l'eau, induline soluble dans l'eau, nigrosine soluble dans l'eau. Ce sont des colorants « non vitaux ». Au contraire, les colorants basiques et leurs sels, rouge neutre, bleu de méthylène, bleu de toluidine, thionine, bleu-Nil, sufranine, sont des « colorants vitaux », c'est-à-dire qu'ils pénètrent dans les tissus vivants. Ainsi des têtards, mis dans une solution aqueuse d'un colorant vital, sont imprégnés de proche en proche par la matière colorante, qui se retire, au contraire, par une diffusion de sens inverse, quand l'animal est transporté dans de l'eau distillée. Or, tandis que les colorants non vitaux sont insolubles dans les lipoïdes, les colorants vitaux sont tous solubles dans ces corps.

3° Pareillement, tous les corps dont on a dit plus haut qu'ils ne sont pas admis dans l'intérieur des cellules végétales ou animales, sucres, acides aminés, sels neutres d'acides organiques, sels minéraux, sont de même insolubles dans les lipoïdes ou dans les huiles, et tous ceux qui pénètrent dans ces cellules, alcools, glycérine, urée, sont solubles dans les huiles.

Et quand par des substitutions convenables on confère à une molécule peu soluble dans les lipoïdes, une solubilité croissante dans ces corps, on lui communique par là même une aptitude croissante à être admise dans l'intérieur des cellules. Ainsi l'urée, les urées monométhylée, diméthylée et triméthylée sont de plus en plus solubles dans les huiles, et, corrélativement, l'urée pénètre lentement dans les cellules végétales, le dérivé monométhylé et le diméthylé un peu plus vite, et le dérivé triméthylé instantanément (Overton). L'étude de la perméabilité des globules rouges a donné des résultats analogues (Gryns; O. Warburg).

4° Quand un corps est mis en présence de volumes égaux de deux solvants non miscibles, huile et eau par exemple, il se partage entre ces liquides suivant un certain rapport qui dépend de sa solubilité dans ces deux milieux. Si l'huile en dissout 5 fois plus que l'eau, on dira que le *coefficient de partage* du corps entre l'huile et l'eau est égal à 5 (Loi de partage de Berthelot et Jungfleisch, 1872). Or, quand un anesthésique aborde une cellule nerveuse, il est en solution dans le milieu aqueux intérieur de l'organisme. S'il est exact qu'il pénètre dans la cellule grâce à sa solubilité dans les lipoïdes, il doit se partager entre les deux solvants, lipoïdes et eau, suivant son coefficient de partage, et si ce coefficient est élevé, l'anesthésie doit être plus facile que s'il est faible. On prévoit donc que plus le coefficient de partage d'un anesthésique vis-à-vis du système : lipoïde et eau, ou bien : huile et eau, est élevé, plus devra être élevé aussi son pouvoir anesthésique.

L'expérience a vérifié pleinement cette prévision. Comme mesure du pouvoir narcotique, on a pris la « concentration critique » de l'anesthésique chez les animaux aquatiques, les têtards, par exemple, c'est-à-dire la concentration minimum que doit atteindre l'anesthésique dans le liquide qui baigne l'animal, puis dans le milieu intérieur de celui-ci, pour que l'anesthésie soit obtenue[1]. Il est clair que plus un anesthésique est puissant, plus est faible la concentration critique nécessaire. Or, si l'on range les divers anesthésiques,-alcool méthylique et homologues supérieurs, éthers éthyliques divers, amides, etc., d'après leurs concentrations critiques décroissantes, c'est-à-dire d'après leur pouvoir narcotique croissant, on aboutit à un ordre qui est aussi celui des valeurs croissantes des coefficients de partage de ces anesthésiques vis-à-vis du système huile et eau (Overton, H. Meyer). Et ici une confirmation directe a pu être fournie, à savoir que chez les animaux supérieurs c'est dans le tissu nerveux, riche en-lipoïdes, que l'on retrouve l'anesthésique (éther, alcool, chloroforme) en plus forte proportion (Frantz, Gréhant, Nicloux). De plus on constate que, dans le cerveau, la substance blanche, plus riche en extrait chloroformique, c'est-à-dire en lipoïdes, que la substance grise (15,2 contre 8,6 p. 100 de substance fraîche) fixe aussi plus de chloroforme (0,065 contre 0,039 p. 100) (Mlle Frison et Nicloux). Dans le même ordre d'idées, citons ici le chloralose et ce même corps privé de deux molécules de chlore (bidéchloro-chloralose) (M. Hanriot). Tandis que le premier est hypnotique, le second ne l'est pas (Tiffeneau). Or, le chloralose traverse une membrane dialysante cholestérinée (lame faite de collodion riciné avec addition de cholestérine), tandis que le bidéchloro-choralose ne la traverse pas (E. Fourneau).

Bien qu'à cette théorie on ait opposé d'autres explications, notamment celle de J. Traube, pour qui le facteur déterminant est l'action exercée sur la tension superficielle du milieu par la substance offerte à la cellule, la théorie d'Overton est plus satisfaisante dans son ensemble. Mais il ne faudrait pas croire qu'il suffira de poursuivre les recherches dans cette direction pour achever d'élucider le problème de la perméabilité cellulaire, car visiblement d'autres facteurs encore interviennent dans le phénomène.

Les autres facteurs de la perméabilité cellulaire. — Remarquons, en effet, avec R. Höber, à qui l'on doit une analyse très pénétrante de ces phénomènes, que parmi les corps qui entrent facilement dans la cellule figurent surtout des substances « extra-physiologiques », comme les colorants vitaux, les alcools, les anesthésiques, les alcaloïdes, etc., que ceux pour qui la cellule est fermée sont, au contraire, les produits physiologiquement les plus nécessaires, par exemple, les *acides aminés*[2], à la fois produits de dislocation et matériaux de reconstruction des matières

---

1. Pour ces expériences les têtards sont des animaux très maniables. Dans une eau contenant de 0,2 à 0,3 p. 100 d'éther, ils sont anesthésiés en une à deux minutes, et, après des heures et des jours de sommeil, ils se réveillent tout aussi rapidement et sans dommage, quand on les transporte dans de l'eau distillée.

2. Cependant, d'après d'autres auteurs, les globules rouges seraient perméables pour les acides aminés.

albuminoïdes, les *sucres* divers, que la cellule animale ou végétale produit dans son intérieur à partir de ses réserves amylacées, ou qu'elle emprunte au milieu extérieur pour créer ses réserves, les sels d'*acides organiques*, produits des combustions qu'elle effectue, des *sels minéraux*, comme ceux de potasse, constituants constants du globule rouge ou de la fibre musculaire, et constituants de l'urine, que l'épithélium rénal a donc dû laisser passer. Pour tous ces corps la cellule se montre dans toutes les expériences précitées comme un tout sévèrement clos, et cependant le raisonnement physiologique nous fait, d'autre part, une obligation absolue d'admettre que ces corps peuvent pénétrer dans la cellule ou en sortir. On est donc finalement conduit à distinguer avec R. Höber deux sortes de perméabilités, l'une pour les substances solubles dans les lipoïdes, et que la cellule subit passivement, l'autre pour les substances non solubles dans les lipoïdes, et qui n'apparaîtrait qu'au moment des besoins, sous des influences qui restent à déterminer.

Cette *perméabilité physique* ou passive, telle que l'ont établie les recherches d'Overton, n'a donc plus qu'un intérêt physiologique secondaire, puisqu'elle a trait à des substances, qui dans des conditions d'existence normales ne sont pas destinées à entrer en contact avec les cellules. C'est peut-être précisément pour cette raison que les cellules ne sont pas armées pour se défendre contre de telles agressions, et qu'elles sont réduites à les subir passivement. Mais au point de vue pharmaco-dynamique les constatations d'Overton demeurent capitales, car elles constituent le commencement d'une explication du mécanisme de l'action d'un grand nombre de médicaments ou de poisons [1].

1. On aperçoit dès à présent tout ce que la thérapeutique est en droit d'attendre de l'étude systématique de ces phénomènes. On a constaté, par exemple, que le pus (O. Loeb), les organes tuberculeux (O. Loeb et Michaud), les tissus cancéreux (R. von den Velden) fixent l'iode, et que cette direction peut être changée quand on change la forme donnée au médicament. Ainsi l'iode, qui n'est pas *neurotrope*, c'est-à-dire qui ne va pas au tissu nerveux, est au contraire retenu par la substance nerveuse, et par le tissu adipeux, quand on le copule avec des corps solubles dans les lipoïdes (O. Loeb). Pour la même raison l'introduction de graisses dans le sang faciliterait la narcose chloroformique (Lattes). Pareillement le mercure est fortement néphrotrope et moins fortement hépatotrope, tandis que le salvarsan est nettement hépatotrope et faiblement néphrotrope (A. Morel, G. Mouriquand et A. Policard). D'une manière générale tout le problème de l'action élective de tel médicament sur un tissu déterminé est dominé par cette question des causes de l'admission des corps dans l'intérieur des cellules. En voici encore une preuve. Certains toxiques (uréthanes, alcools supérieurs), n'arrêtent la fermentation alcoolique par le suc de levure, c'est-à-dire par la diastase libre, qu'à des concentrations bien plus élevées que celles qui suffisent pour produire le même effet sur la cellule intacte de la levure, parce que cette cellule accumule le toxique dans son intérieur et crée ainsi dans son protoplasme une concentration supérieure à celle qui existe dans le liquide ambiant (Warburg).

Ces constatations restent capitales aussi au point de vue de l'histoire de ce chapitre de la physiologie cellulaire, car c'est par elles que l'on a été conduit, comme on vient de le voir, à poser clairement le problème de la *perméabilité physiologique* des cellules, *variable* selon les circonstances. Ce n'est pas là une pure hypothèse. Lorsqu'on fait passer un courant de gaz carbonique dans du sang, on constate que la teneur du sérum en alcali titrable augmente, en même temps que la teneur en chlore diminue, ce que l'on est conduit à expliquer en admettant que CO_2 a enlevé K aux albuminates alcalins du globule et que $CO_3 K_2$ formé est sorti du globule dans le sérum, tandis que NaCl l'a remplacé en passant du sérum dans les globules (Zuntz, Hamburger, von Limbeck). P. Girard a fait une démonstration analogue pour $BaCl_2$. D'autres réactions chimiques observées par Hamburger, et des expériences de R. Höber sur la cataphorèse des globules traités par le gaz carbonique obligent aussi à admettre que ces éléments *deviennent*, dans ces conditions, perméables aux anions en général (Cl, SO_4, NO_3). Citons encore ce fait que la perméabilité de certaines cellules végétales pour le chlorure de sodium et le nitrate de potassium augmente sous l'action de la lumière et diminue dans l'obscurité.

Resterait à expliquer comment ces corps, sels, sucres, etc., pénètrent dans la cellule, *malgré leur insolubilité dans les lipoïdes*. Ici on a été amené à rechercher si vraiment les lipoïdes constituent à eux seuls la membrane limitante des cellules. Il semble bien que non. Dans les stromas des globules rouges Pascucci a trouvé deux tiers de lipoïdes contre un tiers de protéiques, et il ressort d'intéressantes expériences de Rywosch que l'hémolyse des globules rouges par la saponine tient à une action de ce poison sur les lipoïdes du stroma, tandis que dans l'hémolyse par hypotonie l'atteinte a porté sur d'autres constituants. C'est par l'intermédiaire de ces constituants non lipoïdiques que se ferait la pénétration des corps non solubles dans les lipoïdes.

La tension osmotique. — Passons maintenant à l'étude du facteur qui détermine la direction et l'intensité des échanges entre les cellules et le sang, à savoir la tension osmotique dans ces deux milieux, et voyons d'abord quelles sont les valeurs de cette tension de part et d'autre.

La tension osmotique des tissus et du milieu intérieur. — Le moyen le plus commode pour mesurer cette tension *dans le sang* consiste à déterminer l'abaissement Δ du point de congélation de cette humeur au-dessous de $0°$. Ce point est situé à $-0°,56$ environ pour le sang humain[1] et l'on retrouve cette valeur pour la plupart des liquides de l'organisme (bile, lait, humeur aqueuse, liquide d'ascite ou d'hydrocèle, liquide amniotique). Pour les

---

1. Le résultat est le même, que l'on opère sur le sang total, le plasma, le sang défibriné ou le sérum, ou même le plasma ou le sérum débarrassés de leurs protéiques coagulables, parce que les globules, en leur qualité de corps en suspension, et les protéiques, en leur qualité de corps à très grosse molécule, sont sans action sensible sur la tension osmotique, donc aussi sur l'abaissement Δ, qui est proportionnel à cette tension.

divers mammifères domestiques les valeurs de Δ sont comprises pour le sérum entre — 0°,56 et — 0°,64. Voici donc démontrée l'existence, dans le milieu intérieur des mammifères, d'une tension osmotique constante, valant à peu près celle d'une solution de sel marin à 9 à 10 p. 1 000 ($\Delta = - 0°,60$ environ) c'est-à-dire égale à un peu plus de 8 atmosphères [1].

Chez les animaux inférieurs, on ne constate pas cette indépendance du milieu intérieur. Ainsi, pour les invertébrés marins (cœlentérés, échinodermes, annélides, crustacés, céphalopodes) les valeurs de Δ sont comprises entre - 2°,20 et - 2°,36, ce qui correspond à 28 atmosphères. C'est exactement la tension osmotique de l'eau de mer ($\Delta = - 2°,3$). Parmi les vertébrés marins, les sélaciens subissent encore passivement la tension du milieu ambiant ($\Delta = - 2°,26$ à - 2°,44), mais les téléostéens ($\Delta = - 1°,04$ à - 0°,74), les reptiles ($\Delta = - 0°,61$) et les mammifères marins (cétacés) ($\Delta = - 0°65$ à - 0°,70) se sont créés dans leur intérieur une tension propre, bien inférieure à celle de l'eau qui les entoure, et chez les vertébrés d'eau douce, on observe en sens inverse la même indépendance, la grenouille, la perche, par exemple, présentant pour leur milieu intérieur une valeur de Δ égale à - 0°,46 à - 0,51, bien supérieure par conséquent à celle de l'eau fluviale ($\Delta = - 02°$ à - 0°,04) (Botazzi, Portier, L. Fredericq, Höber).

Une tension osmotique propre, c'est-à-dire la possession d'un système osmo-régulateur, constitue donc une propriété physiologique à l'acquisition de laquelle on assiste à mesure que l'on remonte dans la série animale [2]. Les animaux supérieurs sont caractérisés par une tension osmotique propre, comme ils le sont par une température propre, et à côté des expressions d'animaux homéothermes ou pœcilothermes, on pourrait donc, avec R. Höber, placer celles d'animaux *homéo-osmotiques* ou *pœcilo-osmotiques*.

On est moins bien renseigné sur la tension osmotique du *contenu des cellules animales*, parce que là la méthode de la plasmolyse ne peut pas être employée et que celle des points de congélation ne donne que des résultats approchés (L. Fredericq). Mais on est certain néanmoins que cette tension est voisine de celle du sang. C'est, en effet, dans une solution de sel marin à 9 à 10 p. 1 000

1. On sait, en effet, qu'à un abaissement de 1°,85 correspond une tension osmotique de 22 at. 4, donc pour un abaissement de 0°,60 il vient une tension qui est de 7 at. 26 à 0° et de 8 at. 2 à 37°.

2. « A mesure que l'organisation devient plus parfaite, dit Dastre, le milieu intérieur, le sang devient plus fixe. Ou plutôt, c'est l'inverse : à mesure que le milieu devient plus fixe, la vie est plus parfaite; la supériorité physiologique de l'animal se mesure au degré de cette fixité. A mesure qu'elle est plus rigoureuse, l'être animé est rendu plus indépendant des conditions extérieures, des changements de l'alimentation.... Et l'homme enfin peut vivre dans tous les climats..., parce qu'il y transporte, avec son milieu sanguin fixe, le home héréditaire, familier et confortable, auquel sont habitués ses éléments anatomiques, seuls dépositaires de la vie. »

($\Delta = -0°,57$ à $-0°,64$) que les globules rouges n'augmentent ni ne diminuent de volume (mesures faites à l'hématocrite) (Hedin ; Gryns et d'autres), et lorsqu'on fait circuler de l'eau salée à travers un foie détaché de l'animal et inclus dans un pléthysmographe, c'est avec cette même solution que l'organe n'augmente ni ne diminue de volume. Plus concentré, le liquide enlève de l'eau à l'organe et le rapetisse ; plus étendu, il lui en cède et le gonfle (Demoor).

Variations de la tension osmotique. — Cette constance relative de la tension osmotique du sang et des contenus cellulaires ne peut être évidemment qu'un équilibre instable, sans cesse dérangé et sans cesse rétabli. Cet équilibre est d'abord modifié pour l'afflux des matériaux divers, eau, sels et autres cristalloïdes, que l'absorption digestive déverse dans le sang, et par le départ d'eau et de produits d'excrétion qui s'opère par le rein, l'intestin, la peau et la surface pulmonaire. Il l'est aussi par les échanges nutritifs au niveau des tissus, le travail d'assimilation tendant sans cesse à diminuer, le travail de désassimilation à augmenter la tension osmotique. Le premier, en effet, est un travail de synthèse qui confond plusieurs molécules en une seule [1], ou qui transforme des cristalloïdes comme le glycose, facteurs de tension osmotique, en colloïdes comme le glycogène à action osmotique médiocre ou nulle. Le second est un travail de simplification, qui démolit de grosses molécules souvent colloïdales, comme celle des protéiques ou des nucléoprotéides, en un grand nombre de fragments plus petits, et cristalloïdes, comme les acides aminés, l'urée, les bases puriques, l'acide urique, l'acide phosphorique, et même l'acide carbonique, dont l'influence a pu être nettement saisie (Kovacs ; Nolf).

En résumé, le jeu même de la vie implique de perpétuelles ruptures de l'équilibre osmotique, avec des chutes de tension dirigées tantôt de la cellule vers le plasma, tantôt du plasma vers la cellule, ces différences de tension étant précisément l'une des conditions des échanges entre ces deux milieux, de même qu'une différence de niveau est nécessaire pour que de l'eau s'écoule d'un point à un autre. Il est même probable que, lorsque le besoin s'en fait sentir, la cellule crée elle-même de telles différences, en faisant passer, par exemple, des colloïdes, tels que le glycogène, à l'état de cristalloïdes (glycose).

---

1. On sait que la tension osmotique est proportionnelle au nombre de molécules dissoutes.

Toutefois ces variations de la tension osmotique restent toujours très limitées. Elles ne peuvent, en effet, être portées au delà d'une certaine limite sans que la vie des cellules soit gravement compromise. C'est ce que l'on a appelé l' « *osmonocivité* » des solutions, phénomène dont on doit tenir compte chaque fois que l'on injecte sous la peau ou dans les veines un volume important de liquide.

Ainsi, dans une solution contenant moins de 0,58 p. 100 de sel marin le globule rouge (du sang de bœuf) commence à abandonner son hémoglobine au liquide qui l'entoure, et dans une solution à 0,30 - 0,40 p. 100 la décoloration des globules est complète. Les cellules du foie, du poumon et du rein sont de même très sensibles aux variations de tension osmotique des solutions salines que l'on fait passer à travers ces organes. On a déjà vu que le foie se gonfle ou se rapetisse selon que la solution de sel marin qui le traverse est hypotonique ou hypertonique. C'est que les cellules tendent à adapter leur tension propre à celle du nouveau milieu qui leur est fourni. Mais l'expérience montre ici que si la cellule quitte à la vérité, quand les circonstances l'y obligent, son état de tension osmotique normale, elle le fait avec lenteur. Au contraire, sitôt que la tension du milieu ambiant le permet, c'est très rapidement qu'elle revient à cet état, qui apparaît donc comme réalisant les conditions d'existence les plus favorables (Demoor).

Enfin voici quelques preuves de l'action nuisible de toute rupture de l'équilibre isotonique dans l'organisme. L'injection sous-cutanée de grandes quantités (300 cm³) d'une solution hypertonique de sel marin ou d'eau distillée abaisse considérablement et d'une manière constante les échanges nutritifs azotés, tandis que l'injection d'un volume égal de solution salée isotonique avec les tissus est sans effet (sauf cependant chez le nourrisson) (voy. p. 88). Les échanges nutritifs relatifs aux graisses et aux hydrates de carbone ne seraient pas touchés (voy. cependant à la page 88). — Des lapins supportent toujours l'injection d'un volume considérable (1/8 à 1/2 du poids du corps) de sérum étranger (cheval), mais ils succombent régulièrement à une deuxième injection faite après un à trois mois. Ils succombent aussi si cette deuxième injection de sérum est remplacée par une injection d'eau salée hypertonique que des lapins « neufs » supportent, au contraire, très bien.

Les mécanismes régulateurs de la tension osmotique. — La constance avec laquelle se maintient entre d'assez étroites limites la tension osmotique du milieu intérieur implique l'existence de mécanismes régulateurs à action très rapide, car on ne saisit dans la concentration osmotique du sang que des variations assez faibles, telles qu'en indique, par exemple, une hausse de la valeur de Δ, de 0°,55 avant le repas à 0°,62 après le repas.

Les agents régulateurs qui interviennent ici sont surtout les sécrétions de tension osmotique très différentes de celles du sang (sécrétions *allotoniqes* ou *anisotoniqes*), à savoir l'urine, qui est le plus souvent hypertonique par rapport au sang (Δ s'élevant jusqu'à -2°,60) mais qui peut aussi être hypotonique (Δ s'abaissant jusqu'à - 0°,11), et la sueur qui est presque toujours hypotonique ($\Delta = $ - 0°,13 à - 0°,64). La salive ($\Delta = $ - 0°,11 à - 0°,49 chez le chien), le suc gastrique ($\Delta = $ 0°,36 à - 0°,55 d'après Winter chez l'homme, de - 0°,53 à - 0°,79 chez le chien, d'après Bickel et d'autres), et exceptionnellement le flux intestinal peuvent aussi par leur allotonie contribuer à leur régulation. Enfin, l'organisme se sert non seulement des sécrétions, mais aussi des tissus, et chez le malade, des épanchements pathologiques, pour y déverser soit l'excès d'eau, soit l'excès des matériaux dissous, dont la brusque arrivée est venue déplacer dans un sens ou dans l'autre la tension de son milieu intérieur.

Quand on injecte dans les veines d'un animal une grande quantité d'une solution salée hypotonique ou, au contraire, hypertonique, l'excès d'eau ou l'excès de sel sont rapidement éliminés par le rein. Mais on saisit aussi l'intervention des tissus, notamment pour l'eau celle du tissu musculaire (Japelli) et peut-être celle du tissu cellulaire sous-cutané (A. Mayer) (voy. aussi p. 76), et pour les matières salines, celle des tissus en général, qui, chez un animal à uretères liés, recueillent rapidement l'excès de sel injecté (chlorure de sodium, cyanure jaune) et en débarrassent ainsi le sang (Ch. Achard et M. Lœper). Enfin chez les malades porteurs d'œdèmes ou d'épanchements séreux (plèvre, péritoine), on constate après ingestion de sel marin, que l'excès de sel introduit a été logé en partie dans ces liquides (Ch. Achard et M. Lœper).

Dans ce phénomène de régulation, le rôle prépondérant est tenu par les sels minéraux et surtout par le sel marin (J. Winter). La tension osmotique du sérum sanguin est due pour les 81 centièmes environ au chlorure et au carbonate de sodium et pour les 56 centièmes au chlorure de sodium, et comme au degré de dilution où ils sont contenus dans le sang, ces deux sels sont dissociés dans la proportion de 84 et de 69 p. 100, il se trouve que les 72 centièmes de la tension osmotique du sérum sont le fait des ions Cl, Na et CO^3 (voy. p. 206). Ajoutons que l'on saisit ici l'intervention d'un mécanisme de régulation physique intéressant. La dilution (afflux d'eau dans le sang) augmente, en effet, la dissociation de ces sels, et comme chaque ion produit autant d'effet que la molécule totale, la tension remonte. Dans l'urine, la sueur, la bile, les larmes, le sel marin est aussi un facteur important de la tension osmotique et il semble bien que c'est surtout par les mouvements de ce sel, dont la vitesse de diffusion est très grande que l'organisme réalise les variations de tension qu'il a besoin de produire (voir aussi p. 267).

Autres phénomènes de la vie cellulaire. — Montrons enfin que d'autres phénomènes, d'un ordre plus délicat encore, ne sont pas inacessibles à des explications physico-chimiques.

Une propriété fondamentale de la matière vivante. c'est l'*irritabilité*, c'est-à-dire l'aptitude à répondre à des excitations d'ordre divers par des phénomènes variés (mouvement, sécrétion). De tels phénomènes n'ont rien de spécifique. La chimie sait préparer des corps très instables qui répondent à une action mécanique médiocre, le simple frottement d'une barbe de plume, par une explosion violente. On sait aussi, en matière de synthèse organique, que l'instabilité d'un corps augmente à mesure que l'on accumule dans la molécule un nombre plus grand de fonctions différentes. La moindre intervention provoque alors des réactions internes (action d'un groupement fonctionnel sur un autre, isomérisation). Or, les principaux constituants de la cellule, les protéiques, sont précisément de tels corps. On a vu qu'ils sont constitués par des molécules gigantesques, agrégats de plus de 2 000 atomes, qui présentent côte à côte un nombre considérable de fonctions chimiques diverses.

De plus, lorsque la cellule a réagi sous l'influence d'une excitation, d'un changement de composition chimique ou d'état physique du milieu extérieur, elle s'adapte à ce changement, si celui-ci n'est pas trop considérable, quitte à revenir à son état premier, quand le milieu est redevenu lui-même ce qu'il était auparavant. Or, c'est là précisément la propriété caractéristique des granulations colloïdales (p. 45*b*), et l'on sait que le contenu cellulaire est presque entièrement constitué par des corps colloïdes. En ce qui concerne aussi la *répétition rythmique* de beaucoup d'opérations de la vie (travail du cœur, respiration), notons encore que, lorsqu'on met de l'eau oxygénée en contact avec une surface de mercure, on réalise une décomposition catalytique de cette eau, donc un dégagement d'oxygène, qui pendant plusieurs heures se poursuit suivant un rythme variable selon les conditions de milieu (Bredig et ses élèves). L'étude de ces phénomènes de *catalyse pulsatile* est évidemment pleine de promesses.

Un des aspects les plus remarquables de la vie, c'est la manifestation de phénomènes parfois très bruyants (mise en activité de l'appareil génital, germination d'une graine, formation de jeunes pousses, etc.) succédant sans cause apparente à une longue période de repos, durant laquelle on n'a rien aperçu qui ait préparé ce déclanchement. Mais il est probable que pendant tout ce temps se sont accomplies une série *de réactions très lentes*, et telles que chacune d'elles prépare les conditions nécessaires au déclanchement de la suivante (p. 103 et 125). Or, la chimie connaît un grand nombre de réactions lentes, par exemple l'éthérification, qui pour l'alcool et l'acide acétique, pris molécule à molécule et à la température ordinaire, n'est terminée qu'après des mois (M. Berthelot et Péan de Saint-Gilles). Pendant toute cette période de repos apparent, on ne saisit que peu de changements morphologiques, mais il s'est opéré lentement une toute autre distribution de l'énergie chimique, et telle qu'à ces réactions lentes en succèdent d'autres, très rapides et très puissantes, et accompagnées cette fois de changements morphologiques, dont la soudaineté nous étonne, mais dont la spontanéité n'est qu'apparente, comme celle de la détonation subite d'un explosif, déterminée par la lente progression d'un mouvement d'horlogerie (F. Hofmeister).

Il faut tenir compte aussi de l'influence des dimensions de la cellule, c'est-à-dire de l'intervention des *forces capillaires*. Ainsi on constate que, dans des espaces capillaires, le point de congélation des liquides est énormément abaissé, ce qui explique sans doute la résistance remarquable des très petits êtres (embryons de graines, diatomées, bactéries), à des températures de 100 et 120° au-dessous de zéro. On sait aussi que des phénomènes tels que les *mouvements amœboïdes*, la *formation de pseudopodes*, chez les leucocytes par exemple, sont expliqués aujourd'hui par des variations locales de la tension superficielle, et voici à ce sujet une expérience très démonstrative de Gad : quand une goutte d'huile est mise en suspension dans de l'eau, elle prend la forme sphérique, parce qu'en tous les points de sa surface s'exerce une tension superficielle égale. Mais si l'huile est rance et si l'on ajoute au liquide un peu d'alcali, le savon qui se forme n'a pas partout la même concentration, et la tension superficielle de la goutte se trouvant diminuée aux lieux de plus forte concentration, le globule d'huile émet des pseudopodes et l'on obtient des images tout à fait semblables à celles de Rhizopodes en mouvement.

Les phénomènes de *tropismes* ou de *tactismes* c'est-à-dire de direction des mouvements des cellules, déterminés par des agents divers (rhéotropisme, géotropisme, thermotropisme, phototropisme, chimiotropisme) et pour le détail desquels le lecteur est renvoyé aux traités de physiologie, deviennent aussi chaque jour plus accessibles à des explications physico-chimiques. En ce qui concerne le *chimiotactisme*, on sait, par exemple, qu'aux points d'invasion de l'organisme par des bactéries, les leucocytes sont attirés (chimiotactisme positif) par ces bactéries ou par leurs produits solubles, et que ce phénomène est le prélude de l'importante réaction de la phagocytose. On reproduit *in vitro* une image curieuse de ce phénomène en mettant en suspension dans de l'alcool à 80 p. 100 des gouttelettes d'huile de ricin, et en immergeant ensuite dans ce liquide de petits tubes capillaires remplis d'essence de girofles. On voit alors les gouttelettes d'huile, comme attirées par un chimiotactisme positif, remplir la lumière des tubes.

En résumé, tout le fonctionnement vital, comme le dit A. Gautier, n'est que la conséquence lointaine des fonctions chimiques des molécules qui constituent chaque cellule, et l' « on entrevoit ici le but dernier et plus élevé de la chimie biologique, à savoir *la détermination des relations qui existent entre la structure et le mécanisme fonctionnel des principes immédiats qui forment les cellules, les tissus et les organes d'un être vivant, et cette résultante commune de leur fonctionnement qu'on appelle la vie* » (A. Gautier).

Les constituants cellulaires et la notion de la spécificité chimique des organismes. — La biochimie comparée des espèces. — Montrons maintenant que cette proposition contient deux notions capitales, que la chimie biologique a vérifiées et étendues et qui déjà l'ont conduite à de précieuses acquisitions : ce sont les notions de la spécificité chimique des organismes et de la spécificité chimique des tissus.

En effet, si tout le fonctionnement vital n'est que la conséquence lointaine des propriétés physico-chimiques des constituants cellulaires, on peut affirmer *à priori* que les aspects caractéristiques que prend chaque fois la vie, quand on passe d'une espèce à une autre, sont liés à quelque changement dans la structure chimique de ces constituants. En d'autres termes, la spécificité des organismes, c'est-à-dire ce fait biologique que l'espèce chien, par exemple, est autre que l'espèce chat, doit être essentiellement d'ordre chimique, et dans l'état actuel de la science on ne saurait même la concevoir autrement. A. Gautier, qui a très fortement imposé ce problème à l'attention des biologistes et qui le premier l'a abordé par l'expérience, a montré, notamment dans une série de recherches sur l'espèce *Vitis vitifera*, que toute variation de cette espèce s'accompagne d'une transformation des molécules intégrantes de l'organisme, dont les tannins, les matières colorantes font place à des composés de la même famille chimique, mais de propriétés en partie différentes.

« Dirons-nous, conclut A. Gautier, que la race en variant a fait varier les espèces chimiques constitutives, ou plutôt ne dirons-nous pas que ce sont les espèces chimiques, qui en se modifiant sous l'influence de causes à déterminer, ont fait varier la race? Un être vivant est ce qu'il est par ses organes, et chacun d'eux totalise à son tour les fonctions de l'ensemble de ses cellules spécifiques. Mais celles-ci ne fonctionnent qu'en raison de transformations qui se produisent dans leurs plasmas, transformations qui obéissent aux forces et aux lois physico-chimiques présidant à l'action réciproque des molécules et de leur association. » Et ailleurs, il dit encore : « Dès qu'on fait varier la molécule intégrante, on fait varier le mode de fonctionnement de l'organisme tout entier ».

C'est donc dans la nature chimique différente des constituants cellulaires que réside la cause profonde des différences biologiques, exprimées et résumées par les naturalistes dans la notion d'espèce. Mais comment expliquer qu'avec un si petit nombre de constituants protoplasmiques primaires, protéiques et nucléoprotéides, graisses et lipoïdes, sels minéraux, l'ensemble des êtres vivants ait pu réaliser un nombre de variétés chimiques suffisant pour conférer à chacune des innombrables espèces d'organismes qui peuplent le globe, une spécificité chimique qui la distingue des autres? Ici interviennent probablement les lipoïdes phosphorés et surtout les protéiques, composés pour lesquels on prévoit un nombre presque illimité de variétés chimiques possibles.

Le seul fait que les *protéiques* sont formés par l'association d'une vingtaine d'acides aminés différents, permet de prévoir l'existence d'un nombre énorme de ces composés. Si l'on suppose, en effet, ces acides soudés les uns à la suite des autres, comme dans les polypeptides de synthèse, chaque acide n'étant représenté que par une molécule, le calcul montre qu'en faisant varier l'ordre suivant lequel ces divers maillons se succèdent dans cette chaîne, 5 acides donnent 120 combinaisons possibles, 10 en fournissent 3 628 800 et qu'avec 20 on en prévoit 2 432 902 008 176 640 000! Et comme les protéiques diffèrent aussi les uns des autres par le nombre de molécules de chaque acide, insérées chaque fois dans l'édifice, on voit que la somme des combinaisons possibles s'accroît encore de ce fait dans des proportions énormes. Si l'on tient compte, en outre, des autres constituants cellulaires, des *lipoïdes* et spécialement des phosphatides, dont on a signalé précédemment la riche diversité chimique, des *nucléoprotéides* dont la partie nucléique et plus encore la partie protéique se prête aussi à un nombre considérable de formes différentes, et enfin si l'on considère les variations qualitatives et quantitatives des autres matériaux protoplasmiques, glycogène, graisses, sels divers, la conviction s'impose que la théorie de la spécificité chimique des organismes ne se heurte de ce côté à aucune difficulté (E. Abderhalden).

Ainsi, à côté de l'anatomie comparée se place une *biochimie comparée* des espèces, dont la portée scientifique est considérable, mais dont on aperçoit à peine les premiers linéaments. On sait que les oxyhémoglobines des divers mammifères diffèrent par quelques caractères extérieurs, forme cristalline, solubilité; l'école de E. Fischer continue l'inventaire des acides aminés fournis par les protéiques de divers groupes animaux; on a enregistré aussi quelques différences entre les graisses de diverses espèces, les acides biliaires, etc., mais à ces quelques faits se bornent actuellement les acquisitions de la chimie biologique comparée. Par exemple, on ignore complètement en quoi les diverses albumines du sang ou des tissus de l'homme diffèrent des albumines de même origine chez le chien. Nous ne sommes actuellement avertis de cette différence que par des réactions biologiques, réactions des précipitines (p. 33), toxicité des protéiques d'espèce étrangère, phénomènes d'anaphylaxie (p. 200), apparition de diastases de défense après injection d'albumines étrangères (p. 213). Et il s'agit ici des protéiques constituants essentiels des protoplasmes! Mais du moins aperçoit-on directement aujourd'hui dans quelle direction il convient de chercher les facteurs chimiques de ces différences et quelle est la tâche qui s'impose ici à la chimie.

Considérons, par exemple, les caséines du lait des mammifères. Ces corps présentent entre eux des ressemblances, qui précisément les ont fait ranger en une famille chimique naturelle, et des différences que révèlent les réactions biologiques, et notamment ce fait qu'injectées à un animal, ces caséines provoquent chacune l'apparition d'une précipitine spéciale. La tâche de la chimie sera de déterminer quelles sont dans ces édifices moléculaires les parties qui sont respectivement responsables de ces analogies et de ces différences. Les analogies tiennent évidemment à ce que toutes ces caséines contiennent un groupement phosphoré commun, et probablement aussi telles ou telles associations aminées semblables et semblablement disposées dans la molécule, particularités dont l'étude est encore à faire, et d'où résulte que ces caséines sont à la fois semblables entre elles et différentes des autres protéiques, albumines, globulines... [1]. Quant aux différences que révèlent les réactions biologiques et qui sont donc *la marque chimique que l'espèce a imprimée à ces protéiques*, on verra ailleurs pourquoi l'on incline à regarder les groupements aminés aromatiques comme étant probablement les porteurs essentiels de cette *spécificité d'origine* (p. 204). Et comme ce même travail devra être fait non seulement pour tant de protéiques différents, mais encore pour d'autres constituants protoplasmiques compliqués, comme les phosphatides, on voit qu'il y a là pour la biochimie un champ immense à explorer.

Finalement, quand on réfléchit à tout le secours que la morphologie comparée a apporté à la connaissance des êtres vivants, au vaste édifice scientifique que cette étude des formes a permis de construire, bien qu'elle ne puisse jamais saisir que l'aspect extérieur des choses de la vie cellulaire, on demeure convaincu que la chimie biologique comparée, qui descend juqu'aux molécules constitutives des protoplasmes, c'est-à-dire jusqu'au niveau où se passent les phénomènes élémentaires de la vie, révélera dans le monde animal des affinités et fera apparaître des différences qui échappent nécessairement à la morphologie.

La notion de la spécificité des tissus d'un même organisme. La biochimie des tissus. — Montrons enfin qu'il existe aussi une spécificité chimique des tissus d'un même organisme. On sait que Bichat, le fondateur de l'anatomie générale et le créateur de la science des tissus, a le premier considéré les phénomènes vitaux comme résultant de l'activité spéciale à chacun des tissus de l'organisme, et plus tard, quand le microscope eut montré dans chaque tissu une association d'éléments cellulaires

---

1. C'est ce qu'on a proposé d'appeler la *spécificité de constitution* (p. 205).

différenciés dans une direction déterminée, cette physiologie des tissus a fait place à autant de physiologies cellulaires qu'il y a d'espèces cellulaires différentes. Or, la cause profonde qui fait qu'une cellule nerveuse fonctionne autrement qu'une fibre musculaire ou une cellule glandulaire ne peut être que d'ordre chimique.

Ici se présentent d'abord les raisons générales exposées plus haut : on ne peut concevoir un tissu que fonctionnant en raison des transformations chimiques qui se produisent dans ses plasmas cellulaires; ce que chaque tissu présente de spécial dans ce fonctionnement ne peut donc *à priori* tenir qu'à la structure chimique et à l'association spéciales des constituants de ses cellules. Mais voici des preuves plus directes. Comment expliquer que certains médicaments, toxiques ou produits de sécrétion interne, comme l'adrénaline, passent à côté de tel tissu ou organe sans le toucher, et se fixent, au contraire, et agissent sur tel autre, sinon en admettant qu'il existe entre ces substances et ces tissus des corrélations de structure chimique, qui ici ont empêché et là ont déterminé cette action. N'est-ce pas aussi sur cette notion de la spécificité chimique des tissus qu'est fondée toute la chimiothérapie moderne? (p. 138, note 1). En ce qui concerne plus spécialement l'adaptation de certains tissus à l'action des sécrétions internes, citons, d'après E. Abderhalden, les renseignements fournis par les cas d'*hermaphroditisme vrai*. On sait que l'on rencontre des faisans portant d'un côté le plumage du mâle et de l'autre celui de la femelle, tous deux se rejoignant sur la ligne médiane sans aucune transition. Du côté mâle on trouve un testicule et du côté femelle un ovaire. Or, on verra plus loin que le développement des caractères sexuels secondaires, tels que le plumage mâle ou femelle, sont respectivement sous la dépendance de la sécrétion interne du testicule et de l'ovaire (p. 513). Il est inadmissible que chez ces hermaphrodites les sécrétions en question fassent halte sur la ligne médiane ; il est certain, au contraire, qu'elles sont offertes par la circulation à toutes les parties du corps, d'où il résulte que c'est *la structure chimique spéciale* des protoplasmas du côté mâle et du côté femelle qui est la cause que la sécrétion mâle ou la femelle n'ont agi chacune que d'un seul côté[1].

Enfin, voici une preuve directe de la spécificité chimique des tissus. On verra que lorsque des albumines propres à l'espèce, mais étrangères à la constitution normale du sang, par exemple des albumines musculaires ou placentaires, sont introduites artificiellement dans ce milieu, ou y pénètrent accidentellement (écrasement d'une masse musculaire, grossesse), on voit peu après apparaître dans le sang des diastases de défense, capables de dégrader ces protéiques et qui sont le plus souvent

1. On aperçoit donc ici, en outre, la preuve d'une *spécificité chimique sexuelle*. Ajoutons que les phénomènes d'anaphylaxie fournissent même un commencement de démonstration d'une *spécificité chimique individuelle*, plus délicate et à traits moins marqués, et qui expliquerait peut-être les phénomènes d'idiosyncrasies (sensibilité exquise de certains sujets à l'action de médicaments ou d'aliments déterminés,...) (Ch. Richet).

spéciﬁques, c'est-à-dire que la diastase dont l'appel est provoqué par l'introduction d'albumines musculaires, ne dégrade que les albumines du muscle, mais non celles du placenta et inversement. Or, on a vu que si de deux corps, cependant chimiquement voisins, une diastase donnée dédouble l'un et laisse l'autre intact, cette différence démontre une différence de constitution chimique des deux corps (p. 110 et 217).

Concluons donc que si, à côté de la morphologie comparée de l'ensemble des êtres vivants, se place, encore tout à ses débuts, une *biochimie* comparée *des espèces*, de même l'anatomie générale ou anatomie des tissus devra être complétée par une *biochimie comparée des divers tissus de l'organisme*, qui apportera l'explication de ce qu'il y a de spécial dans l'activité propre à chaque espèce cellulaire [1].

1. On a dit plus haut que chaque espèce est caractérisée par des constituants chimiques, et plus particulièrement par des protéiques d'une structure chimique propre à cette espèce, et l'on montrera comment en partant de ses aliments, c'est-à-dire de tissus végétaux et animaux d'une spécificité chimique différente de la sienne, chaque être vivant construit et renouvelle sans cesse les protéines qui lui sont propres (p. 200-201). Or, sur ce point on a constaté que les protéines d'êtres très éloignés des mammifères, à savoir de cinq espèces bactériennes, de la levure de bière, d'une espèce de moisissure et d'un protozoaire, contiennent sensiblement les mêmes acides aminés que la caséine d'un mammifère, prise comme terme de comparaison. Il est donc probable que la série des acides aminés, qui constitue les protéiques des êtres vivants actuels, est le produit d'une adaptation qui remonte très haut. D'autre part, on montrera ailleurs que le pouvoir de synthèse des animaux en fait d'acides aminés est limité, et que c'est précisément pour ceux d'entre ces acides qui leur sont le plus indispensables (tryptophane, lysine; p. 310-11) que leur dépendance vis-à-vis du règne végétal est la plus complète (et que cette même dépendance apparaît aussi pour les vitamines, non moins indispensables, p. 532). Par conséquent, si les végétaux entraient dans une phase d'évolution qui ferait disparaître certains de ces acides (ou certaines vitamines), les animaux seraient dans la nécessité de s'adapter à ces nouvelles conditions d'existence, à quoi toutes les espèces pourraient ne pas être également aptes. C'est peut-être ce qui s'est produit aux époques géologiques marquées par la disparition de certaines espèces animales (E. L. Kenneway). L'évolution des êtres vivants est donc ici envisagée par son côté biochimique.

CHAPITRE VIII

LES SUCS DIGESTIFS

Le but du travail digestif est de transformer les parties alimentaires de la ration en matériaux tels qu'ils puissent être absorbés, puis utilisés pour la construction ou la réparation des organes et pour l'entretien des fonctions. Cette transformation des aliments est assurée par une série de sécrétions glandulaires, salive, suc gastrique, suc pancréatique, bile, suc intestinal, dont on étudiera ci-après les caractères et l'action *in vitro* sur les divers aliments. Un chapitre spécial sera consacré à une étude d'ensemble de la digestion et de l'absorption des aliments.

§ I. — LA SALIVE.

La salive mixte de l'homme est constituée par le mélange des liquides sécrétés par trois paires de glandes assez volumineuses, les glandes parotides, sous-maxillaires et sublinguales, et par de nombreuses petites glandes disséminées dans la muqueuse buccale. On n'étudiera ici que cette salive totale, considérée surtout comme agent physico-chimique de la digestion.

Bien que la composition de la salive varie selon la nature de l'excitant qui a provoqué la sécrétion, on peut assigner à la salive mixte les caractères moyens que voici. C'est en général un liquide incolore, plus ou moins opalescent et filant, à réaction faiblement alcaline au tournesol, à densité très voisine de celle de l'eau, puisqu'il ne renferme que 5 à 6 grammes de matières solides par litre, dont 2 grammes environ de matières minérales et 3 à 4 grammes de matières organiques. Son point de congélation est compris entre — 0°,11 et — 0°,49 (chien); c'est donc une sécrétion allotonique (p. 143).

Les *matières minérales* sont formées principalement de chlorures et de phosphates de potassium, de sodium et de calcium ; la réaction alcaline est due à la présence d'un peu de carbonate d'alcali, valant environ de 0 gr. 32 à 0 gr. 74 de KOH p. 1 000 centimètres cubes (voir aussi p. 268 *d*). — Les *matières organiques* comprennent une matière albuminoïde, de la mucine, des diastases et un sulfocyanate alcalin. C'est à ce sel qu'est due la propriété que possède la salive d'être colorée en rouge par une trace de sel ferrique. On ignore entièrement l'origine et la signification de ce corps.

De ces constituants de la salive, les diastases seules méritent une étude particulière.

Les diastases salivaires. — Action de la salive sur les matières amylacées. — La salive liquéfie, puis saccharifie rapidement l'empois d'amidon. Elle transforme aussi, mais plus lentement, l'amidon cru, et ce pouvoir saccharifiant, qui est bien d'origine physiologique et non point microbienne (Mestrezat), est dû à une diastase, l'*amylase salivaire* ou *ptyaline*, dont la production paraît être plus abondante sous l'influence de repas uniquement composés de féculents (Simon).

L'action saccharifiante de la salive s'opère bien en milieu légèrement alcalin, mieux encore en milieu neutre. De petites quantités d'acide chlorhydrique (0,03 p. 100), et mieux encore le suc gastrique agissant à 37° pendant quelques heures, la suppriment définitivement. Mais Roger a montré que cette salive inactive, additionnée d'une très faible quantité de salive fraîche ou de suc pancréatique, produit avec de l'eau amidonnée un poids de sucre réducteur bien supérieur à celui que peut fournir dans ces conditions le volume de salive fraîche ou celui de suc pancréatique mis en œuvre, résultat intéressant au point de vue d'une continuation possible de l'action salivaire au delà de l'estomac.

Les *produits de l'action de la salive* sur l'empois d'amidon sont le maltose et la dextrine, qui sortent respectivement de l'amylose et de l'amylopectine de l'amidon (voy. p. 64), et il est probable que la salive contient, comme le malt, deux diastases, dont l'une agit sur l'amylose et l'autre sur l'amylopectine. D'ailleurs, chauffée à 72°, la salive liquéfie encore l'amidon, mais cesse de le saccharifier (Roger et Simon), et le carbonate de sodium, qui à raison de 0,005 p. 100 active la saccharification, la supprime totalement à une dose cinq ou dix fois plus forte, mais en laissant subsister intégralement le phénomène de la liquéfaction (M. Lisbonne).

Les diverses *oxydases* que l'on trouve dans la salive humaine (Dupouy ; Slozow) proviennent, d'après Ville et Mestrezat, des leucocytes et des autres éléments figurés de la bouche. Enfin la salive intervertit nettement le sucre de canne (Ch. Richet ; Roger), mais cette invertine est d'origine bactérienne (E. Bourquelot ; M. Lisbonne).

§ II. — LE SUC GASTRIQUE.

Les propriétés du suc digestif sécrété par l'estomac ont été établies à l'aide de liquides gastriques, qui se rapprochent plus ou moins du suc gastrique pur et à l'étude desquels il importe de ne demander respectivement que ce qu'elle peut donner.

On étudie le plus souvent sous le nom de suc gastrique des contenus gastriques, retirés de l'estomac après un repas d'épreuve et qui représentent bien entendu un mélange très complexe. On se procure un suc gastrique plus pur par la méthode du repas fictif de Pavlov. Mais on n'exclut pas de la sorte les liquides d'origine duodénale. Ces deux inconvénients sont évités avec le procédé de l'estomac séquestré (Frémont, Frouin). Mais beaucoup de connexions nerveuses se trouvant ainsi supprimées, le fonctionnement de l'organe ne peut plus être considéré comme normal. Cet inconvénient est évité dans l'opération du « petit estomac » de Pavlov-Kighine, dont le suc est identique à celui de l'estomac normal. Enfin, dans beaucoup de recherches, on s'est contenté d'employer le liquide de macération d'une muqueuse stomacale avec de l'acide chlorhydrique à 3 ou 4 p. 1 000 ou bien une solution chlorhydrique de pepsine du commerce.

Laissant de côté les excitants psychiques, on dira en ce qui concerne les *excitants chimiques* de la sécrétion, que certains aliments, surtout la viande, introduits dans l'estomac, produisent beaucoup de suc, tandis que le pain, par exemple, en donne moins. On ne sait pas quelles sont les substances chimiques responsables de cette action, ni comment elles agissent. Il se peut qu'en entrant en conflit avec la muqueuse, elles produisent une sécrétine (p. 167). On a soutenu que des sécrétines gastriques (thermostabiles) peuvent être apportées par les aliments (épinards) ou produites par la muqueuse pylorique et duodénale et par la plupart des tissus, et qu'elles seraient identiques à l'histamine (p. 235) (Tomaczewski, Popielski).

La *quantité de suc gastrique* est environ de 600 cm³ pour un repas et de 1 500 cm³ pour 24 heures (voir ce qui est dit à ce propos à la p. 267).

Le suc gastrique pur (du chien) ne contient en moyenne, outre l'acide dont il va être question, que 3 grammes p. 1 000 de matières solides, composées par moitiés à peu près égales de substances organiques et de substances minérales. Étudié *in vitro*, il présente les propriétés que voici : 1° Il a une *réaction franchement acide*; 2° Il peptonise les matières albuminoïdes, opération dont l'agent diastasique est la *pepsine*; 3° Il caséifie le lait par l'intermédiaire d'une autre diastase, la *chymosine* ou *lab* et il dédouble les graisses par le moyen d'une *lipase*; 4° Il possède *un pouvoir antiseptique* prononcé. Notons tout de suite que le suc gastrique est sans action marquée sur les hydrates de carbone. Tout au plus peut-il, par sa réaction acide, intervertir légèrement le sucre de canne.

1. *L'acidité du suc gastrique.*

L'acidité du suc gastrique pur est due à l'acide chlorhydrique. — L'acidité du suc gastrique, attribuée successivement à des substances minérales (*acide chlorhydrique*, phosphate acide de calcium) et à des corps organiques (*acide lactique*, acide butyrique) a donné lieu à des discussions prolongées. On n'exposera pas ici les expériences nombreuses qui ont été faites de part et d'autre, et qui presque toutes étaient exactes dans les conditions où s'étaient placés les divers opérateurs, mais seulement la cause des divergences d'opinion auxquelles on a abouti.

Le suc gastrique contient d'une manière constante de l'acide chlorhydrique libre, qui représente le seul principe acide sécrété par les glandes de l'estomac. Les acides organiques (acide lactique, acide butyrique) que l'on y trouve parfois sont toujours d'origine bactérienne, et le phosphate acide de chaux, signalé chez le chien, résulte d'une réaction secondaire.

C'est C. Schmidt qui a établi le premier que l'acidité du suc gastrique est due à de l'acide chlorhydrique, et sa démonstration a été reprise ensuite sous une forme plus parfaite par Ch. Richet. Ces savants ont montré que la quantité totale de chlore que contient le suc gastrique de l'homme est supérieure à celle qui est nécessaire pour transformer en chlorures toutes les bases, potasse, soude, ammoniaque, etc., que contient ce liquide. Or, ce surplus de chlore, calculé en acide chlorhydrique, correspond à peu près à la quantité d'acide que l'on obtient en titrant l'acidité d'une autre portion du même suc et en exprimant aussi ce résultat en acide chlorhydrique.

L'acidité du *suc gastrique pur* est donc due à l'acide chlorhydrique, mais on comprend qu'un *contenu* gastrique puisse renfermer du phosphate acide de calcium, si l'animal (chien) a reçu un repas d'os, l'acide chlorhydrique transformant alors en phosphate acide le phosphate tricalcique des os. Comme d'autre part, dans des conditions pathologiques d'ailleurs rarement réalisées, les matières amylacées et sucrées peuvent subir la fermentation lactique et butyrique, on comprend aussi que des sucs gastriques impurs puissent contenir parfois ces acides de fermentation, et Ch. Richet a montré que la quantité de ces acides augmente à mesure que le suc vieillit, c'est-à-dire à mesure qu'il a pu fermenter plus longtemps.

État de l'acide chlorhydrique dans le suc gastrique et dans les contenus gastriques. — Le suc gastrique pur du chien, fourni par la méthode de l'estomac séquestré, contient tout son acide chlorhydrique à l'état de liberté, c'est-à-dire dans un état identique à celui de l'acide chlorhydrique dissous dans l'eau. En effet, dans le vide et à la température ordinaire, ce suc abandonne la totalité de son acide. Il saccharifie la même quantité d'amidon et intervertit la même quantité de sucre de canne qu'une solution d'acide chlorhydrique de titre égal. Il se comporte à la dialyse comme cette même solution (Frouin).

Le suc gastrique obtenu par le procédé de la fistule œsophagienne et stomacale ne perd dans le vide qu'une partie de son acide chlorhydrique ; *le reste est retenu dans le résidu d'évaporation sous la forme de combinaisons acides, non décomposées par le vide.*

Ici s'offre donc à nous cette notion de l'*acide chlorhydrique combiné* ou faiblement combiné sous la forme de combinaisons acides, opposé à l'*acide chlorhydrique* entièrement *libre*, notion qui, au cours de l'étude clinique des contenus gastriques, a fait l'objet de discussions si prolongées et parfois si confuses. Précisons donc bien le sens des expressions qui seront employées dans ce qui suit. Nous distinguerons :

1º *L'acide chlorhydrique libre*, c'est-à-dire celui qui est contenu dans le suc gastrique comme s'il était dissous dans de l'eau distillée. 2º *L'acide chlorhydrique combiné*, c'est-à-dire existant sous la forme de combinaisons à réaction *acide*, et dont la nature sera précisée plus loin. 3º *L'acide chlorhydrique total*, formé par le total des deux précédentes fractions. 4º *L'acide chlorhydrique des chlorures*, c'est-à-dire l'acide neutralisé par les bases (potasse, soude, ammoniaque), et qui, d'ailleurs, restera en dehors de cette discussion.

L'étude des combinaisons acides de l'acide chlorhydrique s'est présentée d'abord au cours de recherches cliniques sur les contenus gastriques, mais il sera plus commode de définir au préalable ces combinaisons à l'aide des réactions que présente la solution aqueuse d'acide chlorhydrique, quand on l'additionne de matières organiques diverses.

Lorsqu'on prend le titre acidimétrique d'une solution aqueuse d'acide chlorhydrique à l'aide d'une liqueur de soude et des indicateurs colorants habituels, on trouve sensiblement le même résultat, à de légères différences près, tenant à la sensibilité variable de ces divers réactifs. Si l'on ajoute, au contraire, à la solution acide un peu d'une solution de blanc d'œuf neutre au tournesol, et si l'on abandonne ce mélange à l'étuve à 40° pendant quelques heures, on constate que ces indicateurs se séparent en deux catégories. Avec les uns, comme la *phénolphtaléine*, l'*acide rosolique*, ou mieux le *tournesol*, tout se passe comme si l'on n'avait pas ajouté d'albumine, c'est-à-dire que l'on obtient *à peu près* le même résultat acidimétrique qu'en l'absence d'albumine ; avec les autres, au contraire, tels que la *tropéoline 00*, le *violet de méthyle*, le *rouge Congo* ou mieux le *réactif de Günzburg* [1], on ne retrouve plus qu'une fraction de l'acide ; le reste a été « couvert », neutralisé par la matière albuminoïde (Sjöqvist). Si l'on augmente progressivement la quantité d'albumine, il arrive un moment où les indicateurs de la deuxième catégorie, comme le réactif de Günzburg, n'indiquent plus du tout d'acide libre, ceux de la première, comme le tournesol, continuant à fournir à peu près les mêmes résultats. Inversement, si l'on ajoute à un tel mélange une quantité d'acide chlorhydrique suffisante pour « saturer » toute l'albumine, plus un léger excès, on lui restitue la propriété de réagir sur les colorants de la seconde catégorie. — Beaucoup de matières organiques azotées, et notamment les produits d'hydrolyse des protéiques (peptones, acides aminés) se comportent à cet égard comme les protéiques.

L'expérience suivante fait saisir d'une manière frappante cette fixation de l'acide par les protéiques. De la fibrine que l'on fait tremper dans une solution étendue d'acide chlorhydrique peut enlever l'acide au liquide si complètement que celui-ci devient neutre, et cette fibrine, acide au tournesol, ne donne ni la réaction de Günzburg, ni celle du rouge Congo. On verra plus loin que cette fixation de l'acide chlorhydrique se manifeste encore par d'autres réactions chimiques ou biologiques (p. 157, 165 et 170).

Ce qui se passe quand un repas d'épreuve pénètre dans l'estomac et la succession des diverses réactions que va présenter le contenu gastrique, en ce qui concerne l'acide chlorhydrique, se comprend dès lors aisément. Les premières portions d'acide sécrétées se combinent aux matières organiques présentes (matières protéiques du repas ingéré, « mucus »), et le contenu gastrique est acide au tournesol, mais non pas au réactif de Günzburg, par exemple. Puis, la « saturation » des matières organiques étant complète, le surplus d'acide sécrété demeure libre, c'est-à-dire que la réaction de Günzburg devient positive, jusqu'à ce que finalement la sécrétion s'arrête, sans doute par voie réflexe, lorsque l'accumulation d'acide libre est arrivée à un certain degré. Toutefois, cette quantité d'acide libre ne suffit pas à assurer le complet achèvement de l'opération, car après un certain temps la réaction, toujours acide au tournesol, est devenue neutre au réactif

---

1. C'est une solution de phloroglucine et de vanilline dans de l'acool. Évaporée avec une petite quantité d'un acide minéral (acide chlorhydrique), elle donne un résidu rouge cinabre.

de Günzburg, c'est-à-dire que le liquide ne contient plus d'acide libre. Si l'on en rajoute jusqu'à réaction de Günzburg positive, on constate qu'après un certain temps la réaction de l'acide libre a de nouveau disparu, etc. Les produits de la digestion fixent donc plus d'acide que l'albumine dont ils sortent. Ajoutons que l'explication que tout de suite l'on est tenté d'invoquer ici est en désaccord avec certains faits (p. 159, note 1).

De ce qui précède, il résulte évidemment que dans la pratique clinique des repas d'épreuve il importe de préciser à la fois la nature du repas introduit et le temps qui s'est écoulé jusqu'au moment de l'extraction du contenu gastrique, car un repas de viande, par exemple, exigera pour sa « suturation » complète jusqu'à 10 fois plus d'acide que le petit pain du repas d'épreuve d'Ewald, c'est-à-dire que la réaction de l'acide libre apparaîtra beaucoup plus tard et indiquera la sécrétion d'une quantité totale d'acide chlorhydrique beaucoup plus considérable avec le premier de ces repas qu'avec le second. Il faut se rappeler aussi qu'au point de vue quantitatif les diverses réactions décelant l'acide libre ne concordent qu'assez grossièrement les unes avec les autres, et qu'il est nécessaire d'indiquer toujours de quel réactif on s'est servi.

Muni de ces renseignements, revenons maintenant au suc gastrique. Si, dans le suc d'estomac séquestré, l'acide est entièrement libre, cela tient évidemment à l'absence de matières organiques pouvant fixer une partie de cet acide sous la forme de combinaisons acides non dissociées par le vide. Dans le suc gastrique obtenu par la méthode du repas fictif et qui contient des matières organiques étrangères provenant des sécrétions œsophagiennes ou de liquides ayant reflué du duodénum dans l'estomac, une partie seulement de l'acide chlorhydrique est demeurée libre. Enfin dans les contenus gastriques qui sont mêlés, en outre, avec des matériaux alimentaires, la fraction d'acide demeurée libre est souvent plus réduite encore et elle peut même être nulle. On comprend aussi que nos prédécesseurs aient observé que de tels sucs plus ou moins purs saccharifient moins d'amidon ou intervertissent moins de sucre de canne que des solutions aqueuses d'acide chlorhydrique d'égale acidité au tournesol, car on observe la même différence entre des solutions d'acide chlorhydrique additionnées de protéiques, et une solution aqueuse du même acide.

La quantité d'acide chlorhydrique *total* (acide libre et acide combiné aux matières organiques) s'élève chez le chien pour le suc pur à 4,6-5,8 p. 1 000, pour le suc impur (contenu gastrique) à 3 p. 1000 chez l'homme les sucs relativement purs ont donné jusqu'à 4,0, 4,4 et 4,8 p. 1 000, tandis que l'acidité des contenus gastriques dans les conditions ordinaires de cette observation n'est que de 1 à 1,5 p. 1 000. — Quant à l'acidité actuelle (ionique) du suc (p. 267), elle atteint pour les sucs purs jusqu'à $C_H = 7 \times 10^{-2}$, mais dans les liquides de repas d'épreuve, elle n'est guère que de $1,7 \times 10^{-2}$ (C. Foà, Tangl et d'autres). C'est la valeur $2,7 \times 10^{-2}$ qui représenterait la réaction optimum pour l'action de la pepsine.

Origine de l'acide chlorhydrique. — On a produit un grand nombre d'hypothèses et accumulé des expériences très ingénieuses pour expliquer la sécrétion de l'acide chlorhydrique (Gamgee et d'autres). La matière première de cette sécrétion est évidemment représentée par les chlorures, puisque des animaux soumis au jeûne chloré, c'est-à-dire recevant des rations exemptes de chlorures, finissent par sécréter un suc gastrique qui n'est plus acide, et que l'ingestion de chlorures ou de bromures fait, au contraire, apparaître respectivement l'acide chlorhydrique ou l'acide bromhydrique dans le contenu stomacal (Kahn ; E. Külz). La muqueuse stomacale est d'ailleurs plus riche en chlorures que tous les autres tissus (0,74 p. 100). Enfin l'agent de cette décomposition serait l'acide carbonique, cet acide pouvant, en effet, si sa masse est suffisante, déplacer un peu d'acide chlorhydrique, que la glande éliminerait sans cesse du champ de la réaction. Mais où ne saisit-on pas dans l'organisme le sel marin à côté de l'acide carbonique? Et cependant la sécrétion chlorhydrique est limitée aux seules glandes gastriques.

2. La pepsine et les produits
de la protéolyse pepsique.

On ne décrira pas ici les modes de préparation de la pepsine, ni les réactions des produits obtenus, car cette diastase, comme il arrive pour tous ces agents, n'est pas connue à l'état de pureté. Il est probable qu'elle est constituée par un mélange de plusieurs diastases.

Par une série de traitements ingénieux, et notamment par l'emploi du filtre de biscuit qu'il a découvert à cette occasion, A. Gautier (1882) a séparé la pepsine brute en trois diastases, une *pepsine insoluble*, arrêtée par le filtre, et deux pepsines solubles, dont l'une peptonise imparfaitement la fibrine (pepsine imparfaite ou *propepsine*), et dont l'autre, la pepsine soluble *complète*, est à pouvoir digestif complet.

La muqueuse stomacale ne contient pas de pepsine active, mais une prodiastase inactive, la *propepsine* de Langley, qui résiste à l'action d'une solution de carbonate de sodium à 1 p. 100, tandis que la pepsine est détruite dans ces conditions en quelques minutes. Traitée par l'acide chlorhydrique étendu, la muqueuse cède au liquide sa prodiastase sous la forme de pepsine active.

Comme toutes les diastases, la pepsine n'est définie que par l'action spéciale qu'elle est en mesure d'exercer. Étudions donc les conditions et les produits de cette action.

Les conditions du travail pepsique. — Une étude vraiment précise des conditions du travail pepsique *in vitro* reste encore à faire. C'est que la peptonisation est une opération dont ni le point de départ, ni les étapes, ni le point d'arrivée ne peuvent être actuellement déterminés exactement. C'est pourquoi les indications qui suivent sont réduites à quelques faits essentiels.

Le point de départ est indéterminé, parce que la préparation d'un protéique pur, qui soit un individu chimique défini et toujours semblable à lui-même, est actuellement encore impossible. Le plus souvent on a employé des mélanges, dont l'état physique aussi est difficilement maintenu constant d'une expérience à l'autre (blanc d'œuf plus ou moins cuit, fibrine souillée de restes de globules,..); pour ce qui regarde le degré d'avancement de l'opération, on l'a mesuré par la quantité de protéique dissous, évaluée elle-même, par exemple, par le procédé bien connu de Mette, ou d'après la quantité d'azote non coagulable (azote des albumoses, peptones, etc.), passé en dissolution. Mais il est clair que deux liquides de digestion contenant le même poids d'azote non coagulable peuvent renfermer cet azote, l'un sous la forme de fragments demeurés très gros et l'autre sous la forme de produits beaucoup plus simplifiés, donc dans un état de digestion beaucoup plus avancé. Le dosage de l'azote aminé [1] apporterait ici un complément de renseignements dont l'utilité est évidente, mais les recherches où une semblable distinction a été faite sont encore très rares. A beaucoup d'autres points de vue encore, la question est d'ailleurs plus compliquée qu'on ne le pensait.

La pepsine chlorhydrique n'attaque pas indifféremment tous les protéiques. La *kératine* n'est pas dissoute, la *chondrine* l'est difficilement, tandis que l'attaque est plus aisée avec l'*élastine* et tout à fait rapide avec le *collagène* et la *gélatine*. Corrélativement, on voit les tissus kératinisés (cheveux, poils, épiderme) demeurer insolubles dans le suc gastrique tandis que le cartilage disparaît à la longue et que toutes les formes de tissu conjonctif (notamment celui de la viande) sont rapidement dissoutes. Notons ici que la gélatine durcie par le formol résiste pendant plusieurs heures au suc gastrique, circonstance que l'expérimentation clinique a mise à profit (capsules de glutoïde de Sahli, garnies d'iodoforme).

La collaboration de la pepsine et de l'acide sont nécessaires, car un suc gastrique neutralisé ne peptonise plus les matières protéiques, et un suc gastrique acide, mais qui a été bouilli, c'est-à-dire dans lequel la

---

1. Si la peptonisation consistait en une rupture, par hydrolyse, de liaisons amidées, analogues à celles des polypeptides (p. 37), cette opération ferait apparaître des groupes basiques NH^2, que saisirait ensuite le dosage en question, et voilà qui expliquerait aussi le phénomène signalé au haut de la page 157. Mais il se trouve que précisément la pepsine est impuissante à défaire de telles liaisons (p. 161), en sorte que le problème est donc plus compliqué.

pepsine a été détruite et l'acide conservé, n'agit plus qu'avec une très grande lenteur. Toutefois, on a vu que l'acide chlorhydrique à 2-3 p. 1 000 finit à lui seul par faire apparaître tous les produits de la digestion pepsique, et que la pepsine ne fait qu'accélérer (catalyser) ce phénomène, en sorte que celui-ci évolue dans des conditions de vitesse et de température mieux adaptées aux besoins de la vie (p. 101).

Dans ce phénomène, on distingue deux étapes, à savoir la dissolution de l'albumine solide, et la simplification du produit dissous et il semble que l'acide chlorhydrique *libre* ne soit nécessaire qu'à la première de ces deux opérations (E. Abderhalden et E. Steinbeck; J. Christiansen). L'acidité chlorhydrique la plus favorable varie beaucoup selon le protéique. Elle est, par exemple, de 0,8 à 1,0 p. 1 000 de HCl pour la fibrine, de 2,5 p. 1 000 pour l'ovalbumine cuite. Comme l'acidité du suc pur est plus élevée, la sécrétion gastrique semble donc être adaptée à une dilution ultérieure du produit. Cet optimum d'acidité varie aussi avec la quantité de pepsine ou avec celle des produits de digestion accumulés dans le liquide, et probablement avec l'espèce animale qui a fourni la pepsine. Pour ce qui est de la teneur en pepsine, on constate qu'au-dessous d'une certaine concentration optimum, pour laquelle la vitesse de la digestion est maximum, les quantités d'albumine cuite dissoutes diminuent avec les quantités de pepsine, mais la marche de ce phénomène varie avec chaque étape de la digestion (Grützner), en sorte qu'il est sans intérêt d'exposer ici la loi tant discutée de Schütz-Borissow, par laquelle on avait cru pouvoir exprimer le phénomène.

L'activité de la pepsine, très ralentie à 0°, passe par un maximum, à 40° selon les uns, un peu au-dessus selon d'autres, et elle est abolie définitivement à 55-65°. — On a mesuré l'action d'arrêt ou d'accélération exercée par certaines substances, chlorures, alcool, vins, bile, etc. Mais les résultats sont soit trop incertains encore, soit trop différents de ce qu'on observe *in vivo*, pour qu'il soit utile d'insister davantage.

Les produits de l'action protéolytique du suc gastrique. — La transformation des albumines sous l'action de la pepsine chlorhydrique a été envisagée d'abord comme une réaction d'hydratation donnant naissance *sans dédoublement* et par simple fixation d'eau à un produit dialysable, *l'albuminose* de Mialhe (1846), plus tard appelée *peptone* par Lehmann. Aujourd'hui, on sait que ce procès consiste en une dislocation, par hydrolyse, de la molécule protéique (protéolyse), aboutissant à un nombre considérable de produits, dont la séparation précise est à peine commencée (p. 34).

Quand le protéique employé est solide, l'action débute par un *gonflement*, très frappant avec la fibrine, moins prononcé avec le blanc d'œuf cuit, et auquel succède plus ou moins vite la dissolution. A ce moment le liquide, neutralisé à l'ébullition, donne un précipité dit « précipité de neutralisation » et qui est formé par l'acidalbumine résultant de l'action de l'acide sur le protéique. Le filtrat, qui se trouve ainsi débarrassé de toutes les matières albuminoïdes coagulables, donne encore la réaction du biuret : il renferme, en effet, un mélange d'*albumoses* (primaires et secondaires) et de *peptones* au sens que Kühne donne à ces mots [1].

A côté de ces produits biurétiques, le liquide contient encore des corps *abiurétiques*, c'est-à-dire ne donnant plus la réaction du biuret, à savoir des polypeptides et des acides aminés libres (leucine, tyrosine, etc.). Mais ces acides n'apparaissent que quand on opère dans des conditions qui n'excluent pas entièrement la présence de trypsine ou d'érepsine (suc gastrique mêlé de liquides intestinaux, pepsines commerciales). Avec du suc pur de Pavlov, on ne trouve en fait d'acides aminés libres que des traces de tyrosine (E. Abderhalden et O. Rostoski).

En laissant de côté l'acidalbumine, qui représente vraisemblablement le protéique primitif, non dédoublé, mais simplement modifié par l'action de l'acide, on voit donc que les produits de la digestion pepsique des protéiques *in vitro* sont :

> Les *albumoses*.
> — *peptones*.
> — *corps abiurétiques (polypeptides)*.

Que nous apprennent ces corps quant à la signification chimique du travail pepsique?

Signification chimique du travail pepsique. — Tout d'abord le *sens chimique général* de l'opération est évident : c'est une dégradation par dédoublement hydrolytique. On a déjà établi, en effet, que les albumoses, les peptones et les polypeptides sont des fragments de la molécule protéique, détachés par hydrolyse, (p. 34-36). Mais *ce travail de démolition ne va pas* (ou il ne va que pour une fraction très minime) *jusqu'aux acides aminés libres*, et c'est là une différence très importante entre l'hydrolyse pepsique et le travail de la trypsine.

Cette différence indique l'existence, dans la molécule protéique, d'un mode de liaison à l'attaque duquel la pepsine n'est pas adaptée et qui

---

1. La nomenclature de Kühne a été expliquée à la page 35. Rappelons à ce propos qu'avant Kühne le mot de *peptone* désignait dans la nomenclature de Schmidt-Mülheim un mélange d'albumoses secondaires et de peptone de Kühne, celui de *propeptone* s'appliquant à un mélange d'albumoses primaires et secondaires. Il faut se souvenir de ce changement, quand on se reporte aux mémoires de l'époque, où le mot *peptonurie*, par exemple, doit être compris aujourd'hui dans le sens de *albumosurie*. Enfin, en remontant plus loin encore, on trouve l'ancienne *peptone de Meissner* qui était le mélange des albumoses et des peptones, c'est-à-dire l'ensemble des corps non coagulables à chaud, la *parapeptone* et la *dyspeptone* du même auteur, représentant la première le « précipité de neutralisation » dont il vient d'être question, et la seconde, un précipité de nucléine que l'on obtenait, quand on opérait avec un protéique accompagné de nucléoprotéides, par exemple avec de la fibrine emprisonnant des globules blancs.

est nécessairement différent de la liaison d'amide — CH^2-CO-NH-CH^2 —
(p. 37, formule de la glycyl-glycine), seule liaison employée par E. Fischer pour construire ses polypeptides de synthèse. En effet, aucun de ces polypeptides artificiels n'est accessible à l'action de la pepsine, tandis qu'ils sont dédoublés par la trypsine (p. 39), en sorte que si dans les protéiques la liaison d'amide était seule à servir de crampon entre les diverses pierres de l'édifice, celui-ci résisterait à toute action pepsique. Or, comme la pepsine dédouble, au contraire, les protéiques en polypeptides qui sont les albumoses et les peptones, c'est donc que le lien qui unissait ces fragments et qui est accessible à l'action de la pepsine, est d'une autre nature, et la prochaine étape dans la synthèse des protéiques sera donc de construire des associations de Polypeptides, dédoublables par la pepsine. On peut dire provisoirement que le travail pepsique est apte à défaire une liaison autre que la liaison d'amide, qui unit entre eux les fragments albumoses et peptones, tandis que la trypsine, qui est peut-être un mélange de plusieurs diastases peptolytiques (p. 105), serait adaptée à la rupture des liens d'amides unissant entre eux les acides aminés dans l'intérieur de ces fragments. Et, en outre, on verra plus loin, d'une part, que la trypsine est capable de faire la besogne de la pepsine (p. 195) et, d'autre part, qu'il y a pourtant des polypeptides digestifs qui lui résistent (p. 171) et pour l'attaque desquels le suc intestinal doit entrer en ligne (p. 177).

Enfin parmi les produits du travail pepsique, on n'en aperçoit aucun dont on puisse dire qu'il représente, plutôt que tel autre, le but physiologique de l'opération. Les peptones, à qui l'on a conféré cette qualité, ne sont, en effet, aussi bien *in vitro* que dans l'estomac (p. 193), ni le produit le plus abondant, ni le plus simplifié, puisque des produits abiurétiques ont été saisis à côté d'elles.

Action du suc gastrique sur les nucléoprotéides. — Lorsque son action sur les cellules ne dure que dix-huit à vingt-quatre heures, le suc gastrique dépouille simplement les noyaux du protoplasma qui les entoure, mais ne les attaque pas sensiblement. Il faut une action plus prolongée et un suc très actif pour dédoubler les nucléoprotéides, mais l'acide nucléique mis en liberté reste toujours inattaqué et il n'y a pas mise en liberté de bases puriques.

3. *La chymosine et la caséification du lait.*
La lipase gastrique.

La chymosine ou lab. — Le suc gastrique a la propriété de coaguler le lait, et le caillot formé n'est pas dû à l'action de l'acide du suc sur la caséine, mais à celle d'une diastase, la chymosine ou ferment lab, car le suc neutralisé ne perd pas son pouvoir coagulant, tandis que l'ébullition, qui ne touche pas à l'acide, supprime, au contraire, ce pouvoir.

La chymosine existe en général dans l'estomac de tous les jeunes mammifères, et notamment dans le contenu du quatrième estomac (caillette) du veau ou du chevreau, avec lequel on prépare, par macération avec de l'eau, ou mieux avec de l'acide chlorydrique à 1 p. 1 000, des extraits (présures) très actifs, employés dans l'industrie fromagère. Qnant à la muqueuse, elle ne contient pas de chymosine, mais elle en fournit au contact des liquides acides, ce que l'on exprime en disant que la diastase existe dans la muqueuse sous la forme d'une *prochymosine* inactive. On a trouvé aussi une chymosine dans l'estomac d'oiseaux et de poissons, dans le sang et les tissus de beaucoup de vertébrés, chez des invertébrés, enfin chez les plantes (fleurs d'artichaut, feuilles de grassette) et les organismes inférieurs (p. 112 et 124). — Notons enfin que Pavlov et ses élèves ont soutenu que les actions pepsique et labique sont le fait d'une seule et même diastase, tandis que Bang, Hammarsten et d'autres maintiennent que pepsine et chymosine sont deux agents différents. Ce débat n'est pas encore clos (voy. aussi p. 174 et 196)

LES PRODUITS DE LA COAGULATION CHYMOSIQUE DU LAIT. — On admet en général que sous l'action de la chymosine la caséine est dédoublée en une matière albuminoïde soluble, le *caséogène* qui passe ensuite à l'état de *caséum* insoluble, et en une matière albuminoïde soluble, qui reste en dissolution ; c'est la *protéose du lactosérum.* Pour que la coagulation du caséogène en caséum soit possible, la présence de sels de chaux solubles en quantité suffisante est nécessaire. Du lait additionné de 1 p. 1 000 d'un oxalate alcalin (lequel précipite en grande partie les sels de chaux du lait) n'est plus coagulé par addition de présure, mais sa caséine n'en est pas moins dédoublée avec formation de caséogène, ainsi qu'on peut le démontrer par divers artifices. Si l'on ajoute ensuite un peu de chlorure de calcium (environ 1 p. 1 000), le caséogène formé et qui était demeuré en dissolution, faute de sels de chaux, passe à l'état insoluble (Hammarsten ; Arthus et Pagès).

Avec la nomenclature d'Arthus adoptée ci-dessus, la caséification du lait par la présure est donc résumée par le schéma suivant :

Caséine { *Caséogène* soluble, transformé par les sels de chaux en *caséum* insoluble ; *Protéose* du lactosérum.

Notons que le caséum représente plus de 90 p. 100 du poids de la caséine. — Quant à la *signification physiologique* de ce phénomène, c'est l'étude de la digestion du lait *in vivo* qui nous en fournira l'explication (p. 196).

Ce problème de la coagulation labique reste encore obscur par bien des côtés, et l'exposé schématique ci-dessus doit être complété sur les points que voici. Tout d'abord on a soutenu que la protéose du lactosérum n'est pas produit par l'action labique, mais résulte d'une action pepsique concomitante. La chymosine ne produirait que le dédoublement de la grosse molécule de la caséine (poids moléculaire 8 800) en deux molécules de caséogène (poids moléculaire 4 400) (Van Slyke et Bosworth), simplification démontrée aussi par ce fait que la viscosité est en même temps diminuée (p. 42). Si à ce moment du calcium est présent dans la solution, le caillot de caséum se forme et ce changement d'état met fin à l'action de la diastase. Mais si le milieu a été décalcifié, cette action se continue et bientôt l'addition de chaux ne provoque plus la formation d'un caillot, et comme la caséine seule est ainsi modifiée, voilà qui plaide contre l'identité de la chymosine et de la pepsine. Au surplus cette identité n'est vraisemblable que pour la chymosine des animaux adultes.

Les plastéines. — Dans un liquide contenant les produits d'une digestion pepsique, un extrait labique produit un précipité, que A. Danilewski a considéré comme le produit d'une synthèse inverse du travail pepsique, et que Sawjalow a appelé *plastéine*. L'argument le plus probant, qui ait été fourni à l'appui de l'explication de Danilewski, est ce fait que les plastéines contiennent moins d'azote aminé que le liquide qui a fourni le précipité, et presque autant que le protéique primitif (V. Henriques et J.-K. Gjaldbäk). De plus, la production de ces plastéines à partir des peptones pepsiques met fin à l'action bien connue que ces peptones exercent sur la circulation et sur le sang (abaissement de la pression sanguine, retard de la coagulation) (p. 274), et qu'une nouvelle digestion pepsique des plastéines fait reparaître.

La lipase gastrique. — Par le moyen d'une lipase que la glycérine enlève à la muqueuse, le suc de fistule gastrique, recueilli sans précautions spéciales, saponifie assez énergiquement les graisses, à condition que celles-ci soient émulsionnées (lait, jaune d'œuf) (Volhard). Mais si l'on opère dans des conditions qui excluent tout reflux du suc pancréatique dans l'estomac, cette saponification est bien moins intense (2,7 à 5,6 p. 100 des graisses du jaune d'œuf, au lieu de 17 à 23 p. 100) (London). Toutefois il est certain que ce pouvoir appartient bien en propre au suc gastrique, car on l'observe avec le suc du petit estomac de Pavlov (E. Laqueur), et il n'est pas dû non plus à une diastase que le sang apporterait du pancréas à l'estomac (Falloise). D'ailleurs la lipase gastrique n'est pas activée par la bile, ce qui achève de la distinguer nettement de la lipase pancréatique (E. Laqueur).

4. *Le pouvoir antiseptique du suc gastrique.*

Déjà Réaumur et Spallanzani avaient remarqué, au XVIIIᵉ siècle, que le suc gastrique préserve les aliments de la putréfaction. Comme le suc bouilli conserve cette propriété, celle-ci doit être rapportée à l'acide chlorhydrique. D'ailleurs, à la dilution de

2,5 p. 1 000, l'acide chlorhydrique arrête la putréfaction de la viande pendant près d'une semaine (N. Sieber) et détruit un grand nombre de bactéries pathogènes ou non (bacilles de la fièvre typhoïde, du choléra, ferments lactiques divers, etc.), mais il est sans action sur d'autres (spores de la bactéridie charbonneuse). Cependant, le suc gastrique affaiblit, puis supprime la virulence du bacille de la tuberculose (Netter). Comme le suc gastrique ne dissout en général que les cellules mortes, il est probable que, dans ce suc, c'est l'acide qui est l'agent bactéricide, la pepsine n'intervenant ensuite que pour digérer le microbe tué, mais on a néanmoins admis de divers côtés, notamment pour l'action d'arrêt que le suc gastrique exerce sur les ferments lactiques, que la pepsine soutient l'action bactéricide de l'acide [1].

Cette action antiseptique est beaucoup moins marquée, lorsque l'acide est combiné à des matières organiques. Alors qu'une quantité de 0,7 p. 1 000 d'acide chlorhydrique libre arrête déjà la fermentation lactique, avec l'acide chlorhydrique combiné aux matières protéiques cette limite monte à 1,2 p. 1 000, ce qui concorde bien avec ce fait qu'un chyme acide, mais exempt d'acide chlorhydrique libre, recueilli chez le chien à l'aide d'une fistule pylorique, se comporte comme un très bon milieu de culture pour les bactéries habituelles du tube digestif.

1. Il est intéressant de noter ici que chez les invertébrés la trypsine est le seul ferment protéolytique, et que la protéolyse pepsique en milieu acide ne se rencontre que dans des groupes beaucoup plus élevés. On trouve à la vérité de l'acide libre chez certains invertébrés inférieurs, et même, à certains moments, dans les vacuoles digestives des protozoaires. Mais précisément, pendant ces périodes, la digestion n'a pas lieu (Greenwood, Mouton). C'est ce que l'on a appelé la « période antiseptique », employée probablement à la destruction des bacilles venus du dehors, mais qui représente un temps perdu pour la digestion. « L'apparition d'un ferment pepsique, c'est-à-dire capable d'agir aussi en présence d'un acide libre, a donc créé la possibilité d'utiliser aussi cette période antiseptique au profit de la protéolyse » (J. Strohl).

CHAPITRE IX

LES SUCS DIGESTIFS (fin)

§ I. — LE SUC PANCRÉATIQUE.

C'est par l'intermédiaire du suc pancréatique que l'appareil digestif exerce ses effets les plus puissants, car non seulement ce suc transforme les matières albuminoïdes d'une manière plus rapide et plus profonde que celle du suc gastrique, mais il attaque aussi les deux autres catégories d'aliments organiques, les graisses et les hydrates de carbone, que l'estomac n'atteint pas ou médiocrement. L'action sur les protéiques a été reconnue d'abord et étudiée par L. Corvisart (1857) et par Cl. Bernard, puis par Kühne, la digestion pancréatique des graisses par Eberlé (1834) et par Cl. Bernard, celle des hydrates de carbone par G. Valentin (1844) et par Bouchardat et Sandras (1846).

On se procure à volonté de grandes quantités de suc pancréatique normal (suc d'acide ou suc de sécrétine) (voy. plus loin) chez des chiens porteurs de fistules pancréatiques. Quant aux macérations de glandes pancréatiques en présence d'antiseptiques, leur action n'est pas nécessairement identique à celle du suc de la glande (voy. p. 172 et 175).

Les excitants chimiques de la sécrétion pancréatique. — L'excitant principal de la sécrétion pancréatique est l'arrivée du chyme stomacal acide au contact de la muqueuse duodénale (Pavlov). C'est l'acide chlorhydrique qui agit ici, car l'introduction, dans l'estomac, de solutions de cet acide à 0,5, 1,3 et 5 p. 1 000 provoque un écoulement de suc, « suc d'acide », d'autant plus abondant que la solution est plus acide. Cette action est indépendante de la nature de l'acide (L. Camus), et on l'observe notamment avec les acides de fermentation (acide lactique, butyrique) qui se produisent dans un contenu stomacal riche en hydrates de carbone, lorsque l'acide chlorhydrique, qui d'ordinaire arrête ces fermentations, fait défaut. Il y a là un phénomène de suppléance très intéressant.

Pavlov expliquait cette action des acides par un mécanisme réflexe, c'est-à-dire d'ordre purement nerveux. Mais Wertheimer et Lepage montrèrent que l'action des acides persiste après que l'on a supprimé toutes les connexions nerveuses entre l'intestin et le pancréas. Par là on était donc conduit à une explication humorale, c'est-à-dire chimique, du phénomène, mais on devait se demander toujours si toutes les communications nerveuses avait bien été détruites, d'autant plus que l'injection d'acide dans le sang restait inefficace (Wertheimer), ce qui paraissait plaider contre une interprétation humorale. Ce sont Bayliss et Starling qui, par une expérience décisive, ont apporté le seul anneau qui manquait encore dans cet enchaînement d'expériences. Ils ont montré que le liquide de macération de la muqueuse duodénale et jéjunale avec de l'acide chlorhydrique étendu provoque, même après neutralisation, une sécrétion pancréatique, quand il est injecté dans le sang. Ce suc est identique au suc d'acide.

Le produit actif que l'acide chlorhydrique enlève ainsi à la muqueuse, et que Bayliss et Starling ont appelé provisoirement *sécrétine*, n'est pas contenu dans la muqueuse, comme on l'a cru d'abord, sous la forme d'une *prosécrétine*, que l'acide transformerait en sécrétine, car beaucoup d'autres agents (eau ou eau salée à 100°, solutions salines concentrées à la température ordinaire, solution de savons, de chloral...) enlèvent *in vitro* de la sécrétine à la muqueuse. Le principe actif contenu dans les macérations de muqueuse avec la solution de savons (*sapocrinine* de C. Fleig) n'est pas différent de la sécrétine fournie par les acides. La sécrétine n'a pas encore été isolée. On sait seulement que ce n'est ni une diastase, ni une substance coagulable ou de nature minérale. Comme elle dialyse, quoique lentement, on suppose que sa molécule est assez petite. Enfin, on admet aujourd'hui qu'en dehors de cette action par voie humorale, les acides exercent aussi par action réflexe un effet stimulant sur la sécrétion (Wertheimer et Lepage; C. Fleig).

La *quantité* de suc pancréatique recueillie en vingt-quatre heures chez des sujets atteints de fistules pancréatiques chirurgicales, et qui, par conséquent, ne devaient pas être nourris très abondamment, s'est élevée jusqu'à 600 et même 848 centimètres cubes, et il est vraisemblable qu'elle est plus grande encore chez des sujets normaux bien alimentés.

Le suc pancréatique (du chien) est un liquide incolore limpide ou légèrement opalescent, un peu visqueux et à réaction alcaline. Son titre alcalimétrique est celui d'une solution de soude à 4,5-4,9 p. 1000, en sorte qu'il est en général un peu moins alcalin que le suc gastrique n'est acide [1] (78 : 100). Les 15 grammes de matériaux solides qu'il renferme par litre se composent d'environ 5 grammes de matières minérales, formées surtout de *carbonate de sodium* et de 10 grammes de matières organiques (protéiques,

---

1. C_H y présente une valeur d'environ $0,2 \times 10^{-8}$ à 5×10^{-8} (p. 267). Pour une solution 0,1 N de bicarbonate de soude, $C_H = 0,5 \times 10^{-8}$.

nucléoprotéides, lécithine, *diastases*). La composition du suc pancréatique humain se meut à peu près entre les mêmes limites.

Le suc pancréatique agit, comme on l'a dit, sur les trois catégories d'aliments organiques.

1° Il peptonise les protéiques par sa *trypsine* ou diastase protéolytique;

2° Il saponifie les graisses à l'aide d'une *lipase*, en même temps qu'il les émulsionne;

3° Il saccharifie les matières amylacées par le moyen d'une *amylase*.

D'autres actions diastasiques lui ont encore été reconnues; il dédouble notamment les nucléoprotéides avec mise en liberté d'acide nucléique, et le maltose avec production de glycose.

1. La trypsine et les produits de la protéolyse trypsique.

La trypsine. — A la suite des premiers travaux de Corvisart et de Kühne, on a admis que le suc pancréatique contient tout ce qui est nécessaire à l'attaque des protéiques, à savoir une trypsine active, et le sel alcalin qui assure à cette diastase le milieu convenable. C'est plus près de nous que Pavlov et ses élèves ont montré que le suc d'acide n'a pas d'action protéolytique ou n'en a qu'une très faible, au moins sur l'ovalbumine coagulée, car il agit directement sur la fibrine, la caséine, etc. (U. Lombroso). Le suc de sécrétine se comporte de même, sauf dans certains cas (voy. plus loin). Ces sucs deviennent, au contraire, actifs, quand on les additionne de suc intestinal ou d'un liquide de macération de la muqueuse intestinale, tous deux non protéolytiques par eux-mêmes.

Pavlov a montré que la substance activante ainsi fournie par l'intestin est une diastase, l'*entérokinase*, qui sera étudiée en même temps que les sécrétions intestinales. De très faibles quantités de suc intestinal suffisent pour donner à un sucre pancréatique inactif une activité sensible. C'est pourquoi l'inactivité des sucs d'acide ou de sécrétine n'est absolue que si l'on préserve le suc recueilli de tout contact avec la muqueuse intestinale (Delezenne et Frouin). On exprime ces faits en disant que le suc pancréatique contient une *protrypsine* inactive (trypsinogène), que l'entérokinase transforme en trypsine active.

En ce qui concerne le mode d'action de l'entérokinase, les uns admettent avec Pavlov, Bayliss et Starling, que cet agent n'intervient que dans l'activation de la protrypsine et que les doses minimes de kinase suffisent pour rendre actives des quantités importantes de protrypsine, tandis que, d'après Hamburger et Hekma, Delezenne, la kinase ne peut activer que des quantités limitées de trypsinogène, celui-ci ayant besoin de la kinase pour fixer le protéique à hydrolyser. Le débat n'est pas encore clos, mais à l'appui de la première de ces deux opinions, on peut citer, ce fait que les sels solubles de calcium activent le trypsinogène, et que la chaux peut être ensuite éliminée par dialyse ou précipitation, sans que le suc perde ses propriétés protéolytiques (Delezenne; E. Zunz). Notons que l'activation peut être obtenue aussi par l'action de colloïdes très divers (bleu de toluidine...) (Larguier des Bancels).

Cette inactivité du suc pur, non kinasé, n'est complète que vis-à-vis de l'ovalbumine cuite. D'autres protéiques (fibrine, caséine...), sont, au contraire, très bien attaqués par le suc pur (U. Lombroso). De plus les sucs de sécrétine obtenus par une série d'injections sont souvent actifs au moment de la reprise de la sécrétion (L. Camus et E. Gley), comme aussi les sucs de pilocarpine, d'albumoses (Wertheimer; L. Camus et E. Gley), et ici il est intéressant de noter que le suc inactif ne contient pas de calcium en quantité dosable, tandis que le suc de pilocarpine actif en renferme jusqu'à 0 gr. 119 p. 100 (Pozerski), ce qui confirme cette observation de L. Camus et E. Gley, à savoir qu'un suc de pilocarpine auquel on a ajouté de l'oxalate neutre de soude ou de potasse est d'autant moins actif que le calcium a été mieux précipité.

Les conditions d'action de la trypsine. — Presque toutes les expériences relatives à l'action de la trypsine ont été faites avant la découverte de l'entérokinase, c'est-à-dire dans des conditions où elles n'étaient pas toujours comparables entre elles; de plus, pour des raisons qui ont déjà été dites à propos du suc gastrique (p. 159), la mesure du phénomène est nécessairement très grossière. On ne notera donc ici, comme pour le suc gastrique, que quelques gros résultats.

Tout d'abord la *nature* du protéique est importante à considérer. Le tissu conjonctif cru, le blanc d'œuf cru, le sérum sanguin intact sont très difficilement attaqués par le suc pancréatique (voir. p. 195 l'intérêt que présentent ces faits). En ce qui concerne ensuite la *réaction*, il est acquis que l'action de la trypsine est plus rapide lorsque le milieu présente une alcalinité valant de 4 à 5 p. 1 000 de soude, mais une telle réaction favorise surtout la *dissolution* des protéiques solides, opération qu'assure, en général, le suc gastrique. Quant à l'*hydrolyse*, c'est-à-dire la production d'acides aminés, elle s'effectue tout aussi bien, et peut-être même mieux, lorsque la réaction est neutre. De divers côtés on a même soutenu que c'est dans un milieu alcalin, saturé d'acide carbonique, que le travail de la trypsine (comme aussi celui de la ptyaline) est maximum, et ce serait là précisément la réaction réalisée par le contenu intestinal (p. 198). Les acides minéraux libres, même en petite quantité, arrêtent complétement l'action trypsique.

Combinés, au contraire, aux matières albuminoïdes, ils n'empêchent pas la digestion, s'ils ne sont pas présents en trop grande quantité. Les acides organiques sont moins actifs; ainsi l'acide lactique à 0,2 p. 1 000 ne gêne nullement le travail trypsique.

La *bile* favorise d'une manière évidente chez l'animal et chez l'homme (Wohlgemuth) l'hydrolyse trypsique, mais cette action n'est sans doute que d'une importance secondaire, puisque les chiens privés de bile digèrent et résorbent les protéiques aussi bien que les animaux normaux. La bile ne confère d'ailleurs aucune activité à un suc pancréatique inactif. Elle ne peut qu'améliorer celle d'un suc déjà activé. L'ébullition de la bile ne supprime pas cette propriété (Bruno, Delezenne). Les *acides aminés* auraient la même action favorisante, mais l'accumulation de *polypeptides* exerce l'action d'arrêt déjà signalée pour le suc gastrique (E. Zunz et P. György).

Les produits de l'hydrolyse trypsique. — Ce qui fait la caractéristique essentielle du travail trypsique, c'est qu'il consiste en une dégradation de la molécule protéique beaucoup plus profonde que l'hydrolyse pepsique (Kühne). Les produits de ce travail sont, en effet, une série *d'albumoses* et de *peptones*, des *polypeptides* et d'importantes quantités *acides aminés*.

Ces albumoses et peptones sont, en tant qu'individus chimiques, aussi mal définis que leurs analogues pepsiques. Pourtant, il est certain que les peptones trypsiques sont des molécules plus petites que les peptones pepsiques (Siegfried). Au surplus, quand avec un suc bien actif on prolonge la digestion pendant huit jours, on finit par voir disparaître complètement la réaction du biuret, et à ce moment le liquide ne contient plus que les acides aminés libres, mêlés à de petites quantités de polypeptides qui résistent à l'action de la trypsine (voir plus loin). Du point de vue chimique rien ne désigne donc spécialement les peptones trypsiques comme représentant le but physiologique de l'opération [1]. Pour ce qui regarde, d'autre part, la marche de cette dégradation, on constate que certains acides aminés, tyrosine, tryptophane, cystine sont détachés du protéique de très bonne heure, tandis que l'acide glutamique, l'alanine, la leucine, l'acide aspartique se détachent beaucoup plus lentement. La rapidité de l'hydrolyse varie d'ailleurs d'un protéique à l'autre. Ainsi la trypsine sépare, en vingt-quatre heures, de l'édestine 78,4, et de la caséine 16,6 p. 100 de la quantité

---

1. Après avoir constaté que la digestion trypsique aboutit au bout d'un certain temps à un mélange de peptones et d'acides aminés, Kühne avait cru voir aussi que ces peptones — qu'il réunissait sous l'appellation d'*antipeptone* — résistent à l'action de la trypsine. Et comme à cette époque, où digestion était synonyme de peptonisation, les acides aminés ne pouvaient apparaître que comme un déchet de l'opération, Kühne se trouva conduit à présenter l'antipeptone comme représentant seule le but physiologique de tout ce travail. On verra plus loin que ce point de vue ne peut plus être maintenu. Mais de la doctrine de Kühne, si longtemps classique en physiologie, deux faits essentiels subsistent. C'est que, d'une part, l'hydrolyse trypsique est une démolition plus profonde que le travail pepsique, et, d'autre part, que la molécule protéique contient un noyau résistant vis-à-vis de la trypsine (voir plus loin).

totale de tyrosine contenue dans ces deux protéiques. On trouve aussi dans le liquide de digestion des acides diaminés libres (arginine, lysine). Seuls la proline, la phénylalanine et le glycocolle font défaut. Cette singularité s'explique par ce fait qu'à côté de ces acides aminés il subsiste un produit résistant, qui est sans doute un mélange de polypeptides, tantôt biurétiques, tantôt abiurétiques, et que les acides minéraux dédoublent à chaud avec mise en liberté des acides aminés manquants, proline, phénylalanine, glycocolle, accompagnés de petites quantités des autres acides déjà cités (E. Fischer et F. Abderhalden).

On peut interpréter finalement ces résultats de la manière suivante. Le protéique se scinde d'abord en une série de polypeptides à grosses molécules, que l'on peut continuer à appeler provisoirement albumoses. Puis ces albumoses, en perdant de la tyrosine, de la cystine, du tryptophane, engendrent des polypeptides à molécule moins grosse, dont sortent, par de nouveaux départs d'acides aminés (acide glutamique, leucine, alanine, etc.), des polypeptides encore plus simplifiés, et qui présentent, à un niveau que l'on ne peut pas préciser, les caractères des peptones, jusqu'à ce que, finalement, il ne subsiste plus, à côté des acides aminés libres, que les polypeptides résistants, renfermant la proline, la phénylalanine et le glycocolle (E. Abderhalden). Ajoutons cependant que, d'après V. Henriques et J. K. Gjaldbaek, il y aurait dès le début de l'action trypsique mise en liberté d'acides aminés (voy. p. 195).

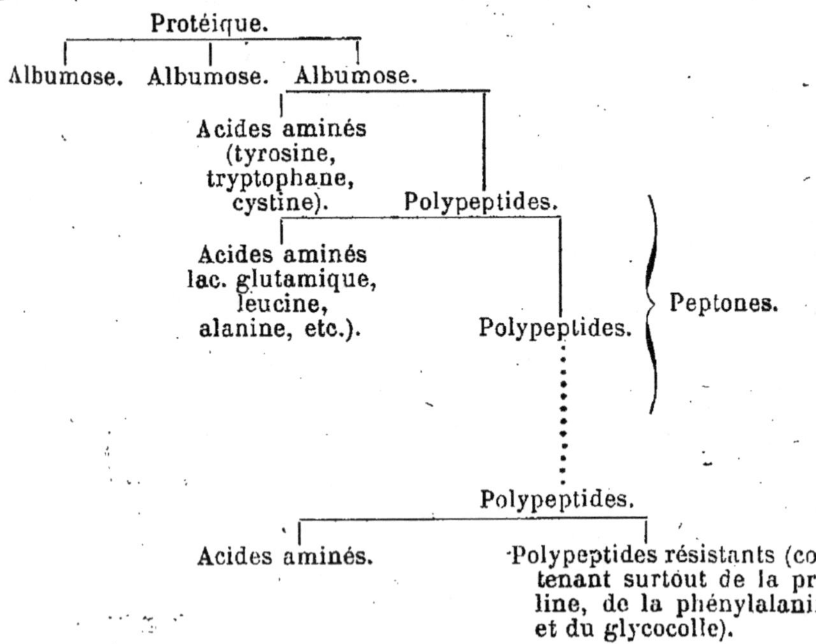

Action de la trypsine sur les nucléoprotéides. — Le *suc* pancréatique activé pousse le dédoublement des nucléoprotéides plus loin que ne le fait la pepsine, car non seulement il en fait sortir de l'acide nucléique, mais cet acide perd de plus, à son contact, la propriété de gélatiniser et acquiert celle de dialyser assez rapidement. Il y a donc sans doute un commencement d'hydratation, mais sans mise en liberté de bases puriques (Abderhalden et Schittenhelm). L'acide guanylique et les nucléosides (inosine) résistent aussi (Levene et Medigreceanu). Au contraire, par l'action d'une nucléase, les *extraits* de pancréas ou de muqueuse intestinale fluidifient rapidement les gelées d'acide nucléique (du thymus) et en détachent des bases puriques (Abderhalden et Schittenhelm). On saisit donc ici une différence essentielle entre les diastases digestives et les diastases de tissus (voir aussi p. 177 et 178).

2. La stéapsine. — Action du suc pancréatique sur les graisses.

Le suc pancréatique exerce sur les graisses une double action. Il les émulsionne et il les saponifie, deux phénomènes liés à l'action hydrolytique de la stéapsine ou lipase pancréatique.

Émulsion des graisses. — Une graisse liquide, agitée avec du suc pancréatique frais, est instantanément émulsionnée c'est-à-dire divisée en une infinité de gouttelettes très fines, qui donnent au liquide une apparence laiteuse ou crémeuse. Cette émulsion est *stable*, c'est-à-dire que par le repos les gouttelettes n'ont aucune tendance à se réunir les unes aux autres de façon à reproduire une couche huileuse homogène.

L'expérience apprend que l'agitation avec les liquides *visqueux* émulsionne les graisses, et que l'émulsion est un peu moins instable qu'avec l'eau pure. Elle est très stable, au contraire, avec un liquide *alcalin* et avec une graisse contenant une quantité même infime d'*acide gras libre*. Une goutte de graisse rance, c'est-à-dire renfermant des acides gras libres, tombant dans une solution de soude, est émulsionnée instantanément, sans qu'il soit nécessaire d'agiter. Il arrive, en effet, que les molécules d'acide gras, qui sont partout interposées entre celles de la graisse neutre, forment avec le liquide alcalin une solution *aqueuse* de savon non miscible avec la graisse, d'où il résulte que cette dernière se trouve divisée en une infinité de gouttelettes.

Toutes ces conditions sont réalisées avec le suc pancréatique qui est *visqueux*, *alcalin*, et qui de plus possède, comme on va le voir, la propriété de dédoubler rapidement les graisses neutres en *acides gras libres* et en glycérine.

Saponification des graisses. — Si l'on fait réagir du suc pancréatique sur une graisse neutre, additionnée d'un peu de teinture de tournesol et d'un peu de soude, on constate qu'après quelque temps de digestion à 35-40°, la teinture vire du bleu au rouge, par suite du dédoublement des graisses en acides gras libres et en glycérine (Cl. Bernard). L'agent de cette réaction est une diastase, la *stéapsine* ou *lipase pancréatique*, dont le pouvoir est accru par l'addition de bile.

Le suc pur (suc de sécrétine ou d'acide) n'est que médiocrement saponifiant (chez l'homme ou le chien), mais ce pouvoir est considérablement accru (jusqu'à dix fois) par l'addition de bile (Nencki; Dastre; Bruno), qui agit par le composant cholalique de ses acides glycocholique et taurocholique (O. von Fürth et J. Schütz), soit donc par un agent thermostable. On a exprimé ce fait en disant que la bile active une prostéapsine inactive. On a dit aussi que la bile sert de co-diastase à la stéapsine déjà formée. Elle agirait donc à la manière des sels de manganèse, qui accélèrent considérablement l'action des lipases végétales, comme aussi celle de la stéapsine pancréatique, et dont l'emploi est même devenu industriel.

On admet en général que la stéapsine agit le plus énergiquement en milieu alcalin (E. F. Terroine), mais on sait qu'elle est active aussi en milieu neutre ou légèrement acide, et, comme pour la trypsine, une telle réaction, qui est celle du contenu intestinal, serait la réaction optimum (p. 198). Elle est très sensible à l'action de la trypsine qui, surtout en milieu alcalin, la détruit rapidement. Comme toutes les diastases, elle est gênée dans son action par ses propres produits; aussi subsiste-t-il toujours dans le mélange de graisse et de suc pancréatique une proportion considérable de graisse non dédoublée, ce qui était à prévoir, étant donnée la réversibilité de la réaction (p. 97). De plus, la trioléine étant beaucoup plus facilement attaquée que la tristéarine et la tripalmitine, la digestibilité *in vitro* des graisses naturelles est d'autant plus grande que la proportion d'oléine est plus forte, et cette supériorité de l'oléine ne tient pas à l'état physique de cette graisse, car dans une série de graisses diverses, saponifiées à des températures variées, l'ordre de digestibilité reste le même, que les corps soient tous liquides ou tous solides, ou les uns liquides et les autres solides (E. F. Terroine). Ce dédoublement n'est qu'un cas particulier de l'*action de la stéapsine sur les éthers en général* (monobutyrine, salol, éthers éthyliques des acides gras) (M. Berthelot; Morel et Terroine). Enfin la *lécithine* est décomposée en acide glycéro-phosphorique, choline et acides gras. Mais il se peut que cette action soit due à une diastase spéciale, la *lécithase*, ce qui expliquerait pourquoi cette propriété de la trypsine a été niée par les uns (Stassano et Billon) et affirmée par d'autres (Clementi,..).

3. L'amylase pancréatique. — Autres actions diastasiques du suc pancréatique.

Action du suc pancréatique sur les matières amylacées. — Le suc pancréatique pur liquéfie instantanément et saccharafie très rapidement l'empois d'amidon, sans qu'il soit nécessaire d'ajouter au préalable du suc intestinal (Wertheimer, Lintwarew). Toutefois cette addition aurait pour effet d'activer la saccharification (Chepowalnikoff, Pozerski). Avec le suc intestinal de l'homme, cet effet n'a pas été observé (Hamburger et Hekma). Enfin la bile et, d'après Roger, la salive rendue inactive par digestion avec des acides étendus, ou le suc gastrique neutralisé auraient aussi une action favorable, mais en ce qui concerne le suc gastrique ce résultat a été contesté (Bierry).

Cette saccharification est le fait d'une diastase, *l'amylase pancréatique*, dont l'action est maximum en milieu légèrement acide (Bierry), c'est pourquoi l'on peut obtenir, par addition de suc gastrique, un renforcement si manifeste de la saccharification pancréatique. Maquenne a observé le même fait avec l'amylase du malt. Les *produits de cette action* sont la dextrine et le maltose, les deux constituants de l'amidon, l'amylose et l'amylopectine (p. 64) fournissant le premier du maltose, et le second un mélange de dextrine et de maltose (Mme Gruzewska) [1].

Autres actions diastasiques du suc pancréatique. — L'hydrolyse pancréatique de l'amidon ne s'arrête pas à l'étape du maltose. Les extraits aqueux de la glande (Brown et Héron; Bourquelot) et le suc (Bierry) contiennent, en effet, une *maltase*, qui dédouble ce sucre en deux molécules de glycose, mais qui n'existerait pas dans le suc de l'homme. On n'y rencontre pas non plus de lactase, ni d'invertine (Glaessner). Wohlgemuth y a trouvé une *chymosine*, déjà rencontrée (chez l'animal) par Vernon dans la glande, où elle existe, comme dans le suc, sous la forme d'une prodiastase, que l'addition d'activants divers, notamment de chlorure de calcium, transforme en chymosine active (Delezenne), et comme le pouvoir chymosique n'apparaît que pour des doses de calcium beaucoup plus fortes que celles qui suffisent pour créer le pouvoir protéolytique, on aperçoit là un argument allant à l'encontre de la théorie unitaire de l'école de Pavlov (p. 163).

§ II. — LE SUC INTESTINAL.

On étudie sous ce nom un mélange de produits de sécrétion fournis par les glandes de Brünner, les glandes de Lieberkühn et les cellules muqueuses, et que l'on se procure chez les animaux

---

1. Le suc neutralisé, puis chauffé à 40° pendant trente minutes, ne saccharifie plus, mais liquéfie encore l'empois d'amidon, comme si son amylase se composait d'une amylopectinase liquéfiante et d'une amylase proprement dite (H. Bierry) (voir p. 106 et 152).

par le moyen de fistules spéciales (fistules dites de Thiry-Vella). Chez l'homme on a eu parfois l'occasion de recueillir du suc intestinal dans des cas d'interventions chirurgicales aboutissant à isoler complètement un segment d'intestin de longueur variable (Demant; Hamburger et Hekma). Le suc intestinal est fourni surtout par le duodénum et la portion supérieure du jéjunum. L'intestin inférieur ne fournit qu'une sécrétion peu abondante.

Notons ici une particularité intéressante que présente l'étude des actions digestives exercées par l'intestin grêle. L'estomac, le pancréas et le foie ne participent à la transformation digestive des aliments que par leurs produits de sécrétion. Au contraire, dans l'intestin, qui est la vraie surface d'absorption, les aliments ou leurs produits de transformation sont soumis, en outre, à l'action de la muqueuse pendant qu'ils traversent la paroi intestinale. A ce propos on a fait remarquer très justement que si une diastase donnée apparaît en abondance dans le suc intestinal, on est sûr qu'elle représente une diastase digestive proprement dite; si, au contraire, le suc n'en contient que très peu ou pas du tout, et si les extraits de muqueuse en contiennent beaucoup, il est possible que l'importance de cet agent dans l'acte digestif soit néanmoins considérable, mais son rôle diffère de celui d'une diastase digestive ordinaire : c'est une histodiastase, qui travaille surtout dans l'intérieur de la muqueuse. Cela revient à dire que, dans ce qui suit, il faudra sans cesse compléter l'étude du suc par celle des actions digestives de la muqueuse elle-même.

C'est l'arrivée du chyme stomacal acide dans le duodénum qui provoque la sécrétion du suc intestinal, et cette action est due, au moins en partie, à l'acide chlorhydrique et par l'intermédiaire de celui-ci à la muqueuse. Les savons excitent de même les glandes de l'intestin. Enfin le suc pancréatique semble être l'excitant spécial de la sécrétion de l'entérokinase (voir plus loin). D'après les indications de Frouin, on peut évaluer à plusieurs centaines de centimètres cubes la quantité de suc sécrétée en vingt-quatre heures chez un chien de taille moyenne.

Le suc intestinal de l'homme est un liquide opalescent, tenant en suspension des éléments figurés (leucocytes), fortement alcalin au tournesol, et faisant effervescence avec les acides. On y trouve des matières protéiques (mucine ou phosphoprotéine), des diastases et des sels, dont 2,2 p. 1 000 de carbonate de sodium environ et 5 à 6 p. 1 000 de chlorure de sodium ; C_H y est égal à $0,5 \times 10^{-8}$ (p. 267).

Pendant longtemps on n'a attribué au suc intestinal qu'un rôle tout à fait secondaire, et borné à l'inversion du sucre de canne par le moyen d'une invertine (Cl. Bernard). En réalité ce suc et la muqueuse concourent à la digestion des trois classes d'aliments organiques, puisqu'ils interviennent :

1° Dans la digestion des protéiques par l'*entérokinase*, l'*érepsine* et l'*arginase*, et en outre dans celle des nucléoprotéides par une *nucléase*;

2° Dans la digestion des graisses par une *lipase*;

3° Dans la digestion des hydrates de carbone par une *invertine*, une *maltase* et une *lactase*.

1. Action du suc intestinal sur les protéiques

Entérokinase. — On a décrit ailleurs (p. 168) l'action activante que le suc intestinal exerce par son entérokinase sur le suc pancréatique pur, et il ne sera question ici que de la production et des propriétés de cet agent.

Le suc pancréatique est un excitant spécifique de la production de kinase par l'intestin. Les excitants mécaniques provoquent, en effet, la sécrétion d'un suc d'abord pauvre en kinase, puis complètement inactif, tandis que l'injection de suc pancréatique dans l'intestin détermine la production d'un suc fortement kinasique. Le suc bouilli ne possède plus cette propriété (Sawitsch). Dans les extraits aqueux de muqueuse intestinale, lesquels sont riches en kinase, celle-ci est entraînée par les précipités, par exemple par le précipité de nucléoprotéides produit par l'acide acétique. Elle est soluble dans l'alcool à 90°, caractère qui l'éloigne des diastases ordinaires.

Érepsine, nucléase et arginase. — Hofmeister et ses élèves ayant constaté que dans une solution de « peptone » (albumoses et peptones) mise en contact avec de la muqueuse d'intestin fraîche, la réaction du biuret disparaît peu à peu, avaient conclu de là que la peptone est retransformée par cette muqueuse en albumine, par un phénomène de synthèse inverse de celui de la peptonisation, et cette conclusion avait été en général acceptée, jusqu'au jour où O. Cohnheim, après avoir vainement essayé de retrouver sous la forme d'albumine la peptone disparue, montra que cette dernière est en réalité dédoublée en acides aminés, (leucine, tyrosine, bases hexoniques, etc.) par l'action d'une diastase qu'il appela *érepsine* (de ἐρείπω, je brise).

Cette diastase existe aussi dans le suc intestinal chez l'homme et chez le chien (Hamburger et Hekma; Salaskin), mais l'action des macérations de muqueuse est en général bien plus puissante que celle du suc [1]. La diastase agit en milieu neutre ou alcalin.

---

1. Beaucoup d'autres tissus ou organes, le pancréas, la rate, le foie, les muscles et surtout le rein, contiennent une érepsine; cet agent semble donc bien être une histodiastase.

Tandis que parmi les protéiques proprement dits elle n'attaque que la caséine (et l'histone), qu'elle dédouble lentement et incomplètement, elle défait, au contraire, en leurs acides aminés constituants les albumoses et, plus vite encore, les peptones. Elle dédouble aussi les polypeptides (E. Abderhalden; H. Euler). Elle continue donc et achève le travail d'hydrolyse de la pepsine et celui de la trypsine, en sorte que, par une digestion trypsique et érepsique suffisamment prolongée, on obtient une démolition des protéiques aussi profonde que par l'action des acides minéraux forts (Abderhalden et Gigon).

La muqueuse intestinale est armée pour intervenir aussi dans *la digestion des nucléoprotéides*. On a vu que ceux-ci sont dédoublés par la trypsine avec mise en liberté d'acide nucléique, mais sans dédoublement de cet acide. Au contraire, le suc intestinal défait les acides nucléiques (du thymus, de la levure) en leurs mononucléotides correspondants (voir p. 57), et de ces fragments, comme aussi de l'acide guanylique qu'on soumet à son action, il détache de l'acide phosphorique et laisse le nucléoside correspondant. Enfin, l'extrait de muqueuse intestinale pousse ce travail encore plus loin, puisqu'il dédouble l'acide nucléique de la levure en acide phosphorique, pentose et bases puriques. Avec l'acide thymonucléique, la dégradation s'arrête, au contraire, aux nucléosides (Levene et Medigreceanu; London, Schittenhelm et K. Wiener). Ajoutons que la *nucléase*, c'est-à-dire la diastase à laquelle on rapporte ce dédoublement des acides nucléiques sera vraisemblablement démembrée en autant d'agents spéciaux que cette démolition comprend d'étapes.

Enfin, l'extrait de muqueuse intestinale a la propriété de défaire, dans les protéiques, un mode de liaison de l'azote que le suc pancréatique est impuissant à atteindre. Nous voulons parler de la réaction qui, de l'arginine, détache sous la forme d'urée le complexe guanidine (p. 28). Kossel et Dakin ont montré que ce dédoublement de l'arginine en ornithine et en urée est l'œuvre d'une diastase, l'*arginase*, qu'ils ont rencontrée aussi dans le foie, le thymus, les glandes lymphatiques.

2. *Action du suc intestinal sur les graisses et sur les hydrates de carbone.*

LIPASE. Le suc intestinal du chien a la propriété de saponifier la monobutyrine, la matière grasse du lait et les autres graisses émulsionnées et, comme le chauffage à 100° supprime cette propriété, celle-ci a été rapportée à une *lipase* (Boldireff). La lécithine serait aussi hydrolysée par la lipase intestinale (Clementi).

INVERTINE, MALTASE, LACTASE. L'action inversive exercée par le suc intestinal sur la saccharose a été démontrée sur le suc de chien par Cl. Bernard (1873). Mais, d'après Bierry, le suc bien limpide ne possède qu'une activité très médiocre. Les extraits de muqueuse ont, au contraire, un pouvoir inversif constant et puissant, ce qui explique bien l'action du suc trouble. Avec le lactose, le suc se comporte de même. L'*invertine* et la *lactase* appartiennent donc bien plus à la muqueuse qu'au suc. Hamburger et Hekma ont de même trouvé le suc intestinal de l'homme exempt de lactase, et aussi d'amylase. Enfin le suc et la muqueuse contiennent une *maltase* (Bourquelot), et la muqueuse renferme une *émulsine* (P. Thomas et A. Frouin).

§ III. — LA BILE.

La bile n'est pas une sécrétion digestive au même titre que le suc gastrique ou que le suc pancréatique. Elle ne possède, en effet, par elle-même qu'un léger pouvoir saccharifiant que l'on retrouve dans nombre de liquides de l'organisme et qui est tout à fait négligeable. Mais par une série d'actions indirectes la bile intervient néanmoins d'une manière très efficace dans la transformation digestive des trois catégories d'aliments organiques et surtout dans celle des graisses.

Pour étudier la bile, on pratique, le plus souvent sur des chiens, une fistule biliaire, en employant de préférence le procédé qui conserve à la bile ses voies normales d'évacuation, c'est-à-dire en excisant le coin du duodénum qui comprend l'ampoule de Vater et en en réunissant les bords à ceux de la plaie cutanée. Chez ces animaux, l'écoulement de la bile ne s'établit qu'après chaque repas et il dure pendant toute la digestion. L'excitant principal de la sécrétion est ici, comme pour le suc pancréatique, le chyme stomacal *acide* arrivant au contact de la muqueuse duodénale, et l'agent efficace est encore la sécrétine [1]. La bile est elle-même un cholagogue énergique, puisque cette humeur ou les acides biliaires introduits dans l'estomac ou dans le duodénum augmentent nettement le débit de la fistule.

La bile est un mélange des produits de sécrétion des cellules hépatiques avec le « mucus » élaboré par les glandes des conduits biliaires et de la muqueuse de la vésicule. Lorsqu'elle n'a pas séjourné dans la vésicule, la bile est un liquide assez mobile, limpide, et non filant, tandis que, par suite de son mélange avec le mucus et à cause de la résorption d'eau dans la vésicule, la bile vésiculaire est plus épaisse, filante et trouble à cause de la présence de débris épithéliaux et de combinaisons calciques des pigments.

---

1. Cependant les physiologistes ont établi que cette action des acides s'exerce aussi par voie réflexe.

Sa réaction au tournesol est alcaline et sa couleur, immédiatement après la mort, d'un jaune doré avec une pointe de brun, tandis que la bile qui a séjourné dans la vésicule est souvent verte. Abandonnée à l'air, elle se putréfie rapidement, c'est-à-dire qu'elle ne possède aucun pouvoir antiseptique. De fait les voies biliaires extrahépatiques sont normalement habitées, même dans leurs parties supérieures par des microbes aérobies et surtout anaérobies (Galippe ; Gilbert et Lippmann). Mais lorsqu'elle est acidifiée, même très légèrement, la bile résiste pendant longtemps à la putréfaction (E. Gley et E. Lambling).

La quantité de bile recueillie chez l'homme, dans des cas de fistules, a été de 500 à 1 100 gr. en vingt-quatre heures. Quant à la composition de la bile, elle est très variable, puisqu'on y trouve par litre de 20 grammes (bile des canaux hépatiques) à 170 grammes (bile vésiculaire) de matériaux solides, comprenant des *acides biliaires*, des *pigments biliaires*, de la « *mucine*[1] », de la *lécithine*, de la *cholestérine* et d'autres *lipoïdes* (phosphatides divers, etc.) encore indéterminés, des *savons*, des *graisses neutres*, des traces d'*urée* et de *corps éthéro-sulfuriques* et des *matières minérales*. Les plus importants comme masse sont les acides biliaires, les pigments, la mucine et les sels minéraux. Ainsi Hammarsten indique pour 1 litre de bile hépatique chez l'homme 9 gr. 04 d'acides biliaires, comptés à l'état de sels alcalins, 5 gr. 15 de mucine et de pigments, 7 gr. 2 de sels, 1 gr. 01 d'acides gras des savons et 0 gr. 6 de lécithine sur 25 gr. 4 de matières solides. Quant à la teneur en cholestérine, elle est à l'état normal pour la bile vésiculaire de 1,50 à 1,60 (Pierce) et pour la bile de fistule de 0,5 à 1,6 p. 1 000 environ.

Parmi ces matériaux on ne retiendra dans ce qui suit que les *acides biliaires*, les *pigments biliaires* et la *cholestérine*.

1. Les sels biliaires.

Ce sont les sels alcalins de deux acides, l'un azoté et exempt de soufre, l'*acide glycocholique*, $C^{26}H^{43}NO^6$, l'autre azoté et sulfuré, l'*acide taurocholique*, $C^{26}H^{45}NSO^7$, tous deux combinés à la

---

1. La mucine de la bile de bœuf n'est pas une mucine vraie, mais une nucléoalbumine. Mais la bile de l'homme contient une mucine vraie à côté d'une nucléoalbumine à allures de mucine.

soude ou, chez les animaux marins, à la potasse. Dans la bile humaine le glycocholate l'emporte en quantité sur le taurocholate (dans la proportion de 6 gr. 86 du premier contre 2 gr. 18 du second pour le cas cité plus haut). La bile du chien ne contient que du taurocholate.

Hydrolysés à chaud par les acides forts, les acides biliaires donnent de l'acide cholalique $C^{24}H^{40}O^5$, accompagné de *glycocolle* pour l'acide glycocholique, et de *taurine* ou acide amino-éthyl-sulfonique pour l'acide taurocholique.

La bile contient encore en petites quantités de *l'acide désoxycholalique* $C^{24}H^{40}O^4$ et de *l'acide lithocholalique* $C^{24}H^{40}O^3$, et, par une réduction plus avancée, ces trois acides (cholalique, désoxycholalique et lithocholalique) aboutissent à *l'acide cholanique* $C^{24}H^{40}O^2$. Cela posé, constatons que, si la constitution de l'acide cholalique, cette copule spécifique des acides biliaires, n'est pas encore entièrement connue, on sait aujourd'hui, fait capital, passer de la cholestérine à cet acide, lequel est fait, comme la cholestérine, de quatre noyaux benzéniques hydrogénés (p. 71), la différence (de C^{24} à C^{27}) des deux formules provenant de ce que la cholestérine contient dans sa chaîne latérale un isopropyle en plus. En effet, en amputant cette chaîne de trois atomes de C, on a réussi à passer du cholestane (pseudo-cholestane), dérivé de la cholestérine, à l'acide cholanique (H. Wieland et F. J. Weil; Windaus et Neukirchen). Les observations de A. Chauffard et de ses élèves, de E. v. Czylharz, A. Fuchs et O. von Fürth, tendant à faire de l'acide cholalique une forme d'élimination de la cholestérine, trouvent donc là un sérieux appui (p. 183). Ajoutons que chacun de ces acides contient un seul COOH, avec trois OH alcooliques pour l'acide cholalique, deux pour l'acide désoxycholalique et un pour l'acide lithocholalique, l'acide cholanique n'en contenant plus du tout.

Quant aux deux autres constituants des acides biliaires, leur structure est bien connue et leur origine protéique bien établie. Pour le glycocolle, ce dernier point est évident (p. 26), et pour la taurine, Friedmann a démontré que cet acide aminé sort *in vitro* de la cystéine, dont la cystine est le disulfure (p. 28). En effet la cystéine oxydée donne l'acide cystéique, qui par perte de CO^2 donne la taurine.

$$
\begin{array}{ccccc}
CH^2SH & & CH^2\text{-}SO^3H & & CH^2\text{-}SO^3H \\
| & +\,O^3 & | & -\,CO^2 & | \\
CH.NH^2 & \longrightarrow & CH.NH^2 & \longrightarrow & CH^2.NH^2 \\
| & & | & & \\
COOH   & & COOH & & \\
\text{Cystéine.} & & \text{Acide cystéique.} & & \text{Taurine.}
\end{array}
$$

D'autre part, un chien muni d'une fistule biliaire complète et recevant de la cystine *per os*, fournit une bile plus riche en soufre, donc aussi en acide taurocholique, lorsqu'on lui administre en même temps l'autre composant de cet acide, c'est-à-dire l'acide cholalique (von Bergmann), et chez le lapin il suffit de l'ingestion de cystine pour produire le même **résultat**.

Une solution de taurocholate de soude ou la bile en nature, acidifiées par de l'acide chlorhydrique, précipite les matières albuminoïdes et une partie des albumoses; en milieu neutre ou alcalin ces précipités ne se forment pas ou sont redissous. Le chyme stomacal acide est donc précipité par la bile (p. 198).

Les solutions aqueuses de sels biliaires dissolvent les savons, et acquièrent par là la propriété de dissoudre les acides gras libres (Rockwood et Moore; Pflüger et Rossi). D'après Pflüger, 100 cm³ de bile de bœuf dissolvent en présence d'un peu de soude jusqu'à 19 grammes d'acides gras, mais à condition qu'une partie de cés acides soit représentée par de l'acide oléique. Dans la bile en nature les colloïdes (mucine,...) contribuent aussi à dissoudre les acides gras (Rossi).

Les sels biliaires sont toxiques (voir p. 184). Leur solution ou la bile en nature rend le sang laqué (p. 249 et 250). Injectés dans les veines, ils ralentissent le cœur. Les acides *libres* et surtout l'acide taurocholique exercent une action antiseptique marquée (Maly et Emmich), c'est pourquoi la bile, qui se putréfie si aisément quand on lui laisse sa réaction alcaline, résiste très bien lorsqu'elle est acidifiée même légèrement (Gley et Lambling).

2. *Les pigments biliaires.*

La bile fraîche paraît ne contenir que deux pigments, la *bilirubine* à laquelle est due la coloration jaune d'or de certaines biles et la *biliverdine* des biles vertes, et c'est le mélange en proportions variables de ces deux matières qui produit les colorations variées de la bile. Mais c'est la bilirubine qui est la matière colorante élaborée en premier lieu par le foie et dont sort ensuite par oxydation la biliverdine. Dans un cas d'ictère grave où une active destruction de globules rendait la production des pigments biliaires particulièrement active, Piettre n'a trouvé dans la bile de la malade que de la bilirubine dissoute ou en suspension.

La *bilirubine*, $C^{32}H^{36}N^4O^6$, insoluble dans l'eau, existe dans la bile à l'état de bilirubinate d'alcali. C'est aussi ce pigment qui constitue, à l'état de bilirubinate de calcium mêlé à un peu de cholestérine, la majeure partie des calculs de couleur rouge brun, que l'on rencontre fréquemment dans la vésicule des bovidés. Les solutions alcalines de bilirubine, abandonnées à l'air, verdissent

peu à peu, surtout à chaud, et leur bilirubine passe par simple
fixation d'oxygène à l'état de biliverdine, $C^{32}H^{36}N^4O^8$. Le peroxyde
de sodium en présence d'un peu d'acide chlorhydrique réalise la
même oxydation (Hugounenq et Doyon).

Les conditions de cette réaction du verdissement de la bilirubine ne
sont pas encore bien connues, et peut-être cette relation de la bilirubine
avec le pigment vert, toujours ramenée jusqu'à présent à une seule
modification chimique, l'oxydation, devra-t-elle être élargie (Piettre).
Bornons-nous à noter ici que le verdissement est produit par beaucoup
de réactifs, notamment par l'acide nitrique contenant un peu d'acide
nitreux (réaction de Gmelin), par le chlore, le brome, l'iode, etc., et que
le pigment vert formé n'est peut-être pas partout le même. De plus, si
l'on dépasse l'étape du pigment vert, on obtient un pigment bleu, très
mal connu, la *cholécyanine*, puis un pigment rouge, et enfin la réaction
aboutit à une matière colorante jaune, la *chlolétéline* (voy, aussi p. 256 a
note 1).

La réduction de la bilirubine par l'amalgame de sodium fournit
l'*hémibilirubine*, qui cristallise à l'abri de l'air en beaux cristaux
prismatiques, renfermant $C^{16}H^{20}N^2O^3$, et qui se comporte comme
l'urobilinogène de l'urine (p. 460).

La *biliverdine* $C^{32}H^{36}N^4O^8$, qui ne diffère donc de la bilirubine
que par deux atomes d'oxygène en plus, est contenue dans les
biles vertes à l'état de biliverdinate alcalin. Elle est, comme la
bilirubine, insoluble dans l'eau, et donne la réaction de Gmelin,
la série des anneaux commençant bien entendu par le bleu. Par
l'hydrogène naissant, elle est transformée en *hydrobilirubine*
(Maly), analogue par ses réactions à l'urobiline (p. 461).

A côté de ces deux pigments fondamentaux, la bile de certains mammifères contient encore un pigment vert, la *biliprasine*, dont le sel alcalin, le *biliprasinate de soude*, est jaune. La bile verte du veau, du bœuf
et du lapin contient de la biliprasine; la bile jaune du veau contient
du biliprasinate de soude. C'est un produit d'oxydation de la bilirubine
intermédiaire à la bilirubine et à la biliverdine.

Ce que l'on sait sur la structure et l'origine des pigments
biliaires sera exposé dans un autre chapitre (p. 457).

3. La cholestérine.

L'origine et les destinées de la cholestérine biliaire ne sont
encore que très incomplètement déterminées, mais tant de pro-

blèmes de physiologie normale et pathologique apparaissent aujourd'hui comme liés à cette question de la cholestérine biliaire, que quelques constatations fondamentales devaient être notées ici, en dépit de beaucoup de lacunes et de contradictions.

La cholestérine du sang est en partie fournie par l'alimentation, en partie, du moins probablement, par le travail de glandes diverses (p. 71). Cela posé, il est assez naturel d'admettre, étant donné le lien physiologique que l'on aperçoit partout entre l'activité glandulaire et la composition du sang, que la cholestérine biliaire est simplement extraite du sang par le foie, et la coïncidence si nettement saisie par la pathologie entre la cholélithiase et l'hypercholestérinie vésiculaire d'une part, et l'hypercholestérinémie d'autre part, incline aussi vers cette conclusion (p. 180). Mais on se heurte ici à cette difficulté que ni l'ingestion d'aliments riches en cholestérine, ni l'injection de cholestérine dans le sang, n'augmente chez le chien le taux de la cholestérine biliaire, en dépit de l'élévation du taux de la cholestérine sanguine (Goodmann). Chez une malade opérée de cholélithiase et recevant des aliments riches en cholestérine (œufs et cervelle), E. v. Czylharz, A. Fuchs et O. v. Fürth sont arrivés au même résultat, mais ils ont observé en même temps, et contrairement à ce que Goodmann avait vu chez le chien, une augmentation considérable du taux des acides biliaires dans la bile. La cholestérine sanguine serait donc excrétée par le foie, soit en nature, soit transformée en acide cholalique, dont la rapproche d'ailleurs sa structure chimique, et l'une des formes de l'insuffisance hépatique serait un ralentissement de cette production d'acide cholalique à partir de la cholestérine, d'où résulterait ensuite l'hypercholestérinie sanguine et biliaire, soit donc un facteur de cholélithiase. C'est la thèse soutenue par A. Grigaut, qui apporte sur ce point d'intéressantes constatations faites chez des malades. Mais le matériel de faits dont on dispose ne permet encore pour toutes ces questions aucune conclusion ferme. Ajoutons que la bile est la principale voie d'élimination de la cholestérine. L'urine n'en renferme que des traces (E. Gérard).

4. *Action de la bile sur les aliments.*

On a déjà vu que, directement, la bile ne peut exercer sur les aliments qu'une action tout à fait négligeable, mais que d'autres propriétés lui assurent, par des voies indirectes, un rôle important dans la digestion des aliments. C'est ainsi qu'elle augmente considérablement l'action stéatolytique du suc pancréatique (p. 173); qu'elle renforce aussi, quoique d'une manière moins sensible, l'action de la trypsine et celle de l'amylase pancréatique (p. 170 et 174). Son pouvoir dissolvant vis-à-vis des acides gras fait prévoir de même le rôle important qui lui est réservé dans l'absorption des graisses. Sa réaction alcaline permet aussi à la bile de contri-

buer, avec les autres sécrétions alcalines de l'intestin, à la neutralisation de l'acide minéral du chyme stomacal et à l'émulsion des
graisses. Enfin elle intervient aussi : 1° dans la digestion des
protéiques par l'action précipitante de son acide taurocholique
sur les albumines et sur une partie des albumoses; 2° dans l'arrêt
des pullulations bactériennes par l'action antiseptique du même
acide (voy. aussi p. 198 et 227).

5. *Toxicité de la bile. — Les destinées de la bile introduite dans le sang.*

Introduite dans le tube digestif, la bile n'est pas toxique, puisqu'on peut faire ingérer quotidiennement à des chiens de 10 kilogrammes et sans aucun accident jusqu'à 100 ou 200 cm³ de bile
de bœuf (Dastre). On n'observe qu'un effet purgatif inconstant.
Injectée dans le sang, la bile produit, au contraire, des accidents
graves, apathie, respiration accélérée, ralentissement du cœur,
hypothermie. Ces phénomènes, d'abord uniquement attribués aux
sels biliaires, dont l'action sur le cœur, la circulation et le sang
a été connue de bonne heure, tiennent au moins pour moitié
aux pigments biliaires, qui produisent un effet hypothermique
(Bouchard; Charrin et Carnot). Les sels biliaires sont même 5 à
10 fois moins toxiques que les pigments, mais comme ils sont
contenus dans la bile en quantité beaucoup plus considérable,
leur action équivaut sensiblement à celle des pigments. La toxicité
de la bile explique donc bien les symptômes dits ictériques (ralentissement du pouls, albuminurie, amaigrissement).

Le sort des principes biliaires introduits dans la circulation par
injection intra-veineuse ou par ingestion, et surtout le sort de la
bile qui reflue vers le foie et le sang au cours de l'ictère par stase
biliaire, ont naturellement préoccupé les pathologistes.

En ce qui concerne d'abord les *acides biliaires*, on a supposé pendant
quelque temps qu'ils sont détruits ou transformés en substances inoffensives. En effet, l'excrétion quotidienne de ces acides étant à l'état normal
de 8 à 10 grammes, on pouvait s'attendre à voir au cours de l'ictère
des quantités assez importantes de ces composés inonder dans le sang et
apparaître dans les urines. Il n'en est rien : l'urine des ictériques ne
contient au début que quelques centigrammes d'acides biliaires (par
exemple 0 gr. 34 en vingt-quatre heures dans un cas de Bischoff), puis
rapidement cette excrétion descend à des traces. Ces acides ne s'accumulent pas non plus dans les tissus, car on observerait alors des acci-

dents toxiques graves, qui ne sont pas la règle dans l'ictère. Comme
enfin les fèces n'en contiennent pas davantage, on comprend que l'on
ait admis une destruction de ces acides dans le sang.

Cette hypothèse est devenue inutile, depuis que l'on sait que dans
l'ictère la *production* des acides biliaires est considérablement abaissée,
parce qu'à l'état normal cette production est principalement alimentée
par la résorption intestinale des acides biliaires ou de leurs produits de
décomposition, et que, dans l'ictère par stase, cette source se trouve
supprimée. En effet, les acides biliaires injectés dans le sang ou ingérés
sont largement éliminés par la bile, et, d'autre part, chez les individus
porteurs de fistules biliaires dont le produit s'écoule entièrement au
dehors, on recueille une bile très pauvre en acides biliaires[1]. On comprend donc pourquoi l'ictère n'aboutit pas à encombrer l'organisme de
grandes quantités de ces acides et pourquoi l'urine en élimine si peu.
Enfin dans le sang l'action toxique de ces acides est atténuée par la
présence des protéiques du sérum. On constate, en effet, que le sérum
ajouté à des solutions de sels biliaires supprime à la fois l'action hémolytique de ces sels *in vitro* et leur action toxique sur les leucocytes, sur
les systèmes musculaire et nerveux.

Quant aux pigments, on les voit, au contraire, dans l'ictère se
répandre dans les tissus et s'éliminer par les urines en quantité notable
et pendant de longs jours. C'est que leur production n'est pas diminuée pendant l'ictère. En effet, à l'état normal, ce n'est pas au niveau
de l'intestin que le foie puise de quoi faire des pigments biliaires. La
matière première de cette production lui vient du sang (p. 457), et
comme l'ictère ne diminue pas l'activité de cette production, d'abondantes quantités de pigments refluent sans cesse vers le sang et les
urines.

6. *Les calculs biliaires. — Leur formation.*

Les principaux matériaux qui entrent dans la composition des
calculs biliaires chez l'homme sont la cholestérine, la bilirubine
et la chaux, et ces trois substances fournissent des calculs de
cholestérine pure, des calculs de *cholestérine et de chaux*, des
calculs de *cholestérine*, de *bilirubine* et de *chaux* et enfin des
calculs de *bilirubinate de chaux*, et soit respectivement environ
6, 63, 20 et 6 p. 100 des cas, d'après une statistique de 130 cas
réunie par Aschoff. On rencontre aussi des formes mixtes, qui
sont des combinaisons de ces diverses variétés (voy. plus loin).
Mais c'est la cholestérine qui se place au premier plan comme

---

1. Ainsi dans un cas observé par Yeo et Horroun, la bile ne contenait que 0,055
de taurocholate de sodium et 0,165 p. 100 de glycocholate, alors que la bile normale en renferme beaucoup plus (p. 179). C'est pourquoi une fistule ne fournit
un produit normal que si l'on restitue constamment à l'intestin la bile recueillie.
Peu d'analyses de bile de fistule ont été faites dans ces conditions.

agent lithogène et dont il sera surtout question dans ce qui suit.

Quelles sont les causes et quel est le mécanisme de la formation de ces calculs ? En ce qui concerne les *causes*, la théorie généralement acceptée jusqu'à ces dernières années, celle de Naunyn (1891-1905), fait appel à deux facteurs, la *stase* ou le ralentissement du flux biliaire, et l'*infection* qui, assez rapidement, est la conséquence de la stase, et qui, modifiant les conditions du milieu biliaire, créerait les causes immédiates des précipitations calculeuses. Mais depuis que le dosage de la cholestérine est devenu plus exact et plus rapide (méthode de Grigaut), on s'est rendu compte, surtout à la suite des travaux de Chauffard, que chez les cholélithiasiques, il y a, en général, hypercholestérinie sanguine et biliaire, et qu'il faut donc tenir compte aussi, comme facteur lithogène, d'une *dyscrasie humorale*, d'un *vice nutritif*[1], et l'existence de calculs produits dans une bile stérile démontre, d'autre part, que le facteur infectieux n'est pas indispensable. On est donc conduit à opposer ou à associer suivant les cas, la théorie de l'infection de Naunyn à la théorie humorale, mais sans qu'on aperçoive toujours clairement dans quelle mesure ces causes interviennent ensemble ou séparément dans la production des différentes sortes de calculs.

Pour ce qui regarde le *mécanisme* des précipitations calculeuses, il est encore très obscur. L'explication qui se présente tout de suite, c'est que les causes que l'on vient d'énumérer, modifiant les conditions de solubilité de certains composants biliaires, ceux-ci se précipitent. Mais la cholestérine et d'autres matériaux des calculs biliaires, notamment les protéiques, étant de nature colloïdale, nos raisonnements habituels quant à la solubilité et à la précipitation des substances lithogènes de la bile deviennent visiblement insuffisants (p. 46 et 48).

1° D'après Naunyn, le taux de la cholestérine biliaire est constant et indépendant de l'alimentation, et la cholestérine des calculs provient, non de la bile, mais de l'épithélium de la vésicule, desquammé par l'inflammation catarrhale de la muqueuse. Quant à l'inflammation, elle est elle-même un résultat de l'*infection*, et enfin l'on sait combien

1. Comme on peut, contrairement à ce que croyait Naunyn, agir sur cette dyscrasie par divers moyens (A. Chauffard, Guy Laroche et Grigaut), voici donc que l'on est conduit, en outre, à l'emploi d'une thérapeutique rationnelle, sur un terrain où toute intervention décisive semblait réservée uniquement à la chirurgie.

celle-ci est favorisée par la *stase* [1]. De fait, on trouve souvent dans la masse et au centre des calculs biliaires, des colibacilles, des bacilles d'Eberth et des anaérobies (Dupré, Létienne; Gilbert et Fournier, Hartmann, Lippmann), et en ce qui concerne le bacille d'Eberth, on sait que l'état typhique prédispose à la lithiase biliaire et que l'infection éberthienne des voies biliaires est constante chez ces malades. D'autre part, on réussit à provoquer la formation de calculs dans les vésicules d'animaux (cobayes, lapins) en irritant la muqueuse, par exemple par pincement du fond de la vésicule, et en introduisant ensuite des cultures microbiennes soit dans la vésicule, soit dans les veines (Gilbert et Fournier; Mignot, Halia). De plus les calculs que l'on trouve dans les vésicules infectées et enflammées sont à couches concentriques, et la disposition de ces couches raconte la succession des poussées inflammatoires constatées, d'autre part, par l'observation clinique.

Mais toute cette explication n'est ni inattaquable, ni applicable à toutes les variétés de calculs. Le fait qu'un calcul est trouvé infecté ne prouve pas que ce calcul soit le produit de l'infection. Celle-ci peut être un phénomène postérieur à celui de la lithogénèse, car il est démontré que les microbes peuvent cheminer à travers la masse d'un calcul (expériences *in vitro* de Gilbert et Fournier, puis de Chauffard). D'autre part, il existe une variété de calculs qui sont stériles et que l'on trouve dans des vésicules non infectées, ni enflammées (voy. plus loin), et corrélativement on peut dire du point de vue clinique que la théorie de l'infection n'explique à elle seule « ni la lithiase des gravidiques, ni celle des obèses, des suralimentés, des sédentaires... » (Chauffard). Enfin l'état typhique peut favoriser la cholélithiase autrement que par l'infection des voies biliaires (voy. plus loin).

La théorie de l'infection ne contient donc pas une explication complète de la cholélithiase, mais elle suffit cependant pour rendre compte de la formation de certains calculs, à savoir ceux de cholestérine et de chaux et ceux de cholestérine, de bilirubine et de chaux, distingués plus haut et qui sont les plus fréquents.

Ces calculs sont souvent nombreux dans la vésicule et présentent alors par le fait de leur compression réciproque une surface polyédrique. Ils sont à couches concentriques et les vésicules dans lesquelles on les trouve sont enflammées, chaque couche correspondant visiblement à une poussée aiguë de cholécystite infectieuse. De plus, quand on les dissout, ces calculs abandonnent un squelette protéique important (Aoyama), ce qui indique qu'ils se sont formés dans une bile enrichie en albumine par l'inflammation. Quant au mécanisme par lequel l'infection provoque les précipitations lithogènes, il serait le suivant, d'après Naunyn. L'inflammation détache de la muqueuse des cellules épithéliales qui fournissent par leur destruction la cholestérine et la chaux du futur calcul. Pour la chaux on peut admettre cette ori-

1. On sait qu'il suffit de pratiquer chez l'animal la ligature du cholédoque, pour que les microbes qui habitent les voies biliaires extra-hépatiques (p. 179), cessant d'être constamment refoulés par le flux biliaire, franchissent la ligature et remontent jusque dans la vésicule (Naunyn; Gilbert; Hanot et Létienne).

gine, car la bile est pauvre en calcium. Mais cette explication a dû être abandonnée pour la cholestérine. Celle-ci est certainement fournie par la bile, et l'on explique la précipitation de ce corps par la destruction bactérienne des sels biliaires et des savons, matériaux qui sont dans la bile les dissolvants de la cholestérine (p. 48). De fait, des dissolutions de cholestérine dans des solutions aqueuses de sels biliaires et de savons (E. Gérard), ou dans de la bile stérilisée, donnent un précipité de cholestérine cristallisée, après qu'on y a fait pulluler des colibacilles ou des bacilles d'Eberth.

Mais pourquoi ces précipitations cholestériques s'agglomèrent-elles en calculs au lieu de rester à l'état de sable biliaire ?

Ici on a admis que le squelette du futur calcul est toujours fourni par des précipitations protéiques, servant de centre d'attraction pour les matériaux que l'altération du milieu biliaire a mis en imminence de précipitation. Et la précipitation de ce squelette protéique serait elle-même le résultat d'un changement d'état physique des colloïdes albumineux de la bile (mucine biliaire, albumine exsudée par la paroi vésiculaire irritée) (Naunyn, Schade, Lichtwitz, Flandin), changement provoqué par le travail chimique de l'infection, qui modifie par exemple la réaction du milieu, donc le signe électrique des colloïdes (p. 46). Mais on peut objecter ici que l'infection n'est pas indispensable à la formation d'un calcul biliaire, et, d'autre part, comme on trouve ce squelette albumineux dans tous les calculs de l'organisme, on a été conduit à admettre que c'est là un simple phénomène d'entraînement des colloïdes protéiques, présents dans le liquide au moment de la cristallisation ou de la précipitation des matériaux du calcul (voy. p. 492, note 1). Et si ce squelette protéique est abondant dans les calculs avec infection, insignifiant, au contraire, dans les calculs stériles (voy. plus loin), cela tient tout simplement à ce que l'infection a enrichi la bile en protéiques divers, que les matériaux du calcul ont pu ensuite entraîner avec eux en plus grande quantité (Aschoff et Bacmeister). De ce côté la question demeure donc ouverte.

Remarquons en terminant que, si l'infection suffit donc à expliquer la formation de certaines variétés de calculs, cela ne prouve pas que, même pour les calculs formés en milieu infecté, elle soit toujours le seul facteur lithogène. Il se peut évidemment qu'à son action s'ajoute celle d'une dyscrasie biliaire, par exemple celle d'une hypercholestérinie biliaire (A. Chauffard). L'étude de la formation des *calculs stériles* va mettre en lumière toute l'importance de ce facteur.

2° La variété de calculs biliaires qui prend naissance en milieu stérile est presque toujours le calcul cholestérique, et ce calcul est le plus souvent solitaire, et atteignant parfois le volume d'une noix. Il est formé de fins cristaux, ou quelquefois de travées plus grosses, disposées en rayons autour d'un centre souvent coloré. Il est très pauvre en chaux [1] et quand on le dissout il ne fournit qu'à l'état de traces cette sorte de squelette protéique dont il a été question plus haut (Aoyama). De plus, fait capital, on trouve ce calcul au milieu d'une bile claire et stérile et dans des vésicules dont la paroi ne porte aucun signe histologique d'inflammation, ce qui explique pourquoi ces calculs n'ont souvent aucune histoire clinique et ne sont révélés que par l'autopsie. On explique leur formation en faisant appel à deux causes, l'*hypercholestérinie* sanguine et biliaire et la *stase* ou le ralentissement du flux biliaire.

En ce qui concerne le premier point, on sait que l'état typhique et surtout l'état gravidique [2] prédisposent particulièrement à la production de calculs biliaires. Or, dans ces deux états, l'*hypercholestérinémie* est constante et marquée (jusqu'à 3 gr. de cholestérine pour 1 000 de sérum chez les typhiques convalescents, au lieu de 1 gr. 50, et en moyenne 2 gr. 50 p. 1 000 chez 94 p. 100 des femmes enceintes de 8 à 9 mois). Réciproquement, les cholélithiasiques sont presque toujours des hypercholestérinémiques (plus de 2 gr. et jusqu'à 5 gr. 50 p. 1 000, chez 43 cholélithiasiques sur 46) (Flandin; A Chauffard, Guy Laroche et A. Grigaut). Et l'on possède aussi quelques déterminations établissant l'*hypercholestérinie de la bile vésiculaire* chez la femme enceinte (jusqu'à 7 gr. 50 p. 1 000 au lieu de 1 gr. 50 à 1 gr. 60) (Mc Nee, Chauffard). Le taux de la cholestérine biliaire est donc loin de rester toujours constant, comme le croyait Naunyn. Quant à la cause de cette hypercholestérinie, il est clair qu'à lui seul un facteur de nature aussi contingente que l'alimentation ne fournit pas ici une explication suffisante, bien que la clinique ait saisi une relation entre l'apport excessif et longtemps prolongé de cholestérine alimentaire et les crises hépatiques [3]. Vraisemblablement il se passe, en outre, un procès anormal au niveau de quelque foyer de formation de la cholestérine (voy. p. 183), peut-être aussi du côté du foie [4]. Mais, en dépit de l'incertitude où l'on est ici, ce fait reste acquis de la dyscrasie humorale, sanguine et biliaire, préparant visiblement la formation du calcul, par l'accumulation dans la bile d'un excès de cholestérine [5].

1. Ici la quantité de chaux est donc beaucoup plus faible que dans le calcul cholestérique par infection, c'est ce qui explique pourquoi E. Ritter (de Nancy), en analysant un matériel de calculs de 6 000 individus, y a trouvé des quantités de cholestérine variant de 64 à 98 p. 100, les chiffres élevés, voisins de 98 p. 100, provenant évidemment de calculs cholestériques stériles.

2. Sur 760 femmes cholélithiasiques, Grube et Graff en ont trouvé 613 avec enfants.

3. Chauffard a vu une violente crise hépatique survenir chez une jeune fille après ingestion de 11 jaunes d'œufs par jour pendant 3 mois.

4. Il est intéressant de noter à ce propos que la cure de Vichy, associée au régime hypocholestérique, fait baisser le taux de la cholestérinémie (Biscons et Rouzaud). Ce régime consiste en lait écrémé, viandes grillées, légumes verts et fruits (A. Chauffard). Voici d'ailleurs, d'après A. Grigaut, la teneur des divers aliments en cholestérine: Viandes de boucherie de 0 gr. 60 à 0 gr. 80; Foie de veau 2 gr. 50; Ris de veau 2 gr. 80; Rognons de veau 3 gr. 50; Cervelle de veau 20 grammes; Lait de vache 0 gr. 20; Beurre de vache 4 grammes; Jaune d'œuf 20 grammes p. 1 000 de substance fraîche.

5. Il se peut que la précipitation de la cholestérine soit favorisée, en outre, par un abaissement du taux des dissolvants de la cholestérine dans la bile, et notamment des sels biliaires, par le fait d'une viciation de l'élaboration biliaire, laquelle fournirait moins d'acide cholalique, donc moins d'acides biliaires (A. Grigaut). Mais ce n'est là encore qu'une hypothèse.

Pour ce qui regarde en second lieu l'influence de la *stase*, on fait valoir que dans des biles stériles, filtrées ou non filtrées, mais plus rapidement et plus abondamment dans ces dernières, la cholestérine se sépare après quelque temps de repos, sous la forme de gouttelettes à apparence graisseuse et qui confluent ensuite en fournissant des amas cristallins. Or, le séjour trop prolongé de la bile dans la vésicule, tel qu'il résulte d'une foule de causes passagères ou permanentes, grossesse, obésité, sédentarité, ptoses diverses, port du corset, outre qu'il concentre encore la bile, réalise de telles conditions de précipitation. Mais là aussi, il reste à expliquer par quel mécanisme ces précipitations aboutissent à la formation d'une pierre.

Ajoutons enfin que cette formation d'un calcul stérile n'est compatible qu'avec une stase modérée. Si la stase devient aiguë, par exemple par insertion brusque du calcul stérile dans l'orifice du canal cystique, la vésicule ne tarde pas à s'infecter, et, autour du noyau de cholestérine pure, se déposent alors les couches concentriques de bilirubine et de cholestérine calciques, décrites à propos du calcul par infection.

On voit donc que la notion d'un facteur dyscrasique, d'un vice nutritif, intervenant dans le procès lithogène, a singulièrement modifié et élargi la pathogénie de la cholélithiase, mais uniquement en ce qui concerne la production des calculs de cholestérine. Pour ce qui regarde la formation des *calculs pigmentaires*, ou l'entrée de la bilirubine dans les calculs de cholestérine et de bilirubine calciques, on ne sait encore presque rien.

Les calculs de pigments, fréquents chez les bovidés, sont très rares chez l'homme, ou du moins chez l'Européen, car, au Japon, ils représentent, au contraire, plus de 50 p. 100 du total des cas. On ignore pourquoi la cholélithiase des Japonais prend ainsi le type bovin, mais il est permis de voir là les effets d'un facteur alimentaire (Chauffard). Enfin, il est utile de faire mention ici du vice nutritif dont on saisit nettement l'intervention dans la production des *calculs pigmentaires hémolytiques* (Minkowski, Chauffard). Ces calculs, que l'on trouve chez les malades atteints d'ictère congénital avec splénomégalie, contiennent jusqu'à 60 p. 100 de bilirubinate de chaux (A. Grigaut). Ici, c'est évidemment une érythrolyse d'une ampleur pathologique, qui, chargeant la bile d'un excès de pigment, prépare la voie au procès lithogène (voy. p. 457).

CHAPITRE X

LA DIGESTION ET L'ABSORPTION DES ALIMENTS

Après avoir établi les propriétés des diverses sécrétions digestives étudiées *in vitro*, voyons quelle est, dans la digestion *in vivo*, la part qui revient à l'action de chacune de ces sécrétions, de quelle manière ces actions sont coordonnées et se succèdent en vue du but final, et enfin sous quelle forme les produits de la digestion arrivent à l'absorption.

§ I. — LA DIGESTION SALIVAIRE.

La salive joue dans la digestion à la fois un rôle mécanique et physique et un rôle chimique.

Pendant longtemps, c'est le *rôle mécanique* et physique qui a paru de beaucoup le plus important.

La salive facilite la mastication et la déglutition des aliments. Dans le premier de ces actes intervient surtout la salive parotidienne, très aqueuse (salive de mastication); dans le second, la salive sublinguale, riche en mucine (salive de déglutition). C'est aussi la salive qui, en dissolvant un certain nombre de substances sapides, permet l'action de ces substances sur les terminaisons nerveuses du goût. Enfin, la quantité de salive déglutie en vingt-quatre heures étant chez l'homme d'environ 1 500 grammes, l'organisme dispose là, indépendamment de l'apport irrégulier des boissons, d'un moyen d'établir un actif courant d'absorption du tube digestif vers les tissus. Chez les grands animaux domestiques, nourris de fourrages secs, la quantité de salive sécrétée par jour est de 40 à 60 kilogrammes.

Le *rôle chimique* de la salive a été, au contraire, tenu pendant longtemps pour à peu près négligeable. *In vitro*, à la vérité, la salive saccharifie rapidement l'amidon cuit, et c'est sous cette forme que nous consommons le plus souvent l'amidon, mais comme le séjour des aliments dans la bouche est très court et que, *in vitro*, le suc gastrique détruit très promptement la ptyaline, on considérait l'action de la salive comme étant de trop courte durée pour être de quelque importance dans la digestion des matières amylacées. On sait aujourd'hui que cette action de la salive peut, au contraire, se prolonger dans l'estomac pendant plusieurs heures (voy. ci-après). Il suit de là que, si l'insalivation a été convenable, l'effet utile de la saccharification salivaire peut être très important. Avec le pain, par exemple, la proportion de l'amidon trouvé à l'état de produits solubles dans le contenu stomacal s'élève à 50-70 p. 100. Mais on ne sait pas exactement quelle est, dans ces produits, la proportion du maltose. On ne sait pas davantage si une partie de ce maltose a subi le dédoublement en glycose.

§ II. — LA DIGESTION STOMACALE.

Lorsque les aliments arrivent dans l'estomac, ils ne sont pas, comme on le croyait autrefois, imprégnés aussitôt de suc gastrique dans toute leur masse, et les mouvements de l'estomac ne réalisent nullement un brassage qui rendrait et maintiendrait homogène le contenu de l'organe. Ni au point de vue *mécanique*, ni au point de vue *chimique*, les diverses régions du bol alimentaire ne sont traitées de la même façon par l'estomac.

D'une part, les physiologistes ont démontré que dans le grand cul-de-sac de l'estomac les contractions musculaires sont beaucoup moins énergiques et moins prolongées que dans l'antre du pylore. D'autre part, en donnant à des animaux (chien, chat, lapin, cobaye,..) des pâtées diversement colorées ou imprégnées d'indicateurs virant sous l'action des acides, Grützner a montré que si, après des temps plus ou moins longs, l'estomac est extrait et congelé dans un mélange réfrigérant, on trouve que la pâtée introduite en dernier lieu est toujours au milieu d'aliments plus anciens, qui la préservent du contact de la muqueuse et qui permettent donc à la digestion salivaire de se poursuivre pendant un temps très long (deux heures et plus encore) à l'abri de l'action nuisible du suc gastrique acide. Celui-ci n'agit guère que sur la périphérie du contenu stomacal, qui, liquéfié peu à peu, passe ensuite dans l'entonnoir prépylorique, où l'on retrouve toujours les aliments les plus anciens

et les plus fortement transformés. On observe des phénomènes analogues chez l'homme.

Voyons maintenant quels sont les produits du travail digestif de
l'estomac.

La digestion des protéiques dans l'estomac. — Presque
tous les protéiques sont attaqués par la pepsine chlorhydrique.
Seuls la kératine, la mucine et les protamines font exception
ici. Les produits de cette action sont : 1° des *albumoses*; 2° des
peptones; 3° des produits d'une dégradation plus avancés (*polypeptides*), mais parmi lesquels *les acides aminés ne figurent
pas ou ne sont représentés que par des traces*. C'est ce fait qui
établit la différence chimique actuellement la plus caractéristique
entre le travail pepsique et l'action de la trypsine.

En réunissant les contenus stomacaux de 12 chiens nourris de viande,
E. Abderhalden et ses collaborateurs n'ont pas réussi à saisir dans cette
masse des acides aminés libres, tandis que dans l'intestin du chien, du
cheval, du bœuf, du mouton, du porc, de la poule, de l'oie, ces acides
n'ont jamais fait défaut, et quand on les rencontre parfois dans l'estomac
chez le porc et chez les ruminants, on a de fortes raisons de croire qu'ils
proviennent de l'action de diastases protéolytiques, naturellement contenues dans ces aliments,
Pour ce qui regarde le côté *quantitatif* de l'opération (et en confondant
dans ce qui suit les polypeptides avec les peptones), on peut dire que,
dans les conditions ordinaires d'un repas de viande, la plus grande
partie des protéiques ingérés subit dans l'estomac la transformation en
question (E. Zunz; London). Chez l'homme ayant reçu de la viande de
bœuf crue, ou un mélange de viande et de pain, on a trouvé que sur
100 parties de protéiques retirés de l'estomac après une heure, il reste
40 parties de protéiques intacts et que les 60 parties transformées se
composaient p. 100 de 7 à 14 d'acidalbumine, de 60 à 65 d'albumoses et
de 25 de peptones et polypeptides (E. Zunz et M. Cerf), et chez le chien
sacrifié deux heures après un repas de 100 grammes de viande cuite,
les albumoses l'emportaient sur les peptones dans la région fundique,
tandis que l'inverse se produisait dans la région pylorique (E. Zunz).

Quant à l'absorption par la muqueuse stomacale, elle est certainement possible (O. Folin et H. Lyman), mais, dans les
conditions normales, probablement médiocre ou même nulle
(E. S. London et Polowzowa). Bien d'autres questions demeurent
encore en suspens. La plus importante est celle de la constitution
chimique de ce mélange de polypeptides que représentent les
albumoses et les peptones pepsiques. *C'est là que gît le vrai
problème chimique de la digestion gastrique.* S'il est vrai,

comme on va le voir, que cette digestion prépare l'attaque par le suc pancréatique, on ne comprendra vraiment en quoi consiste cette action que lorsque l'on connaîtra la nature des fragments fournis par le travail de l'estomac, c'est-à-dire les points d'attaque que ce travail prépare à l'action trypsique.

Importance et signification de la digestion gastrique des protéiques. — Après avoir attribué d'abord à l'estomac un rôle tout à fait prépondérant dans la digestion, on s'était rangé, il y a quelques années à l'opinion diamétralement opposée, surtout à la suite d'*extirpations totales de l'estomac*, pratiquées avec succès chez l'homme et sur des animaux.

Cette extirpation, pratiquée d'abord partiellement par Czerny chez le chien, a été réalisée par Pachon et Carvallo d'une manière presque totale chez le chien et complètement chez le chat. Lorsque les animaux sont rétablis, on constate chez le chien que les aliments habituels sont bien supportés, mais que l'animal les consomme par petites portions et les mâche longuement. Les vomissements alimentaires, très fréquents au début, et ensuite plus rares, ont une réaction franchement acide (ac. lactique). Les fèces sont normales et la digestion des aliments est bonne, sauf pour les tendons et aponévroses, que le chien normal fait disparaître entièrement et qui, ici, restent inattaqués. L'état général est excellent, et l'animal, d'abord amaigri, reprend en quelques mois son poids primitif. On a pratiqué de même avec succès la gastrectomie complète chez l'homme.

L'estomac n'est donc pas indispensable à la vie. En tant que réservoir alimentaire, il peut être supprimé moyennant certaines précautions (division préalable des aliments). Comme organe digestif, il peut être suppléé par l'intestin. Enfin l'acide chlorhydrique est remplacé vraisemblablement par les acides de fermentation à la fois dans sa fonction d'antiseptique et dans celle d'excitant des sécrétions pancréatique, biliaire et intestinale. Mais ces résultats ne signifient pas que dans les conditions ordinaires de la vie l'estomac ne joue pas un rôle important. L'homme s'adapte d'autant mieux aux exigences variées de la vie, qu'il est en mesure de consommer sans inconvénients les aliments les plus divers, sous les formes les plus variables, et à n'importe quel moment. Or, tout cela n'est possible qu'avec un estomac fonctionnant avec sa pleine activité, car c'est l'estomac qui prépare les aliments pour l'intestin, organe infiniment plus sensible, comme suffit à le démontrer le contrôle si précis et si délicat exercé par l'orifice pylorique (p. 197).

L'utilité de cette préparation de la digestion intestinale par l'estomac est d'ailleurs démontrée directement par des expériences *in vitro* et par l'observation clinique.

1° Il y a d'abord des protéiques, tissu conjonctif, blanc d'œuf cru, sérum en nature, qui ne sont pas attaqués *in vitro* par le suc pancréatique ou qui ne le sont que très difficilement, et qui, modifiées même légèrement, par la cuisson, par l'acide chlorhydrique étendu, et surtout par la pepsine chlorhydrique deviennent, au contraire, accessibles à une action rapide de ce même suc (C. Oppenheimer et H. Aron, et d'autres). — En ce qui concerne ensuite les protéiques que le suc pancréatique dédouble rapidement *in vitro*, même sans intervention préalable du suc gastrique, on a constaté que cette action est encore plus rapide, quand la pepsine chlorhydrique est intervenue auparavant. Et cette préparation pepsique se poursuit probablement dans l'intestin, car de l'élastine plongée dans du suc gastrique absorbe de la pepsine, qui, même lorsque le protéique est plongé dans de l'eau ou dans une solution alcaline étendue, poursuit son action dans l'intérieur de la masse. De plus l'élastine, qui a ainsi absorbé de la pepsine, fournit avec le suc pancréatique plus de produits biurétiques que celle qui n'en a pas fixé (E. Abderhalden et ses collaborateurs). — Ajoutons enfin que lorsqu'un protéique est digéré uniquement par le suc pancréatique, ce suc ne commence pas par faire ce qu'aurait fait le suc gastrique, pour continuer ensuite ce travail par le sien propre, car l'attaque pepsique consiste surtout en un dédoublement du protéique en polypeptides, tandis que dans l'action trypsique il y a, dès le début, séparation d'acides aminés (V. Henriques et Gjaldbaeck). Il se peut donc que le travail successif des deux sucs présente des particularités qui rende ce mode de digestion plus avantageux pour l'organisme que l'intervention du seul suc pancréatique.

2° L'*observation clinique* vérifie ces résultats. On sait que la lientérie conjonctive accompagne toujours l'insuffisance gastrique. De même, chez les malades à sécrétion gastrique diminuée ou éteinte (achylie), ou bien chez lesquels, par suite d'une motilité anormale de l'organe, les aliments ne séjournent pas assez longtemps dans l'estomac, on voit l'utilisation digestive (p. 548) de l'ovalbumine en nature tomber à 4-8 p. 100, tandis que l'ovalbumine cuite continue à être très bien digérée (Falta). D'autre part, von Tabora a constaté que pour des rations apportant des doses moyennes de protéiques (2 à 3 litres de lait), l'utilisation digestive de l'albumine est aussi bonne chez des sujets à sécrétion gastrique diminuée ou supprimée que chez des individus normaux. Mais si l'on élève l'apport en protéique au-dessus de ces doses moyennes (par addition de plasmon au lait), la perte en non-digéré devient rapidement considérable, ce qui montre que l'effort compensateur de l'intestin, suffisant pour des rations ordinaires, cesse de l'être sitôt que les circonstances exigent une action digestive d'une certaine puissance. Enfin on sait le rôle important que l'on attribue aujourd'hui aux troubles de la digestion stomacale dans la genèse des dyspepsies intestinales, ce qui est une autre preuve de l'importance de la préparation gastriq. e pour la bonne marche de la digestion intestinale.

La digestion des graisses et des hydrates de carbone dans

l'estomac. — L'introduction d'une quantité suffisante de *graisse* dans l'estomac provoque d'une manière constante le reflux, de l'intestin dans l'estomac (Boldyreff), d'un mélange de suc pancréatique, de suc intestinal et de bile, en sorte que ce phénomène a pu être utilisé par les cliniciens pour l'étude du suc pancréatique (Volhard et Vaubel). A l'action lipasique médiocre du suc gastrique pur s'ajoute donc celle du suc pancréatique reflué. Mais ce mécanisme aurait, en outre, la signification que voici. On sait que la présence d'un repas riche en graisse dans l'estomac diminue notablement la quantité et la richesse en pepsine du suc, dont ce repas provoque la sécrétion (Pavlov). Le reflux en question, outre qu'il assure une digestion plus rapide de cette graisse, aboutit donc à substituer, pour les protéiques, à la digestion gastrique devenue trop lente, une véritable digestion intestinale, transportée dans l'estomac. Ce même reflux est provoqué par l'introduction dans l'estomac de liquides fortement acides, et semble donc constituer alors un procès de régularisation de l'acidité gastrique. Peut-être est-ce pour cette raison que l'on trouve toujours les contenus gastriques moins acides que le suc pur (p. 158).

En ce qui concerne les *hydrates de carbone*, on a vu que la digestion dans l'estomac commence par une véritable *période d'amylolyse*, pendant laquelle l'action de la salive se poursuit librement dans l'intérieur du bol alimentaire, la protéolyse ne s'exerçant qu'à la surface de la masse. Quant à l'action amylolytique que le suc gastrique pourrait produire ensuite par son acide chlorhydrique, elle n'entre pas en ligne de compte.

La digestion du lait dans l'estomac. — Lorsqu'on donne du lait à un chien porteur d'une fistule duodénale voisine du pylore, on voit cet orifice fournir d'abord quelques jets de lait non encore coagulé, puis, le lait se coagulant dans l'estomac, la fistule ne donne plus que du lacto-sérum, tandis que le caillot de caséine emprisonnant le beurre demeure dans l'estomac, et d'autant plus longtemps que le lait est plus gras. Avec un lait riche en beurre, il faut six à sept heures pour que l'estomac se vide, et dans les jets successifs fournis par le pylore pendant ce temps la caséine est déjà presque complètement peptonisée [1]. L'effet utile de la coagulation labique, suivie de l'élimination du sérum vers l'intestin, semble donc être celui-ci, qu'au lait en nature, donc à un aliment *volumineux* et que sa richesse en graisse doit retenir longtemps dans l'estomac, se trouve substitué un caillot d'un volume bien moindre, qui ne distend plus l'estomac et qui se prête ainsi plus aisément à l'attaque pepsique. De fait, on constate que, *in vitro*, le lait coagulé par la présure est plus vite hydrolysé par la pepsine chlorhydrique que le lait que l'on a préservé de la coagulation par addition d'un oxalate. Au surplus, le caillot de caséine formé au contact du suc gastrique entraîne avec lui de la pepsine, et ce mélange intime favorise certainement la peptonisation (E. Abderhalden et F. Kramm).

Les partisans de l'identité de la pepsine et de la chymosine ajoutent que la production du lab n'est nullement une adaptation spéciale de la sécrétion gastrique à la digestion du lait, puisque, selon eux, toutes les diastases protéolytiques sont en même temps chymosiques. L'adaptation

---

1. L. Gaucher soutient, au contraire, que près de 90 p. 100 de la caséine traversent l'estomac sans avoir été peptonisés (1901).

consiste, au contraire, dans ce fait que la glande mammaire sécrète un protéique qui se trouve être coagulable par ces diastases, le seul dont la protéolyse commence par une coagulation.

§ III. — LA DIGESTION INTESTINALE.

La digestion intestinale porte sur les produits qui sont transmis au duodénum par l'orifice pylorique. Or, grâce à une série de réflexes, cet orifice exerce sur ces produits un contrôle très précis.

Le contrôle pylorique. — Quand le chyme qui séjourne dans l'antre pylorique a acquis une certaine acidité, le sphincter s'ouvre et laisse passer un jet de liquide acide; mais à peine arrivées au contact de la muqueuse duodénale, ces matières provoquent une contraction du pylore qui empêche l'évacuation d'un nouveau jet acide. Par là se trouve donc évitée la pénétration brusque, dans le duodénum, d'une trop grande quantité de liquides acides. Mais on sait que le contact d'un liquide acide avec la muqueuse intestinale provoque une sécrétion de suc pancréatique et de suc intestinal et un écoulement de bile, tous liquides alcalins, qui neutralisent par conséquent le chyme stomacal. L'excitation duodénale prenant fin de ce fait, le pylore cède à nouveau à l'influence du contenu acide de l'antre pylorique et laisse passer un nouveau jet acide (Cannon). Le degré de cette acidité intervient aussi dans ce mécanisme, en ce sens que, lorsque le chyme contient beaucoup d'acide libre, il provoque une sécrétion pancréatique plus abondante que s'il ne contient que de l'acide combiné aux matières organiques (Frouin). Or, on sait que les peptones fixent beaucoup plus d'acide que le protéique primitif, en sorte que plus la digestion pepsique est avancée dans un jet pylorique, c'est-à-dire moins elle a besoin d'être complétée par le suc pancréatique, moins énergique est aussi l'appel que ce jet adresse à la sécrétion pancréatique.

Lorsque les matières déversées par le pylore sont riches en graisse, la réouverture du sphincter se fait attendre beaucoup plus longtemps. Une injection d'huile dans le duodénum est suivie d'une fermeture prolongée du pylore. Cet orifice se ferme aussi devant des aliments insuffisamment fluidifiés ou en gros morceaux.

Le contenu intestinal. — Du jeu de ce mécanisme, il résulte donc que l'intestin est préservé d'afflux brusques et irréguliers de quantités trop considérables d'aliments et qui seraient à des degrés d'élaboration très différents. Le pylore ne transmet progressivement que les quantités de chyme que l'intestin est en mesure d'élaborer rapidement. Aussi ne trouve-t-on jamais, même chez l'animal en pleine digestion, l'intestin rempli, encore moins distendu. Le contenu intestinal se réduit en général à une sorte d'enduit muqueux, à consistance crémeuse et d'un poids total très médiocre (p. 203).

Dans le duodénum, le chyme stomacal entre en réaction avec les sécrétions alcalines déversées dans l'intestin et notamment avec la bile qui coagule le chyme. Ce précipité entraîne avec lui la pepsine, qui, dans ce milieu encore acide, aurait pu nuire à la trypsine. De plus, il contient les albumines solubles et une partie des albumoses (p. 184), dont la traversée digestive se trouve ainsi ralentie et par conséquent la peptonisation mieux assurée. Mais cette réaction ne paraît pas avoir une grande importance physiologique, si l'on en juge du moins d'après le médiocre effet qu'exerce sur l'utilisation digestive des protéiques la suppression de la bile.

Une question plus importante est celle de la *réaction* qui s'établit finalement dans le contenu intestinal. On admettait autrefois que c'est une réaction franchement alcaline qui l'emporte, d'abord parce que, *in vitro*, c'est cette réaction qui donne à la trypsine son pouvoir dissolvant maximum, et ensuite parce que la quantité d'alcali apportée par la bile, le suc pancréatique et le suc intestinal l'emporte visiblement sur la quantité d'acide contenue dans le chyme. Mais, d'une part, on sait aujourd'hui que la trypsine travaille très bien dans un milieu neutre ou légèrement acide (p. 169) et, d'autre part, il se trouve que cet excès d'alcali est à son tour neutralisé par les acides de fermentation produits par l'action des bactéries de l'intestin sur les hydrates de carbone alimentaires, en sorte que le contenu intestinal est en général neutre ou légèrement acide.

Toutefois, les observateurs ne sont pas encore d'accord sur ce point. Chez un chien sacrifié six heures après un repas de viande, la muqueuse est alcaline au tournesol, mais le contenu est légèrement acide. La même observation a été faite chez des suppliciés (Gley et Lambling). Chez une malade qui portait une fistule chirurgicale siégeant à l'extrémité cæcale de l'iléon, le chyme qui s'écoulait par la fistule était constamment acide et renfermait de l'acide acétique, de l'acide lactique, des acides gras volatils, c'est-à-dire les produits de la décomposition bactérienne des hydrates de carbone, et l'une des principales fonctions du suc intestinal, si riche en carbonate de sodium, paraît être d'assurer la neutralisation de ces acides (Macfadyen, Nencki et Sieber). Ce résultat serait toujours atteint d'après Munk, qui soutient que le contenu intestinal se comporte comme une solution alcaline saturée d'acide carbonique, c'est-à-dire qu'il n'est acide que pour les indicateurs sensibles à l'acide carbonique. Or, ce serait là, d'après Schierbeck, le milieu qui conviendrait le mieux à l'action trypsique (voy. aussi p. 230).

Voici enfin quelle est la composition du contenu intestinal en ce qui concerne les matériaux alimentaires. On n'y trouve que très peu d'*albumines* encore *coagulables* (moins de 1 p. 100), car le pylore en laisse passer très peu, et l'hydrolyse trypsique achève de les peptoniser très rapidement. De même les *albumoses* et les *peptones* sont si faiblement représentées que leur présence constante a même été niée. Enfin, on a trouvé dans le chyme des *polypeptides*[1] et des *acides aminés* (glycocolle, alanine, valine, leucine, isoleucine, acides glutamique et aspartique, cystine, lysine, arginine, tyrosine, phénylalanine, proline, tryptophane, (Kutscher et Seemann; E. Abderhalden) (voy. aussi p. 203). Quand la ration contient des *saccharoses*, on en retrouve de petites quantités dans l'intestin, à côté des *glycoses* résultant de leur hydrolyse et, s'il y a eu ingestion d'*amidon*, le chyme renferme un peu d'amidon intact et de *dextrine*, à côté des sucres réducteurs, maltose et glycose, mais ceux-ci font au plus 1 p. 100 du contenu humide. Enfin les *graisses* sont, en général, presque entièrement dédoublées en savons ou en acides gras libres, dissous à la faveur de la bile.

Voyons maintenant ce qu'une étude plus attentive de ces produits apprend quant à la digestion et à l'absorption des divers aliments.

1. *La digestion intestinale des protéiques*.

On a vu que, *in vitro*, l'intervention simultanée de la trypsine et de l'érepsine aboutit à l'hydrolyse complète des protéiques en leurs acides aminés constituants (p. 177), et que, d'autre part, on a trouvé ces acides dans le contenu intestinal et tout le long de l'intestin grêle. Mais ces résultats ne prouvent pas que toute la molécule protéique soit simplifiée jusqu'à ce niveau et que l'absorption ne porte pas en même temps sur des fragments plus compliqués, comme les albumoses et les peptones. De fait, on a successivement plaidé que cette absorption a lieu sous la forme d'albumoses, sous la forme de peptones, ou enfin après dislocation complète de la molécule en acides aminés. Pour l'instant, laissons de côté ce débat et cherchons d'abord quelle est la signification physiologique de l'opération digestive. La question de la forme

1. Un seul de ces polypeptides du contenu intestinal a été identifié jusqu'à présent; c'est la *glycyl-l-phénylalanine* (E. Abderhalden).

sous laquelle l'absorption a lieu nous apparaîtra ensuite sous un tout autre aspect.

Signification physiologique de la dégradation digestive des protéiques. — Quel que soit le niveau auquel s'arrête l'hydrolyse digestive des protéiques dans l'intestin, il est incontestable qu'elle consiste dans une dislocation de la molécule. Pourquoi cette démolition préalable ? C'est une expérience d'ordre biologique qui va nous fournir une première explication de ce phénomène.

On sait que, lorsqu'on injecte à plusieurs reprises dans le sang ou sous la peau d'un animal une albumine empruntée à une espèce différente (injection de lait de vache à un lapin; Bordet, 1899), le sérum de l'animal injecté acquiert la propriété de précipiter la solution de ce protéique[1] (formation d'une précipitine) (p. 33). Il se produit aussi des accidents toxiques[2] et, dans certaines conditions (injections de petites doses convenablement espacées), on voit apparaître les accidents graves de l'anaphylaxie (Ch. Richet; M. Arthus). Lorsque cette albumine étrangère est, au contraire, introduite *per os*, la forme sous laquelle elle franchit alors la paroi digestive pour pénétrer dans le sang est telle que l'organisme ne réagit plus comme vis-à-vis d'une substance étrangère. L'effet de la digestion a donc été de faire d'un protéique étranger une substance *spécifique*, c'est-à-dire propre à l'espèce considérée. Il y a eu, au sens étymologique du mot, une *assimilation*, et la digestion nous apparaît donc comme jouant un rôle essentiel dans le maintien de la spécificité des organismes[3].

1. Mais non par la solution du protéique de même nom, empruntée à une autre espèce. La réaction est donc nettement spécifique et l'on sait qu'elle peut être employée en médecine légale; par exemple l'extrait aqueux d'une tache de sang ne donne un précipité avec le sérum d'un lapin « préparé » par des injections successives de sang humain, que si cette tache est d'origine humaine.

2. Cette intoxication se traduit du côté du rein par de l'albuminurie, et l'urine contient non seulement l'albumine injectée, mais encore des albumines fournies par l'animal en expérience. En même temps, il y a cylindrurie (surtout quand on injecte des sérums étrangers), et à l'autopsie on trouve des lésions rénales (Linossier et Lemoine).

3. En même temps, elle défend l'organisme contre l'action toxique des protéiques étrangers. Un extrait aqueux de viande fraîche, dont l'injection sous la peau produit les accidents néphrotoxiques indiqués plus haut, devient inoffensif quand il a subi l'action du suc gastrique. — Notons ici que la cuisson complète des protéiques alimentaires rend plus sûre cette action de défense des sucs digestifs. Il est, en effet, démontré que de petites quantités de protéiques étrangers, le blanc d'œuf cru, par exemple, peuvent être absorbées en nature et nuire ainsi au rein, du moins chez les albuminuriques. Bien coagulés au contraire, ces mêmes protéiques ne peuvent être redissous que par une action prolongée des sucs

La nécessité d'une telle intervention du tube digestif apparaît tout de suite lorsqu'on compare dans le tableau de la page 31 la composition de la caséine du lait avec celle des protéiques du nouvel organisme, dont ce lait va servir à former les tissus et les humeurs. Chacun de ces protéiques offre une composition particulière et la réaction biologique (réaction des précipitines) nous apprend que tous ont reçu la marque propre à l'espèce. Et pendant toute son existence, malgré l'infinie variété des aliments auxquels il pourra demander sa subsistance, cet organisme maintiendra ainsi aux albumines de ses tissus cette composition particulière, différente de celle qu'offrira une autre espèce, avec laquelle il partage souvent les mêmes aliments. Un mouton et un bœuf pâturant le même pré, deux oiseaux de proie d'espèce différente, se nourrissant côte à côte du même gibier, deux champignons d'espèce différente, cultivés sur un même milieu, n'en confèrent pas moins à leurs protéiques constituants et, d'une manière générale, aux molécules intégrantes de leurs tissus, cette composition *spécifique*, dont le maintien et la défense est évidemment assurée en tout premier lieu par la barrière digestive.

Par quel mécanisme la digestion remplit-elle ce rôle, en ce qui concerne les protéiques? On a vu que les diverses matières protéiques contiennent sensiblement les mêmes noyaux aminés, mais en proportions différentes, et du tableau de la page **31** il ressort clairement que l'une de ces matières ne peut être transformée en une autre qu'au prix d'une démolition, suivie d'une reconstruction convenable. D'une gliadine de farine de froment contenant 45 p. 100 d'acide glutamique, l'organisme ne peut faire de la sérumalbumine qui en renferme 7,7 p. 100, qu'en disloquant cette molécule pour ne faire ensuite rentrer dans l'albumine reconstruite qu'une partie de cet acide. Cette même gliadine et la zéine du maïs ne contiennent pas de lysine, noyau qui ne manque dans aucun protéique animal et qui doit donc être introduit dans l'édifice pendant cette reconstruction. Mais pour que cette synthèse soit possible, jusqu'où doit aller la démolition préalable? On incline beaucoup à admettre aujourd'hui qu'elle doit être totale, c'est-à-dire aller jusqu'à la mise en liberté de tous les acides aminés, et que, commencée et déjà poussée très loin dans le tube digestif, elle est

digestifs, ce qui les rend sûrement inoffensifs. D'ailleurs, le chauffage des sérums étrangers à 55°, l'ébullition du lait suppriment les propriétés néphrotoxiques de ces liquides (Linossier et Lemoine)

achevée dans la muqueuse même, par l'action de l'érepsine, pendant l'absorption des produits, ce qui implique, d'autre part, une reconstruction *totale* de la molécule. Mais les organismes sont-ils capables d'une synthèse aussi étendue?

Possibilité d'une reconstruction totale des protéiques par l'organisme animal. — On ne peut plus douter aujourd'hui de la possibilité d'une telle reconstruction. Commencée par O. Loewi[1], la démonstration de ce fait a été fournie par Henriques et Hansen et surtout par E. Abderhalden et ses collaborateurs dans une longue série de remarquables expériences.

Dans l'une d'elles, un chien a reçu, au sortir d'une période de vingt-trois jours de jeûne, et pendant cent jours, de la viande complètement dégradée en ses acides aminés, de la graisse, du glycose et de la cendre d'os. Au bout de ce temps, l'animal avait augmenté de 9 900 grammes, et son poil, qui avait été tondu à ras, avait abondamment repoussé, On avait donc assisté là directement à la synthèse d'un protéique (kératine). D'autres expériences ont montré, en outre, qu'avec de la viande ou de la caséine complètement hydrolysées, on peut, sans cesser de réaliser l'équilibre azoté, descendre à un minimum d'azote ingéré aussi réduit qu'avec de la viande ou de la caséine intactes, et qu'on obtient aussi de larges augmentations de poids chez un animal en période de croissance, ou encore l'entretien d'une chienne en lactation (F. Frank et Schittenhelm; E. Abderhalden et ses collaborateurs).

Voilà donc démontré qu'*un protéique donné et le mélange des acides aminés constituant ce protéique sont équivalents au point de vue alimentaire*[2]. On montrera dans un autre chapitre combien sont importants et variés les problèmes relatifs à la nutrition azotée que cette démonstration a permis d'aborder (p. 305).

Forme sous laquelle a lieu l'absorption des protéiques. — Mais le fait que les produits d'une hydrolyse totale des protéiques suffisent à l'entretien de la vie démontre simplement que dans l'intestin des choses pourraient se passer de même, mais ne prouve

---

1. L'expérience classique de Loewi a consisté à nourrir des chiens avec une ration où les protéiques n'étaient représentés que par du tissu pancréatique transformé en produits abiurétiques par une autodigestion de quatre semaines. Mais on sait que dans ces conditions le dédoublement en acides aminés n'est pas tout à fait complet (p. 171).

2. Ces protéiques complètement dégradés que le commerce fournit aujourd'hui (éreptone, hapane), n'ont pas, comme les peptones, l'inconvénient de provoquer des diarrhées. De plus, bien qu'ils soient à peu près complètement solubles dans l'eau et qu'ils représentent donc un aliment liquide, ils provoquent des sécrétions digestives aussi actives et les mêmes phénomènes de motilité que les aliments ordinaires. Enfin introduits par le rectum, ils sont complètement absorbés (E. Abderhalden et ses collaborateurs; O. Cohnheim).

pas qu'elles se passent en réalité ainsi. D'ailleurs des expériences déjà anciennes de Friedländer (1896) vérifiées et étendues bien souvent (Linossier et Lemoine ; Ascoli ; J. Minet et J. Leclercq), démontrent que l'absorption d'albumines intactes par l'intestin est possible, et des recherches de Ellinger, Nolf, Borchhard, il ressort avec une très grande vraisemblance que celle des albumoses et peptones l'est également, et enfin comme celle des acides aminés l'est sûrement aussi, on voit qu'en abordant le problème de ce côté on n'aboutit à aucune réponse précise.

On a donc été conduit à examiner le sang de la digestion, c'est-à-dire à poursuivre de l'autre côté de la barrière intestinale les produits du travail digestif. Mais l'étude de cette question viendra mieux dans un autre chapitre (p. 305). Bornons-nous à dire ici que l'on n'a pas été plus heureux de ce côté, et que le problème de la forme que prennent les protéiques au moment de leur absorption reste toujours en suspens. Toutefois, c'est vers l'hypothèse d'une hydrolyse sinon totale, du moins très profonde, que penchent aujourd'hui, avec Abderhalden, beaucoup de physiologistes.

A l'appui de cette thèse, Abderhalden vient encore d'apporter les résultats que voici : en réunissant les contenus intestinaux de 106 chiens tués en pleine digestion (45 grammes de contenu en moyenne chez chaque animal), il a constaté que sur 61 grammes d'azote total il y avait 50 grammes d'azote non coagulable (albumoses, peptones, acides aminés) dont 12 gr. 50 à l'état d'acides aminés. Le quart, et chez d'autres espèces animales examinées de même (50 porcs, 20 bœufs, 4 chevaux), le cinquième environ des produits de la digestion, était donc représenté par des acides aminés, et ce chiffre est un minimum, car le procédé employé laissait échapper une partie de ces acides. Si l'on considère maintenant que ces corps sont des cristalloïdes dont l'absorption doit être rapide, il devient très vraisemblable que l'hydrolyse des protéiques dans l'intestin aboutit tout entière à ces acides, que l'absorption élimine ensuite au fur et à mesure. Pareillement, en suivant chez le chat l'absorption digestive d'albumine iodée (iodalbacide), O. von Fürth et Friedmann ont retrouvé l'iode dans la paroi intestinale et le sang, non à l'état d'albumoses et de peptones iodées, mais d'iode minéral, ce qui implique une dégradation profonde (p. 32, note 1). Enfin, le contenu intestinal renferme de la proline et de la phénylanine, acides aminés que, *in vitro*, la trypsine met en liberté en dernier lieu, et ce fait plaide donc aussi en faveur d'une hydrolyse totale *in vivo* (E. Abderhalden).

Ce phénomène est d'ailleurs général. Quand on fait germer une graine dans de l'eau ou du sable humide, on voit les réserves protéiques de l'embryon servir à la production de tissus nouveaux (tige, feuilles). Mais il n'y a pas eu simple transport. Le premier acte de la germination est, en effet, une active dégradation des réserves de la graine et notamment des protéiques, qui sont dédoublés en leurs acides aminés constituants (voir. p. 319), sous l'influence de diastases spéciales, produites à ce moment. Là aussi on saisit donc comme une dégradation digestive, prélude de la construction des protéiques nouveaux, nécessaires à la création des divers tissus et organes de la future plante.

On a objecté, il est vrai, du point de vue téléologique, qu'il est illogique d'admettre que l'organisme se livre à un tel gaspillage d'énergie, démolissant dans l'intestin un édifice moléculaire qu'il sera obligé de reconstruire plus loin. A quoi l'on peut répondre que la reconstruction ne porte pas nécessairement sur la totalité de l'albumine d'une ration (p. 312), et que l'effet thermique qui correspond à ce dédoublement est au plus de 10 p. 100 de la valeur calorifique totale.

Au surplus, ce côté du débat n'offre plus qu'un intérêt secondaire. Que l'hydrolyse digestive des protéiques aille pour toute la molécule jusqu'aux acides aminés, ou qu'elle laisse subsister, au contraire, à côté de ces acides, des fragments plus gros qui seraient absorbés à cet état, parce qu'ils représentent des produits n'ayant plus rien de spécifique, c'est-à-dire rien qui rappelle l'espèce étrangère dont provient le protéique digéré, c'est là une question dont la solution, quelle qu'elle soit, ne changera rien à l'aspect tout nouveau que prend aujourd'hui le problème de la digestion des protéiques. En effet, un fait capital demeure acquis, c'est que l'opération digestive vise bien plus loin qu'à préparer simplement l'absorption des aliments. C'est *un « broyage moléculaire »* (Hugounenq), *première étape d'une reconstruction qui, de produits étrangers, inaptes à entrer dans l'édifice organique, fera des matériaux spécifiques, c'est-à-dire adaptés à l'espèce considérée.*

On voit aussi qu'au point de vue physiologique, comme au point de vue chimique (p. 38), les mots de peptone et de peptonisation ne conservent plus qu'un sens tout conventionnel.

Les facteurs chimiques de la spécificité des protéiques. — Le but de la digestion étant donc de faire avec des protéiques étrangers des protéiques spécifiques, cette opération ne pourra être connue dans toutes ses parties que lorsqu'on saura *à quelles particularités de structure est liée cette spécificité.* Cette question a pu être abordée expérimentalement à l'aide de la réaction des précipitines, et l'on a été conduit ainsi à distinguer pour chaque protéique deux spécificités, qui paraissent être liées chacune à des groupements chimiques différents. L'une, la « spécificité d'origine » — qui est la vraie spécificité, c'est-à-dire la marque que l'espèce a imprimée au protéique — fait, par exemple, que la

caséine de vache diffère de la caséine de femme; l'autre, la
« spécificité de constitution » fait, par exemple, que la caséine de
vache diffère de la lactalbumine du même animal. C'est que l'expérience montre, en effet, que chacune de ces deux spécificités peut
être abolie par certains réactifs, sans que l'autre soit atteinte
(Obermayer et Pick; K. Landsteiner et E. Prasek).

On sait que les précipitines apparaissant dans le sang par l'injection
répétée de matières protéiques étrangères sont nettement spécifiques. Or,
si l'on modifie un protéique donné par la coction, par l'action des acides,
des alcalis, du formol, ou encore par l'action de diastases protéolytiques,
même poussée jusqu'à la disparition de la réaction du biuret, ou enfin
par l'intervention d'un agent oxydant (permanganate de potassium), chacune des modifications ainsi obtenues engendre, lorsqu'on l'injecte à un
animal, une précipitine correspondante qui ne réagit qu'avec la modification qui l'a produite, mais non pas avec les autres ou avec le protéique primitif. Ces réactifs ont donc créé chaque fois, dans le protéique
dont on est parti, une *spécificité de constitution* nouvelle, mais on constate, en outre, qu'ils ont laissé intacte la *spécificité d'origine*.

Au contraire, si l'on modifie un protéique en l'iodant, le nitrant ou le
diazotant, les produits obtenus engendrent des précipitines qui réagissent respectivement avec le dérivé iodé, nitré ou diazoté du même protéique emprunté à n'importe quelle autre espèce. Cette fois, c'est donc
la spécificité d'origine qui a été abolie par le réactif. Cela est si vrai
que la précipitine engendrée par une albumine iodée réagit même avec
l'albumine iodée empruntée à la même espèce que l'animal injecté. De
plus, les animaux sensibilisés à l'extrème à l'action d'une albumine
donnée ne reçoivent pas le choc anaphylactique, quand on leur injecte
cette même albumine, après l'avoir iodée (H. Freund).

On ne sait pas encore quels sont les groupements atomiques de l'albumine sur lesquels agissent la coction, les acides, les alcalis, le formol,
mais on est certain que l'action de la nitration, de la diazotation et celle
de l'iode se portent sur les noyaux cycliques (p. 32, note 1), qui seraient
donc les porteurs essentiels de la spécificité d'origine.

Enfin, l'organisme opère aussi les deux modifications que l'on vient
d'expliquer. Dans la glande mammaire, il crée côte à côte une caséine
et une lactalbumine, à spécificité d'origine commune et à spécificité de
constitution différente. Au contraire, dans le cristallin, le protéique con-
stitutif ne possède plus aucune spécificité d'origine, car il engendre des
précipitines qui réagissent avec l'albumine du cristallin de n'importe
quel autre animal (Uhlenluth). Ajoutons que les résultats si remarquables
d'Obermayer et Pick restent encore isolés, mais, quel que soit le sort
que l'avenir leur réserve, il est certain que ces recherches auront ouvert
à l'expérimentation des directions toutes nouvelles.

On peut donc espérer que l'emploi de la réaction biologique
des précipitines, combiné avec le patient inventaire des produits
du dédoublement complet ou ménagé des protéiques, révélera peu
à peu en quoi consistent chimiquement ces deux spécificités. *Alors*

seulement on pourra comprendre dans toute son étendue l'opération de la digestion et de l'assimilation des protéiques.

La digestion et l'absorption des nucléoprotéides.. — Le sort de ces protéides dans le tube digestif n'est pas encore établi avec certitude. D'après ce qui a été dit précédemment on doit admettre que la digestion pepsique débarrasse simplement les noyaux de la gangue protoplasmique qui les entoure, mais sans attaquer sensiblement leurs nucléoprotéides (p. 102). Puis, par sa trypsine, le suc pancréatique commence le dédoublement, avec mise en liberté de l'acide nucléique, mais celui-ci ne subit lui-même qu'une transformation physique, qui le rend diffusible (p. 172), en sorte que *in vivo* la dégradation pourrait s'arrêter à ce niveau (E. Abderhalden). Il est possible aussi que, sous l'action du suc intestinal, les acides nucléiques soient dédoublés, d'abord en leurs mononucléotides constituants, puis en acide phosphorique et en nucléosides, la dégradation de ces derniers en sucres et en bases puriques libres ne se produisant que dans l'intimité même de la muqueuse. Du point de vue téléologique on aperçoit la raison de ce dispositif dans ce fait que les bases puriques libres, très peu solubles, seraient d'une absorption très difficile. De fait, le contenu intestinal de chien à fistule iléale et ayant reçu *per os* de l'acide nucléique (de thymus, de levure), renferme de *l'acide guanylique*, provenant apparemment du dédoublement de l'acide ingéré en ses mononucléotides constituants, de la *guanosine* et peut-être de l'*adénosine*, mais pas de bases libres (London et Schittenhelm; London, Schittenhelm et K. Wiener) (voir aussi p. 258 et 356).

Bien entendu, il faut admettre corrélativement que l'édifice ainsi démoli pourra être reconstruit plus loin, mais cette hypothèse est permise, puisque dans l'œuf de poule en voie de développement (A. Kossel; Burian et Schur; L. S. Fridericia), chez le ver à soie (Tichomiroff), chez le nourrisson qui ne reçoit avec le lait que très peu de nucléoprotéides, on assiste certainement à d'actives synthèses d'acides nucléiques et de nucléoprotéides. Notons ici qu'avec les nucléoprotéides, les nucléines, mais non pas avec les acides nucléiques, E. Abderhalden et T. Kashiwado ont obtenu des réactions d'anaphylaxie, qui sont donc dues évidemment à la composante protéique.

Une partie des nucléoprotéides échappe à l'absorption, et leurs acides nucléiques sont dédoublés par les bactéries des fèces. En effet, les selles contiennent toujours des bases puriques et surtout de l'adénine et de la guanine (de 30 à 90 milligrammes pour 24 heures) (W. Hall) et la quantité de ces bases est augmentée dans les affections du pancréas (jusqu'à 0 gr. 50) (Schittenhelm). Les fèces contiennent alors beaucoup de noyaux intacts, signe que la clinique a mis à profit (épreuve de Ad. Schmidt) (voy. aussi p. 368). Toutefois, le cinquième ou le sixième des purines fécales proviendraient des cadavres bactériens.

2. *La digestion intestinale des graisses.*

Lorsqu'on ouvre l'abdomen d'un chien quatre à huit heures après un repas riche en graisses, on voit les chylifères devenus lactescents, c'est-à-dire gorgés d'une émulsion graisseuse, et l'on sait par la classique observation de Cl. Bernard, complétée par une ingénieuse contre-épreuve de Dastre, que c'est la collaboration de la bile et du suc pancréatique qui assure à ce phénomène son maximum d'intensité. (Voir sur ce point les traités de physiologie).

Quels sont ici les rôles respectifs de la bile et du suc pancréatique, question étroitement liée à cet autre problème : à quel état les graisses sont-elles absorbées ? *En nature*, sous la forme de graisses simplement émulsionnées, ou bien *après saponification* en acides gras, puis en savons, et en glycérine, c'est-à-dire en produits solubles dans l'eau ? Examinons ces deux hypothèses.

Absorption des graisses en nature. — Lorsque les graisses quittent l'estomac, elles sont en parties fondues et mêlées au chyme en gouttes plus ou moins volumineuses, en partie simplement ramollies, là où il s'agit de graisses fondant au-dessus de 37°. De plus, l'action dissolvante du suc gastrique a mis en liberté celles qui se trouvaient emprisonnées dans les tissus. Ces graisses, toujours mêlées d'acides gras libres — ne fût-ce que par le fait des opérations culinaires — sont aussitôt émulsionnées par les sécrétions alcalines de l'intestin, et l'on a vu comment le suc pancréatique est outillé pour rendre cette émulsion plus parfaite encore et plus stable. A la vérité, il est difficile de constater directement ce phénomène sur le vivant, car on ne trouve jamais l'intestin largement pourvu de graisses émulsionnées ; la muqueuse est simplement couverte d'une sorte d'enduit épais et bilieux, sans doute parce que le pylore ne laisse passer chaque fois que la quantité de chyme que l'intestin peut immédiatement maîtriser. Mais comme dans cette masse on ne trouve que 12 p. 100 environ des graisses à l'état de savons, beaucoup de physiologistes ont admis que l'absorption des graisses se fait principalement à l'état d'émulsion, les fines granulations de graisse pénétrant directement dans le protoplasme des cellules épithéliales de la muqueuse, bien qu'à la vérité l'observation microscopique de la muqueuse n'ait jamais fourni de preuves péremptoires d'un tel passage (voir aussi p. 258).

On voit donc que, dans cette théorie, l'action chimique (stéatolytique) du suc pancréatique n'interviendrait que pour assurer une efficacité plus grande à l'action physique, c'est-à-dire à l'émulsion. De son côté la bile agirait dans le même sens, d'une part, par son alcalinité, d'autre part, par le surcroît d'activité stéatolytique que sa présence vaut au suc pancréatique.

Absorption des graisses après saponification. — A cette théorie de la pénétration des graisses en nature, on a opposé ou juxtaposé celle de la saponification préalable en acide gras et en glycérine, et que semblent accepter aujourd'hui de préférence la majorité des physiologistes. Ici l'on admet que l'émulsion a pour effet, non de préparer directement l'absorption, mais de rendre plus rapide, par la multiplication des surfaces, l'acte chimique de la saponification, qui est l'opération digestive essentielle. L'acide gras libéré, transformé en savon par les alcalis du contenu intestinal, est absorbé en même temps que la glycérine, et si dans les chylifères on ne retrouve que de la graisse neutre, c'est que la muqueuse, au cours même de l'absorption, a refait par synthèse la graisse primitive.

La réalité d'une telle synthèse a été établie par I. Munk, dans une belle série d'expériences sur le chien, complétées plus tard par d'intéressantes observations sur une femme atteinte d'une fistule lymphatique. Lorsque ce savant introduisait dans une anse intestinale des savons alcalins avec ou sans glycérine, il trouvait que les chylifères correspondants deviennent laiteux. De même, si l'on remplace les savons par des acides gras libres, émulsionnés au moyen d'une petite quantité de carbonate de sodium (insuffisante d'ailleurs pour neutraliser une fraction importante des acides gras employés), les chylifères correspondants deviennent laiteux et le chyle contient des graisses neutres avec très peu de savons. Si l'on met un chien en équilibre azoté avec de la viande et des graisses, cet équilibre n'est pas rompu si l'on substitue à la graisse, même pendant un grand nombre de jours (21 j.), une quantité correspondante d'acides gras libres, et lorsque l'on introduit dans le tube digestif des éthers spéciaux, tels que le blanc de baleine ou palmitate de cétyle, de l'oléate d'amyle, des oléates, palmitate et stéarate d'éthyle, les acides gras correspondants se retrouvent dans le chyle à l'état d'éthers de la glycérine (Munk et Rosenstein). Les éthers introduits ont donc été dédoublés, et les acides gras correspondants ont été, après absorption, recombinés à la glycérine. Les expériences de O. Franck sur l'absorption des monoglycérides, que l'on retrouve dans le chyle à l'état de triglycérides, plaident dans le même sens. Et si l'on offre à l'intestin, sous la forme d'une émulsion très fine, de la lanoline (W. Connstein, A. v. Fckete), du pétrole et de la paraffine, c'est-à-dire des corps insaponifiables, ou bien un mélange bien émulsionné de paraffine et de graisse neutre, la graisse seule est absorbée ; l'insaponifiable ne franchit pas la paroi digestive (V. Henriques et C. Hansen). Enfin les graisses les plus aisément saponifiées *in vitro* par le suc pancréatique sont aussi celles qui, données au chien, fournissent **le sang de digestion** le plus riche en graisse. La saponification semble donc commander l'absorption (E. F. Terroine et Jeanne Weill).

Cette théorie a été fortifiée par la découverte de la remarquable solubilité des acides gras dans la bile (p. 181). Par là on échappe à cette objection que la quantité d'alcali nécessaire à la neutralisation des acides gras d'un repas est supérieure à celle qui est disponible dans l'intestin. Finalement, Pflüger et Cohnhein concluent qu'il n'existe actuellement aucun fait empêchant d'admettre que la totalité de la graisse est saponifiée avant l'absorption. L'aliment gras cesserait donc de prendre par rapport aux deux autres une position particulière. Comme les albumines et les hydrates de carbone, il subirait une dégradation préalable en fragments plus simples, **avec reconstruction synthétique ultérieure**. Notons que cette reconstruction immédiate apparaît aussi comme un mécanisme de défense contre la toxicité des savons, et spécialement contre leur pouvoir hémolytique.

Digestion et absorption de la lécithine et de la cholestérine. — On a vu que la lécithine n'est que l'un des représentants d'un groupe certainement très touffu, et que tous ces lipoïdes phosphorés jouent sans aucun doute un rôle éminent dans la vie cellulaire (p. 72). Comme d'autre part, le travail digestif prend de plus en plus, du moins pour les aliments qui doivent devenir des constituants essentiels des cellules, la signification d'une démolition, condition d'une reconstruction ultérieure, on incline à admettre que les phosphatides obéissent aussi à cette loi générale et que par l'action du suc pancréatique et du suc intestinal, ils sont dédoublés avant d'être absorbés (p. 173 et 177)[1]. — La cholestérine et ses éthers, donnés *per os* à des animaux (lapins), disparaissent dans l'intestin dans la proportion de 50 p. 100 environ, à condition que l'on donne en même temps une quantité suffisante de graisse (Pribram ; Dorée et Gardner). Corrélativement, le sang s'enrichit en cholestérine et son pouvoir antihémolytique vis-à-vis de la saponine est considérablement augmenté, ce qui prouve que les éthers de la cholestérine ont été, au moins en partie, dédoublés par la digestion (voir p. 74). La fraction non absorbée passe dans les fèces à l'état de *coprostérine* (Bondzinski), produit de réduction (probablement bactérienne, de la cholestérine et qui fait défaut dans les selles, lorsqu'on pratique le régime lacté absolu (p. 228).

3. *La digestion intestinale des hydrates de carbone.*

C'est dans l'intestin que la digestion des hydrates de carbone acquiert son maximum de puissance. C'est aussi à ce niveau qu'a

1. Notons cependant que la bile, qui agit ici par ses acides biliaires, a la propriété de transformer une émulsion laiteuse de lécithine en une solution colloïdale limpide, ne laissant plus voir à l'ultra-microscope que des granulations très fines (L. Kalaboukoff et E.-F. Terroine). La lécithine pourrait donc être absorbée à cet état.

lieu l'absorption de ces aliments, puisque le pouvoir absorbant de l'estomac pour les sucres est médiocre ou nul.

Les *glycoses* (glycose, lévulose, galactose) sont absorbés en nature et directement assimilables; ce fait a été établi par une classique expérience de Cl. Bernard sur le glycose et le lévulose, qui, injectés dans le sang, ne passent pas dans les urines, à condition que l'injection soit poussée avec une lenteur suffisante. Pareillement, le galactose introduit sous la peau n'est pas éliminé par l'urine et disparaît complètement.

En ce qui concerne les *saccharoses*, le saccharose ordinaire ou sucre de canne, injecté dans le sang, est éliminé comme un corps étranger par les urines, et Dastre a apporté la même démonstration pour le lactose. On doit donc admettre que ces sucres ne sont absorbés qu'après dédoublement en deux molécules de glycose. Cette opération est assurée pour le sucre de canne par la sucrase ou invertine du suc intestinal, et pour le lactose par la muqueuse intestinale elle-même (p. 177). La même question doit être posée pour le maltose. Injecté dans le sang, le maltose disparaît à la vérité presque entièrement (Dastre et Bourquelot). On pourrait donc conclure de là qu'il est directement utilisé par l'organisme, si l'on ne trouvait dans le sang une maltase, qui sans doute assure le dédoublement de ce sucre en deux molécules de glycose, à mesure que l'organisme le consomme (Bourquelot et Gley). Mais cette expérience ne prouve pas que le maltose produit pendant la digestion des amylacés soit absorbé en nature, d'autant plus qu'on n'en trouve ni dans le sang, ni dans la lymphe. Il est donc vraisemblable que ce sucre est préalablement dédoublé en deux molécules de glycose par la maltase pancréatique ou intestinale.

Les *matières amylacées*, déjà transformées pour la majeure partie en produits solubles par l'amylase salivaire, dont l'action se poursuit longtemps encore dans l'estomac (p. 192), continuent leur dégradation dans le duodénum et la terminent complètement dans le jéjunum et l'iléon, lorsqu'il s'agit d'amidon cuit. Seul, l'amidon cru passe en partie dans le gros intestin. L'absorption est également très rapide, mais seulement à partir du jéjunum. Quant à la forme sous laquelle cette absorption a lieu, il est certain que c'est encore au glycose qu'aboutit tout ce travail, puisque tel est aussi, *in vitra*, le produit ultime de la saccharification pancréatique, puis intestinale de l'amidon naturel (p. 174 et 177).

Le type hexose, $C^6H^{12}O^6$, représente donc la forme sous laquelle tous les hydrates de carbone arrivent à l'absorption.

4. L'absorption des matières minérales. Mécanisme de l'absorption digestive en général

Pendant longtemps on s'est représenté l'absorption de l'eau et des sels et d'une manière générale celle des produits solubles de la digestion comme gouvernée par les seules lois de la diffusion et de l'osmose, la paroi intestinale fonctionnant comme la membrane « morte » (papier parchemin) d'un dialyseur. Le sang et la lymphe étant moins riches, le contenu intestinal plus riche en sels, sucres, peptones, etc., la dialyse de ces corps de l'intestin vers le sang ou la lymphe semblait s'expliquer sans effort.

Cette théorie purement physique, qui, avec Ludwig, avait d'ailleurs pénétré toute la physiologie (notamment celle de la sécrétion urinaire) fut attaquée par Heidenhain d'abord en 1874, puis avec plus de succès en 1894, après que la théorie des solutions se fut constituée sur les travaux de van t'Hoff et de Arrhenius. Heidenhain, Cohnheim, Reid et d'autres observateurs firent ressortir successivement les nombreuses contradictions qu'implique la théorie physique et la nécessité d'admettre une intervention active de la muqueuse intestinale dans l'absorption digestive.

1° La théorie physique implique qu'il existe toujours une différence de tension osmotique, entre le contenu intestinal et le sang. Or, le sérum sanguin d'un animal est rapidement absorbé quand on l'introduit dans l'intestin de cet animal (Heidenhain et Reid), bien qu'ici il y ait égalité de tension entre les deux milieux. — 2° L'absorption se produit même quand la tension osmotique du liquide absorbé est moindre que celle du sang. Des solutions d'eau salée, de sucre, de concentration beaucoup moins élevée que celle du sang, sont absorbées dans l'intestin (Heidenhain, Cohnheim). Si un intestin d'octopode est garni d'une solution d'iodure de potassium et suspendu dans le sang bien artérialisé de l'animal, on voit tout l'iodure passer dans le liquide extérieur à tel point qu'on n'en trouve plus dans l'intestin. Ce transport *complet* ne peut évidemment être expliqué par le seul jeu des forces osmotiques. Il faut admettre l'intervention active de la muqueuse (Cohnheim). — 3° Cette intervention est en outre démontrée par les changements que produit dans la perméabilité de la muqueuse toute atteinte à l'intégrité de l'épithélium. Ainsi le contact de la muqueuse avec une solution de fluorure de sodium (Heidenhain, Cohnheim), ou la suppression même très courte de l'arrivée de sang artériel (Reid) suspend aussitôt l'absorption, et entre le contenu intestinal et le sang s'établit alors un échange de matériaux réglé par les seules lois de l'osmose. Pareillement si, dans l'expérience avec l'intestin d'octopode, le sang n'est pas richement oxygéné, l'intestin n'absorbe plus d'iodure et celui-ci se partage également entre le contenu intestinal et le sang extérieur (Cohnheim).

En quoi consiste cette intervention de la cellule épithéliale. C'est un *travail*, dit Cohnheim, analogue à celui de la cellule sécrétante, et l'on sait que pour la sécrétion urinaire, par exemple, la réalité de ce travail est démontrée par la forte consommation d'oxygène par le rein, en rapport avec le travail sécrétoire accompli. Certains auteurs parlent ici d'une action physiologique spéciale, liée à la vie des cellules épithéliales, et c'est là notamment une des formes que prend le néo-vitalisme contemporain. On a déjà montré, à propos de la perméabilité cellulaire, pourquoi il faut se mettre en garde contre des explications de cette nature (voir. p. 135). Il est vraisemblable que le phénomène de l'absorption sera démembré, comme celui de la perméabilité cellulaire, et rapporté pour chacune de ses parties à telle propriété physique ou chimique des constituants cellulaires. Pour l'instant, il faut se borner à observer les faits, non seulement ceux qui se rapportent à l'absorption intestinale, mais encore ceux qui sont relatifs à la production de la lymphe, de l'urine, à l'absorption par la peau, les séreuses, etc.... Déjà un nombre considérable de résultats ont été ainsi recueillis, mais qui ne se prêtent encore à aucun exposé d'ensemble.

Pourquoi l'estomac et l'intestin ne se digèrent-ils pas eux-mêmes. — Le rôle du mucus. — Comment se fait-il que les sucs digestifs ne digèrent pas pendant la vie les parois de l'estomac et de l'intestin, composées cependant de matières protéiques, et que même une portion d'intestin, implantée dans l'estomac, ne soit pas digérée (P.-L. Marie et Ch. Villandre)? Ce n'est pas parce que ce sont des tissus *vivants*, car une partie d'un animal vivant, introduite par une fistule dans l'estomac d'un autre animal est bientôt attaquée. D'autres explications ont de même successivement succombé, et notamment la théorie qui invoque l'intervention d'une antipepsine, et dont P.-L. Marie a montré la fragilité. On a fait appel aussi aux propriétés de la mucine du mucus stomacal, et des mucines en général, qui arrêtent ou gênent la protéolyse, ou encore, et avec plus de vraisemblance à la structure spéciale des protéiques de la muqueuse (Fermi), sur lesquels les sucs digestifs seraient sans action (p. 125, note 1), mais que la mort ou la nécrose par troubles circulatoires altère de telle façon que l'attaque devient possible (E. Abderhalden). On sait, en effet, que chez un animal tué en pleine digestion et maintenu ensuite à l'étuve à 37°, l'estomac est rapidement attaqué et percé. Rappelons ici une curieuse expérience de Fermi, qui a vu des infusoires, dont le protoplasme n'est protégé par aucun tégument, résister pendant un mois à l'action d'une solution de trypsine, dans laquelle de grosses masses d'albumine coagulées étaient digérées en quelques heures.

Ces recherches, dont il sera intéressant de poursuivre la confirmation, soulèvent donc la question du *rôle du mucus* le long du tube digestif. On sait que déjà dans l'arbre bronchique on a assigné à ce corps un rôle de protection antiseptique. Pour le tube digestif, il paraît bien ressortir des recherches de Surmont et Dubus que les bons effets que donne le pansement de la surface stomacale par le bismuth dans les affections de l'estomac (ulcère, hyperchlorhydrie) sont dus à la forte sécrétion de mucus provoquée par ce médicament. Notons à ce propos que l'intestin sécrète un ferment soluble, une *mucinase*, qui a la propriété de coaguler le mucus intestinal. Celui-ci affecte, en effet, dans les fèces deux aspects : tantôt il est glaireux, c'est-à-dire non coagulé, tantôt il est concrété et ressemble à des fausses membranes (membranes de l'entérite muco-membraneuse). Cette mucinase est arrêtée dans son action par une substance thermostabile contenue dans la bile (H. Roger).

5. *L'introduction parentérale des aliments. —*
Les diastases de défense.

On a montré précédemment que toute substance alimentaire portant encore la marque d'une origine étrangère, ne franchit en général la paroi intestinale qu'après avoir été dépouillée de ce caractère par l'acte digestif. Que se passe-t-il donc, au point de vue alimentaire, lorsque, contournant la barrière digestive, l'aliment pénètre directement dans l'organisme, par *voie parentérale*, comme on dit (injection sous-cutanée, intraveineuse, intrapéritonéale) ?

La digestion intra-sanguine des aliments. — L'injection d'*albumines* étrangères sous la peau ou dans le sang est suivie très souvent d'albuminurie (voir p. 200, note 2), mais ce phénomène, s'il est fréquent (Castaigne et Chiray), n'est nullement constant. C'est que l'élimination par le rein n'est pas le seul procès de défense de l'organisme ; il en intervient un autre, consistant en une véritable *digestion intra-sanguine* du protéique étranger, sous l'action de diastases nouvelles qui apparaissent dans le sang à la suite de l'injection. L'introduction parentérale d'*hydrates de carbone* et de *graisses* fait apparaître de même dans le sang des diastases capables de simplifier ces aliments (E. Abderhalden et ses collaborateurs).

Un mélange de sérum sanguin d'un chien normal et de peptone de soie, maintenu à 37° pendant quelque temps, conserve le même

pouvoir rotatoire, ce qui prouve que la peptone n'est pas dédoublée par
le sérum. Dans un mélange de peptone avec du sérum d'un chien
ayant reçu de cette peptone dans le sang ou sous la peau, le dédoublement est, au contraire, manifeste. De même, après injection de
blanc d'œuf, de sérum de cheval, de gliadine, de diverses albumoses
(E. Zunz) ou peptones, etc., le sang a acquis la propriété de dédoubler
ces composés; il la perd par chauffage à 60°. On saisit ces agents dès
la quatre-vingt-septième heure après l'injection, et quand, après quelque
temps (15 à 20 jours), ils ont disparu du sang, une nouvelle arrivée du
protéique étranger les fait apparaître plus vite que lors de la première
introduction (E. Abderhalden et E. Schiff). Et il s'agit bien d'une protéolyse, car si, dans un boyau dialyseur maintenu à 37°, on introduit le
sérum de l'animal ainsi « préparé », additionné d'un peu du protéique
en question, coagulé et bien lavé, le liquide extérieur contient après
quelque temps des produits biurériques [1]. Les diastases protéolytiques
et peptotytiques, qui prennent ainsi naissance, ont un champ d'action
très large, en ce sens qu'elles agissent non seulement sur le protéique
injecté, mais encore sur beaucoup d'autres et sur leurs produits de simplification (peptones). Toutefois, elles sont sans action sur les protéiques
du plasma même. L'injection de nucléoprotéides ou de nucléines est
suivie d'effets analogues. Parcillement, après l'introduction parentérale
de saccharose, de lactose, d'amidon soluble, le sérum sanguin devient
apte à hydrolyser ces composés [2]. Ici encore on observe que les diastases qui sont apparues n'ont qu'une spécificité de groupe, en ce sens
que le sérum d'un animal qui a reçu de l'amidon dédouble aussi le
saccharose, mais non les protéiques. Enfin lorsqu'on introduit dans le
sang des graisses étrangères, soit directement, soit en donnant à l'animal
des repas très gras de façon à obtenir un sérum très laiteux, on constate
que ce sérum possède un pouvoir lipolytique beaucoup plus prononcé
qu'auparavant (Weinland, E. Abderhalden). Ajoutons qu'en ce qui concerne les protéiques, cette alimentation par voie parentérale ne se prête
encore à aucune application pratique, car elle ne peut pas être conti-
nuée (chez le chien) plus d'une dizaine de jours sans provoquer de
l'azoturie, puis l'amaigrissement et la mort (L. Ornstein). Mais on
obtiendra probablement de meilleurs résultats avec des protéiques complètement dégradés en leurs acides aminés constituants (G. Buglia)
(voir aussi p 305). Les solutions de glycose à 5 p. 100 introduites sous
la peau, les solutions à 5-7 p. 1 000 infusées directement dans les veines

---

1. C'est surtout cette méthode de la dialyse avec recherche des produits biurétiques dans le liquide extérieur que l'on a employée dans l'étude des diastases
de défense du sang, la méthode optique exigeant l'emploi d'un appareil très
coûteux. Comme la réaction du biuret est très délicate, E. Abderhalden lui a
substitué celle de la *ainhydrine*. C'est une solution d'hydrate de tricétohydrindène
qui donne à chaud une coloration bleue avec les produits biurétiques. La réaction
peut être vérifiée en dosant par voie microchimique l'azote du liquide dialysé.
La quantité de cet azote est toujours plus élevée, quand la réaction colorée a été
positive (E. Abderhalden).

2. Toutefois, on observe des irrégularités encore inexpliquées. Souvent une seule
injection de saccharose fait apparaître l'inversion dans le sang (du chien), parfois
il en faut plusieurs, et quelquefois le résultat reste entièrement négatif. On
réussit plus aisément chez des animaux qui ont ingéré pendant quelque temps de
50 à 100 gr. de sucre de canne par jour.

sont, au contraire, très bien supportées par les malades, à qui l'on peut fournir ainsi de 300 à 500 calories en vingt-quatre heures, et l'urine ne contient que très peu de sucre. En ce qui concerne enfin les graisses, l'huile d'olive injectée sous la peau n'est absorbée que d'une façon tout à fait insuffisante (Leube), mais chez l'animal et chez l'homme, le péritoine absorbe très bien les graisses, et même sous la peau, l'absorption est bonne, quand la graisse est, au préalable, émulsionnée avec de la lécithine et de l'eau. On peut ainsi fournir à l'organisme de quoi couvrir la moitié ou les deux tiers de son besoin total de calories (L. H. Mills).

On ne sait encore rien de précis quant à l'*origine* de ces diastases. Pour ce qui regarde la *signification physiologique* du phénomène, il est logique d'en faire une opération de défense, visant à débarrasser le sang de substances étrangères à la constitution normale de cette humeur et probablement nuisibles pour les autres tissus. C'est pourquoi E. Abderhalden a appelé ces agents des *diastases de défense* [1].

Ce mécanisme de la digestion intra-sanguine n'est pas uniquement d'intérêt expérimental. On le voit entrer, en effet, en jeu quand la barrière digestive, débordée, laisse passer dans le sang des protéiques étrangers en nature, ou encore au cours des

---

1. On a été conduit naturellement à rechercher s'il existe des rapports entre cette digestion intra-sanguine et les accidents de l'anaphylaxie, dont l'importance biologique est si considérable. On sait que l'on provoque les accidents en question en injectant la substance anaphylactisante — poisons extraits des animaux marins (Ch. Richet), albumines du sérum et autres albumines (M. Arthus) — une première fois (injection préparante), puis une seconde fois après un intervalle d'un certain nombre de jours (injection déchaînante) (Ch. Richet). Tout d'abord, on saisit une certaine analogie entre l'intoxication par les peptones et les accidents anaphylactiques (Weichardt; de Waele). Mais les diastases, dont une injection préparante d'albumine provoque l'apparition dans le sang, sont déjà présentes à un moment où l'état anaphylactique n'est pas encore réalisé. En second lieu pourquoi les accidents n'éclatent-ils qu'après l'injection déchaînante? On peut supposer ici que la première injection provoque l'apparition, dans le sang, de diastases dont l'activité protéolytique croît avec le temps, puis s'annule. Si la deuxième injection est faite pendant cette période d'activité, elle est déchaînante, peut-être parce que la dégradation du protéique injecté à ce moment est alors très rapide, et engendre des produits toxiques. On voit que la question se pose donc de déterminer dans quelle mesure les divers fragments des protéiques produisent l'effet sensibilisateur lors de l'injection préparante, et l'effet toxique lors de l'injection déchaînante. Par exemple, E. Zunz a constaté que l'hétéro-albumose et la protalbumose sont à la fois préparantes et déchaînantes, tandis que la synalbumose n'est que préparante. On pourra déterminer aussi à quels groupements aminés sont liées ces deux actions. Abderhalden et ses collaborateurs ont de même recherché quel degré de complication doit présenter un polypeptide de synthèse pour être anaphylactisant. Seule la l-leucyl-tryglycyl-l-leucyl-octoglycylglycine, c'est-à-dire un tétradécapeptide, a jusqu'à présent fourni ce caractère. Enfin cette protéolyse n'a pas lieu nécessairement dans le sang, ou uniquement dans le sang. On la saisit aussi dans les tissus (tissu nerveux) (Abelous et Soula).

maladies infectieuses, quand des bactéries périssent dans le sang et représentent donc pour ce milieu un apport des protéiques étrangers (E. Abderhalden).

On sait qu'après ingestion de grandes quantités d'albumines étrangères (blanc d'œuf cru, sérum, viande crue), une partie de ces matériaux peut pénétrer en nature dans le sang, ainsi que le démontrent la réaction des précipitines (Ascoli et Bonfanti), la sensibilisation anaphylactique (Rosenau et Anderson ; Lesné et Dreyfus), et enfin l'albuminurie consécutive (Castaigne et Chiray ; Linossier et Lemoine) (p. 203). Corrélativement, on voit apparaître dans cette humeur la diastase de protection correspondante. — Le sérum de lapins et de chiens normaux, introduit dans un boyau dialyseur avec des bacilles tuberculeux desséchés, et maintenu à 37°, ne cède pas au liquide extérieur de produits biurétiques (50 cas). La même réaction est, au contraire, positive avec du sérum d'animaux ayant reçu en injection des suspensions fines de bacilles tuberculeux ou une solution de peptones de ces bacilles (15 cas) (E. Abderhalden et P. Andryewski). Pareillement, la même solution de peptones est dégradée par le sérum d'animaux atteints de tuberculose miliare aiguë, mais non par le sérum d'animaux normaux (E. Abderhalden et ses collaborateurs).

La digestion intra-sanguine de substances propres à l'espèce, mais étrangères au sang. — Par des considérations théoriques, on a été amené à prévoir dans un précédent chapitre, que la spécificité chimique de chaque espèce se compose d'autant de spécificités chimiques partielles que ces organismes possèdent de tissus différenciés (p. 148). S'il en est vraiment ainsi, on est conduit à admettre que chacun de ces tissus ne déverse dans le milieu sanguin qui leur est commun, que des produits amenés à un état tel qu'ils ont perdu la marque spéciale de l'espèce cellulaire dont ils sont sortis[1], tout comme la barrière digestive ne laisse passer dans ce même milieu que des matériaux dépouillés des caractères de l'espèce étrangère dont ils proviennent[2]. S'il arrive donc accidentellement qu'un tissu abandonne au sang un protéique, par exemple, portant encore la marque de son origine, on prévoit que l'intrusion de cette substance, qui est à la vérité propre à l'espèce, mais étrangère au sang et aux autres tissus, doit provoquer l'apparition d'une diastase de défense correspondante.

---

1. En mettant à part bien entendu les sécrétions internes spéciales, destinées à agir sur d'autres tissus ou organes.

2. A vrai dire, les tissus ne déversent leurs produits dans le sang que par l'intermédiaire de la lymphe, mais il est possible précisément que cette humeur fasse tampon entre le sang et les tissus et achève d'enlever aux produits de chaque espèce cellulaire ce caractère spécifique.

C'est sur le terrain obstétrical, et profitant d'une sorte d'expérience naturelle résultant de l'état de grossesse, que E. Abderhalden a vérifié d'abord cette vue théorique.

On sait depuis quelque temps que le sang de la femme enceinte transporte des cellules épithéliales détachées des villosités choriales du placenta fœtal, donc des matériaux *idiogènes*, c'est-à-dire propres à l'espèce, mais qui sont *allohématiques*, c'est-à-dire étrangers au sang (voy. p. 221), et contre lesquels on pouvait prévoir que l'organisme maternel se défend par la sécrétion de diastases correspondantes. De fait, avec le sérum de 600 femmes supposées enceintes, et chez lesquelles le diagnotic de grossesse s'est plus tard vérifié, on a obtenu, à deux exceptions près, la dégradation de fragments de placenta (épreuves de la dialyse avec réactions du biuret ou de la ninhydrine positives). Pareillement, la réaction optique montre que le sérum de ces sujets dégrade la peptone de placenta. Au contraire, le sérum de femmes non enceintes (et bien portantes) a constamment donné une réaction négative. Ces résultats ont été vérifiés chez le cheval, la vache, le chien, le lapin et le cobaye. Enfin, le sérum d'animaux (mâles ou femelles non pleines) à qui l'on a injecté de l'albumine placentaire ou de la peptone de placenta, acquiert de même après quelques jours la propriété de dégrader cette albumine ou cette peptone (E. Abderhalden et ses collaborateurs).

Cette intéressante vérification a été le point de départ de recherches étendues et de discussions non encore closes, et dont on doit se borner à indiquer ici les lignes essentielles. Un premier point, aussi capital pour la physiologie que pour la clinique, est celui de savoir si les diastases ainsi appelées dans le sang sont spécifiques, c'est-à-dire si elles ne dégradent que le tissu ou le protéique qui a provoqué leur apparition.

Les diastases de défense sont-elles spécifiques? — Laissons de côté pour l'instant les cas semblables à celui de la femme enceinte, et où la pénétration, dans le sang, du protéique étranger à cette humeur, c'est-à-dire l'acte qui déclanche le phénomène à étudier, ne peut être directement et à l'instant voulu provoqué par l'opérateur, et voyons d'abord ce qu'a appris l'introduction expérimentale de divers tissus ou de matériaux de ces tissus dans le sang.

A priori, ce qui a été dit à la page 214 quant aux suites de l'injection de divers protéiques, ne permettait pas d'espérer que les diastases ainsi appelées eussent une spécificité bien étroite. Et cependant il semble bien que l'expérience fait apparaître cette spécificité, mais seulement après une deuxième injection ou après un certain temps. Plus près du début de l'intervention, le sang paraît contenir un mélange de diastases non spécifiques et de diastases spécifiques.

1° Quand on injecte dans la cavité péritonéale d'un lapin une purée de cerveau de lapin (2 gr.), on trouve que, cinq jours après, son sérum dégrade le cerveau du lapin et aussi celui d'homme et de veau, mais non pas d'autres organes (testicules, reins) (W. Mayer). Pareillement, le sérum d'un lapin « préparé » de même avec du rein de mouton dégrade le rein d'homme, de mouton, de veau, de lapin et de cobaye, mais non le foie de lapin ou de cobaye, et en employant du muscle humain, on a obtenu de même un sérum de lapin dégradant du muscle d'homme, de veau et de lapin (A. Fuchs). D'autres expériences déposent dans le même sens (P. Hirsch, Kafka, E. Abderhalden). — 2° Le sérum d'un lapin préparé au rein de mouton dégrade d'abord (après un et demi à trois jours) du rein de mouton, de lapin, du foie de poule, du placenta humain, ou bien du rein de mouton et du placenta, puis après une deuxième injection, uniquement du rein (E. Franck, F. Rosenthal et H. Biberstein) (voy. aussi plus loin). Au contraire, Heilner et Petri, qui dénient à ces diastases toute spécificité, ont fait leurs prises de sang très vite après l'intervention.

Il est probable que la quantité de tissu étranger et d'autres conditions que l'on ne sait pas encore pleinement maîtriser, influencent le phénomène, car si l'on met en œuvre, au lieu de l'injection massive, divers artifices qui réalisent l'action lente et continue des processus naturels, la spécificité apparaît en général tout de suite [1].

Le sérum de lapins, à qui l'on a partiellement écrasé le testicule, dégrade le testicule, mais non pas le muscle ou le rein de lapin ou le placenta humain. De même, après une large lésion musculaire par section, le sérum du lapin dégrade le muscle de lapin et de chien, mais non le rein, le foie et le cerveau de lapin, ni le placenta humain. En lésant de même le rein (par ligature de l'uretère), on obtient d'abord un sérum qui, outre le rein, dégrade le foie et le testicule, puis, un peu plus tard, un sérum qui n'attaque plus que le rein (F. Rosenthal et H. Biberstein). Chez l'homme aussi, E. Abderhalden et E. Schiff ont trouvé qu'après un écrasement musculaire considérable, le sérum attaquait fortement le tissu musculaire, mais non le foie et le placenta. Au contraire, le sérum de sujets normaux (30 examens) n'a dégradé aucun des tissus examinés (thyroïde, thymus, foie, pancréas, muscle, surrénales, ovaire, testicule, placenta, cancer) (E. Lampé et L. Papazolu) et celui de 100 animaux normaux (chevaux, porcs, bœufs) a été de même inactif (sauf dans 3 cas) (Abderhalden et Schiff).

1. On était déjà averti de l'influence possible de la quantité par l'expérience que voici de E. Abderhalden. Une petite quantité de saccharose injectée dans le sang d'un animal fait apparaître une diastase ne dégradant que ce sucre; avec une plus grande quantité, le sérum obtenu dégrade souvent le saccharose et le lactose.

Il semble donc que la spécificité qui apparaît dans les conditions définies ci-dessus est relative, non à l'espèce, mais à l'organe, c'est-à-dire que le sérum d'un lapin préparé au rein de mouton, par exemple, dégrade aussi le rein d'autres espèces, mais ne dégrade que le rein.

Or, c'est là le point important, car s'il en est vraiment ainsi, on prévoit que la recherche de ces diastases peut devenir un instrument de diagnostic infiniment précieux, toute lésion ou altération d'un tissu pouvant avoir pour effet de conférer au sérum le pouvoir de dégrader *in vitro* un fragment de ce tissu. Voyons donc dans quelle mesure la pratique clinique a vérifié ces prévisions.

Valeur clinique de la méthode des ferments de défense. — On a exposé à la page 217 les résultats si nets obtenus par E. Abderhalden en ce qui concerne la grossesse. Peu après, l'étude du cancer a paru tout de suite confirmer si heureusement ces premiers succès, que l'on s'est empressé d'appliquer la méthode aux affections des glandes à sécrétion interne, des maladies nerveuses et mentales, etc.... Mais des échecs de plus en plus nombreux ayant été signalés, une réaction très vive s'est produite qui a abouti, de beaucoup de côtés, à une condamnation absolue de la méthode, aussi excessive, ce semble, que l'enthousiasme sans mesure du début.

Signalons d'abord l'erreur de logique qui semble avoir été commise de beaucoup de côtés. Dès le début, Abderhalden avait déclaré que la clinique seule était en mesure d'établir la valeur de la méthode, et soit en vérifiant chaque fois le *diagnostic chimique* fourni par l'épreuve par un *diagnostic clinique indépendant* et de toute sécurité. Or, qu'a-t-on fait de beaucoup de côtés? Très vite on a appliqué la méthode à l'étude de maladies à diagnostic difficile ou incomplet, comme les affections des glandes à sécrétions internes, les maladies mentales, c'est-à-dire que l'on s'est en réalité servi de la méthode pour venir au secours de diagnostics incertains, alors que c'était l'inverse qu'il fallait faire d'abord, à savoir se servir de diagnostics sûrs, établis par les méthodes propres à la clinique, pour contrôler la valeur du nouvel instrument. Et l'on verra plus loin combien est indispensable ici un diagnostic tenant compte de toutes les particularités propres à chaque cas.

Cela posé, constatons d'abord que c'est le diagnostic chimique de la *grossesse* qui paraît avoir le mieux résisté à l'assaut. A la vérité, il faut compter dans la pratique sur des échecs, dont le nombre serait même parfois très élevé (R. Freund et C. Brahm et d'autres), mais les résultats bien meilleurs obtenus par Abderhalden permettent d'espérer que le perfectionnement incessant de la méthode en diminuera le nombre chez tous les observateurs [1]. Pour ce qui regarde le *cancer*, on a constaté d'abord que le sérum d'un animal à qui l'on a injecté de la peptone de cancer, dégrade un fragment de ce cancer. Puis, chez une cinquantaine de cancéreux, E. Abderhalden a vu le sérum dégrader constamment du tissu cancéreux, ce que ne fait pas le sérum normal. Ces résultats ont été confirmés de divers côtés. D'autres chercheurs, notamment ceux de l'Institut de Heidelberg pour l'étude du cancer, ont signalé, au contraire, un nombre important d'échecs, en ce sens que le sérum de cancéreux avérés ne dégradait pas le tissu cancéreux, tandis que chez d'autres malades (syphilis, cirrhose du foie), on trouvait un sérum digérant ce même tissu. Enfin, un sérum de cancéreux, inactif par rapport à du cancer, dégrade parfois d'autres tissus (H. Oeller et R. Stephan, Fr. Meyer-Betz et d'autres).

En tant qu'instrument de diagnostic, la méthode ne présente donc pas, pour l'instant, la sécurité nécessaire, mais déjà l'on aperçoit la cause de quelques-unes de ces contradictions. Par exemple, c'est dans la période de développement actif des tumeurs malignes que la réaction en question est souvent négative; elle est, au contraire, positive quand la tumeur s'est nécrosée, probablement parce que c'est à ce moment seulement que le néoplasme abandonne au sang une quantité suffisante de ses matériaux. Et c'est aussi une action de nécrose du cancer sur les tissus voisins qui expliquerait ce fait qu'un sérum de cancéreux peut être actif aussi vis-à-vis d'autres tissus. Ainsi, le sérum d'un malade porteur d'un carcinome (tumeur épithéliale) de l'œsophage dégradait de la musculature de l'œsophage, une émulsion d'épithélium pulmonaire ou d'un épithélium plat, mais non pas le tissu d'un carcinome. Or, à l'autopsie, on a trouvé un cancer de l'œsophage, *dur*, *non nécrosé* et qui, poussant à travers la paroi de l'œsophage vers la plèvre et le poumon, avait produit une vaste destruction du poumon. Il est clair que la multivalence d'un sérum dans de telles conditions laisse intacte la notion de spécificité. Il faut tenir compte, en outre, de l'erreur pouvant provenir de tissus presque « ubiquitaires », comme le tissu conjonctif. Ainsi, du sérum de sarcomateux (donc de porteurs d'une tumeur d'origine conjonctive) qui était très actif vis-à-vis de fragments de sarcome, ne dégradait pas une émulsion de cellules épithéliales, mais attaquait du cancer épithélial, apparemment parce que là le sérum trouve du tissu conjonctif qu'il peut digérer (H. Oeller et R. Stephan).

Comme preuve de la spécificité probable de ces diastases, citons encore ce fait que le sérum de sujets atteints de démence précoce dégrade les testicules chez les sujets mâles et l'ovaire pour l'autre sexe, mais jamais le sérum mâle ne dégrade l'ovaire ou inversement (W. Mayer, A. Fuchs). Très souvent aussi le pancréas est dégradé.

---

1. L'opération exige de minutieuses précautions, travail aseptique, essai à blanc du sérum en question, emploi d'un substrat complètement exsangue.... Cette dernière cause d'erreur, difficile à éliminer, tient à ce fait que le sérum de beaucoup de sujets normaux dégrade les globules ou stromas de globules (E. Abderhalden). Quand on travaille avec des animaux, il faut se rappeler aussi que les lapins sont souvent atteints de coccidiose et qu'alors leur sérum dégrade fréquemment le foie et d'autres tissus, et aussi que les mâles, en luttant entre eux, se font souvent des lésions musculaires et qu'alors leur sérum dégrade le muscle, etc.... (E. Abderhalden).

On voit que la méthode de la recherche des ferments de défense ne présente pas actuellement, en tant qu'instrument de diagnostic, une sécurité suffisante, mais aussi qu'il serait prématuré d'émettre sur ce point un jugement définitif. De toutes façons l'intérêt clinique et la haute portée physiologique du problème soulevé par Abderhalden demeurent debout.

Finalement, il y aurait donc lieu d'introduire la nomenclature suivante et de distinguer : 1° Les substances propres à l'*espèce* considérée ou *idiogènes* (de ἴδιος, qui appartient en propre, et de γένος, espèce) et les substances étrangères à l'espèce ou *allogènes* (de ἄλλος, différent) ; 2° Les substances propres au *sang* ou au *plasma*, donc *idiohématiques* ou *idioplasmatiques*, et les substances étrangères au sang ou au plasma, donc *allohématiques* ou *alloplasmatiques* ; 3° Les substances propres aux *cellules* et tissus ou *idiocytiques*, et les substances étrangères aux cellules et tissus ou *allocytiques*. Les matériaux abandonnés au sang, par exemple par un muscle ayant subi un écrasement (voy. p. 218), seraient donc *iodiogènes* vis-à-vis de l'organisme entier, mais *allohématiques* pour le sang et *allocytiques* pour les autres tissus.

CHAPITRE XI

LES MICRO-ORGANISMES ET LA DIGESTION. — LES FERMENTATIONS ET LES PUTRÉFACTIONS INTESTINALES. — LES FÈCES.

Le contenu intestinal du nouveau-né est stérile, mais très vite après la naissance le tube digestif est envahi par les micro-organismes, et vers le quatrième jour la flore bactérienne de l'intestin est complètement développée, variable d'ailleurs selon la nature de l'alimentation (lait de la mère ou lait de vache). Au moment du passage à l'alimentation mixte cette flore se modifie encore, et finalement il s'installe ainsi chez chaque individu et dans chaque portion de l'intestin de certaines espèces bactériennes en rapport avec les habitudes alimentaires du sujet. C'est la relation étroite que l'on constate ainsi entre l'alimentation et la nature de ces bactéries, qui justifie les tentatives faites en vue d'éliminer de l'intestin certaines espèces bactériennes, ou de limiter le développement de ces espèces par des changements convenables dans l'alimentation, c'est-à-dire de modifier dans une direction déterminée et plus favorable à la santé de chaque sujet le chimisme des fermentations intestinales.

On trouve des bactéries dans le tube digestif depuis la bouche jusqu'à l'anus. La salive et le suc gastrique en contiennent beaucoup. Elles sont relativement rares dans l'intestin grêle, puis dans le gros intestin leur nombre devient, au contraire, si considérable, qu'elles constituent une partie importante, la moitié peut-être de la masse fécale. Mais partout on note un contraste remarquable entre le nombre énorme de bactéries que l'on aperçoit au microscope et le petit nombre de ceux d'entre ces organismes qui peuvent être cultivés dans des milieux artificiels. Et cependant ils sont capables d'un développement rapide, comme le montrent notamment les accidents infectieux graves que provoque si promptement toute lésion de l'intestin permettant le passage du chyme dans la cavité péritonéale. Les difficultés que l'on rencontre ainsi dans la culture des bactéries du tube digestif font qu'un petit nombre seulement d'entre elles sont connues et classées.

Pris dans leur ensemble, ces micro-organismes opèrent, *in vitro*, les mêmes actions diastasiques que nos sucs digestifs, parce que leur nutrition obéit, comme on l'a vu, aux mêmes lois générales que la nôtre (p. 112). Ils dédoublent, en effet, les protéiques[1], ils saponifient les graisses, ils saccharifient les amylacés et dédoublent les saccharoses, et comme leur pullulation n'est qu'incomplètement arrêtée dans le tube digestif, leur *collaboration aux actes chimiques de la digestion* est certaine. Mais dans quelle mesure cette intervention se produit-elle? C'est ce que nous aurons à examiner.

Ces opérations digestives des bactéries ne sont que le prélude de leurs actions chimiques spécifiques. Pour les besoins de leur nutrition, ces organismes décomposent, en effet, dans des directions différentes les produits de ces dédoublements digestifs. Ils disloquent les sucres en acides gras divers (acides lactique, butyrique, acétique), en alcool, en acide carbonique, en hydrogène; ils morcellent les peptones en acides aminés, en bases plus ou moins toxiques, en produits odorants. Bref, ils sont les agents des *fermentations et putréfactions intestinales*, dont nous aurons à mesurer l'importance.

Enfin, dans le gros intestin, où rien ne vient plus les modérer, ces actions bactériennes prennent définitivement le dessus, (143 870 000 bactéries d'espèces très diverses pour 1 milligr. de fèces, chez l'homme, d'après Cohendy), et en grande partie sous leur influence le bol intestinal devient peu à peu le *bol fécal*

Étudions donc : 1° la collaboration des microbes à la digestion; 2° les fermentations et putréfactions intestinales; 3° les fèces.

§ I. — LES MICRO-ORGANISMES ET LA DIGESTION.

C'est Pasteur qui, en 1885, a soulevé l'hypothèse d'une collabo-

---

1. D'après Pfaundler, les bactéries intestinales ne peptonisent pas les protéiques, mais dédoublent activement les albumoses et les peptones, fait que l'on cite souvent comme un intéressant exemple de l'adaptation d'un organisme aux conditions d'existence qui lui sont faites, ces bactéries vivant dans un milieu où abondent les albumines déjà peptonisées.

ration, peut-être indispensable, des microbes intestinaux à la digestion normale, en ce sens qu'il y aurait une véritable symbiose entre ces organismes de leur hôte, mais aucune des nombreuses expériences faites pour contrôler cette hypothèse ne permet à l'heure présente d'affirmer qu'une telle collaboration est profitable à l'organisme.

Voici d'abord la relation de quelques-uns de ces essais. De jeunes cobayes, extraits de l'utérus d'une femelle à terme par une opération césarienne aseptique, ont été maintenus pendant huit jours sous cloche, dans un courant d'air stérile et nourris de lait ou de lait et de biscuits anglais (cakes) stérilisés. Or, ces animaux se sont développés normalement, bien que leur contenu intestinal ait été trouvé stérile à la fin de l'expérience (Nuttal et Thierfelder). On a de même réussi des élevages aseptiques avec de jeunes poulets (M. Cohendy), des cobayes (pendant 16, 18, 21 et 29 jours) (M. Cohendy et E. Wollman), de jeunes chevreaux (pendant 12 et 35 jours) (E. Küster), des têtards de grenouilles (Wollman), des larves de mouches (A. Delcourt et E. Guyénot; Wollman), et il existe aussi des invertébrés (certaines chenilles) qui sont naturellement aseptiques (P. Portier). En général ces animaux ne présentent pas, au moins au début, de différences sensibles par rapport à leurs témoins. Cependant on a observé aussi des retards importants dans la croissance des poulets aseptiques (Schottelius), et des têtards de grenouille ou des larves de crapaud (Mme Metchnikoff; Moro), et en outre l'élevage aseptique des vertébrés n'a pas pu, en général, être poussé au delà d'un certain temps, sans conduire à des accidents graves (paralysies du train postérieur chez le cobaye,...) (Cohendy et Wollman).

Mais ces expériences ayant été faites à une époque où l'on ne connaissait pas les vitamines (p. 520), il est résulté de là que l'on a superposé, sans s'en douter, l'action de deux facteurs, celui que l'on croyait étudier seul, à savoir la vie aseptique, et un autre, résultant de la stérilisation des aliments par chauffage, à savoir l'alimentation sans vitamines ou très pauvre en vitamines, puisque la stérilisation telle qu'on la pratique d'ordinaire n'aboutit pas nécessairement à la destruction totale de ces agents (p. 529). Les expériences en question ne sont donc pas univoques, mais comme beaucoup d'entre ces animaux, poulets, cobayes, chevreaux,... ont poussé normalement et pendant des laps de temps allant jusqu'à 35 jours, on est fondé à admettre que pendant ce temps la digestion et l'absorption se sont opérées correctement, malgré l'absence de microbes dans l'intestin[1]. Quant aux accidents divers, retards de la croissance, paralysies,... auxquels l'élevage aseptique

1. Cependant les poulets stériles de Cohendy étaient plus voraces que les témoins, peut-être parce que les sucs digestifs de ces animaux sont incapables d'attaquer la cellulose, en sorte qu'une partie de la ration passait dans les fèces, sans avoir été utilisée, conclusion que confirmait l'aspect des excréments. Ajoutons que chez les ruminants les aliments subissent d'abord dans la panse la fermentation bactérienne dite méthanique, qui dédouble la cellulose en acides acétique, propionique, butyrique, etc., gaz carbonique, hydrogène et méthane. Ainsi rendus plus accessibles à l'action des sucs digestifs, les aliments, mastiqués et insalivés à nouveau par le fait de la rumination, sont ensuite transportés dans le véritable estomac digérant.

s'est heurté, ici de bonne heure et là plus tard, ces résultats ne s'expliquent-ils pas très simplement en admettant que la rigueur nécessairement variable avec laquelle la stérilisation a été pratiquée, a laissé subsister des quantités de vitamines variables d'un opérateur à l'autre, en sorte que l'échéance inévitable des accidents dus à la privation de ces agents a été aussi plus ou moins retardée?

Il ne semble donc pas que l'absence de microbes dans le tube digestif soit un obstacle à une digestion correcte des aliments. Tout au plus les micro-organismes pourraient-ils faciliter la digestion des enveloppes cellulosiques des aliments végétaux[1]. Mais une telle intervention est de médiocre importance chez l'homme, qui consomme le plus souvent ces aliments après cuisson (voir p. 546), et finalement on admet en général que la présence des bactéries dans l'intestin n'est qu'un phénomène de parasitisme, que l'organisme limite et combat sans cesse, à cause des produits toxiques engendrés par ces hôtes.

On fait remarquer, en effet, que les actions diastasiques des divers sucs digestifs sont extrêmement puissantes et rapides (Dastre), tandis que l'action des microbes se fait sentir beaucoup plus lentement, c'est-à-dire que la digestion et l'absorption des aliments sont en grande partie terminées avant que les actions bactériennes aient pu intervenir grandement. D'ailleurs, la pullulation microbienne est ralentie dans l'intestin par divers mécanismes de défense (p. 226), et elle ne devient intense que lorsque l'absorption est à peu près terminée. Arthus fait observer, en outre, avec raison que les bactéries ne sécrètent pas inutilement leurs diastases digestives, et que dans un milieu contenant de l'amidon et de l'albumine, avec leurs produits d'hydrolyse respectifs, on voit les microbes consommer de préférence les produits déjà simplifiés, maltose, glycose, albumoses, plutôt que les matériaux primitifs, albumine et amidon, dont l'attaque est plus difficile, ce qui revient à dire que ces organismes sont des consommateurs de produits déjà digérés, plutôt que des collaborateurs de la digestion. Il est vraisemblable que, de plus, ils sont nuisibles par les produits toxiques qu'ils engendrent. Toutefois, nous verrons que les bactéries, ou certaines bactéries, hôtes habituels du tube digestif normal, contribuent peut-être à la défense de l'organisme contre d'autres espèces (p. 230). En ce sens ces espèces seraient donc des collaborateurs de l'appareil digestif.

<h2 style="text-align:center">§ II. — LES FERMENTATIONS
ET LES PUTRÉFACTIONS DANS LE TUBE DIGESTIF.</h2>

Malgré les conditions favorables de température et de nutrition que le contenu du tube digestif assure aux bactéries, et notam-

---

1. Toutefois, la Roussette (*Pteropus Medius*), chauve-souris frugivore des pays chauds, digère très bien les aliments cellulosiques, bien que son contenu intestinal soit d'une extrême pauvreté en microbes (E. Metchnikoff).

ment à celles qui s'attaquent aux protéiques, c'est-à-dire qui produisent la *putréfaction* de ces composés, le chyme ne présente jamais à l'état normal aucune odeur putride. Dans le cas de fistule intestinale au niveau du cæcum, cité plus haut (p. 198), le liquide fourni par la fistule et qui avait donc parcouru toute la longueur de l'intestin grêle, était en général presque sans odeur, et dans 1 000 grammes de ce chyme on ne put caractériser aucun des produits de la putréfaction des protéiques (phénol, indol, scatol, mercaptan, acides oxyaromatiques). Dans l'intestin grêle, en effet, il ne se produit guère que des *fermentations*, en entendant par là les actions bactériennes qui dédoublent les hydrates de carbone en acides divers. Les putréfactions ne commencent que dans le gros intestin. Là on trouve d'une manière constante les produits aromatiques que l'on vient d'énumérer, et il faut des circonstances pathologiques spéciales, telles que des stases du contenu de l'intestin grêle, des obstacles dans le gros intestin faisant sentir leur effet jusqu'au delà de la valvule du Bauhin, pour que les putréfactions remontent en amont de cette valvule. Enfin, même le contenu du gros intestin ne présente jamais, à l'état normal, l'odeur repoussante des matières animales en putréfaction.

L'intestin est donc en mesure de maintenir dans de certaines limites la pullulation de ses hôtes habituels. Il est armé aussi pour détruire rapidement les bactéries étrangères, « sauvages », introduites expérimentalement. Ainsi, lorsque des cultures très riches de *Bac. prodigiosus*, de *Vibrio* Metchnikoff sont introduites dans l'intestin du chien par la voie buccale ou par une fistule duodénale, ces organismes disparaissent très vite, à tel point qu'on n'en retrouve plus le lendemain.

Voyons quels sont les mécanismes qui assurent au tube digestif cette remarquable résistance.

1. *Les procès antiseptiques dans le tube digestif.*

On n'a reconnu à la *salive* aucune propriété antibactérienne, mais il est intéressant de rappeler la facilité remarquable avec laquelle guérissent les plaies de la muqueuse buccale, et en général celles de toute muqueuse digestive.

Actions antibactériennes dans l'estomac. — L'action antiseptique si énergique qu'exerce, *in vitro*, le suc gastrique, a fait attribuer à l'acide chlorhydrique un rôle considérable dans la lutte du tube digestif contre les bactéries, à tel point que Bunge apercevait dans cette action la fonction essentielle du suc gastrique. Actuellement, ce rôle apparaît comme beaucoup plus limité.

Il est limité d'abord parce que les aliments peuvent séjourner dans l'estomac pendant plusieurs heures avant d'être totalement pénétrés par le suc gastrique (p. 192), et dans l'intérieur du contenu fundique les bactéries peuvent donc se développer librement, ainsi qu'on le constate après ingestion de lait cru. En outre, l'action antiseptique de l'acide chlorhydrique est considérablement diminuée par sa combinaison avec les matières protéiques (p. 165); seul l'acide libre a dans ce sens une action énergique. Toutefois, même dans les conditions les plus défavorables, dans les cas d'achylie, par exemple, avec stases prolongées des aliments dans l'estomac, on n'observe jamais de véritables putréfactions. Il arrive, en effet, que les bactéries des **hydrates de carbone** prennent rapidement le dessus et empêchent, par leurs produits acides de fermentation (acides lactique, acétique, butyrique), toute putréfaction des protéiques. Notons dès à présent que tout le long du tube digestif ce sont là les deux procès bactériens, fermentations acides des hydrates de carbone et putréfaction des protéiques, qui se disputent la prépondérance.

Actions antibactériennes dans l'intestin. — Dans l'intestin l'action antiseptique de l'acide chlorhydrique, déjà fortement atténuée par la combinaison avec les protéiques, achève de succomber sous l'afflux des sucs digestifs alcalins. Quels sont les mécanismes de défense qui interviennent alors?

Il ne peut pas être question ici du suc pancréatique, ni du suc intestinal, qui n'ont aucun pouvoir bactéricide, mais on a invoqué l'action antiseptique des *acides biliaires libres* et celle *des acides de fermentation* résultant du dédoublement des hydrates de carbone.

Les *acides biliaires* libres ont, *in vitro*, une action antiseptique manifeste (p. 181) et dans l'intestin, où ces acides peuvent être mis en liberté par le chyme stomacal acide, puis par les acides de fermentation, cette action peut donc s'exercer, mais on a soutenu qu'elle est de peu d'importance, puisque la suppression de la bile ne paraît pas augmenter dans l'urine les produits de la putréfaction intestinale. En réalité, ce phénomène est vraisemblablement plus complexe. *In vitro* on constate, en effet, que, dans un bouillon ensemencé avec un peu de matière fécale, la bile modifie la nature de la flore bactérienne, parce que sa présence favorise, par exemple, le développement du colibacille, dont la pullulation étouffe ensuite d'autres espèces (*B. perfringens, B. butyricus*). De plus, la bile ralentit l'action de certains microbes, par exemple celle du *B. mesentericus vulgatus* sur l'amidon; et avec les ferments qui s'attaquent aux protéiques, on constate, en outre, qu'en présence de la bile, les produits solubles fournis par les microbes sont moins toxiques (H. Roger; Vincent). Il resterait donc à déterminer dans quelle mesure les acides biliaires mis en liberté par le travail d'acidification de certains microbes, interviennent dans ces phénomènes par leur action antiseptique.

En ce qui concerne les *acides de fermentation*, on constate que dans des mélanges de matières protéiques et de sucres, ensemencés d'un peu de liquide albumineux putréfié, la fermentation des sucres et la putréfaction des protéiques commencent en même temps, mais la première arrête promptement la seconde, en sorte que les produits avancés de la putréfaction des protéiques (phénols, indol, mercaptan) n'apparaissent pas (Tissier et Martelly; Simnitzki). Ce résultat est particulièrement net avec le lactose. C'est aussi la fermentation lactique du lactose qui explique la remarquable résistance du lait à la putréfaction [1], et l'on sait enfin que des fermentations acides sont employées depuis longtemps comme moyen de conservation de certains aliments (choucroute, fourrages ensilés, etc.).

Ces constatations sont en bon accord avec une série de faits observés sur le vivant. C'est le régime lacté qui réduit au minimum les putréfactions intestinales (voir aussi p. 239), celles-ci étant mesurées d'après l'excrétion de l'indoxyle et des éthéro-sulfates urinaires (p. 238), ou d'après le nombre de germes par milligramme de fèces (Gilbert et Dominici). Le contenu intestinal de chiens nourris de viande est bien moins riche en produits de la putréfaction (indol, scatol, phénol), sitôt que l'on ajoute à la viande assez de sucre ou d'amidon. Le régime végétal, riche en hydrates de carbone, agit dans le même sens, et l'on sait d'ailleurs la fétidité des excréments de carnivores, telle qu'on la constate dans une ménagerie par exemple et la faible odeur des déjections d'herbivores. De même, les fèces du nourrisson ne présentent qu'une faible odeur de lait aigri.

Voilà donc une série de faits établissant que les fermentations acides des hydrates de carbone, dont la plus importante est la fermentation lactique, empêchent ou diminuent *in vitro* et dans l'intestin la putréfaction des protéiques, et comme on accuse ces

---

1. Pour que le lait se putréfie, il faut détruire par chauffage les ferments lactiques qu'il renferme, puis l'ensemencer de *Bac. putrificus*. Si on l'abandonne à l'ensemencement spontané, les bactéries de la putréfaction sont toujours gagnées de vitesse par celles de la fermentation lactique.

phénomènes de putréfaction d'engendrer des produits toxiques, on a été conduit à favoriser la fermentation lactique en faisant ingérer, avec des aliments convenablement choisis, des ferments lactiques auxquels on s'efforce ainsi d'assurer la prépondérance dans les procès bactériens de l'intestin. C'est le problème de la domestication des microbes intestinaux, posé par Metchnikoff.

On s'est adressé, en général, soit au lait caillé, préparé de préférence avec de certaines espèces de bacilles lactiques (notamment celui du lait aigri bulgare), soit à des cultures de ces bacilles dans des milieux artificiels, et en favorisant l'acclimatation de ces organismes par un régime convenable (régime végétal, riche en hydrates de carbone) (Tissier, Cohendy). Après quelques jours, les bacilles en question apparaissent dans les excréments chez l'homme bien portant et s'y maintiennent pendant une quinzaine de jours après qu'on a cessé l'ingestion de la culture (Cohendy). Quant à l'action antiputride poursuivie, elle est démontrée par la désodorisation marquée des fèces, qui deviennent acides à la phénolphtaléine et par les résultats thérapeutiques obtenus (entérites), plutôt que par des preuves chimiques directes. Toutefois, on ne peut plus guère douter de cette action, car il serait difficile d'expliquer, autrement que par l'effet de la fermentation lactique, la diminution si manifeste des produits aromatiques de la putréfaction intestinale (phénols, indoxyles), sous l'influence de certains régimes riches en hydrates de carbone (voir plus loin), et si des irrégularités dans les résultats ont été souvent constatés ici, cela tient à la complexité du phénomène, où interviennent un grand nombre de facteurs.

Le plus important est l'arrivée, dans le gros intestin, d'une quantité suffisante de sucre, d'où la fermentation fera sortir ensuite l'acide lactique nécessaire. Or, les sucres, très facilement absorbés dans les parties supérieures du tube digestif, n'arrivent dans l'intestin inférieur que grâce à certaines conditions de régime. Par exemple, chez le lapin nourri de carottes, aliment riche en sucre, on trouve ce sucre jusque dans le cæcum (A. Berthelot), et corrélativement, la production de phénols et d'indoxyle est pratiquement nulle dans ces conditions (Blumenthal et E. Jacobi; D.-M. Bertrand), tandis que ce même animal, nourri de pommes de terre, fait beaucoup d'indoxyle, parce que cet aliment n'apporte pas de sucre et que la flore intestinale étant pauvre en espèces amylolytiques chez le lapin, l'amidon, qui arrive jusque dans le gros intestin, n'y est pas transformé en glycose (D.-M. Bertrand). Certains aliments, comme les dattes, qui sont très riches en sucres, pauvres en eau et à parenchyme de contexture serrée, sont très aptes, probablement aussi chez l'homme, à transporter ainsi du sucre jusque dans le colon. Avec un régime dans lequel entraient 100 à 120 grammes de viande, des farineux, des légumes verts et secs, des fruits en compote, diverses sucreries, du lait aigri et une culture de bacille bulgare, Metchnikoff a réussi à supprimer complètement, chez plusieurs sujets, l'indoxyle dans l'urine. Un autre procédé, employé avec succès, a consisté à ajouter à la culture lactique une culture de *Glycobacter peptolyticus*, microbe qui saccharifie l'amidon, sans produire la putréfaction des protéiques. Comme les matières fécales de l'homme soumis au régime mixte, surtout aux pommes de terre, contiennent toujours un peu d'amidon non digéré, ce micro-organisme assurerait donc, dans le gros intestin même, la production d'une quantité suffisante du sucre nécessaire (E. Metchnikoff et E. Wollmann) [1].

Cette action antiputride des fermentations acides ne peut donc guère être mise en doute, mais est-elle due aux acides produits, comme on l'admet généralement, ou à quelque autre *substance empêchante*, fournie par ces fermentations, et enfin cette action n'est-elle pas aidée par la *muqueuse* qui interviendrait par un mécanisme encore inconnu?

La première de ces trois explications se heurte à cette difficulté que dans le cas de fistules chez l'homme le contenu du gros intestin a été trouvé le plus souvent alcalin, rarement acide, et que, même dans ce cas, la neutralisation du chyme par les sucs alcalins ne laisserait subsister d'autre acidité que celle de l'acide carbonique (p. 198). D'autre part, s'il est vrai que les bactéries produisent elles-mêmes des substances agissant comme des antiseptiques énergiques (Conradi et Kurpjuweit), ces toxines n'agiraient que sur les bactéries « sauvages » et non pas sur les hôtes habituels du tube digestif (Moro et Murath) (voir p. 226). Aucune de ces explications n'est donc complète; aussi a-t-on invoqué une action bactéricide propre à la muqueuse intestinale [2] (expériences de Schütz sur le chat et le chien).

Concluons donc que dans cette résistance de l'intestin à la pullulation bactérienne interviennent des facteurs qui nous échappent encore.

Autres influences. — Notons enfin, comme agissant très efficacement à l'encontre du travail bactérien, *l'absorption rapide* des produits digérés et les *mouvements péristaltiques*.

L'*absorption* des produits digérés, qui est si active qu'elle suit presque pas à pas la digestion, soustrait aux bactéries les aliments nécessaires. Dans le gros intestin, où la putréfaction prend peu à peu le dessus, celle-ci est à son tour entravée par l'absorption de l'eau et la dessiccation progressive du bol fécal. La contre-épreuve est fournie par l'observation clinique, qui apprend que la fétidité des selles est d'autant plus grande que l'absorption a été moins bonne et que les masses évacuées sont plus liquides, à moins qu'il ne s'agisse de selles très acides.

Les *mouvements péristaltiques* ont aussi un effet antibactérien, d'abord

---

1. Un phénomène encore incomplètement expliqué, c'est la grande richesse en indoxyle de l'urine du lapin à jeun. Il est probable que l'indol qui a fourni cet indoxyle provient de la putréfaction des protéiques des sucs digestifs et de la pullulation du *B. coli*, favorisée par l'absence de sucre (Rougentzoff).

2. C'est aussi par l'action de la muqueuse, ajoutée à celle des saprophytes, hôtes habituels de l'organe, que l'on explique la prompte destruction des bactéries étrangères, introduites dans le vagin de la femme.

parce que l'agitation du milieu est par elle-même nuisible au développement des micro-organismes (Charrin), et ensuite parce que la traversée digestive étant plus rapide, les microbes ont moins de temps pour développer leurs actions chimiques, beaucoup plus lentes que celles des sucs digestifs. L'influence de ce facteur a été très élégamment mise en lumière par le procédé de l'insertion à rebours d'une anse intestinale (Ellinger et Prutz). On détache par deux sections une anse intestinale et on l'insère à nouveau dans la continuité du tube digestif, mais à rebours, en sorte qu'on l'oblige à travailler par ses contractions péristaltiques en sens inverse du cheminement normal des matières. Or, cet état de choses crée aussitôt une indoxylurie intense (voir plus loin), chaque fois que l'opération porte, non sur le gros intestin, mais sur l'intestin grêle. En clinique, on constate de même que c'est dans les cas de sténose de l'intestin grêle que l'on observe les putréfactions les plus marquées, tandis que la constipation n'est pas une cause de putréfaction, parce qu'ici les produits putrescibles ont été presque tous éliminés par l'absorption, et que les effets fâcheux de la stase sont compensés par la dessiccation croissante du bol fécal.

2. *Les produits des fermentations et des putréfactions intestinales.*

On a vu que le contenu de l'intestin grêle ne renferme comme produits d'actions bactériennes que des acides lactique, formique, acétique, butyrique, résultant de la *fermentation* des hydrates de carbone, et que les produits de la *putréfaction* des protéiques n'apparaissent que dans le gros intestin. Ce sont ces derniers qui méritent seuls une étude spéciale.

Les produits de la putréfaction intestinale des protéiques. — Ces produits sont l'*ammoniaque*, l'*acide sulfhydrique*, l'*acide carbonique*, l'*hydrogène* et une série de produits caractéristiques, tels que des *phénols* (phénol ordinaire, paracrésol), des *acides oxyaromatiques*, de l'*indol*, du *scatol*, et enfin un grand nombre d'autres corps encore inconnus, et notamment des *corps toxiques*. Parmi ces produits, les plus intéressants sont les corps toxiques, car on leur a attribué un rôle considérable à l'état normal et surtout dans les affections de l'intestin (voir plus loin). Mais comme la chimie de ces corps est encore tout à ses débuts, l'on ne peut suivre leurs variations qu'en étudiant sur des animaux la toxicité des fèces et celle des urines. Or, ce procédé n'est que difficilement applicable aux recherches courantes, et la clinique lui a souvent préféré une méthode plus simple, consistant dans la recherche et le dosage des *produits aromatiques* de la putréfaction, phénols, indol, etc. Bien entendu, on admet ici implicitement que, lorsque les putréfactions sont plus intenses, la quantité des corps aromatiques et celle de corps toxiques augmentent parallèlement, et que les premiers peuvent donc servir de mesure des seconds. Quant à la toxicité des corps aromatiques eux-mêmes, on l'a considérée pendant longtemps comme étant tout à fait négligeable, mais vraisemblablement à tort, comme on le montrera plus loin. Ces corps ne sont donc pas seulement des indicateurs précieux de l'intensité des putréfactions intestinales; ils sont aussi par eux-mêmes des produits dangereux du travail microbien.

Voyons donc ce que l'on sait de ces deux catégories de produits.

Les produits aromatiques de la putréfaction intestinale des protéiques. La toxicité de ces produits. — On peut les classer en trois groupes : 1° les *corps phénoliques*, fournis par la tyrosine; 2° les *corps phényliques* sortis de la phénylalanine; 3° les *corps indoliques*, provenant du tryptophane.

1° La putréfaction fait sortir successivement de la *tyrosine* les produits de simplification que voici :

Tyrosine ou ac. p-oxyphényl-α-aminopropionique	$OH-C^6H^4-CH^2-CH(NH^2)-COOH$.
Ac. p-oxyphénylpropionique [1] . .	$OH-C^6H^4-CH^2-CH^2-COOH$.
Ac. p-oxyphénylacétique [1] . . .	$OH-C^6H^4-CH^2-COOH$.
Paracrésol	$OH-C^6H^4-CH^3$.
Phénol	$OH-C^6H^5$.

2° Par des procès analogues la *phénylalanine* donne une série très voisine de la précédente, aboutissant à l'acide benzoïque.

Phénylalanine ou ac. phényl-α-aminopropionique	$C^6H^5-CH^2-CH(NH^2)-COOH$.
Ac. phénylpropionique	$C^6H^5-CH^2-CH^2-COOH$.
— phénylacétique	$C^6H^5-CH^2-COOH$.
— phénylcarbonique ou ac. benzoïque	C^6H^5-COOH.

3° Enfin le tryptophane est ramené pareillement jusqu'à l'état d'indol :

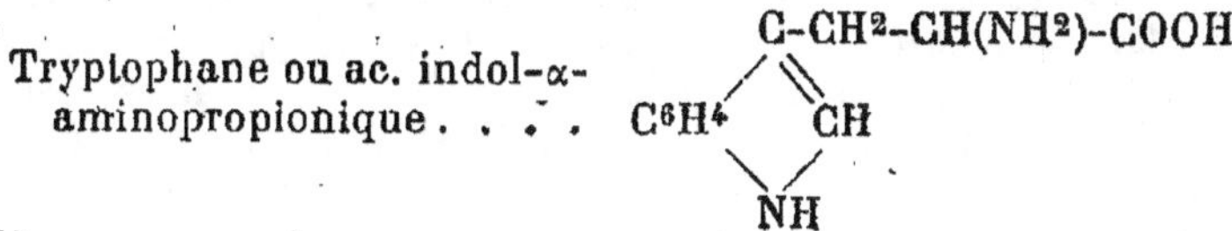

Tryptophane ou ac. indol-α-aminopropionique . . . . .

---

1. On réunit souvent ces acides-phénols sous la dénomination commune *d'acides oxyaromatiques.*

$$
\text{Ac. indolpropionique} \ldots \quad C^6H^4 \diamond
\begin{array}{l} C\text{-}CH^2\text{-}CH^2\text{-}COOH \\ CH \\ NH \end{array}
$$

$$
\text{Ac. indolacétique} \ldots \quad C^6H^4 \diamond
\begin{array}{l} C\text{-}CH^2\text{-}COOH \\ CH \\ NH \end{array}
$$

$$
\text{Scatol} \ldots \quad C^6H^4 \diamond
\begin{array}{l} C\text{-}CH^3 \\ CH \\ NH \end{array}
$$

$$
\text{Indol} \ldots \quad C^6H^4 \diamond
\begin{array}{l} CH \\ CH \\ NH \end{array}
$$

Ajoutons que l'ordre dans lequel ces produits sont énumérés ne signifie pas que chacun d'eux soit engendré chaque fois par le précédent. Par exemple, il n'est pas certain que le phénol sorte du crésol, ni l'indol du scatol.

Parmi ces corps aromatiques les corps phényliques et le produit auquel ils aboutissent, à savoir l'acide benzoïque, ne peuvent pas en pratique servir d'indicateurs de la putréfaction intestinale, parce que l'acide benzoïque ainsi produit est en très petite quantité et qu'il se perd dans la masse bien plus considérable de celui qui provient de l'alimentation (p. 346). Ne nous occupons donc que des corps phénoliques et des corps indoliques.

En ce qui concerne d'abord les *phénols*, il est aujourd'hui bien établi que les phénols urinaires proviennent du dédoublement bactérien de la tyrosine dans l'intestin (E. Baumann). Quant aux relations de *l'indol* et du *scatol* avec le tryptophane, la question, demeurée pendant quelques temps en suspens, est aussi résolue aujourd'hui dans ses grandes lignes.

Les *phénols* qu'élimine l'urine (phénol, p-crésol) ont bien leur source unique dans l'intestin, car dans l'urine des cobayes élevés aseptiquement (p. 224), dans celle des roussettes, dont l'intestin est très pauvre en microbes (p. 225, note 1), ces corps font défaut (A. Berthelot). Quant à *l'indol*, il sort bien du tryptophane, puisque les protéiques qui ne possèdent pas ce noyau, la gélatine par exemple, ne donnent pas d'indol par putréfaction, mais en fournissent quand on leur ajoute du tryptophane (Hopkins et Cole). En second lieu, c'est bien par un procès bactérien que l'indol dérive du tryptophane. En effet, introduit *per os* ou sous la peau, le tryptophane ne fait pas apparaître dans l'urine le produit de transformation de l'indol, l'indoxyle (voir plus loin), parce que, dans le premier cas, il est absorbé avant d'arriver dans les régions de la putréfaction intestinale, et que, dans le second, il échappe encore plus sûrement à toute action bactérienne [1]. Mais si, à l'aide d'une seringue de Pravaz, on l'injecte directement dans le cæcum du lapin, siège d'un travail bactérien intense, il détermine une indoxylurie marquée (Ellinger et Gentzen). Au contraire, l'indoxyle fait défaut dans l'urine des Roussettes, dont l'intestin est presque dépourvu de bactéries (A. Berthelot). Enfin, c'est le scatol, que la putréfaction intestinale fait sortir du tryptophane, à côté de l'indol, substance mère des dérivés scatoliques de l'urine (voir p. 238).

Ces produits aromatiques que la putréfaction intestinale engendre ainsi sans cesse, sont toxiques, et les diverses réactions, formation d'indoxylsulfate, de phénylsulfate, par lesquelles nos tissus se défendent contre cette action, ne dépouillent qu'incomplètement ces corps de leur pouvoir toxique. Or, des espèces bactériennes qui produisent abondamment des corps aromatiques sont aussi des hôtes fréquents de l'intestin.

Les expériences sur l'animal montrent à la vérité que l'indol ne se prête pas aisément à un empoisonnement aigu (Hervieux), bien que Cl. Gautier ait vu cependant qu'en injection intraveineuse, une dose de 2 milligrammes d'indol agit comme un fort convulsivant. Quant aux phénols, ils sont certainement toxiques, et leur transformation, par l'organisme, en phénylsulfates (p. 238) ne fait qu'atténuer cette toxicité, car une dose de 0 gr. 57 de phénylsulfate de potassium, donnée sous la peau, tue encore un cobaye en douze heures. Il est vrai que l'organisme ne produit chaque jour que de petites quantités de ces corps, mais ce sont ces atteintes répétées que E. Metchnikoff considère dangereuses, depuis qu'il est établi qu'à doses médiocres, mais prolongées, l'indol, le phénol, le paracrésol, produisent chez le singe, le lapin, le cobaye la dégénérescence athéromateuse de l'aorte et en général des scléroses (rein, cerveau, foie, etc.), avec un tableau histologique qui est celui de la dégénérescence sénile (S. Dratschinski; Wladytchko) [2].

Le *B. perfringens* (Welch), le *Proteus* sont en culture pure des producteurs certains de phénols (Tissier et Martelly), et dans l'intestin d'un malade A. Berthelot a trouvé une espèce nouvelle (*B. phenologenes*) qui, dans un milieu contenant de la tyrosine ou des polypeptides à tyrosine, produit des quantités considérables de phénol (de 500 à 800 milligr. par litre de culture). Le Colibacille, le *Bac. lactis acrogens*, le *Bac. perfringens*, le *Bac. sporogenes*, les Staphylocoques pyogènes et le *Proteus* (A. Ber-

1. Il est alors, chez le chien, la substance mère de l'acide cynurénique des urines.

2. Il est possible que l'acide butyrique, qui est toxique pour les animaux et qui résulte de l'activité de beaucoup de microbes rencontrés dans l'intestin (*B. butyricus*, *B. perfringens*, *B. putrificus*...) (voy. p. 322, note 1), ait de même une action sclérogène.

thelot), hôtes constants ou fréquents de l'intestin de l'homme, sont des producteurs d'indol *in vitro*, et ici, il est important de constater que, cultivé seul, le *Bac. paracoli* de Tissier produit ces corps aromatiques, tandis qu'associé au bacille lactique bulgare, il n'en fournit plus du tout (Belonowsky; Dobrovolsky) (voir p. 229).

Les autres produits toxiques de la putréfaction intestinale des protéiques.

— Depuis les classiques récherches de A. Gautier (1873), on sait que la putréfaction des protéiques engendre des bases souvent toxiques, les *ptomaïnes*, et comme l'extrémité inférieure de l'intestin est toujours le siège de putréfactions plus ou moins intenses, on pouvait prévoir la formation de tels corps à ce niveau. C'est ce que l'analyse chimique a vérifié. Il y a donc là une cause constante d'auto-intoxication, mais la théorie des intoxications d'origine intestinale (Ch. Bouchard, 1882) est appuyée, en outre, sur des *preuves bactériologiques*, sur des expériences démontrant la *toxicité du contenu intestinal* et sur des *faits cliniques*.

Le procès chimique qui des acides aminés des protéiques fait sortir des bases (amines), c'est la décarboxylation (p. 65 et 110). C'est ainsi que la tyrosine engendre par perte de CO_2 la *p-oxyphényl-éthylamine* ou *tyramine*, tant au cours de la putréfaction banale (A. Gautier) que sous l'action du *Bac. aminophilus* et du *Bac. coli comm.* (K. K. Kössler et Milton T. Hanke), hôtes de l'intestin (A. Berthelot et D.-M. Bertrand; Mellanby et Twort) :

$$OH\text{-}C^6H^4\text{-}CH^2\text{-}CH(NH^2)\text{-}COOH = CO^2 + OH\text{-}C^6H^4\text{-}CH^2\text{-}CH^2\text{-}NH^2$$

Tyrosine.   Tyramine.

Pareillement de la phénylalanine sort la *phényléthylamine* $C^6H^5\text{-}CH^2$ $\text{-}CH^2\text{-}NH^2$, de l'histidine, l'*imidazoléthylamine* ou *histamine* $C^3H^3N^2\text{-}CH^2$ $\text{-}CH^2\text{-}NH^2$ (D. Ackermann), de l'arginine, l'*agmatine* ou *guanidobutylamine* $NH = C(NH^2)\text{-}NH\text{-}CH^2\text{-}CH^2\text{-}CH^2\text{-}CH^2\text{-}NH^2$, enfin de la leucine, l'*iso-amylamine* $(CH^3)^2 = CH\text{-}CH^2\text{-}CH^2\text{-}NH^2$ (pour les formules de ces acides aminés voir p. 27-30). L'ornithine (sortie de l'arginine) et la lysine fournissent de même respectivement la *putrescine* ou *tétraméthylène-diamine* $NH^2\text{-}CH^2\text{-}CH^2\text{-}CH^2\text{-}CH^2\text{-}NH^2$ et la *cadavérine* ou *penta-méthylène-diamine* $NH^2\text{-}CH^2\text{-}CH^2\text{-}CH^2\text{-}CH^2\text{-}CH^2\text{-}NH^2$ (Ellinger). Parmi ces corps plusieurs ont une action physiologique puissante, d'ailleurs utilisée depuis longtemps par la médecine traditionnelle, puisque l'ergot de seigle doit en partie ses effets à quelques-unes de ces bases (tyramine, histamine, phényléthylamine, agmatine, iso-amylamine). L'action de la tyramine ressemble beaucoup à celle de l'adrénaline (Dale et Dixon), et l'on a soutenu que l'histamine, qui produit, mais seulement chez certains animaux (chiens, chats, oiseaux), un fort abaissement de la pression sanguine, est responsable, au moins en partie, de l'état créé par le choc chirurgical ou le choc anaphylactique. Toutes deux agissent aussi sur les muscles lisses (utérus, parois vasculaires...). Or, il est certain que de tels corps prennent naissance dans l'intestin. Déjà l'histamine a été trouvée dans les extraits aqueux d'intestin (Barger et Dale), et dans les selles d'entérites infectieuses on a trouvé des diamines. Il est donc probable que parmi les amines énumérées ci-dessus et que l'on a réunies, à cause de leur origine protéique, sous la dénomination plutôt malheureuse d'*amines protéinogènes*, il s'en trouvera d'autres encore dont on démontrera la présence dans l'intestin.

En ce qui concerne d'abord le côté *bactériologique*, on a isolé, des excréments humains, divers organismes, *Bac. putrificus*, *Bac. perfringens*, *B. sporogenes*, *B. aminophilus* (voir plus haut), qui développent en cultures pures des poisons très actifs, traversant la bougie de porcelaine (Roger et Garnier; A. Berthelot; Korentschewsky).

D'autre part, on détermine des *intoxications* graves en injectant à des animaux des extraits aqueux d'excréments humains (Ch. Bouchard) ou de contenus d'intestin grêle (recueillis chez l'homme dans un cas de fistule iléale, ou sur des animaux) (Falloise; Roger et Garnier), mais l'interprétation de ces résultats est difficile, parce qu'on produit également des accidents graves par l'injection intraveineuse de suc gastrique, de bile et surtout de suc pancréatique (Ch. Bouchard; Fleig; Cybulski et Tarchanoff), et qu'en dehors de toute intervention microbienne, des substances toxiques, notamment les albumoses et peptones, prennent naissance dans l'intestin sous l'action des sucs digestifs (Roger et Garnier; Falloise). Enfin les aliments apportent aussi des corps toxiques, notamment des sels de potasse. Dans le cas observé par Falloise sur l'homme, le contenu de l'intestin grêle, où les putréfactions sont cependant médiocres ou nulles, a même été trouvé plus toxique que les excréments. Néanmoins, on doit admettre que dans ces accidents le travail bactérien a sa part, car la toxicité du contenu de l'intestin grêle du chien augmente par un séjour de vingt-quatre heures à l'étuve à 38° (Roger et Garnier), et chez un chien ayant reçu depuis deux mois du lait aigri à l'aide du bacille bulgare (p. 229), cette toxicité est moins grande que chez un animal autrement alimenté (Cybulski et Tarchanoff). Le travail bactérien peut aussi transformer en corps toxiques des substances médicamenteuses. Ainsi les accidents graves et même mortels (collapsus, cyanose avec méthémoglobinémie...), observés parfois à la suite de l'administration de doses massives de sous-nitrate de bismuth en vue d'un examen radioscopique, sont dus à l'action des nitrites résultant de la réduction du sous-nitrate par la flore intestinale.

Enfin on observe fréquemment, en *clinique*, la coïncidence de phénomènes généraux d'intoxication avec des putréfactions intestinales intenses, et la cessation de ces symptômes aussitôt que l'intestin est débarrassé de son contenu.

L'intestin est donc bien, suivant l'expression de Ch. Bouchard, un laboratoire de poisons. Comment l'organisme se défend-il contre ces corps toxiques? Le foie intervient certainement dans ce phénomène. Il transforme, en effet, les phénols en phénylsulfates, l'indol en indoxylsulfates, l'ammoniaque en urée, ce qui représente évidemment vis-à-vis de ces corps, qui sont des poisons, un procès antitoxique[1]. Mais d'après Falloise, les toxines intestinales seraient arrêtées surtout par la muqueuse qui, ici encore, jouerait donc un rôle capital, comme dans les phénomènes de la nutrition (p. 204). Enfin l'intestin est armé aussi pour détruire les toxines ingérées. Ainsi la toxine tétanique est annihilée par le suc pancréatique kinasé (H. Vincent).

Cette constante production de substances toxiques au niveau de l'intestin, que des troubles digestifs de médiocre importance peuvent augmenter considérablement sans qu'il en résulte des accidents immédiatement sensibles, a beaucoup attiré l'attention des médecins dans ces dernières années. On a fait remarquer depuis longtemps que la régulation des échanges nutritifs en général n'est pas nécessairement parfaite, qu'elle comporte sans doute un certain nombre d'imperfections, de fautes, dont les effets accumulés produisent à la longue la mort naturelle, physiologique. Et déjà en 1880, Maly ajoutait à ce propos que les putréfactions intestinales et l'absorption consécutive de produits toxiques, sont une de ces fautes, que l'organisme ne compense chaque jour qu'incomplètement et dont les conséquences sont finalement le vieillissement de nos organes et la mort. Il est possible que dans l'état à demi pathologique où vivent tant de personnes en ce qui concerne leurs opérations digestives, c'est-à-dire avec les écarts de régime, les intoxications alimentaires de tous genres que recherche **ou que** subit si fréquemment l'homme civilisé, l'atteinte ainsi portée quotidiennement à des organes divers, soit plus sensible encore. On a vu le rôle important que E. Metchnikoff a été conduit à attribuer ici aux produits aromatiques de la putréfaction intestinale (p. 234). Il est possible que d'autres corps toxiques, formés ailleurs que dans l'intestin, ou venus du dehors, interviennent aussi dans ces phénomènes, mais il reste acquis de toutes façons qu'une connaissance précise des actions chimiques de chacun des constituants de la flore intestinale, et la recherche des moyens qui permettraient de modifier ces phénomènes dans un sens favorable, sont des problèmes d'un haut intérêt.

Les produits aromatiques de l'urine mesurent-ils l'inten-

---

1. On admet aussi que c'est le foie qui détruit l'indol, car chez l'homme normal (mis au régime lacté) l'ingestion d'une petite quantité d'indol n'est pas suivie d'indoxylurie. Au cours d'affections hépatiques diverses, on obtient, au contraire, très souvent, une excrétion d'indoxyle. Le foie aurait donc une *fonction indopexique* (Gilbert et Weil), et cette épreuve de l'indoxylurie provoquée pourrait servir à étudier le degré d'intégrité de cette fonction (M. Dehon).

sité des putréfactions intestinales? — Voyons maintenant dans quelle mesure la quantité des produits aromatiques urinaires permet d'apprécier l'intensité des putréfactions dans l'intestin, donc la grandeur des intoxications concomitantes possibles.

Remarquons d'abord qu'une partie de ces produits est éliminée par les fèces; une autre est absorbée par l'intestin, et de cette fraction absorbée, une partie est excrétée par l'urine, tandis que l'autre, *de grandeur variable*, est détruite par l'organisme. En outre, dans la pratique, on n'a guère dosé ces produits que dans l'urine; or, la manière dont se partagent ces composés entre l'excrétion par les fèces et l'absorption par l'intestin est certainement *variable* et d'ailleurs mal connue. Enfin, on a dû se borner à ne doser dans l'urine que deux sortes de matériaux de putréfaction, à savoir l'*indoxyle*, sorti de l'indol intestinal (Jaffé), et l'ensemble des composés dits *sulfoconjugués*, ou *éthérosulfuriques* ou *sulfo-éthers* urinaires (Baumann). Or, il est certain que la production de chacun de ces corps varie avec la nature de la flore intestinale (voir p. 234), en sorte que les variations de ces produits, en tant qu'indices de putréfactions, pourraient ne pas avoir la même signification [1].

Voyons néanmoins quelles sont, en dépit de ces incertitudes, les indications fournies par ces deux signes.

1° L'indol, absorbé par l'intestin, est en partie détruit, en partie oxydé par l'organisme à l'état d'indoxyle et conjugué avec l'acide sulfurique sous la forme d'*acide indoxylsulfurique* que l'urine élimine ensuite ·

$$
\begin{array}{cc}
\text{COH} & \text{C-O-SO}^2\text{-OH} \\
\text{C}^6\text{H}^4 \diagdown \text{CH} \qquad & \text{C}^6\text{H}^4 \diagdown \text{CH} \\
\text{NH} & \text{NH} \\
\text{Indoxyle.} & \text{Acide indoxylsulfurique.}
\end{array}
$$

C'est de ce corps que sort l'indigo, lorsqu'on traite l'urine par de l'acide chlorhydrique et une trace d'un oxydant : un peu de chloroforme agité avec le liquide se colore alors en bleu. On a appelé ce composé *indican urinaire*, dénomination doublement impropre, car l'analogie ainsi établie avec l'indican des plantes, qui est un glycoside, est boiteuse, et, d'autre part, on connaît dans l'urine au moins un autre composé indi-

---

1. Il faut ajouter que l'indoxyle ne représente pas l'unique produit urinaire auquel aboutit la dégradation bactérienne du tryptophane dans l'intestin, car toutes les urines normales (homme, cheval, chien) fournissent par distillation de l'indol (M. Jaffé) et la quantité de ce producteur d'indol, qui est peut-être l'acide indolcarbonique, est augmentée par ingestion de scatol (Porcher). De plus le scatol, produit à partir du tryptophane par la putréfaction intestinale, est éliminé par l'urine sous la forme d'un chromogène, dont les acides font sortir un pigment rouge (rouge de scatol) (Porcher et Hervieux). La grenouille, qui, après injestion de scatol, élimine du rouge de scatol par l'urine, n'en fournit plus que des traces, quand l'animal est privé de son foie (Cl. Gautier).

gogène, l'acide *indoxylglycuronique* (Neuberg et P. Mayer; Hervieux), et il en existe probablement d'autres encore, dont quelques-uns très instables (R. V. Stanford). Il serait donc préférable de réunir avec Maillard tous les producteurs d'indigo sous la dénomination d'*indoxyle urinaire* et de parler, non d'indicanurie, mais d'*indoxylurie*.

Cette oxydation de l'indol, avec conjugaison de l'indoxyle formé, est probablement en grande partie le fait du foie, car l'indol qui, injecté sous la peau, amène chez la grenouille de l'indoxylurie, ne produit plus ce résultat après extirpation du foie (Cl. Gautier et Hervieux). Il s'interpose donc beaucoup d'opérations (absorption intestinale ou excrétion par les fèces, destruction d'une partie de l'indol, intervention du foie et excrétion par le rein) entre le travail bactérien de l'intestin et l'apparition dans l'urine du produit de ce travail. Aussi voit-on une fraction très variable (de 25 à 60 p. 100) de l'indol ingéré reparaître dans l'urine à l'état d'indoxylé (Ellinger et Wang).

On a soutenu que ce corps peut résulter aussi du travail de désassimilation des tissus, mais aucun fait positif ne permet actuellement de renoncer à la théorie classique de l'origine intestinale [1] de l'indol. Si l'on trouve de l'indoxyle dans l'urine des animaux à jeun, c'est parce que les putréfactions post-digestives se continuent aux dépens des sécrétions digestives, et de fait le gros intestin de ces animaux ne cesse de contenir de l'indol (Cl. Gautier et Hervieux). Quand l'intestin est stérile, comme chez le nouveau-né (Senator), ou chez les animaux élevés aseptiquement (p. 224), ou presque stérile, comme chez les roussettes (p. 225), l'urine reste exempte d'indoxyle, et quand l'alimentation fournie est telle que les putréfactions intestinales sont entravées (régime lacté ou régimes spéciaux chez l'homme, lait ou soupe au pain chez le chien, carottes chez le lapin) (p. 229), ou lorsqu'on administre des corps à action purgative et antiseptique comme le calomel, on voit la quantité d'indoxyle urinaire diminuer jusqu'à s'annuler pratiquement.

Inversement, les régimes riches en protéiques et pauvres en hydrocarbonés, l'existence d'un obstacle dans l'intestin grêle (p. 231), bref toutes les conditions qui favorisent les putréfactions intestinales augmentent l'indoxylurie. Si, malgré la richesse de leurs aliments en amylacés, les herbivores ont une urine riche en indoxyle (celle du cheval en contient par litre 20 fois plus que celle de l'homme), cela tient à la longue durée de la traversée digestive, à la grande étendue du cæcum et peut-être aussi à la nature de la flore intestinale.

On aperçoit donc une relation évidente entre l'accroissement des putréfactions intestinales et l'excrétion de plus grandes quantités d'indoxyle par les urines ; mais pour fixer la valeur de ce signe en pathologie, il faudrait déterminer d'abord les limites de l'indoxylurie normale. Malheureusement, ces limites sont très incertaines.

Rappelons d'abord que d'après E. Metchnikoff toute indoxylurie régulière (comme aussi toute excrétion régulière de phénols par l'urine) est le témoin d'une intoxication chronique (p. 234) et doit être combattue par

---

1. Bien entendu, un procès de putréfaction se produisant ailleurs que dans l'intestin (pleurésie purulente fétide), peut aussi fournir de l'indol (et des phénols).

un régime approprié (p. 229). L'indoxylurie normale serait donc celle qui est réduite à des traces. Si l'on ne veut pas être aussi rigoureux, on est conduit à admettre comme limites normales celles que fournit l'urine des personnes bien portantes, à savoir de 1 à 37 milligrammes (jeunes soldats de Maillard), de 5 à 20 milligrammes (moyennes de divers auteurs), de 2 à 211 milligrammes (en indigo), d'après E. Metchnikoff et E. Wollmann, chez un sujet consommant peu de viande et beaucoup de pâtes, ou au contraire, beaucoup de viande et peu de farineux. Devant de telles variations, où placer les limites normales? En général, on admet en clinique que seule une indoxylurie intense a quelque valeur comme signe de putréfactions intestinales exagérées.

2° Les phénols produits par la putréfaction intestinale des protéiques (phénol ordinaire, paracrésol..,) sont en majeure partie éliminés avec les fèces. Le reste est absorbé et est détruit en partie, en sorte qu'une petite fraction seulement apparaît dans l'urine, de 7 à 20 p. 100, d'après Folin et Denis, et dans l'urine des 24 heures de quatre sujets bien portants, ces mêmes auteurs ont trouvé 0 gr. 24 de phénols libres et seulement 0 gr. 14 de phénols conjugués (phénylsulfates et p-crésyl-sulfates, avec un peu de phénylglycuronate et de p-crésylglycuronate). Remarquons que ce sont là des résultats particulièrement élevés (ordinairement de 0 gr. 066 à 0 gr. 106 en tout). Avec l'indoxylsulfate et d'autres composés non encore isolés, ces corps constituent l'ensemble des *sulfo-éthers urinaires*. L'urine des vingt-quatre heures renferme de 0 gr. 12 à 0 gr. 25 d'acide sulfurique sulfo-conjugué, et ici encore on constate que la quantité de ces substances augmente ou diminue selon que les putréfactions intestinales sont favorisées ou non. Malheureusement, l'excrétion des sulfo-éthers varie considérablement à l'état normal. Les quantités moyennes citées plus haut sont si souvent et si largement dépassées, que seuls les résultats très élevés ou très bas ont quelque valeur dans un sens ou dans l'autre. Au surplus, cet indice des sulfo-éthers est une grandeur trop complexe, puisqu'elle comprend à la fois l'indoxyle et les phénols, produits dont la formation n'est nullement parallèle. Il vaudrait donc mieux, puisque les phénols sont évidemment toxiques (p. 234), doser directement ces corps dans l'urine, et, se plaçant au point de vue de Metchnikoff, considérer toute excrétion continue de phénols par l'urine comme un signe fâcheux, dont la disparition ou une large atténuation doit être poursuivie, comme pour l'indoxyle.

On voit donc que le signe fourni par les sulfo-éthers présente, pour la mesure de l'intensité des putréfactions intestinales, encore moins de sécurité que celui de l'indoxyle, et que le dosage des phénols, encore rarement pratiqué, offrirait plus d'intérêt.

---

1. En ce qui concerne le *mécanisme* de cette réaction, on a admis d'abord avec Baumann que celle-ci a lieu entre l'acide sulfurique et le phénol ou l'indoxyle. Mais en introduisant dans l'organisme, par application sur la peau, de grandes quantités de phénols, Tauber n'a obtenu d'effet antitoxique qu'avec les sulfites et non pas avec les sulfates. La conjugaison du phénol avec sa copule sulfurée paraît donc précéder l'oxydation de cette dernière à l'état de sulfate, conclusion que fortifient les expériences de Maillard sur les destinées du soufre colloïdal dans l'organisme.

§ III. — LES FÈCES.

Les fèces ont été considérées d'abord comme composées à peu près entièrement par des matériaux alimentaires qui ne sont pas digestibles ou qui ont échappé à la digestion, jusqu'au jour où l'on s'aperçut que la production des excréments ne cesse pas pendant le jeûne [1], et, d'autre part, que chez le chien et chez l'homme nourris d'aliments animaux ou végétaux de digestion très facile, la composition des excréments reste constante et à peu près indépendante de la nature de la ration. C'était là, comme nous le montrerons plus loin, la preuve que les excréments correspondant à ces rations proviennent, au moins pour leur majeure partie, non des aliments, mais du tube digestif lui-même, et probablement des sécrétions digestives. On doit ajouter ici : et des excrétions, car la surface intestinale est une voie d'excrétion. Elle constitue même, pour l'élimination de certains matériaux, la voie principale. Quand les aliments renferment, au contraire, des matériaux non digestibles, comme la cellulose, ces matériaux s'ajoutent bien entendu aux fèces et, en outre, ils gênent la digestion et l'absorption des aliments, dont une partie plus ou moins importante reste alors dans les fèces. Enfin les bactéries, mortes ou vivantes, paraissent constituer une partie importante des excréments.

Nous avons donc à étudier comme constituants des matières fécales : 1° Des produits qui proviennent des sécrétions digestives, ou dont l'intestin constitue la voie d'excrétion ; 2° Des matériaux d'origine alimentaire, mais qui ne forment une partie importante des fèces que dans certaines conditions ; 3° Les bactéries.

La part des productions intestinales dans la formation des fèces. — Il est évident que les matières fécales éliminées pendant un jeûne prolongé proviennent de l'intestin lui-même, et comme les sécrétions digestives se continuent pendant l'inanition, il est visible que les fèces du jeûne sont composées de sucs digestifs épaissis par résorption et des produits de la desquamation de la muqueuse, le tout modifié par le travail bactérien.

On doit admettre que telle est aussi l'origine, sinon de la totalité, du moins de la majeure partie des matières fécales qui correspondent

---

1. Pendant un jeûne de dix jours, le jeûneur Cetti (p. 641) a éliminé en tout 220 grammes de fèces humides, avec 18 p. 100 de matières sèches. Celles-ci contenaient 8,4 p. 100 d'azote et 12,5 p. 100 de cendres (voy. p. 245).

à des aliments quelconques, pourvu que ceux-ci soient facilement attaqués par les sucs digestifs (viande, pain de premier choix, macaroni, riz, amidon, sucre, graisses). C'est-ce qui ressort très nettement des expériences résumées dans les tableaux ci-après (Fr. Müller, Rubner et d'autres) :

Chien.

Nature des aliments.	Poids des aliments.	Fèces sèches.	Azote des fèces.	Azote p. 100 de fèces sèches.
Jeûne.	—	$2^{gr},0$	$0^{gr},15$	$7^{gr},9$
Viande.	500 gr.	5 ,1	0 ,31	6 ,5
—	1 000 —	4 ,2	0 ,55	6 ,5
—	1 500 —	10 ,2	0 ,67	6 ,5
—	1 800 —	10 ,3	0 ,70	6 .5

Homme.

Nature des aliments.	Poids des aliments secs.	Azote des aliments.	Fèces sèches.	Azote des fèces.	Azote p. 100 de fèces sèches.
Viande.	367 gr.	$48^{gr},8$	$17^{gr},2$	$1^{gr},16$	$6^{gr},7$
Œufs.	247 —	20 ,7	13 ,0	0 ,61	4 ,7
Pain blanc.	595 —	9 ,7	26 ,2	2 ,19	8 ,4

Homme.

Nature des aliments.	Poids des aliments secs.	Fèces sèches.	Azote des fèces.	Azote p. 100 de fèces sèches.
Jeûne.	—	$2^{gr},64$	$0^{gr},14$	$5^{gr},0$
Gâteau sans azote [1].	132 gr.	5 ,81	0 ,24	4 ,2
—	305 —	12 ,92	0 ,57	4 ,5

Dans toutes ces expériences, où cependant l'alimentation a été soit nulle, soit très différente en quantité et en qualité, les fèces ont toujours contenu de 4 à 8 p. 100 d'azote, *même avec des rations exemptes d'azote* (3e tableau); de plus la chaleur de combustion des excréments (homme) est restée comprise entre 6,06 et 6,36 calories par gramme de matière organique, deux constatations qui suffiraient pour démontrer que ces matières fécales sont, non pas des restes d'aliments, mais le produit d'un même procès physiologique. On constate, à la vérité, qu'en valeur absolue les quantités d'azote fécal ont passé progressivement chez le chien de 0 gr. 15 à 0 gr. 70 à mesure que les poids de viande ingérés se

---

1. Gâteau fait d'amidon, de sucre et de graisse.

sont élevés de 0 à 1 800 grammes, mais ce résultat tient uniquement à ce fait que des quantités croissantes de viande ont exigé de plus en plus de sucs digestifs. C'est aussi ce qui ressort du troisième des tableaux ci-dessus, où l'on voit que l'azote fécal a été augmenté (de 0 gr. 24 à 0 gr. 57) par l'ingestion de quantités croissantes d'un aliment exempt d'azote. Au surplus, dans l'état de santé, et quand il n'y a pas surcharge anormale imposée au tube digestif, les fèces ne contiennent en général ni albumines, albumoses et peptones, ni hydrates de carbone, et les graisses n'y sont représentées que par de petites quantités de savons calcaires. L'examen microscopique confirme ces constatations chimiques.

Enfin, cette théorie de l'origine sécrétoire d'une partie importante des fèces est en bon accord avec ce que l'on sait sur le rôle de la muqueuse digestive comme surface d'élimination (p. 452 et 480), et elle est confirmée par une classique expérience de L. Hermann.

On sectionne l'intestin grêle d'un chien en deux points distants d'environ 40 centimètres, on rétablit la continuité du tube digestif et l'anse isolée, préalablement bien lavée, est réunie par ses deux bouts, de manière à former un anneau creux, ayant conservé toutes ses connexions vasculaires et nerveuses. L'animal, entièrement rétabli, est sacrifié après seize à vingt-six jours, et l'on trouve l'anneau rempli d'une masse solide, ayant l'aspect et l'odeur des selles et renfermant 72 p. 100 d'eau et 26 p. 100 de matières organiques.

La part des matériaux alimentaires dans la formation des fèces. — Quand on substitue aux aliments digestibles en totalité, des denrées végétales où les matériaux à digérer sont encore plus ou moins emprisonnés dans des loges cellulosiques, une partie de ces matériaux échappe à l'action des sucs digestifs et passe avec la cellulose dans les excréments, dont le volume se trouve accru et la composition modifiée. De plus, il est probable que de tels aliments sollicitent plus fortement les sécrétions digestives et c'est là, comme on vient de le voir, une autre cause d'augmentation de la quantité des fèces.

On a vu que chez les herbivores, c'est un travail bactérien qui dissout une partie de la cellulose et met à nu les matériaux à digérer (p. 225, note 1). Chez l'homme, seule la cellulose très tendre (salade) disparaît dans l'intestin ; toutefois, grâce à la cuisson qui produit l'éclatement des loges cellulosiques et à d'autres pratiques de l'art culinaire ou de l'industrie alimentaire (trituration, passage au tamis, blutage des farines), qui éliminent les parties cellulosiques, beaucoup d'aliments végétaux sont aussi complètement digérés que les aliments **animaux** (voir le tableau de la page 549), tandis que, moins bien préparés, ils laissent passer dans les excréments des quantités importantes de protéiques, de graisses et d'hydrates de carbone non digérés. C'est avec le pain, fait avec des farines plus ou moins fines, que la démonstration de ce fait apparaît le plus clairement (expériences de Rubner sur l'homme) :

	Excréments humides.	Excréments secs.	Azote des excréments.
Pain de farine très fine. . .	133 gr.	25 gr.	2^{gr},17
— moyenne . .	253 —	41 —	3 ,24
Pain fait avec le grain de froment grossièrement moulu.	318 —	76 —	3 ,80

Dans la 3ᵉ expérience, les 3 gr. 80 d'azote des fèces représentaient jusqu'à 30 p. 100 de l'azote du pain ingéré, *mais il est impossible de dire quelle fraction de ces 3 gr. 80 provient du pain non digéré et quelle autre est fournie par les sucs digestifs*, dont la sécrétion est sans doute plus active qu'avec un aliment facilement digéré. Du moins constate-t-on chez le chien une production de suc pancréatique et de bile plus abondante après ingestion de pain que lorsqu'on donne de la viande, et d'intéressantes expériences de R.-O. Neumann sur la digestion du cacao chez l'homme montrent clairement que, par sa richesse en cellulose, cet aliment sollicite très énergiquement les sécrétions digestives et détourne ainsi des quantités importantes d'azote du côté des fèces. Celles-ci emportent donc, pour une double raison, des quantités croissantes d'azote, à mesure que les aliments sont d'attaque plus difficile, phénomène qui atteint son extrême limite chez l'herbivore. Tandis que l'homme élimine en moyenne par les excréments 1 gr. 5 d'azote et par les urines environ 10 fois plus, un cheval en perd chaque jour par les fèces 50 gr. et par les urines de 70 à 100 gr., soit à peine le double.

On voit donc que même là où des résidus alimentaires constituent vraisemblablement une partie notable des excréments, les sécrétions intestinales restent le facteur peut-être prépondérant dans la production des fèces, en sorte que la conclusion suivante de Praussnitz, encore que trop absolue probablement, résume assez bien la question : « C'est pourquoi il paraît plus juste de parler d'aliments formant plus ou moins de fèces[1], que d'aliments bien ou mal utilisés. »

La part des bactéries dans la formation des fèces. — Enfin les bactéries constituent certainement une part notable des excréments. Strassburger, qui s'est appliqué à les isoler par un procédé spécial de lévigation, a trouvé que chez l'adulte leur poids représente un tiers du poids total des matières sèches, et à l'état

1. C'est-à-dire provoquant la production, par l'intestin, d'une quantité plus ou moins grande de fèces.

pathologique souvent davantage. Mais ces évaluations sont encore très incertaines.

Composition des fèces. — Chez un adulte bien portant (trente-huit ans), et recevant l'alimentation mixte ordinaire, on a recueilli les fèces pendant quinze jours. Le poids moyen de la selle quotidienne a été de 103 grammes, avec une teneur moyenne en eau de 74,4 p. 100. Cent parties d'excréments desséchés à 105° renfermaient : cendres 12,68 ; matières organiques 87,32 ; azote total 6,65 ; phosphore total (en P^2O^5) 4,82 ; soufre total 0,54. Une fraction de l'azote (1,27) était soluble dans l'alcool et provenait donc de substances telles que la lécithine, la choline, les pigments, mais dont une séparation même approximative est actuellement impossible. Le reste de l'azote (5,38) pouvait, au contraire, avec une approximation suffisante, être rapporté aux matières protéiques (petites quantités de protéiques alimentaires non digérés et surtout cadavres bactériens). Une fraction du phosphore (0,77) a été de même soluble dans l'alcool et représente donc du phosphore lipoïdique (lécithine,...) mais dont la nature reste de même indéterminée. La partie insoluble dans l'alcool provient des phosphates et du phosphore nucléinique. Quant au soufre, il doit être rapporté pour sa plus grande partie aux protéiques. On a dosé, en outre, la cellulose et les acides gras fixes (acides gras des graisses et des savons), conjointement avec les substances insaponifiables (cholestérine,...) (d'après Kumagava-Suto et Inhaba), le tout étant exprimé en graisses neutres. On obtient donc finalement le tableau que voici pour 100 parties d'excréments desséchés à 105° (E. Lambling et C. Vallée) :

Cendres	12,68
Graisses et subst. insaponifiables	17,76
Cellulose	4,80
Matières protéiques $(5,38 \times 6,25)$	33,62
Matières organiques non dosées	31,14
	100,00

On voit donc que 31,14 p. 100 des fèces sèches, soit 36,7 p. 100 du total des matières organiques, échappent encore à toute détermination. Or, dans ce « non dosé » figurent, à la vérité, des substances connues, lécithine, choline, acide cholalique, pigments, bases puriques, sels d'acides gras volatils, mais qui n'en représentent certainement qu'une petite fraction. Près du tiers des matières organiques des fèces est donc constitué par des substances encore inconnues. On verra que l'étude de l'urine donne lieu à des constatations analogues.

Les *cendres* sont principalement formées d'acide phosphorique, de chaux et de magnésie, avec un peu de fer. Les chlorures alcalins ne sont présents qu'en quantités très minimes (quelques décigrammes). Comme la chaux, la magnésie et l'acide phosphorique ne manquent jamais dans les fèces du jeûne, c'est donc qu'une partie au moins de ces matériaux est fournie par le tube digestif lui-même. De fait la muqueuse intestinale est, pour ces corps, une voie d'élimination plus importante dans certaines conditions que la voie rénale (p. 476 et 478). Il en est de même pour le fer (p. 470), et à un moindre degré pour l'arsenic.

CHAPITRE XII

LE SANG

Au point de vue anatomique le sang est un liquide albumineux et salé, tenant en suspension des éléments figurés, les globules. Au point de vue physiologique, il est, du moins chez les animaux supérieurs, l'intermédiaire par lequel l'organisme opère ses échanges avec le monde extérieur. Il reçoit, en effet, du milieu extérieur les matériaux de nutrition (produits de la digestion, oxygène de l'air) qui lui sont fournis par le tube digestif et par le poumon et qu'il apporte aux tissus, et ceux-ci, à leur tour, déversent dans le sang des produits de déchets, qui doivent être portés au dehors. Le sang est donc bien, comme l'a si clairement défini Cl. Bernard, le *milieu intérieur* dans lequel vivent en réalité ces organismes.

Caractères généraux du sang. — Le sang est un liquide légèrement visqueux et moussant facilement. Sa couleur varie du rouge sombre (sang veineux, appauvri en oxygène) au rouge vermeil (sang artériel, riche en oxygène). Il est opaque, parce qu'il tient en suspension une infinité de corpuscules rouges, les *globules rouges* ou *hématies* qui lui confèrent la propriété d'être une matière colorante opaque, c'est-à-dire capable de *couvrir*. Lorsque, par un artifice quelconque, on détruit ces globules (hémolyse), la matière colorante rouge passe en dissolution dans le liquide sanguin, qui devient transparent et paraît d'un rouge plus foncé. On dit alors que le sang est *laqué*. — Le sang contient encore, à côté des globules rouges, des *globules blancs* ou *leucocytes*, beaucoup moins nombreux et d'autres éléments, plus petits, les *plaquettes sanguines*.

La *densité* du sang est d'environ 1 050 ; sa *réaction* au tournesol est alcaline et correspond en moyenne à 3 gr. 20 de soude par litre (p. 267).

Le phénomène physique le plus saillant que présente le sang est sa *coagulation* spontanée peu après sa sortie des vaisseaux. Selon que l'on intervient ou non et de différentes manières, dans ce phénomène, on provoque dans le liquide sanguin des séparations de diverses sortes, qui sont les suivantes et qui ont fourni des cadres commodes pour l'étude de ce liquide si complexe. En effet, selon les conditions de la coagulation, le sang se sépare en :

1° *Sérum et caillot* ;

2° *Plasma et globules* ;

3° *Sang défibriné et fibrine.*

1° Le sang abandonné à lui-même se prend plus ou moins vite en une gelée, le *caillot*, qui, en se contractant peu à peu, expulse un liquide transparent, jaunâtre ou rougeâtre, le *sérum*. Cette rétraction du caillot paraît due à l'action des plaquettes (Le Sourd et Pagniez). Examiné au microscope, le caillot se montre constitué par un réseau de fibrilles formées par une matière albuminoïde, la fibrine, emprisonnant dans ses mailles les éléments figurés du sang. Lavé et exprimé sous un courant d'eau, le caillot se décolore complètement et la fibrine reste sous la forme de filaments élastiques, blanchâtres ou grisâtres, auxquels adhèrent encore des globules blancs et la charpente décolorée des globules rouges.

2° Une autre séparation s'effectue, si l'on retarde ou si l'on empêche la coagulation par divers moyens, tels que l'addition de dissolutions salines (NaCl, SO^4Na^2), de sels décalcifiants (oxalates alcalins) ou de fluorure de sodium, l'injection dans le sang de l'animal, avant la saignée, d'une solution d'albumose (peptone de Witte), ou d'un extrait aqueux de tête de sangsues. Par le repos et plus rapidement par centrifugation, les éléments figurés tombent alors au fond du liquide, qui se sépare en deux couches, une inférieure, constituée par une purée de *globules* rouges, souvent grisâtre à sa surface, parce que les globules blancs se déposent en majeure partie après les globules rouges, et une supérieure, formée par le liquide interglobulaire jaunâtre, le *plasma*.

Si par une intervention convenable, on provoque ensuite la coagulation du plasma ainsi isolé, on obtient un caillot de fibrine, qui, cette fois, est incolore, et du sérum.

3° Enfin lorsqu'on bat le sang frais, la coagulation se produit plus rapidement, et la *fibrine* formée s'attache à l'agitateur et peut être retirée du liquide sous la forme d'une masse filamenteuse, fortement colorée en rouge. Le liquide restant, passé à travers un linge qui retient le surplus de la fibrine, représente le *sang défibriné*, tout à fait semblable par son aspect extérieur au sang total. Abandonné au repos, ou mieux centrifugé, le sang défibriné fournit une purée de globules, surnagée par le sérum.

Le tableau suivant résume ces diverses séparations :

I. — Sang avant la coagulation :

Séparé par le repos ou la centrifugation en : { Plasma que la coagulation dédouble en : { Sérum. Fibrine / Globules.

II. — Sang coagulé :

Par battage; séparé en : { Sang défibriné; séparé par centrifugation en : { Sérum. Globules. / Fibrine.

Par coagulation spontanée; séparé en : { Sérum. / Caillot composé de : { Fibrine. Globules.

§ I. — LES GLOBULES ROUGES.

Caractères chimiques des globules rouges. — Les globules rouges, dont on n'a pas à faire ici la description histologique, sont constitués par une charpente protéique ou stroma, à laquelle sont incorporés d'autres matériaux, minéraux et organiques. Chez l'homme, les sels minéraux sont représentés surtout par des sels de potassium (chlorure et phosphates) et les matières organiques par un pigment, l'*hémoglobine*, qui possède, en ce qui concerne les échanges gazeux, des propriétés particulières. Ces globules se distinguent de tous les autres éléments cellulaires par deux caractères chimiques :

1° Par leur extrême richesse en matières solides, car tandis que pour 100 parties en poids les cellules d'un tissu, comme le muscle rouge, renferment 75 parties d'eau et 25 parties de matières solides, les globules rouges contiennent 60 parties d'eau seulement et 40 parties de matières solides ;

2° Par ce fait spécial que la partie organique du globule est constituée essentiellement, non de matières protéiques diverses (p. 121), mais presque uniquement d'hémoglobine, c'est-à-dire d'un protéide adapté à la fonction spéciale des échanges respiratoires et qui représente les 8/10 du poids du globule sec.

Toutefois, il ne faudrait pas conclure de cette constatation que l'hématie n'est qu'un amas de matière colorante. Les globules rouges contiennent, en effet, tout comme les cellules de beaucoup d'organes, des *ferments peptolytiques* (p. 105), qui dédoublent divers polypeptides (dl-alanylglycine, glycyl-l-tyrosine...), et le fait que cette action subsiste, même quand le globule est saturé d'oxyde de carbone, achève de marquer, quand on l'ajoute aux données histologiques, le caractère cellulaire que conserve cet élément, en dépit de sa spécialisation.

Les globules renferment, en outre, en petites quantités, des *graisses*, de la *lécithine*, de la *cholestérine*, et soit respectivement chez le chien et p. 100 de globules secs, 1,08 (en acides gras), 0,09 (en P^2O^5 lipoïdique) et 0,33 (A. Mayer et G. Schaeffer), des *matières protéiques* formant la charpente du stroma, un peu de *glycose* (voir p. 263) et enfin une *catalase* (Ville et Moitessier) et un corps à propriétés de *peroxydase*, qui est l'oxyhémoglobine elle-même (G. Bertrand ; Moitessier ; Nolf et de Stœklin), ou plus exactement le noyau ferrugineux de ce pigment (Derrien).

On a beaucoup étudié la *perméabilité des globules rougés*, parce que ces éléments constituent un matériel d'étude particulièrement commode. Les résultats sont en partie ceux qui ont été exposés à propos de la perméabilité des cellules en général (p. 132).

L'hémolyse. — Lorsqu'on laisse tomber un peu d'une purée de globules rouges de mammifères dans de l'eau salée à 7 p. 1 000 et qu'on centrifuge le mélange, on constate que le liquide qui surnage le sédiment des globules reste incolore. Si l'on abaisse le titre de la solution au-dessous de 6 p. 1 000 de chlorure de sodium, le liquide se colore en rouge, parce qu'un peu d'hémoglobine commence à passer des globules dans l'eau salée, et avec des solutions à 3 ou 4 p. 1 000 de sel, le pigment passe entièrement en dissolution. Dans le fond du liquide, on aperçoit alors au microscope les globules complètement décolorés. Enfin, dans de l'eau distillée employée en grande quantité par rapport aux globules, dans la bile ou dans une solution de sels biliaires, de potasse ou de solanine, les globules se dissolvent et disparaissent complètement. C'est l'hémolyse ou hématolyse complète.

On obtient l'hémolyse avec des agents très variés, avec l'eau distillée, l'urée, les sels ammoniacaux, les alcalis et les acides dilués, le sublimé, les alcools, l'éther, les aldéhydes, les acétones, les colloïdes inorganiques (silice colloïdale), les précipités minéraux (sulfate de baryte fraîchement précipité), les glycosides (saponine, solanine, digitaline), les savons et notamment l'oléate de sodium, la bile et les sels biliaires, les diastases (suc pancréatique), les toxines végétales (ricine, abrine), les hémolysines d'origine bactérienne (tétanolysine), ou d'origine animale (hémolysines des sérums, du venin des abeilles, des crapauds, des araignées, des serpents).

L'hémolyse a fait l'objet d'un nombre déjà énorme de recherches. Elle a été étudiée par les cliniciens dans ses rapports avec la pathologie du sang, par les bactériologistes au point de vue des phénomènes d'immunité, par les physiologistes pour qui elle représente un moyen d'étudier les propriétés d'un protoplasma cellulaire, par les chimistes qui ont appliqué à l'examen de ce phénomène les notions acquises en chimie physique sur les équilibres, la vitesse des réactions, l'imbibition des colloïdes, etc. (Nolf). Mais les résultats obtenus, dont beaucoup d'ailleurs ne rentrent pas dans le cadre de ce livre, ne se prêtent pas encore à un exposé systématique.

L'hémolyse est, d'après ce qui précède, une détérioration et finalement une destruction complète du globule, et comme le grand pouvoir colorant de l'hémoglobine rend le dosage de ce pigment très facile, l'usage s'est établi de mesurer le degré de cette détérioration par la quantité de matière colorante abandonnée par le globule, bien qu'il ne soit pas démontré, comme le fait remarquer Nolf, qu'il y ait proportionnalité entre ces deux phénomènes. Quel est le mécanisme de cette détérioration. Il est vraisemblable qu'il varie avec l'agent employé.

En ce qui concerne l'hémolyse par l'*eau* ou les *solutions salines hypotoniques* par rapport aux globules, on admet que la tension osmotique du contenu globulaire étant supérieure à celle du liquide ambiant, l'eau pénètre dans le contenu, en sorte que les globules, les moins résistants d'abord, abandonnent leur pigment, soit parce qu'ils éclatent, soit parce que leur paroi distendue devient plus perméable.

Mais cette explication devient insuffisante pour d'autres agents, qui agissent à petites doses et dans des milieux maintenus parfaitement isotoniques aux globules, et qui se comportent comme des toxiques pour ces éléments. Pour ceux de ces agents qui sont, comme l'*éther*, les *alcalis*, les *savons*, les *sels biliaires*, des dissolvants pour les lipoïdes, on a été naturellement conduit à expliquer l'hémolyse par une action sur les lipoïdes (et principalement sur la lécithine) contenus dans la paroi globulaire (p. 135), et l'on a pu démontrer pour quelques-uns d'entre eux qu'il y a absorption énergique du toxique par le globule. Ainsi, d'après Arrhenius, les alcalis dilués, ajoutés au sang, se trouvent à une concentration 800 à 900 fois plus grande dans les globules que dans le liquide périglobulaire. Une telle accumulation doit évidemment produire une perturbation considérable dans la perméabilité de la paroi globulaire, et finalement la dissolution de cette paroi.

Quant aux *hémolysines d'origine animale ou bactérienne*, on possède des données très étendues sur les conditions d'action de ces agents, mais le mécanisme de l'opération reste, là aussi, très obscur.

En ce qui concerne les *conditions* de cette hémolyse, rappelons d'abord que le sérum de certaines espèces animales possède naturellement un pouvoir hémolytique vis-à-vis des globules d'autres espèces [1]. D'autre

---

1. Ainsi le sérum du chien, du lapin ou du mouton dissout les globules du sang de l'homme. Le sérum connu jusqu'à présent comme le plus hémolytique est le sérum d'anguille (L. Camus et Gley), qui dissout encore les hématies du lapin ou du cobaye à des dilutions de 1/15 000 à 1/20 000. Comme cette action dissolvante se produit aussi *in vivo*, on s'explique le danger des transfusions de sang hétérogène.

part, on confère au sérum d'un animal *a* d'une espèce A, un pouvoir hémolytique vis-à-vis des globules d'un animal d'une espèce B, en injectant à l'animal *a* des globules d'un animal de l'espèce B, et l'hémolysine ainsi créée est spécifique, c'est-à-dire qu'elle ne dissout que les hématies de l'espèce B, dont le sang a servi à « préparer » l'animal *a*. Cette hémolyse est le fait de deux agents différents. En effet, le sérum hémolysant de l'animal *a*, chauffé pendant un quart d'heure à 60°, a perdu tout pouvoir hémolytique, mais si on l'additionne de sérum neuf, que l'on a emprunté à un animal quelconque non préparé, et qui est par lui-même absolument inactif, on obtient un mélange fortement hémolytique. C'est donc que le sérum hémolytique contient une substance spécifique, thermostabile et une substance banale, c'est-à-dire existant dans tout sérum normal, et qui est thermolabile. On appelle la première *sensibilisatrice* (ou immunisine), parce qu'elle rend le globule sensible à l'action du sérum neuf et la seconde *complément* (ou alexine), parce qu'elle complète l'action de la sensibilisatrice. Pareillement, l'hémolysine naturelle de certains sérums se décompose en ces deux mêmes facteurs. Enfin, on a démontré que l'hémolyse est le résultat de l'action successive de ces deux agents. Ajoutons que le grand intérêt de cette étude de l'hémolyse, c'est que l'histoire de l'hémolyse est comme calquée sur celle de la bactériolyse et que toutes deux sont un chapitre du grand problème de l'immunité.

Enfin, si le *mécanisme* de l'action des hémolysines animales ou bactériennes reste très obscur, on a réussi du moins à établir le rôle important que jouent les lipoïdes dans ce phénomène. Il arrive, en effet, que ces corps constituent eux-mêmes l'agent hémolysant. Tel paraît être le cas des hémolysants, de nature chimique encore inconnue, que l'on a extraits de tissus, comme le corps thyroïde (Iscovesco) ou des proglottides du bothriocéphale [1]. Ou bien c'est un lipoïde qui, par transformation chimique, fournit cet agent. C'est le cas de la lécithine dans l'hémolyse par le venin de cobra. Ce venin, qui n'agit pas, en général, sur les globules lavés, les hémolyse en présence d'un peu de sérum, et cette action complémentaire du sérum, qui résiste à un chauffage au delà de 60° (A. Calmette), tient à la présence de la lécithine (P. Kyes et Sachs). Celle-ci est, en effet, transformée par une diastase du venin en un corps nouveau, soluble dans l'alcool, insoluble dans l'éther, qui est l'agent hémolysant (Delezenne et Suzanne Ledebt) et qui est aussi un poison cardiaque violent (Delezenne et M. Lambert). Ce corps cristallisé représente de la lécithine ayant perdu, sous l'action du venin, son acide oléique ou plus généralement ses acides gras non saturés (p. 70). C'est un éther palmito-phosphoglycérique de la choline (Delezenne et Fourneau). Et si la cholestérine empêche l'hémolyse par le venin de cobra (P. Kyes et Sachs), ce n'est pas parce qu'elle agit sur le venin et l'empêche de faire sortir la lysocithine de la lécithine (Delezenne et S. Ledebt), c'est parce qu'elle se combine à la lysocithine, et, à ce qu'il semble, molécule à molécule (Delezenne et Fourneau).

La cholestérine protège aussi les globules contre l'action dissolvante de la saponine, ou contre celle des hémolysines provenant des bactéries ou des tissus, ou encore contre celle des savons (Ransom, Iscovesco).

---

1. On a voulu faire jouer à ces hémolysines un rôle dans la genèse de l'anémie produite par ces parasites.

C'est elle, enfin, qui confère au sérum normal la propriété de s'opposer à l'hémolyse par la saponine ou qui est la cause de la résistance relative qu'opposent à ce toxique les globules de certaines espèces, riches en cholestérine (chien, mouton, bœuf), alors que ceux qui sont pauvres en cholestérine (globules de cheval, de lapin et de porc) sont, au contraire, très vulnérables. Ces faits justifient donc les tentatives que l'on a faites pour combattre à l'aide de la cholestérine certaines anémies rebelles.

In vivo, la conservation du globule rouge est assurée notamment par la constance avec laquelle le sang maintient sa tension osmotique voisine de celle d'une solution de sel marin à 9 à 10 p. 1 000 (p. 140), et comme les globules de mammifères ne commencent à perdre leur hémoglobine que dans des solutions contenant moins de 6 p. 100 de sel marin, il suit de là que le sérum de ces animaux peut être étendu de plus de 50 p. 100 d'eau avant que l'hémolyse ne commence. Le sang peut donc, par absorption subite d'un volume de boisson considérable, être inondé pendant un instant de grandes quantités d'eau, sans qu'il y ait danger de destruction pour les globules. Il est probable que des mécanismes chimiques entrent en jeu aussi dans cette protection des globules; par exemple, on constate que les protéiques protègent les hématies contre l'action hémolytique des savons.

Les matières colorantes du globule rouge. — Les hématies contiennent deux matières colorantes, l'oxyhémoglobine et l'hémoglobine, la première se transformant dans la seconde par perte d'oxygène, et inversement la seconde fournissant la première par fixation d'oxygène. Le sang asphyxique ne contient guère que de l'hémoglobine; enfin le sang veineux renferme un mélange des deux pigments.

L'*état* dans lequel ces deux pigments sont contenus dans le globule prête encore à des discussions.

La solubilité des oxyhémoglobines dans l'eau est telle que l'eau contenue dans les globules ne suffirait pas à maintenir dissoute la quantité de pigment qu'on trouve dans ces éléments, et chez le rat, le sang laqué laisse déjà, sans concentration préalable, cristalliser sa matière colorante, c'est-à-dire que toute l'eau du sang total, donc encore moins celle des seuls globules, ne suffit pas pour maintenir dissoute l'oxyhémoglobine sortie des globules. De plus, pour que les globules cèdent leur oxygène, il n'est point nécessaire d'abaisser la pression de ce gaz dans l'atmosphère sus-jacente, aussi loin que pour obtenir le même résultat avec une dissolution d'oxyhémoglobine. C'est pour bien marquer cette différence que F. Hoppe-Seyler a créé les noms spéciaux d'*arté-*

rine et de *phlébine* pour désigner respectivement les deux pigments globulaires correspondant à l'oxyhémoglobine et à l'hémoglobine et c'est pour l'expliquer qu'il a fait l'hypothèse, toute gratuite, d'une combinaison du pigment avec d'autres matériaux des globules (lécithines). Mais cette théorie est difficile à concilier avec diverses données, fournies par l'hémolyse (P. Nolf), et il est provisoirement plus simple d'admettre qu'au moment de sa formation dans le globule l'oxyhémoglobine, comme beaucoup d'autres substances *in vitro*, reste à l'état de sursaturation, donc en solution très concentrée (30 à 40 p. 100). Quant à la plus facile dissociation de l'oxyhémoglobine des globules, elle s'explique peut-être par des actions catalytiques (p. 292).

L'oxyhémoglobine et l'hémoglobine appartiennent à la catégorie des chromoprotéides (p. 52). A chaud leurs solutions aqueuses sont, en effet, dédoublées comme il suit. L'oxyhémoglobine se défait en une matière colorante, l'*hématine*, qui emporte avec elle tout le fer de la molécule primitive, et en un protéique, non coloré, la *globine*, qui est une histone (p. 51). Pareillement, l'hémoglobine est dédoublée en globine et en une matière colorante, l'*hémochromogène*, et l'hémochromogène paraît être à l'hématine ce que l'hémoglobine est à l'oxyhémoglobine, car l'oxygène de l'air transforme rapidement l'hémochromogène en hématine, comme il transforme l'hémoglobine en oxyhémoglobine. Tout se résumerait donc dans le schéma classique que voici :

Oxyhémoglobine . . . . { Hématine.
{ Globine.

Hémoglobine . . . . { Hémochromogène.
{ Globine.

Mais si ce schéma exprime bien la réaction de dédoublement des deux pigments, il est inexact en ce sens qu'il présente, en outre, implicitement l'hématine comme jouant dans la molécule de l'oxyhémoglobine le même rôle — celui de pigment respiratoire — que tient l'hémochromogène dans l'hémoglobine. Il n'en est rien. Si l'hémochromogène est bien la copule respiratoire de l'hémoglobine, on verra que l'hématine n'est pas celle de l'oxyhémoglobine, mais probablement celle de la méthémoglobine.

Cette réserve faite, remarquons que, dans ces deux molécules, la partie albuminoïde, la globine, est de beaucoup la plus importante comme masse, puisque 100 parties d'oxyhémoglobine donnent environ 94 parties de globine et seulement 4,5 parties d'hématine. Néanmoins, comme l'hémochromogène se combine avidement à l'oxygène, qu'il fixe aussi l'oxyde de carbone, tout comme le fait l'hémoglobine, on doit conclure de là que c'est bien ce petit noyau coloré qui confère à l'hémoglobine ses propriétés respiratoires. On montrera plus loin que pour l'hématine les choses se présentent tout autrement.

Voyons maintenant quelles sont les propriétés de ces deux pigments, pris à l'état cristallisé.

Oxyhémoglobine. — On admet en général que les diverses oxyhémoglobines sont, en dépit de très grandes ressemblances, des individus chimiques différents. Leur forme cristalline, leur solubilité dans l'eau, la proportion d'eau de cristallisation qu'elles contiennent, leur composition chimique varient, en effet, d'une espèce à l'autre.

La dissolution aqueuse d'oxyhémoglobine présente un *spectre d'absorption* remarquable, et dont l'aspect le plus caractéristique est obtenu pour des concentrations allant de 0 gr. 10 à 0 gr. 60 de pigment par litre ou pour des dilutions de sang de 1/25ᵉ à 1/100ᵉ, ces liquides étant pris sous une épaisseur de 1 centimètre.

On aperçoit dans ces conditions, entre D et E, donc dans la région du jaune et du vert, deux bandes, la première, située près de D, un peu plus étroite et à bords plus nets, la seconde voisine de E, un peu plus large et à bords plus estompés. Leur milieu (qui se déplace très peu quand on fait varier la dilution) correspond pour la première bande à $\lambda = 577$ et pour la seconde à $\lambda = 539$. En outre, l'extrémité violette est aussi obscurcie par une large bande qui empiète plus ou moins sur le bleu et qui termine le spectre de ce côté. Enfin, l'oxyhémoglobine absorbe aussi les rayons ultra-violets (J.-C. Soret; Ch. Dhéré). Or, ces rayons exercent des actions nuisibles sur les cellules et sur les diastases (voir aussi p. 98). Il est donc possible qu'à la périphérie, où les tissus sont exposés à la lumière, le pigment sanguin joue un rôle protecteur.

Le sang en nature, examiné à l'air en lames suffisamment minces, présente ce même spectre. En outre, lorsqu'on compare au spectrophotomètre une dissolution d'oxyhémoglobine cristallisée et une solution aqueuse de sang, on constate que la marche de l'absorption lumineuse est la même de part et d'autre. On peut donc admettre en pratique que le sang, complètement oxygéné, ne contient pas d'autre pigment à côté de l'oxyhémoglobine.

Les oxyhémoglobines ne dialysent pas et leurs dissolutions présentent le caractère de solutions colloïdales.

La *composition chimique* des oxyhémoglobines est celle d'une matière protéique — puisque c'est un protéique qui constitue plus des 9/10ᵉ de leur molécule — à laquelle s'ajoute un peu de fer, et soit environ 0,33 p. 100 (chien, cheval, poule). Mais il semble que lorsqu'on multiplie les recristallisations, cette quantité s'abaisse un peu (voir plus loin).

Les deux *propriétés chimiques* capitales des oxyhémoglobines sont, d'une part, leur *dédoublement* en globine et en hématine, déjà étudiée plus haut, et, d'autre part, leur *dissociation* sous l'action du vide en oxygène et en hémoglobine.

Cette combinaison de l'hémoglobine avec l'oxygène est bien réellement une combinaison chimique définie, car l'oxygène et l'oxyde de carbone peuvent s'y remplacer volume à volume (Cl. Bernard). De plus, on saisit une relation constante entre le poids d'hémoglobine et la quantité d'oxygène fixée par ce pigment. Un gramme d'hémoglobine de bœuf fixe, pour se transformer en oxyhémoglobine ou en hémoglobine oxycarbonée, 1 cm³, 34 d'oxygène ou d'oxyde de carbone (mesuré à 0° et à 760°) (G. Hüfner; L.- G. de Saint-Martin). Enfin, le pouvoir colorant du sang, c'est-à-dire sa richesse en oxyhémoglobine, est proportionnel à sa teneur en fer (E. Lambling; Masing; Butterfield). Bref, un même poids d'hémoglobine contient toujours une même quantité de fer (0,336 p. 100) et fixe toujours un même volume d'oxygène.

La *marche de la dissociation* de l'oxyhémoglobine sera étudiée avec la respiration.

Hémoglobine. — On obtient des dissolutions d'hémoglobine en traitant celles de l'oxyhémoglobine par des réducteurs (sulfure d'ammonium, hydrosulfite de soude, putréfaction). On voit apparaître alors le spectre de l'hémoglobine, caractérisé par une bande unique, dite bande de Stockes et occupant à peu près l'espace clair intermédiaire aux deux bandes de l'oxyhémoglobine. Ce pigment ne peut être manié qu'à l'abri de l'air, car l'oxygène le transforme aussitôt en oxyhémoglobine. Cette réaction est d'une sensibilité si exquise que Hoppe-Seyler s'est servi de dissolutions très étendues d'hémoglobine pour démontrer la présence de l'oxygène dans des sécrétions comme la salive. Celle-ci est amenée au contact de la solution d'hémoglobine, directement au sortir du canal excréteur, et l'on voit aussitôt le spectre de l'oxyhémoglobine remplacer celui de l'hémoglobine. Et, d'autre part, cette hémoglobine, si sensible à l'air, manifeste vis-à-vis des agents de la putréfaction une résistance remarquable, à tel point que du sang en putréfaction, maintenu à l'abri de l'air, conserve sa teneur en pigment pendant des mois.

Les dérivés de l'oxyhémoglobine et de l'hémoglobine. — HÉMOGLOBINE OXYCARBONÉE. — Lorsque du sang oxygéné est agité avec de l'oxyde de carbone, il conserve sa couleur rouge cerise éclatante, mais on constate que l'oxygène de l'oxyhémoglobine a été déplacé volume à volume par l'oxyde de carbone qui s'est substitué à lui pour donner un nouveau pigment, l'*hémoglobine oxycarbonée* (Cl. Bernard; Hoppe-Seyler). Celle-ci peut être amenée à cristallisation comme l'oxyhémoglobine et elle présente, pour des dilutions convenables, un spectre d'absorption très semblable à celui de l'oxyhémoglobine, avec cette différence pourtant que les deux bandes sont un peu plus pâles, à bords moins nets, et un peu déplacées vers le violet. Mais tandis que les réducteurs, tels que le sulfure d'ammonium, transforment l'oxyhémoglobine en hémoglobine, et par conséquent substituent, aux deux bandes de la première, la bande unique de la seconde, ces agents sont sans action sur l'hémoglobine oxycarbonée; ils laissent par conséquent intact le spectre à deux bandes de ce composé. L'hémoglobine oxycarbonée est bien plus stable que l'oxyhémoglobine. Elle résiste énergiquement à la putréfaction et le vide ne lui enlève que très difficilement de l'oxyde de carbone. Nous verrons, à propos de la respiration, dans quelle mesure ces propriétés de l'hémoglobine oxycarbonée rendent compte de l'intoxication par l'oxyde de carbone (p. 299).

MÉTHÉMOGLOBINE. — Des agents très divers, et soit des oxydants comme le chlorate ou le ferricyanure de potassium, des réducteurs comme le palladium hydrogéné, ou encore un grand nombre de corps aromatiques (aniline, toluidine, acétanilide, kairine, thalline, pyrodine, bleu de méthylène) transforment l'oxyhémoglobine en *méthémoglobine*, laquelle communique au sang intoxiqué une couleur rouge brun (sépia) caractéristique. Il est probable que la plupart de ces corps ne font qu'activer une tendance naturelle de l'oxyhémoglobine à passer de l'état instable, où la contient le globule dans les conditions physiologiques, à l'état stable constitué par la méthémoglobine, lorsque ces conditions cessent d'être remplies (Derrien), et c'est pourquoi aussi, en dehors du globule, l'oxyhémoglobine est toujours accompagnée de méthémoglobine (Derrien). On a isolé ce pigment à l'état cristallisé, et l'on a constaté que le vide ne lui enlève pas d'oxygène, et que les réducteurs le transforment en hémoglobine. On admet, en général, que la méthémoglobine n'est pas, comme on l'a soutenu d'abord, un peroxyde, ni un sous-oxyde de l'oxyhémoglobine et qu'elle cède aux réducteurs, pour être transformée en hémoglobine, autant d'oxygène que l'oxyhémoglobine. Mais dans la méthémoglobine cet oxygène est plus solidement fixé que dans l'oxyhémoglobine (Hüfner) (voy. aussi p. 257).

HÉMATINE. — On a vu comment ce pigment résulte du dédoublement de l'oxyhémoglobine. Il se forme aussi par l'action des sucs digestifs sur le sang et se trouve par conséquent dans les fèces après ingestion d'aliments riches en sang, ou à la suite d'hémorragies produites à une distance suffisante de l'anus. C'est une poudre amorphe, noirâtre, soluble dans les alcalis ou dans l'alcool acide, présentant, surtout en milieu acide, un spectre caractéristique et renfermant $C^{34}H^{34}N^4O^5Fe$ (Küster). Le sulfure d'ammonium la transforme en hémochromogène, mais le vide est sans action sur elle, en sorte qu'elle se comporte donc ici, non comme l'oxyhémoglobine qui perd si facilement son oxygène dans le vide, mais comme la méthémoglobine, qui présente la même résistance. C'est pourquoi l'on admet en général que l'hématine est le noyau coloré et ferrugineux de la méthémoglobine et non pas celui de l'oxyhémoglobine, et que le dédoublement de l'oxyhémoglobine est précédé d'une transformation en méthémoglobine (voir plus loin). L'éther chlorhydrique de l'hématine, l'*hémine* (ou cristaux de Teichmann) $C^{34}H^{33}N^4O^4FeCl$ (Küster) présente au microscope une forme cristalline remarquable et sert en médecine légale à caractériser les taches de sang. Cependant, Piettre et Vila ont décrit une hémine exempte de chlore (pour ces formules, voy. encore plus loin).

Les acides forts enlèvent à l'hématine son fer et la transforment en *mésoporphyrine* et en *hématoporphyrine* (voir plus loin) (Nencki et Zaleski), sans qu'il y ait dédoublement du pigment, car en restituant du fer à ces produits on peut revenir à l'hématine ou à l'hémochromogène. Les agents de dédoublement fournissent en milieu réducteur un mélange de pyrrols et en milieu oxydant des acides spéciaux, les acides hématiques (voir plus loin).

Hémochromogène. — On le prépare soit par réduction de l'hématine, soit par dédoublement de l'hémoglobine à l'abri de l'air, et dans un liquide contenant la globine et l'hémochromogène, on peut obtenir la reconstruction de l'hémoglobine; la globine peut même être remplacée par d'autres protéiques (Ham et Balean). C'est Ch. Dhéré qui le premier a isolé l'hémochromogène (acide) en très beaux cristaux caractéristiques. Les dissolutions alcalines de ce pigment, d'un rouge cerise, présentent un spectre d'absorption encore plus caractéristique et plus précieux pour la recherche du sang que celui de l'oxyhémoglobine.

Hématoporphyrine. — C'est le pigment rouge qu'on obtient en amputant de leur fer, à l'aide des acides forts, non seulement l'hématine, mais encore l'hémochromogène, l'hémoglobine ou l'oxyhémoglobine. Elle se comporte comme un acide et l'on admet qu'elle contient $C^{33}H^{38}N^4O^6$. On l'a trouvé aussi dans les fèces, dans l'urine en petites quantités à l'état normal, en plus fortes proportions au cours de certaines maladies, et l'on verra ailleurs le rôle pathogénique spécial qu'elle peut jouer (p. 464 *c*), mais il semble bien qu'il s'agisse là de porphyrines différentes, celles des fèces contenant $C^{36}H^{36}N^4O^8$ et celle des urines $C^{40}H^{36}N^4O^{16}$, le pigment des excréments se rencontrant d'ailleurs aussi dans l'urine. Une autre porphyrine cristallisée, l'*hémoporphyrine*, a été préparée plus récemment par réduction de l'hématoporphyrine (Willstätter). Elle est isomérique avec la mésoporphyrine $C^{33}H^{38}N^4O^4$ de Nencki et Zaleski déjà signalée plus haut, peut-être aussi contient-elle deux atomes d'hydrogène en moins (Willstätter). Enfin, en chauffant de petites quantités d'hémoporphyrine avec de la chaux sodée, ce pigment perd tous ses carboxyles et passe à l'état d'*étioporphyrine*, $C^{31}H^{36}N^4$, que Willstätter considère comme étant le pyrrol complexe fondamental de tous ces noyaux colorés [1].

Constitution de l'hématine et de ses dérivés. — C'est surtout à l'hématine que l'on s'est adressé pour essayer de résoudre l'important problème de la constitution du noyau coloré et respiratoire du pigment sanguin. Mais on ne peut donner ici de ces recherches, d'ailleurs encore en cours, qu'un résumé schématique. Les réducteurs énergiques transforment l'hématine en un pyrrol brut, l'*hémopyrrol* de Nencki et Zaleski, qui s'est trouvé être en réalité un mélange de divers pyrrols (hémopyrrols) substitués (isohémopyrrol, phonopyrrol, cryptopyrrol), et d'*acides pyrrolcarboniques* correspondant à ces pyrrols (W. Küster, O. Piloty, Hans Fischer et d'autres). Voici la formule d'un de ces pyrrols et d'un de ces acides pyrrolcarboniques:

1. C'est parce que l'hématoporphyrine est un acide dicarbonique de ce pyrrol complexe, que Willstätter a donné à ce pigment et à l'hématoporphyrine une formule en C^{33} et qu'en général on écrit aussi en C^{33} et non plus en C^{34}, la formule de l'hémochromogène, de l'hématine et aussi celle de la bilirubine.

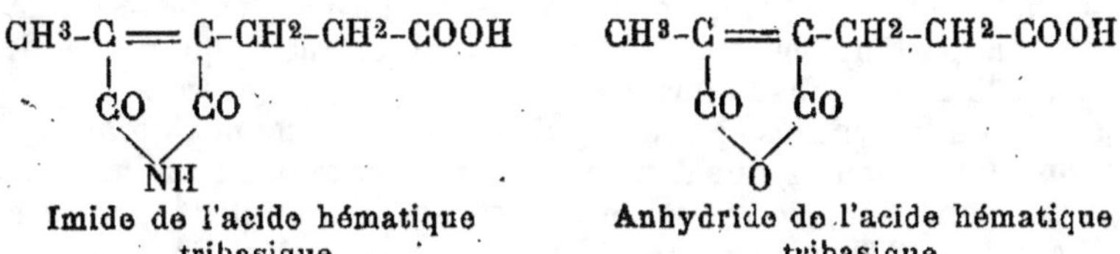

CH³-C══C-CH²-CH³
HC══C-CH³
NH
Diméthyléthylpyrrol.

CH³-C══C-CH²-CH²-COOH
HC══C-CH³
NH
Acide isophonopyrrol-carbonique.

Chaque molécule d'hématine ne fournit que deux molécules d'hémopyrrol et, comme Küster l'a montré, deux molécules d'acide pyrrolcarbonique, les autres étant des produits de transformation de ces quatre noyaux fondamentaux. D'autre part, les agents oxydants agissant sur l'hématine ont fourni à Küster un acide particulier, *l'acide hématique* tribasique, apparaissant d'abord sous la forme de son imide, dont les alcalis font sortir ensuite par perte d'ammoniaque l'anhydride (partiel) correspondant.

CH³-C══C-CH²-CH²-COOH
CO CO
NH
Imide de l'acide hématique tribasique.

CH³-C══C-CH²-CH²-COOH
CO CO
O
Anhydride de l'acide hématique tribasique.

Or, cet acide hématique est évidemment un produit de l'oxydation en (1) et en (4) d'un acide pyrrolcarbonique tel que celui qui est représenté ci-dessus, et de plus chaque molécule d'hématine a fourni à Küster deux molécules de cet acide. Au surplus l'oxydation des acides pyrrolcarboniques donne ce même acide hématique.

En se bornant à cette partie du problème qui seule intéresse actuellement d'une manière directe le physiologiste, on peut conclure de ce qui précède que le noyau ferrugineux et coloré du pigment sanguin est formé par l'association de quatre noyaux pyrroliques (deux pyrrols et deux acides pyrrolcarboniques). De plus les réactions chimiques démontrent que dans cette molécule deux atomes d'azote sont là sous la forme iminée = NH et que dans l'hématine le fer tient la place de ces deux atomes d'hydrogène iminé, formant donc un complexe de la forme = N — Fe — N =. Et quand par départ du fer on passe à l'hématoporphyrine, c'est que les deux groupements = NH se sont reformés. C'est ce complexe = N — Fe — N = qui dans l'hémoglobine, donc dans l'hémochromogène, fixe l'oxygène, au moment du passage à l'état d'oxyhémoglobine, et cette fixation a lieu vraisemblablement sous la forme d'un peroxyde instable de l'hémochromogène. C'est cet oxyde instable — et non l'hématine, oxyde stable — qui représente donc la copule colorée et respiratoire de l'oxyhémoglobine, l'hématine étant la copule de la méthémoglobine, pigment non respiratoire et qui présente cette même stabilité. Les deux schémas de la page 253 doivent donc être corrigés et complétés ainsi qu'il suit :

Hémoglobine	{ Globine. { Hémochromogène.
Oxyhémoglobine.	{ Globine. { Peroxyde de l'hémochromogène.
Méthémoglobine	{ Globine. { Hématine.

Et si le dédoublement de l'oxyhémoglobine fournit l'hématine, c'est probablement parce qu'il y a d'abord transformation en méthémoglobine, modification que l'oxyhémoglobine subit si aisément [1].

Enfin Willstätter a obtenu les mêmes corps pyrroliques (pyrrols substitués et acides hématiques), par la démolition de la *chlorophylle*, pigment dont A. Gautier avait déjà annoncé la parenté chimique avec l'hémoglobine (1877-79), et dans lequel la place du fer est tenue par le magnésium. De plus l'hématoporphyrine ressemble beaucoup à un dérivé de la chlorophylle, la *phylloporphyrine* de Schunck et Marchlewski; et enfin la chlorophylle fournit une *étioporphyrine* identique à celle que l'on obtient en partant du pigment sanguin. Le pigment sanguin est donc fait des mêmes noyaux fondamentaux que le pigment vert des plantes, et la pratique qui consiste à donner régulièrement aux jeunes enfants de petites quantités de feuilles vertes est donc justifiée à un triple point de vue, car, outre les vitamines (p. 530-32), de tels aliments apportent en même temps d'importantes quantités de fer (p. 455, note 2), et, sous la forme de chlorophylle, les noyaux pyrroliques nécessaires à la synthèse de la copule colorée de l'hémoglobine.

Il convient d'ajouter que dans ce rôle spécial tenu par le fer dans les pigments sanguins, ce métal est quelquefois remplacé par le *cuivre* (L. Fredericq, 1878) et peut-être aussi par le *manganèse*. En effet, le sang d'un grand nombre de mollusques (poulpes, escargots) et de crustacés (homard, langouste, écrevisses) contient un pigment bleu, l'*oxyhémocyanine* que le vide, les réducteurs ou encore le contact avec des éléments cellulaires consommant de l'oxygène, comme les leucocytes (Bottazzi) ou la levure (Ch. Richet), réduit par perte d'oxygène à l'état d'hémocyanine incolore. Or, dans ces pigments, très bien étudiés par Ch. Dhéré, qui les a obtenus en cristaux très purs, le cuivre tient la place du fer. Pareillement le sang blanc d'un mollusque marin, *Pinna squammosa*, brunit à l'air parce qu'il contient un pigment respiratoire, l'*oxypinnaglobuline*, où le manganèse tient d'après Griffiths la place du fer.

§ II. — LES GLOBULES BLANCS
ET LES PLAQUETTES SANGUINES

Le sang contient 1 globule blanc pour 350 à 400 globules

---

1. Rappelons à ce propos la réaction qu'utilisent les physiologistes pour doser dans le sang l'oxygène faiblement combiné dans l'oxyhémoglobine, en transformant ce pigment en méthémoglobine, à l'aide du ferricyanure. On peut figurer cette réaction ainsi qu'il suit :

$$Hb\!<^{O}_{O}\!| \;+\; O' \;=\; Hb\!<^{O}_{O} \;+\; O'$$

Oxyhémoglobine   Oxygène fourni   Méthémoglobine   Oxygène recueilli.
(Peroxyde instable).   par le ferricyanure.   (oxyde stable).

Piettre et Vila ont montré que la saponification de l'hématine par les alcalis libère aussi d'importantes quantités de substances ternaires, ayant la composition centésimale des acides gras. La bilirubine présente le même phénomène (Piettre). La présence de longues chaînes grasses dans ces deux molécules est un phénomène très inattendu.

rouges. Mais la vie de ces éléments n'est pas liée à celle du sang, comme il arrive pour les globules rouges. Ce sont des organismes indépendants, qui peuvent quitter le sang et émigrer à travers les tissus. C'est ainsi qu'on les voit apparaître et se disposer en rangs serrés autour des foyers infectieux, et dans le sang on voit aussi leur nombre augmenter d'une manière considérable sous certaines influences (sang de la digestion, des maladies infectieuses).

Leur rôle, encore incomplètement établi, est sans doute multiple. On admet, en général, qu'ils interviennent dans l'absorption digestive de certains aliments. C'est ainsi qu'après ingestion de préparations de fer minérales, on peut saisir dans les lymphatiques intestinaux, à l'aide du sulfure d'ammonium, des leucocytes abondamment remplis de granulations ferrugineuses, que ces éléments transportent vers les glandes lymphatiques. Le leucocyte est, d'ailleurs, d'une manière constante, un élément très riche en fer (p. 453). Il est par son noyau riche aussi en chaux (p. 81). Ce rôle de véhicule leur a été attribué aussi pour les nucléines, dont les leucocytes transporteraient les produits de digestion (p. 356). Pour ce qui regarde les graisses, on a même soutenu que les globules blancs pénètrent jusque dans la lumière du tube digestif et se chargent de gouttelettes graisseuses. Enfin le glycogène que l'on trouve dans le sang serait presque uniquement du glycogène véhiculé par les leucocytes.

Le leucocyte est, en outre, un organe particulièrement riche en diastases diverses.

Il contient des *diastases protéolytiques* puissantes, qui contribuent peut-être au phénomène de la phagocytose, et en général à celui de la digestion, par les globules blancs, d'éléments vieillis ou morts (hématies, spermatozoïdes). On a trouvé aussi dans les leucocytes du pus des *lipases* (voy. aussi p. 432), des *amylases*, une *chymosine* (Achalme), et Lépine a démontré que la destruction diastasique du sucre dans le sang (*glycolyse*) est sous la dépendance des éléments figurés et notamment des globules blancs (voir aussi p. 402). Les globules blancs sont riches aussi en *oxydases*. Ceux du pus décomposent énergiquement l'eau oxygénée (*catalase*) et ils oxydent la teinture de gaïac en bleu, non seulement en présence d'eau oxygénée ou d'un peroxyde (*peroxydase*), mais encore en l'absence d'un tel corps (*oxydase vraie*) (p. 107). Enfin les leucocytes fournissent le *ferment de la fibrine* (p. 270) et interviennent sans doute dans la production des hémolysines, bactériolysines, précipitines, etc.

On a commencé à établir quelques différences entre les diverses variétés de globules blancs en ce qui concerne leurs actions diastasiques. Les polynucléaires sont plus riches en diastases protéolytiques

que les lymphocytes. C'est pourquoi des gouttes de sang de leucémie
myélogène, déposées à l'étuve sur du sérum coagulé, creusent rapidement de profondes cupules de liquéfaction (E. Müller et Jochmann ; N. Fiessinger et P.-L. Marie) ; c'est pourquoi ce même sang contient des albumoses et des acides aminés, tandis que ces deux caractères manquent
au sang de leucémie lymphogène. Les polynucléaires sont aussi plus
riches en oxydases (Fiessinger et Rudowska) ; c'est pourquoi le sang de
leucémie myélogène, étendu d'eau, bleuit le gaïac, ce que ne fait pas le
sang de leucémie lymphogène.

On a déjà vu que la masse principale des leucocytes est constituée par des *nucléoprotéides*. Les autres composants sont ceux
des éléments cellulaires en général (p. 120). Cette richesse en
nucléoprotéides, substances mères des bases puriques, fait que
la destruction rapide d'un nombre suffisant de ces globules est
suivie d'une forte élimination d'acide urique (p. 370).

Les *plaquettes sanguines* ou *hématoblastes* de Hayem ou *glo-
bulins* de Donné seraient, d'après Kossel et Lilienfeld, formées
d'une combinaison de nucléine et d'albumine. Ces éléments
dédoublent la glycyl-l-tyrosine encore plus énergiquement que ne
le font les globules rouges ; ils contiennent donc une diastase
peptolytique. En outre, elles provoquent la rétraction du caillot
(p. 247) et elles contribuent à la production du ferment de la
fibrine (p. 273).

§ III. — LE PLASMA, LA FIBRINE ET LE SÉRUM.

Le plasma et la fibrine. — On a vu que le plasma est le
liquide interglobulaire qui se sépare des éléments figurés du sang,
lorsque par un artifice quelconque on retarde la coagulation de
façon à laisser à ces éléments le temps de se déposer. C'est un
liquide jaune ou jaune verdâtre, de densité à peine supérieure à
celle du sérum (1 027 environ) et franchement alcalin au tournesol.
Ses constituants les plus importants sont, outre des matières minérales, trois matières protéiques, la sérumalbumine, la sérumglobuline et le fibrinogène, et sa propriété la plus remarquable est cette
aptitude à la coagulation qu'il partage avec le sang total et qui sera
étudiée plus loin. Bornons-nous à dire ici que ce phénomène
consiste essentiellement en ceci que le fibrinogène est transformé
en fibrine coagulée. Par là, le plasma se trouve dédoublé en un
caillot, la fibrine, et en un liquide, le sérum, dans lequel on

retrouve tous les matériaux du plasma, moins le fibrinogène, et notamment les deux autres protéiques du plasma, la sérumalbumine et la sérumglobuline, non touchés par la coagulation. C'est parce qu'on les a d'abord étudiées dans le *sérum* que ces deux substances portent cette dénomination spéciale. L'*étude des matériaux du plasma* comporte donc celle du fibrinogène, substance mère de la fibrine, et celle des matériaux du sérum. Les relations du fibrinogène avec la fibrine seront étudiées avec la coagulation. Nous n'avons donc à nous occuper ici que des constituants du sérum, en faisant remarquer que la coagulation n'introduit qu'une différence quantitative médiocre entre le plasma et le sérum, car sur les 80 grammes de matières protéiques que contient un litre de plasma, le fibrinogène ne figure que pour 4 grammes environ.

Le *sérum* est un liquide jaunâtre, alcalin au tournesol et renfermant pour 1 000 parties environ 90 parties de matières solides représentées surtout par 75 grammes de protéiques coagulables (sérum-albumine et sérumglobuline) et 8 grammes de sels, dont 5 grammes de chlorure de sodium.

Quand on élimine du sérum, par chauffage après acidification, tous les *protéiques coagulables (azote coagulable)*, le filtrat contient encore de petites quantités de corps azotés divers, que l'on réunit sous la dénomination globale *d'azote restant* (ou *azote non coagulable*) du sérum (ou du sang, si la coagulation a porté sur le sang total) et dont l'étude touche à des problèmes de la nutrition d'importance capitale. On trouve, en outre, dans ce filtrat des *corps non azotés* représentés surtout par du glycose, des graisses ou des savons et dont l'étude touche aussi à ces mêmes problèmes. Enfin, les *matières minérales* du sérum jouent dans la constitution du sang un rôle important, notamment comme facteurs de la tension osmotique et de l'alcalinité.

Ce sont ces divers constituants du sérum qui vont être étudiés ci-après.

Les matières protéiques du sérum. — Le sérum contient deux protéiques coagulables par la chaleur, une albumine, la *sérumalbumine* et une globuline, la *sérumglobuline*, accompagnées d'une petite quantité d'une *fibrinoglobuline* (p. 270), d'un peu d'un *nucléoprotéide* (Pekelharing) et d'un mucoïde (séromucoïde de Bywaters). Par précipitation fractionnée au moyen des sels, ces protéiques et notamment la sérumglobuline se laissent dissocier en plusieurs fractions (euglobuline, pseudoglobuline,...), mais dont les allures différentes paraissent bien dues à des impuretés lipoïdes (H. Chick), et d'autre part l'analyse de ces fractions par des méthodes nouvelles (D. D. van Slyke ; Dakin et H. W. Dudley) conduit aussi à admettre l'identité de ces fractions (P. Hartley et d'autres).

Une question plus intéressante est celle de l'*origine* et du *rôle* des deux protéiques du sérum. En ce qui concerne le premier point, on aperçoit comme sources possibles, d'une part l'absorption, digestive et, d'autre part, l'emprunt fait aux tissus. Pour ce qui regarde le second, la question n'est pas sortie du domaine des hypothèses.

1° On verra plus loin que la composition des protéiques ingérés n'a aucune influence sur celle des protéiques du sérum, comme si avec les produits de l'hydrolyse digestive des albumines la paroi intestinale reconstruisait aussitôt les protéiques du sérum (p. 303). Mais ce n'est là qu'une hypothèse, et il est certain d'ailleurs que pour assurer au sérum une teneur constante en sérumalbumine et sérumglobuline, l'organisme dispose d'autres sources que celles des protéiques digestifs. Si en effet l'on injecte, dans la jugulaire des petits chiens, des globules rouges empruntés à de grands chiens et lavés à l'eau salée, puis mis en suspension dans du liquide de Locke (p. 86), on parvient, en faisant en même temps des saignées par la carotide, à remplacer la majeure partie du plasma par de l'eau salée et à faire tomber la teneur du plasma en protéiques de 6 p. 100 environ à moins de 2 p. 100. Mais déjà après un à deux jours, la teneur primitive en protéiques est rétablie, même si l'animal est maintenu à jeun (Morawitz). On ignore à quelles sources l'organisme emprunte les matériaux d'une régénération si rapide. —

2° Il est peu probable que ces deux protéiques représentent la forme à laquelle aboutissent après leur absorption les protéiques alimentaires (p. 303), car, injectés dans les vaisseaux, ils ne sont utilisés pour la nutrition que dans une faible mesure (Quagliariello). Il est plus vraisemblable que dans ce système colloïdal complexe qu'est le sang, et où toute rupture d'équilibre est chose grave (Widal), ils interviennent par leurs propriétés de colloïdes et surtout par leur viscosité (p. 42). On sait, en effet, qu'additionnée de 6 p. 100 de gomme arabique, la solution isotomique de sel marin réussit très bien en injection tant chez les animaux après de grandes hémorragies (l'addition de gomme est indispensable dans l'expérience ci-dessus) que chez les blessés de guerre en état de choc (W. M. Bayliss ; Ch. Richet ; Barthélemy et d'autres).

L'azote restant et les constituants non azotés du sérum. — Leur importance au point de vue de la nutrition des tissus. — Les corps qui forment l'azote restant et les constituants non azotés ne sont contenus dans le sang qu'en très petites quantités (6 gr. pour 1 000 de sérum). Et cependant trois grands problèmes, qui résument presque toute la physiologie des échanges nutritifs, sont liés à cette question. En effet, le sang étant le milieu intérieur dans lequel s'effectue la nutrition des tissus, l'étude de ce phénomène se résume nécessairement dans la recherche de trois groupes physiologiques de produits :

1° Les matériaux alimentaires préparés par la digestion et que le sang apporte aux tissus : *glycose, produits de la digestion des protéiques, graisses*;

2° Les déchets qui vont des tissus aux émonctoires : *urée, acide urique, créatine, ammoniaque et acide carbamique, gaz carbonique* (et eau);

3° Les matériaux que l'organisme doit transporter d'un tissu ou d'un organe à d'autres, tels que le *glycose*, par exemple, qui va du foie aux tissus, et d'autres produits qui restent à déterminer, notamment tous les *produits des échanges nutritifs intermédiaires* (p. 441 et 517), qui résument un côté si important et encore si mal connu du problème de la nutrition, et aussi toutes ces substances, que l'on commence à entrevoir et par lesquelles est assurée la *coordination chimique des fonctions animales* (p. 502).

4° LES MATÉRIAUX D'ORIGINE ALIMENTAIRE. — Deux aliments surtout, les *protéiques* et les *hydrates de carbone*, prennent au moment de leur absorption la voie sanguine. Quant aux *graisses*, elles n'arrivent dans le sang que par les chylifères et par le canal thoracique.

En ce qui concerne d'abord les produits de digestion des *protéiques*, ce n'est que pour des *acides aminés* que l'on a apporté un commencement de démonstration de leur présence dans le sang. C'est que l'on se heurte ici à des difficultés d'analyse tenant à des causes physiologiques et dont il est utile d'expliquer la raison.

Les produits qu'il s'agit de saisir ici sont les albumoses, les peptones et les acides aminés, c'est-à-dire des corps azotés *non coagulables*, que l'on recherche donc dans le sang ou mieux dans le sérum, débarrassé par coagulation et filtration de tous les protéiques proprement dits. On trouve ainsi que 1 000 cm³ de sérum contiennent chez le chien de 0 gr 52 (sang du jeûne) à 0 gr. 79 (sang de la digestion), chez l'homme de 0 gr. 15 à 0 gr. 34 (A. Javal), de 0 gr. 20 à 0 gr. 35 (C. von Noorden), de 0 gr. 34 à 0 gr. 72 (W. Czernecki) de 0 gr. 22 à 0 gr. 26 (pour 1 000 cm³ de sang) (O. Folin et W. Denis) d'azote non coagulable (azote restant). Comme environ 0 gr. 12 à 0 gr. 24 (soit de 50 à 75 p. 100) de cet azote sont représentés par de l'urée (H. Strauss; Widal et Ronchèse; A. Javal; O. Folin et W. Denis), les matériaux pouvant être d'origine digestive ne peuvent être contenus que dans la différence (0 gr. 03 à 0 gr. 10

p. 1 000), c'est-à-dire dans cette minime fraction [1] de l'azote restant que les cliniciens français appellent aujourd'hui *l'azote résiduel* (Chauffard; Brodin).

Un long débat, non encore clos, s'est engagé sur de la composition de l'azote non coagulable, et plus spécialement sur la composition de l'azote résiduel au cours de la digestion. Actuellement, on peut admettre : 1° que l'azote non coagulable est augmenté sous l'influence de la digestion; 2° qu'il contient des acides aminés (E. Abderhalden) (et aussi des acides oxyprotéiques) (W. Czernecki); 3° que la quantité de cet azote aminé est augmenté pendant la digestion. Quant aux albumoses et aux peptones, leur présence n'a pas pu être établie avec certitude. On montrera ailleurs quelle est l'importance de ces constatations (p. 305).

On a vu que les *hydrates de carbone* arrivent à l'absorption sous la forme de sucres en C^6, et dans un autre chapitre on verra comment l'intervention du foie assure au sang une teneur constante en sucre. Ce sucre est du *glycose*, ainsi que M. Hanriot l'a démontré pour le cheval. Mais d'autres hydrates de carbone ont été rencontrés en petite quantité dans le sang, et soit du *lévulose*, du *maltose*, des *acides glycuroniques*, du *glycogène* et des *substances réductrices* encore indéterminés.

Le sang normal de l'homme contient de 0 gr. 75 à 0 gr. 95 (Lépine), de 0 gr. 88 à 1 gr. 05 (moy. 0 gr. 96) (A. Grigaut, P. Brodin et Rouzaud), de 0 gr. 88 à 1 gr. 31 (moy. 1 gr. 10) (A. Gilbert et A. Baudouin), de 0 gr. 65 à 1 gr. 05 (moy. 0 gr. 86) (E. Liefmann et R. Stern) et probablement jusqu'à 1 gr. 50 (A. Baudouin; R. Reicher et H. Stein) de sucre réducteur (*glycose*) pour 1 000 grammes de sang, et de 0 gr. 78 à 1 gr. 04 pour 1 000 grammes de sérum, de 0 gr. 3 à 0 gr. 4 pour 1 000 grammes de globules (Rolly et Oppenheimer). Une teneur supérieure à 1,50 p. 1 000 de sang permet donc de conclure sûrement à une hyperglycémie. Cette quantité augmente (oiseaux) ou diminue (animaux hibernants en sommeil, animaux à sang froid), selon que la température propre de l'animal est plus ou moins élevée (H. Bierry et A. Ranc; R. Dubois). Ce sucre est entièrement libre, et non point engagé dans quelque combinaison (protéique, jécorine), ainsi que l'ont établi après de longs débats les expériences de « dialyse compensée » de Michaelis et Rona.

La présence, sinon constante, du moins fréquente, de *lévulose* et de *maltose* dans le sang, soutenue par les uns (Lépine; Hédon), contestée par d'autres (H. Bierry,...), n'est pas encore nettement démontrée, mais paraît vraisemblable, étant donnée la production constante de grandes quantités de ces corps au niveau de l'intestin (p. 174). Celle de l'*acide glycuronique*, qui existe d'ailleurs dans l'urine normale, paraît démontrée

---

1. En tenant compte de la rapidité de la circulation, on pouvait prévoir ce résultat. Si par minute, dit C. von Noorden, il passe de 1 à 2 litres de sang par l'intestin de l'homme en état de digestion, donc environ 100 litres par heure, on peut admettre, étant donnée la durée de la digestion des protéiques, qu'un tel volume emporte l'azote de 10 à 15 grammes d'albumine, soit environ 2 grammes, quantité ne représentant par litre de sang qu'un surcroît de 0 gr. 02 d'azote.

(P. Mayer; Lépine), bien qu'elle ne paraisse pas constante (A. Morel et Fraisse), et il est certain aussi que le sang transporte dans ses leucocytes un peu de glycogène (Dastre). Enfin la quantité des substances réductrices du sang, ou *sucre réel* (Lépine), est augmentée après action de l'invertine, de l'émulsine ou des acides chauds. C'est le *sucre virtuel* de Lépine et Boulud. Mais on a nettement contesté l'existence, dans le plasma, de substances (disaccharides, glycosides) pouvant fournir du sucre réducteur sous l'action de ces diastases (H. Bierry et Mlle Fandard; H. Bierry et A. Ranc). Quant au sucre dit virtuel produit par l'hydrolyse acide du sang, ces auteurs soutiennent qu'il provient des protéiques du plasma (*sucre protéidique*) et que c'est du glycose et non de la glycosamine. De plus le rapport de l'azote protéidique au sucre protéidique serait constant et caractéristique pour chaque espèce (Bierry). La quantité de ce sucre atteint et dépasse quelquefois celui du sucre libre, et la glycolyse ne le fait pas disparaître. Enfin, fait intéressant, au cours de l'hyperglycémie adrénalienne, ce sucre combiné augmente en même temps que le sucre libre et il varie aussi pendant l'inanition (H. Bierry et Mlle Fandard).

Enfin, la quantité de *graisses* que contient le sérum est très variable (de 2,91 à 5,54 d'acides gras p. 1 000 d'après A. Mayer et G. Schaeffer) selon la richesse en graisse des repas et le moment de la saignée. Elle peut être telle parfois que le sérum présente une apparence laiteuse; la teneur en graisse atteint alors environ 10 p. 1 000 chez l'homme. Cette graisse est toujours accompagnée d'une petite quantité de *savons* (0 gr. 2 à 0 gr. 3) (M. Laudat), d'un peu de *glycérine* (Nicloux) et d'un peu de *cholestérine* et de *lécithine*.

La question de la *cholestérinémie normale et pathologique* a beaucoup préoccupé les cliniciens depuis quelques années. Chez l'homme, le plasma ou le sérum contiennent de 1 gr. 50 à 2 grammes de cholestérine p. 1 000 (A. Grigaut; M. Laudat), le plus souvent environ 1 gr. 50, dont le quart ou le cinquième à l'état libre, et le reste à l'état d'éthers (oléate, palmitate) (Widal, A. Weill et M. Laudat), tandis que dans les globules elle est entièrement libre. Chez le chien, A. Mayer et E. Schaeffer en ont trouvé de 0 gr. 82 à 1 gr. 85. Une partie de cette cholestérine est d'origine alimentaire, donc *exogène*, car un repas riche en cholestérine fait monter la teneur du sérum [1], mais non point d'une façon constante, ni durable, et sans qu'on puisse la pousser au delà de 2 ou 3 grammes, et un régime hypocholestérique (p. 189, note 4) la fait baisser, mais sans la faire tomber, d'après A. Grigaut, au-dessous de 1 gr. 20 (A. Chauffard, G. Laroche et A. Grigaut; G. Lemoine et E. Gérard). C'est qu'une autre partie de la cholestérine sanguine est visiblement d'ori-

---

1. Le cobaye, le lapin peuvent ainsi accumuler dans leur sérum des quantités considérables de cholestérine, tandis que chez les jeunes chiens ou les jeunes chats l'hypercholestérinémie alimentaire ne se produit pas ou bien n'est que faible et passagère (voy. aussi p. 71)

gine *endogène*, et il semble que les foyers de cholestérigénèse soient les capsules surrénales, le foie et les corps jaunes de l'ovaire (voir aussi p. 71 et 189) (A. Chauffard et ses élèves). Il y a **tout** un groupe de maladies qui agissent d'une façon caractéristique sur la cholestérine sanguine (infection, brightisme, hépatisme) et l'étude de ce signe est plein de promesses (A. Chauffard et ses élèves; G. Lemoine et E. Gérard). Quant à la *lécithine*, le sérum normal en contient environ 1,3 p. 1 000 à jeun et 1,8 p. 1 000 après le repas (M. Laudat) et Mayer et Schaeffer ont trouvé par litre de sérum de chien 0 gr. 11 de P^2O^5 lipoïdique.

2° LES PRODUITS DE DÉCHETS. — Ici se placent *l'urée*, *l'ammoniaque* (avec un peu d'acide carbamique), des *acides aminés*, *l'acide urique* et les *bases puriques*, la *créatine* et la *créatinine*, *l'acide hippurique*, des *acides protéiques*, *l'acide lactique*, *l'acide carbonique*, *l'indican*, composés dont les uns sont des déchets terminaux (urée, acide urique,...) et dont les autres doivent, du moins pour leur majeure partie, achever leur dégradation ailleurs (acides aminés, acide lactique...).

La quantité de ces corps est toujours très faible, même pour l'urée, dont l'organisme élimine cependant de 15 à 30 grammes par jour et souvent davantage et dont un litre de sérum humain ne contient que 0 gr. 20 à 0 gr. 50 environ (le litre de sang en renferme un peu moins) (Widal, A. Weill et Laudat). On comprend donc que les autres déchets azotés de l'urine soient encore plus faiblement représentés dans le sang, et soit l'ammoniaque par 1,5 à 2,7, l'azote aminé par 5 à 10, peut-être même 20 (p. 262 et 305), l'acide urique par 1 à 3 (p. 371) milligrammes pour 100 cm³. Les acides protéiques sont analogues à ceux que l'on trouve dans l'urine (p. 405).

3° LES MATÉRIAUX DE TRANSPORT. — Le sang doit transporter nécessairement tous les produits intermédiaires des échanges nutritifs, ceux qui s'intercalent, par exemple, entre une albumine et les produits ultimes de la dégradation de cet aliment, urée, ammoniaque, etc., et qui, formés dans un organe, achèvent leur cycle dans un ou plusieurs autres. La détermination de tous ces produits est le problème fondamental d'une physiologie de la nutrition, mais cette tâche est à peine commencée. On ne peut guère citer ici que les acides aminés, l'acide lactique, les corps acétoniques, quelques acides gras volatils, la bilirubine, facteur de la cholémie normale, tous corps qui paraissent bien être des produits transitoires de la désassimilation.

Le sang transporte aussi d'un organe à l'autre des matériaux de nutrition, comme le glycose, ou des matériaux résultant de la régression d'un organe et qui servent ailleurs à quelque construction. Ici se placent les classiques observations de Miescher sur les saumons du Rhin (p. 314), celles de Ver Eecke sur l'accroissement du fœtus aux dépens des protéiques des tissus maternels, celles de Pflüger sur le crapaud accoucheur, et peut-être le phénomène de la régression de l'utérus après l'accouchement. Comme tous ces transports impliquent des démolitions et des reconstructions de molécules azotées, il est clair qu'ils doivent retentir sur la composition de l'azote restant. Citons encore ici les opérations de destruction et de réfection des globules rouges, bien plus importantes qu'on ne le croirait au premier abord (p. 454). Mais l'analyse n'a pas encore permis de saisir dans le sang les matériaux de tous ces transports.

Enfin, on doit admettre que le sang transporte aussi les produits qui assurent la coordination des fonctions animales, par exemple l'adrénaline et tous ceux que l'on n'a pas encore déterminés, mais dont l'action apparaît chaque jour plus clairement (p. 503).

Ici se placent aussi les diverses diastases trouvées dans le sérum ou le plasma, à savoir une *amylase* (Magendie), dont le rôle est sans doute de saccharifier tout hydrate de carbone qui a pénétré dans le sang, une *maltase*, une *lipase* (Hanriot), mais qui ne saponifie que la monobutyrine et non les graisses neutres, une *diastase glycolytique* (Lépine et Barral) et sur laquelle on reviendra ailleurs (p. 402), diverses *oxydases*, mais dont le rôle physiologique reste à déterminer, des *antidiastases*, des *diastases de défense* (p. 215). On ne reviendra pas ici sur le groupe des hémolysines, bactériolysine, etc., dont il a été question précédemment.

Les matières minérales et la concentration osmotique du sérum.

— La masse principale des sels du sérum est formée par le chlorure de sodium (environ 5 grammes sur 8 grammes p. 1 000), accompagné d'un peu de carbonate de sodium et de chlorure de potassium, et secondairement de combinaisons organiques sodées (albuminate de sodium), de phosphate de calcium et de magnésium et de traces de sulfates, matériaux qui sont les facteurs prépondérants de la tension osmotique du sang.

Si l'on pose, en effet, égale à 100 la concentration osmotique totale d'un sérum de sang (de cheval), c'est-à-dire le nombre de moles, soit donc de molécules intactes ou d'ions libres, on trouve que les matières minérales en fournissent par NaCl 56, par $CO^3 Na^2$ 25, soit en tout 81 p. 100, et les matières organiques (urée, glycose...), seulement 19 p. 100. On a déja vu quelle part considérable revient dans ces 81 p. 100 aux ions Na, Cl et CO^3 (p. 143).

On a admis pendant longtemps qu'une partie du sodium du sang est combiné aux matières protéiques (p. 285 et 286), sous une forme *non diffusible*. Il n'en est rien d'après P. Rona et P. György. Mais il paraît certain, au contraire, qu'environ 35 p. 100 du calcium du sang ne sont pas diffusibles.

Notons à ce propos l'ampleur considérable des mouvements que présentent dans le cours des vingt-quatre heures les matières minérales du sérum. Dans cette période, la quantité du suc gastrique atteint 1 500 centimètres cubes avec 7 grammes de chlore à l'état d'acide chlorhydrique. Or, la masse totale du sang contient 4 litres de sérum avec 11 grammes de chlore. Les deux tiers du chlore du liquide sanguin passent donc chaque jour par le suc gastrique pour être résorbés plus bas. Et comme le volume total des sécrétions digestives atteint en vingt-quatre heures 6 litres environ, c'est donc que la quantité totale de l'eau du sang passe chaque jour près de deux fois à l'état des sucs digestifs. On voit avec quelle précision doivent fonctionner les mécanismes qui maintiennent constante la composition du sang.

Alcalinité du sérum et du sang total. — Le sang total et le sérum (ou le plasma) sont alcalins au tournesol, et les tissus à qui le sang sert de milieu nutritif ont aussi un contenu cellulaire à réaction alcaline. Or, on montrera plus loin que le maintien de cette alcalinité à un niveau convenable est indispensable au jeu normal de la vie, et que sitôt que des acides venus du dehors ou formés dans les tissus pénètrent en excès dans le sang, l'organisme est au bord d'accidents redoutables. On s'est donc appliqué depuis longtemps à mesurer le degré de cette alcalinité, mais en procédant toujours, du moins autrefois, par titration alcalimétrique. Or, cette opération ne détermine que la quantité totale d'alcali dont dispose le sang, renseignement dont on dira plus loin la sérieuse valeur physiologique, mais qui n'apprend rien quant à une grandeur non moins intéressante, à savoir l'*alcalinité actuelle*, celle par quoi le sang intervient, en tant que liquide alcalin, dans les réactions chimiques de la vie. Mais avant d'aborder l'étude de ces questions il convient de rappeler d'abord un ensemble de notions préliminaires indispensables à la claire intelligence de ce qui va suivre.

La notion physico-chimique de la neutralité, de l'acidité et de l'alcalinité d'une solution. — On sait que, d'après la théorie de la dissociation électrolytique (théorie des ions), les électrolytes, et notamment les acides et les bases, interviennent dans les réactions chimiques, non par leurs molécules intactes, mais uniquement par leurs ions. Par exemple un acide ou une base comme l'acide azotique ou la potasse sont plus ou moins dissociés au sein de l'eau en leurs ions respectifs, NO^{3-} et H^+, K^+ et OH^-, et n'agissent en tant qu'acide ou base que par les ions acides H^+ ou alcalins OH^- qu'ils ont fournis, donc dans la mesure où ils ont subi la dissociation (ionisation) en question. Par exemple un acide intervertit le sucre de canne, une base saponifie un éther, d'autant plus vite que la solution de l'acide ou de la base contient respectivement plus d'ions H^+ ou OH^-, et dans les réactions intra-organiques, où le sang intervient par son alcalinité, on n'aperçoit pas qu'il puisse en être autrement. Cela posé, définissons ce que l'on entend au regard de cette théorie par une solution neutre, acide ou alcaline.

On démontre par le moyen de la conductibilité électrique que l'eau distillée pure est légèrement dissociée en ses ions, d'après l'équation : $H^2O \rightleftarrows H^+ + OH^-$, réaction qui atteint un certain équilibre, défini d'après la loi des masses par l'équation :

$$\frac{(H^+) \times (OH^-)}{(H^2O)} = a \quad \text{ou} \quad (H^+) \times (OH^-) = a \times (H^2O)$$

(H^+), (OH^-) et $H^2O)$ représentant respectivement le nombre de moles-grammes par litre (le mot mole désignant les molécules intactes et les ions), et a étant une constante. Mais la masse de l'eau non dissociée est si énorme par rapport à celle qui est dissociée (à 24° il y a 18 grammes d'eau dissociée en ses ions dans 12,5 millions de litres d'eau), que l'on peut considérer (H^2O) comme une grandeur constante et écrire par conséquent :

$$(H^+) \times (OH^-) = k$$

k étant la *constante de dissociation* de l'eau, pour laquelle l'expérience donne à 24° la valeur de 0,000 000 000 000 01 ou 1×10^{-14} ($0,64 \times 10^{-14}$ à 18°), et comme les ions OH^- ou H^+, sont en nombre égal, chacun d'eux aura par litre une concentration égale à 0,000 000 1 ou 1×10^{-7} ($0,8 \times 10^{-7}$ à 18°). (Si l'on voulait énoncer ce résultat en grammes, on dirait, H pesant 1 et OH pesant 17, que le litre d'eau à 24° contient 1×10^{-7} grammes d'ions H^+ et 17×10^{-7} grammes d'ions OH^-). Un tel liquide est dit *neutre*. Une solution aqueuse neutre n'est donc pas celle qui ne contient ni ions H^+, ni ions OH^- — une telle solution n'existe pas —, mais c'est un liquide aqueux qui contient des ions H^+ et OH^- en nombre égal. Si l'on ajoute à cette eau une trace d'un acide, celui-ci est dissocié jusqu'à un certain degré en ions H^+ et en ions négatifs correspondants, et conséquemment la concentration C_H en ions H^+ prend une certaine valeur plus forte que 1×10^{-7}, par exemple 1×10^{-4}, et comme le produit $(H^+) \times (OH^-)$ demeure constant, c'est donc que la concentration en ions oxhydriles OH^- est descendue à 1×10^{-10}, de façon que le produit $(H^+) \times (OH^-)$, c'est-à-dire $1.10^{-4} \times 1.10^{-10}$, continue à demeurer égal à ($1.10^{-4} \times 1.10^{-10} =$) 1×10^{-14}. Une telle solution est dite *acide*. Pareillement si l'on ajoute à l'eau pure un peu d'un alcali, celui-ci est dissocié en ions OH^- et en ions positifs de la base employée. La concentration C_{OH} de la solution en ions OH^- est donc maintenant supérieure à 1×10^{-7}, et de là résulte, pour la même raison que plus haut, que la concentration C_H en ions H^+ est devenue inférieure à 1×10^{-7}. Une telle solution est dite *alcaline*. On voit donc qu'en écrivant que pour une solution on a $C_H > 1 \times 10^{-7}$ on a énoncé que cette solution est acide, et qu'en écrivant que pour une autre solution on a $C_{OH} > 1 \times 10^{-7}$, on a énoncé de même que cette solution est alcaline. Mais en écrivant que l'on a $C_H > 1 \times 10^{-7}$, on affirme cette alcalinité, d'après ce qui vient d'être dit, tout aussi clairement, et l'on a l'habitude d'exprimer la réaction des liquides de l'organisme, même de ceux qui sont alcalins, comme le sang ou le suc pancréatique, en énonçant la valeur C_H de leur concentration en ions H^+ par litre[1]. On a donc le petit tableau que voici (pour une température de 24°) :

Concentration en ions H^+
p. 1 000.
—

	Réaction.
$C_H = 1 \times 10^{-7}$	Neutre
$C_H > 1 \times 10^{-7}$	Acide
$C_H < 1 \times 10^{-7}$	Alcaline.

Par exemple en énonçant que pour l'urine et le sang d'un individu les valeurs de C_H à 18° sont respectivement de $5,4 \times 10^{-6}$ et de $0,28 \times 10^{-7}$, on exprime que cette urine est nettement acide, et que ce sang est faiblement alcalin[2].

ACIDES FORTS ET ACIDES FAIBLES. — Si dans la solution étendue d'un acide fort, comme l'acide chlorhydrique, par exemple dans une solution $0,1 \times N$ (normale au 10°), l'acide était complètement dissocié, on aurait par litre, sur 3 gr. 65 de HCl, 0 gr. 1 d'ions H^+, et C_H serait donc égal à 0,1. Mais la conductibilité électrique montre qu'à ce degré de dilution, 84 p. 100 de l'acide sont dissociés, en sorte que la concentration en ions H^+ par litre n'est que de $0,1 \times 0,84 = 0,084$ ou $8,4 \times 10^{-2}$. Au contraire, dans sa solution $0,1 \times N$, l'acide acétique n'est dissocié en H^+ et en $CH^3.COO^-$ que dans la proportion de 1,36. p. 100. La concentration en ions H^+ par litre n'est donc $0,1 \times 0,0136 = 0,00136$ ou $1,36 \times 10^{-3}$ et c'est précisément parce que l'acide acétique intervient dans les réactions avec un si petit nombre d'ions H^+ et l'acide chlorhydrique, au contraire, avec un nombre d'ions H^+ environ $84 : 1,36 = 62$ fois plus fort, que le premier est un acide faible et le second un acide fort.

1. A cette manière d'exprimer les résultats, on préfère souvent celle de Sörensen, qui consiste à remplacer la valeur de C_H par la valeur P_H, celle-ci étant l'exposant de la puissance de 10, qui exprime la valeur de C_H. Ainsi pour l'urine ci-dessus, pour laquelle $C_H = 5,4 \times 10^{-6}$, on aurait :

$$\log 5,4 = 0,73$$
$$C_H = 5,4 \times 10^{-6} = 10^{0,73-6} = 10^{-5,27}.$$

C'est ce nombre 5,27, pris en laissant de côté son signe négatif, qui représente la valeur de P_H. Cette notation, plus commode dans la pratique, ne laisse pas cependant, comme le fait remarquer Bayliss, de dérouter le débutant, d'abord parce que pour des acidités *croissantes* P_H va en *décroissant*, et ensuite parce que, si dès l'abord on voit qu'une acidité $C_H = 5,4 \times 10^{-6}$ est le double d'une acidité $C_H = 2,7.10^{-6}$, l'inspection des deux valeurs correspondantes de P_H, à savoir 5,27 et 5,57, ne fournit pas tout de suite le même renseignement. On se rappellera que $P_H = 7$ indique la *neutralité* et que pour les liquides *acides* ou *alcalins*, P_H est respectivement *inférieur* ou *supérieur* à 7.

2. A 18° C_H est, en effet, égal pour l'eau pure, à $0,8 \times 10^{-7}$ (p. 268); $5,4 \times 10^{-6}$ s'éloigne donc nettement de cette valeur dans le sens de l'acidité, et $0,28 \times 10^{-7}$ s'en éloigne à peine dans le sens de l'alcalinité.

Enfin ce qui vient d'être dit explique pourquoi la titration alcalimétrique de ces deux solutions acides n'apprend rien quant à leur concentration respective en ions H^+ ou *acidité actuelle*. En effet, quand, à de telles solutions acides, on ajoute des quantités successives de soude titrée NaOH, laquelle est dissociée en ions OH^- et en ions Na^+, ces ions OH^- neutralisent aussitôt les ions H^+ de l'acide et forment avec eux de l'eau. Mais alors l'équilibre de dissociation est rompu, et la dissociation qui s'était arrêtée pour l'acide chlorhydrique à 84 p. 100 et pour l'acide acétique à 1,36 p. 100 reprend; de nouveaux ions H^+ apparaissent, qui sont aussitôt saisis par les ions OH^- de la soude du liquide titrant, et ainsi de suite jusqu'à ce que la totalité de l'acide ayant été dissociée, la *totalité* des ions H^+ apportés par l'acide soient transformés en eau, ce qu'indique précisément le virage de l'indicateur employé. La quantité de soude ajoutée mesure donc, non pas le nombre d'ions H^+ présents dans la solution avant la titration, mais la somme de ces ions et de ceux que la fraction non dissociée de l'acide contenait encore en réserve, c'est-à-dire qu'elle donne la *somme de l'acidité ionique* ou *acidité actuelle* et de *l'acidité potentielle du liquide*. Et c'est pourquoi, dans l'exemple choisi, ces deux solutions présentent la même acidité de titration (puisqu'elles sont toutes deux $0,1 \times N$), tandis que leurs acidités actuelles sont tout au contraire, on l'a vu, de valeurs si différentes. On montrera que la même distinction doit être faite pour le sang.

Le rôle de « tampon » joué par certains sels. — Considérons la solution $0,1$ N d'acide acétique dont il vient d'être question, et dont la concentration en ions H^+ est $C_H = 1.36 \times 10^{-3}$. L'expérience montre que, si l'on ajoute à cette solution de l'acétate de soude, par exemple en quantité telle que ce sel y soit en solution $0,6 \times N$, la concentration en ions H^+, déterminée à nouveau dans le mélange, n'est plus que de $C_H = 3,3 \times 10^{-6}$, et qu'elle diminue à mesure qu'on ajoute plus d'acétate. C'est un résultat que la théorie des ions permet de prévoir par un calcul qui ne peut pas trouver place ici. Bornons-nous à dire que ce résultat tient à ce fait que les sels de soude des acides faibles étant presque totalement dissociés, le petit nombre d'ions CH^3COO^- fournis par l'acide acétique s'augmente du nombre considérable d'ions de même nom, donnés par l'acétate de soude. De là résulte, comme il arrive toujours en pareil cas, que la dissociation de l'acide acétique se trouve refoulée dans une large mesure et que les ions CH^3COO^- reformant de l'acide acétique avec les ions H^+, l'acidité actuelle de la liqueur est diminuée (voy. p. 85 un exemple d'une réaction analogue). D'une manière générale tout acide faible, à la solution duquel on ajoute son sel de soude, donne lieu au même phénomène, c'est-à-dire à la diminution de l'acidité actuelle du liquide, et l'on verra que de tels mélanges existent dans le sang.

Et voici une autre constatation non moins importante. Dans le mélange d'acide acétique et d'acétate de soude considéré ci-dessus, introduisons un peu d'un acide fort, comme HCl, et par exemple 0 gr. 0365 p. 1 000 de solution. Dans de l'eau pure cette quantité fournirait une solution $0,001 \times N$, dont la concentration en ions H^+ serait à peu près de $C_H = 1 \times 10^{-3}$, donc très supérieure à celle de la solution acétique en question. En présence du mélange acétique, au contraire, C_H conservera sensiblement la même valeur qu'avant l'introduction de l'acide minéral.

Que s'est-il donc passé? L'acide chlorhydrique et l'acétate de soude étant presque entièrement dissociés, la solution contient les ions Na^+, CH^3COO^-, H^+ et Cl^-. Mais l'acide acétique est un acide faible, ce qui signifie que ses ions CH^3COO^- et H^+ ne peuvent exister l'un en présence de l'autre qu'en très petit nombre. Les très nombreux ions H^+ apportés par HCl s'unissent donc aux très nombreux ions CH^3COO^- fournis par l'acétate et reproduisent de l'acide acétique, en sorte que l'on a : $Na^+ + CH^3COO^- + H^+ + Cl^- = CH^3COOH + Na^+ + Cl^-$. Seuls subsistent donc dans le liquide les ions H^+, très peu nombreux, que fournit la faible dissociation de l'acide acétique.

L'acétate de soude a donc joué le rôle de « tampon » (Fernbach et Hubert, 1900; Sörensen, 1909), puisque par sa présence il a annulé, « amorti » presque entièrement l'augmentation considérable de la concentration en ion H^+ que l'acide minéral aurait produite, toutes choses égales d'ailleurs, dans de l'eau pure. Les phosphates, les citrates, les borates alcalins, etc., se conduisent à cet égard comme les acétates. On verra plus loin que de tels tampons fonctionnent aussi dans le sang.

Fixité de l'alcalinité ionique du sang. — Mesurée à l'aide de la méthode électrométrique des chaînes gazeuses, la réaction actuelle du sang a été trouvée très légèrement alcaline, donc, très voisine de la neutralité (Fränkel, Farkas, Höber, Rolly et d'autres), résultat qui a tout d'abord surpris, étant donné la forte alcalinité que cette humeur révèle vis-à-vis du tournesol[1]. De plus les variations physiologiques de cette réaction sont très limitées et même les variations pathologiques graves ou mortelles, quoique plus étendues, restent sensiblement dans le même ordre de grandeur. Enfin, le sang paraît communiquer sa réaction à d'autres humeurs, car un petit nombre seulement de liquides de l'organisme s'éloignent à cet égard du milieu sanguin.

Voici d'abord quelques valeurs de C_H (à 38°) dans la série animale : Homme $0,45 \times 10^{-7}$; Bœuf $0,44 \times 10^{-7}$; Lapin $0,47 \times 10^{-7}$ (un litre de sang humain contient donc 0 gr. 000 000 045 d'ions H^+ par litre). On

---

1. Cette réaction alcaline au tournesol est le résultat de la dissociation, non pas électrolytique, mais hydrolytique, subie par les sels de soude à acide faible, contenus dans le sang, phosphates et carbonate de soude, mais l'explication de ce phénomène est plus simple si l'on prend comme exemple le cyanure de potassium. Ce sel est partiellement dissocié par l'eau d'après l'équation : $CNK + H^2O = CNH + KOH$. En sa qualité de base forte, la potasse est largement dissociée en $K^+ + OH^-$, mais l'acide cyanhydrique, acide très faible, est si faiblement dissociée en $CN^- + H^+$, que les ions H^+ de l'eau pure (p. 268) suffisent pour refouler par leur présence cette dissociation et reformer CNH; mais alors l'équilibre de dissociation de l'eau est rompu, de nouvelles molécules de H^2O sont dissociées en ions H^+, qui reforment CNH, et en ions OH^- qui subsistent et qui confèrent finalement à l'eau une réaction franchement alcaline. Tous les sels, où un acide faible est uni à une base forte, présentent cette réaction, de même que tous les sels d'acides forts unis à des bases faibles confèrent à l'eau pour les mêmes raisons une réaction acide.

voit combien la réaction du sang, encore qu'un peu alcaline, est près du point de neutralité, à 38° comme à 18° (p. 268 *a*) [1]. Et voici un exemple des variations physiologiques : Homme : $0,38.10^{-7}$ (régime végétal) et $0,47.10^{-7}$ (régime carné) (Hasselbach et Landsgaard, et d'autres). Enfin chez des diabétiques à la période de coma, on a trouvé comme valeur maximum $C_H = 1.5.10^{-7}$, et chez le lapin à qui l'on infuse lentement dans les veines de l'acide chlorhydrique étendu, C_H est égal à 9.10^{-7} au moment de la mort. Et cette réaction du sang normal, si faiblement alcaline, se retrouve pour presque tous les autres liquides de l'organisme, comme la *sueur*, les *larmes*, l'*humeur aqueuse*, le *liquide cérébro-spinal*, le *liquide amniotique*, les *exsudats péritonéaux* (C. Foa). Le *lait* s'en écarte un peu, ceux de la vache et de la chèvre dans le sens de l'acidité ($C_H = 1 \times 10^{-7}$ à 2×10^{-7}), ceux de la femme et de l'ânesse dans le sens de l'alcalinité ($C_H = 0,2 \times 10^{-7}$), et cette valeur est de $0,15 \times 10^{-7}$ pour la *lymphe* du chien, de $0,13 \times 10^{-7}$ à 3×10^{-7} pour la *bile* de divers animaux (Quagliariello), de $1,2 \times 10^{-7}$ pour la salive, de $1,7 \times 10^{-7}$ pour le suc des divers organes. On a déjà vu que le *suc gastrique*, d'une part, le *suc pancréatique* et le *suc intestinal*, d'autre part, présentent au contraire, respectivement une acidité ou une alcalinité actuelles assez fortes, en rapport avec le rôle spécial que ces liquides doivent remplir dans la digestion. Enfin l'*urine* est à ce point de vue le plus variable des liquides de l'organisme, car pour des portions urinaires isolées C_H va de 1×10^{-7} (régime végétal) à 130×10^{-7} (régime animal) (Hasselbach), évidemment parce que le maintien d'une réaction constante dans le sang exige que le rein soutire à ce liquide des quantités tantôt plus grandes, tantôt plus petites de matériaux acides (p. 268 *h*). — On a fait aussi d'intéressantes déterminations de la réaction ionique du sang ou des sucs de tissus dans la série (F. Bottazzi, Quagliariello et d'autres).

L'alcalinité ionique du sang et les phénomènes de la vie.

— Mais *une si faible réaction alcaline peut-elle vraiment exercer une influence sur les phénomènes de la vie*, et quand un animal succombe sous les effets d'une injection d'acide (voy. ci-dessus), ce léger glissement de la réaction du sang dans le sens de l'acidité a-t-il vraiment compté parmi les causes de la mort? Voici quelques expériences qui démontrent clairement l'importance de ce facteur.

Plus la concentration du liquide sanguin en ions H augmente, plus la dissociation de l'oxyhémoglobine est facile (p. 294), c'est-à-dire plus le pouvoir fixateur du pigment sanguin pour l'oxygène diminue. Ainsi pour $C_H = 1 \times 10^{-6}$, on constate *in vitro* que la saturation du pigment n'est plus que de 10 p. 100 de ce qu'elle est normalement pour la même pression de l'oxygène (Rona et Ylppö). — Le cœur de la grenouille est si sensible à de faibles changements de la concentration en ions H^+ du liquide de Ringer employé pour la perfusion, que le passage de la

---

1. Le point de neutralité de l'eau à 38° est de $C_H = 1,6 \times 10^{-7}$.

réaction primitive de ce liquide, qui est très légèrement alcaline, à la réaction $C_H = 3 \times 10^{-8}$, c'est-à-dire à une valeur à peu près décuple, tue l'organe après 80 minutes de perfusion (A.-J. Clark) [1], et dans le sens de l'alcalinité, l'organisme n'est pas moins sensible, puisqu'une concentration en ions H^+ de 10^{-10} est de même fatale. Pareillement l'intestin isolé du lapin a besoin, pour que ses contractions rythmiques soient bien entretenues, d'une certaine teneur du liquide de perfusion en ions H^+, dont l'optimum est à $C_H = 0.5 \times 10^{-7}$, donc au niveau la réaction du sang, et tout écart vers des teneurs plus fortes (0.25×10^{-5}) ou plus faibles (0.14×10^{-8}) ralentit, puis arrête les contractions (Hasselbach et Rona). — Enfin on connaît les fameuses expériences de J. Lœb, de Delage sur le développement parthénogénétique d'œufs d'oursins non fécondés au moyen d'agents purement minéraux (acides, bases, etc.), et il est intéressant de rappeler qu'un tel développement, à l'aide d'eau de mer hypertonique, obtenu d'abord par Loeb au moyen de l'eau de l'Atlantique, n'a réussi ensuite avec de l'eau du Pacifique que lorsqu'on s'est avisé d'ajouter à cette eau 0,0002 moles de NaOH p. 1000. Mais les ions OH n'agissent ainsi qu'en présence d'oxygène. C'est qu'ils déclanchent en outre un puissant accroissement de la consommation d'oxygène (jusqu'à 100 p. 100) (p. 132). En ce qui concerne enfin le mécanisme de ces actions, on ne peut que rappeler la grande sensibilité de certaines diastases à de faibles changements dans la réaction ionique du milieu (expériences de Sörensen, 1906, et d'autres).

Cela posé, comment se fait-il que cette réaction du sang reste si constante, alors que des acides nombreux (sulfurique, phosphorique, lactique,...) prennent sans cesse naissance dans l'organisme, en quantité souvent importantes (p. 89, 294, 299, 397), que des acides, il est vrai le plus souvent organiques, donc combustibles, mais dont la destruction n'est pas instantanée, peuvent être jetés dans la circulation par l'absorption digestive, alors que même des intoxications massives comme celle de l'acidose diabétique (p. 446) modifient si peu la réaction du sang (p. 268 *d*), et enfin que chaque jour les apports et les soustractions d'acide ou de base auxquels le sang doit faire face, du fait des sécrétions digestives, sont si considérables (p. 267 et 474)? C'est le grand mérite de L. J. Henderson d'avoir établi clairement quel est le mécanisme chimique qui sans cesse maintient l'alcalinité ionique du sang entre les limites que l'on vient d'indiquer.

Mécanisme de préservation de l'alcalinité ionique du sang. — On s'est douté de l'existence de ce mécanisme depuis que l'on s'est aperçu qu'il faut ajouter *in vitro* à du sérum 40 à

---

[1]. L'eau distillée ordinaire des laboratoires présente souvent une valeur de $C_H = 1 \times 10^{-5}$ (due à un peu de CO^2 dissous). Mais la présence de sels « tampons » (carbonate et phosphate de soude) dans le liquide de Ringer corrige cette acidité.

70 fois plus de soude qu'à de l'eau, pour obtenir avec la phénolphtaléine la même coloration rouge, et même 327 fois plus d'acide
chlorhydrique pour arriver à la même teinte rouge avec le méthyl-
orange. Les régulateurs qui préservent le sang contre tout changement important de sa réaction, tant vers une alcalinité excessive
que vers l'acidité, font donc partie du liquide lui-même, et l'on
sait aujourd'hui que les « tampons », qui amortissent ainsi l'action
nuisible des acides et des bases sur le sang, sont représentés surtout par deux acides faibles, l'acide carbonique et l'acide phosphorique et leurs sels de soude, et à un moindre degré par les
albumines, celles-ci possédant, comme les acides aminés qui les
constituent, la propriété de fixer à la fois des acides et des bases.
Bien entendu des régulateurs physiologiques, tels que l'élimination du gaz carbonique par le poumon, ou de matériaux acides
ou alcalins par l'urine, interviennent en outre dans ce phénomène (p. 268 *d* et 268 *h*).

LE RÔLE DES PHOSPHATES. — On ne peut donner ici qu'une explication
abrégée de ce phénomène. En solution aqueuse les *phosphates disodique*
et *monosodique* subissent les phénomènes de dissociation que voici, cette
dissociation étant pour le premier à la fois électrolytique et hydrolytique.
Bien entendu, ces réactions ne sont pas complètes, mais aboutissent à
un certain état d'équilibre, qui est atteint plus ou moins vite.

$$(1) \qquad PO^4Na^2H \rightleftarrows Na^+ + PO^4NaH^-$$
$$(2) \qquad PO^4NaH^- \rightleftarrows Na^+ + PO^4H^=$$
$$(3) \qquad H^2O \rightleftarrows H^+ + OH^-$$
$$(4) \qquad PO^4H^= + H^+ + OH^- \rightleftarrows PO^4H^{2-} + OH^-$$
$$(5) \qquad PO^4NaH^2 \rightleftarrows Na^+ + PO^4H^{2-}$$
$$(6) \qquad PO^4H^{2-} \rightleftarrows H^+ + PO^4H^=.$$

On remarquera que le groupe d'équations de (1) à (4) énonce au total
que le phosphate disodique subit, en sa qualité de sel alcalin d'un acide
faible, l'acide PO^4NaH^-, une hydrolyse partielle (p. 268 *c*, note 1) :
$PO^4Na^2H + H^2O = PO^4NaH^2 + NaOH$, avec ionisation des produits
formés. On notera aussi que ces équations énoncent ce fait bien connu
que le sel disodique donne des solutions alcalines (présence d'ions OH^-)
et le sel monosodique des solutions acides (présence d'ions H^-). Enfin
on a mis en italiques les ions qui sont produits abondamment ; ce sont
ceux qui naissent de la dissociation des sels alcalins de ces acides faibles.
La dissociation de ces acides faibles eux-mêmes est au contraire très
médiocre. On verra ci-après l'intérêt de ces constatations.

Dans une solution $0,1 \times N$ de chacun de ces deux sels, la concentration C_H est respectivement de 1×10^{-4} pour le monosodique et de
1×10^{-9} pour le disodique ; la réaction est donc bien nettement, pour

le premier, acide et pour le second, alcaline. Or, si l'on mélange ces deux sels, de telle façon que le premier soit en solution $0,1 \times N$ et le second en solution $0,2 \times N$, on obtient un liquide sensiblement neutre $(C = 1 \times 10^{-7})$ et l'expérience montre que l'on peut faire varier assez fortement cette proportion sans que C_H s'éloigne beaucoup du point de neutralité. Par exemple, pour des proportions des deux sels valant $4:1$ et $1:4$, C_H est respectivement égal à $0,8 \times 10^{-7}$ et $0,25 \times 10^{-7}$. C'est que l'ion $PO^4H^=$, produit en abondance par la réaction (2), s'ajoute à l'ion de même nom produit en petite quantité par la réaction (6) et par sa masse refoule cette réaction dans le sens de droite à gauche, c'est-à-dire diminue le nombre des ions H^+, donc l'acidité du liquide. Pareillement l'ion PO^4H^{2-}, produit abondamment dans la réaction (5), s'ajoutant à l'ion de même nom produit en faible quantité par la réaction (4), refoule cette réaction dans le sens de droite à gauche et diminue par conséquent le nombre d'ions OH^-, donc l'alcalinité du liquide. On comprend donc que le mélange soit toujours très voisin de la neutralité.

Et quand on ajoute à un tel mélange un acide fort, on prévoit qu'il se produit le même phénomène que dans le mélange acide acétique + acétate de soude, additionné d'acide chlorhydrique (p. 268 *b*), car PO^4NaH^2 est un acide faible, dont PO^4Na^2H est le sel alcalin, mais avec des particularités qui sont précisément la supériorité du tampon constitué par les phosphates. En effet, les ions H^+ de l'acide fort ajouté se combinent aussitôt aux ions OH^- de la réaction (4), encore présents. Mais alors l'équilibre de dissociation étant rompu de proche en proche, une nouvelle quantité de PO^4NaH^- se dissocie et aboutit à la mise en liberté d'une nouvelle quantité d'ions OH^-, aptes à neutraliser les ions H^+ apportés par l'acide fort. Si c'est, au contraire, un alcali fort qui pénètre dans le mélange, ses ions OH^+ se combinent aux ions H^+ de la réaction (6) encore présents, et l'équilibre de dissociation étant détruit, une nouvelle quantité de PO^4H^{2-} se dissocie, reproduit de nouveaux ions H^+ aptes à neutraliser les ions OH^- de l'alcali, et ainsi de suite.

LE RÔLE DE L'ACIDE CARBONIQUE ET DU BICARBONATE DE SOUDE. — Le système constitué par l'*acide carbonique* et le *bicarbonate de soude* est aussi très efficace contre l'action des acides et des bases. En ce qui concerne celle des acides, on comprend que, le travail d'élimination du poumon maintenant à un niveau sensiblement constant la concentration de l'acide carbonique dans le sang, les effets nuisibles de l'arrivée d'un acide plus fort que l'acide carbonique soient, par là, sans cesse amortis. Et quand cette action tend à s'épuiser, celle des phosphates entre en jeu. D'autre part, on prévoit que, dans un milieu où par suite d'un ravitaillement ininterrompu — et c'est le cas de l'organisme — une certaine réserve d'acide carbonique est toujours entretenue, tout alcali pénétrant dans ce milieu est aussitôt transformé en bicarbonate de soude et la réaction maintenue très voisine du point de la neutralité ionique [1].

---

1. Henderson cite à cet égard des expériences tout à fait curieuses. Il montre, par exemple, que si l'on ajoute à une solution de 1 kilogramme d'acide carbonique dans 100 litres d'eau de la soude par portion de 50 grammes, les 250 premiers grammes font passer la teneur en ions H de $C_H = 1 \times 10^{-4}$ à $C_H = 1 \times 10^{-6}$. Les 450 grammes suivants ne font descendre l'acidité qu'à $0,9 \times 10^{-7}$ et 50 autres ne l'amènent qu'à $0,6 \times 10^{-7}$, c'est-à-dire la modifient à peine, alors qu'ajoutés au même volume d'eau pure ces 50 grammes auraient à eux seuls produit une alcalinité de $C_{OH} = 120.000 \times 10^{-7}$.

D'ailleurs, comme le bicarbonate ainsi formé tend à faire monter la tension osmotique, le rein intervient aussitôt pour éliminer ce sel. C'est là la raison pour laquelle les expérimentateurs qui ont tenté d'accroître l'alcalinité de titration du sang de l'organisme normal, n'ont obtenu que des augmentations très passagères.

Enfin Henderson a montré qu'en combinant les deux systèmes : acide carbonique et bicarbonate, et phosphates monosodique et disodique on réalise un mécanisme qui possède à un haut degré l'éminente propriété qui a été reconnue plus haut au sang, à savoir que ce mélange est dans une large mesure insensible à l'arrivée dans le milieu d'importantes quantités d'acides ou de bases.

En résumé le mélange d'acide carbonique et de bicarbonate de soude, de phosphate monosodique et de phosphate disodique constitue dans le sang *un système contenant en puissance une large réserve d'ions H^+ et OH^-, dont la mise en liberté, provoquée respectivement par l'arrivée d'une base ou d'un acide dans ce milieu, assure automatiquement le maintien de la réaction primitive.*

Et chez l'être vivant, ce mécanisme, qui est donc propre au sang, est complété par *l'intervention de deux émonctoires, le rein et le poumon.*

Le *rein* intervient puissamment par la propriété qu'il possède de soutirer au sang des matériaux acides, notamment le phosphate acide de soude PO^4NaH^2, principal facteur de l'acidité urinaire. En effet le régime animal fournit tout le long de la journée des urines plus riches en ions H (C_H valant de 52×10^{-7} à 120×10^{-7}), que celles du régime végétal (C_H valant de $0,21 \times 10^{-7}$ à 35×10^{-7}), parce qu'à ce régime correspond aussi un sang plus riche en ions H^+ ($C_H = 0,47 \times 10^{-7}$ contre $C_H = 0,38 \times 10^{-7}$ avec le régime végétal) (Hasselbach). Sans doute, ces variations sont singulièrement plus limitées pour le sang que pour l'urine, mais cela tient à ce fait que le rôle de régulateur de la réaction du sang, que joue ici le rein, consiste précisément à soutirer à ce liquide une urine tantôt fortement, tantôt faiblement acide. — Quant au rôle du *poumon*, il donne lieu aux constatations intéressantes que voici.

La concentration du sang en ions hydrogène et la ventilation pulmonaire. — L'acidose et la réserve alcaline du sang. — C'est le grand mérite de Haldane et Priestley d'avoir montré que la ventilation pulmonaire est réglée par la tension de l'acide carbonique dans le sang artériel, c'est-à-dire dans l'alvéole pulmonaire, et plus tard Boycott et Haldane ont modifié cet énoncé dans ce sens que l'agent régulateur, c'est la teneur en ions H^+ du sang, laquelle est surtout le fait d'ions provenant de l'acide carbonique CO_3H_2 [1]. Quand par l'arrivée, dans le sang, d'acides fixes divers, acide lactique du muscle (p. 294) ou d'acides acétoniques (p. 446), cette teneur tend à devenir excessive, les centres respiratoires, par là excités, accroissent la ventilation pulmonaire, c'est-à-dire éliminent de l'acide carbonique et diminuent donc d'autant la teneur du sang en ions H^+. Et quand cette opération est terminée, on comprend qu'il en résulte une tension de l'acide carbonique dans le sang, donc dans l'alvéole pulmonaire, plus faible que celle qui y existait avant cette invasion d'acides. En d'autres termes, le sang maintenant toujours constante sa teneur en ions H^+, il résulte de là que si des acides fixes fournissent à un moment donné une fraction plus importante de ces ions, il faut bien que le complément, qui provient de l'acide carbonique, soit moins grand et que la tension de ce gaz soit donc trouvée moins grande. La mesure de cette tension, qui est possible chez l'homme grâce à une méthode donnée par Haldane, renseigne donc sur la quantité d'acides fixes transportée par le sang, c'est-à-dire sur *la quantité d'alcali du sang qui est immobilisée par ces acides*. Quand cette quantité est grande, on dit souvent en clinique qu'il y a *acidémie* ou *acidose*.

1° On remarquera qu'en évaluant l'acidose d'après la diminution de la tension de l'acide carbonique dans l'alvéole, on fait une mesure qui porte non pas sur la cause de cette acidose, mais sur un résultat que l'acidose a créé par l'intermédiaire des centres respiratoires. Tout le raisonnement implique donc que l'excitabilité de ces centres est telle que leurs réponses soient chaque fois proportionnelles au surcroît présenté par l'excitation, c'est-à-dire par l'acidose, et l'on comprend dès lors que la sécurité de cette méthode ait donné lieu à des discussions (Hasselbach, O. Porges). Mais les résultats intéressants qu'elle a fournis à H. Straub plaident fortement en faveur de son application pratique. — 2° On constate ainsi que la tension de l'acide carbonique dans l'alvéole, qui est de 5,5 à 7 p. 100 d'une atmosphère à l'état normal (ce qui fait en millimètres de mercure de 39 à 49,6 mm.), descend chez le diabétique à forte acidose par exemple à 3,6 p. 100 (25 millimètres de mercure), et dans le coma diabétique Straub l'a vu descendre à 11 millimètres. L'ingestion de bicarbonate de soude l'a fait remonter dans le cas en question à

---

1. Cette excitation semble bien être le fait des ions H, et non pas spécialement celui de l'acide carbonique (Winterstein; Hasselbach), ce que confirment des résultats d'une autre nature (Campbell, Douglas, Haldane et Hobson). — Ajoutons que Henderson et Spiro ont montré aussi que, si l'on connaît la concentration en ions H d'un liquide comme le sang et la constante de dissociation d'un acide donné, on peut calculer exactement quelle fraction de cet acide est à l'état libre et quelle autre à l'état de sel. On sait ainsi que, sur 100 de CO_2, le sang en contient 8,2 à l'état libre et 91,8 à l'état de sel, résultat évidemment beaucoup plus précis que les évaluations de Behr (p. 286-87).

6 p. 100, mais si la neutralisation ne réussit pas (p. 447), la tension continue à diminuer. De plus, chez l'homme normal, le jeûne hydrocarboné fait baisser la tension, parce que ce régime produit de l'acidose, et chez le diabétique le régime sévère est suivi du même effet (p. 438 et p. 445, note 1); dans l'un et l'autre cas on voit cette diminution de tension précéder l'acétonurie, en sorte qu'elle constitue donc un signe de l'acidose plus délicat que la constatation d'une acétonurie. D'ailleurs ces deux signes ne sont pas nécessairement concordants. En effet, si l'élimination des acides acétoniques est mauvaise, une acétonurie médiocre, donc en apparence rassurante, peut accompagner une tension de CO^2 fortement diminuée, donc une acidose accrue; et inversement, lorsque cette élimination est rapide, sous l'influence du bicarbonate de soude par exemple (voy. ci-dessus), on voit des acétonuries élevées marcher de pair avec des tensions de CO^2 élevées, donc avec des acidoses médiocres ou nulles. On n'est donc pleinement renseigné sur l'ampleur et la marche de la cétogénèse diabétique que si l'on associe les deux méthodes (H. Straub).

C'est ici le lieu de faire remarquer qu'à mesure que des acides fixes occupent dans le sang des quantités croissantes d'alcali, la quantité qui reste disponible, d'autre part, diminue corrélativement et il semble bien que cette *réduction de la réserve d'alcali du sang soit un fait grave pour l'organisme.*

Wright a mesuré l'alcalinité du sang en mélangeant des volumes égaux de sérum et de dilutions progressivement croissantes d'acide sulfurique de titre connu, puis en déterminant à l'aide d'un papier de tournesol rouge très sensible, la dilution minima nécessaire à la disparition de la réaction alcaline du sérum. Il a donc mesuré cette alcalinité de titration du sang, dont l'intérêt, déjà affirmé plus haut (p. 267), apparaît ici. Cette réserve d'alcali, cette capacité de neutralisation du sang vis-à-vis des acides est intéressante d'abord parce qu'elle constitue la provision dans laquelle puise le sang, lorsqu'il a besoin d'ions OH, pour résister à l'acidification (p. 268 *h*) et il n'est pas indifférent que cette provision soit près ou loin d'être épuisée. Cet alcali représente aussi le véhicule transportant l'acide carbonique des tissus jusqu'au poumon (p. 284-86), et enfin, d'une manière générale, on voit de larges diminutions de cette réserve coïncider avec un état général grave, par exemple chez les blessés atteints de gangrène gazeuse. D'autres chercheurs, qui à la vérité ont mesuré, sous le nom de réserve alcaline du sérum, une grandeur différente par sa nature de celle que détermine Wright, ont abouti à des constatations analogues (R.-L. Levy, L.-G. Rowntree et W.-M. Marriott; E. Zunz).

Remarque à propos de l'analyse chimique du sérum et de l'urine. — Pendant longtemps, et surtout durant la longue période où la saignée a été presque bannie de la médecine, c'est dans l'urine seule que l'on a recherché les signes des déviations chimiques des échanges nutritifs. Mais si cette humeur, produit d'élaboration du sang, apporte assurément les renseignements les

plus précieux sur les variations de composition du milieu intérieur, elle ne peut être qu' « un témoin distant et souvent infidèle
de la vie chimique des tissus » (A. Chauffard), puisque entre
l'urine et le sang s'interpose le travail du rein. C'est donc plus
près des tissus et organes, c'est « au voisinage direct des éléments
anatomiques, dans ce milieu intérieur dont nous devons la notion
à Cl. Bernard », que l'on a transporté un à un la plupart des
problèmes de l'urologie chimique, recherche des divers éléments
biliaires, étude de la répartition de l'azote, etc. C'est « l'héma-
tologie biochimique, qui passe peu à peu au premier plan et qui
se substitue à l'urologie, ou, tout au moins, contrôle et précise les
données de celle-ci » (A. Chauffard). Et comme des prises de sang,
qui doivent être répétées souvent ne peuvent être que faibles, on
voit aujourd'hui se développer corrélativement, **sous la pression**
de ces nécessités, toute une technique nouvelle, autrefois bornée
à quelques cas spéciaux et qui maintenant tend à se généraliser,
c'est celle de l'*analyse quantitative microbiochimique*, dont le
développement est plein de promesses pour la physiologie

§ IV. — LA COAGULATION DU SANG.

Au point de vue physiologique, la coagulation apparaît comme
un phénomène de défense contre les hémorragies. Elle se
présente aussi comme un processus pathologique, par exemple
dans la production des embolies. Enfin, considérée en elle-même,
elle est intéressante à étudier, dans son mécanisme, à cause de la
variété et de la complexité des problèmes qu'elle soulève. Elle a
été tour à tour expliquée par une succession de théories auxquelles
sont attachés les noms de Denis (de Commercy), d'Alexandre
Schmidt, de Brücke, de Hammarsten, de A. Gautier, de
M. Arthus, puis toutes ces explications se sont peu à peu fondues
en une théorie classique, qui, pendant quelques années, a fourni
aux faits acquis un cadre suffisant. Mais à la suite des recherches
de Morawitz, de Fuld et Spiro, de P. Nolf, de Bordet et Delange
et d'autres, cette théorie a dû se modifier à son tour, et elle est
encore actuellement en pleine évolution. On laissera de côté,
dans ce qui suit, tout le développement historique de la question
et l'on s'en tiendra aux faits essentiels.

Production de la fibrine aux dépens du fibrinogène. —

La fibrine ne préexiste pas dans le plasma, car aucune des matières protéiques que l'on peut retirer de ce liquide n'est identique avec la fibrine. Celle-ci se forme donc aux dépens d'une matière albuminoïde du plasma. Cette matière, c'est le fibrinogène.

Après la coagulation, le fibrinogène a entièrement disparu. Le sérum n'en renferme plus, car il peut notamment être porté à 56°, température de coagulation du fibrinogène dans ses solutions pures ou dans le plasma, sans donner de coagulation. Bien que tout le fibrinogène du plasma disparaisse par le fait de la coagulation, le poids fibrine produit ne représente jamais qu'une fraction (de 60 à 70 p. 100) du poids du fibrinogène disparu, en sorte que l'on a été conduit à admettre que la coagulation dédouble le fibrinogène en fibrine et en un autre protéique qui serait la fibrinoglobuline du sérum, signalée plus haut. Mais il semble bien acquis que la fibrinoglobuline préexiste dans le plasma et la théorie du dédoublement est donc devenue peu vraisemblable (Huiskamp, Patein et d'autres). Quant au fibrinogène lui-même, il ressort des expériences de M. Doyon, de P. Nolf qu'il provient sinon totalement, du moins en majeure partie, du foie. Quand cet organe est enlevé ou lorsqu'il est détruit par l'action de toxiques (phosphore, chloroforme), le plasma s'appauvrit en fibrinogène et le sang devient incoagulable.

Le ferment de la fibrine ou thrombine. — Quelle est la cause qui provoque la transformation du fibrinogène en fibrine? C'est à Alexandre Schmidt, de Dorpat, que revient l'honneur d'avoir compris le premier que l'agent de ce phénomène est une diastase, le *ferment de la fibrine*, plus souvent appelé aujourd'hui *thrombine* ou *plasmase*. Cette diastase ne préexiste pas dans le sang circulant. Elle prend naissance au moment de la coagulation par une opération où interviennent les globules blancs (A. Schmidt) et dans laquelle des recherches plus récentes attribuent aussi un rôle important aux plaquettes.

1° Si l'on précipite du sang défibriné ou du sérum par plusieurs volumes d'alcool, que l'on laisse en contact pendant plusieurs semaines avec le caillot formé, on constate que ce précipité, desséché à basse température, puis broyé avec de l'eau, fournit une solution qui coagule un liquide contenant du fibrinogène, et non spontanément coagulable, comme le liquide d'hydrocèle, par exemple. L'agent ainsi dissous par l'eau a tous les caractères d'une diastase : il est soluble dans l'eau, précipité par l'alcool, détruit par l'ébullition, entraîné par les précipités.

2° Si l'on fait arriver du sang directement au sortir du vaisseau dans un grand volume d'alcool, on ne peut pas retirer de ferment de la fibrine du précipité obtenu. Mais si le sang a été reçu dans un vase entouré de glace, de façon à empêcher la coagulation, et si, après quelques heures, on ajoute de l'alcool, alors le coagulum formé contient le ferment de la fibrine.

3° Si l'on isole par deux ligatures un segment de jugulaire de cheval, et si, après avoir sectionné la veine au delà des deux ligatures, on suspend verticalement le segment obtenu, les globules rouges se déposent rapidement en formant dans la moitié inférieure une couche épaisse, au-dessus de laquelle on aperçoit par transparence le plasma translucide, séparé des globules rouges, par une mince couche de globules blancs (mélangés nécessairement de plaquettes). Si, par des ligatures convenables, on se procure un peu du liquide correspondant à ces trois zones, et qu'on l'ajoute chaque fois à un transsudat non spontanément coagulable comme le liquide d'hydrocèle, on constate que les globules rouges n'ont aucun pouvoir coagulant, que le pouvoir du plasma est médiocre, que les globules blancs, au contraire, sont très actifs. Les transsudats séreux non inflammatoires (liquide d'hydrocèle, etc.) et qui ne sont pas spontanément coagulables, ne contiennent pas d'éléments figurés. Au contraire, les exsudats inflammatoires, qui sont spontanément coagulables, sont toujours riches en globules blancs. Quant à l'action des plaquettes, déjà signalée par Hayem (1889), elle est démontrée par ce fait que des plaquettes extraites d'un sang incoagulable (oxalaté) et lavées coagulent un liquide d'hydrocèle (L. Le Sourd et Ph. Pagniez) ou encore qu'une solution de fibrinogène pur est coagulée par addition de plaquettes (P. Nolf).

La formation de la thrombine. — Arthus et Pagès ont démontré que la présence de *sels de chaux* dissous dans le plasma est une condition essentielle de la coagulation, non parce que la chaux intervient dans ce phénomène, mais parce qu'elle est indispensable à la formation de la thrombine (C. Pekelharing, Hammarsten).

1° Le sang additionné de 1 p. 1 000 d'oxalates d'alcalis ne se coagule plus, parce que les sels de chaux du plasma ont été précipités à l'état d'oxalate de calcium. Si l'on rajoute au sang ainsi décalcifié des traces de sels de chaux, ce sang redevient spontanément coagulable. Enfin ce sang décalcifié, débarrassé par dialyse de l'excès de l'oxalate employé, reste incoagulable, mais se coagule aussitôt qu'on le recalcifie, ce qui prouve que ce n'est pas l'excès d'oxalate qui a empêché la coagulation de ce sang.

2° Des solutions de fibrinogène et de thrombine, exemptes l'une et l'autre de sels de chaux précipitables par les oxalates, donnent néanmoins par leur mélange un caillot de fibrine. Ou encore on constate que si à du sang oxalaté on ajoute du sérum oxalaté — le sérum contient de la thrombine —, on obtient un caillot typique de fibrine. Les sels de chaux ne sont donc nécessaires ni à la production de la fibrine aux dépens du fibrinogène, ni à la précipitation de la fibrine formée. Ils n'interviennent que dans la production de la thrombine. En effet, un sang oxalaté au sortir du vaisseau, soumis à la centrifugation, fournit un plasma oxalaté, non spontanément coagulable. Ce plasma ne contient donc pas de thrombine, car on vient de voir que, s'il en contenait, la présence de l'oxalate n'empêcherait nullement cette diastase de produire la coagulation du fibrinogène. Ce plasma se coagule, au contraire, par addition de sels de chaux. Il contenait donc une substance ou des substances capables de se transformer en thrombine sous l'influence des sels de chaux.

De ce qui précède il semble que l'on pourrait tirer la conclusion suivante : la coagulation du fibrinogène est produite par une prodiastase inactive, sortie des globules blancs et des plaquettes, et que les sels de chaux solubles transforment en thrombine active. Mais on se rend compte aujourd'hui que cette explication, admise pendant longtemps, doit être élargie dans ce sens que *dans la production de la thrombine interviennent, outre les sels de chaux, deux agents, dont l'un seulement est fourni par les cellules blanches du sang.*

On sait depuis longtemps que les extraits de tissus (reins, surrénales, foie, muscles,...) accélèrent la coagulation du sang ou du plasma (Foa et Pellacani, Wooldridge,...), mais c'est surtout dans la coagulation du sang d'oiseaux que le rôle des tissus apparaît le plus nettement. Delezenne a montré que ce sang, recueilli dans un vase propre, reste liquide pendant des jours, s'il a été préservé de tout contact avec les lèvres de la plaie, mais que l'addition d'une trace de suc de tissu produit une coagulation instantanée. Or, l'agent ainsi apporté par le suc de tissu, et que Fuld et Spiro ont appelé *cytozyme*, est différent de la thrombine, car ajouté à une solution de fibrinogène, le suc de tissus ne produit pas de coagulation, même en milieu calcifié (Arthus). Il faut donc encore l'intervention d'un autre agent, et c'est dans le sérum qu'on l'a trouvé [1].

En effet, le sérum exsudé du caillot après la coagulation contient un surplus de thrombine. Or, l'addition d'un extrait de tissu à du sérum accroît considérablement le pouvoir coagulant de ce sérum, c'est-à-dire l'enrichit en thrombine (Morawitz; Fuld et Spiro). C'est donc que la cytozyme du suc de tissu a rencontré dans ce sérum une substance avec laquelle il a formé une nouvelle quantité de thrombine. Et la chaux soluble, toujours présente dans ces liquides naturels, est aussi intervenue dans cette réaction, dont elle est un facteur indispensable, car, en milieu décalcifié, l'addition de suc de tissu à du sérum ne produit plus aucun enrichissement du liquide en thrombine. Fuld et Spiro ont appelé ce deuxième agent la *plasmozyme*, car il apparaît dans le plasma au moment de la coagulation, et comme il en subsiste aussi, on vient de le voir, un excès dans le sérum, on est fondé aussi à l'appeler, avec J. Bordet et L. Delange, la *sérozyme* [2].

---

1. Ici apparaît donc le rôle des lèvres de la plaie dans la formation du caillot qui arrête une hémorragie, et comme on a constaté qu'à la suite des hémorragies abondantes le sang devient plus aisément coagulable — ce qui constitue évidemment un mécanisme de défense —, on a expliqué ce phénomène en admettant que l'hydrémie, créée à la suite de l'appel d'eau fait aux tissus, après l'hémorragie, par le système circulatoire, a apporté au sang l'utile appoint des cytozymes des tissus.

2. La cytozyme et la plasmozyme ou sérozyme ont été appelées par Morawitz respectivement *thrombokinase* et *thrombogène*.

Revenons maintenant aux espèces sanguines qui se coagulent aisément *in vitro*, sans avoir besoin, comme le sang d'oiseaux, du secours fourni par le contact des tissus (sang des mammifères). Ici l'expérience a montré que la cytozyme est fournie par les cellules blanches du sang et, à ce qu'il semble, plus par les plaquettes que par les leucocytes. Quant à la sérozyme, son origine reste encore très mystérieuse. La cytozyme, qui est thermostabile, paraît être constituée par un lipoïde, peut-être par une substance du groupe des lécithines, tandis que la sérozyme a les allures d'une diastase. Enfin, l'action si décisive du contact du sang avec un corps étranger reste encore inexpliquée.

1° Le rôle éminent des plaquettes, déjà affirmé par Hayem, par Bizzozero, a été établi par Morawitz, par Le Sourd et Pagniez, et par Bordet et Delange. Une suspension de plaquettes dans de l'eau salée physiologique accroît considérablement, tout comme le suc de tissus, la richesse en thrombine d'un sérum, et ici aussi la réaction ne réussit plus quand le milieu a été au préalable décalcifié. Répétée sur une suspension de leucocytes du sang, l'expérience donne le même résultat, mais ne présente plus la même sécurité, car si l'on obtient assez aisément des suspensions de plaquettes exemptes de leucocytes, les suspensions de leucocytes du sang sont toujours accompagnées de plaquettes[1]. On arrive néanmoins à la dissociation cherchée par le détour que voici (Bordet et Delange). L'injection de bouillon dans le péritoine du cobaye produit un exsudat exempt de plaquettes et très riche en leucocytes, et spontanément coagulable, bien qu'avec lenteur. Un tel exsudat est oxalaté pour arrêter sa coagulation, puis séparé par centrifugation en un sédiment riche en leucocytes et en un liquide limpide. Or, la partie leucocytaire, recalcifiée et ajoutée à du sérum l'enrichit à la vérité en thrombine, ce qui démontre donc que ces éléments ont apporté de la cytozyme, mais l'addition au même sérum, d'une égale quantité de plaquettes recalcifiées a, dans le même sens, une action bien plus énergique. Cette grande supériorité des plaquettes sur les leucocytes explique bien, disent Bordet et Delange, pourquoi le sang d'oiseau qui contient des leucocytes, mais pas de plaquettes, ne se coagule *in vitro* qu'avec une extrême lenteur, tandis que les sangs à plaquettes des mammifères sont, au contraire, si vite coagulés[2].

2° Une suspension de plaquettes dans de l'eau salée physiologique ou un extrait de tissu (muscle) peuvent être chauffées pendant 15 minutes à 100° sans perdre leur pouvoir de produire de la trombine, et l'agent

---

1. Les plaquettes sont les éléments figurées les plus légers du sang. Centrifugé avec une vitesse modérée, le sang de lapin fournit donc d'abord une couche de globules rouges, puis une couche de leucocytes mêlés de plaquettes, et cette dernière, centrifugée avec des vitesses croissantes, laisse déposer à la fin un sédiment de plaquettes pures.

2. Ce sont aussi les plaquettes qui déterminent le phénomène de la rétraction du caillot. En l'absence de plaquettes, cette réaction est pour ainsi dire nulle (Le Sourd et Pagniez).

actif, la cytozyme, peut en être extraite par l'alcool, comme les lipoïdes. Il peut être dissous dans l'alcool absolu, le toluène, le chloroforme sans perdre son activité, et comme dans toutes ces opérations d'extraction l'extrait le plus actif est celui qui renferme le plus de lécithine (du muscle ou des plaquettes) et que la lécithine (Alga) du commerce est aussi active qu'un extrait de muscle ou de plaquettes, Bordet et Delange admettent provisoirement que le cytozyme est une lécithine, conclusion qu'appuient aussi de précédentes expériences de E. Freund. La solution de peptone du commerce, neutralisée, contient aussi de la cytozyme, provenant de la viande employée à la préparation du produit.

3° Un sérum qui a été chauffé pendant une demi-heure à 55° n'est plus enrichi en thrombine par l'addition de plaquettes. L'addition de précipités minéraux (SO^4Ba, $CaFl^2$), qui entraînent avec eux la sérozyme, produit le même résultat (Bordet et Delange). Cet agent a donc les allures d'une diastase. On le trouve aussi dans l'exsudat péritonéal. Il semble que le plasma n'en renferme qu'au moment même de la coagulation, et son apparition serait donc le phénomène initial. C'est à ce moment que se manifeste aussi l'influence si décisive et si obscure du contact avec les corps étrangers. Reçu dans un vase paraffiné qu'il ne peut mouiller, battu avec des baguettes paraffinées, le sang des mammifères reste liquide pendant très longtemps et il se coagule sitôt qu'on l'agite avec une baguette non paraffinée, qu'il peut mouiller (E. Freund).

La théorie qui vient d'être développée, principalement d'après les travaux de Bordet et Delange, est en désaccord sur plus d'un point avec les résultats des auteurs allemands (Fuld et Spiro, Morawitz) et du physiologiste belge P. Nolf, de Pekelharing et d'autres. On se bornera à noter ici que la thèse de Nolf est particulièrement intéressante, en ce sens qu'elle transporte le problème de la coagulation du terrain de la chimie des actions diastasiques sur celui de la *physico-chimie des colloïdes*.

Contrairement à ce qui a été dit ci-dessus, tout plasma contient d'après Nolf les quatre facteurs nécessaires à la coagulation, à savoir le fibrinogène, le thrombogène (ou plasmozyme), la thrombozyme (ou cytozyme) et les sels de chaux. Si le plasma du sang des oiseaux recueilli convenablement, ou celui du sang peptoné [1] ne sont pas coagulables, ce n'est pas qu'il leur manque l'un de ces quatre facteurs. C'est parce que

---

1. Le sang d'un animal qui a reçu une injection de peptone du commerce (mélange d'albumoses et de peptones) n'est plus coagulable, et l'addition d'une petite quantité de ce sang ou de son plasma à du sang normal empêche la coagulation de ce dernier. La substance anticoagulante qui agit ici (antithrombine des auteurs, antithrombosine de Nolf) prend naissance dans le foie, car lorsque cet organe est détruit ou extirpé, les injections de peptone restent sans effet (E. Gley et V. Pachon). Pareillement, l'injection d'extrait de tête de sangsue, d'extraits d'animaux entiers (moules, vers de terre), d'histone de leucocytes. de lait, d'extrait de gui (M. Doyon et Cl. Gautier,) rend le sang incoagulable,

ces liquides réalisent un *état colloïdal stable*. Mais de simples interventions physiques, dilution avec l'eau ou l'eau salée, addition de poudres inertes (verre porphyrisé), provoquent la coagulation. Dans le sang circulant, l'état stable est maintenu par la constante intervention d'une substance anticoagulante, l'*antithrombosine hépatique*, que sécrète le foie et qui annule sans cesse l'action des substances coagulantes fournies par les tissus. Enfin, cet état stable peut être troublé par l'arrivée, dans le sang, de substances très diverses (H. de Waele). Quant à la fibrine, elle est un complexe protéique, une micelle, résultant de la précipitation réciproque, sous l'influence de l'ion calcium, des trois colloïdes, fibrinogène (pour la plus grosse part), thrombogène et thrombozyme.

§ V. — COMPOSITION QUANTITATIVE DU SANG.

Il n'entre pas dans le plan de cet ouvrage de multiplier les tableaux donnant la composition exacte du sang dans les diverses conditions de la vie. On ne fera que réunir ici sous la forme d'un tableau schématique, et en les complétant sur quelques points, les renseignements quantitatifs épars dans ce chapitre et dont la connaissance approximative peut être utile au médecin.

1 000 gr. de sang contiennent environ :

1° 500 gr. de plasma renfermant	Matières albuminoïdes.	Albumines . .	22^{gr}
		Globulines. . .	15
		Fibrinogène. .	2
	Autres matières organiques (dont environ 1 gr. de glycose et 0 gr. 20 d'urée) . .		6
	Matières minérales (dont environ 2 gr. 5 de sel marin).		4
	Total des matières solides du plasma		49^{gr}
2° 500 gr. de globules renfermant	Oxyhémoglobine		130^{gr}
	Autres matières organiques.		16 ,5
	Matières minérales		3 ,5
	Total des matières solides des globules.		150^{gr}
	Total des matières solides de 1 000 gr. de sang . . .		199^{gr}

Comme ce sérum ne diffère quantitativement du plasma que par le départ du fibrinogène sous la forme de fibrine, c'est-à-dire très peu, les nombres relatifs aux 500 grammes de plasma s'appliquent aussi approximativement à 500 grammes de sérum.

La lymphe et le chyle. — Ce n'est point le sang, mais plus exactement la lymphe, et mieux encore le *plasma interstitiel*, qui constitue le milieu intérieur des éléments anatomiques (p. 246). Ce plasma, c'est le liquide transudé du sang dans les espaces lymphatiques ou interstices des tissus, et qui apporte aux cellules leurs matériaux nutritifs, mais qui reçoit aussi de celles-ci les produits de l'activité des tissus. C'est pourquoi R. Heidenhain a distingué théoriquement entre une *hémolymphe* ou lymphe du sang et une *histolymphe* ou lymphe des tissus, qu'il n'est pas possible malheureusement de recueillir séparément, et dont le mélange constitue le plasma interstitiel. Celui-ci, recueilli par les vaisseaux lymphatiques, traverse les ganglions placés sur le trajet de ces vaisseaux, et aboutit finalement au sang veineux. C'est le contenu de ces gros vaisseaux lymphatiques que l'on étudie pratiquement sous le nom de *lymphe*. La lymphe des lymphatiques de l'intestin, qui ne présente pendant le jeûne aucun caractère particulier, offre pendant la digestion un aspect et une composition spéciale. Elle prend alors le nom de *chyle*.

La *lymphe* du canal thoracique est un liquide assez aqueux, et qui même chez les animaux à jeun est opalescent. Elle contient, en effet, en supension des éléments figurés, des globules blancs (lymphocytes), au nombre d'environ 8 à 10 000 par millimètre cube chez l'homme. Pendant la digestion, elle devient fortement laiteuse, à cause de l'arrivée du chyle qui déverse dans le courant lymphatique de notables quantités de graisse, émulsionnée en fines gouttelettes. La coagulation de la lymphe donne lieu aux mêmes séparations et on l'explique par le même mécanisme que celle du sang.

Quant au *chyle*, il se distingue surtout par sa forte teneur en graisse, laquelle se traduit par l'ascension rapide de la quantité de graisse contenue dans la lymphe après le repas (jusqu'à 47 grammes p. 1 000 dans un cas de fistule lymphatique chez l'homme) (Munk et Rosenstein).

CHAPITRE XIII

LA RESPIRATION

Toute cellule vivante respire, c'est-à-dire qu'elle emprunte de l'oxygène au milieu extérieur et rejette au dehors de l'acide carbonique. C'est là un phénomène constant, et l'on peut dire identique à la vie, quelle que soit l'infinie variété des formes que celle-ci revêt dans le monde animal ou végétal. Ne nous occupons pas ici de la série des actions chimiques qui s'intercalent entre cette absorption d'oxygène et cette production d'acide carbonique et ne considérons que le côté extérieur du phénomène, c'est-à-dire les échanges respiratoires et leur mécanisme.

Chez les êtres monocellulaires ou chez les organismes très simples, ces échanges s'opèrent directement entre les cellules et le milieu extérieur, air ou eau aérée. Chez les organismes plus compliqués, c'est le milieu oxygéné extérieur qui pénètre lui-même jusqu'au contact des tissus, leur apportant l'oxygène nécessaire et remportant l'acide carbonique produit. Tel est, par exemple, le cas des tubes trachéaux des insectes. Enfin, grâce à l'interposition d'un milieu spécial, le sang, la respiration s'accomplit chez les organismes supérieurs en deux phases. Dans l'une le sang reçoit du milieu extérieur l'oxygène et exhale l'acide carbonique : c'est la *respiration externe*, pulmonaire (ou branchiale). Dans l'autre, les tissus empruntent au sang de l'oxygène et lui cèdent de l'acide carbonique : c'est la respiration proprement dite, la *respiration interne* ou respiration des tissus.

§ I. — LA RESPIRATION PULMONAIRE.

L'air inspiré contient à l'état sec 20,9 p. 100 d'oxygène et 0,03 à 0,04 p. 100 d'acide carbonique, et l'air tel qu'il est expiré renferme chez l'homme respirant normalement environ 16,4 p. 100 d'oxygène et 4,1 p. 100 d'acide carbonique. Au contact du sang des capillaires pulmonaires, l'air inspiré s'est donc appauvri en oxygène et enrichi en acide carbonique.

D'autre part, on trouve en moyenne dans le sang artériel 20 cm³ d'oxygène et 43 cm³ d'acide carbonique, et dans le sang veineux 12 cm³ d'oxygène et 50 cm³ d'acide carbonique pour 100 cm³ de sang. Au contact de l'air alvéolaire le sang veineux a donc subi, en devenant artériel, une modification inverse de celle de l'air inspiré : il s'est enrichi en oxygène et il s'est appauvri en acide carbonique. La nature et le sens des échanges gazeux dans le poumon sont donc très nets. Voyons quel est le mécanisme de ces échanges.

On admet, en général, que le phénomène est uniquement déterminé par les différences de tension des deux gaz dans l'air alvéolaire et dans le sang veineux. La tension de l'acide carbonique dans le sang veineux est supérieure à la tension de ce gaz dans l'air alvéolaire : c'est pourquoi l'acide carbonique passe du sang veineux dans l'air alvéolaire. De même, la tension de l'oxygène dans l'air alvéolaire est supérieure à la tension de ce gaz dans le sang veineux : l'oxygène passe donc de l'air alvéolaire dans le sang veineux. Chaque gaz marche toujours du milieu où sa pression est plus forte vers le milieu où sa pression est moins forte. C'est la *théorie physique de la respiration*. Tout le problème de la respiration pulmonaire aboutit donc à la mesure exacte des tensions gazeuses dans l'air alvéolaire et dans le sang. Le même problème se pose, bien entendu, pour la respiration des tissus.

Tension des gaz dans l'air alvéolaire. — Il est intéressant de connaître cette tension : 1° au moment de l'inspiration, c'est-à-dire au moment où les échanges gazeux vont commencer à modifier la provision d'air frais apporté jusqu'aux alvéoles; 2° au moment de l'expiration, c'est-à-dire au moment où ces modifications sont terminées. Directement, on ne peut déterminer que la composition de l'air expiré, lequel contient en moyenne 16,4 p. 100 d'oxygène et 4,1 p. 100 d'acide carbonique. Mais l'air des alvéoles présente une composition différente, parce que sur les 500 cm³ d'air qu'une inspiration tranquille introduit en moyenne dans le poumon chez l'homme, 360 cm³ seulement arrivent jusqu'aux alvéoles, où ils se mêlent à l'air alvéolaire qui n'a pas été expulsé. Par divers artifices, pour le détail desquels nous renvoyons le lecteur aux traités spéciaux, les physiologistes ont calculé, d'après la composition de l'air expiré, celle de l'air alvéolaire. Les résultats, qui varient un peu avec la profondeur des inspirations, ont été en moyenne les suivants :

Cent volumes d'air alvéolaire contiennent :

Oxygène. 14,6
Acide carbonique (à l'inspiration). 4,6

Si l'on veut exprimer ces résultats en millimètres de mercure, il faut d'abord défalquer de la pression atmosphérique la tension maximum de la vapeur d'eau à la température du corps, puisque l'air expiré est saturé de vapeur d'eau. Cette tension étant de 46 mm., 6 il reste 760 — 46,6 = 713 mm., 4 dont 14,1 p. 100 reviennent à l'oxygène et 4,6 p. 100 à l'acide carbonique. Ce calcul donne :

Tensions des gaz dans l'air alvéolaire
(en millimètres de mercure).

Oxygène 100,6
Acide carbonique 32,8

Les tensions de l'oxygène et de l'acide carbonique dans les alvéoles se déduisent donc immédiatement de la proportion centésimale de ces deux gaz dans l'air alvéolaire. Pareillement, si ces gaz étaient simplement dissous dans le sang, on pourrait calculer aussitôt leur tension [1] d'après le volume de ces gaz qu'abandonnerait dans le vide un volume donné de sang et d'après le coefficient de solubilité de ces gaz dans ce liquide [2]. Mais on va voir qu'ici les choses sont plus compliquées, à cause des combinaisons chimiques que contractent ces deux gaz dans le sang.

État de l'oxygène dans le sang. — Tout l'oxygène du sang

1. Rappelons que l'on appelle tension ou pression d'un gaz dans un liquide la tension que ce gaz devrait posséder dans l'atmosphère en contact avec ce liquide pour qu'il y ait équilibre entre le liquide et l'atmosphère, c'est-à-dire pour qu'il n'y ait ni départ du gaz en question du liquide dans l'atmosphère, ni pénétration de ce gaz de l'atmosphère dans le liquide.

2. Ainsi à 20° le coefficient de solubilité de l'oxygène dans l'eau est de 0,031, ce qui veut dire que 1 cm³ d'eau dissout à 20° 0 cm³ 031 d'oxygène (mesuré à 0° et à 760 mm.). Comme la quantité de gaz dissoute par un liquide est proportionnelle à la pression de ce gaz, on voit que si 1 cm³ d'eau abandonne dans le vide, par exemple, 0 cm³ 006 d'oxygène, c'est que ce gaz avait dans cette solution une tension x donnée par la proportion :

$$\frac{0,031}{0,006} = \frac{760}{x} \; ; \; x = 147 \text{ mm.}$$

ne peut se trouver à l'état de dissolution dans ce liquide. Cela résulte immédiatement des deux constatations suivantes :

1° Du sang de chien agité jusqu'à saturation avec de l'air, soit donc avec de l'oxygène à 150 millimètres de pression environ, fixe à 15° en moyenne 24 cm³ de ce gaz pour 100 cm³, alors qu'un égal volume d'eau en dissout à peu près 0 cm³ 7. — 2° On sait que la quantité d'un gaz dissoute dans un liquide à une température donnée varie proportionnellement à la pression. Or, on verra plus loin que les volumes d'oxygène fixés par le sang pour des pressions croissantes de ce gaz augmentent entre certaines pressions plus vite que la pression.

Le sang contient donc nécessairement, à côté de l'oxygène simplement *dissous*, de l'oxygène *combiné*. On démontre que cet oxygène est retenu par les globules sous la forme d'une combinaison chimique.

Si l'on centrifuge, en effet, du sang saturé d'air à 15°, on constate que le plasma n'a dissous qu'une petite quantité d'oxygène, environ 0 cm³. 65 p. 100. Le reste se trouve retenu dans les globules. Nous savons déjà que la substance qui intervient ici, c'est l'hémoglobine, qui fixe l'oxygène en se transformant en oxyhémoglobine (p. 255), et c'est bien ce pigment seul qui intervient dans le phénomène. En effet, aux erreurs d'analyse près, le sang ne contient d'autre substance ferrugineuse que l'oxyhémoglobine. Or, si l'on détermine la quantité maximum d'oxygène que fixe par agitation à l'air, d'une part, un échantillon donné de sang (de chien), et d'autre part la dissolution de l'oxyhémoglobine retirée de ce sang, on trouve sensiblement, par gramme de fer, le même volume, et soit environ 366 cm³ (Chr. Bohr).

Notons ici que l'on appelle souvent *capacité respiratoire* d'un sang, le nombre de centimètres cubes d'oxygène que 100 cm³ de ce sang peuvent fixer, lorsqu'on les sature jusqu'à refus par agitation à l'air.

Voyons maintenant *quelle est la relation de mutuelle dépendance* que l'on constate entre les deux fractions de l'oxygène du sang l'oxygène dissous et l'oxygène combiné aux globules.

Si l'on agite du sang en nature ou des dissolutions d'oxyhémoglobine avec des atmosphères à tensions d'oxygène variant de 0 à 150 millimètres (valeur approximative de la tension de l'oxygène dans l'air), les quantités variables d'oxygène que ces liquides abandonnent ensuite dans le vide se composent chaque fois de la fraction physiquement dissoute et de la fraction chimiquement combinée. Comme on a pu déterminer le coefficient de solubilité de l'oxygène dans ces liquides [1], on

---

1. Le coefficient de solubilité de l'oxygène à 38° est de 0,023 pour le plasma et de 0,022 pour le sang total (Chr. Bohr). Sous une pression en oxygène de 760 mm. et à 38°, 100 cm³ de sang dissolvent donc 2 cm³ 2 de ce gaz.

peut calculer quelle est, pour chaque tension d'oxygène, la fraction physiquement dissoute, et connaître ainsi par différence la fraction chimiquement combinée. Les résultats obtenus avec le sang en nature sont très semblables, mais non exactement superposables à ceux que donnent les dissolutions d'oxyhémoglobine, ce qui tient à la présence, dans le sang, de l'acide carbonique (voir p. 286, note 1) et des sels (p. 294), à la concentration de la dissolution de l'hémoglobine dans l'eau des globules, bien plus élevée que dans une dissolution *in vitro* (p. 252) et à bien d'autres différences, qui modifient la forme de la courbe. Voici les résultats fournis par un échantillon de sang de cheval à 38° (Krogh)[1] :

	100 CM³ DE SANG CONTIENNENT EN CM³		
Tensions de l'oxygène (en millim. de mercure).	Oxygène chimiquement combiné.	Oxygène dissous dans le plasma[2].	Quantité d'oxyhémoglobine p. 100 de matière colorante totale
10	6,0	0,020	30,0
20	12,9	0,041	64,7
30	16,3	0,061	81,6
40	18,1	0,081	90,4
50	19,1	0,101	95,4
60	19,5	0,121	97,6
70	19,8	0,141	98,8
80	19,9	0,162	99,5
90	19,95	0,182	99,8
150	20,0	0,303	100,0

Si l'on porte en abscisses les tensions et en ordonnées les volumes d'oxygène chimiquement combinés, on obtient la courbe suivante (trait

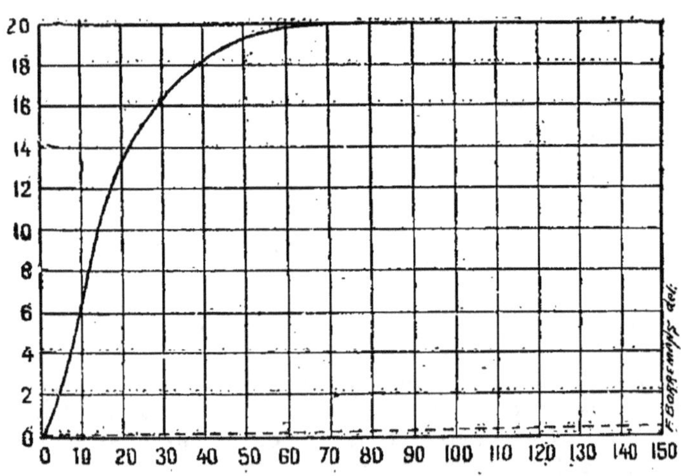

plein). Pareillement, les quantités physiquement dissoutes dans le plasma

1. Ces expériences ont été faites en présence d'une quantité d'acide carbonique dont la tension était de 6 mm. (p. 286, note 1).

2. Volumes calculés d'après le coefficient de solubilité de l'oxygène dans le plasma à 38° (0,023) et en admettant que le plasma occupe les deux tiers du volume du sang.

sont représentées par le trait ponctué qui figure au bas du rectangle. Cette seconde courbe est, bien entendu, une droite, puisque les quantités d'oxygène dissoutes varient proportionnellement à la pression, et c'est une droite qui s'élève à peine au-dessus de la ligne des abscisses, puisque ces quantités sont très faibles.

Le tableau et la courbe montrent donc que, lorsque la tension de l'oxygène dans le plasma dépasse 80 millimètres, la quantité d'oxygène ·combiné est près d'atteindre un maximum. C'est qu'à ce moment presque toute l'hémoglobine présente (99,5 p. 100) est transformée en oxyhémoglobine. Quand la tension dans le plasma tombe au-dessous de 80 millimètres, le volume d'oxygène combiné diminue, parce que pour cette tension une partie seulement du pigment peut persister à l'état d'oxyhémoglobine; le reste est là sous la forme d'hémoglobine. Enfin, quand la tension de l'oxygène s'annule, le sang ne contient plus que de l'hémoglobine.

Signification physiologique de l'oxygène dissous et de l'oxygène combiné. — Il est, dès lors, aisé de démontrer que *l'oxygène combiné joue par rapport à l'oxygène dissous le rôle d'une réserve.* Supposons le sang, dont il est question dans le tableau ci-dessus, quittant le poumon avec une tension en oxygène de 90 millimètres. Le tableau nous apprend que ce sang contient alors, pour 100 cm³, environ 19 cm³ 95 d'oxygène combiné et 0 cm³ 18 d'oxygène dissous dans le plasma. Admettons que, devenu veineux, ce sang ne renferme plus, pour 100 cm³ que 12 cm³ de ce gaz; 8 cm³ ont donc été consommés par les tissus qui les ont reçus du plasma. Il est clair que la quantité disponible dans le plasma (0 cm³ 18) est loin d'avoir suffi, et qu'elle a dû être renouvelée un grand nombre de fois. Il est arrivé, en effet, qu'à mesure que cette fraction dissoute a été consommée par les tissus, la tension de l'oxygène dans le plasma s'est abaissée, et, comme pour ces tensions plus faibles la quantité d'oxygène que le sang peut retenir chimiquement est aussi plus faible, une certaine quantité d'oxyhémoglobine a dû se dissocier, et l'oxygène libéré, se dissolvant dans le plasma, y a rétabli une pression suffisante, mais qui va sans cesse en diminuant à mesure que s'épuise la réserve d'oxygène combiné.

Lorsqu'ensuite ce sang veineux redevient artériel en passant par le poumon, c'est-à-dire lorsqu'il vient relever sa tension en oxygène dissous et refaire sa provision d'oxygène chimiquement combiné, c'est encore par l'intermédiaire de l'oxygène du plasma que se fait ce ravitaillement. L'oxygène fourni par la respiration se dissout d'abord dans le plasma où il fait remonter la tension de ce gaz — mettons, pour continuer l'exemple choisi, de 20 à 90 millimètres. Mais, à mesure que la tension s'élève ainsi, la quantité d'oxygène que ce sang peut fixer chimiquement augmente, ainsi que le montre la courbe. La provision d'oxygène combiné se refait donc par l'intermédiaire de l'oxygène physiquement dissous, qui, aussitôt introduit dans le plasma, *s'écoule sans cesse sur les globules comme dans un réservoir.*

On voit donc que la petite quantité d'oxygène physiquement dissoute, à laquelle on attachait autrefois si peu d'importance, *joue en réalité le rôle prépondérant,* car c'est le plasma qui, dans les poumons, reçoit l'oxygène apporté par la respiration, et c'est lui aussi qui, au niveau des tissus, cède ce gaz aux cellules [1]. Mais il en dissout une si faible proportion, qu'il ne pourrait en recevoir et ensuite en céder aux tissus qu'une quantité qui serait tout à fait insuffisante. C'est pourquoi nous le trouvons complété dans ce rôle par l'adjonction de ce réservoir d'oxygène combiné que représentent les globules. Mais c'est par l'intermédiaire du plasma que ce réservoir se remplit au niveau du poumon, et qu'il se vide au niveau des tissus, et l'alternance de ces deux phénomènes est réglée par la tension de l'oxygène dans le plasma. Quand cette tension augmente, le réservoir se remplit ; quand elle diminue, le réservoir se vide.

Rappelons ici une belle expérience de Haldane qui montre bien que les globules jouent dans la respiration uniquement ce rôle de porteurs d'une réserve d'oxygène. On fait respirer à des rats une atmosphère assez riche en oxyde de carbone pour que pratiquement toute l'hémoglobine des globules soit immobilisée pour l'acte respiratoire à l'état d'hémoglobine oxycarbonée. Or, ces animaux continuent à vivre à condition que la tension de l'oxygène dans l'air qu'ils respirent soit portée à 2 atmosphères, soit à une valeur 10 fois plus forte que dans l'air ordinaire. La quantité d'oxygène physiquement dissous dans le plasma, devenue ainsi 10 fois plus grande, a suffi aux besoins des tissus.

---

1. Et il le cède d'autant plus rapidement que sa tension en oxygène domine d'une plus grande hauteur la tension de ce gaz dans les tissus. C'est pourquoi la mesure de cette tension indique l'abondance avec laquelle les tissus sont pourvus en oxygène, tandis que la détermination de la quantité d'oxygène contenue dans un volume donné de sang ne mesure que la grandeur de la réserve d'oxygène dont dispose ce sang pour alimenter son plasma en oxygène dissous.

État de l'acide carbonique dans le sang. — Tout l'acide carbonique que contient le sang ne peut pas se trouver à l'état de simple dissolution dans ce liquide, pour les raisons que voici :

1° La tension moyenne de l'acide carbonique dans le sang est d'environ 30 millimètres. Or, le coefficient de solubilité de l'acide carbonique dans le sang à 38° [1] permet de calculer que, pour cette tension, 100 cm³ de sang ne dissolvent physiquement que 2 cm³ de ce gaz environ, alors qu'ils en contiennent en fait plus de 40 cm³. — 2° Tandis que les quantités d'un gaz dissoutes par un liquide à une température donnée varient proportionnellement à la pression, nous verrons plus loin que les volumes d'acide carbonique fixés par le sang pour des pressions croissantes de ce gaz n'augmentèrent pas proportionnellement à la pression.

De même que pour l'oxygène, le sang contient donc nécessairement, à côté d'un peu d'*acide carbonique dissous*, une quantité considérable d'*acide combiné*, mais avec cette différence que ces combinaisons sont multiples, comme nous allons le voir, et qu'elles se produisent à la fois dans le plasma et dans les globules. D'après Chr. Bohr, 100 cm³ de sang, sous une tension moyenne de 30 mm. d'acide carbonique, renferment environ 41 cm³ de ce gaz, dont 27 cm³ dans le plasma et 14 cm³ dans les globules.

Ces combinaisons de l'acide carbonique dans le sang sont dissociables dans le vide, et par des opérations en tout semblables à celles qui ont été décrites à la page 280, on peut déterminer quel est, pour chaque valeur de la tension de l'acide carbonique, le volume de ce gaz chimiquement retenu par 100 cm³ de sang.

Tensions. de l'acide carbonique.	Acide carbonique chimiquement retenu par 100cm³ de sang.
0mm,6	7cm³,1
5 ,1	19 ,5
10 ,6	27 ,0
28 ,3	38 ,1
54 ,3	46 ,7

Comme pour l'oxygène, il arrive donc que, lorsque la tension de l'acide carbonique dissous diminue, une partie des combinaisons chimiques de l'acide carbonique se dissocie, et l'acide carbonique ainsi libéré se dissout dans le plasma. Inversement, lorsque la tension de ce gaz augmente dans le plasma, une certaine quantité d'acide dissous passe à l'état d'acide combiné.

1. Ce coefficient, que l'on a pu déterminer par des voies détournées, est à 38° de 0,511 pour le sang total. Il est de 0,541 pour le plasma et de 0,450 pour les globules (Chr. Bohr).

Quelles sont maintenant dans le plasma et dans les globules les substances auxquelles se combine l'acide carbonique.

Les combinaisons de l'acide carbonique dans le plasma. — L'attention a été d'abord attirée par Fernet sur le phosphate bisodique, mais lorsqu'on eut reconnu que dans les cendres du sang ce sel provient presque exclusivement de la destruction des sub-stances organiques phosphorées, on se tourna du côté des *carbonates alcalins*. Le carbonate de soude fixe, en effet, l'acide carbonique d'après l'équation :

$$CO_3Na_2 + CO_2 + H_2O = 2CO_3NaH,$$

et dans le vide le bicarbonate formé est dissocié conformément à la même équation, lue en sens inverse. Mais les carbonates alcalins ne suffisent pas pour expliquer la fixation de tout l'acide carbonique du plasma, et l'on admet, en général, mais sans preuves décisives, que le surplus est combiné aux *protéiques* du sérum et à l'*alcali* enlevé aux globulinates alcalins. Il est possible que d'autres substances (lécithine, etc.) interviennent encore ici.

Dans une solution de carbonate de soude de même concentration (0,155 p. 100) que celle du sérum (de 0,1 à 0,2 p. 100), la transformation du carbonate en bicarbonate est déjà presque complète (95,5 p. 100) pour une tension en acide carbonique de 5 millimètres (Chr. Bohr). Pour des tensions supérieures à 5 millimètres, ce sel ne peut donc plus jouer aucun rôle dans la fixation de l'acide carbonique. Or, le tableau de la page 284 montre que dans le sang cette fixation se continue encore pour des tensions de 50 millimètres et au delà, et Jaquet a montré que le sérum se comporte de même. D'autres substances interviennent donc nécessairement. Ce seraient d'après Setschenow d'abord la sérumalbumine et la sérumglobuline, dont les solutions retiennent, en effet, plus d'acide carbonique que l'eau pure [1], mais il faudrait compléter cette démonstration en recherchant si ces combinaisons sont dissociables. Quant aux globulinates alcalins, il est certain que l'acide carbonique peut leur enlever leur alcali, mais seulement pour des tensions supérieures aux tensions moyennes (30 millimètres) de ce gaz dans le plasma.

Pour de faibles tensions (inférieures à 5 mm.), l'acide carbonique se fixe donc dans le plasma d'abord sur les carbonates alca-

---

1. Les protéiques étant des agrégats d'acides aminés, la fixation d'acide carbonique par ces corps s'explique aisément, depuis que l'on sait que ces acides fixent ce gaz en présence de l'eau de chaux pour donner les sels de chaux des acides carbamiques correspondants. Le glycocolle, par exemple, donne l'acide carbamino-acétique (M. Siegfried) :

$$CH_2-NH-CO-OH$$
$$|$$
$$CO-OH.$$

lins, puis, pour les tensions moyennes, vraisemblablement sur les protéiques, enfin pour des tensions supérieures sur l'alcali enlevé aux globulinates (Chr. Bohr).

Au point de vue quantitatif, Bohr admet que sur les 27 cm³ de gaz carbonique que contient, sous la tension moyenne de 30 mm. de CO_2, le plasma de 100 cm³ de sang, 1 cm³ 5 sont en dissolution, 13 cm³ sont à l'état de bicarbonate, et 12 cm³ sont fixés sur les protéines et sur l'alcali enlevé aux globulinates (p. 268 i, note 1).

Les combinaisons de l'acide carbonique dans les globules. — A côté d'un peu d'acide carbonique dissous (environ 0 cm³ 6 pour les globules de 100 cm³ de sang), les globules contiennent, comme le plasma, de l'acide en combinaison chimique, et ces combinaisons sont dissociables par le vide, ainsi qu'il ressort des anciennes expériences de Setschenow sur la fixation de ce gaz par les globules sous diverses pressions. Cette combinaison a lieu surtout par l'intermédiaire de l'*hémoglobine*, et soit de deux façons. Pour des tensions moyennes, l'acide carbonique est fixé par la *copule protéique de l'hémoglobine* et pour des tensions supérieures par l'*alcali* enlevé à ce pigment.

Déjà pour de faibles tensions, l'hémoglobine (exempte d'alcali) fixe de l'acide carbonique, en sorte que les 15 grammes de pigment contenus dans 100 cm³ de sang peuvent retenir 8 cm³ d'acide carbonique. Chr. Bohr a montré que cette combinaison est tout à fait indépendante de la fixation simultanée de l'oxygène [1] ou de l'oxyde de carbone, et même de la transformation du pigment en méthémoglobine, ce qui conduit à admettre qu'elle porte sur la partie protéique de la molécule. En outre, les globules contiennent un peu d'alcali combiné à l'hémoglobine [2], et l'acide carbonique qui pénètre dans le globule concourt avec le pigment pour la possession de cette base, mais il ne décompose sensiblement cet hémoglobinate que pour des tensions de plus de 70 millimètres (Zuntz).

1. L'inverse n'est pas vrai, c'est-à-dire que la fixation de l'acide carbonique sur l'hémoglobine modifie au contraire, non le volume maximum d'oxygène fixé par ce pigment, mais la marche de la dissociation de l'oxyhémoglobine. La courbe de la page 281 a été déterminée en présence d'acide carbonique à 6 mm. de pression. Pour des tensions en acide carbonique plus fortes (de 10 à 80 mm. dans les expériences de Chr. Bohr), la courbe obtenue se tient au-dessous de la précédente, et d'autant plus près de la ligne des abscisses que la tension de l'acide carbonique est plus forte, ce qui revient à dire qu'à *une même réserve en oxygène combiné correspond une tension en oxygène d'autant plus forte que la tension de l'acide carbonique présent en même temps est plus forte* (p. 293). Cette action de l'acide carbonique n'est qu'un cas particulier de l'influence des acides en général (Barcroft).

2. Ce pigment se comporte, en effet, comme un acide faible, car ajouté à une solution de carbonate de soude, il en déplace dans le vide l'acide carbonique. C'est pourquoi du sang épuisé dans le vide à 40° fournit plus d'acide carbonique que n'en donnent le plasma et les globules épuisés séparément, les carbonates du plasma étant, dans le second cas, décomposés par l'hémoglobine sortie des globules.

Bohr calcule que sur les 14 cm³ de gaz carbonique que fixent les globules de 100 cm³ de sang, 0 cm³ 6 sont à l'état de dissolution, 8 cm³ sont en combinaison avec l'hémoglobine et le reste est fixé à d'autres substances ou à l'alcali enlevé au pigment (p. 268 i, note 1).

Signification physiologique des combinaisons de l'acide carbonique dans le sang. — On a vu que l'oxygène combiné à l'hémoglobine joue le rôle d'une réserve d'un gaz *peu soluble* et qui, grâce à cette combinaison, peut être accumulé dans le sang en grande quantité. L'acide carbonique est beaucoup *plus soluble* dans le sang que l'oxygène, et les 40 à 50 cm³ de ce gaz, que contiennent 100 cm³ de sang, pourraient s'y trouver à l'état de simple dissolution, mais alors la tension de ce gaz dans le sang serait voisine d'une atmosphère. Or, les hautes tensions d'acide carbonique sont dangereuses pour l'organisme, et les combinaisons chimiques de ce gaz dans le sang sont précisément un moyen de défense contre ces hautes tensions. Grâce à ces combinaisons, en effet, les 40 à 50 cm³ de gaz carbonique, que transportent 100 cm³ de sang, n'exercent dans ce liquide qu'une tension de 30 à 40 millimètres environ.

Les tensions gazeuses dans le sang. — Voici un tableau emprunté à Zuntz et Lœwy et donnant en millimètres de mercure les tensions des gaz dans le sang du chien. Ces résultats seront discutés plus loin.

OBSERVATEURS	SANG ARTÉRIEL		SANG VEINEUX	
	Oxygène.	Ac. carbonique.	Oxygène.	Ac. carbonique.
Strassburg (1872). . . .	21- 43	16-29	10-35	38-49
Nussbaum (1873). . . .	—	—	—	24-33
Herter (1879).	39- 79	17-31	—	—
Bohr (1890).	101-144	20-32	—	—
Bohr (1907)	—	9-27	—	26-43
L. Fredericq (1896). . .	91-105	17-19	—	—
Falloise (1902)	—	—	17-37	32-54

Il est utile de donner ici une idée sommaire de l'instrument appelé *aérotonomètre* et à l'aide duquel on a déterminé les tensions des gaz dans le sang. L'appareil se compose d'une enceinte en verre renfermant une atmosphère de composition connue et maintenue dans un bain à la température du corps. Le sang fourni par le bout central d'une artère coule à travers l'appareil en s'étalant en nappe mince sur les parois, puis retourne à l'animal par le bout périphérique de l'artère ou par une veine. On a eu soin de le rendre incoagulable au moyen d'une injection d'extrait de têtes de sangsues. Dans l'atmosphère du tonomètre, on a donné au gaz en question, à l'oxygène par exemple, une tension voisine de celle que l'on suppose à ce gaz dans le sang. Si, après une circulation d'une durée suffisante, on trouve que l'atmosphère du tonomètre s'est enrichie en oxygène aux dépens du sang, c'est que la tension de ce gaz était plus forte dans le sang que dans l'atmosphère de l'appareil. Si, au contraire, l'atmosphère du tonomètre a cédé de l'oxygène au sang, c'est que la tension de ce gaz était plus forte dans l'atmosphère que dans le sang. On peut ainsi, par plusieurs expériences successives, déterminer une tension supérieure et une tension inférieure, peu éloignées l'une de l'autre, et entre lesquelles se trouve comprise la tension de l'oxygène dans le sang examiné. Dans le microtonomètre de Krogh, l'atmosphère gazeuse est une bulle de 2 millimètres de diamètre, qui, battue par le courant de sang, se met très rapidement en équilibre de tension avec ce liquide. Quand la bulle, mesurée de temps en temps dans un tube capillaire, ne change plus de volume, on procède à son analyse.

Les échanges gazeux dans le poumon. — La théorie physique de la respiration. — On comprend que l'on ait cherché, dès le début, à expliquer les échanges gazeux dans le poumon par de simples phénomènes de diffusion, chaque gaz marchant dans le sens de ses tensions décroissantes; donc l'oxygène, de l'alvéole vers le sang, et l'acide carbonique, du sang vers l'alvéole. On était, en effet, incliné vers cette théorie par ce fait que dans la structure anatomique du poumon tout semble disposé pour assurer une diffusion rapide des gaz dans ces deux sens, car la surface totale des parois alvéolaires, donc la surface de la nappe sanguine, présente l'énorme étendue de 90 m², et ce sang n'est séparé de l'air alvéolaire que par une lame épithéliale de 0 mm. 004 d'épaisseur, saturée d'humidité, et que l'on peut donc assimiler à une lame d'eau de même épaisseur.

Mais pour affirmer que le phénomène est purement physique, il ne suffit pas de constater, par exemple, que la tension de l'oxygène est plus forte dans l'air alvéolaire (environ 100 mm.) que dans le sang veineux (au plus 37 mm.) ce qui explique que ce gaz passe de l'air dans le sang, il faut démontrer, en outre, que ce phénomène *s'arrête* quand la tension de l'oxygène, par exemple, a pris la même valeur de part et d'autre, et que jamais ce gaz n'atteint dans le sang artériel une tension *supérieure* à celle qu'il possède dans l'air alvéolaire. Le même problème se pose, bien entendu, en sens inverse pour l'acide carbonique.

Chr. Bohr, qui s'est occupé de cette question pendant un grand nombre d'années, n'a pas eu de peine à montrer d'abord qu'à l'époque où il en a commencé l'examen, la théorie purement physique de la respiration, appuyée uniquement sur les déterminations très contestables de Strassburg, de Nussbaum et de S. Wolffberg, relativement à l'acide carbonique, manquait de toute base sérieuse. Ayant ensuite déterminé à nouveau, sur le même animal et en même temps, la tension de l'oxygène dans le sang artériel et la tension de ce gaz dans l'air de la bifurcation bronchique, il a trouvé à plusieurs reprises la première supérieure à la seconde, comme si l'épithélium pulmonaire était intervenu par une véritable *sécrétion gazeuse*. Mais ces expériences ayant été reprises de divers côtés, on a trouvé d'une manière constante la tension de l'oxygène plus faible dans le sang artériel que dans l'air alvéolaire, et pour l'acide carbonique les résultats ont été, de même, contraires à l'hypothèse d'une sécrétion gazeuse par l'épithélium. De plus, quand on augmentait et qu'on diminuait artificiellement la teneur de l'air alvéolaire en oxygène ou en acide carbonique, la tension de ces gaz dans le sang artériel subissait très rapidement des variations de même sens. Enfin, quand on remplissait l'un des poumons avec de l'air appauvri en oxygène, on observait que de l'oxygène passait à travers l'épithélium pulmonaire, du sang vers l'alvéole, ce qui est peu favorable à l'hypothèse d'une sécrétion habituelle d'oxygène, s'opérant en sens inverse [1] (A. Krogh ; L. Fredericq ; R. Du Bois Reymond).

Il ne subsiste donc plus aucun résultat expérimental venant à l'encontre d'une explication purement physique des échanges gazeux dans le poumon. Mais on n'est fondé à admettre cette théorie que si l'on démontre, en outre, que les conditions de ces échanges sont telles qu'on puisse par la simple diffusion *rendre compte des quantités de gaz* qui traversent effectivement, *par unité de temps*, et dans les deux sens, la surface pulmonaire.

Lorsqu'un gaz, dit J. E. Johannson, se dissout dans un liquide, il gagne les couches plus profondes avec une vitesse soumise à des lois qui sont très bien connues et qui permettent de calculer, pour le cas présent, le nombre de centimètres cubes d'oxygène ou d'acide carbonique

---

1. Il existe cependant un organe pour lequel une sécrétion gazeuse a été nettement démontrée ; c'est la vessie natatoire des poissons, organe dont les variations de volume servent à l'animal pour modifier ses conditions d'équilibre vis-à-vis de l'eau du fond ou de la surface (Moreau). Déjà Biot avait constaté en 1807 que (chez les animaux pêchés au fond) les gaz de cet organe renferment jusqu'à 80 p. 100 d'oxygène. Si la vessie est vidée par un trocart, l'animal la remplit à nouveau, et d'oxygène presque pur ; c'est-à-dire à une tension très supérieure à celle de ce gaz dans le sang de l'animal et dans le milieu ambiant (Moreau). De plus, si l'on coupe le rameau intestinal du nerf vague, la sécrétion cesse et la vessie reste vide (Chr. Bohr). Enfin l'épithélium de l'organe, aussi longtemps qu'il est intact, ne se laisse pas traverser par l'oxygène. Il semble donc bien que l'on assiste ici à une véritable sécrétion d'oxygène, emprunté probablement au sang, car l'organe est richement vascularisé. — En ce qui concerne l'acide carbonique, on a soulevé aussi la question d'une intervention du tissu pulmonaire, qui, par sa réaction acide (L. Garnier), contribuerait au déplacement de cet acide, et d'ingénieuses expériences de L. Garnier sur le virage du bleu d'outremer au contact du tissu pulmonaire vivant donnent à cette hypothèse un sérieux appui.

qui par minute peuvent traverser à 37° une lame d'eau, ayant, comme l'épithélium pulmonaire, une surface de 90 m² et une épaisseur de 0 mm. 004, la *pression différentielle*, c'est-à-dire la différence entre la pression du gaz dans l'atmosphère et la pression de ce gaz dans le liquide *étant posée égale à 1 millimètre*. Ce calcul donne pour l'oxygène 82 cm³ et pour l'acide carbonique 1 632 cm³ (ce dernier chiffre étant beaucoup plus élevé que celui de l'oxygène, à cause de la plus grande solubilité de l'acide carbonique dans l'eau).

Or, un adulte introduit par sa surface pulmonaire 375 cm³ d'oxygène et élimine par le même chemin 300 cm³ d'acide carbonique par minute. Pour que ces volumes puissent traverser la paroi pulmonaire en une minute, il faut, d'après le calcul ci-dessus, que pour l'oxygène la pression de ce gaz dans l'air alvéolaire domine la pression de ce même gaz dans le sang veineux d'un nombre de millimètres (pression différentielle) qui soit de :

$$\frac{375}{82} = 4^{mm},5 \, ;$$

et il faut, pour l'acide carbonique, qui passe du sang dans l'air alvéolaire, que la pression de ce gaz dans le sang l'emporte de même sur sa pression dans l'air alvéolaire de :

$$\frac{300}{1\,632} = 0^{mm},18,$$

Mais les volumes de 375 cm³ d'oxygène et 300 cm³ d'acide carbonique dont on est parti ci-dessus, s'appliquent à des échanges gazeux respiratoires d'activité moyenne. En cas de travail forcé, ces volumes peuvent être décuplés, en sorte qu'il faut, pour les faire passer en une minute à travers l'épithélium pulmonaire, une différence de pression dix fois plus forte, soit donc 45 millimètres pour l'oxygène, et 1 mm. 8 pour l'acide carbonique. Or, les différences effectivement mesurées dépassent largement ces chiffres. Pour ce qui regarde l'acide carbonique, la chose est tout de suite évidente, puisque la pression de ce gaz atteint dans le sang veineux 54 millimètres, et dans l'air alvéolaire (à l'inspiration) 32 mm. 8. La différence dépasse donc largement 1 mm. 8. Pour l'oxygène, la tension de ce gaz est d'une centaine de millimètres dans l'air alvéolaire et d'environ 30 millimètres dans le sang veineux, ce qui donne une différence de pression de 70 millimètres. Mais pendant que la saturation du sang s'opère, cette différence va en diminuant et finit par s'annuler quand la saturation est achevée, puisque la tension de l'oxygène dans le sang artériel peut atteindre 100 millimètres. Il faut donc prendre, entre ces deux extrêmes, une valeur moyenne qui n'est pas $\frac{1}{2}(70 + 0) = 35$, mais, comme l'a montré Bohr, d'après la courbe de saturation de l'oxyhémoglobine, 53 millimètres, nombre qui est encore supérieur à l'extrême limite de 45 millimètres calculée plus haut.

Rien ne s'oppose donc à ce que l'on considère les échanges respiratoires comme de purs phénomènes de diffusion.

§ II. — LA RESPIRATION DES TISSUS.

Le siège des combustions respiratoires. — L'étude des échanges gazeux respiratoires entre le sang et les tissus soulève une question préjudicielle, avec laquelle elle est intimement liée : C'est celle du siège des combustions respiratoires. Deux hypothèses se sont trouvées en présence ici. On peut admettre que les matériaux combustibles fournis par les tissus passent dans le sang, et qu'au contact de l'oxygène apporté par les globules ils sont brûlés avec production d'acide carbonique, lequel est emporté ensuite par le sang veineux. Il se peut aussi qu'au contact des tissus le sang cède son oxygène qui, se portant vers les cellules, y oxyde les produits combustibles, tandis que l'acide carbonique produit, marchant en sens inverse, passe des tissus dans le sang.

Le débat entre ces deux opinions, pendant longtemps très animé, est aujourd'hui clos. On sait que le sang n'est pas le siège des combustions respiratoires. Les preuves de ce fait sont nombreuses. N'en citons ici qu'une des plus frappantes. Si le sang recevait des tissus des produits combustibles, qui seraient ensuite brûlés au contact de l'oxygène des globules, ces produits devraient s'accumuler, particulièrement abondants, dans le sang asphyxique. Or, un tel sang, agité avec de l'oxygène, ne fait disparaître que de petites quantités de ce gaz, et ne produit que peu d'acide carbonique. On ne trouve pas davantage dans la lymphe asphyxique des produits consommant facilement de l'oxygène avec production d'acide carbonique. La petite quantité d'oxygène que fait disparaître le sang asphyxique, additionné de ce gaz, s'explique par ce fait que le sang est un tissu, dont les éléments figurés sont comme toutes les cellules le siège de combustions respiratoires.

On admet donc aujourd'hui que les combustions respiratoires ont leur siège au niveau des tissus et non dans le sang. Enfin, il n'est pas exact, comme l'a soutenu Chr. Bohr, que le poumon soit le siège d'une partie importante de ces combustions. Le tissu pulmonaire consomme en réalité peu d'oxygène et produit peu d'acide carbonique (C. L. Evans et E. H. Starling ; Zuntz).

Les échanges gazeux entre le sang et les tissus. — On a vu que la tension de l'oxygène dans le sang peut atteindre des valeurs considérables, mais on est très mal renseigné sur la tension de ce gaz au contact des tissus. Tout indique cependant que

cette tension doit être faible. D'autre part, il est certain que la
tension de l'acide carbonique dans les tissus l'emporte de beaucoup
sur la tension de ce gaz dans le sang des capillaires.

Dans la profondeur des tissus, la vie est anaérobie et elle engendre
des produits de réduction (A. Gautier), dont la formation continue rend
tout à fait improbable l'existence de fortes tensions d'*oxygène* à ce
niveau. Corrélativement, on constate que les tissus possèdent un pouvoir réducteur souvent très énergique, qu'Ehrlich notamment a mis en
évidence par sa méthode des injections de matières colorantes réduc-
tibles. Si l'on introduit, par exemple, du bleu de méthylène dans le sang
d'un animal, on trouve à l'autopsie que le foie, le poumon, les muscles
ont leur aspect normal, mais qu'ils se colorent au contact de l'air. C'est
le bleu qui, réduit par le tissu, se réoxyde à l'air. Ces constatations
sont confirmées par ce fait que, dans la lymphe, le lait, les exsudats,
on ne trouve que des traces d'oxygène, et qu'on n'en trouve pas dans
la bile et dans l'urine. Comme ces liquides se sont formés et ont circulé
au contact des tissus, la tension de leurs gaz représente sans doute une
valeur approchée des tensions au contact des cellules. — Quant à l'*acide
carbonique*, la tension de ce gaz est de 54,6 à 80 mm. de mercure dans
l'urine, de 47 mm. 5 dans la bile, de 46 mm. 8 dans le liquide d'hydrocèle, de 46 mm. 8 à 66 mm. 7 dans de l'eau ayant séjourné de une à
trois heures dans une anse intestinale, tous liquides qui mesurent par
leur tension en acide carbonique celle des tissus au contact desquels
ils se sont trouvés. Or, ces tensions sont supérieures à celles de l'acide
carbonique dans le sang des capillaires artériels et même dans le sang
des capillaires veineux.

On comprend donc sans peine pourquoi, au niveau des tissus,
l'oxygène marche du sang vers les tissus et l'acide carbonique
en sens inverse. Mais on s'explique moins bien, surtout en ce
qui concerne l'oxygène, la rapidité de ce phénomène, qui est
surprenante, puisque le passage du sang à travers les capillaires
ne dure que quelques secondes.

Les solutions d'oxyhémoglobine, mises dans des atmosphères pauvres
en oxygène, sont loin de perdre leur oxygène avec une telle rapidité,
et, quand elles sont étendues, leur réduction complète se fait avec une
extrême lenteur. On a essayé d'expliquer cette différence par l'intervention, dans le sang, d'une diastase, la *catalase du sang* ou *hémase*, qui
aurait la propriété d'accélérer le dédoublement de l'oxyhémoglobine en
hémoglobine et en oxygène, mais les expériences de E. v. Czyhlarz et
O. v. Fürth ne sont pas favorables à cette explication (voy. aussi plus
loin).

Enfin, on a vu plus haut que l'on n'a point encore réussi à
expliquer les combustions dans l'organisme par l'action d'oxydases
(p. 127), et que le procès chimique qui est le producteur d'énergie

le plus important dans l'organisme, reste donc une des grandes inconnues du problème de la vie (p. 328). Voici cependant dans cette direction quelques premières constatations.

On sait depuis Spallanzani que des fragments de tissus détachés de l'animal continuent à absorber de l'oxygène et à éliminer de l'acide carbonique (Cl. Bernard, P. Bert, P. Regnard, Tissot). En perfectionnant ce procédé d'étude, Battelli et Stern ont réussi à distinguer ici les deux procès que voici : 1° une *respiration principale*, qui est liée aux protoplasmes, car l'eau n'en enlève pas l'agent essentiel, et l'alcool à 40 p. 100 ou l'ébullition l'annulent définitivement. Elle est due à des oxydases spéciales, les *oxydones*; 2° une *respiration accessoire*, due à des diastases solubles dans l'eau et ayant les caractères des oxydases. C'est dans cette catégorie que rentrent l'alcooloxydase, la xanthinoxydase et l'uricoxydase.

Régulation de la concentration de l'oxygène dans le plasma sanguin. — On a vu que c'est par le plasma que l'oxygène est fourni aux tissus à travers l'endothélium capillaire, mais que la faible quantité d'oxygène disponible dans ce liquide doit être sans cesse renouvelée par de l'oxygène provenant des globules (p. 283). Ce renouvellement est pour ainsi dire instantané, grâce à l'énorme surface de diffusion qui existe entre les globules et le plasma. Or, ce n'est pas la quantité d'oxygène contenu dans le sang qui exprime l'abondance avec laquelle ce liquide est en mesure de pourvoir aux besoins des tissus, mais la tension, c'est-à-dire la concentration[1] de ce gaz dans le plasma (p. 283, note 1). Et lorsque le sang, devenu veineux, a perdu une partie de son oxygène, ce n'est pas la diminution relative de la quantité d'oxygène qui mesure la grandeur de cette perte, mais la diminution relative de la tension de ce gaz. Or, il semble que l'organisme dispose d'un certain nombre de moyens de régulation, qui lui permettent de s'adapter aux variations de la consommation d'oxygène au niveau des tissus, et notamment de renforcer la tension de l'oxygène, lorsque, par une consommation considérable de ce gaz par les tissus, cette tension tend à s'abaisser trop fortement.

Lorsque des combustions très actives tendent, d'une part, à faire baisser très fortement la tension de l'oxygène dans le sang, elles accumulent, d'autre part, dans ce liquide, une plus grande quantité d'*acide carbonique*. Or, quand la tension de ce dernier gaz s'élève, la courbe

1. La quantité d'un gaz qui est dissoute dans un liquide étant proportionnelle à la tension de ce gaz dans le liquide, cette tension mesure la concentration de la solution gazeuse.

de dissociation de l'oxyhémoglobine est plus près de la ligne des abscisses, ce qui veut dire qu'à un même volume d'oxygène combiné correspond, dans le plasma, une tension plus forte, ou, en d'autres termes encore, que l'acide carbonique rend plus facile la dissociation de l'oxyhémoglobine (Bohr; Hasselbach; Krogh). On s'explique donc bien une intéressante expérience de Lœwy, qui a constaté que le séjour dans l'air raréfié est mieux supporté, lorsqu'on mélange de l'acide carbonique à l'air inspiré. L'arrivée d'*acide lactique* dans le sang, en quantité telle que la provoque le travail musculaire forcé ou tout apport insuffisant d'oxygène, produisent le même effet (G. C. Mathison); de plus, en introduisant dans une solution d'oxyhémoglobine des quantités variables de *divers sels* (sel marin, chlorure de calcium, bicarbonate de soude, phosphate monosodique), on agit encore très puissamment sur la forme que prend la courbe de dissociation, et par là aussi, l'organisme, en modifiant la salure du sang, peut donc renforcer la tension de l'oxygène quand le besoin s'en fait sentir (J. Barcroft)[1]. L'élévation de la *température* agit aussi comme l'accumulation d'acide carbonique (P. Bert; Barcroft et d'autres), en sorte que si la fièvre est la cause d'une plus forte consommation d'oxygène par les tissus, elle assure aussi, par ce mécanisme, un plus large ravitaillement des cellules en oxygène (voir aussi p. 268 *d*).

Viennent enfin les mécanismes proprement physiologiques, que l'on ne peut que citer ici et qui sont : 1° *l'augmentation de la rapidité du courant sanguin*, telle que la provoque le travail musculaire ou le travail sécrétoire des glandes et d'où résulte que la quantité d'oxygène consommée par les tissus pendant un temps donné est prélevée sur un volume de sang plus considérable, ce qui diminue évidemment la chute de tension résultant de ce prélèvement; 2° *l'augmentation de la richesse globulaire du sang*, telle que la produit, par exsudation d'eau, le travail musculaire (Zuntz, von Willebrand), ou, d'une manière plus frappante encore, le séjour dans l'air raréfié des hautes altitudes (Viault).

§ III. — QUESTIONS DIVERSES RELATIVES A LA RESPIRATION.

Il n'entre pas dans le plan de ce livre d'exposer les méthodes employées pour recueillir et étudier les gaz de la respiration, telles qu'elles ont été établies par Lavoisier, Regnault et Reiset, Voit et Pettenkofer, Richet et Hanriot. D'autre part, l'exposé des variations de ces échanges sous diverses influences (taille, poids âge, travail ou repos), viendra mieux au cours de l'étude des échanges nutritifs (p. 574 et suiv.). Dans ce qui suit, on se bornera à compléter sur deux points l'exposé qui précède, et soit en ce

1. C'est donc probablement à tort que Bohr a admis l'existence, dans le sang, de plusieurs oxyhémoglobines différentes, ayant chacune sa courbe de dissociation caractéristique, et se transformant aisément, selon les besoins, les unes dans les autres. Tout s'explique bien plus simplement par l'action qu'exercent ces divers facteurs, acides, sels, etc., sur un seul et même pigment.

qui concerne l'influence des variations de tension de l'oxygène dans l'air inspiré et l'action de l'oxyde de carbone.

Influence d'une augmentation de la tension de l'oxygène. — La thérapeutique des inhalations d'oxygène. — Examinons quelle est l'influence de cette augmentation : 1° sur la respiration pulmonaire; 2° sur la respiration des tissus, c'est-à-dire sur les combustions organiques.

En ce qui concerne d'abord les échanges pulmonaires, on a constaté depuis longtemps que l'inhalation d'air enrichi en oxygène ou d'oxygène pur augmente un peu la quantité de ce gaz fixée par le sang (Quinquaud). Ce fait s'explique sans effort. Quand la pression augmente, la quantité d'oxygène physiquement dissous augmente dans la même proportion. Corrélativement, la quantité chimiquement fixée s'accroît aussi, car dans les conditions ordinaires le sang artériel n'est pas saturé d'oxygène, c'est-à-dire qu'il contient encore, à côté de l'oxyhémoglobine, un peu d'hémoglobine, pouvant donc fixer, pour des pressions croissantes, un surplus de gaz. Dans les expériences très précises de Durig sur l'homme respirant de l'air à 73 p. 100 d'oxygène, ce surplus de gaz a pu être évalué à 270 cm³ qui ont pénétré dans le sang en trois minutes, puis la saturation de l'organisme a été complète. A partir de ce moment, la quantité d'oxygène que l'on a vu disparaître dans le poumon, c'est-à-dire la consommation d'oxygène, a été la même que dans le cas de la respiration ordinaire à l'air libre.

C'est que l'action de ce surplus d'oxygène sur la respiration des tissus est nulle. Déjà Lavoisier et Séguin, et après eux Regnault et Reiset, avaient constaté ce fait, à savoir que le séjour dans l'oxygène pur ou dans l'air enrichi en oxygène ne provoque aucune augmentation des combustions respiratoires, et toutes les recherches modernes ont confirmé ce résultat de la manière la plus nette (L.-G. de Saint-Martin, Durig). On touche ici à une loi physiologique fondamentale, à savoir que ce n'est pas, comme il arrive dans un foyer, *la quantité d'oxygène offerte aux tissus qui règle l'intensité des combustions et par suite la grandeur de la consommation de l'oxygène. Ce sont les cellules qui règlent cette consommation d'après l'intensité de leur travail chimique.* Quant à l'apport d'oxygène par le sang, nous allons voir plus loin qu'il est toujours largement supérieur aux besoins des tissus (p. 296).

Il est **surprenant**, dit L.-G. de Saint-Martin, de voir combien les résultats si précis de Lavoisier ont été après lui méconnus ou ignorés par les médecins. Fourcroy ayant rapporté que des animaux plongés dans de l'oxygène pur sont pris d'une « fièvre inflammatoire et d'accidents très graves du côté des poumons », phénomènes dus sans doute à des impuretés irritantes du gaz employé, l'oxygène fut considéré pendant longtemps **comme un gaz dangereux à respirer à cause de « ses** propriétés trop actives pour la respiration » (Longet). Ce n'est que lentement qu'il fut réintroduit dans la thérapeutique (car on l'avait essayé dès sa découverte), grâce aux travaux de Demarquay et de Lecomte.

De ce qui précède, il ressort que *l'emploi thérapeutique des inhalations* d'oxygène n'est, *à priori*, justifié que là où l'apport d'oxygène aux tissus menace de devenir insuffisant.

En effet, l'inhalation d'oxygène pur fait hausser la quantité de ce gaz qui pénètre dans le sang, mais sans que les combustions respiratoires soient en aucune façon augmentées. Faire inhaler de l'oxygène pur à un malade respirant normalement, à un goutteux par exemple, dans l'espoir d'augmenter l'intensité de ses combustions et d'améliorer ainsi sa désassimilation, est donc une pratique qui paraît vaine *à priori*. Il n'en est plus de même lorsqu'il s'agit d'un sujet menacé d'asphyxie, et chez lequel l'apport d'oxygène aux tissus n'est plus surabondant, mais tend à devenir d'autant plus insuffisant que, par un cercle vicieux pathologique, les efforts respiratoires violents provoqués par l'anxiété du malade augmentent encore la consommation d'oxygène et par conséquent la dyspnée. Ici l'apport du moindre surplus d'oxygène est un bénéfice précieux. Or, ce surplus peut être assez important, puisque à l'état normal, la respiration dans l'oxygène pur ajoute 3 à 4 cm³ aux 18 à 20 cm³ d'oxygène emportés par 100 cm³ de sang, en même temps que la tension de ce gaz dans le plasma peut quintupler de valeur. La pratique des inhalations d'oxygène est donc justifiée ici. Elle l'est aussi au cours des ascensions en ballon (p. 298).

Influence d'une diminution de la tension de l'oxygène. — Cette influence a été étudiée de deux façons, dans des expériences de laboratoire faites avec de l'air raréfié, ou chez des organismes transportés à des altitudes élevées.

1º Les expériences de laboratoire ont conduit à ce résultat capital, à savoir que l'intensité des combustions respiratoires reste au même niveau même quand on abaisse la tension de l'oxygène dans l'air inspiré aux deux cinquièmes environ de la valeur habituelle. Le courant d'oxygène apporté aux tissus par le sang est donc à l'état normal très largement supérieur aux besoins des tissus.

Chez des animaux maintenus dans de l'air raréfié jusqu'à une pression de 400 mm. environ, soit donc à une pression en oxygène de 80 mm. environ, la quantité de ce gaz contenue dans le sang n'est pas sensiblement abaissée. Il faut descendre jusqu'à 300 mm. pour observer de ce côté des diminutions sensibles (P. Bert; Fränkel et Geppert). Ce fait s'explique bien par la forme de la courbe de dissociation de l'oxyhémoglobine dans le sang (p. 281; courbe et tableau). On voit, en effet, que pour un abaissement de la tension de l'oxygène de 150 à 80 mm., la quantité d'oxygène retenue par le sang ne diminue que très peu. Mais si la grandeur de la provision d'oxygène véhiculée par les globules n'est guère modifiée, la tension de ce gaz dans le plasma, donc aussi la *vitesse* avec laquelle l'oxygène peut quitter le sang pour être offert aux tissus (p. 283, note 1 et 292), est diminuée. Les combustions dans les cellules *pourraient* donc être moins rapides.

L'observation montre que, jusqu'à une certaine limite, qui est située très bas, il n'en est rien. Quand on fait inspirer un air à la pression ordinaire, mais ne contenant que 11 et même 8 p. 100 d'oxygène (Speck, Lœwy, Durig), la grandeur des combustions respiratoires demeure la même, et cependant un air à 8 p. 100 d'oxygène ne fournit, même avec bonne ventilation pulmonaire, qu'un air alvéolaire à 5,5-6 p. 100 de ce gaz, ce qui correspond à une tension en oxygène de 42-45 mm. Or, pour cette tension, la richesse du sang en oxygène commence déjà à fléchir, et pourtant les tissus continuent à consommer la même quantité d'oxygène et à produire autant d'acide carbonique qu'auparavant.

On s'explique dès lors pourquoi le chien supporte sans périr la suppression, par pneumothorax artificiel, des cinq sixièmes de la surface respiratoire (L. Bernard, A. Le Play et Ch. Mantoux), et aussi pourquoi de larges saignées (Gürber), des états d'*anémie* ou de *leucémie* très prononcés (Kraus et Chvostek) laissent subsister néanmoins des combustions respiratoires aussi actives qu'à l'état normal. Exemple (résultats en centimètres cubes pour un kilogramme et par minute) :

	Oxygène absorbé.	Acide carbonique. exhalé.
Chlorose prononcée.	5,11	3,70
Anémie pernicieuse.	4,53	3,22
Leucémie.	3,47	4,42

L'état de souffrance de ces maladies ne peut donc plus être expliqué par cette affirmation courante que les cellules n'empruntent au sang que des quantités insuffisantes d'oxygène. La question est plus compliquée.

Si l'on pousse plus loin encore la diminution de la tension de l'oxygène inspiré, on constate que les *accidents mortels apparaissent pour une tension de l'oxygène alvéolaire de 30 à 35 mm.* (P. Bert; Lœwy), et l'on explique, en général, ce fait en admettant que la pression différentielle de l'oxygène dans l'air alvéolaire (p. 290) devient alors trop faible pour que ce gaz puisse passer avec une vitesse suffisante de l'alvéole dans le sang. C'est la mort par *anoxhémie*. Toutefois, l'étude du mécanisme du mal des montagnes, a montré que tout ce phénomène est si complexe (voir ci-après) qu'une grande réserve est encore commandée ici.

2° Les échanges gazeux respiratoires, et en général la manière dont se comporte l'organisme aux hautes altitudes, ont été très activement étudiées durant ces dernières années; mais ces recherches, bien qu'elles aient créé en peu de temps tout cet intéressant chapitre de la physiologie de l'alpinisme, sont plus importantes par les problèmes nouveaux qu'elles ont soulevés que par les solutions définitives qu'elles ont apportées.

On sait qu'au cours des ascensions en montagne (ou en ballon), on observe à partir de 3 000 m. d'altitude un ensemble d'accidents (mal des montagnes, mal d'altitude), qui, au delà de 8 000 m., peuvent aboutir à la mort. Or, depuis que l'on a étudié systématiquement la physiologie des altitudes, notamment à l'institut du Mont Rosa (créé par A. Mosso et déjà visité par plusieurs expéditions scientifiques allemandes) (Zuntz, Lœwy et leurs collaborateurs), et d'autre part au cours d'une expédition allemande sur le pic de Ténériffe (Durig, Zuntz), d'une expédition anglaise au Pikes Peak (Colorado) (Douglas, Haldane) et de diverses ascensions en ballon (Hallion et Tissot; L. Lapicque), on s'est aperçu que le phénomène de l'anoxhémie d'abord invoqué par le médecin français Jourdanet, puis par P. Bert ne suffit pas pour tout expliquer.

Assurément, l'*anoxhémie* résultant de la diminution de tension de l'oxygène inspiré est un facteur prépondérant, mais est-il le facteur unique, comme le veulent C. G. Douglas et J. S. Haldane? Il est permis d'en douter, quand on constate que des rats et des lapins sont atteints de dyspnée dans de l'oxygène pur raréfié, même si l'on conserve au gaz une tension supérieure à celle qu'il possède dans l'air atmosphérique, ou encore quand on voit que des animaux, atteints de dyspnée dans un air raréfié, sont soulagés quand on rétablit une pression normale en leur rendant, non pas de l'oxygène, mais de l'azote (expériences du laboratoire de Kronecker).

Un fait qui a beaucoup frappé les physiologistes, c'est *l'augmentation rapide de la richesse du sang en globules et en hémoglobine* chez l'homme et chez les animaux transportés aux hautes altitudes (Viault). Mais si ce phénomène est certainement très fréquent, il n'est pas constant. Sur le mont Rosa, Zuntz et Lœwy et leurs collaborateurs ne l'ont pas observé pour les globules, ni O. Cohnheim pour les globules et l'hémoglobine chez l'homme et chez le chien (1911-1912). Ce phénomène est d'ailleurs difficile à interpréter. Il pourrait être dû à un simple épaississement du sang par perte d'eau, sans formation de nouveaux globules (Grawitz), ou à une accumulation de globules dans le sang à la périphérie (Zuntz). Bien que l'étude de la densité du sang aux grandes altitudes ait permis d'écarter la première de ces deux hypothèses, on admet aujourd'hui que seule la constatation d'un accroissement de la richesse de tout l'organisme en hémoglobine serait ici une preuve péremptoire. Or, si Jaquet a constaté nettement une telle augmentation chez des lapins transportés de la plaine (Bâle) à la montagne (Davos), Abderhalden, dont les expériences ont été faites cependant sur une si large échelle, n'a pas pu la saisir. D'ailleurs, là où elle a été constatée, elle n'a jamais été telle qu'elle pût compenser la baisse de tension de l'oxygène aux grandes altitudes (Durig). De plus, on se rend compte maintenant que ni l'anémie, ni la chlorose ne peuvent être guéries par la seule action des climats d'altitude. N'est-il pas surprenant, en outre, que l'hyperglobulie créée par le séjour aux hautes altitudes cesse aussitôt après le retour dans la plaine? Et si l'on veut plaider qu'il y a eu, dans ces conditions, destruction rapide du surplus de globules formés précédemment et devenus maintenant inutiles, comment se fait-il qu'on ne saisisse pas à ce moment l'excrétion d'un surplus d'azote, de soufre, de fer, et que jamais, dans ces conditions, on n'observe d'ictère (voir p. 457)?

Une autre constatation intéressante, c'est la *diminution considérable* (de 30 à 44 p. 100) *de l'alcalinité du sang* sous l'influence du climat d'altitude (A. Mosso et ses élèves), et l'on est conduit à rapprocher ce résultat de ce fait bien connu que toute gêne apportée au ravitaillement des tissus en oxygène est suivie d'une production d'acide lactique (Araki). Et pourtant, Durig a vu, d'autre part, que de fortes doses de glycose (120 gr. en une fois) sont brûlées aussi aisément sur le mont Rosa que dans la plaine. Bien entendu le sang, devenu moins alcalin, n'a plus, en tant qu'agent de transport de l'acide carbonique, sa pleine valeur respiratoire (p. 287), mais on a vu qu'il est devenu, d'autre part, plus apte à céder son oxygène aux tissus (p. 294). Enfin, en ce qui concerne les échanges nutritifs, la *dépense d'énergie* au repos, calculée d'après la quantité d'oxygène consommée par unité de temps (voir p. 574), reste la même qu'en plaine d'après les uns (Tissot et d'autres), ou serait, au contraire, augmentée d'après d'autres de 7 à 15 p. 100 (Durig), en sorte que l'organisme qui, dans une atmosphère plus riche en oxygène que l'air atmosphérique, n'accélère pas ses combustions (p. 295), les accroîtrait dans un air raréfié. Enfin, l'organisme montre en même temps une tendance manifeste à de larges *fixations d'azote* (Durig).

Action de l'oxyde de carbone. — On a vu que l'oxyde de carbone déplace l'oxygène de l'oxyhémoglobine et se substitue à ce gaz pour former l'hémoglobine oxycarbonée, combinaison très stable, résistant à l'action du vide, en sorte que l'hémoglobine ainsi occupée est devenue impropre à la respiration. Mais il ne faudrait pas croire que, dans cette lutte pour la possession du pigment sanguin, l'oxygène soit toujours nécessairement déplacé par l'oxyde de carbone. En réalité, les deux gaz se partagent l'hémoglobine dans une proportion qui, pour une même température, dépend de leur *masse* respective et de l'*affinité* de chacun d'eux pour le pigment. Or, l'affinité de l'oxyde de carbone est tellement plus puissante que celle de l'oxygène, que dans du sang agité avec de l'oxygène pur ne contenant que 0,45 p. 100 d'oxyde de carbone, ou chez un animal respirant le même mélange, le pigment se partage par parties à peu près égales entre les deux gaz (Douglas et Haldane; M. Nicloux). Si la proportion d'oxyde de carbone est ensuite abaissée à 0,25 p. 100, par exemple, la fraction de pigment occupée par ce gaz tombe de 50 à 40 p. 100, ce qui veut dire que l'oxygène déplace l'oxyde de carbone de l'hémoglobine oxycarbonée dans la mesure où le lui permet sa masse par rapport à celle du gaz à déplacer. Et si du sang saturé d'oxyde de carbone est agité avec une atmosphère indéfinie d'oxygène ou d'air, on voit l'oxygène déplacer peu à peu tout le gaz toxique (M. Nicloux). De là découlent divers enseignements : 1° de faibles proportions d'oxyde de carbone dans l'atmosphère suffisent pour créer un état d'intoxication redoutable; 2° on combattra cette intoxication d'une manière d'autant plus efficace que l'on augmentera davantage la *masse* de l'oxygène entrant en lutte à chaque instant avec l'oxyde de carbone pour la possession du pigment; 3° on doit enfin se demander si cette occupation du pigment sanguin par l'oxyde de carbone suffit pour expliquer toute la toxicologie de ce gaz.

1° Voici quelques exemples numériques intéressants : chien respirant un mélange d'oxygène et d'oxyde de carbone (M. Nicloux) :

Vol. de CO p. 100.	Temps nécessaire pour atteindre l'équilibre.	Sur 100 d'hémoglobine totale, CO en occupe :
1,00	30 min.	71,5
0,5	1 h. 30 —	58
0,25	1 45 —	38
0,10	2	20

Le partage du pigment entre les deux gaz est sensiblement le même, si l'on fait respirer à l'animal de l'air dans lequel les rapports du volume de l'oxyde de carbone à celui de l'oxygène sont ceux qui sont indiqués dans la première colonne.

2° Un chien qui a respiré pendant quinze minutes un air contenant 1 p. 100 d'oxyde de carbone et dont le sang présente déjà un *coefficient d'empoisonnement* (Balthazard et Nicloux) de 70 p. 100, c'est-à-dire qui contient 70 p. 100 de son pigment à l'état d'hémoglobine oxycarbonée, inspire ensuite de l'oxygène pur. Deux heures après, son sang ne renferme plus d'oxyde de carbone. Déjà, après cinquante minutes, les cinq sixièmes de l'oxyde de carbone d'un sang profondément intoxiqué peuvent ainsi être déplacés *in vivo* (N. Gréhant). Avec l'air, le déplacement est beaucoup plus lent (M. Nicloux). *La pratique des inhalations d'oxygène en vue de combattre l'intoxication oxycarbonée est donc pleinement justifiée,* mais il est indispensable qu'à l'aide d'un masque on rende possible la pénétration du gaz pur jusqu'aux alvéoles pulmonaires (M. Nicloux). On ignore s'il y a uniquement déplacement du gaz toxique, ou bien s'il se fait aussi une destruction chimique par transformation en acide carbonique. La possibilité de cette oxydation a été niée (Gaglio).

3° L'oxyde de carbone est un gaz indifférent pour tous les animaux dépourvus de sang rouge. Ainsi, la blatte commune (*Blatta orientalis*) peut être maintenue sans dommage pendant huit et même dix-huit jours dans un mélange de 20 p. 100 d'oxygène et de 80 p. 100 d'oxyde de carbone (Haldane). Pareillement, l'élégante expérience de Haldane, rapportée à la page 283, montre qu'il suffit d'assurer par un détour l'approvisionnement des tissus en oxygène pour enlever à des doses énormes d'oxyde de carbone toute action nuisible. Il faut reconnaître cependant que l'état du sang ne suffit pas toujours pour expliquer les suites mortelles ou non d'une intoxication par l'oxyde de carbone (L. Garnier). Il faudra aussi rechercher si les paralysies produites par ce gaz sont d'ordre toxique, ou si elles ne relèvent, comme l'admet H. Claude, que d'altérations nerveuses par causes mécaniques (compressions par des hémorragies).

CHAPITRE XI

LES TRANSFORMATIONS ET LA DÉGRADATION DES MATIÈRES PROTÉIQUES DANS L'ORGANISME

Les destinées des matières protéiques par delà la paroi intestinale sont encore très obscures, et nos connaissances sur ce point se composent de plus d'hypothèses que de faits bien établis. Si, dans ce qui suit, on a néanmoins donné, dans une certaine mesure, une place à ces hypothèses à côté des faits, c'est parce que, dans une question aussi capitale que la nutrition azotée, il n'est pas moins nécessaire de mesurer l'importance de ce qui reste encore hypothétique que de comprendre ce qui est acquis et démontré. C'est aussi parce que ces hypothèses permettent un classement provisoire des faits acquis et qu'elles ont déjà conduit à des expériences très fructueuses.

§ I. — LA RECONSTRUCTION DES PROTÉIQUES.

Dans un précédent chapitre on a abouti à cette conclusion que la signification physiologique du travail digestif consiste vraisemblablement en ceci que, par une démolition profonde des protéiques alimentaires, l'hydrolyse digestive prépare la reconstruction de protéiques spécifiques, c'est-à-dire propres à l'espèce considérée. Admettons donc provisoirement que les choses se passent réellement ainsi, et demandons-nous à quelles vérifications expérimentales nous conduit cette hypothèse.

Il conviendrait d'étudier ici auparavant le *mécanisme chimique de cette reconstruction*. On a vu que la chimie sait préparer *in vitro* des polypeptides (p. 36), qui sont de « petits albuminoïdes », mais en mettant en jeu « tout un arsenal de réactifs violents dont ne dispose pas le corps humain ». Or, L.-C. Maillard a montré que les acides aminés, chauffés en présence de la glycérine, se soudent en chaînes d'acides aminés (identiques ou différents), et s'il est vrai que cette réaction ne se produit qu'à 170° et en l'absence d'eau, on conçoit qu'en présence des catalyseurs, dont dispose l'organisme, elle puisse se produire à 40°, tout comme la synthèse des graisses, que la chimie ne réalise qu'à une température élevée, et que la muqueuse intestinale effectue à la température du corps.

Lieu de la reconstruction des protéiques et nature du protéique reconstruit. — En ce qui concerne d'abord le premier point, deux hypothèses se présentent tout de suite : 1° il se peut qu'avec les acides aminés résultant de l'hydrolyse digestive des protéiques étrangers (allogènes), l'organisme refasse aussitôt des protéiques spécifiques (idiogènes), soit dans la paroi digestive elle-même, soit dans le foie, deux organes que nous voyons intervenir respectivement dans la synthèse des graisses et dans celle du glycogène; 2° il se peut aussi que ces fragments soient portés par le sang jusqu'aux tissus, chacun de ceux-ci puisant ensuite dans ce qui lui est offert de quoi reconstruire les protéiques qui lui sont propres (protéiques idiocytiques). Il semble bien que l'on puisse mettre hors de cause le foie, puisqu'un chien à fistule d'Eck[1] s'est maintenu pendant huit jours en équilibre azoté, tout en ne recevant que de la viande complètement défaite en ses acides aminés (E. Abderhalden et London). Il faut donc faire intervenir soit la paroi intestinale, soit les tissus.

Or, la première de ces deux hypothèses, en faveur il y a quelques années, est nettement en recul aujourd'hui, et c'est au niveau des tissus que l'on s'accorde à placer l'opération en question.

1° Voici d'abord une intéressante expérience de E. Abderhalden et Samuely, qui, complétée par l'observation du chien à fistule d'Eck (voir ci-dessus), paraît nettement favorable à l'hypothèse d'une reconstruction dans la paroi intestinale, mais qui, en réalité, n'est pas démonstrative. On fait à un cheval, jusque-là nourri d'avoine et de foin, une saignée de 6 litres, et l'on détermine la teneur des protéiques du sérum (albumine et globuline) en acide glutamique. Après un jeûne d'une semaine, pendant lequel l'intestin de l'animal se vide complètement, on fait une nouvelle saignée de 6 litres et une nouvelle ana-

---

1. Cette opération consiste à lier la veine porte près du hile du foie et à établir ensuite une communication entre ce vaisseau et la veine cave inférieure, de façon que le sang de la veine porte cesse de passer par le foie.

lyse. Puis on donne à l'animal un repas de 1 500 gr. et, dans une autre expérience, de 2 500 gr. de gliadine (de froment), matière protéique qui contient 45 p. 100 d'acide glutamique, tandis que celles du sérum de l'animal n'en renfermaient que 8,5 p. 100. Or, une nouvelle saignée faite après ce repas montre que la teneur des protéiques du sérum en acide glutamique est restée sensiblement la même. Et cependant le sang de l'animal, appauvri à la fois par les saignées et le jeûne, avait dû refaire aux dépens de la gliadine une partie de ses protéiques. Mais cette expérience prouve simplement que la composition des protéiques du plasma n'est pas sous l'influence directe de l'absorption digestive, cette indépendance pouvant être due aussi bien à l'intervention des tissus qu'à celle de la paroi intestinale. Il se peut, en effet, que les acides aminés soient portés par le sang jusqu'aux tissus, qui effectueraient la synthèse en question et fourniraient au plasma les protéiques nécessaires, hypothèse qui est en bon accord avec ce que l'on sait sur l'origine des protéiques du sérum (p. 261). On a vu d'ailleurs que les protéines du sérum ne paraissent pas jouer un rôle nutritif et, d'autre part, la nécessité où l'on serait d'admettre que le protéique unique ainsi reconstruit devrait ensuite être démoli et refait à nouveau, avant d'être adapté à chaque tissu, constitue aussi une grave difficulté.

En même temps que l'on se rendait compte ainsi des faiblesses de cette explication, les progrès de la technique analytique du sang sont venus fournir à la thèse opposée l'argument capital qui lui manquait, à savoir la démonstration de la présence constante dans le sang de toute la série des acides aminés des protéiques et la corrélation très nette que l'on saisit entre ce phénomène et l'acte digestif d'une part, et l'intervention des tissus d'autre part.

Étant donnée la rapidité de la circulation, le calcul permet de prévoir que même au moment du maximum d'activité de la digestion, celle-ci ne peut jeter dans le sang qu'un surcroît de quelques milligrammes d'azote pour 100 cm³ de cette humeur, minime quantité perdue au milieu des 3 000 milligr. d'azote protéique, que contient le même volume de ce liquide. Or, ce surplus, qui est de l'azote aminé, peut être saisi aujourd'hui. Il est de 2 à 4 milligr. chez le chien en digestion d'après H. Delaunay (1910), de 6 milligr. (4 milligr. à l'état de jeûne contre 10 milligr. en période de digestion) d'après Van Slyke et G. M. Meyer (1912). On a trouvé aussi de cet azote dans le sang d'un grand nombre d'invertébrés et aussi d'une manière constante dans les tissus, tout le long de la série animale (H. Delaunay) et on en saisit si peu, probablement parce que tout excès d'azote aminé dans le sang est aussitôt capté par les tissus (muscle, rein, rate, pancréas et surtout foie) (Van Slyke et Meyer), puis détruit (p. 324). Ainsi sur 12 gr. d'alanine injectés dans les veines d'un chien dans l'espace de 10 minutes, on n'en retrouve dans le sang, 5 minutes après, que 1 gr. 5 et 35 minutes après que 0 gr. 4, bien que 1 gr. 5 seulement aient été éliminés par l'urine. Notons que de ces expériences ressort aussi la faible toxicité de ces acides, déjà signalée par Lagane. Enfin ces acides eux-mêmes ont pu être extraits du sang, d'une part au moyen de l'élégant procédé de la *dialyse du sang vivant* (Abel, 1913), d'autre part, par analyse directe du sang (Abderhalden). Cette dialyse spéciale consiste à faire passer le sang artériel (rendu incoagulable) à travers des tubes en collodion plongés dans du liquide de Ringer, puis à le faire rentrer dans la circulation veineuse de l'animal. Du liquide dialysé, fourni ainsi par le sang de 3 ou 4 chiens, Abel a pu retirer 20 gr. d'acides aminés. Et en opérant sur des quantités de 50 à 100 litres, Abderhalden a fini par isoler les amino-acides que voici : glycocolle, alanine, valine, leucine, acides aspartique et glutamique, arginine, lysine, histidine et proline. Enfin voici des expériences qu'il est difficile d'interpréter autrement qu'en admettant la non intervention de l'intestin dans le phénomène de la reconstruction des protéiques. V. Henriques et A. C. Andersen ont nourri pendant 18 jours, sans perte de poids, et avec des fixations d'azote, un bouc auquel ils injectaient goutte à goutte dans les veines, pendant toute la durée des 24 heures, une solution nutritive contenant de l'albumine presque complètement dégradée en ses acides aminés, du glycose et des sels (1912). Même quand on leur extirpait en même temps l'intestin, les animaux survivaient pendant quelques jours et fixaient de l'azote. Et Buglia a apporté une démonstration analogue.

Recherchons maintenant quelle est, à l'égard de ce phénomène, la valeur comparée des divers protéiques.

Valeur alimentaire comparée des divers protéiques. — Les protéiques incomplets. — Ici deux questions ont été abordées surtout. On a constaté d'abord que la valeur alimentaire des protéiques idiogènes est en général supérieure à celle des protéiques animaux allogènes, mais qu'elle ne l'est pas toujours, et que pour des raisons qui vont être exposées ci-dessous, tel protéique étranger peut valoir sous ce rapport un protéique spécifique. D'autre part, les protéiques végétaux se sont montrés en général inférieurs aux protéiques animaux.

Sur la grenouille, Busquet a constaté le premier que pour obtenir le maintien du poids de l'animal normal ou l'augmentation de poids de l'animal amaigri ou celle du têtard (Billard), il faut moins de chair de grenouille que de viande étrangère (veau, mouton). Chez le chien, l'équilibre azoté a pu être atteint en ne donnant à l'animal, sous la forme de chair ou d'organes divers du chien, que la quantité minimum d'azote que l'animal emprunte à ses tissus pendant le jeûne azoté (ou plus exactement une quantité un peu supérieure à ce minimum), tandis qu'avec les protéiques étrangers, caséine, édestine, gliadine, l'équilibre n'a été possible qu'avec ce même minimum, augmenté respectivement de 28, 53 et 63 p. 100 (Michaud; H. von Hösslin et E.-J. Lesser).

Et pourtant on conçoit *a priori* que, parmi les protéiques étrangers, il puisse s'en trouver dont la valeur alimentaire égale celle des protéiques spécifiques. En effet, si ces protéiques contiennent à peu près les mêmes quantités des mêmes acides aminés, et ne diffèrent que par le mode d'association de ces fragments, on conçoit qu'une fois démolis par la digestion, ils constituent autant de mélanges aminés identiques, en sorte qu'ils ne peuvent différer *in vivo* que par la résistance variable qu'ils opposeront à cette démolition. Or, l'influence de ce dernier facteur sera éliminé si les protéiques à comparer sont administrés après hydrolyse totale en leurs acides aminés constituants. En opérant ainsi, on a constaté que la poudre de *viande de bœuf* et de *cheval* et la poudre de *sang de cheval* d'une part, la *poudre de viande de chien* d'autre part, se moutrent, après hydrolyse préalable, également aptes à produire des augmentations de poids chez le chien en période de croissance. Viennent ensuite, à une petite distance, la *caséine,* puis beaucoup plus loin la *gliadine,* protéique végétal, dont il faut beaucoup plus, pour obtenir un même effet alimentaire, que d'un protéique animal (F. Frank et A. Schittennelm ; E. Abderhalden).

Et voici d'autres expériences qui ont sur les précédentes cette supériorité, à savoir qu'elles ont pu être continuées pendant un temps beaucoup plus long. Elles ont consisté à déterminer les quantités respectives des divers protéiques nécessaires à l'entretien ou à la croissance des animaux.

Ainsi Osborne et Mendel ont montré que l'on peut conduire le jeune rat jusqu'à l'âge d'un an en lui donnant comme seul aliment protéique de la levure; que la quantité de protéine qu'il faut fournir à ces animaux, et surtout aux jeunes, est plus grande quand on donne du grain de froment entier, au lieu des protéines du lait, et que pour les besoins de la croissance les protéines de l'embryon du grain suffisent en moindre quantité et sont donc supérieures à celles du grain entier; enfin que l'addition d'aliments animaux, viande, lait ou œufs augmente aussitôt la valeur de l'apport protéique, en sorte qu'il y a économie dans la dépense d'albumine. Pareillement les protéines de la vesce (*vicia sativa*), insuffisantes pour l'entretien du rat, peuvent être « supplémentées », c'est-à-dire qu'on les rend suffisantes, par l'addition de caséine ou de zéine, mais non pas par celle de gélatine ou de lactalbumine (E. V. Mc Collum, N. Simmonds et H. P. Parsons). On pourrait multiplier ces exemples. Or, on comprend tout de suite l'intérêt de telles recherches. On sait, en effet, que de certaines propriétés du régime végétarien (voir notamment p. 89, 228 et suiv., 361, 551) la thérapeutique tire des bénéfices remarquables, et il serait donc utile de savoir par quelles additions, souvent très faibles, de protéiques animaux, on pourrait corriger un défaut de ce régime, à savoir l'infériorité des protéiques végétaux. Et en zootechnie, où tant de produits végétaux, de déchets divers sont sans cesse employés comme aliments, combien ne serait-il pas utile de savoir dans quelle mesure ces denrées doivent être associées pour qu'il en résulte les meilleures conditions de croissance, d'engraissement ou de bon entretien (expériences de Mc Collum, Simmonds et Parsons, sur la valeur alimentaire du maïs, de l'orge, du riz, diversement associés, de E. B. Hart et Mc Collum, de Hart et H. Steenbock sur la nourriture du porc, de Osborne et Mendel sur les protéines du maïs, etc.)!

A quoi tient cette supériorité de certains protéiques sur d'autres? On en aperçoit d'abord la raison dans la grandeur variable du déchet qui accompagne la transformation d'une protéine allogène en une protéine idiogène.

Lorsque d'une gliadine de froment, contenant 45 p. 100 d'acide glutamique, l'organisme fait une sérumalbumine, qui n'en renferme que 7,7 p. 100, il est clair que le déchet en acide glutamique non employé, est bien plus considérable qu'avec la caséine, qui n'apporte que 11 p. 100 de ce même acide. Cette reconstruction est plus côuteuse aussi lorsqu'un acide aminé donné est moins abondamment représenté dans le protéique ingéré que dans le protéique à reconstruire. Ici la grandeur du déchet est réglée par la *loi du minimum*, ce qui veut dire que la mesure, dans laquelle les divers fragments d'un protéique peuvent rentrer dans le protéique reconstruit, dépend de la quantité de celui d'entre les fragments nécessaires qui est le moins abondamment représenté [1]. De là résulte donc que cette reconstruction laisse inutilisés un certain nombre de molécules aminées, qui, désormais sans valeur comme aliment azoté, ne peuvent plus servir que de combustible [2].

En outre, on prévoit que cette reconstruction n'est plus possible et qu'un protéique donné n'est plus utilisable par l'organisme, si tel acide aminé, qui doit entrer dans cette reconstruction, fait complètement défaut à ce protéique. De fait, c'est

---

1. Supposons, en effet, que l'on alimente un organisme avec un protéique étranger contenant en quantité suffisante les acides aminés nécessaires à la reconstruction du protéique spécifique, sauf en ce qui concerne le tryptophane. Si la quantité de cet acide n'est, par exemple, que la moitié de ce qui est nécessaire, il est clair qu'il faudra chaque fois deux molécules du protéique étranger en question pour faire une molécule de protéique spécifique, et conséquemment que 50 p. 100 de tous les autres acides aminés resteront inutilisés. C'est pour l'agriculture que cette loi du minimum a été énoncée d'abord. On sait, en effet, que la fertilité d'une terre est proportionnelle à celle des substances nécessaires qui se trouve contenue dans le sol en quantité minimum, ce qui est souvent le cas pour l'acide phosphorique, par exemple et se vérifie très nettement. Bien entendu, tout le raisonnement qui précède implique que l'organisme animal n'est pas en mesure de produire lui-même les acides aminés manquants. De fait il est réduit à les emprunter directement, ou par l'intermédiaire de ses aliments animaux, au règne végétal, dont il est à cet égard comme à d'autres (p. 532) étroitement tributaire. Notamment l'aptitude à produire des acides cycliques, la *cyclopoïèse* (Osborne) semble bien être une opération réservée aux végétaux. Il y a cependant un amino-acide que l'organisme est en mesure de produire largement, mais c'est tout juste un noyau non indispensable, à savoir le glycocolle (p. 310). En faisant ingérer à l'homme, à la chèvre, au porc de l'acide benzoïque, on peut forcer l'organisme à éliminer sous la forme d'acide hippurique, donc de glycocolle 35, 37 et 38 p. 100 de l'azote urinaire total (Wiechowski; Lewinski, Mc Collum et Hoagland). Et ce glycocolle semble bien ne pas provenir de la transformation d'autres acides aminés (Magnus-Levy). C'est du glycocolle de synthèse (voir aussi p. 319).

2. A moins qu'elles ne servent en partie à la préparation de substances spéciales, et soit de produits de sécrétion interne, tels que l'adrénaline (p. 329).

ainsi que se comportent les *protéiques incomplets*, comme la gélatine, à qui manquent deux acides aminés cycliques, la tyrosine et le tryptophane.

Dans les anciennes expériences bien connues des commissions françaises, qui, en 1802, 1814 et 1841, ont été chargées d'établir la valeur nutritive de la gélatine obtenue par la cuisson des os, ce protéique s'est montré impuissant à assurer à lui seul l'entretien du chien. On vient de dire la raison de cet échec. On comprend aussi pourquoi, dans les expériences que firent plus tard C. Voit et Bischoff, la gélatine s'est, au contraire, montrée suffisante : c'est qu'une partie seulement de la recette azotée nécessaire était constituée par ce protéique, et que l'autre partie, faite de viande, apportait en quantité suffisante ce qui manque à la gélatine. Enfin, plus près de nous, une démonstration décisive est venue clore le débat : la gélatine suffit au chien comme aliment azoté, quand on y ajoute les acides aminés manquants, plus un choix d'autres acides qu'elle ne contient pas en quantité suffisante (alanine, valine, leucine, cystine, acides aspartique et glutamique) (E. Abderhalden).

Enfin, on prévoit encore qu'à la limite un mélange artificiel convenable de tous les acides aminés des protéiques doit suffire, en tant qu'aliment azoté, à l'entretien de la vie. C'est ce que l'expérience est venue confirmer.

Un chien de 8190 gr. a été maintenu en équilibre azoté pendant huit jours avec un rapport azoté constitué par le mélange suivant : glycocolle, 5 gr.; d-alaline, 10 gr.; l-sérine, 3 gr.; l-cystine, 2 gr.; d-valine, 5 gr.; l-leucine, 10 gr.; isoleucine, 5 gr.; acide l-aspartique, 5 gr.; acide d-glutamique, 15 gr.; l-phénylalanine, 5 gr.; l-tyrosine, 5 gr.; l-lysine, 5 gr.; d-arginine, 5 gr.; l-proline, 10 gr.; l-histidine, 5 gr.; l-tryptophane, 5 gr.; au total 100 gr. contenant 13 gr. 87 d'azote. Comme hydrates de carbone l'animal recevait du glycose, du lévulose et du galactose; comme aliment gras, un mélange de glycérine, d'acide palmitique et d'acide stéarique dans les proportions d'un triglycéride palmito-stéaro-oléique, et comme nucléoprotéide, de l'acide thymonucléique et de l'acide nucléique de levure, complètement hydrolysés à l'aide d'un suc d'expression de muqueuse intestinale. Enfin, à ce mélange on ajoutait encore de la cholestérine, des cendres d'os, un peu de phosphate de soude et de perchlorure de fer. L'animal fit des bénéfices d'azote manifestes et maintint son poids (8200 gr. à la fin l'expérience) (E. Abderhalden).

Le mélange artificiel de tous les acides aminés qui constituent un protéique peut donc remplacer ce protéique[1]. Et comme ces

1. Ce même mélange constitue pour les micro-organismes un excellent milieu de culture bien supérieur aux bouillons peptonés parce que la composition du milieu étant exactement connue, on peut, là aussi, aborder l'importante question du rôle et de l'importance respective des divers amino-acides (voir p. 309) (Galimard, Lacomme et A. Morel; Dalimier et Lancereaux). Déjà on a pu éta-

acides et tous les autres matériaux constituant le mélange alimentaire employé dans cette expérience sont aujourd'hui accessibles à la synthèse chimique, voici donc que le rêve de *la production artificielle d'une ration alimentaire* qui, hier encore, paraissait si lointain dans l'avenir, est aujourd'hui réalisable, au moins pour un court laps de temps, par la réunion de tous les fragments que l'hydrolyse digestive fait sortir des aliments. Quant à la reconstruction des aliments, c'est l'organisme qui s'en charge (voy. cependant ce qui est dit à la p. 520).

De ce qui précède, il ressort donc que, pour le ravitaillement azoté d'un organisme, des poids égaux de diverses albumines — même si on les prend d'égale utilisation digestive — peuvent n'avoir en aucune façon la même valeur alimentaire, et en conséquence que, par exemple, la ration minimum d'albumine indispensable ne peut pas être exprimée simplement par un certain poids d'une ou plusieurs protéines quelconques, parce que la *qualité de la protéine intervient*, et c'est là un fait d'importance capitale. Or, devant une telle constatation, la physiologie se serait trouvée, il y a une vingtaine d'années, incapable de toute explication et surtout à peu près désarmée au point de vue expérimental. Ce qui précède suffit déjà à montrer pourquoi, aujourd'hui, elle est au contraire en mesure de pousser plus loin l'étude de ces problèmes. C'est parce que l'on sait maintenant qu'un protéique donné et le mélange d'acide aminé qu'il fournit par hydrolyse ont la même valeur alimentaire. Au problème si complexe du rôle nutritif des protéines, et que l'on ne savait pas où aborder, à cause de l'énormité de ces molécules, on est donc en train de substituer une série de problèmes plus simples, accessibles à une chimie précise, à savoir l'étude du rôle nutritif et des destinées dans l'organisme de chacun des acides aminés qui constituent cette molécule. Pour toute la physiologie de la nutrition azotée, cela est d'une importance capitale. Ici, on se bornera à montrer ce qu'a donné cette méthode dans la question du rôle nutritif spécial de quelques acides aminés.

Rôle nutritif spécial de quelques acides aminés. — Dans cette direction on a établi d'abord ce fait intéressant qu'un acide aminé cyclique, à savoir le tryptophane, est indispensable à

blir ainsi quels sont les amino-acides nécessaires au bacille tuberculeux (P. Armand-Delille, A. Mayer, G. Schaeffer et E.-F. Terroine), au bacille typhique et au coli-bacille (E. Zunz et P. György).

l'entretien de l'organisme, et c'est surtout pour le tryptophane, et aussi pour un acide aminé non cyclique, la lysine, que les résultats ont été nets et intéressants, en ce sens que, sans tryptophane, c'est l'*entretien* de l'organisme qui ne peut être obtenu, et que, sans lysine, c'est la *croissance* de l'organisme qu'il est impossible d'assurer. Enfin le composant sulfuré des protéines, la cystine, est de même nécessaire, aussi bien à l'entretien des animaux adultes qu'à la croissance des jeunes organismes.

1° Un chien, très amaigri par un jeûne de 21 jours, reçoit ensuite de la caséine complètement dégradée en ses acides aminés, mais débarrassée de son *tryptophane* et l'animal perd 1 400 gr. en 10 jours. Il reprend ses forces et regagne 2 000 gr. quand on lui donne ensuite pendant 16 jours de la viande complètement dégradée, à laquelle le tryptophane avait d'abord été enlevé, puis rajouté, et le chien maintient son poids. Il est visible, au contraire, qu'il y a des acides aminés des protéiques dont l'organisme peut se passer. Ainsi la viande complètement dégradée continue à être suffisante, même après qu'on lui a enlevé sa *proline* par un traitement à l'alcool, peut-être parce que l'organisme est en mesure de produire lui-même ce corps à partir de l'acide glutamique (p. 27). Enfin, le fait que la caséine, qui est dépourvue de glycocolle, est un aliment suffisant, démontre que cet acide n'est pas indispensable (Abderhalden).

2° Les expériences de E. G. Willcock et F. G. Hopkins sur l'alimentation azotée de la souris ont de même fait ressortir l'importance du *tryptophane*, mais ce sont les longues et importantes recherches de Th. B. Osborne et Lafayette B. Mendel (1912-1916) sur le rat blanc, qui ont apporté sur ce point des résultats décisifs. Ces animaux étaient alimentés avec un mélange constitué par telle ou telle protéine, de l'amidon ou du sucre (sucre de canne ou sucre de lait), de la graisse (beurre ou saindoux), de l'agar, et tous les sels qui sont contenus dans le lait [1]. Or, quand les animaux recevaient comme protéique de la zéine du maïs, leur dépérissement était rapide; ils maintenaient, au contraire, leur poids (notamment pendant 180 jours, dans une expérience sur un rat de 50 grammes) lorsque la zéine était additionnée de tryptophane. Le déclin auquel donne lieu l'alimentation à la zéine est de même arrêté, quand on ajoute à la zéine, au lieu de tryptophane, un protéique contenant cet acide aminé, et l'efficacité à cet égard des divers protéiques employés dépend de leur teneur respective en tryptophane. Ainsi, à poids égal la gliadine du froment et l'hordéine de l'orge, pauvres en tryptophane, sont beaucoup moins efficaces que la lactalbumine, qui en est, au contraire, plus richement pourvue. La conglutine des graines de lupin et la phaséoline du haricot se sont comportées comme la zéine.

3° Et voici les résultats, non moins curieux, réunis par Osborne et

1. Osborne et Mendel ont fait remarquer plus tard que ces aliments n'étaient pas suffisamment purifiés pour qu'ils eussent perdu leurs vitamines ou facteurs accessoires de la croissance indispensables aux jeunes organismes (voir p. 521).

Mendel, quant au rôle de la *lysine*. La gliadine du froment et l'hordéine de l'orge, dont il vient d'être question, et qui se sont montrées aptes à maintenir le poids des animaux, ne peuvent pas assurer leur croissance. La zéine, complétée bien entendue par une addition convenable de tryptophane, se comporte de même. La croissance reprend, au contraire, immédiatement quand une quantité de lysine équivalente à 3 p. 100 de la protéine est ajoutée à la nourriture, et elle cesse aussi rapidement quand on supprime cette addition de lysine. Enfin, au lieu de lysine, on peut ajouter à la ration une albumine apportant de la lysine, et la quantité qu'il en faut croît à mesure que diminue la teneur en lysine de la protéine choisie [1]. Et en l'absence de lysine, aucun aliment, azoté ou non azoté, n'a provoqué la croissance dans ces expériences. Notamment le tryptophane ne peut pas remplacer la lysine dans cette action spéciale, de même que, inversement, la lysine seule, ajoutée à la zéine, ne maintient pas le poids du corps, en l'absence de tryptophane [2]. Enfin la *cystine* est de même indispensable à la croissance du rat (Osborne et Mendel; C.-O. Johns et A. J. Finks), et pour obtenir l'équilibre azoté du chien adulte, il faut plus de caséine, pauvre en cystine, que de sérumalbumine riche en cystine, à moins que la première ne soit « complétée » par addition de cystine (H. B. Lewis).

On aperçoit tout de suite l'intérêt considérable de ces résultats. Il y a donc au moins un acide aminé indispensable à l'entretien d'un animal en équilibre, et un autre, indispensable à la croissance. C'est là « une donnée absolument nouvelle. Elle prouverait à elle seule combien la croissance, la formation de tissus nouveaux est quelque chose de différent de la réparation des tissus » (E. Gley). Au point de vue pratique, elle commande de veiller avec soin à ce que chez les enfants cet apport d'acides aminés spéciaux soit toujours assuré. Il l'est toujours chez l'enfant au sein, la lactalbumine et la caséine étant très riches en lysine, et après le sevrage il est assuré aussi, si le lait continue à tenir dans la ration de l'enfant la place qu'on lui réserve d'ordinaire et si, peu à peu, l'on fait entrer ensuite l'œuf dans ce régime. Enfin, lorsque vers six à huit ans on commence à donner chaque

1. La teneur en lysine des divers protéiques devient donc un document biologique d'un haut intérêt. La voici d'après Osborne et Mendel: Lactalbumine 8,10; Caséine (vache) 1,61; Muscle (bœuf) 7,59; Muscle d'halibut (flétan) 7,45; Vitelline du jaune d'œuf 4,81; Ovalbumine 3,76; Légumines (pois) 4,98; Phaséoline (haricots) 4,58; Glutéline (maïs) 2,93; Glutéline (froment) 1,92; Edestine (graines de chanvre) 1,65; Amandine (amandes) 0,72; Gliadine (froment) 0,16; Hordéine (orge) 0; Zéine (maïs) 0.

2. Dans ces expériences les vitamines indispensables à la croissance ont été apportées, soit par les aliments qui étaient incomplètement purifiés à cet égard, soit dans d'autres expériences par le beurre ou par le lait désalbuminé dont ces auteurs se sont servis aussi. Le lecteur verra à la p. 520 pourquoi cette remarque et celle de la page 310, note I, devaient être faites.

jour un peu de viande aux enfants, cet aliment achève de régulariser leur ravitaillement en acides aminés spéciaux [1].

La reconstruction porte-t-elle sur tout l'apport azoté. — Chez le nouveau-né, organisme en voie d'accroissement rapide, la reconstruction des protéiques porte certainement sur une fraction importante des albumines fournies par la digestion. Mais chez l'adulte à l'état d'entretien, on verra que sur les 60 à 100 gr. d'albumine consommés par jour, 30 à 40 gr. seulement, et peut-être moins encore, sont indispensables en tant que matière protéique. La question se pose alors de rechercher si l'organisme ne reconstruit à l'état d'albumine que ce minimum et laisse le surplus sous la forme d'acides aminés qui, après avoir perdu leur ammoniaque, seraient brûlés comme d'autres combustibles alimentaires, ou employés à d'autres opérations (voir p. 328). Ou bien, au contraire, — mais cette seconde hypothèse paraît peu vraisemblable — reconstruit-il toute la ration azotée, pour ne détruire ensuite que ce qu'il n'a pas besoin de conserver à l'état d'albumine? On ne peut encore que poser ce problème.

Notons que, chez le carnivore, il se présente, comme le fait ressortir Magnus-Levy, avec une particulière netteté. Voici un chien de 30 kgr. qui vit avec un minimum de 40 gr. d'albumine et un complément convenable de graisses et d'hydrates de carbone. Mais il peut aussi satisfaire tous ses besoins avec une ration de viande contenant 400 gr. d'albumine. Or, il est possible que, dans ce second cas, il ne reconstruise que les 40 gr. d'albumine dont il a besoin, et qu'il se serve du reste sous la forme d'acides aminés. Il vivrait donc avec le mélange : minimum d'albumine + acides aminés, comme il vit avec le mélange : minimum d'albumine + graisses et hydrates de carbone.

Quoi qu'il en soit, on énonce donc une conclusion dépassant les faits, lorsque, d'après le dosage de l'azote total de l'urine, on calcule le poids d'*albumine* détruit par l'organisme, car il se peut qu'une partie seulement de cet azote ait été de l'albumine.

Que deviennent les protéiques fournis à l'organisme par la digestion? Albumine fixée et albumine circulante. — C'est un autre côté du même problème, du moins pour une partie.

1. En 1918, à la fin de l'occupation de Lille par les Allemands, les médecins ont été frappé de l'état de misère physiologique des enfants et surtout de l'arrêt de leur croissance. Les adolescents de quatorze ans avait l'air d'en avoir dix ou onze à peine. On a rattaché non sans raison cet état de choses à l'insuffisance, en calories et en albumine, de la ration distribuée (A. Calmette). Mais n'est-on pas en droit d'invoquer aussi une insuffisance *qualitative* des protéiques de la ration? Pratiquement, celle-ci a été, en effet, pendant les deux dernières années de l'occupation, entièrement végétale, et l'apport azoté y a été assuré surtout par le pain, tout juste très pauvre en lysine (E. Lambling).

Toute l'albumine mise à la disposition de l'organisme par la digestion devient-elle de l'albumine *fixée* ou *fixe*, c'est-à-dire sert-elle à la réparation des tissus, où elle prendrait la place d'une égale quantité d'albumine détruite, ou bien une partie reste-t-elle à l'état d'albumine *circulante*, qui serait ensuite détruite sans avoir jamais été « organisée » ? On verra dans une autre partie de ce livre de quelles observations Voit est parti pour faire cette distinction (p. 654). Ici nous nous bornerons à poser les termes essentiels du problème.

Rappelons d'abord que l'aliment protéique est soumis à la loi de l'équilibre azoté (p. 652), c'est-à-dire que si la plus petite quantité d'albumine nécessaire chaque jour à l'entretien d'un adulte est de 50 gr. par exemple, et qu'on en fasse ingérer 100 ou 150 gr., cette quantité sera néanmoins détruite chaque jour tout entière. L'organisme élève donc toujours sa désassimilation azotée au niveau de l'apport azoté alimentaire, et cette destruction quotidienne d'albumine n'a d'autre limite que celle qu'impose la puissance de l'appareil digestif. Dès lors, il devient difficile d'admettre que chaque jour une telle quantité de matière protéique est si vite organisée pour être ensuite si vite détruite, et surtout que c'est la grandeur de l'apport alimentaire qui règle la grandeur de cette usure et de cette réparation quotidienne des tissus D'ailleurs on ne saisit nulle part, au microscope, des destructions et des reconstructions cellulaires de cette ampleur[1]. On est donc conduit à admettre qu'une partie seulement de l'albumine quotidiennement fournie par la digestion sert à remplacer une quantité égale d'albumine détruite par l'usure des tissus. Le reste demeurerait à l'état non organisé et serait brûlé au contact des tissus, comme les autres combustibles alimentaires ou servirait en partie à la production de substances spéciales (p. 307, note 2).

Mais cette notion de l'albumine non organisée, circulante, n'en reste pas moins quelque chose de tout à fait théorique. On n'a pas saisi encore dans l'organisme ce combustible protéique, comme on touche dans le foie les réserves de glycogène ou dans le tissu adipeux les provisions de graisse. Peut-être est-ce parce que, les tissus et les sucs de l'organisme étant par eux-mêmes riches en albumine, il est difficile de distinguer ce qui est simple combustible protéique de ce qui est partie intégrante des tissus

---

1. 50 gr. d'albumine représentent, en effet, environ 250 gr. d'un tissu tel que celui du muscle ou d'un organe glandulaire.

(voy. p. 662). Peut-être aussi n'y a-t-il pas lieu de faire la distinction créée par Voit et l'organisme ne reconstruit-il que la quantité de protéique nécessaire à la réparation des tissus, le reste demeurant à l'état de fragments aminés, qui seraient brûlés tels quels, ou serviraient à d'autres usages (E. Abderhalden).

Distinction de deux désassimilations azotées différentes. — Les déchets endogènes et les déchets exogènes. — Que l'on adopte la théorie de l'albumine circulante ou celle d'Abderhalden, il est clair que ce qui précède conduit à distinguer *à priori* deux désassimilations azotées, de dignité physiologique inégale, et aboutissant à deux sortes de déchets. Il y aurait, en effet, à considérer d'une part l'usure des *tissus*, aboutissant à la destruction d'une certaine quantité d'albumine organisée, avec production de déchets qui seraient donc d'origine *endogène* et dont l'importance serait considérable, puisqu'ils ont été de l'albumine de protoplasme et que leur quantité mesurerait l'intensité du jeu de la vie. Et, d'autre part, on aurait la dégradation de cette partie des protéiques *alimentaires*, qui n'ont jamais été partie intégrante des tissus, qui n'ont été que de l'albumine circulante, ou même que l'organisme a laissés à l'état de fragments aminés, et qu'il a traités en simples combustibles. Cette désassimilation aboutit à des déchets, dont l'origine serait donc *exogène* et dont la quantité ne mesurerait que les variations toutes contingentes de l'apport alimentaire. Or, on verra plus loin que certains déchets des protéiques, créatinine, soufre neutre, sont indépendants des variations de l'apport alimentaire et présentent donc ce caractère de déchets endogènes, que d'autres au contraire, comme l'urée, les sulfates, suivent toutes les variations quantitatives de l'albumine alimentaire et démontrent ainsi leur origine exogène (p. 344 et 655).

Transformation des albumines de l'organisme les unes dans les autres. — Il est certain que l'organisme possède le pouvoir de réaliser de telles transformations. Les preuves en sont nombreuses. L'exemple le plus frappant est fourni par les classiques observations de Miescher sur les saumons du Rhin. Pendant que ces animaux remontent le fleuve à l'époque du frai, migration qui dure de quatre à quatorze mois, ils ne prennent aucune nourriture. Le poids des ovaires augmente néanmoins et va de 0,4 à 19 et même 27 p. 100 du poids du corps. Parallèlement, on voit fondre les muscles, et notamment ceux du tronc. Comme les œufs sont très riches en phosphoprotéines et que les muscles, au contraire, n'en contiennent que très peu, on assiste là évidemment à une transformation des albumines musculaires en phosphoprotéines. Un autre exemple est fourni par la vache qui, bien que soumise au jeûne, n'en continue pas moins à sécréter encore pendant quelque temps du lait, c'est-à-dire à produire de la caséine aux dépens de ses albumines, ou par un malade atteint de catarrhe bronchique qui, bien qu'à jeun, déverse néanmoins de la mucine à la surface de sa muqueuse irritée (Magnus-Levy).

Considérations pathologiques. — S'il est vrai que le tube digestif est comme le gardien de la spécificité des tissus, on doit se demander si, dans ce rôle si éminent, cet organe ne vient pas à faiblir quelquefois. *A priori*, cela paraît vraisemblable. Déjà à l'état normal, on conçoit que cette défense des organismes pour le maintien de leur spécificité ne soit pas absolue, et qu'en modifiant les conditions d'existence, d'alimentation, etc., d'un être vivant, il soit possible de faire varier la structure des molécules constitutives de cet être (A. Gautier) (p. 146). C'est d'une manière générale, envisagé par son côté chimique, le grand problème de la variation des espèces. La même question se pose évidemment au point de vue pathologique. On comprend la possibilité de déviations de l'hydrolyse digestive qui soient telles que la reconstruction des protéiques ne puisse plus aboutir qu'à des édifices moléculaires qui ne seraient plus exactement spécifiques, ce qui troublerait évidemment d'une façon très grave le fonctionnement des tissus. Ainsi s'expliquerait pourquoi les affections du tube digestif retentissent d'une façon si profonde sur tout l'organisme [1]. Ce ne sont là assurément que des hypothèses, mais qui conduisent droit à des expériences. On pourra rechercher, par exemple, si les protéiques d'un organisme cachectisé, ou soumis pendant longtemps à l'inanition, sont encore constitués des mêmes matériaux aminés qu'à l'état normal. Sur ce dernier point des expériences ont déjà été instituées. On voit que l'on touche ici *à la notion proprement chimique de la dégénérescence*, qui, jusqu'à présent, n'a été offerte aux réflexions des médecins que sous sa forme anatomopathologique.

Mais si intéressantes que soient ces constatations, reconnaissons qu'entre la nouvelle conception du rôle de la digestion que la physiologie accepte de plus en plus, et la pathologie de cette opération, aucun lien, aucune correspondance ne s'est encore établie. En effet, la clinique continue à n'étudier que le côté *quantitatif* du phénomène, c'est-à-dire qu'elle se borne à constater quelles sont dans chaque maladie les quantités de protéiques (ou de tel protéique déterminé) qui restent réfractaires à la digestion et passent dans les fèces, mais la *qualité* du phénomène échappe encore entièrement à ses investigations. Et cependant

---

1. Il est clair que les albumines étrangères que laisse passer une barrière digestive devenue insuffisante, exerceront aussi l'action toxique et notamment néphrotoxique qui leur est propre (p. 200, notes 2 et 3). C'est ainsi que l'on a expliqué l'aggravation de l'albuminurie provoquée chez certains malades par des aliments (lait cru) mal digérés (Linossier et Lemoine)

on comprend que la *qualité* de l'hydrolyse digestive puisse subir des atteintes, variables avec chaque affection, sans que la perte en non digéré laisse apparaître, par sa *quantité*, quelque chose de pathologique. La même réflexion s'applique avec plus de force encore à l'opération de la reconstruction des protéiques. Ici aussi aucune relation n'a pu être saisie encore entre une affection quelconque de la digestion et de la nutrition, et le plus ou moins de perfection de cette opération

§ II. — LA DÉGRADATION DES ALBUMINES.

A la suite des découvertes fondamentales de Lavoisier et sous l'empire de la doctrine des combustions respiratoires (p. 13), on a admis pendant longtemps, comme une conséquence nécessaire, que la dégradation des matériaux organiques, et en particulier celle des albumines, se fait par voie d'oxydation, et, corrélativement, on a considéré le principal produit de cette opération, à savoir l'urée, comme un produit d'oxydation (p. 340). Puis, l'importance des phénomènes de dédoublement et d'hydratation apparut peu à peu, et, dès 1864, Berthelot appelait, au point de vue thermique, l'attention des physiologistes sur le rôle important que peuvent jouer ces réactions dans la thermogenèse animale. En même temps, l'étude du dédoublement des matières albuminoïdes en présence des acides ou des diastases (p. 25), faisait apparaître des fragments — les acides aminés — dont plusieurs avaient été rencontrés dans l'organisme (leucine, tyrosine, glycocolle, etc.). On était donc ainsi conduit à admettre que, dans la dégradation des protéiques *in vivo*, les réactions de dédoublement interviennent à tout le moins à côté des oxydations. Mais la vraie signification de ces phénomènes n'est apparue qu'à la suite d'un travail fondamental de A. Gautier, qui a montré que, contrairement à ce que l'on croyait, les animaux supérieurs vivent pour une large part à la façon des êtres anaérobies, c'est-à-dire désassimilent dans une certaine mesure sans intervention d'oxygène extérieur.

Les dédoublements anaérobies dans les tissus. — Travaux de A. Gautier. — Cette conclusion est déduite de deux ordres de preuves.

1° Un chien de 33 kgr., observé par Pettenkofer et Voit, absorbe par jour, en oxygène, défalcation faite de l'oxygène de l'eau consommée qui entre et sort sous le même état :

Oxygène emprunté à l'air par la respiration. . 477 gr.
— des aliments secs. . . . . 77 —
Total. . . . . 554 gr.

Dans le même temps cet animal élimine par tous ses émonctoires, (poumon, reins, etc.), défalcation faite de l'oxygène de l'eau absorbée :

Oxygène excrété. . . . . 587 gr.

La respiration n'ayant fourni que 477 gr. d'oxygène, la différence 587 — 477 = 110 gr. « provient de la combustion autonome des aliments et des tissus, passant à l'état d'acide carbonique, d'eau, d'urée, etc., sans nul apport d'oxygène extérieur ».

2° La putréfaction bactérienne des matières albuminoïdes, qui est une décomposition anaérobie de ces matières, fait apparaître par des procès dont on a déjà donné un exemple (p. 235) des *ptomaïnes* et d'autres produits de réduction. Or, A. Gautier a montré que de tels produits, c'est-à-dire des bases toxiques qu'il a appelées *leucomaïnes*, se forment aussi dans nos tissus et peuvent être retirés de nos diverses excrétions (1881-1886) (voir p. 321).

Ces produits peuvent être plus facilement encore saisis dans les tissus eux-mêmes, quand on étudie ce que A. Gautier appelle la *vie résiduelle* des cellules (1892). Si l'on maintient des fragments de tissus frais (muscles) dans une atmosphère d'acide carbonique, à l'abri de toute contamination bactérienne, et à une température variant de 2 à 25 et à 40°, on constate que ce tissu continue à vivre d'une vie résiduelle. Il fait disparaître ses réserves et les remplace par des produits de désassimilation. Et cette vie autonome des cellules fournit bien les mêmes produits que la vie normale. Les bases, notamment, que l'on trouve dans la viande ainsi conservée, sont celles de la viande fraîche, et l'on n'en trouve pas d'autres. Certaines d'entre elles disparaissent, à la vérité, et d'autres deviennent plus abondantes, mais les divers groupes qu'elles constituent et leur action physiologique demeurent les mêmes. Bref, la vie résiduelle continue la suite des réactions de la vie normale, avec cette seule différence qu'en les continuant elle les exagère et en accumule les produits (voir aussi p. 292).

On est donc conduit à admettre, avec A. Gautier, que *la rétrogradation des albumines commence par des réactions de dédoublement, et que l'oxydation n'intervient qu'en second lieu*, pour achever la destruction de ces produits de dédoublement. Or, si durant la vie les oxydations sont enrayées, si la circulation ou la respiration languissent, les bases toxiques s'accumulent dans les tissus, comme dans le muscle séparé. On sait, en effet, que la chair des animaux surmenés, fiévreux, etc., est malsaine et riche en leucomaïnes (A. Gautier). On saisit toute l'importance de ces conclusions au point de vue du mécanisme des auto-intoxications, auxquelles la pathologie moderne fait jouer, depuis Ch. Bouchard, un rôle si important.

Ajoutons que les dédoublements anaérobies remplissent sans doute ce rôle éminent de *préparer le terrain aux combustions* qui doivent leur succéder. Les matériaux que l'organisme doit brûler,

et notamment les protéiques, sont, *in vitro*, d'une oxydation difficile. Dans l'organisme, au contraire, leur combustion est opérée
avec une facilité surprenante, et l'on a soutenu depuis longtemps
que ce résultat est obtenu par des dédoublements, qui scindent
ces matériaux en produits plus facilement accessibles à l'oxydation
(p. 128-132). Or, le dédoublement anaérobie paraît bien constituer
une telle opération, et, dès 1886, A. Gautier avait noté la facile
oxydation des leucomaïnes (voir plus loin, p. 321).

On assisterait donc là à des phénomènes analogues à ceux qui déterminent l'inflammation spontanée du foin humide, mis en tas. A l'abri de
l'air, les ferments figurés ou les diastases opèrent, dans la profondeur
d'u tas et grâce à l'humidité, des dédoublements par hydrolyse, et la
chaleur dégagée par ces réactions élève peu à peu la température de la
masse et accélère encore ce travail. Puis, lorsque le foin est étalé et que
les produits oxydables ainsi formés sont brusquement mis au contact
de l'air, leur oxydation est si énergique qu'il y a inflammation spontanée du foin.

Admettons donc que la rétrogradation des protéiques commence
par des dédoublements, et cherchons quels sont les produits de ces
opérations.

**Les produits du dédoublement des albumines par les
tissus.** — On a vu que, sous l'action des acides forts ou des diastases digestives, les albumines sont scindées *in vitro* en acides
aminés (p. 26). Quand il s'opère au niveau des tissus, ce dédoublement passe-t-il aussi par ces mêmes produits ?

Déjà, du seul *point de vue chimique*, cette conclusion paraît
vraisemblable (p. 32). Elle est fortifiée aussi par ce que l'on observe
au cours des phénomènes d'*autolyse*, qui font apparaître, comme
produits ultimes du dédoublement des protéiques, les mêmes
acides aminés (p. 113). Enfin, elle est appuyée sur des preuves
directes, qui peuvent être résumées sous les chefs que voici :

1° L'organisme de l'homme et des animaux détruit aisément de
grandes quantités d'acides aminés, en sorte que rien n'empêche
de considérer ces corps comme une étape par laquelle passe la
dégradation des protéiques ;

2° Chez les animaux supérieurs, on saisit au niveau des tissus
et dans les humeurs de petites quantités d'acides aminés ;

3° L'apparition d'acides aminés dans les tissus vivants est phénomène commun à tout le monde animal et végétal ;

4° On réussit, en outre, à démontrer la formation de ces acides dans l'organisme par diverses constatations physiologiques ou par certains artifices expérimentaux ;

5° Au cours de beaucoup d'affections, on voit apparaître dans l'urine de grandes quantités d'acides aminés divers.

1° On sait par des expériences très anciennes de Schultzen et Nencki (1872) que l'azote des acides aminés ingérée (glycocolle, leucine) apparaît dans l'urine à l'état d'urée. Cette destruction des acides aminés est remarquablement rapide (Stolte) et puissante. E. Abderhalden a pu ingérer en une matinée 150 gr. de tyrosine et 75 gr. de glycocolle, valant en tout 25 gr. 48 d'azote aminé, sans que l'azote aminé de l'urine se soit élevé pendant les 48 heures suivantes à plus de 1 gr. 16.

2° Et précisément parce que ces acides ne représentent dans la dégradation normale des protéiques qu'une étape rapidement franchie, on s'explique pourquoi on n'en trouve que de très petites quantités dans les tissus et dans les excrétions. Cependant, Gulewitsch a pu saisir de l'*arginine* dans le foie ; la *sérine* a été trouvée dans la sueur (Embden et Tachau), le *glycocolle* dans l'urine (indépendamment de celui qu'apporte l'acide hippurique) et dans le sang (Embden et Reese ; Bingel), et l'urine et le sang contiennent encore d'autres acides aminés déjà cités ailleurs (p. 305). C'est l'azote de tous ces acides que révèle et que dose la réaction au formol.

3° De la chair fraîche de plusieurs espèces de poisson on a réussi à isoler d'importantes quantités (jusqu'à 1,38 p. 1 000) d'acides aminés (*leucine, alanine, tyrosine et proline*) (Suzuki et Joshimura), et, d'une manière générale, dans toute la série des vertébrés et des invertébrés, la présence constante d'azote aminé dans les tissus a pu être constatée à l'aide du procédé au formol (H. Delaunay). On en trouve plus aussi dans la substance nerveuse fatiguée qu'après le repos (L.-C. Soula). Enfin, dans les semences (de légumineuses) en voie de germination, on a trouvé notamment de l'*acide aspartique*, de l'*arginine*, de l'*histidine*, de la *phénylalanine* et du *tryptophane* (E. Schulze et ses collaborateurs).

4° Les acides glycocholique et taurocholique de la bile contiennent, l'un du *glycocolle* et l'autre de la *taurine*. A la vérité, la taurine n'existe pas comme noyau aminé dans la molécule albumine, mais on sait qu'elle provient directement de la *cystine* contenue dans cette molécule (p. 180). — D'autre part, quand on soumet des lapins à l'intoxication chronique par l'acide benzoïque, on peut soutirer à ces animaux, sous la forme d'acide hippurique, encore et toujours du *glycocolle* (p. 347), à tel point que la quantité de glycocolle ainsi éliminée peut représenter chez le lapin ou le mouton jusqu'à 62 p. 100, chez l'homme jusqu'à 34 p. 100 de l'azote urinaire total (A. Magnus-Levy ; Wiechowski ; Lewinski). Il serait surprenant qu'un corps que l'organisme est en mesure de produire en si grande quantité en vue d'une réaction de défense, ne fût pas aussi un produit de la vie normale des tissus. Pareillement, dans l'acide ornithurique ou benzoyl-ornithine, que l'oiseau élimine après ingestion d'acide benzoïque, on retrouve l'ornithine, sortie de l'*arginine* ; dans l'acide bromophénylmercapturique, qu'excrète le chien, quand on lui donne du benzène monobromé, on reconnaît de même une *cystéine* substituée, et, dans l'acide cynurénique de l'urine normale du chien, un produit de désamination et d'oxydation partielle du *tryptophane*.

5° Un grand nombre de faits pathologiques viennent confirmer et étendre ces constatations physiologiques. Au cours de l'atrophie jaune aiguë du foie, de l'intoxication par le phosphore, de la fièvre typhoïde, de la variole grave, etc., on trouve dans l'urine divers acides aminés, *leucine*, *tyrosine*, *glycocolle*, *phénylalanine*. Dans la cystinurie, l'urine renferme de la *cystine*, et dans l'alcaptonurie on y trouve l'acide homogentisinique, qui provient des noyaux *tyrosine* et *phénylalanine* des matières albuminoïdes (p. 332).

Il est vrai que l'apparition de ces produits à l'état pathologique ne démontre pas qu'ils se forment nécessairement à l'état normal. Mais, rapprochées des faits physiologiques signalés plus haut, ces constatations pathologiques s'interprètent très simplement en admettant que ces acides aminés, qui, à l'état normal, n'apparaissent que transitoirement, persistent dans certains états pathologiques, parce que l'organisme a perdu le pouvoir de les détruire.

Concluons donc qu'à *la question si complexe de la désassimilation de l'énorme molécule des protéiques, on est en droit de substituer une série de problèmes plus simples*, accessibles à une expérimentation précise, à savoir ceux de la *dégradation des acides aminés constituants* [1].

Autres produits de dédoublements. — Formation de produits de réduction. — Parmi les produits ainsi formés, on en saisit qui continuent d'abord leur simplification par de nouveaux dédoublements. Lorsque ces dédoublements ont lieu sans fixation d'eau, ils peuvent constituer, dans certains cas, ce que l'on appelle une *oxydation interne* et donner naissance à des produits de réduction. Par exemple, le dédoublement du glycose en alcool et en acide carbonique est une *combustion*, puisque du carbone est détaché de la molécule sous la forme d'acide carbonique, produit complètement brûlé, et cette combustion est *interne*, puisque l'oxygène emporté par l'acide carbonique est emprunté à la molécule elle-même [2]. Or, A. Gautier a montré que de telles combustions se produisent au cours du travail anaérobie de la putréfaction

---

1. Il n'est pas démontré cependant que la molécule protéique *tout entière* passe ainsi dans sa rétrogradation par l'étape des acides aminés. Il est vraisemblable qu'elle fournit aussi des fragments plus gros, que l'oxydation attaque directement sans qu'ils aient été simplifiés davantage. La présence des acides oxyprotéiques dans l'urine plaide nettement dans ce sens (p. 349).

2. D'une manière générale, il y a combustion interne, chaque fois que les fragments, que la réaction de dédoublement détache de la molécule, emportent avec eux la totalité ou la majeure partie de l'oxygène. Par rapport à la substance primitive, ces fragments sont des produits d'oxydation, et corrélativement, les fragments restants, pauvres en oxygène ou même complètement désoxydés, représentent des produits de réduction.

bactérienne des protéiques, et qu'elles aboutissent à la formation d'alcaloïdes de putréfaction, les ptomaïnes (p. 235). Mais que de semblables produits de réduction, que des alcaloïdes identiques ou du moins analogues à ces ptomaïnes puissent prendre naissance dans les tissus des animaux supérieurs, que l'on se représentait comme baignés par un large courant d'oxygène sanguin, c'est là une affirmation qui eût paru absolument paradoxale, jusqu'au jour où A. Gautier montra que, dans la profondeur des tissus, les cellules vivent d'une vie anaérobie, et qu'une des preuves d'une telle vie est précisément, comme on l'a dit plus haut, la formation de produits de réduction et notamment de bases alcaloïdiques, analogues aux ptomaïnes, les *leucomaïnes*.

Il y a des leucomaïnes qui sont analogues ou identiques aux ptomaïnes ou bases de putréfaction. Ainsi, il est démontré que la putrescine et la cadavérine de l'urine de certains cystinuriques se produisent bien au niveau des tissus, et non par putréfaction dans l'intestin, et que ces bases sont bien des produits de la combustion interne de l'ornithine et de la lysine (p. 235), car chez un cystinurique qui n'éliminait pas ces diamines, on a pu les faire apparaître en lui faisant ingérer de l'ornithine (sous la forme d'arginine) et de la lysine (A. Lœwy et Neuberg). De même le poison de la salive dont se servent certains céphalopodes pour paralyser leur proie est la p-oxyphényléthylamine (M. Henze), qui sort probablement de la tyrosine par combustion interne, c'est-à-dire par réduction (voir l'équation de la p. 235). Voilà donc des leucomaïnes qui se confondent avec des bases de putréfaction et qui sont entièrement désoxygénées. Mais A. Gautier a donné à ce mot un sens plus large, et il appelle en général leucomaïnes des corps plus ou moins basiques, produits du dédoublement anaérobique des protéiques par l'activité des tissus. Toutes les leucomaïnes ne sont donc pas des produits de réduction. Beaucoup naissent de simples réactions d'hydrolyse. Enfin, un grand nombre d'entre elles ne sont pas encore définies exactement en tant qu'individus chimiques[1].

Les destinées ultérieures des produits de dédoublement. La désamination. — A ces réactions de dédoublement succède l'opération de la *désamination*, c'est-à-dire que les acides aminés résultant du dédoublement des protéiques perdent leur groupe NH^2 sous la forme d'ammoniaque. On a admis d'abord que cette opération se fait par hydrolyse avec production de l'acide-alcool correspondant (1re équation), mais, tout en reconnaissant que la réaction prend quelquefois ce chemin dans l'organisme, on

---

1. Les mieux connues constituent les deux grands groupes des *leucomaïnes xanthiques*, xanthine, hypoxanthine, guanine, adénine, etc., sorties des nucléines et des *leucomaïnes créatiniques*, créatine, xanthocréatine, etc. (A. Gautier).

admet en général que le procès de choix est la désamination par *oxydation*, avec formation de l'acide α-cétonique correspondant [1] (2ᵉ équation) (O. Neubauer). Exemple :

(1) $C^6H^5-CH^2-CH.NH^2-COOH + H^2O = C^6H^5-CH^2-CHOH-COOH + NH^3$
　　　Phénylalanine.　　　　　　　　　　　　Ac. phényl-lactique.

(2) $C^6H^5-CH^2-CH.NH^2-COOH + O = C^6H^5-CH^2-CO-COOH + NH^3$
　　　Phénylalanine.　　　　　　　　　　　Ac. phénylpyruvique.

Pour affirmer la réalité de cette désamination préalable, on s'est d'abord appuyé surtout sur des preuves indirectes, notamment sur ce fait que cette opération est très largement pratiquée dans le monde des bactéries [2]. Mais on possède aujourd'hui un ensemble de preuves beaucoup plus imposant, et dont voici les principales :

1° Cette désamination, qui n'a pu être saisie avec sécurité au contact de purées d'organes, se produit certainement par perfusion de ces acides à travers le foie, et elle aboutit à l'acide cétonique correspondant ; 2° à la suite de l'ingestion de certains acides aminés, l'urine contient l'acide cétonique correspondant ; 3° chez les alcaptonuriques, l'ingestion des acides cétoniques correspondant respectivement à la tyrosine et à la phénylalanine augmente la quantité d'acide homogentisinique de l'urine, aussi bien que le font ces acides aminés eux-mêmes ; 4° en circulation artificielle à

---

1. Comme les acides α-aminés en question se dédoublent spontanément dans l'eau, d'après Dakin et Dudley, en NH³ et en aldéhyde α-cétonique R.CO.COH, ces auteurs admettent que dans l'organisme une diastase catalyse cette réaction et que l'oxydation transforme ensuite l'aldéhyde en acide.

2. C'est un procès de désamination (auquel succède ou qu'accompagne un procès de *réduction*) qui, au cours de la putréfaction des protéiques, transforme l'alanine en acide propionique, la phénylalanine, en acide phénylpropionique, la tyrosine en acide para-oxyphénylpropionique, le tryptophane en acide indol-propionique (voir p. 232 les formules qui rendent compte de quelques-unes de ces transformations). Ajoutons que les bactéries de la putréfaction combinent souvent la désamination avec une décarboxylation, c'est-à-dire l'amputation d'un groupe CO^2. C'est d'ailleurs en ces deux procès, succédant au dédoublement hydrolytique, que A. Gautier résumait, il y a vingt-cinq ans déjà, tout le travail de la putréfaction. Ainsi l'acide butyrique, dont A. Gautier et Étard ont signalé la production au cours de la putréfaction des albumines, provient surtout de la réduction de l'acide glutamique par désamination et perte de CO^2 :

　　Acide glutamique . . . . . . $COOH-CH^2-CH^2-CH(NH^2)-COOH$.
　　—　butyrique . . . . $COOH-CH^2-CH^2-CH^3$.

Pareillement, l'acide aspartique donne par désamination l'acide succinique, également signalé par Gautier et Étard parmi les produits de la putréfaction des protéiques et qui, par perte de CO^2, se transforme ensuite en acide propionique (Neuberg et Rosenberg ; L. Borchhardt). Le procès par lequel la levure transforme respectivement la valine, la leucine et l'isoleucine en alcool isobutylique, alcool amylique inactif et alcool amylique actif (F. Ehrlich) et la tyrosine en alcool p-oxyphényléthylique (O. Neubauer et Fromherz) passe aussi probablement par l'acide cétonique, qui par décarboxylation donnerait l'aldéhyde R.COH et par hydrogénation subséquente l'alcool R.CH²OH.

travers le foie, ces mêmes acides cétoniques sont, aussi nettement que leurs acides aminés correspondants, des producteurs d'acétone.

1° On n'a pas réussi jusqu'à présent à démontrer que cette désamination est une opération diastasique. Là où on a cru l'observer, il s'était produit en réalité des contaminations bactériennes, et si le débat vient de renaître à propos de l'action de désamination que la tyrosinase exercerait sur la tyrosine, la discussion n'est point encore close. Mais une désamination par les tissus, portant sur d'autres corps (purines), est bien établie et cette réaction a été saisie aussi par perfusion d'acides aminés à travers le foie. En effet, dans ces conditions, le foie de chien transforme l'acide phényl-amino-acétique, C^6H^5-CH-NH^2-COOH, en acide phénylglyoxylique, C^6H^5-CO-COOH (O. Neubauer et H. Fischer).

2° Quand on donne à des chiens ce même acide phényl-amino-acétique, qui ressemble beaucoup à la tyrosine et à la phénylalanine, mais que sa structure spéciale préserve de la destruction totale, réservée dans l'organisme à ces deux amino-acides, on recueille dans l'urine ce même acide cétonique, l'acide phénylglyoxylique. On y trouve aussi l'acide alcool correspondant, l'acide phénylglycolique, C^6H^5-CHOH-COOH, mais O. Neubauer a démontré qu'il résulte de l'hydrogénation subséquente de l'acide cétonique. L'o-tyrosine, la m-tyrosine, la p-chlorophénylalanine, données au chien, fournissent de même l'acide cétonique correspondant (L. Blum ; L. Flatow ; E. Friedmann et Maas). Enfin, la levure traite de même l'acide phénylamino-acétique (O. Neubauer et K. Fromherz).

3° On sait que chez les alcaptonuriques la phénylalanine et la tyrosine de leurs aliments protéiques s'éliminent à l'état d'acide homogentisinique, ou, en termes plus brefs, que ces deux corps sont alcaptogènes (voir p. 332). Donc, parmi les dérivés que l'on peut prévoir théoriquement comme représentant une étape possible dans la dégradation de ces deux amino-acides, ceux-là seuls pourront être retenus qui seront, eux aussi, alcaptogènes. Or, les deux acides cétoniques, qui correspondent respectivement à la phénylalamine et à la tyrosine, à savoir l'acide phénylpyruvique, C^6H^5-CH^2-CO-COOH, et l'acide p-oxyphénylpyruvique, OH-C^6H^4-CH^2-CO-COOH, sont tous deux alcaptogènes chez l'alcaptonurique (O. Neubauer et Falta), tandis que l'acide p-oxyphényllactique OH-C^6H^4-CH^2-CHOH-COOH ne l'est pas (voir aussi p. 333).

4° En circulation artificielle à travers le foie, la tyrosine et la phénylalanine sont cétogènes, c'est-à-dire fournissent de l'acétone au sang efférent (p. 326). Or, les deux acides p-oxyphénylpyruvique et phénylpyruvique (voy. les formules ci-dessus) le sont pareillement dans ces conditions. Par là on est donc encore conduit à considérer ces acides comme marquant respectivement une étape dans la dégradation de la tyrosine et de la phénylalanine (E. Embden et K. Baldes).

Le lieu de la désamination. — On accorde en général, à cet égard, au *foie* un rôle tout à fait prépondérant, et la clinique a édifié sur ces constatations un procédé d'exploration fonctionnelle de cette glande, mais cette prépondérance du foie a été contestée, notamment par Folin et Denis.

Comme on voit le foie intervenir tout le long du métabolisme des acides aminés (p. 323, 329, 336), et comme l'azote aminé urinaire (488), augmente quand le foie est touché (grossesse, cirrhose, intoxication par P ou As), on comprend que l'on ait vu dans cette glande l'organe désaminant par excellence, et que la clinique ait fait de l'épreuve de l'amino-acidurie provoquée (p. 488), un moyen d'exploration fonctionnelle du foie (van Leersum; Hugounenq et Morel; M. Labbé et Bith, et d'autres). On a donc admis que le foie ne laisse passer qu'une petite fraction des acides aminés de la digestion, celle qui est nécessaire à la réfection des tissus (p. 616) et que tout le reste est désaminé. L'ammoniaque produite devient sur place de l'urée, et l'acide désaminé est envoyé aux tissus qui le brûlent (p. 328) (Van Slyke et G. M. Meyer). Quant aux amino-acides fixés par les tissus (p. 304), ceux qui sont retenus par le foie disparaissent en quelques heures, en même temps que s'élève la teneur du sang en urée, tandis que ceux des autres tissus disparaissent beaucoup plus tard. Il semble donc que le foie désamine ceux d'entre les acides aminés qui, retenus dans l'organisme, n'ont point servi à la réfection des tissus. Au contraire Folin et Denis soutiennent que les tissus pratiquent aussi largement que le foie la désamination et la production de l'urée. D'ailleurs le chien à fistule d'Eck continue à faire avec du tryptophane de l'acide cynurénique (p. 327), ce qui implique une désamination opérée ailleurs que dans le foie.

La dégradation des acides désaminés. — L'oxydation. — Une fois que de l'acide α-aminé est sorti par désamination, comme on vient de le voir, l'acide α-cétonique [1], la dégradation se continue par une oxydation qui fait tomber un maillon carboné et fournit par conséquent *un acide renfermant un atome de carbone de moins.*

$$\text{R-CH.NH}^2\text{-COOH} \longrightarrow \text{R-CO-COOH} \longrightarrow \text{R-COOH}$$

Ac. α-aminé.   Ac. α-cétonique.   Ac. plus court d'un maillon carboné.

Cette réaction a été démontrée : 1° en recherchant cet acide à chaîne raccourcie dans l'urine du chien ayant reçu des acides aminés; 2° par des expériences sur la production de corps acétoniques à partir de ces acides, au cours de circulations artificielles à travers le foie; 3° par l'observation de ce qui se passe chez l'alcaptonurique.

1° Des animaux à qui l'on fait ingérer de l'o-tyrosine, de la m-tyrosine, de l'acide o-oxyphénylpyruvique, etc., éliminent par l'urine l'acide

---

1. Bien que la désamination par oxydation, fournissant donc l'acide cétonique, soit visiblement le procès de choix, la possibilité d'une désamination hydrolytique concomitante doit être maintenue, notamment pour l'alanine, laquelle fournirait ici l'acide lactique (voir les formules de la page 322), car l'acide lactique est un meilleur producteur de glycose que l'acide pyruvique (p. 388 a) (Ringer). — Les moisissures aussi désaminent ainsi les acides aminés aromatiques (F. Ehrlich).

correspondant, renfermant dans sa chaîne latérale un atome de carbone de moins. Exemple :

$$OH\text{-}C^6H^4\text{-}CH^2\text{-}CH.NH^2\text{-}COOH \longrightarrow OH\text{-}C^6H^4\text{-}CH^2\text{-}COOH$$

o et *m*-tyrosine.   Acides o et *m*-oxyphénylacétique.

2° On verra que parmi les acides gras à chaîne linéaire, les acides
pairs sont seuls cétogènes, c'est-à-dire fournissent seuls au sang efférent, par circulation artificielle à travers le foie, de l'acide acétylacétique et de l'acétone, tandis que les impairs ne le sont pas (p. 437).
Or, s'il est vrai qu'après la désamination les acides aminés perdent un
maillon carboné, les acides aminés (à chaîne normale), qui étaient
impairs, deviennent des acides gras pairs et doivent donc être cétogènes, tandis que les aminés pairs, engendrant ainsi des acides gras
impairs, ne doivent pas être cétogènes. De fait, Embden et Marx ont
pu vérifier cette règle sur les dérivés α-aminés des acides butyrique,
valérique et caproïque normaux. Cette amputation d'un maillon carboné succédant à la désamination a été observée aussi sur la leucine
et l'isoleucine, passant en circulation artificielle à travers le foie
(p. 326 et 327).

3° Enfin chez l'alcaptonurique, la production d'acide homogentisinique à partir de la phénylalanine et de la tyrosine implique *ipso facto*
l'amputation en question (voir les formules de la note 1 ci-dessous). Et
cette démonstration vaut pour l'individu normal, si l'on veut admettre
que l'acide homogentisinique représente une étape des échanges
nutritifs normaux (voir p. 333)[1].

1. Les formules ci-dessus montrent que le passage de la tyrosine et de la phénylalanine à l'acide homogentisinique implique, en outre, une oxydation du noyau
benzénique. Pour la tyrosine, il doit se produire une suppression de l'oxhydrile
en para et une installation de deux oxhydriles en ortho et en méta. Cette transformation, qui paraissait autrefois tout à fait inexplicable, se comprend aisément
depuis que l'on connaît en chimie organique la transposition des quinols. Pour
la phénylalanine, il est probable que l'oxydation commence en para et qu'ensuite,
par l'intermédiaire du dérivé quinolique, elle s'installe en ortho et en méta.
Notons enfin qu'il est démontré que cette opération sur le noyau succède à la désamination, et que la chute d'un maillon carboné de la chaîne latérale ne se produit qu'*après* cette modification du noyau benzénique (Embden, O. Neubauer
et Falta; O. Neubauer, L. Blum), en sorte que, *sur ce court chemin de la tyrosine
à l'acide homogentisinique, on ne saisit pas moins de trois étapes intermédiaires*
(l'acide p-oxyphénylpyruvique, l'acide quinolpyruvique et l'acide hydroquinone-
pyruvique). Voici les formules qui résument ces transformations.

Tyrosine. — Ac. p-oxyphényl-pyruvique. — Ac. quinol-pyruvique (hypothét.). — Ac. hydroquinone-pyruvique. — Ac. homo-gentisinique.

Par quelles étapes se termine ensuite la dégradation? Voici d'abord un groupe d'acides aminés, *tyrosine, phénylalanine, leucine* et *isoleucine*, dont la dégradation se termine, comme celle des acides gras, par l'étape β-oxybutyrique (p. 437).

Pour la *tyrosine* et la *phénylalanine*, qui, ingérés par le diabétique (J. Baer et L. Blum) ou passant en circulation artificielle à travers le foie (Embden, Salomon et Schmidt), sont cétogènes, on peut faire les hypothèses suivantes. Après l'étape de l'acide homogentisinique, le noyau benzénique se rompt, peut-être avec production transitoire d'acide muconique (Jaffé), et, par l'étape de l'acide acétique, la dégradation aboutit finalement à l'eau et à l'acide carbonique.

En ce qui concerne la *leucine*, qui, avec l'*isoleucine*, représente une si grosse fraction de la molécule de certains protéiques, constatons d'abord qu'en circulation artificielle à travers le foie l'une et l'autre sont cétogènes (L. Embden; F. Sachs; J. Wirth). Il suit de là que seuls pourront représenter des étapes de la dégradation de ces deux composés, des corps qui seront cétogènes dans les mêmes conditions. Or, on prévoit que, par désamination et perte d'un maillon carboné, la leucine doit fournir l'acide isovalérique, et l'expérience montre que cet acide est un cétogène, probablement parce que par la chute d'un CH^3, remplacé ensuite par un H (voir le pointillé dans la formule de l'acide isovalérique), il donne de l'acide butyrique [1], qui est aussi un cétogène énergique, et que l'étape de l'acide acétylacétique conduit enfin aux termes ultimes, acide carbonique et eau.

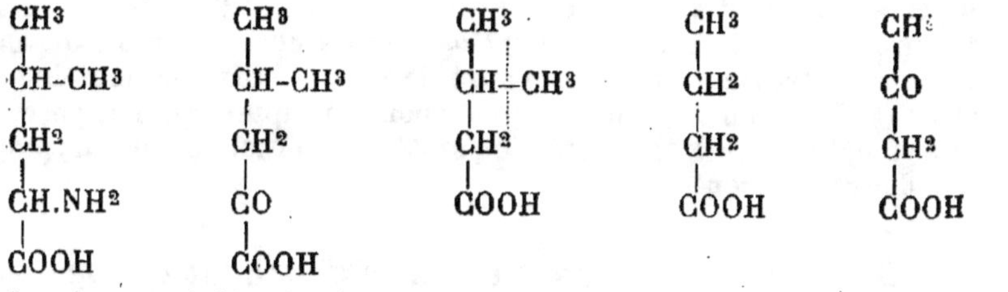

Leucine.	Acide cétonique correspondant.	Acide isovalérique.	Acide butyrique.	Acide acétly-acétique
CH^3	CH^3	CH^3	CH^3	CH^3
$CH-CH^3$	$CH-CH^3$	$CH\vdots CH^3$	CH^2	CO
CH^2	CH^2	CH^2	CH^2	CH^2
$CH.NH^2$	CO	$COOH$	$COOH$	$COOH$
$COOH$	$COOH$			

Quand à l'isoleucine, l'expérience montre que l'acide méthyléthylacétique auquel ce corps donne naissance par désamination et chute d'un maillon carboné, est cétogène, tant chez le diabétique (J. Baer et L. Blum) qu'en circulation artificielle à travers le foie (J. Wirth). Il est donc logique d'admettre qu'il représente bien l'étape prévue et que, par perte d'un CH^3 (voir le pointillé de la formule ci-dessous de l'acide méthyléthylacétique), il donne l'acide butyrique, qui, par

---

1. Cette amputation de CH^3 se fait par réduction, c'est-à-dire avec fixation de H, et non par hydrolyse, car celle-ci donnerait l'acide α-oxybutyrique $CH^3-CH^2-CHOH-COOH$, qui n'est pas cétogène et qui ne peut donc pas représenter l'étape intermédiaire cherchée.

l'étape de l'acide acétylacétique, aboutit enfin à l'eau et à l'acide carbonique.

Isoleucine.	Acide cétonique correspondant.	Acide méthyléthylacétique.	Acide butyrique.	Acide acétylacétique.
CH^3	CH^3	CH^3	CH^3	CH^3
CH^2	CH^2	CH^2	CH^2	CO
$CH-CH^3$	$CH-CH^3$	$CH-CH^3$	CH^2	CH^2
$CH.NH^2$	CO	$COOH$	$COOH$	$COOH$
$COOH$	$COOH$			

D'autres acides aminés à savoir le *glycocolle*, l'*alanine*, la *sérine*, la *cystine*, l'*arginine*, les *acides aspartique* et *glutamique* et la *proline* sont, par des voies qui seront examinées plus loin, des producteurs de glycose (p. 388). Après qu'ils ont été désaminés, puis conduits à ce point, ils confondent donc leur dégradation avec celle des sucres (p. 397). Enfin la *lysine*, l'*histidine* et le *tryptophane*, qui ne sont ni cétogènes, ni producteurs de sucre (Dakin), sont simplifiées par des voies encore inconnues.

On dira plus loin (p. 332) la dégradation spéciale que la *lysine* et l'*arginine* peuvent subir chez les cystinuriques et l'on a noté aussi à la page 329 les relations possibles, mais non encore démontrées (Jaffé) entre l'arginine et la créatinine. L'*histidine* fournit peut-être le noyau de l'urochrome. Enfin le *tryptophane* donne chez le chien un produit urinaire intéressant, l'acide cynurénique ou γ-oxy-α-quinoléine-carbonique (Mlle Homer), d'autant plus abondant que l'animal reçoit plus de tryptophane (Ellinger) ou de protéines contenant du tryptophane (Mendel et Jackson).

Réflexions sur la marche de la dégradation des acides aminés. — Le trait le plus caractéristique des opérations qui viennent d'être passées en revue, c'est le *nombre considérable d'étapes intermédiaires* que l'on compte sur le chemin de ces dégradations. L'organisme démolit ces molécules, non en une seule fois et par une combustion brutale, mais en leur portant comme une série de coups successifs. Rien que pour aller de la tyrosine à l'acide homogentisinique, c'est-à-dire pour commencer à peine la démolition de cet acide aminé, il s'y prend à quatre reprises différentes (voy. p. 325, note 1). Et l'*ordre de ces modifications* successives est à tel point exactement réglé que, si un agent extérieur l'intervertit sur un seul point, en apparence insignifiant, toute la dégradation est arrêtée ou aiguillée sur une voie toute différente. C'est ce qui se passe, par exemple, pour cette petite fraction d'acides aminés du chyme intestinal, qui a subi, avant d'être absorbée, l'action spéciale des bactéries (voir un exemple p. 329). De plus, toutes ces étapes ont chacune leur raison d'être physiologique, qui peu à peu nous sera révélée. Déjà l'on s'est aperçu qu'arrivée au palier de l'acide cétonique, la dégradation peut s'arrêter, et que l'acide désaminé, fixant de l'ammoniaque, peut remonter par *synthèse* au niveau de l'acide aminé primitif (p. 329). C'est aussi au cours de la dégradation de certains acides aminés qu'intervient l'*opération de reconstruction*, qui, avec les fragments désormais non azotés des protéiques, fait la *synthèse* du *glycose* (p. 388) et peut-être celle des graisses (p. 426).

Constatons enfin que les procès tels que le dédoublement des protéiques en acides aminés et la désamination de ces acides, et même l'amputation d'un maillon carboné, sont à effet thermique faible. Ces réactions ne sont que des actes préparatoires à la dégradation par combustion, qui est la vraie, *la grande source d'énergie dans l'organisme*. Ce n'est qu'à partir de ce niveau que la dégradation consomme, en effet, largement de l'oxygène et fournit abondamment de l'acide carbonique, c'est-à-dire constitue ces phénomènes, que traduit extérieurement la *respiration des tissus*. Or, c'est tout juste à ce moment que nos connaissances deviennent, on l'a vu, le plus clairsemées.

Autres destinées des acides aminés. La reconstruction synthétique de ces acides. — Les acides aminés sortis des protéiques peuvent encore être modifiés, du moins accessoirement, dans les directions que voici : 1° la *décarboxylation* avec production d'amine ; 2° la *dégradation spéciale* que subit cette fraction des acides aminés, modifiés avant leur absorption par les bactéries intestinales ; 3° la *reconstruction synthétique*.

1° La décarboxylation, largement pratiquée par les bactéries (p. 235 et 322), par la levure et l'ergot (p. 110 et 235), fréquente de même chez les végétaux supérieurs, se rencontre aussi chez les animaux, non seulement dans l'intestin sous l'action des bactéries (p. 232), mais aussi dans les tissus, car l'*histamine* a été trouvée dans la muqueuse intestinale (p. 235), dans l'hypophyse (Abel), dans les muscles atteints de gangrène gazeuse (E. Zunz) (voir aussi p. 153), et la tyramine, peut-être aussi l'histamine (F. Bottazzi) servent de poisons de défense à certains animaux (p. 321). C'est aussi ce procès qui fournit la *taurine* (p. 180). Avec la leucine cette réaction donnerait l'*iso-amylamine* (p. 235), et peut-être est-ce là le chemin

que prend une partie de la leucine, car cette amine est aisément
brûlée par les tissus et elle est un cétogène aussi énergique que la
leucine (H. Sachs) (p. 326). On a cherché aussi dans la *tyrosine* décar-
boxylée la substance mère de l'*adrénaline*, et dans l'arginine, mais sans
succès jusqu'à présent, celle de la *créatine* et de la *créatinine* (p. 344).
Enfin le cystinurique produit des diamines (p. 332) et dans l'urine
du chien parathyroïdectomisé on a saisi l'histamine (W. J. Koch).

2° Alors que la tyrosine, la phénylalanine, le tryptophane, qui sortent
des protéiques pendant la désassimilation, ou que l'on introduit dans
l'organisme sous la peau ou dans les veines, sont brûlés complètement,
la petite fraction de ces deux acides aminés qui, dans l'intestin, échappe
à l'absorption digestive et subit dans le gros intestin l'action des bactéries, prend un chemin tout différent. Ainsi on a vu que, pour brûler la
tyrosine, l'organisme désamine d'abord la chaîne latérale sans la rac-
courcir, puis il modifie l'oxydation du noyau et ce n'est qu'ensuite
qu'il fait tomber le maillon carboné terminal de la chaîne latérale
(p. 325). Dans l'intestin, au contraire, la putréfaction désamine la tyrosine, puis, *sans toucher au noyau*, elle raccourcit la chaîne latérale et
donne l'acide p-oxyphénylacétique. Or, cet acide est désormais pour
l'organisme d'une combustion très difficile. Une partie est absorbée,
puis éliminée en nature; une autre descend sous l'influence de la
putréfaction intestinale à l'état de crésol ou de phénol, corps que l'organisme brûle mal et contre l'action toxique desquels il est obligé de
se défendre par des procédés spéciaux. La phénylalanine et le tryptophane donnent lieu à des constatations analogues (p. 232).

3° Les acides aminés participent encore à des *opérations synthétiques*.
Ainsi le glycocolle sert à l'organisme comme moyen de défense contre
l'intoxication benzoïque (p. 347). Plus importantes encore sont les synthèses auxquelles se prêtent ces acides après désamination, avec
reconstruction de l'acide aminé primitif, par réaction entre l'acide α-cétonique et l'ammoniaque (F. Knoop). Cette transformation, observée par
Knoop sur le chien, mais avec un acide cétonique dont l'acide aminé
correspondant n'est pas un acide naturel, a été obtenue par Embden et
Schmitz en faisant passer en circulation artificielle à travers le foie les
acides cétoniques que fournit la désamination de la tyrosine, de la phénylalanine, de l'alanine et de la leucine. Exemple :

$$CH^3\text{-}CO\text{-}COOH \longrightarrow CH^3\text{-}CH.NH^2\text{-}COOH$$
$$\text{Acide pyruvique.} \qquad\qquad \text{Alanine.}$$

Et comme dans cette synthèse de l'alanine, on peut remplacer l'acide
pyruvique par l'acide lactique.[1] (Embden et Schmitz), et que du sang,
passant à travers un foie rendu au préalable très riche en glycogène,
se charge abondamment d'acide lactique (Embden et Krauss), on apercevait à *priori* la possibilité d'une production synthétique d'alanine à
partir du glycogène et de l'ammoniaque. De fait, du sang additionné
d'un peu de chlorure d'ammonium emporte de l'alanine, quand on le
fait passer à travers un foie chargé de glycogène; il n'en emporte pas

---

1. On aurait donc dans ce cas les étapes que voici :

$$CH^3\text{-}CHOH\text{-}COOH \longrightarrow CH^3\text{-}CO\text{-}COOH \longrightarrow CH^3\text{-}CH.NH^2\text{-}COOH$$
$$\text{Ac. lactique.} \qquad\qquad \text{Ac. pyruvique.} \qquad\qquad \text{Alanine.}$$

quand le foie a été emprunté à un animal appauvri en glycogène (Hanni Fellner). Ajoutons que tous les acides obtenus dans ces synthèses possédaient le pouvoir rotatoire.

Ces derniers résultats appellent deux commentaires. D'une part ils éclairent l'un des phénomènes les plus considérables de la nutrition, à savoir *la supériorité des hydrocarbonés vis-à-vis des graisses dans l'épargne de l'albumine*. Et d'autre part ces faits invitent, avec beaucoup d'autres, à faire désormais plus de place, dans nos explications, à la notion des *réactions* biochimiques *limitées*, c'est-à-dire tendant à *un état d'équilibre*.

1° Au cours de la dégradation des protéiques, l'organisme est donc en mesure de faire halte au niveau de l'acide α-acétonique et de refaire par synthèse de l'acide primitif. Mais alors on comprend pourquoi un surplus de sucre fourni à l'organisme permet l'épargne d'une certaine quantité d'albumine, puisqu'avec des acides cétoniques sortis des sucres (p. 397-99) et de l'ammoniaque, déchet des protéiques, les tissus peuvent refaire des acides aminés, c'est-à-dire les constituants des albumines. Les acides gras des graisses, au contraire, dont l'attaque a lieu en β, sont par là exclus de cette collaboration.

2° Beaucoup d'entre les réactions chimiques de la vie, et notamment la désamination dont il vient d'être question, sont ainsi des procès limités par la réaction inverse, c'est-à-dire arrivant, avant d'être complètes, à un certain état d'équilibre, et d'une manière générale les actions diastasiques aboutissent à de tels états (p. 94, 95, 97). On saisit, en effet, dans l'urine des signes de telles réactions; ce sont par exemple une petite quantité d'acides aminés, ou d'ammoniaque (même quand on a donné beaucoup de bicarbonate; p. 342), corps qui ne sont pas de vrais produits excrémentiels, mais la traduction à l'extérieur de réactions qui n'ont pas pu s'achever (Lichtwitz). Or, il est clair que si une défaillance du rein, par exemple, accumule dans le sang les produits d'une réaction diastasique, cette réaction doit se trouver par là refoulée et le métabolisme correspondant ralenti. Mais il y aurait plus. En cultivant de la levure dans des milieux déjà encombrés de sucre interverti, Lichtwitz a constaté que cet organisme, obligé de travailler ainsi contre un gros excès de ses propres produits, est et demeure pendant quelque temps atteint dans son pouvoir inversif, même après que cet excès a été éliminé. Lichtwitz a construit sur ces constatations une théorie de la goutte.

Finalement, on peut ramener ce que l'on sait sur la dégradation des protéiques aux propositions principales que voici :

1° Le dédoublement des protéiques par les tissus fournit le même mélange d'acides aminés que l'hydrolyse digestive.

2° La désamination de ces acides, avec oxydation concomitante, fournit ensuite l'acide gras α-cétonique correspondant et de l'ammoniaque, laquelle est transformée en urée.

3° L'oxydation amputant ensuite l'acide d'un maillon carboné, il se produit un nouvel acide gras, avec un atome de carbone de moins, qu'une combustion progressive conduit finalement à l'état d'acide carbonique et d'eau, mais avec des étapes intermédiaires variables d'un amino-acide à l'autre. Pour les uns (tyrosine, phénylalanine, leucine, isoleucine) l'acide ainsi formé est dégradé comme ceux des graisses (p. 437), c'est-à-dire par l'étape de l'acide acétylacétique. Pour d'autres (glycocolle, alanine, sérine, cystine, arginine, acides glutamique et aspartique, proline), l'acide gras produit est transformé en glycose, qui est ensuite dégradé par les voies propres au sucre (p. 397). D'autres enfin, lysine, histidine, tryptophane, sont simplifiés par des voies encore inconnues.

4° Accessoirement les acides aminés peuvent être engagés aussi dans des directions spéciales, et notamment servent peut-être à alimenter les glandes à sécrétion interne.

§ III. — LES DÉVIATIONS PATHOLOGIQUES DE LA DÉGRADATION DES ALBUMINES.

Il est certain qu'un grand nombre de maladies sont préparées par des troubles préalables de la nutrition et sont constituées, une fois établies, par une déviation vicieuse des phénomènes de la désassimilation. Or, si pour le sucre et même pour les graisses, nous avons quelques clartés en ce qui concerne deux déviations importantes de leur désassimilation, le diabète et l'obésité, pour les protéiques tout est encore obscurité. Comment connaîtrions-nous d'ailleurs la succession des réactions de désassimilation des albumines dans l'état de maladie, alors que nous commençons seulement à les connaître en ce qui concerne l'état de santé? Il arrive même ici que c'est la pathologie qui vient au secours de la physiologie. Il existe, en effet, deux affections, la *cystinurie* et l'*alcaptonurie*, très rares et très bénignes toutes deux, donc peu importantes au point de vue clinique, très intéressantes, au contraire, au point de vue physiologique, *parce qu'elles font apparaître des produits intermédiaires de la désassimilation, qui, à l'état normal, ne peuvent pas être saisis.*

La cystinurie. — La cystinurie est caractérisée par l'apparition, dans les urines, d'un dépôt sablonneux de cystine, identique à la cystine des protéiques. Parfois aussi il y a formation de calculs vésicaux de cystine, et chez un cystinurique mort à l'âge de vingt et un mois on a trouvé les organes, et surtout la rate, gorgés de cristaux de cystine. On a vu que la cystine est la substance mère de la taurine de l'acide taurocholique (p. 180). De fait la cystine introduite par la veine mésaraïque est arrêtée par le foie (L. Blum), mais on ignore si toute la cystine des protéiques désassimilés prend ce chemin par la taurine.

Comme l'urine de certains cystinuriques contient parfois de la cadavérine et de la putrescine, c'est-à-dire des bases de putréfaction, on a essayé, mais sans succès, de rattacher cette affection à des putréfactions intestinales spéciales. Aujourd'hui, on admet qu'il s'agit d'un vice de la désassimilation des protéiques. Ce vice ne consiste pas dans l'impuissance de l'organisme à faire entrer dans la construction de ses tissus la cystine fournie par l'hydrolyse digestive des aliments. Du moins, on a constaté la présence de la cystine comme constituant des protéiques du tissu splénique d'un cystinurique. Plus généralement, on admet que ces malades sont devenus impuissants à brûler la cystine résultant de la rétrogradation des protéiques au niveau des tissus. En effet, un malade de Lœwy et Neuberg ajoutait simplement à la cystine de ses urines celle qu'on lui faisait ingérer, tandis que l'homme normal en détruit dans ces conditions des quantités considérables (jusqu'à 8 gr). Cette manière de voir est confirmée par ce fait que cette impuissance de l'organisme s'étend à d'autres acides aminés. Chez ce même malade, la tyrosine et l'asparagine passaient inaltérées par les urines, et la lysine et l'arginine (ou l'ornithine), incomplètement simplifiées, étaient éliminées respectivement à l'état de cadavérine et de putrescine (voir les formules de la page 235). Chez un autre cystinurique, on a trouvé dans l'urine, à côté de la cystine, de la leucine, de la tyrosine et de la lysine.

Il semble donc que, chez ces malades, c'est toute la physiologie des acides aminés qui est troublée. Si la cystine a dominé la scène, c'est parce que son insolubilité relative la fait cristalliser aisément dans l'urine ou dans les tissus. Quant à la cause de cette impuissance, il est indiqué de la chercher d'abord du côté du foie, puisque c'est là que la cystine est transformée en taurine, et que les autres acides aminés abandonnent leur ammoniaque pour la production de l'urée.

L'alcaptonurie. — L'alcaptonurie, décrite pour la première fois par Bödeker, est caractérisée par ce fait que l'urine, additionnée d'un alcali, se colore rapidement en brun foncé au contact de l'air. Elle se colore aussi en l'absence d'alcali, mais plus lentement. Cette anomalie, que l'on observe souvent chez les membres d'une même famille, et qui paraît être héréditaire, peut durer toute la vie, sans être accompagnée d'aucun autre signe clinique. Elle est due à la présence, dans l'urine, d'un acide aromatique, l'*acide homogentisinique* ou hydroquinone-acétique (Wolkow et E. Baumann) (voir p. 325 la formule de cet acide).

Comme la quantité de cet acide augmente avec celle des protéiques ingérés, on a cherché, dans les deux noyaux aromatiques de ces aliments, la tyrosine et la phénylalanine, la source de ce produit. De fait, la tyrosine et la phénylalanine ingérées par l'alcaptonurique se transforment à peu près quantitativement en acide homogentisinique que l'on retrouve dans l'urine (Falta).

Quelle est maintenant la cause de cette anomalie. On a dû renoncer à la rapporter à des putréfactions intestinales spéciales. Il n'est pas admissible, d'autre part, qu'elle consiste en une impuissance de l'organisme à faire servir à la reconstruction des albumines la tyrosine mise en liberté par l'hydrolyse digestive, car l'alcaptonurie se continue pendant le jeûne, et les protéiques du sérum des alcaptonuriques, les cheveux et les ongles de ces **malades**, contiennent la quantité ordinaire de tyrosine. Il faut donc admettre que l'on est en présence d'une anomalie de la régression des albumines. Cette anomalie ne consiste pas, vraisemblablement, dans la production même de l'acide homogentisinique. En effet, cet acide ingéré par l'homme bien portant ne fournit pas d'urine alcaptonurique. Il est totalement détruit. L'alcaptonurique, au contraire, l'élimine intégralement. On est donc conduit à cette hypothèse, d'abord proposée par Kirk, par L. Garnier et Voirin, à savoir que la régression de la tyrosine et de la phénylalanine passe *normalement* par l'acide homogentisinique. Chez l'homme bien portant cet acide serait détruit aussitôt; chez l'alcaptonurique la dégradation s'arrête, au contraire, au stade de l'acide homogentisinique. Et cette hypothèse est aujourd'hui très fortement étayée par ce fait qu'après ingestion de 50 gr. de tyrosine en une seule fois, E. Abderhalden a pu retrouver dans son urine un peu d'acide homogentisinique [1].

Ce sont des acquisitions de cette nature [2], qui, patiemment étendues à toutes les parties de la molécule protéique, constitueront plus tard le fondement d'une physiologie et d'une pathologie vraiment scientifiques des échanges nutritifs azotés.

1. Cette explication est cependant en recul actuellement, au moins d'une manière partielle. En effet, par des artifices chimiques convenables, on peut bloquer certains corps, auparavant alcaptogènes, de telle façon que leur dégradation par la voie d'un quinol (p. 325, note 1) soit désormais impossible. Or, ces corps sont néanmoins brûlés par le sujet normal et ne sont pas alcaptogènes chez l'alcaptonurique (Dakin; Wakeman et Dakin; L. Blum). Il existe donc pour la destruction de la tyrosine et de la phénylalanine au moins un autre chemin, qui ne passe pas par la voie hydroquinonique de l'acide homogentisinique. Et d'autres faits intéressants viennent étayer encore cette conclusion. Il y a notamment cette constatation que l'alcaptonurique reste encore dans une large mesure capable de brûler l'acide para-oxyphényl-pyruvique, produit s'intercalant normalement, on l'a vu, entre la tyrosine et l'acide homogentisinique (Fromherz et Hermanns). Il existerait donc deux chemins pour la dégradation de la tyrosine et de la phénylanine, l'un qui passe par un dérivé quinolique et qui conduit à un dérivé hydroquinonique, — c'est celui qui, chez l'alcaptonurique, est barré au niveau de l'acide homogentisinique — et l'autre, qui reste, au contraire, ouvert à ces malades. Cet autre chemin passe probablement par l'acide 3,4-dioxyphénylacétique, isomérique de l'acide homogentisinique, la chaîne s'ouvrant finalement pour donner un acide muconique substitué $COOH-CH = C (CH^2-COOH)-CH = CH-COOH$, puis d'autres produits, encore inconnus.

2. Voyez aussi à la page 465 cette déviation particulière de la dégradation des protéiques que représente la mélanosarcomatose.

CHAPITRE XV

LES DERNIERS PRODUITS DE LA DÉGRADATION DES PROTÉIQUES

On a montré dans le précédent chapitre combien sont encore clairsemées nos connaissances sur les produits intermédiaires de la dégradation des matières protéiques dans l'organisme. On connaît mieux, parce qu'on les saisit aisément dans l'urine, les derniers produits auxquels aboutit ce travail, et de la structure de ces produits, des conditions de leur apparition, on a pu déduire quelques conclusions en retour, sur les dernières étapes de la désassimilation.

Un certain nombre d'entre les déchets ultimes des protéiques sont tout de suite reconnaissables à la présence, dans leur molécule, du soufre, de l'azote ou des groupements aromatiques, corps simples ou noyaux qui n'appartiennent qu'à l'aliment protéique. Mais les déchets qui ne contiennent que du carbone, de l'hydrogène et de l'oxygène peuvent provenir aussi bien des albumines que des graisses et des hydrates de carbone, en sorte que l'origine de quelques-uns d'entre eux est restée indéterminée.

De ce que l'on vient de dire, découle pour les déchets des protéiques le classement que voici, en donnant à l'expression de matières protéiques son sens le plus étendu, c'est-à-dire en comprenant parmi ces matières les protéides, et notamment les nucléoprotéides.

Déchets azotés : Urée, ammoniaque, acide urique et bases

puriques, créatinine et créatine, acide hippurique, urobiline, autres matériaux azotés.

Corps aromatiques : Dérivés phénoliques, phényliques et indoliques.

Déchets sulfurés : Sulfates, éthéro-sulfates et « soufre neutre ».

Corps d'origine douteuse ou inconnue : Acide oxalique, acides gras volatils.

Notons que cette classification n'a rien d'absolu, puisque l'acide hippurique et l'indol, par exemple, sont à la fois aromatiques et azotés. En outre, l'*acide urique* et les *bases puriques*, qui sont des déchets de la partie non protéique des nucléoprotéides, seront étudiés dans le chapitre relatif à la dégradation de ces matériaux (p. 355), et l'*urobiline*, qui sort de même de la copule non protéique de l'oxyhémoglobine, sera étudiée avec les autres matières colorantes de l'organisme.

I. — LES DÉCHETS AZOTÉS.

1. *L'urée.*

L'urée est le produit principal de la désassimilation des matières protéiques, puisque les huit dixièmes environ de l'azote de ces matières sont éliminés sous cette forme. Les substances que l'on a lieu de considérer comme des précurseurs de l'urée sont l'*ammoniaque* et les *carbamates*, les *acides aminés* et l'*acide urique*. Notons que les deux premières représentent deux sources qui sont nécessairement connexes, puisque le carbamate d'ammonium diffère du carbonate par une molécule d'eau en moins, et que la même différence existe entre l'urée et le carbamate.

$$
\underset{\substack{\text{Carbonate} \\ \text{d'ammonium.}}}{\overset{O.NH_4}{\underset{O.NH_4}{\diagup\!\!\diagdown}}CO} \quad \xrightarrow{-H_2O} \quad \underset{\substack{\text{Carbamate} \\ \text{d'ammonium.}}}{\overset{O.NH_4}{\underset{HN_2}{\diagup\!\!\diagdown}}CO} \quad \xrightarrow{-H_2O} \quad \underset{\text{Urée.}}{\overset{NH_2}{\underset{NH_2}{\diagup\!\!\diagdown}}CO}
$$

Nous verrons que, de même, la production d'urée aux dépens des acides aminés n'est pas sans lien avec la formation d'urée à partir de l'ammoniaque. Quant à la production d'urée à partir de l'acide urique, cette question sera étudiée avec celle des destinées

de l'acide urique dans l'organisme. La quantité d'urée qui peut
avoir cette origine est au surplus très faible.

**Production de l'urée à partir de l'ammoniaque et des
carbamates.** — C'est une observation sur les destinées de certains sels ammoniacaux dans l'organisme qui a mis M. von Knierim
sur la trace de ce phénomène (1874).

Lorsqu'on fait ingérer à un chien quelques grammes d'un sel de
potasse ou de soude à acide organique, tel que le citrate de potasse, les
urines deviennent alcalines, parce que ce sel s'est transformé par combustion en carbonate de potassium, qui rend l'urine alcaline (au
tournesol). Au contraire, avec une dose équivalente de citrate d'ammonium, les urines restent acides, et la quantité d'ammoniaque que
l'urine contient à l'état de sels ammoniacaux n'est que très peu
augmentée. En même temps, on constate que l'urée s'est accrue d'une
quantité qui correspond à peu près à l'ammoniaque disparue. Les
quantités d'ammoniaque dont on peut obtenir ainsi la transformation
en urée sont très considérables, jusqu'à 5 gr. chez un chien de 10 kgr.
et jusqu'à 10 gr. chez l'homme (Hallervorden, Coranda, Weintraud).
Pour les sels à acides forts, comme le chlorure d'ammonium, on ne
retrouve à l'état d'urée chez le chien et chez l'homme que la moitié
environ de l'ammoniaque ingérée. Le reste demeure lié à l'acide fort
et passe à cet état dans l'urine, tandis que chez les herbivores la
transformation en urée est à peu près complète, que l'acide du sel
ammoniacal soit fort ou faible. On verra plus loin que cette différence
tient à la nature et à la quantité des sels que fournissent respectivement
à l'organisme le régime animal et le régime végétal (p. 342). Chez le lapin,
on a pu obtenir, par ingestion de lactate d'ammonium, une augmentation de l'urée s'élevant jusqu'à 183 p. 100 de la quantité primitive.

De même, par circulation artificielle à travers le foie du chien à jeun,
le carbonate et le formiate d'ammonium sont transformés en urée
(M. von Schröder). Enfin, une preuve très forte du rôle de l'ammoniaque
comme producteur d'urée est fournie par ce fait que, lorsque la quantité d'acides introduits dans l'organisme ou produits par la désassimilation augmente, l'urine excrète un surplus d'ammoniaque, pour des
raisons que nous aurons à étudier plus loin. Or, on voit alors corrélativement l'urée diminuer d'une quantité à peu près correspondante.

Ces faits établissent donc clairement que l'organisme est capable
de transformer en urée l'ammoniaque qui lui vient du dehors,
mais ils ne démontrent pas que, dans les conditions ordinaires de
la vie, l'urée a cette origine. Les sels ammoniacaux étant beaucoup plus toxiques que l'urée, on pourrait, en effet, soutenir que
cette transformation de l'ammoniaque en urée n'est qu'une opération de défense de l'organisme contre l'intoxication par l'ammoniaque. Il n'en est rien en réalité. Les expériences de l'École de
Saint-Pétersbourg sur les chiens porteurs de la fistule d'Eck (p. 303),
et l'étude de la topographie de l'ammoniaque dans l'organisme

démontrent que la production de l'urée à partir de cette base est bien réellement un phénomène physiologique. C'est ici qu'apparaissent, comme précurseurs de l'ammoniaque, une autre catégorie de corps ammoniacaux, les carbamates.

Les carbamates, précurseurs de l'urée. — Déjà Nencki avait attiré l'attention sur le carbamate d'ammonium comme précurseur possible de l'urée (1872), et cette manière de voir fut ensuite fortifiée par Drechsel et ses élèves, qui montrèrent que ce sel existe d'une manière constante dans le sang et dans l'urine de l'homme et du chien. Le rôle de ce corps comme précurseur de l'urée ressort, d'autre part, nettement des classiques expériences de Nencki et Hahn, Massen et Pavlov sur les chiens ayant subi l'opération de la fistule d'Eck.

Chez les animaux ainsi opérés, on trouve bien plus de carbamates dans le sang et dans l'urine que chez des chiens normaux, et c'est à l'accumulation de ces sels dans l'organisme que sont dus les accidents toxiques très graves (convulsions, analgésie, cécité), produits par la fistule d'Eck, car on peut provoquer à volonté ces accidents en faisant ingérer à ces chiens du carbamate de sodium, ou encore en leur donnant un repas de viande (voir plus loin). Chez les chiens normaux, les carbamates, introduits directement dans le sang, produisent les mêmes accidents, mais par l'estomac ils sont inoffensifs. Enfin, si l'on fait ingérer à des chiens ou à l'homme de l'uréthane ou carbamate d'éthyle, la quantité d'urée des urines est augmentée (L. Garnier).

D'autre part, la composition de l'urine est modifiée d'une façon significative, à condition toutefois que l'on achève d'isoler le foie du circuit circulatoire en liant l'artère hépatique, ou qu'on le supprime par extirpation. Pendant les quelques heures de survie (douze à vingt-cinq heures) on constate que la quantité d'urée de l'urine diminue, et que celle de l'ammoniaque augmente, de telle façon que, dans un cas par exemple, l'azote de l'urée, qui représentait avant l'opération 81,5 p. 100 de l'azote total, n'en faisait plus que 42,6 p. 100, tandis que celui de l'ammoniaque passait de 5 p. 100 à 21,4 p. 100 de l'azote total.

Tous ces faits se classent très logiquement si l'on admet que les carbamates sont des produits normaux de la désintégration des protéiques, que le foie arrête et rend inoffensifs en les transformant en urée, mais qui, chez le chien à fistule d'Eck, ne subissent plus cette transformation d'une manière suffisante à cause de la circulation hépatique réduite ou supprimée.

Tous les organes contiennent, donc vraisemblablement produisent, de l'ammoniaque (ammoniaque des sels ammoniacaux et ammoniaque provenant, par le fait même du dosage, de la décomposition des carbamates); toutefois l'intestin paraît être, au moment des repas, un lieu de production particulièrement actif, car la teneur en ammoniaque du sang de la veine porte augmente alors, mais le foie, intervenant comme un organe antitoxique, cette ammoniaque et celle que fournissent les autres tissus, sont transformées en urée. Ainsi se trouve maintenue, à un niveau constant et très bas, la teneur du sang artériel en ammoniaque, teneur très inférieure à celle du sang veineux périphérique. Chez le chien à fistule d'Eck, recevant des repas pauvres en albumine, la production d'ammoniaque reste limitée, et l'intervention du foie, quoique très réduite, suffit pour préserver l'animal d'accidents graves, mais sitôt qu'à la suite d'un repas de viande la veine porte déverse dans la circulation générale de grandes quantités de carbamates, la crise d'intoxication éclate [1].

Ajoutons que le foie est actuellement le seul organe où l'on ait saisi cette transformation de l'ammoniaque et des carbamates en urée.

De l'urée se forme donc certainement dans l'organisme à partir de l'ammoniaque, et l'on peut admettre qu'elle résulte de la déshydratation du carbonate d'ammonium (théorie de Schmiedeberg), avec production intermédiaire de carbamate d'ammonium (théorie de Schmiedeberg-Drechsel) (voir les formules à la p. 335).

Production d'urée à partir des acides aminés. — L'ingestion d'acides aminés (glycocolle, leucine) augmente chez le chien, parfois d'une quantité presque équivalente, l'urée excrétée (p. 319), et ces mêmes acides (glycocolle, leucine, ac. aspartique), passant en circulation artificielle à travers le foie, fournissent de l'urée au sang efférent (Salaskin). Étant donné le pouvoir désaminant de l'organisme, et en particulier celui du foie (p. 323), on peut admettre que les acides aminés ne sont producteurs d'urée que parce qu'ils sont producteurs d'ammoniaque. Mais il est possible aussi que l'urée sorte directement de ces acides par une *réaction d'oxydation*, accompagnée d'une *synthèse*. C'est la théorie de Hofmeister.

La production de l'urée par l'oxydation directe des protéiques (en présence du permanganate de potassium), d'abord signalée par Béchamp (1866) et véhémentement contestée par les chimistes allemands, a été nettement établie par les recherches de Hofmeister, qui, par l'oxydation du blanc d'œuf, de la gélatine et des acides aminés par le permanganate

---

1. Il convient d'ajouter ici que les causes de cette intoxication sont encore discutées. On a soutenu que les carbamates devaient être mis hors de cause (O. von Fürth), et que les accidents observés tiennent, d'une part, à des lésions du pancréas, puis du foie, créées par l'opération elle-même, et, d'autre part, à ce fait que l'organisme, inondé de grandes quantités d'ammoniaque, subit les effets d'une intoxication alcaline ou *alcalose*, pendant chimique et physio-pathologique de l'intoxication acide ou *acidose*. De fait, il est remarquable de voir que, même en donnant beaucoup de viande à un chien à fistule d'Eck, on ne réussit pas à rendre ses urines acides (F. Fischler).

en milieu ammoniacal, a obtenu de notables quantités d'urée. R. Fosse a montré, en outre, qu'en présence du sulfate d'ammoniaque, le permanganate fournit de l'urée avec un nombre considérable de corps, glycose, lévulose, saccharose, dextrine, inuline, amidon, glycérine, aldéhyde formique. La réaction de Béchamp et de Hofmeister a donc une généralité et une importance[1] qui imposent à nouveau à l'attention des biologistes la théorie de la production de l'urée par oxydation. Enfin Fosse a démontré aussi que cette production d'urée par oxydation *in vitro* passe par l'étape de l'acide cyanique.

Parmi les acides aminés, l'*arginine* prend, en tant que précurseur de l'urée, une position particulière.

In vitro ce corps est dédoublé par hydrolyse en ornithine et en urée, et ce même dédoublement est opéré par une diastase, l'arginase, trouvée par Kossel et Dakin dans le foie, la muqueuse intestinale, le rein, etc.[2]. D'autre part, l'arginine, ingérée ou introduite sous la peau chez le chien, augmente l'urée de l'urine d'un surplus qui correspond à la totalité de l'azote du produit absorbé, ce qui signifie que ce sont à la fois les groupes azotés du complexe guanidine et ceux du complexe ornithine qui, dans l'arginine ingérée, ont été producteurs d'urée. Enfin, par l'action de l'arginase (Kossel et Dakin) ou par celle de la potasse (R. Fosse) on réussit à détacher de l'urée de la molécule des protéiques contenant de l'arginine.

On doit donc admettre que de l'urée peut prendre naissance dans l'organisme directement par *simple hydrolyse*.

Les acides aminés, l'ammoniaque, les carbamates, voilà donc les précurseurs de l'urée dans l'organisme. Dans quelle mesure chacun d'eux concourt-il à la production de ce corps? Les données actuelles ne permettent pas de répondre à cette question, même approximativement. On peut dire cependant que le rôle prépondérant est tenu vraisemblablement par les acides aminés et l'ammoniaque. Au surplus, il y a tant de relations entre ces divers composés, et surtout entre les acides aminés et l'ammoniaque, que la question posée ne comporte pas de réponse précise.

Il est plus intéressant de se demander de quelle nature sont les réactions chimiques que nous avons vues, dans ce qui précède, donner naissance à l'urée.

---

1. R. Fosse a montré, en outre, la surprenante diffusion de l'urée dans tout le règne végétal. Les cellules de l'*Aspergillus niger*, du *Penicillium glaucum* en forment aux dépens du sucre et des sels ammoniacaux; le blé, l'orge, le maïs, le trèfle, le pois, la fève,... en produisent aussi, lorsque la graine en germination consomme ses matériaux de réserve. On en trouve dans le melon, le chou, la carotte, etc...

2. Déjà Ch. Richet avait démontré l'existence, dans le foie, d'une diastase productrice d'urée ou d'une substance très voisine.

Nature des réactions chimiques qui donnent naissance à l'urée. — Sous l'empire de la doctrine de la combustion respiratoire, qui, après Lavoisier, a dominé et pénétré toute la physiologie, on a pendant longtemps considéré l'urée comme un produit d'*oxydation* des matières albuminoïdes, et lorsqu'on constatait chez un malade que l'urée, au lieu de représenter les 80 à 85 centièmes de l'azote total, n'en fournissait plus que les 60 centièmes, on en concluait volontiers que les oxydations avaient diminué d'intensité. Peut-on dire que l'urée soit un produit d'oxydation? Passons en revue, à ce point de vue, les divers modes de formation de l'urée à partir des précurseurs que nous avons reconnus à ce corps.

La plus simple de toutes ces réactions, c'est l'*hydrolyse* du groupe guanidique de l'arginine, mais la teneur des divers protéiques en arginine permet de dire que l'urée ainsi formée ne peut représenter au plus que le dixième de la quantité totale (Schützenberger; Drechsel; R. Fosse).

Que l'on se range, pour la production du surplus de l'urée, à la théorie de Hofmeister ou à celle de Schmiedeberg, on remarquera d'abord qu'il faut faire intervenir un phénomène de *synthèse*. En effet, la formule de l'urée (schéma I) montre que seule l'arginine contient, sous la forme de son reste guanidique (schéma II) le complexe uréique tout formé, avec ses *deux atomes d'azote* liés à un même atome de carbone. Dans tous les autres acides aminés des protéiques, on ne rencontre jamais qu'un seul atome d'azote lié à un même atome de carbone (schéma III) :

$$
\begin{array}{ccc}
NH^2 & NH^2 & NH^2 \\
| & \diagup & \diagup \\
CO & -C & =C \\
| & \| & \diagdown \\
NH^2 & NH- & \\
\text{I} & \text{II} & \text{III}
\end{array}
$$

Pour que ces acides aminés donnent de l'urée, il faut donc que, par une *opération de synthèse*, un second atome d'azote vienne se fixer sur le carbone. Et si l'urée se forme à partir de l'ammoniaque provenant de la désamination des acides aminés, la synthèse en question est encore plus complète, puisque ce sont deux atomes d'azote qui doivent venir se fixer sur le carbone pour faire d'abord du carbonate d'ammoniaque, puis de l'urée.

Quels sont encore, outre cette opération de synthèse, les procès dont on est obligé d'admettre l'intervention dans la formation de l'urée? Avec la théorie de Schmiedeberg, c'est à une *réaction de déshydratation* que l'on attribue la transformation du carbonate, puis du carbamate d'ammonium en urée. L'*oxydation* n'interviendrait qu'*indirectement*, pour fournir l'acide carbonique du carbonate, cet acide pouvant d'ailleurs provenir aussi bien de la combustion des sucres ou des graisses que de celle des protéiques. Le rôle de ce procès serait donc très secondaire, même si l'on veut tenir compte de ce fait que la désamination, c'est-à-dire la production de l'ammoniaque dont sortira ensuite l'urée, est un phénomène d'oxydation (p. 322). Avec la théorie de Hofmeister, il faut, au contraire, faire intervenir une *oxydation directe*, portant sur le complexe $\equiv$ C — NH² de l'acide aminé, et le transformant, par fixation synthétique d'un groupe NH² et oxydation du carbone, en urée NH² — CO — NH².

On voit donc que la théorie de Hofmeister, se présente, grâce aux belles recherches de Fosse, singulièrement fortifiée, et que les réactions d'oxydation, que l'on s'accordait en général à reléguer tout à fait au second plan, tendent à reprendre plus d'importance dans cette question de la production de l'urée. Et cependant, en clinique, on n'aperçoit pas que les maladies où l'on prévoit une diminution des oxydations fassent reculer la part de l'azote de l'urée dans l'azote total de l'urine (p. 486).

2. *L'ammoniaque*.

A côté de l'urée, les protéiques fournissent à l'urine, comme déchet azoté, de l'ammoniaque, dont l'azote représente de 2 à 5 p. 100 de l'azote total et dont l'urine des vingt-quatre heures renferme chez l'adulte de 0 gr. 40 à 1 gr[1]. Or on assiste ici au phénomène intéressant que voici : l'ingestion d'acides minéraux (limonades acides) ou le régime carné augmentent la quantité de l'ammoniaque urinaire, l'ingestion d'alcalis fixes (sous la forme de bicarbonate de soude, par exemple) ou le régime végétal la diminuent. Et quand, par ingestion d'acides minéraux, on produit ainsi une augmentation sensible de l'ammoniaque, on constate une diminution correspondante de la quantité d'urée.

L'explication de ces faits est la suivante. Ce sont autant de cas particuliers de ce phénomène général, à savoir que *la neutralisation par l'ammoniaque constitue le mécanisme par lequel l'organisme résiste à l'intoxication par les acides* venus du dehors ou produits au cours de la désassimilation (acidose). Plus la quantité de ces acides est grande, plus grande est aussi la quantité d'ammoniaque qu'ils fixent et qui se trouve ainsi soustraite au procès formateur d'urée.

1. Dans l'urine normale des vingt-quatre heures, qui est toujours acide dans le cas d'une alimentation mixte ordinaire, cette ammoniaque est, bien entendu, éliminée à l'état de sels (chlorure d'ammonium, etc.). On en constate la présence et on la dose, par exemple, en additionnant l'urine d'un lait de chaux; l'ammoniaque déplacée se dégage et peut être recueillie dans un acide titré.

Chez le chien, l'ingestion d'acides minéraux augmente la quantité de l'ammoniaque urinaire d'un surplus qui correspond à peu près aux deux tiers de l'acide ingéré (Walther). Chez l'homme, l'ingestion de 2 gr. 81 d'acide chlorhydrique par jour pendant deux jours, a fait monter de même, dans une expérience de Hallervorden, l'excrétion d'ammoniaque de 0 gr. 8 à 1 gr. 1 et à 1 gr. 31. Les acides organiques combustibles, comme l'acide tartrique, ne produisent pas cet effet, parce qu'ils sont brûlés à l'état d'acide carbonique. Au contraire, ceux qui résistent à la combustion, comme l'acide benzoïque (que l'urine élimine à l'état d'acide hippurique), comme les acides acétoniques que produisent le diabétique ou l'homme normal soumis au jeûne hydrocarboné (p. 438 et 444), s'emparent d'ammoniaque pour leur neutralisation et augmentent par conséquent la quantité de cette base dans l'urine, à tel point que les diabétiques en éliminent par cette voie jusqu'à 7 à 8 gr. et plus encore en vingt-quatre heures (p. 447). Enfin, on comprend que le régime carné, riche en protéiques et en nucléoprotéides, agisse dans le même sens que l'introduction d'acides, parce que le soufre et le phosphore de ces aliments fournissent par oxydation des acides sulfurique et phosphorique (p. 89), qui fixent et conduisent jusqu'au rein une certaine quantité d'ammoniaque.

Inversement, l'introduction d'alcalis à l'état normal et chez le diabétique, ou le régime végétal, qui est producteur de carbonates alcalins dans l'organisme (p. 89), abaissent la quantité d'ammoniaque urinaire, parce que, ces bases assurant la neutralisation des acides, l'ammoniaque demeure libre, donc disponible pour la fabrication de l'urée. Et ici nous trouvons aussi l'explication du fait signalé plus haut (p. 336), à savoir que les sels ammoniacaux à acides forts, tels que le chlorure d'ammonium, sont à peu près complètement transformés en urée chez les herbivores, tandis que chez les carnivores cette transformation ne porte guère que sur la moitié du sel ammoniacal ingéré. Cela tient à ce fait que, chez les premiers, l'alimentation végétale fournit des quantités surabondantes de carbonates alcalins. Ces carbonates faisant la double décomposition avec le chlorure d'ammonium, celui-ci se trouve transformé en carbonate d'ammonium avec lequel le foie peut faire de l'urée. Au contraire, chez le carnivore, qui ne trouve pas dans ses aliments cet excès de carbonates alcalins, une partie de l'ammoniaque reste liée à l'acide chlorhydrique, et se trouve soustraite par ce fait à la transformation en urée. Et l'ammoniaque urinaire tout entière a cette signification, car elle ne subsiste plus que sous la forme de traces indosables, quand on donne des doses suffisantes de bicarbonate de sodium (chez un adulte, de 15 à 20 gr. en 24 h.) (N. Janney).

Ajoutons que la dose mortelle d'acide chlorhydrique est de 0 gr. 9 par kilogramme chez le lapin, tandis que le chien supporte encore une dose double. La raison de cette différence, d'abord signalée par Salkowski, n'est pas encore clairement établie. On a soutenu qu'elle n'a rien de spécifique, et que le carnivore résiste mieux, uniquement parce que, nourri surtout de protéiques, il trouve dans ses aliments une source d'ammoniaque plus abondante (Eppinger). Mais les expériences sur lesquelles repose cette thèse sont devenues très contestables (J. Pohl et E. Münzer; Gertrud Bostock). D'après Fr. Rolly, l'acide chlorhydrique administré aux chiens en expérience a été tout simplement fixé par les protéiques contenus dans l'estomac. Lorsque ces animaux ont l'estomac vide, il sont aussi sensibles à l'intoxication acide que les herbivores.

3. *La créatinine et la créatine.*

Avec l'alimentation mixte ordinaire, l'urine des vingt-quatre heures renferme de 1 gr. 5 à 2 gr. de créatinine (chez l'homme adulte de 19 à 30 mgr., chez la femme 13 mgr. 4, chez le nourrisson 3 mgr. 7 à 10 mgr. 9 par kilogramme et par jour), représentant de 3 à 5 p. 100 de l'azote total. Cette créatinine provient en partie de la créatine qu'apporte la viande ingérée, et dont la créatinine est l'anhydride :

$$NH{=}C \begin{cases} NH_2 \\ N(CH_3){-}CH_2{-}COOH \end{cases}$$
Créatine.

$$NH{=}C \begin{cases} NH{-}{-}CO \\ N(CH_3){-}CH_2 \end{cases}$$
Créatinine.

Mais dans les conditions ordinaires de la vie cette fraction *exogène* n'est pas très considérable, car même avec des rations exemptes de créatine préformée (lait, œufs, pain, pommes de terre), la quantité de créatinine urinaire, alors purement *endogène*, se maintient encore chez l'adulte, par kilogramme et par jour, à 24 mgr. (Van Hoogenhuyze et Verploegh), à 20 mgr. (O. Folin; J.-Ch. Roux et Taillandier), à 16 mgr. 7 (A. Bouchez). L'urine normale de l'homme ne contient que des traces de créatine, ou même pas du tout.

La physiologie de la créatinine est encore bien obscure. Quelques acquisitions importantes peuvent cependant être mises en vedette. 1° La créatinine urinaire est indépendante de la quantité d'albumine alimentaire détruite, mais elle augmente avec la quantité d'albumine sacrifiée par les tissus. 2° D'autre part, elle semble bien être un produit de l'activité musculaire, en entendant par là non la contraction, mais l'état de tonus plus ou moins accentué du muscle. Mais on ignore — lacune grave — pour quelle raison l'organisme maintient dans ses muscles une provision constante et si importante de créatine (90 gr. pour la musculature d'un adulte). 3° Les relations entre la créatinine et la créatine restent de même très obscures, et les discussions sur ce point très confuses; toutefois un fait capital apparaît ici, c'est que le jeûne hydrocarboné crée une créatinurie, comme il crée une acétonurie. Enfin les substances créatiniques sont en rapport avec la vie génitale de la femme.

1° Chez l'homme recevant une alimentation exempte de créatinine, on voit l'excrétion de cette substance rester indépendante de la quantité et de la nature des protéiques ingérés. La créatinine n'est donc pas un produit de la dégradation des protéiques alimentaires, et ni de ceux qui proviennent directement de la ration, ni, à ce qu'il semble, de ceux qui sont déjà de l'albumine circulante (p. 654) (L. B. Mendel et C. W. Rose). Elle provient des tissus eux-mêmes, ainsi qu'il ressort de la classique expérience de Folin sur l'homme nourri de crème et d'amidon, donc mis au jeûne protéique (p. 314 et 655), et aussi des essais de Mendel et Rose sur le lapin soumis au jeûne total ou au jeûne protéique, et de Mc Collum sur le porc nourri d'amidon et de sels. Dans ces conditions, le rapport de la somme créatine et créatinine à l'azote total est sensiblement constant, et ce parallélisme dans l'élimination de ces deux sortes de déchets est encore plus frappant au cours de l'intoxication par le phosphore, où la fonte toxique des tissus ajoute ses effets à ceux de l'inanition, en ce qui concerne le poids des tissus sacrifiés (Mendel et Rose). L'ingestion d'hydrates de carbone, mais non celle de graisse, fait tomber cette excrétion de corps créatiniques, parce qu'elle abaisse ou annule celle de la créatine (Mendel et Rose) (voy. plus loin). Ajoutons ici que, d'après S. R. Benedict et E. Osterberg, la fonte de tissus serait sans action sur la créatine urinaire. — Enfin il est possible que le précurseur de la créatinine soit l'arginine, dont la désamination avec chute d'un maillon carboné peut donner l'acide guanidine-butyrique, composé que la β-oxydation conduirait ensuite à l'acide guanidine-acétique. Or, cet acide, donné au lapin, est méthylé par l'organisme, c'est-à-dire transformé en créatine. Et Inouye rapporte, d'autre part, que la perfusion du foie avec de l'arginine fournit de la créatine.

2° A quelle forme d'activité cellulaire correspond la créatinine? Ici il était naturel de mettre en cause le muscle, mais la discussion est restée très confuse, jusqu'au jour où Pekelharing et Van Hoogenhuyze ont montré nettement que ni l'exercice musculaire, même poussé jusqu'à l'extrême fatigue, ni la tétanisation des muscles chez l'animal n'accroît la quantité de la créatinine urinaire (ou de la créatine musculaire), mais que celle-ci est augmentée par tout ce qui accroît le tonus musculaire. Montrons d'abord la relation que l'on saisit entre le développement du tissu musculaire et l'excrétion de la créatinine. Chez 37 hommes normaux, Shaffer a trouvé dans l'urine des 24 heures de 8 à 11 milligr. d'azote créatinique par kilogramme, tandis que chez 26 étudiantes ce coefficient n'a été que de 5,8, mais il s'est élevé à 9 et 9,8 chez deux femmes athlètes, à masses musculaires très développées. D'autre part, Pekelharing et Van Hoogenhuyze ont fait voir qu'une lésion du cerveau produisant de la rigidité de tout un côté du corps, est accompagnée d'une accumulation de créatine dans les muscles de ce côté. La rigidité cadavérique, la rigidité par la chaleur produisent le même effet. Les substances qui accroissent le tonus (sel de chaux, vératrine, caféine, sulfocyanates), quand on les fournit au muscle de grenouille excité, l'enrichissent de même en créatine, et chez l'homme la position du « garde à vous » accroît l'excrétion de créatinine. Enfin Shaffer a constaté que l'élimination de la créatinine est diminuée chez tous les malades couchés, et surtout chez les malades graves, en état de résolution musculaire complète, c'est-à-dire à tonus diminué.

3⁰ L'autolyse de beaucoup de tissus (muscle, rein, foie, muqueuse intes tinale) produit de la créatine, qui se transforme ensuite en créatinine, puis ces deux bases sont détruites, probablement par des diastases spéciales (créatase, créatinase) (R. Gottlieb et R. Stangassinger). Mais dans l'organisme entier, la créatinine introduite sous la peau reparaît en grande partie dans l'urine (80 p. 100) (O. Folin), tandis que la créatine est d'abord, en majeure partie, transformée en créatinine. Cette transformation paraît avoir lieu surtout dans le foie, car en circulation artificielle le foie est un organe producteur (et aussi destructeur) de créatinine (Gottlieb et Stangassinger), et elle est liée, d'une manière encore inexpliquée, au métabolisme des hydrates de carbone. En effet, le jeûne fait apparaître la créatine dans l'urine, à côté de la créatinine (Benedikt; Cathcart, W.-C. Rose), et l'ingestion d'hydrates de carbone, mais non celle de graisses (homme), la fait disparaître aussitôt. De plus, injectée sous la peau d'un chien bien nourri, la créatine est recueillie en majeure partie dans l'urine sous la forme de créatinine (de 50 à 95 mgr. sur 200) et pour une petite partie à l'état de créatine inaltérée (23 à 28 mgr.). Si le chien est, au contraire, à jeun depuis longtemps, l'urine ne contient guère que de la créatine (143 sur 190 mgr. injectés) (Pekelharing et van Hoogenhuyze). Ainsi s'expliquerait pourquoi tout trouble dans le métabolisme des hydrates de carbone (diabète grave, intoxication phlorizique ou phosphorée, maladie de Basedow, cancer du foie) appelle aussitôt la créatine dans l'urine (Van Hoogenhuyze et Verploegh; Rathery; Binet et Diffins, et d'autres). Le foie paraît donc jouer un rôle important dans la transformation de la créatine en créatinine, et pourtant l'opération de la fistule d'Eck ne modifie pas sensiblement le métabolisme créatinique (E.-S. London et N. Bolgarski; Towles et Voegtlin), en sorte que ce signe ne peut être utilisé par la clinique, pour l'exploration fonctionnelle du foie, qu'avec beaucoup de prudence. On remarquera enfin que cette créatinurie par jeûne hydrocarboné se place à côté de l'acétonurie produite par la même cause (p. 438). — Les substances créatiniques sont aussi en rapport avec la vie génitale de la femme. La créatine est augmentée dans l'urine après la menstruation et peut disparaître ensuite complètement. Elle est augmentée aussi pendant la grossesse, après l'accouchement (Hedley; Gammeltoft, Wakulenko). La créatinine aussi est augmentée, et sous l'influence d'une cause qui partirait du placenta (P. Perassi). Enfin, constante chez l'enfant, la créatinurie disparaît chez le garçon vers six ans, tandis qu'elle persiste chez la fillette jusqu'à la puberté, où son excrétion prend alors le type cyclique ci-dessus décrit (R.-A. Krause). L'ablation des surrénales (lapin) produit aussi de la créatinurie (J.-Ch. Roux et Taillandier).

Pour ce qui regarde, d'autre part, l'apport *exogène*, nos aliments contiennent surtout de la créatine, que les opérations industrielles ou culinaires transforment déjà en partie en créatinine (viande, extrait de viande, bouillon). Il n'y a rien à ajouter à ce qui a été dit incidemment, dans ce qui précède, sur le sort de ces deux substances.

4. *L'acide hippurique*.

La quantité d'acide hippurique éliminée en vingt-quatre heures par l'urine de l'adulte, recevant une alimentation mixte, oscille ordinairement entre 0 gr. 7 et 1 gr., mais lorsqu'il y a large consommation de fruits et de légumes, elle peut atteindre 2 gr. et davantage. C'est pourquoi on en trouve par jour jusqu'à 150 gr. dans l'urine des grands herbivores (bœuf).

L'origine de cet acide, qui est du benzoylglycocolle, a été expliquée par la classique observation de Wœhler (1830), qui a montré que l'acide benzoïque ingéré reparaît dans l'urine sous la forme d'acide hippurique. Or, l'alimentation végétale apporte, à côté de petites quantités d'acide benzoïque préformé, des corps aromatiques plus complexes, que l'oxydation transforme dans l'organisme en acide benzoïque. Quant au glycocolle, il est fourni par la désassimilation des protéiques.

La réaction est une synthèse par déshydratation, exprimée par l'équation que voici :

$$C^6H^5-COOH \ + \ \begin{matrix} CH^2-NH^2 \\ | \\ COOH \end{matrix} \ = \ \begin{matrix} CH^2-NH-CO-C^6H^5 \\ | \\ COOH \end{matrix} \ + \ H^2O$$

Ac. benzoïque.   Glycocolle.   Ac. hippurique.

Presque tout l'acide hippurique, qu'élimine l'urine de l'homme et des herbivores, provient de l'acide benzoïque, que les aliments végétaux apportent, soit à l'état d'acide benzoïque préformé (dans quelques fruits à baies), soit plus souvent sous la forme de corps tels que l'acide quinique, contenu dans beaucoup de végétaux, ou la coniférine du foin, etc., que l'organisme ramène à l'état d'acide benzoïque. D'ailleurs, une telle transformation a été observée après ingestion d'un grand nombre de corps, tels que :

Le toluène.	$C^6H^5-CH^3$,
L'éthylbenzène.	$C^6H^5-CH^2-CH^3$,
Le propylbenzène.	$C^6H^5-CH^2-CH^2-CH^3$,
L'acide phénylpropionique	$C^6H^5-CH^2-CH^2-COOH$,
La benzylamine	$C^6H^5-CH^2-AzH^2$,

qui tous sont éliminés à l'état d'acide hippurique.

Le régime carné ou le jeûne absolu fournissent aussi à l'urine une petite quantité d'acide benzoïque à l'état d'acide hippurique, parce que, au cours des putréfactions instestinales, qui se continuent même pendant le jeûne (p. 230, note 1), la phénylalanine, sortie des protéiques, donne de l'acide benzoïque (p. 232).

Cette production synthétique de l'acide hippurique est un phénomène intéressant à plus d'un titre.

1° Elle constitue la *première réaction de synthèse* qui ait été constatée chez les animaux, et ce phénomène a paru d'autant plus remarquable qu'à cette époque de tels procès paraissaient être l'apanage exclusif des organismes végétaux. Puis, des réactions de synthèse de ce genre ont été observées avec un nombre très considérable d'autres substances qui, introduites dans l'organisme, fixent ainsi une « copule » avec laquelle ils forment un corps « conjugué ».

2° Le *lieu* et les *conditions* de la synthèse de l'acide hippurique ont été très bien étudiés. On peut même dire que, par la nature des problèmes soulevés et des méthodes mises en œuvre, l'étude de cette synthèse présente, au point de vue du développement des méthodes et des idées en physiologie, une importance considérable, et que le travail classique de Bunge et Schmiedeberg sur cette question est demeuré comme le type des recherches de ce genre.

3° La synthèse de l'acide hippurique est, en outre, l'un des exemples les mieux étudiés de ces *réactions de défense*, dont l'organisme se sert pour remplacer un corps toxique par un autre qui ne l'est pas ou qui l'est moins. A l'acide benzoïque, qui est toxique et dont le noyau cyclique n'est que difficilement brûlé, l'organisme, par le procès de la copulation, substitue l'acide hippurique, moins toxique, surtout en ce qui concerne l'action sur le système nerveux.

1° Non seulement un grand nombre de dérivés de l'acide benzoïque (acides amidobenzoïque, nitrobenzoïque, etc., ac. salicylique), se copulent de même dans l'organisme avec le glycocolle, mais d'autres corps à chaîne fermée se comportent de même. Ainsi, par conjugaison avec le glycocolle, les acides naphtoïques donnent les acides naphturiques ; le furfurol (ou aldéhyde pyromucique), l'acide pyromucurique ; l'acide α-thiophénique, l'acide α-thiophénurique ; l'α-méthylpyridine, l'acide α-pyridinurique, etc.

2° Bunge et Schmiedeberg ont montré d'abord que, chez le chien, le lieu de formation de l'acide hippurique est le rein. Lorsqu'on injecte, en effet, de l'acide benzoïque et du glycocolle dans le sang de chiens chez lesquels on a supprimé par des ligatures convenables toute circulation dans le rein, on ne retrouve dans le sang, le foie et le muscle de ces animaux que de l'acide benzoïque et point d'acide hippurique. Si l'on fait circuler à travers un rein de chien, détaché de l'animal, du sang additionné d'acide benzoïque, ou d'acide benzoïque et de glycocolle, le sang de sortie ou le liquide qui s'écoule par l'uretère contient de l'acide hippurique, et en plus grande quantité lorsque le sang a reçu à la fois les deux composants de cet acide. Mais si l'addition d'acide benzoïque seul suffit à la synthèse, celle de glycocolle seul est impuissante à provoquer ce phénomène. Dans cette réaction, le sang paraît jouer surtout le rôle de véhicule de l'oxygène nécessaire à la vie du tissu rénal, car si l'on emploie du sang saturé d'oxyde de carbone, la synthèse ne se fait plus (A. Hoffmann). Toutefois, les globules ne sont pas indispensables, car du sang laqué entretient le phénomène aussi bien que du sang à globules intacts (J. Munk).

Comme le tissu rénal, dont les cellules ont été complètement détruites par trituration, ne produit plus en présence de sang oxygéné la synthèse en question, et que des toxiques de la cellule, comme la quinine, produisent le même effet, Bunge et Schmiedeberg avaient fait de cette réaction une propriété de la *cellule* rénale. Mais ce procès est sans doute de nature diastasique, puisque Abelous et Ribaut l'ont obtenu avec des extraits aqueux de rein, en se plaçant dans des conditions particulières (p. 106). Notons qu'au cours des affections du rein, ce pouvoir synthétique est diminué (Jaarsveld et Stokvis; Lewinski; P. L. Violle), et corrélativement on constate que la perméabilité du rein au bleu de méthylène est aussi abaissée (Achard et Castaigne).

3° Chez le lapin, la dose mortelle d'acide benzoïque est de 1 g. 7 environ par kgr. Mais si l'on injecte en même temps du glycocolle, on peut rendre inoffensives des doses atteignant 2 gr. 3 par kgr. (H. Wiener; Wiechowski). C'est là un des rares exemples d'un contrepoison au sens chimique et physiologique du mot, c'est-à-dire d'une substance qui saisit le toxique et le rend inoffensif, par delà la paroi intestinale. S'il n'y a pas en même temps injection de glycocolle, on constate que, pour les fortes doses d'acide benzoïque, l'organisme est comme débordé par le toxique, car il en élimine alors une partie en nature. Une petite partie se copule aussi d'une autre façon et notamment avec l'acide glycuronique sous la forme d'*acide benzoylglycuronique*. On a déjà vu que chez l'oiseau la résistance à l'intoxication benzoïque a lieu par copulation avec l'ornithine (p. 319).

5. *Les autres déchets azotés des protéiques.*

Les autres déchets azotés sortis des protéiques, et que l'on saisit dans l'urine, sont l'*indol*, le *scatol*, ou des dérivés du scatol que nous retrouverons l'un et l'autre parmi les déchets aromatiques, un peu d'*acide carbamique*, de très petites quantités *d'acides aminés* (de 2 à 3 p. 100 de l'azote total) et parmi lesquels on n'a encore caractérisé que le glycocolle, de l'*acide sulfocyanique* et d'autres corps contenant du soufre, et que nous retrouverons parmi les produits sulfurés, des *bases* (A. Gautier, G. Pouchet) dont la séparation a fait d'intéressants progrès dans ces dernières années (Kutscher et Lohmann)[1].

1. On a caractérisé notamment la méthylguanidine, la choline et une série

Mais tous ces matériaux, même en y ajoutant l'*urobiline* et l'*acide hippurique*, font à peine 1 p. 100 de l'azote total de l'urine. Or, quand on dose dans l'urine des vingt-quatre heures l'urée, l'ammoniaque, la créatinine et les purines, on constate que l'on a laissé en dehors du dosage environ 6 p. 100 de l'azote total (Bouchez, Donzé et Lambling). L'urine contient donc encore d'autres corps azotés en quantité assez importante, et dont la détermination précise reste à faire (voir aussi p. 494).

Parmi les corps qui constituent ce « non dosé azoté » (ou matières extractives azotées) figurent une série d'acides azotés et sulfurés, les *acides oxyprotéiques* (*alloxyprotéique, antoxyprotéique, uroferrique*)[1], mais dont aucun ne présente encore les caractères indiscutables d'un individu chimique (Bondzynski et ses collaborateurs; Thiele). L'urine des vingt-quatre heures en renferme, avec le régime mixte, en moyenne 6 gr. représentant environ 6,3 p. 100 de l'azote total (C. Vallée). Ce sont certainement de *grosses molécules*, que leur composition centésimale et surtout leur richesse en oxygène (jusqu'à 34 p. 100) caractérisent nettement comme des produits d'oxydation des protéiques. D'ailleurs ces acides fournissent par hydrolyse des acides aminés (Dombrowski et Browinski). Tout le *soufre neutre* des urines serait, d'après Gawinski, constitué par le soufre des acides protéiques, mais C. Vallée signale que le second fait au plus 60 p. 100 du premier. Une partie du soufre neutre appartiendrait donc à d'autres corps (acide sulfocyanique, corps analogues à la taurine[2]). On ignore jusqu'à quel point ces produits se confondent avec les corps à allure de *polypeptides*, qu'Abderhalden et Pregl ont isolés en dialysant pendant quelque temps contre de l'eau l'extrait alcoolique de l'urine (débarrassé au préalable de son urée au moyen de l'acide oxalique). Les produits qui restent dans le dialyseur fournissent par hydrolyse acide un mélange d'acides aminés (glycocolle, alanine, leucine, acide glutamique, phénylalanine), c'est-à-dire qu'ils se comportent comme des polypeptides. Dans le même ordre d'idées, il convient de citer l'ensemble des corps azotés que l'*alcool précipite de l'urine* (Salkowski) et que l'on peut aussi isoler par *précipitation au moyen de sels de zinc* (K. Kojo) et parmi lesquels figurent probablement au moins une partie des acides protéiques nommés ci-dessus. Enfin, avant que tous ces produits fussent connus, A. Gautier avait déjà

d'autres bases, réductonovaïne, méthylpyridine, gynésine, mingine, villatine et une base trouvée par Dombrowski, puis par Kutscher qui l'appela novaïne.

1. L'urochrome (voy. p. 466) rentre aussi dans ces corps (Dombrowski).

2. D'ailleurs le soufre neutre se compose visiblement de fraction chimiquement différentes; une partie de ce soufre est, en effet, facilement oxydable (par le brome), tandis que le reste ne fournit son soufre à l'état d'acide sulfurique que par fusion avec du nitre et de la potasse (Lépine). Ajoutons que ces corps ont pris dans l'étude de l'urine un intérêt plus considérable depuis que l'on a montré, d'une part, que le soufre neutre est un produit de la désassimilation azotée endogène (p. 314 et 655), et, d'autre part, que l'asphyxie interne, telle que la produit l'acide cyanhydrique (p. 486), porte la quantité de ce soufre jusqu'à 54 p. 100 du soufre total contre 13 à 29 p. 100 à l'état normal, en sorte que ce seraient ces produits sulfurés dont les variations traduiraient le plus fidèlement le plus ou moins de perfection du travail d'oxydation des tissus (A. Lœwy).

montré que l'urine normale, soumise à une dialyse prolongée, fournit un reste non dialysable, renfermant de l'azote et formé évidemment de grosses molécules, puisqu'il ne dialyse pas. Mais ce résidu était moins riche en oxygène que les acides protéiques (12,5 p. 100 seulement) (Mme Eliacheff). Cet *adialysable* est toxique (voir aussi p. 495).

Constatons donc que, par des voies différentes, on arrive à saisir dans l'urine des corps azotés, à grosse molécule, dont quelques-uns sont toxiques. Il sera intéressant de rechercher si ces corps sont, comme la créatinine, des produits du métabolisme endogène, où s'ils sont sous la dépendance de l'alimentation. On verra, à propos de l'étude de l'urine que la quantité de ces corps est augmentée dans l'état de maladie (p. 495).

§ II. — LES DÉCHETS AROMATIQUES.

Ces déchets sont, pour leur majeure partie, des produits de la dégradation des protéiques, non par les tissus, mais par les bactéries intestinales. En effet, on a vu précédemment que des noyaux aromatiques des protéiques, tyrosine, phénylalanine et tryptophane, la putréfaction intestinale fait sortir respectivement trois séries de produits aromatiques, les corps phénoliques, les corps phényliques et les corps indoliques, qui, absorbés au niveau de l'intestin, subissent des destinées diverses (p. 232 et suiv., et aussi p. 329.

Les acides oxyaromatiques sortis de la tyrosine (acides p-oxyphénylpropionique et p-oxyphénylacétique) passent en nature dans l'urine, et les phénols (crésol, phénol) principalement sous la forme d'acides sulfoconjugués (p. 238-240). L'acide benzoïque sorti de la phénylalanine devient de l'acide hippurique (p. 346). Enfin, le scatol apparaît dans l'urine sous la forme d'un chromogène encore indéterminé (p. 238, note 1) et l'indol à l'état d'acide indoxylsulfurique, en petite quantité sous la forme d'acide indoxylglycuronique (p. 239). L'urine élimine aussi un peu d'indol (p. 238, note 1). Toutefois, l'excrétion aromatique de l'urine n'est pas tout entière d'origine bactérienne. L'urine des animaux élevés aseptiquement continue à donner la réaction des acides oxyaromatiques. On doit donc admettre que ces acides sont aussi des produits du travail cellulaire.

§ III. — LES DÉCHETS SULFURÉS.

Le seul noyau sulfuré des protéiques qui soit reconnu avec certitude, c'est la cystine, et le seul produit intermédiaire de la dégradation de ce corps que nous ayons rencontré, c'est la taurine biliaire (p. 349). Mais une partie seulement du soufre des protéiques, environ 30 p. 100 chez le chien, passe par ce stade taurine[1]. Le reste suit un chemin qui est encore inconnu. Quant à la taurine elle-même, on perd aussitôt ses traces, mais ses destinées varient certainement selon l'espèce.

Lorsqu'on fait ingérer de la taurine à des lapins, le soufre reparaît presque intégralement dans l'urine à l'état de sulfates et d'hyposulfites. Chez l'homme et chez le chien l'ingestion de taurine n'augmente pas les sulfates et ne fait pas apparaître d'hyposulfites. Le produit ingéré passe dans les urines en partie inaltéré, en partie sous la forme d'une urée substituée, l'*acide taurocarbamique*, qui augmente donc la quantité de soufre neutre (voy. plus loin) (Salkowski). Au contraire, la cystine, introduite dans l'organisme de l'homme, du chien et du lapin, fait monter la quantité des sulfates, et chez le lapin elle fournit en outre des hyposulfites. Ceux-ci sont d'ailleurs un principe constant de l'urine du chien et du chat.

La question des destinées de la taurine biliaire et en général celle du métabolisme du soufre des matières albuminoïdes est donc encore pleine d'obscurités, et il faut se borner pour l'instant à faire l'inventaire des déchets sulfurés que nous apporte l'urine.

Ces déchets ont été divisés par Salkowski en deux groupes. Le premier comprend les sulfates — sulfates et éthéro-sulfates (phénylsulfates, indoxylsulfates, etc.) — représentant le *soufre complètement oxydé*, appelé encore *soufre acide*. Dans le second, qui est le groupe dit du *soufre neutre*, et qui contient de 14 à 25 p. 100 du soufre total, rentrent tous les produits renfermant le soufre à un état d'oxydation moins avancée, et dont une fraction est certainement représentée par les acides oxyprotéiques, dont il a été question précédemment. A côté de ces acides figurent aussi des déchets dérivant de la taurine biliaire, car lorsque la bile, donc l'acide taurocholique, s'écoule au dehors par une fistule, la quantité du soufre neutre diminue (Lépine et Guérin);

---

1. Il faut, en effet, faire ingérer à cet animal un poids de viande environ huit fois plus grand pour que la quantité du soufre biliaire — c'est-à-dire celle de la taurine — soit doublée.

elle augmente, au contraire, quand la bile reflue vers le sang (Lépine et Flavard). Lépine a distingué dans ce groupe une partie facilement oxydable (par le chlore ou le brome) et une autre difficilement oxydable (voir aussi p. 349, note 1).

§ IV. — LES DÉCHETS D'ORIGINE MIXTE OU DOUTEUSE.

Acide oxalique. — L'acide oxalique n'apparaît dans l'urine qu'en très petite quantité (depuis des traces jusqu'à 20 mgr. par jour), (voir p. 493). Mais comme ce composé forme souvent des sédiments et parfois aussi des calculs, remarquables par leur dureté et leurs aspérités, les conditions de son apparition ont de bonne heure préoccupé les médecins. Une partie de cet acide est apporté tout formé par les aliments et surtout par les denrées végétales. Une autre partie prend naissance au cours de la dégradation des aliments. Ces deux fractions sont donc d'*origine exogène*. Mais comme l'excrétion d'acide oxalique se continue pendant le jeûne, c'est que la destruction des tissus fournit aussi un peu d'acide oxalique dont l'*origine* est donc *endogène*.

Voyons d'abord quelles sont les particularités de cette élimination urinaire de l'acide oxalique apporté tout formé par les aliments (oxalurie alimentaire physiologique).

Beaucoup d'aliments végétaux (oseille, épinards, rhubarbe, thé) apportent d'importantes quantités d'acide oxalique préformé (jusqu'à 3 gr. p. 1 000 d'aliments frais), et les tissus animaux (muscle, foie, thymus) en contiennent aussi un peu (depuis des traces jusqu'à 10 et même 25 mgr. p. 1 000 d'aliment frais). On sait aujourd'hui que cet acide reparaît en partie dans l'urine (de 3 à 20 p. 100), la fraction qui est retrouvée étant plus forte pour les oxalates solubles que pour l'oxalate de chaux insoluble. C'est que l'absorption digestive de l'oxalate de chaux (apporté par exemple par les épinards), n'a lieu que dans l'estomac et avec un suc gastrique bien acide. Si l'on donne, en effet, en même temps que de l'acide oxalique, beaucoup de carbonate de calcium ou de magnésium, ou des alcalins, c'est-à-dire si l'on neutralise le suc gastrique (Esbach; Klemperer et Tritschler), la fraction de l'acide ingéré que l'urine élimine diminue ou s'annule. De même, quand il y a achylie, l'acide oxalique (des épinards) ne passe dans l'urine que si l'on donne en même temps de l'acide chlorhydrique (Rosenfeld). Quant à l'acide non absorbé, il est détruit dans l'intestin par le travail bactérien (Stradowsky; Klemperer et Tritschler).

On a soutenu de divers côtés que l'acide oxalique ainsi absorbé est pour l'organisme une substance absolument incombustible (Gaglio; Pohl; Faust et d'autres). Ce qui est certain, c'est que ce corps est *diffici-*

lement combustible, puisque des quantités de 11 et 25 mgr. introduites dans l'organisme du chien suffisent déjà pour produire une hausse indéniable de la quantité de l'acide oxalique urinaire, alors qu'à des doses même 200 à 400 fois plus fortes, des acides voisins (acide glycolique, glyoxylique) sont rapidement détruits (Pohl). Mais comme *in vitro* le sang, la purée de foie et de rein, font disparaître assez activement l'acide oxalique qu'on leur ajoute (Klemperer et Tritschler; Lœper et Tonnet), et que, par circulation artificielle à travers le foie du chien, cet acide disparaît aussi en partie (Sarvonat), la thèse de l'incombustibilité totale n'est pas, en général, acceptée (Dakin, Sarvonat, Lœper et d'autres).

Pour ce qui regarde l'autre fraction de l'acide exogène et l'acide endogène, un seul aliment, la viande, s'est montré comme étant un producteur régulier d'acide oxalique, mais on ne sait pas encore quel est le constituant de la viande qui doit être mis en cause.

L'ingestion d'hydrates de carbone et de graisses est sans action chez l'homme et chez le chien sur l'excrétion oxalique. Avec le glycose en injection sous la peau, on a cependant obtenu chez le lapin des résultats positifs très nets, mais en employant des doses énormes, mortelles pour des animaux (P. Mayer, Hildebrand). Les protéiques purs (eucasine, plasmon) sont aussi sans action, en sorte que le résultat positif obtenu de divers côtés avec la viande (Lommel; Stradowsky) doit être rapporté à des constituants du muscle autres que les protéiques. Ici, on a expérimenté avec le tissu conjonctif, c'est-à-dire pratiquement avec la gélatine commerciale, qui s'est montrée productrice d'acide oxalique (L. Mohr et Salomon et d'autres), tandis que la gélatine pure ne l'est pas (Rosenquist), avec le glycocolle, acide aminé très abondant dans la gélatine et qui n'a donné que des résultats douteux, avec les nucléoprotéides, les purines et la créatinine, qui ont fourni des résultats tout à fait contradictoires (Klemperer et Tritschler, Lüthje, Lommel). Chez le chien, espèce douée d'uricolyse, il semble bien que le foie transforme l'acide urique en acide oxalique (Sarvonat).

Que peut-on conclure de ces expériences quant à *la position et à la signification de l'acide oxalique dans les échanges nutritifs intermédiaires?* Le fait saillant, à ce point de vue, est la disproportion énorme que l'on constate entre la quantité de ces divers producteurs d'acide oxalique qu'il faut ingérer et la quantité du surplus d'acide oxalique recueilli dans l'urine. Il faut chez l'homme 40 gr. de gélatine, chez le lapin presque une centaine de grammes de glycose (sous la peau), chez le chien de 10 à 30 gr. d'acide aspartique ou glutamique (composés qui sont aussi des producteurs d'acide oxalique) [1], pour obtenir dans l'urine des

---

1. On a, en effet, commencé à étudier méthodiquement les acides organiques que leur structure ou d'autres prévisions théoriques désignent comme pouvant fournir de l'acide oxalique (Pohl; Jastrowitz; Dakin). De très intéressants résultats ont déjà été obtenus dans cette direction (L. Blum).

surplus qui sont d'ordinaire de 10 à 30 mgr. d'acide oxalique! Or, ce corps est un produit beaucoup trop difficilement brûlé dans l'organisme pour que l'on puisse admettre, par exemple, que tout le sucre que détruit l'organisme a passé par l'étape de l'acide oxalique, en sorte que l'on est conduit à cette conclusion, que cet acide est le produit de quelque réaction accessoire, le résultat de quelque trouble local de l'oxydation (Magnus-Levy). Mais ce n'est là qu'une hypothèse, et la question de l'origine de l'acide oxalique reste posée tout entière. Cliniquement, on rattache depuis longtemps l'oxalurie (en entendant par là l'excrétion d'un excès d'acide oxalique par l'urine) à un ralentissement de la nutrition (Ch. Bouchard), et Lœper a précisé et étendu nos connaissances sur cette question en démontrant l'existence, chez un grand nombre de malades (diabétiques, obèses, goutteux...) d'un excès d'acide oxalique dans le sang (oxalémie), alors qu'à l'état normal ce liquide en contient à peine des traces [1].

Acides gras volatils. — L'urine normale de l'homme contient par jour environ 60 mgr. d'acides gras volatils (von Rokitansky; Magnus-Lévy), parmi lesquels figurent surtout l'acide acétique, un peu d'acide formique (13 mgr. 5 en vingt-quatre heures) (R. Strisower), et peut-être de l'acide butyrique (lipacidurie normale). Une partie de ces acides provient des *fermentations* des hydrates de carbone dans l'intestin, et ainsi s'explique ce fait que l'ingestion de ces aliments fait monter l'excrétion des acides volatils urinaires à plus de 400 mgr., dont une partie importante est alors représentée par de l'acide butyrique. Mais, même en injection intraveineuse, le sucre fait apparaître dans l'urine un surplus d'acides volatils (acide formique). L'ingestion de protéiques, d'acides aminés produit le même effet (Dakin; Janney et Wakeman). Ces acides sont donc aussi produits par la *dégradation* des sucres et des protéiques et peut-être aussi des graisses, puisque la lipacidurie est très accrue chez les diabétiques (et notamment l'excrétion de l'acide formique) (Dakin; Strisower), et d'autant plus que l'acétonurie est plus forte (C.-A. Herter et Wakeman). L'excrétion d'acide formique est augmentée aussi dans les états asphyxiques (Strisower).

1. Il y a des productions pathologiques d'acide oxalique qui sont certainement d'origine parasitaire. Fürbringer cite le cas d'un diabétique, qui, atteint d'aspergillose du poumon, éliminait des quantités considérables d'acide oxalique, et l'on sait que, *in vitro*, l'*aspergillus* fait de l'acide oxalique avec le glycose. Il se peut que l'oxalurie importante présentée par les tuberculeux à grosses cavernes doive être rapportée à des causes de ce genre. Enfin D. de Sandro a trouvé dans les fèces humaines un organisme, le *Bac. oxalatigenes*, qui pourrait être un producteur d'acide oxalique dans l'intestin.

CHAPITRE XVI

LES
PRODUITS DE LA DÉGRADATION
DES NUCLÉOPROTÉIDES

Les nucléoprotéides constituent une fraction si considérable des noyaux cellulaires, et ceux-ci remplissent dans la cellule une fonction évidemment si essentielle, qu'une participation active de ces protéides aux phénomènes de la vie et *à priori* très vraisemblable (p. 59). Mais à cette constatation se bornerait à peu près ce que nous aurions à dire de la physiologie de ces composés, si entre certains fragments de leur molécule, les *bases puriques*, d'une part, et l'*acide urique*, d'autre part, des relations n'étaient apparues, qui éclairent d'un jour tout nouveau la physiologie normale et pathologique de cet acide. Ce sont ces relations surtout qui seront étudiées dans le présent chapitre.

§ I. — LES DESTINÉES DES NUCLÉOPROTÉIDES
L'ORIGINE ENDOGÈNE ET EXOGÈNE
DE L'ACIDE URIQUE.

On a vu que la forme sous laquelle le composant nucléique des nucléoprotéides arrive à l'absorption reste encore à déterminer, mais que l'hypothèse actuellement la plus vraisemblable est celle d'une démolition plus ou moins profonde des acides nucléiques, prélude de la reconstruction ultérieure de ces acides et de la molécule des nucléoprotéides (p. 206). Mais on ne sait rien ni quant au mécanisme chimique, ni quant au lieu de cette reconstruction.

On a simplement constaté que les produits de l'hydrolyse digestive des acides nucléiques sont absorbés par la voie sanguine et on admet qu'ils sont transportés par les globules blancs, la leucocytose très prononcée que produisent l'ingestion et surtout l'injection intraveineuse des acides nucléiques apparaissant dès lors sous l'aspect d'une nécessité physiologique. On se bornera donc dans le présent chapitre à étudier le sort de chacun des fragments de la molécule des nucléoprotéides, lorsque ceux-ci subissent l'inévitable dégradation.

Il n'y a rien à dire au sujet de la copule protéique, qui subit vraisemblablement les mêmes transformations que les autres albumines de la ration. Quant aux produits de démolition de la copule nucléique, deux seulement ont pu être suivis. Ce sont l'*acide phosphorique* que l'on retrouve dans les urines, et les *bases puriques*, qui sont, comme nous allons le montrer, la source des purines, c'est-à-dire de l'acide urique et des bases puriques, éliminées par l'urine. On ne sait rien sur les destinées des bases pyrimidiques (p. 56); quant à la copule hydrocarbonée, elle partage probablement les destinées des autres hydrates de carbone dans l'organisme.

C'est cette relation entre les purines urinaires et les nucléoprotéides qu'il convient de démontrer d'abord. Faisons remarquer que ce problème est surtout celui des origines de l'acide urique, puisque les neuf dixièmes des purines urinaires sont représentés par cet acide, et montrons d'abord que l'acide urique n'est pas, comme on l'a cru pendant si longtemps, un produit de la dégradation des protéiques.

L'acide urique n'est pas un produit de la dégradation des protéiques. — Aussitôt que l'on a su, notamment par l'action des oxydants, dédoubler l'acide urique avec production d'urée (1838), on a été conduit naturellement à voir dans ce corps un produit de la désintégration des albumines, moins simplifié que l'urée, donc *un produit vers l'urée.* « Dans la dégradation progressive de la matière, écrivait Lehmann dans son *Traité de Chimie physiologique* (1853), l'acide urique est situé à un échelon au-dessus de l'urée. » On envisageait donc l'acide urique comme de l'urée qui serait restée en route par suite d'une oxydation moins complète, et l'on était confirmé dans cette manière de voir par ce fait que, dans des affections que l'on considérait pour d'autres raisons comme caractérisées par une nutrition ralentie, on observait ou l'on croyait observer une excrétion exagérée d'acide urique. Mais si cet acide était vraiment comme un reste physiologique de la production de l'urée, on devrait en trouver dans l'urine des quantités croissantes à mesure que l'on augmente la quantité d'albumine consommée. Or, il n'en est rien.

L'expérience la plus décisive que l'on puisse citer ici est celle de Siven, qui, ayant consommé sous la forme de pain, d'œufs, de fromage, de lait, de pommes de terre et de fruits, des rations de plus en plus riches en protéiques, trouva dans l'urine les quantités d'acide urique que voici :

Durée des périodes.	Albumine détruite par jour.	Acide urique excrété par jour.
17 jours	18gr,5	0gr,433
4 —	25 ,0	0 ,449
7 —	80 ,9	0 ,441
6 —	145 ,3	0 ,478

On voit que la ration d'albumine a pu être portée à 7 fois sa valeur primitive, sans que la quantité d'acide urique ait été grandement augmentée (voy. p. 360). C'est que la ration était choisie de telle façon qu'elle fût exempte de nucléoprotéides ou de purines préformées, tandis que les expérimentateurs qui nous ont précédés se servaient le plus souvent, comme aliment protéique, de la viande, laquelle apporte des nucléoprotéides et surtout des purines libres, c'est-à-dire des producteurs d'acide urique, comme nous allons le montrer, en sorte que plus le sujet consommait de viande, plus il faisait d'acide urique, non par le fait du surplus d'albumine, mais à cause du surplus de purines ingéré (p. 358).

Origine nucléique de l'acide urique. — Une production d'acide urique à partir des nucléporotéides a été constatée pour la première fois par Horbaczewski (1889-1891), puis confirmée par un grand nombre d'expériences, dont il ressort définitivement que *c'est par leurs groupes puriques que les nucléoprotéides sont producteurs d'acide urique.*

Lorsque de la pulpe de divers organes riches en noyaux cellulaires (rate, foie) est mise à digérer avec du sang à 40°, on voit apparaître, en l'absence d'oxygène, des bases puriques (xanthine et hypoxanthine), et sous l'action d'un courant d'air (voir p. 363) de l'acide urique (Horbaczewski). En même temps que l'acide apparaît, la quantité des bases puriques diminue, et si l'on ajoute de la xanthine et de l'hypoxanthine à la masse, ces bases disparaissent aussi, et l'acide augmente (Spitzer; H. Wiener). Comme on savait déjà par les travaux de Kossel que les bases puriques sont des produits du dédoublement des nucléines, et que l'on connaissait aussi depuis Liebig l'étroite parenté chimique de l'acide urique avec ces bases, Horbaczewski considéra les noyaux cellulaires comme la source de l'acide urique dans l'organisme, mais comme il lui semblait, non sans raison, que la destruction des noyaux dans les tissus n'est pas assez active pour rendre compte de toute la production quotidienne d'acide urique, il rapporta dans la suite cette production à la destruction des leucocytes. Mais cette théorie dut reculer devant les faits, et avec Marès et d'autres observateurs, on admit que l'acide urique est un produit de déchet des noyaux cellulaires en général.

Par ces expériences on était donc conduit à considérer l'*acide urique comme un produit de la rétrogradation des nucléoprotéides des tissus*. Mais on ne tenait là qu'une des sources de l'acide urique dans l'organisme. Il en est une autre, à savoir les nucléoprotéides et les purines apportées par l'alimentation et si, même après Horbaczewski, cette source a été méconnue pendant quelque temps, cela a tenu à ce fait que l'action des nucléoprotéides et des purines de la ration sur l'excrétion de l'acide urique a été étudiée d'abord sur le chien, et que cet animal possède précisément une grande aptitude à pousser plus loin la dégradation de l'acide urique (p. 365). Mais chez l'homme, on réussit *par l'ingestion de nucléoprotéides ou de purines libres à enfler dans des proportions énormes l'excrétion de l'acide urique urinaire.*

Après consommation de quantités considérables de thymus de veau, chez l'homme, l'acide urique s'éleva dans une expérience de Weintraud à 2 gr. 50 en vingt-quatre heures, avec une augmentation parallèle de l'acide phosphorique, et chez un diabétique qui avait reçu 1 500 gr. de pancréas, Lüthje vit l'urine éliminer jusqu'à 6 gr. 70 d'acide urique. La petite quantité de bases puriques (surtout des oxypurines), qui dans l'urine normale de l'homme accompagne toujours l'acide urique, est également augmentée. L'ingestion de nucléoprotéides isolés à l'état de pureté ou celle d'acide nucléique produisent les mêmes effets. On en peut dire autant des bases puriques libres, qui toutes, à des degrés divers selon leur solubilité le long de l'intestin, sont productrices d'acide urique chez l'homme. On verra plus loin quelle est la fraction des purines ingérées, qui reparaît ainsi à l'état d'acide urique urinaire. Notons aussi que le phénomène présente une limite, en ce sens que, lorsque l'acide urique urinaire a atteint un certain niveau, l'ingestion d'un nouveau surplus de purines ne le fait plus monter davantage. Quant aux purines méthylées, caféine du thé et du café, théobromine du chocolat, elles ne fourniraient pas d'acide urique à l'urine d'après Minkowski; Krüger et J. Schmidt; P. Fauvel. Mais comme les extraits de tissu hépatique transforment ces deux bases en acide urique (Valenti) et que l'ingestion de ces mêmes méthylpurines est suivie chez le chien d'une augmentation de l'allantoïne urinaire, laquelle représente chez cette espèce le produit de simplification de l'acide urique, il semble bien que l'on doive admettre finalement qu'un peu d'acide urique peut sortir de ces deux bases.

La source exogène et la source endogène de l'acide urique. Choix de rations riches ou pauvres en purines. — On voit que l'excrétion des purines urinaires (acide urique et bases puriques) s'alimente à deux sources qui sont : 1° les nucléoprotéides des *tissus*, fournissant des purines dont l'*origine* est donc *endogène*; 2° les nucléoprotéides (et les purines libres) apportées du *dehors* par les aliments et donnant des purines dont l'*origine* est donc *exogène* (Burian et Schur). Les premières sont représentées par ce minimum, ce « seuil » auquel descendent les purines urinaires pendant le jeûne complet ou au cours d'une alimentation pratiquement exempte de purines; les secondes, par le surplus variable, qui s'ajoute à ce minimum, quand la ration apporte des aliments à purines. Nous ne pouvons guère agir sur la fraction endogène, mais la fraction exogène peut être à volonté augmentée ou diminuée ou même supprimée. Il est donc intéressant : 1° de connaître la grandeur et aussi la signification de la première; 2° de savoir par quels aliments on peut agir sur la grandeur de la seconde.

1° Avec des rations d'entretien exemptes de purines, l'excrétion des purines urinaires descend à un minimum, variable d'un sujet à l'autre, mais assez constant chez un même individu, ce qui fournit en pratique un point de départ suffisamment précis à l'étude des variations des purines exogènes sous l'action des aliments à purines. Pendant le jeûne total, cette excrétion est encore plus abaissée (0 gr. 39 de purines en moyenne par jour, pendant les 8 dernières journées du jeûne de 30 jours de Succi) (Brugsch). Mais à cause des conditions anormales créées par le jeûne, il est plus correct, et d'ailleurs plus commode, de déterminer le seuil endogène au cours d'une alimentation sans purines, plutôt que pendant l'inanition. Mais la quantité des purines endogènes n'est pas tout à fait indépendantes de la nature et de la quantité des aliments sans purines, qui sont consommés, comme si le travail digestif s'achetait au prix d'une usure de nucléoprotéides. C'est l'un des aspects de la question, encore très controversée, de la nature des travaux cellulaires, qui fournissent à l'urine ses déchets puriques endogènes.

Avec des rations pratiquement exemptes de purines (voir plus loin), les purines urinaires des vingt-quatre heures descendent à 0 gr. 36-0 gr. 60, dont 0 gr. 30 à 0 gr. 48 d'acide urique. Ces quantités sont très constantes chez un même sujet (par exemple de 0 gr. 298 à 0 gr. 321

d'acide urique de janvier à novembre dans un cas de Rockwood, et de
0 gr. 54, 0 gr. 56, 0 gr. 60 et 0 gr. 56 de purines totales dans quatre
séries d'observations de vingt-cinq jours en tout chez le sujet de E. Lambling et P. Piettre), mais elles varient d'un sujet à l'autre, beaucoup
plus, à ce qu'il semble, selon le poids de la musculature, que d'après
le poids total. Exceptionnellement, on rencontre des sujets bien portants
et aussi des goutteux, chez qui l'acide endogène atteint des valeurs très
élevées (jusqu'à 1 gr.). On admet que cet acide est le produit de la
dégradation des nucléoprotéides des tissus et qu'il mesure l'intensité de
cette usure (Marès). D'après Burian une partie de l'acide endogène
proviendrait aussi de l'hypoxanthine produite par l'activité musculaire
(p. 369). Mais alors la quantité d'acide urique endogène devrait être
très abaissée par une atrophie musculaire étendue, ce qui n'est pas le
cas (A. Schittenhelm). Au surplus les exercices musculaires sont sans
action sur la quantité des purines endogènes (Siven). Cependant, le fait
que l'excrétion urique diminue pendant la nuit, et les résultats des
expériences de Burian commandent de ne pas perdre de vue ici le rôle
possible du tissu musculaire. Quant au travail digestif, on est conduit à
le mettre en cause, par ce fait que si, après un repas sans purines, on
recueille l'urine par fraction, on saisit un maximum de l'excrétion des
purines, qui est très nettement en relation avec l'activité du tube digestif
(Smetanka), car ce maximum se déplace dans le sens où l'on déplace
l'heure du repas (L. Hirschstein; E. Lambling et F. Dubois), et il est
plus fort avec certains aliments (fromage blanc), qu'avec d'autres
(amidon) (Smetanka). Il est, en outre, indépendant du volume d'eau
urinaire excrété en même temps (C. Vallée; F. Dubois). En ajoutant
pendant sept jours à une ration suffisante un important supplément de
lait, P. Piettre a vu le seuil des purines endogènes, auparavant de 0 gr. 56,
s'élever aussitôt à 0 gr. 81 en moyenne. Des repas sans purines, mais
très abondants, peuvent donc provoquer un plus ample mouvement
d'acide urique, et comme beaucoup de goutteux sont de gros mangeurs,
peut-être faut-il expliquer ainsi le seuil endogène élevé que présentent
certains d'entre eux, la variabilité de ce seuil et enfin les accès de
goutte que l'on voit se produire quelquefois, même après des mois d'un
régime sans purines (E. Lambling), parfois sous l'influence du régime
lacté (Surmont). On ignore encore si l'on doit attribuer la production
de ce surplus de purines à la leucocytose digestive, ou à la plus grande
usure des glandes digestives (Marès; Smetanka), ou à l'arrivée dans
l'intestin de plus grandes quantités de sucs digestifs, riches en purines
(L. Hirschstein), ou enfin à une desquammation plus intense de l'épithélium intestinal, qui fournirait à la digestion des éléments riches
en noyaux (Th. Brugsch et A. Schittenhelm).

2° Dans nos rations habituelles, c'est la chair musculaire qui
est le grand producteur d'acide urique, non parce qu'elle apporte
beaucoup de nucléoprotéides — elle en contient peu, — mais
parce qu'elle est riche en purines préformées. Certains tissus
riches en noyaux (ris de veau, pancréas) sont des sources de
purines encore plus abondantes (p. 358). Au contraire, le lait, les
œufs et un grand nombre de végétaux sont pratiquement exempts

de purines. Le thé, le café et le cacao, bien que riches en purines, sont peu uricogènes (p. 358).

Le tableau ci-après donne la teneur des principaux aliments en purines libres ou incluses dans les nucléoprotéides (Bessau). Les résultats sont exprimés en mgr. d'acide urique et rapportés à 100 gr. d'aliments pris à l'état cru et sous leur forme marchande habituelle. Pour transformer ces poids en azote purique — mode d'expression adopté par beaucoup d'auteurs — il suffit de les diviser par 3 :

Aliments animaux.		*Aliments végétaux.*	
Thymus (ris de veau)[1].	990	Thé	2 700
Foie (bœuf)	279	Café (torréflé)	1 160
Rein (bœuf)	240	Cacao	1 000-2 000
Viande (bœuf, veau, mouton, porc)[1] . . .	78-165	Lentilles.	162
		Petits pois	81
Bouillon (de 100ᵍʳ de viande).	45	Épinards.	72
		Pois secs.	54
Cervelle	84	Haricots	51
Volaille (poule, oie, pigeon, faisan) . . .	87-174	Morilles	33
		Mâche.	33
Poissons d'eau douce (anguille, tanche, brochet, truite, carpe) .	51-168	Choux-fleurs	24
		Asperges.	24
		Céleri	15
Anchois	435	Radis	15
Sardine à l'huile. . .	354	Champignons	15
Cabillaud	144	Bière	12
Saumon	72	Salade pommée . . .	9
Hareng saur.	87	Haricots verts	6
Homard	69	Pommes de terre. . .	6
Huîtres	87	Fruits divers, choux,	
Écrevisses	60	concombres, oignons,	
Œufs, caviar.		céréales, pain, pâtes,	
Lait, fromage, crème.	0 ou traces.	tapioca, vin.	0 ou traces.
Sang (boudin)			

On remarquera que la volaille et le poisson ne le cèdent en rien aux viandes de boucherie, comme producteurs d'acide urique. Au contraire, le bouilli, qui a abandonné au bouillon une partie des purines de la viande, peut être permis aux goutteux en plus grande quantité que les autres viandes. Une ration composée de pain blanc, de biscuits, de choux, de pommes de terre, de farine de maïs, de beurre de coco, d'oranges et de confitures, est, d'après P. Fauvel, une des plus pauvres en purines que l'on puisse constituer. Notons ici que P. Piettre a vu l'excrétion des purines urinaires augmenter de 0 gr. 127 pour chaque addition de 100 gr. de viande, et de 0 gr. 210 pour chaque addition de 100 gr. de ris de veau à une ration sans purines. De même l'addition de 1 litre d'un bouillon très riche à la ration mixte habituelle a fait

---

1. La teneur du thymus en purines s'élève parfois à 1287-1446 mgr., celle de la viande (bœuf) à 275-355 mgr. (Burian et Schur).

passer l'acide urique de 0 gr. 75 à 1 gr. 15 en vingt-quatre heures (Collot). On voit combien il est vain de déduire une conclusion quelconque de dosages de l'acide urique dans l'urine, si l'on ne connaît pas la composition des rations consommées [1].

Des données qu'on vient d'exposer, il est facile au médecin de déduire la composition des régimes plus ou moins pauvres en purines qui doivent être recommandés aux goutteux. Ces régimes sans purines, dont la chimie biologique nous explique aujourd'hui clairement l'action bienfaisante, les anciens cliniciens les pratiquaient déjà. Il y a plus de soixante ans que Garrod a recommandé aux goutteux l'usage du pain, du tapioca, de l'arrowroot, de l'orge, du lait. C'est un bel exemple de ce que peut à elle seule la patiente observation clinique.

§ II. — LA PRODUCTION ET LES DESTINÉES ULTÉRIEURES DE L'ACIDE URIQUE.

On vient de montrer que les nucléoprotéides et les purines des tissus et des aliments sont la source où s'alimente la production d'acide urique. Étudions maintenant le mécanisme de cette opération, puis montrons ce que devient ensuite l'acide urique ainsi produit.

Quand on abandonne à l'autolyse des tissus animaux riches en noyaux, on assiste à la mise en liberté des bases puriques incluses dans les nucléoprotéides, ce qui implique donc une dégradation profonde de ces substances (p. 57). Il est probable que cette démolition se fait par étapes et sous l'action d'une série de diastases. Comme la trypsine est en mesure d'effectuer dans l'intestin la séparation de l'acide nucléique d'avec la copule protéique, on peut admettre que les diastases protéolytiques des tissus suffisent aussi à cette tâche. En ce qui concerne ensuite la simplification des acides nucléiques, il faut faire appel aux diastases du type de la nucléase intestinale (p. 176) que l'on rencontre, en effet, à côté des nucléoprotéides, dans presque tous les tissus et organes (pancréas, foie, rein, rate, thymus, cerveau, poumon, muscles, etc.),

---

1. Dans ce cas, c'est ce dosage qui renseignera, au contraire, le médecin sur la nature du régime adopté. Lorsque, dans l'urine d'un sujet à qui l'on a prescrit le régime lacto-végétal, on trouve par exemple 0 gr. 75 d'acide urique en vingt-quatre heures (souvent avec beaucoup d'azote total), il est presque certain que l'on obtiendra du malade l'aveu que le régime n'a pas été suivi ce jour-là.

et aussi dans le monde végétal (embryon du grain de froment, *Aspergillus niger*, *Penicillium glaucum*). Mais déjà on entrevoit que ces nucléases devront être démembrées en autant de diastases spéciales qu'il y a d'étapes dans la dégradation des acides nucléiques. Voyons donc quelles sont ces étapes.

Les étapes de la dégradation des acides nucléiques et les transformations des purines libérées. — On sait que l'hydrolyse ménagée des acides nucléiques vrais *in vitro* dédouble d'abord ces tétranucléotides en leurs mononucléotides constituants, c'est-à-dire en fragments analogues à l'acide guanylique du pancréas et à l'acide inosique du muscle (p. 57 et 58), et de la forme générale (en laissant de côté la partie pyrimidique de la molécule) :

Reste phosphorique-corps sucré-base (adénine ou guanine).

Mononucléotide.

Il est très probable que, dans l'autolyse des tissus, le phénomène débute de la même manière. Il se continue ensuite, du moins dans l'autolyse du pancréas, par l'intervention d'une *purine-nucléase*, qui détache du mononucléotide la purine (adénine et guanine), en laissant le corps sucré lié encore à l'acide phosphorique (S. Amberg et W. Jones), réaction que la chimie réalise aussi *in vitro* (p. 58). Puis, sous l'action d'une *diastase désaminante*, (*désaminase*), que l'on a trouvée dans presque tous les tissus et organes, l'autolyse se continue par la transformation de l'adémine en hypoxanthine et de la guanine en xanthine [1]. Enfin, une *diastase oxydante*, la *xanthinoxydase*, qui ne paraît pas être aussi répandue dans l'organisme que la précédente, fait avec l'hypoxanthine de la xanthine et avec celle-ci de l'acide urique, car, si dans la masse autolysée on fait passer un courant d'air, la xanthine n'apparaît pas ou se forme en moindre quantité, et à sa place on recueille de l'acide urique.

Voici d'abord, avec l'adénine prise pour exemple, l'équation chimique de la désamination :

$$C^5H^4N^4(NH) + H^2O = C^5H^4N^4O + NH^3$$
Adénine.   Hypoxanthine.

---

1. W. Jones admet que ce sont deux diastases désaminantes différentes, qui entrent ici en jeu, et il les appelle respectivement *adénase* et *guanase*. Mais cette distinction est contestée. La même question se poserait pour la diastase oxydante ou *xanthinoxydase*.

Et voici, d'autre part, le schéma résumant la nature et la suite de ces transformations :

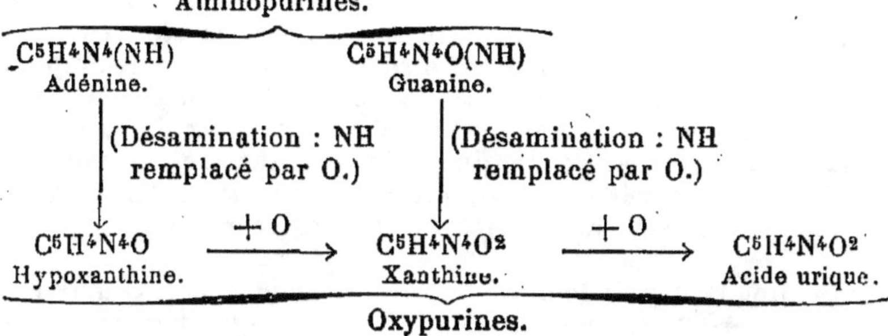

Les agents de ces transformations sont bien des diastases, que l'on a pu isoler dans une certaine mesure en soumettant des extraits d'organes, par exemple de rate, à une précipitation fractionnée convenable par le sulfate d'ammonium. Le précipité obtenu, mis en suspension dans de l'eau, puis dialysé longuement, fournit finalement un liquide d'un pouvoir diastasique considérable.

Exemple : 250 cm³ de ce liquide sont additionnés de 0 gr. 200 de guanine et de chloroforme et sont maintenus pendant trois jours à 43°, en même temps qu'on fait passer un courant d'air. On retrouve au bout de ce temps 0 gr. 203 d'acide urique, soit 91,2 p. 100 de la quantité théorique. Si l'on supprime le courant d'air, on voit apparaître comme terme intermédiaire la xanthine. Ainsi 0 gr. 90 de guanine ont donné dans ces conditions 0 gr. 77 de xanthine et seulement 0 gr. 18 d'acide urique (Schittenhelm).

Ces résultats varient selon les organes employés et aussi selon l'espèce animale[1], et l'accord n'est pas complet sur ces points entre les divers chercheurs. Bornons-nous à noter que chez l'homme la diastase désaminante a été trouvée dans le foie, le muscle, le rein, la paroi intestinale, la rate, le poumon, et que l'oxydase (xanthinoxydase) a été saisie dans le foie (Schittenhelm; Jones et Winternitz et d'autres).

Concluons donc que la grande diffusion de ces diastases dans les organes animaux, la puissance de leur action dans les phénomènes d'autolyse des organes et dans les expériences *in vitro*, ne laissent guère de doutes quant à leur intervention dans le métabolisme des bases puriques pendant la vie.

Notons encore que la désamination de l'adénine et de la guanine peut précéder la mise en liberté de ces deux bases. Au cours de l'autolyse du pancréas de porc, on saisit, en effet, à côté de la purine-nucléase,

1. Le porc, dont la rate est impuissante à transformer la guanine en acide urique, est sujet à une goutte spéciale, la *goutte à la guanine* (Virchow), caractérisée par des dépôts cristallins de guanine dans les tissus (Salomon), et cette base, qui fait défaut dans l'urine normale, apparaît dans colle de l'animal goutteux (Pecile).

qui détache du mononucléotide les bases puriques, une *phospho-nucléase*, qui fait tomber le reste phosphorique et laisse la base purique liée au corps sucré sous la forme d'un glycoside ou nucléoside, à savoir la guanosine et l'adénosine, ces deux réactions étant le pendant biologique de celles que la chimie pure sait réaliser *in vitro* (p. 58). Les deux nucléosides ainsi formés résistent à l'autolyse pancréatique, mais dans le foie du chien on trouve une diastase désaminante (*désaminase*), qui désamine les deux diastases *dans l'intérieur même du nucléoside*, en donnant respectivement de l'inosine et de la xanthosine, et ces deux corps sont dédoublables par une autre diastase, une *nucléosidase* (S. Amberg et W. Jones). Le schéma ci-après résume ces opérations :

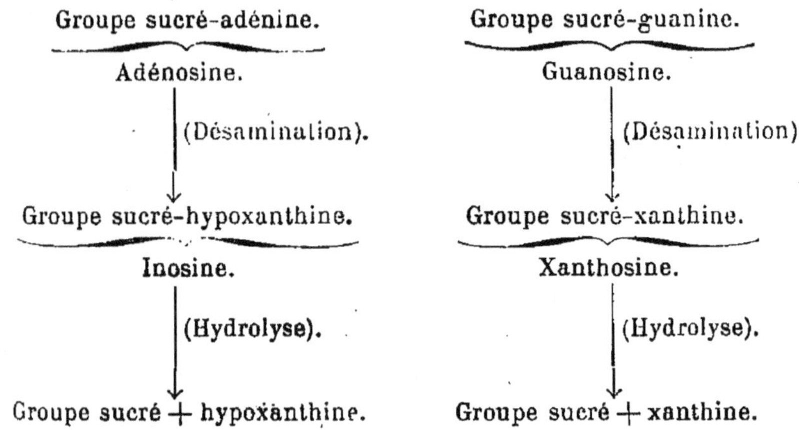

Enfin de récentes expériences de S. J. Thannhauser et A. Bommes rendent probable ce fait que ces nucléosides sont bien réellement des produits intermédiaires de la dégradation des nucléoprotéides dans les tissus.

On voit donc que pour les acides nucléiques comme pour les acides aminés (p. 327), c'est *par une série d'atteintes successives* que l'organisme effectue la simplification de ces corps.

Les destinées ultérieures de l'acide urique chez les animaux. — L'uricolyse. — Chez le chien, le chat, le lapin, le porc, le bœuf et chez les singes inférieurs, l'acide urique produit au cours des échanges nutritifs ou celui que l'on introduit artificiellement du dehors apparaît en très grande partie dans l'urine sous la forme d'*allantoïne*[1], pour une petite fraction seulement à l'état d'acide urique (W. Wiechowski). Cette *uricolyse* avec

1. C'est un diuréide glyoxylique $C^4H^6N^4O^3$ ou 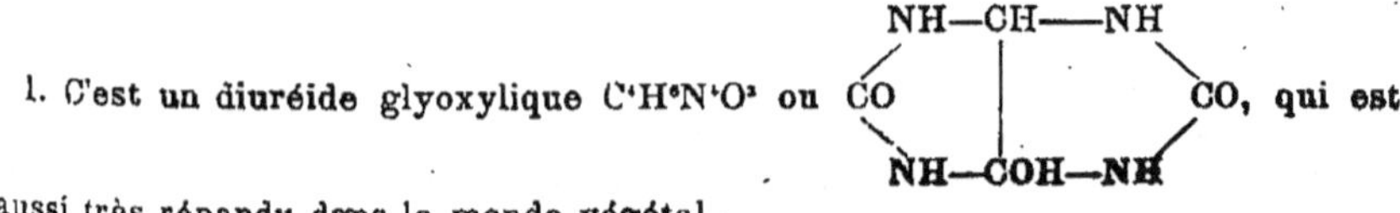, qui est aussi très répandu dans le monde végétal.

transformation en allantoïne est le fait d'une diastase oxydante spéciale, l'*uricase*, elle a pu être étudiée *in vitro*, et dans l'organisme elle a lieu, au moins en partie, dans le *foie*.

1° Une destruction d'acide urique par des purées d'organes, constatée d'abord par Stockvis (1860), puis établie par Chassevant et Richet pour le foie du chien (1898), a été démontrée pour un grand nombre de tissus et d'organes (foie, rein, muscle) (Schittenhelm; H. Wiener; Battelli et Stern et d'autres). On sait préparer aujourd'hui des extraits aqueux d'organes qui, à 40° et sous l'action d'un courant d'air, détruisent très activement l'acide urique (Schittenhelm; Wiechowski), et comme produit de cette action on a saisi l'allantoïne (Wiechowski); enfin l'on sait mesurer ce pouvoir diastasique des tissus d'après la quantité d'oxygène absorbé et d'acide carbonique dégagé (Battelli et Stern). La transformation en allantoïne a lieu, en effet, d'après l'équation[1] :

$$C^5H^4N^4O^3 + O + H^2O = C^4H^6N^4O^3 + CO^2$$

Ac. urique.   Allantoïne.

2° Les purines contenues dans l'acide thymonucléique que l'on fait ingérer à des chiens reparaissent dans l'urine à l'état d'allantoïne pour les 93 à 97 centièmes, et pour le reste à l'état d'acide urique et de bases puriques (Schittenhelm), et l'acide urique administré par voie parentérale au chien et au lapin se comporte de même (Wiechowski). Et comme l'allantoïne introduite dans l'organisme du chien se retrouve presque intégralement dans l'urine (Minkowski, Luzzato), ce corps représente bien le *produit terminal* du métabolisme des bases puriques chez ces animaux. Enfin, chez le chien à fistule d'Eck on ne recueille plus à l'état d'allantoïne que les 74 à 87 centièmes des bases puriques ingérées à l'état d'acide nucléique (Abderhalden, London et Schittenhelm).

Les destinées de l'acide urique dans l'organisme humain.

— Chez l'homme et chez les singes supérieurs on constate que l'urine n'élimine à l'état d'acide urique qu'une fraction des purines ingérées. Qu'est devenue la différence qui manque à l'appel? Sur ce point, deux explications s'opposent l'une à l'autre : 1° Les uns admettent avec Brugsch et Schittenhelm, Burian, que ce manquant a passé, lui aussi, par l'étape de l'acide urique, et qu'il a été détruit ensuite avec production d'urée (et non pas d'allantoïne comme chez les animaux). L'acide urique de l'urine humaine ne serait donc qu'*une différence entre l'acide réellement produit et l'acide détruit.* 2° Les autres soutiennent avec

---

1. L'acide urique ajouté à des purées de foie d'oiseaux (ou même de mammifères) disparaît lorsqu'on fait passer un courant d'air, et reparaît lorsqu'on interrompt ce courant (Ascoli et Izar). Cette synthèse est due à la collaboration d'une diastase thermolabile, fournie par le sang, et d'un coferment thermostabile, soluble dans l'alcool, contenu dans le foie (Bezzola, Preti, Izar). Mais Fasiani conteste que les tissus des mammifères soient aptes à opérer cette synthèse.

Wiechowski, Siven, Hunter et Givens, que l'acide urique est à peu près inattaquable pour l'organisme humain. C'est un *produit terminal du métabolisme purique*, en sorte que tout ou presque l'acide urique produit dans l'organisme est éliminé par l'urine. Quant au manquant en question, il se dégrade par d'autres chemins, qui ne passent pas par l'acide urique. Ajoutons que la première de ces explications est actuellement en recul visible par rapport à l'autre.

1° On constate, à la vérité, que le pouvoir uricolytique fait défaut *in vitro* aux purées d'organes humains (foie, muscle, rein, rate, poumon, intestin) (Wiechowski, Battelli et Stern; Miller et W. Jones), mais ce résultat négatif est peut-être dû à l'action de substances empêchantes (Battelli et Stern), et finalement, c'est l'expérience sur l'organisme tout entier qui doit seul prononcer ici. Or, quand on ajoute chez l'homme, à une ration toujours la même et exempte de purines, une quantité connue d'acide nucléique pur ou de bases puriques, l'azote purique ainsi introduit est retrouvé dans l'urine, pendant les jours qui suivent, sous les formes que voici : 1° la majeure partie sous la forme d'un surplus d'urée; 2° une fraction variable (50 p. 100, de 23 à 56 p. 100, 9,7 p. 100, de 7 à 44 p. 100, de 35 à 57 p. 100, selon les divers auteurs) à l'état d'acide urique; 3° une minime partie à l'état de bases puriques (et de très peu d'allantoïne). Et Franck et Schittenhelm déduisent de là qu'une fraction importante de l'acide urique d'abord formé a été détruite, et que son azote a été transformé en urée. Et cette destruction ne se fait sûrement pas par l'étape de l'allantoïne, car cette base est inattaquable pour l'organisme humain (Schittenhelm).

2° A ce raisonnement, Wiechowski oppose que, si vraiment les organes humains étaient pourvus d'uricase, il serait singulier que cette oxydase ne fît sentir son action *in vitro* dans la purée d'aucun organe, alors qu'à côté la xanthinoxydase manifeste si nettement le sien. N'est-il pas plus logique d'attribuer ce résultat à l'absence d'uricase? En second lieu, dans l'expérience de Franck et Schittenhelm, rien ne prouve que cette partie de l'azote purique ingéré, que l'urine élimine sous la forme d'un surplus d'urée, ait passé dans sa destruction par l'étape de l'acide urique. C'est une simple hypothèse, d'autant plus fragile qu'elle est directement contredite par ce fait, qu'injecté sous la peau (Wiechowski) ou dans les veines (à l'état de sel de piperazine) (F. Umber et K. Retzlaff), l'acide urique reparaît dans l'urine de l'homme dans une proportion allant respectivement jusqu'à 82 et 94,6 p. 100 et qu'en injection intra-veineuse la xanthine fournit à l'urine 81,5 de son azote à l'état d'acide urique (Levinthal). On peut, à la vérité, objecter ici que l'injection d'acide urique est toxique et qu'elle augmente pathologiquement la production de cet acide, ce qui pourrait donc masquer la destruction d'une autre partie de ce corps. Mais si vraiment l'organisme possède le pouvoir uricolytique considérable que lui supposent Franck et Schittenhelm, il est surprenant que ce pouvoir ne se manifeste pas plus nettement, dans des conditions où son intervention serait précisément une réaction de défense, utile à l'organisme.

C'est donc l'explication de Wiechowski qui se présente actuellement avec le plus de vraisemblance, mais elle ne sera complète que lorsqu'on saura comment se dégrade cette fraction des purines, qui ne prend pas le chemin de l'acide urique.

On a vu combien cette fraction est variable (p. 367). Or, il est bien difficile, dit Siven, d'expliquer de telles oscillations par des variations du pouvoir uricolytique des tissus et il est bien plus logique de faire intervenir ici l'opération digestive, phénomène de nature très contingente et expliquant bien une absorption digestive des purines, variable d'un jour à l'autre. Or, la fraction non absorbée devient plus bas la proie des microbes, qui démolissent en partie ces corps (p. 206), en libérant leur azote, probablement à l'état d'ammoniaque, et c'est cet azote, qui, absorbé, serait la source du surplus d'urée constaté par Franck et Schittenhelm à la suite de l'ingestion d'acide nucléique. Enfin, de son côté, Lichtwitz, replaçant le phénomène en question de l'autre côté de la paroi intestinale, soutient qu'il existe deux procès de dégradation des purines, l'un aboutissant à l'acide urique et l'autre, encore inconnu, passant par d'autres chemins et aboutissant à l'urée. Ce procès serait l'inverse de l'opération de synthèse des purines à laquelle on assiste dans l'œuf pendant le développement du poulet, ou encore dans les tissus du nouveau-né qui, bien que recevant une nourriture sans purines, à savoir le lait maternel, n'en effectue pas moins d'actives synthèses de corps puriques.

Concluons donc que très vraisemblablement l'acide urique représente chez l'homme le produit *terminal* du métabolisme des purines, c'est-à-dire un déchet que l'organisme ne simplifie pas davantage. On saisit toute l'importance de cette conclusion au point de vue pathologique. En effet, ce n'est donc plus par l'insuffisance du pouvoir uricolytique de l'organisme que l'on serait en droit d'expliquer alors une accumulation pathologique d'acide urique dans les humeurs et tissus du goutteux. Seules pourraient être invoquées une production exagérée ou une rétention de l'acide.

Dans ce qui précède on a toujours considéré les purines libres ou incluses dans les nucléoprotéides comme étant les seuls précurseurs de l'acide urique. Ce n'est pas que d'autres origines n'aient pas été mises en avant, qui doivent être brièvement indiquées ici. Ce sont : 1° une production d'acide urique dans le muscle; 2° une formation synthétique de cet acide. Bien que ni l'une ni l'autre ne soient actuellement démontrées, il est utile de ne point les perdre de vue.

Production d'acide urique dans le muscle. — L'hypothèse d'une formation synthétique de l'acide urique. — 1° La destruction des

nucléoprotéides des noyaux cellulaires est-elle assez intense pour expliquer la production quotidienne des 30 à 60 cgr. de purines endogènes? Burian estime que non et il a cherché du côté du muscle une autre source de purines. Par une série d'expériences qui ne peuvent pas être expliquées ici, il s'est efforcé d'établir que le muscle au repos produit constamment de l'hypoxanthine, qu'il en produit plus pendant le travail, et que cette base est ensuite transformée en acide urique dans le muscle. Celui-ci contient d'ailleurs l'oxydase nécessaire à cette transformation. Ces résultats très intéressants appellent de nouvelles expériences.

2° On sait que, chez les oiseaux, l'acide urique tient dans l'urine la place de l'urée dans celle des mammifères. Dans l'urine normale de l'oie 66 à 70 p. 100 de l'azote total sont contenus dans l'acide urique et 9 à 18 p. 100 dans l'ammoniaque. Or, quand on pratique la ligature de la veine porte et celle de l'artère hépatique [1], avec ou sans ablation du foie, l'urine, au lieu d'être trouble, devient claire, et l'acide urique ne constitue plus que 3 à 4 p. 100 de l'azote total, tandis que la part de l'ammoniaque monte à 55 ou 70 p. 100. L'urine contient aussi de notables quantités d'acide lactique (Minkowski). On a conclu de là que l'oiseau fait la synthèse de l'acide urique à partir de l'acide lactique et de l'ammoniaque, cette dernière étant probablement transformée au préalable en urée. On pourrait objecter, à la vérité, que l'accident primaire provoqué par l'opération est la production d'acide lactique, qui, s'emparant ensuite de l'ammoniaque disponible, empêche ainsi indirectement la synthèse de l'acide urique. Mais alors l'administration d'alcalins devrait rendre aux animaux opérés l'aptitude de faire de l'acide urique. Or, il n'en est rien (S. Lang). Au surplus, du sang chargé de lactate d'ammonium s'enrichit en acide urique quand on le fait passer à travers un foie d'oie (Kowalewski et Salaskin). Mais E. Friedmann et H. Mandel puis M. Glaeserow n'ont pas pu confirmer ce résultat, et comme ils ont observé, en outre, ce fait inattendu que c'est, au contraire, le sang en nature, sans addition d'aucune substance, qui se charge d'acide urique par circulation artificielle à travers le foie d'oie, la question demeure ouverte; ajoutons que l'on ignore si les mammifères sont en mesure d'opérer une telle synthèse.

§ III. — FAITS RELATIFS A LA PATHOLOGIE DE L'ACIDE URIQUE.

Les troubles que l'on constate dans les mouvements de l'acide urique au cours de certaines affections ne jouent visiblement aucun rôle pathogénique important, du moins primitivement. Ainsi se présente, par exemple, l'exagération considérable de

---

1. On sait que, chez les oiseaux, il existe une veine porte rénale, qui va de la veine cave inférieure vers le rein, et qui communique, par une anastomose appelée veine de Jacobson, avec la veine porte hépatique. Cette disposition permet de lier les vaisseaux sanguins afférents du foie sans provoquer la mort immédiate, comme chez les mammifères. La survie, chez les oiseaux, est de douze à vingt heures.

l'excrétion urique au cours de la *leucémie*, où il y a digestion intra-sanguine de globules blancs, et où l'élimination d'acide urique peut atteindre de ce fait en vingt-quatre heures 5 grammes et plus encore, au cours de la *pneumonie* franche, où l'on assiste à une liquéfaction et à une résorption partielle d'un exsudat, que l'invasion des leucocytes à rendu riche en noyaux (p. 116). Pareillement, l'urine élimine plus d'acide urique quand on provoque à l'aide des rayons X une fonte toxique des tissus.

Dans la goutte, au contraire, le rôle pathogénique de l'acide urique est visiblement de premier ordre, et, dans ce qui suit, c'est uniquement de cette affection qu'il sera question.

1. *L'acide urique chez le goutteux en dehors et au moment des accès.*

L'acide urique endogène. — 1° EN DEHORS DE L'ACCÈS. — Soumis au régime sans purines, les goutteux éliminent par l'*urine* des quantités d'acide endogène qui se tiennent tantôt au-dessous du minimum physiologique, tantôt dans les limites entre lesquelles se meut l'excrétion endogène chez les individus bien portants, mais, dans ce cas, souvent près de la limite inférieure. De plus, chez le même individu, la quantité d'acide éliminée présente des variations beaucoup plus étendues qu'à l'état normal. D'autre part, le *sang* des goutteux présente une hyperuricémie marquée, constatée d'abord par Garrod en 1848 à l'aide de sa fameuse *épreuve du fil* [1].

1° Chez 6 goutteux observés durant des périodes allant de trois à trente et un jours, Brugsch et Schittenhelm ont trouvé des excrétions endogènes qui étaient en moyenne respectivement de 0 gr. 248, 0 gr. 306, 0 gr. 280, 0 gr. 263, 0 gr. 127 et 0 g. 314, et pour 30 autres malades étudiés par divers auteurs, ils ont relevé 12 fois des valeurs inférieures à 0 gr. 30 et 10 fois des valeurs comprises entre 0 gr. 30 et 0 gr. 40. De très faibles excrétions ont été constatées par d'autres auteurs (F. Umber; H. Labbé et H. Hancu). Voici, d'autre part, un exemple des variations considérables observées pour l'acide endogène trois mois après le précédent accès et six semaines avant le suivant : 0 gr. 521, 0 gr. 328, 0 gr. 361, 0 gr. 298, 0 gr. 487, 0 gr. 561, 0 gr. 472 et 0 gr. 444 (C. von Noorden) (voir aussi p. 372). — 2° La quantité d'acide urique que trans-

1. Épreuve consistant à provoquer, par addition d'acide acétique à 30 p.100, la cristallisation (et le dépôt sur un fil) de l'acide urique contenu dans le sérum d'une petite prise de sang.

porte le sang normal chez l'homme alimenté sans purines est si faible
que pendant longtemps c'est à peine si de loin en loin un chercheur a
réussi à en isoler des traces souvent douteuses. On sait aujourd'hui
que ce sang renferme en réalité, pour 100 cm³, de 1 à 2, de 1,5 à 3,5,
de 0,7 à 3,7, de 1 à 4 mgr. d'acide urique (Bass et Wiechowski ; Steinitz ;
Folin et Denis). Dans le sang des goutteux, on en trouve jusqu'à
20 mgr.; mais le plus souvent de 3 à 7, parfois seulement de 2 à 4, en
sorte que l'uricémie goutteuse rejoint par ses limites inférieures
l'uricémie normale (Magnus-Lévy ; Brugsch, Steinitz et d'autres).

2° Au moment de l'accès. — On admettait autrefois, d'après
Garrod, qu'au moment de l'accès l'excrétion de l'acide urique par
l'*urine* est diminuée. On sait aujourd'hui qu'il n'en est rien et
que l'accès est, au contraire, accompagné d'une débâcle d'acide,
même chez le goutteux mis au régime sans purines.

Un peu avant l'accès (un à quatre jours), on observe souvent, mais
non d'une façon constante, une diminution de l'acide urique de l'urine,
puis, le jour de l'accès, l'excrétion monte brusquement, se maintient
élevée pendant un à deux jours, rarement trois, puis diminue lentement et s'abaisse même au-dessous de la normale. Exemple (Brugsch) :

	Acide urique en 24 heures.
Au moment de l'accès	0ᵍʳ,708 et 0ᵍʳ,675
Intervalle de 4 jours (moyenne). . .	0ᵍʳ,376
Autre accès (1 jour).	0 ,618
Après l'accès (moyenne de 8 jours) .	0 ,375
Petit accès (moyenne de 2 jours) . .	0 ,585

Que se passe-t-il, d'autre part, *du côté du sang* ? On a cru pendant longtemps, sur la foi d'expériences faites par Garrod par sa
méthode au fil, très insuffisante au point de vue quantitatif, que
l'acide urique s'accumule dans le sang avant l'accès et diminue
après celui-ci. En réalité, il est très difficile de tirer une conclusion précise des résultats actuellement réunis.

Dans 14 analyses, Magnus-Levy a trouvé 9 fois le sérum des goutteux
plus riche en acide urique dans l'intervalle des accès qu'au moment de
l'accès (moyenne : 13 mgr. 1 d'acide urique p. 100 contre 7,1); dans
3 cas c'est l'inverse qui s'est produit (7,7 contre 10,8 en moyenne), et
dans 2 cas, la richesse a été la même de part et d'autre. Deux saignées
de 200 centimètres cubes chacune ont de même fourni à B. Bloch, au
moment de l'accès, 9,7, et après deux mois du régime sans purines,
institué au moment de cet accès, 8,9 milligrammes, soit donc pratiquement le même résultat (voir aussi p. 372).

L'acide urique exogène. — 1° En dehors de l'accès. —

Chez le goutteux l'excrétion, par l'*urine*, du surplus d'acide urique fourni par l'ingestion de purines alimentaires s'étale sur un nombre de jours beaucoup plus grand que chez le sujet normal, et pour une même quantité de purines ingérées, on recueille souvent chez lui moins d'acide urique urinaire que chez l'homme bien portant (Brugsch et Schittenhelm, F. Umber, Beach, Schliep et d'autres). Du côté du *sang*, les faits actuellement acquis ne parlent pas très nettement.

1° Un sujet normal et un goutteux, au régime sans purines depuis quatre jours, reçoivent, le 5° et le 6° jour, 500 gr. de thymus par jour, et on mesure leur excrétion urique jusqu'au 10° jour. Le premier élimine pendant les quatre premiers jours de 0 gr. 30 à 0 gr. 40 d'acide, puis le 5° et le 6° jour 0 gr. 70 et 1 gr. 40, mais dès le 7° jour l'excrétion redescend à 0 gr. 20, et elle se maintient jusqu'au 10° jour inclusivement entre 0 gr. 40 et 0 gr. 30. Le second, au contraire, dont l'excrétion urique s'est tenue pendant les quatre premiers jours au-dessous de 0 gr. 20, élimine, le 5° et le 6° jour, 0 gr. 20 et 0 gr. 33, puis les quatre derniers jours respectivement 0,33, 0,17, 0,33, 0,25. L'élimination du surplus d'acide urique n'était donc pas encore terminée après quatre jours (F. Umber). — 2° Quand on donne à des goutteux du matériel purique (ris de veau, viande, nucléinate de soude, bases puriques) en quantité connue, le surplus d'acide urique éliminé par l'urine n'est souvent que le tiers au plus de celui que le sujet normal fournit dans les mêmes conditions. — 3° Chez le sujet sain, l'ingestion de thymus, d'extrait de viande ou de viande, de nucléinate de soude produit une hyperuricémie alimentaire transitoire (H. Strauss; B. Bloch; H. Schur), de 5 mgr. d'acide urique pour 100 cm^3 de sang, par exemple, dans une expérience de Weintraud avec du thymus. Au contraire, chez un goutteux ayant reçu 50 gr. de nucléinate de soude, Brugsch et Schittenhelm n'ont pas trouvé le niveau uricémique plus élevé qu'après un régime sans purines. En sens inverse, un malade de Folin et Denis, mis au régime sans purines, n'avait plus que 3,4 mgr. d'acide urique pour 100 cm^3 de sang contre 5,5 avant ce régime. La question reste donc ouverte. Il se peut que l'hyperuricémie alimentaire se produise chez le goutteux d'une façon moins brusque, donc moins accentuée, parce qu'elle se répartirait, comme l'excrétion urinaire correspondante, sur plusieurs jours. C'est la théorie du ralentissement du métabolisme purique chez le goutteux, défendue par Brugsch et Schittenhelm.

2° Au moment de l'accès. — Lorsqu'on donne des aliments à purines au moment de l'accès, on recueille en général dans l'urine moins d'acide urique que chez des sujets normaux et moins qu'en dehors de l'accès. Tout de suite après l'accès, au moment où l'excrétion des purines endogènes est diminuée, au point qu'elle s'abaisse au-dessous de la normale, celle des purines exogènes est aussi très mauvaise.

Voici quelques résultats obtenus chez des malades recevant de la viande ajoutée à une ration sans purines. Les quantités d'acide urique sont exprimées en centièmes de la quantité qui peut théoriquement sortir des purines ingérées, la quantité recueillie chez l'homme bien portant étant au plus 50 p. 100 (L. Schliep).

	Acide urique recueilli (en centièmes).
I. — Avant l'accès	49
Tout de suite après l'accès	19
Quinze jours plus tard	41
II. — Sujet à forts gonflements articulaires	15
III. — Autre sujet ayant sans cesse de petits accès	0

Rappelons encore que l'on a réussi à plusieurs reprises à provoquer un accès chez des goutteux en leur donnant des aliments riches en purines.

2. Les troubles du métabolisme purique chez le goutteux.

Bien que l'on se rende compte aujourd'hui que l'hyperuricémie ne donne pas, comme on l'a cru un instant, la clef de toute la pathogénie de la goutte, il subsiste ce fait capital que l'on a souvent réussi à provoquer un accès de goutte par ingestion d'aliments riches en purines, donc en jetant dans la circulation un surplus d'acide urique. Il est par suite permis de tenir provisoirement l'hyperuricémie pour un facteur pathogénique important. Essayons donc, en partant de ce signe, de coordonner en une explication logique les faits exposés ci-dessus.

Les causes possibles de l'hyperuricémie. — Théoriquement, on en prévoit trois : 1° une production exagérée d'acide urique ; 2° une uricolyse insuffisante ; 3° une rétention d'acide urique, conséquence d'une élimination insuffisante. On peut écarter tout de suite la thèse d'une production exagérée d'acide urique, car le sang du goutteux ne présente aucune leucocytose (Grawitz), et l'excrétion de l'azote total et du phosphore total n'indique pas qu'il y ait chez ces malades une fonte anormale de tissus qui fournirait à la désassimilation du matériel nucléique en quantité exagérée. D'autre part, la thèse de l'uricolyse chez l'homme est devenue si chancelante, que l'on peut aussi écarter l'hypothèse d'un ralentissement de l'uricolyse, considérée comme cause de l'encombrement urique. Reste donc la thèse de la *rétention urique*. Cette rétention est manifeste, tant pour l'acide endogène que pour l'exogène, et l'on a successivement essayé de l'expliquer par l'action d'un *obstacle rénal*, par une *affinité morbide des tissus* pour l'acide urique, ou enfin par ce fait que cet acide circulerait dans le sang du goutteux sous la forme d'une *combinaison inaccessible au travail d'excrétion du rein*, mais sans qu'on ait pu choisir avec sécurité entre ces diverses explications.

1° On a vu que le goutteux élimine en général moins d'acide endogène que le sujet sain placé dans les mêmes conditions. C'est donc qu'il a retenu la différence, d'où l'hyperuricémie constante de ces malades, même au cours du régime sans purine. Et quand ces sujets ingèrent du matériel purique, l'acide urique exogène produit étale son élimination non sur un jour, mais trois ou quatre, et comme l'acide exogène sorti des purines consommées le lendemain se comporte de même, il suit de là que ces malades sont en état de constante rétention urique.

2° Cette rétention est bien vraiment due à un obstacle mis à l'élimination de l'acide urique formé, et non point, comme l'ont soutenu Brugsch et Schittenhelm, le résultat d'un ralentissement dans la production de l'acide urique à partir des purines, car en pratiquant systématiquement pendant des années l'épreuve de l'injection intraveineuse d'acide urique (à l'état d'urate de pipérazine soluble), Umber et ses élèves ont vu que les goutteux n'éliminent que 8 à 24 p. 100 de l'acide injecté, contre 94,6 p. 100 chez les sujets normaux. Avec Garrod on a cherché cet obstacle du côté du rein, qui serait donc touché primitivement chez le goutteux. Mais on trouve souvent la goutte en pleine évolution, à un moment où l'on ne saisit encore aucun signe clinique de néphrite, et inversement, il est cliniquement bien établi que, si la néphrite crée l'hyperuricémie, elle ne crée pas la goutte. Si néanmoins c'est un obstacle rénal qui est la cause première de la maladie, il faudrait admettre l'hypothèse d'une perméabilité rénale diminuée uniquement pour l'acide urique et ne se traduisant au dehors par aucun des signes cliniques habituels de la néphrite. C'est là une hypothèse que d'intéressantes recherches de O. Folin et Denis invitent à poursuivre et à développer.

3° Si l'on cherche, au contraire, avec F. Umber la cause de la rétention dans une affinité morbide des tissus pour l'acide urique, la sécrétion rénale restant intacte, on est alors tenu d'expliquer pourquoi le sang de ces malades demeure encombré de cet acide, alors que d'une part il bénéficie du côté du rein d'une épuration urique demeurée intacte, et que, d'autre part, l'affinité morbide en question lui soutire aussi de l'acide urique.

4° Enfin, on n'a pu jusqu'à présent isoler du sang goutteux aucune combinaison de l'acide urique, par quoi serait expliquée l'impuissance du rein à éliminer ce corps. Même les expériences *in vitro* dont on était parti au début (Minkowski, Seo) sont devenues très contestables (Schittenhelm). Une hypothèse plus scientifique est celle de Dohrn qui admet que l'acide urique pourrait être produit chez le goutteux par une désamination, puis une oxydation du groupe purique dans l'intérieur même de la molécule de l'acide nucléique, soit donc par un phénomène analogue à celui qui, de l'adénosine et de la guanosine, fait sortir l'inosine et la xanthosine (p. 365). De telles combinaisons de l'acide urique pourraient être inaccessibles au travail du rein, tout en donnant au chimiste, à cause de leur peu de stabilité, l'illusion qu'il s'agit d'acide urique circulant dans le sang à l'état de liberté. Mais on voit que toute cette explication reste encore à l'état d'hypothèse.

La cause qui retient un excès d'acide urique dans l'organisme des goutteux n'est donc pas encore établie. Sait-on au moins pourquoi cet acide manifeste chez ces malades cette remarquable tendance à produire les concrétions uratiques du tophus, alors que ce phénomène fait défaut chez les autres hyperuricémiques (leucémiques, néphritiques...)? Ici l'on est conduit à examiner : 1ⁿ à quel état l'acide urique circule dans le sang; 2° quels sont les facteurs qui provoquent la précipitation de ce corps.

État de l'acide urique dans le sang. — Ici se présente d'abord l'hypothèse de Minkowski et de Dohrn, déjà développée ci-dessus. Plus simple et paraissant au premier abord mieux appuyée est l'hypothèse généralement acceptée qui fait de l'urate acide de sodium[1] la forme chimique de l'acide urique sanguin (Henderson et Spiro ; Gudzent). Et comme les quantités de ce sel que contient par litre le sérum des goutteux sont souvent supérieures à celles qu'on réussit à dissoudre *in vitro* et à 37° dans un litre de cette humeur, la conclusion s'imposerait que le plasma de ces malades équivaut à une solution sursaturée d'urate acide de sodium, état de choses dont l'instabilité expliquerait donc la facile précipitation de ce sel dans les tissus.

Quand on prépare un sérum artificiel contenant tous les sels du sérum naturel et de même concentration ionique que ce dernier, on constate que l'acide urique s'y dissout en chassant la quantité d'acide carbonique (du bicarbonate de soude du sérum) qui correspond à la formation d'urate acide de sodium, puis la faible solubilité de l'urate dans ce milieu (voir ci-après) fait qu'il se précipite. De même, dans le

---

1. La molécule de l'acide urique, qui contient deux atomes d'hydrogène remplaçables par des métaux, $C^5H^2N^4O^3H^2$, peut fournir, par exemple, deux sels de sodium, l'urate acide $C^5H^2N^4O^3NaH$ (qui d'ailleurs n'est point acide au tournesol), et l'urate neutre $C^5H^2N^4O^3Na^2$ (qui n'est point neutre au papier mais fortement alcalin). Ce dernier sel est fortement dissocié par l'eau en urate acide et en soude, et l'acide carbonique lui enlève aisément la moitié de son sodium. Il ne peut donc pas exister dans les liquides de l'organisme et ne présente aucun intérêt biologique.

sérum naturel, l'acide urique déplace de l'acide carbonique, et après un temps de sursaturation (voir plus loin), il se précipite de l'urate acide de sodium (Gudzent; Bechhold et Ziegler. C'est donc bien à l'état d'urate monosodique que l'acide urique existe dans le sang. Or, cet urate, que l'eau pure dissout à 37°, et sous sa forme stable[1], à raison de 1 gr. 41 p. 1 000, n'est soluble dans le sérum, à la même température, qu'à raison d'environ 0 gr. 050-0 gr. 080 p. 1 000, abaissement de solubilité que prévoit la théorie des ions et qui est dû à la présence, dans le sérum, de grandes quantités d'ions Na (Gudzent). D'après Bechhold et Ziegler, cette solubilité ne serait même que de 0,025 p. 1 000. Et comme dans le sang des goutteux examinés par Magnus-Levy (p. 371) et par d'autres auteurs, la quantité d'acide urique, calculée en urate acide de sodium, a dépassé 28 fois sur 39 la limite de 0 gr. 080 p. 1 000, il semble bien que le sérum des goutteux représente une solution *sursaturée* d'urate monosodique. Mais de quelle nature est cette sursaturation?

Il y a longtemps qu'on s'est aperçu que le sérum sanguin peut dissoudre des quantités considérables d'*acide* urique (voir plus loin), et c'est même parce que le sérum des goutteux peut ainsi en recevoir beaucoup plus qu'il ne contient déjà, que l'on a tout d'abord repoussé fort loin cette idée que le sang de ces malades pût être considéré comme sursaturé. Voici quelle est probablement la raison de ce phénomène. Quand on dissout de l'acide urique dans une solution de soude, étendue et bouillante, en veillant à ce que l'alcali ne soit jamais en fort excès, on obtient très aisément des *solutions sursaturées d'urate acide de sodium*, pouvant contenir jusqu'à 12 et même 20 p. 1 000 d'acide urique, et que diverses interventions (addition d'eau salée), font ensuite passer à l'état de gelée. (On peut même soustraire ensuite à l'urate sa base alcaline, sans que l'acide cesse de rester en solution) (Schade et Boden). On comprend maintenant pourquoi le sérum, qui, agité avec l'urate acide de sodium tout formé, ne dissout au plus que 0 gr. 080 de ce sel, en accepte, au contraire, jusqu'à 1,13 p. 1 000, et même beaucoup plus, quand on l'agite avec de l'acide urique libre (Bechhold et Ziegler). C'est que les conditions de formation de ces solutions sursaturées d'urate sont alors réalisées. Ces solutions aqueuses sursaturées n'ont pas le caractère colloïdal, mais quand ces liquides, et aussi le sérum sursaturé, abandonnent ensuite une partie de leur urate, celui-ci se sépare à l'état de particules microscopiques qui, dans le sérum notamment, restent d'abord longtemps en suspension, en constituant alors, d'après Schade et Boden, une solution colloïdale. Mais sur ce point le débat n'est pas clos (Lichtwitz).

Si intéressantes que soient ces constatations, l'explication qu'elles doivent appuyer reste finalement aussi hypothétique que

---

1. E. Fischer a prévu, en effet, pour l'acide urique deux formes : la forme lactame et la forme lactime (p. 56) et Gudzent a démontré qu'en dissolution aqueuse l'urate monosodique prend d'abord la première forme, plus soluble (2 gr. 13 p. 1000 à 37°), pour aboutir après quelques heures à la seconde, moins soluble (1 gr. 41 p. 1000 à 37°). Et comme chez le goutteux l'élimination de l'acide urique formé est répartie sur plusieurs journées et que dans le sérum à 37° l'urate instable qu'on y dissout prend aussi après quelques heures la forme stable (Gudzent), il est permis de compter ici avec la forme stable.

celle de Minkowski et de Dohrn, car le fait que l'acide urique, introduit *in vitro* dans du sérum, y prend telle ou telle forme ne prouve rien quant à l'état de l'acide qui préexiste dans le sang. Et puis, s'il est vrai qu'un sang hyperuricémique est une dissolution sursaturée d'urate acide, en imminence de précipitation, pourquoi n'observe-t-on la production d'aucun tophus chez les hyperuricémiques autres que les goutteux (leucémiques, néphritiques...)? C'est donc que chez le goutteux d'autres facteurs interviennent encore. Quels sont-ils?

Causes qui provoquent la précipitation de l'acide urique dans les tissus. — Les bons effets de la cure alcaline dans le traitement de la goutte, et ce fait que l'urate monosodique est beaucoup plus soluble dans l'eau que l'acide urique, ont naturellement incliné les cliniciens à chercher la cause de cette précipitation dans une diminution locale ou générale de l'alcalinité du sang, qui faciliterait la précipitation de l'acide urique. Mais, d'une part, le tophus est formé d'urates et non d'acide urique, et, d'autre part, ni au moment des accès, ni dans l'intervalle de ceux-ci, l'alcalinité du sang n'est diminué chez le goutteux[1]. D'ailleurs, l'arrivée d'un surplus d'alcalis dans le sang favoriserait la précipitation des urates. On est donc réduit à faire appel à quelque affinité morbide des tissus du goutteux pour l'acide urique, mais, malgré une série de constatations intéressantes, cette explication reste encore tout à fait hypothétique.

On a déjà signalé plus haut la diminution de solubilité que subit l'urate acide de sodium en présence de *tout sel apportant des ions Na* (p. 376), et ce fait est aujourd'hui bien établi (Roberts; His et Paul). Ces résultats ne prouvent rien, bien entendu, contre l'efficacité du traitement alcalin chez les goutteux; ils démontrent simplement que ces bons effets ne sont certainement pas dus à une amélioration des conditions de solubilité de l'acide urique dans l'organisme[2].

1. On a fait remarquer très justement que la seule maladie où l'on ait nettement constaté une diminution de l'alcalinité de titration du sang, à savoir le diabète, ne conduit nullement à des dépôts uratiques dans les tissus, et cependant ces malades consomment souvent des quantités énormes d'aliments à purines (viande) (C. von Noorden).

2. De curieuses expériences de Van Loghem apportent sur ce point la confirmation que voici. Une émulsion de cristaux d'acide urique dans de l'eau, injectée sous la peau d'un chien, disparaît totalement en quelques jours. Chez le lapin, au contraire, les cristaux sont de même dissous, mais se reprécipitent *in loco* (sous l'influence d'un travail d'exsudation leucocytaire) à l'état de cristaux aiguillés d'urate, ayant tout à fait l'aspect de choux-fleurs que présentent les cristallisations uratiques dans les tophus goutteux. On obtient ce même résultat chez le chien, si on lui donne en même temps beaucoup de carbonate de soude, et on

En ce qui concerne l'action possible des *tissus*, on a constaté que des tranches de cartilage de cheval (Almagia) ou d'homme (Brugsch et Citron), plongées dans une solution d'urate de sodium, se garnissent de taches blanches d'urate ayant l'aspect des dépôts uriques des cartilages de goutteux. Mais il y aurait simplement, d'après Gudzent, exsudation des sels de soude que ce tissu contient en abondance, et qui, en abaissant la solubilité de l'urate, transforment la solution employée en une solution sursaturée, toute prête à laisser déposer des cristaux, aussi bien dans le liquide que dans le tissu. Toutefois il reste possible que cette richesse du cartilage en soude soit une cause de fixation, dans ce tissu, des urates du sang (Van Loghem), mais alors on ne comprend pas pourquoi ces précipitations ne se produisent que chez le goutteux, et non dans les autres maladies accompagnées d'uricémie (p. 377), et l'on est ainsi ramené à l'hypothèse d'Ebstein, à savoir celle d'une altération préalable des tissus, appelant la cristallisation uratique. Mais cette hypothèse reste toute gratuite.

De ce qui précède, il ressort que nos connaissances sur la nature chimique du procès goutteux ne fournissent actuellement à la thérapeutique, sauf sur un point qui va être rappelé, aucun appui présentant quelque sécurité. D'autre part, aucun des médicaments sur lesquels on a successivement compté pour rendre l'acide urique plus aisément soluble, et pour favoriser l'élimination de ce déchet[1], n'a résisté à l'épreuve du temps. C'est pourquoi le traitement de la goutte est resté presque entièrement empirique. Seule la partie diététique de ce traitement, d'ailleurs la plus importante, est fondée sur une acquisition de la chimie biologique, qui reste la pierre angulaire de l'édifice à construire : c'est la distinction entre l'acide urique endogène et l'acide exogène.

cesse de l'obtenir chez le lapin à qui l'on fait ingérer en même temps de l'acide chlorhydrique étendu. C'est sur ces résultats que le traitement de la goutte par l'ingestion d'acide chlorhydrique, introduit d'abord par Falkenstein en vue d'agir sur l'estomac, a été appuyé ensuite par Brugsch et Schittenhelm. Mais les bons effets de cette médication ont été nettement contestés (Klemperer ; Umber).

1. Toutefois il faut mettre à part ici l'atophane qui augmente certainement la quantité de l'acide endogène et exogène excrété et qui abaisse le niveau uricémique. Ajoutons que c'est là une constatation très intéressante à un autre point de vue. Voilà donc un agent qui accroît la perméabilité du rein uniquement pour un déchet déterminé, l'acide urique, tout comme la phlorizine oblige le rein à laisser passer le sucre (diabète phlorizique). C'est donc une raison de plus pour faire une place à l'hypothèse énoncée à la page 374, à savoir celle d'une perméabilité du rein chez le goutteux, qui serait au contraire diminuée, et uniquement pour l'acide urique (voy. aussi p. 330 une indication relative à la théorie de la goutte de Lichtwitz).

CHAPITRE XVII

ORIGINES ET TRANSFORMATIONS DES HYDRATES DE CARBONE DANS L'ORGANISME

La digestion des hydrates de carbone contenus dans nos rations habituelles fournit au sang, comme on l'a vu, principalement du glycose, et secondairement d'autres hexoses, matériaux qui sont arrêtés par le foie sous la forme de glycogène. C'est surtout ce dépôt de glycogène hépatique qui alimente l'organisme en hydrates de carbone : c'est lui qui fournit le glycose que le sang apporte aux tissus et que ceux-ci fixent à leur tour sous la forme de glycogène, ou qu'ils consomment en le conduisant jusqu'à l'état d'eau et d'acide carbonique.

Mais on a soutenu que l'organisme dispose encore d'autres sources d'hydrates de carbone. Ce sont les albumines et peut-être les graisses, dont il peut tirer du glycogène ou du glycose dans certaines conditions physiologiques spéciales, peut-être même d'une manière constante.

Quand l'afflux de sucre d'origine alimentaire est maintenu pendant un certain temps à un niveau tel que les dépôts de glycogène soient portés à leur maximum ou qu'ils soient du moins très abondants, le surplus de sucre est fixé à l'état de graisse.

Enfin, dans certaines conditions, une partie du sucre peut être éliminée en nature par les urines, sans avoir été brûlée. C'est la glycosurie normale ou pathologique.

Telles sont les diverses origines que l'on a attribuées aux hydrates de carbone de l'organisme, et les diverses voies que ces matériaux prennent au cours des échanges nutritifs. Ce sont là aussi les questions qui sont l'objet du présent chapitre.

On saisit donc des hydrates de carbone dans l'organisme sous deux formes : 1° à l'état de glycogène déposé dans certains organes et surtout dans le foie et dans les muscles ; 2° sous la forme de glycose, qui circule à l'état de dissolution dans les humeurs et principalement dans le sang. Voyons d'abord quelles sont les origines de ces deux formes d'hydrate de carbone. Comme le glycogène représente la forme que prend le glycose immobilisé et mis en réserve, c'est de part et d'autre le même problème, abordé par deux techniques différentes. Mais pour l'exposition des faits, il est plus commode de séparer les deux questions.

§ I. — LA PRODUCTION DU GLYCOCÈNE DANS L'ORGANISME.

Cette question paraissait, il y a quelques années, résolue dans ses parties essentielles. On admettait que le glycogène de l'organisme provient d'abord des hydrates de carbone alimentaires et que les protéiques aussi en peuvent fournir ; seule la question d'une production de glycogène à partir des graisses restait discutée. Puis, E. Pflüger ayant soumis à une vérification et à une critique sévères les expériences qui avaient conduit à ces conclusions, presque toutes les parties de notre physiologie actuelle des hydrates de carbone ont été remises en question. Mais on en revient aujourd'hui à une appréciation moins sévère, et, pour l'interprétation de ces expériences, à des règles moins draconiennes que celles de Pflüger. Au surplus, ces résultats reçoivent, d'autre part, l'appui des démonstrations fournies par les expériences sur l'homme et sur l'animal en état de diabète et qui sont bien autrement décisives. En effet, dans les expériences qui vont être exposées, la grande difficulté provient de ce fait que le glycogène formé à la suite de l'ingestion de l'aliment étudié est sans cesse détruit en partie, en sorte qu'on ne saisit qu'une différence, qui souvent se trouve être à peine supérieure aux erreurs de l'expérience. Dans l'organisme diabétique, au contraire, le sucre fourni par l'aliment ingéré n'est plus détruit, mais passe dans l'urine, où il est saisi en quantités si importantes que les erreurs d'expérience sont largement dépassées

C'est surtout sur la question de l'extraction et du dosage du glycogène que la critique de Pflüger s'est exercée utilement. Cette extraction, tout à fait insuffisante avec l'eau bouillante, n'est complète qu'au prix d'une dissolution des tissus dans de la potasse concentrée et chaude, et, dans le produit toujours impur que l'on obtient, le glycogène doit être dosé par transformation en glycose. C'est armé de cette méthode que Pflüger est arrivé à porter à 40-41 gr. par kilogramme la réserve de glycogène du chien, évaluée primitivement à 8 gr. 5 et à 11 gr. seulement! D'autre part, lorsqu'on essaye l'action d'un aliment sur la grandeur des réserves en glycogène d'un animal, il est impossible de savoir combien de glycogène existait dans l'organisme avant l'expérience. On tourne cette difficulté en faisant jeûner l'animal, de façon à réduire à un minimum les réserves de glycogène de ses tissus et en déterminant sur des animaux témoins, de même taille, la valeur de ce minimum [1]. Ici Pflüger a montré, par de nombreux exemples, combien les limites entre lesquelles se meut ce minimum sont étendues, et combien le terme de comparaison fourni par un seul témoin est sujet à caution, surtout si l'on borne le dosage au seul glycogène hépatique. Mais, tout en reconnaissant que la critique, exercée par Pflüger sur tous ces points et sur d'autres, a imposé aux physiologistes, dans l'étude de ces questions, plus de circonspection, on se rend compte aujourd'hui que la rigueur de cette critique a été souvent excessive. Par exemple, G. Rosenfeld a montré qu'il est inutile de pousser jusqu'à l'extrême limite l'appauvrissement en glycogène des animaux témoins. Il vaut mieux se contenter, chez le chien, d'un jeûne de cinq à six jours; à ce moment, la richesse du foie en glycogène est encore égale au plus à 1 p. 100, et tout aliment qui, dans une série d'expériences, fait monter nettement la teneur de l'organe au-dessus de cette limite peut être considéré avec sécurité comme un producteur de glycogène, sans qu'on ait à s'inquiéter des quelques cas exceptionnels que Pflüger a fait valoir contre cette manière de procéder.

La production du glycogène à partir des hydrates de carbone. — Lorsqu'à un animal (poule, lapin) appauvri en glycogène par le jeûne, on fait ingérer de l'amidon, de la dextrine, du maltose, du saccharose, du glycose ou du lévulose, on trouve, dans le corps de l'animal sacrifié quelques heures plus tard, une quantité de glycogène bien supérieure à celle que contient le corps des animaux de contrôle. Ce glycogène est-il sorti directement de l'hydrate de carbone ingéré, ou bien celui-ci a-t-il simplement préservé de la destruction un autre aliment, producteur du glycogène, à savoir l'albumine ou la graisse (théorie de l'épargne)? Comme une ingestion même abondante de graisse ne

---

1. Chez le chien on a essayé aussi de compléter ou de remplacer l'action du jeûne par un travail musculaire prolongé (à la roue) suivi d'ingestions répétées de chloral, médicament qui, s'éliminant sous la forme d'un acide glycuronique conjugué, soustrait chaque fois des hydrates de carbone aux tissus. Chez le lapin on a fait suivre aussi un jeûne de plus courte durée de convulsions strychniques prolongées pendant cinq heures.

produit aucune accumulation de glycogène, on peut écarter l'hypothèse d'une intervention de cet aliment. D'autre part, en calculant d'après l'azote excrété la quantité d'albumine que l'organisme a décomposé pendant la durée de l'expérience, on trouve que la quantité maximum de glycogène, qui a pu sortir de cette albumine, est très inférieure au surplus de glycogène trouvé chez l'animal en expérience. *Une partie au moins de ce surplus de glycogène provenait donc certainement de l'hydrate de carbone ingéré.* Les résultats fournis par les expériences de circulation artificielle à travers le foie vérifient nettement cette conclusion.

1° Voici le détail d'une des expériences de J. Otto. Un coq de 1 728 gr. reçoit, après cinq jours de jeûne, 50 gr. de *glycose* pur; il est sacrifié sept heures plus tard, et on trouve dans son foie 5 gr. 37, et dans le reste de son corps 4 gr. 98, soit donc en tout 10 gr. 35 de glycogène. La quantité maximum de glycogène qui a pu exister dans tout le corps de l'animal après cinq jours de jeûne est de 2 gr. 13. La différence, qui est de 8 gr. 22, ne peut pas provenir de l'albumine décomposée en même temps. En effet, dans les excréments il y avait 0 gr. 724 d'azote provenant de 4,52 gr. d'albumine détruite, lesquels renfermaient 2 gr. 385 de carbone. Mais tout ce carbone n'a pas pu servir à faire du glycogène, puisqu'une partie, et soit 0 gr. 875, a passé dans les excrétions[1]. Il ne reste donc que 2,385 — 0,875 = 1 gr. 51 qui ont pu produire du glycogène, et soit au maximum une quantité de 3 gr. 397. On trouve donc que 8,22 — 3,397 = 4 gr. 823 de glycogène ne peuvent provenir que du glycose ingéré. Le *lactose*, le *galactose*, le *lévulose* sont de même producteurs de glycogène (E. Külz; E. Pflüger).

2° En faisant passer en circulation artificielle à travers le foie de la tortue (K. Grube) ou bien aussi à travers des foies de mammifères (J. de Meyer) du sang ou des solutions salines additionnés de sucres divers (glycose, galactose, lévulose), on constate que le liquide circulant s'appauvrit en sucre, tandis que le foie s'enrichit en glycogène (E. Weinland; K. Grube).

Comme les divers sucres qui ont servi dans ces expériences sont de constitution différente et que le glycogène fixé par l'organisme dans ces conditions donne toujours par hydrolyse le même hexose, à savoir du glycose, il faut admettre que le foie transforme d'abord en glycose tous les sucres que lui fournit la digestion, avant de les condenser sous la forme de glycogène.

Dans le foie de chiens, à jeun depuis six jours, puis nourris de viande et de grandes quantités de lévulose, E. Pflüger n'a trouvé que

---

1. D'après **Rubner** chaque gramme d'azote apparaissant dans les excréments de la poule en inanition correspond à 1 gr. 208 de carbone éliminé en même temps. Dans l'espèce, 0 gr. 724 d'azote correspondaient donc bien à 0 gr. 875 de carbone.

le glycogène droit ordinaire. Que l'organisme possède un tel pouvoir de transformation, c'est ce que démontre aussi la sécrétion du lactose. Il est établi, en effet, que dans la mamelle ce sucre se forme à partir du glycose (Porcher), d'où il résulte que cet organe a d'abord fait du galactose avec du glycose et qu'il a ensuite réalisé la synthèse du lactose par l'union de ces deux hexoses. Quant au mécanisme chimique de telles transformations, il est devenu moins mystérieux, depuis que l'on sait qu'en milieu alcalin le glycose, le lévulose et le mannose s'engendrent réciproquement avec facilité (Lobry de Bruyn et van Eckenstein).

La production du glycogène à partir des protéiques. — On a envisagé à la page 380 la possibilité d'une production de glycogène à partir des protéiques. C'était l'opinion défendue par Cl. Bernard à la suite d'expériences sur des chiens nourris de viande. Mais on ignorait à cette époque la présence du glycogène dans cet aliment. Cette démonstration a été reprise par un grand nombre d'observateurs (Stokvis, S. Wolffberg, Mering, Külz, Bendix et d'autres) sur des animaux (poules, pigeons, chiens) appauvris en glycogène par les procédés décrits ci-dessus, puis nourris d'aliments protéiques et chez lesquels on trouvait ensuite, dans le foie et dans les autres organes, du glycogène en quantité bien supérieure à celle que fournissaient dans les mêmes conditions les animaux de contrôle.

Après avoir fait de toutes ces démonstrations, un impitoyable inventaire, dont la conclusion a été qu'aucune d'elles n'est convaincante, E. Pflüger a produit pendant des années toute une série d'expériences tendant à établir que les protéiques ne sont des producteurs de glycogène que dans la mesure où ils sont eux-mêmes porteurs d'un groupe hydrocarboné, puis finalement, à la suite d'expériences sur le chien, faites avec P. Junkersdorf (1910), il a reconnu *la réalité d'une production de glycogène à partir des protéiques*, et cette conclusion est acceptée aujourd'hui par tous les physiologistes.

La production du glycogène à partir des graisses. — Il existe dans la molécule des graisses une copule qui est certainement productrice d'hydrates de carbone dans l'organisme : c'est la *glycérine*. A la vérité, la démonstration de ce fait, en ce qui concerne le glycogène, n'est pas à l'abri de toute critique, mais comme la transformation *in vivo* de la glycérine en glycose ne peut pas être mise en doute, on peut admettre la même conclusion pour ce qui regarde le glycogène. Avec l'autre copule des graisses, à savoir les acides gras, qui représente presque toute la masse

de ces corps, l'expérience a donné un résultat tout à fait négatif.
Même l'*ingestion de quantités considérables de graisse* (jusqu'à
980 gr.) *n'augmente pas*, chez le chien à jeun depuis longtemps,
la teneur du foie en glycogène; toutefois, elle accroît la réserve
en glycogène du tissu musculaire (Ch. Bouchard et Desgrez).

La production du glycogène, disons plus simplement du glycose,
c'est-à-dire d'un corps dont *tous les chaînons carbonés sont oxygénés*, à
partir d'un acide gras, comme l'acide stéarique, dont la longue chaîne
de 18 atomes de carbone ne comprend qu'*un maillon porteur d'oxygène*,

$$CH^2\text{-}(CH^2)^{16}\text{-}COOH \longrightarrow CH^2OH\text{-}(CHOH)^4\text{-}COH$$

Ac. stéarique.   Glycose.

implique évidemment *une fixation de ce gaz*, une oxydation. Or, ce
phénomène a été observé chez les végétaux dès 1859 par J. Sachs et
Wiesner, qui ont montré que, si l'on fait germer à l'obscurité, dans un
tube placé sur le mercure, des graines riches en amidon, on n'observe
aucun changement du volume de l'air inclus dans le tube, mais que ce
volume diminue, au contraire, si l'on prend une graine riche en graisse.
Corrélativement, on constate que les graisses disparaissent des cotylédons
pour être remplacées par des hydrates de carbone (amidon, sucre).

La transformation chimique qui accompagne cette fixation d'oxygène
est une oxydation incomplète. On peut la représenter par l'équation que
voici (Ch. Bouchard), qui est celle de Chauveau légèrement modifiée :

$$C^{55}H^{104}O^6 + 30O^2 = 12H^2O + 7CO^2 + 8C^6H^{10}O^5$$

Oléo-stéaro-   Glycogène.
palmitine.

Or, cette équation exprime que 860 gr. de graisse, en se transformant
en 1 296 gr. de glycogène, *fixent* 960 gr. d'oxygène inspiré et ne *perdent*
que 308 gr. d'acide carbonique exhalé. Cette transformation doit donc
être accompagnée d'*une augmentation de poids*. Tel est précisément le
phénomène observé par A. Chauveau sur la marmotte en hibernation,
puis par Ch. Bouchard sur l'homme. Quand un adulte, qui ne reçoit du
dehors que de l'air atmosphérique, est installé sur le plateau d'une
balance enregistrante, la diminution régulière que subit son poids fait
place, en effet, dans certaines conditions, à une augmentation pouvant
atteindre 40 gr. Ayant donc donné à des chiens, préalablement maintenus à jeun pendant deux à quatre jours, de grandes quantités de
graisses pendant vingt à soixante-douze heures (jusqu'à 1 100 gr. en
soixante-douze heures), Ch. Bouchard et Desgrez ont constaté que, de
six à onze heures après l'ingestion de la graisse, le poids de l'animal
cesse de diminuer, puis se met à augmenter et que la quantité de
glycogène que l'on trouve dans les muscles est de beaucoup supérieure à celle que fournissent les muscles d'animaux témoins (3 gr. 26
contre 1 gr. 73 p. 1 000), mais que malgré l'ingestion de graisse le foie
avait continué à perdre de son glycogène, comme si l'inanition avait
été maintenue.

§ II. — LA PRODUCTION DU GLYCOSE
DANS L'ORGANISME.

La transformation du glycogène en glycose. — Bien que
la digestion déverse quotidiennement dans le sang, sous la forme
de sucres réducteurs, des quantités d'hydrates de carbone très
variables et parfois très considérables (jusqu'à 400 grammes et
plus encore), la teneur du sang en sucre reste toujours comprise
entre les mêmes limites (p. 263), ce qui implique évidemment
l'existence d'un mécanisme régulateur. On sait que c'est à
Cl. Bernard que l'on doit la découverte fondamentale de cette
régulation et du rôle que joue le foie dans ce phénomène.

C'est le foie qui arrête le glycose fourni par la digestion et qui le
transforme en glycogène, c'est-à-dire en un colloïde qui, déposé dans
les cellules hépatiques, constitue une réserve immobilisée et soustraite
à l'oxydation. Le foie du chien ou du lapin en contient, en général, de
3 à 4 p. 100 et jusqu'à 10 p. 100, celui de l'homme 2 à 4 p. 100 (d'après
une analyse de E. Lambling et deux analyses de L. Garnier sur des
suppliciés, une à deux heures après la mort). C'est cet organe qui fait
repasser le glycogène à l'état de glycose, c'est-à-dire le remet en circulation, en le déversant dans le sang sous la forme d'un produit soluble,
opération qui constitue donc une véritable sécrétion interne, la première qui ait été saisie en physiologie. Si la teneur du sang en sucre
demeure néanmoins constante, c'est parce que du sucre est sans cesse
détruit dans les organes périphériques. En effet, le sang qui sort des
organes, à l'exception du foie, bien entendu, est toujours plus pauvre
en sucre que le sang d'arrivée (A. Chauveau). Et le rôle régulateur du
foie consiste finalement en ceci que, placé entre la surface absorbante
de l'intestin qui fournit le sucre et les organes périphériques qui le
consomment, le foie arrête plus ou moins de sucre sous la forme de
glycogène et transforme plus ou moins de glycogène en sucre, selon les
variations des recettes du côté de l'intestin ou celles des dépenses du
côté des tissus.
Notons ici que le foie n'est pas le seul organe où se dépose du glycogène : on en trouve aussi dans le poumon, le rein, le placenta, le
tissu conjonctif, les globules blancs, surtout dans le tissu musculaire
qui, grâce à sa masse, en fixe des quantités considérables. Mais cette
réserve de glycogène musculaire n'a pas la même signification que la
réserve hépatique; elle ne sert pas, comme cette dernière, à l'organisme
tout entier, mais uniquement au muscle lui-même, qui la consomme sur
place pendant le travail de la contraction.

Laissons ici de côté, parce qu'elles sont d'ordre proprement
physiologique, les expériences par lesquelles Cl. Bernard a établi
ce rôle régulateur du foie et l'étude des conditions physiologiques

de ces phénomènes (action du système nerveux), et bornons-nous à examiner le *mécanisme chimique de la transformation du glycogène en glycose*. On a vu combien est encore mystérieuse la production synthétique du glycogène à partir du glycose (p. 382). L'opération inverse est mieux connue : elle est l'œuvre d'une diastase, l'*amylase hépatique*.

Voici deux groupes d'expériences qui démontrent que cette transformation ne peut être rapportée ni directement à l'activité des cellules hépatiques, ni à une amylase du sang : 1° Un foie débarrassé de sang par lavage, puis durci par l'alcool (v. Wittich), ou encore un foie lavé par une solution de fluorure de sodium à 1 p. 100, qui met fin, comme l'alcool, à toute vie cellulaire (Arthus et Huber), cède à la glycérine une diastase amylolytique; 2° Le foie d'un lapin, qui a reçu quelques heures auparavant un repas de sucre, est réduit en purée et divisé en deux portions. La première est additionnée d'eau chloroformée, qui arrête toute vie cellulaire ou bactérienne, et la seconde est mise à bouillir, puis additionnée du même volume d'eau chloroformée. Après un séjour de soixante-huit heures à l'étuve on trouve dans la première beaucoup de sucre (48 gr. 3) et peu de glycogène, dans la seconde beaucoup de glycogène et très peu de sucre (3 gr. 6) (Salkowski).

La production du glycose à partir des protéiques. — L'organisme diabétique, réduit à une alimentation exempte d'hydrates de carbone, continue néanmoins à éliminer du sucre pendant de longs jours. Si l'on constate donc que la quantité de sucre excrétée est certainement supérieure à celle qu'ont pu fournir les réserves hydrocarbonées de l'organisme, on a établi par là l'existence d'une autre source de glycose, qui ne peut être représentée que par les protéiques ou par les graisses.

Les expériences faites sur ce plan ont été très nombreuses, mais nous laisserons de côté toutes celles qui sont antérieures aux travaux de Lüthje et de Pflüger, parce que, en appliquant à ces premières recherches[1] les dernières données de Pflüger sur la grandeur maximum des réserves de glycogène, à savoir 40 à 41 gr. par kilogramme chez le chien, il se trouve que ces réserves auraient pu, à la rigueur, suffire à l'excrétion du sucre urinaire. Les expériences de Lüthje et celles de Pflüger résistent, au contraire, à cette critique.

Voici le résumé de l'expérience la plus démonstrative de Lüthje. On

1. Elles ont porté sur les chiens rendus et maintenus glycosuriques à l'aide d'injections de phlorizine ou par extirpation du pancréas ou sur des malades diabétiques.

extirpe le pancréas à un chien à jeun depuis cinq jours, on laisse ensuite l'animal jeûner encore pendant douze jours, puis on lui donne de la caséine (nutrose) pendant dix jours, et enfin on le soumet encore à l'inanition pendant sept jours. Les quantités de sucre urinaire ont été :

Pendant les 12 jours de jeûne.	228^{gr},8
— les 10 — à la caséine.	975 ,3
— les 7 derniers jours de jeûne . . .	150 ,4
Soit au total.	1 354^{gr},5

A raison de 40 gr. par kgr. et pour un poids initial de 18 kgr., l'animal pouvait posséder une réserve de 720 gr. de glycogène valant 800 gr. de glycose. Il reste donc 1 354 — 800 = 554 gr. de sucre qui ne proviennent certainement pas du glycogène.

L'expérience de Pflüger a consisté à nourrir un chien dépancréaté de chair de cabillaud, qui est pratiquement exempte de glycogène et de glycose, et qui apportait, en outre, 0,55 p. 100 de graisse. Du 24 décembre 1904 au 26 février 1905, l'animal, qui pesait 10 kgr. 3, a éliminé 3 097 gr. 1 de glycose. Or, ses réserves en glycogène ne pouvaient s'élever au maximum qu'à $10{,}3 \times 42 = 422$ gr. 3. La différence, soit $3\,097{,}1 - 422{,}3 = 2\,674$ gr. 8, n'a donc pu provenir que des protéiques ou des graisses.

Par ces expériences, il est donc établi d'une façon irréfutable que *l'organisme diabétique peut tirer des quantités considérables de glycose d'une source autre que les hydrates de carbone, et l'on admet que ce sucre provient des protéiques*, pour les raisons suivantes, dont E. Pflüger lui-même a fini par reconnaître le bien-fondé.

1° Dans ces expériences, on voit le chien diabétique répondre nettement à l'ingestion de protéiques par une plus forte excrétion de sucre, et à la suppression de cet aliment par une diminution du sucre, en sorte que le quotient $\frac{\text{Sucre urinaire}}{\text{Azote urinaire}}$, que les auteurs allemands représentent par le symbole $\frac{D}{N}$[1], est sensiblement constant (Minkowski).

Voici le détail d'une expérience très démonstrative à cet égard, faite sur le chien en état de diabète phlorizique (Reilly, Nolan et Lusk) :

	Sucre dans l'urine.	Azote dans l'urine.	Quotient $\frac{D}{N}$.
Pendant 12 heures de jeûne. . .	23^{gr},87	7^{gr}, »	3,41
— les 12 heures suivantes, et aussitôt après ingestion de 500^{gr} de viande.	49 ,50	14 , »	3,54
Pendant les 12 heures suivantes.	23 ,36	7 ,11	3,56

1. D désignant le glycose (ou *dextrose*) et N l'azote (ou *nitrogène*).

On a trouvé ce quotient égal à 2,8 (de 2,62 à 3,05) chez le chien dépancréaté, à 2,85 (2,69 à 2,95) chez le chat, la chèvre et le lapin phlorizinés, à 3,60-3,66 chez l'homme diabétique. La proportionnalité est donc indéniable entre la quantité d'albumine détruite et celle du sucre éliminé, et c'est là l'argument décisif en faveur de l'origine protéique de ce sucre.

2° La quantité de sucre éliminée pendant de longs jours par des chiens diabétiques, ne recevant que de l'albumine, est souvent telle que les réserves de graisses dont disposait l'organisme sont insuffisantes pour couvrir cette perte de sucre, en sorte que celui-ci n'a pu sortir que de l'albumine.

Une production de glycogène ou de glycose à partir des protéiques est donc établie avec certitude, mais cette démonstration n'a été faite, pour le glycogène, que chez les animaux tenus à jeun depuis très longtemps, et pour le glycose, que chez le diabétique. Il ne s'en suivrait pas nécessairement que dans les conditions ordinaires de la vie, où la ration fournit un large apport d'hydrates de carbone, l'organisme fasse aussi appel à ses protéiques comme source constante de glycogène ou de glycose. On reviendra plus loin sur cette question (p. 389).

Le mécanisme chimique et le lieu de la production du glycose à partir des protéiques. — On a d'abord déterminé quels sont les fragments de la molécule des protéiques qui, donnés à des chiens en état de diabète phlorizique, ou bien, plus rarement, à des malades diabétiques, font apparaître dans l'urine un surplus de sucre, et l'on a trouvé ainsi que le *glycocolle*, l'*alanine*, la *sérine*, la *cystine*, les *acides aspartique* et *glutamique*, l'*arginine* et la *proline* sont des producteurs de sucre.

Les autres acides aminés des protéiques, *leucine*, *isoleucine*, *valine*, *lysine*, *phénylalanine*, *tyrosine*, *tryptophane* et *histidine*, n'interviennent donc pas dans la glycogénèse et l'on a vu à la page 324 quels sont les chemins, différents de celui qui passe par le glycose, que prennent leurs molécules. On remarquera aussi qu'il en va de même pour le sucre aminé des protéiques, la *glycosamine*, qui ni chez l'homme diabétique ni chez l'animal phloriziné n'a donné le moindre surplus de sucre. On verra d'ailleurs que la caséine, à qui manque tout groupement hydro-carboné, n'en est pas moins un excellent producteur de sucre.

Passons maintenant en revue, en suivant l'exposé qu'en a fait Lusk, les procès chimiques qui conduisent ces acides aminés jusqu'à l'état de sucre, en recherchant chaque fois si leur molécule aboutit à cet état totalement, ou seulement pour une partie.

GLYCOCOLLE. — Ringer et Lusk ont constaté que le chien phloriziné répond, par exemple, à l'ingestion de 20 grammes de glycocolle par l'excrétion d'un surcroît (« extra-sucre ») de 16 grammes de glycose ; donc pour produire une molécule-gramme de glycose $C^6H^{12}O^6 = 180$ grammes, le calcul montre qu'il faut fournir 225 grammes de glycocolle, lesquels représentent 3 molécules-grammes de glycocolle, $3C^2H^5NO^2 = 3 \times 75$ grammes. La totalité de la chaîne carbonée en C^2 du glycocolle a donc été transformée en sucre. Quant au procès chimique de cette transformation, il débute évidemment par une désamination (p. 321) donnant l'acide glyoxylique $COH\text{-}COOH$ ou l'acide glycolique $CH^2OH\text{-}COOH$, lesquels ne peuvent être transformés en glycose qu'au prix d'une réduction préalable (p. 292), réaction qui conduirait ici à la glycolaldéhyde $COH\text{-}CH^2OH$. Or, en solution aqueuse ce corps fournit du glycose par polymérisation et chez le chien phloriziné il donne un surcroît de sucre (Sansum et Woodyatt). Il fournit aussi du glycogène par perfusion à travers le foie de la tortue (J. Parnas et J. Baer). Il se peut donc qu'il représente l'étape cherchée.

ALANINE. — Chez le chien en état de diabète phlorizique, l'alanine donne un surplus de sucre tel que l'on en peut conclure à un remploi, sous la forme de glycose, des trois atomes de carbone de la molécule (Ringer et Lusk ; Dakin). Ici la désamination fournirait par oxydation l'acide pyruvique $CH^3\text{-}CO\text{-}COOH$, et par hydrolyse l'acide lactique $CH^3\text{-}CHOH\text{-}COOH$, deux acides qui, dans l'organisme animal, sont d'ailleurs en relations étroites l'un avec l'autre (p. 398). Or, l'acide pyruvique est producteur de sucre dans l'organisme diabétique (Ringer ; Dakin et Janney ; Cremer), et l'acide lactique l'est aussi (Mandel et Lusk ; Embden et Salomon). Quant au passage de l'acide lactique au glycose, on incline à admettre qu'il se fait par les étapes du méthylglyoxal (ou aldéhyde pyruvique) et de l'aldéhyde glycérique (Dakin ; Neuberg). On suppose que la première de ces deux transformations est le fait d'une réaction de Cannizzaro, *interne* et *renversée*. On sait que cette réaction consiste dans la fixation d'une molécule d'eau sur deux molécules d'aldéhydes, qui sont par là transformées, l'une en alcool par fixation de H^2, l'autre en acide par fixation de O (p. 109). Mais on conçoit que cette double action puisse porter aussi sur une seule et même molécule (réaction de Cannizzaro *interne*), dont une fonction subirait une oxydation et une autre une réduction. Avec l'aldéhyde pyruvique elle conduirait de cette manière à l'acide lactique et, *renversée*, elle transformerait, au contraire, l'acide lactique en aldéhyde pyruvique et celle-ci, fixant à nouveau de l'eau, donnerait l'aldéhyde glycérique (isomérique bien entendu avec l'acide lactique) :

$$
\begin{array}{cccccc}
CH^3 & & & CH^3 & & CH^2OH \\
| & & & | & +H^2O & | \\
CHOH & H^2 & \rightleftarrows & CO & \longrightarrow & CHOH \longrightarrow \text{Glycose} \\
| & - \parallel & & | & & | \\
COOH & O & & COH & & COH \\
\text{Ac. lactique.} & & & \text{Aldéhyde pyruvique} & & \text{Aldéhyde glycérique.} \\
& & & \text{(Méthylglyoxal).} & &
\end{array}
$$

Enfin deux molécules d'aldéhyde glycérique donneraient par polymérisation le glycose (d'après le schéma de la page 397, lu de droite à gauche). Et voici maintenant les faits sur lesquels on appuie ces hypothèses. L'aldéhyde pyruvique est transformée en acide lactique à la fois par les tissus *in vitro* et par perfusion à travers le foie (Dakin ; Neuberg) par le moyen d'une diastase (glyoxylase de Dakin; céto-aldéhydo-mutase de Neuberg; p. 109), et cette opération est aisément réversible, car la simple digestion d'acide lactique à 37° avec de la nitro-phénylhydrazine donne le dérivé correspondant de l'aldéhyde pyruvique (Dakin et Dudley). D'autre part le simple chauffage des hexoses avec du phosphate de soude suffit pour les dédoubler en aldéhyde pyruvique et inversement, le chien phloriziné fait du sucre avec cette aldéhyde (Dakin). Il en fait aussi avec l'aldéhyde et l'acide glycérique (Ringer et Lusk; Woodyatt; Embden et Oppenheimer). Notons enfin que dans cette interprétation des faits on peut se passer de l'étape de l'acide lactique. Car s'il est exact, comme on le soutient, que les acides aminés sont aisément dédoublés en aldéhydes cétoniques R–CO–COH et en NH^3 (p. 322, note 1), l'alanine fournirait par cette réaction directement l'aldéhyde pyruvique ou méthylglyoxal CH^3–CO–COH, qui par l'étape de l'aldéhyde glycérique conduirait au glycose. On retrouvera les éléments de ce débat, à propos de la dégradation du glycose [1] (p. 397 et p. 400, note 1).

Sérine. — La quantité d'extra-sucre fournie par la sérine chez le chien phloriziné conduit à admettre que les trois atomes de carbone de la molécule ont tous trois servi à cette synthèse (Dakin). Et en ce qui concerne le chemin parcouru, on peut admettre là aussi que la sérine perdant NH^3 donne l'aldéhyde cétonique correspondante, qui est ici l'aldéhyde α-céto-β-oxypropionique CH^2OH–CO–COH, et qui par réduction donnerait l'aldéhyde glycérique, puis le glycose.

Cystine. — C'est un producteur de sucre par ses six atomes de carbone, mais on ignore par quels chemins. Même le début de l'opération reste mystérieux. Il faut, en effet, que la cystine en C^6 commence par donner deux molécules de cystéine en C^3, par rupture de la liaison S — S (voir les formules p. 28). Cette rupture peut se faire par oxydation du soufre et production d'acide cystéique, et les expériences de Bergman citées à la page 180 rendent cette hypothèse plausible. Mais le fait que l'organisme se défend contre l'intoxication par le benzène monobromé, en faisant avec cet acide une cystéine substituée, l'acide bromo-phénylmercapturique $CH^2(S.C^6H^4Br)$–CH$(NH.CO.CH^3)$–COOH, montre que cette rupture peut se faire aussi, non par oxydation, mais par réduction, c'est-à-dire avec production de deux molécules de cystéine. Deux voies semblent donc ouvertes ici à l'organisme. Mais on ne sait rien de plus.

Acide aspartique. — Chez le chien phloriziné l'acide aspartique (Ringer et Lusk) et aussi l'asparagine (Cremer) ont donné du sucre en quantité telle que trois atomes sur quatre peuvent être considérés comme ayant servi à cette synthèse. Ringer et Lusk proposent ici, comme constituant une étape intermédiaire, l'acide malique $COOH$–CH^2–CHOH–COOH, qui est, en effet, le produit de la désamination, par hydrolyse, de l'acide aspartique et qui est producteur de sucre dans l'organisme (Ringer, Frankel et Jonas), tandis que Dakin fait remarquer que la désamination, avec oxydation, de l'acide aspartique donnerait l'acide α-céto-succinique $COOH$–CH^2–CO–COOH; or, la pulpe

---

1. Notons encore que ce passage par l'aldéhyde pyruvique (et d'une manière générale par l'aldéhyde cétonique R–CO–COH) implique la perte du pouvoir rotatoire primitivement présenté par l'alanine (et par l'acide aminé en général); opération préalable que Dakin considère comme un acte essentiel pour la formation du sucre (*d*-glycose) à construire.

de foie ou de muscle dédouble cet acide *in vitro* en CO^2 et en acide pyruvique $CH^3-CO-COOH$ (P. Mayer), lequel est producteur de sucre. Il se peut que l'organisme se serve à la fois de ces deux réactions.

ACIDE GLUTAMIQUE. — Sur les cinq atomes de cette molécule, trois entrent en ligne pour la synthèse du sucre chez l'animal phloriziné (Lusk). Or, de l'acide glutamique peut sortir l'acide glycérique, dont on sait qu'il est un producteur de sucre (p. 388 *b*) et qui pourrait donc marquer le chemin de l'acide glutamique au glycose (Ringer et Lusk; Dakin). Mais comme la levure transforme l'acide glutamique $COOH-CH^2-CH^2-CH(NH^2)-COOH$ en acide succinique $COOH-CH^2-CH^2-COOH$, et qu'elle en fait autant de l'acide α-cétoglutarique $COOH-CH^2-CH^2-CO-COOH$ (F. Ehrlich; Neuberg) et enfin comme l'acide succinique est producteur de glycose (Ringer), les étapes entre l'acide glutamique et le glycose pourraient être aussi ces deux acides, c'est-à-dire l'acide α-cétoglutarique, puis l'acide succinique.

ARGININE. — La quantité d'extra-sucre que fournissent l'arginine ou l'ornithine (voir p. 28) chez le chien phloriziné indique que trois des cinq atomes de carbone de l'ornithine ont servi à cette construction (Dakin). On aperçoit ici comme terme intermédiaire possible l'acide succinique (voir plus haut), ou encore, si une oxydation portait sur le chaînon $CH^2(NH^2)$ c'est-à-dire le chaînon δ de l'ornithine, l'acide glutamique, dont on vient de suivre la transformation en sucre.

PROLINE. — La proline ne participe à la synthèse du sucre que par trois de ses atomes (Dakin), et comme, par ouverture de sa chaîne, elle donne aisément de l'acide glutamique, elle prendrait donc pour aboutir au glucose le même chemin que le dit acide.

L'ensemble de ces résultats explique enfin pourquoi parmi les divers protéiques donnés successivement à un organisme diabétique, les uns se sont montrés comme étant des producteurs de sucre plus puissants (caséine) que d'autres (sérumalbumine, fibrine, ovalbumine...), (Lüthje, Falta, Mohr). Ce résultat tient évidemment à leur teneur variable en acides aminés producteurs de glycose.

Enfin on s'accorde en général à placer dans le *foie* la production du glycose à partir des protéiques.

Si le foie n'est pas l'organe essentiel, il est du moins un facteur indiscutable de la désamination (p. 323). C'est aussi avec le foie isolé que l'on a réalisé l'opération inverse, celle de la production des acides aminés à partir du glycogène et de l'ammoniaque (p. 329).

Enfin dans le diabète pancréatique, où l'organisme pratique si largement la production du glycose à partir des protéiques, la suppression du foie empêche l'apparition de la glycosurie (p. 410).

Signification physiologique de la production du glycose à partir des protéiques. — On s'est déjà demandé plus haut si la production du sucre à partir des protéiques n'est pratiquée par l'organisme que dans des circonstances exceptionnelles, ou, au contraire, d'une façon régulière, même quand la ration apporte en abondance les hydrates de carbone nécessaires. C'est cette

seconde manière de voir qui est en général adoptée (Chauveau ;
Ch. Bouchard ; A. Gautier ; Seegen ; A. Gigon), et l'on verra que
Chauveau notamment soutient que les protéiques (et les graisses)
ne peuvent être consommés par les tissus qu'après transformation
préalable en glycose (p. 586). En dehors de cette raison, qui
sera encore examinée ailleurs (p. 598), on en aperçoit une autre,
indépendante de celle-ci, et à laquelle conduisent les constatations
suivantes.

On verra plus loin que, même avec un apport alimentaire surabondant en calories et en protéiques, l'organisme commence toujours par
détruire toute la quantité d'albumine qui lui est offerte, les deux autres
aliments, hydrates de carbone et graisses, n'intervenant ensuite que
pour parfaire le nombre total des calories nécessaires (p. 615). Cette
destruction de l'albumine commence très vite après l'absorption et,
souvent, dès la cinquième ou septième heure après le repas, la courbe
d'excrétion de l'*azote* urinaire a atteint son maximum, puis elle redescend en pente rapide, alors que, pendant le jeûne, la désassimilation
azotée est, au contraire, caractérisée par une marche absolument constante, d'heure en heure. A quelle nécessité physiologique correspond
cette sorte de hâte avec laquelle l'organisme démolit ainsi tout le combustible azoté qu'il reçoit du dehors? C'est ce que l'on n'explique encore
que difficilement, mais le fait est certain, et il donne une position tout
à fait particulière à l'aliment protéique.

Cela posé, voici ce que l'on observe après un repas de viande, quant à
l'élimination du *carbone* à l'état d'acide carbonique. La courbe de cette
excrétion reste assez régulière. Elle ne s'élève guère au-dessus de ce
que l'on observe à l'état de jeûne, et celle des quantités de calories produites conserve aussi à peu près la même allure. En d'autres termes,
tandis que l'azote de la molécule protéique apparaît très vite au dehors, et
que son écoulement par l'urine présente l'allure d'un torrent qui grossit,
puis s'épuise, le carbone de l'albumine est brûlé très régulièrement et
au fur et à mesure des besoins (Gruber ; O. Frank et Trommsdorff). Tra-
duisons ces faits en langage chimique, en résumant en une hypothèse,
encore toute proche des faits, les connaissances acquises ci-dessus, et
nous dirons : très vite après l'absorption digestive, les acides aminés
résultant de l'hydrolyse des protéiques sont désaminés, et l'ammoniaque
libérée est éliminée à l'état d'urée. Mais l'acide désaminé n'est pas
détruit. L'organisme en fait du sucre, qu'il brûle ensuite au fur et à
mesure de ses besoins, tout comme il fait avec le sucre qu'il reçoit du
dehors.

Ainsi *la production du sucre à partir des protéiques nous
apparaît comme un moyen dont se servirait l'organisme pour
soustraire la partie carbonée de la molécule protéique à la
désassimilation hâtive et irrégulière, qui, pour des raisons
encore mal connues, lui est imposée quant à la partie azotée
de cette même molécule.*

On remarquera que, bien entendu, cette opération synthétique ne comporte au point de vue énergétique aucun bénéfice pour l'organisme, car l'étape synthétique : acide lactique → glycose, pour continuer l'exemple de l'alanine (p. 388 a), coûte autant d'énergie qu'en rapportera l'étape inverse : glycose → acide lactique, lorsque ce sucre sera détruit. Le bénéfice de l'opération consiste simplement en ceci, que *le sucre ainsi obtenu a cette propriété essentielle d'un véritable aliment* que ne possèdent ni l'acide lactique, ni l'acide aminé dont est sorti cet acide, *à savoir que l'organisme peut le mettre en réserve et le brûler à l'instant voulu.*

Quantité de sucre que l'organisme peut tirer des protéiques. — On la connaît très mal, puisqu'on l'a successivement fixée à 55 ou 82 grammes pour 100 grammes d'albumine, la seconde de ces valeurs étant cependant la plus vraisemblable.

On peut prévoir pour cette quantité une limite maximum en transformant par le calcul tout le carbone de l'albumine en glycose. Pour 100 gr. de caséine à 53 p. 100 de carbone on trouverait ainsi 132 gr. 5 de glycose (soit donc 132,5 : 15,65 = 8 gr. 47 de glycose par gramme d'azote, puisque la caséine est à 15,65 p. 100 d'azote). Mais ce nombre est évidemment trop fort, puisqu'il est impossible d'admettre que tous les acides aminés des protéiques se sont transformés en glycose (voy. p. 388). On peut essayer, comme l'a fait A. Gautier, et après lui Chauveau et Ch. Bouchard, d'établir en partant de la formule de l'albumine, une équation hypothétique de transformation de cette molécule en glycose, urée, etc., et l'on arrive ainsi à un rendement de 55 gr. de glycose p. 100 d'albumine ou bien, si l'on admet qu'il y a d'abord transformation de l'albumine en graisse, urée, acide carbonique, etc., puis oxydation imparfaite de cette graisse en glycose (Chauveau), on trouve un rendement de 80, 5 p. 100. Mais ce ne sont là que des hypothèses. Il vaut mieux s'en rapporter aux quantités de sucre que l'on voit apparaître dans l'urine du chien diabétique ou de l'homme en état de diabète avancé et ne recevant l'un et l'autre que de l'albumine et des graisses.

On a vu que, dans ces conditions, le chien phloriziné présente un quotient D : N égal à 3,5, c'est-à-dire qu'à côté de chaque gramme d'azote albuminoïde consommé et apparaissant dans l'urine, on a trouvé 3 gr. 5 de glycose, soit donc pour 100 gr. d'albumine à 16 p. 100 d'azote : 3,5 × 16 = 56 gr. de glycose. Chez l'homme diabétique le quotient en question a pris souvent des valeurs comprises entre 3,60 et 3,65, ce qui donnerait donc de 57 gr. 6 à 58 gr. 4 de glycose, sortis de 100 grammes d'albumine, mais les valeurs *constantes* les plus élevées qu'il a présentées se groupent d'après Falta autour de 5, ce qui donnerait 5 × 16 = 80 gr. de glycose produit pour 100 gr. d'albumine. Toutefois ces résultats restent pour plusieurs raisons très incertains.

A. Gigon fait remarquer, en effet, que ce calcul du quotient D : N implique que toute l'albumine détruite par le sujet et mesurée d'après l'azote urinaire N, a produit du sucre. Il n'en est rien. Du moins Landergren a-t-il rendu très vraisemblable ce fait qu'une fraction de l'albumine est détruite sans fournir de sucre. C'est cette petite quantité à quoi l'on peut, sans rupture de l'équilibre azoté, réduire chez l'homme l'apport de protéique, quand on donne de très grandes quantités d'hydrates de carbone (voy. p. 616). Dans l'expression D : N, le dénominateur N, qui doit dès lors être diminué de cette quantité, a donc toujours été pris trop fort, donc le quotient en question aurait, en réalité, une valeur plus élevée que 3,65 ou que 5. D'autre part, le calcul, à partir du quotient D : N, de la quantité de glycose sortie de l'albumine, implique aussi que le sucre urinaire D représente bien *tout* le sucre qui est sorti des protéiques, c'est-à-dire que les sujets observés avaient perdu tout pouvoir de détruire du glycose. Or, si cette impuissance totale paraît démontrée chez le chien dépancréaté, elle ne l'est pas pour l'homme, et ce fait, à savoir que l'homme diabétique resterait toujours capable de détruire un peu de sucre, serait même une des différences de nature qui existerait entre le diabète humain et le diabète maigre pancréatique du chien. Enfin on verra aussi que, lorsque D : N prend une valeur très élevée, on doit se demander si les graisses n'ont pas ajouté du sucre à celui des protéiques.

Concluons donc que les deux valeurs de 56 et de 80 p. 100, calculées plus haut, sont aussi incertaines l'une que l'autre. La seconde cependant peut être, en outre, appuyée sur le fait que voici. On verra que sur 100 calories libérées dans l'organisme par la combustion de l'albumine, 70 seulement ont la même valeur physiologique qu'un nombre égal de calories de glycoses (p. 585-586), *comme si ces 70 calories étaient fournies par la quantité de sucre qui a pu sortir du protéique.* Calculons donc cette quantité. Cent grammes d'albumine de viande libèrent par leur destruction dans l'organisme environ 440 calories (p. 563), dont les 70 centièmes, soit 308, représentent, à raison de 3 cal. 74 par gramme de glycose (p. 548), 308 : 3,74 = 82 gr. de sucre. On retrouve donc le chiffre de 80 p. 100 calculé d'après Falta.

De toute façon, la quantité de sucre qui peut sortir d'un poids donné de protéique représente certainement une portion importante de ce poids, à savoir de 58 à 80 p. 100 de ce poids, soit donc de 49 à 70 p. 100 de la valeur calorifique de l'albumine, et l'on voit *quelles pertes importantes d'énergie fait l'organisme du diabétique, lorsque la maladie a pris la forme grave,* c'est-à-dire quand le sujet déverse au dehors, non seulement tous les hydrates de carbone préexistant dans la ration, mais encore ceux qu'il tire de ses protéiques.

La production du glycose à partir des graisses. — Chez l'homme et chez l'animal diabétiques, l'ingestion de grandes quantités de glycérine produit de la manière la plus nette l'excrétion d'un surplus de glycose (Külz; Frerichs; Cremer, Lüthje et d'autres). Mais la glycérine représente moins d'un dixième du poids de la molécule des graisses. Ce sont les acides gras qui sont le constituant principal, et d'ailleurs spécifique, de cette molécule. Ces acides sont-ils des producteurs de glycose? Disons tout de suite : 1° qu'aucune preuve directe de ce fait n'a pu être fournie encore; 2° que diverses constatations, faites chez le diabétique notamment, rendent cette transformation vraisemblable; 3° qu'il n'existe aucun résultat expérimental, qu'on puisse invoquer contre cette conclusion; 4° que cette transformation s'opère probablement dans le foie.

1° Chez l'homme et chez le **chien diabétiques**, l'ingestion de quantités croissantes de graisse est sans action sur la quantité de sucre excrétée (Hübner; Maignon; F. Arloing,...). Mais ce résultat ne prouve rien ni pour ni contre la thèse en question. Quand on donne à un organisme des quantités croissantes d'albumine, il les dégrade toujours, et par conséquent, s'il y a diabète, il en tire et il excrète des quantités croissantes de glycose, à mesure que s'élève la quantité d'albumine ingérée. Mais on ne peut pas de la sorte forcer un organisme à dégrader des quantités croissantes de graisses, car c'est toujours en dernier lieu que les tissus s'adressent à cet aliment, qui n'intervient donc jamais que comme complément. Pour forcer un diabétique nourri de protéiques et de graisses à dégrader plus de graisse, il faut lui supprimer une partie de ses albumines, mais alors, pour la raison que l'on sait (p. 386), on fait baisser la quantité de sucre urinaire, et cette diminution masque l'augmentation, qui peut-être résulte en même temps d'une production de sucre sorti de ce surplus de graisse détruit (A. Magnus-Lévy). L'étude des échanges gazeux respiratoires, qui devait *à priori* apporter la solution du problème, n'a pas fourni de résultats plus décisifs. Voici, en effet, comment les choses se présentaient ici. Comme la transformation d'un acide gras en sucre consomme une quantité importante d'oxygène (p. 384), à laquelle ne correspond dans ce cas particulier aucun dégagement d'acide carbonique (puisque chez le diabétique le sucre formé n'est pas brûlé, mais s'écoule par l'urine), on prévoit qu'un diabétique consommant beaucoup de graisse doit présenter un quotient respiratoire très bas, valant au plus 0,60 et même moins, d'après A. Magnus-Lévy. Or, chez un diabétique gravement atteint, ce savant a trouvé des résultats plus élevés. Mais E. Pflüger, qui calcule autrement le quotient respiratoire à prévoir chez le diabétique, considère, au contraire, la démonstration comme valable. La question demeure donc ouverte. Ajoutons cependant qu'un chien qui a jeûné pendant dix jours et chez lequel l'injection d'adrénaline a cessé de produire de la glycosurie, recommence à présenter de la glycosurie adrénalienne, après qu'il a reçu de l'huile d'olive pendant une semaine. Et comme les quantités d'azote et d'acide phosphorique éliminés en même temps par l'urine sont telles qu'on doit exclure l'hypothèse d'une production de sucre aux dépens des protéiques des tissus, on ne peut rapporter le glycose éliminé par l'urine qu'à une transformation de la graisse en sucre (R. Roubitschek).

2° La démonstration directe faisant donc défaut, puisqu'il est impossible de forcer à volonté un diabétique à dégrader des quantités croissantes de graisses, on peut du moins chez un malade réduit aux albumines et aux graisses, rechercher par le calcul, si tout le sucre excrété peut être attribué aux premières, ou s'il reste, au contraire, une différence, qui devrait dès lors être considérée comme sortie des graisses. Si l'on connaissait exactement la quantité maximum de sucre que l'organisme peut tirer des protéiques, si l'on était sûr, comme le soutient Falta, que 100 gr. d'albumine à 16 p. 100 d'azote ne peuvent fournir au plus que 82 gr. de glycose (p. 391), ce qui donne pour le quotient D : N la valeur de $82 : 16 = 5,1$, toute valeur notablement supérieure à 5, observée chez un diabétique ne disposant que de protéiques et de graisses, apporterait la preuve que les graisses ont ajouté du sucre à celui qui est sorti des protéiques. Mais on a vu que cette valeur limite, ainsi admise par Falta, n'est que vraisemblable. Allons donc plus loin et prenons la valeur théoriquement la plus élevée que l'on puisse prévoir, à savoir celle de 8,47, calculée plus haut pour la caséine (p. 391) et qui est sûrement trop forte. Or, il semble bien que chez les diabétiques graves on ait saisi des valeurs voisines de celles-là et même supérieures. Voici d'abord les deux cas de Hesse, où une alimentation pauvre en albumine et riche en graisse a conduit aux valeurs de 7,76 et 9,24 pour l'un et 11,64 pour l'autre, et celui de Bernstein, Bolaffio et von Westenrijk, où la moyenne de trente-sept jours d'observation a été de 6,3 et où un apport exorbitant de graisse a donné les valeurs de 8,4, 8,7 et 10,7. De même Ascoli a obtenu pour trente-trois jours une moyenne de 7,3 avec des valeurs moyennes de 11,4 et 11,1 pour des périodes isolées de quatre et de six jours, et on connaît encore d'autres observations analogues (Rumpf, Rosenquist, Whithney, etc.), que confirment des expériences sur le chien phloriziné (D : N allant jusqu'à 7, 10,6, 11 et 13) et sur le chien privé de pancréas (Hartogh et Schumm, Eppinger, Falta et Rudinger). C'est pourquoi, en dépit des incertitudes de cette méthode (p. 392), beaucoup de physiologistes et de médecins admettent la réalité d'une production de sucre à partir des graisses chez les diabétiques avancés.

3° Du point de vue de la chimie pure on n'aperçoit aucune difficulté à admettre cette transformation, mais on ne peut faire que des hypothèses quant au mécanisme de l'opération. Le sucre se forme-t-il par synthèse, à partir des restes de deux atomes de carbone que la β-oxydation détache successivement des acides gras pendant la simplification de ces corps (p. 435), ou bien cette synthèse ne commence-t-elle que lorsque la β-oxydation a dégradé ces acides jusqu'au niveau des fragments en C^4 (p. 440 et 443a)? C'est ce que l'on ignore encore entièrement. Peut-être l'étude de la transformation des graisses en hydrates de carbone, que la cellule végétale pratique si largement (p. 384), fournira-t-elle quelques premières indications sur cet important problème?

4° Quant au lieu où s'opère cette transformation de la graisse en sucre, c'est encore le foie que l'on doit mettre en cause, puisque c'est dans cet organe que l'on a pu suivre la dégradation des acides gras jusqu'au niveau des fragments, qui pourraient ensuite servir à la synthèse des sucres (p. 443a).

S'il est donc vraisemblable que les diabétiques font dans certaines conditions du sucre avec leurs graisses, est-il permis de conclure de là que l'organisme normal aussi pratique cette opération d'une manière courante? C'est l'avis de Chauveau, de Seegen, qui admettent qu'avant de pouvoir être consommés par la cellule, et notamment par le muscle, tous les aliments doivent être transformés en sucre, et l'on a vu que Ch. Bouchard admet aussi cette transformation.

§ III. — LA DESTRUCTION DU GLYCOSE DANS L'ORGANISME.

La destinée des hydrates de carbone dans l'organisme est d'être ramenés finalement à l'état d'eau et d'acide carbonique. En effet, l'analyse comparative du sang artériel et du sang veineux démontre que du sucre est sans cesse détruit à la périphérie. D'autre part, de la hausse des combustions respiratoires après un repas de sucre, et de la valeur voisine de l'unité que tend à prendre le quotient respiratoire (p. 540), on peut déduire que cette destruction est une oxydation aboutissant à l'eau et à l'acide carbonique.

Comment s'opère cette simplification? La question est très importante au point de vue physiologique, car il s'agit d'un produit qui représente plus de 50 p. 100 de la valeur énergétique totale de la ration, que tous les tissus consomment à des degrés divers, et qui est notamment l'aliment le plus important du travail musculaire. Du point de vue pathologique, la question ne nous intéresse pas moins, car pour bien comprendre comment le diabétique a perdu le pouvoir de détruire le sucre, il serait bon de savoir par quel mécanisme et par quels chemins s'opère cette destruction à l'état normal.

La destruction du glycose dans l'organisme. Oxydation directe ou dédoublement préalable. — Deux hypothèses se présentent ici.

L'oxydation du glycose porte-t-elle *directement sur la molécule encore intacte*, et dans ce cas fournit-elle des produits intermédiaires avant d'aboutir à l'eau et à l'acide carbonique? Ou bien, au contraire, la destruction commence-t-elle par un *dédoublement* en divers fragments, opération à laquelle succéderait la *combustion* de ces fragments?

1° A l'appui de la première de ces deux hypothèses, c'est-à-dire l'*oxydation directe du glycose, sans dédoublement préalable*, on a fait valoir le fait de la présence constante de l'*acide glycuro-*

nique dans le sang et dans l'urine. Mais cette constatation est susceptible d'une autre explication.

On a vu que cet acide dérive du glycose par simple oxydation d'un chaînon alcoolique CH²OH en un groupement acide COOH (p. 62). L'urine normale n'en contient que de petites quantités (à l'état d'acides phényl- et indoxylglycuronique), mais il est excrété en plus fortes proportions après ingestion d'un grand nombre de corps, tels que le chloral, les phénols, les camphres, etc., substances contre la toxicité desquelles l'organisme se protège en les copulant avec de l'acide glycuronique, après les avoir, ou non, plus ou moins modifiées. Et l'on est certain que cet acide provient ici du glycose, car chez l'animal à l'état d'inanition tout le camphre n'est plus copulé à l'acide glycuronique, sans doute parce que la matière première sucrée a fait défaut, tandis que, si l'on donne à la fois du sucre et du camphre, l'excrétion d'acide campho-glycuronique s'élève aussitôt. Mais Magnus-Levy fait remarquer avec raison qu'aussi longtemps qu'un corps n'a pas été rencontré dans l'organisme à l'état de liberté, on n'est pas fondé à admettre qu'il représente un produit de la dégradation régulière. Le fait qu'on le saisit uniquement à l'état conjugué, comme c'est le cas pour l'acide glycuronique, autorise à croire, au contraire, que l'organisme ne produit ce corps que dans la mesure où il en a besoin en vue de cette copulation antitoxique.

2° La théorie du *dédoublement préalable, précédant l'oxydation*, puis alternant avec elle, se présente avec beaucoup plus de vraisemblance. Plus on avance dans l'étude des dégradations organiques, plus on constate que toutes ces opérations se font par étapes successives, et de telle sorte qu'à chaque palier la réaction puisse être soit ramenée en arrière, soit conduite sur quelque voie latérale, s'il est besoin (p. 327 et suiv). Dans l'espèce, on admet, en général, que c'est par un dédoublement que le procès commence, d'abord parce qu'on prévoit que cette opération facilite probablement l'oxydation (p. 131 et 317-18), et ensuite parce que l'étude du muscle, dont le travail est alimenté par le sucre, permet de démontrer la réalité de ces dédoublements.

Un muscle détaché de l'animal, et qui ne contient plus d'oxygène pouvant être enlevé par le vide, fournit encore pendant longtemps dans une atmosphère exempte d'oxygène des contractions énergiques et dégage de l'acide carbonique (Hermann). Pareillement, une grenouille se maintient en vie pendant vingt-cinq heures dans une atmosphère exempte d'oxygène et pendant ce temps exhale abondamment de l'acide carbonique (E. Pflüger). Enfin, Bunge a montré que des vers parasites de l'intestin du chat (*Ascaris mystax*), plongés dans de l'eau salée et bouillie, se meuvent encore énergiquement pendant quatre à cinq jours, en dégageant d'importantes quantités d'acide carbonique.

Voyons maintenant ce que l'on sait sur la nature et sur les destinées ultérieures des produits de ce dédoublement.

Les produits de la simplification du glycose dans l'organisme. — Du point de vue chimique on prévoit que *l'acide lactique*, et, à un degré de dégradation plus avancée, *l'alcool* et *l'acide carbonique* peuvent être dans l'organisme des produits de la décomposition du sucre (p. 64). De fait, l'acide lactique apparaît dans le muscle fatigué et au cours de l'autolyse des tissus, même en dehors de toute intervention bactérienne (N. Ssobolew), et l'alcool, déjà rencontré dans l'organisme normal par A. Béchamp, est un produit de la vie résiduelle du muscle (p. 115 et 317). Voici maintenant des expériences établissant que l'acide lactique est bien l'une des étapes cherchées, que l'alcool en est peut-être une aussi, et qui permettent d'entrevoir la suite des réactions précédant et suivant la formation de cet acide (G. Embden et ses collaborateurs). (Pour le développement ci-après, voir le schéma de la page 399 ; voir aussi p. 388-89).

Du sang passant en circulation artificielle à travers un foie pauvre en glycogène ne s'enrichit pas en acide lactique; le gain en acide est, au contraire, de plusieurs centaines pour 100, lorsque le foie est riche en glycogène. Il y a aussi enrichissement, lorsque le sang afférent est additionné de glycose (Embden et Krauss). D'autre part, le phénomène bien connu de la glycolyse dans le sang conservé *in vitro* (Lépine) consiste en une transformation du glycose en acide lactique (A. Slosse; L. Chelle et P. Mauriac), à raison de deux molécules d'acide lactique formé pour une molécule de glycose disparu (A. Slosse; K. Kondo). Cette destruction est liée aux éléments figurés (Lépine) et, de fait, les globules rouges lavés (homme et chien) (C von Noorden jun.) et les leucocytes (P.-A. Levene et G.-M. Meyer) transforment en acide lactique le glycose qu'on leur ajoute, tandis que le sang laqué n'a plus d'action (Lépine; R. Rona et A. Döblin). L'acide formé est l'acide droit. Du point de vue de la chimie pure on prévoit que le dédoublement du glycose (voyez le pointillé dans la formule ci-après du glycose) pourrait fournir, comme produit intermédiaire, de l'aldéhyde glycérique, qui, par transposition moléculaire, donnerait ensuite son isomère, l'acide lactique (avec passage probable par l'aldéhyde pyruvique; p. 388*a*) :

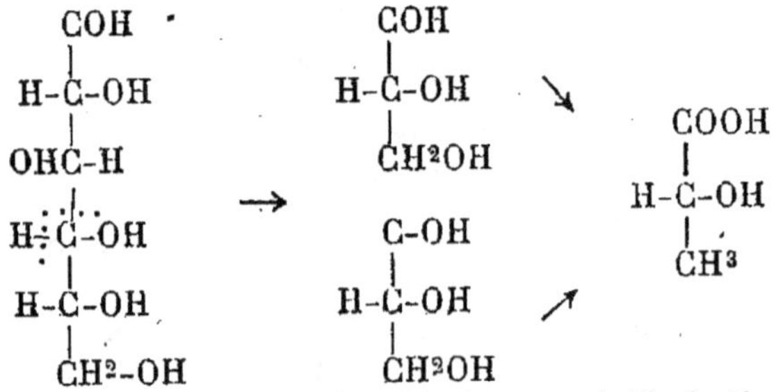

$$
\begin{array}{ccccc}
\text{COH} & & \text{COH} & & \\
| & & | & & \\
\text{H-C-OH} & & \text{H-C-OH} & \searrow & \\
| & & | & & \text{COOH} \\
\text{OHC-H} & \longrightarrow & \text{CH}^2\text{OH} & & | \\
| & & & & \text{H-C-OH} \\
\text{H÷C-OH} & & \text{C-OH} & & | \\
| & & | & & \text{CH}^3 \\
\text{H-C-OH} & & \text{H-C-OH} & \nearrow & \\
| & & | & & \\
\text{CH}^2\text{-OH} & & \text{CH}^2\text{OH} & & \\
\end{array}
$$

Glycose.   2 molécules   Acide lactique.
d'aldéhyde glycérique.

L'aldéhyde glycérique n'a pas été jusqu'à présent saisie *in vivo*, mais du moins a-t-on pu démontrer que les globules rouges (homme, chien), ou simplement le sang laqué, la transforment *in vitro* en acide lactique, et qu'en circulation artificielle à travers le foie du chien elle est aussi productrice d'acide lactique (G. Embden, K. Baldes et E. Schmitz).

Il ressort donc de ce qui précède que *les tissus transforment le glycose en acide lactique*, probablement avec production intermédiaire d'aldéhyde glycérique. Notons que ce dédoublement n'est accompagné que d'un médiocre dégagement de chaleur, et que l'acide lactique formé est encore porteur des 96 centièmes environ de l'énergie chimique du glycose. Puis interviennent les phénomènes d'oxydation, qui débutent vraisemblablement par *une production d'acide pyruvique* $CH^3 — CO — COOH$.

On a vu, en effet, qu'avec de l'acide pyruvique le foie est en mesure de faire de l'alanine, et que dans cette opération de synthèse l'acide pyruvique peut être remplacé par l'acide lactique, et l'acide lactique par le glycogène, c'est-à-dire par le glycose (p. 329). Quand le foie fait de l'alanine avec du sucre, l'opération passe donc par les étapes de l'acide lactique, puis de l'acide pyruvique et, dans le schéma de la page 399, nous sommes dès lors en droit d'inscrire à la suite de l'acide lactique le produit d'oxydation de cet acide, à savoir l'acide pyruvique. La levure aussi produit de l'acide pyruvique.

Avant d'aller plus loin, montrons que, jusqu'à ce niveau, *toutes étapes de la dégradation du glycose peuvent être parcourues par l'organisme en sens inverse*, c'est-à-dire *dans le sens d'une reconstruction synthétique*, ainsi que le figurent sur le schéma les flèches en sens inverse.

En effet, l'alanine ingérée (Langstein et Neuberg) ou passant en circulation artificielle à travers le foie (C. von Noorden et Embden) fournit de l'acide lactique, et cette transformation s'opère probablement par l'étape de l'acide pyruvique, car en circulation artificielle à travers le foie, l'acide pyruvique est aussi producteur d'acide lactique (Embden et Oppenheimer). Au surplus, pour que l'alanine fournisse de l'acide lactique, il faut qu'elle subisse la désamination, et l'on a vu que cette opération donne l'acide cétonique correspondant, c'est-à-dire l'acide pyruvique (p. 322 et 329). De plus l'alanine est productrice de sucre dans l'organisme du diabétique (p. 388 a), l'acide lactique l'est aussi (p. 388 a) et, d'autre part, il donne aussi du glycogène par circulation artificielle à travers le foie de tortue (Parnas et J. Baer). Enfin, en circulation artificielle à travers le foie, l'aldéhyde glycérique fournit non seulement de l'acide lactique, mais aussi, par une réaction accessoire, de la glycérine (Embden, Schmitz et Baldes), et, par une réaction de synthèse, du sucre (Embden, Schmitz et Maria Wittenberg). Et comme la glycérine est aussi productrice de sucre chez le diabétique (p. 392) et certainemènt par l'étape de l'aldéhyde glycérique (voir à la page 388 *b*) et qu'en circulation artificielle à travers le foie elle donne aussi de l'acide lactique (Oppenheimer), on voit finalement que de l'acide pyruvique au glycose il n'est pas une seule étape que l'organisme ne soit en mesure de parcourir dans les deux sens.

Quelles sont ensuite les destinées ultérieures de l'acide pyruvique?

En circulation artificielle à travers le foie, l'acide pyruvique est cétogène, c'est-à-dire produit de l'*acide acétylacétique* (Embden et Oppenheimer). De plus, on a vu que les tissus animaux contiennent une diastase, la carboxylase de Neuberg, qui dédouble l'acide pyruvique en acide carbonique et en *aldéhyde acétique* (p. 110) et, d'autre part, en circulation artificielle à travers le foie, cette aldéhyde est cétogène (E. Friedmann), c'est-à-dire productrice d'*acide acétylacétique*, mais comme le foie est aussi en mesure d'en faire de l'*alcool* (Embden et Baldes), que l'alcool lui-même est cétogène dans le foie (N. Masuda), l'interprétation de ces résultats devient assez délicate. Voici comment on peut, avec Embden, classer provisoirement ces faits. Arrivée au niveau de l'aldéhyde acétique, la dégradation du sucre prendrait accessoirement deux voies latérales, l'une, par aldolisation, vers l'acide acétylacétique, l'autre, par réduction, vers l'alcool, et ainsi on s'expliquerait pourquoi tous les tissus contiennent un peu d'alcool (voir p. 114) et un peu d'acétone (Maignon), produit de dédoublement de l'acide acétylacétique. Enfin l'aldéhyde acétique donnerait de l'acide acétique, peut-être sous l'action de l'aldéhydase des tissus (p. 106). Quant aux destinées de l'acide acétique lui-même, elles sont encore mal connues. Bornons-nous à noter que là aussi la réaction peut rebrousser chemin, car en circulation artificielle à travers le foie l'acide acétique est cétogène (voir en outre p. 400, note 1).

Le schéma ci-après résume l'exposé qui précède. Rappelons que dans cette liste l'acide lactique seul représente une étape établie avec certitude. Les autres ne sont que vraisemblables.

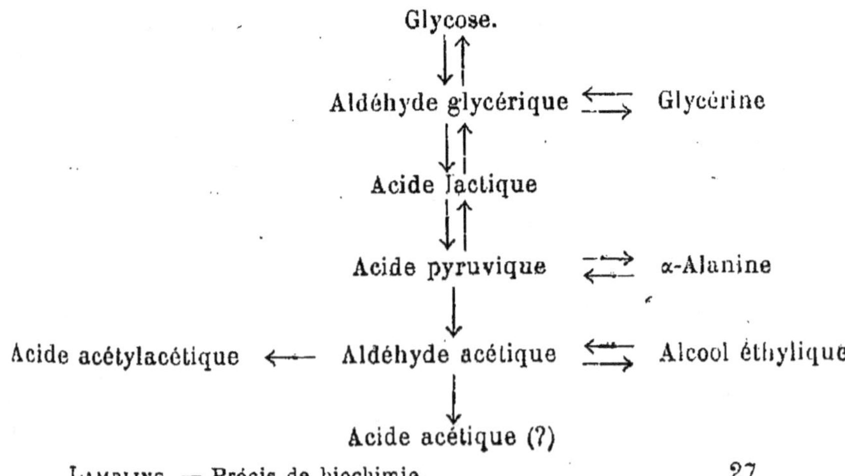

D'autres théories de la dégradation du sucre par les tissus animaux ont été proposées encore, notamment celle de Stoklasa, qui admet l'intervention d'une zymase alcoolique (p. 110), démolissant le sucre par l'étape de l'alcool et de l'acide carbonique, et celle de A. Slosse, qui a surtout étudié l'étape lactique [1].

Réflexions sur la marche de la dégradation du glycose. — Constatons d'abord pour le glycose, comme pour les acides aminés (p. 327) et pour les graisses (p. 436), le *nombre considérable des étapes intermédiaires* que l'on saisit ou que l'on soupçonne au cours de cette simplification. Nulle part on n'assiste à des combustions qui soient d'un seul coup totales ; toujours la *dégradation est progressive*. Et, d'autre part, quel contraste entre cette succession si exactement réglée des phénomènes de simplification, et l'étonnante rapidité avec laquelle l'organisme est en mesure de précipiter la destruction de cette molécule du glycose, combustible préféré et peut-être unique du travail musculaire (p. 578-79) ! De plus, à chacun des paliers de cette descente, l'organisme est en mesure de faire halte et de reproduire, par une opération inversé, le produit qu'il vient de simplifier, ou d'aiguiller la réaction sur quelque voie latérale. Et ici nous touchons à l'une des acquisitions les plus intéressantes que la physiologie ait faites dans ces dernières années, à savoir la connaissance de plus en plus certaine d'une *pénétration réciproque des*

---

1. Dans un schéma tel que celui de la page 399, il est impossible de comprendre tous les faits observés et toutes les thèses proposées. Par exemple, il semble bien que l'on y doive faire une place à l'aldéhyde pyruvique (ou méthylglyoxal), première étape du chemin qui conduit de l'alanine au glycose par l'intermédiaire de l'aldéhyde glycérique (p. 388 *a*) et que l'on devrait donc placer dans le schéma en question tout de suite après l'aldéhyde glycérique et en lui accolant latéralement l'alanine. Cette aldéhyde pyruvique serait, d'après Dakin et Dudley (1913), un terme capital de toute cette opération et il faut reconnaître que les travaux faits en Allemagne pendant la guerre (Neuberg et ses élèves) en vue de la préparation industrielle de la glycérine à l'aide de la fermentation alcoolique du glycose, confirment pleinement cette assertion. L'acide lactique, qui aurait plutôt la signification d'un produit d'asphyxie (voir. p 299) et qui est d'ailleurs difficilement brûlé, serait aussi un produit accessoire et l'acide pyruvique de même ; en sorte que les étapes : glycose, aldéhyde glycérique, aldéhyde pyruvique étant seules admises, il ne resterait qu'à déterminer comment ce dernier produit est dégradé. Il se peut que par hydrolyse il fournisse de l'acide formique et de l'acétaldéhyde, laquelle donnerait ensuite par oxydation de l'acide acétique. De fait on a trouvé d'une manière constante dans le sang artériel du chien de l'acide formique (jusqu'à 0 gr. 06 p. 100), et dans le sang en état de glycolyse la quantité de cet acide est augmentée (Slosse). Le problème posé n'est donc pas encore résolu. Mais on n'en sera pas surpris si l'on songe au long débat, toujours renaissant, qui se poursuit quant au mécanisme chimique de la fermentation alcoolique du sucre, où les conditions d'étude sont cependant tellement plus simples.

échanges nutritifs intermédiaires des trois grandes catégories d'aliments. On sait, à la vérité, depuis longtemps que l'organisme peut faire, par exemple, de la graisse avec du sucre, mais aujourd'hui on commence à comprendre que c'est tout le long de l'échelle des dégradations que la physiologie d'un aliment peut pénétrer celle d'un autre.

Par exemple, avec du glycose, et en passant par l'acide lactique et l'acide pyruvique, l'organisme est en mesure de faire de l'alanine, noyau ou déchet des protéiques (p. 329), et il peut aussi, inversement, de l'alanine, remonter au glycose (p. 308), réactions qui établissent donc des *relations directes entre le métabolisme des hydrates de carbone et celui des protéiques*[1]. De même la glycérine peut conduire au glycose (p. 392), et, en partant des sucres, l'organisme peut se procurer de la glycérine, constituant des graisses (p. 398). Enfin, comme la dégradation du glycose donne de l'acide pyruvique, puis de l'acide acétylacétique, soit donc aussi un déchet des graisses (p. 399), voilà donc des réactions qui démontrent de même la *pénétration réciproque de la physiologie des sucres et de celle des graisses.*

Les agents de la dégradation du glycose dans l'organisme. — Sitôt que l'on eut saisi la variété et l'extrême diffusion des diastases dans l'organisme, on a conçu l'espoir d'extraire des tissus ou des humeurs de l'organisme l'agent diastasique chargé de la dégradation du sucre. Bien des observations intéressantes ont été ainsi réunies, dont le lien logique sera peut-être perçu plus tard, en même temps que la raison des contradictions sans nombre, que l'on relève entre les divers observateurs, mais à l'heure présente reconnaissons que le résultat utile de tout ce labeur est encore des plus médiocres. Pas plus pour le sucre que pour les albumines et les graisses, on n'a réussi jusqu'à présent à isoler des tissus l'agent qui, dans l'organisme, assure, avec une si surprenante aisance, la combustion quotidienne de plusieurs centaines de grammes de glycose. Cet échec tient-il à ce fait que la destruction du sucre est un acte lié à la vie même des cellules ? Ou bien n'est-il pas dû plutôt à ce que l'on a cherché à résoudre le problème d'un seul coup, car s'il est vrai qu'entre le sucre d'une part, l'eau et l'acide carbonique d'autre part, il s'intercale toute une série d'étapes — celles que l'on vient d'étudier — on doit prévoir aussi l'intervention successive d'autant de diastases différentes qu'il y a de corps à transformer. Or, il est possible qu'un seul

1. Voyez aussi à la page 339 ce fait si intéressant d'une production possible d'urée à partir du glycose et de l'ammoniaque (R. Fosse).

procédé d'extraction ne fournisse pas, intacts et prêts à agir, l'ensemble de ces agents, et qu'ensuite un seul milieu ne réalise pas toutes les conditions nécessaires à tant d'actions successives.

C'est sur le terrain de la *glycolyse hématique* que, le premier, R. Lépine s'est attaqué au problème de la dégradation diastasique du glycose. Abandonné à lui-même, le sang s'appauvrit en sucre (Cl. Bernard) et il fait disparaître le sucre qu'on lui ajoute (Lépine et Métroz). En moyenne, un litre de sang perd *in vitro* à 37° environ 1 g. 50 de sucre en douze heures (Lépine) [1]. L'agent diastasique de cette réaction est détruit à 55° (Lépine et Barral). Il paraît sortir des globules blancs et des globules rouges (Lépine, Arthus, J. De Meyer; voy. aussi p. 307), et l'on a vu que le premier produit de son travail est l'acide lactique. Il est assisté par une co-diastase thermostabile (J. De Meyer), fournie par le pancréas, car la glycolyse est beaucoup moins active dans le sang du chien rendu diabétique par extirpation du pancréas ou dans le sang de l'homme diabétique (Lépine et Barral, Ch. Achard et J. Castaigne; Ch. Achard et E. Weil et d'autres). Elle peut même être totalement supprimée. et l'addition d'un extrait pancréatique la fait reparaître (Van de Put). D'autre part, en injectant à des lapins, suivant les procédés ordinaires de la préparation des anticorps, des liquides contenant du ferment glycolytique, J. De Meyer a réussi à préparer un *sérum antiglycolytique*, dont la substance active est détruite à 68°-70° et qui, injectée à des chiens normaux, crée aussitôt de l'hyperglycémie et de la glycosurie. De plus, des lapins ayant reçu des injections d'extrait pancréatique fournissent un *sérum antipancréatique*, qui injecté au chien produit de même de l'hyperglycémie. et de la glycosurie (J. De Meyer).

Ces constatations présentent donc un intérêt considérable. Toutefois la tendance de la physiologie moderne n'est pas, comme on l'a vu, de faire du sang le siège principal des combustions respiratoires et de placer, au contraire, ce phénomène dans les tissus (p. 291), et notamment en ce qui concerne la destruction du sucre, dans le tissu le plus important par sa masse, à savoir le muscle. Or, *dans ce phénomène de la consommation du sucre par les tissus, on s'est efforcé d'établir aussi une intervention diastasique du pancréas.* Un extrait aqueux de tissu musculaire, qui est à peu près dépourvu d'action sur le sucre, acquiert un pouvoir glycolytique très net quand on l'additionne d'un extrait pancréatique, qui par lui-même est inactif (O. Cohnheim). Cette action ne peut pas être expliquée par des contaminations bactériennes (G. W. Hall), mais la question se complique de ce fait que le sucre n'est pas toujours détruit, mais condensé en produits d'un poids moléculaire plus élevé (P. A. Levene et G. M. Meyer). Et puis, il faudrait expliquer pourquoi les extraits musculaires et en général les extraits

1. On a objecté ici que ce phénomène n'est pas assez actif pour qu'on puisse lui assigner un rôle aussi important, mais cette critique est sans valeur, car la glycolyse hématique peut être beaucoup plus active *in vivo*. C'est par milligrammes que dans la circulation artificielle à travers le foie on compte la quantité d'urée ou de corps acétoniques formés par heure, et c'est par dizaines de grammes que ces corps se produisent *in vivo*. Et cependant personne ne doute du rôle du foie dans la production de ces substances.

de tissus sont d'activité glycolytique si variable. Beaucoup plus démonstratives sont les expériences de F. P. Knowlton et E. H. Starling sur le cœur isolé du chien ou du chat, à travers lequel on fait circuler du sang normal, additionné de glycose. Le cœur normal consomme dans ces conditions, par gramme de substance musculaire et par heure de circulation, 4 milligrammes de glycose. Au contraire, le cœur de l'animal diabétique recevant le sang du même animal ne fait pas disparaître de sucre et il ne retrouve ce pouvoir que si on l'irrigue de sang normal ou d'un sang diabétique, additionné d'un extrait de pancréas. Enfin un cœur normal, irrigué avec du sang diabétique, perd peu à peu son pouvoir de faire disparaître le sucre de ce sang.

Il est donc possible que ce soit la collaboration d'une sécrétion interne du pancréas et d'une diastase des tissus qui assure la combustion du sucre.

Mais ce qui est certain dès à présent, c'est que le métabolisme du glycose est réglé par cette sécrétion interne pancréatique. En effet, si l'on restitue celle-ci à un animal privé de son pancréas, tous les accidents du diabète disparaissent. C'est le résultat que donnent les injections de l'extrait de pancréas connu maintenant sous le nom d'*insuline* (J. R. Macleod, F. G. Banting et leurs collaborateurs 1921-23) et employé sur l'homme avec le même succès que sur les animaux.

§ IV. — LA GLYCOSURIE.

Dans certaines conditions, on voit le sucre échapper à la destruction que l'on vient d'étudier, et s'éliminer par les urines. C'est le phénomène de la glycosurie. On distingue la glycosurie alimentaire et les glycosuries pathologiques, parmi lesquelles on n'étudiera ci-après avec quelque détail que la glycosurie diabétique.

1. *La glycosurie alimentaire.*

L'oblitération partielle de la veine porte par une ligature provoque chez le chien, peu après un repas de féculents, de la glycosurie. C'est parce qu'il s'organise une circulation complémentaire, par laquelle le sucre absorbé, contournant le foie, arrive directement dans la circulation générale et est éliminé en partie par l'urine. C'est de cette classique expérience de Cl. Bernard que Colrat (de Lyon) s'est inspiré lorsqu'il s'est efforcé en 1875 de faire de l'*épreuve de la glycosurie alimentaire* (recherche du glycose dans l'urine après ingestion brusque d'une grande quantité de sucre) un moyen de diagnostiquer l'obstruction partiellé de la veine porte. Mais l'expérience ayant montré que dans les cirrhoses du foie il n'y a aucun rapport entre le développement de la circulation complémentaire et l'apparition de la glycosurie alimentaire, cette interprétation fut modifiée dans ce sens : ce n'est pas seulement lorsque le sucre ne traverse plus le foie qu'il n'est pas retenu par l'organisme; c'est aussi lorsque, passant par cet organe, il y trouve des cellules devenues fonctionnellement *insuffisantes*. Et c'est ainsi que l'étude de la glycosurie alimentaire pathologique a commencé par constituer uniquement un chapitre de séméiologie hépatique. Mais l'épreuve de Colrat met en jeu un mécanisme bien plus complexe.

En ce qui concerne en premier lieu le chemin que prend le sucre au moment de son absorption, rappelons que, lorsqu'une grande quantité de glycose inonde brusquement l'intestin, l'absorption peut se faire aussi par les voies lymphatiques, en sorte que du sucre arrive ainsi directement dans la circulation générale, et de là dans l'urine, sans que le foie puisse être taxé d'insuffisance. Une fois que le sucre a pris, au contraire, le chemin habituel de la veine porte, il y a plusieurs mécanismes qui interviennent pour combattre une hyperglycémie possible. L'excès de sucre disparaît en effet : 1° parce qu'il est mis en réserve à l'état de glycogène et secondairement sous la forme de graisse; 2° parce qu'il est détruit par les tissus. Si, néanmoins, du sucre s'accumule dans le sang, un troisième régulateur intervient, à savoir le rein, qui corrige cette hyperglycémie par une glycosurie (p. 407). Or, quand ce dernier phénomène se produit, la cause qui est d'ordinaire invoquée en premier lieu, c'est que le *foie a été débordé* par l'afflux brusque et trop considérable du sucre. Mais si cette explication suffisait à elle seule, des chiens à fistule d'Eck devraient présenter de la glycosurie après l'ingestion de quantités, même médiocres, d'hydrates de carbone. Or, ces animaux maîtrisent aussi bien que des chiens normaux, c'est-à-dire sans glycosurie, des repas très riches en amidon (400 gr.). Et si leur tolérance vis-à-vis des sucres solubles est moins bonne que celle des chiens normaux, elle reste encore très élevée. Burdenko, qui a réussi par un dispositif spécial à comprimer à volonté chez le chien la veine porte et l'artère hépatique, c'est-à-dire à supprimer momentanément l'intervention du foie, a vu de même que 20 à 31 p. 100 seulement du sucre fourni à l'animal reparaissent dans l'urine. C'est donc que des organes ou tissus, autres que le foie, interviennent par suppléance chez ces animaux pour la fixation du sucre. De fait, on constate que si le foie des animaux à fistule d'Eck est à la vérité aussi pauvre en glycogène que celui des chiens à jeun, leurs muscles en renferment les quantités habituelles.

Le foie n'est donc pas le seul organe qui intervienne pour arrêter le glycose et le fixer à l'état de glycogène. Enfin, contre l'hyperglycémie et la glycosurie, entre aussi en jeu, d'autre part, la *destruction du sucre par les tissus*, en sorte qu'une glycosurie peut résulter aussi d'une insuffisante énergie de combustion des tissus. Et ce qui prouve que cette énergie est variable, c'est qu'on voit l'organisme tolérer sans glycosurie des quantités de sucre plus considérables, quand il y a travail musculaire (Comessatti), ou quand on provoque, par une surchauffe de l'organisme, une plus grande intensité des réactions chimiques des tissus (voir p. 580, note 1) (H. Hohlweg et F. Voit), ce qui implique que cette activité peut aussi fléchir sous d'autres influences. Enfin, comme la *sécrétion rénale* entre en jeu, en ce qui concerne le sucre, pour des niveaux glycémiques très variables, tant à l'état normal que chez le malade (p. 407), la glycosurie pourra manquer, c'est-à-dire rester en quelque sorte dissimulée chez des sujets dont le sang aura cependant répondu à l'épreuve par une forte hyperglycémie (A. Gilbert et A. Baudoin). Elle peut manquer aussi parce que l'absorption intestinale ou l'excrétion rénale ont subi des retards (E. Weil; Achard et Castaigne).

Il existe donc plusieurs mécanismes qui concourent à préserver de la glycosurie un organisme brusquement inondé *per os* par une grande quantité de sucre et l'on prévoit qu'il sera difficile, lorsque l'épreuve est positive, de dire lequel de ces mécanismes a faibli.

Mais, objectera-t-on, si cette discrimination doit être, en effet, souvent impossible, du moins reste-t-il toujours utile de mesurer par cette épreuve *la grandeur du pouvoir d'utilisation* qu'un organisme donné possède vis-à-vis du sucre. Mais ce que l'on détermine de la sorte est en réalité une grandeur artificielle et de signification physiologique limitée et confuse.

Un sujet normal de Linossier et Roque commence à présenter de la glycosurie (0 gr. 52 de sucre éliminé) pour une ingestion de 100 grammes de sucre. Lorsqu'il en ingère ensuite 150 et 200 grammes, il ne perd, par l'urine, que respectivement 0 gr. 93 et 1 gr. 39 de sucre. La quantité (100 grammes dans l'espèce) qui produit une glycosurie tout juste appréciable, ne représente donc nullement une « limite d'assimilation », en ce sens qu'au delà de cette quantité, « le sucre déborderait l'organisme comme l'eau en excès déborde un vase trop plein », car si cette notion était exacte, « tout ou à peu près tout ce qui dépasse la limite en question devrait se retrouver dans l'urine « (Linossier). On vient de voir qu'il n'en est rien et que la dose de sucre pour laquelle la glycosurie commence représente donc simplement la *quantité que le sujet peut ingérer sans qu'il y ait fuite par l'urine, et non pas la quantité maximum que l'organisme est capable d'utiliser* dans ces conditions. Mais quelle est alors la signification physiologique du renseignement ainsi obtenu? « La fonction d'utilisation du sucre, dit très justement Linossier, est, à l'état de santé, capable d'accomplir un travail bien supérieur à celui que lui impose une alimentation ordinaire, et il faut une modification considérable de l'organisme pour provoquer son insuffisance réelle; mais l'épreuve de la glycosurie alimentaire n'apprécie pas cette fonction dans l'accomplissement d'un travail normal. Elle lui impose un effort brusqué, exagéré, et recherche si elle ne succombe pas devant cet effort. Or, il suffit d'un trouble très léger pour que l'organisme cesse d'être capable d'un tour de force ». Pour faire apparaître une glycosurie alimentaire chez une personne qui ne la présente pas habituellement, il suffit en effet « non pas d'une maladie, mais d'un simple trouble digestif, parfois même d'une cause tout à fait inappréciable à nos moyens d'investigation ». Et c'est pourquoi la limite en question est si variable d'un sujet à l'autre (de 50 à 350 grammes de saccharose d'après Linossier et Roque; de 50 à 300 grammes de glycose) ou chez un même individu (de 50 à 100 ou 150 grammes de glycose), et si l'on admet en général que chez un adulte bien portant, d'un poids moyen, l'ingestion de 100 à 150 grammes de glycose ne doit produire durant les deux à cinq heures qui suivent, aucune glycosurie, c'est là une pure simplification schématique. Enfin, la limite trouvée se placera aussi d'autant plus bas que l'on aura employé, pour la recherche du sucre, un réactif plus sensible.

On comprend donc que cette épreuve n'ait pas donné tout ce que la clinique a d'abord attendu d'elle; elle a fourni à la vérité des résultats positifs dans un grand nombre d'affections très diverses (maladie du foie, du système nerveux, infections, intoxications diverses), mais on est loin d'avoir su démêler dans chaque cas la fonction au compte de laquelle la défaillance observée doit être inscrite. Notons qu'en sens inverse on voit la glycosurie alimentaire faire défaut dans des affections avec dégénérescences graves du foie, même pour des doses considérables de glycose (jusqu'à 150 gr.) (Linossier, Dehon). Toutefois, en ce qui concerne le *diabète* et en tenant compte de ce qui vient d'être dit, l'épreuve de la glycosurie alimentaire conserve une réelle valeur en tant que signe prémonitoire.

Il est certain que l'on voit beaucoup de sujets présenter de la glycosurie alimentaire, qui, plus tard, deviendront diabétiques (C. von Noorden, H. Strauss). Si l'essai a été fait dans des conditions qui éliminent autant que possible les causes pathologiques étrangères citées plus haut, un résultat positif présentera donc une sérieuse valeur, surtout s'il est appuyé par d'autres signes prédiabétiques (gingivite expulsive, sciatique, furonculose,...). Mais il est clair aussi que cette *glycosuria e saccharo*, comme l'appellent les Allemands, est loin de vouer au diabète toute personne qui la présente. Il n'en va pas de même de la glycosurie, après une épreuve de Colrat, où les 100 ou 150 grammes de glycose ont été remplacés par 200 ou 300 grammes de pain. Là, il ne s'agit plus d'un tour de force brusquement imposé à l'organisme, mais de la saccharification *lente* et *progressive* de la quantité d'amidon qu'apporterait un *repas normal*. Dans ces conditions, toute glycosurie serait, d'après Naunyn, F. Umber et d'autres, caractéristique d'un diabète à ses débuts, mais on doit se rappeler qu'on l'a rencontrée aussi au cours de la pneumonie, de la grippe, de l'alcoolisme chronique, de l'ébriété aiguë.

2. La glycosurie diabétique.

On ne fera pas ici un tableau complet de la biochimie du diabète; on se bornera à montrer comment se présentent chez le diabétique les problèmes de la production et de la dégradation du sucre, que l'on vient d'étudier chez l'homme bien portant. Nous allons rencontrer successivement ces problèmes en essayant de remonter méthodiquement à la cause de la glycosurie diabétique.

La glycosurie diabétique résulte d'une hyperglycémie. — Tandis que le sang normal de l'homme contient au plus environ 1,5 p. 1 000 de sucre réducteur (p. 263), celui des diabétiques en renferme le plus souvent de 2 à 4 et même jusqu'à 7 (Naunyn) et 10,6 p. 1 000 (Lépine). Corrélativement, de fortes hyperglycémies vont de pair en général avec des glycosuries intenses, mais le parallélisme entre les deux phénomènes est souvent très grossier ou même manque totalement, parce que le rein intervient sans cesse par des états variables de sa perméabilité (Cl. Bernard; R. Lépine; Hédon).

1° Il est difficile de dire pour quel degré d'hyperglycémie la glycosurie s'installe. Après ingestion de grandes quantités de glycose (150 gr.), la glycémie s'accentue d'une manière constante et peut, en trois heures, s'élever chez des sujets sains jusqu'à 1,38 p. 1 000, sans glycosurie consécutive (A. Gilbert et A. Baudouin). Au contraire, C. v. Noorden n'a trouvé que 1 p. 1 000 de sucre dans le sang d'un homme bien portant après une ingestion de 200 gr. de sucre, suivie de glycosurie, et, dans un cas de diabète insipide, Baudouin en a trouvé 2,7 p. 1 000 sans glycosurie. — 2° Parmi les déterminations de Pavy, on trouve un tableau où des hyperglycémies décroissant de 5 gr. 76 à 1 gr. 54 p. 1000 s'opposent à des glycosuries s'insérant entre 110 et 32 gr. p. 1000, avec une proportionnalité à la vérité assez grossière. Mais, souvent aussi, on observe entre ces deux symptômes une discordance marquée, tant chez le chien (Lépine, Hédon), que chez l'homme diabétique (Ch. Achard et E. Weil; Loeper et d'autres). En général, la perméabilité rénale pour le sucre diminue à mesure que la maladie avance (E. Liefmann et R. Stern). Toutefois, le lien causal qui unit les deux phénomènes est évident. Il apparaît, avec netteté, notamment dans la forme intermittente de la maladie, où l'on voit la glycosurie s'installer, puis s'annuler aux heures mêmes où, de son côté, l'hyperglycémie a apparu, puis a disparu (A. Gilbert et A. Baudouin).

Cherchons donc la cause de cette hyperglycémie. Deux explications se présentent tout d'abord : il y a, ou bien production d'une quantité de sucre supérieure à celle que l'organisme est apte à détruire ou à transformer (en graisse), ou bien diminution ou suppression de cette aptitude, la quantité de sucre produite restant normale.

Ce sont ces deux explications, *théorie de la surproduction de sucre* et *théorie de l'impuissance glycolytique* qui seront examinées ci-après. Mais auparavant il est nécessaire de faire connaître dans ses traits essentiels ce diabète expérimental que produit chez l'animal (chien, chat, porc, lapin, oiseau, tortue, grenouille) l'extirpation du pancréas, le diabète pancréatique.

Le diabète par extirpation du pancréas. — Outre son rôle de glande digestive, le pancréas remplit encore une fonction importante dans les échanges nutritifs hydrocarbonés. Déjà soupçonnée par Lancereaux, cette relation a été définitivement établie par les expériences de J. von Mering et O. Minkowski (1889), qui ont montré que l'extirpation du pancréas chez le chien, pourvu qu'elle soit complète, est suivie immédiatement d'un diabète constamment mortel.

Dès la vingt-quatrième heure après l'opération, l'hyperglycémie et la glycosurie sont installées et persistent jusqu'à la fin, même avec le régime carné ou pendant le jeûne, et les animaux ne tardent pas à présenter tous les symptômes du diabète maigre de Lancereaux (polyphagie, polydypsie, polyurie, amaigrissement et acidose), affection rattachée dès 1877 par ce clinicien à des lésions du pancréas; finalement, ils succombent deux ou trois mois après l'opération, dans un état de faiblesse et d'amaigrissement extrêmes. De plus, l'autopsie démontre la disparition presque complète des réserves de glycogène. Ces accidents sont évités quand la glande est simplement transplantée sous la peau et ils éclatent aussitôt que l'on enlève cette greffe (O. Minkowski, Hédon). On reviendra plus loin sur ce point.

Parmi ces diverses conséquences de l'ablation du pancréas, il en est deux qui appellent tout de suite des remarques spéciales, à savoir : 1° la persistance de la glycosurie, même avec le régime carné ou pendant le jeûne; 2° la disparition des réserves de glycogène (*azoamylie* de Lépine; *dyszoamylie* de Naunyn).

1° Au début, une partie au moins de ce sucre urinaire est fournie par les réserves de glycogène, puis, lorsque ces réserves sont épuisées et que l'animal est maintenu en état de jeûne où qu'il ne reçoit plus que de l'albumine et des graisses, il est clair que le glycose excrété ne peut plus sortir que des protéiques et peut-être aussi des graisses. On a vu, précédemment, que c'est précisément de l'animal diabétique que l'on s'est servi pour établir que les protéiques sont certainement et les graisses, probablement, des producteurs de sucre dans l'organisme

(p. 386 et 392). — 2° Dès le cinquième jour après l'opération, Hédon n'a plus trouvé dans le foie du chien que des traces de glycogène et le huitième jour il n'en a plus trouvé du tout. La teneur du muscle est aussi très diminuée (Minkowski), moins cependant que celle du foie et elle peut même rester normale. Ajoutons tout de suite que, pour ce qui regarde l'homme diabétique, les autopsies faites très vite après la mort ont fourni des renseignements de même sens (C. von Noorden), et l'on dispose, en outre, des résultats de la fameuse expérience faite sur le vivant par P. Ehrlich dans la clinique de Frerichs. Le foie de trois individus, un sujet sain un peu alcoolique et deux diabétiques, a été ponctionné et l'on a trouvé que la purée hépatique aspirée par l'instrument ne contenait pas de glycogène chez l'un des deux malades, et que chez l'autre elle en renfermait beaucoup moins que chez le sujet normal. Les trois sujets avaient reçu auparavant un repas riche en amylacés. Or le chien et l'homme diabétiques sont hyperglycémiques et, chez le chien normal, appauvri en glycogène par le jeûne, l'hyperglycémie produite par injection de sucre dans le sang est suivie aussitôt d'une augmentation des réserves de glycogène. *Chez le diabétique, le sucre qui circule en excès dans le sang passe donc à côté des tissus sans qu'il puisse être saisi et fixé par eux.*

On verra plus loin que cette azoamylie et surtout l'azoamylie hépatique est un signe cardinal du diabète et auquel chaque théorie a dû faire une place dans le cadre de ses explications.

Voilà donc quels sont les traits essentiels de la maladie créée par l'extirpation du pancréas. Quant à la nature du lien qui relie entre eux cette cause et ces effets, il ressort déjà de ce qui a été dit plus haut au sujet de l'expérience de la greffe pancréatique que l'ablation du pancréas a privé l'organisme d'une *sécrétion interne* nécessaire au métabolisme normal des hydrates de carbone et, depuis les travaux de Laguesse (1893), on admet en général que cette sécrétion provient des *îlots de Langerhans.*

1° Voici d'abord deux sortes d'expériences, entre beaucoup d'autres, qui achèvent de démontrer ce premier point. Si l'on injecte dans une vénule mésaraïque d'un chien diabétique du sérum provenant du sang veineux du pancréas d'un chien normal, la glycosurie tombe presque à zéro, puis elle se rétablit à un taux élevé (Hédon). On extirpe le pancréas à une chienne pleine et qui est près de mettre bas ; l'animal ne devient pas glycosurique, parce que le pancréas des petits avec lesquels elle vit en symbiose a suppléé l'organe maternel, mais le diabète s'installe aussitôt après l'extraction des petits par opération césarienne ou la mise-bas naturelle (A. J. Carlson et F. M. Drennan). — 2° Des lapins dont le canal pancréatique a été lié et réséqué demeurent en bon état de santé et ne présentent notamment aucun signe de diabète (Szobolew) même après deux, trois et quatre ans (Laguesse). A l'autopsie, on constate la disparition complète des acini (*glande exocrine*) et la conservation des îlots (*glande endocrine*).

Ainsi cette partie de la glande a préservé du diabète les animaux en expérience. Inversement, chez l'homme diabétique, on a constaté fréquemment une altération des îlots (Lancereaux et Laguesse; Curtis, Gellé...). — 3° Les injections d'insuline (voy. p. 403) suppriment tous les accidents du diabète.

Cela posé, voyons comment dans les deux théories ci-dessus énoncées on a essayé d'expliquer l'hyperglycémie diabétique, cause de la glycosurie.

L'hyperglycémie diabétique résulte-t-elle de la production d'un excès de sucre. — Constatons d'abord que dans cette surproduction, si elle est réelle, le foie doit jouer un rôle, car l'extirpation du pancréas ne produit plus de glycosurie, si l'on enlève en même temps le foie (chez la grenouille), ou si on lie les vaisseaux du foie. Que se passe-t-il du côté de cette glande à la suite de la suppression du pancréas? Deux hypothèses ont été avancées ici, la première plus vraisemblable que la seconde, mais qui restent l'une et l'autre en suspens.

On a supposé que le pancréas verse dans le sang une substance nécessaire à la transformation du glycose en glycogène dans le foie (E. Gley; Lafon; J. De Meyer). Lorsque cette substance fait défaut, et que, par là, le foie est devenu incapable de fixer à l'état de glycogène le glycose venu de l'intestin ou sorti des protéiques (et des graisses), le sang est inondé d'un excès de sucre et la glycosurie s'installe. On a soutenu aussi que *le pancréas fournit au foie une substance dont le rôle serait de maintenir dans les limites normales la transformation du glycogène en glycose* par l'amylase hépatique, en sorte que la suppression ou l'insuffisance pathologique du pancréas laisserait le champ libre à l'action accélératrice des surrénales, et de là résulterait encore l'arrivée dans le sang de sucre en excès [1].

Mais avec l'une ou l'autre de ces deux hypothèses on n'a pas tenu un compte suffisant des faits, quand on se borne à dire qu'à la suite de la suppression expérimentale ou pathologique du pancréas le foie précipite dans le sang, sous la forme de glycose, tout le combustible sucré apporté par les aliments ou normalement sorti des protéiques (et des graisses). Il y a plus : en effet, ni un chien diabétique, ni le diabétique avancé ne cessent d'être glyco-

---

1. Il y a une glycosurie due à la brusque production d'une quantité de sucre supérieure à celle que l'organisme peut maîtriser. C'est celle qu'a révélée la célèbre expérience de Cl. Bernard sur les effets de la piqûre du plancher du 4° ventricule. Tient-elle à ce fait qu'exagérant par voie nerveuse la production d'amylase hépatique, cette intervention oblige le foie à déverser dans le sang à l'état de glycose et dans l'espace de quelques heures toute sa provision de glycogène, ou dépendrait-elle d'une hypersécrétion d'adrénaline (p. 512)?

suriques quand on les maintient à jeun, c'est-à-dire quand on les place dans des conditions où ils ne peuvent plus tirer du sucre que des albumines et des graisses, leurs réserves hydrocarbonées étant épuisées depuis longtemps. Et puisque dans l'hypothèse qui est présentement développée, ces organismes ont conservé leur pleine aptitude à brûler le sucre, c'est donc que cette production de sucre a dépassé leurs forces glycolytiques. Or, comme c'est dans le foie que l'on a été conduit à placer cette transformation des protéiques et des graisses en sucre (p. 389 et 394), c'est donc que *la suppression expérimentale ou pathologique du pancréas, non seulement vide le foie de ses réserves de glycogène, mais encore incite cet organe à une production exagérée de glycose à partir des deux autres aliments.* Par quel mécanisme? On l'ignore. On suppose que l'incitation en question est sans cesse fournie par la *vacuité des dépôts de glycogène hépatique.*

Mais à cette explication de l'hyperglycémie par la surproduction du sucre, on a opposé les objections que voici, dont la plus importante est que, si l'hypothèse en question était exacte, la polyphagie et l'autophagie du diabétique devraient prendre une ampleur qui n'a jamais été constatée (Ch. Bouchard).

1° Voici un diabétique de 65 kilogrammes qui, malgré la suppression des hydrates de carbone dans sa ration, élimine 50 grammes de glycose par jour. C'est donc qu'il aurait détruit ou transformé le maximum de ce qu'il peut maîtriser, et que, disposant encore d'un surplus de 50 grammes, il s'en est débarrassé par les urines. Or, ce maximum est très considérable; il dépasse de beaucoup la consommation habituelle qui est de 300 à 400 grammes. Ch. Bouchard l'a vu monter jusqu'à 600 grammes par jour, sans glycosurie, et il évalue à une dizaine de grammes par kilogramme le maximum de sucre venu du dehors et qui peut être détruit. On arrive donc dans l'exemple choisi à 650 grammes de sucre détruit, plus 50 grammes de sucre urinaire, soit un total de 700 grammes qui, ne pouvant provenir des hydrates de carbone, puisque le sujet n'en a pas consommé, n'ont pu sortir que des protéiques ou des graisses. S'ils proviennent des protéiques, cela implique une destruction d'au moins 625 grammes d'albumine (c'est-à-dire plus de 3 kilogrammes de viande consommé ou de tissu musculaire détruit); et s'ils proviennent des graisses il faut admettre une destruction de 419 grammes de graisses [1]. On assisterait donc à une polyphagie ou à une autophagie invraisemblables, malgré la petitesse de l'excrétion de sucre admise (Ch. Bouchard). — 2° Pourquoi, en dépit de l'intégrité du pouvoir glycolytique cette surproduction de sucre engendre-t-elle si

---

1. En admettant que 100 gr. d'albumine peuvent fournir un maximum de 112 gr. de glycose (p. 391) et que de 100 gr. de graisse peuvent sortir 167 gr. de glycose d'après une équation de Chauveau, un peu modifiée par Ch. Bouchard.

vite une hyperglycémie durable, alors que chez l'animal (Pavy) et chez l'homme sain (S. J. Thannhauser et H. Pfitzer), l'effet de fortes injections de glycose dans les veines est si rapidement annulé? — 3° Si l'on admet que les diabétiques ont perdu presque complètement le pouvoir de détruire le sucre, l'acétonurie de ces sujets s'explique par le jeûne hydrocarboné imposé aux tissus (p. 438). Mais si l'on soutient, au contraire, comme dans la théorie qui est présentement développée, que le diabétique est en mesure de détruire autant de sucre que l'homme normal, on est dans l'obligation d'expliquer pourquoi il n'est point par là préservé de l'acétonurie.

Enfin, il reste une démonstration à laquelle sont tenus les partisans de la théorie de la surproduction, c'est celle de l'intégrité de l'aptitude glycolytique du chien privé de pancréas et de l'homme diabétique. Or, cette démonstration n'a pas été fournie d'une façon satisfaisante.

Montrons d'abord à *quel problème de physiologie normale est connexe la thèse physio-pathologique en question.* A cause de l'importance de sa masse, le tissu musculaire représente le grand consommateur d'aliments dans l'organisme. Or, si l'on accepte avec Chauveau, Seegen et d'autres, que le travail musculaire se fait uniquement aux dépens des hydrates de carbone et que les albumines et les graisses ne peuvent intervenir ici qu'après avoir été transformés en glycose par le foie, il est clair qu'en présence d'un animal diabétique, qui est resté, comme on sait, capable de fournir des travaux musculaires, il faut bien admettre corrélativement que cet organisme a conservé son aptitude à brûler le sucre. Si l'on est d'avis, au contraire, avec l'école de Zuntz, que le glycose ne représente que l'aliment de choix pour le muscle, mais que les deux autres aliments peuvent être consommés aussi par le travail musculaire, on se réserve par là la possibilité de dénier à l'organisme diabétique tout pouvoir glycolytique, les graisses et les albumines étant là pour remplacer, comme aliments du muscle, le sucre devenu inutilisable.

Cela posé, constatons que la thèse qui fait du sucre l'unique aliment du muscle est loin d'avoir cause gagnée, en dépit des intéressantes expériences de O. Porges sur le lapin normal et de O. Porges et Salomon sur l'animal diabétique (p. 600, note 2). On dispose, en outre, il est vrai, des expériences de Chauveau et Kaufmann, qui, dès 1893, ont soutenu la thèse de l'intégrité du pouvoir glycolytique chez le chien diabétique. En dosant comparativement le glycose dans le sang de l'artère et dans celui de la veine fémorale, ces physiologistes n'ont saisi aucune différence entre l'animal sain et l'animal diabétique. Mais on admet, en général, que les variations de la richesse du sang en glycose selon la perméabilité rénale ou la richesse des tissus en sucre, nuisent grandement à la sûreté de cette méthode.

Une démonstration péremptoire de l'intégrité du pouvoir glycolytique n'a donc pas été fournie jusqu'à présent. Passons maintenant à l'examen de la thèse opposée.

L'hyperglycémie diabétique résulte-t-elle d'une impuissance glycolytique? — Déjà énoncée par Mialhe, Jaccoud et d'autres, cette thèse a été défendue en France par Ch. Bouchard et par la majorité des cliniciens français, et en Allemagne par Naunyn, Minkowski, Magnus-Lévy, et par C. von Noorden (avant 1912). On l'a appuyée sur des faits qui sont relatifs : 1° à la manière dont les organismes diabétiques traitent un surplus de sucre qu'on leur fournit; 2°-à la faiblesse du quotient respiratoire après un repas de sucre chez ces organismes; 3° à l'action négative du travail musculaire sur la glycosurie; 4° à la constance du quotient D : N chez les chiens diabétiques; 5° à l'existence de l'acétonurie diabétique.

1° Tout *le sucre que l'on injecte à un chien diabétique* est éliminé par l'urine (Minkowski; Allard). On ne croit pas en général que l'homme diabétique en arrive à cette impuissance glycolytique totale du chien. — 2° A l'état normal, l'arrivée du sucre dans le sang est rapidement suivie d'une *hausse du quotient respiratoire* tenant à la combustion de cet aliment (p. 395). Chez l'homme et chez le chien diabétiques, cette hausse fait défaut ou bien elle est beaucoup plus faible. Exemple : Le quotient respiratoire d'un sujet sain est à jeun de 0,83-0,86. Trente minutes après l'ingestion de 73 grammes de glycose, il s'élève à 0,97. Un diabétique présente à jeun un quotient de 0,78 qui passe à 0,74, 0,72, 0,82 après un repas de 1 000 grammes de pommes de terre (M. Hanriot). Même résultat chez le chien diabétique à qui l'on injecte du glycose dans les veines (F. Verzàr et A. von Fejér). — 3° Le chien privé de son pancréas et soumis au *travail* (à la roue par exemple) ne présente aucune diminution de sa glycosurie, à condition toutefois que l'extirpation de la glande ait été complète (Seo), et le diabétique avancé se comporte de même, tandis que chez le chien à qui l'on a laissé quelques restes de pancréas et chez le diabétique moins avancé, le travail fait reculer la glycosurie (Bouchardat; Külz; C. von Noorden et d'autres), parce qu'une partie de l'aptitude glycolytique est encore conservée et que le travail musculaire qui consomme de préférence le glycose, a coûté une certaine quantité de sucre. La glycosurie s'est donc trouvée diminuée d'autant. — 4° Si le chien totalement privé de pancréas et nourri uniquement de viande, c'est-à-dire réduit au sucre qu'il peut tirer de ses protéiques, détruisait encore une partie de ce sucre, l'intensité de cette destruction serait nécessairement variable selon les circonstances (travail, repos), donc le quotient D : N le serait aussi. La *constance de ce quotient* (voy. p. 387) démontre, au contraire, que tout le sucre tiré des protéiques est chaque jour excrété. — 5° L'*acétonurie*, si difficile à expliquer avec la thèse de la surproduction, se comprend sans peine si l'on admet la théorie de l'impuissance glycolytique, la maladie réduisant en fait les tissus au jeûne hydrocarboné, c'est-à-dire créant un état de choses, qui chez l'homme normal aussi est facteur d'acétonurie (p. 438).

Tout cet ensemble de preuves ont conduit la plupart des

physiologistes et des médecins à admettre que l'aptitude glycolytique des organismes diabétiques est diminuée ou abolie. Voyons maintenant quel serait le mécanisme de cette impuissance.

Causes et nature de l'impuissance glycolytique. — C'est le très grand mérite de R. Lépine d'avoir ici, tout de suite après la découverte du diabète pancréatique, orienté le premier les recherches du côté des opérations diastasiques, en les plaçant d'abord sur le terrain de la *glycolyse hématique*, et plus tard avec Cohnheim sur celui de la *glycolyse par les tissus*, et l'on a exposé précédemment tout un ensemble de faits autorisant à admettre provisoirement que le pancréas fournit une codiastase, qui, associée à une diastase du sang ou des tissus, assure la destruction du glycose (p. 402). Admettons donc que c'est bien cet outillage diastasique assurant la glycolyse à l'état normal, qui dans l'organisme diabétique est au-dessous de sa tâche, et cherchons quelle est la *nature de l'opération chimique* devant laquelle cet outillage succombe. En premier lieu, il est certain que *l'impuissance glycolytique ne résulte pas d'un affaiblissement qu'aurait subi d'une manière générale le pouvoir comburant de l'organisme et que c'est bien la molécule du glycose qui est devenue inattaquable pour le diabétique.*

Pris au repos et loin du dernier repas, les diabétiques consomment par kilogramme et par minute de 3 cm³ 47 à 4 cm³ 47 d'oxygène (C. von Voit; Magnus-Levy, Weintraud, etc.). Or, ce sont là les limites dans lesquelles se meut la consommation d'oxygène chez les adultes bien portants (p. 560). On ne saisit donc aucune diminution des oxydations chez les diabétiques. Il est même certain qu'au cours du diabète pancréatique du chien il y a augmentation des échanges nutritifs, et dans les cas de diabète grave, chez l'homme, on assisterait aussi à un accroissement de l'intensité des combustions (Benedict et Joslin). Mais ce fait a été contesté (Lusk ; W. Falta). Enfin le diabétique oxyde, aussi bien que l'individu normal, les lactates, tartrates, citrates alcalins, l'inosite, la mannite; il transforme en phénol, aussi activement que les sujets sains, le benzène qu'on lui fait ingérer et il détruit très facilement des corps très voisins du glycose, comme la glycosamine et l'acide glycuronique (voy. les formules p. 28 et 62), les acides glyconique, saccharique et mucique.

C'est donc bien la molécule du glycose qui est devenue inattaquable pour le diabétique, mais on ignore de quelle nature est l'opération chimique — oxydation ou dédoublement — devant laquelle succombe cet organisme, pour la raison surtout que l'on ne sait pas encore comment la dégradation du sucre s'opère à l'état normal (p. 397).

Cela posé, montrons pourquoi l'on est conduit à admettre, en outre, que *l'impuissance en question n'est pas bornée au sucre, mais qu'elle s'étend probablement à l'un ou l'autre des produits de dédoublement de cette molécule.* On sait, en effet, que l'organisme diabétique fait du glycose avec certains d'entre les acides aminés qui sont sortis des protéiques et qu'il a désaminés au préalable. Or, tandis que l'organisme sain détruit aisément ces acides désaminés, on est bien obligé d'admettre que le diabétique a perdu cette aptitude, sans quoi il en ferait usage pour sa défense et éviterait ainsi d'augmenter encore l'encombrement de ses tissus par du sucre en excès.

Prenons comme exemple l'alanine qui, chez le diabétique, est un producteur de sucre (p. 388 a) et reportons-nous au schéma de la page 399. Le produit de désamination de l'alanine est l'acide pyruvique. Si l'organisme avait conservé le pouvoir de dégrader cet acide, il est clair qu'avec l'alanine désaminée, c'est-à-dire arrivée à ce carrefour de l'acide pyruvique, il ne ferait pas du sucre, inutilisable pour lui, mais qu'il dégraderait cet acide dans le sens des flèches descendantes, avec ce double profit qu'il recueillerait à son profit l'énergie fournie par cette destruction et qu'il éviterait de s'encombrer d'une nouvelle quantité de sucre. Et c'est peut-être en cela que consiste l'impuissance glycolytique des diabétiques. Il se peut, en effet, que ces malades soient encore aptes à dédoubler le glycose en des produits tels que l'acide pyruvique, mais ces corps étant incombustibles pour eux, la dégradation du sucre se trouverait par ce fait engagée comme dans un cul-de-sac, et lorsque ces produits seraient arrivés à un certain degré de concentration, le mécanisme synthétique inverse entrerait automatiquement en jeu et ramènerait ces corps à l'état de glycose. On comprend donc pourquoi le problème des destinées de l'acide pyruvique, chez le diabétique, est en ce moment à l'ordre du jour (P. Mayer ; H. D. Dakin et N. W. Janney).

Les partisans de la théorie de l'impuissance glycolytique sont, en outre, dans l'obligation de donner la raison d'un phénomène dont la capitale importance a été signalée plus haut (p. 408-09), à savoir l'*azoamylie.*

L'impuissance glycolytique et l'azoamylie. — Ils l'expliquent en en faisant, non point comme leurs adversaires, un trouble primitif de la maladie, mais une conséquence de la spoliation de sucre que la glycosurie, c'est-à-dire l'impuissance glycolytique, fait subir constamment à l'organisme. Toutefois, il faut bien reconnaître que cette explication constitue l'un des côtés faibles de la thèse en question.

1° On doit admettre que, lorsque les tissus ont fait appel pour leurs besoins aux réserves de glycogène hépatique, et que le foie a répondu à cet appel, l'impuissance des tissus à brûler le sucre fourni ne met pas fin à ce besoin de combustible hydrocarboné des tissus, et par suite, les signaux d'appel continuant à fonctionner, la conséquence doit être l'épuisement constant des réserves de glycogène, car le sucre emprunté à ces réserves s'écoule sans cesse au dehors sans avoir pu être utilisé. En outre, le foie est de la sorte sollicité non seulement à vider ses dépôts d'hydrocarbonés, mais encore à en produire, et à ce qu'il semble des quantités excessives, à partir de ses protéiques et peut-être aussi à partir de ses graisses. Mais cette surproduction n'est que *secondaire*. — 2° Voici maintenant quelles sont les graves difficultés auxquelles se heurte cette explication. A l'état normal, le signal adressé au foie consiste probablement en ceci que les tissus, et parmi eux en première ligne le muscle, puisent d'abord dans le plasma de quoi refaire leur provision de combustible sucré, en sorte que dans le sang ainsi appauvri en glycose, le foie est sollicité à verser une partie de ses réserves. Mais comment s'expliquer un tel appel de la part de tissus, baignant, comme chez le diabétique, dans un sang toujours hyperglycémique? Et si c'est la glycosurie qui crée l'azoamylie par le mécanisme de la spoliation, comment expliquer que les canards, privés de leur pancréas, présentent la même azoamylie que les mammifères, bien que tout se borne d'abord chez ces animaux à une forte hyperglycémie. La glycosurie ne vient que beaucoup plus tard, elle est plus faible que chez les mammifères et elle peut même manquer totalement (W. Kautsch). Enfin, si la perte de sucre par l'urine n'explique donc pas l'azoamylie, elle rend compte encore plus difficilement de ce fait que cet organisme, déjà encombré d'un excès de sucre, incite encore le foie à en produire constamment de nouvelles quantités à partir des protéiques,

S'il est donc difficile de considérer ce qui se passe du côté du foie, à la fois en ce qui concerne l'azoamylie et l'incessante glycogénie à partir des protéiques, comme une simple conséquence de l'impuissance glycolytique, on se trouve par là ramené à l'hypothèse développée plus haut, à savoir que l'ablation ou l'altération du pancréas produirait du côté du foie des *troubles primitifs* rendant impossible la fixation du glycogène par le foie et incitant en outre cet organe à une production peut-être excessive de sucre à partir des protéiques. Ce trouble ajouterait ses effets à ceux de l'impuissance glycolytique, et l'on aboutirait donc à une sorte de conciliation entre les deux théories, que l'on vient d'opposer l'une à l'autre dans tout l'exposé qui précède. Cette conciliation a été essayée encore sous une autre forme, qui doit être rappelée ici, parce que cette tentative met en saillie des faits intéressants.

Ces deux phénomènes, *l'azoamylie et l'impuissance glycolytique, ne seraient-ils pas un seul et même facteur pathogénique*, en ce sens que les tissus seraient impuissants à brûler le sucre, parce qu'ils sont devenus incapables de le fixer à l'état de glycogène (Naunyn, W. Falta, E. Frank)? Cette thèse fait appel aux constatations que voici, relatives à *l'utilisation du lévulose par les diabétiques.*

Le diabétique tolère, c'est-à-dire détruit le lévulose bien mieux que le glycose (E. Külz), ce que Minkowski explique par ce fait que le diabétique est encore en mesure de faire du glycogène avec le lévulose. Ainsi un chien diabétique reçoit en trois jours 400 grammes de lévulose. Il en perd par l'urine 200 grammes, principalement sous la forme de glycose et le reste à l'état de lévulose. A l'autopsie, on trouve dans le foie 8,14 p. 100 et dans les muscles 0,84 p. 100, en tout l'importante quantité de 90 grammes de glycogène. Confirmé pour le canard par W. Kautsch, ce fait l'a été aussi pour l'homme par C. von Noorden, qui chez deux diabétiques ayant reçu, vingt-quatre heures avant leur mort dans le coma, d'abondantes quantités de lévulose, a trouvé dans le foie 2,5 p. 100 de glycogène. On est donc conduit à conclure de là que, si le lévulose est encore utilisé par ces malades, c'est grâce à ce fait qu'il a pu être au préalable *fixé* à l'état de glycogène. (Voy. ce qui est dit à la page 73, quant à cette *fixation* du combustible alimentaire par les cellules). Mais il faudrait alors abandonner cette thèse classique, qui fait du glycose, et non point du glycogène, le combustible hydrocarboné des tissus. Or, on possède justement sur ce point d'intéressantes expériences de circulation artificielle à travers le foie, et où, visiblement, le glycogène de la glande a été plus facilement brûlé que le glycose ajouté au sang afférent (Embden). Il est, au surplus, possible que le glycogène ne représente pas la seule forme sous laquelle le sucre s'incorpore aux tissus ou aux humeurs, car le problème du sucre contenu dans le sang, autrefois soulevé par Pavy[1] et sur lequel Lépine a produit tant d'intéressantes expériences, est toujours à l'ordre du jour et n'a point dit son dernier mot (voy. p. 264 les expériences de H. Bierry et Mlle Fandard). On a vu que la levure de bière aussi combine le sucre à l'acide phosphorique avant de le consommer (voir aussi p. 443, note 1).

---

1. D'après Pavy, le glycose absorbé par l'intestin serait aussitôt assimilé par les lymphocytes, en même temps que les protéiques avec qui il constitue une grosse molécule, offerte ensuite aux tissus. C'est parce qu'il circule dans le sang à cet état qu'il ne s'échappe pas par le rein, et c'est parce que cette assimilation fait défaut chez le diabétique pour une partie du sucre, que celui-ci, arrivant et restant dans le sang à l'état de molécule libre, s'écoule par l'urine. Il semble que cette explication, pour laquelle Pavy a lutté seul pendant longtemps, reprenne actuellement crédit dans une certaine mesure (A. Gigon; W. Falta).

Toutefois, si important que soit ce phénomène de l'azoamylie, il est difficile d'en tirer actuellement une théorie complète du diabète, principalement à cause de ce fait que cette maladie paraît vider beaucoup moins nettement les dépôts de glycogène musculaire que ceux du glycogène hépatique. Falta soutient même que le glycogène musculaire n'est nullement touché par le diabète. Et pourtant le muscle n'est-il pas le grand consommateur du combustible hydrocarboné ! Seule l'azoamylie hépatique subsiste donc comme un fait incontestable, et comme un vice primitif se plaçant à côté de l'impuissance glycolytique. De leur côté, les partisans de la thèse de la surproduction concèdent qu'au phénomène d'une glycosurie exagérée il peut s'ajouter secondairement un certain degré d'impuissance glycolytique résultant de l'action toxique exercée sur les tissus par un sang hyperglycémique et par le sucre qui encombre les tissus (hyperglycistie de M. Labbé). Cette action toxique est démontrée chez les malades abandonnés à l'hyperglycistie par la baisse constante de la tolérance (c'est-à-dire de la quantité de sucre qui peut encore être détruite) et elle l'est aussi chez les animaux mis en état d'hyperglycémie chronique (au moyen d'ingestions quotidiennes de sucre en excès) par des accidents divers (altérations anatomiques du côté du foie, des os, ralentissement de la croissance,...) (J. Parisot, M. Lucien et P. Mathieu).

Aucune des théories qui viennent d'être exposées ne donne donc à l'esprit une satisfaction complète. Dans le cadre provisoire que représente chacune d'elles, certains faits se rangent logiquement et sans effort, et d'autres dépassent ce cadre, qui dans la théorie adverse s'insèrent, au contraire, aisément, en sorte que le choix entre ces deux explications est plutôt affaire d'impression personnelle que de raisonnement scientifique. En général, c'est la thèse de l'impuissance glycolytique qui réunit, notamment en France, le plus de partisans. C'est aussi celle qui a été adoptée dans la suite de cet exposé. Mais la théorie de la surproduction a trouvé des partisans parmi les meilleurs connaisseurs des choses du diabète. C. von Noorden, notamment, après avoir soutenu pendant longtemps la thèse de l'impuissance glycolytique, a passé en 1912 dans le camp opposé, surtout à la suite des expériences de O. Porges [1] (p. 412 et 600, note 2).

---

1. Le problème se complique d'ailleurs par l'intervention possible d'autres glandes. En effet, le pancréas exercerait encore une action d'arrêt sur la thyroïde

La transformation du sucre en graisse chez le diabétique.
— En même temps qu'il perd le pouvoir de transformer le glycose en glycogène et celui de détruire le sucre, le diabétique
devient aussi de plus en plus incapable de faire de la graisse avec
le sucre. Si ce pouvoir leur était conservé, il suffirait, en effet, le
plus souvent pour préserver ces malades de la glycosurie.

La quantité de sucre que les diabétiques déversent dans l'urine,
quand ils sont soumis à un régime pauvre en hydrates de carbone, ne
dépasse pas d'ordinaire ce qu'un organisme sain peut transformer
chaque jour en graisse. Et comme le diabétique peut encore brûler ses
graisses, l'organisme serait par ce détour préservé des pertes en sucre.
Il est possible que, chez beaucoup de malades, c'est là ce qui se passe
dans une première phase de l'affection, « où le diabète se dissimule
encore derrière l'obésité » (Ch. Bouchard). L'organisme est déjà incapable de détruire tout son sucre, mais au lieu d'écouler par les urines
la fraction qui dépasse ses forces, il la déverse dans ses dépôts adipeux
sous la forme de graisse. De fait, on voit souvent l'obésité précéder
le diabète chez un même individu, ou lui « faire cortège » dans une
même famille (Ch. Bouchard). On ne sait rien de précis sur la cause
de ce trouble nutritif. Il est vraisemblable que c'est encore à une
atteinte du foie que l'on doit rapporter cette autre anomalie des
échanges nutritifs du diabétique. Citons ici la lipémie intense observée
souvent chez les diabétiques, dont le sang fournit jusqu'à 25 p. 100
d'extrait éthéré (Frugoni et Marchetti), au point qu'il prend une couleur de chocolat au lait (Neisser et Derlin) (voy. aussi p. 432). Quelquefois l'augmentation porte aussi sur la lécithine et la cholestérine
(lipoïdémie) (Klemperer et Umber; Grigaut) (voir p. 434).

**Conséquence de la glycosurie diabétique pour la nutri-
tion générale.** — Considérons d'abord le diabétique, arrivé à la
période d'état et qui est abandonné à lui-même, c'est-à-dire qui
pratique le régime alimentaire ordinaire, et montrons pourquoi ce
régime doit nécessairement aboutir à la *polyphagie*, l'*amaigrissement* et l'*azoturie*, et comment, par une alimentation convenable ces accidents peuvent être évités, du moins au début ou dans
certaines formes de la maladie.

Si, sur une ration valant 2 400 calories, le diabétique perd par les
urines 200 gr. de glycose, valant presque 800 calories, c'est environ un

et sur les surrénales, et subirait de même une action d'arrêt de la part de ces
glandes. On a vu à la page 410 quelle serait l'action antagoniste du pancréas et
des surrénales sur le foie. C'est la thèse ou une partie de la thèse défendue par
les pathologistes viennois Eppinger, W. Falta et Rudinger. Mais il convient
actuellement d'accueillir avec réserve ces hypothèses et d'autres analogues
(E. Gley), bien qu'il y ait entre toutes ces glandes d'indéniables relations. Ainsi
quand on lèse le foie, le pancréas répond en général par des modifications histologiques intéressantes (Gellé).

tiers de l'énergie totale des aliments, dont son organisme se trouve ainsi spolié (voy. aussi p. 446). Le malade est donc en état d'alimentation insuffisante, d'où appétit plus vif et augmentation instinctive de la ration. Mais si celle-ci garde sa composition habituelle, c'est-à-dire si les hydrates de carbone continuent à constituer de 50 à 70 p. 100 de l'apport calorifique total (p. 635), elle donnera satisfaction, pour un instant, à la « faim stomacale », comme dit C. von Noorden, mais ne calmera guère mieux la « faim des tissus », le surplus d'aliments ingérés se composant surtout d'hydrates de carbone, qui s'écoulent au dehors, inutilisés. De là *polyphagie* croissante. De plus, la ration étant quand même insuffisante, l'organisme la complète par des prélèvements faits sur ses réserves d'albumine et de graisse, ce qui explique l'*amaigrissement* et aussi l'*azoturie*, c'est-à-dire la dépense d'une quantité d'azote urinaire supérieure à la recette.

Si l'on supprime les hydrates de carbone, ou tout ce qui dépasse la quantité encore utilisée, en donnant en compensation, avec la quantité suffisante d'albumine, beaucoup de graisses (F. Maignon), la polyphagie s'arrête, en même temps que l'azoturie et l'amaigrissement. Arrêt qui durera aussi longtemps que le tube digestif, maîtrisant convenablement les rations ainsi constituées, fournira à l'organisme des recettes égales aux dépenses. Et pendant tout le temps qu'un tel équilibre est réalisé, on ne saisit aucune différence entre les échanges nutritifs du diabétique et ceux d'un sujet normal, nourri de la même manière. L'organisme peut se contenter des mêmes apports protéiques qu'à l'état normal et ses échanges respiratoires sont ceux d'un sujet bien portant (p. 414).

Pour quelle raison un tel équilibre ne se maintient-il en général que pendant quelque temps, et pourquoi les formes légères ou moyenne évoluent-elles si souvent vers la forme grave ? Il est difficile de faire une réponse précise à cette question.

Il arrive probablement que la cause initiale continuant à agir, l'aptitude de l'organisme à détruire le sucre continue à décroître, et que de plus en plus les graisses et les albumines deviennent les seules sources d'énergie où l'organisme puisse s'alimenter. De là deux conséquences. La première, c'est que les graisses faisant beaucoup moins bien que les hydrates de carbone l'épargne de l'albumine, le malade est exposé à la dénutrition azotée (p. 628, 665 et 659). La seconde, c'est qu'à mesure que l'organisme brûle moins de sucre, l'acidose devient plus grave (p. 444). A un stade plus avancé, une nouvelle cause de dénutrition apparaît. Il arrive, en effet, que les tissus continuant à réclamer le sucre qui leur est nécessaire, l'organisme en emprunte des quantités sans cesse croissantes aux albumines, et l'on a vu que 58 p. 100 du poids des protéiques ingérés peuvent ainsi passer à l'état de glycose (p. 392). Mais ce sucre, que le diabétique s'épuise ainsi à produire à partir des albumines (et peut-être aussi à partir des graisses), reste aussi inutilisable que le glycose d'origine alimentaire, en sorte que voici une nouvelle brèche par quoi s'écoule en pure perte une partie de l'énergie chimique des aliments. Des défaillances du côté du tube digestif, à qui l'on impose de maîtriser des quantités considérables de graisses, peuvent aussi contribuer à la rupture de cet équilibre. On a signalé enfin l'*azoturie toxique* (p. 627). En effet, dans certains cas, où l'apport en calories et en albumine fourni par l'absorption digestive suffirait largement à l'entretien d'un sujet sain, on voit l'organisme du diabétique se livrer au gaspillage d'un supplément d'azote, comme si quelque agent toxique démolissait ses protoplasmes cellulaires. On a nié, à la vérité, que cette *azoturie toxique* ait jamais été démontrée avec précision. Mais l'observation clinique, dit C. von Noorden, en établit la réalité, car s'il est vrai que l'on peut assez aisément forcer un diabétique à faire des bénéfices d'azote, ceux-ci n'équivalent nullement à des gains d'albumine protoplasmique. En dépit de rations surabondantes en albumine et en calories (défalcation faite de la perte en sucre par les urines), et d'un bon état de nutrition obtenu et maintenu quelquefois pendant des années, le système musculaire du malade reste mou et diminué, comme si quelque cause toxique empêchait la réfection et la multiplication des cellules.

Quant à l'étude des anomalies des échanges nutritifs qui déterminent l'acidose et le coma diabétique, elle viendra mieux dans un autre chapitre (p. 444).

CHAPITRE XVIII

ORIGINES ET TRANSFORMATIONS DES GRAISSES DANS L'ORGANISME

Le problème que pose d'abord l'étude biochimique des graisses est celui de l'*origine* des réserves adipeuses dont dispose l'organisme. Ces réserves proviennent-elles directement des graisses ingérées, ou bien sortent-elles de quelque autre aliment, protéiques ou hydrates de carbone? Il nous faut ensuite suivre les *transformations* que subissent les graisses dans l'organisme, puis établir les étapes de leur *destruction*, et ici nous serons conduits à étudier la *production des corps acétoniques* dans l'organisme normal et à l'état pathologique.

I. — ORIGINE DES GRAISSES DE L'ORGANISME.

Comme il était naturel, on a d'abord cherché dans les graisses apportées par les aliments la source des réserves adipeuses de l'organisme (Prout; Dumas). Puis, l'expérience ayant vérifié d'une manière précise ce fait d'observation vulgaire, déjà affirmé par Brillat-Savarin, à savoir que les aliments riches en amylacés amènent l'engraissement, la production des graisses à partir des hydrates de carbone de nos aliments devint la théorie dominante, jusqu'au jour où C. Voit et Pettenkofer crurent avoir démontré, à l'aide de leur grand appareil pour l'étude de la respiration, que les graisses de nos tissus proviennent des matières albuminoïdes. De ces trois théories, les deux premières sont demeurées debout, fortifiées par un apport toujours plus important de vérifications nouvelles. Quant à la théorie de l'origine protéique des graisses, les démonstrations sur lesquelles on l'appuyait encore il y a peu d'années avec tant de sécurité ne sont plus considérées aujourd'hui comme convaincantes par la majorité des physiologistes.

La production des graisses de l'organisme à partir des graisses alimentaires. — La démonstration de ce fait a été réalisée de deux manières :

1° On nourrit avec très peu de viande et beaucoup de graisse un chien très amaigri par un jeûne prolongé, et on démontre que la quantité de graisse, que l'on trouve dans les tissus de l'animal après un certain nombre de jours, est très supérieure aux réserves adipeuses que l'organisme devait posséder encore, augmentées de la quantité de graisse, qui a pu sortir des albumines consommées. Ce surplus ne peut donc provenir que de la graisse ingérée.

Lorsqu'on soumet à un jeûne prolongé un chien bien musclé, mais à réserves adipeuses médiocres, on constate que l'excrétion d'azote, qui se maintient d'abord assez constante, augmente brusquement après un certain nombre de jours, en même temps que la température rectale s'abaisse. A ce moment, les réserves adipeuses sont aussi diminuées qu'il est possible et réduites à environ 8 p. 1 000 du poids. Partant de ces données, on a fait jeûner pendant trente jours un chien de 26 kg. 45, puis en cinq jours on a donné à l'animal, réduit au poids de 16 kgr., une quantité de lard et de viande apportant 248 gr. d'albumine et 2 389 gr. de graisse, dont 1 854 gr. ont été absorbés. L'animal ayant été sacrifié, on trouva dans son corps 1 353 gr. de graisse. En admettant que les réserves adipeuses présentes à la fin du jeûne se soient élevées à 8 p. 1 000, soit à 128 gr., il reste 1 353 — 128 = 1 225 gr. de graisse provenant de la ration, et comme les 248 gr. d'albumine ingérés n'ont pu fournir au maximum que 69 p. 100 de leur poids en graisse, soit 171 gr., on trouve finalement que 1 225 — 171 = 1 054 gr. de graisse fixée ne peuvent avoir d'autre origine que la graisse ingérée (F. Hofmann). On pourrait objecter, il est vrai, que cette graisse provient des réserves en albumine dont disposait encore l'animal à la fin du jeûne, mais si vraiment ces réserves s'étaient transformées en graisse, l'azote qui leur correspond serait apparu dans l'urine, et l'on peut calculer que l'on aurait assisté chaque jour à l'énorme excrétion d'environ 50 gr. d'azote ! Or, au sortir d'un jeûne prolongé, l'organisme, bien loin de gaspiller ainsi ses réserves d'albumine, réduit, au contraire, à un minimum très abaissé son excrétion d'azote (p. 652).

2° On donne à un animal amaigri par le jeûne une alimentation apportant une graisse de composition chimique et de propriétés physiques différentes de celles de la graisse propre à cette espèce, et l'on trouve au bout d'un certain temps, dans les tissus de l'animal, une graisse dont les caractères sont très voisins de ceux de la graisse ingérée. C'est Kühne qui a, le premier, énoncé le principe de ces expériences.

Deux chiens, qui ont perdu par un jeûne d'un mois 40 p. 100 de leur poids, sont nourris l'un de viande et d'huile de lin, l'autre de viande et de graisse de mouton. Après trois semaines, les animaux, qui ont retrouvé leur poids primitif, sont tués, et des tissus du chien à huile de lin on retire plus d'un kilogramme d'une graisse encore liquide à 0° et très semblable à l'huile de lin, tandis que la graisse de l'animal nourri au suif de mouton fond au-dessus de 50°, alors que celle d'un chien nourri à la manière habituelle fond vers 20° (Lebedeff). D'autres expérimentateurs ont réalisé chez le chien des fixations analogues, avec l'huile de navette (Munk) et avec le beurre de coco (Rosenfeld).

La fixation directe des graisses alimentaires se trouve donc démontrée.

DISTINCTION ENTRE LA GRAISSE DES RÉSERVES ET LA GRAISSE PROPRE AUX TISSUS. — Cette fixation d'une graisse étrangère ne constitue pas une sorte de violence expérimentale, que l'organisme subirait momentanément, quitte à transformer ultérieurement la graisse ainsi introduite en graisse propre à l'espèce, car un chien, qui a déposé dans ses tissus du suif de mouton, est encore porteur de cette graisse, même après un mois d'une alimentation où les graisses étaient absentes (Rosenfeld). Il devient donc probable que les propriétés caractéristiques de la graisse de chaque espèce animale tiennent moins à l'intervention de l'organisme qu'à la nature des graisses que cette espèce trouve dans sa nourriture *habituelle.*

Ainsi, la graisse du cheval est d'ordinaire onctueuse, comme celle de l'avoine dont on nourrit l'animal; elle est, au contraire, semblable à celle du bœuf, quand le cheval reçoit surtout du fourrage vert (Rosenfeld), c'est-à-dire lorsque, ne recevant presque pas de graisses, il se procure ses réserves adipeuses par transformation des hydrates de carbone de sa ration. Toutefois, l'organisme ne se laisse pas imprégner de graisses alimentaires d'une façon tout à fait passive. Ainsi, ces graisses ne passent dans le lait qu'en très petites quantités, et l'organisme les dirige visiblement vers certains dépôts adipeux plutôt que vers d'autres (Leube).

Toutefois, même en tenant compte de la restriction qui vient d'être faite, on remarquera combien *cette fixation directe des graisses étrangères par l'organisme paraît donner au premier abord à cette catégorie d'aliments une position particulière vis-à-vis des albumines et même vis-à-vis des hydrates de carbone.* Il semble, en effet, que l'organisme ne possède pas de dépôt où il puisse mettre en réserve des protéiques venus du dehors (voir cependant p. 648). Lorsqu'il fixe une albumine, c'est pour l'adapter à un tissu ou l'ajouter à une humeur, ce qui implique une exacte transformation de l'albumine étrangère en une albumine spécifique (p. 200). On observe quelque chose d'analogue pour les nombreuses variétés d'hydrates de carbone alimentaires, que l'organisme n'admet dans le courant de ses opérations nutritives qu'après les avoir toutes ramenées à l'état de glycogène, et si ce produit constitue une réserve, celle-ci présente cette double particularité d'être peu abondante et d'être incessamment renouvelée. Tout autre est le caractère des dépôts adipeux. Ceux-là constituent le grand réservoir où l'organisme accumule ses provisions d'énergie. Là, des masses considérables de graisse, placées en dehors du mouvement de la nutrition, attendent le moment où elles seront utilisées. Corrélativement, on voit les graisses alimentaires se déverser simplement dans ce réservoir, sans avoir subi, au préalable, cette exacte transformation que l'on observe pour les deux autres catégories d'aliments. Mais voici une constatation qui donne à cette position exceptionnelle des graisses sa véritable signification.

Lorsqu'on épuise à froid un tissu ou un organe par de l'éther, on constate qu'on est loin de l'avoir dégraissé entièrement. Si on le soumet, en effet, à la digestion pepsique, afin de détruire toutes ses cellules, on constate qu'un nouvel épuisement fournit encore d'importantes quantités de graisses, qui, intimement liées aux protoplasmes cellulaires, avaient échappé à l'action du premier traitement à l'éther (Pflüger-Dormeyer). Partant de ce fait, Abderhalden et Brahm ont nourri de viande et de suif de mouton, ou bien de viande et d'huile de navette des chiens amaigris par un long jeûne, puis ces animaux ayant été sacrifiés, l'ensemble de tous leurs tissus (moins la graisse visible, l'intestin et le foie) a été desséché et épuisé par l'éther, et la poudre dégraissée restante a été hydrolysée par la pepsine chlorhydrique, puis épuisée une seconde fois. Or, tandis que les acides gras des graisses fournies par le premier épuisement avaient un point de fusion voisin de celui des acides gras de la graisse ingérée, *les acides gras de la graisse protoplasmique avaient, au contraire, conservé le point de fusion de ceux de la graisse normale de chien.*

On voit donc qu'en réalité il n'y a point d'exception à la règle énoncée précédemment à propos de l'assimilation des protéiques : l'organisme n'admet, dans l'intimité de ses protoplasmes, que des matériaux qu'une exacte transformation a dépouillés au préalable de leur caractère étranger, et si une partie de la graisse fixée paraît échapper à cette loi, c'est uniquement celle qui n'a pas été véritablement associée à la vie des tissus, mais que l'organisme a simplement placée, comme combustible de réserve, *à côté* de ses protoplasmes. Notons que cette réserve d'énergie est la plus considérable que possède l'organisme. Par kilogramme de poids vif, la réserve de graisse vaut chez les petits animaux (souris, bengalis) de 600 à 630 calories et celle du glycogène une trentaine de calories seulement (Bierry et Mme Gruzewska; E. F. Terroine). Un homme de 70 kilogrammes est porteur d'environ 50 000 calories d'albumine, de 45 000 à 90 000 calories de graisse et de 3 000 calories de glycogène.

La production des graisses à partir des protéiques. — Théoriquement, on ne peut rien objecter à la possibilité d'une transformation des protéiques en graisse, que Liebig déjà déclarait vraisemblable, et pour laquelle A. Gautier a calculé une équation très simple. Quant à la réalité de l'opération, on a essayé de l'établir : 1° par des expériences dans lesquelles interviennent des organismes inférieurs; 2° par des observations faites chez les animaux supérieurs. Disons tout de suite que beaucoup de ces résultats sont devenus chancelants, depuis que l'on connaît mieux les difficultés d'une extraction complète des graisses contenues dans les tissus animaux. (Recherches de Pflüger-Dormeyer, de Rosenfeld et surtout de Kumagawa-Suto).

Nous laissons de côté les premières, parce qu'aucune d'entre elles n'est entièrement convaincante, et que, si une production de graisse à partir des protéiques sous l'action des organismes inférieurs devait être admise, il ne suivrait pas de là qu'une telle transformation a lieu nécessairement chez les animaux supérieurs. Celle-ci doit être prouvée par des expériences directes. Voici par quelles constatations on a cru pouvoir la démontrer.

1° *Preuves fournies par les phénomènes de la dégénérescence graisseuse et de l'autolyse.* — Sous l'influence de certains toxiques, phosphore, alcool, chloroforme, essence de menthe pouliot, le foie, le cœur, etc., subissent le phénomène dit de la *dégénérescence graisseuse*, que l'on a expliqué par une transformation, sur place, des protéiques de l'organe en graisse (Virchow). Mais on sait aujourd'hui que le phosphore ne produit aucune augmentation de la quantité de graisse dont dispose l'organisme

(Athanasiu, Taylor), mais bien une diminution (Shibata), et que la graisse, qui apparaît dans le foie, est de la *graisse de transport*, venue d'autres organes (Rosenfeld).

Chez deux chiens aussi amaigris qu'il est possible par le jeûne et lentement intoxiqués par le phosphore, on trouve dans le foie 9, 7 et 6,14 de graisse p. 100 de substance sèche, tandis que le foie d'un chien moins amaigri, et celui d'un autre animal plus gras encore, tous deux intoxiqués de même, en renfermaient respectivement 17, 4 et 36, 98, p. 100. Sous l'influence du phosphore *le foie ne devient donc gras que lorsque l'organisme dispose de réserves adipeuses qu'il puisse transporter dans cet organe*. Et voici la preuve directe qu'il s'agit bien d'un transport et non d'une production de graisse. L'huile de foie de morue, que l'on injecte sous la peau de la souris, et qui n'est pour ainsi dire pas absorbée au cours d'un jeûne de cinq jours, se transporte rapidement vers le foie, aussitôt qu'on empoisonne l'animal avec du phosphore (Shibata). On a cru pendant quelque temps que *l'autolyse* aseptique ou antiseptique des tissus (p. 113) réalise la dégénérescence graisseuse des cellules, telle que la comprenait Virchow, c'est-à-dire avec production de graisses nouvelles aux dépens des matériaux mêmes de la cellule, donc très vraisemblablement à partir des protéiques. On voit, en effet, apparaître dans les cellules du tissu autolysé des gouttelettes graisseuses, colorables par les moyens habituels, et dont le nombre augmente, à mesure que l'autolyse progresse (Waldvogel). Mais, en réalité, la quantité totale de graisse de l'organe n'est pas augmentée, même par une autolyse allant jusqu'à cent jours (Saxl, R. Ohta; N. Shibata). L'apparition des gouttelettes graisseuses tient donc uniquement à ce fait que des graisses, auparavant chimiquement liées à d'autres matériaux protoplasmiques et inaccessibles aux réactifs colorants habituels, ont été libérées et sont devenus *visibles*. Il y a eu simplement *lipophanérose*. Notons enfin que des expériences de L. Launoy on peut déduire que l'autolyse produit aussi une *lipoïdophanérose*.

Ni le phénomène de la dégénérescence graisseuse du foie dans l'intoxication phosphorée, ni celui de l'autolyse des tissus ne démontrent donc la transformation des albumines en graisse.

2° *Démonstration de Pettenkofer et C. Voit.* — Chez le chien nourri de viande, tout l'azote ingéré reparaît dans l'urine et dans les fèces, mais tout le carbone ingéré n'est pas restitué par l'urine, les fèces et la respiration, et comme la différence est trop grande pour que le carbone ainsi retenu ait pu être fixé tout entier à l'état de glycogène, c'est donc qu'une partie l'a été sous la forme de graisse (1866-1871). Mais cette conclusion ne peut plus être maintenue aujourd'hui.

Depuis que l'on sait que les réserves de glycogène peuvent s'élever chez le chien à 41 gr. par kilogramme (p. 381), il est certain que cette rétention de carbone, comme aussi celle qu'a mesurée plus tard Gruber, s'explique sans peine par un gain de glycogène, et qu'elle ne prouve rien en faveur d'une transformation en graisse. D'ailleurs, chez un chien très amaigri par vingt-quatre jours de jeûne, et nourri ensuite de viande, M. Kumagawa n'a pu saisir aucune fixation de graisse qui pût être rapportée avec certitude aux protéiques.

Concluons donc que *la transformation des albumines en graisses chez les animaux supérieurs n'est pas démontrée*, ce qui ne signifie pas que cette transformation soit impossible ou ne se produise pas à l'état normal.

En effet, le problème posé est celui de la destinée des acides aminés des protéiques, après leur désamination. On a vu que, de ces acides, l'organisme est en mesure de faire sortir du glycose (p. 388), et comme le sucre peut être transformé en graisse (voir ci-après), les protéiques pourraient donc, par ce détour, être des producteurs de graisses. Mais il paraît difficile que les protéiques jouent, d'une façon courante, comme producteurs de graisses, un rôle de quelque importance, car, avec des rations de protéiques même très abondantes, on n'obtient pas d'engraissement, et, dans les conditions ordinaires de la vie, où les protéiques sont données en quantités plutôt faibles, l'organisme est en mesure de faire des bénéfices de graisses en s'adressant aux graisses alimentaires et aux hydrates de carbone. Chauveau admet néanmoins que, par une oxydation incomplète, les protéiques fournissent d'abord de la graisse, en même temps que de l'urée, de l'acide carbonique et de l'eau, puis, par une nouvelle oxydation de cette graisse, du sucre, que la combustion achève enfin de conduire à l'état d'eau et d'acide carbonique. D'autre part, A. Gigon prétend avoir démontré par des expériences de respiration faites sur lui-même qu'une partie importante du carbone de l'albumine ingérée est retenue à l'état de graisse, mais cette transformation s'accompagne de pertes d'énergie considérables (Lafon). On ne peut que poser ces questions.

La production des graisses à partir des hydrates de carbone. — Lorsqu'à une ration suffisante on ajoute pendant longtemps un surplus important d'hydrates de carbone, les réserves en glycogène atteignent leur maximum ou s'en rapprochent tellement que ce surplus quotidien ne pouvant plus trouver de place à l'état de glycogène, l'organisme le déverse à l'état de graisse dans ses réserves adipeuses. C'est là un des résultats les mieux établis de la physiologie de la nutrition, et que vérifient chaque jour les observations des éleveurs.

Rappelons d'abord que, chez les plantes, on observe cette transformation des hydrates de carbone en graisse avec une netteté toute particulière. Ainsi dans l'amande, on voit de juin à octobre la richesse du fruit frais en huile s'élever de 2 à 40 p. 100, tandis que la teneur en hydrates de carbone (glycose, saccharose, amidon) tombe de 34,3 à 7,8 p. 100 (Leclerc du Sablon; C. Vallée). Chez les animaux, la démonstration de ce fait, établie par les observations de Milne-Edwards sur la production de la cire chez les abeilles nourries uniquement de sucre, et par les observations de Persoz et Boussingault sur l'engraissement du porc à l'aide d'aliments riches en hydrates de carbone, a été complétée en Allemagne à l'aide de deux méthodes, dont voici le principe :

1° On engraisse un animal à l'aide de rations riches en hydrates de carbone et contenant des quantités connues d'albumine et de graisses, et l'on constate que le poids de graisse gagnée au bout d'un certain temps est bien supérieur à celui qui peut provenir des albumines et des graisses ingérées. La différence ne peut donc provenir que des hydrates de carbone.

2° Chez un animal mis de même à l'engraissement, on dose le carbone et l'azote dans les aliments et dans les excrétions (fèces, urine et air expiré), et l'on constate qu'une fraction importante du carbone introduit en vingt-quatre heures a été retenue dans l'organisme. Sous quelle forme? Comme l'animal a retenu en même temps une partie de l'azote qui lui a été fourni, c'est qu'il a fixé de l'albumine, et l'on calcule d'après l'azote retenu le carbone resté dans l'organisme sous la forme d'albumine. La différence a été fixée à l'état de glycogène ou de graisse. Or, cette différence est telle que, transformée par le calcul en glycogène, elle dépasse de beaucoup ce qu'un organisme peut fixer en fait d'hydrates de carbone. Le reste du carbone a donc été retenu à l'état de graisse. D'ailleurs, la journée d'expérience étant prise au cours d'une période d'engraissement, on peut même admettre qu'à ce moment les réserves de glycogène étaient déjà à leur maximum, et que tout le carbone non fixé à l'état d'albumine l'a été sous la forme de graisse.

Voici les résultats d'une expérience de Tscherwinski, conduite d'après la première de ces deux méthodes.

On a choisi deux jeunes porcs de dix semaines, appartenant à la même portée et pesant l'un 7 300 gr. et l'autre 7 290 gr. On pouvait donc admettre qu'ils étaient porteurs à peu près des mêmes quantités d'albumine et de graisse. Le premier est tué et on détermine le poids de graisse contenu dans tout l'animal, et en même temps le poids d'azote, ce dernier permettant de calculer la quantité maximum d'albumine que contenait tout l'organisme. Le second est nourri pendant quatre mois avec de l'orge, dont on connaissait la teneur en graisse et en albumine. D'autre part, l'analyse des fèces donnait en même temps les quantités de ces deux aliments qui avaient échappé à l'absorption. On savait donc ainsi combien d'albumine et de graisse avaient été absorbés pendant ces quatre mois. L'animal, dont le poids était monté à 24 kgr., est alors sacrifié et l'on détermine la teneur en albumine et en graisse de tout l'organisme. Les résultats obtenus donnent le bilan que voici :

	Albumine.	Graisse.
L'animal engraissé contenait.	2^{kg},52	9^{kg},25
— témoin —	0 ,96	0 ,69
— engraissé avait donc fixé . .	1^{kg},56	8^{kg},56

D'autre part, l'animal a absorbé pendant l'expérience les quantités suivantes :

	Albumino.	Graisse.
L'animal a emprunté à sa ration. . .	7^{kg},49	0^{kg},66

On voit donc que l'animal a fixé pendant l'expérience 8 kgr. 56 de graisse. Sur cette quantité, 0 kgr. 66 lui ont été fournis par sa ration. La différence, soit 8,56 — 0,66 = 7 kgr. 90, ne peut donc provenir que des albumines et des hydrates de carbone. Or, l'animal a trouvé dans sa ration 7 kgr. 49 d'albumine et il en a fixé 1 kgr. 56. La différence, soit 7,49 — 1,56 = 5 kgr. 93, a donc pu servir à faire de la graisse et soit au maximum 5,93 $\times$ 0,69 = 4 kgr. 09 [1]. Il reste donc finalement au moins 7,90 — 4,09 = 3 kgr. 81 de graisse, qui ne peuvent provenir que des hydrates de carbone.

Il est donc démontré que l'organisme peut transformer en graisse les hydrates de carbone de ses aliments.

Le *mécanisme chimique* de cette transformation, inverse de celle qui a été envisagée à la page 384, reste encore très mystérieux.

Pour que d'un corps en C^6, tel que le glycose, dont *tous les chaînons sont porteurs d'oxygène*, naisse un acide gras élevé en C^{18}, comme l'acide stéarique, dont la chaine carbonée est *trois fois plus longue*, et dont *tous les chaînons*, sauf un, *sont dépourvus d'oxygène*, il faut évidemment un phénomène de réduction, soit donc un départ d'oxygène, suivi d'une synthèse.

En ce qui concerne la *réduction*, voici d'abord l'équation hypothétique, par laquelle M. Hanriot traduit le phénomène, nouvel exemple d'une de ces *combustions internes*, telles que les produit, suivant A. Gautier, la vie anaérobie des tissus (p. 320, note 1) :

$$13C^6H^{12}O^6 = C^{55}H^{104}O^6 + 23CO^2 + 26H^2O.$$

Glycose.   Oléostéaro-
palmitine.

Cette équation exprime que de l'acide carbonique a été produit, sans intervention d'oxygène venu du dehors, et elle fait donc prévoir que, suffisamment ample, la réaction en question devra produire une hausse importante du quotient respiratoire (p. 541). De fait, l'engraissement rapide chez les animaux (oie...) sous l'action de rations riches en hydrate de carbone peut pousser ce quotient jusqu'à 1,12 et même 1,30. Il s'est rapproché de l'unité, parce que l'entretien de l'organisme a été demandé surtout à des hydrates de carbone, dont la combustion donne un quotient respiratoire égal à 1, et il a dépassé l'unité, parce que la transformation en question a fourni le surplus d'acide carbonique prévu (Regnault et Reiset; M. Hanriot; M. Kaufmann et d'autres). Des

---

1. En admettant que les graisses sont à 76,5 p. 100 et les albumines à 53 p. 100 de carbone, et que tout le carbone de l'albumine devient de la graisse, on calcule que 100 gr. d'albumine peuvent donner au maximum 69 gr. de graisse.

observations analogues ont été faites sur des convalescents en voie d'engraissement rapide (Svenson). Quant à l'opération de *synthèse*, on suppose depuis longtemps qu'elle part de l'acétaldéhyde sortie du glycose (p. 399), peut-être par l'intermédiaire de l'acide pyruvique (p. 110), et plus récemment lda Smedly et Eva Lubrzynska ont apporté d'intéressants travaux sur la condensation de cette aldéhyde avec l'acide pyruvique, qui font bien saisir le mécanisme possible de cette opération.

§ I. — LES MOUVEMENTS DES GRAISSES DANS L'ORGANISME.

Ces mouvements s'effectuent principalement dans deux sens : 1° il y a transport de graisses depuis la surface d'absorption intestinale jusqu'aux lieux où s'opère soit la destruction, soit la mise en réserve de cet aliment; 2° il y a reprise des réserves adipeuses au moment des besoins, et transport vers les lieux de consommation. Enfin, on verra que, dans ces phénomènes, le foie joue un rôle important.

Le transport des graisses de l'intestin vers les tissus. — Très vite après un repas riche en graisse, les chylifères sont lactescents, et par la voie du canal thoracique cette graisse est déversée dans le sang, dont le sérum devient trouble au point qu'il abandonne par le repos comme une couche de crème (*lipémie digestive*). Puis, vers la 7e-12e heure, le sérum reprend sa limpidité. Comment cette graisse a-t-elle quitté le sang? Peut-être en nature, mais plus vraisemblablement après saponification.

1° Il est vrai que les suspensions fines (collargol, encre de Chine), ou les graisses artificiellement colorées, introduites dans le sang, se retrouvent dans le foie, la rate, la moelle osseuse (S. Bondi et A. Neumann). Mais comme l'intestin, surface d'absorption par excellence, semble bien ne pas se laisser traverser par les graisses en nature (p. 207), on incline peu à admettre un tel passage des capillaires vers les tissus. — 2° On sait que le sang possède un pouvoir lipasique (p. 214) et, d'autre part, l'introduction directe de graisse dans le sang ou bien le jeûne, qui crée une lipémie (p. 432), accentuent ce pouvoir. On peut donc admettre qu'une lipase démolit la graisse dans le sang, et, après que les savons et la glycérine formés ont franchi les capillaires, la reconstruit au niveau des tissus. Une autre question, au fond connexe de celle-ci, est de savoir sous quelle forme le sang transporte les graisses. On a vu la part que prennent peut-être à ce phénomène les globules blancs (p. 258). On constate, d'autre part, que dans le sang de l'organisme à jeun la majeure partie des acides gras du plasma est combinée à la cholestérine et à la lécithine, et une petite partie seulement est présente à l'état de graisses neutres (W.-R. Bloor), et il ne serait pas impossible que pendant le jeûne il n'y eût plus du tout de graisses neutres dans le sang. En outre, après un repas riche en graisses il se produit un accroissement marqué des phosphatides (p. 434), principalement dans les éléments figurés du sang, et Hopkins admet qu'avec les acides gras absorbés ces éléments élaborent des phosphatides complexes, où ces acides entrent après avoir subi une désaturation, prélude de leur combustion ultérieure (p. 434). Enfin une partie de ces acides gras passe aussi à l'état d'éthers cholestériques. Au total les lipoïdes (phosphatides, cholestérine) paraissent donc jouer un important rôle d'agents de transport des graisses dans le sang, mais on ne sait quelle peut être la signification physiologique de ces deux modes de transport des acides gras. Rappelons à ce propos que les leucocytes contiennent une lipase et une lipoïdase.

La reprise des réserves de graisses. — Au cours du jeûne ou de certaines intoxications (p. 433), on voit l'organisme mobiliser la graisse de ses réserves et la transporter par la voie sanguine vers les tissus, et ici on en est réduit aux mêmes hypothèses que plus haut, à savoir saponification au niveau des tissus, passage dans les capillaires des produits de la saponification, puis restitution de la graisse neutre.

A l'appui de cette hypothèse, on ne peut invoquer que le fait de la présence constante de lipases partout où il y a des réserves de graisses. Remarquons ici que, si l'on possédait des indications sur la richesse plus ou moins grande des diverses régions en lipases, on pourrait être tenté d'expliquer par là la facilité variable avec laquelle l'organisme dépose ou, au contraire, prélève de la graisse aux divers points du corps. Mais une vieille observation de Schiff, reprise plus près de nous par E. J. Lesser, fait prévoir que le problème pourrait bien être plus complexe. D'avril à juin on constate chez la grenouille une disparition *post mortem* très rapide du glycogène du foie, tandis que, dans les foies prélevés de décembre à janvier, le glycogène échappe à cette destruction, et cependant, quand on écrase l'organe, on obtient une pulpe très riche en amylase. Il y a donc des conditions, au sujet desquelles il serait facile de faire ici des hypothèses, qui à certains moments facilitent ou empêchent l'action de la diastase sur le glycogène (voir aussi à ce propos p. 410, note 1), et il se peut que des actions de même nature fassent que la reprise des dépôts adipeux (et inversement aussi leur formation) est plus aisée d'un sujet à un autre, ou d'un point de l'organisme à un autre.

Cette reprise des réserves de graisses au cours du jeûne se traduit à l'observateur par le phénomène de la *lipémie du jeûne*, d'abord observé par Miescher sur les saumons du Rhin (p. 314), souvent confirmé ensuite (Lattes; Freudenberg; Terroine). Et c'est parce que les graisses des dépôts s'écoulent ainsi dans le sang, que la teneur en graisse de cette humeur reste si constante (avant le jeûne 0,54, après 11 jours de jeûne 0,55 p. 1000 chez le chien), malgré le large appel fait aux graisses de l'organisme (p. 642). Ainsi s'explique aussi la *lipémie des diabétiques* (p. 419), même aux moments où ils ne reçoivent pas de graisses (L. Schwarz), car ces malades, impuissants à détruire le sucre, s'adressent d'autant plus largement à leurs réserves de graisses. Rien de surprenant enfin dans cette *lipémie toxique* (Rosenfeld), qui accompagne la migration des graisses, provoquée par certains toxiques (p. 427, 433).

Les mouvements des graisses et l'intervention du foie. —

Le phénomène si remarquable du transport de la graisse, des dépôts vers le foie (p. 427), a beaucoup attiré l'attention sur le rôle possible de cette glande dans le métabolisme des graisses, et l'on admet en général que les graisses sont conduites d'une manière constante vers le foie, parce que, par un travail chimique spécial, cette glande prépare les acides gras à la combustion.

Il est logique d'expliquer le transport de la graisse, des dépôts vers le foie, sous l'action de divers toxiques (phlorizine, phosphore) par la nécessité où se trouve l'organisme de faire appel à la réserve d'énergie accumulée dans ses graisses, et si, répondant à cet appel, les graisses affluent vers le foie, c'est donc que cet organe a un rôle à remplir dans la dégradation de cet aliment[1]. Ce rôle a pu d'abord être celui d'un organe porteur d'une réserve de graisse plus immédiatement disponible, pour des besoins urgents, que celle des dépôts adipeux. Mais cette théorie, devenue courante en physiologie, se heurte à de graves difficultés. E. F. Terroine et J. Weill ont montré, en effet : 1° que l'inanition (avec boissons) ne diminue pas la teneur du foie en graisse; 2° qu'après un repas riche en graisse, le foie ne se charge pas de cet aliment; 3° que par la suralimentation (avec beaucoup de graisses ou beaucoup d'hydrates de carbone, mais en quantités telles cependant que l'animal reste en bonne santé) on n'obtient qu'une légère augmentation de la richesse du foie en graisse; seule est accrue notablement par cette intervention la richesse en graisse du muscle, qui représenterait donc, bien plus que le foie, un lieu de réserve pour les graisses (voir à la page 68 les résultats numériques de ces expériences). A la vérité, on obtient dans l'industrie des foies gras d'énormes accumulations de graisses dans cette glande chez l'oie, mais ce résultat n'est atteint que chez des animaux jeunes et il est consécutif à la surcharge graisseuse de tout l'organisme, et notamment du muscle (21,0 au lieu de 9,16 p. 100), en sorte que le foie n'est nullement, pour la mise en réserve des graisses, un lieu d'élection (E. F. Terroine).

Mais il se peut que cet organe intervienne dans le métabolisme des graisses d'une autre façon et soit en modifiant les graisses en vue de

---

1. A la vérité, on ne comprend pas bien pourquoi, dans ces diverses intoxications (phlorizine, phosphore...), cet appel adressé par l'organisme à ses réserves de graisses aboutit à l'infiltration graisseuse de la glande (foie), d'où cet appel paraît sortir, et non à la combustion des graisses ainsi mobilisées, car, chose curieuse, des souris à jeun et intoxiquées par le phosphore ne détruisent guère plus de graisse que des souris simplement tenues à jeun. Ces souris au phosphore détruisent, au contraire, beaucoup de graisses, quand on leur donne en même temps des hydrates de carbone, et leur foie ne s'infiltre pas de graisse (Shibata), comme si les graisses ne pouvaient être brûlées « qu'au feu des hydrates de carbone » (voir p. 439).

leur combustion (voy. à la page 73 l'hypothèse de Lœw). D'après Leathes, cette préparation consisterait en ceci que le foie transforme les acides gras saturés des graisses (acides palmitique et stéarique) en acides non saturés (du type des acides oléiques, linoléiques, etc.) qui sont beaucoup plus oxydables. De fait, la moitié environ des acides gras du foie est représentée, pour la plus petite partie par de l'acide oléique, et pour la plus grande partie par de l'acide linoléique et par un acide encore moins saturé ($C^{20} H^{32} O^{2}$) (P. Hartley). Or, cet acide et l'acide linoléique absorbent avec facilité l'oxygène de l'air, ce qui expliquerait donc pourquoi les graisses du foie s'altèrent si vite à l'air (voir aussi p. 443 b). Il semble, en outre, que les lipoïdes interviennent dans ce phénomène. En effet, une portion importante de ces acides non saturés fait partie de la molécule des phosphatides du foie (P. Hartley), et ces constatations sont en bon accord avec les observations histologiques (A. Mayer, F. Ratherey et G. Schaeffer). Les choses se passent donc comme si les acides gras saturés, difficilement combustibles, devaient entrer dans l'édifice des phosphatides pour y devenir, à l'état d'acides non saturés, plus aisément oxydables. Il se peut aussi que cette fixation des acides gras dans la molécule des phosphatides soit la condition préalable, nécessaire à leur combustion (voir p. 73). C'est l'opinion que O. Lœw a exprimée en disant que « la lécithine est une machine à brûler les acides gras ». Bien que l'on soit ici en pleine hypothèse, on ne peut pas ne pas être frappé de ce fait qu'au cours de la lipémie digestive provoquée par l'ingestion de graisses pratiquement exemples de lécithine (et de cholestérine), on voit la graisse que l'on extrait du sang présenter une teneur en lécithine (et en cholestérine) énormément accrue, et cet appel de lipoïdes vers le sang par l'absorption digestive des graisses est aujourd'hui bien établie (Widal, A. Weill et Laudat; E. F. Terroine; voir aussi p. 419). On saisit aussi une augmentation de ces deux lipoïdes dans du sang additionné de trioléine et que l'on a fait passer en circulation artificielle à travers un foie, comme si une association de la graisse avec ces lipoïdes était une préparation nécessaire à la combustion physiologique de cet aliment (K. Reicher). On constate pareillement que le foie gras de l'oie s'est beaucoup enrichi en lécithine (Balthazard). Ajoutons que si l'on accepte cette théorie quant au rôle du foie, il faudra démontrer l'existence, au cours du jeûne, d'un flux ininterrompu de la graisse des dépôts vers le foie, démonstration qui a déjà été essayée par divers procédés.

On est donc là en présence d'une série de faits, qu'il serait prématuré de vouloir coordonner logiquement, et dont il convient, au surplus, d'attendre la confirmation, mais qui laissent deviner une intervention importante du foie dans la dégradation des graisses.

§ III. — LA DESTRUCTION DES GRAISSES. LA PRODUCTION DES CORPS ACÉTONIQUES.

Les graisses étant formées d'environ 95 p. 100 d'acides palmitique, stéarique et oléique (p. 68), il s'agit de déterminer la manière dont s'y prend l'organisme pour conduire jusqu'à l'état d'eau et d'acide carbonique la longue chaîne carbonée de ces corps. Ce problème n'a pas encore pu être abordé directement, car ces acides, aussi bien que leurs homologues à chaîne plus courte, butyrates, valérianates, caproates, quand on les ajoute volontairement à la ration, disparaissent dans l'organisme sans laisser de traces. Pour saisir quelque chose du mécanisme de cette destruction, *il faut rendre plus difficile la combustion de ces corps, en les prenant accolés à des complexes aromatiques qui ralentissent leur oxydation.* Tel a été le point de départ du travail qui a conduit F. Knoop à sa théorie de l'oxydation en β dans l'organisme.

La théorie de l'oxydation en β. — L'observation fondamentale de F. Knoop est la suivante. Les acides aromatiques, dont la chaîne latérale grasse[1] contient un nombre *impair* d'atomes de carbone, sont éliminés par l'urine à l'état d'acide benzoïque; lorsque cette chaîne est faite d'un nombre *pair* d'atomes de carbone, l'acide quitte l'organisme sous la forme d'acide phénylacétique[2].

Voici comment F. Knoop interprète ces résultats. Si l'acide phénylvalérianique, par exemple, qui est à chaîne grasse *impaire*, passe dans l'urine à l'état d'acide benzoïque, cela tient à ce fait que l'oxydation s'attaque au chaînon β et produit, par la rupture entre α et β, l'amputation de deux maillons carbonés. Le nouvel acide formé, qui est ici l'acide phénylpropionique, est encore attaqué en β, et l'amputation de deux nouveaux chaînons aboutit finalement à l'acide benzoïque :

Acide phénylvalérianque. $C^6H^5\text{-}CH^2\text{-}CH^2\text{-}CH^2\text{-}CH^2\text{-}COOH.$
β   α

— phénylpropionique. $C^6H^5\text{-}CH^2\text{-}CH^2\text{-}COOH.$
β   α

— benzoïque. . . . . . $C^6H^5\text{-}COOH.$

Au contraire, un acide à chaîne latérale *paire*, comme l'acide phénylbutyrique, donnera par l'attaque en β, suivie de l'amputation de deux chaînons, l'acide phénylacétique qui, ne possédant qu'un chaînon α, ne peut pas être attaqué en β et s'élimine par conséquent tel quel :

Acide phénylbutyrique. . . . $C^6H^5\text{-}CH^2\text{-}CH^2\text{-}CH^2\text{-}COOH.$
β   α

— phénylacétique. . . . . $C^6H^5\text{-}CH^2\text{-}COOH.$
α

1. On n'entend parler ici que de chaînes linéaires, c'est-à-dire non bifurquées (chaînes normales).

2. En réalité, ces deux acides benzoïque et phénylacétique apparaissent dans l'urine respectivement à l'état d'acide hippurique et phénacéturique, à cause de leur copulation ultérieure avec le glycocolle.

En conformité avec ces résultats, on incline donc à admettre que la simplification d'un acide gras tel que l'acide palmitique :

$$CH^3-(CH^2)^{12}-\underset{\beta}{CH^2}-\underset{\alpha}{CH^2}-COOH,$$

commencerait par une oxydation du chaînon CH^2 situé en β, suivie de la chute de deux maillons carbonés de la chaîne et de la production d'un nouvel acide plus court de deux chaînons. Cet acide, subissant une nouvelle attaque en β, serait amputé de même, et ainsi de suite. Nous verrons plus loin ce que l'on sait quant à la manière dont ce procès se termine, lorsque la chaîne est suffisamment raccourcie (p. 441). Quant aux destinées des deux maillons détachés chaque fois, on ne peut faire à leur sujet que des hypothèses (p. 394).

Cette théorie, d'abord appuyée uniquement sur les expériences de Knoop, a été fortifiée récemment par un apport de faits nouveaux, venus à la fois de la chimie pure et de la chimie biologique.

1° Au *point de vue purement chimique*, on a démontré que l'attaque des acides gras, acides butyrique, caprique, caprylique, laurique, myristique, au moyen de l'eau oxygénée (aidée d'une trace de sulfate ferreux) (Dakin) ou par le persulfate de potassium (O. Neubauer) s'opère par ce procès de la β-oxydation [1]. Avec l'acide butyrique par exemple, on a obtenu ainsi les produits que voici :

Acide butyrique.	$CH^3-\overset{\beta}{CH^2}-\overset{\alpha}{CH^2}-COOH.$
Acide β-oxybutyrique	$CH^3-CHOH-CH^2-COOH.$
— acétylacétique (ou diacétique) .	$CH^3-CO-CH^2COOH.$
Acétone et ac. carbonique.	$CH^3-CO-CH^3+CO^2.$

2° Par trois voies différentes, essais sur le diabétique, essais sur l'animal normal, et enfin expériences de circulation artificielle à travers le foie, on a établi que tel est aussi le mécanisme de *l'oxydation des acides gras in vivo*. Chez le diabétique en état d'acidose, l'acide butyrique et beaucoup d'autres acides de la série grasse qui se dégradent par l'étape de l'acide butyrique, fournissent, en effet, à l'urine, après ingestion, de l'acide β-oxybutyrique, de l'acide acétylacétique et de l'acétone (J. Baer et L. Blum). Chez l'animal normal, surtout quand on inonde brusquement l'organisme par de grandes quantités de butyrate de sodium, injectées sous la peau, l'urine élimine ces mêmes produits (L. Blum, Dakin). Enfin du sang de bœuf, additionné d'acide butyrique

---

1. Pour une partie de l'acide, l'attaque a lieu aussi en α, mais l'intérêt de cette réaction réside dans cette constatation que l'oxydation en β, dont on contestait la possibilité du point de vue chimique, se produit réellement.

et passant en circulation artificielle à travers un foie de chien, ressort chargé d'acide acétylacétique et d'acétone.

De plus, on prévoit que si la règle de Knoop, quant à l'amputation de *deux* chaînons carbonés, consécutive chaque fois à la β-oxydation, est conforme aux faits, la dégradation de ceux d'entre les homologues supérieurs de l'acide butyrique, dont la chaîne contient un nombre *pair* de maillons carbonés, comme les acides caproïque, caprylique, caprique et laurique (respectivement en C^6, C^8, C^{10} et C^{12}), devra, dans l'expérience de circulation artificielle ci-dessus, aboutir finalement à l'acide acétylacétique, puis à l'acétone, tandis que les acides *impairs*, comme les acides valérique, œnanthique et pélargonique (respectivement en C^5, C^7 et C^9), devront ne pas être cétogènes. C'est ce que l'expérience vérifie : seuls les acides pairs se sont montrés cétogènes (Embden et Marx). Une vérification analogue a été faite avec les acides aminés (p. 325). Enfin, le fait que l'on trouve dans l'organisme (lait) tous les acides gras pairs inférieurs à l'acide palmitique, depuis l'acide myristique jusqu'à l'acide acétique, et qu'on n'y rencontre aucun acide impair, est aussi une confirmation de la règle de Knoop, car les acides gras des graisses avec lesquelles l'organisme travaille, étant tous *pairs* (acides palmitique, stéarique, oléique), leur raccourcissement par des amputations successives de *deux* chaînons ne peut produire que d'autres acides pairs.

A la vérité, toutes ces expériences ont été faites avec des acides dont le plus élevé (acide laurique) n'est qu'en C^{12}, et, d'autre part, avec les véritables acides gras (acide stéarique, etc.) la relation entre ces corps et les corps acétoniques a d'abord paru moins nette. Toutefois, les résultats si probants des observations de Magnus-Lévy (p. 441), de Landergren et de Forssner (p. 445) conduisent à admettre finalement que pour ces acides élevés la dégradation se fait aussi par β-oxydation et amputation successive de deux chaînons. Mais que se passe-t-il lorsque, par ces raccourcissements successifs, les acides gras supérieurs sont descendus jusqu'à l'état d'acide butyrique ?

Arrivée à ce point, l'opération présente un intérêt tout particulier, puisque les produits ultérieures de la β-oxydation sont l'acide β-oxybutyrique, l'acide acétylacétique et l'acétone, c'est-à-dire les composés constituant cette famille clinique des *corps acétoniques* [1] que le diabétique produit, surtout aux approches du coma, en quantité parfois si considérable. Cette acétonurie a été considérée pendant longtemps comme l'expression d'une déviation vicieuse de la désassimilation chez ces malades. Au contraire, ce qui vient

---

1. Bien que l'acide acétylacétique et l'acétone soient seuls à posséder la fonction cétonique, il est commode, au point de vue physiologique, de comprendre l'acide β-oxybutyrique dans le groupe des corps acétoniques. Pour la même raison, on dit souvent en parlant des deux acides en question : les *acides acétoniques*.

d'être dit quant aux produits de la β-oxydation des acides gras, l'existence d'une acétonurie physiologique, et d'autres raisons encore, inclinent aujourd'hui les physiologistes à considérer les corps acétoniques comme représentant une étape normale de la désassimilation. Voyons donc d'abord en quoi consiste l'*acétonurie physiologique*, et recherchons ensuite si *les corps acétoniques n'ont pas d'autre origine que les graisses.*

L'acétonurie physiologique et l'acétonurie du jeûne hydrocarboné. — Il existe une excrétion physiologique de corps acétoniques. Elle est considérablement augmentée par l'effet du jeûne, et l'on sait aujourd'hui que le seul facteur qui agit ici, c'est le *jeûne hydrocarboné* (G. Rosenfeld). Avec des rations exemptes d'hydrocarbonés et riches en graisses, l'acétonurie de l'homme normal peut même atteindre le niveau de celle du diabétique. Enfin l'ingestion de 50 à 60 gr. d'hydrates de carbone suffit en général pour ramener cette excrétion aux traces normales.

1° L'urine normale contient de 10 à 30 mg. d'acide acétylacétique et d'acétone (le tout exprimé en acétone) (Embden et Schliep), que l'urine tout à fait fraîche ne contient probablement qu'à l'état d'acide acétylacétique [1]. L'air expiré en contient aussi (de 30 à 80 mg. en vingt-quatre heures). Mais l'acide β-oxybutyrique n'a pas encore été saisi dans l'urine normale. Toutefois, le sang et les organes de l'homme et des mammifères contiendraient constamment de petites quantités de cet acide (R. Sassa).

2° Voici, d'autre part, quelques chiffres relatifs à l'acétonurie du jeûne total ou du jeûne hydrocarboné (viande, œufs, graisses, légumes verts). Ils varient beaucoup d'un sujet à l'autre (résultats en grammes et pour vingt-quatre heures).

I. — Jeûne total.

Jours.	Acétone.	Acide β-oxybutyrique.
Sujet au 5e jour de jeûne	0,78	—
Autre sujet au 3e jour	0,91 [2]	8,4
Le même au 7e jour	2,40 [2]	12,0
— 23e —	4,03 [2]	17,5
Autre sujet du 23e au 30e jour	0,40-0,50	—

1. Sauf indications contraires, les quantités d'acétone qui seront citées ci-après comprendront à la fois l'acétone et l'acide acétylacétique, parce qu'au cours du dosage de l'acétone, tel qu'on le pratique habituellement, cet acide est décomposé en acétone et en acide carbonique.

2. Ces quantités comprennent à la fois l'acétone éliminée par la respiration (respectivement 0,27, 1,47 et 1,78) et l'acétone urinaire.

II. — *Jeûne hydrocarboné.*

1er jour de jeûne.	0,07	0,40
2° — —	0,24	0,94
3° — —	0,45	2,1
4° — —	0,75	3,4
5° — —	0,00	4,4

Avec des rations très riches en graisses, Landergren, puis G. Forssner ont observé des excrétions de corps acétoniques allant jusqu'à 42 gr. 8 en vingt-quatre heures, quantités que le diabétique ne dépasse guère, quand on ne lui donne pas de bicarbonate de sodium, et dont la production est accompagnée chez l'homme normal de phénomènes d'intoxication (malaises, vomissements, albuminurie); chez l'enfant, ces accidents du jeûne hydrocarboné prennent encore plus vite un caractère menaçant (Langstein et Meyer; E. Lambling). Toutefois, le jeûne hydrocarboné ne supprime pas complètement le pouvoir de destruction de l'organisme vis-à-vis des corps acétoniques, car la majeure partie de l'acide acétylacétique que l'on fait ingérer à des sujets, dans ces conditions, ne reparaît plus dans l'urine (Geelmuyden). Enfin l'ingestion de 50 à 60 gr. d'hydrate de carbone suffit, en général, chez l'homme non diabétique, pour réduire en trois ou quatre jours l'acétonurie aux traces normales.

C'est donc bien la *suppression des hydrates de carbone* qui produit l'acétonurie du jeûne[1]. Mais quel est le mécanisme de ce phénomène et pourquoi, en sens inverse, l'arrivée d'une quantité suffisante d'hydrates de carbone ou d'autres corps encore (alcool, etc.) fait-elle reculer l'acétonurie? Ces deux questions demeurent actuellement sans réponse précise.

1° Quand Hirschfeld explique l'acétonurie du jeûne hydrocarboné en disant que « les graisses ne sont brûlées complètement qu'au feu des hydrates de carbone », il fait une simple transcription du phénomène et une transcription probablement erronée, car tout indique que la production des corps acétoniques a lieu dans le foie, tandis que la majeure partie des hydrates de carbone est brûlée ailleurs. Le facteur essentiel paraît être plutôt la *pauvreté du foie en glycogène*, créée chez le sujet sain par la privation d'hydrocarbonés, chez le diabétique par l'impuissance de l'organe à retenir le sucre à l'état de glycogène (Geelmuyden; C. von Noorden). C'est en effet dans le foie que l'on trouve, à l'autopsie des diabétiques, le plus d'acide β-oxybutyrique (Geelmuyden; R. Sassa). D'autre part, un cétogène quelconque passant en circulation artificielle à travers cet organe fournit au sang efférent bien plus d'acétone quand la glande est pauvre que quand elle est riche en glycogène. Et c'est bien la présence dans le foie d'un hydrate de carbone sous cette forme

---

1. Beaucoup d'acétonuries pathologiques que l'on a distinguées au début, acétonurie des aliénés, des névrosés, des fébricitants, s'expliquent par le même mécanisme, à savoir l'inanition.

spéciale de glycogène qui est la cause de cette action anticétogène, car avec un foie pauvre en glycogène et du sang additionné de glycose, cette action n'est plus obtenue (Embden et Wirth). Enfin, il ne s'agit peut-être pas uniquement d'une impuissance de l'organisme à achever la combustion des graisses, lorsque celle-ci est arrivée à l'étape de l'acide β-oxybutyrique, mais aussi d'un recul du pouvoir dè faire du sucre avec cet acide (Geelmuyden). L'acétonurie serait, comme dit Spiro, le signe extérieur « d'une synthèse du sucre à partir des graisses, qui aurait manqué son but » ou, comme s'exprime plus prudemment C. von Noorden, ce serait un phénomène lié à la transformation des graisses en sucre (p. 443 a, note 2). — 2° Sont anticétogènes, à côté des hydrates de carbone, tous les corps qui produisent du glycose dans l'organisme. Ainsi se comportent la glycérine (p. 392), le glycocolle, l'alanine, les acides aspartique et glutamique (p. 388), tandis que la leucine, la tyrosine, la phénylalanine, qui ne sont pas producteurs de sucre, ne sont pas non plus anticétogènes. Bien plus, on a vu qu'ils sont eux-mêmes des cétogènes (p. 323). Il faut admettre que, dans la molécule protéique totale, les groupes anticétogènes l'emportent sur les autres, car chez l'homme non diabétique l'acétonurie par jeûne hydrocarboné recule, quand on donne de grandes quantités d'albumine (G. Ascoli et L. Preti). Parmi les autres anticétogènes essayés, il faut citer encore les pentoses, l'acide citrique et surtout l'acide glutarique, dont l'action est remarquable (J. Baer et L. Blum), et divers autres corps, parmi lesquels l'alcool (O. Neubauer).

On ignore aussi si la suppression des hydrates de carbone empêche simplement la destruction des corps acétoniques, ou bien si elle provoque, en outre, la production d'un excès de ces corps. Comme la même question se pose pour le diabétique, on la discutera plus loin (p. 446).

Origine et lieu de production des corps acétoniques. — Cette origine ressort de tout ce qui a été dit précédemment. Tout d'abord les *hydrates de carbone* doivent évidemment être mis de côté, puisque c'est leur suppression qui provoque l'acétonurie. Quant aux preuves de l'action positive des *graisses*, sur lesquelles Geelmuyden a d'abord attiré l'attention, elles ont été données en partie plus haut (p. 436), et l'on dispose, en outre, d'une démonstration de Magnus-Lévy, qui est tout à fait décisive et qui établit le rôle prépondérant des graisses en tant que source des corps acétoniques. D'autre part, à propos de la dégradation des albumines (p. 323 et 326), on a signalé le pouvoir cétogène d'une partie des acides aminés sortis des *protéiques*, tant chez le diabétique (J. Baer et L. Blum) qu'en circulation artificielle à travers le foie (G. Embden et ses collaborateurs). Enfin, parmi les lieux de production des corps acétoniques figure certainement au premier rang le foie.

Un jeune garçon diabétique élimine en trois jours 342 gr. d'acides acétoniques (sans compter l'acétone de l'air expiré). Or, dans le même temps, la quantité d'albumine détruite n'a été que de 271 gr., lesquels n'ont donc pas pu fournir 342 gr. de produits cétoniques, d'autant plus que de ce poids d'albumine étaient encore sortis au moins 120 gr. de sucre. Il suit de là que ce sont les *graisses* qui ont fourni la fraction de beaucoup la plus importante de l'excrétion acétonique, et aussi que ce sont nécessairement les acides gras supérieurs qui ont joué ici le rôle prépondérant (Magnus-Levy). Et voici encore, plaidant dans le même sens, une intéressante observation de Brugsch. Un jeûneur professionnel, encore muni d'importantes réserves adipeuses, fait pendant une période de jeûne complète une acétonurie intense, tandis que, chez une femme arrivée au dernier degré d'émaciation, il n'y avait plus d'acétonurie perceptible. — Quant au rôle du *foie*, il ressort des nombreuses expériences de circulation artificielle, citées précédemment, et de ce fait que c'est dans le foie que l'on trouve, à l'autopsie des diabétiques, le plus d'acide β-oxybutyrique (Geelmuyden; R. Sassa) (p. 447).

La signification physiologique et les destinées ultérieures des corps acétoniques.

— Sur le chemin que suivent dans leur dégradation les acides gras et les acides aminés sortis des protéiques, *les corps acétoniques marquent donc une étape intermédiaire,* c'est là surtout la raison du grand intérêt que présentent ces produits.

La connaissance de ces étapes constitue, en effet, la partie essentielle du problème physiologique *des échanges nutritifs intermédiaires*, problème capital, dont l'importance n'est pas toujours suffisamment mise en lumière et qui se pose pour tous nos aliments (p. 318-331 et 397-401). Nous savons que tel aliment aboutit à tels déchets, mais nous connaissons le plus souvent très mal le chemin qui va de cet aliment à ces déchets. Et cependant c'est sur ce trajet que se produisent toutes les déviations pathologiques, qui sont vraisemblablement la cause profonde des maladies de la nutrition, et tout phénomène, qui permet de saisir au passage une étape dans ce travail de simplification, prend pour cette raison un intérêt considérable. Or, la production des corps acétoniques nous apparaît comme étant précisément un phénomène de cet ordre; elle nous permet, en effet, de saisir une étape des échanges nutritifs, étape trop fugitive pour qu'on puisse l'étudier à l'état normal, si accusée au contraire, au cours de l'inanition hydrocarbonée, qu'aucun produit intermédiaire des échanges nutritifs n'a jamais pu être saisi en aussi grande quantité (plus de 40 gr. en vingt-quatre heures). Et ce qui augmente encore l'intérêt de cette étude, c'est que, en même temps qu'une *étape*, on saisit là, en outre, le jeu d'un *mécanisme* de la désassimilation, qui est celui de la β-oxydation.

La question se pose, en outre, de déterminer si les corps acétoniques représentent dans la désassimilation *une étape obligatoire ou facultative,* c'est-à-dire si la quantité totale des graisses et des protéiques[1] détruits quotidiennement passe nécessairement par cette étape, ou si une partie seulement prend ce chemin, l'organisme ayant la faculté de dégrader le reste par d'autres voies.

Un homme de 65 à 70 kgr. vivant sur le pied de 2 400 à 2 500 calories, empruntées chaque jour à 120 gr. d'albumine et à 210 gr. de graisse, pourrait produire, à partir de ces deux aliments, un maximum de 120 gr. d'acide β-oxybutyrique, soit 1 gr. 75 par kilogramme. Or, le chien et le lapin, dont la consommation de calories est, par kilogramme, à peu près double de celle de l'homme, détruisent d'une façon complète 3 gr. de cet acide ou d'acide acétylacétique par kilogramme, et l'homme fait disparaître aussi de grandes quantités (20 à 25 gr.) de ces deux acides donnés *per os*. On peut donc admettre que l'organisme serait en mesure de brûler par kilogramme et en vingt-quatre heures 1 gr. 75 de ces deux acides, au fur et à mesure de leur production (A. Magnus-Lévy et F.-L. Meyer).

Tout indique donc que, dans la dégradation des acides gras, *les corps acétoniques sont une étape obligatoire*. Mais le sont-ils tous trois? Ici on peut éliminer d'emblée l'*acétone*, à cause de sa médiocre combustibilité dans l'organisme. Quant aux *acides β-oxybutyrique* et *acétylacétique*, il est impossible de dire s'ils sont l'un et l'autre une étape obligatoire, et dans quel ordre, ou si l'un d'eux seulement est un produit intermédiaire nécessaire, l'autre n'étant que le résultat d'une réaction accessoire. Toutes ces thèses ont été soutenues. Enfin la discussion se complique de ce fait que l'on saisit aussi la production d'*acides non saturés*, qui semblent jouer dans toute l'opération un rôle important.

On a vu que l'injection sous-cutanée de butyrate de sodium est suivie, chez le chien, de l'élimination par l'urine des deux acides en question (p. 438), et ce qui se passe, quand on injecte ainsi des doses croissantes, incline à croire que c'est l'acide acétylacétique qui se forme en premier lieu. Si l'on injecte, d'autre part, au chien, de l'acide β-oxybutyrique ou de l'acide acétylacétique, ou si l'on donne ces acides *per os* à l'homme normal, on constate que le premier ne fournit pas d'acide acétylacétique à l'urine, même quand on l'injecte à des doses telles qu'une partie de l'acide passe inaltéré dans l'urine, tandis que le second fait apparaître de l'acide β-oxybutyrique dans l'urine (L. Blum).
De là ressort donc que l'acide acétylacétique serait le premier produit d'oxydation de l'acide butyrique. Mais quelle est alors la position de l'acide β-oxybutyrique? Marque-t-il l'étape qui succède à celle de l'acide acétylacétique et par quoi doit ensuite passer toute l'opération? On incline à croire que non et que cet acide serait plutôt le produit d'une réaction latérale. En effet le foie séparé de l'organisme transforme

1. Ou mieux, ceux d'entre les acides aminés des protéiques, qui sont cétogènes

l'acide β-oxybutyrique en acide acétylacétique, et inversement l'acide acétylacétique en acide β-oxybutyrique (L. Blum; Dakin et Wakeman; O. Neubauer et d'autres), par une réaction qui est donc limitée par un certain état d'équilibre, et la diastase qui opère la première de ces réactions (peut-être aussi la seconde par réversion) a été isolée par Dakin et Wakeman. On pourrait donc résumer ces faits dans l'hypothèse que voici. Lorsque l'organisme est devenu incapable de détruire l'acide acétylacétique sorti de l'acide butyrique (jeûne hydrocarboné, diabète grave), cet acide va s'accumulant dans l'organisme, jusqu'au moment où sa concentration dépassant une certaine limite, la réaction inverse entre en jeu et fait passer une partie de ce corps à l'état d'acide β-oxybutyrique. Et finalement, ces réactions se continuant, l'organisme en est réduit à se débarrasser de ces acides par l'urine. On aurait donc le schéma que voici [1] :

$$CH^3\text{-}CH^2\text{-}CH^2\text{-}COOH$$
Acide butyrique.

$$\downarrow$$

$$CH^3\text{-}CO\text{-}CH^2\text{-}COOH \qquad \rightleftarrows \qquad CH^3\text{-}CHOH\text{-}CH^2\text{-}COOH$$
Acide acétylacétique.   Acide β-oxybutyrique.

$$\downarrow$$

$$CO^2 + H^2O$$

Quant à la simplification de l'acide acétylacétique jusqu'à l'état d'acide carbonique et d'eau, on prévoit, du point de vue de la chimie pure, qu'elle peut se faire par dédoublement « cétonique », c'est-à-dire en donnant CO^2 et l'acétone $CH^3\text{-}CO\text{-}CH^3$, ou bien par dédoublement « acide », lequel fournit deux molécules d'acide acétique :

$$CH^3\text{-}CO\text{-}CH^2\text{-}COOH + H^2O = 2CH^3\text{-}COOH.$$

Pour le cas de l'organisme animal, la première de ces deux hypothèses se heurte à cette grave difficulté que l'acétone est très difficilement brûlée (Geelmuyden). Déjà pour des doses de 0 gr. 30 à 0 gr. 00 par kilogramme, de 60 à 76 p. 100 du produit passent en nature dans l'urine et dans l'air expiré [2], et Dakin a obtenu avec l'acétophénone

---

1. Lorsqu'on a dit à la page 437 que, par une série d'oxydations en β et d'amputations de deux maillons carbonés, les acides gras supérieurs sont peu à peu simplifiés et amenés à l'état d'acide butyrique, on n'a point dit comment se fait cette oxydation. Si l'on admet que pour l'acide butyrique l'oxydation commence par produire l'acide acétylacétique, il est logique d'admettre que plus haut dans la série c'est aussi chaque fois l'acide cétonique $R\text{-}CH^2\text{-}CO\text{-}CH^2\text{-}COOH$ qui prend naissance, bien que jusqu'à présent on n'ait encore saisi qu'un seul de tous ces acides, à savoir l'acide acétylacétique. Mais on rencontre de ces acides chez les végétaux et l'on peut admettre, dit Dakin, que les cétones des huiles essentielles (telles que la méthyl-nonyl-cétone de l'essence de rue) proviennent de la β-oxydation des acides correspondants (acide undécylique), tout comme l'acétone sort de l'acide acétylacétique.

2. Pour une partie des corps acétoniques qui l'encombrent, l'organisme en état d'acétonurie opère néanmoins ce dédoublement, puisque l'acétone de l'air expiré peut représenter par exemple 13 p. 100 de l'excrétion totale de corps acétoniques. Cela tient à la facilité avec laquelle l'acide acétylacétique subit ce dédoublement cétonique, et puis cette élimination se faisant par le poumon, elle ne coûte pas d'alcali à l'organisme (p. 471).

dès résultats analogues. Reste donc le dédoublement acide, avec production de deux molécules en C^2. Ici l'action de l'eau oxygénée, qui souvent reproduit celle de l'organisme (p. 436), fournit cette indication, que l'acide acétylacétique, traité par ce réactif, donne de l'acide acétique, un peu d'acide glyoxylique COH-$COOH$, et des corps plus simplifiés, à savoir de l'acide formique H-$COOH$ et de l'acide carbonique.

On aurait donc la succession que voici :

$$CH^3\text{-}CO\text{-}CH^2\text{-}COOH$$
$$CH^3\text{-}COOH + COH\text{-}COOH$$
$$H.COOH + CO^2$$

Les expériences sur l'animal n'ont pas encore fourni ici de résultats nets. L'acide acétique, que la dégradation des graisses pourrait donc produire en quantités importantes, n'est brûlé complètement par l'organisme animal que lorsqu'on en donne de petites quantités, ce qui constitue donc une difficulté. A quoi l'on peut répondre, il est vrai, que les choses ne se passent pas de même quand un corps est brusquement introduit du dehors ou quand il se forme d'une manière continue au niveau des tissus et par petites quantités à la fois. Une autre difficulté, c'est qu'on ne réussit pas à saisir de produits d'oxydation de ce corps, et notamment ni acide oxalique ni acide formique, et la perfusion de l'acide acétique à travers le foie ne fournit pas d'acide carbonique. Pourtant, après injection intraveineuse d'acétate de soude, Dakin et Wakeman ont trouvé un surplus d'acide formique dans l'urine, mais pas constamment. Et cependant l'organisme est un producteur d'acide acétique, car à l'introduction de certaines substances étrangères il répond par le mécanisme de l'acétylation [1]. On saisit en outre l'organisme faisant encore de l'acide acétique un autre usage, dont on n'aperçoit pas à la vérité la signification, et qui est une reconstruction d'acide acétylacétique, car cet acide prend naissance par perfusion d'acide acétique à travers le foie, mais il faut que la glande soit pauvre en glycogène [2] (A. Loeb ; E. Friedmann).

Reconnaissons donc que l'on n'aperçoit que d'une manière confuse les

---

1. La production d'acide bromophényl-mercapturique, qui résulte de la copulation de la cystéine et de l'acide acétique avec le benzène monobromé en est un exemple déjà cité (p. 319 et 388 *b*). Ingéré, le furfurol $C^4H^3O.COH$ s'unit de même avec l'acide acétique CH^3-$COOH$ pour donner, avec élimination de H^2O, l'acide furfuracrylique C^4H^3O-$CH = CH$-CO^2H, et l'acide aminobenzoïque quitte aussi l'organisme à l'état d'acide acétylamino-benzoïque C^6H^4-$NH(CH^3$-$CO)$-$COOH$.

2. Notons ce fait ; il nous remet en face du problème, déjà touché plus haut, des causes du rôle anticétogène des hydrates de carbone. On comprend que ces corps exercent une telle action par voie alimentaire ; car s'ils sont présents dans la ration en quelque quantité, c'est autant de graisses qu'ils refoulent hors du champ des destructions organiques (p. 658), donc autant d'acide butyrique, puis d'acide acétonique de moins à brûler. Mais ici on devine un autre mécanisme d'action anticétogène. Puisque ce corps cétogène, l'acide acétique dans l'espèce, cesse de l'être, quand du glycogène est présent, n'est-ce point parce que, avec quelque chose que fournit le foie muni de glycogène, ce corps cétogène fait une synthèse qui est peut-être celle du glycose? La cétogénèse serait donc le produit d'une synthèse du sucre à partir des graisses qui a manqué son but, parce qu'un autre partenaire, indispensable à l'opération, a fait défaut. Et comme ce partenaire n'est là que si le glycogène est présent, mais non point le glycose (p. 440),

étapes de la dégradation de l'acide acétylacétique. Enfin il faudrait peut-être à ce problème substituer celui de la simplification de l'acide β-oxybutyrique, si l'on en croit O. Neubauer, qui considère que ce corps sort directement de l'acide butyrique et qu'il se dégrade par des voies qui ne passent pas par l'acide acétylacétique.

LA FORMATION INTERMÉDIAIRE D'ACIDES NON SATURÉS. — Des travaux de Dakin et de E. Friedmann il ressort que les animaux (chats,..), auxquels on introduit sous la peau ou dans les veines de l'acide phényl-propionique (voir p. 435 la raison de ce choix), éliminent par l'urine la série des corps que voici, où les acides phényl-oxpropionique et benzoylacétique représentent respectivement les acides β-oxybutyrique et acétylacétique, et la benzophénone, l'acétone ordinaire.

Acide β-phénylpropionique	C^6H^5-CH^2-CH^2-COOH
— β-phényl-β-oxypropionique . .	C^6H^5-CHOH-CH^2-COOH
— benzoylacétique.	C^6H^5-CO-CH^2-COOH
Benzophénone	C^6H^5-CO-CH^3
Acide phénylcinnamique	C^6H^5-CH=CH-COOH

Quand on donne de l'acide phényl-oxypropionique, on obtient les mêmes produits, et l'acide phényl-cinnamique fournit de même l'acide benzoyl-acétique et l'acide phényl-oxypropionique. Finalement, en ordonnant ces faits à la lumière de ces expériences, dont le détail complet n'a pas pu trouver place ici, on aboutit au schéma que voici (Dakin).

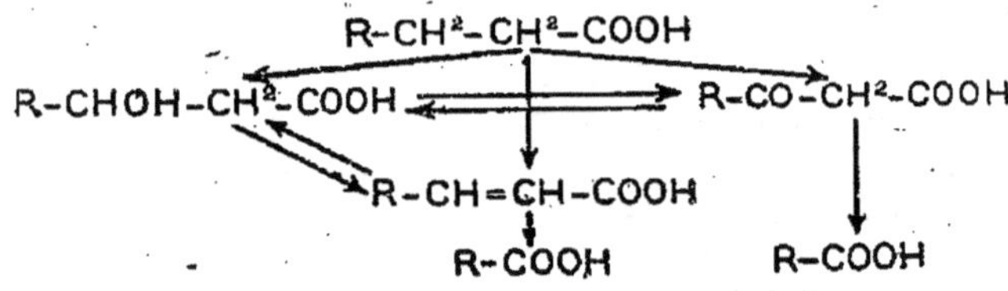

En d'autres termes, il se peut que les acides gras soient directement transformés en acides non saturés, lesquels, plus aisément oxydables (p. 434), sont ensuite brûlés. L'acide-alcool et l'acide cétonique correspondants ne naîtraient que secondairement de l'acide non saturé et représenteraient une autre voie de dégradation. Ou bien il est possible que l'acide alcool et l'acide cétonique prennent naissance

on aperçoit ici une fois de plus le rôle essentiel que joue dans le trouble des fonctions hépatiques chez le diabétique, le fait de l'azoamylie (p. 415).

Et voici une autre explication, encore presque entièrement théorique, et qui a, en outre, l'avantage de relier entre eux les faits essentiels du diabète. L'impuissance du diabétique à faire du glycogène, seule forme combustible du glycose (p. 416) est, dit A. I. Ringer, de la même nature chimique que son impuissance à combiner l'acide β-oxybutyrique au glycose pour faire un glycoside qui soit, lui aussi, combustible. Et tout le tableau physio-pathologique du diabète peut être ensuite déduit de là. Le glycose n'est plus transformé en glycogène, d'où l'*azoamylie*. N'étant plus fixé à l'état de glycogène, il ne peut plus être brûlé, d'où l'*hyperglycémie* et la *glycosurie*; enfin l'acide β-oxybutyrique n'étant plus combiné au glycose, cesse aussi d'être détruit, d'où l'*acidose* et l'*acétonurie*. On doit renoncer à exposer ici les faits qui ont conduit Ringer à cette conception.

d'abord et se dégradent ensuite par la voie de l'acide non saturé. Au total on a l'impression que les acides non saturés jouent un rôle important dans toute cette opération.

§ IV. — PATHOLOGIE DES CORPS ACÉTONIQUES.

L'acétonurie diabétique. — On a signalé l'acétonurie comme accompagnant beaucoup d'affections (p. 439, note 1), mais c'est au cours du diabète que la production d'acides acétoniques (p. 437, note 1) et l'intoxication acide ou *acidose* qui en résulte présentent le plus d'intensité et ont été le mieux étudiés.

Dans les cas avancés, l'excrétion quotidienne de corps acétoniques atteint couramment 40 gr., et, au moment du coma, quand il y a ingestion de grandes quantités de bicarbonate de soude, elle peut dépasser largement 100 gr. (voir plus loin).

Au début de la maladie, l'urine ne donne d'abord que les réactions de l'acétone, puis la coloration rouge par le perchlorure de fer indique l'apparition de l'acide acétylacétique [1] ; enfin, quand la quantité d'acétone approche de 1 gr., on saisit aussi l'acide β-oxybutyrique, et dans les cas plus avancés cet acide finit par représenter plus des quatre cinquièmes de la totalité des corps acétoniques. Cette circonstance est à noter, car le dosage de cet acide étant très laborieux, on s'en tient souvent à la détermination de l'acétone totale (acétone préformée et acétone de l'acide acétylacétique), ce qui est donc peu exact, et de plus, dangereux, car aux approches du coma l'acétone diminue parfois (Magnus-Lévÿ).

Quand les sujets suivent un régime constant (avec bicarbonate de soude), on constate souvent que la quantité d'acide β-oxybutyrique est environ 5 à 8 fois plus forte que celle de l'acétone (acétone et acide acétylacétique), (voir p. 438, note 1) (Landergren ; Forssner ; A. Gigon) [2].

Causes de l'acétonurie diabétique. — Il est visible que la cause principale de l'acidose diabétique est la privation d'hydrates de carbone. Le diabétique, en effet, ou bien ne reçoit plus d'hydrates de carbone, à cause du régime qui lui est imposé, ou bien il élimine par l'urine la totalité de ceux qu'il reçoit. Ses tissus vivent donc bien en état de jeûne hydrocarboné, et pour

1. En ne tenant pas compte ici des traces normales d'acétone et d'acide acétylacétique, qui ne peuvent pas être décelées directement dans l'urine par les réactions en question.

2. Dans la pratique, on peut évaluer grossièrement l'intensité de l'acidose en donnant aux malades des doses croissantes de bicarbonate de soude jusqu'à ce que l'urine commence à devenir alcaline. Plus l'acidose est intense et plus il faut de bicarbonate (Naunyn ; L. Blum).

cette raison il y a acétonurie, comme chez l'individu normal, privé de ces mêmes aliments[1]. Mais cette explication est-elle suffisante, et *l'acétonurie diabétique est-elle physiologique*, c'est-à-dire en tout comparable à celle du sujet normal en état de jeûne hydrocarboné (Landergren ; Magnus-Levy ; A. Gigon)? Ou bien, au contraire, *l'acidose diabétique tient-elle, en outre, à des causes spéciales* à cette affection (C. von Noorden)? Les deux thèses ont été soutenues.

La plus ancienne est la seconde, et elle invoque les arguments que voici : 1° L'acétonurie diabétique s'élève à un niveau que n'atteint jamais celle de l'homme normal en état d'inanition hydrocarbonée, et elle conduit alors le malade au-devant d'accidents redoutables, que ne produit pas la simple suppression du sucre chez les sujets bien portants. — 2° On voit des diabétiques excréter beaucoup de corps acétoniques à un moment où ils détruisent encore de 50 à 100 gr. de sucre, quantité qui suffit pour préserver d'acétonurie un sujet normal. — 3° Des diabétiques nourris de la même façon et arrivés au même degré d'intolérance vis-à-vis du sucre produisent souvent des quantités de corps acétoniques tout à fait différentes. Tous ces faits ne s'expliquent qu'en admettant, à côté du facteur créé par la privation d'hydrates de carbone, l'intervention, chez le diabétique, de causes spéciales, tenant à la maladie.

A ces arguments on a opposé les constatations que voici : 1° Les expériences de Landergren et de Forssner ont montré dans ces dernières années qu'avec de *très larges apports de graisse* l'acétonurie du jeûne hydrocarboné peut égaler en intensité celle du diabétique et produire des symptômes alarmants. Ces accidents ont obligé d'interrompre l'expérience déjà après quelques jours, mais Landergren est d'avis que, poursuivi pendant plus longtemps, le jeûne hydrocarboné produirait une acidose encore plus dangereuse. — 2° Forssner a observé chez l'homme normal une acétonurie marquée (33 gr. 8 de corps acétoniques en vingt-quatre heures), bien que le sujet eût reçu 40 gr. d'hydrates de carbone. — 3° Au cours du jeûne hydrocarboné on observe, d'un sujet à l'autre, en ce qui concerne le degré de l'acidose, des différences aussi considérables que celles qui sont signalées chez les diabétiques.

La théorie du caractère purement physiologique de l'acidose diabétique se présente donc avec une certaine vraisemblance, mais il reste à résoudre trop de problèmes liés à celui-ci pour qu'on puisse conclure ici avec sécurité.

---

1. Ce qui démontre qu'il en est bien ainsi, c'est que beaucoup de diabétiques que l'on fait passer du régime ordinaire au régime aussi pauvre en hydrocarbonés qu'il est possible, répondent à ce changement par une acétonurie brusquement augmentée. C'est qu'avec leur régime antérieur ils brûlaient encore une partie de leurs hydrates de carbone, ce qui les préservait, totalement ou en partie, de l'acétonurie ; avec le régime strict, au contraire, cette action anticétogène des hydrates de carbone fait défaut, et l'acétonurie devient plus intense. Ajoutons qu'elle s'atténue, en général, dans la suite.

Admettons, en effet, comme démontré que l'étape des corps acétoniques soit obligatoire pour l'organisme (p. 442), et considérons un sujet, chez qui le diabète ou un régime sans hydrates de carbone a installé l'acidose. Comme le diabétique détruit moins bien que l'homme bien portant l'acide β-oxybutyrique et l'acide acétylacétique qu'on lui fait ingérer (L. Schwarz; A. Magnus-Lévy; O. Neubauer), on peut expliquer cette acidose par l'impuissance relative ou absolue de l'organisme à détruire les corps acétoniques. Et pourtant on ne constate, chez le chien dépancréaté, aucune diminution de l'aptitude du foie et du muscle (en purée) à détruire *in vitro* l'acide acétylacétique (Embden et Michaud). Il se peut donc que l'acidose soit due, non pas à une moindre destruction, mais, au contraire, à une production exagérée des corps acétoniques, ou aux deux causes à la fois. De fait, du sang passant à travers le foie détaché d'un animal phloriziné ou dépancréaté s'enrichit en acétone (acétone et acide acétylacétique) beaucoup plus qu'à travers un foie normal (G. Embden et L. Lattes). La question demeure donc ouverte.

Conséquences de l'acidose diabétique. — Le coma diabétique. — Cette production de corps acétoniques a deux conséquences pour le diabétique. Elle est d'abord une *perte d'énergie*, car 50 grammes d'acide de β-oxybutyrique représentent 227 calories. Sur un apport total de 2 200 calories, par exemple, c'est un déchet de 10 p. 100 s'ajoutant à celui que constitue la perte quotidienne de sucre. Si cette dernière est de 100 gr., soit 374 calories, on voit que l'excrétion des corps acétoniques augmente de 60 p. 100 environ la quantité d'énergie chimique qui s'écoule inutilisée par les urines.

Une conséquence plus grave est *l'intoxication acide*, dont ces produits menacent l'organisme, et qui conduirait les malades au-devant des accidents redoutables du *coma diabétique*. Mais il ne semble pas que cette explication de la pathogénie du coma soit suffisante, et l'on a invoqué aussi la *toxicité propre des corps acétoniques*, ou encore l'*intervention d'autres produits toxiques*, fournis peut-être par une dégradation vicieuse des protéiques.

Voici d'abord les faits sur lesquels on appuie la *théorie de l'intoxication acide* (Magnus-Levy).

1° *L'abaissement de l'alcalinité de titration du sang est très sensible*. L'alcalinité de 100 cm³ de sang normal vaut de 250 à 380 (en moyenne 320) mgr. de NaOH. Or, chez trois diabétiques marchant vers un coma mortel on a mesuré successivement des alcalinités décroissantes, dont voici un exemple : 361, 234 et 144 mgr. pour 100 cm³ de sang, ce dernier dosage ayant été fait au moment de la mort dans le coma. Corrélativement, le sang devient de moins en moins apte à fixer et à transporter l'acide carbonique (p. 284-87).

2° **En cas de coma guéri,** *l'organisme se débarrasse de quantités énormes* *d'acides acétoniques*, surtout quand on administre du bicarbonate de soude. Exemple (quantités pour 24 h.) :

État du malade.	Bicarbonate de soude ingéré.	Acide β-oxybutyrique dans l'urine.	Acide acétylacétique (calculé d'après l'acétone totale) dans l'urine.
Début du coma.	60 gr.	56^{gr},6	18^{gr},3
Maximum — .	210 —	81 ,6	33 ,8
Diminution — .	90 —	119 ,0	23 ,6
Fin — .	80 —	57 ,4	25 ,6
Total		314^{gr},6	101 ,3

En quatre jours ce malade a donc éliminé 416 gr. d'acides acétoniques, et il s'agissait d'un garçon de treize ans, pesant 32 kgr. !

3° Lorsque le malade meurt dans le coma, on n'observe pas en général cette décharge considérable d'acides par les urines, mais alors on constate à l'autopsie que *l'organisme a retenu des quantités importantes d'acides acétoniques*. Hugounenq a trouvé le sang d'un diabétique en période de coma très riche en acide β-oxybutyrique, et, d'après des dosages faits dans les tissus de sujets ayant succombé au coma, Magnus-Levy estime à 100-200 gr. la quantité d'acide restée dans l'organisme, évaluation qui est certainement au-dessous de la vérité.

4° Enfin, *il faut administrer des quantités énormes d'alcalins pour obtenir la réaction alcaline de l'urine chez les malades en période de coma.* Exemples :

	Bicarbonate par jour.	Réaction dans l'urine.
I. — Coma guéri.		
1er jour du coma	109 gr.	Acide.
2e — (fin)	102 —	Alcaline
II. — Coma mortel.		
1er jour du coma	85 gr.	Acide.
2e — (mort)	110 —	Acide.

Ainsi dans le second cas, avec 195 gr. de bicarbonate administrés en deux jours, l'urine est demeurée acide jusqu'à la mort.

Devant de telles constatations, il est difficile de ne point faire de l'intoxication acide un facteur du coma (voir aussi p. 268 *d* et 268 *i*), mais il apparaît de plus en plus que ce facteur n'est point le seul. Tout d'abord le sang du diabétique ne devient jamais acide ; sa concentration en ions H reste voisine de celle du sang normal (Benedict) (p. 268 *d*). C'est que l'organisme se défend contre l'action nuisible des acides, d'abord par le mécanisme de la production d'ammoniaque (p. 341), dont la dégradation des protéiques lui assure toujours une réserve suffisante [1],

1. Le dosage de l'ammoniaque urinaire est, pour cette raison, un moyen de déceler chez ces malades la menace d'une intoxication acétonique, moyen grossier toutefois, parce que l'ammoniaque urinaire est encore sous la dépendance d'autres facteurs et parce qu'une partie variable des acides acétoniques est éliminée à l'état libre (voir p. 448). C'est aussi par cette voie que Stadel-

et, en second lieu, par l'élimination d'une urine acide. En effet, tandis que le sang transporte l'acide β-oxybutyrique à l'état de sels, l'urine l'élimine à l'état d'acide libre pour une fraction allant jusqu'aux deux tiers (p. 472). L'organisme est ainsi préservé, au moins en partie, de la spoliation d'alcalis, dangereuse à la longue, que lui ferait subir l'élimination, à l'état des sels, de ces grandes quantités d'acides. De plus, si les corps acétoniques agissaient uniquement en tant qu'acides, des quantités équivalentes des divers acides (acides chlorhydrique, lactique, butyrique, β-oxybutyrique) devraient présenter la même toxicité, ce qui n'est pas le cas (M. Labbé et L. Violle).

On est donc conduit à faire intervenir *la toxicité propre des acides acétoniques*, déjà invoquée par C. von Noorden, Lépine et d'autres, et démontrée sur le cobaye par Desgrez et Saggio (oligurie, amaigrissement, etc.).

En injection intraveineuse, la dose mortelle d'acide β-oxybutyrique est, chez cet animal, de 1 gr. 59 (Desgrez), alors qu'elle devrait être de 2 gr. 56, si ce corps n'agissait qu'en tant qu'acide, comme le fait l'acide chlorhydrique (dont la dose mortelle est de 0 gr. 90) (Walther; Lépine). De plus, son sel de soude est encore toxique, mais il l'est cependant quatre fois moins que l'acide libre, en sorte que c'est à la fois à ces deux causes, fonction acide et toxicité propre, qu'il faudrait faire appel pour expliquer le coma (M. Labbé et L. Violle).

Enfin, il n'est pas prouvé que nous connaissions dès à présent tous les corps toxiques que peut engendrer la nutrition déviée du diabétique (Lépine; C. von Noorden). En effet, ce n'est pas seulement le métabolisme des hydrates de carbone et celui des graisses qui sont troublés, mais aussi celui des protéiques [1].

L'urine des diabétiques renferme plus d'azote aminé que l'urine normale (M. Labbé et H. Bith), on y trouve des produits de la désassimilation incomplète des protéiques (E. Abderhalden), enfin ces malades présentent souvent de l'azoturie (p. 420). Il se peut donc que *cette désassimilation azotée vicieuse fournisse des substances toxiques*, et, de fait, il y a une ressemblance certaine entre le coma diabétique et la narcose que produit l'injection de peptone (Hugounenq et A. Morel).

mann est arrivé méthodiquement à l'importante découverte de l'acide β-oxybutyrique (qu'il prit d'abord pour de l'acide crotonique) dans l'urine des diabétiques. Celle-ci contient d'ordinaire 6 à 8 gr. pour 24 heures, rarement 10-12 gr. de NH^3 et le maximum signalé a été de 16 gr. 6 (Bernstein, Bolaffio et Westenrijk).

1. Pour ce qui regarde l'action de l'acidose sur la nutrition du diabétique, notons ici ce fait intéressant que la dyscrasie acide, créée chez l'animal par l'injection répétée d'acide chlorhydrique, diminue pour plusieurs mois le pouvoir de synthèse du rein quant à l'acide hippurique et altère dans diverses directions les échanges nutritifs (Desgrez et J. Adler).

CHAPITRE XIX

LES MATIÈRES COLORANTES DE L'ORGANISME LEUR ORIGINE ET LEURS TRANSFORMATIONS

De toutes les matières colorantes de l'organisme, la mieux connue est celle des globules rouges du sang, l'*hémoglobine*, dont les propriétés et les premiers produits de transformation ont été étudiés avec le sang et la respiration (p. 252 et 279). De l'hémoglobine sort dans l'organisme le groupe des matières colorantes biliaires, et notamment les deux pigments biliaires principaux, la *bilirubine* et la *biliverdine* (p. 181). Ceux-ci, à leur tour, engendrent l'*urobiline* des excréments et de l'urine. Une autre matière colorante urinaire, l'*hématoporphyrine*, est certainement aussi d'origine hématique (p. 256 a). Tous ces corps constituent donc le groupe des *matières colorantes d'origine hématique*. La formation de leur chef de file, l'hémoglobine, la suite des transformations, qui de l'hémoglobine font sortir les autres pigments de ce groupe, sont liées à une série de problèmes de physiologie normale ou pathologique ou de diagnostic, qui seront étudiés dans le présent chapitre. On connaît mal les autres pigments de l'organisme. On en distingue cependant aujourd'hui quelques-uns dont l'*origine protéique* est vraisemblable (*urochrome*) ou même certaine (*mélanines, uroroséine*, etc.). On ne sait rien sur l'origine des autres (*lutéines, lipochromes*, etc.).

§ I. — LES PIGMENTS D'ORIGINE HÉMATIQUE.

1. *L'hémoglobine.*

Formation de l'hémoglobine. — La constante formation de nouvelles quantités d'oxyhémoglobine est un phénomène qui se produit avec une grande ampleur, non seulement pendant la période du développement et de la croissance, où il est particulièrement net (apparition du sang dans l'embryon de poulet, croissance rapide du nouveau-né), mais encore chez l'adulte, qui, pour les besoins de sa sécrétion biliaire, détruit chaque jour, même pendant le jeûne complet, d'importantes quantités de pigment sanguin (p. 454). D'ailleurs, après de fortes saignées, on voit l'animal refaire rapidement de nouveaux globules, même quand on le prive de nourriture. Or, l'oxyhémoglobine (ou l'hémoglobine) est constituée par l'association d'une matière protéique, la globine, avec un noyau ferrugineux, l'hématine (ou l'hémochromogène). D'autre part, comme les acides décomposent l'hématine en fer et en un autre pigment rouge, l'hématoporphyrine, qui n'est plus ferrugineux, on voit que le problème de la formation de l'hémoglobine revient à expliquer l'origine du complexe :

Globine — noyau coloré — fer.

On ne sait rien sur l'origine de la *globine*, protéique du groupe des histones, dont la production dans l'organisme est aussi mal connue que celle des autres matières albuminoïdes (p. 303). Et pour ce qui regarde le *noyau coloré*, on ne peut encore que soupçonner quels sont, dans la molécule protéique, les noyaux aminés, qui pourraient servir à sa synthèse.

Tout d'abord est-il indispensable de recourir à l'hypothèse d'une synthèse totale, et l'hémoglobine de nos aliments animaux (sang, chair musculaire) ou la chlorophylle des végétaux ne permettent-elles pas à l'organisme de faire l'économie d'une partie de ce travail? En ce qui concerne le premier point, constatons qu'on ne sait rien de précis quant aux destinées de l'hémoglobine, c'est-à-dire de l'hématine, dans le tube digestif, sinon que les sucs digestifs détachent le fer de cette molécule (p. 452). On ignore de même ce que devient la chlorophylle dans le tube digestif, mais bien qu'on retrouve une partie de ce pigment passé dans les excréments, il est possible qu'une autre partie soit dégradée et qu'elle fournisse à l'absorption des fragments pyrroliques que l'organisme utiliserait ensuite pour la synthèse de l'hématine (p. 257). Enfin, il se peut que les animaux soient réduits à leurs propres forces, en ce qui concerne cette construction, et dans ce cas on aperçoit que la proline, l'oxyproline et peut-être aussi le tryptophane des aliments protéiques pourraient fournir les noyaux de pyrrol nécessaires à cette synthèse.

Reste la question de l'entrée du *fer* dans la molécule de l'hémoglobine. De ce côté, on a fait un grand nombre de recherches qui ont eu comme point de départ l'emploi thérapeutique des préparations martiales, et qui visaient surtout à établir sous quelle forme ce métal doit être offert pour que la régénération du sang soit le plus active. Voici les principaux résultats de ces recherches.

L'assimilation du fer et la formation de l'hémoglobine. — Plaçons-nous d'abord dans les conditions ordinaires de la vie, c'est-à-dire en dehors de tout apport de fer médicamenteux. Ici apparaît un premier fait, c'est que *nos aliments habituels n'apportent avec eux que du fer en combinaison organique* (G. Bunge).

Il existe des substances organiques ferrugineuses, comme l'hématine, dans lesquelles le fer échappe absolument aux réactifs habituels (sulfure d'ammonium, ferrocyanure de potassium) et qui ne cèdent pas ce métal même sous l'action de réactifs énergiques (potasse, acide chlorhydrique). C'est du fer dit en combinaison *organique*. Toutes les combinaisons organiques du fer ne sont pas cependant aussi résistantes, et il en est qui, traitées par le sulfure d'ammonium, par exemple, donnent après un temps variable la coloration verdâtre, puis noire du sulfure de fer, mais toutes ont ce caractère commun de ne pas abandonner immédiatement leur métal à l'alcool chlorhydrique (réactif de Bunge). Au contraire, des corps tels que les albuminates de fer, sont en réalité des combinaisons salines, dont le fer passe immédiatement dans ce réactif. C'est du *fer minéral*, comme celui d'un oxalate ou d'un chlorure ferreux. Or, quand on recherche sous quelle forme le fer est offert au futur poulet dans le jaune d'œuf, on n'y trouve pas de fer minéral et on constate, en outre, que tout le métal reste dans le résidu insoluble, qui persiste après des digestions répétées du jaune avec de la pepsine chlorhydrique. Ce résidu est constitué par une substance phosphorée, l'*hématogène* (p. 60), dont le fer ne réagit pas tout de suite avec le sulfure d'ammonium et le ferrocyanure de potassium, mais seulement après quelques heures de contact. Le lait, les céréales, les légumineuses, les feuilles vertes (épinards) contiennent des combinaisons analogues. Ce *fer organique est absorbé le long du tube digestif*, mais il semble bien que cette absorption est précédée d'une démolition de ces combinaisons, avec mise en liberté du fer. On prévoit donc, abstraction faite de la question de tolérance gastro-intestinale, que les diverses préparations martiales doivent avoir à peu près la même valeur thérapeutique. C'est, en effet, ce que vérifient les observations que voici.

1° Nos aliments habituels, qui ne contiennent que du fer organique, suffisent à assurer le ravitaillement en fer de l'organisme, et même une réfection rapide du sang après des hémorragies abondantes, ce qui démontre donc une absorption aisée de ces combinaisons. De plus, chez des animaux rendus anémiques par une alimentation pauvre en fer (p. 456), on obtient la guérison de cette anémie, en donnant avec cette même alimentation les combinaisons organiques du fer, dont il vient d'être question (Socin, Häusermann, E. Abderhalden). — 2° Si l'on fait ingérer du lait à un animal (rat), les parois intestinales ne donnent aucune réaction du fer avec le sulfure d'ammonium (le lait est très pauvre en fer); cette réaction apparaît, au contraire, lorsqu'on ajoute au lait de l'hématine ou de l'hémoglobine. C'est donc que l'absorption de l'hématine a été précédée ou accompagnée d'une séparation de fer. Cette absorption a surtout lieu au niveau du duodénum, tandis que l'intestin inférieur est, au contraire, pour le fer, une surface d'excrétion, et la plus importante voie d'élimination de ce métal [1] (p. 480). Enfin, fait important, ce fer, entré à l'état minéral, ressort sous la forme organique, car dans le contenu de l'anse intestinale isolée (p. 243) le fer ne réagit pas avec le sulfure d'ammonium (Tartakowsky). — 3° Bunge et ses élèves ont cru constater que seules les combinaisons organiques du fer sont absorbées et agissent efficacement dans le traitement de l'anémie expérimentale, mais il apparaît de plus en plus qu'il n'y a nullement à cet égard, entre le fer organique et le fer minéral, une différence de nature (Cloetta, Schirokauer). D'ailleurs, il est démontré que ces deux variétés sont l'une et l'autre absorbées, ce que faisaient prévoir les constatations histologiques rapportées ci-dessus.

Sous *quelle forme* et *vers quels lieux* le fer ainsi absorbé est-il ensuite transporté et où se prépare et s'opère *son entrée dans les globules rouges*? Puisque le fer qu'élimine la surface intestinale est du fer organique, c'est donc que, minéralisé au moment de son absorption, ce métal a repris quelque part la forme organique, et qu'il circule ensuite à cet état. Mais sur le lieu de cette transformation (foie, rate), on ne possède encore que quelques premiers indices. On aperçoit, en outre, mais sans qu'on en puisse préciser partout le détail, deux grands faits qui sont : 1° *l'intervention d'organes* (foie, rate, moelle osseuse), où *sont entretenus des dépôts de fer*, réserve qui est ensuite remise en circulation et employée; 2° *l'intervention de certains organes* (rate, moelle osseuse) dans l'emploi de ces réserves en vue de *la réfection des globules rouges*. Enfin, on doit ajouter ici que *la physiologie du fer n'est pas bornée au rôle spécial que joue ce métal dans le globule rouge*. Il y a du fer dans tous les tissus, et surtout dans les noyaux, siège des phénomènes

---

1. Le suc gastrique dont Bunge a voulu faire le suc digestif le plus riche en fer, n'en contient que des traces (Ch. Dhéré.)

d'oxydation de la cellule (p. 132), et l'on a vu que le fer joue peut-être là le rôle d'un catalyseur (p. 131). Peut-être remplit-il encore d'autres fonctions.

Chez des animaux ayant reçu *per os* ou dans le sang du fer minéral à doses thérapeutiques, on constate à l'aide de sulfure d'ammonium que le métal a été fixé par le foie, la rate, la moelle osseuse (Jacobi et d'autres). Le foie remplit donc ici son rôle antitoxique habituel, car en injection intra-veineuse le fer est toxique. Et comme dans le foie on trouve des combinaisons organiques ferrugineuses de solidité croissante (St. Zaleski ; Dastre et Floresco), et que, dans les conditions ordinaires, le fer n'y est point directement décelable au moyen de sulfure d'ammonium, on admet, en général, que dans les tissus, et notamment dans le foie, et aussi dans la rate (Chevalier), *le fer minéral passe à l'état organique*, c'est-à-dire qu'il est préparé à l'assimilation. De ces organes, qui *sont donc pour le fer des lieux de réserve*, ce métal doit être transporté vers les lieux où s'opère l'hématopoïèse, c'est-à-dire principalement dans la moelle rouge des os. Or, le sérum sanguin, bien incolore, est exempt de fer. Celui-ci est donc transporté par les éléments figurés, et comme la constance du rapport entre le pouvoir colorant des globules rouges et leur richesse en fer autorise à éliminer ici ces éléments, ce sont donc les *leucocytes*, d'ailleurs riches en fer (fer organique) (p. 451 et 258), qui remplissent probablement cet office.

Le *rôle de la rate* est particulièrement important (L. Asher et ses collaborateurs). Les animaux dératés perdent par les excréments beaucoup plus de fer que les animaux normaux (de 16 à 29 mgr. par jour au lieu de 11 mgr. au maximum), différence encore sensible même après des mois, et R. Bayer a vérifié ce résultat sur un homme splénectomisé pour rupture de la rate. De plus, quand un chien dératé et un chien normal sont mis à une alimentation pauvre en fer, le sang du premier s'appauvrit aussitôt en oxyhémoglobine et en globules, tandis que chez le second on ne perçoit, au moins pendant quelques semaines, aucun changement. Enfin, si l'on produit à l'aide de la pyrodine une fonte toxique des globules rouges, c'est-à-dire une destruction d'hémoglobine avec mise en liberté de fer (voir plus loin), l'animal dératé perd plus de fer que l'animal normal. Il semble donc que la rate soit chargée de retenir et de préparer pour l'hématopoïèse à la fois le fer venu du dehors et celui qui est mis en liberté dans l'organisme. C'est aussi à cette conclusion que conduisent les constatations histologiques (Chevalier).

Mais la physiologie du fer ne tient pas tout entière dans ce rôle d'élément hématopoïétique, et le fer du foie, par exemple, n'est pas uniquement une réserve destinée à ravitailler le sang. A la vérité, quand on injecte dans les veines d'un chien une solution d'oxyhémoglobine (p. 457), le foie [1] s'enrichit en fer (jusqu'à 0 gr. 34 au lieu de 0 gr. 10 pour 1 000 gr. de tissu frais) (L. Lapicque), et inversement, quand on

---

1. Les phénomènes sont différents quand on injecte du sang en nature, dans la cavité péritonéale par exemple. Le fer s'accumule alors surtout dans la rate et dans les ganglions lymphatiques voisins du lieu d'injection, et le métal se dépose sous la forme d'un pigment en grains rouge-brun, identique à celui de la cirrhose pigmentaire des pathologistes et qui est constitué par un hydrate ferrique $2Fe^2O^3$, $3H^2O$, la *rubigine* de L. Lapicque et Auscher.

provoque, à l'aide d'une nourriture convenable, une anémie expérimentale (p. 456), on voit le foie s'appauvrir en fer [1] (Kunkel, Cloetta). Toutefois, cette réserve ne s'annule jamais complètement. C'est que le fer n'est pas dans le foie (ni dans les autres tissus) uniquement *par le sang* et *pour le sang* (Dastre), car chez les invertébrés dépourvus d'hémoglobine, ce métal ne manque jamais dans le foie, qui en contient toujours, à poids égal, beaucoup plus (jusqu'à 25 fois chez les céphalopodes) que le reste du corps (Dastre et Floresco). Tous les tissus contiennent d'ailleurs du fer (Schmey; Mouneyrat). Quant aux fonctions que remplit ce métal des tissus, on ne peut encore qu'en soupçonner la nature (voir p. 131).

On aperçoit donc dans le fer de l'organisme trois fractions : 1° le fer du pigment sanguin, remplissant un rôle respiratoire; 2° le fer tenu en réserve dans certains organes (foie, rate) en vue de l'hématopoïèse, ou en train de commencer à tenir ce rôle hématopoïétique (fer de la moelle osseuse); 3° le fer contenu dans tous les éléments cellulaires (noyaux) et participant à des fonctions qui restent à déterminer [2].

La destruction quotidienne d'hémoglobine et l'apport de fer alimentaire. — La quantité d'hémoglobine à laquelle le fer doit participer chaque jour est assez considérable. On peut la calculer approximativement d'après la quantité de bilirubine excrétée en vingt-quatre heures.

Les observations faites sur des sujets atteints de fistules biliaires permettent d'évaluer la quantité de bile sécrétée chaque jour à 500-1 100 cm³, avec une quantité moyenne de 0 gr. 5 de bilirubine. Or, 1 gr. d'hématine ne peut pas donner plus de 1 gr. de bilirubine, et comme 100 gr. d'hémoglobine fournissent à peu près 4 gr. d'hématine, on voit qu'une production de 0 gr. 5 de bilirubine exigerait la destruction de 12 gr. 5 d'hémoglobine, quantité de pigment qui est contenue dans 90 gr. de sang et qui renferme elle-même à peu près 4 cgr. de fer. A la vérité, ce calcul n'est qu'approché, car une partie des pigments biliaires est absorbée dans l'intestin et éliminée de nouveau par la bile. En outre, le fer libéré reste en majeure partie fixé dans le foie. La bile n'en excrète que très peu (Dastre), et l'urine à peine des traces (p. 479). Néanmoins, il y a toujours une partie du métal qui échappe à ce remploi, ainsi qu'en témoigne la constante excrétion de fer par la surface intestinale (environ 2 mgr. par mètre d'intestin et en vingt-quatre heures chez le chien opéré d'après Hermann) (p. 243) (Fr. Voit; L. Lapicque), et bien que les réserves de fer de l'organisme soient assez abondantes,

---

1. L. Lapicque rapporte, au contraire, que la richesse du foie en fer n'est pas modifiée par l'inanition chez le chien, et Dastre et Floresco signalent que chez l'escargot, soumis pendant l'hiver à un jeûne prolongé, le foie est aussi riche en fer qu'au printemps, après un mois d'alimentation.

2. On voit donc que ce n'est pas uniquement dans les maladies du sang qu'il serait intéressant de suivre les variations quantitatives du fer dans les tissus.

on comprend qu'après quelques semaines d'une alimentation exempte de fer, les signes d'anémie [1] commencent à se manifester.

Il est donc utile d'être renseigné sur la teneur en fer des divers aliments [2]. Les plus riches sont, après le sang, et venant même avant la viande et le jaune d'œuf, les feuilles vertes, tandis que le lait est, au contraire, très pauvre en fer, bien qu'il soit l'unique aliment d'un organisme en train d'accroître rapidement la masse de ses tissus, qui tous contiennent du fer, et surtout celle de son sang. Bunge, qui a le premier attiré l'attention sur ce fait, explique cette contradiction singulière par *l'existence, dans les tissus du nouveau-né, d'une réserve de fer, qui est utilisée peu à peu pendant la période de l'allaitement*, et comme cette réserve est nécessairement fournie par l'organisme maternel, on prévoit que les *deux sexes pourront, après la puberté, présenter des différences* en ce qui concerne la répartition du fer entre les divers organes. C'est ce que l'on constate, mais cette enquête n'est encore qu'ébauchée. Enfin comme la réserve en question est nécessairement épuisée au bout d'un certain temps, et que cet épuisement marque probablement l'époque où devrait se placer la fin de l'allaitement et le passage à une alimentation plus riche en fer, on comprend pourquoi *l'allaitement prolongé au delà des limites normales peut devenir une cause d'anémie.*

1° Voici quelles sont, en effet, les quantités relatives de fer que contient l'organisme des jeunes lapins à mesure que l'on s'éloigne du moment de la naissance.

Age des lapins.	Milligrammes de fer pour 100 gr. de poids.	Age des lapins.	Milligrammes de fer pour 100 gr. de poids.
1 heure	18,2	17 jours	4,3
1 jour	13,9	22 —	4,3
4 jours	9,9	24 —	3,2
6 —	8,5	27 —	3,4
7 —	6,0	35 —	4,5
11 —	4,3	41 —	4,2
13 —	4,5	46 —	4,1

1. On n'entend parler ici que de l'anémie expérimentale (p. 456), l'anémie proprement dite n'étant presque jamais due à un apport insuffisant de fer alimentaire, mais à des troubles dans la destruction ou la réfection des globules.

2. Les divers aliments contiennent, pour 100 gr. de substance sèche, les quantités de fer que voici, exprimées en milligrammes : sang (porc) 226 ; épinards

On voit que la richesse relative en fer, très grande au moment de la naissance, diminue jusque vers la fin de la troisième semaine et passe pendant la quatrième semaine par un minimum, pour se relever ensuite. Or, c'est pendant la quatrième semaine que les lapins cessent peu à peu de consommer le lait maternel et commencent à se nourrir de feuilles vertes, qui sont très riches en fer. Tout se passe donc comme si ces nouveau-nés apportaient avec eux une provision de fer qui serait peu à peu utilisée pour l'accroissement de la masse des tissus et du sang, le sevrage spontané intervenant au moment où cette réserve est épuisée [1].

2° Chez le lapin et chez l'homme, *cette réserve est*, au moins en partie, *déposée dans le foie*. Chez le lapin, le foie est, en effet, environ cinq fois plus riche en fer au moment de la naissance que chez l'animal adulte (Bunge; L. Lapicque), et chez l'homme on voit aussi que le fer du foie, qui est en moyenne de 0 gr. 25 (garçons) et 0 gr. 27 (filles) pour 1 000 gr. d'organe frais [2] au moment de la naissance, tombe ensuite, vers l'âge de douze à vingt mois, à 0 gr. 05 ou 0 gr. 07, pour remonter vers deux ans à 0 gr. 16 ou 0 gr. 15, quantité qui se maintient à peu près constante jusqu'à dix ans. Puis apparaissent les différences sexuelles, puisque, de dix à quatorze ans, les garçons restent à 0 gr. 14, tandis que les filles passent à 0 gr. 22 (Mlle A. Baillet) [3], et qu'à l'état adulte on en trouve chez les hommes 0 gr. 23 et chez les femmes 0 gr. 09 (Lapicque et Guillemonat). Au point de vue de la pathogénie de la chlorose, il y aurait grand intérêt à étudier de plus près chez la jeune fille, pendant la période de la puberté, la courbe de ces variations du fer dans le foie (Lapicque) [4].

3° On peut réaliser à coup sûr une *anémie expérimentale* en maintenant des animaux (chien, chat, lapin, rat), au sortir de la période d'allaitement, au régime du lait, ou mieux à un régime de lait additionné de riz et de pain blanc, aliments aussi pauvres en fer que le lait (p. 455 note 2). Bunge et ses élèves se sont servis de cette méthode pour comparer, chez des animaux anémiés, l'efficacité des diverses préparations martiales.

33-39; choux (feuilles vertes) 17-38; jaune d'œuf 10-24; viande de bœuf 16,9; pissenlits 14,3; son de froment 8,8; carottes 8,6; pommes de terre 6,4; cerises 5,6; froment 5,5; prunes 2,8; lait de femme 2,3-3,1; lait de vache 2,3; farine de froment blutée 1,6; riz 1,0-2,5; blanc d'œuf 0 (Bunge; Häusermann). La ration des 24 heures d'un adulte apporte de 15 à 30 mgr. de fer (L. Lapicque), et la quantité de fer de la masse totale du sang est d'environ 2 gr. 3.

1. Cette plus grande richesse en fer des jeunes organismes pourrait aussi s'expliquer par une plus grande richesse en hémoglobine, et il est démontré que les jeunes animaux (lapins, rats) contiennent, en effet, d'autant plus d'hémoglobine qu'on les prend plus près de la naissance (Abderhalden), mais ils renferment aussi d'autant plus de fer non hémoglobinique.

2. Le fer du sang étant toujours déduit.

3. D'après 4 observations seulement pour chacun des deux sexes.

4. Il serait intéressant de suivre aussi, chez les diverses espèces animales, la marche de la fixation du fer par le fœtus. Chez l'homme cette fixation ne commence à se faire abondamment que pendant les trois derniers mois de la vie intra-utérine (Hugounenq).

2. *Les pigments biliaires.*

Origine hématique des pigments biliaires. — L'origine hématique des pigments biliaires est démontrée : 1° par la parenté chimique que l'on saisit entre la bilirubine et l'hématine, toutes deux formées du même noyau d'hémopyrrol; 2° par des expériences *in vivo*, où l'on saisit directement la production des matières colorantes biliaires à partir de l'hémoglobine.

1° La *parenté chimique* ressort de ce double fait que l'oxydation de la bilirubine par l'acide chromique fournit, comme celle de l'hématine, des acides hématiques (W. Küster), et que, distillé avec du zinc, ce même pigment engendre, comme l'hématine, de l'hémopyrrol (Orndorff et Teeple), (voir p. 256 a). — 2° La *transformation de l'hémoglobine en pigments biliaires dans l'organisme* est un fait aujourd'hui bien établi. Quand on injecte dans le sang des solutions d'hémoglobine, ou quand on provoque le passage de l'hémoglobine des globules dans le plasma par l'injection d'eau distillée ou d'une solution de sels biliaires, ou par intoxication avec l'éther, le chloroforme, l'hydrogène arsénié, la toluylène-diamine, on assiste, en effet, à la série des phénomènes que voici : 1° si l'hémoglobinémie est médiocre, c'est-à-dire si la quantité d'hémoglobine dissoute dans le plasma est petite, on ne constate qu'une augmentation de la quantité des pigments dans la bile (*pléiochromie de la bile*, de Stadelmann) (Tarchanoff, Stadelmann, etc.); 2° si l'hémoglobinémie est plus forte, le foie ne parvient plus à maîtriser la totalité du pigment sanguin brusquement mise à sa disposition et, à côté d'une quantité plus grande de pigments biliaires, la bile élimine de l'hémoglobine (Vossius; Wertheimer et E. Meyer, etc.); 3° si l'hémoglobinémie est très forte, il se produit, en outre, de l'hémoglobinurie, c'est-à-dire que, outre le foie biliaire, un autre émonctoire, le rein, entre en jeu pour débarrasser le sang du pigment sanguin dissous [1]. Citons encore l'expérience de Th. Brugsch et Joshimoto, qui ont retrouvé dans la bile d'un chien à fistule, sous la forme d'un surplus de pigment, presque toute l'hématine que l'animal avait reçue en injection sous-cutanée.

C'est donc le foie qui transforme l'hémoglobine en matières colorantes biliaires. Mais *cet organe est-il l'unique lieu de production de ces pigments?* C'est surtout par l'étude des diverses formes d'ictère que cette question a été posée sous la forme que voici : l'ictère est-il toujours hépatogène?

L'ictère est-il toujours hépatogène? Dans l'ictère classique, l'écoulement de la bile vers l'intestin étant gêné par un obstacle

---

1. Il peut y avoir aussi dans ce cas globinurie, c'est-à-dire élimination par l'urine du composant protéique de l'oxyhémoglobine (J. Parisot; H. Robert et J. Parisot).

quelconque, gonflement catarrhal de la muqueuse des voies
biliaires, calculs, tumeurs, le liquide reflue vers le sang et va colorer les tissus. Mais dans les expériences exposées ci-dessus, on
constate que, lorsque l'hémoglobinémie est intense, elle est souvent
accompagnée d'ictère avec cholurie, c'est-à-dire avec élimination
de pigments biliaires par l'urine. Et comme ici on n'aperçoit pas,
tout d'abord, d'obstacle opposé à l'écoulement normal de la bile,
on a été conduit à rechercher si les pigments, qui produisent
alors l'ictère, ne proviennent pas d'une transformation de l'hémoglobine en bilirubine par les tissus et non pas par le foie. C'est la
théorie de l'*ictère anhépatogène*, opposé à l'*ictère ordinaire ou
hépatogène*. Or sur ce point, tandis que l'école allemande continue, à la suite de Naunyn, à affirmer que c'est toujours le foie
qui produit la bilirubine, la clinique française semble bien avoir
établi nettement que les pigments biliaires peuvent naître dans
les tissus et qu'il y a des ictères anhépatogènes.

Il y a longtemps que Virchow a signalé, dans les vieux extravasats
sanguins, la présence d'une substance en cristaux de couleur orange,
l'*hématoïdine*, dont l'origine hématique est évidente et dont les uns ont
fait de la bilirubine et d'autres de la mésoporphyrine (Nencki et Zaleski).
D'autre part, il est certain qu'il se forme *in loco* de la bilirubine, à
partir de l'hémoglobine, dans les ecchymoses, dans les hémorragies
pleurales (Guillain et Troisier), ou méningées (Widal et Joltrain), dans
les mucocèles des sinus frontaux (W. Mestrezat), dans la vésicule
biliaire vidée, puis remplie de sang et ligaturée (M. Piettre), dans le
péritoine ou la plèvre après que l'on y a injecté du sang laqué (Whipple
et Hooper). Ces faits permettaient donc de conclure à tout le moins à
la possibilité de l'ictère anhépatogène, si l'on veut admettre que ces
productions extra-hépatiques de pigments biliaires sont assez abondantes pour qu'il en résulte un ictère généralisé.

Contre cette conclusion l'école de Naunyn fait valoir que dans l'ictère
produit par les toxiques du sang (p. 457), il arrive que la bile devient
plus riche, non seulement en pigments, mais aussi en mucus, et
qu'ainsi la viscosité du liquide est augmentée au point que cet obstacle
suffit, étant donnée la faible pression de la bile, pour que celle-ci reflue
vers le sang. Et cette explication était complétée, d'autre part, par une
expérience bien connue de Minkowski et Naunyn. On extirpe le foie à
une oie et on la soumet, en même temps qu'une oie normale, à des
inhalations d'hydrogène arsénié (p. 457). Tandis que l'animal normal
élimine une urine riche en bilirubine, l'oie privée du foie fait au contraire de l'hémoglobinurie. En l'absence du foie, les tissus n'ont donc
pas transformé l'hémoglobine en bilirubine. Telle est aussi la conclusion
d'expériences de E. Feuillée sur le chien à circulation hépatique supprimée de diverses façons et intoxiqué par la toluylène-diamine (p. 457).
Enfin pour ce qui regarde les ictères hémolytiques observés en clinique,
on soutenait que le mécanisme est le même que dans les ictères par

toxiques du sang, avec cette différence que l'absence de tout obstacle dans les canaux biliaires avait été si souvent constatée (Vaquez) qu'il avait bien fallu reporter plus haut l'obstacle invoqué, et que l'école allemande a cherché cette cause mécanique dans les canalicules (thromboses biliaires locales de H. Eppinger).

Mais, outre que cette explication, d'ailleurs bien laborieuse, ne suffit pas visiblement dans tous les cas, elle se heurte à cet obstacle absolu qu'elle assimile complètement l'ictère hémolytique aux ictères par rétention ou reflux. Or, cela est cliniquement inadmissible pour beaucoup de raisons, dont la plus forte est que cette explication impliquerait l'accumulation, dans les tissus, de *tous* les éléments de la bile, pigments, sels biliaires et cholestérine. Or, Widal, Abrami et Brulé ont montré que l'ictère hémolytique est purement pigmentaire ; c'est un ictère dissocié, où manquent l'intoxication par les sels biliaires et aussi la cholestérinémie (Chauffard, Laroche et Grigaut). Dans ces conditions toute explication purement mécanique tombe, et l'on est logiquement conduit à la notion d'une cholégénie extrabiliaire. On se heurte ici, à la vérité, à l'expérience de Naunyn et Minkowski, mais outre que Mc Née, en reprenant cette expérience, a observé à deux reprises, chez l'oie privée de son foie, de la biliverdinurie après intoxication par l'hydrogène arsénié, il y a des expériences très bien conduites, de Whipple et Hooper qui, chez des chiens à circulation hépatique supprimée par des artifices divers, ont néanmoins observé la transformation de l'hémoglobine en bilirubine. Les tissus peuvent donc produire de la bilirubine tout comme le foie, et comme dans le cas d'hémolyse exagérée, ils en produisent trop, cet excès va colorer les tissus. Brulé soutient même que les tissus produisent normalement toute la bilirubine, et que le foie serait simplement chargé d'éliminer le pigment. Ainsi s'expliquerait, d'après lui, ce fait si intéressant d'une *cholémie physiologique*, établie par Gilbert (1 gr. de bilirubine pour 36 litres de sérum à l'état normal) (Gilbert, Lereboullet et Herscher), et qui serait donc la traduction de l'opération du transport de la bilirubine depuis les tissus, lieu de formation, jusqu'au foie, lieu d'élimination (voir aussi p. 404 b).

3. *Les autres pigments d'origine hématique.*

Nous étudierons ici l'urobiline et l'hématoporphyrine.

L'urobiline. — La question de l'urobiline est une des plus confuses qui soient en physiologie. Cet état de choses tient surtout à ce fait qu'il existe probablement plusieurs urobilines — dont une seule a été isolée depuis peu sous la forme de son chromogène incolore à l'état d'individu chimique bien défini —, et que dans la pratique on ne s'assure de la présence de l'urobiline qu'à l'aide de réactions colorées qui sont des réactions de groupe, c'est-à-dire qui sont communes à plusieurs individus d'une même famille. On ne sait donc jamais, quand deux observateurs parlent d'urobiline, s'il s'agit, de part et d'autre, du même corps. Et comme les quantités d'urobiline n'ont été trop souvent qu'évaluées d'après des réactions de coloration, dont on vient de dire qu'elles sont communes à toute une série de corps, on comprend qu'il y ait là une nouvelle cause d'incertitude et de confusion[1].

Il y aurait dans l'organisme deux foyers de formation de l'urobiline, l'un dans l'intestin, l'autre par delà la paroi digestive. Dans l'intestin c'est le travail de réduction des bactéries de la putréfaction ou peut-être l'action d'agents fournis par la muqueuse qui font sortir de l'urobiline des pigments biliaires ayant échappé à la résorption, et c'est une partie de cette urobiline que l'on retrouve dans l'urine. Sur l'existence de ce premier foyer, tout le monde est d'accord, bien que les destinées de cette urobiline fécale soient encore bien obscures. Mais une production extra-intestinale de l'urobiline est encore niée de beaucoup de côtés et, parmi ceux qui l'admettent comme démontrée, l'accord est loin d'être fait en ce qui concerne le mécanisme et le lieu de cette production.

L'urobiline a été trouvée dans l'urine (Jaffé), puis dans les excréments, où elle représente la stercobiline de Masius et Vanlair. Dans l'urine, et, à ce qu'il semble, aussi dans les excréments, bien qu'ici la question soit encore très discutée, elle est accompagnée par un chromogène incolore, l'*urobilinogène*, très bien étudiée par Saillet, et que la lumière (Saillet), aidée de l'oxygène de l'air (Jaffé), transforme en urobiline, mais la nature de cette réaction n'est pas encore établie (voy. plus loin). Ce pigment et son chromogène sont considérés par beaucoup d'auteurs comme des constituants normaux de l'urine (de 30 à 130 milligr. par jour) (Jaffé, Saillet, Deroide), tandis que leur apparition dans l'urine est pour d'autres un fait pathologique (Krehl, Fischler, M. Labbé...), dont on dira plus loin la signification et que vraisemblablement peuvent présenter des sujets en apparence bien portants. D'autre part, on admet en général que ce que l'on étudie sous le nom d'urobiline n'est pas un individu unique, mais une famille de corps. Voici pourquoi. En premier lieu il semble bien que les urines pathologiques contiennent parfois plusieurs urobilines différentes (Th. Brugsch et K. Retzlaff), et ensuite la réaction par laquelle on caractérise l'urobilinogène (coloration rouge avec la p-diméthylamino-benzaldéhyde; réaction d'Ehrlich) n'appartient

---

1. Il existe, il est vrai, des méthodes avec extraction et pesée de l'urobiline. Mais si l'on conduit la purification avec quelque sévérité, on détruit certainement des quantités de pigments importantes, et si l'on ne purifie qu'incomplètement, on ne sait pas ce que l'on pèse. Quant au procédé spectrophotourétrique de Charnas pour le dosage de l'urobilinogène, on ne peut point compter qu'il pourra passer dans la pratique. Enfin, M. Brulé et Garban ont montré que le problème de l'extraction de l'urobiline contenue dans les fèces, par exemple, est actuellement insoluble. On ne saisit jamais qu'une fraction du pigment et on ignore quelle est cette fraction. On pourrait énumérer encore bien d'autres difficultés.

pas à un seul individu chimique, mais à la famille des pyrrols (O. Neubauer), ou du moins à ceux d'entre les pyrrols qui possèdent à côté du sommet azoté au moins un sommet avec un atome d'hydrogène non remplacé par quelque radical. La fluorescence verte que donne l'urobiline zincique n'est pas davantage une réaction spécifique. Enfin on connaît plusieurs hématoporphyrines et on sait que la réduction de l'hémine et de l'hématoporphyrine a fourni aussi plusieurs porphyrines (p. 256 a). Est-il surprenant, dès lors, que le phénomène de réduction, qui dans l'organisme fait naître l'urobiline à partir de ces mêmes matériaux, fournisse aussi plusieurs urobilines? D'ailleurs on verra plus loin que les urobilines sorties des porphyrines sont différentes des autres.

Cela posé, constatons que parmi ces urobilines multiples, dont on a donc tant de raisons de soupçonner l'existence, il en est une dont le chromogène a été isolé sous la forme d'un corps défini. En effet, la réduction de la bilirubine à l'aide du palladium hydrogéné donne un corps bien cristallisé en aiguilles jaunes, la *mésobilirubine* $C^{33}H^{40}N^4O^6$, ressemblant encore à s'y méprendre à la bilirubine, et dont une nouvelle réduction par l'amalgame de sodium fait sortir le *mésobilirubinogène* $C^{33}H^{44}N^4O^6$ (d'abord appelé hémibilirubine), corps non coloré, bien cristallisé (H. Fischer), identique à l'urobilinogène cristallisé retiré de l'urine (H. Fischer et Fr. Meyer-Betz), et se colorant à l'air en jaune ou en rouge. Ce corps est différent de l'hydrobilirubine de Maly (p. 182) (Garrod et Hopkins), et l'urobiline qui en sort diffère aussi des corps uroblliniques obtenus par réduction de l'hématine. Inversement l'oxydation (chauffage avec le méthylate de potassium) refait, avec le mésobilirubinogène ou urobilinogène, de la mésobilirubine, et comme ce dernier corps ne donne pas de sel de zinc fluorescent, la réaction qui, dans l'urine, transforme le mésobilirubinogène (urobilinogène) en urobiline ne peut pas être une simple oxydation. On peut donc résumer ce qui précède par le schéma suivant :

Bilirubine
   ↓ (Réduction)
Mésobilirubine   Urobiline
(Oxydation) ↑↓ (Réduction) ↗
Mésobilirubinogène   (Procès inconnu)
(Urobilinogène).

Les porphyrines, hématoporphyrines, mésoporphyrines (p. 256 a), donnent de même par réduction des porphyrinogènes, qui sont à placer sur la même ligne que le mésobilirubinogène, mais qui ne donnent pas la réaction d'Ehrlich. De ces corps sortent une urobiline ou des urobilines, qui sont donc probablement différentes de celle que fournit le mésobilirubinogène.

Laissant maintenant de côté la question de la multiplicité probable des urobilines, voyons : 1° sur quoi l'on s'appuie pour affirmer que l'urobiline formée dans l'intestin sort bien des pigments biliaires ; 2° quel est le sort de cette fraction de l'urobiline fécale, que la résorption jette dans la circulation.

1° La putréfaction de la bilirubine avec une dilution de matières fécales fournit de l'urobiline (Salkowski; Huber). Cependant, d'après Gilbert et Herscher, les cultures de bactéries de l'intestin sont impuissantes à produire à elles seules cette réduction, qui serait, au contraire, rapide en présence d'un extrait de la muqueuse. D'autre part, on constate que, *in vivo*, deux conditions sont nécessaires pour qu'il y ait apparition d'urobiline : arrivée de bile dans l'intestin et présence de bactéries dans celui-ci. Quand la bile cesse d'arriver dans l'intestin, on constate, en effet, tant chez l'homme que chez le chien, que l'urobiline disparaît des fèces et de l'urine et, d'autre part, chez le nouveau-né, dont l'intestin est stérile, le méconium, quoique riche en pigments biliaires, ne renferme pas d'urobiline. Quand les deux conditions en question sont, au contraire, toutes deux remplies, l'urobiline ne manque jamais dans les excréments, tandis que la bilirubine et la biliverdine de la bile y font toujours défaut. Ces deux pigments n'apparaissent dans les fèces qu'en cas de diarrhée, intense, c'est-à-dire quand les bactéries intestinales n'ont pas eu le temps d'opérer leur travail de réduction. Enfin, la bilirubine ingérée fait monter aussitôt la quantité d'urobiline des fèces (Ladage).

Mais l'arrivée de la bilirubine dans l'intestin et sa transformation par réduction en urobilinogène n'est pas une condition suffisante pour que de l'urobiline *passe dans l'urine*. En effet, chez l'homme bien portant, l'ingestion de bilirubine n'est pas suivie de l'excrétion d'urobilinogène par l'urine, et l'ingestion d'urobilinogène et de bile ne fait apparaître que fort peu de chromogène dans l'urine (H. Fischer et Fr. Meyer-Betz). De même chez les malades atteints d'occlusion complète du cholédoque, l'ingestion de bilirubine ou de bile débarrassée de ses produits solubles dans l'éther donne le même résultat négatif que chez les sujets normaux (G. Fromholdt et N. Nersessoff). Et cependant, chose singulière, chez ces mêmes malades, l'ingestion de bile fraîche produit de l'urobilinurie.

Tout se passe comme si l'absorption intestinale de l'urobiline et de l'urobilinogène exigeait l'intervention de facteurs spéciaux. Et pourtant l'urobiline apparaît comme étant très diffusible (Achard et Morfaux; Lemaire; M. Labbé et P.-A. Carrié)[1].

2° Que devient ensuite cette urobiline fécale une fois résorbée? Ceux qui soutiennent qu'il n'y a pas d'urobilinurie normale, disent qu'à l'état normal le foie arrête totalement, peut-être pour en refaire de la bilirubine, l'urobiline apportée par le sang portal. Si l'on admet, au contraire, l'existence d'une urobilinurie normale, il faut supposer ou bien que le foie n'est pas armé pour capter toute l'urobiline résorbée et qu'il en laisse passer une partie dans la circulation générale et de là dans l'urine, ou bien que, grâce à sa diffusibilité, ce pigment passe aussi en partie de l'intestin dans les voies lymphatiques ou dans les veines hémorroïdales et gagne ainsi le rein en échappant à l'action du foie. Quoi qu'il en soit, l'action du foie paraît indéniable. En effet, introduite dans l'intestin de la grenouille, l'urobiline ne passe pas dans

1. Cette diffusibilité est démontrée notamment par ce fait que, lorsque ce pigment apparaît dans le sang, on le trouve en même temps dans tous les autres liquides de l'organisme (liquide céphalo-rachidien, pleural, ascitique) (M. Labbé et P.-A. Carrié). Elle passe aussi dans le fœtus par la voie placentaire.

l'urine; elle y apparaît, au contraire, si le foie a été au préalable extirpé (Lesieur, O. Monod et A. Morel); et l'on verra plus loin que l'observation clinique confirme nettement cette conclusion (p. 464). Mais il faut expliquer, en outre, un autre fait. Un grand nombre d'observations ont établi que la bile élimine d'une manière constante de l'urobiline et de l'urobilinogène, et par des analyses de suc duodénal — le flux biliaire étant provoqué, par exemple, par l'ingestion d'un peu de peptone et le suc étant recueilli *in loco* par une sonde spéciale — Herm. Strauss et L. Hahn viennent encore de constater cette élimination chez l'homme (1920). Cette urobiline biliaire serait d'origine intestinale, car elle ne fait défaut que lorsque, par exemple par obstruction complète du cholédoque, la bile cesse de s'écouler dans l'intestin, ou lorsque par des diarrhées profuses toute l'urobiline fécale, ou bien tout le matériel biliaire dont elle aurait pu sortir, sont trop vite évacués au dehors. Il semble dès lors que l'on soit en présence d'une circulation entéro-hépatique d'urobiline, analogue à celle des matériaux biliaires, et le foie ne se laisserait donc déborder que par cette fraction de l'urobiline intestinale qu'il ne peut pas soit capter, soit faire repasser dans la bile.

Ce qui précède ne nous a donc fait connaître encore qu'un seul foyer de production d'urobiline, à savoir l'intestin, et ne nous a fait prévoir qu'une seule circonstance anormale pouvant provoquer une urobilinurie pathologique, à savoir une défaillance du foie. Montrons maintenant combien l'étude de l'urobilinurie pathologique a soulevé de problèmes nouveaux.

L'urobilinurie pathologique. — Le débat sans cesse renaissant qui s'est engagé sur cette question est à ce point touffu et compliqué que l'on doit se borner ici à juxtaposer en un bref exposé les diverses théories qui ont été défendues, en n'insistant que sur l'une d'elles, celle qui permet, ce semble, de coordonner de la manière la plus simple les faits dominateurs. La critique que l'on essayera d'en faire ensuite introduira dans cet exposé les autres arguments auxquels une place pouvait être faite dans ce livre.

1° *Théorie hépatique.* Le foie normal fait avec l'hémoglobine de la bilirubine. Malade, il en fait de l'urobiline. C'est une insuffisance qualitative. Mais s'il y a hémolyse exagérée, le foie, même s'il est resté normal, fait de l'urobiline, parce qu'il succombe devant l'excès de la tâche qui lui est imposée. C'est une insuffisance quantitative (Hayem; P. Tissier). — 2° *Théorie hématique.* En cas de destructions globulaires exagérées, l'hémoglobine accumulée dans le plasma se transforme en urobiline *in loco*, sans intervention du foie, phénomène qui est à rapprocher de ce qui se passe dans les épanchements hémorragiques, où l'urobiline apparaît en même temps que la bilirubine (Widal et Joltrain; Lesné et P. Ravaut; G. Guillain et Troisier; et d'autres). — 3° *Théorie histogène.* Lorsque le plasma contient un excès de bilirubine celle-ci est fixée par les tissus, qui se défendent en transformant le pigment en urobiline, moins toxique et plus diffusible, donc plus facilement éliminée par l'urine (Engel et Kiener; Kunkel; Cordua). — 4° *Théorie rénale*. Lorsque la cholémie dépasse les limites normales (p. 459), le rein arrête la bilirubine dont le sang se débarrasse, et la transforme en urobiline. L'urobilinurie est donc un signe de cholémie et non d'insuffisance hépatique (Leube; Gilbert et Herscher; Brissaud et Bauer). — *Théorie entérogène* ou *entéro-hépatique* (Fr. Müller; Gerhardt; Weintraud; F. Fischler; M. Labbé et L.-A. Carrié). C'est celle qui va être exposée ci-après avec plus de détail. Notons encore que des explications ont été proposées, par exemple par M. Brulé, où des parties de ces théories sont reprises et associées à d'autres considérations, mais dans le détail desquelles il n'est pas possible d'entrer ici.

Essayons maintenant, en prenant comme cadre la théorie entéro-hépatique, de coordonner les principaux faits observés au cours des urobilinuries.

1° A l'état normal il se produit dans l'intestin, et à partir des pigments biliaires, de l'urobiline, dont une partie est résorbée et arrêtée par le foie (p. 462). Mais il semble bien que des atteintes même légères subies par cet organe, telles qu'en produisent notamment des écarts de régime ou des fautes alimentaires chroniques (régime carné excessif), suffisent pour rendre l'organe insuffisant à cet égard et pour créer une urobilinurie plus ou moins marquée. Celle-ci est donc un signe d'insuffisance hépatique, et de divers côtés on l'a même considérée comme étant le signe le plus délicat et le plus précoce d'une défaillance de cet organe, puisqu'il apparaît chez des sujets qui souvent ne présentent par ailleurs rien de pathologique. Enfin, on voit aussi l'urobilinurie coïncider souvent avec des atteintes du foie, telles qu'en produisent la cirrhose, l'intoxication par le chloroforme (Doyon, Gautier et Policard). Deux conditions semblent donc nécessaires pour qu'il y ait urobilinurie : arrivée, dans l'intestin, de pigments biliaires d'où sortira l'urobiline, et l'insuffisance hépatique. Or, *l'ictère par rétention* fournit quant à ces deux facteurs le complément de démonstration que voici. Au début de l'ictère, l'urobilinurie est prononcée, parce que les selles, encore plus ou moins colorées, contiennent donc encore des pigments biliaires, et que déjà les fonctions hépatiques sont troublées. Puis, sitôt que l'obstruction devenue complète met fin à l'écoulement de la bile, l'urobiline disparaît des selles et l'urobilinurie s'annule, tandis que la bilirubinurie, qui souvent s'était déjà installée avec l'urobilinurie, persiste seule. Quand ensuite l'obstacle est levé ou si l'on fait avaler de la bile en nature aux malades (p. 462), l'urobiline reparaît en abondance dans l'urine, parce que la source intestinale de l'urobiline est de nouveau rétablie, et parce que le foie, encore atteint, n'est pas encore en mesure de retenir toute l'urobiline résorbée. Et lorsqu'enfin l'ictère décroît et que le foie revient à son état normal, l'urobilinurie décroît, puis disparaît (comme aussi la bilirubinurie), bien que l'urobiline soit devenue derechef abondante dans les selles. Ajoutons que l'expérimentation sur l'animal, ou sur l'homme par le fait d'interventions chirurgicales, confirme ce qui vient d'être exposé (expériences de

Herscher, de Brissaud et Bauer, de M. Labbé, de Fischler), car sitôt que par le fait de ces interventions la bile cesse de s'écouler dans l'intestin, l'urobiline n'apparaît plus dans l'urine [1].

2° Les choses s'expliquent moins aisément dans l'ictère par hémolyse exagérée, où l'urobilinurie est fréquente. Ici l'école allemande a d'abord admis que la pleiochromie et la viscosité de la bile suffisent pour tout expliquer (p. 458). Il y a ictère, parce que la viscosité de la bile a créé un obstacle suffisant, et il y a urobilinurie parce que le peu de bile qui s'écoule dans le duodénum est tellement riche en pigments que beaucoup d'urobiline peut néanmoins être ensuite fourni au sang par l'intestin. Mais le caractère pénible et artificiel de cette explication et les difficultés d'ordre clinique auxquelles elle se heurte sont visibles (Widal, Abrami et Brulé). Notamment cette pleiochromie et cette viscosité biliaires n'ont été vérifiées que dans très peu de cas expérimentaux, et rien n'autorise à en faire un argument valable pour tous les cas. Il a donc fallu faire appel à d'autres facteurs et notamment au foie.

Au cours de cette circulation entéro-hépatique d'urobiline, dont il a été question à la page 463, le foie recevrait de l'intestin, d'après les déterminations de Fischler, plus d'urobiline qu'il ne lui en rend par la bile. C'est donc que le foie arrête en partie ce pigment (p. 462), peut-être pour en refaire de la bilirubine. Or, des chiens porteurs d'une fistule biliaire et intoxiqués par l'alcool et l'alcool amylique jusqu'à ivresse lourde n'éliminent pas d'urobiline par la bile quand on les empêche de lécher le produit de leur fistule. Si on leur donne, au contraire, de la bile de bœuf, ou si on les laisse libres de lécher leur bile, la quantité d'urobiline fournie par la fistule est énormément augmentée, en même temps qu'il y a urobilinurie. Jusque-là on n'aperçoit rien qui modifie le problème tel qu'on l'a posé plus haut. Le foie atteint par un toxique et devenu incapable de retenir toute l'urobiline qui lui vient de l'intestin, en laisse s'écouler une partie dans le sang et de là dans l'urine, et en élimine une autre par la bile. Mais il y a plus. Si chez ces animaux ainsi intoxiqués et ne léchant pas leur bile, donc n'éliminant pas d'urobiline par leur bile, on provoque, par injection d'eau dans les veines, une forte hémolyse, on voit apparaître de l'urobiline dans la bile, et il en passe aussi un peu dans l'urine (Fischler), comme si l'hémoglobine brusquement fournie par cette hémolyse exagérée ne pouvait plus être tout entière transformée en bilirubine, mais aboutissait pour une partie, à cause de l'atteinte du foie, à l'état d'urobiline. Au travail bactérien dans l'intestin s'ajouterait donc, comme source d'urobiline, un fonctionnement pathologique du foie.

Contre cette conclusion, on fait valoir que, les fistules biliaires ne restant pas stériles, cette urobiline biliaire peut provenir de la réduction de la bilirubine sous l'action des bactéries venues du dehors. Mais s'il en était ainsi, on ne comprend pas pourquoi cette urobiline biliaire disparaît, par exemple quand l'animal cesse de lécher sa bile, et pourquoi on la trouve dans le contenu duodénal de sujets non opérés (p. 463).

---

[1]. Il y a cependant des faits qui ne s'insèrent pas dans le cadre de cette explication (M. Brulé). J. Troisier, puis Brulé rapportent que l'on observe des urobilinuries à un moment où toute trace d'urobilinogène manque dans les fèces, et Langovin et Brulé ont rencontré un cas d'ictère syphilitique, avec matières fécales riches en urobiline, bilirubinurie et cholalurie (p. 464 *b*), sans urobilinurie.

Une objection plus grave a été faite par W. Hildebrandt qui, dans un cas d'obstruction complète du cholédoque, avec altérations graves du foie, n'a trouvé d'urobiline ni dans l'urine, ni dans aucun liquide séreux, bien que pendant ce temps des hématomes considérables fussent arrivés à résorption. Et puis on resté dans le doute pour d'autres raisons encore. On s'explique que le foie soit armé pour arrêter l'urobiline, un produit du travail bactérien dans l'intestin, comme il arrête le phénol, l'indol ou l'ammoniaque, et aussi que, diminué par quelque action toxique, il laisse passer ce corps en partie, mais on comprend mal qu'il se mette à produire ce que tout à l'heure il arrêtait pour en débarrasser l'organisme. Du moins faudrait-il que l'on pût trouver dans la position chimique de l'urobilinogène ($C^{33}H^{44}N^4O^6$) par rapport à l'hématophorphyrine, sortie de l'hémoglobine ($C^{33}H^{38}N^4O^6$), et à la bilirubine ($C^{33}H^{36}N^4O^6$), quelque raison d'admettre que, ne pouvant conduire le pigment sanguin à l'état de bilirubine, le foie a laissé ce produit à l'état d'urobiline. Mais il n'en est rien. Et alors on comprend que l'on se soit demandé si cet autre foyer de production d'urobiline — en plus du foyer intestinal — qu'impliquent les résultats de Fischler, ne doit pas être cherché ailleurs que dans le foie, cet organe n'étant ici qu'une voie d'élimination et non de production.

3° Déjà Leube (1888) et von Jaksch (1895) avaient placé cette production dans le rein; le premier, parce que, chez un urobilinurique, l'administration de pilocarpine fit passer dans la sueur de la bilirubine, mais pas d'urobiline; le second, parce que dans presque tous les cas où l'urine ne contient que de l'urobiline, le sang contient de la bilirubine. Et voici que se pose donc le problème des relations de l'urobilinurie avec la cholémie, que Gilbert et Herscher ont aperçues les premiers et dont ils ont fait le point de départ de toutes leurs recherches sur cette question. On a vu que pour ces auteurs c'est une cholémie arrivée à un certain degré, qui détermine l'urobilinurie, le rein entrant en jeu pour transformer cet excès de bilirubine sanguine en urobiline, qui est éliminée, en sorte que l'urobilinurie serait donc un signe de cholémie et nullement d'insuffisance hépatique. Et cette théorie est complétée par cette constatation de Herscher, à savoir que l'urobilinurie n'est pas accompagnée d'urobilinémie. Mais de plusieurs côtés le contraire a été affirmé : l'urobilinémie, à condition qu'on la recherche par un procédé suffisamment sensible, marcherait presque toujours de pair avec l'urobilinurie (Hayem; Lemaire; Chauffard et Grigaut; Troisier et d'autres), ce qui conduirait donc à admettre pour cette urobiline extra-intestinale une origine non point uniquement néphrogène, mais histogène. L'excès de bilirubine contenu dans le sang est transformé par les tissus en urobiline, puis éliminé par l'urine. Voyons quelle signification prendrait alors le symptôme d'urobilinurie.

On sait que l'on incline aujourd'hui à considérer l'obstruction des voies biliaires comme n'étant nullement le seul facteur, ni même le facteur le plus fréquent d'une rétention biliaire. Celle-ci peut être due aussi, en l'absence de toute obstruction de cette nature, à des lésions de la cellule hépatique, et alors la cholalurie, suivant l'expression de Chauffard, c'est-à-dire l'élimination d'acides biliaires par l'urine, accompagne l'urobilinurie. Dans ces cas, quoique indirectement, l'urobilinurie redevient donc un signe d'insuffisance du foie (Brulé et Garban). Enfin l'urobilinurie accompagne aussi l'ictère d'origine hémolytique (p. 458), tant chez les malades que chez les animaux mis en état d'hémolyse exagérée (par injection intraveineuse d'eau, par exemple) (Lesné et Ravaut), et l'on a vu que, dans ces cas, Widal, Abrami et Brulé admettent que l'hémoglobine libérée en excès est transformée en bilirubine dans les tissus, d'où une cholémie croissante, et c'est quand cette cholémie est montée à un certain niveau que l'urobilinurie s'installe. Mais il n'y a point alors cholalurie : on est en présence d'un ictère dissocié. Enfin on comprend que l'urobilinurie ainsi créée ne soit pas un signe d'insuffisance hépatique. Pour le surplus de cette discussion, laquelle est loin d'avoir été épuisée ici, nous devons renvoyer le lecteur aux ouvrages de clinique.

L'hématoporphyrine. — Ce pigment d'origine hématique (p. 256 a) est contenu en petite quantité dans l'urine normale (environ 4 mgr.) (Garrod ; Saillet), et plus abondamment dans beaucoup d'urines pathologiques (affections fébriles, maladies du foie, mal de Bright, etc.), en plus grande quantité encore quand il y a saturnisme (Stokvis ; Deroide et Lecompt) et surtout intoxication par le sulfonal, le trional ou le tétronal, à tel point que l'urine prend alors une couleur vin de Bourgogne (Stokvis ; Salkowski), qui devient souvent plus foncée à l'air, parce que le pigment est accompagné d'un chromogène qui se transforme peu à peu en hématoporphyrine. On le trouve aussi dans les fèces, mais il s'agit là probablement d'une autre porphyrine (p. 256 a). Outre ces porphyrinuries d'origine toxique connue (sulfonal,...) on en a observé d'autres, à étiologie inconnue, donnant le tableau général d'une intoxication, avec des douleurs intestinales, des paralysies, et se terminant souvent par la mort (5 fois sur 14 cas). Une forme chronique et une forme congénitale ont été décrites aussi (H. Günther).

Dans cette dernière, particulièrement intéressante, les malades émettent d'une manière constante, depuis leur enfance, une urine à couleur vin de Porto, et les parties de la peau habituellement à découvert prennent une couleur d'un brun plus ou moins foncé. Et quand en été ces parties sont exposées au soleil, il se produit des ampoules (*hydroa estival*), accidents pouvant aller jusqu'à la formation d'abcès et la production de mutilations aux pavillons des oreilles, aux phalanges des doigts, à tel point que quelques-uns de ces cas d'*hématoporphyries*, comme les appelle Günther, ont été confondus avec la lèpre. C'est que l'hématoporphyrine est un de ces sensibilisateurs photodynamiques dont il a été question à la page 98. En effet, des globules rouges ou des paramécies (espèce d'infusoires ciliés), mis en contact avec une solution d'hématoporphyrine, ne sont pas touchés à l'obscurité, mais il y a hémolyse des globules ou mort des paramécies aussitôt que la solution est éclairée. Cette action est sensible aussi chez les animaux supérieurs. Des souris blanches, mais non les souris noires, qui ont reçu une injection sous-cutanée du même pigment, meurent après une à trois heures d'insolation, avec des symptômes d'intoxication aiguë (dyspnée, rougeur et gonflement des oreilles, photophobie, prurit intense), alors que, maintenues, au contraire, à l'obscurité, elles ne présentent aucun accident (Hausmann). Le même résultat (*hydroa provoqué*) a été obtenu chez l'homme après injection intraveineuse de 0 gr. 20 de pigment (F. Meyer-Betz). Pareillement, quand on provoque chez des lapins de l'hématoporphyrinurie par ingestion de sulfonal, on voit ces animaux présenter, quand on les expose au soleil, des accidents cutanés, dont sont exempts des animaux normaux (A. Perutz). Enfin tous les individus porphyrinuriques ne présentent pas cette sensibilité à la lumière. Cela tient probablement à ce fait que les diverses porphyrines que produit l'organisme (p. 256 *a*) ne sont pas toutes douées de pouvoir photochimique. Ainsi la mésoporphyrine, si voisine cependant de l'hématoporphyrine, n'est pas sensibilisatrice. Et puis c'est parfois le chromogène incolore, donc sans pouvoir photochimique, et non le pigment actif, que l'on trouve dans l'urine.

La cause de cette production d'hématoporphyrine est probablement une exagération chronique — momentanée dans les cas aigus — de la destruction des globules rouges. En effet, dans la moelle osseuse le tableau histologique est celui d'une active régénération de globules rouges, contrepartie physiologique de cette destruction. De plus, dans le foie, la rate, la moelle osseuse, on aperçoit d'abondants dépôts de pigment non ferrugineux (hématoporphyrine) et ferrugineux, et enfin tous les os et jusqu'aux racines des dents sont colorés en brun acajou par de l'hématoporphyrine (C. Hegler, E. Fränkel et O. Schumm). On ignore pourquoi l'hémoglobine libérée par cette hémolyse exagérée ne prend pas le chemin normal des pigments biliaires (p. 457), mais aboutit à cette impasse pathologique que semble représenter l'hématoporphyrine. Ajoutons que cette hématoporphyrie des os n'a rien de commun avec l'*ochronose* de Virchow, où c'est le cartilage qui est coloré et où le pigment qui colore est une mélanine (voy. ci-après), tandis que dans l'hématoporphyrie des os le cartilage est toujours respecté. C'est l'os qui est devenu brun et le pigment qui l'imprègne est de l'hématoporphyrine.

De ces accidents de l'hématoporphyrie on peut rapprocher ceux que présentent en été les moutons blancs et les porcs nourris de sarrasin et que l'on obtient aussi avec les souris blanches, les lapins, nourris de même et exposés à la lumière. Le sarrasin traité par l'alcool est inoffensif, tandis que le résidu de l'extrait alcoolique, donné à des souris, reproduit ces mêmes accidents. On se demande si des actions de ce genre n'interviennent pas dans la pellagre, car dans l'Illinois, où cette maladie sévit, les nègres seuls sont épargnés.

§ II. — LES PIGMENTS D'ORIGINE PROTÉIQUE. LES AUTRES PIGMENTS DE L'ORGANISME.

A côté des pigments d'origine hématique se place un groupe de matières colorantes, que l'on a réussi à rattacher d'une manière plus ou moins précise à des noyaux dits chromogènes de la molécule protéique, parmi lesquels figurent surtout la tyrosine et le tryptophane, ou bien à des produits dont l'origine protéique est visible, comme l'adrénaline. Ces matières colorantes sont les *mélanines*, l'*urochrome*, l'*uroroséine*. Viennent enfin des pigments comme les *lutéines*, le *pourpre rétinien*, divers *pigments urinaires*, dont l'origine reste indéterminée.

Les mélanines. — On donne ce nom à des matières colorantes noires ou brunes, que l'on trouve dans la peau des races noires, dans les cheveux noirs, la choroïde, dans les mélanosarcomes chez l'homme, les tumeurs mélaniques chez le cheval, et qui sont aussi très répandues tout le long de l'échelle des vertébrés et des invertébrés (voir plus loin). Ce sont des molécules très robustes, puisqu'on les extrait des tissus en détruisant ceux-ci par ébullition avec l'acide chlorhydrique concentré [1], mais les produits que l'on obtient ainsi ne sont pas des individus chimiques définis. Ils contiennent souvent du soufre et du fer; or, il n'est pas établi que le premier soit vraiment un constituant essentiel, et le second ne remplit certainement pas ce rôle, puisque les mélanines de la peau du nègre, des tumeurs mélaniques, de la choroïde ont pu être obtenues exemptes de fer, et comme la réduction des mélanines ne donne pas d'hémopyrrol, on n'a actuellement aucune raison chimique pour rattacher ces pigments à l'hémoglobine. D'autre part, le peu que l'on sait sur leurs produits de décomposition n'apporte, quant à leur origine possible, aucun renseignement utilisable, mais on est néanmoins fondé à les rattacher aux matières protéiques, depuis que l'on a saisi les analogies chimiques les plus nettes entre les mélanines naturelles et les matières colorantes noires que l'on obtient au cours de la destruction (avec oxydation) des protéiques par les acides concentrés (mélanoïdines de Hofmeister et de ses élèves), ou mieux encore par l'action d'oxydation et de condensation de la tyrosinase sur des acides aminés cycliques, comme la tyrosine (O. von Fürth et H. Schneider; Pribram; C. Gessard; M. Piettre). Or, on a vu ailleurs l'extrême diffusion des tyrosinases à travers le monde végétal et animal, et la variété des phénomènes de pigmentation dont l'on a pu ainsi rendre compte (p. 109).

Quels sont les chromogènes incolores, dont sortent ainsi les mélanines? Ici on a constaté d'abord que la tyrosinase noircit aussi les polypeptides à tyrosine (E. Abderhalden et Guggenheim), l'adrénaline, l'acide homogentisinique, le tryptophane ou plutôt l'oxytryptophane (C. Neuberg), c'est-à-dire un ensemble de produits de simplification des protéiques. Le chromogène incolore (mélanogène) que contient l'urine des malades à tumeurs mélaniques et que l'addition, à l'urine, d'un oxydant (ac. chromique, perchlorure de fer) fait noircir aussitôt, est triplé en quantité quand le malade ingère du tryptophane (H. Eppinger). On commence donc à comprendre comment les cellules que l'on trouve garnies de granulations mélaniques ont pu se procurer ces substances par l'action d'oxydase sur certains fragments des protéiques, et peut-être avec l'aide de catalyseurs, tels que le fer des noyaux (p. 131). Il se peut que plusieurs oxydases interviennent ici. Ainsi, on a pu extraire de la peau de l'homme et des animaux une tyrosinase qui est sans action sur la tyrosine, mais qui noircit l'adrénaline (Meirowski). Ajoutons que des fragments de peau prélevés pendant la vie sur des sujets pigmentés et sur des animaux, puis maintenus à l'étuve, se pigmentent davantage (Meirowski; Königstein).

Peu importante à l'état normal, cette production de pigments mélaniques à partir des protéiques prend parfois, dans le cas de *mélanosarcomatose*, une ampleur remarquable. Alors on voit apparaître dans tous

---

1. Lorsque les mélanines sont isolées par des actions chimiques moins brutales (traitement purement physique de M. Piettre), on obtient des sortes de mélano-protéines, que l'hydrolyse, avec des acides forts, dédouble en acides aminés et en un nouveau pigment noir, azoté et sulfuré.

les organes d'innombrables nodules noirs, dont le pigment mélanique se compte vraisemblablement par centaines de grammes, et comme toute cette mélanine est d'origine protéique et que cette molécule est, comme on l'a vu, très résistante, c'est donc que dans ces cas la dégradation des albumines se trouve engagée pour une partie importante dans une véritable impasse pathologique.

L'urochrome. — C'est la matière colorante jaune de l'urine normale, corps azoté, dont la composition est encore si mal connue que la question de savoir s'il contient du soufre n'est même pas encore tranchée. Toutefois, le fait qu'il donne la diazoréaction d'Ehrlich, que la distillation sèche en fait sortir du pyrrol, que sa destruction par l'acide chlorhydrique chaud fournit une mélanine (voir p. 465), indiquent que ce pigment contient un noyau cyclique, peut-être de l'histidine, puisque la diazoréaction est une caractéristique des corps renfermant ce complexe[1]. On a donc quelque raison de rechercher du côté des protéiques l'origine de ce pigment. Par suite de ses réactions analytiques, ce corps accompagne les acides oxyprotéiques (voy. p. 340), et notamment la fraction alloxyprotéique, quand on précipite ces acides de l'urine, et, quand on part d'urines pathologiques, on trouve, en outre, dans cette fraction, un *urochromogène* incolore, donnant, bien mieux encore que l'urochrome, la diazoréaction, et que l'oxydation transforme aisément en urochrome véritable (M. Weisz).

Autres pigments d'origine protéique ou indéterminée. — On a déjà vu comment les *corps indigogènes* et le *chromogène scatolique* de l'urine dérivent du tryptophane, sorti lui-même des protéiques (p. 233 et 238). L'*uroroséine*, trouvée par Nencki et Sieber dans certaines urines normales et dans des urines pathologiques, est aussi un dérivé du tryptophane. Son chromogène dans l'urine est l'acide indolacétique, produit par la putréfaction intestinale (p. 233). Pour que ce pigment prenne naissance, il faut que l'urine ait subi au préalable l'action réductrice de certaines bactéries qui transforment en nitrites la petite quantité de nitrates éliminée normalement par l'urine. Quand ensuite on traite l'urine par un acide, l'acide nitreux libéré transforme l'acide indolacétique en uroroséine, laquelle paraît être un dérivé tri-indylméthanique (C. A. Herter; Riesser). Enfin, on ignore complètement l'origine d'un certain nombre d'autres pigments de l'organisme de l'homme, tels que le *pourpre rétinien*, les *lutéines* des corps jaunes, les *lipochromes* qui colorent la graisse, etc.

---

1. Ou plus exactement un noyau d'imidazol, complexe que contiennent aussi les purines. On est loin de connaître tous les corps qui, dans l'urine, sont responsables de cette réaction (tyrosine, certains phénols et oxyacides, etc.).

CHAPITRE XX

L'URINE

L'urine est la voie par laquelle la majeure partie des sels et des déchets azotés quittent l'organisme. Sans doute un certain nombre de matériaux inorganiques, comme la chaux et le fer, sont éliminés plus abondamment par la voie intestinale que par le rein, mais cet organe n'en reste pas moins la grande voie d'excrétion des sels. En ce qui concerne, d'autre part, les déchets non minéraux, remarquons que des trois classes d'aliments organiques, albumines, graisses et hydrates de carbone, les deux dernières ne donnent, comme produits ultimes de leur destruction, que de l'acide carbonique et de l'eau, tandis que les albuminés fournissent de l'acide carbonique, de l'eau et des déchets azotés. Or, l'acide carbonique est éliminé par la voie pulmonaire, et l'eau (300 grammes au plus) se perd dans le large courant de ce liquide qui traverse chaque jour l'organisme. Les déchets azotés, au contraire, urée, ammoniaque, créatinine, etc., prennent la voie urinaire et les renseignements qu'ils nous apportent sont de deux ordres : par le poids d'azote total qu'elle élimine, l'urine nous donne, d'une part, la *quantité* d'aliment protéique usée par l'organisme, et, d'autre part, par la répartition de l'azote entre ces divers déchets, elle nous renseigne sur la *qualité* de l'opération.

Notons tout de suite que, parmi ces déchets, il en est deux qui l'emportent en quantité sur tous les autres : ce sont le sel marin et l'urée, à tel point que l'on a pu dire avec raison que l'urine est une solution d'urée dans de l'eau salée.

Mais l'urine n'est pas seulement une voie d'élimination des déchets normaux ou pathologiques de la nutrition. La sécrétion urinaire joue aussi un rôle essentiel dans le maintien de la composition du sang, c'est-à-dire de la fixité du milieu intérieur. C'est, en effet, par l'urine surtout que l'organisme se débarrasse des substances étrangères apportées par le courant alimentaire et qui ont pénétré dans le sang, ou encore des constituants normaux de cette humeur, mais dont la quantité dépasse le taux physiologique.

Il est impossible de faire dans ce qui suit une étude complète de l'urine. Il suffit d'ouvrir un traité moderne d'urologie pour se rendre compte du nombre considérable de produits normaux ou pathologiques que l'on a rencontrés dans ce liquide, et de la variété des problèmes de physiologie, de diagnostic médical, de thérapeutique expérimentale qui s'insèrent aujourd'hui dans l'étude de l'urine. On se bornera donc, dans ce qui suit, à un choix de questions d'un intérêt physiologique ou clinique de premier ordre.

§ I. — LA COMPOSITION DE L'URINE NORMALE.

Manière d'exprimer les résultats analytiques. — On a successivement exprimé les résultats des analyses d'urine en énonçant : 1° la quantité des déchets urinaires par litre d'urine; 2° la quantité de ces déchets en vingt-quatre heures pour l'individu tout entier; 3° leur quantité en vingt-quatre heures par kilogramme d'individu.

De ces trois modes d'expression, le premier est dénué de toute signification à cause des variations incessantes du volume de l'eau urinaire. Les deux autres sont plus précis. Ils nous rapprochent du but cherché, qui est d'exprimer la quantité de chaque déchet par unité de quantité de matière vivante. L'individu est une telle unité, mais de poids trop variable d'un sujet à l'autre; le kilogramme d'individu fournit un mode d'expression meilleur, mais cette unité varie trop de composition (par exemple d'un sujet gras à un sujet maigre), et l'on ne peut continuer à en faire usage qu'à condition de ne pas perdre de vue cette variabilité. Une unité de quantité de matière vivante plus précise est le *kilogramme d'albumine fixe*, dont la considération a été introduite en médecine par Ch. Bouchard. C'est la première tentative faite pour rapporter à une unité précise les produits du travail vital, c'est-à-dire pour mesurer chez chaque individu l'intensité de ce travail.

Le kilogramme d'individu n'est pas une unité constante. Sa composition varie d'un homme bien portant à un autre, plus encore d'un homme sain à un malade, pour cette raison très simple que pour un poids donné les sujets diffèrent par leur taille, leur complexion, leur musculature. Ne prenons ici qu'un exemple très gros de ces différences. Soit un adulte pesant 100 kgr. et excrétant en vingt-quatre heures 12 gr. 2 d'azote urinaire. Il vient donc par kilogramme 0 gr. 122 d'azote, alors qu'un adulte normal de 65 kgr. et qui excrète aussi 12 gr. 2 d'azote en vinq-quatre heures, en donne par kilogramme 0 gr. 187. La nutrition azotée semble avoir été chez ce sujet beaucoup moins active qu'à l'état normal. Il n'en est rien en réalité, car la taille de cet homme est de 1 m. 66. Or, un adulte mesurant 1 m. 66 et normalement construit pèse, en général, 66 kgr. ou un peu moins. Il existait donc dans l'espèce une surcharge adipeuse de 34 kgr. environ, lesquels représentent un poids mort, sans échanges nutritifs et sans besoins. Le poids à faire entrer en ligne de compte est donc, non le poids réel de 100 kgr., mais le poids normal pour cette taille, soit 66 kgr. Par kilogramme d'individu, il vient alors 0 gr. 185 d'azote en vingt-quatre heures, soit autant que chez l'individu normal.

On voit donc que le kilogramme d'obèse ne peut pas être comparé au kilogramme d'individu normal. Il en va de même du kilogramme d'individu amaigri ou marastique. Dans la pratique quotidienne, on se tire d'affaire, comme on vient de le faire pour l'obèse, en prenant comme poids de l'individu celui qui correspond normalement à sa taille et que la statistique des tailles et des poids nous fait connaître, mais il serait facile de montrer que, pour l'obèse, cette correction n'est qu'approximative, et que pour le marastique elle est encore moins exacte (Ch. Bouchard). Ni le kilogramme réel, ni le kilogramme du corps supposé ramené à son poids normal ne constituent donc une unité exacte.

Ch. Bouchard a proposé de rapporter les quantités de tous les déchets au *kilogramme d'albumine fixe*. « Ce qui est actif, dit-il, ce qui commande et effectue les métamorphoses de la matière, ce n'est pas l'eau, ce ne sont pas les sels qui incrustent le squelette, ce n'est pas la graisse qui représente dans l'économie quelque chose comme les dépôts de charbon que la machine, la partie active, utilisera à un moment donné..., c'est l'ensemble des tissus azotés et, dans ces tissus azotés, c'est l'albumine. Ce n'est pas toute l'albumine, ce n'est pas l'albumine circulante, l'albumine du plasma sanguin ou du plasma lymphatique ; c'est l'albumine des cellules, c'est l'albumine fixe. » On peut admettre que le kilogramme de corps humain normal contient 160 gr. d'albumine, dont 12 gr. sont représentés par de l'albumine circulante (sanguine et lymphatique) et 148 gr. par l'albumine fixe (globulaire, musculaire et des autres tissus). Un homme normal de 65 kgr. renferme donc $65 \times 0{,}148 = 9$ kgr. 62 d'albumine fixe, et s'il a éliminé, par exemple, 12 gr. d'azote urinaire en vingt-quatre heures, il vient par kilogramme d'albumine fixe 1 gr. 247 d'azote excrété. Pour les individus qui s'éloignent du type normal par leur corpulence, Ch. Bouchard a établi des formules qui permettent de calculer, pour chacun d'eux, la quantité d'albumine fixe qu'ils possèdent et de rapporter, par conséquent, chaque déchet urinaire au kilogramme de cette albumine, véritable unité de quantité de matière vivante. Mais cette manière d'exprimer les résultats d'analyse ne s'est encore guère répandue, et c'est presque toujours **la composition de l'urine des vingt-quatre heures qui est indiquée.**

Urines normales et urines pathologiques. — Une urine devient anormale qualitativement, par la présence d'une substance étrangère comme le sucre ou l'albumine, ou quantitativement, par une association anormale de ses principes normaux. Ne nous occupons ici que du second cas. Quand dira-t-on qu'une urine a une composition anormale ? Trop souvent, on tranche cette question en comparant la composition de l'urine considérée à celle de l' « urine normale ». Mais ce qui précède montre déjà qu'une urine normale par rapport à un individu ne l'est plus par rapport à un autre, ou par rapport au même sujet, placé dans des conditions différentes. Achevons de montrer par quelques exemples qu'une telle comparaison est dénuée de toute signification.

Voici un sujet normal, pesant 50 kgr., et qui maintient son poids depuis des mois avec une élimination quotidienne de 8 gr. d'azote urinaire. On en conclut qu'il vit avec une dépense quotidienne de $8 = 6{,}25 \times 50$ gr. d'albumine, soit 1 gr. d'albumine par kilogramme de poids, ce qui est, en effet, un apport suffisant. Un autre sujet élimine aussi 8 gr. d'azote par jour, mais pour un poids de 80 kgr., ce qui fait 0 gr. 62 d'albumine par kilogramme de poids. La première urine est donc normale en ce qui concerne le total des déchets azotés ; la seconde est une urine pauvre, révélant une désassimilation azotée très réduite, et s'approchant de celle de sujets en état d'inanition ou d'alimentation insuffisante.

Une urine normale pour une alimentation donnée ne l'est plus pour une autre. Soit un sujet qui élimine 50 gr. d'urée en vingt-quatre heures. Comme l'urine « normale » ne contient que 18 à 30 ou 35 gr. d'urée, trop souvent on conclut sans autre enquête qu'il y a excrétion exagérée d'urée, et le sujet est dit azoturique. Mais il y a de gros mangeurs de viande qui consomment par jour jusqu'à 160 ou 175 gr. d'albumine et qui peuvent donc normalement fournir cette quantité d'urée. Les diabétiques surtout, que la suppression des hydrates de carbone dans leur ration et les pertes de sucre qu'ils font par les urines, conduisent à enfler considérablement leur consommation d'albumine (et de graisses), en arrivent souvent à excréter quotidiennement cette quantité d'urée. Il n'y a pas chez eux, le plus souvent du moins, une désassimilation azotée exagérée ; celle-ci s'est tout simplement haussée jusqu'au niveau d'un apport azoté considérable.

Prenons, au contraire, le sujet cité à la page 613, et qui élimine au septième jour de sa maladie 17 gr. 1 d'azote total, ce qui correspond à une trentaine de grammes d'urée, soit donc l'excrétion d'un sujet normal largement alimenté. En réalité, ce malade est en état d'azoturie, car, pour la ration qu'il reçoit, il ne devrait excréter que 7 à 8 gr. d'azote, et par le fait des influences toxiques qu'il subit, il en perd au contraire 17 gr.

Pareillement, un sujet mis à un régime exempt de purines (p. 359) ne doit excréter environ que 0 gr. 25 à 0 gr. 35 d'acide urique en vingt-quatre heures. S'il en excrète dans ces conditions 0 gr 80 ou 1 gr., c'est qu'on est en présence d'un fait pathologique (p. 369). Une excrétion de 1 gr., de 1 gr. 50 ou même davantage ne présentera, au contraire, rien d'anormal, si le sujet reçoit une ration très riche en purines (viande, ris de veau, etc.).

L'urine élimine d'ordinaire de 1 gr. 5 à 3 gr. 5 de phosphates (en anhydride phosphorique) en vingt-quatre heures. Quand elle en contient beaucoup plus, il ne faut point prononcer tout de suite le mot de phosphaturie, mais rechercher s'il n'y a pas eu ingestion d'aliments riches en phosphore. Chaque litre de lait de vache apporte environ 2 gr. de P^2O^5; il ne faut donc pas être surpris d'en trouver plus que les quantités habituelles dans l'urine d'un sujet mis au régime lacté. Le chemin que prend l'acide phosphorique (urine ou intestin) dépend aussi d'autres facteurs alimentaires (p. 476).

§ II. — LA RÉACTION DE L'URINE.

Avec l'alimentation mixte ordinaire, l'urine des vingt-quatre heures est toujours, chez l'homme, *acide* au tournesol. D'ailleurs, quand on dose dans ce liquide la totalité des acides minéraux (HCl, SO^4H^2, PO^4H^3) et celle des bases (K^2O, Na^2O, CaO, MgO, NH^4), on trouve par le calcul que le total des acides dépasse ce qui est nécessaire pour neutraliser le total des bases (Stadelmann).

Signification physiologique de l'acidité urinaire. — Il ressort des déterminations de Henderson et Spiro que le sang contient presque tous ses phosphates à l'état de sels bimétalliques (et monacides) PO^4M^2H, tandis que dans l'urine d'acidité moyenne les 94 centièmes des phosphates sont, au contraire, à l'état de sels monométalliques (et biacides) PO^4MH^2, lesquels représentent justement le facteur principal de l'acidité urinaire. Grâce à la sécrétion d'une urine acide par le rein, l'organisme a donc évité de perdre par l'urine presque la moitié de l'alcali qui, dans le sang, était combiné à l'acide phosphorique. Pareillement, l'acide urique circule dans le sang sous la forme d'urate acide de sodium (p. 375), tandis que dans l'urine d'acidité moyenne les 37 centièmes de cet acide sont à l'état libre. Enfin, la totalité de l'acide carbonique de l'urine est à l'état de liberté. Seul, l'acide sulfurique s'en va entièrement saturé par des bases (à l'exception cependant de la fraction des éthérosulfates, où la moitié de la base est économisée). Enfin, en cas d'acidose diabétique, l'acide β-oxy-butyrique est, dans le sang, entièrement combiné aux bases, tandis que le rein est en mesure d'en éliminer les 30 à 60 centièmes à l'état libre. Ce travail spécial par lequel le rein soutire au sang une urine *acide* constitue donc *un mécanisme qui diminue la perte quotidienne de bases alcalines imposée à l'organisme* (Henderson et Spiro; voir aussi p. 268 *h*).

La réaction de l'urine et la dégradation des aliments. — Influence du régime alimentaire. — La réaction de l'urine est dans une dépendance étroite vis-à-vis de l'alimentation. L'urine des herbivores est alcaline, celle des carnivores est acide, et l'on connaît l'observation classique de Cl. Bernard qui a montré que, chez le lapin mis au jeûne complet, c'est-à-dire réduit à consommer ses propres tissus, l'urine devient acide, comme celle d'un carnivore. Chez l'homme recevant l'alimentation mixte ordinaire, l'urine des vingt-quatre heures est toujours acide; elle devient moins acide, neutre ou même alcaline à mesure que l'on fait prédominer davantage dans la ration les végétaux, et surtout les fruits acides. Notons que, dans ce qui précède, il s'agit toujours de la réaction au sens habituel du mot, c'est-à-dire prise au papier de tournesol.

L'explication de ces faits est la suivante. On a vu que la *désassimi*-lation des aliments fournit des quantités importantes d'acides, et notamment des acides sulfurique et phosphorique, contre l'action nuisible desquels l'organisme doit être protégé. Chez l'*herbivore*, la saturation de ces acides est largement assurée grâce à un apport surabondant de matériaux alcalins, car si les sucs et tissus végétaux sont acides, leurs cendres, pour des raisons qui ont été expliquées, sont presque toujours alcalines, ce qui veut dire que les bases l'emportent sur les acides créés par la combustion de ces aliments (p. 89). C'est pourquoi ces organismes font une urine constamment *alcaline*. Les aliments d'origine animale que consomment les *carnivores* laissent, au contraire, une cendre acide, c'est-à-dire que les acides formés pendant la combustion de ces aliments, dans le creuset aussi bien que dans l'organisme, l'emportent sur les bases. Aussi, pour compléter la défense de l'organisme contre l'action nuisible de ces acides, voit-on les carnivores faire appel à une production complémentaire d'ammoniaque (p. 341). Mais, pour des raisons qui viennent d'être exposées, cette neutralisation par l'ammoniaque n'est pas complète et l'urine est *acide*, c'est-à-dire que la défense de l'organisme contre l'action nuisible des acides et contre une spoliation excessive de bases est complétée par le rein, qui soutire au sang une sécrétion acide.

Chez l'*homme* recevant une alimentation mixte, l'urine des vingt-quatre heures est acide, mais une ingestion plus abondante de végétaux abaisse cette acidité. Elle installe même la réaction neutre ou alcaline, si la ration apporte une grande quantité de fruits acides, tels que les pommes, les cerises, les groseilles, etc., ou des pommes de terre, qui contiennent en abondance ces sels organiques à bases alcalines, que la combustion ramène à l'état de carbonates de ces alcalis. De plus, les rations, dont une fraction importante est constituée par les aliments végétaux en question, sont nécessairement moins riches en protéiques que les rations à type carné. Elles fournissent donc peu d'acides sulfurique et phosphorique. L'acidité de l'urine est donc abaissée pour deux raisons : plus de substances basiques disponibles et moins d'acides à neutraliser. Toutefois, les céréales, donc le pain, et les légumineuses, dont nous consommons les graines, c'est-à-dire des organes riches en albumines et en protéides phosphorés, donnent chez l'homme, comme la viande, une urine acide (Bunge). Pour la même raison, un lapin nourri d'avoine fait une urine acide.

Applications thérapeutiques. — Voilà donc un moyen de diminuer à l'aide du régime l'acidité de l'urine, c'est-à-dire de combattre l'un des facteurs qui facilitent la précipitation de l'acide urique dans l'urine (p. 491). Et l'innocuité de ce moyen est complète, tandis qu'on ne peut pas avec certitude en dire autant de l'usage constant et prolongé d'eaux minérales alcalines ou de bicarbonate de soude. Le régime végétal diminue encore l'acidité urinaire, parce qu'il apporte beaucoup de chaux. Aussi réalise-t-on le même effet en administrant du carbonate de chaux (environ 10 gr. par jour).

Pour rendre alcalines toutes les portions de l'urine des 24 heures, il faut, selon les individus, des quantités très différentes de *bicarbonate de soude*, à savoir de 3 à 15 gr. en plusieurs prises et, dans beaucoup d'affections, la dose nécessaire est plus grande qu'à l'état normal. Elle a été, par exemple, de 15 et 25 gr. par jour dans trois cas de pneumonie fibrineuse, contre 3 gr. pendant la convalescence de ces malades (C. von Noorden), de plus de 60 et même de 130 gr. dans certaines néphrites (A.-W. Sellards). Enfin, on a vu quelles quantités formidables d'alcalins il faut administrer pour obtenir ce même résultat chez les diabétiques en période de coma (p. 447). — Le *carbonate de chaux*, dont il faut aussi des doses très variables (p. 493), n'agit pas parce que sa base est éliminée par l'urine. Même avec de fortes doses, il en passe très peu par le rein (p. 478). La chaux est, en effet, éliminée par l'intestin, mais combinée à l'acide phosphorique, dont la quantité dans l'urine est, de ce fait, notablement diminuée [1]. Par là on réalise une diminution notable de l'acidité; en même temps, le phosphate disodique est augmenté aux dépens du monosodique, ce qui facilite aussi la dissolution de l'acide urique (p. 490). Et comme, par ce procédé, on n'arrive pas, en général, jusqu'à l'alcalinité de l'urine, on a l'avantage d'éviter ainsi

1. C'est pourquoi l'urine des grands herbivores domestiques, dont les aliments sont riches en chaux, contient si peu de phosphates. Les calculs intestinaux de phosphates terreux sont, au contraire, fréquents chez ces animaux.

les précipitations de phosphates de chaux, danger auquel on est exposé avec les eaux alcalines, car il est difficile de rester toujours en deçà des doses qui rendraient l'urine alcaline.

Autres causes agissant sur la réaction de l'urine. — L'acidité de l'urine est très variable aux différentes heures de la journée, et des portions isolées peuvent être neutres et même alcalines au tournesol. Ces variations traduisent surtout l'*influence des repas* sur la sécrétion *acide* de l'estomac. Cinq à six heures après les repas abondants, surtout lorsque ceux-ci sont riches en viandes, trois heures environ après les repas plus petits, l'acidité de l'urine présente une *baisse* considérable et peut même être remplacée par une réaction alcaline au tournesol [1] (Bence-Jones). Souvent l'urine est alors troublée par un précipité de phosphate tricalcique (urine « jumenteuse »). Puis l'acidité urinaire se *relève*, parce que l'action inverse de la sécrétion des sucs alcalins de l'intestin se fait sentir.

On a vu que les chlorures (du sang) sont la source de l'acide chlorhydrique du suc gastrique (p. 158). Quel que soit le mécanisme de cette sécrétion, elle peut être représentée, au point de vue qui nous occupe ici, par l'équation $NaCl + H^2O = HCl + NaOH$. Mais pendant tout le temps que l'acide chlorhydrique reste occupé dans l'estomac, à accomplir son travail pepsique, la soude restante augmente d'autant le capital de substances basiques du sang, et la quantité d'acides dont l'organisme doit se débarrasser par la voie rénale est diminué d'autant. Lorsqu'ensuite le sang fait, du côté de l'intestin, les frais des sécrétions alcalines, nécessaires pour neutraliser le chyme stomacal acide et pour créer le milieu nécessaire au travail pancréatique, le phénomène inverse se produit, et l'acidité urinaire augmente. Ce qui démontre que les choses se passent bien ainsi, c'est que si le suc gastrique, au lieu d'être résorbé plus bas, est éliminé au dehors par des vomissements ou par des lavages de l'estomac, le relèvement de l'acidité ne se produit plus; l'urine est alors faiblement acide et peut même **rester** constamment alcaline. Ainsi, une femme observée par Quincke et qui vomissait par jour jusqu'à 3 000 centimètres cubes de liquides acides, excrétait une urine constamment alcaline, bien que l'alimentation fût exclusivement azotée. Inversement, un chien muni d'une fistule pancréatique, par laquelle le suc s'écoule constamment au dehors, émet une urine plus acide qu'auparavant. Et voici une autre preuve, non moins frappante : des chiens, dont on a tari la sécrétion stomacale d'acide chlorhydrique en les privant de chlorures (p. 158), font une urine alcaline

---

1. Vis-à-vis de la phénolphtaléine ces urines continuent à être acides; elles manquent d'acides forts réagissant sur le tournesol, mais elles contiennent encore des acides faibles, révélés par la phénolphtaléine. Celle-ci n'indique une réaction alcaline que quand il y a eu une fermentation ammoniacale de l'urée.

quelques heures après qu'on leur a donné du chlorure de sodium
(C. Ph. Falck; M. Gruber).

Au point de vue pathologique, cette influence des repas sur l'acidité
urinaire n'est pas moins intéressante à suivre. Ainsi la baisse de l'acidité urinaire quelques heures après le repas est très forte et même
aboutit très fréquemment à l'alcalinité (au tournesol), quand il y a
sécrétion exagérée de suc gastrique ou production d'un suc très acide
(Gley et Lambling), et lorsque cette hyperacidité gastrique est associée
à une insuffisance motrice très prononcée, l'alcalinité est de règle
(Klemperer). Au contraire, dans l'hypoacidité (gastrite, achylie, cancer),
la baisse de l'acidité urinaire après le repas est médiocre ou nulle.

L'urine devient encore alcaline, quand il y a *résorption rapide d'épanchements* (liquides d'ascite) à réaction alcaline. Elle devient, au contraire, plus acide quand il y a *travail musculaire intense* (exercices physiques, contractions utérines de l'accouchement (p. 294 et 397).

L'acidité ionique de l'urine. — La valeur moyenne de cette acidité est de $C_H = 10 \times 10^{-7}$ (p. 268 *a*) (moyenne de 222 observations de
L. J. Henderson et W. W. Palmer), de 30×10^{-7} à 50×10^{-7} suivant
d'autres. Elle augmente par le fait du travail (voir ci-dessus) et surtout sous l'influence du régime carné. Ainsi elle a été trouvé égale à
13×10^{-7} pour le régime mixte, 3×10^{-7} pour le régime végétal et
63×10^{-7} pour le régime carné pur (Hasselbach et Gammeltoft). On a
indiqué ailleurs la relation que l'on saisit entre la concentration en
ions H du sang et celle de l'urine (p. 268 *h*). Cette acidité ionique est à
peu près 10 000 fois plus faible que celle que fournit la titration, ce
qui équivaut à dire qu'elle est due à des acides faibles (p. 268 *a*). La théorie
prévoit — ce que l'expérience vérifie — que les deux acidités ne varient
pas nécessairement dans le même sens.

§ III. — LES MATIÉRES MINÉRALES.

Ces matières sont représentées surtout par des chlorures, des
sulfates, des phosphates, de la potasse, de la soude, de la chaux,
de la magnésie et un peu de fer. On n'étudiera ici que quelques grosses variations de ces matériaux sous l'influence du
régime.

Les chlorures. — Le rein est pour ces sels la voie d'excrétion
tout à fait prépondérante. Les fèces n'en renferment à l'état normal
que quelques décigrammes au plus [1]. On les évalue par un dosage
de chlore dont on exprime d'ordinaire les résultats en chlorure de
sodium, bien que l'on ne sache pas exactement comment les
divers acides de l'urine se partagent en réalité les bases. La

---

1. Cependant beaucoup d'auteurs, et récemment encore Grigaut et Ch. Richet
fils, ont montré que les chlorures (ainsi que l'urée et le glycose) peuvent être
éliminés par la surface intestinale. Quand la perméabilité rénale est diminuée,
il peut aussi se faire des décharges de chlorures par l'estomac (H. Surmont et
M. Dehon).

quantité de sel marin en vingt-quatre heures, comprise entre 7 et
15 gr. et souvent davantage (jusqu'à 25 et 30 gr.), varie beaucoup
avec l'alimentation. Elle est faible avec le régime carné, naturellement pauvre en chlorures ; elle augmente avec le régime végétal
qui, plus volumineux et moins savoureux par lui-même, incite à
l'addition de plus grandes quantités de sel. Enfin, pendant le
jeûne, l'excrétion des chlorures descend et s'installe à un mininum
très caractéristique.

Cette faible teneur en sel marin des urines du jeûne tient à la pauvreté en chlore des tissus consommés (muscle à 0,4 p. 100 de sel, et
graisse). Ainsi, chez le jeûneur Cetti, qui éliminait avant le jeûne 8 gr. 95
de NaCl, l'excrétion est descendue au premier jour de jeûne à 2 gr. 65,
puis peu à peu à 1 gr. 81 (sixième jour) et enfin à 0 gr. 99 (dixième
jour). Mais ce sel ne peut pas provenir uniquement des tissus détruits ;
une fraction importante est fournie par l'abondante provision de chlorures que nos habitudes culinaires introduisent dans l'organisme (p. 77).
C'est pourquoi, chez des sujets qui subissent depuis longtemps les effets
d'une alimentation insuffisante et qui ont donc eu le temps de se débarrasser de cette provision, le jeûne total succédant à une telle alimentation se traduit par une excrétion de chlorures encore plus faible quelques centigrammes seulement) que chez l'homme bien nourri et soumis
brusquement à l'inanition. C'est pourquoi aussi les uns et les autres,
lorsqu'on leur redonne du sel, continuent à faire pendant quelque
temps une urine pauvre en chlore, les tissus et humeurs, appauvris en
sel marin, refaisant aussitôt leur provision première. Ainsi un malade,
avec rétrécissement œsophagien et réduit à la dernière maigreur, a
reçu en trois jours sous la peau 40 gr. 5 de NaCl et n'en a excrété pendant ce temps par l'urine que 6 gr. 5 (C. v. Noorden). Notons enfin
que tout sujet, qui déclare qu'il ne mange pas depuis quelque temps et
qui élimine néanmoins plusieurs grammes de chlorures chaque jour,
devra être soupçonné de simulation.

Les phosphates. — Ces sels proviennent en partie des phosphates préformés, apportés surtout par les aliments végétaux ; le
reste sort des protéides phosphorés et des lécithines. Mais tous les
phosphates ne quittent pas l'organisme par la voie urinaire. Une
partie prend la voie intestinale, et cette fraction grandit, quand la
richesse des aliments en chaux augmente et elle diminue à mesure
que la quantité des acides venus du dehors ou formés dans
l'organisme est plus grande. C'est pourquoi *la voie d'excrétion
préponderante des phosphates est le rein avec le régime
animal, et l'intestin avec le régime végétal.*

Voici un certain nombre de preuves de cette proposition, citées d'après
Magnus-Levy. Les aliments animaux donnent une cendre acide (p. 89),

et ils sont pauvres en chaux; les aliments végétaux donnent une cendre alcaline et ils sont riches en chaux. Corrélativement, on observe les répartitions suivantes de l'acide phosphorique entre l'urine et les excréments chez le carnivore, chez l'homme omnivore et chez l'herbivore.

	SUR 100 PARTIES DE P^2O^5 INGÉRÉES, ON EN TROUVE :	
	Dans l'urine.	Dans les fèces.
Chez le chien (nourri à la viande).	92	8
— l'homme [1]	60-75,8	27-39
— l'herbivore [1]	0,4-1,7	81-101

On verra que, lorsque l'acide phosphorique fécal est ainsi augmenté aux dépens de celui des urines, la chaux et la magnésie le sont aussi. L'action des ingestions de carbonate de chaux sur cette répartition a déjà été signalée (p. 473).

Ces résultats montrent combien il est vain de tirer des conclusions d'un dosage de phosphates urinaires, quand on ne connaît pas la nature de l'alimentation.

Pendant le *jeûne* absolu, l'urine continue à éliminer de l'acide phosphorique (de 0 gr. 75 à 1 gr. 54 par jour chez Cetti, du 23° au 30° jour de jeûne) (Brugsch), qui provient en partie des nucléoprotéides détruits, en partie des os (Munk).

Si cet acide phosphorique provenait, en effet, uniquement des tissus consommés par le jeûne (muscles, glandes), le rapport de l'azote à l'acide phosphorique devrait, dans l'urine, être égal à 6,6 : 1. En réalité, ce quotient $N : P^2O^5$ prend des valeurs comprises entre 3,8 : 1 et 5,68 : 1, ce qui indique qu'un autre tissu, non azoté, fournit aussi de l'acide phosphorique. I. Munk a établi que c'est le tissu osseux, qui, atteint par le jeûne, cède aussi de l'acide phosphorique (avec de la chaux).

Les sulfates (et le soufre total) de l'urine. — On a vu que le soufre des protéiques aboutit à deux sortes de déchets urinaires. Une partie, incomplètement oxydée, fournit ces produits sulfurés de l'urine, que l'on a réunis sous la dénomination de « soufre neutre », et qui représentent de 14 à 25 p. 100, de 12,8 à 29,7, du soufre urinaire total. Le reste, complètement brûlé, donne de l'acide sulfurique que l'urine élimine à l'état de sulfates et d'éthérosulfates (phénylsulfates, indoxylsulfates). C'est le soufre dit

1. Lorsque l'homme omnivore et l'herbivore ne reçoivent que du lait, aliment *animal*, le tableau change. Les fèces du nourrisson et celles du veau à la mamelle n'éliminent respectivement que 24,5 et 1,1 p. 100 du phosphore ingéré.

« acide » (p. 351). Pratiquement, ces sulfates peuvent être rapportés uniquement au soufre protéique, car nos aliments n'apportent que très peu de sulfates préformés (sulfate de calcium des eaux séléniteuses).

La quantité de soufre total de l'urine pourrait donc servir, comme l'azote, à calculer le poids d'albumine détruit dans l'organisme, si la teneur des divers protéiques en soufre n'oscillait pas dans des limites si larges (p. 24). Quant au rapport qui existe entre le soufre acide et le soufre neutre, on verra plus loin, à propos des matières extractives azotées et sulfurées, l'intérêt que présente l'étude de cette grandeur (p. 495). Enfin, on a discuté ailleurs les indications que l'on peut tirer des variations des éthéro-sulfates dans l'urine (p. 240).

L'urine est la plus grande voie d'élimination du soufre. Les excréments n'emportent, en effet, que 3 à 10 p. 100 du soufre ingéré (chien).

La soude et la potasse. — La soude suit en général, dans l'organisme, le même chemin que le chlore et trouve dans l'urine sa principale voie d'élimination. Les excréments en renferment très peu. Ils contiennent plus de potasse, en sorte que le rein n'a pas, dans l'élimination de cette base, un rôle aussi prépondérant que dans celle de la soude.

Dans l'urine le rapport $Na^2O : K^2O$ est égal en moyenne à 64 : 36; c'est à peu près le rapport de ces deux bases dans notre alimentation mixte ordinaire. Comme dans les tissus animaux (muscles, viande), il y a plus de potasse que de soude, la première de ces deux bases tend à l'emporter sur la seconde dans l'urine du jeûne, non pas tout de suite, parce que l'organisme dispose de réserves de sel marin qu'il perd d'abord (p. 476), mais après un certain nombre de jours seulement. Ainsi Cetti a perdu au septième jour de jeûne 2 gr. de K^2O contre 0 gr. 7 de Na^2O. Sitôt qu'on alimente les sujets, la soude reprend le dessus, plus ou moins vite selon la durée du jeûne qui a précédé (p. 476).

La chaux et la magnésie. — L'urine n'est, pour la chaux, qu'une voie d'élimination d'importance secondaire. C'est, en effet, surtout l'intestin qui excrète cette base. Cela est vrai à la fois pour la chaux introduite par les aliments et pour celle que met en liberté la fonte des tissus. Et la manière dont a lieu ce partage entre les fèces et l'urine dépend de conditions qui sont à peu près les mêmes que pour l'acide phosphorique. La présence de beaucoup de phosphates dans les aliments conduit plus de chaux vers les fèces et moins vers l'urine. L'introduction dans l'organisme ou la production par les tissus de beaucoup d'acides amène un effet inverse. C'est pourquoi, comme pour l'acide phosphorique, *le régime animal augmente la quantité de la chaux urinaire aux dépens de la chaux fécale, tandis que le régime végétal produit l'effet inverse.* La magnésie présente des variations de même sens, avec cette différence que la fraction éliminée par l'urine, tout en restant toujours inférieure à celle des excréments, est plus forte que pour la chaux.

Voici quelques preuves de cette proposition, citées d'après Magnus-Levy. On sait que le régime animal est producteur d'acides (p. 89) et que le régime végétal apporte beaucoup d'acide phosphorique. Corrélativement, on observe les répartitions suivantes de la chaux chez le carnivore, chez l'homme omnivore et chez l'herbivore.

	SUR 100 PARTIES DE CaO INGÉRÉES, ON EN TROUVE :	
	Dans l'urine.	Dans les fèces.
Chez le chien (nourri de viande). .	27	73
— l'homme.	18-43	60-82
— l'herbivore.	4-5	94-110

De toutes façons, l'urine emporte donc beaucoup moins de chaux que les fèces. La chaux injectée dans les veines ou sous la peau s'élimine de même en majeure partie par les fèces, et la chaux absorbée au niveau de l'estomac ou de l'intestin supérieur a le même sort : elle est en partie rejetée à nouveau dans les fèces par la muqueuse du gros intestin. C'est pourquoi il est impossible de mesurer exactement, du moins sur un tube digestif intact, quelle est la fraction de la chaux ingérée qui a été absorbée, c'est-à-dire offerte aux tissus, question si capitale dans l'étude du rachitisme.

Pendant le jeûne, la chaux diminue naturellement dans les excréments, puisque tout l'apport de la chaux alimentaire fait défaut. Au contraire, la chaux urinaire augmente au point qu'elle dépasse la quantité de la magnésie, contrairement à ce qui se passe en période d'alimentation. Et cette hausse de la chaux urinaire — comme celle de l'acide phosphorique (p. 477) — tient à la fonte du tissu osseux.

Le fer. — L'urine n'est pour le fer qu'une voie d'élimination accessoire. De même que la chaux, ce métal est surtout excrété par l'intestin, et comme les quantités de fer nécessaires pour ravitailler l'organisme ne sont pas grandes, la fraction que l'urine élimine est tout à fait minime par rapport à celle que l'on trouve dans les fèces.

Contrairement aux indications qui ont été données de divers côtés, l'urine des vingt-quatre heures n'excrète que des traces de fer, quelques décimilligrammes en vingt-quatre heures chez l'adulte (L. Lapicque); l'intestin, au contraire, en élimine beaucoup plus, environ 2 mgr. par mètre de longueur (p. 243). Cette prépondérance de l'intestin sur le rein, en tant que voie d'élimination du fer, apparaît mieux encore quand on injecte ce métal dans le sang. Sur 50 mgr. de fer injecté à l'état de citrate de fer ammoniacal, l'urine n'en emporte guère que le vingtième environ, et cette excrétion par le rein est terminée en une heure, ce qui montre bien que l'intervention momentanée de cet organe n'est qu'une conséquence de la *brusque* introduction d'un excès de fer dans le sang.

On comprend dès lors pourquoi le problème soulevé il y a quelques années par Bunge, sous cette forme : le fer médicamenteux minéral est-il absorbé par l'intestin ? a été résolu par la négative aussi long-temps que l'on a essayé de mesurer cette absorption d'après la quantité de fer éliminée par l'urine. Le fer ingéré, en combinaison minérale ou organique, est effectivement absorbé en partie par la surface intesti-nale; on le suit à l'aide de réactions microchimiques dans la muqueuse duodénale, et jusque dans le foie (p. 453). Mais, comme ce fer ne pénètre que *lentement* dans le sang, le rein n'entre pas en jeu, comme lorsqu'il y a injection brusque de fer dans les veines, et la quantité de ce métal dans l'urine reste réduite aux traces habituelles (L. Lapicque). C'est l'intestin qui élimine le surplus du fer non retenu par l'organisme.

§ IV. — LES PRINCIPAUX DÉCHETS AZOTÉS.

Les déchets azotés de l'urine, urée, ammoniaque, acide urique, créatinine, etc., ont déjà été étudiés dans un autre chapitre (p. 335 et 355), en tant que produits ultimes de la simplification des protéiques et des nucléoprotéides. Pour quelques-uns d'entre eux (azote total, urée, ammoniaque, acide urique, acide oxalique, matières extractives [1]), cette étude doit être complétée dans ce qui suit au point de vue des variations de quantité de ces substances dans l'état de santé ou de maladie, et des renseignements qu'on peut déduire de ces constatations.

1. *L'azote total.*

L'azote total de l'urine des vingt-quatre heures mesure la quan-tité d'albumine qui a été détruite dans l'organisme pendant le même temps [2]. On verra que, pour un adulte moyen, cette quan-

1. Ce qui est relatif aux matières extractives azotées sera exposé en même temps que ce qui a trait à l'ensemble des matières extractives.
2. Il suffit de multiplier le poids de l'azote par 100 : 16 = 6,25 pour obtenir le poids d'albumine correspondant (p. 24).

tité peut varier entre une trentaine de grammes (et même moins) et environ 200 gr. par jour (p. 616 et 620). L'azote total des urines se meut donc entre 5 et 32 gr. environ en vingt-quatre heures.

La répartition de l'azote total entre les divers déchets azotés. — D'après trois séries de déterminations faites à l'aide des meilleures méthodes par Donzé et Lambling sur 18 urines des vingt-quatre heures fournies par 6 adultes, par Bouchez et Lambling sur 7 urines fournies par un adulte (I) et par Maillard sur 60 urines des vingt-quatre heures provenant de 10 jeunes soldats, suivis pendant six jours consécutifs (II), cette répartition est la suivante (alimentation mixte ordinaire) :

Sur 100 parties d'azote total, on trouve :

	I	II
Dans l'urée.	82,29	81,29
— l'ammoniaque	5,53	5,73
— la créatinine	4,46	3,55
— l'acide urique.	1,67	1,43
— les bases puriques	0,14	0,22
— les matières azotées non dosées (matières extractives azotées) .	5,91	7,60

On voit combien ces résultats ont été remarquablement concordants. Ils montrent que la part de l'urée dans l'azote total est moins élevée qu'on ne l'admet généralement dans les ouvrages et que les matériaux connus qui se placent immédiatement après l'urée, comme importance quantitative, sont l'ammoniaque, la créatinine et les matières azotées non dosées. Cette répartition varie un peu à l'état normal sous diverses influences. Elle varie aussi dans l'état de maladie, mais en dehors de quelques faits assurément très intéressants et qui seront exposés plus loin, il faut bien reconnaître que l'étude de ces variations n'a pas révélé en général, d'une affection à l'autre, des différences bien caractéristiques, même pour des maladies avec lésions profondes du foie, où l'on pouvait s'attendre à ces changements profonds dans cette répartition. Peut-être saisira-t-on des variations plus tranchées, quand on saura mieux dissocier cet ensemble des matières azotées non dosées, dans lequel l'insuffisance de nos moyens analytiques nous oblige à confondre encore tant de corps différents.

2. *L'urée.*

Les variations de la quantité absolue d'urée. — L'urée représentant environ les 82 centièmes de l'azote total, la quantité de ce déchet suit à peu près les variations du poids de l'azote total de l'urine. Cela est si vrai qu'au début des études sur les échanges nutritifs azotés, le dosage de l'urée (par le procédé de Liebig principalement) servait, comme aujourd'hui celui de l'azote total, à mesurer la grandeur de la désassimilation azotée. Tout comme l'azote total, l'urée varie donc avec la quantité d'albumine détruite, et celle-ci dépend en premier lieu de la quantité d'albumine ingérée [1]. Or, dans nos rations d'entretien, cette quantité peut osciller entre une trentaine de grammes et 200 gr. et même davantage, et elle se tient le plus souvent entre 50 et 150 gr. C'est donc entre 9 et 56 gr. que peut se mouvoir, et c'est de 14 à 42 gr. environ que varie le plus souvent la quantité d'urée des vingt-quatre heures. Toute étude des variations de l'urée sous l'action d'un agent quelconque implique donc que l'on a, au préalable, institué un régime alimentaire rigoureusement constant. Il ne manque pas d'observations où cette règle si élémentaire est restée méconnue.

Les variations de la quantité absolue d'urée ayant donc à peu près la même signification que celles de la quantité d'azote total, et le dosage précis de l'azote total étant devenu très commode, grâce à la méthode de Kjeldahl, celui de l'urée est, à ce point de vue, non sans raison délaissé. Il reprend de l'intérêt, quand il est fait en vue de rechercher la fraction de l'azote total qui est éliminée sous la forme d'urée.

Les variations de la quantité relative d'urée à l'état normal. — On a vu qu'à l'état normal on trouve en moyenne dans l'urée 82 p. 100 de l'azote total, mais les limites entre lesquelles se meut ce rapport à l'état de santé, chez un même individu ou d'un individu à l'autre, pour des conditions physiologiques données (nature de l'alimentation, importance du travail musculaire) ne peuvent pas être indiquées avec précision. On doit sans doute les prendre assez largement.

---

1. Nous verrons que parfois l'organisme ne détruit pas toute l'albumine qu'il reçoit, ou bien en détruit plus qu'il n'en reçoit (p. 626, 629, 653, 656).

Chez les 10 jeunes soldats étudiés par Maillard, et qui étaient soumis au régime mixte habituel, ce rapport a varié entre 61 et 87,3 p. 100, mais la majeure partie des résultats se sont groupés assez près de la moyenne de 81,3 p. 100. Chez les sujets de Donzé et Lambling, les limites extrêmes ont été, en laissant de côté un résultat unique de 91 p. 100, 78,9 et 83,5, et chez celui de Bouchez et Lambling 80,4 et 84,4 (voir plus haut). Les auteurs allemands s'en tiennent en général aux limites indiquées par C. von Noorden et qui vont de 84 à 87 p. 100. Ce rapport varie avec le régime. De 82,2 pour le régime mixte habituel il est monté chez Bouchez à 91,4-91,9 pour le régime lacté. On saisit aussi, d'après M. Dehon, l'action d'un facteur personnel.

Que nous apprend la considération de ce rapport? Notons d'abord qu'à l'époque où, sous l'influence de la doctrine des combustions respiratoires, on tenait l'urée pour un produit d'oxydation des protéiques, on a naturellement considéré ce rapport comme mesurant le plus ou moins de perfection de l'oxydation des protéiques, et on l'a appelé *coefficient d'oxydation*. Puis, lorsqu'on crut avoir démontré que l'urée sort, en grande partie, de réactions d'hydrolyse et de synthèse (p. 340), on adopta l'expression de *coefficient* ou *rapport azoturique*, qui a l'avantage de ne rien préjuger quant au mode de production de l'urée, et l'on va voir combien cette réserve est justifiée.

En général, on fait d'une valeur élevée de ce coefficient le signe d'une désassimilation plus parfaite des protéiques, le but de cette opération étant, en effet, de ramener ces aliments à un état où le rapport du carbone à l'azote soit, comme dans l'urée, très bas (p. 496). Mais un coefficient même fortement diminué n'est pas nécessairement le signe d'une dégradation *moins parfaite* de la molécule protéique, c'est-à-dire la preuve qu'une partie de l'azote, plus grande que d'ordinaire, est restée sous la forme de produits *moins simplifiés* que l'urée. Il faut, en effet, rechercher chaque fois ce qu'est devenu l'azote apparu en moins sous la forme d'urée. Le plus souvent, on constate qu'à ce déficit d'azote uréique correspond une augmentation d'azote ammoniacal, ce qui signifie, nous l'avons vu, que l'organisme a restreint sa production d'urée et qu'il s'est servi de l'ammoniaque ainsi devenue disponible pour se défendre contre une intoxication acide. C'est ce qui se produit au cours du jeûne, où l'organisme est obligé de pourvoir à la neutralisation d'acides divers, acides sulfurique et phosphorique provenant de la fonte des tissus (p. 89), et surtout d'acides acétoniques résultant du jeûne hydrocarboné (p. 438 et 444). Exemples (C. von Noorden, Brugsch, M. Dehon, Langstein et Meyer) :

	SUR 100 P. D'AZOTE TOTAL, ON EN A TROUVÉ :	
	Dans l'urée.	Dans l'ammoniaque.
Sujet normal (alimentation mixte) (moyenne).	82,3	5,5
Homme au 3ᵉ jour de jeûne (N.)	76	14
Le même au 4ᵉ — —	74	18
Jeûneur professionnel (Succi) au 23ᵉ jour de jeûne (B.)	58	29
Sujet avec inanition partielle prolongée (rétrécissement cicatriciel du pylore) (D.)	54	—
Nourrisson au 3ᵉ jour de jeûne (L. et M.)	—	26

On voit donc que l'azote uréique qui manque dans les urines d'inanition, a été éliminé à l'état d'ammoniaque, c'est-à-dire *sous une forme aussi simplifiée* que celle que représente l'urée. On ne peut donc pas dire que la désassimilation azotée ait été moins parfaite. On ne peut pas affirmer davantage que le foie est resté inférieur à sa tâche de producteur d'urée à partir de l'ammoniaque, car s'il y a eu plus d'ammoniaque excrétée, ce n'est pas parce que le foie a été impuissant à en faire de l'urée, mais bien parce que cette base a servi à neutraliser un excès d'acides [1].

Il y a cependant des cas où, la part de l'azote uréique dans

---

1. **Dans les cas** que l'on vient de discuter, des acides ont donc apparu en quantité anormale et, dans le cas du jeûne, il s'agit surtout d'acides organiques, produits d'une dégradation insuffisante des protéiques et des graisses (p. 440). À l'état normal, ces acides sont entièrement brûlés : ici ils ne l'ont pas été et cette insuffisance dans les *oxydations* est révélée, comme on vient de le voir, par la diminution de la part de l'azote de l'urée dans l'azote total et par l'augmentation corrélative de la part de l'ammoniaque. Il y aurait donc avantage, comme l'ont fait remarquer Arthus, puis Maillard, à substituer à la considération isolée du coefficient azoturique, celle des variations réciproques de l'azote uréique et de l'azote ammoniacal et à calculer le rapport $\dfrac{\text{Azote de NH}^3}{\text{Azote de NH}^3 + \text{Azote de l'urée}}$. Ce quotient, qui prendrait, d'après les analyses de Lambling (p. 481), la valeur de $\dfrac{5,5}{5,5 + 82,3} \times 100 = 6,2$, paraît se fixer en moyenne chez les sujets normaux mis au régime mixte à 6,58 (Maillard), 6,31 (Lanzenberg) et il descend pendant le régime lacté à 4,39 (Bouchez et Lambling), à 4,18 (Lanzenberg). Chez le sujet au troisième jour de jeûne du tableau ci-dessus, sa valeur est de 15,5, ce qui veut dire que sur 100 parties d'azote descendues jusqu'à l'état d'ammoniaque, il y en a 15,5 qui n'ont pas pu être employées à la production de l'urée, parce qu'elles ont été saisies par des acides, et surtout par des acides organiques, que le sujet *n'a pas réussi à brûler*. Cette grandeur, que Maillard a appelée *indice d'imperfection uréogénique*, prend une signification plus complète quand on y fait entrer aussi, en l'ajoutant au numérateur et au dénominateur, le poids de l'azote des acides aminés, qui représente aussi, comme l'ammoniaque, de l'azote « uréifiable », mais non « uréifié ». Enfin ce quotient est aussi un *coefficient d'acidose* (Lanzenberg), puisqu'il est le rapport de l'azote neutralisant des acides à l'azote neutralisant et ayant neutralisé des acides.

l'azote total étant diminuée, on ne retrouve ce « manquant » ni dans l'ammoniaque, ni dans les autres matériaux azotés habituellement dosés. C'est ce que E. et O. Freund ont constaté, par exemple, sur le jeûneur Succi. Dans ces cas, c'est donc parmi les matières azotées non dosées qu'il faut chercher les produits dont la part dans l'azote total a été augmentée, et comme la partie la plus importante de ces déchets est représentée par des molécules bien plus compliquées que celle des matériaux dosés, ce serait donc bien une dégradation moins parfaite des matériaux azotés que traduirait dans ces cas l'abaissement du coefficient azoturique (voy. aussi p. 495).

Les variations pathologiques de la quantité relative d'urée. — Il est particulièrement intéressant d'étudier ces variations dans deux groupes d'affections, celles du foie, organe de l'uropoïèse, et celles des appareils ou humeurs qui alimentent les tissus en oxygène, c'est-à-dire les maladies du cœur et du poumon et celles du sang.

1° Dans les *affections du foie* (atrophie jaune aiguë, cirrhose, intoxication par le phosphore), on observe souvent une diminution de la quantité relative de l'urée, et la tentation est grande d'expliquer ce fait par une atteinte du pouvoir uréogène de l'organe. Mais il semble bien que — sauf pour ce qui se passe peu avant la mort, où toutes les fonctions succombent — cette diminution n'est que la conséquence indirecte d'une acidose. Une partie de l'ammoniaque cesse d'être transformée en urée, uniquement parce qu'elle sert à neutraliser des acides.

Voici des **exemples de cette diminution** (Weintraud ; M. Dehon) :

	SUR 100 PARTIES D'AZOTE TOTAL, ON EN A TROUVÉ :	
	Dans l'urée.	Dans l'ammoniaque.
Cirrhose alcoolique hypertrophique (D.).	77,0	12,1
Atrophie jaune aiguë du foie (W.) [1] . .	75,4	14,1
— — . .	71,0	18,1
— — . .	52,4	37,1

On voit que la diminution croissante de la quantité relative d'urée a comme pendant une augmentation croissante de la quantité relative d'ammoniaque. C'est bien ce qui se passe dans l'acidose. Celle-ci est d'ailleurs directement démontrée par la présence dans l'urine, au cours de l'atrophie jaune aiguë du foie, d'acides anormaux (acides lactique,

---

1. Trois cas mortels.

acétylacétique), et d'acides gras en quantité exagérée (acides formique, acétique, propionique, butyrique) et aussi par la diminution de l'alcalinité du sang [1]. Enfin, la quantité d'ammoniaque urinaire baisse sitôt que l'on fait ingérer du bicarbonate de soude, ce qui démontre bien que, s'il y a eu plus d'ammoniaque excrétée, ce n'est pas parce que le foie ne pouvait plus en faire de l'urée, mais parce que l'organisme en avait besoin pour neutraliser un excès d'acide.

Au surplus, cet abaissement de la quantité relative d'urée n'est nullement constant dans ces maladies. En dépit de lésions hépatiques très avancées, révélées ultérieurement à l'autopsie, on constate souvent que la production d'urée reste normale et que les sels ammoniacaux ingérés (épreuve de l'ammoniurie expérimentale de Gilbert et Carnot) continuent, comme à l'état normal, à être transformés en urée (Ingelrans et Dehon).

On a trouvé, à la vérité, que dans l'atrophie jaune aiguë du foie, l'urine élimine beaucoup de leucine et de tyrosine, dont la présence fait, bien entendu, reculer la part de l'urée dans l'azote total, et comme ces acides sont abondants aussi dans l'urine d'oies à qui l'on a extirpé le foie, leur apparition dans l'urine s'expliquerait donc par l'impuissance de cet organe à détacher de ces acides l'ammoniaque nécessaire à la production de l'urée. Mais dans la cirrhose cette excrétion d'acides aminés semble être l'exception [2], et dans l'intoxication par le phosphore la somme : azote de l'urée + azote de l'ammoniaque, retranchée de l'azote total, donne une différence qui n'est pas plus grande qu'à l'état normal. Tous ces résultats montrent que les parties de la glande demeurées saines suffisent pendant longtemps pour fournir une dégradation à peu près normale des matériaux azotés.

2° Dans les *maladies du poumon, du cœur et du sang* (tuberculose, emphysème, lésions cardiaques diverses, chlorose, anémie pernicieuse ou par hémorragie), on a trouvé en général un rapport azoturique normal. Seule, la part de l'ammoniaque a été parfois un peu élevée. La diminution de la quantité d'oxygène offerte aux tissus par le sang a donc été sans influence marquée sur la répartition de l'azote. Il est vrai que, chez ces malades, la grandeur des échanges respiratoires n'est nullement diminuée (p. 297). Mais même quand une telle diminution est constatée, comme il arrive dans l'intoxication cyanhydrique, où l'aptitude des cellules à fixer de l'oxygène et à produire de l'acide carbonique est fortement diminuée, et qui est donc une véritable asphyxie interne (Geppert), la part relative de l'urée et celle de l'ammoniaque dans l'azote total restent normales (A. Lœwy). Ce serait donc une autre raison (p. 340) pour *ne pas attribuer un rôle important aux oxydations dans la production de l'urée*. Toutefois, si la quantité relative des produits autres que l'urée et l'ammoniaque reste la même, la qualité de ces produits se trouve probablement modifiée. En effet, chez le chien qui a été intoxiqué par l'acide cyanhydrique ou qui a subi de fortes saignées, le quotient calorique de l'urine (p. 499) est augmenté,

---

1. De plus, en déterminant dans les urines de ces malades la totalité des bases et des acides minéraux, et l'acidité de titration, on arrive aussi à démontrer la présence nécessaire d'acides organiques anormaux (Münzer ; Soetbeer).

2. On incline d'ailleurs à voir dans ces corps, non des matériaux résultant d'un travail hépatique insuffisant, mais simplement des produits de la dégénérescence de l'organe, que la lixiviation des tissus a conduits ensuite au rein

ce qui indique l'excrétion de déchets dont la dégradation a été poussée moins loin qu'à l'état normal (voir aussi p. 493) (A. Lœwy; D. Fuchs).

Exceptionnellement, on voit aussi la part relative de l'urée dans l'azote total reculer, parce que celle de l'acide urique augmente, non dans la *goutte*, où les poids absolus de cet acide ne sont jamais très élevés, mais dans la *leucémie*. Ainsi, un malade de Magnus-Levy, atteint de leucémie aiguë, éliminait par jour 28 gr. 7 d'azote et 8 gr. 7 d'acide urique; cet acide emportait donc 10 p. 100 de l'azote total au lieu de 1 à 2 p. 100 comme à l'état normal. On observe le même phénomène chez le nouveau-né, pendant la période des infarctus rénaux (Sjöqvist).

3. *L'ammoniaque. — Les acides aminés.*

On a exposé ailleurs les causes qui font varier la quantité de l'ammoniaque urinaire, et dont la principale est la quantité d'acides dont l'organisme doit assurer la neutralisation (p. 341 et 483). Pour une alimentation mixte, l'urine contient en vingt-quatre heures de 0 gr. 4 à 1 gramme d'ammoniaque, représentant en moyenne de 5 à 6 p. 100 de l'azote total. Sitôt que ces quantités sont dépassées, on doit soupçonner l'intoxication acide (acidose) et rechercher les acides anormaux (acide lactique, acides acétoniques).

Il ne faudrait pas cependant, d'une augmentation de la quantité *absolue* d'ammoniaque, conclure tout de suite à une intoxication acide. En effet, on prévoit qu'à mesure que l'organisme détruit une plus forte ration de protéiques, la quantité d'acides nés de cette destruction doit augmenter (p. 89), donc aussi la quantité d'ammoniaque nécessaire pour assurer la neutralisation de ces acides, ou du moins leur neutralisation partielle (p. 471). Cela revient à dire qu'à l'état normal le rapport de l'azote ammoniacal à l'azote total dans l'urine doit demeurer sensiblement constant. C'est ce que l'expérience vérifie (A. Schittenhelm et A. Katzenstein). On a vu que chez l'homme ce rapport est d'environ 6 p. 100. Cela posé, considérons un sujet qui a détruit en 24 heures 80 grammes d'albumine et dont l'urine a donc éliminé $80 \times 0,16 =$ 12 gr. 8 d'azote total et $12,8 \times 0,06 = 0$ gr. 768 d'azote ammoniacal. Si avec la même ration le sujet avait excrété le double, soit 1 gr. 536 d'azote ammoniacal, on eut été fondé à le déclarer en état d'acidose (ce qu'aurait révélé aussi le rapport de l'azote ammoniacal à l'azote total, qui eut été alors de 12 p. 100). Il est clair, au contraire, que cette quantité de 1 gr. 536 serait normale pour un sujet qui aurait détruit une quantité double, soit 160 grammes d'albumine (et chez qui le rapport de l'azote ammoniacal à l'azote total serait donc resté au chiffre normal de 6 p. 100). *La quantité absolue d'ammoniaque urinaire n'est donc excessive et ne révèle une acidose pathologique que dans la mesure où elle dépasse la quantité qui correspond normalement au poids d'albumine détruit.* De ce qui précède, il résulte, semble-t-il, qu'il serait plus simple de ne considérer que les quantités *relatives* d'ammoniaque et de dire qu'il y a acidose lorsque l'azote ammoniacal occupe plus de 6 p. 100 de l'azote total. Cela est exact, mais à condition de se rappeler que l'acidose n'est pas nécessairement d'autant plus forte que cette quantité relative d'azote ammoniacal est plus élevée, car si l'ammoniaque nécessaire à la lutte contre une acidose pathologique est prélevée sur un apport azoté qui se trouve être médiocre, sa part relative dans l'azote total apparaîtra beaucoup plus forte que lorsque cet apport est plus fort. Exemple (C. von Noorden) : un diabétique au régime sévère excrète en 24 heures, avec 19 grammes d'azote total, 3 gr. 1 d'azote ammoniacal, soit 16,3 p. 100 de l'azote total. Il y a donc acidose manifeste. Mis à un régime de légumes verts et graisses, le malade fournit encore 3 gr. 3 d'azote ammoniacal, mais l'azote total n'étant plus que 5 gr. 2, l'ammoniaque occupe cette fois 63,4 p. 100 de l'azote total. A en juger d'après les quantités *relatives* d'ammoniaque, l'acidose aurait donc été à peu près quadruplée par le changement de régime, alors qu'en réalité le poids *absolu* d'azote ammoniacal éliminé en sus de la quantité à prévoir normalement, donc le poids d'azote ammoniacal donnant la mesure de l'acidose, n'a été, comme le montre un calcul très simple, que de 3 grammes environ pendant le régime aux légumes, contre 2 grammes pendant le régime sévère.

Les acides aminés. — On a vu que l'organisme est en mesure de détruire rapidement d'importantes quantités d'acides aminés (p. 319); toutefois, même en dehors de toute ingestion d'un excès de ces corps, l'urine élimine constamment une petite quantité d'amino-acides qui ont échappé à la désamination. Jusqu'à présent, on n'a pu isoler de l'urine humaine qu'un peu de glycocolle (en dehors de celui que renferme l'acide hippurique) et d'histidine (G. Embden et Reese; Engeland). Mais on saisit la quantité totale de cet azote aminé par un dosage différentiel très simple (dosage du total N ae NH³ + N aminé par la méthode au formol de Sörensen-Henriquez, puis défalcation de la quantité de l'ammoniaque, obtenue par dosage direct (Mestrezat). On trouve ainsi que l'urine normale contient de 0 gr. 05 à 0 gr. 20 d'azote aminé, faisant en fraction de l'azote total de 0,5 à 3 p. 100 (M. Labbé et H. Bith), en moyenne 2 p. 100 (Henriques). Pour des quantités d'azote total croissantes, le poids absolu de l'azote aminé va croissant aussi. Sur 14 gr. 0 à 29 gr. 75 d'azote urinaire total, on a trouvé de 0 gr. 236 à 1 gr. 05 d'azote aminé, valant de 1,58 à 4,35 p. 100 de l'azote total (A. Galambos et B. Tausz). On comprend donc que l'on puisse à l'état normal provoquer par ingestion d'acides aminés un certain degré d'hyperaminosurie et que, dans certains états (grossesse, insuffisance hépatique de causes diverses, diabète), on ait constaté que cette hyperaminosurie provoquée est plus marquée encore (voir p. 324).

4. L'acide urique.

Les facteurs qui vont varier la quantité d'acide urique dans l'urine ont été étudiés en même temps que l'origine de cet acide et des corps puriques (p. 355 et suiv.) On n'examinera donc ici que la question de l'état de l'acide urique dans l'urine et celle des conditions de la précipitation de ce corps.

État de l'acide urique dans l'urine. — Les 40 à 60 cgr. d'acide urique qu'élimine l'urine des vingt-quatre heures au cours du régime mixte habituel sont contenus dans ce liquide en partie à l'état d'acide urique libre, en partie à l'état d'urates (de Na, K, NH⁴), dont les proportions relatives dépendent de l'acidité ionique du milieu. Enfin, l'acide urique et les urates semblent bien former avec l'eau de l'urine une solution vraie, et non point une solution colloïdale.

1° Acidifiée par l'acide chlorhydrique, puis additionnée d'un peu d'acide urique en cristaux et agitée à la machine, l'urine normale laisse précipiter tout son acide urique (His). Traitée de même, mais sans addition d'acide chlorhydrique, elle n'en abandonne qu'une fraction (Klemperer), qui pour l'urine des vingt-quatre heures (10 sujets) varie de 57 à 90 centièmes (F. Cappon), et qui, pour des portions isolées de l'urine des 24 heures, atteint même les 90 centièmes de l'acide total (E. Dehaussy). Tout se passe donc comme si l'amorçage et l'agitation avec l'acide urique avaient précipité dans le premier cas l'acide urique déjà libre et l'acide urique des urates, déplacé par l'acide chlorhydrique, et, dans le second, l'acide libre seulement. — 2° Il résulte des déterminations et des calculs de Henderson et Spiro que, pour une acidité ionique moyenne ($C_H = 30 \times 10^{-7}$), le rapport entre l'acide libre et l'urate est de 73 : 27 et qu'il s'élève à 97 : 3, quand l'urine est très acide ($C_H = 300 \times 10^{-7}$). Avec l'acidité de titration, on saisit le même parallélisme, mais il est plus grossier (F. Cappon) (voir à la page 475 ce qui a été dit sur ces deux acidités). — 3° L'acide urique exerce dans l'urine sa pleine action osmotique de corps en solution vraie, car si l'on suspend dans une urine un sac dialyseur contenant une solution d'acide urique, de concentration égale à celle de l'urine, les deux liquides conservent ce même titre (Lichtwitz).

La solubilité de l'acide urique et des urates dans le milieu aqueux et salin offert par l'urine est telle que ces deux corps ne devraient pas rester dissous, et comme le plus souvent l'urine est émise limpide et qu'elle reste telle, même après refroidissement, c'est donc qu'il intervient d'autres facteurs qui favorisent la dissolution de ces corps. Il y aurait un grand intérêt à connaître la nature de ces facteurs, car c'est par leur action insuffisante ou contrariée qu'il est logique d'expliquer les précipitations uriques qui se produisent chez beaucoup de sujets, soit après l'émission de l'urine, soit déjà le long des voies urinaires. Or, ce phénomène n'est encore qu'incomplètement déterminé, et l'on ne peut encore que soupçonner une action favorisante des colloïdes urinaires, probablement aussi du phosphate disodique.

A 37° un litre d'eau ne dissout que 0 gr. 065 d'acide urique (0 gr. 025

à 18°). Dans une urine d'acidité moyenne, et qui, sur 0 gr. 60 d'acide urique total, contient environ 0 gr. 44 d'acide urique libre, ce n'est donc pas la seule action dissolvante de l'eau qui maintient dissoute cette quantité d'acide. D'autre part, le complément, soit 0 gr. 16, que nous supposerons à l'état d'urate acide de sodium, le plus abondant de tous, pourrait, à la vérité, rester dissous, puisque le litre d'eau en accepte 1 gr. 41 à 37° (p. 376) (et 0 gr. 78 à 18°), si la présence d'importantes quantités de chlorure de sodium ne réduisait pas dans l'urine cette solubilité à moins d'un dixième de sa valeur (p. 376). Il faut donc que, pour l'urate aussi, il intervienne des actions favorisantes.

Pour ce qui regarde d'abord l'*acide urique*, remarquons que dans une urine albumineuse, dans une solution d'urate monosodique additionnée d'une solution de peptone, de gomme arabique, de dextrine, d'amidon, de savon de soude, l'acide urique est beaucoup moins complètement précipité par un acide (par exemple par l'addition de PO^4NaH^2, qui agit comme tel) qu'en l'absence de ces colloïdes (Klemperer). Alors que la plupart des urines, fortement refroidies, laissent précipiter un mélange d'acide urique et d'urates (quadriurate des auteurs), les urines albumineuses, traitées de même, restent limpides (Zoya). D'autre part, l'action de protection que l'urine normale exerce sur l'or colloïdal (p. 47), démontre dans cette humeur la présence de colloïdes. Enfin, d'intéressantes recherches de Lichtwitz, dont le détail ne peut être donné ici, il ressort qu'on saisit un certain parallélisme entre l'aptitude des urines à maintenir dissous l'acide urique (et les urates) qu'elles contiennent, et leur pouvoir de protection plus ou moins accentué vis-à-vis de l'or colloïdal, c'est-à-dire leur richesse en colloïdes. Enfin, on sait notamment, par la médiocre valeur de l'ancien procédé de dosage de Heintz, combien est incomplète la précipitation de l'acide urique dans une urine acidifiée, même très fortement, alors que, dans une solution d'urate de sodium, elle est pratiquement totale. Or, il suffit d'acidifier une urine par de l'acide chlorhydrique jusqu'à virage du rouge Congo, pour que quelques minutes d'agitation avec de la poudre de talc en précipitent totalement l'acide urique (E. Lambling et C. Vallée). Le talc a-t-il agi sur les colloïdes urinaires en sa qualité de suspension colloïdale, et a-t-il ainsi, en annihilant l'action dissolvante de ces corps, permis la rapide précipitation de l'acide urique libéré par l'acide? Il est permis de le supposer. — Dans une solution d'urate acide de sodium, l'addition d'une solution de phosphate monosodique PO^4NaH^2 (qui enlève à l'urate son alcali) produit un précipité d'acide urique. Or, la présence d'une quantité convenable de phosphate disodique exerce une action dissolvante sur l'acide urique libre, et, d'après A. Ritter, les urines, qui laissent précipiter de l'acide urique libre, seraient celles qui sont dépourvues de phosphate bisodique et ne contiennent que du phosphate monosodique.

Saisit-on aussi pour les *urates* l'intervention de facteurs augmentant leur solubilité dans l'urine? On a déjà dit l'influence exercée d'après Lichtwitz par les colloïdes. Rappelons aussi l'aptitude très nette des urates aux solutions sursaturées (p. 376). Il est possible que dans l'urine cette sursaturation soit favorisée par la présence d'autres matières organiques, car à mesure qu'on débarrasse les urates du commerce des matières organiques colorées qui les accompagnent, on voit leur solubilité dans l'eau diminuer. Enfin, on rencontre des urines, qui, bien qu'alcalines au tournesol (par ingestion de bicarbonate de soude), et ne contenant donc que des urates, laissent précipiter une partie de leur acide urique par amorçage et agitation (E. Dehaussy).

En ce qui concerne enfin la *nature des matières organiques* (colloïdes ou non) qui exercent ces actions favorisantes, Klemperer a mis au premier plan l'urochrome, pigment auquel Lichtwitz dénie le caractère colloïdal, mais qui paraît bien, dans les solutions aqueuses d'urates, empêcher la précipitation de l'acide urique par le phosphate monosodique (voir plus haut). Il est possible que d'autres corps, notamment les colloïdes de l'adialysable urinaire (p. 350), le colloïde électro-négatif trouvé dans l'urine par Iscovesco, exercent une action analogue.

La formation des sédiments uriques.

— En général, l'urine normale, abandonnée à elle-même après l'émission, ne fournit pas de sédiment urique. Parfois, au contraire, il se dépose, un nombre d'heures variable après l'émission, soit un sédiment d'urates acides, souvent coloré en rouge et qui se redissout rapidement quand on réchauffe l'urine (*sedimentum lateritium* des anciens médecins), soit des cristaux rouge-brun d'acide urique libre. Le fait qu'une urine fournit des sédiments uriques, quand elle est abandonnée à la température de la chambre, et plus encore quand elle est exposée aux froids de l'hiver, ne prouve pas assurément que le sujet qui l'a émise soit menacé de telles précipitations le long de ses voies urinaires, où la température est de 38°, mais il est clair que ce danger est plus proche pour ces sujets-là que pour d'autres, et comme tout cristal d'acide urique, qui reste déposé en quelque endroit des voies urinaires, *peut* devenir le centre de formation d'un calcul, il importe de savoir comment ce danger peut être évité ou diminué.

L'observation a montré sur ce point : 1° qu'il y a des urines dont l'acide urique est en imminence de précipitation ; que d'autres, au contraire, sont loin de cet état et peuvent encore dissoudre de nouvelles quantités d'acide, et que parmi les facteurs sans doute multiples et encore mal définis, qui déterminent cette différence, l'acidité joue un rôle bien plus important que la richesse de l'urine en acide urique ; 2° que tout régime ou tout médicament qui atténue cette acidité achemine l'urine vers cet état, où elle devient ainsi apte à dissoudre encore de l'acide urique, au lieu d'avoir tendance à en abandonner.

1° On a vu comment l'amorçage et l'agitation de l'urine avec de l'acide urique solide déterminent la précipitation d'une quantité d'acide urique d'autant plus grande que l'urine est plus acide, c'est-à-dire qu'elle contient à l'état d'acide libre une plus forte proportion de son acide urique total (p. 489). Cette constatation fait prévoir et l'expérience vérifie qu'une urine, qui a laissé précipiter de l'acide urique, n'en contient pas nécessairement plus qu'une autre, qui n'en a pas ou qui n'en a presque pas laissé déposer, car on comprend qu'une urine plus riche en acide urique total, mais de faible acidité, puisse contenir moins d'acide libre et précipitable qu'une autre, moins riche en acide urique total, mais très acide. Conclure de la présence d'un sédiment urique à une production exagérée d'acide urique, comme on l'a fait en clinique pendant si longtemps, c'est donc s'exposer aux erreurs les plus grossières. Ajoutons qu'une forte acidité urinaire agit dans le sens d'une précipitation urique facilitée, non seulement parce que c'est d'elle que dépend la quantité d'acide urique libre, mais encore parce que plus une urine est acide, et moins elle a chance de contenir encore une partie de ses phosphates à l'état de sels alcalins bimétalliques, lesquels améliorent, comme on l'a vu, la solubilité de l'acide urique (p. 490).

Mais quand, par la méthode de l'amorçage et de l'agitation, on a constaté de la sorte qu'une urine contient beaucoup d'acide urique précipitable, on a établi, à la vérité, qu'elle a plus de chance qu'une autre de laisser précipiter une partie de cet acide, mais on n'a pas encore atteint les causes de la précipitation de cet acide dans les voies urinaires. Ces causes tiennent à un changement des conditions de solubilité de l'acide, à une dyscrasie de l'urine, spéciale aux malades enclins à faire des sables uriques, et l'on a vu combien ces conditions sont encore mal connues [1]. — On en peut dire autant de la précipitation des urates. Dans l'urine une fois émise, l'abaissement de la température suffit souvent pour expliquer la sédimentation. Mais dans l'organisme ce facteur n'intervient pas. Il faut donc en chercher d'autres qui seraient, d'après Klemperer, différents de ceux qui entrent en jeu pour l'acide urique, mais dont la nature échappe encore.

---

1. On comprend, à la vérité, qu'un cristal d'acide urique une fois fixé en quelque endroit des voies urinaires puisse constituer désormais un centre de précipitation pour de nouveaux cristaux, car il suffit de faire passer certaines urines sur un filtre garni d'acide urique solide, pour qu'elles abandonnent une partie de leur acide au filtre (Pfeiffer). Mais comment naît ce premier centre? Dans le long débat qui s'est poursuivi en pathologie urinaire au sujet de la formation des calculs, on a pendant longtemps considéré comme quelque chose d'essentiellement pathologique et d'indispensable à la formation du calcul le squelette protéique qui ne manque à aucune de ces formations, et qui est quelquefois si abondant, que l'on a pu parler de véritables calculs albumineux (Ebstein). Mais un tel substrat organique existe même dans tout cristal d'acide urique formé dans une urine quelconque (Moritz; Kleinschmidt), et toute urine contient les protéiques (mucine, albumine normale) nécessaires à la formation de ce squelette, que les cristaux d'acide urique emportent avec eux, quand ils se forment, comme il arrive pour bien d'autres cristaux prenant naissance dans un milieu organique. D'ailleurs, Aschoff a montré que même les cristaux d'acide urique qui se forment dans le sang quand on lie les uretères abandonnent, quand on les dissout, un squelette albumineux; or, il serait difficile de prétendre que dans le sang circulant ce squelette préexistait et que c'est lui qui a constitué le premier centre de formation du cristal. Cette question perd donc son importance pathogénique, et le problème se trouve ramené au point mort signalé ci-dessus, à savoir l'ignorance où nous sommes des causes qui augmentent ou qui diminuent la solubilité de l'acide urique dans l'urine.

2° Étant donné une urine qui transporte le long des voies urinaires une certaine quantité d'acide urique libre et précipitable, on ne possède donc aucun moyen d'améliorer la solubilité de cet acide, mais on peut obvier au danger de précipitation par un autre chemin, à savoir le *régime* ou l'emploi de *certains médicaments*. Le régime végétarien, ou même simplement le régime mixte, avec une prédominance suffisante d'aliments végétaux, et surtout de ceux d'entre ces végétaux dont la combustion donne beaucoup de carbonates alcalins (p. 472), fournit une urine peu acide, et contenant corrélativement peu ou point d'acide urique précipitable par amorçage et agitation ou même une urine qui dissout abondamment l'acide avec lequel on l'agite (F. Cappon). Ce résultat ne tient pas à ce fait qu'un tel régime est plus pauvre en purines, car avec une ration sans purines, mais assez fortement azotée (œufs, fromage, lait) pour que l'urine eût une acidité prononcée, E. Dehaussy a noté, sur un total de 0 gr. 408 d'acide urique en vingt-quatre heures, 0 gr. 294, soit 72 p. 100 d'acide précipitable. L'ingestion d'eaux alcalines (Posner et Goldenberg) ou de carbonate de chaux (F. Cappon) conduit au même résultat que le régime végétarien (p. 473), mais les quantités nécessaires pour supprimer tout acide précipitable dans l'urine des vingt-quatre heures sont très variables (Cappon; Dehaussy). Il faudra tenir compte aussi de la marche de l'excrétion de l'acide urique (C. Vallée), et spécialement de l'acide urique précipitable, pendant la période des vingt-quatre heures. Par exemple, vers cinq heures du soir, au moment où l'acidité urinaire passe par un minimum (p. 474), la quantité de l'acide urique précipitable diminue ou s'annule, ou bien même l'urine devient apte à dissoudre de l'acide urique (F. Cappon). Mais ce phénomène n'est pas constant; il manque précisément lorsque l'urine des vingt-quatre heures contient habituellement presque tout son acide urique à l'état précipitable (E. Dehaussy).

5. *L'acide oxalique.*
La formation des sédiments d'oxalate de calcium.

Les quelques milligrammes d'acide oxalique que l'urine élimine par jour (p. 352) existent dans cette humeur à l'état d'oxalate de calcium, dont les cristaux caractéristiques (en enveloppes de lettre) apparaissent souvent dans le léger sédiment floconneux de toute urine normale, surtout en été, lorsque l'ingestion d'aliments végétaux est plus abondante. Parfois, ce phénomène devient pathologique, et l'urine charrie alors un véritable sable oxalique, ou même il se forme des calculs oxaliques dans les voies urinaires. Recherchons donc quelles sont les conditions de solubilité de l'oxalate de calcium dans l'urine et quelle est la thérapeutique préventive à mettre en œuvre ici.

L'oxalate de calcium, pratiquement insoluble dans l'eau, est maintenu en dissolution dans l'urine par l'action d'autres substances parmi

lesquelles on connaît le phosphate disodique et les sels de magnésie,
l'action de ce dernier facteur paraissant prépondérante. D'ailleurs, on
connaît bien, en analyse, cette influence des sels de magnésie (Albahary).
Et comme, d'autre part, la précipitation de l'oxalate de calcium est
favorisée par l'abondance de la chaux, il convient, pour que les chances
de précipitation soient réduites au minimum, que le rapport CaO :
MgO reste compris entre 1 : 0,8 et 1 : 1,2 avec une quantité absolue de
MgO de plus de 20 mgr. pour 100 cm³ et aussi avec une quantité
d'acide oxalique à éliminer ne dépassant pas 1 mgr. 8 p. 100 cm³,
(Klemperer et Tritschler). On atteint ce résultat en interdisant les
aliments riches en acide oxalique (thé, cacao, oseille, épinards, rhubarbe,
haricots verts) et en faisant ingérer environ deux grammes de carbonate de magnésie (voy. en outre sur ce point à la page 352).

§ V. — LES MATIÈRES EXTRACTIVES.

On entend, en analyse, par *matières extractives* l'ensemble des
substances connues et inconnues qui constituent la différence
entre le poids total des matières organiques et la somme des poids
des matières organiques dosées. Ce ne sont donc pas des substances
réunies par le lien de quelque parenté chimique ou de réactions
analytiques communes, mais simplement l'ensemble de tous les
corps que l'on n'a pas dosés, les uns parce qu'on n'a pas jugé à
propos de les doser, les autres parce qu'ils sont actuellement indosables ou même totalement inconnus. Les matières extractives
sont donc constituées par le « non-dosé organique », et d'une
analyse à l'autre un corps rentre dans cet extractif ou s'en détache,
selon qu'il n'a pas été dosé ou qu'il l'a été.

Un premier point qui nous intéresse, c'est que le *poids total*
de tous ces matériaux ainsi laissés de côté dans nos analyses habituelles, même lorsque celles-ci sont poussées très loin, est *bien
plus important* qu'on ne l'a cru jusqu'à présent.

En dosant dans 21 urines normales des vingt-quatre heures, fournies
par 8 personnes, l'urée, l'acide urique, les corps xanthiques, l'ammoniaque et la créatinine, matériaux qui renferment en moyenne les 93 centièmes de l'azote total, on a constaté que le total des matières organiques laissées en dehors de l'analyse (donc les matières extractives)
pèse en moyenne 10 gr., soit 26 p. 100 du total des matières organiques
(maximum : 35,1 ; minimum : 16,7 p. 100). Ces matières extractives, qui
ne contenaient donc que peu d'azote, renfermaient, au contraire, environ
le tiers du carbone total (Donzé et Lambling). D'autre part, dans 15 urines
des vingt-quatre heures provenant d'un même adulte, soumis à des
régimes différents (régime mixte, régime lacté, alimentation insuffisante, jeûne complet), le poids des matières extractives s'est élevé en

moyenne à 33,98 p. 100 des matières organiques totales (maximum : 44,2 ; minimum : 19,1), et ces matières contenaient une quantité de carbone s'élevant en moyenne à 40,6 p. 100 du carbone total (maximum : 50,8 ; minimum : 30,3) (Bouchez et Lambling, Bouchez). Très élevé pour le régime mixte fortement carné, le poids de ce non-dosé organique s'abaisse avec le régime moins riche en viande, plus encore avec le régime lacté, et prend sa valeur minimum au cours du jeûne (Bouchez).

Ces matières comprennent des corps non azotés et des corps azotés, qui ont déjà été signalés dans les chapitres précédents, comme produits de la désassimilation, mais dont l'étude doit être complétée ici en ce qui concerne leurs variations à l'état de santé ou de maladies.

Les *corps non azotés* sont représentés, d'une part, par des corps bien définis, comme les *acides gras volatils* (p. 354), l'*acide oxalique* (p. 352 et 493), l'*acide glycuronique* (p. 239 et 240), les *acides oxyaromatiques* (p. 350), et, d'autre part, des hydrates de carbone, parmi lesquels figure, même à l'état normal, un peu de *glycose*, peut-être aussi du saccharose (P. Bernier). La quantité de ces corps hydrocarbonés serait de 1 à 5 gr. en vingt-quatre heures ; celle des corps réducteurs (glycose) est de 0 gr. 66 en moyenne (Gilbert et Baudouin).

Les *corps azotés* sont ceux qui ont été énumérés déjà à la page 348. On a vu que parmi eux figurent des corps à grosses molécules, comme les acides protéiques, représentant vraisemblablement des fragments encore assez volumineux de la molécule protéique, et dont les variations sont particulièrement intéressantes.

L'azote des *acides protéiques*, qui fait chez l'adulte de 3 à 7 p. 100, en moyenne, d'après C. Vallée, 6,3 p. 100 de l'azote total, en représente, au contraire, 10 p. 100 chez le nouveau-né (S. Simon). Il est maximum avec le régime carné, et diminue avec le régime lacté et au cours du jeûne (C. Vallée). Il semble donc qu'une partie, au moins, de ces acides provient des protéiques alimentaires, mais une autre partie a certainement une origine endogène, car au cours de l'intoxication par le phosphore, dans les maladies infectieuses fébriles, dans la cachexie cancéreuse, la quantité de soufre neutre et celle de l'azote oxyprotéique sont souvent augmentées, comme si la fonte toxique des protoplasmes fournissait une plus grande quantité de ces produits d'oxydation incomplète de la molécule protéique. Pareillement, l'azote précipitable par l'alcool ou par le zinc est aussi augmenté au cours de diverses affections, mais la relation que l'on a cru constater entre ce phénomène et le cancer n'est nullement constante (C. Vallée.) On voit aussi la quantité de l'adialysable s'élever dans l'état de maladie, par exemple chez les diabétiques (H. Labbé et G. Vitry), chez les femmes éclamptiques (Savaré). On a déjà signalé la remarquable augmentation du soufre neutre quand il y a asphyxie interne (p. 349, note 1).

§ VI. — LES RÉSULTATS DE LA DÉSASSIMILATION DE L'ALBUMINE. — L'ÉLABORATION URINAIRE.

Carbone et azote éliminés par l'urine. — Presque tout l'azote de l'albumine détruite chaque jour se retrouve dans l'urine. Pendant que l'urine élimine 1 gr. d'azote, les excréments n'en emportent, en effet, que 0 gr. 053, soit donc environ 5 p. 100 (Ch. Bouchard) [1]. Il n'en va pas de même pour le carbone de l'albumine, que le travail de désassimilation conduit vers trois émonctoires différents : le poumon, l'intestin et l'urine, et Ch. Bouchard a mis en vive lumière ce fait intéressant, à savoir que moins l'azote urinaire emmène de carbone avec lui, plus le travail de désassimilation doit être considéré comme parfait.

Rapprochons en effet, à cet égard, le point de départ et le point d'arrivée du travail de l'élaboration urinaire. Le point de départ, c'est une très grosse molécule, l'albumine, contenant dans 100 gr. 15 gr. 63[2] d'azote pour 53 gr. 6 de carbone. Le rapport du carbone à l'azote est donc dans l'albumine :

$$\frac{C}{N} = \frac{53,6}{15,63} = 3,43,$$

c'est-à-dire que pour 1 gr. d'azote l'albumine contient 3 gr. 43 de carbone. Le point d'arrivée, c'est une série de déchets azotés, urée, ammoniaque, produits extractifs divers. Admettons pour un instant que l'urée, qui emporte avec elle 82 p. 100 de l'azote de l'albumine, soit le seul déchet organique de l'urine. Comme l'urée renferme pour 100 gr. 46 gr. 66 d'azote et 20 gr. de carbone, le rapport du carbone à l'azote est ici :

$$\frac{C}{N} = \frac{20}{46,66} = 0,43;$$

en sorte que chaque gramme d'azote, qui dans l'albumine était accompagné de 3 gr. 43 de carbone, n'en emporte plus dans l'urée que 0 gr. 43. En réalité, l'urine élimine avec l'urée d'autres déchets azotés, plus riches en carbone et moins riches en azote que l'urée (et même quelques-uns, comme de petites quantités d'hydrates de carbone, qui ne contiennent pas d'azote du tout). Ainsi, pour 1 gr. d'azote, l'acide urique contient 1 gr. 07, la créatinine 1 gr. 14 et l'ensemble des matières extractives en moyenne 5 gr. 4 de carbone. C'est pourquoi le rapport du carbone total à l'azote total dans l'urine, $\frac{C^t}{N^t}$, est plus fort que dans l'urée et

---

1. Défalcation faite, bien entendu, de tout l'azote fécal qui n'est pas fourni par l'excrétion intestin.

2. Chiffre exact pris au lieu du chiffre moyen de 16 p. 100 dont on se sert habituellement.

prend les valeurs moyennes de 0,87 (Ch. Bouchard), de 0,66 (Donzé et Lambling), de 0,74 (Bouchez et Lambling, Bouchez).

L'urée, produit le plus parfait [1] de la simplification de l'albumine, donne donc, par sa composition, la formule chimique idéale d'une bonne désassimilation, formule que l'on peut traduire ainsi : *L'azote doit emmener avec lui dans l'urine la plus petite quantité possible de carbone.*

Rôle du foie dans la distribution du carbone entre l'urine et les autres émonctoires. — Sur les 3 gr. 43 de carbone qui, dans l'albumine, accompagnent chaque gramme d'azote, on n'en retrouve donc dans l'urine que 0 gr. 66 à 0 gr. 87. Qu'est devenue la différence? Elle a été éliminée par le poumon et par l'intestin, et dans cette distribution du carbone de l'albumine entre les divers émonctoires, il apparaît que le foie joue un rôle capital : 1° en produisant vraisemblablement à partir de l'albumine du glycogène ou du glycose, lequel emporte avec lui une partie de ce carbone ; 2° en en éliminant une autre partie sous la forme de matériaux biliaires (Ch. Bouchard).

On ne pourra donner de précisions sur ces points que quand on connaîtra les étapes par lesquelles passe la simplification des matières protéiques dans l'organisme. On a vu qu'au dédoublement de ces matières en acides aminés et à la désamination de ces acides succède peut-être une production de glycose ou de glycogène aux dépens des fragments non azotés ainsi produits (voy. p. 328, 386 et suiv.). Puis ce glycose est brûlé et son carbone est expulsé par le poumon à l'état d'acide carbonique. Le siège de cette production de sucre est vraisemblablement le foie. Mais cet organe produit aussi la bile, et cette humeur emporte, sous la forme de glycocolle, de taurine, d'acide cholalique, etc. des fragments de la molécule albumine, riches en carbone. Les acides biliaires contiennent, en effet, par gramme d'azote environ 22 gr. de carbone. Ces matériaux sont, à la vérité, en grande partie résorbés et soumis à un nouveau travail de simplification, mais il n'en reste pas moins certain que, sous la forme de dérivés des acides biliaires et des pigments biliaires, la bile élimine par les excréments une importante partie du carbone de l'albumine. Ch. Bouchard l'évalue en moyenne à 1 gr. 18 de carbone par gramme d'azote urinaire.

Ainsi, sous la forme de glycogène qui est ensuite brûlé, sous la forme de produits biliaires qui sont éliminés avec les fèces, le foie

---

1. L'idéal serait, semble-t-il, que la combustion du carbone étant complète, c'est-à-dire poussée jusqu'à l'état d'acide carbonique, l'azote fût éliminé à l'état d'ammoniaque et non pas d'urée. Mais l'ammoniaque est une matière excrémentielle moins parfaite que l'urée, car, à quantités égales d'azote, elle est 40 fois plus toxique que l'urée (Ch. Bouchard).

détourne vers le poumon et vers l'intestin une partie du carbone de l'albumine, et il diminue d'autant la quantité de carbone qui s'en va par l'urine. Et quand l'urine élimine peu de carbone avec l'azote, nous savons que cela veut dire que son azote est surtout à l'état d'urée, puisque, après l'ammoniaque, l'urée est le corps qui contient dans l'urine par gramme d'azote le moins de carbone possible (Ch. Bouchard).

La plus ou moins grande perfection de l'opération est donc mesurée par cette fraction du carbone de l'albumine détruite qui est éliminée par l'urine. Plus cette fraction est petite, plus la désassimilation aura été près d'être parfaite. Ce quotient du carbone total de l'urine C^t par le carbone de l'albumine détruite C^a, donc $\dfrac{C^t}{C^a}$, prend dans l'urine normale une valeur moyenne de 0,23 (Ch. Bouchard), de 0,18 (Donzé et Lambling) ou de 0,20 (Bouchez et Lambling ; Bouchez), ce qui veut dire que l'urine n'élimine guère que le quart ou le cinquième du carbone de l'albumine détruite — alors qu'elle emmène plus des huit dizièmes de l'azote de cette albumine. C'est avec raison que Ch. Bouchard a insisté sur l'importance clinique de ce coefficient.

Poids de la molécule élaborée moyenne. — Ainsi ce travail de l'élaboration de l'albumine aboutit à ce résultat de fournir à l'urine des fragments de cette molécule contenant pour un poids d'azote le moins de carbone possible, et l'urée représente à ce point de vue le produit le plus parfait de cette élaboration. Parallèlement, ce travail tend à cet autre résultat, à savoir que ces fragments soient aussi petits qu'il est possible, et ici encore l'urée apparaît comme représentant le déchet le plus parfait, puisqu'elle est la plus petite molécule organique de l'urine; c'est ce que montre la liste ci-après, extraite du tableau plus étendu dressé par Ch. Bouchard.

Substances.	Formules.	Poids moléculaires.
Urée	CON^2H^4	60
Créatinine	$C^4H^7N^3O$	113
Xanthine	$C^5H^4N^4O^2$	152
Acide urique	$C^5H^4N^4O^3$	160
Acide hippurique	$C^9H^9NO^3$	170
Indoxylsulfate de potassium	$C^8H^6NSO^4K$	251
Urobiline	$C^{33}H^{44}N^4O^6(?)$	592
Acide oxyprotéique	$C^{43}H^{82}N^{14}O^{31}S(?)$	1 322

Parti d'une molécule qui pèse au moins 6 000, le travail d'élaboration tend donc vers une molécule qui pèse 60. Il y aurait intérêt à savoir, pour chaque cas, dans quelle mesure il se rapproche de ce but d'une désassimilation idéale. On vient de voir que le dosage du carbone et de l'azote dans l'urine a fourni à Ch. Bouchard un moyen d'apprécier ce degré de perfection. La cryoscopie appliquée à l'urine lui en a fourni un autre. Cette méthode permet, en effet, de mesurer le poids moléculaire moyen des corps organiques contenus dans l'urine, ce que Ch. Bouchard appelle le *poids de la molécule élaborée moyenne*. Pour les urines normales, ce poids est en moyenne de 76 (de 68 à 82), donc très proche de celui de l'urée qui vaut 60. Dans les expériences de C. Vallée (un seul sujet), il a été plus élevé avec le régime mixte plus ou moins carné (67,6) qu'avec le régime lacté (62,8). Pour les urines pathologiques, il a été presque toujours plus élevé et a atteint 145, sans doute à cause de la présence d'un nombre de grosses molécules plus considérable qu'à l'état normal.

Ajoutons que celles d'entre ces grosses molécules qui pourraient prendre l'état colloïdal échapperaient bien entendu à cette méthode (voir p. 44, note 2 et p. 495).

Pouvoir calorifique et quotient calorique de l'urine. — Les déchets que l'urine élimine sont encore combustibles, c'est-à-dire qu'ils sont encore porteurs d'une petite fraction de l'énergie primitivement accumulée dans les aliments dont ils proviennent. Si l'élaboration urinaire aboutissait à cette désassimilation idéale, définie plus haut (p. 497), c'est-à-dire si l'urine ne contenait comme déchet azoté que de l'urée (corps dont la chaleur de combustion est de 2 cal. 53 par gramme), une urine des vingt-quatre heures contenant, par exemple, 21 gr. 4 d'urée (valant 10 gr. d'azote), aurait un pouvoir calorifique total de $21,4 \times 2,53 = 54$ cal. Or, la combustion d'une urine des vingt-quatre heures contenant 10 gr. d'azote total fournit en réalité au calorimètre environ 90 cal. Ce résultat est dû évidemment à ce fait qu'une partie seulement de l'azote aboutit à l'état d'urée, le reste demeurant sous la forme de fragments plus gros, d'un pouvoir calorifique plus élevé.

Au lieu d'exprimer ainsi le pouvoir calorifique d'une urine, en énonçant, comme on vient de le faire, le nombre de calories emportées par l'urine des vingt-quatre heures, il vaut mieux dire combien de calories s'en vont par l'urine pour chaque gramme d'azote urinaire, c'est-à-dire former le quotient $\dfrac{\text{Cal}}{\text{N}}$, ou *quotient calorique* de Rubner. Dans l'exemple choisi, ce quotient serait de $90 : 10 = 9,0$, tandis que, si tout l'azote de cette même urine avait été dégradé jusqu'à l'état d'urée, ce quotient aurait pris la valeur idéale de $54 : 10 = 5,4$. La différence entre $9,0$ et $5,4$ mesure donc, pour ce cas, l'imperfection inévitable de l'élaboration urinaire. Plus le quotient calorique d'une urine est faible, c'est-à-dire se rapproche de celui de l'urée, plus l'élaboration urinaire a été parfaite. C'est donc là une nouvelle manière de mesurer le plus ou moins de perfection de cette opération.

L'albumine, point de départ de tout ce travail de désassimilation, contient pour chaque gramme 0 gr. 16 d'azote, et sa combustion fournit 5 cal. 7 par gramme. Chaque gramme d'urée, produit essentiel de l'opération en question, contient 0 gr. 467 d'azote et vaut 2 cal. 53. On a donc comme valeurs du quotient calorique au point de départ et au point d'arrivée du travail de la nutrition azotée :

$$\text{Pour l'albumine} \quad 5,7 : 0,16 = 35,6$$
$$\text{Pour l'urée} \quad 2,53 : 0,467 = 5,4$$

En réalité, le quotient calorique de l'urine normale varie de $6,42$ à $8,57$ (moyenne $7,93$) (Rubner), de $7,77$ à $9,76$ (moyenne $8,56$) (Loewy), de $7,09$ à $9,08$ (moyenne $8,07$) (Atwater), de $8,06$ à $9,84$ (moyenne $9,14$) (C. Vallée). Quels sont les matériaux urinaires qui sont responsables de cet écart entre la valeur idéale de $5,4$ et ces valeurs réelles. Ce ne sont pas les corps que l'on dose habituellement dans l'urine à côté de l'urée, à savoir l'ammoniaque, l'ensemble des purines et la créatinine, car, bien que ces corps présentent un quotient calorique sensiblement plus élevé (de $6,5$ à $11,5$), l'urine en contient trop peu pour que leur action se fasse ici sentir fortement. En effet, si, pour une urine, telle que la fournit habituellement le régime mixte, on calcule, comme l'a fait C. Vallée, le quotient calorique de l'ensemble des matériaux azotés en question (urée, ammoniaque, purines totales et créatinine), on trouve, par exemple, $5,9$, soit donc une valeur à peine supérieure à celle que fournit l'urée. L'écart en question est donc dû presque entièrement aux matières organiques non dosées (p. 494), c'est-à-dire surtout à de grosses molécules, produits d'une élaboration urinaire incomplète (p. 495). Dans 7 urines des vingt-quatre heures, C. Vallée a trouvé en effet, pour les matériaux non dosés, une valeur calorifique représentant de 29 à 42 p. 100, en moyenne 38 p. 100 du pouvoir calorifique total.

Il convient d'ajouter qu'un quotient calorique plus élevé n'indique pas toujours l'excrétion d'une plus grande quantité de déchets *azotés* moins parfaits. L'urine contient aussi des corps *non azotés* (p. 495) dont la présence contribue à grossir le quotient calorique, parce qu'il en augmente le numérateur sans en modifier le dénominateur. C'est pourquoi la valeur de ce quotient s'élève jusqu'à $11,9$ chez l'homme recevant d'abondantes quantités d'hydrates de carbone (Tangl), parce qu'alors l'urine élimine plus de déchets d'origine hydrocarbonée.

Toxicité urinaire. — A ces divers moyens de mesurer la perfection plus ou moins grande de l'élaboration de l'albumine Ch. Bouchard en a ajouté un autre, c'est l'étude de la *toxicité urinaire* (exprimée en *urotoxies* ou quantité de poison urinaire pouvant tuer par injection intraveineuse un kilogramme de lapin). Pendant que la molécule protéique se désagrège, elle fournit des fragments, qui non seulement vont s'appauvrissant en carbone, qui non seulement deviennent de plus en plus petits, c'est-à-dire plus capables de franchir les filtres, mais qui aussi, dans leur ensemble du moins, deviennent de moins en moins toxiques. L'extrait aqueux de tissu frais est très toxique (Ch. Bouchard; Charrin et Ruffer; Roger), parce qu'il contient des poisons dont la chimie a, de son côté, démontré l'existence (A. Gautier). L'urine normale l'est, au contraire, beaucoup moins, et sa toxicité minérale[1] l'emporte en général sur sa toxicité organique, qui est modérée. Le travail de dédoublement et d'oxydation de l'organisme a donc eu pour effet de rendre moins toxiques dans leur ensemble les produits élaborés par les cellules, mais il laisse néanmoins subsister une certaine toxicité, dont la mesure renseignera donc sur le plus ou moins de perfection de ce travail.

Et ce qui justifie ce mode d'investigation, c'est que, dans un grand nombre d'affections, on trouve cette toxicité augmentée; elle l'est surtout dans les maladies du foie (Roger; Surmont), dont on a montré plus haut le rôle important.

---

1. La toxicité de l'urine a été d'abord reconnue par Feltz et E. Ritter (de Nancy) et attribuée par eux à la potasse; puis Ch. Bouchard a établi qu'à cette toxicité minérale s'ajoute la toxicité par les matières organiques, qui parfois l'emporte sur la première.

CHAPITRE XXI

LES COORDINATIONS CHIMIQUES DES FONCTIONS ANIMALES

Le maintien de la vie chez les animaux supérieurs implique évidemment une coordination parfaite d'un nombre très considérable d'opérations, qui toutes concourent vers un même but, à savoir la conservation de l'individu et de l'espèce. Quels sont les mécanismes qui assurent cette coordination?

Pendant longtemps, le système nerveux est apparu comme assurant seul cette harmonie des fonctions, et il est évident que l'intervention de ce système est indispensable à tous les actes vitaux qui exigent une adaptation rapide du fonctionnement d'un organe à celui d'un autre organe.

Mais on sait aujourd'hui que, pour assurer des coordinations qui n'ont pas besoin d'être aussi rapides, l'organisme dispose de mécanismes de régulation par voie chimique, c'est-à-dire humorale, et que les agents qui entrent en jeu ici sont des *produits de sécrétion interne*. Par là, tout un ordre nouveau de connaissances, celui des *corrélations fonctionnelles humorales*, a été ouvert à la recherche physiologique [1].

Les fondateurs de la doctrine des sécrétions internes sont Cl. Bernard et Brown-Séquard. C'est à la suite de la découverte de la fonction glycogénique du foie que Cl. Bernard a été tout de suite conduit, par une généralisation inévitable, à cette théorie nouvelle des sécrétions. « L'histoire du foie, dit-il, établit maintenant d'une manière très nette qu'il y

1. L'historique ci-après et les notions générales qui lui font suite sont extraits du récent exposé de E. Gley sur les *Sécrétions internes* (Actualités médicales, Paris, 1914; 3ᵉ édit., 1925) auquel le lecteur pourra se reporter pour toute la partie physiologique de la question.

a des sécrétions internes, c'est-à-dire des sécrétions dont le produit, au lieu d'être déversé à l'extérieur, est transmis directement dans le sang... » « Il y a donc dans le foie deux fonctions de la nature des sécrétions. L'une, la sécrétion externe, produit la bile qui s'écoule au dehors; l'autre, la sécrétion interne, forme le sucre qui entre immédiatement dans le sang » (1855). « Les organes qui fournissent des sécrétions exclusivement internes sont la rate, le corps thyroïde, les capsules surrénales, les ganglions lymphatiques... » (1859). Mais Cl. Bernard apercevait surtout dans ces glandes, ainsi que E. Gley l'a fait ressortir très clairement, des organes modifiant par leurs produits la composition du sang, et n'agissant donc sur d'autres organes que par le fait de ces modifications. Tout autre et d'une portée physiologique bien plus grande est la notion nouvelle apportée par Brown-Séquard, à savoir celle de « substances spéciales », introduites dans le sang par ces sécrétions, et qui ont la propriété d'agir d'une façon élective sur des organes voisins ou éloignés « pour maintenir l'état normal de l'organisme ». C'est donc bien la notion des corrélations fonctionnelles humorales qui est ici clairement posée pour la première fois (1889-1891). A vrai dire, l'étude des extraits testiculaires, à propos de laquelle Brown-Séquard énonçait ces conclusions, était imparfaite, et pour mettre en lumière toute l'importance de la nouvelle doctrine, il a fallu les expériences bien plus démonstratives de G. Vassale (1890), de E. Gley (1891), sur l'amélioration des accidents de la thyroïdectomie, chez le chien, à la suite des injections d'extraits thyroïdiens, et l'application de cette méthode au traitement du myxœdème par G.-R. Murray (1891). Mais Brown-Séquard n'en reste pas moins l'un des fondateurs et l'instaurateur de la théorie des sécrétions internes.

A côté des corrélations fonctionnelles d'origine nerveuse, connues depuis longtemps, se placent donc celles qui sont d'origine chimique. Ajoutons cependant avec E. Gley que, parmi les premières, il en est qui ne sont pas purement nerveuses, c'est-à-dire *neuro-directes*, mais *neuro-chimiques*, les appareils nerveux, qui déterminent le fonctionnement de l'organe visé, étant eux-mêmes mis en jeu, non par une excitation sensible, par des substances chimiques. Tel est le cas des centres bulbaires, que l'accumulation d'acide carbonique dans le sang incite à augmenter l'activité des mouvements respiratoires.

§ I. — NOTIONS GÉNÉRALES
SUR LES SÉCRÉTIONS INTERNES.

Avant d'aborder l'étude biochimique des sécrétions internes, il est utile d'indiquer quelles sont, d'après E. Gley, les conditions essentielles déterminant comme telle une sécrétion interne, et les caractères distinctifs des produits de ces sécrétions, parce qu'on aperçoit mieux ainsi la nature et l'étendue des questions que la physiologie pose à la chimie biologique quant à l'ensemble de ce problème.

Conditions essentielles des sécrétions internes. — On en distingue trois d'après E. Gley : 1° il faut que les cellules en question offrent les caractères d'éléments glandulaires, et qu'elles soient orientées par rapport aux vaisseaux efférents de l'organe, condition histologique, qui ne sera point développée ici; 2° il faut que dans ces cellules et dans le sang veineux ou dans la lymphe sortant de la glande on puisse caractériser chimiquement une substance spécifique. C'est la condition chimique; 3° enfin, le sang veineux de la glande doit présenter les propriétés physiologiques spéciales de cette substance. C'est la condition physiologique. Ce n'est que pour un très petit nombre de glandes que ces deux dernières conditions sont actuellement remplies.

En ce qui concerne d'abord la *preuve chimique*, on n'a jusqu'à présent décelé et caractérisé chimiquement que l'adrénaline dans les cellules et le sang veineux des capsules surrénales, et l'iodothyroglobuline dans le tissu de la thyroïde, et encore cette substance n'est-elle pas un individu chimique rigoureusement défini, et n'est-on pas sûr qu'elle représente à elle seule le principe actif spécifique de la glande[1]. Ni la sécrétine, ni l'antithrombine hépatique, ni la substance par laquelle le pancréas règle la consommation du glycose, ni les substances morphogènes issues du testicule, de l'ovaire, de la thyroïde, de l'hypophyse, du thymus, etc. (voir plus loin), ne sont encore connues chimiquement. On n'a pu conclure à l'existence de ces composés que d'après les résultats d'extirpations d'organes ou des constatations anatomo-cliniques. « Il y a donc présentement un travail chimique considérable en suspens sur les produits de sécrétion interne. Ce travail doit porter à la fois sur la détermination de ces substances, la recherche de leur nature et leur dosage » (E. Gley)[2].

Pour ce qui regarde la *preuve physiologique*, E. Gley montre qu'elle n'a été administrée de façon indiscutable que dans quatre cas seulement, à savoir pour la substance pancréatique servant à la régulation de la glycémie normale, pour l'antithrombine hépatique, pour la sécrétine et pour l'adrénaline. Il est vrai que par la méthode des injections d'extraits d'organes on a réuni un nombre considérable de résultats qui semblent, au premier abord, suppléer aux insuffisances signalées ci-dessus, mais E. Gley a établi clairement les faiblesses et les dangers de cette méthode (voir aussi p. 418, note 1).

1. Ce principe paraît être la *thyroxine* (E.-C. Kendall, p. 510).
2. Il y a à la vérité des produits de sécrétion interne que l'on n'a point cités ici et dont la chimie est achevée, par exemple le glycose et l'urée que le foie sécrète et verse ensuite dans le sang, la graisse reconstruite par la paroi intestinale et dirigée par elle vers la lymphe. Ce sont des produits de sécrétion interne, mais non pas des produits à action spécifique (voir la classification de tous ces produits à la page 505).

Classification et caractères des produits de sécréti-n interne. — Une *classification* chimique de ces produits étant impossible, puisque la nature chimique de presque tous ces agents est encore inconnue, seule une classification physiologique, c'est-à-dire fondée sur la notion de fonction, peut être tentée ici. On peut, avec E. Gley, répartir provisoirement ces produits en quatre groupes, qui sont : 1° les substances nutritives ; 2° les substances régulatrices de processus chimiques ou de fonctions (harmozones) ; 3° les hormones vraies ; 4° les parhormones.

1° *Les substances nutritives.* — Ici se placent le glycose que sécrète le foie, la graisse que reconstruit la muqueuse intestinale, c'est-à-dire des *matériaux nutritifs* préparés par ces organes en vue de la consommation énergétique. On doit aussi ranger dans ce groupe les protéiques reconstruits dans la muqueuse intestinale ou ailleurs, et qui servent notamment à la réparation sanguine.

2° *Les substances régulatrices de processus chimiques ou de fonctions.* — Ici se placent d'abord les *substances morphogénétiques* (à action chimique morphogène). Ce sont des agents dont ni la nature chimique, ni le mode d'action ne sont connues, et qui, sécrétés par les testicules, par les ovaires, par la thyroïde, peut-être par l'hypophyse, tiennent sous leur dépendance le développement des caractères sexuels secondaires, le développement du tissu osseux et l'allongement des membres. Viennent ensuite des *substances servant aux échanges nutritifs*, à savoir la substance d'origine pancréatique réglant la production du sucre, et l'adrénaline en tant que substance mobilisatrice du sucre, et enfin une *substance servant au maintien* du milieu intérieur, l'antithrombine. Mais comme on ignore entièrement de quelle manière les substances de ce second groupe exercent leur action, il convient, comme l'a montré E. Gley, de ne pas confondre ces agents avec les hormones (voir ci-après) et de leur appliquer un nom spécial. E. Gley a proposé celui d'*harmozones* (de ἁρμόζω, je règle, je dirige), qui a l'avantage d'exprimer un fait, sans rien préjuger de sa nature.

3° *Les hormones vraies.* — Ce sont, dit E. Gley, des substances qui provoquent des fonctionnements et jouent par conséquent le rôle d'excitants. Ce sont là les vraies hormones de (ὁρμάω, j'excite) (Starling), ou excitants fonctionnels spécifiques. Les uns sont *chimiques* (excitants de phénomènes chimiques) et sont représentées par l'agent inconnu émis par la rate et qui active la trypsine pancréatique, et par la substance catabolisante produite par la thyroïde et qui active les échanges azotés et respiratoires. Les autres sont *physiologiques* (excitants de phénomènes physiologiques). Ce sont la sécrétine, fournie par la muqueuse duodéno-jéjunale et la substance d'origine inconnue (placenta, fœtus,..) et qui agit comme galactagogue (pour l'adrénaline, voir p. 512).

4° *Les parhormones.* — Il existe des produits de déchets qui sont excitants pour certains appareils. Ainsi se comporte l'acide carbonique qui augmente l'activité du centre respiratoire, d'où résulte un accroissement de la ventilation pulmonaire, c'est-à-dire une régulation de la

richesse du sang en acide carbonique. Pareillement, l'urée est un diurétique, c'est-à-dire qu'elle excite l'organe sécréteur par lequel elle est
éliminée. Mais c'est néanmoins à tort que ces produits ont été considérés comme de véritables hormones. « Il est très vrai que ces substances,
une fois dans le sang, manifestent des actions physiologiques. Mais
elles n'ont pas été excrétées en vue de ces actions, à l'inverse des véritables produits de sécrétion » (E. Gley), à l'inverse des hormones vraies.
C'est donc assez que les qualifier, comme l'a proposé E. Gley, de parhormones.

Et voici enfin les principaux *caractères* distinctifs, qui sont la
marque de ces produits et dont le plus frappant est un caractère
négatif, commun à toutes les sécrétions internes vraies, à savoir
que ces corps ne sont pas des antigènes.

Les substances nutritives (1ᵉʳ groupe) sont caractérisées par leur destination spéciale de matériaux de nutrition et par ce fait qu'elles sont,
à cause même de cette destination, sécrétées en grandes quantités.
Au contraire, les harmozones et les hormones sont produites en petites
quantités et agissent à très petites doses. Ces produits « n'apportent
pas d'énergie aux éléments qu'ils influencent; ils libèrent seulement
de l'énergie préexistante, ils ordonnent et déclanchent le travail physiologique » (E. Gley). — Les harmozones et les hormones ont, en outre, ce
caractère commun de n'être point des antigènes (p. 33). « Et ce caractère, négatif sans doute, mais capital, s'applique à toutes les sécrétions
internes vraies; c'en est comme la signature, car c'est la condition
essentielle de leur action : leur pénétration dans le milieu intérieur ne
provoque pas une réaction qui annihilerait leur action » (E. Gley)[1]. —
Les hormones sont des substances labiles, disparaissant rapidement
dans le sang. Et il faut qu'il en soit ainsi (Starling), il faut que leur
action soit de courte durée, afin que les éléments excités par ces agents
demeurent aptes à recevoir des excitations nouvelles. — Enfin, bien
que versées dans le sang et offertes par ce liquide à tous les tissus, les
harmozones et les hormones (et aussi les parhormones), n'exercent en
général qu'une action locale, probablement parce qu'il existe entre ces
produits et les éléments anatomiques de tel ou tel appareil des correspondances de structure chimiques, qui font que le produit peut être
fixé par ces cellules et ensuite agir sur elles. Il y a cependant des
produits de sécrétion interne donc l'action est générale. Ainsi se comporte l'hormone thyroïdienne, qui augmente l'intensité des échanges
nutritifs.

---

1. C'est donc, dit E. Gley, une des caractéristiques d'une sécrétion interne
que « son effet puisse se répéter quasi indéfiniment. Ainsi se comporte l'adrénaline, ainsi la sécrétine ». Et c'est pour cette raison qu'il est difficile de voir un
produit de sécrétion interne dans un extrait d'organe qui produit de la tachy-
phylaxie, c'est-à-dire contre les effets duquel s'établit très rapidement une action
protectrice.

§ II. — L'APPAREIL THYROÏDIEN.

L'ablation ou la suppression fonctionnelle de l'appareil thyroïdien produit, chez l'homme et chez les animaux, une série de manifestations morbides, que la greffe d'une partie de la glande, l'injection d'extraits aqueux de l'organe, ou l'ingestion de la glande fraîche permettent de combattre efficacement.

On sait que l'extirpation totale de l'appareil thyroïdien, corps thyroïde et glandules parathyroïdes [1], produit chez l'animal des accidents graves et la mort, et que l'ensemble des symptômes observés offre une identité profonde avec ceux que présentent les opérés de goitre (myxœdème post-opératoire); chez les malades atteints de myxœdème, la glande thyroïde seule est fonctionnellement détruite par un processus pathologique. Ces accidents ont bien pour cause unique la suppression de l'appareil thyroïdien, car si l'ablation n'est que partielle, l'animal survit, ou si l'on fait la greffe d'un lobe de l'organe, le reste de l'appareil étant enlevé, l'animal ne succombe avec les accidents caractéristiques que si on le prive ultérieurement de la portion greffée. Chez l'homme, on a réussi de même à guérir des cas de myxœdème en greffant sous la peau du tissu provenant d'un autre sujet. D'autre part, l'injection intraveineuse ou intrapéritonéale d'extraits de glande thyroïde atténue chez les animaux thyroïdectomisés les accidents habituels, et c'est même sur ces expériences (Vassale, E. Gley, 1890-1891), venues immédiatement après celles de Brown-Séquard avec l'extrait testiculaire, et sur les heureuses applications à la médecine humaine qui en découlèrent tout de suite, que fut solidement assise la méthode thérapeutique dite *opothérapie*. Chez l'homme, on guérit maintenant le myxœdème et les états myxœdémateux (myxœdèmes frustes) par l'ingestion de glande thyroïde fraîche ou de produits divers extraits de cette glande.

Ajoutons que les physiologistes discutent encore au sujet du rôle respectif du corps thyroïde et des glandules parathyroïdes, les unes faisant une distinction absolue entre la thyroïde, à l'ablation de laquelle seraient dus les troubles trophiques, et les glandules, dont la suppression amènerait les troubles nerveux (tétanie), les autres, au contraire, admettant, avec E. Gley, une association fonctionnelle entre les deux parties de l'organe.

Action de l'appareil thyroïdien sur la nutrition. — Par quel mécanisme l'appareil thyroïdien intervient-il dans la régulation des fonctions animales? On peut essayer de répondre à cette

---

1. L'appareil thyroïdien se compose du corps thyroïde et des glandes parathyroïdes; ces dernières ont été décrites en 1880 par l'anatomiste suédois Sandström, mais elles n'ont attiré l'attention des physiologistes qu'après les expériences de E. Gley (1891-1893). Les physiologistes appellent *thyroïdectomie* l'ablation de la glande thyroïde, et *thyro-parathyroïdectomie* l'ablation de tout l'appareil thyroïdien, glande et glandules.

question en analysant les troubles produits par la suppression de cet appareil et l'action curative des produits thyroïdiens sur ces troubles. Ces accidents sont de deux sortes : des *accidents de nature toxique* (convulsions, puis paralysies, dépression nerveuse, lésions aiguës du foie et du rein) et des *troubles généraux de la nutrition*. On a attribué les premiers à un empoisonnement par la guanidine, celle-ci sortant de la créatinine. Nous nous bornerons à l'analyse des troubles de la nutrition.

Ces troubles consistent en *une diminution considérable des échanges nutritifs*, que l'on mesure à *l'abaissement de la dépense de calories et de la dépense d'albumine*.

Les sujets atteints de myxœdème mangent très peu, et cependant ils ne diminuent pas de poids en général. Cet abaissement des dépenses de l'organisme ne tient pas seulement à l'extrême paresse musculaire des malades, qui réduit bien entendu les besoins, mais aussi à une diminution de la *dépense de fond* d'environ 40 à 50 p. 100 (p. 574) (Magnus Levy), et corrélativement, leur température est abaissée. Leur besoin minimum d'azote est de même très abaissé, au point que, chez des chiens éthyroïdés, la quantité d'albumine détruite pendant le jeûne total dépasse à peine la moitié de ce qu'un animal normal sacrifie dans les mêmes conditions. (Eppinger, Falta et Rudinger). Cette diminution des échanges nutritifs paraît être accompagnée de déviations pathologiques de ces phénomènes, car les urines des animaux parathyroïdectomisés sont beaucoup plus toxiques que les urines du chien normal (Gley, Laulanié et d'autres), ce qui tiendrait, d'après D. Burns et E. Sharpe, à la présence de guanidine et de méthylguanidine (voy. aussi p. 329). Enfin, cette influence trophique de la sécrétion thyroïdienne se traduit aussi, lorsque la thyroïde a été supprimée, par des altérations de la peau, par un retard de l'ossification chez des sujets jeunes, d'où le nanisme, et par l'atrophie des organes génitaux, ovaires et testicules.

Inversement, *l'ingestion de glande thyroïde produit chez ces malades un relèvement puissant de la dépense totale de calories et de la dépense d'albumine*. Mais cette dernière est alimentée non seulement par les apports azotés de la ration, mais encore par des prélèvements faits sur les tissus. Il y a fonte toxique des protoplasmes cellulaires.

Sitôt que l'on administre des préparations thyroïdiennes, les échanges respiratoires augmentent et la température se relève. La consommation d'oxygène (mesurée bien entendu au repos et loin des repas) s'accroît de 45 à 72 p. 100 de sa valeur primitive, et dépasse souvent celle que l'on observe à l'état normal. Cette augmentation se fait lentement, en quelques semaines, elle se maintient aussi longtemps que l'on continue le traitement et, quand on le suspend, l'ancien état de choses se rétablit avec la même lenteur (Magnus-Levy). En même temps, lés échanges azotés se relèvent puissamment (E. Mendel), non seulement parce que l'appétit, devenu meilleur, assure des apports d'albumine plus abondants, mais aussi parce que le médicament produit une fonte toxique des tissus, en sorte que les malades perdent plus d'azote qu'ils n'en ingèrent. Ainsi, une malade de Widal et Javal, qui recevait sous la forme de lait 9 gr. d'azote par jour, en perdit en neuf jours, sous l'influence du traitement thyroïdien 51 gr. de plus qu'elle n'en avait reçu, sacrifiant ainsi environ 1 500 gr. de sa chair musculaire[1]. Même avec des rations surabondantes en azote et en calories, cette azoturie ne peut pas, le plus souvent, être complètement évitée. Notons que ce gaspillage d'azote est indépendant de la hausse des combustions respiratoires, car on observe qu'il s'installe presque tout de suite.

Enfin, *l'ingestion de glande thyroïde détermine aussi chez les individus bien portants une augmentation de la quantité d'albumine détruite*, accompagnée souvent du même gaspillage d'azote. Quant à l'accroissement de la dépense totale de calories, elle est moins constante que chez les myxœdémateux. Cette dernière action a surtout été étudiée chez les obèses, chez lesquels on a essayé de provoquer ainsi une fonte de leur surcharge adipeuse. Mais par le gaspillage d'azote que l'on détermine en même temps, et qui est obtenu bien plus sûrement qu'une fonte des graisses, on risque de produire une déchéance organique.

L'ingestion prolongée de quantités importantes de glande thyroïde, parfois sans action marquée, produit au contraire, chez d'autres sujets, ou chez des sujets présentant déjà des symptômes atténués de la maladie de Basedow[2], des phénomènes pouvant aller jusqu'à reproduire le tableau d'un accès aigu de cette maladie. Sous l'action de cette opothérapie, la consommation d'oxygène au repos, donc la dépense totale de calories, est augmentée, en général, moins cependant que chez les myxœdémateux, et les rations, qui précédemment étaient suffisantes ou fournissaient un bénéfice d'azote, provoquent maintenant des déficits d'azote ou déterminent des bénéfices moindres. Parfois, cette fonte de l'albumine des tissus se produit même avec des rations assez riches en graisses et en hydrocarbonés pour amener une fixation de graisse.

---

1. Comme l'œdème sous-cutané était peu accentué et appréciable seulement à la face, il est certain que l'azote perdu n'a pu provenir que pour une très faible partie de la « mucine » accumulée dans le tissu cellulaire.

2. Dans cette maladie, caractérisée surtout par de la tachycardie, des tremblements musculaires et une tuméfaction de la glande thyroïde, on observe, à l'inverse de ce qui se passe chez les myxœdémateux, une hausse considérable de la dépense d'albumine et de la consommation d'oxygène. Cette dernière n'est pas due uniquement aux tremblements musculaires, car elle persiste pendant le sommeil (Magnus-Levy), et l'on admet en général que l'on assiste ici à un fonctionnement exagéré de la glande thyroïde. On en donne pour preuve que les malades sont améliorés par l'extirpation d'une partie de la glande, en même temps que l'on constate un retour des échanges nutritifs à leur niveau normal.

On a retiré de la glande thyroïde une substance iodée, l'*iodothyroglobuline* (Oswald), dont on n'a d'abord connu qu'un produit de dédoublement sous l'action de l'acide sulfurique fort, l'*iodothyrine* (E. Baumann). Mais bien que ces produits aient une certaine activité, ils ne peuvent pas remplacer complètement la glande dans son action thérapeutique. Plus récemment E. C. Kendall (1919) a isolé de trois tonnes de glandes de porc environ 20 gr. d'une substance cristallisée active, la *thyroxine*.

C'est Baumann qui, le premier, a constaté la présence constante de l'iode dans la glande thyroïde. Celle-ci en contient chez l'homme, par grammes de substance sèche, 2 mgr. 24 (de 0,44 à 4,26) et par grammes de substance fraîche, 0 mgr. 57 (de 1,5 à 3,0); pour la glande totale, il en vient en moyenne 15 mgr. 3 (E. Zunz). L'iode est apporté par les aliments (p. 119) et des rations riches en iode ou l'ingestion de préparations iodées augmentent la teneur en iode de la glande et la rendent plus active. L'iodothyrine de Baumann renferme jusqu'à 10 p. 100 d'iode, l'iodothyroglobuline d'Oswald 0,34 p. 100 et la thyroxine de Kendall (sous la forme de son sulfate) de 60 à 65 p. 100. Ce serait un oxy-indol (avec une chaîne latérale); de là la dénomination, plutôt malheureuse, de thyroxine (par contraction de thyro-oxy-indol). Les atomes d'iode, au nombre de deux, seraient fixés sur le noyau benzénique, et l'atome d'oxygène, qui fait du corps un oxy-indol, serait attaché au carbone voisin de NH. Enfin la chaîne latérale serait celle du tryptophane, mais sans NH². Le métabolisme des myxœdémateux (qui est à 40 p. 100 au-dessous de la normale) est relevé à son niveau primitif par la thyroxine. Cette activité est supprimée par l'acétylation du produit, celle-ci portant vraisemblablement sur l'hydrogène de NH dans le groupe pyrrol de la thyroxine. Ce corps cyclique iodé n'est pas isolé en chimie biologique, puisque l'acide iodogorgonique retiré du squelette d'un polypier ou de l'éponge ou des albumines iodées du commerce est une iodotyrosine (H. L. Wheeler et L. B. Mendel; A. Oswald).

On a soutenu qu'il existe, en outre, entre l'appareil thyroïdien et d'autres glandes, surrénales, pancréas, ovaire, des *relations réciproques* dont résulterait notamment une régulation de la consommation du *sucre*. Mais E. Gley a montré que les expériences actuellement acquises ne sont guère en faveur de cette théorie des interrelations humorales. D'autre part, on a assigné aux parathyroïdes une action sur les mouvements de la *chaux* et la thyroïde influence l'ossification. Enfin, A. Gautier a montré que de tous les organes c'est la thyroïde qui est le plus riche en *arsenic*.

On se bornera à énoncer ici d'après E. Gley la théorie des pathologistes viennois, Eppinger, Falta et Rudinger, qui résume les principales d'entre ces relations réciproques. La sécrétion thyroïdienne serait l'excitant de l'appareil surrénal, et l'adrénaline (voy. p. 410) l'excitant de la thyroïde. D'autre part, l'adrénaline exercerait une influence inhibitrice sur le pancréas, et la sécrétion de ce dernier aurait la même influence sur les surrénales. La sécrétion thyroïdienne modérerait aussi l'activité du pancréas, et la sécrétion interne pancréatique modérerait l'activité de la thyroïde. Enfin, les ovaires exerceraient aussi une action modératrice sur la thyroïde. Pour la discussion de ces problèmes, dont on comprend l'intérêt au point de vue pathologique, mais qui restent encore entièrement sur le terrain physiologique, on ne peut que renvoyer le lecteur aux ouvrages de physiologie et spécialement à l'exposé déjà cité de E. Gley. — L'extirpation des parathyroïdes, qui est suivie de tétanie chez les animaux (p. 507), produirait, en outre, une diminution de la chaux du sang, mais toute cette question de l'action des parathyroïdes sur les mouvements de la chaux aurait besoin d'être reprise. — Dans la thyroïde, l'arsenic accompagne les nucléines, et c'est aux produits iodés et à ces nucléines arsénicales que A. Gautier rattache l'action de la thyroïde sur la nutrition. Le surplus de ces produits s'écoule chez la femme par le sang menstruel, qui est, en effet, arsénical et iodé, tandis que le sang normal est pauvre en iode et ne renferme par d'arsenic.

§ II. — LES CAPSULES SURRÉNALES.

On sait que le syndrome morbide, appelé maladie d'Addison 1855) et caractérisé par une forte pigmentation de la peau et une faiblesse générale, est lié à des lésions des capsules surrénales. Cette relation, qui ressortait déjà des observations d'Addison et des expériences de Brown-Séquard (1856) sur les effets de l'extirpation de ces organes chez les animaux, s'est imposée depuis les recherches de E. Abelous et J.-P. Langlois (1892-1893).

Les animaux acapsulés présentent, dès les premières heures qui suivent l'opération, de la faiblesse musculaire, de la parésie, et ils meurent après quelques heures ou quelques jours selon l'espèce. On démontre que ces accidents sont dus uniquement à la suppression des surrénales, que le sang des animaux opérés paraît contenir des poisons à action parésiante, que la fatigue musculaire survient chez eux plus vite que chez les animaux normaux et ne disparaît pas par le repos même prolongé. Abelous et Langlois, et avec eux beaucoup de physiologistes, expliquent ces faits en admettant que les surrénales détruisent ou neutralisent normalement des substances toxiques résultant de la contraction musculaire. Mais on ignore si cette fonction s'exerce dans la glande ou dans le sang, car les injections d'extrait surrénal aux animaux acapsulés n'ont jamais sauvé ceux-ci.

Sur un seul point on a établi une relation précise entre l'un des effets de l'ablation des surrénales et la composition chimique des extraits de cet organe. Les animaux acapsulés présentent, en effet, après quelque temps, une tension artérielle très basse, et, d'autre part, les extraits en question, injectés dans les veines, élèvent, au contraire, cette pression d'une manière surprenante (Oliver et Schafer). Or, cette action est le fait d'un constituant chimique bien défini, fourni par la moelle de l'organe, *l'adrénaline* ou *suprarénine* ou *épinéphrine*.

L'adrénaline, déjà entrevue en 1856 par Vulpian, qui avait observé la propriété que possèdent les extraits de surrénales d'être colorés en brun par l'air et en vert par les sels ferriques (voir plus loin), a été isolée à l'état de pureté par Takamine et par Aldrich. C'est une base azotée, bien cristallisée, à réactions basiques, brunissant à l'air humide. Elle est lévogyre[1], elle renferme $C^9H^{13}NO^3$ (Aldrich; G. Bertand) et sa structure est celle d'une pyrocatéchine substituée, dont la synthèse a été faite et dont la production industrielle est aujourd'hui courante. Elle sort peut-être de la tyrosine (p. 329).

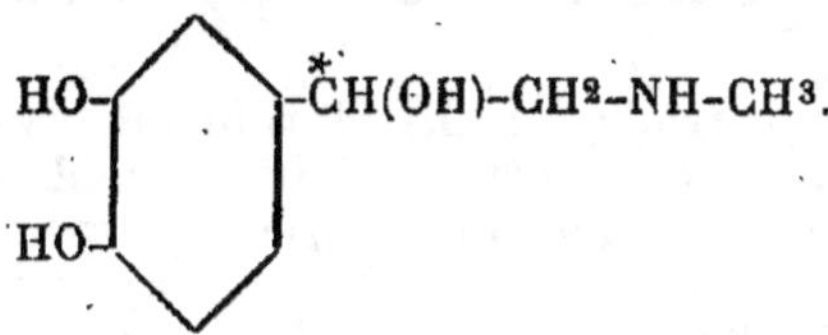

La glande fraîche en renferme de 0,10 à 0,17 p. 100, et de 118 kgr. de surrénales, provenant de 3 900 chevaux, G. Bertrand a pu retirer 125 gr. d'adrénaline cristallisé pure. Il suffit de 0 mgr. 0013 du chlorhydrate pour élever nettement la pression artérielle chez le chien. D'autre part, le sang veineux sortant de la glande possède des propriétés vaso-constrictives (L. Camus et J.-P. Langlois), phénomène qui est surtout le fait du groupement $-CH^2-CH^2-NH^2$ (Barger et Dale), mais l'oxhydryle alcoolique et les deux oxhydryles phénoliques, à condition qu'ils soient en position 3-4 (Tiffeneau), ajoutent quelque chose à cette action. On a pensé dès lors que le rôle de la sécrétion d'adrénaline est de maintenir le tonus vasculaire dans l'organisme. Mais E. Gley et A. Quinquaud ont trouvé que le sang veineux surrénal, recueilli en dehors de toute excitation, ne manifeste pas d'action sur la pression artérielle.

L'injection d'adrénaline produit de la *glycosurie* (F. Blum), et cette glycosurie est accompagnée d'hyperglycémie et d'une notable diminution ou même d'une disparition du glycogène du foie. Cette action de l'adrénaline serait antagoniste de celle de la substance que sécrète le pancréas et qui diminuerait la production du sucre (p. 410); c'est pourquoi un excès d'adrénaline entraînerait la glycosurie. On a déjà dit que la théorie de ces actions réciproques des glandes est encore très chan-

---

1. La synthèse fournit, comme toujours, un racémique qui est environ deux fois moins actif que l'adrénaline naturelle. Ce racémique a été dédoublé en l'isomère gauche, identique au produit naturel, et en l'isomère droit, dont l'action sur la pression artérielle, est, au contraire, 15 à 20 fois plus faible (Abderhalden; Tiffeneau).

celante (p. 418, note 1). — Enfin, les surrénales renferment aussi de la *cholestérine* (G. Lemoine et E. Gérard), de 45 à 55 p. 1 000 (A. Grigaut). C'est le tissu le plus riche en cholestérine et, d'après A. Chauffard et ses élèves, le principal lieu de production de ce lipoïde dans l'organisme.

§ IV. — AUTRES EXEMPLES DE SÉCRÉTIONS INTERNES.

L'existence de sécrétions internes, allant agir loin de l'organe sécréteur sur le développement d'organes divers ou sur la nutrition générale, a été établie ou doit être soupçonnée pour un grand nombre d'autres glandes, les glandes de l'appareil génital, l'hypophyse, peut-être aussi le thymus et la rate, mais sans que l'on ait pu saisir les agents chimiques par lesquels s'exercent ces actions. Nous nous bornerons donc ici à quelques indications sommaires.

Les glandes de l'appareil génital. — Des histologistes ont soutenu que dans le testicule sont enchevêtrées l'une dans l'autre deux glandes distinctes, la glande séminale, productrice du sperme, et une glande interstitielle (P. Ancel et P. Bouin). Si par l'injection d'une substance sclérogène dans l'épididyme, on réalise la dégénérescence de la glande séminale, avec conservation de la glande interstitielle, les animaux (lapins) ainsi traités conservent leurs caractères sexuels et leur activité génitale; ils sont seulement inféconds (P. Ancel et P. Bouin). Mais dans ces expériences la destruction totale des tubes séminifères n'a jamais été réalisée. De plus, il n'y a aucune relation chronologique entre le développement des cellules interstitielles et l'apparition des caractères sexuels (A. Pézard, Chr. Champy). Ce qu'il y a de sûr, c'est que la castration du mâle, avant la puberté, empêche l'apparition des caractères sexuels secondaires (tractus génital, etc.) et, après la puberté, en amène la régression. La transplantation de fragments de testicule ou l'injection d'extrait testiculaire rétablit l'état normal. D'autre part, l'ovaire exerce une semblable influence sur le tractus génital femelle. Ainsi *par le moyen d'une sécrétion interne* dont la nature chimique reste à déterminer, *le testicule et l'ovaire exercent une action puissante sur le développement et la nutrition d'autres organes ou tissus.*

Parmi ces actions, une mention spéciale doit être faite de celle qu'exerce l'ovaire sur toute l'évolution de la glande mammaire au moment de la puberté et pendant la gestation. Toute l'évolution de cette glande est arrêtée par l'extirpation de l'ovaire, et cette action est bien de nature chimique et non d'ordre nerveux, car chez des cobayes femelles, à qui l'on avait transplanté les deux glandes mammaires dans le voisinage de l'oreille, la gestation détermina ultérieu-

---

1. Rappelons ici, comme preuve possible de régulations coordonnées par voie chimique, l'existence dans l'urine d'une urohypertensine et d'une urohypotensine ou urocongestine, exerçant sur la circulation, comme l'indique leur nom, deux actions antagonistes (Abelous et Bardier).

rement un accroissement de la glande, et, après la mise-bas des jeunes, il s'établit une sécrétion lactée.

Le testicule et l'ovaire agissent aussi sur la *nutrition générale*. On a été conduit à examiner cette question notamment à cause de la tendance à l'obésité que manifestent les femmes après la ménopause et à cause de l'engraissement plus aisé des animaux castrés, phénomène utilisé depuis longtemps par les éleveurs. Chez un chien et chez une chienne castrés, A. Lœwy et P. Fr. Richter ont observé un abaissement de 10 à 20 p. 100 de la consommation d'oxygène à l'état de repos (voir aussi p. 606). Mais chez 4 femmes castrées, qui à la vérité n'étaient pas obèses, L. Zuntz a trouvé cette consommation normale. Toutefois, en reprenant cette étude sur trois autres femmes castrées, le même auteur a constaté un important abaissement des échanges gazeux respiratoires, mais qui ne se fait sentir que quelques semaines après l'opération. Quant à la consommation d'albumine, elle n'est nullement diminuée (P. Mossé et Oulié; Lüthje). Enfin, comme dans l'ostéomalacie, affection qui atteint surtout la femme, l'os s'appauvrit en phosphate de chaux (J. Galimard et P. Kœnig) et que les malades sont améliorées par la castration (rétention des phosphates de la ration, consolidation du squelette), on doit admettre que l'ovaire malade exerce une action puissante sur les mouvements de ce sel. Pour ce qui regarde l'organisme sain, on constate que l'ossification est plus lente chez les jeunes animaux castrés que chez les animaux entiers du même âge, mais que chez les adultes cette intervention n'est pas suivie, en ce qui concerne la chaux, d'effets marqués. Cependant l'ingestion de tissu ovarien produirait, d'après A. Löwy, une tendance à une plus forte élimination d'acide phosphorique et de chaux.

Autres glandes à sécrétion interne. — Depuis que P. Marie a établi une relation entre l'acromégalie [1] et des lésions de l'*hypophyse*, on a attribué aussi à cette glande une sécrétion à action morphogène (p. 505). On a été conduit à la même idée pour le *thymus*, dont l'extirpation serait suivie chez les jeunes animaux d'un développement incomplet des os. Et comme chez les animaux châtrés le thymus est plus volumineux, c'est donc qu'il y aurait, en outre, une relation entre cet organe et les glandes génitales. Enfin, la *rate* paraît fournir une diastase qui active la digestion pancréatique (Pachon et Gachet).

Concluons donc que les substances à actions spéciales, formées par les sécrétions internes (hormones, harmozones) sont des agents qui, transportés par le sang, passent à côté d'un nombre considérable d'organes sans les toucher, et qui s'arrêtent, au contraire, au niveau d'éléments anatomiques déterminés et exercent là leur action, probablement parce que des correspondances de structure chimique entre les protoplasmes en question et ces corps permettent une fixation, puis une action de ceux-ci sur ceux-là. N'est-ce point ce que commence à réaliser la chimiothérapie

---

1. Les principaux troubles de l'acromégalie sont le développement exagéré des os des extrémités et de la face et un état de fatigue et de faiblesse.

moderne, quand elle prépare, par des synthèses méthodiques, des médicaments qui se portent sur un tissu plutôt que sur un autre (p. 138, note 1), ou qui, peu toxiques pour les cellules de l'organisme humain, comme divers arséno-benzols substitués, sont, au contraire, des poisons pour certains organismes parasites (spirilles, trypanosomes)?

En quittant ce point de vue spécial et plus restreint des phénomènes de sécrétion interne, et en envisageant la question plus générale des collaborations chimiques des organes et tissus, on peut dire qu'il n'est point de cellules dont le travail ne soit en quelque mesure dépendant du travail chimique d'autres cellules. Par exemple, le dédoublement des protéiques en acides aminés et la désamination de ces acides ont lieu certainement en plusieurs points de l'organisme, probablement dans tous les tissus, et comme le foie est le principal agent de la transformation, en urée, de l'ammoniaque ainsi produite, il y a donc collaboration chimique entre le foie et ces tissus. Et quand une partie de cette ammoniaque sert à neutraliser quelque excès d'acide produit par la combustion des aliments, c'est encore une dépendance chimique que l'on saisit entre divers organes ou tissus. On pourrait multiplier ces exemples. Concluons donc que c'est autant par les produits qu'elles élaborent que par l'intermédiaire du système nerveux que les cellules maintiennent entre elles l'équilibre vital.

Ces mutuelles dépendances chimiques entre divers tissus ou organes constituent des mécanismes si délicats qu'à l'état normal on soupçonne à peine leur jeu. On ne les saisit guère que lorsque la maladie ou quelque intervention expérimentale trouble leur fonctionnement, et alors apparaît aussi la contre-partie du mécanisme qui nous occupe, à savoir la solidarité pathologique de tous ces organes au point de vue chimique. Lorsqu'un groupe de cellules est malade, il se peut que non seulement il cesse d'envoyer à d'autres cellules les produits qu'il leur doit, ou leur envoie ces produits en trop grande ou en trop faible quantité, mais encore qu'il leur fournisse des substances toxiques. Et parce que ces substances toxiques peuvent agir à la fois sur un grand nombre d'organes, et avec une intensité variable selon les dispositions individuelles, on s'explique la riche diversité du tableau clinique de ces affections. Enfin, cette solidarité humorale des divers organes, si elle complique la tâche du médecin, est aussi, d'autre part, d'un secours précieux, car, outre qu'il s'efforce d'agir sur l'organe malade, le clinicien ne perd jamais de vue le traitement de l'état général. Mais qu'est-ce cela, sinon le relèvement des fonctions des autres organes, c'est-à-dire une action bienfaisante exercée à la fois sur ces organes et, indirectement, par le fait de la solidarité en question, sur l'organe malade.

Quelles sont ces substances toxiques par lesquelles un organe malade agit ainsi sur les autres? On ne les connaît que dans un petit nombre de cas. Ce sont, par exemple, les acides biliaires, qui dans l'ictère refluent vers le sang, ou les acides acétoniques, qui ont cessé d'être combustibles pour l'organisme, ou l'acide urique que le goutteux accumule dans ses tissus. Mais combien sont nombreuses les affections, où la clinique soupçonne des actions toxiques — brûlures étendues de la peau, éclampsie (p. 116), œdème brightique (p. 79), urémie, etc... —, sans que la chimie ait encore réussi même à entrevoir les substances responsables de ces actions.

CHAPITRE XXII

LES ÉCHANGES NUTRITIFS EXTÉRIEURS : LES ALIMENTS SIMPLES ET LES ALIMENTS COMPOSÉS

La succession des réactions chimiques par lesquelles s'opère la simplification progressive des matériaux alimentaires, et qui sont intercalées entre l'absorption digestive et l'élimination des déchets de l'organisme, constitue ce que l'on appelle les *échanges nutritifs intermédiaires*, et tout l'exposé qui précède a visé essentiellement à faire l'inventaire de ce que l'on sait sur les diverses *étapes* de cette dégradation. Il nous faut maintenant, considérant *l'ensemble* de ce travail, établir en recettes et en dépenses le bilan de l'opération pour l'organisme tout entier. Les recettes sont constituées, ainsi qu'il ressort de ce qui a été dit dans le premier chapitre de ce livre, par un apport de matière et par un apport d'énergie, représentés respectivement par les aliments et par l'énergie chimique dont ceux-ci sont porteurs, et les dépenses consistent aussi en une perte de matière et en une perte d'énergie, représentées, celle-là par les déchets qu'éliminent les divers émonctoires, et celle-ci par la chaleur et le travail mécanique fournis par l'organisme. Selon la constitution de la ration et les conditions dans lesquelles vit l'organisme considéré, cette opération se solde par des bénéfices ou par des pertes, ou bien elle aboutit à un état où les recettes équilibrent les dépenses. C'est l'ensemble de ces phénomènes que l'on résume par l'expression d'*échanges nutritifs généraux* ou *extérieurs*, ou simplement d'*échanges nutritifs*, par opposition aux échanges nutritifs intermédiaires, définis plus haut.

Des deux parties, recettes et dépenses, dont se compose le bilan des échanges nutritifs, nous connaissons suffisamment, au point de vue qualitatif, les dépenses, par l'étude, qui a été faite précédemment, des déchets éliminés par la respiration et par les excrétions urinaire et intestinale. Mais en ce qui concerne les recettes, c'est-à-dire les aliments, leur étude préalable est ici indispensable. C'est cette étude qui fait l'objet du présent chapitre.

Ces matériaux alimentaires sont fournis à l'homme par les divers tissus animaux et végétaux dont il se nourrit, ou dont il tire ce qui est nécessaire à sa subsistance (pain, viande, lait, végétaux divers), et qui constituent les *aliments composés*. Ce sont des mélanges d'un grand nombre de principes immédiats minéraux et organiques, mais dont quelques-uns seulement ont le caractère d'aliments. Ceux-là sont dits les *aliments simples*. Nous les étudierons en premier lieu.

§ I. — LES ALIMENTS SIMPLES.

Des discussions copieuses se sont engagées sur la définition de l'aliment. On ne les reproduira pas ici. Aussi bien, ce serait anticiper sur le contenu des chapitres qui vont suivre, et où les divers aspects, sous lesquels se présente la notion d'aliment, s'offriront à nous successivement. Bornons-nous donc à dire avec Lapicque et Charles Richet que les aliments sont des substances introduites dans l'organisme : 1° pour subvenir à des dépenses d'énergie; 2° pour fournir des matériaux de croissance ou de réparation.

1. *De la détermination des aliments simples, nécessaires et suffisants. — Le problème des vitamines.*

Posons d'abord ce principe fondamental en matière de nutrition, à savoir que l'analyse chimique ne fournit, quant au caractère alimentaire d'une substance, que des probabilités. Seule, l'expérimentation physiologique donne ici une démonstration valable, ce qui veut dire que l'aliment ne peut être défini que par rapport à l'organisme qui le consomme. Une substance pleinement alimentaire pour une espèce peut ne pas l'être pour une autre espèce, par exemple parce que cette dernière ne possède pas les diastases digestives nécessaires pour donner à l'aliment en question la forme qui le rend assimilable.

L'alimentation d'un organisme est connue lorsqu'on a déterminé non seulement la liste des substances nécessaires et suffisantes, mais encore le degré d'importance de chacune d'elles. A cet effet, il semble que l'on n'ait qu'à faire l'analyse immédiate des rations qui maintiennent cet organisme en bon état d'entretien et qui sont connues, soit par le choix instinctif du sujet, soit par une série de tâtonnements. Puis, constituant cette ration de toutes pièces avec des matériaux bien purs, on vérifierait successivement le rôle et le degré d'importance de chacun des aliments, en les supprimant l'un après l'autre dans la ration.

Ce programme n'a guère reçu son application complète que dans l'étude des organismes inférieurs. Par toutes leurs conditions d'existence, les infiniment petits, en effet, se prêtent admirablement à l'étude précise de ce problème. C'est à partir du jour où Pasteur eut montré que la levure de bière peut être cultivée dans des milieux artificiels, de composition exactement connue, que les principes fondamentaux des essais de nutrition ont pu être posés dans toute leur rigueur. Le modèle d'une telle étude est cette belle série d'expériences de Raulin sur l'*Aspergillus Niger*, travail toujours cité, et qui reste comme un modèle de l'ensemble des conditions à réaliser dans une recherche de ce genre.

Après avoir établi la composition du liquide[1] qui assure à l'*Aspergillus* un développement complet, et qui fournit, comme récolte, un poids de plante sensiblement constant dans des conditions déterminées, Raulin a montré que si l'on supprime, dans le milieu nutritif, par exemple la potasse, l'ammoniaque ou l'acide phosphorique, ces suppressions font tomber le poids de la récolte respectivement au 25ᵉ, au 150ᵉ et au 180ᵉ du poids primitif. Les nombres 25, 150, 180 mesurent donc respectivement l'importance de ces trois matériaux dans la nutrition de l'*Aspergillus*.

Dans l'alimentation de l'homme et des animaux supérieurs on est resté pendant longtemps bien loin d'une telle précision. Les rations avec lesquelles on expérimente d'ordinaire sont, en effet, constituées par l'association des denrées alimentaires habituelles, pain, lait, viande, végétaux, en quantités telles qu'elles apportent les poids de

---

1. Ce liquide contient en grammes : eau 1 500 ; sucre candi 70 ; acide tartrique, 4 ; nitrate d'ammoniaque 4 ; phosphate d'ammoniaque 0,6 ; carbonate de potasse 0,6 ; carbonate de magnésie 0,4 ; sulfate d'ammoniaque 0,25 ; sulfate de zinc 0,07 ; sulfate de fer 0,07 ; silicate de potasse 0,07.

protéines, de graisses et d'hydrates de carbone nécessaires pour que l'entretien du sujet soit obtenu. Mais ce sont là des mélanges très complexes et apportant à côté des trois grands combustibles alimentaires précités un nombre considérable d'autres matériaux, dont quelques-uns sont des individus chimiques déterminés (lécithine, cholestérine....), mais dont la plupart demeurent encore inconnus. Or, il est bien établi aujourd'hui que, parmi ces matériaux inconnus, il s'en trouve qui sont aussi indispensables à l'entretien et à la croissance de l'organisme qu'une quantité suffisante des combustibles en question, mais les nouveaux facteurs alimentaires qui sont apparus ainsi présentent ce caractère spécial de n'être visiblement ni des combustibles alimentaires, c'est-à-dire des corps apportant à l'organisme de l'énergie, ni des substances remplissant un rôle trophique, c'est-à-dire entrant dans la construction des tissus ou dans la constitution normale des humeurs. Ce sont des excitants spéciaux de la nutrition, à allure de catalyseurs, c'est-à-dire intervenant dans le métabolisme organique à des doses infimes.

La nature d'aucun de ces agents n'est encore établie, et de même que les diastases ne sont définies que par l'action chimique qu'elles catalysent (p. 99), de même les excitants en question ne sont connus que par la réaction d'un organisme vivant, réaction pathologique lorsque cet organisme est privé du concours de ces agents, et réaction de guérison (ou de prévention), lorsque ces agents lui sont restitués. On est arrivé à la connaissance de ces excitants : 1° par des observations cliniques, dont les premières remontent fort loin, et ici on leur a donné le nom générique de *vitamines* (C. Funk, 1911 ; voir encore plus loin) ; 2° par des expériences de laboratoire, et là, on les a appelés *facteurs accessoires de l'alimentation* (Hopkins, 1911) ou *facteurs accessoires de la croissance et de l'équilibre* (Mc Collum et Davis). On verra plus loin dans quelle mesure vitamines et facteurs accessoires sont superposables.

Il est plus commode de commencer cet exposé par les expériences de laboratoires, parce que c'est là que l'existence de ces agents est apparue et qu'elle a pu être démontrée d'abord avec le plus de netteté. Ces expériences ont prouvé que les facteurs accessoires en question interviennent à la fois au cours de la *croissance* et dans le maintien en *équilibre de l'organisme adulte.* Passons-les donc en revue dans cet ordre.

Les facteurs accessoires de l'alimentation et la croissance[1]. — On s'est heurté au problème des facteurs accessoires de l'alimentation, lorsqu'on s'est appliqué à faire vivre des animaux avec des rations « synthétiques », c'est-à-dire formées, par exemple, en réunissant, après les avoir extraits du lait et purifiés, les constituants alimentaires de ce liquide, caséine, beurre, lactose et sels. Or, des souris nourries avec ce mélange meurent toutes en 30 jours environ, alors qu'avec du lait naturel on peut les maintenir en bonne santé pendant des mois (Lunin, 1881). Voici d'abord une expérience fondamentale de Hopkins, qui établit, mais avec plus de précision, ce qu'avait déjà montré Stepp (1907), à savoir que les matériaux qui font défaut à de telles rations sont d'un poids insignifiant par rapport à celui de la ration totale.

De jeunes rats, à qui l'on donne une alimentation « synthétique » (caséine purifiée, amidon, saccharose, saindoux, et sels), montrent un arrêt très net dans leur croissance. Mais celle-ci redevient normale, aussitôt que l'on ajoute à la ration quotidienne 3 cm³ de lait frais ou bouilli (G. Hopkins, 1912). Or, non seulement l'extrait sec de cette petite quantité de lait ne représente que 4 p. 100 du poids total de la nourriture, mais encore la suite de ces expériences a montré que l'agent qui intervient ici ne se confond avec aucun des constituants du lait actuellement définis, protéiques, beurre, lactose, lécithine, sels.... Le poids de cet agent ne peut donc être qu'infime.

Il semble donc bien qu'on ne constitue de toutes pièces une alimentation *complète* qu'à la condition d'associer : 1° une ration de base, la ration « synthétique » dans l'expérience ci-dessus, répondant à tous les besoins énergétiques et trophiques de l'organisme, c'est-à-dire apportant les *facteurs essentiels* de l'alimentation; 2° des *facteurs accessoires* encore inconnus, ceux par quoi le lait, dans l'expérience ci-dessus, est venu compléter la ration de base. Mais il est clair que si la ration de base n'apportait pas tous les facteurs essentiels nécessaires, les troubles créés par cette insuffisance s'ajouteraient à ceux que produit l'absence des facteurs accessoires, et l'expérience cesserait d'être univoque. Et si la ration de base n'était pas exactement débarrassée de tout

---

1. L'exposé qui suit est en grande partie emprunté au remarquable rapport du comité chargé par l'Institut Lister et le « Medical Research Committee » anglais de faire l'étude de ces « facteurs du métabolisme qui ne sont point des facteurs d'énergie » (*Report on the present state of knowledge concerning Accessory Food Factors* (*Vitamines*); *Special Report Series*, n° 38, Londres, 1919). Ce comité était composé de F. G. Hopkins, Harriette Chick, J. C. Drummond, A. Harden et E. Mellanby. — On a consulté aussi, comme exposé d'ensemble, l'article de G. Schæffer (*Bull. de l'Institut Pasteur*, 1920, p. 1 et 41).

LAMBLING. — Précis de biochimie.   35

facteur accessoire, l'expérience cesserait évidemment de mettre en lumière la nécessité de ces facteurs et ne permettrait donc plus leur recherche dans les divers aliments, lait, etc., ajoutés successivement à la ration de base. Or, il a fallu de longs tâtonnements pour créer ici une technique qui fût irréprochable.

Les *besoins essentiels* sont satisfaits lorsque la ration apporte : 1° sous la forme d'un mélange convenable d'albumines, de graisses et d'hydrates de carbone, le total des calories nécessaires (p. 634); 2° des albumines, en quantité et en qualité telles que, d'une part, l'équilibre azoté puisse être réalisé (p. 617) et que, d'autre part, le besoin d'acides aminés spéciaux indispensables puisse être satisfait (p. 305); 3° les matières minérales nécessaires, associées en proportions convenables (p. 544). — En ce qui concerne la préparation d'une ration de base, exactement purifiée, c'est-à-dire exempte de *facteurs accessoires*, l'exemple du lactose purifié du commerce, cité à la page 523, suffit à montrer combien la technique de ces expériences est à cet égard délicate.

C'est par des essais établis sur ce type que l'on est arrivé à saisir dans nos aliments habituels deux facteurs accessoires, sans lesquels la croissance est impossible, et qui sont selon la terminologie de Mc Collum et Davis, aujourd'hui généralement adoptée, le *facteur A, soluble dans les graisses* et le *facteur B, soluble dans l'eau* (expériences de Osborne et Mendel, 1911-1913; de Funk et Macallum, 1913; de E. V. Mc Collum et M. Davis, 1915; de J. C. Drummond 1916, et d'autres).

Par exemple, on s'est servi d'une association de 20 parties de caséine pure, 55 parties d'amidon et 5 parties d'un mélange convenable de sels minéraux. Si l'on ajoute à ce mélange 15 parties de beurre, vecteur du facteur A, et 5 parties d'extrait aqueux de levure, vecteur du facteur B, on constitue un tout qui suffit à la croissance et ensuite à l'entretien de la vie pendant des mois et à l'accomplissement de toutes les fonctions (reproduction, allaitement des petits,..). *Si l'on supprime le beurre, donc le facteur A*, la croissance continue encore pendant quelques jours (20 à 30), peut-être parce que l'organisme dispose d'une provision de facteur A, accumulée dans ses réserves de graisses, puis elle s'arrête, et l'animal décline et meurt, après avoir montré une grande propension à contracter des infections, notamment du côté de l'œil, avec gonflement des paupières, conjonctivite catarrhale, puis hémorragique et purulente et finalement opacité de la cornée (*xérophtalmie* de Mc Collum). Cet accident, que Mc Collum considère comme un signe presque spécifique de la suppression du facteur A, guérit rapidement si ce facteur est restitué assez tôt à l'animal. — *Si l'on supprime*, au contraire, *la levure, c'est-à-dire le facteur B*, la croissance est arrêtée tout de suite, comme si l'organisme ne possédait pas de provisions de B, puis peu de jours après l'animal s'affaiblit et enfin succombe, après avoir présenté des symptômes d'incoordination musculaire. — *Si l'on supprime les deux facteurs* en même temps, la croissance s'arrête aussitôt, et l'animal décline, puis meurt, avant d'avoir eu le temps en général d'en arriver à l'ophtalmie, caractéristique de la privation du facteur A. Enfin la croissance reprend aussitôt et se continue normalement si le beurre et la levure sont ensemble rajoutés à la ration. Ajoutons que ces phénomènes sont bien dus à la suppression des facteurs A et B et non à celle de leurs vecteurs respectifs, le beurre et la levure, car un régime synthétique complet, où le facteur A est apporté par du beurre et le facteur B par du petit lait désalbuminé devient incapable d'assurer la croissance du rat, sitôt que le beurre, par exemple, y est remplacé par une quantité équivalente d'huile d'amandes douces ou de saindoux, produits qui sont donc dépourvus de facteur A (Osborne et Mendel, 1913). Pareillement le lactose (même purifié) du commerce, auquel adhère toujours le facteur B, ne peut pas être remplacé par la dextrine, qui n'en apporte pas (Mc Collum et Davis). On dira plus loin comment ces facteurs sont distribués entre les diverses denrées alimentaires.

En dépit des nombreuses tentatives qui ont été faites en vue d'isoler ces agents, et dont le détail ne peut pas être exposé ici, la *nature chimique* de ces agents reste encore totalement inconnue. Le peu que l'on sait quant à leurs *propriétés physiques* viendra mieux au cours de cet exposé (p. 529). Pour ce qui regarde enfin leur *mode d'action*, on n'en est encore qu'aux hypothèses et l'on se demande notamment si ces facteurs agissent directement sur les tissus ou bien par l'intermédiaire de telles glandes à sécrétion interne dont on connaît le rôle dans les phénomènes de la croissance (p. 508, 513-14). De fait la suppression du facteur B produit chez le pigeon une atrophie de ces glandes, sauf en ce qui concerne les surrénales, qui sont au contraire doublées ou triplées de volume (Mc Carrison; Weill et Mouriquand et d'autres).

Les facteurs accessoires de l'alimentation et la nutrition de l'adulte. — La croissance d'un jeune organisme étant un phénomène bien plus facile à suivre, notamment par l'observation du poids, que le maintien en bon état de santé de l'adulte, on comprend que cette question soit moins avancée que la précédente. Voici cependant quelques premières indications.

En ce qui concerne les effets de la suppression du *facteur B*, *soluble dans l'eau*, chez le rat adulte, on n'observe pas ce résultat immédiat et ce rapide déclin présenté par les jeunes animaux, mais, tôt ou tard, la déchéance survient toujours et les animaux meurent. — La suppression du *facteur A*, *soluble dans les graisses*, chez le rat adulte ne produit pas d'accidents immédiats, sans doute à causes des réserves que possède l'animal, mais là aussi, tôt ou tard, des accidents surviennent, et, notamment, l'ophtalmie spécifique et un mauvais état général, se manifestant par la diminution du pouvoir reproducteur et par une fréquence inaccoutumée d'états infectieux, surtout du côté du poumon. Ajoutons que l'intervention de ces facteurs dans la nutrition de l'adulte est démontrée encore par d'autres constatations, notamment par l'étude du béribéri chez l'homme et les animaux, affection produite, on le verra, par la suppression du facteur B dans l'alimentation (p. 525). Mais l'étude de ces faits viendra mieux plus loin.

Voilà donc ce qu'ont appris les expériences de laboratoire. Voyons maintenant ce qu'ont apporté les observations cliniques annoncées plus haut. On montrera ensuite comment les unes et les autres se rejoignent et se complètent.

Les maladies dites par carence. — Lorsqu'au début de la série d'expériences qui viennent d'être exposées, on a essayé de nourrir des animaux avec des rations synthétiques, mais que l'on avait dépouillées, sans s'en apercevoir, des facteurs accessoires qui les accompagnent, il s'est trouvé que l'on avait ainsi créé chez ces animaux des maladies dues à une erreur diététique. Dès 1906, Hopkins s'est demandé si des affections comme le scorbut et le rachitisme ne sont pas, elles aussi, le résultat de fautes de même nature, erreurs que nous ne savons corriger qu'empiriquement, parce qu'elles sont dues à l'absence, dans l'alimentation, de facteurs inconnus, analogues ou identiques à ceux qui manquent dans les rations synthétiques, et il ajoutait qu'à côté de ces maladies, manifestations sévères de fautes diététiques graves, il existe probablement une foule d'autres états pathologiques, qui sont dus à des erreurs de même nature, mais qui sont moins accentués, et pour cette raison souvent méconnus, parce que l'erreur commise a été elle-même moins grave. Or, ces vues si pénétrantes ont été pleinement vérifiées.

Tout d'abord le béribéri, le scorbut, la rachitisme et dans une certaine mesure la pellagre, semblent bien être, en effet, des maladies dues à l'absence, dans la ration, de facteurs spéciaux, analogues ou identiques à ceux qui viennent d'être étudiés, et l'on a proposé pour cette raison de les réunir sous la dénomination commune de *maladies par carence* (de *carere*, manquer) (L. Hugounenq, E. Weill et G. Mouriquand), ou encore sous celle d'*avitaminoses*, si l'on accepte avec C. Funk d'appeler ces facteurs les *vitamines* (voir p. 525). Cela posé, passons en revue ces diverses maladies [1].

---

1. Cette expression de *maladies par carence* (et celles d'aliments carencés, d'organismes carencés) est commode, mais pour la clarté du langage il serait utile qu'on lui conservât le sens restreint qu'on vient de lui donner et qu'exprime plus exactement le mot d'*avitaminoses*, à savoir maladies par privation de vitamines ou facteurs accessoires. A vouloir l'étendre, comme l'ont fait Weill et Mouriquand, aux troubles provenant, par exemple, de l'absence de facteurs essentiels de la ration, on s'exposerait à des obscurités fâcheuses (G. Schæffer). Si l'on transporte, en effet, la notion de carence sur ce terrain, on est conduit à parler aussi de carence, quand la ration ne contient pas en quantité suffisante les acides aminés spéciaux, indispensables à la vie, ou encore quand elle

Le béribéri. — On sait que le béribéri, affection fréquente dans les pays d'Extrême-Orient (Japon, îles Philippines, Malaisie,...), a été cliniquement rattaché à l'usage d'une alimentation trop exclusivement formée de riz, mais cette notion pathogénique resta incomplète, jusqu'au jour où le Hollandais Eijkman (1897), médecin d'une prison de Java, où régnait le béribéri, observa que la basse-cour de l'établissement était atteinte d'une maladie ressemblant beaucoup à la forme nerveuse (forme sèche) du béribéri humain, et que ces oiseaux périssaient en grand nombre après avoir présenté notamment des accidents nerveux (paraplégie), propres aussi à une certaine forme de cette maladie chez l'homme. Or, ces animaux étaient nourris uniquement avec les rebuts de la cuisine des détenus, c'est-à-dire presque uniquement de riz, et c'est par cette observation que fut introduit dans la science cet instrument de recherches si précieux qu'est le *béribéri expérimental* des oiseaux (poules, pigeons). Puis Eijkman, Grijns et plus tard Braddon et d'autres, reconnurent que le béribéri épargne les populations d'Orient consommant, non le riz « poli » ou « glacé » industriellement, mais le riz brut, c'est-à-dire le riz dont la graine est encore habillée, ou bien le riz nettoyé grossièrement par des procédés domestiques, et que cette maladie est guérie ou prévenue, lorsque l'on rajoute au riz glacé ce que l'opération du polissage lui a enlevé, à savoir la balle, le péricarpe et le germe[1]. Revenant ensuite aux oiseaux (poules), Eijkman, puis Grijns ont démontré que seul le riz glacé leur donne le béribéri à forme nerveuse (*polyneuritis gallinarum*), et qu'en rendant aux animaux le produit du polissage, on les voit se remettre avec une surprenante rapidité, ou bien on les préserve de la maladie. La substance active serait un corps azoté, la *vitamine* de C. Funk, $C^{17}H^{20}N^2O^7$ (?), (*orizanine* ou *toruline* des chercheurs japonais ou anglais), que cet auteur a trouvée aussi dans la levure et qui passe dans l'extrait alcoolique de la balle. Or, le résidu de cet extrait, rajouté au riz glacé, guérit le béribéri, bien que son poids soit tout à fait insignifiant par rapport à celui du riz qu'il est en mesure de compléter ainsi. — Les graines de toutes les céréales (et aussi celles des légumineuses), lorsqu'elles sont décortiquées ou bien stérilisées, produisent chez le pigeon le syndrome béribérique[2] (Weill et Mouriquand). Une nourriture, se composant presque exclusi-

n'apporte pas les quantités d'albumine ou de matières minérales nécessaires respectivement à l'équilibre azoté ou à l'équilibre salin de l'organisme. Bref, la notion de carence irait se confondant avec celle de l'inanition partielle, qui est un phénomène tout différent de la carence véritable, sans qu'il fût dit exactement où l'une rejoint l'autre.

1. Ce nettoyage se fait à la vapeur, qui enlève la balle du grain de riz, en sorte que celui-ci n'est plus revêtu que de la mince pellicule argentée constituant le péricarpe, enveloppe qui couvre et maintient encore en place le germe, logé en un point de la périphérie vers l'une des extrémités du grain. Lorsqu'ensuite le grain est poli (par frottement entre des peaux de mouton), le péricarpe et le germe tombent à leur tour. C'est le départ du germe, qui constitue l'injure la plus grave, produite au point de vue diététique par cette opération, car le germe est à poids égal environ dix fois plus antibéribérique que la balle (H. Chick et E. M. Hume).

2. Dans le grain de *froment*, la mouture et le blutage sévère éliminent à la fois le péricarpe et la couche externe de l'endosperme ou couche d'aleurone (formant ensemble le son) et le germe. Or, c'est le germe qui a le pouvoir antibéribérique le plus fort (5 fois plus fort que celui du son). L'endosperme, donc la

vement de pain fait avec la farine de froment sévèrement blutée, expose donc aussi au béribéri. Mais là où l'aisance générale permet l'usage d'un tel pain, ce fait implique la consommation d'un ensemble très varié d'autres aliments, apportant avec eux des quantités suffisantes du facteur antibéribérique (voir plus loin). Cependant on comprend que si des circonstances spéciales éliminent ces autres aliments, le béribéri puisse apparaître aussi dans nos pays. Voici quelques exemples de telles circonstances.

Le béribéri, resté inconnu au Labrador et en Terre-Neuve, comme aussi dans la marine marchande norvégienne, a fait de part et d'autre son apparition à partir du jour où le pain bis ou le pain de seigle (voir p. 525, note 2) ont été remplacés par le pain blanc (Little, Axel Holst). — Pendant le siège de Kut-el-Amara (décembre 1915-avril 1916), les troupes anglaises eurent des cas de béribéri, dont restèrent préservés les contingents indous, puis, à partir de février 1916, la maladie disparut. C'est que les soldats anglais, ayant fini à ce moment de consommer le stock de farine blanche dont on disposait, durent se contenter, en fait de farine, de l'*atta* de leurs camarades indous, c'est-à-dire d'une farine faite de froment entier, grossièrement moulu et apportant donc le facteur antibéribérique [1].

Le Scorbut. — Il y a plusieurs siècles déjà que l'on sait, notamment dans le monde des marins, que le scorbut éclate après une longue privation d'aliments frais, quelle que soit d'ailleurs la richesse de la ration fournie, et que l'usage de végétaux et de fruits frais a un effet préventif ou curatif remarquable. Cette action est si nette, et on l'obtient avec de si petites quantités de jus de fruits frais, par exemple de jus de citron, que la théorie, qui fait du scorbut une maladie par carence, ne rencontre plus guère d'opposition aujourd'hui. D'ailleurs, grâce aux travaux de Axel Holst (de Christiana) et de ses collaborateurs, étendus et complétés par les recherches systématiques entreprises à l'Institut Lister (Harriette Chick, E. M. Hume, M. Rhodes, E. M. Delf, R. F. Skelton, A. H. Smith) et par celles de E. Weill et G. Mouriquand en France, on sait aujourd'hui reproduire, chez le cobaye un *scorbut expérimental*, à l'aide d'une alimentation exclusivement faite de graines de céréales et d'eau, ou mieux de graines et de lait, stérilisé à 120°, et le guérir ou l'empêcher d'éclater par l'usage de végétaux frais. Par exemple 1 gr. 5 de feuilles de choux fraîches, et même dans certains cas 0 gr. 50 par jour, suffisent pour préserver du scorbut un cobaye de 350 gr. (Delf).

Le Rachitisme. — Comme le rachitisme s'associe parfois au scorbut

farine blanche, n'en a plus aucun, si la couche d'aleurone a été entièrement enlevée, ce qui est en général le cas (Chick et Hume). Ajoutons que la mouture du *seigle*, telle qu'on la pratique habituellement, laisse le germe mêlé à la farine. Celle-ci n'est donc pas carencée. Enfin, en contradiction avec les conclusions de Weill et Mouriquand, le comité anglais admet que chez les légumineuses le facteur antibéribérique est répandu dans toute la graine.

1. Bien entendu on a démontré par divers artifices (gavage,...) que les autres facteurs, qui souvent interviennent dans toutes ces expériences (perte d'appétit des animaux, inanition plus ou moins prononcée), ne suffisent pas à eux seuls pour créer le béribéri (expériences de G. Weill et Mouriquand, et d'autres). Ajoutons ici qu'une alimentation carencée n'empêche pas l'équilibre azoté de s'établir (A. Desgrez et H. Bierry).

chez les enfants, et que, d'autre part, des quantités relativement petites d'huile de foie de morue sont souvent dans cette maladie d'une efficacité remarquable, on a proposé dès 1906 de faire aussi de cette affection une maladie par carence (Hopkins, puis C. Funk), et depuis les travaux de E. Mellanby (1918-19) sur le *rachitisme expérimental* du jeune chien, il semble bien que cette explication étiologique doive triompher de toutes les autres. De fait un jeune chien, séparé de sa mère à l'âge de six semaines, présente des signes nets de rachitisme, après six semaines d'une alimentation contenant, par exemple, par jour 250 à 300 cm³ de lait écrémé, du pain blanc (bluté à 70 p. 100) à volonté, 10 cm³ d'huile de lin, 1 à 2 gr. de chlorure de sodium, 5 à 10 gr. de levure de bière et 3 cm³ de jus d'orange (ces deux dernières additions, afin de préserver l'animal respectivement des accidents béribériques et scorbutiques). Et cependant la ration a été suffisante pour ce qui regarde les aliments essentiels (p. 521), car l'animal a présenté une croissance et une augmentation de poids normales. Si l'on ajoute ensuite à de telles rations successivement diverses denrées alimentaires, on constate que la *farine d'avoine*, le *riz*, le *lait écrémé* (à volonté), la *levure de bière* et le *jus d'orange* (jusqu'à 10 à 20 gr. de celle-là et 5 cm³ de celui-ci), l'*huile de lin*, le *phosphate de chaux*[1], le *sel marin*, les *protéines de la viande ou du lait* sont sans action préventive, tandis que le *lait plein* (500 cm³ par jour), l'*huile de foie de morue*, le *beurre*, la *graisse de bœuf*, l'*huile d'olives*, le *saindoux*, la *viande*, l'*extrait de viande* et l'*extrait de malt* sont préventifs à des degrés divers. Par exemple, il suffit de 10 cm³ d'huile de foie de morue remplaçant dans la ration ci-dessus les 10 cm³ d'huile de lin, pour préserver l'animal de tout signe de rachitisme. Et voici corrélativement le résultat tout à fait remarquable d'une expérience portant sur des enfants de 4 à 12 mois de la population nègre d'un district de New-York, où le rachitisme atteint jusqu'à 90 p. 100 des enfants. Sur 32 enfants, qui ont reçu pendant six mois environ 10 gr. d'huile de foie de morue par jour, 2 seulement sont devenus rachitiques, tandis que sur 16 autres, qui ne recevaient pas d'huile, 1 seul a échappé à la maladie (A. F. Hess et L. J. Ungers, 1917).

On sera très bref en ce qui concerne la *pellagre*. Comme cette affection atteint surtout des populations *pauvres*, et dont la nourriture principale est le *maïs*, et comme on n'a point encore réussi à la reproduire nettement chez l'animal, on n'aperçoit pas clairement dans quelle mesure il s'ajoute ici au facteur de carence un facteur hygiénique et aussi un facteur d'inanition partielle tenant à la pauvreté des albumines du maïs (zéine, glutéline) en acides aminés spéciaux (p. 309), ou à la pauvreté du grain de maïs en matières minérales (chaux, soude) (Mc Collum et J. Goldberger; Weill et Mouriquand) (voir aussi p. 464 d).

Ajoutons encore que ces maladies par carence apparaissent comme des manifestations particulièrement graves de divers états de *carence extrême*, au total assez rarement réalisés, et qui, par leur sévérité, appellent tout de suite l'attention de ce côté. Mais on comprend qu'une *carence partielle* puisse conduire à des troubles beaucoup plus atténués ou d'apparence banale (anémie), et comme ce sont surtout les enfants

---

1. Un large ravitaillement en chaux n'empêche donc pas le rachitisme de s'installer et inversement des expériences de Stœltzer ont montré que l'alimentation pauvre en chaux, si elle appauvrit les os en calcium, ne crée pas le tableau clinique du rachitisme.

qui sont exposés à de telles carences (p. 534), l'erreur diététique commise, si elle est méconnue et par conséquent prolongée, conduit ici à des conséquences particulièrement graves, parce qu'elle compromet à la fois le présent et l'avenir, en chargeant l'organisme de tares fâcheuses et en diminuant sa résistance à d'autres affections [1].

Il semble donc bien que ces affections soient respectivement le résultat d'alimentations où ont manqué, non des facteurs essentiels de l'alimentation, mais des facteurs accessoires, ayant comme les facteurs A et B, des allures de catalyseurs. Ce sont ces agents que Funk a réunis, comme on l'a dit, sous le nom de *vitamines*, d'abord donné par lui au seul facteur antibéribérique ou antinévritique, apporté par le riz entier, appellation critiquable, puisqu'elle attribue une fonction déterminée, celle d'amine, à des corps dont la chimie reste encore inconnue, mais qui est entrée dans le langage courant, et dont il est d'ailleurs commode de disposer à côté de celle de « facteurs accessoires ».

Recherchons maintenant dans quelle mesure se superposent les deux ordres de données que l'on vient d'acquérir.

Identité probable du facteur antinévritique (antibéribérique) avec le facteur B et du facteur antirachitique avec le facteur A. — Cette identité, plus solidement établie pour les deux premiers que pour les deux derniers, est appuyée respectivement sur la ressemblance que présentent ces agents en ce qui

1. Par exemple dans un camp anglais, où le béribéri avait fait son apparition pendant la guerre de 1914, un nombre important d'entre les soldats qui avaient échappé à la maladie, présentèrent néanmoins, lorsqu'on les examina systématiquement, des anomalies du réflexe rotulien et d'autres signes analogues. Pareillement le « mal des tranchées » (gelure des pieds) serait aussi le signe d'une alimentation carencée commençant à produire ses effets (L. Bruntz et L. Spillmann). D'autre part, les relations entre le rachitisme et un mauvais état des dents (défectuosités de l'émail, implantation vicieuse et écartement insuffisant des dents) sont appuyées aujourd'hui sur une base expérimentale sérieuse (May Mellanby, 1918) et, chez le cobaye atteint de scorbut expérimental, on saisit de même de précoces phénomènes de dégénérescence du côté des dents (S.-S. Zilva et F. M. Wells, 1919). D'une manière générale, chez les jeunes chiens soumis à une alimentation qui les conduira au rachitisme, il est remarquable de voir combien leur état général est atteint et combien leur résistance aux infections est diminuée, longtemps avant le moment où les signes cardinaux du rachitisme deviendront apparents (E. Mellanby). C'est pourquoi la recherche de relations entre le rachitisme apparent ou larvé et la grande mortalité des enfants dans les classes pauvres est d'un intérêt si considérable. D'ailleurs même des carences aiguës peuvent échapper à l'observateur, car la durée d'éclosion du béribéri est de 80 à 90 jours et celle du scorbut de 4 à 8 mois, et il peut donc arriver fréquemment qu'à l'insu des consommateurs quelque événement intercurrent (par exemple la fin de la saison où les vivres convenables étaient rares, etc.) fasse cesser la carence, avant que celle-ci se soit traduite par des manifestations forçant l'attention.

concerne : 1° leur distribution entre les diverses denrées alimentaires ; 2° leurs propriétés physico-chimiques ; 3° leur action physiologique. Disons tout de suite, en ce qui concerne la première de ces trois preuves, qu'en dépit de quelques discordances relatives au facteur A cette ressemblance dans la distribution est telle que l'on a pu, dans le tableau de la page 530-32, et sans faire violence aux faits, confondre dans la première colonne le facteur A et le facteur antirachitique et dans la deuxième le facteur B et le facteur antinévritique. Et voici le contenu des deux autres preuves.

Le *facteur antibéribérique et le facteur B* sont l'un et l'autre solubles dans l'eau et insolubles dans l'acool, l'éther, etc. Ils résistent ou sont peu sensibles à la chaleur au-dessous de 100°, mais ils sont détruits au-dessus de 120°. Ils résistent à la dessiccation, sont dialysables, et sont entraînées par les poudres fines (argile...). — Chez des rats mis par privation du facteur B en état de polynévrite, un produit apportant la vitamine antibéribérique de Funk (comme l'extrait de levure ou de balle de riz) ou bien un corps véhiculant le facteur B (comme le lactose du commerce) produisent l'un et l'autre le même effet curatif (Mc Collum et N. Simmonds).

On n'aperçoit, dans les propriétés physico-chimiques du *facteur A*, rien qui s'oppose à son assimilation avec le *facteur antirachitique*. Le facteur A est insoluble dans l'eau ; il est relativement résistant à la chaleur (Osborne et Mendel), même au-dessus de 100° (vapeur d'eau surchauffée) (Drummond), mais des recherches plus récentes ont établi que trois ou quatre heures de chauffage à 100° le détruisent à peu près complètement (Steenbock, Halliburton, Paton et d'autres) [1]. — On a vu que la privation d'aliments munis du facteur A produit chez les jeunes

---

1. On a mesuré l'action de la chaleur sur ces facteurs en recherchant, par exemple, dans quelle mesure les aliments vecteurs de ces facteurs continuent à préserver un animal du béribéri ou du rachitisme, après qu'ils ont été exposés à des températures de plus en plus élevées. Mais on comprend que la persistance de petites quantités de vitamines dans un aliment ainsi traité puisse échapper à un tel moyen d'évaluation. Les organismes inférieurs, comme les champignons, cultivés sur des solutions artificielles exemptes de vitamines, constituent un réactif plus délicat, et Linossier a pu montrer, par exemple, que des macérations de choux, chauffées pendant 20 minutes à 130°, accélèrent encore nettement le développement de l'*Oïdium lactis*, donc apportent avec elles des vitamines (p. 537). Pareillement les larves de la mouche à viande (*Calliphora vomitoria*), sorties d'œufs stérilisés au sublimé, se développent normalement sur de la cervelle stérilisée à 130° pendant 45 minutes. D'autre part, ces larves, ajoutées à une ration dépourvue ou presque totalement dépourvue de vitamines, accélèrent nettement la croissance du jeune rat. Tout s'est donc passé comme si ces larves avaient extrait de la cervelle stérilisée — dont elles consomment des quantités relativement élevées — les vitamines encore présentes et les avaient accumulées et condensées dans leurs tissus. D'ailleurs, chez le jeune rat mis au régime : riz stérilisé, cervelle stérilisée à 130°, cette cervelle se comporte comme un aliment qui serait très pauvre en vitamines, mais qui n'en serait pas complètement dépourvu (E. Wollman).

rats une ophtalmie caractéristique (p. 522). Or, cette forme d'ophtalmie est fréquente aussi chez les nouveau-nés recevant une alimentation artificielle qui ne contient que très peu de graisses en général, ou très peu de graisses pourvues du facteur A. Et contre ces ophtalmies, l'huile de foie de morue, qui est un agent antirachitique si puissant (p. 527), fait de même merveille (observations de Mori, de Monrad et surtout de C. E. Bloch)[1].

De ce qui précède il résulte donc que notre pratique diététique chez l'enfant et chez l'adulte devra compter désormais avec *trois facteurs accessoires de l'alimentation*, à savoir :

Le facteur A, soluble dans les graisses, ou facteur antirachitique;
Le facteur B, soluble dans l'eau, ou facteur antinévritique ou anti-béribérique;
Le facteur antiscorbutique (que l'on appelle aussi facteur C, soluble dans l'eau).

Distribution des facteurs accessoires de l'alimentation entre les diverses denrées alimentaires. — Cette distribution, dont l'étude n'est pas encore achevée, et dont l'intérêt pratique est si considérable, est résumée dans le tableau ci-après, emprunté au rapport de la commission anglaise cité précédemment. La nature des expériences qui ont conduit à ces résultats (expériences sur la croissance, sur l'effet curatif ou préventif des aliments dans les maladies par carence provoquée chez les animaux) ne permet bien entendu que des évaluations quantitatives très grossières, exprimées ci-après par des signes + en nombre décroissant et finalement par un zéro à mesure que décroît, puis s'annule l'efficacité de l'aliment considéré.

	Facteur A, soluble dans les graisses ou facteur antirachitique.	Facteur B, sol. dans l'eau ou facteur antibéribérique (antinévritique).	Facteur antiscorbutique.
Graisses et huiles :			
Beurre, huile de foie de morue	+++	0	
Crème	++	0	

1. Des épidémies de cette ophtalmie désolent souvent le Japon, et longtemps avant que le facteur A fût connu, Mori avait très justement vu la cause de ces épidémies dans une alimentation très pauvre en *graisse* et il avait noté aussi l'efficacité du traitement par l'huile de foie de morue. le foie de poulet, toutes constatations que l'on s'explique maintenant (voir le tableau ci-après). Et à l'hôpital de Copenhague Bloch a observé de même, de 1912 à 1916, 49 de ces cas d'ophtalmies; l'enquête qu'il a faite, d'autre part, sur les 86 enfants d'une institution charitable de Copenhague, répartis en trois sections où la nourriture était différente, a sur tous ces points la valeur d'une véritable expérience.

	Facteur A, soluble dans les graisses ou facteur antirachitique.	Facteur B, sol. dans l'eau ou facteur antibéribérique (antinévritique).	Facteur antiscorbutique.
Graisses et huiles :			
Graisse de mouton ou de bœuf	++		
Huile d'arachide	+		
Saindoux, huile d'olive, de coton, de coco, de lin, beurre de coco	0		
Viandes, poissons, etc.			
Viandes maigres (bœuf, mouton, etc.)	+	+	+
Foie	++	++	+
Rognon.	++	+	
Cervelle.	+	++	
Ris de veau.	+	++	
Poisson (chair)	0	?	
— (œufs, laitance) . .	+	++	
Viandes en boites	?	très faible	0
Lait, fromages, œufs :			
Lait de vache non écrémé et cru	++	+	+
Lait de vache écrémé et cru.	0	+	+
— non écrémé et desséché	inf. à ++	+	inf. à +
Lait de vache bouilli . . .	douteux	+	inf. à +
Lait condensé, sucré . . .	+	+	inf. à +
Fromage (de lait non écrémé).	+		
— (de lait écrémé). . .	0		
OEufs frais	++	+++	nul ou douteux.
— séchés	++	+++	nul ou douteux.
Céréales, légumineuses :			
Froment, maïs, riz (grain entier)	+	+	0
Froment, maïs (germe). .	++	+++	0
— — (son) . . .	0	++	0
Farine de froment blanche, riz poli.	0	0	0
Pois secs, lentilles, etc. . .		++	0
Pois de soja, haricots verts.	+	++	0
Graines de céréales ou légumineuses germées . . .	+	++	++
Légumes, fruits :			
Choux frais.	++	+	+++
— cuits		+	+
— séchés.	+	+	très faible.

	Facteur A, soluble dans les graisses ou facteur antirachitique.	Facteur B, sol. dans l'eau ou facteur antibéribérique (antinévritique).	Facteur antiscorbutique.
Légumes, fruits :			
Rutabaga (navet de Suède) cru (jus d'expression) . .			+++
Laitue	++	+	
Épinards séchés.	++	+	
Carottes fraîches et crues .	+	+	+
— séchées.	très faible		
Betteraves crues (jus d'expression)			inf. à +
Pommes de terre crues . .	+	+	
— cuites . .			+
Citron (jus) frais			+++
Oranges (jus) frais			+++
Framboises			++
Pommes			+
Bananes	+	+	très faible.
Tomates (en boîtes). . . .			++
Noix	+	++	
Divers :			
Levure sèche		+++	
Extrait de viande	0	0	0
— de malt		+ (pour quelques échantillons)	
Bière		0	0

Origine des facteurs accessoires de l'alimentation. — Ici se présente cette notion capitale que les animaux semblent bien être incapables de créer eux-mêmes ces agents et que, tributaires du monde végétal en ce qui concerne certains acides aminés (p. 307), ils le sont aussi pour ce que regarde les vitamines. Celles que l'on trouve accumulées chez les animaux, et plutôt dans certains tissus ou produits (lait, jaune d'œuf, foie, muscle) que dans d'autres, ne représentent donc que des réserves, que ces organismes ont empruntées au monde végétal, soit directement, soit par l'intermédiaire d'aliments animaux. Il suit de là que le lait d'un mammifère n'apportera avec lui la provision normale de vitamines, annoncée sur le tableau ci-dessus, que si la nourriture de ce mammifère a été elle-même suffisamment pourvue de ces corps, et l'on comprend que, d'une manière générale, les aliments végétaux, s'ils n'ont subi aucune manipulation fâcheuse, constituent une source de vitamines assurant à cet égard une constance, donc une sécurité, que la source animale ne peut pas toujours offrir au même degré.

Le fait que les animaux privés des facteurs A ou B ou du facteur antiscorbutique finissent toujours par dépérir, suffit à lui seul pour démontrer l'incapacité de ces organismes à produire eux-mêmes ces facteurs. — En ce qui concerne le facteur A, Mc Collum, Simmonds et Pitz, et pour ce qui regarde le facteur B, Drummond, ont montré que le lait ne contient ces agents en abondance que si l'alimentation du mammifère qui fournit ce lait est elle-même largement pourvue de ces facteurs. D'autre part, on sait bien que dans les pays à béribéri les mères atteintes de cette maladie la transmettent à leurs nourrissons, parce qu'elles ne leur donnent qu'un lait carencé, et aussi que le scorbut des enfants au sein n'est nullement une chose inconnue. Enfin on comprend que plus l'alimentation des animaux de ferme s'éloigne du type traditionnel et comprend plus de déchets d'opérations industrielles, c'est-à-dire plus de matériaux où les vitamines ont pu être détruites, plus on court le risque que les aliments empruntés à ces animaux soient de même dans une certaine mesure carencés. C'est peut-être pour une raison de cette nature que les enfants élevés au lait de vache, quand ils deviennent rachitiques, commencent le plus souvent à présenter les signes de cette affection au sortir de l'hiver, c'est-à-dire à la fin de la saison durant laquelle une nourriture normale des vaches est le plus difficile à réaliser.

Montrons maintenant comment se pose pour l'adulte et pour l'enfant le problème pratique du ravitaillement de l'organisme en ce qui concerne ces trois facteurs.

Applications pratiques. — C'est pour le *facteur B ou facteur antinévritique*, que ce ravitaillement est le plus sûrement assuré par les habitudes alimentaires de nos contrées occidentales, ainsi que suffit à le démontrer l'extrême rareté du béribéri partout ailleurs qu'en Extrême-Orient. Cette sécurité tient aux caractéristiques exposées précédemment, à savoir : 1° que ce facteur existe dans une foule d'aliments facilement accessibles ; 2° qu'il résiste à la dessiccation, et conséquemment qu'il persiste même dans les denrées que le commerce transporte à l'état presque sec et met en stock pour de longs espaces de temps (céréales, légumineuses...) ; 3° qu'il est assez résistant à la chaleur, donc à la cuisson. Pour qu'il y ait, dans nos pays, carence de ce facteur, il faut donc des circonstances exceptionnelles.

On a donné précédemment des exemples de ces circonstances très spéciales (p. 526), et que doivent connaître ceux qui ont à veiller à l'alimentation de collectivités dans des temps difficiles (guerres, sièges, etc.). Elles doivent être présentes aussi à l'esprit des médecins, quand ils prescrivent ces régimes de dyspeptiques, où prédominent notamment des farines (et pâtes) diverses, très sévèrement blutées et où manquent à la fois les trois facteurs, ou bien quand ils règlent l'alimentation de sevrage des enfants, où trop souvent les familles inclinent à faire une trop grande place à des farines naturelles, mais très sévèrement blutées, ou bien à des associations artificielles diverses (farines alimentaires du commerce), où le risque de carence est encore plus proche, et qui doivent donc être « complétées » par d'autres denrées (voir le tableau).

Un ravitaillement insuffisant en *facteur A* ou *facteur antirachitique* est un danger qui est proche surtout pour les enfants. Chez l'enfant au sein, un tel état de choses est créé par une carence de même nature chez la nourrice, et plus tard par une alimentation pauvre en graisses (ou du moins en graisses pourvues du facteur en question) et en feuilles vertes. Quant au danger résultant de l'action destructive de la chaleur (cuisson), on prévoit, d'après ce qui a été dit page 529, qu'il peut être évité aisément.

1° Au cours de leur enquête sur le rachitisme chez la population nègre d'un quartier de New-York (p. 527), Hess et Unger ont établi que la grande majorité des femmes consommaient trop peu de graisses et de lait, et aussi très peu de légumes verts et de fruits, tous aliments qui sont les principales sources de facteur A. C'est donc l'inverse qu'il faut recommander (voir plus bas) et non seulement à la femme nourrice, mais encore à la femme enceinte, afin que celle-ci se crée des réserves de ce facteur (p. 522).

2° Chez l'enfant mis à l'allaitement artificiel, la commission anglaise recommande, par ordre de préférence, le lait plein, c'est-à-dire non écrémé[1] et provenant de vaches convenablement nourries (p. 532); en second lieu le lait sec fait avec du lait plein; et enfin le lait condensé non sucré. Plus tard le lait et le beurre constituent pour l'enfant, pendant les premières années de la croissance, les meilleurs vecteurs du facteur A. Le jaune d'œuf sera aussi un complément utile. Le beurre ne peut être remplacé par la margarine que dans la mesure où celle-ci est fabriquée avec des graisses animales (graisse de bœuf), pourvues de facteur A. La margarine faite uniquement de graisses végétales est, en général, inefficace (observations de Bloch sur la xérophtalmie des enfants) (p. 530). Enfin les légumes verts constituent aussi une source précieuse de ce facteur et doivent être employés aussitôt que l'âge des enfants le permet. Souvent de très jeunes enfants tolèrent bien une cuillerée à café par jour de feuilles vertes cuites (laitue, épinards), dont la quantité peut être ensuite augmentée (p. 257). A défaut de ces purées on se servira du jus d'expression de feuilles vertes de choux ou d'autres feuilles vertes, ces denrées étant prises crues ou après un chauffage de quelques minutes à la vapeur (et non dans l'eau bouillante). Enfin, là

1. Ce qui a été dit à la page 529 implique que le lait peut être bouilli un instant (par mesure de précaution contre l'infection tuberculeuse), sans qu'il perde grandement de sa valeur antirachitique.

où des arrêts de croissance, de la xérophtalmie ou d'autres signes de rachitisme se sont déjà manifestés, une dose quotidienne d'huile de foie de morue est indispensable.

3° Chez l'adulte, il est probable que d'abondantes quantités de légumes verts suffiraient au ravitaillement de l'organisme en facteur A. Mais en général, là où de telles denrées sont abondantes, il est rare qu'elles ne soient pas **accompagnées** dans une certaine mesure de lait et de beurre. Lorsque ces denrées manquent ou sont peu accessibles à cause de leur prix, et que la margarine doit intervenir comme succédané, il faut veiller, s'il est possible, à ce que cette graisse soit préparée avec des graisses animales ou, à défaut de celles-ci, avec de l'huile d'arachide (voir le tableau).

Le tableau de la page 530 montre que le *facteur antiscorbutique* n'est largement représenté que dans les végétaux verts et dans certains fruits. Il manque dans les céréales, donc dans le pain, qui tient une si large place dans l'alimentation de nos pays ; il fait défaut aussi dans l'œuf et il est si médiocrement représenté dans la viande fraîche et dans le lait, qu'il faut avec l'un presque le régime lacté complet, et avec l'autre une alimentation fortement carnée [1], pour qu'un apport suffisant du facteur antiscorbutique puisse être assuré par ces voies. D'autre part, dans les végétaux et les fruits, le pouvoir antiscorbutique est pratiquement annulé par la dessiccation, et d'autant plus fortement atteint par la cuisson que celle-ci est plus prolongée. Enfin dans les aliments stérilisés par l'industrie (viandes en boîtes), il est en général détruit, sauf dans quelques fruits acides. La menace du scorbut n'est donc pas une chose si lointaine, et l'on comprend que la dernière guerre ait montré à des populations entières ce danger tout proche d'elles [2]. On s'explique aussi que des accidents scorbutiques soient observés ici ou là chez des individus isolés que des causes pathologiques (gastralgies...) poussent à réduire leur alimentation à un très petit nombre de denrées (J.-Ch. Roux et J. Heitz). Enfin il est clair que cette marge est encore plus étroite pour les enfants élevés au lait stérilisé.

Lorsque les aliments à propriétés antiscorbutiques se font rares, il est

---

1. Le siège de Kut-el-Amara, dont il a été question à la page 526, a fourni sur ce point une démonstration curieuse. Vers la fin du siège les soldats indous, qui étaient restés indemnes de béribéri pour les raisons qui ont été dites, durent payer alors un lourd tribut au scorbut, parce que leurs habitudes alimentaires les éloignaient de la consommation de la viande (viande de cheval), dont leurs camarades anglais usèrent, au contraire, largement.

2. A Lille, pendant l'occupation allemande, les produits de la culture maraîchère des environs ne pouvant être introduits en ville que par fraude, il y eut, en 1917, 315 cas de scorbut.

indiqué de ne pas apprêter les légumes verts avec d'autres aliments exigeant une longue cuisson (ragoûts), mais de les faire cuire à part, en réduisant autant que possible le temps de chauffe[1]. Et là où le manque d'aliments frais est total, on aura recours à l'opération de la germination préalable des grains, procédé qui crée un pouvoir antiscorbutique notable (A. Holst; Chick, Hume, Delf et d'autres)[2].

L'éclosion du scorbut ne se faisant qu'après 4 à 8 mois d'alimentation carencée, on comprend qu'une mère puisse fournir déjà à son nourrisson un lait insuffisant, longtemps avant que l'attention soit attirée de ce côté. Quant aux enfants nourris au lait de vache stérilisé, il semble bien que, dans une certaine mesure, ils soient aussi menacés de cette même carence, et les cas assez nombreux de scorbut infantile, observés depuis que la pratique de la stérilisation du lait s'est répandue dans les familles, montrent que ce danger est réel. A la vérité l'accord sur la réalité de ce danger ne s'est point encore fait parmi les médecins, mais dans l'état actuel de nos connaissances il paraît pourtant plus sage d'adopter la règle posée par la commission anglaise, qui est d'ajouter à l'alimentation de tout enfant élevé au lait de vache, bouilli ou stérilisé, un complément végétal antiscorbutique, à savoir, par jour, 1 à 3 cuillerées à café de jus d'orange frais ou de jus de raisin ou enfin de jus d'expression de rutabaga ou, à défaut de celui-ci, de jus de navet ordinaire[3]. Le jus de citron est aussi très actif et garde, même mis en conserve, un pouvoir antiscorbutique important, mais sa forte acidité peut conduire chez l'enfant à des troubles digestifs gênants[4].

Autres aspects du problème des vitamines. — Les auxi-

1. Sur l'utilité de cette précaution, la commission anglaise apporte l'observation de deux épidémies de scorbut (82 cas et 142 cas) observées en 1917 et en 1918 dans deux camps en Ecosse et en France et qui sont très démonstratives.

2. Les graines (froment, seigle, orge, avoine, pois, haricots, lentilles), qui doivent être prises non décortiquées et entières, sont mises à tremper dans l'eau pendant 24 heures, puis conservées à l'air pendant 1 à 5 jours dans un endroit tiède, jusqu'à ce qu'elles aient poussé des germes. On les fait cuire ensuite à la manière ordinaire, mais pendant un aussi court temps que possible.

3. On pèle largement la surface du rutabaga ou du navet et on réduit en pulpe à l'aide d'une râpe de cuisine. La masse est ensuite exprimée à l'aide d'une mousseline. Le goût un peu sucré du liquide ne déplaît pas en général aux enfants.

4. Le jus de citron conservé a conquis dans la marine anglaise, sous le nom de *lime juice*, la réputation méritée d'un antiscorbutique puissant et sûr, et le rapport de la commission anglaise cite sur ce point des observations qui ont la précision d'expériences de laboratoire. Puis, à partir de 1850 les observations s'accumulent, démontrant non moins clairement que ce *lime juice* s'est montré souvent totalement inefficace. C'est qu'il ne s'agissait plus du même produit (Mrs A. H. Smith). Le jus de citron efficace était en réalité du *lemon juice*, c'est-à-dire le jus d'expression du *Citrus medica*, var. *lemonu*, fait avec le citron des pays méditerranéens, et qui conserve des propriétés antiscorbutiques puissantes, tandis qu'à partir de 1850 on a substitué peu à peu à ce citron méditerranéen une variété importée des Antilles, le *Citrus medica*, var. *acida*, à la suite de rapports favorables sur l'acidité du jus obtenu, propriété que l'on croyait identique avec le pouvoir antiscorbutique. Il n'en est rien, du moins dans ce sens que le suc de cette variété, très actif à l'état frais, perd tout pouvoir par la conservation. (N. B. — Ces dénominations botaniques sont celles du rapport de la commission anglaise; elles ne concordent pas bien avec celles des auteurs classiques.)

mones. — On a vu que les animaux sont dans la nécessité d'emprunter leurs vitamines aux végétaux, et l'on est donc conduit tout de suite à se poser ces deux questions, à savoir en vue de quelles fonctions physiologiques ces agents sont présents chez les végétaux [1] et par quel mécanisme ils y apparaissent, synthèse directe par la plante, ou emprunt à d'autres êtres vivants. Or, il semble bien : 1° que pour se développer et vivre, les végétaux supérieurs aient besoin, comme les animaux, de vitamines ; 2° que celles-ci leur soient fournies par les bactéries qui pullulent dans le sol ou d'une manière générale dans le milieu où poussent les végétaux ; 3° que ces vitamines bactériennes, qui ont reçu le nom d'*auximones* (**W. B. Bottomley; F. Mockeridge, 1917**), exercent aussi une action de stimulation remarquable sur le développement d'autres microbes.

Au cours de recherches sur le mécanisme de l'action fertilisante de la tourbe de sphagnum « bactérisée » (tourbe ayant subi pendant quelque temps l'action des aérobies du sol à 26°), Bottomley a constaté que l'alcool enlève à cette tourbe une substance soluble dans l'eau et qui à très faible dose (par exemple 0,35 p. 1 000 000) stimule remarquablement la croissance des plantes. Ainsi de jeunes plantules, à qui l'on a fait l'ablation des cotylédons (où se trouve probablement la provision de vitamines apportée par la graine) et que l'on a introduites ensuite pendant des temps égaux dans des solutions minérales contenant ou ne contenant pas d'auximones de tourbe fermentée, augmentent leur poids de 59 p. 100 dans le premier cas, ou perdent de ce poids 10,9 p. 100 dans le second cas, puis se fanent et meurent [2]. — Florence Mockeridge, qui s'est efforcée de rechercher comment est répartie dans le monde microbien cette sensibilité à l'action stimulante des auximones de la tourbe, rapporte que certaines espèces (bactéries nitrifiantes, *Bacillus radicicola*) sont très sensibles à cette stimulation, tandis que d'autres (bactéries de la putréfaction) ne le sont pas, soit parce qu'elles se passent de ces agents, soit parce qu'elles en produisent assez par leurs propres moyens. Les champignons aussi (Levure, *Mycoderma vini, Oïdium lactis, Aspergillus niger, Penicillium glaucum*) présentent des différences analogues, en ce sens que seules sont sensibles à cette stimulation les espèces chez lesquelles on constate une production de vitamines peu active (G. Linossier) (p. 529). — Dans quelle mesure enfin ces auximones bactériennes se confondent-elles avec les vitamines A, B et antiscorbutique étudiées plus haut ? Ici on ne peut citer que ce fait, à

1. Il est à peine nécessaire de dire que, si les vitamines sont présentes dans les tissus végétaux, ce n'est point parce que les animaux qui vont consommer ces végétaux ont besoin de ces agents. Chaque organisme est fait pour lui-même et c'est pour lui qu'il travaille et non pour d'autres (voir p. 19, note 1).

2. Peut-être saisira-t-on là un phénomène de symbiose analogue à celui qui existe chez les Légumineuses entre les bactéries des nodosités de la racine et la plante ?

savoir qu'après 72 heures de culture en milieu avitaminé, on constate que le bacille d'Eberth a cédé à ce milieu une substance soluble dans l'alcool et dans l'eau et qui agit efficacement sur la croissance des jeunes rats. Notons que le *B. coli* ne semble pas avoir cette propriété, puisque les animaux privés des facteurs A et B succombent, bien que cette espèce bactérienne pullule dans leur intestin.

Bien que toute cette étude n'en soit encore qu'à ses débuts, on devine le bénéfice que dans de multiples directions on peut espérer tirer de ces constatations. Déjà en ce qui concerne notamment la technique microbiologique (détermination des espèces bactériennes à qui la stimulation par les vitamines est profitable), l'étude du cancer (action des vitamines sur l'accroissement des tumeurs), des recherches intéressantes sont commencées.

Si l'on revient maintenant à la question qui a été le point de départ de tout cet exposé, à savoir la détermination des aliments nécessaires et suffisants, on constate que, s'il est difficile pour l'instant de dresser la liste complète de tous les facteurs alimentaires indispensables à l'homme, l'exposé ci-dessus démontre cependant nettement que les diverses catégories de ces besoins tels qu'ils ont été distingués à la page 521 en *facteurs essentiels* et en *facteurs accessoires*, sont aujourd'hui assez bien établies pour que l'on puisse, dans la pratique des expériences de laboratoire, constituer pour des animaux supérieurs (rats, souris) des rations « synthétiques » complètes. C'est là l'une des acquisitions essentielles que la science de la nutrition doit aux chercheurs américains et anglais : la possibilité de refaire enfin sur des mammifères la classique expérience de Raulin sur l'*Aspergillus niger* (p. 519). Et si pour les expériences sur l'homme et les animaux supérieurs la préparation de rations « synthétiques » se heurte encore à des difficultés pratiques insurmontables, parce qu'elle serait trop laborieuse, les acquisitions en questions restent cependant infiniment précieuse, car en apprenant ce que, par exemple, des lavages à l'eau bouillante (Forster, p. 545), ou des chauffages prolongés (Lassablières et d'autres; voir aussi p. 224) peuvent faire perdre à un aliment, ces données nouvelles ont mis désormais les chercheurs à l'abri d'erreurs expérimentales graves.

2. *Les trois grandes classes d'aliments organiques.*

Les protéiques, les graisses et les hydrates de carbone alimentaires. — En ce qui concerne d'abord les *protéiques*, on a vu que la notion chimique de l'albuminoïde est allée en s'élargissant de plus en plus, et qu'elle embrasse aujourd'hui des corps, comme la spongine de l'éponge ou la fibroïne de la soie, qui évidemment n'ont plus pour nous aucun caractère alimentaire (p. 23). Dans la grande famille *chimique* des protéiques, il faudra donc découper la famille *physiologique*, plus restreinte, des protéiques alimentaires pour l'homme et pour les animaux supérieurs, et établir leur valeur comparative en tant qu'aliments. On a montré ailleurs (p. 305 et suiv.) combien sont intéressants et pleins de promesses les résultats déjà obtenus de ce côté.

En ce qui concerne les *graisses*, on a constaté le caractère alimentaire de toutes celles dont le point de fusion n'est pas trop élevé. Même la graisse du mouton, qui n'est fondue que vers 50°, est encore bien absorbée, quoique moins complètement que les graisses plus fusibles. Mais la stéarine pure, qui fond à 53° et même au delà, passe presque entièrement dans les excréments. Notons que le pouvoir nutritif des graisses alimentaires tient tout entier aux acides gras (palmitique, stéarique et oléique), qui, d'ailleurs, constituent à peu près les 9 dixièmes du poids de la molécule. On ne sait pas exactement comment décroît la valeur nutritive des acides gras, à mesure que leur poids moléculaire diminue. Quant à la glycéraie, sa valeur alimentaire reste douteuse, car, ingérée à doses un peu élevées, elle passe pour une moitié environ dans les urines, et elle ne produit pas, comme le font les graisses et les acides gras, l'épargne de l'albumine (p. 629).

Parmi les *hydrates de carbone*, les divers hexoses, glycose, lévulose, galactose, les disaccharides, saccharose, lactose, maltose, et les polysaccharides, amidons, dextrines, glycogène dont il a été question dans un précédent chapitre (p. 61), ont tous le caractère alimentaire. Les celluloses, au contraire, paraissent entièrement dépourvues de cette propriété pour l'homme. On ne sait rien de précis quant aux matières gommeuses et mucilagineuses, etc., si abondamment représentées dans le règne végétal.

L'expérimentation physiologique, qui seule peut établir le caractère alimentaire d'une denrée, fait, en effet, défaut pour la plupart de ces produits. Que ce soit là une épreuve tout à fait indispensable, c'est ce que montre bien l'exemple de l'inuline. De ce corps, l'hydrolyse fait sortir très facilement, *in vitro*, du lévulose, hexose alimentaire, et si, d'autre part, le tube digestif des animaux supérieurs ne sécrète aucune diastase (inulase), capable de produire ce dédoublement, il est certain que le suc gastrique le réalise aisément à l'étuve (Richaud). Il semble donc qu'on puisse conclure de là avec sûreté au caractère alimentaire de cet hydrate de carbone. Or, quand on passe en revue les quelques observations faites *in vivo*, on constate que cette démonstration est à peine ébauchée (L.-B. Mendel). On doit faire les mêmes réserves pour des produits végétaux, comme certains lichens, dont l'industrie introduit, paraît-il, des quantités considérables dans le commerce des denrées alimentaires en Extrême-Orient, bien qu'aucune démonstration de la valeur nutritive de ces produits n'ait été fournie (L.-B. Mendel).

Composition centésimale et quotient respiratoire des trois sortes d'aliments organiques. — Il est utile de rapprocher ici la composition centésimale moyenne des trois espèces d'aliments organiques.

	Protéiques.	Graisses.	Hydrates de carbone.
Carbone	52	76,5	40,0
Hydrogène	7	11,9	6,6
Oxygène	23	11,6	53,3
Azote	16	—	—
Soufre	2	—	—

Ce tableau rappelle que la combustion totale des graisses et des hydrates de carbone ne pouvant donner que de l'eau et de l'acide carbonique, lequel est éliminé par le poumon, l'urine ne fournit aucun renseignement direct sur la dégradation de ces aliments. Au contraire, les deux éléments caractéristiques des protéiques, l'azote et le soufre, étant la source des principaux déchets urinaires, la composition de l'urine est donc une dépendance étroite vis-à-vis de la désassimilation des protéiques.

Par l'oxygène qu'ils consomment pour leur combustion et par l'acide carbonique que produit cette opération, ces aliments agissent, au contraire, tous trois sur les échanges gazeux respiratoires, mais la composition respective de leur molécule fait prévoir ici des différences importantes. Considérons, en effet, les équations de combustion de ces trois sortes d'aliments dans l'organisme :

$$C^6H^{12}O^6 \;+\; 6O^2 \;=\; 6H^2O \;+\; 6CO^2$$

Glycose. 6×2 vol. 6×2 vol.

$$2C^{51}H^{98}O^6 + 145O^2 = 98H^2O + 102CO^2$$

Tripalmitine.

$$2C^{250}H^{409}N^{67}O^{81}S^3 + 532O^2 = 67CON^2H^4 + 6SO^4H^2 + 269H^2O + 433CO^2$$

Ovalbumine.   Urée.

Dans un organisme, qui ne consommerait que du glycose, en le brûlant complètement, on verrait donc, pour un volume d'oxygène disparu, apparaître un volume égal d'acide carbonique, c'est-à-dire que le quotient : $\dfrac{\text{Vol. d'acide carbonique exhalé}}{\text{Vol. d'oxygène absorbé}}$ serait dans l'espèce égal à $\dfrac{6}{6} = 1$. Ce rapport $\dfrac{CO^2}{O^2}$ a reçu le nom de *quotient respiratoire* (Regnault et Reiset; Pflüger). Pareillement, on tire des équations ci-dessus, pour le quotient respiratoire de la tripalmitine, la valeur $\dfrac{102}{145} = 0{,}703$ et pour celui de l'ovalbumine la valeur $\dfrac{433}{532} = 0{,}814$. Pour la graisse animale le quotient respiratoire, calculé d'après la composition centésimale moyenne, est de $0{,}707$.

Dans quelle mesure *ces valeurs sont-elles applicables à l'organisme vivant?* Elles le sont évidemment en toute sûreté pour les graisses et les hydrates de carbone, que l'organisme détruit certainement suivant les équations ci-dessus. Mais pour les protéiques dont la destruction n'est exprimée par l'équation ci-dessus que d'une manière approchée, un contrôle sur l'être vivant était indispensable.

Voici comment cette vérification peut être faite, en partant de la composition de l'urine et des fèces chez le chien à jeun, telle que l'ont établie Rubner, Stohmann et Langbein et d'autres (d'après Zuntz et Loewy) :

La partie combustible de la chair musculaire contient pour 100 gr. :

Carbone.	Hydrogène.	Oxygène.	Azote.	Soufre.
52gr,38	7gr,27	22gr,68	16gr,65	1gr,02

De ces éléments on retrouve :

	Carbone.	Hydrogène.	Oxygène.	Azote.	Soufre.
Dans l'urine. . .	9gr,406	2gr,663	14gr,099	16gr,28	1gr,02
— les fèces. .	1 ,471	0 ,212	0, 889	0 ,37	
Au total. . .	10gr,877	2gr,875	14gr,988	16gr,65	1gr,02

Il reste donc disponible pour les échanges gazeux respiratoires :

Carbone.	Hydrogène.	Oxygène.
41gr,50	4gr,40	7gr,69

Ces quantités de carbone et d'hydrogène donnent respectivement :

Acide carbonique . .	152gr,17	renfermant ensemble 145gr,59
Eau.	39 ,32	d'oxygène.

Comme il reste encore disponible une quantité de 7 gr. 69 d'oxygène, la respiration pulmonaire n'a dû fournir que 145,59 — 7,69 = 137 gr. 90 de ce gaz. Les échanges gazeux pulmonaires correspondant à la combustion de 100 gr. de muscle ont donc été de 152 gr. 17 ou 77 l. 24 d'acide carbonique exhalé et de 137 gr. 90 ou 96 l. 43 d'oxygène absorbé [1], ce qui donne un quotient respiratoire de 77,24 : 96,43 = 0,803. Le résultat varie un peu selon la moyenne que l'on adopte pour la composition de la chair musculaire. Pour les conditions ordinaires de l'alimentation humaine, Magnus-Levy s'est arrêté à un quotient égal à 0,809.

On remarquera que, dans la molécule des sucres, l'oxygène déjà présent suffit pour brûler tout l'hydrogène et qu'il ne faut donc fournir que la quantité d'oxygène nécessaire pour brûler le carbone. Dans les graisses, au contraire, l'oxygène apporté par la molécule ne suffit à brûler qu'une faible partie de l'hydrogène. Il faut donc que l'oxygène fourni pour la combustion oxyde non seulement le carbone, dont la proportion est considérable, mais encore la majeure partie de l'hydrogène, double circonstance qui explique la forte chaleur de combustion que l'on reconnaîtra plus loin à l'aliment gras [2] (p. 562).

Complexité de la molécule dans les trois catégories d'aliments organiques. — Tandis que la molécule des hydrates de carbone et celle des graisses est relativement simple, celle des protéiques apparaît, au contraire, comme un édifice très élevé.

	Formules.	Poids moléculaires.
Hydrates de carbone : Glycose.	$C^6H^{12}O^6$	180
Graisses : Trioléine.	$C^{57}H^{104}O^6$	884
Ovalbumine (A. Gautier) . . .	$C^{250}H^{409}N^{67}O^{81}S^3$	5 739
Globine de l'oxyhémoglobine de cheval	$C^{680}H^{1098}N^{210}O^{241}S^2$	16 218

On voit de quelle hauteur l'édifice moléculaire des protéiques domine ceux des deux autres catégories d'aliments. Si l'on se rappelle, en outre, le nombre considérable et la variété des fragments que fournit cette molécule, et la riche diversité de produits que permettent de prévoir les associations variables de ces fragments, on comprend la position particulière que l'on reconnaîtra plus loin à l'aliment protéique par rapport aux deux autres (p. 614).

1. Notons que par gramme d'azote urinaire la respiration pulmonaire fournit donc pour la combustion de l'albumine 96,43 : 16,28 = 5 l. 923 d'oxygène et 77,24 : 16,28 = 4 l. 744 d'acide carbonique. Ces données nous seront utiles plus loin.

2. Notons ici que cette combustion de l'hydrogène des aliments produit en 24 heures une quantité d'eau assez importante, à savoir environ 270 grammes à l'état de repos et 470 grammes quand il y a travail (Atwater et Benedict).

3. *Les aliments minéraux.*

On chercherait en vain, dans les traités de physiologie d'il y a quarante ou cinquante ans, **un** chapitre d'ensemble sur l'alimentation minérale. Sauf en ce qui concerne les sels calcaires du squelette ou le fer du sang, dont l'importance ne pouvait échapper longtemps, la nécessité très générale d'une alimentation minérale n'a été comprise qu'à une époque très rapprochée de nous. C'est à partir de **1851** que, dans ses *Nouvelles Lettres sur la Chimie*, Liebig a attiré très fortement l'attention sur le rôle nutritif des matières minérales chez les animaux, et c'est un peu plus tard que Pasteur, en apprenant aux biologistes à cultiver des micro-organismes dans des liquides nutritifs constitués de toutes pièces, a démontré en même temps la nécessité de l'alimentation minérale avec une précision que l'on ne devait pas retrouver au même degré dans les essais faits plus tard sur les animaux supérieurs.

On se rend compte, en effet, depuis bon nombre d'années, que les expériences bien connues par lesquelles Forster (1873) a cru résoudre ce problème pour le chien et le pigeon ont perdu toute valeur, et la nécessité d'une alimentation minérale n'a plus été appuyée ensuite que sur les constatations relatives au rôle plastique important de ces matières et sur leur évidente participation à un grand nombre de phénomènes de la vie (p. 81 et 148). Plus près de nous, et en s'appuyant sur ces constatations, on a réussi à constituer des mélanges salins qui, modifiés et complétés peu à peu, se sont montrés suffisants pour assurer la croissance de jeunes organismes ou l'entretien de l'adulte pendant d'assez longues périodes. Néanmoins, la liste complète de toutes les matières minérales nécessaires à la vie n'a pas encore pu être dressée.

1° L'expérience de Forster a consisté à priver presque totalement des chiens d'aliments minéraux en les nourrissant avec un mélange arti-ficiel de graisse, de sucre, d'amidon, additionné de résidus de viande provenant de la préparation de l'extrait de viande Liebig, et soumis encore à de nouveaux épuisements par de l'eau distillée bouillante. Au bout de 26-36 jours de ce régime, les animaux étaient mourants. Mais comme un tel traitement enlève ou détruit les vitamines (p. 529, 535), l'expérience ne reste plus univoque.

2° Les solutions salines dont il a été question à la page 86 sont de véritables liquides d'alimentation minérale pour les organes dont ils servent à entretenir les fonctions, et c'est en complétant ces mélanges salins par des tâtonnements successifs que l'on est arrivé à constituer des rations minérales qui se sont montrées aptes à satisfaire aux besoins de la nutrition pendant des laps de temps considérables (rations minérales d'Osborne et Mendel, de Mc. Collum et Davis; voir p. 522 et suiv.). Voici la composition en grammes du mélange Mc Collum et Davis : NaCl 0,173; $MgSO^4$ anhydre 0,266; $PO^4NaH^2 + H^2O$ 0,347; PO^4K^2H 0,954; $(PO^4)^2CaH^4 + H^2O$ 0,540; lactate de Ca à $5H^2O$ 1,300; lactate de Fe 0, 118.

3° On a vu précédemment que d'autres substances minérales encore sont à coup sûr nécessaires à la vie, notamment l'*iode* et l'*arsenic*[1], peut-être le *manganèse* et voici que le *zinc*, tout récemment étudié par Delezenne, vient encore allonger cette liste (voir p. 119). Et si l'on a pu se dispenser de faire entrer ces corps dans les mélanges salins ci-dessus, c'est probablement parce qu'il en faut très peu, et que des quantités suffisantes de ces corps accompagnent toujours les aliments simples, minéraux ou organiques, employés dans ces expériences. Et comme le nombre des corps simples trouvés dans les tissus augmente sans cesse (p. 119), on ne sait pas exactement où arrêter la liste des substances minérales nécessaires à la vie. En effet, de ce qu'un élément minéral a été saisi à l'état de traces dans les tissus, on ne peut pas en conclure avec certitude au caractère alimentaire de cet élément. L'organisme ne fixe-t-il pas des métaux toxiques, comme le mercure ou le plomb (p. 59)? Seules des expériences directes permettraient de conclure ici. Mais de tels essais n'ont encore été faits sur les animaux supérieurs qu'avec la chaux, dont la privation rend les os poreux et cassants (p. 646), et avec le fer, dont l'absence dans la ration produit l'anémie expérimentale (p. 456). Il est vrai que pour des substances comme l'iode, l'arsenic, le manganèse, ces sortes d'expériences se heurteraient aux plus sérieuses difficultés, car comment préparer des rations « synthétiques » (p. 521) qui seraient exemptes de ces corps? Seuls les organismes inférieurs, à cause de leurs conditions d'existence plus simples, se prêtent quant à présent à de telles recherches (p. 519).

On a dit dans un autre chapitre ce que l'on sait sur le rôle alimentaire des *matières minérales basiques* et du *chlorure de sodium* (p. 88-90).

§ II. — LES ALIMENTS COMPOSÉS.

Les aliments composés d'origine animale. — Les animaux fournissent à l'alimentation de l'homme : 1° la *chair musculaire* (viandes de boucherie, abats divers, volailles, gibier, poissons); 2° le *lait* avec ses divers sous-produits (crème, beurre et fromage); 3° les *œufs*. Ces aliments représentent surtout un apport de protéiques et de graisses, mais ils ne fournissent que des quantités

---

1. On laisse de côté, pour l'instant, la question de la forme (minérale ou organique) sous laquelle ces corps simples sont contenus dans les aliments.

insignifiantes de matières hydrocarbonées. Seul, le lait renferme, en outre, sous la forme de lactose, un complément important d'hydrates de carbone. C'est ce que montre le tableau ci-dessous, où sont exprimées en grammes les quantités d'eau, de protéiques, de graisse et d'hydrates de carbone contenues dans 100 gr. des principaux aliments d'origine animale, pris à l'état naturel. On a ajouté dans la dernière colonne le pouvoir calorifique en grandes calories (brutes), pour 100 gr. (d'après Zuntz et Loewy).

	Eau.	Protéiques.	Graisses.	Hydrates de carbone.	Calories.
Bœuf (gras)	53,1	16,8	29,2	—	340
— (moyennement gras)	72,5	21,0	5,5	—	137
— maigre	76,4	20,7	1,7	—	101
Poule.	72,2	21,3	4,5	—	129
Pigeon	75,1	22,1	1,0	—	100
Oie.	40,9	14,2	44,3	—	470
Lièvre	74,2	23,3	1,1	—	106
Anguille	57,4	12,8	28,4	0,5	319
Saumon	64,3	21,6	12,7	—	207
Morue.	81,8	16,7	0,3	—	71
Lait de vache [1] . . .	87,5	3,4	3,6	4,8	67
— femme . . .	87,6	2,0	3,7	6,4	69
Fromage (Hollande).	36,6	25,7	29,0	3,5	389
— (Gruyère) .	34,1	29,5	29,8	1,5	404
— (Gervais). .	42,1	14,3	42,3	0,2	453
Beurre	13,5	0,7	83,7	0,5	783
Œuf de poule [2] . . .	73,6	12,6	12,1	0,6	167
Jaune d'œuf.	51,0	16,1	31,4	0,5	360
Blanc —	85,4	12,9	0,3	0,8	59

On reviendra plus loin sur la valeur nutritive comparée de ces divers aliments et surtout sur celle du lait. — A l'étude de la viande se rattache celle du *bouillon* et de l'*extrait de viande* dont le pouvoir nutritif a donné lieu à tant de controverses. Ce sont, en réalité, des aliments très pauvres.

---

1. Il est intéressant de noter ici que tout de suite après le part le colostrum possède une valeur calorifique qui peut atteindre le double de celle du lait (jusqu'à 1 500 cal. pour un litre).

2. Un œuf choisi dans la belle moyenne pèse, défalcation faite du poids de la coquille et de la membrane coquillère, environ 50 gr. Deux beaux œufs représentent donc environ 100 gr. d'œuf net. Dans un œuf de 60 gr., la coquille pèse environ 7 gr., le blanc 35 gr. et le jaune 18 gr.

Un litre de bouillon préparé à la manière ordinaire contient environ de 25 à 35 gr. de matériaux fixes, dont 6 à 10 gr. de protéiques (y compris la gélatine), 5 à 10 gr. de graisses, 6 à 7 gr. de matières extractives et 10 à 11 gr. de sels (dont 7 gr. environ de sel de cuisine ajouté). C'est donc un aliment très aqueux, et il ne peut pas en être autrement. En effet, la viande, au moment où elle est consommée, est acide, donc aussi le bouillon, et comme ce liquide est de plus salé, toutes les conditions sont réalisées, non pour que de l'albumine soit dissoute, mais pour qu'elle soit coagulée. Il ne reste donc en dissolution dans le bouillon qu'une petite quantité d'acidalbumine, d'albumoses ou de peptones et de la gélatine, et cette dernière est nécessairement en petite quantité, puisque, déjà à 1 p. 100, les dissolutions de gélatine se prennent en gelée par le refroidissement. La quantité de graisse est de même limitée, car un bouillon trop gras répugne promptement. Enfin, les matières extractives azotées (bases puriques et autres matériaux azotés) n'entrent pas en ligne de compte, ni comme aliments azotés, ni comme combustibles. Le bouillon est donc un aliment pauvre; par 100 gr. il n'apporte que 1 gr. de protéiques au plus et une dizaine de calories. La même conclusion s'applique avec plus de force encore à l'extrait de viande, dont la conservation n'est obtenue que si l'on en élimine avec soin les protéiques et les graisses, et qui n'est guère en général qu'une solution de matières extractives azotées et de sels de la viande.

On voit donc que, contrairement à l'opinion qui, à la suite des travaux de Liebig, a régné pendant longtemps dans le grand public et chez les médecins, l'extrait de viande et les bouillons même très riches ne contiennent nullement sous un petit volume toute l'énergie chimique d'une masse considérable de viande. Quant à la sensation de stimulation que procure l'ingestion du bouillon et surtout du bouillon chaud, elle est due à des phénomènes d'ordre nerveux (p. 633). Il est possible que dans ces phénomènes interviennent tout spécialement certaines matières extractives azotées.

Les aliments composés d'origine végétale. — Tandis que les aliments composés d'origine animale — à l'exception du lait — ne renferment guère que des protéiques et des graisses, les denrées végétales apportent surtout des hydrates de carbone, avec des quantités d'albumine variables et souvent très faibles. Exceptionnellement, comme il arrive dans l'olive ou la noix, l'hydrate de carbone est remplacé en grande partie par de la graisse.

Il y a encore entre ces deux sortes d'aliments une autre différence importante. Dans les végétaux, les matériaux nutritifs ne sont pas, comme dans les aliments animaux, directement accessibles à l'action des sucs digestifs, mais enfermés, au contraire, dans des enveloppes de cellulose, qui ne se laissent entamer que difficilement. Aussi est-il nécessaire pour la plupart d'entre eux, et avantageux pour tous, de les soumettre à la cuisson, qui fait éclater ces enveloppes et met à nu les substances alimentaires qu'elles contiennent[1]. En outre, ces enveloppes cellulosiques et d'autres matériaux encore sont réfractaires à la digestion et assurent donc au bol fécal un volume plus considérable. Enfin, les aliments végétaux sont en général très aqueux — sauf les graines et certains fruits — et ils apportent d'importantes quantités de sels, fournissant par leur combustion des carbonates alcalins (p. 89).

	Eau.	Protéiques.	Graisses.	Hydrates de carbone.	Cellulose.	Calories.
Céréales :	—	—	—	—	—	—
Froment.	13,4	12,0	1,9	68,7	2,3	349
Riz	13,2	8,1	1,3	75,5	0,9	355
Pain de froment.	33,7	6,8	0,5	57,6	0,3	270
Macaroni	11,9	10,9	0,6	75,6	0,4	360
Légumineuses :						
Pois secs	13,6	23,4	1,9	52,7	5,6	330
Lentilles	12,3	26,0	1,9	52,8	4,0	341
Haricots.	13,9	25,7	1,7	47,3	8,3	315
Racines et tubercules :						
Carottes.	86,7	1,2	0,3	9,1	1,7	45
Navets	88,9	1,4	0,2	7,4	1,4	38
Pommes de terre.	74,9	2,0	0,1	20,9	1,0	95
Légumes, salades, etc.						
Choux blancs . .	90,1	1,8	0,2	5,0	1,7	30
Choux-fleurs. . .	90,9	2,5	0,3	4,6	0,9	32
Pois verts. . . .	77,7	6,6	0,5	12,4	1,9	83
Haricots verts . .	88,7	3,5	0,2	6,6	1,2	43
Épinards	89,3	3,7	0,5	3,6	0,9	35
Asperges	93,8	1,9	0,1	2,4	1,2	19
Salade pommée .	94,4	1,4	0,3	2,2	0,7	18
Fruits charnus :						
Pommes (pelées).	85,4	0,3	—	12,7	1,3	52
Poires — .	85,1	0,4	—	13,1	1,1	54
Prunes	84,9	0,4	—	15,5	0,5	62
Raisins	80,5	0,6	—	16,3	2,2[2]	66
Figues sèches . .	29,8	3,6	—	58,7	5,2	245
Fruits secs :						
Amandes douces.	6,3	21,6	53,2	13,2	3,6	637
Noix	5,0	16,0	63	8,0	—	605
Marrons (secs et pelés).	10,3	10,8	4,1	69,3	—	341

1. On a vu quels sont les dispositifs qui assurent, chez les herbivores, cette mise à nu des matériaux alimentaires (p. 225, note 1).

2. Y compris les pelures et les pépins.

Le tableau ci-devant donne en grammes les quantités d'eau, de protéiques, de graisses, d'hydrates de carbone, de cellulose, et en calories brutes la quantité de chaleur apportée par 100 gr. des principaux aliments d'origine végétale (d'après Zuntz et Loewy).

Il ressort de ce tableau que seules les légumineuses et, à un moindre degré, les céréales apportent des quantités de matières protéiques approchant de celles que fournissent à poids égal les aliments animaux, pour la raison que, dans ces deux cas, nous consommons une graine, c'est-à-dire un embryon. Ce sont aussi les plus riches en hydrates de carbone, parce que cet embryon est accompagné de riches réserves d'amidon. Et c'est pourquoi ces aliments représentent, par 100 gr., un apport de plusieurs centaines de calories. Les autres denrées végétales, racines, légumes verts, fruits charnus,... qui contiennent jusqu'à 85 et 95 p. 100 d'eau, sont nécessairement des aliments pauvres en matériaux nutritifs, et parmi eux les légumes verts (salade, choux, haricots verts...), peuvent être considérés, quand il s'agit de l'alimentation du diabétique, comme étant pratiquement dépourvus d'hydrates de carbone. Seule, la pomme de terre, grâce à ses 20 p. 100 d'amidon, représente un apport calorifique plus important. Enfin, les fruits oléagineux, noix, amandes, en même temps qu'ils sont assez riches en protéiques, prennent une valeur calorifique élevée par le fait de la quantité considérable de graisse qu'ils contiennent.

Digestibilité des aliments composés. — On mesure en physiologie la digestibilité d'un aliment composé en cherchant quelle est, sur 100 parties en poids des aliments simples contenus dans cet aliment composé, la fraction qui, échappant à la digestion, passe dans les fèces. Des déterminations de ce genre présentent un intérêt physiologique et clinique considérable, mais il est bon de se rendre compte des causes d'erreur qui en vicient nécessairement les résultats.

C'est surtout pour l'aliment protéique que les résultats ne sont qu'approximatifs. On détermine, en effet, la fraction des protéiques ingérés, qui a échappé à l'absorption, en retranchant du poids d'azote contenu dans l'aliment ingéré le poids de l'azote des excréments. Or, les deux termes de cette différence sont entachés d'erreurs parfois importantes. D'une part, en effet, l'azote total des aliments ne mesure pas exactement la teneur en albumine parce que les aliments, et surtout les aliments végétaux, contiennent des matériaux azotés non protéiques, et, d'autre part, une fraction variable de l'azote des excréments provient des sucs digestifs (p. 241). En outre, les conditions que l'on réalise en nourrissant un sujet uniquement avec l'aliment composé sur lequel on expérimente, sont nécessairement différentes de celle de l'alimentation mixte ordinaire. Ainsi, pour déterminer avec quelque précision l'utilisation digestive des matières protéiques du pain, il faut faire consommer au sujet, en vingt-quatre heures, une quantité de pain apportant environ 50 à 60 gr. de protéiques, ce qui représente environ 730 à 880 gr. de pain. Mais on conçoit que, dans ces conditions, l'utilisation digestive du pain puisse être moins bonne que dans l'alimentation mixte ordinaire, où cet aliment ne représente qu'un appoint.

Il ne faut donc attacher aux résultats cités ci-après que la valeur d'indications approchées, montrant à quel ordre de grandeur appartient, pour chaque aliment composé, le déchet digestif, et mettant en lumière l'influence de quelques facteurs.

Le tableau ci-dessous résume les résultats de quelques expériences sur la *digestibilité des protéiques* de divers aliments composés chez l'homme. Les quantités absolues sont exprimées en grammes (Rubner, Strümpell) (**voy. aussi p. 648**).

	Poids absolu de l'aliment composé, ingéré en 24 heures.	Poids absolu de matière protéique ingérée.	Poids de matière protéique non absorbée pour 100 gr. de matière protéique ingérée.
Viande.	1 435	305	2,5
OEufs	948	142	2,6
Lait	3 000-4 000	121-161	7,7-12
Pain blanc. . . .	1 237	81	18,7
— noir	1 360	83	32
Pommes de terre.	3 078	71	32
Farine d'orge et de légumineuses .	—	—	8,2-10,5
Lentilles non triturées	—	—	40

On voit que, pour la viande et les œufs, la perte en non digéré a été minime, en dépit de la masse considérable d'aliment ingéré. Il est même probable qu'elle doit être considérée comme nulle (p. 242). Elle est plus forte pour le lait et le pain blanc; enfin elle devient considérable pour le pain noir, les pommes de terre, les lentilles entières, à cause de l'obstacle créé par la cellulose. Les deux dernières expériences, faites sur le même individu, mettent, en outre, clairement en évidence l'influence de l'état de division de l'aliment végétal, et démontrent l'utilité de la pratique culinaire des purées de légumes, passées au tamis.

Pendant la guerre de 1914-1918, cette question de la digestibilité des aliments riches en cellulose s'est posée pour le *pain*, et avec une acuité particulière, à cause des problèmes économiques qui viennent la compliquer. Pendant le temps de paix, on avait pris l'habitude de procéder à un blutage de la farine de plus en plus sévère, de façon à obtenir un pain d'autant plus fin et en éliminant bien entendu un son d'autant plus riche en éléments nutritifs et dont l'industrie de l'élevage du porc faisait ensuite son profit. Or, on doit se demander d'abord si l'on n'élimine pas de la sorte des matériaux importants par leur qualité spéciale, et l'on s'est préoccupé notamment de la valeur alimentaire du germe que la mouture élimine de la farine. On doit rechercher ensuite si, au point de vue économique, il est sage d'abandonner ainsi au porc une partie si importante de la valeur calorifique de la farine, car ce qui revient par la suite à l'homme, par le détour du porc, une fois engraissé, ne représente qu'une faible partie du nombre de calories (au plus de 20 à 25 p. 100), que le blutage sévère en question a distrait de l'alimentation humaine.

La question se pose donc de savoir jusqu'où il convient de pousser le blutage. Si on laisse dans la farine beaucoup de son, riche en cellulose, cette substance nuit par sa masse à l'utilisation digestive de la partie vraiment alimentaire (protéique et amidon), et si on enlève le plus de son possible, on enlève aussi, outre une certaine quantité de farine, les matériaux alimentaires (protéique et amidon) appartenant en propre à l'enveloppe du grain, et l'on doit se demander si les matériaux ainsi sacrifiés ne seraient pas accessibles à nos opérations digestives. Or, avec du pain blanc fait avec de la farine blutée à 70 p. 100, N. Zuntz (1915) a observé une perte en non digéré de 15 à 22 p. 100 de l'azote total et de 5 à 7 p. 100 de la valeur calorifique totale. Avec le pain de blé complet, c'est-à-dire sans aucun blutage de la farine, la perte en azote est allée jusqu'à 50 p. 100 et, dans des expériences sur d'autres sujets, elle n'a été au contraire que de 26-36 p. 100 pour l'azote et de 7-11 p. 100 pour les calories. Avec le pain de seigle complet, Hindhede a noté de même une perte de 34,7 p. 100 pour l'azote et de 13,3 p. 100 pour les calories, et il conclut qu'il vaut mieux bluter à 65-70 p. 100 et abandonner au porc, qui les utilise mieux que l'homme, ces 25 à 30 centièmes de la farine.

On ne discutera pas ici ce problème d'économie sociale, qui pendant la guerre a été examiné en France de divers côtés, notamment par L. Lapicque, et qui a donné lieu en Allemagne à un débat si passionné [1]. Notons simplement que les recherches de Friedenthal ont montré combien l'utilisation digestive des légumes secs est accrue, quand, à l'aide d'une mouture spéciale, on réduit au préalable ces aliments en une poudre très fine. C'est un semblable procédé que l'on a essayé d'appliquer au son. C. von Noorden et I. Fischer rapportent que l'on peut amener du son de seigle à un état tel que, rajouté ensuite à la farine, il n'en diminue nullement l'utilisation digestive, et Finckler (de Bonn) a préconisé aussi un certain genre de mouture, qui divise très finement le son avec la farine et conduit à un pain très riche et très

---

1. Si passionné que le porc a été appelé le « nouvel ennemi » et le concurrent le plus dangereux de l'alimentation humaine.

digestible. Une partie importante du son peut, en effet, être rendue accessible à l'action des sucs digestifs (Hindhede).

L'utilisation digestive des *graisses et des hydrates de carbone* est, en général, excellente, même pour des quantités considérables. Ainsi, après ingestion de 638 gr. de riz ou d'une quantité de pain noir contenant respectivement 493 et 659 gr. d'amidon, la perte par les fèces n'a été que de 0,9 et de 10,9 p. 100 de l'amidon ingéré (Rubner), et chez des sujets nourris de pain et de beurre et recevant l'énorme quantité de 306 à 357 gr. de graisse sous la forme de beurre, les fèces n'ont éliminé que 13 à 16 gr. de graisse, soit 4,5 p. 100 de la quantité ingérée. On a déjà signalé l'influence exercée ici par la fusibilité des diverses graisses (p. 539).

Rôle de la cellulose et des matériaux réfractaires en général. — Il résulte de ce qui précède que la présence de grandes quantités de matériaux réfractaires, comme la cellulose, abaisse le taux d'utilisation des matières protéiques, c'est-à-dire de l'aliment le plus important et en général le plus coûteux, en sorte qu'il est pécuniairement plus avantageux de se nourrir de pain blanc que de pain noir, malgré la différence de prix, et que des aliments comme les légumineuses, que leur richesse en matières protéiques place au-dessus de la viande, perdent cet avantage et rétrogradent de plusieurs rangs dans la pratique, à cause de leur médiocre utilisation [1]. Toutefois, lorsque la proportion des matières réfractaires n'est pas trop élevée, cet inconvénient est compensé par de sérieux avantages, car ces matériaux assurent au bol fécal un volume suffisant, pour que les contractions péristaltiques de l'intestin soient convenablement excitées et entretenues. A cet égard, la cellulose est tout à fait indispensable aux herbivores dont le tube digestif est très long.

Des lapins nourris d'aliments exempts de cellulose (mélange de lait, de sucre et de poudre de viande) succombent rapidement, et à l'autopsie on trouve l'intestin garni de matières compactes, adhérentes, à consistance de mastic de vitrier, et ne progressant plus, parce qu'elles n'ont plus le volume et la légèreté des matières normales. Lorsqu'on ajoute, au contraire, à cette même nourriture une substance réfractaire,

---

1. La présence de grandes quantités de cellulose augmente aussi le travail digestif (mastication, mouvements péristaltiques...) et chez les herbivores la perte d'énergie résultant de ce chef est importante. La digestion coûte chez le cheval nourri de foin 18 p. 100 et chez l'animal nourri de paille 111 p. 100 de l'énergie apportée par ces aliments.

comme des copeaux de corne, les animaux supportent parfaitement ce régime, parce que les fragments de corne, que l'on retrouve intégralement dans les fèces, ont suppléé la cellulose des aliments habituels. On peut se servir de même d'agar-agar ou de liège.

Bunge fait observer avec raison que, si le carnivore, dont le tube digestif est très court, n'a pas besoin de cette excitation, on conçoit que chez l'homme, qui, par la longueur de son tube digestif, se place entre les carnivores et les herbivores, un régime aboutissant à des masses fécales trop réduites[1] puisse amener peu à peu l'atonie de la musculature du tube digestif et la constipation habituelle. C'est donc là une raison, s'ajoutant à beaucoup d'autres, pour réagir contre un régime alimentaire à type carné trop prédominant.

§ III. — L'ALIMENT COMPOSÉ DU NOUVEAU-NÉ : LE LAIT. — LE RÉGIME LACTÉ CHEZ L'ADULTE.

Parmi les aliments composés, le lait, nourriture unique du nouveau-né des mammifères, présente un intérêt tout particulier. Constatons d'abord que la composition du lait chez les divers mammifères varie dans des limites étendues. Voici, en effet, exprimée en grammes, la composition du litre de lait chez quelques espèces domestiques (Bunge). (Voy. aussi p. 555, note 1.)

	Femme.	Vache.	Chèvre.	Jument.	Anesse.	Chienne.
Protéiques.	16	35	37	20	22	74
Graisses . .	34	37	43	12	16	116
Lactose . .	61	49	36	57	60	32
Cendres . .	2	7	8	4	5	13

Adaptation de la composition du lait aux besoins du nouveau-né. — La raison de ces variations doit être cherchée, d'après Bunge, dans une adaptation de la sécrétion lactée aux besoins de chaque espèce animale. Or, la grandeur de ces besoins devant, *à priori*, être fonction surtout de la rapidité de croissance du jeune mammifère, on prévoit qu'un lait doit être d'autant plus riche en protéiques et en sels minéraux, matériaux nécessaires à l'édification des nouveaux tissus, que l'organisme auquel il est

1. Voit calcule que, par 100 kgr., le chien nourri de viande élimine 30 gr. de matières fécales (comptées à l'état sec), tandis que par 100 kgr. le bœuf nourri de foin en donne 600 gr., soit 20 fois plus.

destiné augmente plus rapidement son poids. Le tableau suivant, établi par Bunge et ses élèves, est une vérification très nette de ces prévisions.

Désignation de l'espèce.	Temps que met le nouveau-né pour doubler le poids de son corps.		MILLE PARTIES DE LAIT CONTIENNENT :			
			Protéiques.	Cendres.	Chaux.	Acide phosphorique.
Femme . . .	180	jours	16	2	0,33	0,47
Jument . . .	60	—	20	4	1,24	1,31
Vache. . . .	47	—	35	7	1,60	1,97
Chèvre . . .	22	—	37	8	1,97	2,84
Brebis. . . .	15	—	49	8	2,45	2,93
Truie	14	—	52	8	2,49	3,08
Chatte. . . .	9 1/2	—	70	10	—	—
Chienne. . .	9	—	74	13	4,55	5,08
Lapine . . .	6	—	104	25	8,91	9,97

On saisit toute la distance qui sépare le lait de lapine, contenant 104 gr. de protéiques et 25 gr. de cendres par litre, mais qui est destiné à un nouveau-né doublant son poids en six jours, du lait de femme, avec 16 gr. de protéiques et 2 gr. de cendres p. 1 000, mais sécrété pour un organisme qui ne double son poids qu'en cent quatre-vingt jours.

En ce qui concerne le lait, considéré comme combustible alimentaire, les preuves de cette adaptation apparaissent aussi très frappantes. On a vu que la graisse est l'aliment simple dont le pouvoir calorifique est le plus élevé, et l'on connaît l'instinct qui pousse les habitants des pays froids à augmenter leur ration de graisse. Or, on trouve :

Dans le lait de vache	35 gr. de beurre p. 1 000		
— de renne	171	—	—
— de dauphin [1]	438	—	—

On voit que les laits de renne et de dauphin sont respectivement près de 5 et 12 fois plus riches en beurre que le lait de vache. Cette énorme proportion de 438 gr. de graisse p. 1 000, qu'apporte le lait de dauphin, est évidemment en rapport avec les pertes de chaleur considérables que subit un jeune organisme, vivant non seulement dans un climat froid, mais encore dans l'eau, c'est-à-dire dans un milieu bien plus conducteur que l'air.

1. Il s'agit de *Globiocephalus melas*, un delphinide habitant le nord de l'Océan Atlantique.

Il est vraisemblable qu'à mesure que l'on connaîtra mieux les constituants du lait, protéiques divers (voy. p. 311), lécithine, diastases, etc., on saisira encore d'autres preuves de cette adaptation.

Le lait de femme et le lait de vache. — Ce qui précède fait prévoir les difficultés auxquelles on se heurte, lorsque, rompant l'ordre naturel des choses, on fait servir le lait de vache à l'alimentation du nouveau-né de l'espèce humaine, et il est, d'autre part, facile de montrer que les pratiques, à l'aide desquelles on a essayé de remédier à ces difficultés, ne sont probablement que des palliatifs insuffisants.

Il semble que les principales différences entre la composition de ces deux sortes de lait puissent être effacées, et notamment que par une addition d'eau sucrée ou lactosée il soit facile de ramener les proportions de protéiques et de sucre à celles qui sont propres au lait de femme. Mais il est probable qu'une telle pratique laisse subsister encore entre ces deux aliments des différences profondes. En effet, sur les 10 à 20 gr. de matières protéiques du lait de femme, un tiers ou un quart est représenté par de la lactalbumine, riche en lysine (voy. p. 311), tandis que, dans le lait de vache, on ne trouve guère que 1 gr. de lactalbumine pour 7 de caséine. De plus, par leur teneur différente en soufre et en phosphore, par les réactions de précipitines auxquelles elles donnent lieu, et sans doute aussi par leurs acides aminés constituants, les caséines de ces deux laits apparaissent comme deux protéiques nettement spécifiques. Il y a longtemps, d'ailleurs, que l'on a signalé la manière différente dont ces deux laits sont coagulés dans l'estomac de l'enfant, le lait de vache donnant des caillots volumineux et compacts, et celui de la femme se prenant en grumeaux fins et légers. D'autres différences ont été signalées, notamment en ce qui concerne la répartition du phosphore total du lait, mais cette question est encore controversée.

Le régime lacté chez l'adulte. — Le régime lacté est prescrit avec succès dans un grand nombre d'états pathologiques, et l'on peut, dans une certaine mesure, expliquer ces bons effets par les particularités de la composition chimique du lait.

Le lait est diurétique, d'abord parce qu'il est un aliment très aqueux — il en faut de 3 à 3 l. 5 par jour pour l'entretien d'un adulte — et ensuite parce que le sucre de lait possède des propriétés diurétiques (Richet et Moutard-Martin). Au lactose est due aussssi cette propriété du lait de réduire à un minimum les putréfactions intestinales, donc aussi la production de substances toxiques, nuisibles pour d'autres organes et surtout pour le rein (p. 228 et 239). Le lait est aussi un aliment pauvre en sels, et notamment en sel marin, et l'on sait que l'on attribue un rôle prépondérant au chlorure de sodium dans la production de l'œdème. Sous l'influence du régime lacté, certains œdèmes disparaissent, en effet, rapidement; ils peuvent, au contraire, être reproduits à volonté par ingestion de lait salé (Widal). (voy. aussi p. 77). Enfin, quand on pratique pendant longtemps le régime lacté chez un adulte, il ne faut pas perdre de vue que le lait est un aliment pauvre en fer (p. 455). Ce métal serait surtout contenu dans la crème et passerait donc presque entièrement dans le beurre [1].

1. Les chiffres adoptés par Zuntz et Lœwy (p. 515) et par Bunge (p. 552) pour la teneur du lait de femme en protéiques ne représentent pas la moyenne habituelle. Celle-ci ne doit pas être prise plus haut qu'une douzaine de grammes par litre.

CHAPITRE XXIII

LES ÉCHANGES NUTRITIFS EXTÉRIEURS : LES MÉTHODES POUR L'ÉTUDE DES ÉCHANGES NUTRITIFS

Des notions qui ont été précédemment exposées[1], il ressort que nos aliments doivent répondre à deux ordres de besoins :

1° Ils doivent apporter, sous la forme d'énergie chimique, une quantité d'énergie suffisante pour couvrir pendant un temps donné les dépenses de chaleur et de travail mécanique faites par l'organisme.

2° Ils doivent contenir **un ensemble** de substances chimiques déterminées, dont la machine animale a **besoin** pour l'entretien et le fonctionnement de ses organes.

Lorsque ces deux ordres de besoins sont exactement couverts, l'organisme est dit en état d'entretien : il maintient alors en équilibre ses recettes et ses dépenses, et la ration avec laquelle ce résultat est obtenu s'appelle une *ration d'entretien*. Lorsque, au contraire, les recettes l'emportent sur les dépenses ou inversement, l'organisme fixe dans ses tissus une partie des matériaux apportés par les aliments, ou bien il vit en partie à ses propres dépens, c'est-à-dire qu'il prélève sur ses tissus la quantité d'aliments nécessaire pour couvrir le déficit en énergie ou pour fournir le complément des substances qui ont fait défaut dans la ration. Le but que poursuit l'étude des échanges nutritifs est précisément d'établir la composition des rations, qui mettent l'organisme dans cet état d'équilibre, de perte ou de gain, et de déter-

1. Voir chap. i, p. 2 et suiv. et p. 517.

miner, pour ces deux derniers cas, la nature et la quantité des matériaux qui ont été ou perdus ou fixés par les tissus.

Les méthodes employées à cet effet doivent être étudiées ici, au moins dans leur principe, parce qu'elles ne sont pas, comme il arrive d'ordinaire, extérieures à la question posée, et d'intérêt purement technique. Par leur nature, elles tiennent, en effet, au fond même du problème des échanges nutritifs.

Examinons-les donc à ce point de vue et en laissant de côté tout le détail technique relatif à l'organisation de ces expériences, toujours longues et délicates, et qui exigent, pour être complètes, l'instrumentation la plus coûteuse et la plus compliquée qui soit employée en physiologie.

§ I. — LA DÉTERMINATION DE L'APPORT ET DE LA DÉPENSE DE MATIÈRE.

Quand on détermine, d'une part, la quantité des divers éléments, carbone, hydrogène, azote, contenue dans les aliments ingérés, ou même simplement le carbone et l'azote, et, d'autre part, la quantité des mêmes éléments dans les excréments, l'urine et les gaz expirés, le rapprochement de ces deux ordres de données indique immédiatement si l'équilibre nutritif a été réalisé et, dans le cas contraire, il permet d'établir d'une manière approchée la nature et la quantité des matériaux perdus ou gagnés par l'organisme. C'est la méthode que Pettenkofer et Voit ont les premiers appliquée à l'homme, à Munich, à l'aide de leur grand appareil respiratoire. Et si l'on a mesuré en même temps l'oxygène absorbé au niveau du poumon, mesure que ne fournit pas l'appareil de Pettenkofer, on tient toutes les données qui permettent de conclure, avec une précision complète, à la nature et à la quantité des divers matériaux, protéiques, graisses, hydrates de carbone [1], que cet organisme a perdus ou qu'il a fixés.

Mais ce n'est que très rarement que l'on a procédé ainsi par voie d'analyse élémentaire complète de la ration. Plus souvent, on se contente de déterminer les quantités d'azote (c'est-à-dire d'albumine), de graisse et d'hydrates de carbone apportées par la ration, et d'en déduire par le calcul les quantités de carbone ingérées [2]. D'autre part, on dose le carbone et l'azote dans les fèces, et l'acide carbonique dans les gaz expirés. Voici comment se présente alors le calcul des résultats.

Calcul des résultats d'une expérience sur les échanges nutritifs. — 1° CAS D'UN SUJET ALIMENTÉ. — Il s'agit d'un homme de trente-deux ans, pesant 64 kgr. et dont les échanges nutritifs ont été suivis pendant quatre jours par Atwater et Benedict. Les recettes et les

---

1. Tout ce qui a trait aux matières minérales sera étudié dans un autre chapitre (p. 625).

2. Pour les approximations dont on doit se contenter ici, quand on renonce à l'analyse élémentaire de la ration, voir à la page 558.

dépenses ci-après sont la moyenne des quatre jours. Nous en donnons le détail, ainsi que la discussion qui suit, d'après Tigerstedt.

Recettes.

Protéiques. . . . . 94^{gr},4 ⎫
Graisses. . . . . 82 ,5 ⎬ apportant ensemble 15 gr. 12 d'azote
Hydrates de carbone. . 289 ,8 ⎭ et 239 gr. 2 de carbone.

Dépenses.

	azote	carbone
Par l'urine	16^{gr},23 d'azote et	12^{gr},18 de carbone.
— les fèces	0 ,86 —	7 ,38 —
— le poumon et la peau [1].	— —	207 ,28 —
Total	17^{gr},09 d'azote et	226^{gr},84 de carbone.

Bénéfices (+) ou pertes (—) — 1^{gr},97 d'azote et + 12^{gr},18 de carbone.

Muni de ces données, on peut établir : 1° sur quelles catégories de matériaux l'organisme a fait porter ses combustions; 2° sous quelle forme il a fixé dans ses tissus le bénéfice réalisé.

Pour répondre à la première de ces deux questions, nous supposerons que les fèces sont entièrement constituées par des aliments non absorbés, ce qui est certainement inexact (p. 241), mais comme il est impossible de faire dans les excréments la distinction entre ce qui provient des aliments et ce qui est fourni par l'organisme, il faut bien les considérer comme ayant uniquement l'une ou l'autre origine. Le résultat final du calcul reste d'ailleurs le même dans l'un et l'autre cas. Dans l'hypothèse que nous avons adoptée, l'azote et le carbone provenant des destructions opérées par l'organisme se réduisent donc respectivement aux 16 gr. 23 d'azote urinaire, et aux 12 gr. 18 + 207 gr. 28 = 219 gr. 46 de carbone éliminés par l'urine et par la respiration.

Ces 16 gr. 23 d'azote proviennent de la destruction d'une quantité d'albumine (16,23 × 6,25 = 101 gr. 44 d'albumine), qui contenait 16,23 × 3,28 = 53 gr. 23 de carbone [2]. Restent donc, comme provenant de la destruction des aliments gras et hydrocarbonés, 219,46 — 53,23 = 166 gr. 23 de carbone. Si l'on connaissait la quantité d'oxygène absorbée pendant les vingt-quatre heures, on pourrait calculer exactement quelle fraction de ce carbone provient des hydrates de carbone et quelle autre des graisses. Lorsque cette détermination n'a pas été faite, ainsi qu'il arrive généralement dans les essais de longue durée, on peut néanmoins faire cette répartition avec une précision suffisante, en raisonnant comme il suit. Pour des raisons qui seront exposées ailleurs, on admet que les hydrates de carbone sont brûlés avant les graisses (p. 561, note 1). On prélève donc sur la quantité de carbone provenant des aliments non

---

1. Il est démontré, aujourd'hui, que l'on n'a pas à tenir compte pratiquement d'une excrétion d'azote par les poumons. Quant à la peau, elle n'élimine au repos, principalement sous la forme d'urée, que très peu d'azote (0 gr. 025 en vingt-quatre heures chez l'adulte) (Atwater et Benedict). On n'a pas tenu compte ici de cette perte.

2. En admettant, avec Rubner, que chaque gramme d'azote est accompagné dans l'albumine par 3 gr. 28 de carbone en moyenne.

azotés la quantité qui correspond aux hydrates de carbone absorbés et, s'il reste une différence, on l'applique aux graisses.

Dans l'espèce, les hydrates de carbone ingérés comprenaient 109 gr. 8 de disaccharides et 180 gr. d'amidon avec une perte par les fèces de 3 gr. 2 d'hydrates de carbone. Si l'on admet, ce qui est très vraisemblable, que cette perte a porté tout entière sur l'amidon, les hydrates de carbone résorbés se composaient donc de 109 gr. 8 de disaccharides et de 176 gr. 8 d'amidon, apportant respectivement 46 gr. 23 et 78 gr. 50, au total 124 gr. 73 de carbone. Il reste donc $166,23 - 124,73 = 41$ gr. 50 de carbone provenant de la destruction de $41,5 \times 1,307 = 54$ gr. 23 de graisses [1].

L'organisme a donc détruit, en vingt-quatre heures, 101 gr. 44 d'albumine, $109,8 + 176,8 = 286$ gr. 6 d'hydrates de carbone et 54 gr. 23 de graisse.

En ce qui concerne, d'autre part, la nature et l'étendue des bénéfices ou des pertes de l'organisme, on constate d'abord, en comparant les recettes et les dépenses, que l'opération s'est soldée par une perte de 1 gr. 97 d'azote, ce qui veut dire que l'organisme a dû prélever sur les tissus $1,97 \times 6,25 = 12$ gr. 31 d'albumine. Il y a eu, d'autre part, bénéfice de $239 - 226,84 = 12$ gr. 16 de carbone, mais dans cette recette de 239 gr. ne figure pas le carbone contenu dans les 12 gr. 31 d'albumine sacrifiés par l'organisme et qui contenaient $1,97 \times 3,28 = 6$ gr. 46 de carbone. Cette quantité doit évidemment être ajoutée aux 12 gr. 61 de carbone, ce qui porte le bénéfice au total de $12,16 + 6,46 = 18$ gr. 62, représentant $18,62 \times 1,314 = 24$ gr. 46 de graisse [2].

L'organisme a donc finalement perdu 12 gr. 31 d'albumine et il a gagné 24 gr. 46 de graisse.

2° CAS D'UN SUJET MIS AU JEÛNE COMPLET. — Il s'agit d'un sujet observé par Benedict pendant un jeûne complet de sept jours. Voici les résultats du troisième jour. Le bilan se réduit bien entendu aux dépenses, d'après lesquelles on calcule les recettes, consistant en prélèvements faits sur les tissus de l'organisme.

Dépenses.

	Azote.	Carbone.
Par l'urine [3]	13^{gr},02	11^{gr},11
— la respiration	»	148 ,7
Total	13^{gr},02	159^{gr},81

A ces 13 gr. 02 d'azote correspondent dans l'albumine détruite $13,02 \times 3,28 = 42$ gr. 7 de carbone. Restent donc pour les graisses et les hydrates de carbone $159,8 - 42,7 = 117$ gr. 1 de carbone, et si l'on admet qu'au troisième jour de jeûne la destruction de glycogène est déjà assez réduite pour être négligée, on trouve que ces 117 gr. 1 de carbone proviennent de $117,1 \times 1,314 = 154$ gr. de graisse. Le sujet a donc prélevé sur ses tissus $13,02 \times 6,25 = 81$ gr. 4 de protéiques et 154 gr. de graisse.

1. Si l'on admet que 100 gr. de graisse contiennent 76 gr. 5 de carbone, chaque gramme de carbone correspond à 1 gr. 307 de graisse.

2. Si l'on admet que 100 gr. de graisse humaine contiennent 76 gr. 10 de carbone, il vient par gramme de carbone 1 gr. 314 de graisse.

3. Les fèces, éliminées en quantités insignifiantes, ont pu être négligées.

Toutefois, ce mode de calcul n'est pas tout à fait légitime. En faisant, en effet, le calcul exact des dépenses du sujet à l'aide des résultats de l'analyse élémentaire de l'urine et des déterminations de l'oxygène absorbé, de l'acide carbonique éliminé, et de l'eau d'entrée et de sortie, Benedict trouve que l'organisme a sacrifié en réalité 78 gr. 1 d'albumine, 153 gr. de graisse et 5 gr. 4 de glycogène. Mais, en mettant à part le premier jour, où elle a été de 64 gr. 9, cette perte de glycogène ne s'est élevée au maximum qu'à 25 gr. (au quatrième jour).

II. — LA DÉTERMINATION DE L'APPORT ET DE LA DÉPENSE D'ÉNERGIE.

L'énergie que les êtres vivants dépensent au dehors sous la forme de chaleur ou de travail mécanique provient tout entière de l'énergie chimique contenue dans les matériaux organiques dont disposent ces êtres, et l'on a vu que cette notion fondamentale, clairement aperçue par Lavoisier, puis énoncée par Berthelot en une série de théorèmes de thermochimie animale, a été pleinement vérifiée de nos jours (p. 15). Il ne nous reste donc à exposer ici que les méthodes qui servent à mesurer les recettes et les dépenses d'énergie de l'organisme. Sauf indications contraires, ces quantités d'énergie seront toujours exprimées en grandes calories [1].

1. *La détermination de l'apport d'énergie.*

La mesure directe de l'apport d'énergie par la combustion calorimétrique des aliments ingérés et des produits d'excrétion. — Supposons, pour simplifier les choses, que le sujet soit pris en état d'entretien, ce qu'apprend le bilan des recettes et des dépenses de matière de l'organisme. Si, dans ces conditions, on détermine à l'aide du calorimètre la chaleur de combustion de chacune des parties de la ration (pain, viande, lait), qui a été ingérée pendant la période considérée, et, d'autre part, la chaleur de combustion des excrétions encore combustibles (urines et fèces), correspondant à la même période, il est clair que la différence entre ces deux résultats mesurera la chaleur développée dans l'organisme par la dégradation qu'ont subie les aliments résorbés, c'est-à-dire qu'elle mesurera la recette d'énergie faite par le sujet.

En réalité, l'état d'équilibre n'est presque jamais atteint d'une manière complète dans ces expériences, et il n'est pas nécessaire qu'il le soit. On a vu, en effet, dans l'étude des recettes et des dépenses de matière, comment on peut déterminer exactement la nature et la quantité des matériaux organiques gagnés ou perdus par l'organisme. Or, on connaît, comme on va le montrer, la chaleur de combustion de ces substances dans l'organisme. On peut donc *défalquer* de la recette en énergie

---

1. Rappelons que la grande calorie est la quantité de chaleur nécessaire pour élever de 0 à 1° la température de 1 kilogramme d'eau, et que la petite calorie, mille fois plus petite, est la quantité de chaleur nécessaire pour élever de 0° à 1° la température de 1 gr. d'eau.

la chaleur de combustion des matériaux *fixés* par l'organisme, ou *ajouter*, au contraire, à cette recette la chaleur de combustion des matériaux que l'organisme a dû *sacrifier*. Voici, à titre d'exemple, les résultats moyens de 22 expériences de Atwater, portant en tout sur 76 journées de vingt-quatre heures. Nous les citons d'après Tigerstedt, en les exprimant en grandes calories.

CHALEUR DE COM- BUSTION DE LA RATION INGÉRÉE a	CHALEUR DE COM- BUSTION DE L'URINE b	CHALEUR DE COM- BUSTION DES FÈCES c	CHALEUR DE COMBUSTION DES PROTÉIQUES SACRIFIÉS PAR L'ORGANISME d	CHALEUR DE COMBUSTION DES GRAISSES FIXÉES PAR L'ORGANISME e	DÉPENSE CALCULÉE $[a-(b+c)+d-e]$	DÉPENSE CONSTATÉE (CHALEUR RECUEILLIE PAR LE CALORI- MÈTRE)
2 659	107	134	16	176	2 258	2 270

On voit que la ration ingérée valait 2 659 calories, sur lesquelles $107 + 134 = 241$ ont été perdues par l'urine et par les fèces. L'apport d'énergie venu du dehors était donc égal à $2 659 - 241 = 2 418$ calories, auxquelles il faut ajouter les 16 calories que l'organisme a prélevées sur ses tissus sous la forme d'albumine, soit donc au total $2 418 + 16 = 2 434$ calories. C'est là le résultat cherché, à savoir la *recette d'énergie*. Et voici qui prouve l'exactitude de cette détermination. Sur cette recette de 2 434 calories, l'organisme a prélevé, sous la forme de graisse mise en réserve, un bénéfice de 176 calories. Il n'a donc dépensé au dehors que la différence, à savoir $2 434 - 176 = 2 258$ calories. Or, le calorimètre dans lequel vivaient les sujets a recueilli par jour une moyenne de 2 270 calories. La différence n'est que de 0,6 p. 100 [1].

Cette méthode, qui est évidemment la plus précise, ne peut pas être employée dans les recherches courantes, à cause de l'outillage compliqué et du labeur expérimental considérable qu'elle exige. Il est plus simple de déterminer, une fois pour toutes, la chaleur de combustion de chacun des aliments simples *dans l'organisme*, puis de calculer pour chaque cas, d'après les quantités de protéiques, de graisse et d'hydrates de carbone que la digestion a livrées à l'organisme, la recette d'énergie cherchée. Voyons donc quelles sont ces chaleurs de combustion.

Chaleurs de combustion des aliments simples dans le calorimètre et dans l'organisme. — La détermination de la chaleur de combustion des principaux aliments organiques, que l'emploi de la bombe calori-

---

1. On trouve dans ces expériences, qui ont porté au total sur 143 journées, la justification de l'hypothèse qui a été faite à la page 558, et qui a consisté à admettre que les hydrates de carbone sont brûlés avant les graisses. C'est aussi ce qui a été admis pour le calcul des résultats de ces expériences, c'est-à-dire que le bénéfice de carbone a été supposé chaque fois avoir été fixé sous la forme de graisse. Or, comme ce bénéfice a été parfois considérable (jusqu'à 602 calories en vingt-quatre heures), la quantité de chaleur calculée n'aurait pas pu concorder aussi bien avec la quantité recueillie, si l'hypothèse en question n'était pas conforme aux faits.

métrique de Berthelot a rendue très précise, a donné les résultats que voici, rapportés à 1 gr. de substance sèche et supposée exempte de cendres :

	Calories.		Calories.
Caséine.	5,850	Beurre	9,230
Ovalbumine.	5,687	Huile d'olive	9,442
Viande de bœuf [1] . . .	5.650	Amidon, glycogène . .	4,190
Conglutine	5,479	Sucre de canne	3,955
Graisse humaine . . .	9,540	— de lait (anhydre).	3,952
— animale. . . .	9,423	Glycose.	3,743

Pour les *graisses* et les *hydrates de carbone*, que la combustion calorimétrique et la dégradation dans l'organisme font aboutir respectivement aux mêmes déchets, à savoir l'eau et l'acide carbonique, les chaleurs de combustion consignées dans le tableau ci-dessus peuvent être directement appliquées à l'homme. Mais le calorimètre fait descendre les *protéiques* à l'état d'eau, d'acide carbonique, d'azote élémentaire, d'acide sulfurique,... tandis que, dans l'organisme, ces aliments fournissent finalement, à côté de l'eau et de l'acide carbonique, des déchets azotés (urée, ammoniaque, créatinine) et des corps azotés et sulfurés complexes, tous produits encore combustibles, et dont l'énergie chimique n'a pas profité à l'organisme. *La chaleur de combustion des protéiques, mesurée par le calorimètre, n'exprime donc le pouvoir calorifique physiologique, utile, de ces aliments, qu'après avoir subi une correction.*

La correction la plus simple consiste à ne tenir compte que du plus abondant d'entre les déchets des protéiques, à savoir l'urée, et à retrancher de la chaleur de combustion des protéiques la chaleur de combustion du poids d'urée qui correspond à l'azote contenu dans le protéique [2]. Mais ce n'est là, évidemment, qu'une approximation dont des essais directs pouvaient seuls établir le degré d'exactitude. Voici comment Rubner a résolu ce problème chez le chien.

On admet d'abord que, chez l'animal ne recevant que de la viande, tous les produits combustibles de l'urine sont des déchets de cette viande, et que tous ces déchets ont quitté l'organisme au bout de vingt-quatre heures, ce qui est exact, lorsque le dernier repas a été donné douze à quatorze heures avant la fin de la période, et plus encore lorsque l'animal a reçu sa ration des vingt-quatre heures en une fois au commencement de la période (Voit). On nourrit donc pendant sept jours un chien avec une viande de bœuf qui, desséchée, puis dégraissée, contenait 15,4 p. 100 d'azote et présentait une chaleur de combustion de 5 cal. 345 par gramme [3]. Pendant les deux derniers jours on recueille

---

1. Lavée à l'eau, c'est-à-dire débarrassée des matières extractives azotées, et dégraissée.

2. Un gramme de viande de bœuf desséchée et dégraissée à 16,4 p. 100 d'azote a une chaleur de combustion de 5 cal. 721 et la quantité d'azote qu'il contient correspond à 0 gr. 351 d'urée, dont la chaleur de combustion est de $0.351 \times 2,525 = 0$ cal. 886. La chaleur de combustion de cette viande prend donc la valeur corrigée de $5,721 - 0,886 = 4$ cal. 835.

3. Il s'agit ici de viande contenant encore ses matières extractives azotées, dont la chaleur de combustion est moindre que celle de l'albumino. La viande lavée à l'eau a, pour cette raison, un pouvoir calorifique plus élevé (voir le tableau ci-dessus).

l'urine et les excréments, et on détermine leur chaleur de combustion. Celle de l'urine est de 7 cal. 45 par gramme d'azote [1], et celle des excréments (3 gr. 46 d'excréments secs, avec 0 gr. 24 d'azote pour 100 gr. de viande sèche ingérée) est de 4 cal. 864 par gramme de substance sèche. On a donc finalement, sous la réserve que l'équilibre azoté est obtenu, c'est-à-dire que l'azote ingéré est égal à la somme de l'azote fécal et de l'azote urinaire :

Chaleur de combustion de 100 gr. de viande desséchée et dégraissée, à 15,40 p. 100 d'azote . . . . . . 534^{cal},5

A déduire :

Pour l'urine : (15,40 — 0,24) × 7,45 = 112^{cal},9)
— les fèces : 3,46 × 4,864 = 16 ,8) . . . 129^{cal},7

Différence [2] . . . . 404^{cal},8

En prenant la moyenne de diverses déterminations de ce genre, on trouve finalement par gramme de viande sèche et dégraissée 4 cal. 067, et par gramme de viande desséchée, dégraissée et supposée exempte de cendres 4 cal. 233. Pour la viande dégraissée, supposée sans cendres et débarrassée de ses matières extractives azotées, c'est-à-dire pour l' « albumine » de la viande, cette valeur s'élève à 4 cal. 49 (Rubner), et pour les protéiques, en général, on peut adopter avec Magnus-Levy la valeur moyenne de 4 cal. 442 [3].

Alors qu'*un gramme d'albumine brûlé dans le calorimètre dégage environ 5,5 à 5,8 calories, sa dégradation dans l'organisme ne fournit donc qu'un effet utile de 4 cal. 44 environ.*

Montrons enfin *comment on a vérifié sur l'être vivant que* ces valeurs calorifiques permettent de calculer avec une exactitude suffisante la quantité de chaleur que la combustion d'une ration a mise effectivement à la disposition de l'organisme.

Voici le détail de l'une des nombreuses vérifications instituées par Rubner. Elle est relative à un petit chien de 4 980 gr., mis à l'état d'entretien et maintenu au repos dans l'enceinte calorimétrique. L'animal ne dépensait donc pas d'autre énergie que la chaleur rayonnée par son corps. Ce chien a reçu en douze jours, à raison de 80 gr. de viande fraîche et de 30 gr. de lard par jour, les apports que voici :

Aliments consommés en 12 jours.	Quantité de chaleur calculée
Viande (supposée sèche et dégraissée)	228^{gr},0 valant : 228,0 × 4,0 = 912 cal.
Graisse (de la viande et du lard) [4]	340^{gr},4 valant : 340,4 × 9,423 = 3 207 —
	Total. . . . . 4 119 cal.

1. Ce résultat montre déjà à lui seul que l'urine est loin de pouvoir être assimilée au point de vue thermique à une solution d'urée, puisque dans l'urée la chaleur de combustion par gramme d'azote n'est que de 5 cal. 4.

2. En laissant de côté deux corrections accessoires, introduites par Rubner.

3. Lorsqu'on ne connaît la quantité d'albumine détruite que par le dosage de l'azote urinaire, on peut calculer la quantité de chaleur fournie par la destruction de cette albumine en multipliant le poids de cet azote par 25.

4. On peut admettre que la résorption de cette graisse a été totale.

La quantité de chaleur effectivement cédée par l'animal au calorimètre pendant ces douze jours s'étant élevée à 3 958 calories, on voit que la différence [1] entre la chaleur calculée et la chaleur recueillie n'a été que de 4 p. 100. En se servant des résultats de l'école de Atwater, on arriverait à des vérifications encore plus précises.

Il est donc évident : *1° que pour les graisses et les hydrates de carbone les chaleurs de combustion telles que les mesure le calorimètre sont exactement applicables à l'organisme ; 2° que, pour les protéiques, on sait corriger avec une exactitude suffisante la chaleur de combustion donnée par le calorimètre pour qu'elle soit de même applicable à l'être vivant.*

Cependant, les données calorimétriques qui précèdent ne se prêtent pas à la pratique courante des échanges nutritifs. En effet, les rations consommées habituellement par l'homme contiennent des variétés très nombreuses de protéiques, de graisses et d'hydrates de carbone, dont il serait impossible de faire le dosage une à une. Et cependant les chaleurs de combustion de ces diverses variétés diffèrent assez notablement les unes des autres ; celles des hydrates de carbone oscillent, par exemple, entre 3,7 et 4,2 (p. 562). Rubner s'est donc efforcé d'établir des *valeurs moyennes* représentant respectivement avec une exactitude suffisante les chaleurs de combustion des diverses variétés de protéiques, de graisses et d'hydrates de carbone qu'apporte le régime mixte tel qu'on le pratique d'ordinaire.

Valeurs moyennes des chaleurs de combustion des aliments simples dans l'organisme. — Voici comment Rubner a calculé ces moyennes, dont l'exactitude est très suffisante pour les besoins de la pratique courante, *pourvu que l'on ne perde pas de vue les conditions pour lesquelles elles ont été établies.*

Pour les protéiques animaux, Rubner adopte, comme chaleur de combustion dans l'organisme, celle de la viande sèche, dégraissée et supposée exempte de cendres, à savoir 4 cal. 233 par gramme [2] (p. 563). Pour les protéiques végétaux, il montre que les plus abondamment représentés dans l'alimentation de l'homme sont ceux de la farine de froment et de seigle, qui ont sensiblement la même composition centésimale que la fibrine et la syntonine. Or, la chaleur de combustion de ces deux protéiques dans l'organisme est en moyenne de 4 cal. 30 par gramme. Et comme, d'autre part, la manière dont on détermine la richesse en protéiques d'un aliment végétal comme le pain donne toujours des valeurs trop fortes d'environ 8 p. 100 [3], Rubner adopte finalement, pour l'ensemble des protéiques végétaux habituellement consommés, la valeur de 4 cal. 30, diminuée de 8 p. 100, soit donc 3 cal. 96. Enfin, comme dans l'alimentation mixte ordinaire les albumines animales représentent

---

1. Cette différence tient surtout à ce fait que la ration ayant été un peu surabondante, l'organisme en a fixé une petite partie, dont on aurait dû, par conséquent, retrancher la chaleur de combustion des 4 119 calories.

2. On remarquera que cette valeur de 4 cal. 233 a déjà subi une correction relative à la perte par les fèces, tandis que pour les chaleurs de combustion des graisses et des hydrates de carbone, prises dans le tableau de la page 548, cette correction n'a pas été faite (voir p. 565, note 1).

3. On dose, en effet, les protéiques contenus dans les denrées alimentaires en déterminant l'azote total et en multipliant le résultat par le facteur 6,25 (p. 24). Mais les protéiques végétaux contenant, en général, plus de 16 p. 100 d'azote, on obtient ainsi un poids d'albumine trop fort.

60 p. 100 et les végétales 40 p. 100 du total des protéiques de la ration, on aboutit finalement à la valeur moyenne que voici :

Protéiques animaux. . . . .   0,60 × 4,233 = 2,54
—   végétaux . . . .   0,40 × 3,96 = 1,58
                Total   4,12

Soit donc en chiffres ronds 4 cal. 1 par gramme d'albumine.

Pour les *graisses*, Rubner a pris la moyenne des chaleurs de combustion de l'huile d'olive, des graisses animales et du beurre, moyenne qu'il trouve sensiblement égale à 9 cal. 3.

Enfin, tenant compte de ce fait que l'amidon représente la fraction de beaucoup la plus importante des *hydrates de carbone* de nos aliments, il a adopté pour cette dernière catégorie la valeur de 4 cal. 1.

Les *valeurs moyennes* des chaleurs de combustion dans l'organisme sont donc pour les trois catégories d'aliments organiques, dans les conditions où les apporte l'alimentation mixte ordinaire :

Pour 1 gr. d'albumine . . . .   4,1 calories.
—   de graisse.   9,3   —
—   d'hydrates de carbone.   4,1   —

Calcul de l'apport d'énergie d'après les valeurs moyennes des chaleurs de combustion des aliments simples dans l'organisme. — A l'aide de ces valeurs on peut calculer avec une exactitude très suffisante les apports d'énergie que l'alimentation mixte ordinaire met à la disposition de l'organisme.

Calculons, par exemple, les recettes d'énergie du sujet dont les recettes et les dépenses de matière ont été établies à la p. 558. (On établira en même temps la dépense d'énergie du sujet, pour n'avoir pas à reprendre cet exemple plus loin.)

	Aliments ingérés.	Aliments perdus par les fèces.	Aliments absorbés.	Apport thermique net.
Protéiques. .	94^{gr},4	5^{gr},4	89^{gr},0 valant :	89,0 × 4,1[1] = 365 cal.
Graisses. . .	82 ,5	3 ,7	79 ,8 — :	79,8 × 9,3 = 742 —
Hydrates de carbone. .	289 ,8	3 ,7	286 ,6 — :	286,6 × 4,1 = 1175 —
A ajouter :				
Protéiques sacrifiés par l'organisme.			12^{gr},31 valant :	12,31 × 4,1 = 50 —
Total des recettes de calories. . . .				2332 cal.
A retrancher :				
Graisse fixée par l'organisme.	24^{gr},46 valant :			24,46 × 9,3 = 227 —
Dépenses de calories.				2105 cal.

1. On a fait remarquer de divers côtés (Magnus-Levy, Tigerstedt) que dans l'établissement de la valeur 4,1, est entrée déjà une correction relative à la perte par les fèces. Et cependant on a coutume de faire cette correction pour les *trois*

La légitimité de ce mode de calcul, c'est-à-dire la valeur pratique des coefficients 4,1, 9,3 et 4,1 ressort des expériences de contrôle faites par Rubner, et mieux encore des déterminations de l'École de Atwater sur l'homme. Les sujets de Atwater recevaient des rations composées de viande, d'œufs, de lait, de fromage, de pain, de pommes de terre, de fruits et de sucre, c'est-à-dire l'alimentation mixte, avec cette prédominance des protéiques animaux, que Rubner a prise comme point de départ pour établir ses valeurs moyennes. Or, en calculant, comme il vient d'être fait ci-dessus, la dépense totale de calories pendant dix-neuf d'entre les journées d'expérience relatées par Atwater, Tigerstedt a trouvé un total de 51 087 calories, alors que le total exact, tel qu'il ressort des résultats de Atwater, est de 51 000 calories. Les différences quotidiennes sont restées comprises entre $+ 2,9$ et $- 2,6$ p. 100.

Enfin, dans les recherches sur les échanges nutritifs de grandes collectivités, on est obligé de se contenter d'évaluations plus grossières, mais dont la précision est encore très suffisante. Là on admet, lorsqu'il s'agit d'adultes, que la ration habituellement consommée et qui maintient sensiblement constant le poids du sujet, représente la ration d'entretien. D'autre part, comme il est impossible de déterminer dans ces sortes de recherches la perte par les fèces, on se contente de calculer à l'aide des facteurs de Rubner et d'après la composition de la ration, la valeur calorifique *brute* de l'apport quotidien, c'est-à-dire la chaleur de combustion de la ration telle qu'elle est ingérée, mais ñon telle que l'absorption digestive l'offre en réalité à l'organisme. En diminuant cet apport brut de 8 p. 100, on obtient une valeur approchée de l'apport *net* (Rubner). On peut aussi, comme le fait A. Gautier, opérer cette correction sur chacun des trois coefficients, d'après la digestibilité moyenne des trois sortes d'aliments, et calculer ainsi les valeurs calorifiques *nettes* que voici :

Protéiques. . . . . $3^{\text{cal}},68$

Graisses . . . . 8 ,65

Hydrates de carbone. . . . . 3 ,88

2. *La détermination de la dépense d'énergie.*

Ne considérons d'abord que le cas d'un sujet pris au repos, c'est-à-dire ne dépensant de l'énergie que sous la forme de chaleur, ce qui ramène le problème à une question de calorimétrie. Celle-ci peut être directe ou indirecte.

La mesure de la dépense d'énergie par calorimétrie directe. — Ce procédé consiste à enfermer le sujet, homme ou animal, dans une enceinte calorimétrique permettant le recueil et la mesure de la chaleur

catégories d'aliments, comme le recommande Rubner, en sorte qu'on la fait *deux fois* pour les protéiques. Mais la première de ces deux corrections est calculée d'après la composition des fèces du chien nourri de viande. Or, avec le régime mixte, la perte d'azote par les fèces chez l'homme est certainement beaucoup plus forte. La seconde correction ne fait donc pas tout à fait double emploi avec la première. Cependant, il serait plus correct, comme le propose Tigerstedt, de ne faire intervenir dans l'établissement du facteur 4,1 des protéiques aucun facteur de correction pour la perte par les fèces. Le facteur devient alors 4,2. La différence est de peu d'importance au point de vue pratique.

rayonnée par l'organisme pendant la période considérée. C'est celui qu'ont employé d'abord Lavoisier et ses successeurs immédiats (p. 12), que Rubner, Chauveau, Laulanié, J. Lefèvre et d'autres ont sans cesse perfectionné, et que l'École de Atwater a porté enfin à un si haut degré de précision (p. 16). Si le sujet exécute, en outre, des travaux mécaniques, il faut, bien entendu, déterminer aussi cette autre dépense. On a vu par quel ingénieux dispositif Atwater a ramené cette mesure à celle d'une quantité de chaleur.

Toutefois, par l'outillage qu'elle exige et par toutes les conditions de l'expérience, cette calorimétrie directe n'a pu que rarement être pratiquée par les physiologistes. On lui préfère la méthode indirecte, permettant de *calculer* la dépense d'énergie d'après la dépense de matière.

La mesure de la dépense d'énergie par calorimétrie indirecte. — Cette méthode a pris deux formes. Dans l'une on est astreint à des expériences d'assez longue durée, vingt-quatre heures au moins. L'autre ne se prête, au contraire, qu'à des essais de dix à soixante minutes. Nous allons voir qu'elles se complètent réciproquement de la manière la plus heureuse.

La première consiste à calculer, d'après le bilan total des apports et des dépenses de matière, les quantités de protéiques, de graisses et d'hydrates de carbone que l'organisme a détruites, et à en déduire le nombre de calories que ces destructions ont fourni à l'organisme. C'est la méthode employée d'abord par Pettenkofer et Voit, puis par Rubner, Tigerstedt, Atwater, Laulanié et d'autres. On a donné un exemple d'une telle détermination à la p. 565, où d'après le bilan des recettes et dépenses de matière on a calculé en même temps l'apport et la dépense d'énergie.

Mais comme le bilan des recettes et dépenses de matière d'un organisme ne peut être établi, avec une exactitude suffisante, que pour une période de vingt-quatre heures au moins, il suit de là que pour l'étude de la dépense d'énergie on est lié à la même période. Or, si pour l'étude de certains problèmes cette obligation est précisément ce qui assure à la méthode sa grande précision, pour d'autres questions elle est une cause d'infériorité évidente.

Quand il s'agit, par exemple, de déterminer à quels aliments, protéiques, graisses, hydrates de carbone, a été empruntée l'énergie dépensée par un organisme soumis à un régime donné, et de suivre à ce point de vue les effets d'une cure d'amaigrissement, etc., c'est évidemment à la méthode de Pettenkofer qu'appartient le dernier mot. Mais cette méthode se prête beaucoup moins bien à l'étude séparée des divers facteurs qui font varier la dépense d'énergie. En effet, pendant la période des vingt-quatre heures, la dépense d'énergie est sous la dépendance de toute une série de facteurs, veille et sommeil, mouvements et repos, alimentation et jeûne relatif, qui ajoutent et confondent leurs effets dans le résultat total obtenu à la fin de la journée. On comprend donc qu'il soit difficile de mesurer nettement la part de chacun de ces facteurs, puisqu'il est impossible d'annuler complètement l'effet des autres. De plus, sur une dépense des vingt-quatre heures de 2 000 calories environ, il arrivera que l'effet de certains d'entre ces facteurs sera à peine supérieur aux erreurs d'expériences, tandis que sur la dépense d'une période courte (une demi-heure), la variation observée pourra être de 15 à 20 p. 100.

Pour l'étude de beaucoup de problèmes, la mesure de la dépense d'énergie pendant de courtes périodes présente donc des avantages considérables, et c'est ici qu'intervient la seconde des méthodes par calorimétrie indirecte, annoncées plus haut. Cette méthode consiste à calculer la dépense pour de courtes périodes d'après l'*intensité des échanges gazeux respiratoires* pendant ces périodes. Introduite par Lavoisier, puis pratiquée sur une large échelle par Andral et Gavarret, Smith, Speck[1] et plus près de nous par Richet et Hanriot, Chauveau et Tissot, Laulanié, Zuntz et ses élèves, elle a été appliquée, surtout par l'école de Zuntz[2], à l'étude d'une foule de problèmes de physiologie et de clinique. Beaucoup d'entre les résultats cités dans ce livre ont été obtenus par ce procédé, qui doit donc nous arrêter spécialement[3].

LA MESURE DE LA DÉPENSE D'ÉNERGIE PAR L'ÉTUDE DES COMBUSTIONS RESPIRATOIRES. — Soit un organisme ne consommant que des hydrates de carbone, de l'amidon, par exemple. La composition centésimale ou la formule de ce corps permet de calculer que la combustion complète de 1 gr. d'amidon consomme 0 l. 8288 d'oxygène et produit le même volume d'acide carbonique. Le quotient respiratoire est donc égal à 1 (p. 541), et comme la chaleur de combustion de 1 gr. d'amidon est de 4 cal. 1825, il vient donc par litre d'oxygène consommé ou d'acide carbonique produit $4{,}1825 : 0{,}8288 = 5$ cal. 047. Nous appellerons cette grandeur la *valeur calorifique* de l'oxygène ou de l'acide carbonique pour l'amidon. Si l'organisme en question absorbe pendant un temps donné p litres d'oxygène, on pourra donc : 1° s'assurer par l'observation du quotient respiratoire que c'est bien uniquement de l'amidon qui a été brûlé; 2° calculer, en formant le produit $p \times 5{,}047$, la quantité de chaleur produite pendant ce temps.

Si l'on fait le même calcul pour les albumines et les graisses, on obtient le tableau suivant, qui est emprunté à Magnus-Levy.

NATURE DE L'ALIMENT	CHALEUR QUE DÉGAGE LA COMBUSTION DANS L'ORGANISME DE 1 GRAMME DE L'ALIMENT a	VOLUME[4] D'OXYGÈNE CONSOMMÉ PAR GRAMME D'ALIMENT BRULÉ b	VOLUME[4] D'ACIDE CARBONIQUE PRODUIT PAR GRAMME D'ALIMENT BRULÉ c	QUOTIENT RESPIRATOIRE $c : b$	VALEUR CALORIFIQUE DE L'OXYGÈNE (chaleur produite par litre d'oxygène consommé). $a : b$	VALEUR CALORIFIQUE DE L'ACIDE CARBONIQUE (chaleur produite par litre d'acide carbonique exhalé). $a : c$
	Calories.	Litres.	Litres.	Q. R.	Calories.	Calories.
Protéiques. .	4,442 [5]	0,9661 [6]	0,7817 [6]	0,809	- 4,600	- 5,683
Graisses.	9,461 [5]	2,0192 [7]	1,4273 [7]	0,707	4,686	6,620
Amidon.	4,1825 [5]	0,8288 [7]	0,8288 [7]	1,000	5,047	5,047

1. Ces auteurs se sont, à la vérité, bornés en général à doser l'acide carbonique produit (p. 572).

2. Quand le sujet doit se déplacer pendant l'expérience, il porte sur son dos l'appareil qui sert au recueil des gaz et qui ne pèse que 7 à 8 kgr.

3. Dans cette méthode le sujet n'est pas enfermé dans une enceinte close : il respire à l'aide d'un masque ou de tout autre dispositif permettant le dosage de

On voit que les valeurs calorifiques de l'oxygène ou celles de l'acide carbonique ne sont pas les mêmes pour les trois sortes d'aliments. Pour l'homme, qui consomme à la fois des protéiques, des graisses et des hydrates de carbone, le calcul de la dépense d'énergie d'après les combustions respiratoires n'est donc pas aussi simple que pour l'organisme hypothétique que nous avons admis plus haut, réduit au seul amidon. Toutefois, l'écart qui existe entre les valeurs calorifiques de l'oxygène pour les trois catégories d'aliments n'est pas important, comme le montre le petit tableau que voici :

	Valeurs absolues.	Valeurs relatives.
Protéiques	4,600	100
Graisses	4,686	101,9
Amidon	5,047	109,7

On peut donc, sans commettre d'erreur importante, faire emploi pour l'oxygène[1] d'une valeur calorifique moyenne, et nous verrons plus loin comment il est indiqué de la calculer. Mais on n'est pas obligé de se contenter de cette approximation. La méthode permet, en effet, *de calculer comment l'oxygène s'est partagé entre les trois sortes d'aliments et d'établir, par conséquent, quelle valeur calorifique il faut attribuer à ces diverses portions de l'oxygène consommé.* Voici comment :

Prenons comme exemple, avec Magnus-Levy, l'expérience suivante de Schumburg et Zuntz. Les résultats sont en centimètres cubes et rapportés à la minute. Calculé d'après la quantité totale des vingt-quatre heures, l'azote excrété par minute s'est élevé à 7 mgr. 16. Il vient donc par minute :

1. Pour l'acide carbonique, dont les trois valeurs calorifiques sont beaucoup plus éloignées l'une de l'autre (5,683, 6,629 et 5,047), l'emploi d'une valeur moyenne est une approximation beaucoup plus grossière.

---

l'oxygène absorbé et de l'acide carbonique produit (tandis que l'appareil de Pettenkofer ne mesure directement que l'acide carbonique exhalé). On néglige donc, ce qui est très acceptable, la respiration cutanée. On comprend aisément que, dans ces conditions, la durée de l'observation sur l'homme soit limitée. Il y a cependant un appareil qui permet de faire, pour de *longues* périodes et avec une grande précision, le dosage *simultané* des deux gaz, c'est celui de Regnault et Reiset, modifié par Hoppe-Seyler, Regnard et Jolyet, Bergonié et Sigalas, L.-G. de Saint-Martin, et que Benedict et Jacquet ont employé chez l'homme. Mais avec cette méthode, qui réunit donc les avantages des deux autres, on n'a fait encore qu'un petit nombre d'expériences.

4. Volumes mesurés à 0° et à la pression de 760 millimètres de mercure.

5. La chaleur de combustion de l'albumine dans l'organisme qu'a adoptée ici Magnus-Lévy est la valeur moyenne dont il a été question à la page 563. Pour les graisses et l'amidon, les valeurs admises dans ce tableau diffèrent un peu de celles qui figurent dans le tableau de la page 562, parce qu'elles ne proviennent pas des mêmes expérimentateurs.

6. On a vu à la page 541 comment on calcule approximativement les volumes d'oxygène consommé et d'acide carbonique produit par la dégradation des protéiques dans l'organisme.

7. Ces volumes sont facilement calculés en partant de la composition centésimale des graisses et de l'amidon.

	Volume d'oxygène absorbé.	Volume d'acide carbonique exhalé.	Quotient respiratoire.
Échanges respiratoires totaux . . .	252^{cm3},6	211^{cm3},2	0,836
— — dus à l'albumine (7,16×6,25 = 44^{mgr},75 d'albumine détruite).	43 ,2 [1]	35 ,0 [1]	
Différence : Échanges respiratoires dus aux hydrates de carbone et aux graisses.	209^{cm3},4	176^{cm3},2	0,841 [2]

Les 43 cm³, 2 d'oxygène, qui ont servi à brûler l'albumine, ont produit 43,2 × 4,600 = 199 cal. 6³. D'autre part, au mélange de graisse et d'hydrates de carbone qui a été détruit correspond un quotient respiratoire de 0,841. Comme un quotient de 0,707 indique que l'oxygène s'est partagé entre les graisses et les hydrocarbonés dans le rapport de 100 : 0, et qu'un quotient de 1,000 indique que ce même partage s'est fait dans le rapport 0 : 100, il est facile de calculer que, pour un quotient respiratoire de 0,841, 45,7 p. 100 de l'oxygène, soit 209,4 × 0,457 = 95 cm³, 7, ont servi à brûler les hydrates de carbone, et que le reste, soit 209,4 — 95,7 = 113 cm³, 7, ont été employés par la combustion des graisses. La chaleur fournie par les hydrates de carbone a donc été de 95,7 × 5,047 = 483 calories et celle qu'ont donnée les graisses s'est élevée à 113,7 × 4,686 = 532,8 [4]. La dépense totale d'énergie, calculée d'après les combustions respiratoires, s'est donc élevée à 199,6 + 483,0 + 532,8 = 1 215 cal., 4 (il s'agit ici de petites calories, puisque les volumes d'oxygène sont en centimètres cubes).

1. Nombres calculés en multipliant le poids d'albumine détruite, 44,75, respectivement par les valeurs 0,9661 et 0,7817 empruntées au tableau de Magnus-Levy (p. 568).

2. Calculé en faisant le quotient : 176,2 : 209,4.

3. On peut aussi calculer cette quantité de chaleur en multipliant le poids d'albumine brûlée par la chaleur de combustion de cet aliment dans l'organisme. On trouve alors : 44,75 × 4,442 = 198,8 calories.

4. Il est plus simple de calculer tout de suite la valeur calorifique que prend l'oxygène pour le mélange de graisses et d'hydrates de carbone considéré. Remarquons que l'on a :

	Quotient respiratoire.	Valeur calorifique de l'oxygène.
Amidon.	1,000	5,047
Graisse.	0,707	4,686
Différences	0,293	0,361

Lorsqu'on brûle donc de la graisse, additionnée de quantités croissantes d'amidon, chaque fois que le quotient respiratoire s'élèvera au-dessus de 0,707 d'une quantité égale à 0,001, la valeur calorifique de l'oxygène s'élèvera au-dessus de 4,686 d'une quantité égale à 0,361 : 0,293 = 0,00123. Dans l'espèce le quotient observé a été de 0,841. Il dépasse donc le quotient 0,707 de 0, 134. Donc la valeur calorifique de l'oxygène s'est accrue de 0,00123 × 134 = 0,165. Pour le mélange de graisse et d'hydrates de carbone qui a été brûlé, la valeur calorifique de l'oxygène est donc de 4,686 + 0,165 = 4,851, et la chaleur fournie par ce mélange s'élève donc à 209,4 × 4,851 = 1015 cal., 8. (Soit donc le même résultat que par l'autre mode de calcul, qui a donné 483 + 532,8 = 1015,8.)

Dans l'exemple qui précède, on a calculé à part, à l'aide du dosage de l'azote excrété, la quantité de chaleur produite par la dégradation de l'albumine. Quand cette dégradation porte sur des quantités importantes, par exemple lorsqu'on expérimente pendant la digestion d'un repas riche en viande, il est bon de faire ce calcul. Mais on montrera plus loin que l'une des applications les plus importantes de la méthode est de déterminer la grandeur de la dépense d'énergie pour l'état de repos complet et loin du dernier repas (voir p. 574). Or, dans ces conditions, l'organisme emprunte aux protéiques environ 15 p. 100 de sa dépense totale d'énergie, les 85 centièmes restants étant fournis par les graisses et les hydrates de carbone. D'ailleurs, même dans les conditions ordinaires de la vie, l'apport d'énergie par les protéiques ne descend pas au-dessous de 10 p. 100 et ne s'élève guère au-dessus de 20 à 25 p. 100 de l'apport total. On peut donc, surtout pour l'état de jeûne, se dispenser du dosage de l'azote urinaire, admettre que l'oxygène a servi pour 15 centièmes à l'oxydation de l'albumine et pour 85 centièmes à celle des graisses et des hydrates de carbone et terminer ensuite le calcul comme il a été dit plus haut.

Remarquons enfin que, même pour des compositions très variables de ce mélange de graisses et d'hydrocarbonés, la valeur calorifique de l'oxygène reste comprise entre des limites assez rapprochées, ainsi qu'il ressort du calcul ci-après (Magnus-Levy) :

POUR 100 LITRES D'OXYGÈNE ABSORBÉ SUPPOSONS QUE CHAQUE ALIMENT AIT CONSOMMÉ :			LE QUOTIENT RESPIRATOIRE (Q. R.) ET LA VALEUR CALORIFIQUE DE L'OXYGÈNE (Cal-O²) PRENNENT ALORS LES VALEURS SUIVANTES :	
Protéiques.	Graisses.	Hydrocarbonés.	Q. R.	Cal-O².
15	85	0	0,971	4,980
15	0	85	0,722	4,673

Comme ces deux valeurs extrêmes, 4,980 et 4,673, sont entre elles comme 106,6 : 100, on peut se servir de leur moyenne, qui est égale à 4,83, sans commettre une grosse erreur. Ainsi simplifié, le calcul des résultats de l'expérience de Schumburg et Zuntz se réduit donc à multiplier le nombre de centimètres cubes d'oxygène absorbés, soit 252 cm³ 6, par cette valeur calorifique moyenne de l'oxygène, ce qui donne $252,6 \times 4,83 = 1\,220$ (petites) calories[1], résultat qui est à peine supérieur à celui qu'a donné le calcul exact.

Pour les conditions ordinaires de l'alimentation, et mieux encore pour l'état de repos et de jeûne, *on obtient donc, exprimée en grandes calories[2], une valeur assez exacte de la dépense d'énergie, en multipliant par le facteur 4,83, valeur calorifique moyenne de l'oxygène, le nombre de litres d'oxygène absorbés pendant la période considérée.*

Enfin, il est clair que *pour exprimer, en valeur relative, la grandeur de*

---

1. En petites calories, parce que les volumes d'oxygène sont exprimés en centimètres cubes.

2. En grandes calories, parce que les volumes d'oxygène sont exprimés en litres.

cette dépense, il suffit d'énoncer le volume d'oxygène consommé. C'est ce qui a été fait à plusieurs reprises dans ce livre (voir p. 580, note 2, 582, 606, etc.). On peut aussi exprimer la grandeur relative de la dépense d'énergie en énonçant le volume d'acide carbonique exhalé (p. 577, 601, etc.), mais on a vu pourquoi l'acide carbonique fournit une mesure moins exacte de cette grandeur (p. 569, note 1).

Dans tout ce qui précède, on a admis implicitement que la combustion de chacun des aliments a abouti aux produits ultimes que nous leur attribuons dans le calcul de la valeur calorifique de l'oxygène, sans formation et rétention, dans l'organisme, de produits intermédiaires. C'est ce qui se passe le plus souvent, mais non toujours. Ainsi on a vu que la transformation des graisses en hydrates de carbone est accompagnée d'une absorption d'oxygène (p. 384). Mais cet oxygène n'ayant pas servi à une combustion complète, on commettrait évidemment une forte erreur en lui attribuant l'une des valeurs calorifiques du tableau de la page 568. La transformation inverse des hydrates de carbone en graisse est accompagnée, au contraire, d'un dégagement d'acide carbonique, qui provient aussi d'une combustion partielle (p. 430). Toutefois, pour obtenir des transformations de cette nature avec quelque ampleur, il faut des conditions spéciales que ne réalise pas l'alimentation ordinaire de l'homme et que l'on peut éviter, quand on veut expérimenter avec cette méthode.

CHAPITRE XXIV

LES ÉCHANGES NUTRITIFS EXTÉRIEURS : L'ENTRETIEN DE L'ORGANISME ET LA DÉPENSE D'ÉNERGIE

Les dépenses d'entretien d'un organisme se présentent à l'étude sous deux aspects. Les organismes reçoivent du dehors des aliments, les dégradent, puis éliminent les produits de ces simplifications. Cela veut dire qu'ils ont des besoins et qu'ils font des dépenses de *matière*. Ils trouvent, d'autre part, accumulée dans ces aliments, une certaine quantité d'énergie chimique qu'ils transforment et qu'ils dépensent au dehors sous des formes diverses, chaleur, travail mécanique. Cela veut dire qu'ils ont des besoins et qu'ils font des dépenses d'*énergie*.

Pour la commodité de l'exposition, on étudiera séparément le bilan de ces deux sortes d'opérations. Mais il reste entendu que ce ne sont là que deux aspects d'un même phénomène. L'un correspond à l'étude chimique, et l'autre à l'étude thermique de cette grande équation chimique, que représente l'entretien alimentaire d'un organisme, c'est-à-dire que l'un est l'étude des masses, et l'autre l'étude des quantités d'énergie[1], qui entrent en jeu dans ces réactions.

Quand un individu passe de l'état de travail à l'état de repos, ou quand à l'état de réplétion du tube digestif succède le jeûne, ou encore quand la température du milieu s'élève, par exemple, de

---

1. Seules les matières minérales, qui ne représentent pour l'organisme qu'un apport de matière, ne participent pas au bilan des recettes et dépenses d'énergie.

0° à 15°, on constate que la dépense d'énergie diminue sous l'influence de chacun de ces changements. Or, quand on s'efforce d'éliminer, autant qu'il est possible, tous les facteurs qui font ainsi croître cette dépense, on constate que celle-ci s'abaisse jusqu'à un certain minimum, que l'on appellera avec Magnus-Levy *la dépense de fond*. C'est donc le minimum auquel descend la dépense d'énergie, lorsqu'on supprime toutes les dépenses qui peuvent être arrêtées, sans que l'organisme cesse d'être prêt à rentrer immédiatement dans la pleine activité de toutes ses fonctions. C'est le *métabolisme basal* des Américains. D'autre part, on appellera, dans ce qui suit, *dépenses de fonctionnement* tout le surplus qui s'ajoute à la dépense de fond, lorsque l'organisme rentre dans cet état d'activité[1].

§ I. — LA DÉPENSE MINIMUM D'ÉNERGIE OU DÉPENSE DE FOND.

Grandeur moyenne de la dépense de fond. — Lorsque, d'après la quantité d'oxygène consommé et d'acide carbonique exhalé, on mesure la dépense d'énergie chez des sujets pris très loin (douze à quatorze heures) du dernier repas, en état de repos complet et dans un milieu à température agréable (**p. 576 et suiv.**), on constate que la dépense d'énergie descend à un minimum, à un *seuil* très constant en général chez le même individu (p. 575) et ne variant pas beaucoup, par unité de poids, d'un sujet à un autre. Par kilogramme et par minute, il vient en moyenne 3 cm³ 64 d'oxygène absorbé et 2 cm³ 88 d'acide carbonique produit, ce qui correspond à une dépense moyenne de 1 cal. 054 par kilogramme et par heure[2] (Magnus-Levy et Falck), et par calorimétrie directe Atwater a trouvé 0 cal. 98[3]. Pour un poids de 65 kgr. il vient donc 1 644 calories en vingt-quatre heures ou 25,3 calories par kilogramme et par jour.

La détermination de la dépense de fond, que l'emploi de la

---

1. Peut-être voudrait-il mieux distinguer avec J. Lefèvre la *chaleur non réglable* et la *chaleur réglable*, la première étant une véritable excrétion de calories, imposé à l'organisme par son service physiologique interne, et la seconde étant la dépense du service thermo-régulateur (p. 577).

2. La valeur calorifique de l'oxygène étant de 4 cal. 83 (p. 571), il vient en effet, par kilogramme et par minute 3,64 × 4,83 = 17,58 *petites* calories (p. 557, note 1), donc par kilogramme et par heure 17,58 × 60 = 1 054 petites calories ou en chiffres ronds, 1 grande calorie.

3. Voir aussi la note 1 de la page 577.

méthode par l'étude des échanges respiratoires a rendue très commode, constitue l'une des acquisitions les plus intéressantes de la physiologie des échanges nutritifs. C'est en faisant descendre, au préalable, la dépense d'énergie à ce minimum, très constant chez un même individu, que l'on a pu mesurer exactement l'influence des facteurs individuels, taille, poids, surface, composition du corps, âge, sexe, puis celle des agents physiques, lumière, vent, humidité, température extérieure, altitude. Enfin, c'est parce que la dépense de fond fournit un seuil constant, que l'on a pu déterminer avec précision ce qu'ajoute chaque fois à ce seuil l'action variable des diverses opérations physiologiques, travaux musculaires divers (marche, courses à pied ou à bicyclette, ascensions, port de fardeaux), ingestion d'aliments, etc. L'étude systématique de ces agents a été faite surtout par l'école de Zuntz, à l'aide de l'analyse des gaz de la respiration. Beaucoup de résultats ont été réunis aussi par l'école de Chauveau, par Laulanié, Richet et Hanriot, Lefèvre et d'autres.

Influence des facteurs individuels sur la dépense de fond. — Rapportée au kilogramme d'individu, la dépense de fond des adultes varie un peu avec le *poids* et la *taille*, mais ces variations ne sont pas très considérables. L'influence de l'*âge* — considérée bien entendu en elle-même, c'est-à-dire en comparant des sujets d'âge différent, mais sensiblement de même taille et de même poids — est plus importante, tandis que celle du *sexe* est négligeable. Enfin, on saisit aussi une influence de la *constitution*.

La défense de fond par kilogramme s'abaisse un peu à mesure que le *poids* augmente. Voisine de 22 à 24 calories par kilogramme et par jour pour des poids de 65 à 75 kilogrammes, elle s'abaisse à 20 calories pour des individus plus lourds et plus grands et s'élève à 30 calories pour des sujets plus légers et plus petits. Elle est plus forte chez les *jeunes gens* que chez les *adultes* et plus forte chez ceux-ci que chez les *vieillards*, dans l'un et l'autre sexe. Ainsi, chez un garçon de quinze ans, un homme de vingt-quatre ans et un vieillard de soixante et onze ans, ayant sensiblement le même poids (43,7, 43,2 et 47,8 kgr.) et la même taille (152, 148 et 162 cm.), les dépenses d'énergie par kilogramme ont été entre elles comme 110, 100 et 75 (Magnus-Levy et Falk). Pour des enfants plus jeunes, cette différence vis-à-vis des adultes va en s'accentuant (voir plus loin). Pour ce qui regarde le *sexe*, et en dehors des circonstances particulières de la vie génitale de la femme, encore peu étudiées d'ailleurs, on n'a pas saisi d'influence bien marquée (voir p. 607-07).

L'influence de la *constitution* pouvait être prévue d'après les travaux de Chauveau et Kauffmann, de Barcroft et d'autres sur les différences considérables que l'on saisit entre la consommation d'oxygène des divers organes ou tissus. Chez un chien de 7 kgr. 5, qui, pris à l'état de repos complet, absorbe par minute 40 cm³ d'oxygène, voici comment se répartirait cette consommation entre les divers tissus et organes. Sur 100 d'oxygène absorbé, les muscles du squelette en prennent 32,25, le cœur 5, l'intestin 17,5, les glandes salivaires, le pancréas, le foie et le rein 26,5, et le reste du corps, bien que représentant 47,7 p. 100 du poids total, 18,75 (voir en outre p. 606). N'attachons pas trop d'importance à ces valeurs numériques, encore incertaines, et qu'il ne serait pas licite au surplus de transporter à l'homme, et retenons simplement combien est différente la part que prennent à la dépense totale les divers tissus et organes. On comprend donc que la dépense totale varie selon les poids respectifs de ces tissus, c'est-à-dire selon la constitution de chaque sujet, et qu'un sujet bien musclé, par exemple, ait une dépense de fond plus forte qu'un individu gras. Et on a constaté, en outre, ce fait intéressant que les muscles de chiens, qui ont été entraînés à des exercices musculaires, consomment au repos plus d'oxygène qu'auparavant et que, chez l'homme aussi, l'entraînement sportif accroît souvent la dépense de fond d'environ 10 p. 100. On prévoit donc qu'en modifiant par des influences de longue durée la constitution d'un sujet, on pourra arriver à accroître ou à diminuer sa dépense de fond (voir p. 582 et 614).

Influence des agents physiques sur la dépense de fond. — De tous les agents physiques, le plus important à considérer ici, c'est la température extérieure, parce que cette question contient à la fois le problème de l'action des climats sur la dépense de fond et celui de la cause même de cette dépense.

ACTION DE LA TEMPÉRATURE EXTÉRIEURE. — Déjà Lavoisier et Séguin, et après eux beaucoup d'autres, ont reconnu que la consommation d'oxygène augmente quand la température extérieure s'abaisse, à quoi Rubner a ajouté ce résultat important que, pour des températures extérieures croissantes, la dépense passe par un minimum situé pour le chien[1] à 25-30°, pour l'homme vêtu à 16° (Rubner), pour l'homme vêtu en demi-saison à 24°, et pour l'homme nu à 30° environ (J. Lefèvre).

Exemples : 1° Chien de 4 kgr., à jeun et au repos. Les dépenses sont exprimées en calories, par kilogramme et pour vingt-quatre heures (Rubner). La troisième colonne se rapporte à d'autres expériences (p. 584).

---

1. C'est chez les chiens à longs poils ou à pannicule adipeux épais, c'est-à-dire bien défendus contre le refroidissement, que le minimum s'installe déjà à 25°.

Température de l'air ambiant.	Calories dépensées (à jeun).	Calories dépensées (viande : 320 gr.).
7°	86,4	87,9
15°	63,0	86,6
20°	55,9	76,3
25°	54,2	—
30°	56,2	83,0

2° Expériences de Voit sur l'homme (citées d'après Magnus-Levy).

Température de l'air ambiant.	Acide carbonique produit par heure.
De 4° - 9°	33,6 grammes.
— 14°3-16°2	26,1 —
— 23°7-26°7	27,3 —
A 30°	28,4 —

Cet écart considérable entre l'homme et le chien n'est sans doute qu'apparent, au moins en partie, car vêtu, l'homme vit en réalité dans la couche d'air interposée entre ses habits et sa peau, et dont la température est voisine de 32°. D'ailleurs, Lefèvre a vu que, pour un homme plongé dans un bain, dont la température croît de manière à se rapprocher de celle du corps, la production de chaleur diminue et tend vers une limite [1] qui est atteinte à 33°.

Cette constatation est de la plus haute importance. En effet, si pour l'organisme au repos et à jeun la dépense d'énergie n'était commandée que par les besoins de la calorification, elle devrait s'annuler lorsque la température extérieure atteint celle du corps. On vient de voir qu'il n'en est rien : la chaleur produite passe par un minimum, et celui-ci est atteint par une température extérieure, qui est inférieure à celle de l'organisme. Cette dépense minimum, dans laquelle les besoins de la calorification n'ont donc plus aucune part, correspond évidemment à ce minimum de travaux chimiques, inséparables du maintien de la vie, et dont *cette chaleur est le produit nécessaire, mais non le but physiologique.* Et la température extérieure pour laquelle ce minimum est atteint n'est pas celle de l'organisme; c'est la température pour laquelle

1. Cette limite est sensiblement de une calorie par kilogramme et par heure, résultat qui est un bon accord avec ce qui a été dit à la page 574 au sujet de la dépense minimum.

les pertes de chaleur sont tout juste égales à cette production minimum de chaleur (L. et M. Lapicque) [1].

MÉCANISMES PAR LESQUELS LA DÉPENSE D'ÉNERGIE S'ÉLÈVE AU-DESSUS DU MINIMUM. — LA RÉGULATION CHIMIQUE ET LA RÉGULATION PHYSIQUE. — Voyons maintenant par quel mécanisme la dépense d'énergie augmente, lorsqu'on s'éloigne, dans un sens ou dans l'autre, de cette température extérieure (15 à 16° chez l'homme, environ 30° chez le chien) pour laquelle la dépense constatée est minimum.

1° Considérons d'abord l'effet des *températures extérieures basses*. Pour les augmentations considérables de la dépense, telles qu'en produisent des froids vifs, et plus encore des bains froids (plus de 300 p. 100), le mécanisme du phénomène n'est plus discuté aujourd'hui. Le surplus considérable de chaleur produit tient aux contractions musculaires, volontaires ou involontaires, du sujet (frissons, tremblements). C'est un phénomène de défense sur lequel Ch. Richet a très fortement attiré l'attention des physiologistes. Mais ce mécanisme entre-t-il en jeu tout de suite, ou bien, au contraire, pour des abaissements de température moins grands, l'organisme peut-il augmenter ses combustions sans faire appel aux contractions musculaires? En d'autres termes, le froid incite-t-il directement les cellules de l'organisme à un travail chimique plus intense? C'est la théorie de la *régulation chimique*, soutenue par Rubner et son école, admise aussi par Voit, et opposée à celle de Chauveau, Senator, Speck, A. Loewy, Johannson, qui soutiennent que l'augmentation des combustions ne se produit que par l'intermédiaire des contractions musculaires [2].

1. Cette chaleur étant le produit accessoire de réactions chimiques indispensables au maintien de la vie, il semble qu'elle devrait être proportionnelle au poids du corps. On constate, au contraire, chez l'homme qu'elle est plus forte par kilogramme pour les sujets légers que pour les individus lourds, pour les enfants que pour les adultes (p. 575). M. et L. Lapicque ont noté ce phénomène d'une manière plus frappante encore chez les oiseaux : les bengalis (7 gr. 75) ont par unité de poids une dépense de fond qui est presque le double de celle des petites colombes (40 à 50 gr.) et le triple de celle du pigeon domestique (450 gr.). Il semble donc que, même dans des conditions où leur thermogenèse est à son zéro physiologique, les petits organismes ont des combustions plus actives que les grands. N'est-ce pas parce que leur surface, relativement plus grande que celle des grands, entraîne pour eux, quand la température extérieure s'abaisse, des pertes de chaleur plus grandes et que, leur thermogenèse active entrant alors en jeu, il est plus avantageux pour eux qu'elle parte d'un seuil plus élevé et d'autant plus élevé que leur surface est plus grande par rapport à leur poids (voir p. 612, note 1)?

2. On peut donc dire que le froid inciterait l'organisme, d'après Rubner, à une augmentation de la dépense de fond, et, d'après les contradicteurs de Rubner, à une augmentation de la dépense de fonctionnement.

A. Loewy a constaté sur des médecins et sur d'autres sujets cultivés, et Johannson a observé sur lui-même ce fait, vérifié encore récemment par Sjöström, que, lorsque l'on s'expose au froid, les combustions respiratoires restent au même niveau qu'auparavant, aussi longtemps que l'on réussit à éviter toute contraction musculaire, tout frisson, et ils nient qu'il se produise chez l'homme une régulation chimique au sens où l'entend Rubner. Mais une telle régulation paraît bien exister chez le lapin, le cobaye. Rubner a observé souvent que, sitôt que l'on fait descendre la température extérieure au-dessous de 30°, beaucoup d'animaux réagissent aussitôt par une augmentation de leurs combustions, sans qu'on puisse apercevoir aucun frisson. D'ailleurs, il est invraisemblable que de telles températures (de 30 à 20°) provoquent des frissons chez ces animaux. Rubner conclut de là que c'est d'abord la régulation chimique qui intervient; le tremblement musculaire n'entre en jeu que pour de plus forts abaissements de la température.

Et voici le même problème envisagé par un autre côté. Quels sont ces tissus ou organes auxquels l'organisme fait appel pour se procurer le surplus de chaleur nécessaire à la résistance au froid? Outre le muscle, on a mis en cause ici le foie. On sait depuis longtemps que le foie est le siège d'une calorification notable (Cl. Bernard, Cavazzani), mais est-il une pièce du mécanisme thermorégulateur de l'organisme? J. Lefèvre soutient qu'après le refroidissement de l'organisme, par un bain par exemple, on constate, par le moyen d'aiguilles thermo-électriques, une intervention active de cette glande, qui contribue puissamment au réchauffement, non seulement de la masse viscérale, mais encore de la périphérie. Les expériences de H. Magne aboutissent, au contraire, à cette conclusion que le muscle est le seul agent de la régulation thermique, et soit d'abord par l'augmentation du tonus musculaire, et ensuite par le tremblement musculaire ou par les mouvements volontaires (Ch. Richet). Notons qu'une intervention du foie dans la défense contre le refroidissement viendrait évidemment, si elle était démontrée, à l'appui de la thèse de Rubner, car il est difficile de concevoir cette intervention autrement que comme un acte de régulation chimique. Peut-être pourrait-on, dans une certaine mesure, plaider la même thèse pour ce qui regarde l'accroissement du tonus musculaire (voir p. 344).

Concluons donc que le froid incite le tissu musculaire à une plus forte production de chaleur, lié chez l'homme à une augmentation du tonus, puis à des contractions musculaires involontaires, puis volontaires, et que chez certains animaux cette intervention du muscle est peut-être précédée d'une phase de pure régulation chimique.

2° On a vu qu'après avoir passé par un minimum la dépense de calories s'élève pour des *températures extérieures plus élevées*. Ce fait, paradoxal au point de vue téléologique, s'explique par l'entrée en jeu d'appareils de réfrigération, dont le fonctionnement représente une dépense d'énergie.

La physiologie a établi les mécanismes de cette réfrigération. N'en rappelons ici que les deux principaux, qui sont une circulation plus active du côté de la peau, ce qui augmente les pertes de chaleur, puis une sécrétion et une évaporation actives de sueur. Chez les animaux (chien) qui n'ont pas de sécrétion sudorale, c'est du côté du poumon et de la langue que se fait l'évaporation réfrigérante (polypnée thermique de Ch. Richet). Mais du côté du cœur, des muscles de la respiration, des glandes sudoripares ou salivaires, ces opérations nécessitent un surcroît de travail, d'où dépense d'un supplément de calories. Et si, en dépit de ces mécanismes, la température s'élève néanmoins, les combustions sont encore par ce fait augmentées [1]; on entre ici dans la marge des accidents de l'hyperthermie.

Concluons donc que *la dépense minimum ou dépense de fond est celle que l'on constate chez l'homme (vêtu) au repos, à jeun, et pour une température extérieure de 15 à 16°. Tout ce qui s'ajoute à ce minimum, quand on s'éloigne de cette température dans les deux sens, résulte, pour les températures plus basses, de contractions musculaires (invisibles ou visibles), pour les températures plus élevées, du travail des appareils de réfrigération.*

INFLUENCE DU CLIMAT OU DES SAISONS. — Ce qui précède fait prévoir que les différences de température qui caractérisent les climats ou les saisons doivent être sans action *directe* sur la dépense de fond. C'est ce que l'expérience vérifie.

La dépense de fond est la même en été et en hiver, dans les climats tempérés ou sous les tropiques (Ranke, Eijkmann) [2], mais, à cette dépense de fond constante, l'action de la température ajoute selon les climats ou les saisons des surplus très variables. Dans les pays froids, la lutte contre le froid incite l'organisme à des mouvements musculaires énergiques, d'où dépense d'énergie supplémentaire et nécessité d'ingérer un supplément de combustible. Dans les pays chauds, au contraire, les efforts musculaires sont instinctivement réduits, et le supplément de dépense qui s'ajoute à la dépense de fond est beaucoup

1. La chimie physique a établi que, pour une élévation de température de 10°, la vitesse de beaucoup de réactions chimiques, analogues à celles qui se passent dans l'organisme, est multipliée par 2. Ce *coefficient de température* se retrouve aussi chez les êtres vivants. Chez les animaux à sang chaud, l'intensité des combustions augmente, en effet, de 6 p. 100 pour une augmentation de la température du corps de 1°, et chez la grenouille, qui, en sa qualité d'animal à sang froid, supporte des augmentations de température plus amples, on trouve, par exemple, que le nombre de milligrammes d'acide carbonique produits par heure et par kilogramme d'animal entre 10 et 15° est de 68 et entre 25 et 30° de 160.

2. Exemple : oxygène consommé par minute pour un poids moyen de 64 kilogrammes (Eijkmann) : chez des Européens vivant en Europe par des temps frais 250 centimètres cubes; chez les Européens vivant en Malaisie 246 centimètres cubes; chez des Malais observés dans leur pays 251 centimètres cubes. Voir p. 601 une réserve nécessaire à ce sujet.

moindre, donc moindre aussi le besoin de nourriture [1]. Mais en aucun cas cette plus grande dépense d'énergie dans les climats froids, et cette plus petite dépense dans les climats chauds, ne tiennent à ce fait que l'organisme augmenterait dans le premier cas, et diminuerait dans le second sa dépense de fond.

INFLUENCE DE LA LUMIÈRE. — L'action heureuse que l'insolation exerce sur la santé des hommes a été reconnue de tous temps, et, depuis quelques années, les médecins emploient systématiquement la lumière comme moyen thérapeutique dans les affections de la nutrition générale et signalent l'amélioration, le relèvement des échanges nutritifs que l'on obtiendrait à l'aide des « cures de lumière », des « bains de soleil. » Mais cette action, que l'on n'entend nullement nier ici, ne peut être qu'indirecte, car ni par l'intermédiaire des yeux, ni par son action directe sur la peau, la lumière ne modifie la dépense de fond.

Chez l'homme, la dépense de fond, mesurée d'après les échanges gazeux respiratoires, reste la même, que les yeux soient bandés ou non. Même résultat chez l'homme nu, tenu à l'ombre ou exposé au soleil. Il faut donc, dit Magnus-Levy, expliquer les effets thérapeutiques de la lumière par des actions indirectes. Ces actions sont, d'une part, les incitations à une plus grande activité musculaire que dans un milieu bien éclairé, les yeux transmettent sans cesse au cerveau, et qui chez l'homme agissent très puissamment, et, d'autre part, dans le cas d'insolation de la surface nue du corps, les réflexes plus nombreux que la peau, plus fortement pigmentée et plus puissamment irriguée, envoie par l'intermédiaire des centres nerveux aux organes profonds. On comprend que, par toutes ces excitations, les divers organes et appareils soient amenés à fonctionner plus activement, donc à améliorer peu à peu l'état général.

INFLUENCE DE LA COMPOSITION DE L'AIR ET DE L'ALTITUDE. — Cette influence a été étudiée en même temps que les phénomènes de la respiration (p. 295 et 296). Rappelons que ni l'augmentation de la proportion d'oxygène dans l'air inspiré (inhalations d'oxygène), ni la diminution de cette proportion, au moins dans de

---

1. Il résulte des observations de Ranke que la moindre consommation alimentaire chez les Européens vivant sous les tropiques tient, non seulement à cette instinctive diminution du travail musculaire, mais encore à ce fait que la diminution de leur appétit et de leur puissance digestive sous l'influence de la chaleur ne permet pas aux blancs de maintenir leur ration au niveau de leurs besions, d'où amaigrissement avec toutes les conséquences de l'alimentation insuffisante chronique. La supériorité de race de l'indigène consisterait, au contraire, surtout en ce que celui-ci conserve, malgré la chaleur, un appétit et des organes digestifs lui permettant d'ingérer et de maîtriser une ration suffisante. Dans nos climats aussi, la plupart des individus engraissent en hiver et maigrissent en été.

très larges limites, ne modifient la dépense de fond et qu'il en est probablement de même pour l'altitude.

Modifications de la dépense de fond. — Pour un individu donné, la dépense de fond semble donc être une grandeur échappant à la prise de multiples facteurs, qui, au premier abord, semblent devoir la modifier. Elle apparaît donc comme caractéristique de la constitution de chaque individu (p. 576). De fait, on la retrouve sensiblement la même, à des années de distance, de même que l'on voit, chez les adultes arrivés à la période d'état, le poids corporel rester constant pendant de très longues périodes. Mais si elle est donc l'un des aspects de la constitution de chaque sujet, on est conduit à rechercher si, par des actions longtemps prolongées, on ne parvient pas à la modifier d'une manière durable. C'est ce que l'expérience vérifie.

1° Voici d'abord quelques preuves de cette constance. Chez un même sujet, A. Loewy a mesuré les dépenses de fond que voici (en centimètres cubes d'oxygène consommés par minute) : en 1888, 236; en 1895, 228; en 1901, 231; en 1902, 238; en 1903, 228, et N. Zuntz, W. Loeffler ont réuni des résultats analogues. Et voici, d'autre part, une série de constatations établissant que cette dépense peut être diminuée ou accrue.

2° Pendant la guerre de 1914-1918, N. Zuntz et A. Loewy ont constaté que, sous l'influence des restrictions alimentaires imposées par les circonstances pendant de longs mois, leur dépense du fond s'était nettement abaissée, notamment chez Loewy, de 3 cm³ 29 d'oxygène consommé par kilogramme et par minute pendant les années 1888-1914 (poids moyen 62 k. 3), à 2 cm³ 89 en 1916 (poids moyen 57 k. 0).

3° Le facteur alimentaire peut aussi agir en sens inverse. La dépense de fond prend une valeur plus élevée quand les sujets ont reçu pendant les jours précédents des rations très riches en albumine (Bernstein et Falta, 1916). — Un chien de 20 kilogrammes est soumis pendant 107 jours à une alimentation largement surabondante (210 p. 100 du besoin minimum de calories), et après quelque temps on constate que sa dépense de fond (mesurée cependant 30 à 36 heures après le dernier repas) a augmenté de 40 p. 100 (E. Grafe et D. Graham). — Un sujet qui a reçu pendant plusieurs semaines une ration valant 100 calories par kilogramme (soit environ 300 p. 100 d'une ration suffisante), présente après six semaines une dépense de fond accrue de 80 p. 100 (E. Grafe et R. Koch).

Ces résultats présentent un haut intérêt. On saisit là une véritable consommation de luxe, donc l'entrée en jeu d'un mécanisme de résistance à l'engraissement forcé (voir p. 612).

§ II. — LES DÉPENSES DE FONCTIONNEMENT.

A la dépense de fond, dont on vient d'étudier la nature et la grandeur, le fonctionnement des divers systèmes, système digestif, système musculaire, appareils glandulaires, ajoute un surplus plus ou moins considérable. Voyons quelle est, chaque fois, la grandeur de ce surplus et comment on peut en expliquer la production.

1. *Influence de l'alimentation sur la dépense d'énergie.*

Précisons tout de suite le phénomène qu'il s'agit d'expliquer. Voici un sujet placé dans des conditions telles que le coût de son entretien se trouve réduit à la dépense de fond, et qui, maintenu par conséquent à l'état de jeûne, prélève sur ses tissus 1 600 calories par jour. On le met ensuite à l'alimentation mixte ordinaire, sa ration valant aussi environ 1 600 calories et l'on constate que la dépense est maintenant de 1 800 calories. L'arrivée des aliments a donc accru la dépense de 200 calories, que l'organisme a dû prélever sur ses réserves.

Mécanisme de l'accroissement des dépenses produit par l'alimentation. — A quoi tient cette hausse des combustions ? On l'a rapportée d'abord au *travail digestif*, puis à une *action spéciale des aliments s'exerçant par delà la paroi digestive.* C'est la seconde de ces explications qui l'emporte visiblement.

Le travail digestif (mouvements péristaltiques, travail des glandes ; p. 605), d'abord mis en cause par Zuntz et von Mering, Loewy et d'autres, coûte certainement de l'énergie, mais le surcroît de dépense dont il s'agit de rendre compte est beaucoup trop considérable pour que cette explication suffise, car un chien de 30 kgr. qui, à l'état de jeûne, éliminait par jour 327 gr. d'acide carbonique, en a excrété, par exemple, 783 après avoir reçu 2 500 gr. de viande (Voit). Or, c'est là un surplus tel qu'en produit un travail mécanique pénible. D'autre part, l'ingestion d'os par le chien (Rubner), ou d'un purgatif salin ou d'agar pour l'homme (Benedict et Emmes) n'est pas suivie d'une augmentation sensible de la dépense d'énergie. On ne peut pas davantage invoquer d'autres dépenses tenant à l'absorption digestive, aux mouvements de la pression osmotique, au travail du rein, car l'ingestion de grandes quantités d'urée ou de chlorure de sodium (Lusk), l'ingestion, par un diabétique de 50 gr. de glycose que le malade élimine aussitôt (Johansson) restent de même sans effet sur la dépense totale. Enfin des protéiques complètement dégradés, donnés par voie rectale à des chiens munis de fistules intestinales convenables, sont complètement absorbées, sans que l'on observe du côté des fistules aucune sécrétion digestive, donc aucun travail digestif concomitant (Cohnheim), et cependant cette absorption est suivie d'une hausse des combustions respiratoires (Grafe et P. Schöpp). Au surplus les produits de cette digestion introduits directement dans le sang du lapin produisent aussi cette hausse. Enfin l'expérience sur le chien phloriziné, citée à la page 585, achève de compléter cette démonstration.

Ce surcroît, que l'alimentation surajoute à la dépense à l'état de jeûne, doit donc être attribué à une action s'exerçant par delà la paroi digestive, et que Rubner a appelée *action dynamique spécifique des aliments*. Voyons quelle est la grandeur, puis quelles sont les causes de cette action.

Grandeur de l'action dynamique spécifique des aliments. — Cette action est très prononcée pour les protéiques, et c'est Chauveau qui, le premier, a établi en 1894 la position spéciale que prend ici cet aliment; viennent ensuite chez l'homme les hydrates de carbone, et en dernier lieu les graisses, qui ne produiraient même dans ce sens aucun effet sensible (Magnus-Lévy; Koraen), tandis que chez le chien c'est l'action des hydrates de carbone qui serait la plus faible (Rubner). Voici comment on mesure cette action.

Le sujet doit être placé dans un milieu dont la température soit telle que la dépense totale de calories se trouve réduite à la dépense de fond (p. 576), en même temps que par le moyen du jeûne total on oblige l'organisme à faire face à cette dépense par des prélèvements sur ses tissus. Enfin on mesure le montant de cette dépense par l'une des méthodes qui ont été exposées précédemment ou mieux encore par deux d'entre elles à la fois (Rubner). Puis on fait ingérer l'aliment à étudier et on mesure à nouveau la dépense de calories (p. 559 et 565 et p. 566-572).

Voici d'abord une expérience de Rubner qui fait comprendre, en même temps qu'elle justifie, l'emploi de cette méthode. Il s'agit du chien dont il est question à la page 576. Tenu dans un milieu à 7° cet animal dépense à peu près autant de calories (86,4 et 87,9 par kilogramme), qu'il soit à jeun ou qu'il reçoive de la *viande* (320 gr., soit 81 calories par kilogramme). Donc point d'action de l'alimentation sur la dépense; on verra plus loin pour quelle raison. A 30°, cette action apparaît, au contraire, avec son plein effet, car bien qu'il ait à faire face à une dépense d'entretien qui n'est que de 56 cal. 2, l'animal a été *obligé* d'en dégager 83,0. L'action dynamique spécifique à mesurer a donc été de 83,0 — 56,2 = 26 cal. 8, soit de 48 p. 100 du besoin à l'état de jeûne. En donnant à des chiens des rations surabondantes de viande, Rubner a mesuré des surplus s'élevant jusqu'à 89 p. 100. Ajoutons que, dans ces conditions, la respiration précipitée de l'animal témoigne de l'effort que l'organisme est obligé de faire pour évacuer cet excédent de chaleur gênant[1]. Pour une quantité de viande couvrant le besoin à l'état de jeûne, et après défalcation de l'effet produit par la graisse de la viande, le surplus de calories a été chez le chien de 30,9 (moyenne de Rubner), de 30 p. 100 (William, Riche et Lusk), ce qui représente donc l'action des *protéines de la viande*, et la *caséine* ou ses produits d'hydrolyse se comportent de même (Falta, Grote et Staehelin). Enfin en faisant jeûner un chien (pendant 10 jours), puis en le mettant en état de diabète phlorizique (pendant 2 jours), ce qui accroît fortement la quantité d'*albumine sacrifiée par l'organisme*, Rubner a constaté que pour 100 grammes de protéine détruite en plus — et dans des conditions où tout travail digestif est donc éliminé — la dépense était augmentée de 31 cal. 9. Et ces résultats valent aussi pour l'homme, car en couvrant pendant deux jours le besoin total d'un homme de 60 kilogrammes avec de la viande (ou avec du sucre), Rubner a vu la dépense quotidienne passer de 2 042 (jeûne) à 2 566 calories, soit 25,7 p. 100 en plus (2 087 pour les jours au sucre, soit 2,2 p. 100 en plus).

Par des expériences conduites de même, on a trouvé que, lorsque chez un chien tenu dans un milieu à 31° le besoin à l'état de jeûne est couvert par une quantité suffisante de *graisse*, l'arrivée de cet aliment provoque une dépense supplémentaire de 14,4 p. 100 de ce besoin, d'après Rubner, de 4,1 p. 100 seulement d'après Murlin et Lusk. Et la même expérience ayant été répétée sur un chien qui recevait sous la forme de *sucre* de canne le total de calories nécessaires, on a mesuré un accroissement de la dépense s'élevant à 5 p. 100 des calories fournies Rubner). On reviendra plus loin sur ce point particulier (p. 586). Enfin, pour faire ressortir encore l'écart que l'on vient de constater entre les trois aliments, ajoutons que, chez la grenouille successivement nourrie de glycose, de beurre et de viande, G. Weiss a mesuré des dépenses de calories valant respectivement 100, 107 et 153.

En résumé, si à un animal, dont les dépenses sont réduites au minimum (dépense de fond), et qui pour son entretien pendant un temps donné prélève sur ses tissus 100 calories, on donne ces 100 calories sous la forme de protéiques, de graisses ou d'hydrates de carbone, cet apport ne suffit pas, et l'animal est obligé de prélever sur ses tissus un supplément, qui est respectivement de 30, de 14 et de 5 calories, ce qui porte la dépense à 130, 114 et 105 calories.

Causes de l'action dynamique spécifique des aliments. — Ici se présente d'abord l'explication, longtemps classique, proposée par Rubner, mais seulement pour l'albumine. Les sucres ont, d'après

1. Peut-être est-ce pour cette raison que par les temps chauds ou dans les pays tropicaux, où la température du milieu est souvent celle de la dépense minimum, l'ingestion de repas riches en viande est instinctivement évitée.

Rubner, une action dynamique spécifique négligeable ou nulle, ce qui équivaut à dire que, lorsqu'il s'agit d'alimenter la dépense de fond, 100 calories sous la forme de sucre interviennent avec leur pleine valeur. Et si 100 calories d'albumine n'entrent, au contraire, en ligne, comme il vient d'être dit, que pour $100 - 30 = 70$ calories, cela tient à ce fait, soutient Rubner, que l'albumine n'est utilisée par les tissus qu'après avoir été transformée en sucre, seul combustible employé par les cellules, et que cette transformation est accompagnée d'un déchet de 30 calories sur 100. A cette explication, fortement atteinte par les critiques de Lusk, ce physiologiste en a substitué une autre : l'action en question serait le résultat d'une excitation des tissus par certains oxyacides qu'engendrent les aliments au cours de leur dégradation. Voici, d'après l'exposé qu'en a fait Lusk, les points essentiels du débat.

1° Seegen et Chauveau ont admis aussi que la cellule ne peut faire servir à ses travaux physiologiques que le glycose, et que l'albumine — et aussi la graisse — ne sont employées à ces travaux qu'après avoir été transformées en sucre. Or, par le fait de ces réactions (p. 384 et 388), qui sont exothermiques, une partie de l'énergie contenue dans ces aliments est dépensée, sans profit pour la cellule, sans profit aussi pour le chauffage de l'organisme qui, se trouvant dans un milieu à 30°, n'a pas l'emploi de cette chaleur. Mais le point de départ de cette explication, à savoir l'action dynamique nulle ou négligeable des hydrates de carbone, est contredit par les faits. Rapportée à la dépense des vingt-quatre heures, cette action est faible à la vérité (p. 585). Mais quand on suit le phénomène heure par heure, on saisit des augmentations bien plus importantes (Magnus-Levy ; Johansson, Billström et Heyl, et d'autres), et qui dans les expériences de Du Bois sur l'homme (trois sujets) se sont élevées pendant la deuxième heure après l'ingestion de 100, 200 et 300 grammes de glycose à 11, 13 et 24 p. 100 de la dépense à l'état de jeûne pendant le même temps. On reviendra plus loin sur ce point. — Et voici des arguments d'un autre ordre apportés par Lusk. On a vu que le glycocolle et l'alanine sont producteurs de glycose par la totalité de leur chaîne carbonée, tandis que dans l'acide glutamique trois seulement d'entre les cinq atomes de carbone de cette molécule passent à l'état de sucre (p. 388-89). Si l'on appliquait à ces corps le raisonnement de Rubner pour l'albumine, il faudrait donc prévoir pour le glycocolle et l'alanine une action dynamique spécifique nulle, et pour l'acide glutamique, au contraire, une action positive nette. Or, c'est le contraire que l'on observe : l'action du glycocolle et celle de l'alanine sont très marquées et celle de l'acide glutamique est nulle.

2° Voici d'autre part l'explication proposée par Lusk. Le sucre sorti d'une certaine quantité de glycocolle ou d'alanine administrés à un chien phloriziné, est éliminé aussi vite qu'une égale quantité de glycose donnée directement — tant l'absorption et la désamination de ces acides sont rapides — et le maximum tombe sur la deuxième heure après l'ingestion. Or, le maximum de la chaleur dépensée en plus par le fait de l'ingestion de ces acides aminés est recueilli aussi à ce moment. Enfin ce supplément de chaleur est proportionnel à la quantité de glycocolle ou d'alanine ingérés (ce que Rubner a observé aussi pour la viande), mais non point à la quantité de sucre que ces acides sont respectivement capables d'engendrer. D'autre part la combustion de ce sucre n'a rien de commun avec le phénomène étudié, car le glycocolle donné à un chien phloriziné fait monter, on l'a vu, la dépense de calories, et cependant toute la molécule de cet acide reparaît dans l'urine sous la forme de glycose et d'urée, donc sans avoir été brûlée. L'aptitude du glycocolle et de l'alanine à provoquer la dépense d'un supplément de calories paraît donc liée à l'action de corps constituant une étape intermédiaire entre ces amino-acides et le glycose, donc à l'action de corps tels que l'acide glycolique et l'acide lactique (p. 388 a). Pour ce qui regarde l'accroissement de dépense produit par l'ingestion de graisses ou de sucre, on le saisit pour les graisses pendant tout le temps que dure la lipémie digestive ainsi provoquée, et pour le sucre aussi, pendant que subsiste la pléthore hydrocarbonée créée par l'absorption du sucre. Là aussi Lusk invoque une action excitante des produits du métabolisme de ces corps, et notamment pour le sucre celle de l'acétaldéhyde. Mais le détail de cette discussion ne peut pas être donné ici[1].

Constater que les divers aliments provoquent chacun une hausse différente des combustions, cela revient à dire que, du moins chez le chien maintenu dans un milieu à 30°, un certain poids d'albumine, valant par exemple 100 calories, ne peut pas être substitué dans les dépenses d'énergie de l'animal à un certain poids de sucre valant aussi 100 calories, ou, plus brièvement, que ces aliments ne seraient pas « isodynames ». Or, d'autres expériences démontrent, au contraire, cette isodynamie, et dans toutes les recherches sur la nutrition, dans toute la pratique de l'alimentation des individus et des collectivités on admet cette isodynanie comme un fait établi. Voyons donc quelles sont ces expériences, puis cherchons à résoudre cette contradiction.

1. Il reste aussi à rendre compte d'un phénomène que Rubner a appelé *action dynamique spécifique secondaire*, que Chauveau avait aussi constaté, et qui consiste en ceci qu'à mesure que l'on continue chez le chien l'ingestion de quantités surabondantes de viande, la dépense de calories va croissant davantage. Ainsi un chien reçoit pendant six jours une ration de viande supérieure à ses besoins, et sa dépense, partie de 311 calories au premier jour, s'élève à 368 au troisième et à 395 au sixième (Rubner). Il se peut que ce surplus soit dû simplement aux bénéfices d'albumine réalisés chaque jour par l'organisme et fixés sous la forme de cellules nouvelles, dont le fonctionnement augmente d'autant la dépense totale (Pflüger), et de fait l'action dynamique spécifique secondaire cesse quand l'équilibre azoté est atteint. Mais cette explication n'est pas complète, car l'action en question manque quand les bénéfices d'albumine sont obtenus par l'ingestion d'un surplus d'aliments ternaires (p. 656). Quoi qu'il en soit, ce gaspillage croissant d'énergie, qui suit ainsi l'ingestion de fortes rations d'albumine, montre que l'accroissement azoté obtenu par ce moyen constitue une opération très coûteuse, sans compter les inconvénients qu'elle présente par ailleurs (p. 624).

La théorie de l'isodynamie des aliments. — On montrera plus loin qu'une certaine quantité d'albumine est nécessaire chaque jour à l'entretien de l'organisme animal, mais lorsque ce besoin est satisfait, il reste à pourvoir quotidiennement à un complément de dépenses considérables. Or, l'expérience montre que ce complément peut être fourni par un mélange en proportions très variables des trois sortes d'aliments, à condition que l'énergie totale de la ration soit suffisante pour équilibrer la dépense totale d'énergie. S'il est vrai, d'autre part, que ce complément est commandé en premier lieu par les besoins de la calorification, on prévoit que les aliments doivent être isodynames, c'est-à-dire que chacun d'eux pourra être substitué à un autre dans une proportion telle qu'il fournisse la même quantité de chaleur. Les hydrates de carbone et les protéiques ayant par gramme le même pouvoir calorifique, 4 cal. 1, ils doivent donc s'équivaloir poids par poids dans l'organisme, et pour remplacer 1 gramme de graisse, la quantité d'albumine ou d'hydrates de carbone nécessaire devra être de $9,3 : 4,1 = 2$ gr. 27. C'est ce que Rubner a vérifié sur le chien par les expériences que voici, faites à la température *ordinaire*.

Lorsqu'un animal au repos est à jeun depuis plusieurs jours, il prélève sur ses tissus, sous la forme d'albumine et de graisse, une quantité d'énergie qui est très constante pour une même température extérieure, et ce régime n'est pas modifié, si l'on donne à l'animal une petite quantité de nourriture, inférieure en valeur calorifique à celle que fournissent les tissus dans l'état de jeûne complet. L'animal diminue simplement les emprunts qu'il fait à son organisme d'une quantité thermiquement équivalente à la quantité de nourriture qu'on lui donne, et — contrairement à ce qui arrive quand la température extérieure est de 30° — la dépense totale d'énergie reste sensiblement la même. Si l'on a fait ingérer, par exemple, de l'albumine, on peut donc rechercher de quelle quantité l'organisme a pu diminuer l'emprunt fait à ses graisses, et apprendre ainsi quel poids de l'un de ces aliments est thermiquement équivalent pour l'organisme à un poids donné de l'autre. Ainsi, une chienne à jeun depuis six jours reçoit le sixième et le septième jour respectivement 720 et 760 gr. de viande, et le dosage du carbone et de l'azote excrétés permet d'établir le bilan que voici pour vingt-quatre heures :

	DÉPENSES DE L'ORGANISME	
	Protéiques.	Graisses.
Pendant une journée d'inanition.	16^{gr},8	78 gr.
— — à la viande.	109 ,7	34 —
Différences	— 92^{gr},0	+ 44 gr.

Pendant la journée d'alimentation, l'organisme a donc détruit en plus 92 gr. 9 d'albumine, en économisant, d'autre part, 44 gr. de graisse, c'est-à-dire que 1 gr. de graisse et 92,9 : 44 = 2 gr. 10 d'albumine se sont montrés isodynames. Pareillement, 77 gr. 1 de sucre de canne ont permis l'économie de 34 gr. 4 de graisse, c'est-à-dire que 1 gr. de graisse a fourni autant de chaleur que 77,1 : 34,4 = 2 gr. 24 de sucre. La vérification est donc suffisante.

Les aliments ne sont isodynames que dans certaines conditions. — Pourquoi les aliments, isodynames chez le chien dans un milieu à 15°, ne le sont-ils plus dans un milieu à 30°? Cette différence tient à ce fait qu'à 15° ce surcroît de calories que l'arrivée de l'aliment oblige l'organisme à produire, peut servir à la lutte contre le froid. Déjà contenue dans les expériences de Rubner, la démonstration de ce fait a été clairement énoncée pour la première fois par L. Lacpique (1906). On lui conservera ci-après la forme qu'elle prend quand on adopte l'explication de Rubner quant à la cause de l'action dynamique spécifique des aliments (voir p. 590, note 2 ce que devient le raisonnement, quand on adopte l'explication de Lusk).

1° Dans un **milieu à 30°**, l'animal n'a pas besoin de produire de la chaleur pour se défendre contre le refroidissement. Sa seule dépense d'énergie est la dépense de fond, celle qui correspond à ce minimum de réactions chimiques inséparables du maintien de la vie. Supposons que, pour un certain laps de temps, cette dépense soit de 100 calories. Si l'on fournit à l'animal 100 calories sous la forme de sucre, cette chaleur sera entièrement [1] utilisée pour les réactions en question, puis elle sera dissipée au dehors. On aura donc le bilan que voici : recettes 100 calories de glycose; dépenses 100 calories. — Si l'on donne, au contraire, 100 calories d'albumine, 70 seulement pourront être employées aux travaux chimiques des cellules, puis elles seront dégagées au dehors. Les 30 autres seront également dissipées, mais sans avoir pu servir. Il faut donc que l'organisme prélève, en outre, sur ses réserves (de glycogène par exemple) 30 calories, qui soient utilisables par les cellules. Le bilan sera donc : recettes 100 calories d'albumine; dépenses 130 calories. *Il n'y a donc pas eu isodynamie du glycose et de l'albumine.*

2° Pour une température extérieure de 15°, l'animal doit, comme à 30°, disposer d'abord des 100 calories correspondant à sa dépense de fond. Mais cette quantité de chaleur ne suffit pas à la défense contre le refroidissement. Il faut encore que l'organisme produise un certain complément, que l'on appellera avec Lapicque *la marge de la thermogenèse.* Mettons que ce complément soit de 50 calories pour le laps de temps considéré. Si l'on fournit à l'animal 100 calories de sucre, il les appliquera à l'entretien de ses réactions cellulaires, puis les dégagera au dehors, mais comme cette quantité est insuffisante pour sa calorification, la régulation chimique entrera en jeu et provoquera, par des prélèvements sur les réserves de l'organisme, la production du complé-

1. Ou presque entièrement (voir p. 585).

ment des 50 calories nécessaires. Le bilan sera donc : recettes 100 calories de glycose ; dépenses 150 calories. — Donnons, au contraire, 100 calories d'albumine ; 70 seulement pourront servir aux travaux des cellules, et il faudra que l'organisme en prélève 30 sur ses réserves. Mais les 30 calories d'albumine, perdues pour le travail physiologique des cellules, ne le seront pas pour la calorification, en sorte que la régulation chimique n'aura plus à demander que $50 - 30 = 20$ calories aux réserves de l'organisme. Le bilan sera donc le même qu'avec le sucre, à savoir : recettes 100 calories d'albumine ; dépenses 150 calories. *Il y a donc eu isodynamie du glycose et de l'albumine.*

3° On passe de l'état où il y a isodynamie à celui où il n'y a plus isodynamie, en agissant sur l'un ou l'autre des deux facteurs que voici : la température extérieure ou la quantité d'albumine consommée. Reprenons, en effet, le dernier exemple ci-dessus, mais en élevant la température extérieure. Le complément de calories nécessaire ne sera plus de 50 calories, mais descendra à 20, par exemple, et comme l'animal dispose de 30 calories, qui ne peuvent servir qu'au « chauffage » de l'organisme, 20 seulement pourront recevoir cet emploi et les 10 autres seront dégagées au dehors sans avoir servi à rien. *L'isodynamie cesse.* — Elle pourra cesser aussi pour une quantité suffisante d'albumine ingérée. Supposons, par exemple, que l'on donne à l'animal 200 calories d'albumine [1], dont 30 p. 100 soit 60 calories ne pourront servir qu'à la calorification. Mais la marge de la thermogenèse n'étant que de 50 calories, il y en aura 10 qui ne serviront à rien [2]. *L'isodynamie cesse donc.*

Comment les choses se passent-elles dans les conditions ordinaires de la vie. Cela dépendra évidemment de la marge de la thermogenèse, c'est-à-dire de la température extérieure et du vêtement, et en second lieu de la composition de la ration. Il y aura isodynamie, aussi longtemps que la marge de la thermogenèse restera supérieure ou égale à cette partie de l'énergie chimique des aliments qui ne peut être utilisée que pour la lutte contre le froid, et c'est le cas de l'homme civilisé dans les conditions habituelles de son existence (L. Lapicque). Ainsi, dans les expériences d'Atwater sur l'homme, il est évident qu'il y a eu isody-

---

1. On verra (p. 652) pourquoi l'organisme transforme cette quantité d'albumine même si elle dépasse ses besoins.

2. Si l'on voulait parler le langage de la théorie de Lusk, on dirait pour les cas envisagés sous les nᵒˢ 1 et 2 : a l'animal qui dans le milieu à 30° a besoin de 100 calories, donnons 100 calories de sucre, puis 100 calories d'albumine. Il élimine dans le premier cas 105 calories, dans le second 130. Pour une même recette de 100 calories, l'organisme a dû sacrifier un surplus de 5 calories avec le sucre, et de 30 calories avec l'albumine. *Donc pas d'isodynamie.* Au contraire, dans le milieu à 15°, le besoin de calories comprend 100 calories pour la dépense de fond, plus 50 pour le chauffage de l'organisme, soit 150 en tout, et l'animal est donc obligé de prélever sur ses tissus un supplément qui est dans le cas du sucre de $150 - 105 = 45$ calories, tandis que dans le cas de l'albumine il se contentera de prélever $150 - 130 = 20$ calories, en sorte que, pour une même recette de 100 calories, la dépense reste la même, 150 calories de part et d'autre. *Il y a eu isodynamie.*

namie, sans quoi les résultats calculés par Tigerstedt, en admettant implicitement l'isodynamie, n'auraient pas concordé aussi exactement avec les résultats observés par le savant américain (p. 566). Mais pour des températures extérieures un peu élevées, accompagnées d'une forte consommation d'albumine, l'isodynamie n'existe plus pour une partie au moins de l'apport protéique, car d'après Lapicque la marge de la thermogénèse ne dépasserait guère 300 calories pour une dépense totale de 2 400 calories par jour. Elle n'existe pas chez le chien recevant de fortes rations de viandes (expériences de Chauveau et de Laulanié). Au contraire, chez les petits animaux, comme les bengalis, qui, par leur surface relativement très grande, font des pertes de chaleur considérables, la lutte contre le froid est si coûteuse que la marge de la thermogénèse dans un milieu à 15° s'élève aux trois quarts des besoins alimentaires de ces organismes (M. et L. Lapicque).

Concluons donc avec Lapicque que « l'isodynamie n'est pas une loi de physiologie générale ; elle s'applique par simple contingence ».

2. *Influence du travail musculaire sur la dépense d'énergie. — Autres influences.*

Grandeur de l'influence du travail musculaire. — L'accroissement considérable de la dépense d'énergie sous l'influence du travail musculaire [1], que déjà Lavoisier avait déduit de l'étude des échanges respiratoires, a été établi plus tard par Pettenkofer et Voit, Speck, Chauveau, Richet et Hanriot, et enfin d'une manière systématique par Zuntz et ses élèves.

Cet auteur a mesuré avec soin la dépense d'énergie chez l'homme, pour des formes variées du travail musculaire, marche, ascension, courses à bicyclette, nage, c'est-à-dire dans des conditions qui intéressent spécialement le médecin, et il a montré que, lorsqu'on passe de l'état de repos à l'état de travail, la dépense de fond, qui pour un homme de 70 kgr. est de 65 à 70 calories par heure, s'accroît pour une heure de travail d'un surplus qui peut s'élever jusqu'à 900 p. 100 et au delà. Voilà qui démontre bien le remarquable pouvoir que possède la machine animale d'augmenter d'un instant à l'autre et dans des proportions consi-

1. Bien entendu la dépense de calories du muscle au repos n'est pas nulle, le maintien du tonus musculaire coûtant à lui seul de l'énergie. La musculature d'un chien de 7 kgr. 5, observé par Barcroft, pesait 3 kgr. 235 et consommait au repos complet 12 cm³,9 d'oxygène par minute, représentant 32 p. 100 de la consommation totale. Cette dépense devient 20 à 40 fois plus forte, sous l'influence d'un travail musculaire intense.

dérables l'intensité de ses combustions (p. 126). Rapportée à la dépense totale des vingt-quatre heures, cette augmentation est, bien entendu, moins grande, les heures de repos faisant compensation aux heures de travail, mais elle reste encore importante. La dépense d'énergie la plus considérable qui ait été *directement* mesurée est celle d'un sujet de Atwater, qui a fourni dans le calorimètre respiratoire de cet auteur, après seize heures de travail sur bicyclette (voir p. 16), une dépense de 9 314 calories en vingt-quatre heures. En défalquant 1 600 calories pour la dépense de fond et 200 calories pour la dépense due à l'alimentation (voir p. 583), on voit qu'il reste une dépense de 7 514 calories à rapporter au travail, soit une augmentation de 470 p. 100 par rapport à la dépense de fond.

A l'aide de cette méthode, on a pu mesurer la grandeur de la dépense supplémentaire d'énergie qu'ajoutent à la dépense de fond des travaux mécaniques déterminés tels que *marches militaires, ascensions, courses à bicyclette*, etc. On a aussi commencé à déterminer les conditions pour lesquelles le *travail de l'ouvrier d'industrie* pourrait donner un rendement maximum avec une dépense d'énergie aussi petite que possible. On saisit tout de suite la portée sociale considérable de semblables recherches.

1° Voici quelques résultats de Zuntz, relatifs à un homme de 70 kgr., la dépense de fond étant de 65 à 70 calories par heure (cité d'après Magnus-Levy) :

Nature du travail fourni pendant une heure.	Nombres de calories ajoutées à la dépense de fond par un travail d'une heure.	Même résultat exprimé en centièmes de la dépense de fond.
Marche de 3 600 m. en terrain horizontal	144	215
Marche de 4 800 m. en terrain horizontal et avec 25 kgr. de bagage.	285	420
Ascension de 300 m. (pente commode, 30 p. 100)	147	220
Courses à bicyclette[1] :		
15 km. en terrain horizontal	313	460
22 — —	571	850
15 — — et avec vent contraire de 10 m. à la seconde	601	900

1. Expériences sur piste cimentée.

On voit donc qu'une marche de 4 800 m. en une heure, avec 25 kgr. de bagage — effort qui peut être demandé à des soldats —, ajoute aux 65 à 70 calories, montant de la dépense de fond pendant ce temps, un surplus de 285 calories, soit 420 p. 100. Pour de plus courts espaces de temps, l'accroissement de la dépense peut être plus considérable encore. Un sujet de Zuntz a fourni pendant 30 secondes un travail effectif de 4 300 kilogrammètres pour une minute (ascension d'un escalier), ce qui représente une dépense d'énergie environ trois fois plus grande (voir p. 580), soit donc de 12 900 kilogrammètres ou 12 900 : 425 = 30 calories [1]. Comme la dépense de fond d'un adulte est d'un peu plus d'une calorie par minute, on voit que *l'accroissement vaut ici presque 30 fois la valeur de la dépense de fond*.

2° On sait les succès éclatants qu'a obtenus l'ingénieur américain Taylor par une organisation scientifique de l'outillage et de la main-d'œuvre dans les arts métallurgiques, visant à obtenir un rendement en travail qui fût maximum avec la moindre fatigue possible, mais par une méthode tout empirique et sans aucune évaluation précise du travail et de la dépense d'énergie. Une telle évaluation n'a encore été faite que par J. Amar, dans de très intéressantes recherches sur le travail de l'ouvrier limeur. En se servant de la méthode d'enregistrement par transmission d'air de Marey, il a obtenu des tracés de ce travail [2], en même temps que l'effort mécanique était constamment mesuré par des dispositifs dynamométriques et la dépense d'énergie, par la détermination de la quantité d'oxygène consommée. De cette manière, on a pu établir l'influence de divers facteurs, position des pieds de l'ouvrier, distance de l'ouvrier à l'étau, rythme des mouvements de la lime, durée du repos, éducation professionnelle, etc., sur le rendement maximum (poids de limaille de laiton obtenue) et sur la dépense d'énergie. Par exemple, un apprenti mal entraîné a donné un rendement inférieur de 16 p. 100 à celui de l'ouvrier exercé, avec une dépense en énergie supérieure de 66 p. 100. En même temps, pendant le travail, le nombre des respirations et des pulsations s'est accru respectivement de 54 et 35 p. 100 par rapport à l'état de repos, alors que ce surplus n'a été que de 30 et 20 p. 100 chez l'ouvrier exercé. On mesure à ce seul exemple tout ce qu'une organisation méthodique du travail industriel permettrait d'économiser en fait d'énergie dépensée par l'ouvrier et d'usure prématurée de ses appareils organiques [3].

En ce qui concerne, d'autre part, la marche, J. Amar a montré aussi que c'est en faisant 4500 m. par heure que l'homme en marche fait l'emploi le plus économique de ses ressources en énergie. En effet, le coût de chaque pas (en centimètres cubes d'oxygène absorbé), qui est de 2,432 pour une marche à 1 944 m. par heure, tombe peu à peu à 2,212 quand on élève la vitesse à 4 500 m., puis s'élève et atteint 4,479 quand la vitesse est portée à 5,390 m. par heure. A raison de 7,000 m. par heure, la dépense par pas est doublée, tandis que la vitesse obtenue

1. On sait qu'une grande calorie équivaut à 425 kilogrammètres.

2. Cette méthode a déjà été employée à l'étude de la manœuvre de divers outils (brouette...) par A. Imbert, qui a noté aussi la différence des tracés obtenus en faisant travailler à la lime un bon ouvrier et un apprenti.

3. Voici quelques indications sur l'importance de la dépense qui s'ajoute à la dépense de fond, lorsque l'ouvrier passe de l'état de repos complet à l'état de travail : couturière (à la main) 13; comptable 17; dactylographe 31; tailleur 22; cordonnier 47 à 83 p. 100 (Wolpert; Carpenter et Reach (voir aussi p. 551, note 1).

n'a été portée que de 100 à 155. Amar a étudié de même l'influence de la charge, et aussi celle des repas, de la nature des repas (prédominance des hydrates de carbone ou des protéiques) et du temps qui sépare le travail du repas. Ainsi, une halte de 2 heures au moment du repas est nécessaire à l'ouvrier, sans quoi la dépense devient plus forte et il y a donc gaspillage d'énergie.

Citons encore dans le même ordre d'idées les recherches de J.-P. Langlois et de ses collaborateurs sur la variation des échanges respiratoires (c'est-à-dire sur la dépense d'énergie) selon l'état de l'air (température, humidité).

Rendement du travail musculaire. — Le nombre de calories dont s'accroît la dépense de fond sous l'influence du travail musculaire ne se retrouve pas tout entier sous la forme de travail mécanique. Dans les meilleures conditions, les deux tiers environ de la quantité d'énergie mise en jeu par l'organisme sont dissipées sous la forme de chaleur, et un tiers seulement reparaît sous la forme de travail, ce que l'on exprime en disant que le rendement maximum du moteur animal est d'environ 33 p. 100.

Exemple (expérience de Durig, citée d'après Zuntz et Lœvy) : on mesure les échanges respiratoires correspondant, d'une part, à l'ascension d'un sentier très raide et, d'autre part, à une marche en terrain horizontal (la nature du sol étant la même des deux côtés). On trouve ainsi pour la marche en chemin ascendant (A) et pour la marche horizontale (H) (moyennes de 8 déterminations) :

	Chemin parcouru.	Ascension verticale.	Poids (brut) du corps.	Travail d'ascension en kilogrammètres.	Oxygène. consommé par minute.	Acide carbonique exhalé par minute.
A . .	$43^m,66$	$11^m,91$	$81^k,74$	973,6	$2\,321^{cm3}$	$1\,863^{cm3}$
H . .	95 ,44	0	79 ,25	0	1 255	949

Si l'on défalque de ces volumes gazeux le nombre de centimètres cubes qui correspond à la dépense de fond [1] (240 cm3 3 pour l'oxygène et 188,1 pour l'acide carbonique), et si l'on ramène ensuite ces volumes à 1 mètre de chemin et à 1 kgr. il vient (les quantités de chaleur étant exprimées en petites calories, puisque les volumes gazeux le sont en centimètres cubes, et non pas en litres) :

	Oxygène.	Acide carbonique.	Calories produites[2].
Ascension	$0^{cm3},5830$	$0^{cm3}.4693$	2,803
Marche horizontale. .	0 ,1347	0 ,1023	0,640

1. L'école de Zuntz admet donc que la dépense due au travail musculaire s'ajoute simplement à la dépense de fond, ce que contestent Lapicque et Lefèvre, mais ce que ces auteurs appellent « la dépense à l'état de repos » est sans doute une grandeur différente de la dépense de fond des auteurs allemands.

2. On calcule ce nombre de calories de la manière qui a été indiquée aux pages 568 et suiv.

La différence 2,803 — 0,640 = 2 cal. 163 représente donc la dépense d'énergie qu'a coûté l'élévation verticale de 1 kg. pendant 1 mètre de chemin montant, c'est-à-dire une ascension de 11,91 : 43,66 = 0 m. 2 728. Donc pour élever verticalement 1 kgr. de 1 mètre, c'est-à-dire pour 1 kilo-grammètre de travail, il a fallu une dépense de 2,163 : 0,2 728 = 7 cal. 929. Comme il s'agit ici de petites calories, dont chacune vaut 0,425 kilo-grammètres [1], les 7 cal. 929 valent 7,929 × 0,425 = 3,3 kilogrammètres. Donc, pour produire 1 kilogrammètre de travail effectif, l'organisme a dû dépenser une quantité d'énergie valant 3,3 kilogrammètres, ce qui met le rendement à 30,3 p. 100. En général, dans ces expériences d'ascension, le rendement moyen a été de 29 à 36 p. 100 chez l'homme, de 29 p. 100 chez le cheval, de 30 p. 100 chez le chien. Les choses se passent tout autrement quand il s'agit de déplacements horizontaux. Tandis que, par kilogramme de poids déplacé et par un mètre de dépla-cement *vertical*, il faut, d'après ce qui précède, dépenser uniformément chez le cheval, l'homme et le chien 3 kilogrammètres d'énergie, le déplacement *horizontal* d'un kilogramme à une distance d'un mètre coûte chez le cheval 0,14, chez l'homme de 0,21 à 0,30, chez le chien 0,67 kilogrammètres d'énergie. **La dépense est donc ici beaucoup plus forte pour les petits organismes que pour les grands.** L'expérimentation sur des chiens de taille très différente (de 36 kgr. 6 à 5 kgr. 05) a montré que cette dépense varie proportionnellement, non pas au poids, mais à la surface du corps (N. Zuntz et ses collaborateurs).

Le *rendement maximum du moteur animé est donc excellent*, comparé à celui des machines à vapeur qui n'est que de 13 p. 100 environ. L'exercice prolongé l'améliore jusqu'à une certaine limite; le défaut d'entraînement, les positions incommodes, la fatigue, la douleur, les états pathologiques le diminuent.

Après treize jours d'entraînement, un soldat ne dépensait plus pour un travail donné qu'une énergie égale à 100, alors qu'au début le coût de ce travail était de 136 (Schumburg et Zuntz). Il faut des semaines d'entraî-nement avant d'obtenir, par exemple, **dans le travail de rotation d'une roue, le rendement maximum**, et la même observation s'applique à toutes les formes du travail professionnel. Toute incommodité diminue le rendement. Celui-ci s'est abaissé, par exemple, à 11 p. 100 chez un obèse (Jaquet et Swenson). Chez un typhique qui, complètement rétabli, dépensait pour un certain travail une énergie égale à 100, cette dépense s'était élevée pendant la deuxième semaine de la convalescence à 240, de la troisième à la septième à 174-209, pendant la septième, grâce à un exercice quotidien, à 135 (Schnyder). On voit à quel épuisement de l'organisme peut conduire un travail mécanique imposé prématurément à un convalescent.

Aliments consommés par le travail musculaire. — Sous

l'influence de Liebig [2] on a admis, pendant longtemps, que le

1. Une grande calorie équivalant à 425 kilogrammètres (c'est-à-dire à la quan-tité de travail nécessaire pour élever 425 kgr. d'une hauteur verticale de 1 mètre), une petite calorie vaut donc 0,425 kilogrammètres.

2. Liebig admettait que les protéiques sont seuls *plastiques*, c'est-à-dire con-

travail musculaire se fait aux dépens des protéiques mêmes du muscle, jusqu'au moment où Pettenkofer et Voit montrèrent sur le chien (1860), puis sur l'homme (1866) que le travail musculaire est sans influence marquée sur la quantité d'azote excrétée, démonstration que Chauveau a rendue plus frappante, en établissant que le travail est aussi sans influence sur la courbe horaire de l'excrétion de l'azote chez le chien. Puis, dans leur classique expérience de l'ascension du Faulhorn (1865), Fick et Wislicenus démontrèrent que la quantité de chaleur fournie par l'albumine détruite n'aurait guère suffi qu'à la moitié du travail exécuté, et ces résultats furent confirmés successivement par un grand nombre d'autres expériences, faites avec une technique de plus en plus précise).

1° Dans les expériences de Voit sur le chien, l'animal, maintenu en état d'équilibre azoté, dépensait, par exemple en courant dans une roue, 150 000 kilogrammètres par jour. Or, il excrétait en moyenne par jour de repos 51 gr. 9 et par jour de travail 54 gr. 5 d'azote. La différence, qui est de 2 gr. 6 d'azote ou de 16 gr. 25 d'albumine détruite en plus, ne correspond qu'à $16,25 \times 4,44$[1] $= 72$ calories, soit donc à $72 \times 425 = 30\,600$ kilogrammètres. Même résultat chez un homme fournissant pendant neuf heures par jour un travail fatigant et qui a excrété en moyenne, pendant cinq jours de repos, 15 gr. 06 et, pendant trois jours de travail, 15 gr. 30 d'azote en vingt-quatre heures.

2° Fick et Wislicenus, qui pesaient le premier 66 et le second 76 kgr., ont fait l'ascension du Faulhorn (1 956 m.), en fournissant donc respectivement un travail d'élévation de 129 096 et 148 656 kilogrammètres (sans compter le travail du cœur et de la respiration et tous les autres travaux musculaires qui n'ont pas servi à élever le corps). Pendant les dix-sept heures qui précédèrent l'ascension, ils n'avaient pris que des aliments exempts d'azote (amidon, sucre, graisse, vin), et, pendant les six heures que dura la marche et les six heures suivantes, ils éliminèrent 5 gr. 74 (F.) et 5 gr. 55 (W.) d'azote, correspondant respectivement à 35 gr. 9 et 34 gr. 7 d'albumine, soit donc à 159 et 154 calories ou à 67 575 et 65 450 kilogrammètres. La chaleur fournie par l'albumine détruite n'aurait donc suffi qu'à la moitié environ du travail calculé plus haut.

stituent seuls la charpente de la matière organisée. Les graisses et les hydrates de carbone sont simplement incorporés à ce substrat organisé, qu'ils imbibent comme une éponge et dont ils peuvent être retirés, sans qu'il en résulte aucune modification des formes. Liebig voyait aussi dans les protéiques l'aliment *dynamogène*, celui dont la destruction fournit à l'organisme l'énergie dépensée sous la forme de travail musculaire. Le rôle des graisses et des hydrates de carbone est, au contraire, d'être brûlés par l'oxygène qu'apporte la respiration et de fournir de la chaleur. Ce sont les aliments *respiratoires* ou *thermogènes* (1842). On a vu, qu'en réalité, les protéiques sont thermogènes aussi bien que les graisses et les hydrates de carbone, et dans ce qui suit on montrera que tous trois semblent bien être aussi dynamogènes.

1. Voir p. 563.

Ce ne sont donc pas les protéiques qui, dans les conditions ordinaires, alimentent le travail musculaire. Cependant, par des expériences sur un chien très maigre, de 30 kgr., et qui a exécuté chaque jour pendant des mois des travaux considérables, tout en ne consommant que de la viande maigre, de composition connue, Pflüger a nettement établi qu'une partie du travail musculaire s'était faite aux dépens des albumines [1]. *Quand on s'arrange de telle façon que les protéiques représentent presque la totalité de l'énergie disponible, le muscle est donc obligé de puiser à cette source.* On a fait la même démonstration pour les deux autres aliments, les graisses et les hydrates de carbone.

1° Une chienne, après avoir été soumise au jeûne, fournit en trois jours un travail de 217 000 kilogrammètres et excrète pendant ce temps 16 gr. 62 d'azote, soit 5 gr. 54 par jour, alors que pendant le repos elle en fournissait 3 gr. 85 (Frentzel). Le calcul montre que le poids d'albumine détruit en plus, pendant les journées de travail, a fourni une quantité de chaleur couvrant à peine le tiers du travail produit. Même en comptant la totalité de l'albumine détruite comme ayant servi au travail musculaire, il reste encore une fraction importante de l'énergie dépensée par le muscle, qui ne peut provenir que des aliments ternaires, glycogène ou graisse. Or, chez un animal à jeun, les réserves de glycogène sont très diminuées, et l'entretien de l'organisme se fait surtout aux dépens des graisses. Ce sont donc les graisses qui, nécessairement, ont alimenté ici, pour sa majeure partie, le travail musculaire. — Le sang veineux du masséter du cheval et de l'âne contient moins de graisse que le sang artériel et cette différence s'accentue quand le muscle travaille (Lafon).

2° Le masséter du cheval, mis au repos par section du nerf, contient plus de glycogène que le muscle symétrique qui a exécuté du travail, et la quantité de glycose, qui disparaît dans le sang pendant le passage de celui-ci à travers le muscle, est trois ou quatre fois plus grande pendant le travail que pendant le repos du muscle (Chauveau). — Un chien bien nourri et chez lequel on peut donc admettre l'existence d'une réserve en glycogène d'environ 40 gr. par kilogramme traîne pendant 9 heures une lourde voiture; il est ensuite sacrifié et on ne trouve plus dans tout son organisme que 1 gr. 16 de glycogène par kilogramme (E. Külz).

Les trois catégories d'aliments organiques peuvent donc entretenir le travail musculaire. Mais dans les conditions ordi-

---

1. Dans ces expériences, il importe de ne pas confondre les effets du travail musculaire et ceux de l'alimentation insuffisante. Le surcroît de dépense produit par le travail fait que souvent une ration, suffisante auparavant comme apport total de calories, cesse de l'être. L'organisme comble alors ce déficit par un prélèvement sur ses tissus, et dans cet emprunt les protéiques entrent en général pour environ 15 p. 100 (voir p. 647). Mais un tel prélèvement a lieu pour toute ration insuffisante, qu'il y ait travail ou non.

naires de la vie, *le muscle consomme-t-il de préférence l'un des trois plutôt que les deux autres?*

L'étude du quotient respiratoire pendant le travail, qui devait, semble-t-il, fournir la solution de ce problème, n'a donné que des résultats contradictoires et dont l'interprétation reste difficile. Les uns soutiennent que le quotient respiratoire augmente pendant le travail et que les valeurs élevées qu'il atteint alors (0,92, 0,96) démontrent que le muscle a consommé des quantités d'hydrates de carbone telles que la combustion de cet aliment l'emporte en ampleur sur les autres réactions chimiques de la nutrition (Pettenkofer et Voit, Hanriot et Richet, Chauveau et Laulanié). Les autres maintiennent que ce quotient reste pendant le travail ce qu'il était auparavant, la nature des aliments consommés dépendant surtout de celle des réserves présentes au moment où le travail commence (Katzenstein, A. Loewy, Schumburg et Zuntz). Ainsi, le sujet de Heinemann présentait avant et pendant le travail un quotient de 0,723, quand il recevait une alimentation de graisses, et de 0,802, quand il avait ingéré des hydrates de carbone. Le problème se complique d'ailleurs de la question de l'influence de la ventilation pulmonaire sur le quotient respiratoire. Il faut donc attendre, avant de conclure, les résultats de nouvelles recherches.

Les théories des poids isodynames et des poids isoglyco-siques. — On a admis plus haut que les trois sortes d'aliments organiques peuvent entretenir la contraction musculaire. Mais il se pourrait que leur valeur à cet égard ne fût pas la même et que, de 100 calories de glycose, par exemple, le muscle pût tirer plus de travail effectif que de 100 calories de graisse. En d'autres termes, la question se pose de savoir si, pour le travail musculaire, on retrouve cette isodynamie, démontrée plus haut pour l'organisme pris au repos et dans certaines conditions (p. 590). La plupart des physiologistes admettent qu'il en est ainsi. L'école de Chauveau soutient, au contraire, que les protéiques et les graisses ne peuvent être utilisés pour le travail musculaire qu'après avoir été transformés en glycose, réaction par laquelle une partie de l'énergie contenue dans ces deux aliments est dépensée. Les quantités des divers aliments, qui peuvent être substituées les unes aux autres dans le travail musculaire, seraient donc, non les quantités *isodynames*, mais les quantités *isoglycosiques*, c'est-à-dire celles qui fournissent des poids égaux de glycose. Pour calculer ces quantités, Chauveau part d'équations hypothétiques, analogues à celles qui ont été indiquées aux pages 384, 391 et 430, et dont il déduit que 100 gr. de graisse peuvent fournir 161 gr. de glycose et que 100 gr. de protéiques en donnent 80. On a donc .

	Poids des divers aliments apportant la même quantité de chaleur (poids isodynames).	Poids des divers aliments pouvant fournir la même quantité de glycose (poids isoglycosiques).
Graisses.	100	100
Glycose	248 [1]	161
Protéiques.	227	201

Laissons de côté les protéiques, avec lesquels on ne peut pas alimenter exclusivement l'homme omnivore, et remarquons qu'entre les poids isodynames et les poids isoglycosiques du sucre et des graisses la différence est telle que, si la théorie de Chauveau est conforme aux faits, une certaine quantité de travail, qui coûte 100 calories, quand le combustible est du sucre, devrait en coûter environ 150 quand le combustible est de la graisse.

La difficulté expérimentale à laquelle on se heurte ici, c'est que l'organisme brûle toujours un mélange des trois aliments, et qu'en lui donnant exclusivement du sucre ou de la graisse on n'arrive qu'à faire prédominer cet aliment sur les deux autres, mais on n'obtient jamais qu'il soit le combustible unique, ainsi que le montre le calcul du quotient respiratoire. Cela posé, voici les résultats d'une longue série d'expériences de Frentzel (71 en tout) et de Reach (53 en tout), que ces auteurs ont faites sur eux-mêmes et qui confirment des résultats antérieurs de Heinemann, obtenus à l'aide d'une méthode moins sûre. Ces auteurs ont effectué des travaux connus [2], l'alimentation étant exclusivement composée, tantôt de graisses, tantôt de sucre.

1. On s'est servi, pour calculer ce poids, de la chaleur de combustion exacte du glycose (3 cal. 743).
2. On employait un appareil spécialement construit par Zuntz et où le travail du sujet revenait en somme à élever le corps le long d'une pente d'un angle connu.

Alimentation.	QUOTIENTS RESPIRATOIRES				CALORIES DÉPENSÉES POUR UN MÊME TRAVAIL EFFECTUÉ[1]	
	Chez Frentzel.		Chez Reach.		Chez Frentzel.	Chez Reach.
	Repos.	Travail.	Repos.	Travail.		
Graisses . . .	0,759	0,773	0,752	0,781	2,066	2,119
Hydrates de carbone . .	0,876	0,889	0 937	0,900	1,980	2.086

On voit qu'une même quantité de travail a coûté à peu près autant de calories, quel que fût l'aliment consommé. Il est vrai que le quotient respiratoire est resté encore assez éloigné, dans le cas des graisses, du quotient théorique des graisses (0,707) (voir p. 541) et, dans le cas des hydrocarbonés, du quotient théorique des sucres (1,000), mais les valeurs qu'il a prises montrent suffisamment que la graisse dans un cas, le sucre dans l'autre ont prédominé dans les combustions. Les recherches de Zuntz et Lœb sur le chien ont donné des résultats analogues. Enfin Atwater et Benedict ont montré que lorsque, dans la ration d'un sujet, qui faisait dans leur cage calorimétrique (voir p. 16) huit heures de bicyclette par jour, ils faisaient figurer 1 800 calories, tantôt sous la forme de graisse, tantôt à l'état d'hydrates de carbone, le rendement effectif restait sensiblement le même (environ 20 p. 100) pour les graisses et pour les sucres.

A ces résultats, Chauveau a opposé ceux de l'expérience que voici. Un chien fournit chaque jour dans une roue tournante un même travail déterminé, en recevant alternativement pendant 6 jours 400 gr. de viande et 51 gr. de *graisse* de porc, puis pendant les 6 jours suivants 400 gr. de viande et 121 gr. de *sucre* de canne. Ces quantités respectives de sucre et de graisse étant isodynames, la ration avait donc eu une valeur calorifique constante. Or, pendant toutes les séries à la graisse le poids de l'animal est resté constant ou bien a un peu diminué, tandis que, pendant les séries au sucre, il a régulièrement *augmenté*. Chauveau conclut de là que, si l'animal a pu faire des bénéfices pendant les jours au sucre, c'est parce que, pour produire un même travail, il faut fournir sous la forme de sucre moins de calories que sous la forme de graisse.

Le fait constaté par Chauveau est exact, et Benedict et Milner l'ont retrouvé chez l'homme, mais il est dû à cette circonstance, qu'une alimentation riche en hydrates de carbone enrichit l'organisme en eau (L. S. Fridericia; N. Zuntz). Cette action des hydrocarbonés, déjà signalée par Bischoff et Voit, est aujourd'hui bien établie, notamment par des déterminations directes de R. Weigert. Elle est due à ce fait que les graisses se fixent à peu près sans eau, tandis que le glycogène mis en réserve par l'organisme retient environ 10 fois son poids d'eau, et que l'albumine épargnée par le sucre (p. 656) fixe de même environ quatre fois son poids d'eau. Enfin, le contenu intestinal des animaux nourris de sucre est aussi beaucoup plus aqueux[2].

1. Cette quantité de travail était celle de 1 kgr. du corps transporté sur une longueur de 1 mètre.

2. Toutefois, à la suite d'expériences sur le lapin et sur le chien, O. Porges et H. Salomon ont abouti à la même conclusion que Chauveau. En supprimant chez ces animaux, par des ligatures convenables, la participation du foie aux

Toutes les probabilités sont donc en faveur de la théorie des poids isodynames.

Action de la température extérieure sur la dépense d'énergie. — Le mécanisme de cette action a déjà été étudié précédemment (p. 576). Voici quelques indications complémentaires. Lorsque la température extérieure s'abaisse au-dessous de celle de la dépense minimum (15° chez l'homme vêtu, environ 30° chez le chien), on a vu que les 1 600 calories que représente en moyenne la dépense de fond ne suffisent plus. L'organisme produit alors de la chaleur pour se défendre contre le refroidissement périphérique , et ce phénomène est si considérable que c'est lui qui paraît régler la grandeur de la dépense d'énergie, ou, ce qui revient au même, la grandeur des besoins alimentaires.

Voici la série de constatations qui ont conduit à cette conclusion.

Par kilogramme de poids, les petits animaux ont une dépense totale d'énergie, ou ce qui revient au même, des besoins alimentaires beaucoup plus considérables que les grands animaux, qu'il s'agisse d'animaux de même espèce ou d'espèces différentes (Regnault et Reiset, 1849).

Exemples : expériences de Ch. Richet sur la production d'acide carbonique (p. 572) par kilogramme et par heure chez des chiens et des oiseaux, pris les uns et les autres de tailles très différentes :

Poids des chiens	$2^k,5$	$6^k,5$	$13^k,5$	$24^k,0$
CO^2 exhalé	$2^{gr},265$	$1^{gr},624$	$1^{gr},210$	$1^{gr},026$

Un chardonneret, un canard et une oie, pesant respectivement :

$0^k,0215$	$1^k,740$	$2^k,975$

exhalent, en grammes de CO^2, par kilogr. et par heure :

12,582	2,270	1,490

On voit que par kilogramme de poids le plus petit des chiens avait une dépense 2,2 fois plus grande que celle du plus grand, et le plus petit des oiseaux une dépense représentant 8,44 fois celle du plus gros. Pareillement, le moineau consomme par kilogramme environ 22 fois plus d'oxygène que le cheval (Regnault et Reiset et d'autres).

échanges nutritifs, ils ont provoqué une hausse du quotient respiratoire presque jusqu'à l'unité, et ils expliquent ce fait en disant que si l'organisme, donc le muscle (puisque ce tissu est dans l'organisme le consommateur tout à fait prépondérant) n'a plus brûlé que du sucre, comme le démontre cette hausse, c'est parce que la suppression du foie ayant mis fin à la transformation des graisses et des protéiques en glycose, le muscle n'a plus disposé que des hydrates de carbone, es deux autres aliments ayant cessé d'être pour lui, en l'absence du foie, des combustibles utilisables. Mais la gravité de l'intervention opératoire rend toujours difficile l'interprétation de telles expériences, et le bien-fondé de ces conclusions à été vivement contesté (Fr. Rolly et H. David; Verzar et d'autres, 1910-1914). (Voy. cependant à la page 418 l'application qu'en a faite von Noorden à la théorie du diabète.)

Déjà Regnault et Reiset ont expliqué ces différences considérables par ce fait que, pour des raisons d'ordre géométrique, les petits animaux ont, relativement à leur poids, une surface plus grande que celle des grands animaux. Or, c'est l'étendue de cette surface, et non le volume ou le poids de l'animal qui détermine la grandeur de la perte de chaleur (Rubner; Ch. Richet), et l'on comprend donc que chaque kilogramme de poids doive produire, pour compenser cette perte, plus de chaleur chez les petits animaux que chez les grands. Et l'on prévoit donc que, corrélativement, ces différences doivent s'annuler quand la dépense est rapportée, non plus à l'unité de poids, mais à l'unité de surface. C'est la *loi des surfaces* de Ch. Richet. Voici dans quelle mesure elle se vérifie chez l'homme.

1° Dépense d'énergie en 24 heures chez des adultes de poids très différents (L. Lapicque) :

Auteurs.	Poids du sujet.	Calories (brutes) de la ration.	Calories par mètre carré de surface.
Étudiant japonais (Tsuboi et Murato)	46	2 355	1 430
Kumagava.	48	2 478	1 550
Soldat japonais.	59	2 578	1 380
Rubner	67	3 094	1 520
Ouvrier de Voit et Pettenkofer.	70	3 054	1 470
Sujet n° 2 de Lapicque et Marette.	73	3 027	1 420
Hirschfeld	73	3 318	1 560

Malgré des variations de poids considérables, la dépense par mètre carré est donc restée voisine d'une moyenne de 1 475 calories.

2° Dépense d'énergie de l'enfant pendant la croissance (Rubner) :

	Dépense totale de calories (nettes) en 24 heures.	Calories par kilogramme.	Calories par mètre carré de surface.
Enfant de 4,03 kgr.. .	368	91,3	1 221
— de 11,8 — . .	966	81,5	1 343
— de 16,4 — . .	1 213	73,9	1 579
— de 23,7 — . .	1 411	59,5	1 389
— de 40,4 — . .	2 106	52,1	1 452
Homme de 67,0 — . .	2 843	42,4	1 399

3° Chez les nourrissons aussi, la dépense par mètre carré est sensiblement constante et peu éloignée de celle de l'adulte. Ainsi chez un enfant nourri au sein et observé du quarante-troisième au cent-sixième jour, le poids des tétées a été noté quotidiennement et la composition

du lait a été déterminé par quatre analyses faites pendant cet espace
de temps de soixante-trois jours. De plus, l'enfant a été pesé à la fin
de chaque semaine. Voici les résultats obtenus (E. Lambling).

Age de l'enfant en semaines.	Poids moyen de l'enfant pendant chaque semaine.	Calories (brutes) par jour.	Calories par kilogramme et par jour.	Calories par mètre carré et par jour.
	Kgr.			
7	4,582	437	95	1 324
8	4,750	434	91	1 254
9	4,842	—	—	—
10	4,962	461	93	1 324
11	5,157	460	89	1 288
12	5,297	467	88	1 285
13	5,420	481	89	1 303
14	5,590	493	88	1 309
15	5,757	521	90	1 356
Moyennes			90	1 305

On voit que le nombre de calories dépensées par kilogramme a
marqué une tendance à la baisse, faible, mais pourtant nette (moyenne
des quatre premières semaines, 92,0 et des quatre dernières 88,7), et
corrélativement la dépense par mètre carré est restée sensiblement
constante. Schlossmann aussi a constaté plus tard cette proportionnalité de la dépense à la surface chez les tout jeunes enfants.

4° Et voici quelle est la dépense par mètre carré chez des mammifères de poids décroissants. Le premier nombre indique le poids de
l'animal en kilogrammes, le second, la dépense de calories par kilogramme, le troisième la dépense de calories par mètre carré de surface
(les sujets étant autant que possible pris au repos, et à 15°) (E. Voit).
Cheval 441 ; 11,3 ; 948. Porc 128 ; 19,1 ; 1078. Homme 64,3 ; 32,1 ; 1042.
Chien 15,2 ; 51,5 ; 1039. Lapin 2,3 ; 75,1 ; 776 ; Oie 3,5 ; 66,7 ; 969. Poule
2,0 ; 71,0 ; 943. Souris 0,018 ; 212,0 ; 1188.

Il y a donc un rapport presque constant entre la dépense
d'énergie et la surface du corps, et la production de la chaleur
varierait donc bien comme la grandeur de cette surface [1], mais il
est visible que le phénomène est plus complexe et qu'il échappe
encore à une analyse complète.

Notons d'abord que les résultats ci-dessus ont été obtenus dans des
conditions qui en font quelque chose de très complexe. Dans les observations réunies sous les nᵒˢ 1, 2 et 3, la dépense de calories a été calculée, en effet, d'après la ration d'entretien dans les conditions ordinaires de la vie, en sorte qu'elle comprend à la fois les dépenses de
fond et les dépenses de fonctionnement (travail musculaire et glandulaire, chauffage de l'organisme...). Le fait que ces résultats se groupent

1. On a même soutenu que la dépense est constante et égale environ à
1 000 calories par mètre carré de surface chez tous les homéothermes (E. Voit).
Mais cela est manifestement inexact (L. et M. Lapicque).

grossièrement autour d'un même chiffre, quand on les rapporte à la surface, montre que ce facteur joue un rôle important, mais qu'il est impossible d'expliquer actuellement. Si l'on comprend, en effet, que la production de cette partie de la chaleur qui sert à résister au refroidissement périphérique soit commandée par la grandeur de ce refroidissement, il n'en va pas de même de cette autre partie que représente la dépense de fond. Ici il s'agit de la chaleur produite par ce minimum de réactions chimiques inséparables du maintien de la vie (p. 577), et l'on dirait donc volontiers avec C. Voit et avec F. G. Benedict que la dépense de fond doit être proportionnelle au poids de la masse protoplasmique. Et pourtant on a vu qu'il n'en est rien et l'on complètera les indications données à ce sujet aux pages 575 et 578, note 1, en ajoutant que chez deux cobayes de taille différente la dépense dans un milieu à 30° est la même par mètre carré de surface, donc plus forte par kilogramme chez le plus petit que chez le plus grand. Il est difficile à l'heure présente de rendre compte de ce phénomène, autrement que par des hypothèses provisoires, analogues à celle qui est indiquée aux pages 578, note 1 et 612, note 1. On se contentera de dire ici qu'une explication toute différente a été proposée par Hösslin et par N. Zuntz.

On voit donc l'intérêt qu'il y aurait à multiplier les mesures exactes de la dépense de fond chez des espèces animales très différentes et aussi à améliorer les méthodes de mesure de la surface des organismes. Chez l'homme, la formule de Meeh, employée jusqu'à présent à cet effet, est actuellement remplacée avec avantage par celle de Du Bois, bien supérieure (mais vérifiée seulement pour l'homme), et l'on a refait aussi, surtout en Amérique, un assez grand nombre de déterminations de la dépense de fond — appelée souvent « métabolisme basal » — en opérant par calorimétrie directe, prolongée pendant plusieurs heures et en exprimant les résultats par mètre carré de surface et par heure. Voici les résultats de Du Bois : Hommes de vingt à cinquante ans, 39,7 ; Femmes de vingt à cinquante ans, 36,9 ; Hommes de cinquante à soixante ans, 35,2 ; Femmes de cinquante à soixante ans, 32,7 ; Hommes de soixante-dix-sept à quatre-ving-trois ans, 35,1 calories, l'écart maximum avec la moyenne étant de $\pm$ 10 p. 10. Un écart supérieur à $\pm$ 10 p. 100 peut être considéré comme pathologique. Aux facteurs qui ont été étudiés ailleurs (p. 582) comme modifiant la dépense de fond, ajoutons que l'action du climat qui a été niée (p. 580) est pourtant réelle, puisque, chez les blancs habitant Rio-de-Janeiro, le métabolisme basal n'est que de 30 cal. 3 par mètre carré et par heure (celui des nègres étant sensiblement le même). Toutefois il demeure élevé (37,5) quand le sujet reste, malgré le climat, entraîné à des exercices musculaires actifs (voir p. 576) (A. Ozorio de Almeida).

Quoi qu'il en soit, le chauffage de l'organisme constitue dans nos climats et dans les conditions habituelles de la vie, une partie importante de la dépense d'énergie. Il suffit, pour s'en rendre compte, de noter les variations considérables de la dépense selon le vêtement, selon la température et la rapidité du courant d'air, ou encore sous l'influence des bains froids.

Un homme nu perd par heure dans un courant d'air de 3 m. 5 à la

seconde, 313 calories à 4° et 112 calories à 20°. Vêtu, il n'en perd à 4°
que 170 (J. Lefèvre). Maurel a de même recherché comment varient,
sous l'influence d'une ventilation croissante, les besoins alimentaires
des animaux; des expériences de Laulanié ont montré aussi combien
la tonte augmente la consommation d'oxygène chez le lapin, et en sens
inverse Lapicque rapporte que les habitants des pays chauds (Abyssins,
Malais) ont une ration alimentaire valant par mètre carré de surface
300 calories de moins que celle des adultes de même poids en Europe.
Pareillement, le chien (Ch. Richet) et le hérisson (Maurel) ont en été
une ration alimentaire valant à peu près les deux tiers de celle qu'ils
se procurent en hiver. Enfin, dans un bain à 5° un adulte réussit pendant quelque temps à maintenir sa température, mais en perdant en
douze minutes 200 calories, soit donc 16 à 17 calories par minute.
Comme la dépense de fond est d'environ 1 calorie par minute, on voit
que sous l'influence du froid l'intensité des réactions chimiques de
l'organisme a été ici multipliée instantanément par 16! (J. Lefèvre).

Action du travail intellectuel et du travail des glandes.
— Même la méthode des échanges gazeux respiratoires, qui est
un instrument de mesure d'une si remarquable sensibilité, n'a
permis de saisir aucune action du *travail intellectuel* sur la
dépense d'énergie (Speck). Cette action a fait défaut aussi dans
les expériences de plus longue durée, faites par Atwater, et où la
dépense des vingt-quatre heures s'est élevée pendant trois jours à
une moyenne quotidienne de 2 695 calories avec repos intellectuel,
et de 2 620 calories avec travail intellectuel intense. L'excrétion de
l'azote n'est pas modifiée non plus, ni celle de l'acide phosphorique
(contrairement à ce qui a été soutenu). Le fait que l'obscurité est
aussi sans effet, et que le sommeil n'abaisse pas plus la dépense
de calories que le repos sans sommeil, plaide encore dans le même
sens. On ne saisit donc aucune action *directe* de l'activité du système nerveux sur la dépense d'énergie. Mais il existe, bien
entendu, une action indirecte, celle qui s'exerce par l'intermédiaire du système musculaire, que les facteurs psychiques incitent
de mille manières à des contractions plus fréquentes.

En ce qui concerne l'*influence des glandes* sur la dépense de
calories, rappelons d'abord l'action spéciale que certaines d'entre
elles exercent sur les échanges nutritifs et la dépense d'énergie
par le moyen de sécrétions internes versées dans le sang. Ce côté
de la question a été étudié dans un précédent chapitre (p. 508
et 514). Ne considérons ici que la part qui revient à chaque
glande dans la dépense énergétique totale de l'organisme.

Voici comment on peut, d'après Barcroft, répartir entre les divers
organes et tissus d'un chien pesant 7 k. 500 et pris au repos complet

la dépense d'énergie évaluée d'après la consommation d'oxygène de chaque organe, la consommation totale de l'animal ayant été de 40 cm³ par minute.

TISSUS ET ORGANES	POIDS DE CHAQUE ORGANE OU TISSU (en gr.).	OXYGÈNE CONSOMMÉ PAR MINUTE (cm³)		ÉNERGIE DÉPENSÉE PAR CHAQUE ORGANE EN CENTIÈMES DE LA DÉPENSE TOTALE
		par 1 kg. de chaque organe.	par chaque organe.	
Muscles du squelette. . .	3 235	4	12,9	32,3
Cœur (en activité). . .	68	30	2,0	5,0
Glandes salivaires. . .	14	25	0,4	1,0
Pancréas.	18	40	0,7	1,7
Tube digestif	279	25	7,0	17,5
Foie	264	30 (?)	7,9	19,7
Reins.	44	35	1,6	4,0
Autres organes et tissus (rate, système nerveux, os, peau), etc.	3 578	—	7,5	18,8
	7 500		40,0	100,0

On voit qu'au repos la dépense des glandes salivaires, du pancréas, du foie et des reins représente à elle seule le quart de la dépense totale. Pour l'état d'activité, il faut multiplier ces résultats pour le rein par 3 (Barcroft; Brodie), pour les glandes salivaires par 2, 3 (Moussu et Tissot), pour le pancréas par 3 ou 5. Il suit de là que, dans les conditions ordinaires de la vie, le rein, par exemple, entre dans la dépense totale des 24 heures pour 4,0 à 5,4 p. 100. On a vu que l'ensemble des opérations digestives coûte environ 10 à 15 p. 100 de la dépense totale (voy. cependant ce qui est dit à la page 583). Ajoutons ici que les chiens dératés ont, au contraire, besoin d'une ration d'entretien plus forte d'un tiers que celle des animaux normaux (Ch. Richet).

Pour ce qui regarde enfin les glandes génitales, on constate, chez le cobaye mâle, deux maximums de la dépense d'énergie, apparaissant l'un au printemps et l'autre à l'automne, et que la castration supprime (F. Maignon), et en ce qui concerne l'homme, dont l'activité génitale est constante, Zuntz et Kaminer ont mesuré chez un jeune soldat, à qui une balle avait enlevé les deux testicules, une consommation d'oxygène descendue à 2 cm³ 40 par kilogramme et par minute (poids 70 kgr.; taille 1 m. 68) et que l'opothérapie testiculaire faisait remonter nettement.

La dépense d'énergie et les opérations de croissance et de réparation organique. — Lorsqu'un organisme en état de *croissance* augmente son poids, la quantité totale d'énergie apportée par la ration peut être décomposée en trois fractions :

1° la fraction nécessaire à l'entretien de l'organisme; 2° celle qui constitue le bénéfice fait par l'organisme et qui se trouve accumulée dans les matériaux organiques constituant les tissus nouvellement créés; 3° un certain supplément qui représente le coût énergétique du travail d'accroissement.

Un nourrisson de 4 kgr. qui, d'une part, a augmenté son poids de 31 gr. par jour, a reçu, d'autre part, une ration valant 429 cal. 7 (déduction faite des pertes par les fèces) dont 325,5 ont servi à l'entretien, et le reste, soit 104 cal. 2, à l'accroissement. Or, la chaleur de combustion des tissus du nouveau-né étant en moyenne de 1 cal. 87 par gramme, les 31 gr. fixés ne valent que 57 cal. 8. La différence, soit 46 cal. 4, représente donc les frais de transformation des aliments en tissus vivants. En d'autres termes, chaque kilogramme de poids gagné vaut 1 870 calories fixées et représente une dépense de 1 500 calories (Rubner). Par de longues et nombreuses déterminations sur de jeunes bovidés en croissance, A. Gouin et P. Andouard ont de même établi qu'un croît de 1 kgr. fait par un jeune veau de 50 kgr. vaut 1 517 calories fixées, au prix d'une dépense supplémentaire de 1 025 calories. De leur côté, N. Zuntz et ses élèves concluent de leurs recherches sur la croissance du jeune porc, que la fixation de chaque gramme de graisse [1] coûte environ 2 cal. 5 et celle de chaque gramme d'albumine environ 7 cal. 5.

Du reste chez la souris blanche, chez qui l'on provoque des arrêts de croissance, en ne maintenant pendant ces périodes d'arrêts que l'entretien, on constate par différence que la croissance coûte jusqu'à 40 p. 100 de la ration consommée (H. B. Thompson et L. B. Mendel).

La préparation et la croissance de l'embryon coûtent aussi de l'énergie. La poule normale, mais non l'animal ovariectomisé, présente au moment de la préparation de la ponte une inflexion de sa courbe pondérale (A. Pezard) et une augmentation de sa dépense de calories (N. Zuntz), et en brûlant au calorimètre des œufs de poules et des poulets tout juste éclos, Tangl a constaté une différence de 16 calories, écart dû à la combustion des matériaux de l'œuf (graisses) pendant le développement. La gestation chez la femme et chez les animaux produit de même un supplément de dépense (Carpenter et John Murlin; L. Zuntz et d'autres).

La *réparation organique* coûte certainement aussi de l'énergie, mais le coût de cette opération est vraisemblablement différent de celui de la croissance, ne serait-ce que parce que les tissus à refaire n'ont pas cette composition moyenne presque constante de ceux que produit la croissance chez l'enfant. On sait bien, par exemple, que le simple jeûne consomme surtout des graisses et peu d'albu-

---

1. On prévoit ici que l'engraissement par fixation directe de graisses alimentaires (p. 423) doit être une opération plus économique que la production de graisse à partir des hydrates de carbone (p. 428), cette dernière nécessitant des travaux chimiques (réduction et synthèse) qui coûtent de l'énergie, et dans l'industrie de l'élevage on commence à se préoccuper de ce côté du problème.

mine (p. 644), qu'au cours de l'infection, au contraire, le gaspillage d'albumine est la règle (p. 626). Le coût de la réparation doit donc varier selon la cause qui a nécessité cette réparation. Notons à propos de cette variabilité, que déjà A. Gouin et P. Andouard signalent que le travail de croissance des jeunes bovidés par kilogramme de croît coûte environ 10 fois plus chez un animal de 500 kgr. que chez un veau de 50 kgr.

3. *La dépense d'énergie dans les conditions ordinaires de la vie. — La question de la consommation de luxe.*

Après avoir étudié les diverses parties dont se compose la dépense totale d'énergie, il est intéressant de se rendre compte de la grandeur de ces fractions dans les conditions ordinaires de la vie. C'est ce que montre le tableau suivant, cité d'après Magnus-Levy, et dressé pour un sujet moyen de 70 kgr.

Répartition de la dépense totale d'énergie des 24 heures.

	Calories nettes.	Calories par kilogramme.
Dépense de fond (jeûne et repos complet [1]).	1 625	23,2
— — avec alimentation et repos complet [1]	1 800	25,7
— — avec alimentation et repos au lit	2 000	28,6
— — avec alimentation et repos à la chambre.	2 230	31,9
— — avec alimentation et travail léger [2]	2 600	37,1
— — avec alimentation et travail moyen.	3 100	44,3
— — avec alimentation et travail considérable. . . .	3 500 [3]	50,0

On a déjà vu que la dépense est proportionnellement un peu plus forte pour des poids inférieurs, et plus faible pour des poids supérieurs à 70 kgr. (p. 575).

En ce qui concerne la variation des dépenses pendant le cycle

1. Il s'agit ici de l'état de repos dans lequel tout mouvement est systématiquement évité.
2. Par exemple le travail d'un ouvrier d'art, d'un horloger.
3. Et davantage (p. 592 et 609, note 1).

nycthéméral, on constate que dans les conditions ordinaires de la vie la courbe présente un minimum pendant le sommeil, qu'elle s'élève ensuite brusquement au lever, redescend vers le milieu de la journée et remonte ensuite pour retrouver le premier minimum après le coucher (J. Bergonié)[1].

La question de la consommation de luxe . — L'étude de l'alimentation surabondante nous conduira à admettre plus loin que, lorsque la ration consommée dépasse les besoins de l'organisme, le surplus n'est pas détruit; il est mis de côté sous la forme de réserves. Cela revient à dire que l'organisme ne fait pas de consommation de luxe. Et cependant on a souvent signalé, d'autre part, des différences considérables entre les rations d'entretien d'individus vivant dans les mêmes conditions, et paraissant fournir à peu près les mêmes travaux, et dont les uns ont une nourriture frugale, tandis que les autres sont de gros mangeurs. On trouve aussi des sujets qui sont réfractaires à tout engraissement, même avec des rations qui, toutes choses égales d'ailleurs, fournissent chez d'autres individus de larges augmentations de poids. Il semble donc qu'il y ait des individus qui sont en mesure de détruire des quantités d'aliments supérieures à leurs véritables besoins, ou bien — ce qui est une autre manière d'exprimer les choses — qui sont faits d'une matière vivante exigeant par unité de poids une dépense d'entretien plus grande que chez d'autres. Enfin, au cours des cures d'engraissement, il arrive souvent qu'à une période de larges augmentations de poids succèdent un ralentissement, puis un arrêt, bien que le sujet continue à accepter et, à ce qu'il semble, à digérer la même ration aussi bien qu'auparavant. Tout se passe donc comme s'il s'était

1. On ne peut qu'indiquer ici un autre aspect, à savoir celui du côté social de ce problème. On a fait dans différents pays des enquêtes étendues sur l'alimentation, surtout dans la classe ouvrière, afin de calculer d'après la ration choisie ou imposée par la condition sociale des sujets la quantité d'énergie dépensée chaque jour, et l'on citera ici comme exemple l'enquête si consciencieuse de A. Slosse et E. Waxweiler de l'Institut Solvay de Bruxelles sur l'alimentation de 1065 ouvriers belges travaillant de moins de dix heures et demie à plus de onze heures et demie (1910). La journée de huit heures étant maintenant la règle, on citera ici les résultats réunis en Amérique par G. Lusk quant à la valeur énergétique de la ration dans diverses professions avec huit heures de travail : couturière, 1750. dactylographe, 1 900; piqueuse à la machine, 2 200; femme de chambre, 2 400; blanchisseuse, 2 700-3 500; femme de ménage, 3 000; tailleur, 2 500; relieur, 2 700; cordonnier, 2 800; ouvrier en métaux, 3 200; peintre en batiment, 3 300; menuisier, 3 300; paysan 3 500; maçon, 4 500; scieur de long, 5 000 calories par vingt-quatre heures. Les résultats réunis en Finlande par Becker et Hämäläinen pour la même durée de travail sont en bon accord avec ceux-ci. L'alimentation des Finlandais a été très bien étudiée aussi par C. Tigerstedt (1915).

installé une consommation de luxe. Toutefois, comme ces constatations n'étaient accompagnées d'aucune détermination précise, la physiologie est d'abord demeurée sur ce point, et non sans raison, très réservée. Mais il semble bien que sa position vis-à-vis de ce problème soit en train de se modifier, car les observations se multiplient, qui conduisent à admettre l'*existence d'une consommation de luxe*.

1° Voici d'abord les objections très sérieuses que l'on a opposées à cette théorie (Magnus-Levy).

Ce gaspillage chez les uns, cette administration plus économique chez les autres devraient apparaître nécessairement dans les opérations que voici. 1° La dépense de fond : mais ici on ne constate guère, d'un sujet à l'autre, que des différences d'environ 10 p. 100. 2° Le travail de la digestion : là aussi on constate que si certains sujets opèrent plus économiquement que d'autres, les différences ne dépassent pas 50 a 100 calories en vingt-quatre heures. 3° Le travail musculaire : il est certain que l'exercice améliore le rendement de ce travail et diminue par conséquent la dépense de certains sujets par rapport à celle d'autres individus moins exercés. Mais le temps atténue ces différences, et l'on n'aperçoit pas comment pourrait être réalisée d'une manière durable l'économie quotidienne des 600 à 650 calories que suppose une consommation de luxe de quelque ampleur.

Au lieu de dissocier ainsi le problème, on l'a aussi abordé dans son entier, et l'on a soutenu qu'il existe des individus vivant avec un total de calories très réduit, de beaucoup inférieur à celui que dépense la généralité des sujets, ce qui démontrerait donc que ces derniers font habituellement de la consommation de luxe. Mais dans la plupart des expériences que l'on cite ici, il n'est pas établi que l'entretien de l'organisme ait été réalisé. La constance approximative du poids moyen n'est pas une preuve suffisante, car les variations de la teneur en eau peuvent aisément masquer des pertes de graisse importantes au point de vue énergétique, puisque 50 gr. de graisse valent 465 calories, c'est-à-dire 60 000 kilogrammètres de travail effectif. Même l'équilibre azoté n'est pas une garantie de l'équilibre énergétique, car chez des sujets habitués depuis longtemps à des rations d'albumine très réduites, un déficit dans l'apport de calories peut être momentanément comblé par des prélèvements portant uniquement sur les graisses de l'organisme. Seules, un petit nombre d'expériences de Chittenden, de Neumann, que l'on va retrouver ci-après dans l'exposé de la thèse opposée, peuvent être considérées comme démonstratives.

2° A ces arguments s'opposent les constatations suivantes, qui viennent à l'appui de la théorie d'une consommation de luxe, et dont on ne peut méconnaître la sérieuse valeur.

Chez des hommes de laboratoire et sur lui-même, Chittenden a vu une ration valant 2 000 calories brutes suffire pendant six à neuf mois. De même, chez un groupe de soldats du service de santé et chez des étudiants adonnés à des sports fatigants, la ration a pu être abaissée jusqu'à 2 500-2 800 calories pendant cinq et six mois. Après une chute de poids assez importante parfois, en moyenne de 2 kgr. 5, et des déficits d'azote, la constance du poids et l'équilibre azoté furent obtenus et maintenus, la santé et l'aptitude au travail restant excellentes. P. Fauvel a vu aussi une ration valant 2 000 à 2 500 calories suffire comme ration de travail à un homme de 66 à 69 kgr. Enfin, dans des essais qui ont duré 10, 4 et 8 mois, avec des vérifications exactes de l'état d'entretien, R. O. Neumann a pu se contenter d'un apport de 2 199, de 2 403, puis de 1 766 calories nettes, tout en fournissant le travail habituel du laboratoire et en maintenant son poids à 70 kgr. environ. De 1 766 à 2 403, l'écart a donc été de 637 calories.

Par des réductions alimentaires convenables, on réussit donc à créer chez beaucoup d'individus un état tel qu'ils peuvent vivre et même faire de légers bénéfices avec des rations notablement inférieures à celles qui, auparavant, étaient nécessaires à leur entretien [1]. Toute la différence dépensée en plus auparavant peut donc être considérée comme mesurant le montant d'une véritable consommation de luxe. Mais la possibilité d'une telle consommation a été démontrée avec une bien plus grande netteté en pratiquant l'opération inverse, c'est-à-dire en habituant l'organisme, par le moyen d'une alimentation surabondante longtemps prolongée, à détruire une quantité d'aliments plus grande que celle qui, dans les conditions ordinaires de la vie, suffisait auparavant à l'entretien. On a déjà vu que c'est à quoi sont arrivés Grafe et ses collaborateurs, dans leurs expériences sur le chien et sur l'homme (p. 582). C'est une consommation de luxe provoquée

---

1. Plus récemment F. G. Benedict et P. Roth ont fait des constatations analogues sur 23 étudiants qui, après un amaigrissement de 12 p. 100, se sont adaptés à une ration abaissée de 3 200-3 600 à 2 300 calories par jour. Quand les réductions alimentaires ont duré longtemps, l'entretien peut même être finalement obtenu avec des apports alimentaires incroyablement bas. C'est ce qu'ont observé, pour des cas isolés Voit et Pettenkofer, Magnus-Levy, Fr. Müller et d'autres sur l'homme, et Rubner, puis Falta, Grote et Stæhelin à Bâle, enfin N. Zuntz sur le chien. C'est aussi ce qu'apprennent les conditions d'existence de la population de Lille pendant l'occupation allemande, puisque de septembre 1917 à novembre 1918 la ration distribuée apportait par tête et par jour de 1 432 à 1 650, en moyenne 1 550 calories (avec 31 à 42,7, moyenne 36 gr. d'albumine), et cette évaluation est certainement au-dessous de la vérité (E. Lambling). Mais, de même que chez les sujets d'expériences, cette adaptation n'a pas toujours été obtenue et beaucoup d'individus ont succombé (tuberculose). Ajoutons que là où la réduction réussit, elle porte au moins en partie sur la dépense de fond, car celle-ci a été trouvée abaissée chez Zuntz et Lœwy (p. 582), chez le sujet de Magnus-Levy et aussi chez les étudiants américains, cités ci-dessus. On l'a trouvée réduite aussi au sortir de jeûnes prolongés et chez les convalescents d'affections graves (Benedict, Swenson, Magnus-Levy, Grafe). (Voir aussi à la page 625, note 1, l'intéressante observation de A. Benoit.)

par une alimentation excessive, soit donc la mise en jeu d'un véritable *mécanisme de défense contre l'engraissement forcé*, venant compléter le régulateur que représente un appétit demeuré normal, mais qui, chez tant de gens, a été faussé par une longue habitude de trop gros repas ou de repas trop fréquents[1].

C'est l'aptitude variable des individus à faire appel à ce mécanisme, qui expliquerait les réactions si différentes des divers sujets vis-à-vis des rations surabondantes, et l'absence totale de cette aptitude serait la cause profonde de la prédisposition constitutionnelle à l'obésité des gros mangeurs.

Ces résultats posent donc le problème tant agité de la consommation de luxe sur un terrain expérimental solide[2], en même temps qu'ils ouvrent aux recherches sur le mécanisme de l'obésité des voies nouvelles.

Mais il faut se rappeler qu'une telle consommation n'a encore été démontrée par des méthodes exactes que chez un très petit nombre de sujets. En outre, on ne doit pas perdre de vue que ces différences, que le grand public constate entre la ration d'entretien de deux sujets paraissant avoir sensiblement les mêmes besoins, peut tenir à des causes qui n'ont rien de commun avec une véritable consommation de luxe.

En effet, un sanguin accomplit une besogne donnée et agit en général tout le long de la journée avec un luxe de mouvements que les travaux à accomplir n'exigeaient nullement et que le

---

1. Ajoutons encore que là, comme dans l'alimentation réduite longtemps prolongée, mais en sens inverse, on constate que la dépense de fond a été modifiée, dans l'espèce augmentée. Un long entraînement des tissus à brûler plus de combustible a fait que même au repos et à jeun — ce sont là les conditions de la mesure de la dépense de fond — les cellules conservent des combustions plus actives, de même que des muscles entraînés à des travaux mécaniques considérables consomment au repos plus d'oxygène qu'avant cet entraînement (p. 576). N'est-ce pas aussi la raison pour laquelle les petits animaux ont par kilogramme une dépense de fond tellement plus élevée que celle des grands (p. 578, note 1)? Car lorsque la température extérieure s'abaisse, leurs tissus doivent faire face à des combustions d'une prodigieuse activité et l'on comprend que lorsqu'on mesure ensuite leur dépense de fond, donc lorsqu'on les place dans des conditions où la lutte contre le froid n'existe plus et où leur thermogénèse est à son zéro physiologique, on trouve cette dépense très élevée, conséquence du même phénomène d'entraînement.

2. Ajoutons ici que, dans la pratique médicale, où le contrôle de l'alimentation et de l'équilibre nutritif est difficile, il faut se garder de prescrire pendant des temps très prolongés des rations trop réduites, car s'il est vrai que beaucoup de personnes mangent trop et « creusent leur tombe avec leurs dents », une alimentation insuffisante, systématiquement maintenue pendant longtemps, constitue aussi un danger redoutable.

lymphatique économise, en faisant bien entendu le bénéfice d'un nombre important de calories. En comparant les dépenses d'énergie de deux nourrissons à l'état de veille et à l'état de sommeil (expériences de Rubner et Heubner), Schlossmann calcule que le premier effectuait par kilogramme de musculature et par heure de veille 345 kilogrammètres de travail et le second, beaucoup plus remuant, 707 kilogrammètres, soit donc 105 p. 100 de plus[1]. Et ce ne sont pas là des quantités négligeables, puisque dans son ascension du Faulhorn (p. 596), Wislicenus a dépensé 727 kilogrammètres par kilogramme de muscle et par heure, donc à peine davantage. D'autre part, le tableau de la page 608 montre que le simple passage du repos au lit au repos à la chambre coûte environ 230 calories de plus par jour. On voit donc que de deux sujets, qui ont les mêmes occupations et qui semblent donc fournir à peu près les mêmes travaux mécaniques, il se peut très bien que l'un, plus remuant, demande pour cette raison à sa ration plusieurs centaines de calories de plus que l'autre et se donne ainsi les apparences d'une consommation de luxe. Enfin, on sait combien deux ouvriers, appliqués exactement à la même tâche, font des dépenses d'énergie différentes, si l'un est exercé et si l'autre ne l'est pas (p. 593). Or, pour l'accomplissement des mouvements ordinaires de la vie, il y a des gens qui, pendant toute leur existence, restent à ce point de vue comparables à un ouvrier mal exercé. N'y a-t-il pas, en effet, des personnes dont la démarche est gauche, lourde et vacillante, en un mot disgracieuse, et qui, visiblement, gaspillent de l'énergie par le fait d'une foule de mouvements inutiles ou nuisibles quant au but de l'opération, comme il y en a d'autres dont la démarche est souple et aisée, et ce que l'on appelle l'élégance des mouvements, est-ce autre chose que l'adaptation exacte, c'est-à-dire *économique*, d'une succession de contractions et de relâchements musculaires au but mécanique à atteindre[2]?

---

1. Ces constatations n'expliquent-elles pas, ou ne contribuent-elles pas à expliquer pourquoi des enfants, atteints d'affections cutanées, maigrissent si souvent? C'est parce que, s'agitant constamment pour se gratter, ils fournissent des travaux mécaniques si considérables que leur ration alimentaire devient insuffisante.

2. C'est ce que Diderot déjà a si parfaitement exprimé dans cette définition de l'élégance : « L'élégance, cette rigoureuse et précise conformité des mouvements du corps à la nature de l'action ».

CHAPITRE XXV

LES ÉCHANGES NUTRITIFS EXTÉRIEURS : L'ENTRETIEN DE L'ORGANISME ET LA DÉPENSE DE MATIÈRE

Les rations habituelles d'un adulte (de la classe aisée), arrivé à la période d'état, c'est-à-dire à l'âge où le poids se maintient sensiblement constant, contiennent en moyenne 80 gr. d'albumine, 70 gr. de graisse et 350 gr. d'hydrates de carbone. Quelles sont les limites entre lesquelles on peut *expérimentalement* faire varier les quantités de ces aliments et quelles sont les limites entre lesquelles varient ces quantités *dans les conditions ordinaires de la vie*, sans que l'entretien cesse d'être réalisé? En outre, existe-t-il d'autres combustibles alimentaires, l'alcool par exemple, que l'on puisse substituer dans la ration type ci-dessus à l'un des aliments, sans que les recettes cessent de faire équilibre aux dépenses? Telles sont les questions, relatives à la partie organique d'une ration, qui seront étudiées dans ce chapitre. On recherchera enfin quel doit être l'apport des matières minérales nécessaires à l'état d'entretien.

§ I. — LA RATION D'ENTRETIEN AU POINT DE VUE EXPÉRIMENTAL

1. *Le besoin d'albumine.*

Position particulière de l'aliment protéique. — Si, dans la ration d'un chien on supprime l'aliment protéique, la mort survient un peu plus tard qu'avec le jeûne complet, mais elle se produit

to.jours à bref délai, même si les apports de graisse et d'hydrates
de carbone ont suffi, et au delà, pour couvrir le besoin total de
calories. C'est une mort par « jeûne protéique », car pendant
toute cette survie l'animal perd constamment de l'azote par les
urines, et la mort survient, quand les tissus ont sacrifié de 20 à
35 p. 100 de leurs protéiques. Ces prélèvements d'albumine ne
cessent et l'entretien de l'organisme n'est obtenu que lorsqu'on a
introduit dans la ration de l'animal, sous la forme de viande, par
exemple, une certaine quantité de protéiques, minimum qui est
donc indispensable et pour lequel cet aliment ne peut être remplacé par aucun autre.

Si, dépassant ce minimum, on donne à l'animal des quantités
croissantes d'albumine, on constate que l'organisme les détruit et
qu'il fait corrélativement l'économie d'une certaine quantité
d'hydrates de carbone ou de graisse, qui peut dès lors être supprimée, sans que la ration cesse d'être suffisante. Si l'on augmente encore la quantité de viande, le même phénomène se
continue, et l'on peut finalement supprimer tout apport de graisse
et d'hydrates de carbone. A l'offre de quantités croissantes d'albumine, l'organisme a donc répondu en détruisant *d'abord tout* le
protéique offert et en n'empruntant ensuite aux deux aliments
ternaires que le complément nécessaire.

Chez l'homme, on observe dans ces conditions la même série
de phénomènes, avec cette différence que le complément de
graisse et d'hydrates de carbone n'arrive jamais à s'annuler,
parce que la plus forte quantité d'albumine que le tube digestif
puisse maîtriser en vingt-quatre heures ne dépasse guère 200 ou
250 gr., n'apportant que 800 à 1 000 calories sur les 2 000 ou
2 500 nécessaires en vingt-quatre heures.

La position particulière de l'aliment protéique apparaît donc en
ceci que : 1° il faut à l'organisme un certain minimum d'albumine, qui ne peut être remplacé par aucun autre aliment ; 2° dans
les conditions que l'on vient d'énoncer et qui seront précisées plus
loin (p. 652), c'est l'aliment protéique que l'organisme détruit
d'abord, quelle que soit la quantité qu'on en donne en sus du
minimum indispensable. C'est un phénomène qui trouvera plus
loin son expression complète dans la loi dite de l'équilibre azoté.

La ration minimum d'albumine. — Il serait très important
de connaître exactement la valeur du minimum d'albumine indispensable, d'abord au point de vue physiologique pur, et ensuite à

celui de l'alimentation des individus et des collectivités, car l'aliment protéique est le plus coûteux des trois, et, d'autre part, quand il n'est pas fourni en quantité suffisante, l'organisme est obligé de parfaire la différence en sacrifiant de ses propres protéiques, ce qui représente à la longue une atteinte redoutable. Quelle est donc la grandeur de ce minimum?

Distinguons ici le *minimum expérimental*, celui que l'on n'observe qu'avec des régimes spéciaux, et le *minimum pratique*, celui que l'on atteint en restant dans les conditions habituelles de l'alimentation.

LE MINIMUM EXPÉRIMENTAL. — C'est la plus petite quantité d'albumine avec laquelle on puisse encore obtenir l'équilibre azoté, c'est-à-dire l'égalité entre les recettes et les dépenses d'albumine, le besoin total de calories étant d'ailleurs satisfait. C'est ce que l'on a appelé aussi le minimum physiologique, notion qui paraît très simple, mais dont l'exposé ci-après va montrer toute la complexité.

Il semble en premier lieu qu'il suffise, pour déterminer la grandeur du minimum physiologique, d'observer jusqu'où descend, au cours de l'inanition totale, l'excrétion azotée urinaire, et d'en déduire par le calcul le poids de protéiques sacrifiés par l'organisme. Mais il se trouve que le *minimum du jeûne total* est de beaucoup supérieur au minimum indispensable. Si l'on pratique, en effet, non le jeûne total, mais le *jeûne protéique*, c'est-à-dire si l'on fait ingérer à un sujet ne recevant pas d'albumine la quantité d'aliments ternaires, hydrocarbonés ou graisses, nécessaire pour couvrir le besoin total de calories, le poids de protéiques sacrifiés descend encore beaucoup plus bas, et c'est avec les hydrates de carbone qu'il descend le plus bas. C'est ce dernier minimum, le plus faible que l'on ait observé, que Rubner a appelé la *quote d'usure*.

Dans les expériences de Landergren, avec une alimentation ne contenant guère que des *hydrates de carbone* et un peu d'alcool, et couvrant le besoin total de calories, l'excrétion d'azote urinaire est descendue en quatre jours à 3-4 gr. pour un poids de 70 kgr. et, chez C. Thomas, elle s'est, dans ces mêmes conditions et pour un poids de 70 kgr., lentement abaissée en onze jours à un minimum de 2 gr. 2 d'azote auquel il faut ajouter 0 gr. 6 d'azote fécal, ce qui fait en tout $2,8 \times 6,25 = 17$ gr. 50 d'albumine détruite, alors qu'au troisième jour de jeûne *total* elle était de 7 à 8 gr. d'azote. Dans cette dépense se confondent les pertes dues à la chute des cheveux, des poils et de l'épithélium cutané et intestinal, à l'excrétion par les fèces de produits azotés des sécrétions digestives, enfin à l'excrétion par l'urine d'une certaine quantité d'azote provenant de l'usure des tissus.

Si l'on pratique le jeûne protéique, en ne donnant que des *graisses* (405 gr. de graisse par jour et un peu d'alcool dans une expérience de Landergren), l'excrétion d'azote s'abaisse aussi au-dessous de celle du jeûne total, puisqu'elle descend à 5 gr. 71 au cinquième jour (pour un poids de 68 kgr. 3), mais on voit qu'elle reste supérieure à celle qui correspond au jeûne protéique avec hydrates de carbone. On reviendra plus loin sur les causes de cette différence (p. 657). Bornons-nous à noter que le minimum de protéique indispensable est donc une grandeur qui varie selon la nature des autres aliments détruits en même temps.

Demandons-nous enfin pourquoi la quantité d'albumine sacrifiée pendant le jeûne total reste tellement supérieure à celle qui est détruite pendant le jeûne protéique. Cela tient évidemment à ce fait que dans le premier cas, l'albumine sacrifiée correspond : 1° à cette usure inévitable des tissus, dont il a été question ci-dessus ; 2° à d'autres dépenses parmi lesquelles on aperçoit surtout des dépenses d'énergie, tandis que pendant le jeûne protéique celles-ci ont été couvertes par le combustible non azoté (hydrates de carbone, graisse) ingéré en même temps.

Le minimum d'albumine dont l'organisme puisse se contenter varie donc selon la nature des aliments non azotés qui accompagnent l'aliment protéique et selon l'état de l'organisme. Il varie encore avec d'autres facteurs, en sorte qu'il n'est pas possible d'en donner une définition exacte. Le mieux serait, à ce qu'il semble, de réserver cette appellation au minimum auquel on peut réduire l'apport d'albumine, quand on donne en même temps assez d'hydrates de carbone pour couvrir le besoin total de calories (Landergren). Mais c'est là un régime qu'il est impossible de prolonger au delà de quelques jours et qui est, dès lors, sans intérêt au point de vue de l'alimentation des individus et des collectivités. Cherchons donc à saisir un minimum pratique, c'est-à-dire qui puisse être atteint et maintenu dans les conditions habituelles de notre alimentation.

LE MINIMUM PRATIQUE. — On a cherché à saisir ce minimum de deux manières : 1° par des expériences de laboratoire dans lesquelles les sujets ingéraient un certain nombre d'entre les denrées alimentaires habituelles, en quantités exactement connues et telles que l'apport azoté fût plus ou moins réduit ; 2° par l'observation prolongée d'individus choisissant librement une nourriture à richesse protéique réduite et menant leur existence habituelle. Ici se place en première ligne la belle série de recherches dues au physiologiste américain Chittenden sur des sujets qui ont été suivis pendant des laps de temps considérables, et notamment pendant cinq, six, neuf mois et davantage et qui, tout en menant une existence très active, se sont maintenus en bon état d'entretien avec des quantités d'albumine très inférieures à celles que l'on s'accordait à réclamer jusqu'à ce jour. Et plus récemment, le médecin danois Hindhede, à qui l'on doit tant d'intéressantes recherches sur des questions d'alimentation, a montré, par des essais qui ont été de même poursuivis pendant des mois, que ce minimum doit être placé plus bas encore.

1° Laissons de côté d'anciennes expériences, où l'équilibre azoté avec des quantités réduites d'albumine n'a pu être obtenu qu'en fournissant en même temps un apport démesuré de calories (jusqu'à 80 calories par kgr. et par jour), ou du moins très élevé, et constatons qu'avec des apports calorifiques ordinaires (de 34 à 42 calories), L. Lapicque, Siven, Neumann, H. Labbé et Morchoisne, puis H. Labbé ont pu réduire l'apport d'albumine à 0 gr. 48-1 gr. 1 par kilogramme, et Chittenden, descendant jusqu'à 27 à 28 calories seulement, a réussi à rester en équilibre azoté [1] avec 0 gr. 64-0 gr. 70 d'albumine par kilogramme et par jour. Enfin sur lui-même et sur deux autres sujets, et avec une alimentation constituée par des pommes de terre ou par du pain (avec de la margarine), Hindhede a pu descendre dans de nombreuses séries d'expériences, de 3 à 31 jours chacune, jusqu'à 20 gr. d'albumine par jour (apport net, c'est-à-dire déduction faite des pertes par les fèces) avec 3 000 calories, comme apport total. Les poids ayant été de 67 à 73 kgr., il vient donc environ 0 gr. 30 par kilogramme et par jour. Pour un travail plus considérable, la recette totale de calories s'élève, par exemple, à 3 900 calories et le minimum d'albumine à 25 gr. (voir encore plus loin). Notons encore que l'utilisation digestive a été bonne [2].

2° C'est en partant de l'expérience personnelle relatée ci-dessus, que Chittenden s'est appliqué à démontrer que, par des diminutions méthodiques, on parvient à habituer l'organisme à une consommation d'albumine très réduite. Ses observations, qui ont duré des mois, ont porté sur des hommes de laboratoire, sur des volontaires du personnel sanitaire qui faisaient, outre leur service, une heure et demie de gymnastique par jour, et sur des étudiants qui se livraient à des sports très fatigants. La consommation d'albumine a été respectivement pour ces trois groupes 0 gr. 75, 0 gr. 80 et 0 gr. 79 [3] par kilogramme et par jour,

1. C'est-à-dire à maintenir l'égalité entre l'azote ingéré et l'azote fécal et urinaire. Pratiquement, cet équilibre n'est jamais obtenu exactement; on le considère comme réalisé, quand l'organisme fait au moins de légers bénéfices d'azote.

2. Avec les pommes de terre, la perte par les fèces a été de 14,6 p. 100 pour l'albumine et de 0,7 p. 100 pour les hydrates de carbone (résultat bien meilleur pour l'albumine que celui qui a été cité à la page 535, et qui tient à la mastication lente et soignée pratiquée par le sujet). Avec le pain noir le déchet a été pour l'albumine de 37 p. 100, de 15 p. 100 seulement, quand la mouture a été plus fine.

3. Cette consommation d'albumine a été calculée d'après la quantité d'azote total de l'urine, et le fait qu'elle a suffi (c'est-à-dire que cet azote urinaire ne provenait pas en partie des tissus) est démontré par le maintien du poids au même niveau. Cette preuve, qui serait insuffisante pour de courtes périodes, est

avec des apports calorifiques qui ont pu être maintenus entre 2000, 2500 et 3000 calories environ. Au début de ce régime, les sujets, habitués à des rations plus riches, ont tous maigri (en moyenne 2 kgr. 9 chez les étudiants), mais, arrivés à mi-chemin de l'expérience, tous ont maintenu leur poids. Plusieurs d'entre les sujets du premier et du deuxième groupe ont été débarrassés de diverses incommodités pathologiques et ont vu leur santé s'améliorer à tel point qu'ils ont conservé ce régime librement et par conviction. La puissance musculaire de ceux du deuxième groupe mesurée au dynamomètre, a été trouvée accrue de 100 p. 100 et les sujets du troisième groupe ont vu leur entraînement athlétique devenir encore plus remarquable qu'auparavant (cité d'après Magnus-Levy). — Les expériences de Hindhede, citées plus haut, ont été de si longue durée que leur portée dépasse à cet égard de beaucoup celle d'une expérience de laboratoire. Par exemple, le sujet mis au régime des pommes de terre a été suivi pendant $144 + 95 + 36 = 275$ jours, et à la fin de l'année sur laquelle se sont répartis ces essais, accompagnés de travaux mécaniques fatigants, le poids avait augmenté de 1 kgr., l'état de santé était superbe, et la richesse du sang en hémoglobine et en globules tout à fait normale. Ces expériences se placent donc à côté de celles de Chittenden, dont elles complètent et étendent les résultats.

Ces résultats intéressants conduisent aux deux constatations que voici :

1° L'équilibre azoté peut être obtenu et maintenu pendant longtemps et sans préjudice pour la santé avec un minimum d'albumine (apport net) de 20 gr. environ, accompagnés d'un complément d'hydrates de carbone et de graisse tel que le besoin total de calories soit couvert. Entre ce minimum et ces 118 gr. de recette brute (soit, en apport net, environ 105 gr.), réclamés autrefois par Voit comme étant nécessaires à l'ouvrier moyen et dont l'école allemande avait fait comme un dogme, l'écart est donc considérable, et l'on dira ci-après où l'on tend à placer entre ces deux extrêmes l'apport azoté à recommander.

2° On a vu plus haut que l'usure la plus faible à laquelle l'organisme puisse descendre, celle du jeûne protéique, s'est exprimée dans les essais de Landergren et de Thomas par une perte de 3-4 gr., ou de 2 gr. 8 d'azote, valant donc une vingtaine de grammes d'albumine. Or, quand à cette alimentation sans azote, on ajoute ensuite, sous la forme de lait ou de viande, cette vingtaine de grammes d'albumine (apport net), on annule aussitôt cette perte, mais l'expérience montre que sous la forme d'albu-

inattaquable, quand il s'agit d'une observation qui a duré des mois. D'ailleurs, une balance exacte des recettes et des dépenses d'azote a été établie de temps à autre pour des périodes de cinq à sept jours.

mine de riz, de pomme de terre ou de froment, 20 gr. ne suffisent pas; il en faut donner beaucoup plus (Rubner et Thomas). Ce résultat n'a rien qui nous surprenne, étant donné ce qui a été dit à la page 306 quant à la moindre valeur alimentaire des protéines végétales. Mais voici que les résultats qui viennent d'être exposés remettent tout en question, puisque Hindhede a pu descendre jusqu'à ce même minimum d'une vingtaine de grammes en ne donnant comme albumines que celles du pain ou de la pomme de terre. Celles-ci vaudraient donc autant que les protéiques de la viande ou du lait. On ne peut que signaler ici cette contradiction [1].

La ration maximum d'albumine. — Les individus qui se sont habitués à un régime à type animal prédominant, en arrivent à consommer couramment 150 à 175 gr. d'albumine par jour. Mais des quantités de 200 gr. sont rarement atteintes et dépassées. Si Rancke a pu faire absorber en vingt-quatre heures, à un sujet de 70 kgr., jusqu'à 1 832 gr. de viande de bœuf avec 389 gr. d'albumine, ce sont là des tours de force qu'il serait impossible de prolonger chez l'individu bien portant. Seuls, certains malades montrent, à cet égard, une endurance remarquable. Magnus-Levy cite à ce sujet le cas d'une diabétique, qui élimina par les urines pendant cinq mois, à côté de 600 à 800 gr. de sucre, de 40 à 60 gr. d'azote, valant de 250 à 375 gr. d'albumine, et pendant dix jours, à côté de 800 à 1 100 gr. de sucre, de 60 à 76 gr. d'azote, valant de 375 à 475 gr. d'albumine!

La ration d'albumine la plus avantageuse. — Entre ces deux extrêmes, une vingtaine de grammes d'albumine et plusieurs centaines de grammes, où se trouve la ration la plus avantageuse pour l'individu et pour la race? On a soutenu que les rations d'albumine faibles, encore que suffisantes pour l'équilibre azoté, sont nuisibles par elles-mêmes, et qu'elles mettent à la longue l'individu et la race dans des conditions de lente déchéance organique. Mais cette opinion est directement contredite par des faits bien établis.

Il est reconnu que les anciennes expériences de Munk et de Rosenheim, sur des chiens maintenus en équilibre azoté à l'aide de rations pauvres en albumine, ne peuvent plus être invoquées aujourd'hui. Quant aux

1. Il est vrai que, dans les expériences de la page 306, il s'est agi d'assurer la *croissance* (du chien) et, dans celles de Hindhede, on poursuivait l'*entretien* d'un adulte, deux phénomènes qui ne sont pas identiques (p. 311). Et puis les expériences de Thomas sont très critiquables (Hindhede) (voy. p. 623).

arguments tirés de la supériorité que montreraient dans la lutte pour la vie les populations consommant beaucoup de viande, comme les Anglais, et qui contraste avec l'apathie, la médiocre résistance des races végétariennes, les Irlandais et les Indous par exemple, ils ne sont pas plus probants, car, outre que c'est là, pour des phénomènes politiques et sociaux infiniment complexes, une explication bien simpliste, on connaît dans l'Extrême-Orient ou en Afrique des collectivités (Japonais, Abyssins), qui, malgré une alimentation plutôt végétale, c'est-à-dire pauvre en protéiques (Lapicque), ont donné des preuves d'une énergie physique et morale considérable. Au surplus, les observations de Chittenden et plus nettement encore celles de Hindhede, ont démontré péremptoirement l'innocuité des faibles apports d'albumine.

Les rations pauvres en protéiques ne sont donc pas, par elles-mêmes, une cause de déchéance. Mais sont-elles, d'une manière générale, moins avantageuses que des rations plus riches et mettent-elles les sujets en moins bonne posture dans la lutte pour la vie? Ou bien, au contraire, n'est-on pas fondé à prétendre que ce sont les rations riches en protéiques et surtout riches en protéiques de la viande, qui sont une cause d'infériorité et même de maladie? Il est certain que sur ce point une évolution s'opère ou du moins se prépare dans l'esprit des médecins, et plus particulièrement en France, où l'on incline en général à conseiller plus de modération dans l'usage de l'aliment protéique, tandis que l'école allemande — encore sous l'influence de la règle de Voit, et d'ailleurs obéissant aussi à la suggestion des habitudes alimentaires de la population, laquelle incline, comme on sait, vers les repas plantureux — maintient qu'il serait dangereux de pousser les masses à réduire leurs recettes d'albumine. Mais N. Zuntz convient que les arguments produits à l'appui de cette thèse, notamment au Congrès d'Hygiène de 1910, sont plutôt des conjectures et des impressions que des preuves.

La thèse des *rations pauvres en protéiques* est appuyée sur ce fait que ni chez les grandes collectivités, ni chez des groupes d'individus, ni enfin chez des individus pris isolément, on ne constate que ces rations mettent les sujets en état d'infériorité. La pratique d'une telle alimentation implique, au contraire, de nombreux avantages, sur lesquels on reviendra plus loin.

Bien que la thèse en question ne se confonde nullement avec celle du végétarisme, on peut cependant prendre ici comme exemple les végétariens, parce que leur ration est en général pauvre, mais cependant suffisamment pourvue en albumine[1]. Or, il est certain qu'une alimentation qui suffit pour maintenir vigoureux des peuples entiers (voir plus haut) ne s'est pas davantage montrée comme étant défavorable aux individus ou groupes d'individus considérés isolément. C'est ce que démontrent notamment les succès remportés dans les luttes sportives par nombre d'adeptes du végétarisme[2]. Au surplus, l'alimentation de l'ouvrier des champs, il y a une soixantaine d'années, n'était-elle pas presque toute l'année exclusivement végétale?

Encore aujourd'hui il y a, par exemple, toute une population d'ouvriers agricoles, qui viennent de loin faire la moisson dans les campagnes à l'est de Berlin, et qui fournissent un travail considérable tout en vivant exclusivement d'aliments végétaux (pommes de terre et huile de lin).

Voici, d'autre part, quel est l'argument capital que l'on fait valoir en faveur des *rations riches en protéiques*, c'est-à-dire contenant au moins les 118 gr. (apport brut) réclamés pour l'ouvrier moyen, dans la règle classique posée, il y a quarante ans, par Voit. C'est que cette quantité est nécessaire pour mettre sûrement l'organisme à l'abri des sacrifices d'albumine.

En effet, dit Rubner, l'ouvrier règle la valeur totale de sa ration d'après son appétit, et cet appétit est lui-même fonction du besoin total de calories du travailleur et non point de son besoin d'albumine. Et quand l'ouvrier passe d'un travail pénible, exigeant par exemple 4 000 calories par jour, à un travail moyen n'en exigeant plus que 3 000, il diminue instinctivement d'un quart la quantité de ses aliments, donc aussi la quantité d'albumine. Or, si l'alimentation est végétale, c'est-à-dire pauvre en albumine, il se peut que cette diminution fasse tomber la recette en azote au-dessous du minimum indispensable, et ce danger est d'autant plus proche que les protéiques végétaux constituent une plus forte fraction de l'apport azoté. Or, c'est là le cas de l'ouvrier, chez qui le pain notamment apporte une partie importante de la recette d'albumine.

1. Le végétarien pur part de considérations qui sont étrangères aux questions soulevées ici. Il ne s'adresse qu'au règne végétal, parce qu'il ne veut pas « tuer » ni être un « nécrophage ». Or, en se bornant ainsi à des aliments végétaux, il se trouve avoir une nourriture qui est pauvre en protéiques, mais toujours suffisamment pourvue en albumine, s'il consomme à sa faim les aliments végétaux habituels. Mais les partisans des rations pauvres en protéiques, Chittenden, Hindhede, ne sont pas des végétariens; ils consomment des quantités modérées d'aliments animaux.

2. Pendant qu'il était soumis au régime du pain (avec margarine), l'un des sujets de Hindhede a pu, sans aucun entraînement spécial, l'emporter sur des sujets exercés, dans une course de 422 km., distance qu'il couvrit en soixante-quatorze heures trente-trois minutes de marche effective, soit donc à raison de 5 km. 660 par heure. Et lors de la marche avec charge organisée à Dresde en 1911, les 4 premiers gagnants sur 322 partants se sont trouvés être des végétariens. On sait d'ailleurs que les athlètes de l'antiquité étaient en général végétariens.

Exemple (schématique) : soit un ouvrier ayant besoin de 3 000 calories, qu'il pourrait demander successivement à :

3^{kgr},0 de pommes de terre avec 83 gr. (bruts) ou 54 gr. (nets) d'albumine.
0^{kgr},8 de riz   — 75   —   71   —
1^{kgr},5 de pain noir   — 98   —   88   —

Bien que 100 gr. d'albumine de pomme de terre, de riz et de pain ne vaillent respectivement, d'après C. Thomas, que 79, 88 et 39 gr. d'albumine corporelle (voir p. 620), et que ces trois recettes nettes ne puissent donc compenser respectivement qu'une usure de 43, 62 et 34 gr. de protéine des tissus, ces quantités restent encore supérieures au minimum indispensable. Mais si, passant à un travail léger, l'ouvrier ne demande plus à sa ration que 2 300 à 2 000 calories par jour, il lui suffira pour couvrir cette dépense de consommer respectivement :

2^{kgr},4   de pommes de terre avec 65 gr. (bruts) ou 42 gr. (nets) d'albumine.
0^{kgr},685 de riz   — 55   —   55   —
1^{kgr},031 de pain noir   — 70   —   63   —

Or, ces poids nets valent, en albumine de tissus, respectivement 33, 48 et 24 gr. De ces trois quantités les deux premières sont encore au-dessus du minimum indispensable, mais la troisième se confond sensiblement avec ce minimum, en sorte qu'un déficit d'azote serait à chaque instant menaçant. Pour être sûrement à l'abri de ce danger, il faut donc hausser l'apport d'une quantité telle que l'on ait toute sécurité, soit de 30 p. 100 environ. Et comme on n'obtient souvent l'équilibre azoté qu'avec un apport brut de 90 gr. d'albumine de pain (valant 81 gr d'albumine réellement absorbée et $81 \times 0,39 = 31$ gr. d'albumine corporelle), l'apport brut à fournir serait donc de $90 + 0,30 \times 90 = 115$ gr. C'est la quantité réclamée autrefois par Voit.

C'est donc l'ancienne règle de Voit qui paraît sortir triomphante de cette discussion, et c'est pourquoi beaucoup de physiologistes et de médecins, Rubner, C. von Noorden, Magnus-Levy, Schumburg et d'autres en Allemagne, Benedict en Amérique maintiennent, ou peut s'en faut, les 118 gr. par jour réclamés par Voit. Mais toute cette démonstration est très chancelante. Quant aux autres raisons avancées par les partisans de la règle de Voit, elles ne sont nullement démonstratives.

On a vu, en effet, que Hindhede a montré qu'avec du pain ou des pommes de terre comme unique aliment, on peut incontestablement descendre à un minimum aussi abaissé qu'avec la viande ou le lait. D'autre part, les résultats sur lesquels s'appuie Thomas pour donner aux albumines des aliments végétaux une valeur de réparation tellement inférieure à celle des protéiques animaux, sont visiblement très critiquables, notamment parce que ces résultats ont été très arbitrairement triés pour les besoins de la cause, et que la plupart des essais ont été de trop courte durée et ont porté sur un sujet qui supportait mal les régimes pratiqués (Hindhede).

Quand on avance, d'autre part, que des rations riches en albumine mettent l'organisme en meilleur état de résistance contre les agressions diverses auxquelles il est exposé (infections, etc.), on émet une simple hypothèse, que d'ailleurs l'observation ne justifie nullement. Enfin, on s'est demandé aussi si des rations riches en protéiques, et surtout en viande, n'augmentent pas par voie nerveuse, non seulement l'endurance des individus, mais encore l'élan avec lequel l'obstacle est abordé, et en général l'aptitude aux efforts brusques et considérables, laquelle paraît être surtout une qualité des carnivores. A quoi l'on a répondu tout de suite que le taureau des courses espagnoles « attaque » avec une impétuosité qui n'est pas inférieure à celle d'un carnivore. Au total, ce sont là des impressions et non point des preuves. Et puis, les partisans des rations protéiques modérées n'entendent nullement se priver des avantages qu'assure la consommation habituelle d'une certaine quantité de viande.

Concluons donc que des apports de plus de 100 gr. d'albumine par jour, comme les réclamait Voit, ne sont nullement indispensables. Mais avant de dire à quel niveau il semble actuellement que l'on doive placer ces apports, montrons encore quelles sont les autres raisons que l'on a d'éviter les fortes rations d'albumine.

En général, des recettes élevées d'albumine ne sont atteintes dans la vie quotidienne que lorsqu'on pratique un régime assez fortement animal (viande, œufs, fromage), c'est-à-dire un régime qui favorise la production de substances toxiques au niveau de l'intestin (p. 225-237). Ce régime aboutit aussi à la formation d'une plus grande quantité d'acides en même temps que la diminution corrélative de la partie végétale de la ration fait que celle-ci apporte moins d'alcali (p. 88 et 472), c'est-à-dire tend à créer des conditions moins favorables à la santé (p. 267 et 489-93). Enfin, comme les forts apports azotés sont demandés le plus souvent aux aliments animaux riches en purines (viande, etc.), c'est encore un autre inconvénient, à savoir une forte production d'acide urique, que le régime en question apporte avec lui.

De son côté la clinique enseigne que le régime fortement carné nuit au foie, au rein, et le fait que chez le coq nourri de viande les testicules s'atrophient (A. Pézard) vient à l'appui de cette manière de voir.

Inversement, le régime pauvre en protéiques n'amène-t-il pas chez bon nombre de sujets la diminution de beaucoup d'incommodités et n'est-il pas devenu entre les mains des cliniciens un instrument thérapeutique précieux? Enfin, on ne peut pas ne pas être frappé de la conviction enthousiaste avec laquelle des savants, tels que Chittenden, vantent les bienfaits de faibles rations d'albumine et la sensation de rajeunissement et de bien-être que procure un tel régime [1]. Et Hindhede note de même

---

1. On n'est pas fondé évidemment à attribuer ces heureux effets uniquement à la diminution de l'apport azoté. Il est probable que la régularité de l'exis-

la sensation de bien-être et la remarquable aptitude au travail que lui a valu, pour la première fois, il y a vingt ans, un régime fait uniquement pendant tout un mois, de pommes de terre, de beurre, de fraises et d'un peu de lait, et il ajoute que depuis cette époque son existence et celle de sa famille n'ont été qu'une longue démonstration expérimentale des bienfaits d'un tel régime.

Où doit-on maintenant, entre le minimum indispensable — 20 à 30 gr. — et les 118 gr. de l'école allemande, placer la ration pratiquement suffisante, celle qu'il convient de recommander comme la plus favorable? A la suite de ses études sur l'alimentation des individus et des collectivités, L. Lapicque l'a fixée en recette brute, c'est-à-dire les pertes par les fèces non déduites, à environ 1 gr. d'albumine par kilogramme et par jour, et l'on peut accepter ce chiffre, mais en ajoutant qu'il s'agit de l'alimentation mixte ordinaire, c'est-à-dire de celle qui renferme, à côté des denrées végétales courantes, des quantités modérées d'aliments animaux (viande, lait, fromages, œufs).

Hindhede soutient avec raison que même celui qui se nourrit uniquement d'aliments végétaux, mais qui mange à sa faim, n'a pas besoin de se préoccuper de la quantité d'albumine, car si une telle alimentation est suffisamment variée, elle apporte toujours un peu plus que le minimum indispensable. Mais comme l'addition d'aliments animaux augmente singulièrement la sapidité des repas, donc excite l'appétit, et que de plus elle permet d'atteindre et de dépasser aisément le minimum d'albumine indispensable avec un volume total d'aliment qui ne risque pas de devenir excessif, il ne peut qu'être avantageux d'introduire dans la ration des quantités modérées d'aliments animaux. Hindhede arrive de la sorte en moyenne à un apport brut de 26 gr. d'albumine animale et de 46 gr. d'albumine végétale, soit donc à un total de 72 gr. représentant donc sensiblement, comme le demande de son côté Lapicque, 1 gr. d'albumine par kilogramme et par jour [1].

tence, la vie en plein air, les exercices physiques bien ordonnés, la suppression de l'alcool, etc., ont eu aussi leur part dans ces résultats. Il en est de même, lorsque inversement on accuse, certainement non sans raison, une alimentation trop carnée de beaucoup de méfaits. Là aussi ne faut-il pas incriminer en outre les autres habitudes fâcheuses, qui d'ordinaire font cortège à celle-là, à savoir les veilles prolongées, la fièvre des affaires ou les excitations de la vie mondaine, le manque d'exercice suffisant? Cela revient à dire que l'on se trouve en face d'un problème compliqué et où il est difficile de n'agir exactement que sur une seule variable.

1. De divers côtés on aperçoit une tendance à descendre plus bas encore. Mais cette pratique ne serait pas sans inconvénients, car il semble que le minimum de l'apport (brut) à fournir varie d'un individu à l'autre. Ainsi Caspari n'a pu réaliser l'équilibre azoté avec un apport de 0 gr. 98, tandis que Sivon a pu descendre sans inconvénient jusqu'à 0 gr. 92 et même 0 gr. 66 d'albumine par kilogramme et par jour. C'est aussi ce qui s'est produit apparemment pendant la guerre de 1914-1918 dans la population de la France occupée (p. 611). Ajoutons ici une

Enfin notons que 26 gr. d'albumine animale représentent 125 gr. de viande maigre. N'est-ce point là à peu près ce que consomment en protéines animales la plupart de ceux qui pratiquent le régime mixte courant, avec quantités modérées d'aliments animaux[1]? Enfin la forte action dynamique spécifique des protéines explique pourquoi on incline d'instinct à en consommer moins en été qu'en hiver (p. 585).

Toutefois, la règle ci-dessus énoncée ne représente qu'une indication provisoire. La détermination exacte de la ration d'albumine la plus avantageuse, selon les conditions d'existence, est une question encore ouverte.

La consommation pathologique de l'albumine. — L'azoturie toxique. — Dans un certain nombre d'affections, maladies infectieuses, intoxications diverses, maladie de Basedow, parfois aussi chez les cancéreux et les diabétiques avancés (M. Labbé), on observe qu'une ration d'azote, qui mettrait un sujet bien portant largement en état d'équilibre, se montre manifestement insuffisante, et qu'en sus de l'apport protéique qu'il reçoit l'organisme détruit encore des quantités souvent importantes d'albumine, prélevées sur ses tissus. On dirait que les protoplasmes, atteints par un toxique, subissent une fonte pathologique. Il y a, comme on dit, *gaspillage d'azote, azoturie toxique.*

Le procédé le plus simple pour mettre en évidence une telle azoturie consiste à donner au sujet une ration manifestement insuffisante. L'organisme complète une telle ration par des emprunts de graisse et d'albumine faits à ses tissus, mais chez un sujet normal ou chez un malade non atteint d'azoturie, ces prélèvements d'albumine sont conduits avec une extrême parcimonie, en sorte que la quantité d'azote total de l'urine des vingt-quatre

preuve très intéressante de la possibilité d'une adaptation progressive à des apports azotés très réduits. Dans un camp de prisonniers russes en Allemagne, A. Benoit (de Lille) a pu suivre pendant 480 jours l'alimentation de 78 officiers russes, avec pesée des rations consommées et analyse d'urine et de fèces (ces officiers ne recevaient aucun colis de vivres du dehors). Après 10 mois de restrictions alimentaires progressives, avec des pertes de poids de 7 à 13 kgr., le poids moyen de ces sujets était descendu, lorsque commença l'observation, à 63 kgr., et l'alimentation qu'ils reçurent alors leur permit en général de maintenir ce poids et de rester en bon état de santé, bien qu'elle ne contînt que 48 gr. 7 d'albumine (végétale et animale) et 1 704 calories. L'albumine absorbée (calculée d'après l'azote urinaire) n'était que de 41 gr. 8, soit 0 gr. 66 par kilogramme et par jour, et cependant l'équilibre azoté fut maintenu.

1. Chez 76 adultes des classes aisées du Nord, choisissant librement leur nourriture, on a mesuré, par l'analyse des urines, une consommation quotidienne qui a été en moyenne de 88 gr. pour les hommes et de 74 gr. pour les femmes (E. Lambling). La quantité dont le minimum recommandé plus haut a été dépassé n'a donc pas été très importante.

heures se fixe au plus à 8 ou 10 gr. valant 50 à 62 gr. d'albumine détruite (albumine de la ration + albumine fournie par les tissus) (p. 630 et 634). L'azoturique, au contraire, en émet jusqu'à 20 gr. et au delà.

Exemples : 1° Un malade de vingt-six ans, pesant 63 kgr., et atteint d'érysipèle de la face, reçoit par jour, du troisième au neuvième jour de sa maladie, 600 cm³ de lait et 70 gr. de pain, soit donc un apport total et un apport d'albumine (25 à 30 gr.) tout à fait insuffisants. Voici le tableau fourni par l'urine.

	Température.	Azote total de l'urine.	Albumine détruite.
4° jour	39°,5-40°,3	22^{gr},4	140 gr.
5° —	39 ,2-40 ,0	17 ,7	111 —
6° —	38 ,1-38 ,6	18 ,2	114 —
7° —	37 ,0-38 ,7	17 ,1	107 —
8° — (défervescence) . .	36 ,7-37 ,1	8 ,4	52 —
9° —	36 ,5-36 ,8	7 ,4	46 —

On voit que, sous des influences toxiques tenant à l'infection, le malade a détruit en sus de l'albumine de la ration une quantité considérable de protéiques de ses tissus, et que, le jour même de la défervescence, cette fonte toxique s'est arrêtée et que l'excrétion d'azote est descendue au niveau (environ 7 à 8 gr.) prévu pour un individu normal, qui serait alimenté de la même manière (F. Kraus).

2° Un homme de soixante-trois ans présente, pendant plusieurs jours, des accidents gastro-intestinaux, avec douleurs violentes, foie très volumineux, inappétence complète, albuminurie légère et cylindrurie. Pas de température. L'analyse de l'urine, commencée au troisième jour de jeûne complet, indique du troisième au cinquième jour une excrétion d'azote total allant de 11 gr. 4 à 14 gr. 6, soit donc une destruction de 71 à 81 gr. d'albumine. Le sixième et le septième jour, la congestion du foie diminue, l'albumine et les cylindres disparaissent, l'alimentation peut être reprise, bien qu'encore extrêmement réduite, et l'urine contient de 6 gr. à 7 gr. 2 d'azote, indiquant donc une destruction de 38 à 45 gr. d'albumine. L'azoturie toxique a donc cessé; l'organisme ne prélève plus sur ses réserves que ce qu'aurait prélevé un sujet normal, soumis au même régime (E. Lambling).

3° Un enfant de six ans et demi présente des crises de vomissements avec acétonurie. Au moment où celle-ci est maximum, l'alimentation étant encore tout à fait insuffisante, l'urine des vingt-quatre heures contient pendant trois jours respectivement 2 gr. 96, 1 gr. 94 et 1 gr. 69 d'acétone totale, et corrélativement la quantité d'albumine détruite est respectivement de 34, 37 et 28 grammes, puis l'acétonurie redescend et s'annule rapidement en même temps que la quantité d'albumine redescend au niveau normal pour le sujet (25 gr. par jour). Il y avait donc eu manifestement gaspillage d'albumine, due probablement à l'action toxique des corps acétoniques (E. Lambling).

2. *Le besoin d'hydrates de carbone et de graisse.*

Comme l'albumine ne peut satisfaire, même dans les rations
très riches en protéiques, qu'environ 30 p. 100 au plus du besoin
total de calories, et qu'en général elle n'en fournit guère que
15 p. 100 (p. 635), le complément doit être emprunté aux deux
aliments ternaires. Ici les expériences de laboratoire démontrent
que le tube digestif de l'homme est en mesure de maîtriser des
quantités si considérables de ces aliments, que la totalité de ce
complément pourrait être emprunté, soit aux hydrates de carbone,
soit aux graisses.

Les expériences citées à la page 551 montrent, en effet, que l'homme
bien portant peut absorber, en vingt-quatre heures, jusqu'à 587 gr.
d'amidon, valant à peu près 2 400 calories, et jusqu'à 341 gr. de graisse,
valant plus de 3 000 calories. Si l'on évalue le besoin total à 2 500-
3 000 calories, on voit que chacun des deux aliments ternaires *pourrait*
évidemment constituer, avec l'albumine, une ration suffisante.

Mais, en fait, une telle ration suffirait-elle à l'entretien? L'observation de collectivités ou d'individus choisissant librement leur
nourriture ne donne à cette question qu'une réponse approchée.
Elle montre que les habitants des régions polaires consomment
des quantités très considérables de graisses, et que chez l'ouvrier
agricole de nos régions ce sont, au contraire, les hydrates de carbone qui tiennent la place prépondérante dans l'apport total de
calories (p. 635). Les deux aliments ternaires peuvent donc se
remplacer réciproquement dans les plus larges proportions. Mais
chacun peut-il tenir complètement la place de l'autre?

1° Ici les expériences de laboratoire ont d'abord clairement
montré la supériorité des hydrates de carbone sur les graisses.
En effet, une ration d'entretien dans laquelle on remplace la totalité des hydrates de carbone par des graisses cesse d'être suffisante : l'organisme est obligé de sacrifier de ses albumines. De
plus, si l'on ne maintient pas dans la ration un *certain minimum
d'hydrates de carbone,* environ 60 gr. par jour, on crée une
acétonurie, c'est-à-dire une intoxication qui peut devenir redoutable.

1° Un sujet de vingt-trois ans, pesant 67 kgr., reçoit pendant quatre
jours une ration valant environ 2 600 calories brutes et contenant 132 gr.

d'albumine, 72 gr. de graisse et 338 gr. d'hydrates de carbone. L'équilibre azoté étant obtenu, on remplace pendant trois jours les hydrocarbonés par une quantité thermiquement équivalente de graisse. Aussitôt le déficit d'azote s'installe et va croissant, en sorte qu'il s'élève au troisième jour à 4 gr. 98 valant 31 gr. d'albumine sacrifiée. On revient alors à la ration de la première période, et l'équilibre azoté se rétablit dès le second jour (B. Kayser). — 2° On a vu que la quantité d'albumine sacrifiée par l'organisme pendant le jeûne total diminue quand le sujet reçoit des hydrates de carbone ou des graisses, mais beaucoup plus dans le premier cas que dans le second (p. 616). — 3° Remarquons que cette infériorité des graisses n'implique pas que la loi de l'isodynamie soit ici en défaut, car des changements dans la proportion relative des hydrates de carbone et des graisses dans la ration, telles qu'en peuvent produire les hasards de notre alimentation, ne font jamais apparaître cette infériorité. Ainsi, quand Tallqvist a remplacé dans sa ration 216 gr. d'hydrates de carbone (sur 466 gr.) par la quantité thermiquement équivalente de graisse, il n'a fait que des pertes d'azote tout à fait passagères, et, dès le troisième jour, il a retrouvé l'équilibre azoté, et Atwater et Benedict ont fait la même constatation sur un sujet se livrant à des travaux mécaniques pénibles. Seule, une substitution de graisse aux hydrocarbonés, *poussée très loin*, fait apparaître l'infériorité en question. — 4° On a vu ailleurs l'ampleur que peut prendre l'acétonurie du jeûne hydrocarboné total et l'état d'intoxication grave qui s'établit alors rapidement (p. 439 et 445).

On touche ici à l'un des phénomènes les plus intéressants de la nutrition, et que l'on peut énoncer ainsi : les hydrates de carbone préservent les protéiques de la destruction organique, ils font comme on dit, *l'épargne de l'albumine* d'une façon bien plus efficace que les graisses. On reviendra plus loin sur cette question (p. 656). Quant à la cause de cette différence entre les graisses et les hydrates de carbone, elle reste encore très discutée.

Plusieurs explications ont été proposées. Une des plus intéressantes, par la nature des problèmes qu'elle soulève, est celle de Landergren. L'organisme, dit Landergren, ne peut pas se passer d'un certain minimum d'hydrates de carbone, tout comme il a besoin d'un certain minimum de protéiques. On s'en aperçoit à la ténacité avec laquelle l'organisme maintient constante, pendant toute la durée du jeûne, la teneur du sang en glycose (Cl. Bernard), et aussi à la rapidité avec laquelle il refait les réserves de glycogène détruites par le jeûne [1]. Aussi longtemps que l'organisme reçoit des hydrocarbonés du dehors, c'est à cette source qu'il s'adresse pour se procurer ce minimum indispensable, et

1. Ainsi, lorsque le sujet de Benedict, dont il est question à la page 643, a été alimenté après ses sept jours de jeûne, il a aussitôt fixé le premier jour la majeure partie, le second jour un peu moins de la moitié, le troisième jour encore environ le dixième des 239 gr. d'hydrates de carbone qu'on lui a donnés par jour, *en même temps qu'il sacrifiait*, outre les 71 gr. de graisse de sa ration, *un surplus important de graisse prélevé sur ses tissus* (67 gr. le premier jour).

lorsque l'apport alimentaire cesse, il s'adresse non aux graisses, que Landergren considère comme impuissantes à fournir du sucre, mais aux protéiques. C'est pour cette raison que dans le jeûne protéique avec alimentation de graisse, l'organisme est obligé de sacrifier plus d'albumine que dans le jeûne protéique avec alimentation d'hydrates de carbone, la différence représentant la quantité d'albumine qui a dû être dégradée pour l'obtention du minimum de sucre indispensable. On doit renoncer à faire ici la critique de cette théorie et l'exposé des autres explications qui ont été proposées par Biernacki, Feder, Rosenfeld et d'autres (voir aussi ce qui a été dit à la p. 330 à propos de la synthèse des acides aminés).

2° En sens inverse, peut-on, dans une ration, remplacer totalement les graisses par les hydrates de carbone? Appuyé sur un matériel expérimental étendu, F. Maignon soutient que non, une certaine quantité de graisse étant d'après lui indispensable, parce que cet aliment, mais non les hydrates de carbone, neutralise l'action toxique qu'exercent les protéiques, quand ils sont donnés seuls. Les expériences de laboratoire ont donc fait qu'on a soulevé la question d'un *certain minimum de graisse indispensable*, et les circonstances de la guerre de 1914-1918 ont posé ce même problème sur le terrain de la vie quotidienne. Mais il ne semble pas que cette question doive être retenue.

Le physiologiste norvégien S. Torup signale que, pendant cette guerre, il s'est développé dans la population des puissances centrales, à peu près complètement privées de graisse, un état maladif particulier, résultat de ce jeûne spécial (« Fetthunger »), et des recherches entreprises en Amérique montrèrent qu'en effet des rats ne recevant pas de graisse se cachectisent et qu'ils sont, au contraire, préservés de ces accidents, quand on ajoute à leur ration des graisses (beurre, jaune d'œuf, huile de foie...). Mais comme d'autres graisses (saindoux, huile d'olive, huile d'amandes) se montrèrent impuissantes à jouer le même rôle, on a conclu de là que ce qui a manqué à ces animaux, ce ne sont pas les graisses elles-mêmes, mais les vitamines qui accompagnent ces aliments (p. 522). Du reste, Hindhede a maintenu en très bonne santé, pendant plus d'une année, deux adultes vigoureux, qui ne consommaient que des pommes de terre et des légumes, sans graisses[1].

---

1. Mais avec du gruau en bouillie et du sucre, les sujets tombaient malades. C'est que la forme sous laquelle les hydrates de carbone sont administrés a une grande influence sur l'état de santé. Pendant l'occupation allemande de 1914-1919 à Lille, E. Lambling a remarqué que, quand il essayait de remplacer de temps en temps le pain, devenu très mauvais, par une quantité équivalente de farine, il ne parvenait pas à maîtriser sous la forme de bouillies ce poids de farine. Bien que la farine employée fût de bonne qualité et accommodée sous une forme agréable, il se produisait promptement des troubles intestinaux, qui obligeaient d'interrompre la substitution, et cependant il ne s'agissait que de la farine de 360 grammes de pain, quantité qu'en temps de paix il digérait aisément.

3. *Signification de quelques autres combustibles alimentaires.*

Gélatine, albumoses et peptones, acides aminés. — On a donné ailleurs la raison pour laquelle la gélatine ne suffit pas à elle seule comme unique aliment protéique : c'est parce qu'elle ne possède pas tous les acides aminés constitutifs des albumines. On comprend donc qu'elle ne puisse remplacer dans une ration qu'une partie de l'apport protéique (p. 308). Le même problème s'est posé pour les albumoses, les peptones et les acides aminés.

Ici on a montré que chez des sujets, qui sont en équilibre azoté avec une ration contenant de 75 à 80 gr. d'albumine, cet équilibre se maintient lorsque 63 à 69 p. 100 de cet azote protéique sont remplacés par des peptones (c'est-à-dire par le mélange commercial d'albumoses et de peptones vraies). Mais comme ces rations d'albumine étaient manifestement prises au-dessus du minimum indispensable, ce résultat ne prouve pas que la peptone ait tenu réellement la place de toute l'albumine supprimée. Il est vraisemblable que non. On a vu, en effet, que l'équilibre azoté est possible avec le mélange des acides aminés tel qu'il résulte de l'hydrolyse totale des protéiques et qu'il cesse de l'être sitôt que l'on enlève à ce mélange quelques-uns de ces acides (p. 310). Il n'est donc pas vraisemblable que les albumoses et les peptones, qui sont des molécules d'albumine déjà fragmentées, et ayant perdu des chaînes d'acides aminés, puissent suffire comme unique aliment protéique. Au surplus, le problème a beaucoup perdu de son intérêt, depuis que l'on sait que ces produits ne représentent ni le produit final, ni le but physiologique de la digestion.

Alcool. — 1° L'ALCOOL COMME COMBUSTIBLE ALIMENTAIRE. — Ingéré à la dose de 50 à 100 cm³, après dilution avec de l'eau et sans autre aliment, l'alcool est brûlé dans la proportion de 90 à 95 p. 100 (Strassmann, Bodländer). Réparties en petites doses entre les divers repas de la journée, ces quantités sont encore plus près d'être détruites complètement (98 p. 100) (Atwater et Bénédict). La question se pose donc de savoir si l'énergie libérée par cette combustion permet l'épargne d'une quantité thermiquement équivalente d'un autre combustible alimentaire. C'est, en effet, ce qui se produit, ainsi que l'ont définitivement démontré Atwater et Benedict dans 26 expériences d'une durée de trois jours chacune, 13 avec repos et 13 avec travail mécanique.

Exemple (cité d'après Magnus-Levy) : un sujet reçoit une ration avec laquelle il fait un certain bénéfice. On lui donne ensuite la même ration, additionnée chaque jour et pendant trois jours soit d'alcool (72 g. = 509 cal.), soit d'une quantité de sucre thermiquement équivalente (130 gr. = 515 cal.). Cette fois, le bénéfice réalisé s'augmente d'une certaine quantité, et cette quantité est sensiblement la même pour les jours à l'alcool que pour les jours au sucre, comme le montre le tableau ci-après :

| | GAINS OU PERTES DE MATIÈRE PAR JOUR | | Bénéfice par jour exprimé en calories. |
	Albumine.	Graisse.	
Ration ordinaire	$- 1^{gr},7$	$+ 9^{gr},0$	77
La même ration + 72 gr. d'alcool	$+ 1 ,4$	$+ 62 ,7$	589
La même ration + 130 gr. de sucre	$+ 1 ,7$	$+ 59 ,7$	562

De plus, la dépense totale de calories est restée sensiblement la même pendant les jours à l'alcool que pour les jours sans alcool, qu'il y ait eu repos ou travail.

Enfin, quand à un sujet qui présente sous l'influence d'un fort repas de sucre un quotient respiratoire voisin de l'unité, on donne de l'alcool (30 gr.), le quotient s'abaisse quelques minutes plus tard, parce que de l'alcool a été aussitôt brûlé à la place du sucre.

Ces expériences montrent donc, en outre, que l'alcool, s'il n'est pas directement un combustible pour le muscle, ce qui n'est pas probable, remplace dans quelque autre dépense une quantité thermiquement équivalente d'hydrates de carbone ou de graisse, quantité qui devient donc disponible pour le travail musculaire. Mais cela n'est vrai que pour les doses modérées d'alcool. Pour des quantités plus élevées, l'ingestion d'alcool diminue dans des proportions considérables le rendement du travail musculaire (Chauveau).

2° ACTION DE L'ALCOOL SUR LA DÉPENSE D'ALBUMINE. — On a accusé l'alcool de produire, par une action toxique sur les protoplasmes, une destruction de l'albumine. Quand, dans une ration d'entretien, on remplace une partie des hydrates de carbone par une quantité isodyname d'alcool, l'équilibre azoté précédemment obtenu est, en effet, rompu (Miura). Mais ce résultat est surtout sensible avec de fortes doses d'alcool (de 60 à 100 gr. par jour) et chez des sujets non habitués. Lorsqu'on commence par de petites doses, ou chez les sujets habitués, le déficit est médiocre ou nul, ou bien il s'annule après quelques jours. Il manquerait aussi chez les fébricitants.

Lorsque l'alcool est ajouté à une ration suffisante, il produit comme les hydrates de carbone, l'épargne d'une certaine quantité d'albumine (p. 656). Mais cette épargne serait moins prononcée, et de plus, elle est souvent précédée, pendant quelques jours, d'une perte d'albumine, comme si, là encore, l'alcool produisait d'abord son action toxique sur les protoplasmes, jusqu'au moment où l'accoutumance est obtenue.

Cette action toxique est vraisemblablement fonction de la quantité d'alcool qui circule dans le sang et du temps que met l'organisme à se débarrasser du poison en l'éliminant ou en le détruisant. Il en débarrasse, en effet, le sang le plus vite possible, car on en trouve non seulement dans l'urine, mais encore dans la salive, la bile, le suc pancréatique, le liquide céphalo-rachidien, la lymphe (Nicloux). Et il détruit le reste, et plus vite chez les personnes habituées à l'alcool que chez les sujets non entraînés. Corrélativement, on voit les effets psychiques de l'alcool s'accentuer, puis diminuer, à mesure que la teneur du sang en alcool croît, puis décroît. Le maximum trouvé dans le sang a été de 2,26 p. 1000.

Les aliments d'épargne. — On sait que l'ingestion de préparations de *kola* ou de *coca* permet à l'organisme de fournir, en l'absence de toute alimentation, un travail considérable, sans que se produise la sensation pénible de fatigue et d'épuisement, que provoque d'ordinaire le travail à l'état d'inanition. Le *thé*, le *café*, le *maté*, l'*alcool*, le *bouillon*, produisent à des degrés variables des effets analogues. Comme ces préparations ne contiennent que très peu de combustibles alimentaires, on s'est expliqué leur action en admettant que, par voie nerveuse, ces principes empêchent, ou réduisent à un minimum, la désintégration organique. L'organisme se réduirait à la plus stricte économie sous l'influence de ces corps, qui seraient donc des *aliments d'épargne*. En réalité le mode d'action de ces produits est tout autre.

Écartons d'abord l'erreur fondamentale qui, d'une manière plus ou moins explicite, a circulé pendant quelque temps sous cette expression. C'est celle qui consiste à croire que ces substances permettent à la machine animale de fournir du travail, sans qu'il y ait en même temps destruction de combustible organique, ou bien avec une usure très faible et qui ne présente pas avec le travail fourni le rapport habituel. La réfutation d'un tel raisonnement se trouve dans les notions générales qui ont été exposées dans le premier chapitre de ce livre.

Une explication plus scientifique consiste à admettre que, grâce à ces substances, le rendement du travail musculaire est amélioré, en sorte que la dépense pour un travail donné se trouverait donc diminuée. Mais une telle diminution n'a jamais été constaté. Au surplus, la caféine, qui est l'agent actif de plusieurs de ces produits, est sans action sur la dépense de fond (p. 574) et sur les échanges nutritifs en général.

L'explication de ces faits est, en réalité, dans l'action que ces produits exercent sur les sensations internes de la faim. L'inanition comprend, en effet, deux éléments distincts, un élément organique, qui est la dénutrition, et un élément nerveux, la sensation pénible de la faim. Or, la faim, et avec elle les sensations qui l'accompagnent, fatigue, inaptitude au travail, peut très bien être supprimée sans qu'il y ait en même temps réparation organique. Par exemple, ce résultat est obtenu par un bon repas, sitôt que la réplétion stomacale est complète et à un moment où la digestion n'est pas commencée, ni par conséquent la réparation organique. L'organisme n'a reçu, à ce moment, que des excitations nerveuses provenant : 1° de sensations gustatives et olfactives; 2° d'excitations produites par les matières extractives des aliments et qui sont prêtes à l'absorption dès les premiers moments (Lapicque et Richet). La même suppression de la sensation de la faim est observée dans les états d'exaltation psychique intense (exaltation religieuse,...).

On s'explique dès lors très bien que des excitants du système nerveux, comme la kola, puissent supprimer les sensations internes de la faim et rendre ainsi le travail aussi facile qu'à l'état normal. Ce ne sont pas, en effet, les réserves nutritives qui manquent à l'organisme. L'homme supporte le jeûne complet pendant vingt jours et au delà (p. 640). Il n'y a donc rien d'étonnant à ce qu'il puisse, pendant quelques jours, fournir, sans se nourrir, des travaux considérables, si, grâce à l'ingestion d'un poison nervin, il supprime les phénomènes d'inhibition qui sont la conséquence de sensations pénibles de la faim. La sensation de réconfort, que produit le bouillon, est un phénomène du même genre, et enfin l'alcool, qui est un combustible alimentaire, peut, en outre, par ses propriétés pharmacodynamiques agir sur les phénomènes nerveux de la faim et procurer la même sensation.

Finalement, on voit que l'expression d'aliment d'épargne, appliquée aux substances que l'on vient de passer en revue, implique une erreur fondamentale et doit être abandonnée. Elle n'est pas plus heureuse quand il s'agit de phénomènes où il y a véritablement épargne. On verra que l'albumine, ingérée en quantités suffisantes, élimine du champ des réactions une certaine quantité d'aliments ternaires et que, inversement, les aliments ternaires peuvent faire l'épargne de l'albumine. La notion d'épargne n'est donc pas spéciale à tel ou tel aliment; le mot aliment la contient et l'exprime. Concluons donc, avec Lapicque et Richet, que l'expression d'aliment d'épargne est à rayer du vocabulaire physiologique.

§ II. — LA RATION D'ENTRETIEN
DANS LES CONDITIONS ORDINAIRES DE LA VIE

L'entretien de l'organisme est donc obtenu, lorsque la ration apporte au moins un certain minimum d'albumine, plus un complément d'aliments ternaires, dans lequel les graisses et les hydrates de carbone peuvent se remplacer dans les plus larges limites. C'est là le tableau schématique de nos besoins alimentaires tel que le présentent nos expériences de laboratoire. Mais, dans la vie ordinaire, comment les choses se passent-elles? Comment les hommes, uniquement guidés par leur instinct, réalisent-ils leur entretien alimentaire. Puisqu'ils vivent, durent et se reproduisent, c'est que, dans les conditions si différentes où ils se trouvent placés, ils ont atteint l'état d'entretien, qui, du moins dans une certaine mesure, convenait à chaque cas. Quel est cet état, c'est-à-dire à l'aide de quelles proportions relatives de protéiques, de graisses et d'hydrates de carbone les hommes couvrent-ils selon les circonstances leurs besoins alimentaires? Notons que ce sont moins les quantités absolues de chacun de ces aliments qui nous intéressent, que la part de chacun d'eux dans l'apport total d'énergie.

1. Contribution de chacun des aliments simples dans l'apport total d'énergie.

Influence des conditions sociales. — Cette influence apparaît nettement dans le tableau suivant, emprunté à Rubner, et qui a trait à des individus appartenant à des catégories sociales de moins en moins élevées et fournissant un travail mécanique de plus en plus pénible. Les quantités absolues sont rapportées à vingt-quatre heures et représentent l'apport brut, c'est-à-dire la perte par les fèces n'étant pas déduite.

SUJETS OBSERVÉS	PROTÉIQUES	GRAISSES	HYDRATES DE CARBONE	APPORT TOTAL DE CALORIES	SUR 100 CALORIES APPORTÉES PAR LA RATION, L'ORGANISME EN A TROUVÉ		
					dans les protéiques	dans les graisses	dans les hydrates de carbone
	gr.	gr.	gr.	calor.			
I. Jeunes médecins, intendant.	125	86	296	2 713	19,2	29,8	51,0
II. Menuisier, ouvrier moyen, etc. . . .	124	54	497	3 053	16,7	16,3	66,9
III. Ouvriers fournissant un travail considérable.	170	71	567	3 632	18,8	17,9	63,3
IV. Mineurs, briquetiers, ouvriers de ferme.	156	108	766	4 776	13,4	21,2	65,3
V. Bûcherons.	123	258	783	6 086	8,3	38,7	52,8

Ces quantités sont, bien entendu, sujettes à des variations d'une certaine amplitude, mais leur précision est néanmoins suffisante. Ainsi, dans son ouvrage sur *L'Alimentation et les régimes chez l'homme*, A. Gautier donne les moyennes générales suivantes pour des ouvriers observés dans des pays et des climats très différents.

	Protéiques.	Graisses.	Hydrates de carbone.
Travail fatigant	152 gr.	85 gr.	630 gr.
— très fatigant . .	191 —	132 —	811 —

Ces résultats donnent lieu aux observations que voici. En ce qui concerne d'abord les *protéiques*, on voit que la quantité absolue de cet aliment augmente, mais que sa part relative dans l'apport total d'énergie diminue, quand le travail devient plus pénible. C'est que, dans les classes aisées, on consomme des rations riches en protéiques et surtout d'une valeur calorifique totale relativement faible, puisque la dépense en travail mécanique est médiocre, deux raisons pour que la part relative des protéiques dans l'apport total soit élevée. Au contraire, chez l'ouvrier, qui pour faire face à la dépense en travail mécanique, doit augmenter l'apport total d'énergie, la quantité d'albumine consommée croît aussi, mais moins que le complément ternaire, et spécialement que le complément hydrocarboné, peut-être sous l'influence d'un instinct profond, mais plus probablement sous la pression de nécessités économiques, les aliments ternaires et surtout l'aliment hydrocarboné étant moins coûteux que les protéiques. Quoi qu'il en soit, on comprend que la part relative des protéiques recule par ce fait dans l'apport total d'énergie.

La consommation des *graisses* donne lieu à des remarques analogues. Elle est plus forte, en poids absolu et comme apport calorifique relatif, dans les classes aisées que chez l'ouvrier moyen, ce qui correspond à des différences bien connues dans les habitudes culinaires de ces deux catégories. Puis la consommation des graisses se relève pour atteindre et même dépasser, chez l'ouvrier fournissant des travaux très pénibles, celle des classes aisées. Voici comment Rubner explique ce fait. L'ouvrier emprunte le surplus d'énergie dépensé par le fait du travail mécanique aux aliments hydrocarbonés (amidon du pain, de la pomme de terre) dont il ingère des quantités croissantes. Mais il arrive un moment où le volume de ration ne pourrait plus être augmenté davantage sans qu'il s'en suive une surcharge exagérée du tube digestif. L'aliment gras intervient alors comme un renfort précieux, puisqu'à l'avantage qu'assure aux graisses leur valeur calorifique considérable s'ajoute encore ce fait que ces corps sont consommés à peu près à l'état de pureté. Ils représentent donc, à masse égale, un apport d'énergie bien plus considérable que les autres aliments.

Rappelons en effet que l'on trouve (p. 545 et 547) :

Dans 100 gr. de viande maigre . . . . 100 calories.
— 100 — de pain blanc. . . . . 270 —
— 100 — de beurre . . . . 783 —

Enfin, la quantité absolue d'*hydrates de carbone*, que consomme le travailleur, arrive à être environ trois fois plus forte que celle qui suffit à l'adulte des classes aisées.

Influence de l'âge. — Cette influence est peu sensible quand on passe de l'adulte au vieillard. Elle marque, au contraire, d'une caractéristique très spéciale la ration du nourrisson et celle des enfants, comparées à celle de l'adulte. C'est ce que montre le tableau ci-après (Rubner).

	SUR 100 CALORIES APPORTÉES PAR LA RATION, L'ORGANISME EN A TROUVÉ :		
	Dans les protéiques.	Dans les graisses.	Dans les hydrates de carbone.
Nourrisson [1]	11	51	38
Enfant de 2 ans 1/2.	17	32	51
— 5 —	18	31	51
— 12 — 1/2. . . .	16	34	50
— 14 — 1/2. . . .	15	36	48
Adulte (ouvrier moyen) . .	17	16	67

On voit que la caractéristique prédominante de l'alimentation du nourrisson, c'est que *le rôle prépondérant dans l'apport total de calories est tenu par la graisse*, et que le passage à l'alimentation du sevrage, puis à celle de l'adulte, consiste essentiellement dans ce fait, que cette prépondérance passe peu à peu aux hydrates de carbone. C'est que chez l'enfant, qui doit produire par kilogramme de son poids au moins deux fois plus de chaleur que l'adulte, les besoins de la calorification représentent la dépense la plus importante. Corrélativement, on voit la graisse,

1. Les nombres de cette ligne varient un peu selon la composition moyenne que l'on admet pour le lait de femme.

l'aliment thermogène par excellence, tenir le premier rôle dans la ration (voir aussi p. 553). Chez l'adulte, au contraire, le surplus des dépenses, qui s'ajoutent à la dépense de fond, tient surtout au travail mécanique, lequel est avant tout un consommateur d'hydrates de carbone. Aussi voit-on ces aliments prendre maintenant dans la ration le rôle prépondérant.

Quelques déductions pratiques. — Celle qui se présente tout d'abord est relative *au rôle secondaire que joue l'albumine dans l'apport total de calories.* Dans les rations de l'adulte moyen, la part de cet aliment représente environ 15 p. 100 de la dépense totale d'énergie, et même si la consommation des protéiques est poussée jusqu'aux limites extrêmes tolérées par le tube digestif, cette part dépasse difficilement 30 ou 33 p. 100[1]. Reste de toutes façons à fournir encore un complément d'au moins 67 p. 100, qui ne peut être trouvé que dans les graisses et les hydrates de carbone. S'il est donc important que la ration contienne le minimum d'albumine, il n'est pas moins indispensable, essentiel, de veiller à un apport suffisant d'aliments ternaires.

Il est certain que, sous l'influence des doctrines de Liebig, la nutrition azotée a tenu pendant longtemps dans les préoccupations des médecins une place exagérée. Lorsqu'il s'agissait de refaire un organisme affaibli, il semblait que l'on eût cause gagnée, lorsqu'on avait réussi à assurer au malade un apport aussi large que possible d'aliments azotés. Certes, une consommation suffisante de protéiques est un côté capital de la nutrition et un apport azoté largement établi peut constituer un facteur important dans le régime de certains malades. Mais on a beau gaver un convaléscent de viande. râpée, l'organisme n'en sera pas moins en déficit, si le complément de calories nécessaires n'est pas assuré par une quantité suffisante de graisses et d'hydrocarbonés. Et chez l'individu bien portant, mieux vaut une alimentation renfermant un peu moins d'azote[2], mais couvrant largement le besoin total de calories, que des rations azotées prises très haut, mais accompagnées d'un complément ternaire insuffisant[3].

Une deuxième remarque, corrélative de la précédente, a trait à *l'appoint considérable représenté par les hydrates de carbone dans l'apport total de calories.* Ces aliments fournissent de 50 à 70 p. 100 de la dépense totale d'énergie. On voit donc combien est

---

1. 200 gr. d'albumine (c'est-à-dire environ 1 kgr. de viande maigre) apportent, en effet, $200 \times 4,1 = 820$ calories, soit donc à peu près le tiers d'un apport total de 2 400 calories.

2. Sans tomber, bien entendu, au-dessous du minimum indispensable, ni même sans descendre à ce niveau.

3. Voir p. 649 une démonstration de ce fait.

considérable le déficit créé chez un diabétique. tant par la maladie elle-même, que par le régime sévère, et combien prenant le devoir imposé au médecin de combler convenablement ce déficit.

§ III. — LE BESOIN DE SUBSTANCES MINÉRALES

On a décrit ailleurs le modèle expérimental suivant lequel on peut établir la nature et le degré d'importance de chacun des aliments nécessaires à la vie d'une moisissure (p. 519), et l'on comprend sans plus pourquoi ce problème n'a pu être abordé de même pour les animaux supérieurs que depuis que l'on sait préparer des rations dites synthétiques, suffisant pleinement à ces animaux (p. 521). On a donné à la page 544 la composition d'un de ces mélanges salins. Toutefois les résultats acquis à l'aide de cette méthode sont encore morcelés, et l'on doit se borner ici à quelques brèves indications.

Pour ce qui regarde d'abord la nécessité de cette alimentation minérale, d'ailleurs évidente *a priori*, il suffira de dire que par la restriction de cette alimentation, Mc Collum et Davis, Osborne et Mendel ont réussi à arrêter la croissance de jeunes animaux (rats, souris...) aussi sûrement qu'en agissant sur la qualité (ou la quantité) de l'apport protéique (p. 308) ou sur l'apport de vitamines (p. 521). — Voici, d'autre part, quelques indications sur l'importance relative de ces divers matériaux (Osborne et Mendel). Une ration minérale où manque (à des traces minimes près) soit Cl, soit Na, soit K, ou même les trois à la fois, permet néanmoins la croissance du rat. Cependant, avec très peu de K (0,03 p. 100 de la ration totale) la croissance paraît limitée, mais elle est totalement arrêtée, si K et Na manquent en même temps. Si alors on redonne Na seul, il n'y a qu'une légère amélioration, mais si à la place de Na on donne K, la croissance reprend normalement. C'est là un résultat inattendu. On savait à la vérité qu'à la suppression totale de ce sel, l'organisme répond par une administration très économique des réserves de chlorures, dont l'excrétion par les urines tend alors à s'annuler (chez l'homme), mais on ne s'attendait pas à ce que la croissance fut possible avec un apport de Cl réduit à des traces. Au contraire, avec des rations où manquent, soit Ca, soit P, la croissance est aussitôt arrêtée, et elle se rétablit quand on rajoute ces deux éléments (à l'état minéral). Osborne et Mendel ont remarqué aussi que, si une substance minérale donnée fait défaut, l'organisme ne répond pas en produisant ici ou là un tissu anormal par manque de cet élément, mais c'est la croissance tout entière qui est compromise. La loi du minimum joue donc ici, comme en biologie végétale (p. 307). — On connaît mal pour ces divers éléments le besoin minimum de l'organisme. Pour Ca il serait de 0 gr. 40-0 gr. 86 de CaO par jour, mais d'autres auteurs en réclament 1 gr. 5. A ce sujet on a fait observer qu'en Finlande, où l'adulte consomme en moyenne plus d'un litre de lait par jour, une ration de 2 500 à 3 000 calories apporte 6 gr. 93 de P^2O^5 et 3 gr. 51 de CaO par jour, tandis qu'en Amérique (États de l'Est) où il ne vient que 250 cm³ de lait par adulte, cet apport n'est que 3 gr. 20 et 0 gr. 92, ce qui donne évidemment pour le ravitaillement en Ca et en P beaucoup moins de sécurité (Tigerstedt; Sherman).

CHAPITRE XXVI

LES ÉCHANGES NUTRITIFS EXTÉRIEURS : L'INANITION TOTALE ET L'ALIMENTATION INSUFFISANTE. L'ALIMENTATION SURABONDANTE

§ I. — L'INANITION TOTALE.

Si l'on réfléchit à ce fait que l'inanition est un état physiologique que de tout temps la lutte pour la vie a imposé aux êtres vivants, à intervalles plus ou moins rapprochés, on prévoit l'existence de mécanismes permettant aux organismes de s'adapter à cette situation. Zuntz et Lehmann font remarquer que cette adaptation s'opère de deux manières. Quelques espèces réduisent leurs échanges nutritifs à un minimum et renoncent à maintenir leur température et leur activité musculaire au niveau habituel. Ce sont les animaux hibernants. D'autres, au contraire, maintiennent intégralement leurs dépenses d'énergie. Tel est, par exemple, le cas des carnivores, que l'inanition pousse à la poursuite de leur proie avec un redoublement d'activité. Il existe donc nécessairement un mécanisme qui assure à ces organismes la pleine disposition de l'énergie dont ils ont besoin. Ce mécanisme consiste dans des prélèvements opérés sur les tissus et à l'aide desquels l'organisme fait face à ses dépenses d'énergie et à ses dépenses de matière. Examinons successivement ces deux aspects du problème.

On n'a d'abord connu les échanges nutritifs pendant l'inanition totale chez l'homme, que par des observations portant sur deux ou trois jours de jeûne au plus, jusqu'au moment où des recherches méthodiques et de longue durée (dix jours) furent faites à Berlin, sur le jeûneur professionnel Cetti, par une commission de physiologistes et de médecins (1887). Puis vinrent les expériences de Luciani sur le jeûneur Succi (trente jours de jeûne, 1890), celles de Hooner et Sollmann (neuf jours, 1897), et d'autres encore. Dans ces expériences, les emprunts faits à l'organisme ont été calculés d'après l'analyse des urines et des fèces (p. 559), et les produits de la respiration n'ont pas été étudiés, ou ne l'ont été, comme dans les expériences sur Cetti, que pour de courtes durées, par la méthode de Zuntz (p. 568). Au contraire, dans les expériences de Tigerstedt (cinq jours de jeûne, 1897), le sujet est resté dans la chambre respiratoire vingt-deux heures sur vingt-quatre, et dans celles de Benedict, les plus précises de toutes, faites à l'aide de la chambre calorimétrique de Atwater (p. 16), on a déterminé l'oxygène absorbé, l'acide carbonique et l'eau éliminés, et l'on a fait, en même temps, une analyse élémentaire quotidienne de l'urine. On a pu ainsi établir les quantités totales de C, H, O, N perdues par l'organisme et déduire de là les poids de protéique, de graisse et de glycogène sacrifiés. Enfin, la chaleur totale produite par le sujet était mesurée directement, et comparée ensuite à la quantité de chaleur calculée d'après les matériaux sacrifiés, déduction faite de la chaleur de combustion de l'urine [1]. La durée du jeûne a été de sept jours et le sujet a encore été suivi pendant quelques jours au moment de la réalimentation. Les quantités de chaleur recueillies et les quantités calculées ont été sensiblement égales, ce qui donne une très bonne garantie de l'exactitude des méthodes employées.

La dépense d'énergie dans l'inanition totale. — On a déjà vu qu'en période d'alimentation la dépense de calories en vingt-quatre heures est toujours plus élevée d'environ 10 p. 100 qu'en période de jeûne, mais que cette différence est due surtout au phénomène de l'énergie dynamique spécifique des aliments (p. 584). Ainsi, à l'état de repos, Ranke dépensait en vingt-quatre heures 2 150 calories pendant le jeûne, et 2 449 quand il était alimenté. Mais, cet écart peu considérable mis à part, on constate que l'entretien de l'organisme coûte autant pendant le jeûne que s'il y a alimentation [2]. La dépense est d'une trentaine de calories par kilogramme pour des sujets qui restent levés pendant le jour et fournissent ainsi de légers travaux mécaniques. Exemple (sujet de Tigerstedt) :

	Poids du sujet (kilogrammes).	Dépense totale en 24 heures (calories).	Dépense par kilogramme en 24 heures (calories).
Au deuxième jour de jeûne.	66,710	2 102	32,0
Au cinquième jour de jeûne.	63,130	1 971	34,2

1. Celle des excréments a pu être négligée.
2. Cependant, vers la fin des jeûnes prolongés, la dépense (rapportée bien entendu au kilogramme de poids vif, à cause de l'amaigrissement) s'abaisse sensiblement.

Les résultats fournis par l'étude des échanges respiratoires pendant des périodes de courte durée sont en bon accord avec cette constatation. Après 17, 24, 29 et 46 heures d'inanition, le sujet de Hanriot et Richet consommait 17,4, 16,85, 16,05 et 16,9 litres d'oxygène par heure, et le jeûneur Cetti, observé par Zuntz et Lehmann, en absorbait par kilogramme et par minute du 3e au 6e jour de jeûne, 4 cm³ 65 et du 9e au 11e jour 4 cm³ 73, alors qu'en période d'alimentation, mais loin des repas bien entendu, il en consommait de 4 cm³ 50 à 4 cm³ 79.

L'organisme mis à l'état de jeûne se procure donc, par des emprunts faits à ses tissus, une quantité d'énergie égale à celle que lui fournissait la destruction des aliments.

Quelle est la *grandeur de la réserve d'énergie* sur laquelle l'organisme prélève ainsi pendant le jeûne?

Si l'on admet avec Bouchard que le corps d'un adulte de constitution normale contient par kilogramme 160 gr. d'albumine et 130 gr. de graisses, valant respectivement $160 \times 4,44 = 710$ calories et $130 \times 9,54 = 1\,240$ calories (voir p. 548 et 549), on trouve par kilogramme environ 2 000 calories et pour un poids de 70 kgr. environ 140 000 calories. En dix jours de jeûne, Cetti, qui pesait au début 57 kgr., a dépensé 15 862 calories, soit environ 14 p. 100 de la totalité de ses réserves[1]. Enfin, M. Rubner rapporte que les 2 682 calories dont était porteur un lapin au début du jeûne se trouvaient réduites à 898 calories au moment de la mort par inanition, en sorte que l'animal avait utilisé environ 70 p. 100 de ses réserves d'énergie (voir aussi p. 426).

La dépense de matière dans l'inanition totale. — Comment cette dépense d'énergie est-elle répartie entre les divers combustibles organiques[2]? On admet, en général, que les réserves d'hydrates de carbone dont dispose d'ordinaire l'organisme sont peu importantes, et qu'après quelques jours elles cessent d'entrer en ligne de compte, en sorte que ce serait surtout avec ses matières protéiques et ses graisses que l'organisme ferait face à ses dépenses pendant le jeûne. Les expériences tout à fait précises de Benedict (p. 627) ont montré que cette conclusion est trop absolue et que, du moins jusqu'au septième jour de jeûne, l'organisme brûle encore des quantités appréciables de glycogène. Néanmoins, il reste acquis que la majeure partie de l'énergie

---

1. Ou un peu plus, car Cetti était maigre, et ses tissus ne valaient probablement pas 2 000 calories par kilogramme.

2. On a montré dans un autre chapitre (p. 559) comment on établit cette répartition.

dépensée est fournie par les albumines et surtout par les graisses.

Exemple : sujet de Benedict déjà cité plus haut, pesant au début et à la fin des sept jours de jeûne respectivement 59 kgr. 520 et 56 kgr. 333.

JOURS DE JEÛNE	MATÉRIAUX SACRIFIÉS PAR L'ORGANISME			TOTAL DES CALORIES DÉPENSÉES	SUR 100 CALORIES DÉPENSÉES L'ORGANISME EN A EMPRUNTÉ :		
	Protéiques.	Graisses.	Glycogène.		Aux protéiques.	Aux graisses.	Au glycogène.
	gr.	gr.	gr.	cal.			
1 . . .	73,4	126,4	64,9	1 700	17,7	67,1	15,2
2 . . .	74,7	147,4	23,1	1 790	15,9	78,6	5,5
3 . . .	78,1	153,0	5,4	1 785	16,9	81,7	1,4
4 . . .	69,8	144,7	25,2	1 734	14,3	79,6	6,1
5 . . .	65,2	144,7	8,2	1 636	13,5	84,4	2,1
6 . . .	64,4	129,8	21,7	1 547	14,0	80,0	6,0
7 . . .	60,8	132,5	18,7	1 546	13,1	81,7	5,2

On voit donc que durant les sept jours de jeûne l'organisme a emprunté en moyenne aux matières protéiques 15 p. 100, aux graisses 79 p. 100 et au glycogène 6 p. 100 de la dépense totale d'énergie.

Cette répartition varie d'un sujet à l'autre, surtout avec la grandeur des réserves de graisses.

Exemples : chez Cetti, qui était maigre (57 kgr.), la dépense s'est répartie ainsi qu'il suit (en ne tenant pas compte du glycogène), pendant les quatre premiers jours de jeûne :

Part des protéiques dans la dépense. 20,5
   —   graisses   —   —   79,5
                                      100,0

Au contraire, le sujet à réserves adipeuses abondantes, observé par Ranke, a donné pour le second jour de jeûne :

Part des protéiques dans la dépense 9,4
   —   graisses   —   —   90,6
                                      100,0

Des réserves de graisse abondantes permettent donc à l'organisme en état de jeûne de diminuer les emprunts faits à ses protéiques. C'est pour cette raison, sans doute, que l'on voit les animaux adultes et gras résister à l'inanition beaucoup plus longtemps que les animaux jeunes et maigres.

Grandeur et marche de la consommation des protéiques pendant le jeûne. — La manière dont l'organisme use, au début du jeûne, de ses réserves de protéiques, dépend de l'alimentation des jours précédents. Si cette dernière a été fortement azotée, la destruction d'albumine continue à être élevée pendant le premier et même pendant le deuxième jour de jeûne, puis il s'établit un régime assez constant, régime de moindre dépense azotée, où l'organisme administre ses réserves de protéiques avec une parcimonie croissante, sacrifiant surtout ses graisses et le moins possible ses protéiques, constituants essentiels des tissus.

Voici d'abord quelques observations relatives aux premiers jours de jeûne. Les nombres expriment en grammes l'azote total de l'urine des vingt-quatre heures (cité d'après C. von Noorden) :

Nos d'ordre.	Dernier jour d'alimentation.	Premier jour de jeûne.	Deuxième jour de jeûne.	Troisième jour de jeûne.
1	16,8	11,9	10,6	—
2	18,6	12,9	13,8	—
3	—	17,0	11,2	10,5
4	16,2	13,8	11,0	13,9
5	9,3	7,8	13,0	—

Quelquefois, après une baisse au premier jour du jeûne, la consommation d'albumine se relève pendant un jour ou deux (voir nos 4 et 5). On admet, en général, que cette hausse correspond à l'épuisement de la majeure partie de la réserve du glycogène, qui au début était encore suffisante pour permettre l'épargne d'une certaine quantité d'albumine Puis s'installe un régime assez constant et la quantité d'azote urinaire oscille alors autour de 0 gr. 20 par kilogramme et par jour. Ainsi, du premier au dixième jour de jeûne, Cetti a éliminé de 0 gr. 176 à 0 gr. 240, en moyenne 0 gr. 214, et Succi de 0 gr. 119 à 0 gr. 232, en moyenne 0 gr. 180 d'azote par kilogramme et par jour, le sujet étant, bien entendu, pesé chaque jour. Plus tard, la destruction d'albumine est encore plus abaissée [1]. Au vingtième et au vingt et unième jours, Succi n'a plus éliminé que 4 gr. 4 et 3 gr. 9 d'azote, contre 6 gr. 8 au dixième jour. Enfin, cette consommation d'albumine est plus petite chez la femme (de 0 gr. 10 à 0 gr. 14 de N par kgr.), plus petite aussi chez les individus qui abordent le jeûne après une période d'alimentation médiocre ou insuffisante (4 à 6 gr. d'azote total dans l'urine des vingt-quatre heures et moins encore).

1. Peu avant la mort, il se produit souvent, chez l'animal, une hausse brusque et considérable de la destruction d'albumine et que l'on explique en général avec Voit par l'épuisement des réserves de graisse. On a aussi invoqué l'action de substances toxiques ou celle des corps acétoniques engendrés par le jeûne. Au moment de cette augmentation prémortelle de l'excrétion d'azote, on voit brusquement apparaître dans le sang (du lapin) des diastases protéolytiques. On ignore s'il existe une relation entre ces deux phénomènes.

Ce régime assez constant de l'excrétion azotée du jeûne présente un grand intérêt physiologique et médical. Au physiologiste, il offre un moyen très commode pour étudier l'action exercée sur la nutrition azotée par les substances toxiques ou médicamenteuses, sans que le tableau expérimental soit obscurci par des troubles de la digestion et de l'absorption. Ainsi, chez le chien tenu à jeun et arrivé au régime de l'excrétion azotée régulière, on constate, par exemple, que l'ingestion de phosphore provoque une hausse considérable de cette excrétion, action que l'on peut, dès lors, rapporter avec sécurité à une fonte des protoplasmes cellulaires sous l'action du toxique. En clinique, le jeûne (ou une alimentation manifestement insuffisante) est le meilleur moyen de constater une azoturie toxique (voir p. 626).

Autres particularités des échanges nutritifs pendant le jeûne. — Déjà Regnault et Reiset avaient noté que, pendant le jeûne, le quotient respiratoire s'abaisse. Cette chute est lente chez les sujets largement alimentés auparavant et qui possédaient donc au début du jeûne une ample provision d'hydrates de carbone. Tel était le cas du jeûneur Breithaupt, qui a fourni pendant les cinq premiers jours de jeûne les quotients respiratoires suivants : 0,87, 0,74, 0,73, 0,73, 0,63, tandis que chez Cetti, qui était maigre, les valeurs de ce quotient ont été : 0,72, 0,68, 0,68, 0,65, 0,66. Évidemment, un quotient tel que 0,87, supérieur à celui des graisses (0,71) et à celui des protéiques (0,80), indique que, dans le mélange de combustibles détruits à ce moment, le glycogène entrait pour une part importante. Puis, lorsque l'organisme ne consomme plus guère que des graisses et un peu d'albumine, on observe des valeurs à peine supérieures à 0,71. Mais comment expliquer que le quotient puisse tomber au-dessous de 0,71 ?

Cela tient d'abord à ce fait que, pendant le jeûne, l'organisme élimine par l'urine des quantités importantes de carbone sous la forme d'acides acétoniques (p. 438), ce qui diminue d'autant la quantité d'acide carbonique éliminée par le poumon et abaisse, par conséquent, la valeur du quotient respiratoire. On a expliqué aussi ce fait par la production d'une certaine quantité de glycogène, formée aux dépens de l'albumine ou des graisses et que l'individu qui jeûne, tout en restant au repos, accumule dans ses muscles (Lehmann et Zuntz). Si cette hypothèse est exacte, le quotient respiratoire doit remonter quand, après une période de repos complet, le sujet, toujours à jeun, fournit des travaux mécaniques. C'est ce que l'expérience a permis de vérifier chez le jeûneur Breithaupt. Les expériences si précises de Benedict (p. 643) permettent aussi de calculer, pour certains jours de jeûne, une production de glycogène qui s'est élevée jusqu'à 26 grammes.

Pendant le jeûne, l'urine présente des modifications caractéristiques. La présence de quantités importantes d'acides acétoniques, c'est-à-dire de corps n'apportant que du carbone et pas d'azote, fait monter le rapport du carbone total à l'azote total de 0,66 ou 0,87, valeurs moyennes à l'état normal (p. 496), à 1,03 (sujet de Benedict; valeur moyenne du 2e au 7e jour de jeûne). Corrélativement, on voit grandir le quotient calorique (p. 499). Chez le sujet de Benedict, il est monté de 7,9 (1er jour de jeûne) à 13,7 (6e et 7e jour). Enfin, on a déjà vu pourquoi l'ammoniaque augmente et l'urée diminue dans l'urine du jeûne (p. 483-84).

Pendant le jeûne, les organes les plus nobles, cœur, système nerveux central, ne perdent presque pas de leur poids, évidemment parce qu'ils sont entretenus au détriment d'autres parties du corps, tissu adipeux, muscles, etc., que l'on voit, au contraire, diminuer de poids dans des proportions énormes. Il se produit donc là des phénomènes de transport sur l'intérêt desquels on a déjà appelé l'attention[1] (p. 266). On saisit aussi cette usure élective des tissus en ce qui concerne la chaux des os. Chez les pigeons ne recevant que des aliments pauvres en chaux, les parois des os qui ne servent pas à soutenir le corps deviennent peu à peu minces comme des feuilles de papier, tandis que les os des membres conservent à peu près leur résistance et leur teneur normale en chaux (E. Voit).

§ II. — L'ALIMENTATION INSUFFISANTE.

La dépense d'énergie dans l'alimentation insuffisante. — Lorsque, dans une ration qui suffit à l'entretien de l'organisme, on supprime *brusquement* une fraction importante des calories nécessaires, l'organisme répond comme dans le jeûne, c'est-à-dire en empruntant à ses tissus de quoi couvrir le déficit.

---

1. Rappelons ici les observations de Miescher sur les saumons du Rhin (p. 314) et celles de Pflüger sur le crapaud accoucheur (*Alytes obstetricans*) dont la larve à partir du mois de mai cesse de se nourrir pendant cinq semaines, durant lesquelles la queue, très volumineuse à ce moment, se rapetisse peu à peu et s'atrophie, pendant que les membres antérieurs et postérieurs se développent.

Exemple : un sujet de Atwater couvre ses besoins avec 2 303 calories pour vingt-quatre heures. On ne lui en donne ensuite que 2 037. Le déficit prévu est donc de 266 calories. L'expérience montre que l'organisme a sacrifié des quantités d'albumine et de graisse valant respectivement 31 et 240 calories, au total 271.

En est-il de même lorsque l'alimentation insuffisante est *chronique*, ou bien, au contraire, s'établit-il, comme on l'a soutenu, un régime plus économique, résultat d'une adaptation progressive de l'organisme aux conditions défectueuses de l'alimentation? C'est là une question devant laquelle la physiologie était restée très réservée, mais de plus en plus les preuves s'accumulent quant à la possibilité d'une telle adaptation, au moins pour certains organismes, et les restrictions alimentaires considérables et prolongées que la guerre de 1914-1918 a imposées à tant de populations ont achevé, ce semble, cette démonstration (voir p. 582, 611 note 1 et 625 note 1).

La dépense de matière dans l'alimentation insuffisante. — Dans *l'inanition partielle expérimentale*, c'est-à-dire *brusquement* installée, les choses se passent comme le font prévoir les faits acquis dans l'étude de l'inanition totale. L'organisme complète la ration en s'adressant à ses réserves de graisse [1] et secondairement à ses réserves d'albumine, la quantité d'albumine sacrifiée étant, là encore, d'autant plus faible que l'organisme est plus riche en graisse.

Exemple : dans une expérience de Miura, faite sous la direction de C. von Noorden sur un sujet maigre, mis en état d'équilibre azoté avec une ration de 1 955 calories, soit 41 cal. 6 par kilogramme, on provoque pendant trois jours, par la suppression d'une partie des hydrates de carbone, un déficit de 462 calories, soit 29 p. 100 de l'apport total, et on constate que l'organisme couvre ce déficit dans la proportion de 17 p. 100 par les albumines et de 83 p. 100 par les graisses empruntées à ses tissus. Au contraire, chez une jeune fille de vingt-cinq ans, à réserves adipeuses abondantes, mais non exagérées, un déficit de 30 p. 100 dans l'apport total de calories, provoqué également par la suppression d'une partie des hydrates de carbone, fut couvert, pour 8,9 p. 100 par l'albumine, et pour 91,1 p. 100 par la graisse sacrifiée par l'organisme (C. von Noorden).

Remarque. — Dans ces expériences, le déficit créé a porté sur un aliment ternaire, les hydrates de carbone, c'est-à-dire qu'il y a eu simple-

1. Il est certain que les réserves d'hydrates de carbone sont aussi mises à contribution. Mais l'expérience, généralement faite comme il est dit à la page 559, ne permet pas de faire le départ entre ces deux sortes de matériaux et oblige donc à exprimer en graisse l'ensemble des matériaux ternaires sacrifiés.

ment déficit de calories. Les choses se passent, bien entendu, autrement quand le déficit porte sur l'albumine. c'est-à-dire sur un aliment spécifiquement indispensable, au moins pour une certaine quantité. Si, dans une ration d'entretien apportant en protéiques le minimum indispensable, on supprime la moitié de cet apport, il est clair que l'organisme devra combler ce déficit par un appel équivalent à ses réserves d'albumine. Si l'apport protéique est double du minimum, et si l'on crée un déficit en supprimant la moitié de cet apport, ce déficit pourra être comblé par de la graisse [1] empruntée aux tissus, car une moitié des protéiques tenait simplement le rôle d'un combustible alimentaire.

La manière dont l'organisme répond à *l'inanition partielle chronique* n'est pas encore clairement établie. Les expériences de longue durée (de 24 à 50 jours) faites par Neumann, Siven, Renvall, et d'autres, et la pénétrante analyse qu'en a donnée Magnus-Levy montrent bien que les indications qui suivent ne sont que des moyennes, qui peuvent bien ne point s'appliquer à tous les cas.

On peut dire, d'une manière générale, qu'un déficit de calories est couvert par les mêmes procédés que dans le cas de l'inanition partielle aiguë, avec cette différence que l'organisme administre ses réserves de protéiques avec une parcimonie encore bien plus grande, et même que l'équilibre azoté peut subsister ou être rétabli, le déficit étant entièrement couvert par les graisses sacrifiées. Mais, d'ordinaire, ce dernier état de chose n'est pas durable ; longtemps prolongée, l'alimentation insuffisante amène toujours, avec des pertes de graisses, des sacrifices d'albumine, c'est-à-dire une diminution de la masse et des forces musculaires [2]. Et même quand la ration insuffisante administrée est très riche en protéiques, cette fâcheuse conséquence ne peut être évitée ou ne peut l'être que transitoirement. Sur ce dernier point, notamment, l'expérience clinique a clairement prononcé.

Voici quelques indications numériques relativement à ce qui précède. Dans l'inanition partielle chronique, l'azote total de l'urine des vingt-quatre heures descend d'ordinaire à 5 ou 6 gr. et même plus bas encore, c'est-à-dire que le sacrifice d'albumine que s'impose l'organisme est aussi réduit qu'il est possible. Le cas de Fr. Müller cité à la page 666 montre qu'il peut même se produire des fixations d'albumine avec des apports protéiques peu élevés et à un moment où l'organisme sacrifie encore de ses graisses. Voici un exemple du même genre, relatif à une femme de vingt-sept ans et extrait d'une intéressante série d'observa-

---

1. Il en sera ainsi, du moins, lorsque l'organisme se sera adapté à ce nouvel apport et qu'il aura rétabli l'équilibre azoté (p. 652).

2. Cette diminution ne cesse que lorsque l'adaptation, si elle est possible, a été obtenue (voir à la page 625-26, note 1, l'observation de A. Benoit sur des prisonniers russes).

tions de C. von Noorden sur des femmes affaiblies, qui recevaient des rations richement pourvues en albumine, mais insuffisantes, au moins au début, quant à l'apport total d'énergie. (Résultats pour vingt-quatre heures.)

Durée des périodes.	Poids.	Albumine consommée.	Apport total d'énergie.	Apport d'énergie par kilogramme.	Gain ou perte d'albumine
	kg.	gr.	cal.	cal.	gr.
1re semaine.	40,0	80	720	18	— 17,5
2e —	38,0	80	720	19	— 16,2
3e —	37,2	80	940	23	+ 9,4
4e —	38,5	80	1 050	27	+ 11,9
5e —	41,0	80	1 450	35	+ 20,6

Malgré un abondant apport d'albumine, l'organisme a donc été obligé, pendant les deux premières semaines, de sacrifier de ses protéiques et probablement aussi de ses graisses, puisque le poids a diminué de 2 kilogrammes. Puis, l'apport de calories étant devenu un peu meilleur, il a fait pendant la troisième semaine un bénéfice d'albumine quotidien, bien que l'amaigrissement ait continué. Ce n'est qu'avec des recettes de calories encore améliorées que les bénéfices d'albumine ont été accompagnés aussi d'un relèvement sensible du poids.

Ces sacrifices d'albumine, qu'imposent à l'organisme des rations même très riches en protéiques, mais insuffisantes comme apport total de calories, ont été observés aussi par les cliniciens à une époque où, pour combattre l'hyperchlorhydrie, on prescrivait des rations dont la viande et les œufs faisaient presque tous les frais. Malgré des apports d'albumine allant jusqu'à 150 et 175 gr., mais avec 20 à 30 calories seulement par kilogramme, on observait fréquemment, en quelques semaines, un amaigrissement de plusieurs kilogrammes et un affaissement sensible des masses musculaires (C. von Noorden).

L'inanition partielle thérapeutique. — Les cures d'amaigrissement. — L'alimentation insuffisante est employée par les médecins pour combattre l'obésité, et les rations adoptées à cet effet sont caractérisées : 1° Par un apport total de calories systématiquement insuffisant (environ 1 200 à 1 600 calories en vingt-quatre heures); 2° par un apport d'albumine très abondant (de 100 à 175 gr.). On crée ainsi dans la ration un déficit de 1 000 à 1 400 calories, que l'organisme est obligé de combler par un prélèvement sur ses tissus, et comme chez le sujet normal de tels prélèvements portent surtout sur les graisses, et que les protéiques y participent d'autant moins que les réserves adipeuses sont plus abondantes (p. 647), on compte que chez les individus très gras et recevant, d'autre part, des rations très riches en albumine, l'organisme ne sacrifiera que des graisses et sera préservé des pertes d'albumine.

En est-il vraiment ainsi? En clinique, on mesure les bons effets d'une cure d'amaigrissement à cette double constatation, à savoir que l'on a obtenu une diminution de poids importante, tout en conservant au sujet une résistance musculaire convenable, ce qui indique que la fonte des tissus n'a pas atteint sérieusement les masses albumineuses. Mais si ce procédé, que l'emploi des mesures dynamométriques régulières peut rendre plus précis, suffit en clinique, il ne résout pas le problème physiologique que posent les cures d'amaigrissement, et qui ne peut être abordé que par l'étude quantitative des échanges nutritifs. Or, cette étude démontre que si l'apport total de calories n'est pas réduit au delà des deux tiers du besoin total, l'obèse ne perd que de la graisse, sans sacrifier d'albumine, et pour que ce dernier résultat soit obtenu, il n'est pas indispensable, comme on le croyait autrefois, que l'apport des protéiques soit très élevé. Une centaine de grammes suffisent, et si la ration ainsi établie provoque au début des pertes d'azote, ces pertes n'ont pas le caractère inquiétant qu'on leur attribuait autrefois. Elles s'annulent, en général, plus tard (M. Labbé et Furet), si l'on a soin que la cure soit accompagnée d'exercices musculaires, progressivement plus actifs, car le travail musculaire favorise les fixations d'albumine (p. 664) (Dapper, Magnus-Levy, Bornstein, et d'autres).

Voici le détail de la démonstration de Dapper, faite sur l'auteur lui-même, sous la direction de C. von Noorden. Dans une première-période de huit jours, la ration contenait par jour 108 gr. 4 d'albumine et 1 530 calories, et la perte de poids fut de 3 kgr. 2, mais l'organisme avait dû sacrifier en même temps 58 gr. 7 de protéiques. Dans une deuxième période de douze jours, avec un apport de 127 gr. d'albumine et de 1 466 calories, la perte de poids fut de 2 kgr. 7 (poids moyen : 95 kgr.), mais cette fois avec un bénéfice quotidien de 5 gr. 17 d'albumine. Dans une expérience très bien conduite sur une petite obèse de douze ans (poids 48 kgr., taille 1 m. 41), Hellesen a obtenu d'une manière constante l'équilibre azoté avec fonte des graisses, quand il se bornait à créer un déficit de calories de 20 à 40 p. 100. Et l'équilibre azoté était plus aisément obtenu quand ce déficit portait sur les graisses, que lorsque l'on réduisait les hydrates de carbone (p. 656).

§ III. — L'ALIMENTATION SURABONDANTE.

Une ration qui suffit pour couvrir le besoin d'albumine et le besoin total des calories, devient surabondante quand on l'additionne d'un surplus de l'un des trois aliments, albumine, graisse ou hydrates de carbone. Or, l'expérience a montré que, vis-à-vis de ce surplus, l'organisme ne se comporte nullement comme un foyer, qui brûle d'autant plus de combustible qu'on lui en fournit davantage[1]. Il réalise, au contraire, un bénéfice, et deux questions se posent alors :

1° L'organisme met-il de côté la totalité des calories reçues en trop, ou bien cette opération de la mise en réserve d'un combustible alimentaire comporte-t-elle un déchet, et quelle est la grandeur de ce déchet selon la nature de l'aliment, albumine, graisse ou hydrate de carbone, ajouté à la ration suffisante? C'est la question du *bénéfice d'énergie* réalisé par l'organisme.

2° Quel est le combustible mis en réserve selon la composition de la ration surabondante qui a été fournie? C'est la question du *bénéfice de matière* que l'organisme tire d'une telle ration.

1. *Le bénéfice d'énergie*.

On a admis pendant quelque temps que toute la quantité d'énergie, dont l'apport alimentaire dépasse le besoin d'entretien, est mise de côté par l'organisme, déduction faite de la dépense peu élevée qui correspond au surcroît de travail imposé au tube digestif. Les physiologistes ne maintiennent plus, en général, cette conclusion, depuis qu'il est reconnu que l'arrivée d'un aliment dans l'organisme provoque toujours — en sus de la dépense due au travail digestif — une augmentation de la dépense de calories. C'est le phénomène de l'action dynamique spécifique des aliments qui a été exposé précédemment (p. 584)[2]. Il est clair que la fraction d'énergie ainsi dépensée ne peut plus être économisée directement. Mais si l'organisme considéré est pris dans un milieu, dont la température est telle que le mécanisme de la régulation chimique entre en jeu, les calories ainsi dépensées pourront servir à la lutte contre le froid et permettre, par conséquent, l'économie d'une quantité isodyname d'un autre combustible (p. 589). On prévoit donc que, dans ces conditions, la totalité des calories apportées par la ration en sus du besoin réel pourra être mise de côté (déduction faite, bien entendu, de ce qu'a exigé le surcroît de travail imposé au

1. Voir sur ce point la restriction qui a été faite à la page 611, à propos de l'étude de la consommation dite de luxe.
2. Voir ce qui est dit en outre à la page suivante quant à ce phénomène et à celui de la dépense due à la croissance et à la réparation.

tube digestif) et il semble bien que ce soit là ce qui s'est passé dans les expériences de Atwater, avec apport calorifique sura-bondant (p. 561). La même réflexion s'applique à la dépense de calories représentant le coût de l'accroissement réalisé (p. 606), une partie de cette dépense se confondant d'ailleurs, dans une mesure que l'on n'aperçoit pas encore clairement, avec celle du phénomène de l'énergie dynamique spécifique.

Au contraire, si la température ambiante est telle que l'organisme n'ait pas besoin de produire de la chaleur pour se défendre contre le refroidissement, ces calories se dissipent au dehors sans avoir servi à rien, et alors une fraction seulement des calories fournies en trop pourra être mise en réserve. Tout dépend donc des conditions de température dans lesquelles ces essais de suralimentation sont faits. Or, c'est là un facteur dont l'importance n'a été bien mise en lumière que depuis peu d'années, en sorte que la question posée ne peut pas encore recevoir de réponse précise.

2. *Le bénéfice de matière.*

Sous quelle forme l'organisme réalise-t-il de tels bénéfices de calories selon qu'on ajoute à une ration suffisante un supplément d'albumine, d'hydrates de carbone ou de graisse? Tel est le problème qui doit être examiné dans ce qui suit et qui nous conduira à compléter sur quelques points ce qui a été dit quant à l'état d'entretien ou de jeûne.

A. — CAS D'UN SURPLUS D'ALBUMINE.

La loi physiologique de l'équilibre azoté. — On a déjà établi que, quelle que soit la quantité d'aliment protéique que l'absorption digestive fournisse à l'organisme, celui-ci détruit toujours la totalité de cet apport (p. 615). On comprend aisément qu'il en soit ainsi, lorsque la quantité d'albumine fournie fait partie d'une ration couvrant exactement le besoin total, car on aperçoit alors dans l'apport d'albumine deux fractions : celle qui représente le minimum indispensable, et le surplus, qui avec les graisses et les hydrates de carbone contribue à parfaire la somme totale des calories nécessaires. Mais si l'on ajoute à une ration suffisante un surplus d'albumine, ce surplus est détruit aussi, et c'est une quantité correspondante d'hydrates de carbone ou de graisse qui se trouve éliminée du champ des destructions organiques, et épargnée (Voit).

L'organisme tend donc toujours à réaliser l'équilibre azoté, c'est-à-dire à mettre la destruction des protéiques au niveau de l'apport azoté alimentaire [1].

Cette adaptation de l'excrétion azotée à la grandeur de l'apport azoté alimentaire se reconnaît immédiatement à un fait que nos prédécesseurs avaient observé depuis longtemps, à savoir l'augmentation de la quantité d'urée [2] excrétée, à mesure que la ration devient plus riche en protéiques, et comme, avec Liebig, ils voyaient dans l'albumine l'aliment du travail musculaire, il leur paraissait très singulier que la destruction de cet aliment grandît ainsi, quel que fût le travail fourni. Une partie de cette albumine semblait donc être gaspillée.

L'établissement de cet équilibre exige, en général, pour être réalisé, plusieurs jours, durant lesquels l'organisme fixe de l'albumine ou, au contraire, en perd selon que la ration de protéiques a été augmentée ou diminuée par rapport à ce qu'elle était les jours précédents.

Exemple : expérience sur l'homme de C. von Noorden (citée d'après Magnus-Levy) :

	Azote ingéré.	Azote dans les fèces [3].	Azote dans l'urine.	Gains ou pertes d'azote [4].
1er jour.	14gr,4	0gr,70	13gr,6	+ 0gr,1
2e —	14 ,4	0 ,70	13 ,8	— 0 ,1
3e —	14 ,4	0 ,70	13 ,6	+ 0 ,1
4e —	20 ,96	0 ,82	16 ,8	+ 3 ,34
5e —	20 ,96	0 ,82	18 ,2	+ 1 ,94
6e —	20 ,96	0 ,82	19 ,5	+ 0 ,68
7e —	20 ,96	0 ,82	20 ,0	+ 0 ,14

Lorsque l'organisme, mis en état d'équilibre avec un apport de 14 gr. 4 d'azote, a brusquement reçu au quatrième jour une quantité d'albumine valant 20 gr. 96 d'azote, il a donc aussitôt augmenté sa destruction d'albumine (16 gr. 8 d'azote urinaire au lieu de 13 gr. 6), mais ce n'est que trois jours plus tard que cette dépense a atteint sensi-

1. Sauf le cas, bien entendu, où l'apport azoté descend au-dessous du minimum indispensable.

2. Le dosage de l'urée tenait lieu, à cette époque, de dosage de l'azote total.

3. Dans ces expériences on fait souvent le dosage de l'azote fécal sur le mélange des excréments de plusieurs et on prend la moyenne.

4. Des résultats comme les trois premiers et le dernier de cette colonne signifient pratiquement que l'équilibre azoté a été atteint, d'autant plus qu'on n'a pas tenu compte des pertes par la peau (sueur).

blement le même niveau que la recette (20 gr. d'azote urinaire contre 20,96 — 0,82 = 20 gr. 14 d'azote absorbé), et pendant ce temps l'organisme a fait des bénéfices d'albumine, qui sont allés en diminuant. On observe le phénomène inverse, lorsque l'apport de protéiques est brusquement diminué (sans descendre cependant au-dessous du minimum indispensable). L'organisme détruit d'abord plus d'albumine qu'il n'en reçoit, puis après quelques jours ces pertes s'atténuent, et la destruction descend au niveau de l'apport alimentaire (voir aussi p. 661)[1].

On voit donc que chez l'homme bien portant un *apport de protéiques en sus d'une ration suffisante ne détermine un gain d'albumine que pendant le court laps de temps dont l'organisme a besoin pour rétablir l'équilibre azoté.* On montrera plus loin que, pour l'organisme en voie d'accroissement ou sortant d'une période d'inanition, les choses se passent tout autrement.

Albumine fixe et albumine circulante. — En ce qui concerne la consommation de l'albumine, l'organisme se comporte donc de deux façons différentes, diamétralement opposées, et qui constituent l'un des aspect les plus remarquables de la nutrition azotée. D'une part, au cours du jeûne, c'est d'abord avec ses hydrates de carbone et ses graisses que l'organisme alimente ses combustions, et l'albumine n'est sacrifiée qu'avec la plus stricte économie. Au contraire, en période d'alimentation, l'organisme détruit d'abord tous les protéiques qu'il reçoit et plus on lui en donne, plus il en détruit. Les aliments ternaires ne sont sacrifiés que dans la mesure nécessaire pour parfaire l'apport total de calories, et l'on a vu que, chez le carnivore, l'albumine peut même les éliminer presque entièrement du champ de destruction organique (p. 615). *Pendant le jeûne, les protéiques* (des tissus) *se conduisent donc comme des matériaux difficilement oxydables. En période d'alimentation, ils sont, au contraire, parmi les aliments apportés par la ration, le combustible brûlé en premier lieu.*

Cette différence a conduit Voit (1869) à admettre que, dans ces deux cas, les protéiques brûlés ne sont pas les mêmes. Pendant le jeûne, l'organisme consomme l'albumine de ses tissus, l'*albumine fixe* ou *fixée.* En période d'alimentation, il brûle celle qui vient d'être absorbée et celle qui, bien qu'absorbée depuis quelque temps, n'a encore été insérée dans aucun tissu; c'est de l'*albumine circulante.* Et si, pendant le jeûne, l'organisme ne commence

---

1. Ce phénomène a été expliqué par Gruber d'une tout autre manière, mais dont l'exposé ne peut trouver place ici.

à administrer ses réserves d'azote avec parcimonie qu'après un ou deux jours, c'est parce qu'il vit encore pendant ce temps sur une réserve d'albumine circulante, accumulée pendant les jours d'abondance et qui est facilement combustible. Mais ce gaspillage s'arrête avec l'épuisement de ces réserves.

Cette distinction entre l'albumine fixe et l'albumine circulante a provoqué une longue discussion, dont il est intéressant de marquer ici les principales étapes. Tout d'abord Pflüger et Hoppe-Seyler ont rejeté cette notion de l'albumine circulante, et ont soutenu que tout l'apport protéique de chaque journée devient de l'albumine de tissus, pour être détruite ensuite. Mais cette manière de voir se heurte à des difficultés si grandes[1] que la conception de Voit a été en général préférée, et s'est maintenue jusqu'à l'heure présente, mais en subissant l'adaptation que voici. La digestion des protéiques étant une hydrolyse de ces corps en fragments aminés qui sont ensuite absorbés, on doit se demander si chaque fois l'apport protéique de la ration, ainsi démoli par la digestion, est reconstruit dans sa totalité, une petite partie devenant de l'albumine fixe, insérée dans les tissus à réparer, et la plus grosse devenant de l'albumine circulante au sens de Voit, destinée à être détruite l'instant d'après. A quoi Folin répond que l'organisme n'a besoin de reconstruire que l'albumine nécessaire à la réparation des tissus — et l'on a vu que cette partie est très petite (p. 616). Le reste demeure à l'état d'acides aminés, que l'organisme ne peut utiliser, du moins pour leur très grande partie (p. 321-29) qu'en tant que combustible, comme il fait avec la graisse et avec le sucre, et, à cet effet, il désamine ces acides et les transforme en glycose, qu'il détruit ensuite. Là serait donc l'explication de cette singulière aptitude de l'organisme à détruire si vite l'albumine ingérée (p. 390).

Mais cette explication, si plausible soit-elle, demeurerait en l'air, si Folin ne l'avait appuyée sur les constatations que voici. Ce qui vient d'être dit implique qu'il se produirait côte à côte dans l'organisme deux désassimilations azotées, aboutissant à deux sortes de déchets, ceux qui proviennent de l'usure de l'albumine des tissus et ceux qui sortent de la destruction de ces fragments aminés des protéiques fournis par la digestion. Or, on a déjà vu que Folin a réussi à distinguer dans l'urine ces deux sortes de déchets (p. 314)[2].

Aux deux notions d'albumine fixe, stable, et d'albumine circu-

1. Comment admettre, par exemple, qu'un chien qui peut être entretenu aussi bien avec 40 gr. de viande, plus le complément ternaire nécessaire, ou avec uniquement 400 gr. de viande, transforme en albumine de tissus, de protoplasme, aujourd'hui ces 40 gr., demain ces 400 gr., pour les détruire peu après, et que le ravitaillement des tissus en albumine incorporée aux protoplasmes soit ainsi livré aux hasards quotidiens de l'alimentation ?

2. Voici les éléments de cette démonstration. Folin a mis des sujets à deux régimes différents, tous deux valant un total de calories suffisant (2 786 et 2 153) et exempts de purines et de créatine, mais dont l'un était très riche et l'autre très pauvre en protéiques (118 et 6 gr. par jour). Voici en grammes et pour vingt-quatre heures, la composition de l'urine recueillie. Les nombres entre

lante, aisément détruite, se substitueraient donc respectivement celle d'albumine reconstruite pour être incorporée aux tissus à réparer, et celle d'albumine non reconstruite et laissée par l'organisme à l'état d'acides aminés rapidement détruits ensuite. Mais des résultats qui seront exposés plus loin touchant l'accroissement azoté (p. 662) obligent à admettre que dans certaines conditions l'organisme reconstruit plus d'albumine qu'en exige la réparation des tissus, et que ce surplus, ou du moins une partie de ce surplus, peut être retenue à l'état d'albumine de réserve, non protoplasmique, en sorte qu'il faudrait donc continuer à faire une place à cette notion de l'albumine circulante, disons plus exactement : de l'albumine non organisée, non vivante.

B. — CAS D'UN SURPLUS D'HYDRATES DE CARBONE OU DE GRAISSE.

L'épargne de l'albumine par les hydrates de carbone et par les graisses. — Si l'on ajoute à une ration suffisante un surplus notable d'*hydrates de carbone*, on constate que la quantité d'azote total de l'urine, c'est-à-dire la quantité d'albumine détruite, diminue aussitôt, à condition, bien entendu, que l'apport de protéique n'ait pas été pris trop près du minimum indispensable. L'organisme a donc détruit une partie ou la totalité du surplus d'aliment ternaire absorbé et il a fait corrélativement l'*épargne* d'une certaine quantité d'albumine. Cette règle, établie par Bis-

parenthèses indiquent quelle fraction de l'azote total ou du soufre total est représentée par les divers corps azotés ou sulfurés énumérés.

	Ration riche en albumine.	Ration pauvre en albumine.
Azote total	16,8	3,60
— de l'urée	14,70 (87,5)	2,20 (61,7)
— de l'ammoniaque	0,49 (3,0)	0,42 (11,3)
— de l'acide urique	0,18 (1,1)	0,09 (2,5)
— de la créatinine	0,58 (3,6)	0,60 (17,2)
SO^3 des sulfates	3,46 (95,2)	0,56 (73,7)
Soufre neutre en SO^3	0,18 (4,8)	0,20 (26,3)

On voit que le passage de l'un à l'autre régime a fait baisser considérablement la quantité absolue et relative de l'urée et des sulfates, tandis que celle de la créatinine et du soufre neutre n'ont pas varié en valeur absolue et ont beaucoup augmenté en valeur relative.

choff et Voit, puis par Pettenkofer et Voit pour le chien, se vérifie aussi chez l'homme.

1° Un chien reçoit 2 000 gr. de viande avec lesquels il se met en équilibre azoté. On lui donne en sus, pendant les cinq jours suivants, 200, puis 300 gr. d'amidon; l'excrétion d'urée diminue aussitôt, et l'azote manquant correspond en moyenne à 199 gr. de chair musculaire détruite en moins et par conséquent gagnée par l'organisme (Voit).

2° Une femme reçoit, pendant quatre jours, une ration suffisante, avec laquelle elle fait de légers bénéfices d'albumine. L'urine contient en moyenne 8 gr. 724 d'azote par jour. On lui donne un surplus de 200 gr. de sucre et l'urine n'élimine plus que 7 gr. 531 d'azote. La différence, soit 1 gr. 193, correspond à 7 gr. 43 d'albumine fixée, soit 13,6 p. 100 de la quantité primitivement détruite.

3° Cette action d'épargne des hydrates de carbone peut être mesurée aussi en s'adressant à l'organisme à jeun. La quantité d'albumine sacrifiée par les tissus pendant l'inanition diminue, sitôt que l'on fait ingérer des hydrocarbonés (p. 616).

Les hydrates de carbone font donc l'épargne de l'albumine, mais on remarquera que la quantité de protéique épargnée est toujours faible. Rapporté à la quantité d'albumine dépensée précédemment, le poids de protéique ainsi économisé ne dépasse pas, en général, 15 p. 100. Rapporté à la quantité d'hydrates de carbone ingéré en surplus, il apparaît plus faible encore, puisque, dans l'expérience citée ci-dessus, le surplus de sucre de canne ingéré valait $200 \times 3,95 = 790$ calories, tandis que l'albumine épargnée n'en représente que 30 environ, soit à peine 4 p. 100. Le reste est en majeure partie fixé à l'état de graisse. On reviendra plus loin sur ces faits.

Les *graisses* font aussi l'épargne de l'albumine, mais d'une façon beaucoup moins puissante que les hydrates de carbone.

1° Un chien reçoit 1 500 gr. de viande avec lesquels il se met en équilibre nutritif, puisque l'urine indique une destruction de 1 512 gr. de viande. On lui donne en sus 150 gr. de graisse valant environ 1 400 calories, et la consommation d'albumine exprimée en chair musculaire ne descend qu'à 1 474 gr., soit donc pour l'organisme un bénéfice de 26 gr. seulement, tandis que, dans l'expérience ci-dessus avec les hydrates de carbone, 800 à 1 200 calories d'amidon données en surplus ont provoqué l'économie de 199 gr. de chair musculaire. Cette action d'épargne est donc faible, si faible que de divers côtés elle a été niée. Cependant Bartmann vient encore d'en démontrer la réalité dans des expériences très soigneusement conduites. Il faut veiller à ce que ces grandes quantités de graisse consommées n'irritent pas le tube digestif et ne provoquent pas une élimination exagérée d'azote par les fèces.

2° Chez l'homme, on saisit la même différence, ainsi que le montrent l'expérience de Kayser, citée à la page 629 et celle de de Landergren, sur lui-même, citée à la page 616.

Remarques à propos de la prééminence des protéiques et des hydrates de carbone dans les échanges nutritifs.

— On vient de voir que l'organisme commence toujours par détruire toute la quantité de protéiques qu'il reçoit. Deux ordres de faits conduisent à admettre qu'il s'adresse en second lieu aux hydrates de carbone (et à l'alcool) et que les graisses ne viennent qu'en dernier lieu.

1° Sitôt qu'un sujet ingère d'importantes quantités d'hydrates de carbone, le quotient respiratoire s'élève et s'approche de l'unité, ce qui prouve que cet aliment est entré aussitôt dans le champ des réactions.

2° Quand on donne à un animal de larges rations d'hydrates de carbone, les dépôts de glycogène se garnissent abondamment pendant les douze à vingt heures qui suivent, mais les quantités fixées restent toujours bien inférieures à celles qui disparaissent par combustion, à tel point que l'énergie ainsi libérée représente presque à elle seule le reste de la dépense de calories. De même, quand on fait travailler l'animal, on constate que déjà après six à huit heures les dépôts de glycogène sont presque entièrement vidés, tandis que les graisses ne sont brûlées que dans la mesure nécessaire pour compléter la dépense totale de calories.

C'est dans *un ordre inverse* que se présentent, au contraire, ces mêmes aliments quand on considère l'importance des dépôts qui sont constitués pour chacun d'eux dans l'organisme. Les réserves d'albumine sont médiocres, et déjà après un ou deux jours de jeûne, c'est à l'albumine protoplasmique que l'organisme doit s'adresser (p. 644)[1]. Viennent ensuite les dépôts de glycogène, qui représentent de 1 à 2 p. 100 du poids du corps et que l'on peut, par une alimentation très large, porter à 3,6 p. 100 au maximum, quantité qui pourrait couvrir pendant 3 à 4 jours la dépense de l'organisme. Viennent enfin les graisses, qui représentent 10 à 15 p. 100 du poids du corps et que l'engraissement peut porter à 30, 40 et 50 p. 100 de ce poids. C'est là la grande réserve d'énergie de l'organisme, et qui suffirait presque à elle seule à l'entretien pendant plusieurs semaines (p. 628).

1. On devrait dire plus justement, si l'on ne veut pas dépasser les faits, que ce n'est que pendant les deux premiers jours de jeûne, succédant à une période d'abondance de protéiques, que l'organisme dépense encore largement son azote. Très vite il en devient ensuite très économe, comme si, ses réserves étant épuisées, il était maintenant dans l'obligation de s'adresser à ses tissus, c'est à-dire à une partie essentielle de son capital chimique.

Notons enfin qu'il y a des circonstances où *cette règle de la prééminence de l'albumine dans les destructions organiques se trouve comme brisée* ; c'est au cours de la croissance (p. 664) et de la régénération des tissus après le jeûne (p. 666).

Remarques à propos de l'alimentation des diabétiques. — On a montré précédemment que, dans les conditions ordinaires de la vie, les hydrates de carbone fournissent de 50 à 70 p. 100 de l'apport total d'énergie (p. 635). Si donc on supprime dans un but thérapeutique la majeure partie de ces aliments, on devra veiller à ce que le déficit ainsi créé soit comblé par un apport suffisant d'albumine et de graisses, et comme la quantité des protéiques demeure nécessairement limitée, c'est surtout sur les graisses que, depuis Bouchardat, l'on compte avec raison, pour atteindre le total des calories nécessaires. Mais, étant donné le moindre pouvoir des graisses, en ce qui concerne l'épargne de l'albumine, la question se pose de savoir si, même avec un apport thermique surabondant, l'organisme se trouve garanti contre les déficits d'albumine.

L'expérience de Kayser, citée à la p. 629, montre que, si dans une ration d'entretien la *totalité* des hydrates de carbone est remplacée par de la graisse, le déficit d'azote s'installe aussitôt. Il convient donc de déterminer, par tâtonnement, la quantité d'hydrates de carbone que le malade peut encore ingérer sans glycosurie notable, et de ne pas le priver inutilement de cet appoint. Cela posé, l'expérience a montré que, chez beaucoup de diabétiques, on réussit très bien à obtenir l'équilibre azoté, même avec un apport de protéiques très réduit, complété par très peu d'hydrates de carbone et beaucoup de graisses. Ainsi C. von Noorden cite le cas d'un malade de 70 kgr. (cas de moyenne gravité) qui, suivi pendant trois semaines, est resté en équilibre azoté avec une ration apportant 60 gr. d'albumine, 250 gr. de graisse, plus les petites quantités d'hydrates de carbone contenues dans les légumes verts. Mais parfois aussi, malgré un apport de calories surabondant (jusqu'à 60 calories par kilogramme dans un cas observé par Fr. Voit), le déficit d'azote s'installe, démontrant donc pour le diabétique, comme elle est déjà établie pour l'homme bien portant, l'infériorité des graisses par rapport aux hydrates de carbone dans l'épargne de l'albumine.

C. — L'engraissement dans l'état de santé et après l'inanition.

L'engraissement dans l'état de santé est un des problèmes les plus intéressants de la zootechnie; c'est aussi une question de premier plan pour le médecin, car refaire un organisme diminué par la maladie ou par des conditions d'existence défectueuses est une des tâches qui s'imposent à lui le plus fréquemment, et pour bien comprendre comment se fait la régénération des tissus après la maladie, il est utile, évidemment, de savoir ce que l'on peut obtenir de ce côté chez l'homme bien portant.

Remarquons d'abord que, dans l'engraissement d'un convalescent, on ne poursuit pas uniquement une augmentation de poids, telle que la réalise l'accroissement assurément très utile des réserves de graisse, mais aussi et surtout la création de tissus nouveaux et principalement de fibres musculaires, c'est-à-dire de nouveaux protoplasmes. C'est donc une fixation d'albumine, c'est-à-dire l' « engraissement azoté », disons d'une manière plus correcte l'*accroissement azoté* qui représente le but principal du traitement. Voyons dans quelles conditions ce résultat peut être atteint.

Possibilité de l'accroissement azoté chez l'homme bien portant. — On a expérimenté ici avec des rations appartenant aux trois types que voici :

1° Rations rendues surabondantes par un surplus d'aliments ternaires;

2° Rations rendues surabondantes par un surplus d'albumine;

3° Rations rendues surabondantes par un surplus d'albumine et d'aliments ternaires.

Toutes ces expériences ont démontré que l'on réussit à forcer un organisme sain à s'enrichir en albumine, — nous verrons plus loin si cela équivaut à dire : en protoplasmes cellulaires, — mais, lorsque les calories surabondantes sont représentées surtout par des aliments ternaires, ces bénéfices de protéiques sont accompagnés de la fixation d'une quantité très considérable de graisse.

1° Dans cette catégorie d'essais, les deux expériences les plus précises sont celle de Krug et celle de Dapper, faites sous la direction de C. von Noorden. Voici le détail de la première des deux.

Krug se trouvait, depuis six jours, avec un poids de 59 kg., sensiblement en équilibre azoté avec une ration renfermant par jour en moyenne 14 gr. 6 d'azote, 151 gr. de graisse et 193 gr. d'hydrates de carbone et valant 2 590 calories, soit 44 calories par kilogramme, lorsqu'il éleva cet apport, pendant les 15 jours suivants, à 2 590 + 1 700 = 4 290 calories (en augmentant les graisses de 47 et les hydrocarbonés de 121 p. 100). Le bénéfice d'azote réalisé fut en moyenne de 3 gr. 3 par jour, soit un gain total de 3,3 × 15 = 49 gr. 5 d'azote ou 49,5 × 6,25 = 309 gr. d'albumine, valant 309 × 4,44 [1] = 1 372 calories. Sur les 1 700 × 15 = 25 500 calories apportées en trop par la ration pendant ces quinze jours, 1,372, soit 5,4 p. 100, avaient donc été retenues à l'état d'albumine et le reste [2], soit 24 128 ou 94,6 p. 100, avait servi à l'accroissement des réserves adipeuses, qui se sont accrues de 24 128 : 9,54 [3] = 2 529 gr. Comme le poids du corps était monté de 59 à 62 kgr. 1, et qu'il y a eu fixation de 309 gr. d'albumine, représentant 1 455 gr. de chair musculaire [4] et de 2 529 gr. de graisse, il faut admettre que l'organisme avait perdu en même temps 884 gr. d'eau [5].

2° On ne citera ici (d'après C. von Noorden) que l'expérience de Bornstein, qui a consisté à ajouter, à une ration donnant un léger bénéfice d'albumine, un surplus de nutrose valant 7 gr. d'azote par jour.

Jours.	Recette d'azote par jour.	Dépense d'azote par jour.	Bénéfice d'azote par jour.
1-4	14^{gr},9	14^{gr},23	0^{gr},67
5-8	21 ,9	18 ,99	2 ,90
9-12	21 ,9	21 ,09	0 ,81
13-18	21 ,9	20 ,16	1 ,74

On déduit de ce tableau que le surplus d'albumine, donné du cinquième au dix-huitième jour et qui représentait 98 gr. d'azote, a procuré à l'organisme un bénéfice d'albumine représenté par 25 gr. 28 d'azote, soit donc environ le quart du surplus fourni. Ce résultat est remarquable, parce qu'il montre que la classique règle de Voit, d'après laquelle l'équilibre azoté se rétablit *en peu de jours* et met fin par conséquent aux bénéfices d'albumine, ne se vérifie pas toujours (p. 653). Dans d'autres essais, au contraire, l'addition d'un surplus d'albumine à la ration n'a donné qu'un bénéfice médiocre, parce que promptement l'équilibre azoté s'est rétabli. On ignore à quelles dispositions individuelles tiennent ces différences.

3° Ici on dispose d'expériences de Lüthje avec des rations à la fois très riches en azote et en calories (de 31 à 61 gr. d'azote et de 3 326 à 6 035 calories par jour pour un poids initial de 82 kgr. 7). En vingt-neuf jours de ce régime, il y eut un bénéfice de 149 gr. 6 d'azote valant 935 gr. d'albumine, avec une augmentation de poids de 4 kgr. 9.

Signification physiologique de l'accroissement azoté chez l'homme bien portant. — Il est donc possible d'obliger l'orga-

---

1. Voir p. 563.
2. Voir la réserve faite à la page 651-52.
3. Chaleur de combustion de 1 gr. de graisse humaine (p. 562).
4. On compte en général par gramme d'azote 29 gr. 4 de chair musculaire.
5. Ces variations de la teneur du corps en eau sont fréquentes dans les phénomènes de l'engraissement. Elles se font tantôt dans un sens, tantôt dans l'autre. Fréquemment, la rapide augmentation de poids du début d'une cure d'engraissement est due en partie à de larges rétentions d'eau (C. von Noorden).

nisme bien portant à faire des bénéfices d'*azote*. Mais c'est là tout ce qu'apprennent les expériences qui précèdent, et c'est déjà dépasser les faits que de conclure à un bénéfice d'*albumine*, car il se pourrait qu'il y eût simplement rétention de produits azotés de la dégradation de protéiques. Toutefois, des expériences de Gruber, dans lesquelles on a étudié la marche de l'élimination de l'azote après un repas de viande chez le chien, ont montré que, dans les conditions d'alimentation ordinaires, de telles rétentions ne peuvent être que médiocres. De plus, Bornstein a établi que la rétention du soufre marche du même pas que celle de l'azote, ce qui est une forte preuve en faveur de la fixation de ces deux éléments à l'état d'albumine.

Mais même une *fixation d'albumine* ne signifie pas nécessairement une *construction de protoplasme*, c'est-à-dire une augmentation de la masse vraiment vivante et active de l'organisme. Il se peut que l'albumine gagnée soit restée simplement à l'état d'albumine circulante, c'est-à-dire dissoute dans le sang et les sucs des tissus. Ce qui plaide très fortement contre la conclusion qui ferait, de cette albumine ainsi retenue, de l'albumine protoplasmique, c'est la rapidité avec laquelle le bénéfice réalisé pendant une cure ou une expérience d'engraissement est en grande partie reperdu. Ainsi, d'un bénéfice de 67 gr. 7 d'azote et d'une augmentation de poids de 2 kgr. 5, réalisés en dix jours, il ne restait, dans une expérience de Lüthje et Berger, après dix jours d'alimentation ordinaire, que 35 gr. d'azote et 0 kgr. 600. Or, ce n'est pas ainsi que se comporte, dans les destructions organiques, l'albumine fixe, l'albumine des tissus (p. 654). Ajoutons que, faute d'expériences assez prolongées et assez nombreuses, on ne sait pas si des engraissements de plus grande durée assureraient des bénéfices plus solides, ni quelles sont les rations (surabondance d'aliments ternaires ou surabondance d'albumine?) qui sont à cet égard les plus avantageuses.

Il semble cependant qu'une partie de l'albumine ainsi gagnée, soit plus solidement acquise, et l'on a émis l'hypothèse qu'elle ferait partie des tissus sous la forme d'*inclusions cellulaires*, de réserves, analogues aux dépôts intra-cellulaires de glycogène (C. von Noorden)[1]. Il semble même que, parfois, l'albumine ainsi

---

1. Pflüger et son élève W. Seitz, puis N. Tichmeneff et Berg rapportent que le foie s'enrichit en protéiques chez les animaux pris au sortir d'un jeûne, puis largement nourris. Mais on ignore si l'albumine ainsi fixée a les caractères d'une

fixée entre dans les tissus comme vrai constituant protoplasmique, du moins si l'on en juge par la rétention de phosphore que, dans quelques expériences, on a vu marcher parallèlement à la fixation d'azote).

Finalement, la vraie preuve que l'albumine retenue est devenue protoplasmique ne peut être administrée, comme le dit C. von Noorden, qu'en montrant que, *par l'accroissement azoté, on réussit à augmenter l'intensité des combustions respiratoires.* Or, cette preuve n'a pas pu être faite. Ainsi, dans une expérience d'engraissement faite par Mayer et Dengler, sous la direction de C. von Noorden, avec une augmentation de poids allant de 56 à 69 kgr. 3, obtenue en trois mois et dix jours, concurremment avec une fixation totale d'azote de 346 gr. 6, la dépense de fond, mesurée par la consommation d'oxygène (p. 574), fut au début de 222 cm³ et à la fin de 236 cm³ par minute. Rapprochée du gain d'azote si considérable — il équivaudrait à 11 kgr. de chair musculaire! —, l'augmentation est tout à fait médiocre. Une autre expérience, faite aussi dans la clinique de C. von Noorden par A. Müller, a donné un résultat identique [1].

Concluons donc que *l'accroissement azoté, obtenu chez l'homme bien portant sous l'unique influence d'une alimentation surabondante, n'est nullement synonyme d'accroissement de la masse protoplasmique active et vivante.*

Un tel accroissement apparaît, finalement, comme une propriété de la matière vivante, très indépendante de l'action des aliments.

réserve ou s'il s'agit d'une hyperplasie fonctionnelle. Toutefois, il semble bien ressortir des recherches d'Afanasiew, de Berg et d'autres qu'il s'agit d'inclusions cellulaires.

1. A. Müller a fait aussi une expérience sur un sujet fortement amaigri à la suite d'une sténose pylorique et qu'une opération de gastro-entérostomie a permis ensuite de réalimenter largement. Or, le sujet qui consommait avant l'opération 180 cm³ d'oxygène par minute (avec un poids initial de 46 kgr.) a présenté après l'opération les consommations que voici :

	Poids du corps.	Azote fixé.	Oxygène consommé par minute.
Pendant les 10 premiers jours . .	48 kgr	35 gr	220 cm³
— 6 jours suivants . .	49 ,5	54	226
— 7 derniers jours . .	51 ,5	108	231

On voit donc que tout de suite après l'opération, et dès le début de la réalimentation, la consommation d'oxygène s'est accrue de 40 cm³, bien que le gain d'albumine n'ait été que de 35 × 6,25 = 218 gr. 7 d'albumine, alors que pour un gain de 108 × 6,25 = 675 gr., elle s'est élevée d'une quantité presque négligeable. Et cependant il faut bien admettre que ce sujet, si amaigri, a refait des proto-

Cette manière de voir est justifiée par l'expérience des éleveurs, dont l'opinion générale est que les animaux de boucherie peuvent être « engraissés » en ce qui concerne la graisse, mais non la viande. Le choix de la race et l'amélioration de celle-ci par des croisements heureux sont, au point de vue de l'obtention de la viande, des facteurs bien plus importants et bien plus efficaces que l'alimentation. Qu'est-ce à dire, sinon que cette faculté de faire beaucoup de chair musculaire, de protoplasmes actifs dépend, non pas de l'offre alimentaire faite aux tissus, mais de la qualité des éléments cellulaires auxquels cette offre est faite (C. von Noorden).

Cherchons donc quelles sont les conditions dans lesquelles on voit s'exercer avec le plus de force cette propriété des cellules.

Conditions dans lesquelles on observe le véritable accroissement azoté. — Elles ont été très clairement énoncées par C. von Noorden et Krug, à qui nous empruntons ce qui suit. Il y a accroissement azoté véritable, c'est-à-dire production de chair musculaire, en général de protoplasmes nouveaux :

1° *Pendant la croissance* : là le phénomène apparaît avec une telle puissance qu'il laisse loin derrière lui l'opération de destruction organique, inséparable du jeu de la vie[1].

2° *Pendant la grossesse et l'allaitement* : pendant cette période, l'organisme maternel rassemble et fixe les protéiques et les autres matériaux nécessaires au fœtus, auquel elle les transmet soit directement, soit par l'intermédiaire de la glande mammaire (observations de Stohmann, de Soxhlet, sur l'animal, de Zacharjewsky, A. Ver Eecke et d'autres sur la femme). Et si la mère est insuffisamment nourrie, l'enfant ne s'accroît pas moins normalement, du moins le plus souvent, l'énergie de développement du fœtus l'emportant sur la résistance naturelle des tissus maternels à la dénutrition.

3° *Chez les individus qui ont terminé leur développement, mais qui s'entraînent activement à des exercices musculaires :*

---

plasmes nouveaux. Serait-ce que la consommation d'oxygène augmente dès le début sous l'influence d'une excitation générale produite par la réalimentation et qui fait monter la dépense de fond de l'organisme? On voit quelle est la variété et la complexité des problèmes que soulève à chaque pas ce genre de recherches. Mais si difficile que soit l'interprétation de ces deux expériences de A. Müller, il en ressort du moins clairement qu'il y a une différence essentielle entre l'accroissement azoté obtenu de force chez un sujet bien portant, et celui qui accompagne la régénération des tissus après un amaigrissement; seul, le second est accompagné d'une hausse de la consommation d'oxygène.

1. Et cependant on a vu que dans le lait de femme les protéiques ne représentent en moyenne que 11 p. 100 de l'apport calorifique total (p. 637).

c'est un phénomène bien connu, que l'accroissement des masses musculaires sous l'influence du travail. Et l'étude quantitative des échanges nutritifs a montré que les exercices musculaires favorisent la fixation d'azote, disons mieux, qu'ils sont pour cette fixation le facteur essentiel. La suralimentation ne produit que des obèses, et non des athlètes. Pareillement, l'observation médicale a montré que les malades engraissés par suralimentation et repos au lit (ancienne cure de Weir-Mitchell) deviennent gras, mais restent faibles. Les résultats sont bien meilleurs, quand on combine la suralimentation avec des exercices musculaires sagement gradués.

4° Chez tout individu dont les masses protoplasmiques ont été diminuées par l'inanition, l'alimentation insuffisante, la maladie, et que l'on replace dans de meilleures conditions d'alimentation : c'est le problème de la régénération des tissus chez le convalescent qui mérite avec celui de la croissance chez le nouveau-né, une étude spéciale.

L'accroissement azoté pendant la croissance. — L'albumine, que le lait apporte au nourrisson, est employé par l'organisme à trois fins. Une partie sert à la réparation des tissus (p. 616); une autre est employée à la construction des tissus nouveaux; enfin le surplus, s'il en reste un, est détruit et sert donc à des fins énergétiques. Tandis que l'adulte, arrivé à la période d'état, détruit en premier lieu tout l'apport protéique (p. 654), l'enfant, au contraire, ne brûle donc, avant les autres aliments, que cette partie de la recette d'albumine qu'il n'a pas eu besoin d'employer pour la croissance.

Il semble qu'on se soit exagéré l'importance quantitative du besoin d'albumine chez le nourrisson, comme l'ont montré de patientes déterminations de Rubner et Heubner. Par exemple, un nourrisson de 5 kgr. a prospéré avec un apport brut d'environ 1 gr. par kilogramme et par jour, dont 0 gr. 84 arrivaient à l'absorption. Mais cette quantité varie probablement beaucoup avec la richesse du lait maternel et l'appétit de l'enfant, puisque E. Lambling a mesuré chez un nourrisson, observé du quarante-troisième au cent-cinquante-deuxième jour (voir p. 603), un apport brut d'environ 2 gr. (de 1 gr. 94 à 2 gr. 12) par kilogramme et par jour. Sur la fraction qui arrive à l'absorption, Rubner et Heubner ont vu, notamment chez deux enfants de 5 et 10 kgr., que 39 et 27 p. 100 de l'apport net étaient retenus par les tissus, l'azote du surplus apparaissant dans l'urine et dans les fèces, et chez les animaux à croissance plus rapide, comme le jeune porc, ce sont les 70 centièmes de l'apport protéique qui sont retenus par l'organisme (Zuntz). On doit aussi à Gouin et Andouard d'intéressantes recherches sur le croît azoté chez les jeunes bovidés.

A mesure que l'enfant grandit ensuite, la fraction de l'apport protéique qui sert à des fins énergétiques grandit, tandis que diminue celle qui est employée à la croissance, jusqu'à ce que les conditions des échanges nutritifs azotés chez les adultes s'installent finalement, à savoir que l'organisme détruit chaque jour tout l'apport protéique qu'il reçoit.

Remarquons enfin que allongement de la taille et fixation d'albumine ne sont pas deux phénomènes toujours concomitants. Ainsi le jeune chien, insuffisamment nourri, peut grandir, c'est-à-dire allonger son squelette, tout en sacrifiant du muscle, c'est-à-dire de l'albumine et de la graisse.

L'accroissement azoté chez le convalescent. — Lorsqu'un organisme, qui a reçu pendant longtemps une nourriture insuffisante, améliore, même médiocrement, son alimentation, et en particulier ses apports azotés, on observe ce phénomène remarquable, à savoir que l'équilibre azoté, d'ordinaire si prompt à se rétablir, ne se refait ici que très lentement et que l'organisme retient avec énergie le moindre surplus d'albumine qui lui est offert.

Exemple : une malade de Fr. Müller, atteinte de rétrécissement œsophagien, reste pendant plusieurs semaines en état d'alimentation insuffisante, et en dernier lieu en état de jeûne complet pendant quatre jours, avec une perte quotidienne de 26 gr. 7 d'albumine. Le poids de la malade est à ce moment de 31 kgr. Pendant les vingt-six jours qui suivent, elle présente, grâce à une alimentation sans cesse améliorée, le bilan d'azote que voici :

	Apports d'albumine par jour (en grammes).	Apport total de calories par jour.	Poids d'albumine fixé par jour (en grammes).
Pendant 5 jours. . . .	47,5	765	10,5
— 7 —	56,2	881	12,2
— 8 —	73,6	1 000	22,4
— 6 —	85,4	1 100	38,2

On voit avec quelle énergie l'organisme utilise, pour la réfection de ses tissus, le moindre surcroît d'albumine qui lui est fourni, en dépit de la faiblesse de l'apport total des calories. Durant cette première période de la réparation, tout ce qui peut être économisé sur l'apport alimentaire sert en majeure partie à la reconstitution des masses cellulaires. Ce n'est que plus tard que la

réfection des réserves adipeuses commence. Il peut même arriver,
pendant cette première période, que l'organisme, tout en fixant
de l'albumine, sacrifie encore de sa propre graisse (Fr. Müller;
Klemperer). Et plus tard, quand des rations plus abondantes sont
acceptées, ce ne sont pas les 5, 10 ou 20 centièmes des calories
surabondantes que l'on arrive péniblement à fixer sous la forme
d'albumine, ce sont les 30, 40 et 60 centièmes de ce surplus que
l'organisme retient chaque jour à cet état. Visiblement, il ne
s'agit donc plus ici d'une sorte de violence expérimentale faite à
l'organisme par le moyen de rations démesurées, et qui aboutit
surtout, comme dans l'expérience de Krug, à encombrer l'organisme de graisses. C'est la puissance de régénération et d'accroissement des cellules qui est entrée en jeu; c'est elle, bien plus
que la surabondance de l'alimentation, qui détermine ces larges
bénéfices d'albumine, et ces bénéfices sont durables.

Les différences quantitatives que l'on vient de signaler ressortent très
nettement des résultats que voici et qui sont empruntés à un tableau
d'ensemble dressé par C. von Noorden.

	Albumine de la ration (en grammes d'azote).	Calories données par jour en sus de la ration suffisante.	SUR 100 CALORIES DONNÉES EN SUS DE LA RATION SUFFISANTE, L'ORGANISME EN A FIXÉ :	
			A l'état d'albumine.	A l'état de graisse.
Sujet bien portant (Lüthje).	30,8	367	5,4	94,6
	41,7	1 505	13,1	86,9
	61,0	2 524	19.1	80,9
Convalescent de fièvre typhoïde (Benedict et Suranyi).	18,7	790	28,7	71,3
	20,5	733	36,6	63,4
	18,6	738	35,6	64,4
Convalescent de fièvre typhoïde (C. von Noorden).	18,2	489	25,9	74,1
	18,2	387	54,3	45,7
	18,2	316	64,5	35,5

On voit, par exemple, qu'avec un apport d'albumine colossal
(61 × 6,25 = 381 gr.) et un nombre de calories dépassant les besoins
de 2 524 Lüthje n'est arrivé à fixer à l'état d'albumine, chez le sujet
bien portant, que 19 p. 100 de l'excédent thermique, tandis qu'avec
18,2 × 6,25 = 113 gr. d'albumine et 316 calories excédantes le convalescent de C. von Noorden a retenu à l'état de protéiques jusqu'à
64 p. 100 des calories données en surplus.

C. von Noorden ajoute qu'en classant tous ces résultats on
n'aperçoit pas quelle forme de régime est la plus avantageuse. De
toutes façons, les très forts apports azotés, tels qu'on les réalise

aujourd'hui en ajoutant à la ration les protéiques purs fournis par l'industrie (plasmon, nutrose, sanatogène), ne paraissent pas avoir donné de meilleurs résultats que l'engraissement par les rations azotées moyennes, appuyées par d'abondantes quantités d'aliments ternaires.

D'ailleurs, le résultat dépend, en première ligne, de la nature de la cause qui a produit l'amaigrissement. Après les hémorragies abondantes, la fièvre typhoïde, on obtient d'ordinaire très rapidement des fixations d'albumine abondantes et durables. Dans la tuberculose, dans certaines formes de syphilis, les gains d'albumine sont médiocres : le convalescent devient gras, mais son système musculaire reste faible.

FRUGONI. Lipémie diabétique 419.

FUCHS (A.). Ac. cholalique 180, 183. Diastases de défense 220.

FUCHS (D.). Urine ; quotient calorique 487.

FÜRBRINGER. Aspergillose et oxalurie 354.

FURET. Chlorure de sodium 78. Cures d'amaigrissement 650.

FÜRTH (O. von). Tyrosine 109. Lipase pancréatique 173. Ac. cholalique 180, 183. Iodalbumine 203. Hémase 292. Carbamates et fistule d'Eck 338. Ac. urique 367. Diabète 403. Mélanines 465.

FULD (E.). Coagulation du sang 269, 272, 274.

FUNK (C.). Vitamines 520, 522, 524-25, 527-28.

GACHET. Rate et digestion 514.

GAD. Tension superficielle 145.

GAGLIO. Oxyde de carbone 300. Ac. oxalique 352.

GALAMBOS. N aminé de l'urine 488.

GALIMARD. Ac. aminés et microbes 308. Ostéomalacie 514.

GALIPPE. Microbes des voies biliaires 179.

GALLOIS. Inositurie 63.

GAMGEE. Suc gastrique 158.

GAMMELTOFT. Créatine 345. Urine ; acidité 475.

GANSSER. Oxyhémoglobine 33.

GARBAN. Urobiline 460, 464 b.

GARDNER. Cholestérine ; absorption 209.

GARNIER. Poisons bactériens. Contenu intestinal ; toxicité 236.

GARNIER (L.). Acidité du tissu pulmonaire 289. Empoisonnement par CO 301. Alcaptonurie 333. Formation de l'urée 337. Glycogène du foie 385.

GARREAU. Respiration des plantes 19.

GARROD. Goutte 362, 370-71, 374. Urobilinogène, hydrobilirubine 461. Hématoporphyrine 464 c.

GAUCHER (L.). Estomac et lait 196.

GAUDECHON. Lumière ultra-violette ; actions chimiques 9, 100, 110.

GAUNT. Alcooloxydase 109.

GAUTIER (A.). Ovalbumine. 4. Synthèse des protéiques 9. Poids moléculaire des protéiques 33. Arsenic et nucléines 59. Fluor 81. Autolyse du muscle 114. Vie résiduelle des tissus 115, 317. Iode, arsenic normal 119, 497, 510-11. Vie anaérobie 292, 316-18. Spécificité chimique des organismes 145-46, 315. Pepsines 158. Ptomaïnes 235, 317. Tyrosine ; putréfaction 235. Chlorophylle et hémoglobine 257. Coagulation du sang 269. Leucomaïnes 317-18. Combustions internes 320-21, 430. Putréfaction 320, 322. Bases de l'urine 348. Adialysable urinaire 349. Protéiques et graisses 426. Poisons des tissus 501. Thyroïde et arsenic 510. Thyroïde et nutrition 511. Aliments ; chaleurs de combustion 566. Ration de travail 633.

GAUTIER (Cl.). Indol 234, 239. Scatol 238. Coagulation du sang 274. Urobilinurie 464.

GAVARRET. Dépense d'énergie ; mesure 568.

GAWINSKI. Ac. oxyprotéiques 349.

GEELMUYDEN. Corps cétoniques 439, 441, 443. Glycogène μ hépatique et acétonurie. Ac. β-oxybutyrique 430. Corps cétoniques et synthèse du glucose 440. Corps cétoniques ; origine 440.

GELLÉ. Lésions du foie et pancréas 410, 419.

GENTIL (L.). Ald. formique et plantes 9.

TABLE ALPHABÉTIQUE DES MATIÈRES

Vomissements acides et urines, 474.

Xanthine, 55, 56, 363-65.
Xanthiques (Bases), 55.
Xanthinoxydases, 107, 293, 363.
Xanthome, 71.
Xanthosine, 365.

Xylose, 62.

Zeine, 50, 301, 310-11, 527.
Zinc, 80, 81, 102, 119, 120, 544.
Zymase, 109, 400
— Voy. aussi : Levure.

6078. — Coulommiers. Imp. PAUL BRODARD. — 8-25.

9 782329 041162